Eletrônica de
AERONAVES

O AUTOR

Thomas K. Eismin é professor de tecnologia de aviação e trabalha na Universidade de Purdue desde 1977. Possui diversas certificações pela Administração Federal de Aviação dos EUA (a conhecida FAA), incluindo de Inspetor Designado (Inspection Authorization), Mecânico do grupo motopropulsor (GMP) e de célula (CEL) e Piloto Privado com habilitação para voos por instrumento e em dirigíveis. O professor Eismin é o autor das edições anteriores de *Eletrônica de Aeronaves*.

E36e Eismin, Thomas K.
      Eletrônica de aeronaves : introdução aos sistemas aviônicos / Thomas K. Eismin ; tradução: Francisco Araújo da Costa ; revisão técnica: Antonio Pertence Jr. – 6. ed. – Porto Alegre : Bookman, 2016.
      xii, 492 p. : il. ; 27,7 cm.

      ISBN 978-85-8260-405-2

      1. Aeronáutica. 2. Engenharia de transporte aéreo. I. Título.

                                              CDU 629.7

Catalogação na publicação: Poliana Sanchez de Araujo – CRB 10/2094

Thomas K. Eismin

6ª EDIÇÃO

Eletrônica de
AERONAVES

INTRODUÇÃO AOS SISTEMAS AVIÔNICOS

Tradução:
Francisco Araújo da Costa

Revisão técnica:
Antonio Pertence Jr.
Engenheiro Eletrônico e de Telecomunicação (PUC-MG)
Mestre em Engenharia Mecânica (UFMG)
Especialista em Processamento de Sinais pela Ryerson University, Canadá
Membro da Sociedade Brasileira de Eletromagnetismo
Professor da Universidade FUMEC

2016

Obra originalmente publicada sob o título *Aircraft Electricity and Electronics*, 6th Edition
ISBN 007179915X / 9780071799157

Original edition copyright ©2013, McGraw-Hill Global Education Holdings, LLC., New York, New York 10121. All rights reserved.

Portuguese language translation copyright ©2016, Bookman Companhia Editora Ltda., a Grupo A Educação S.A. company. All rights reserved.

Gerente editorial: *Arysinha Jacques Affonso*

Colaboraram nesta edição:

Editora: *Denise Weber Nowaczyk*

Capa: *Márcio Monticelli* (arte sobre capa original)

Imagem da capa: Apichart Meesri/Shutterstock

Editoração: *Techbooks*

Reservados todos os direitos de publicação, em língua portuguesa, à
BOOKMAN EDITORA LTDA., uma empresa do GRUPO A EDUCAÇÃO S.A.
Av. Jerônimo de Ornelas, 670 – Santana
90040-340 Porto Alegre RS
Fone: (51) 3027-7000   Fax: (51) 3027-7070

Unidade São Paulo
Rua Doutor Cesário Mota Jr., 63 – Vila Buarque
01221-020 São Paulo SP
Fone: (11) 3221-9033

SAC 0800 703-3444 – www.grupoa.com.br

É proibida a duplicação ou reprodução deste volume, no todo ou em parte, sob quaisquer formas ou por quaisquer meios (eletrônico, mecânico, gravação, fotocópia, distribuição na Web e outros), sem permissão expressa da Editora.

IMPRESSO NO BRASIL
PRINTED IN BRAZIL

Agradecimentos

Airbus Industrie of North America, Washington, DC, ou Airbus Americas, Inc., Wichita, KS
AMP Products Corporation, Pennsylvania
Amprobe Instrument Corporation, Everett, WA
B&K Precision Corporation, Yorba Linda, CA
Beechcraft Corporation, Wichita, KS
BendixKing by Honeywell, Olathe, KS
Boeing Commercial Airplane Company, Seattle, WA
Cessna Aircraft Company, Wichita, KS
Christie Electric Corp., Gardena, CA
Clarostat Aircraft Company, Plano, TX
Concorde Battery Corporation, West Covina, CA
Daniels Manufacturing Corporation, Orlando, FL
Dayton-Granger, Inc., Fort Lauderdale, FL
Deutch Co., Banning, CA
Dynascan Technology, Inc., Irvine, CA
GC Electronics, Rockford, IL
Honeywell International, Inc., Morristown, NJ
Marathon Power Technologies, Waco, TX
Motorola Solutions, Inc., Schaumburg, IL
Piper Aircraft, Inc., Vero Beach, FL
Purdue University, Aviation Technology Department, Hanger 6 Maintenance Crew
Rockwell Collins, Rockwell International, Cedar Rapids, IA
Sundstrand Corporation, Rockford, IL
Teledyne Battery Products, Redlands, CA
Texas Instruments Inc., Dallas, TX
Thomas and Betts Corporation, Raritan, NJ
Westinghouse Electric Company, Cranberry Township, PA

Agradecimento especial para

Nona, por sua ajuda e pelo seu sorriso.

Prefácio

Aeronaves e veículos aeroespaciais modernos são mais dependentes de sistemas elétricos e eletrônicos do que nunca. O "avião mais elétrico" é um conceito de projeto que aumenta o uso de sistemas elétricos para substituir o sistema hidráulico tradicional, o pneumático e outros sistemas presentes em aviões. Aeronaves como o Boeing B-787 e Airbus A-380 adotaram este conceito, a fim de melhorar a eficiência e o desempenho das aeronaves. Outros conceitos de projetos de aeronaves elétricas têm sido utilizados em jatos executivos leves e aeronaves monomotoras para treinamento ou de uso pessoal. Atualmente, existem mais sistemas elétricos e eletrônicos em aviões do que jamais existiu. Por esta razão, projetistas, engenheiros e funcionários do setor técnico na indústria aeroespacial devem ter um sólido conhecimento sobre o conteúdo abordado neste texto.

A integração da eletrônica digital e das tecnologias de microprocessadores permitiu aos fabricantes de aeronaves melhorar o desempenho e a segurança e, ao mesmo tempo, reduzir o peso em comparação com os sistemas convencionais. Circuitos eletrônicos são encontrados em praticamente todos os sistemas de um avião moderno. Grande parte das aeronaves da categoria de transporte agora é *fly-by-wire* ("voar-por-fio", que significa aeronaves cada vez mais elétricas e eletrônicas) e utiliza uma variedade de computadores para a navegação, gestão de voo e operação de sistemas. Hoje, um técnico de aeronave precisa conhecer profundamente teoria elétrica básica e sistemas eletrônicos avançados. *Eletrônica de Aeronaves* oferece ao leitor o conhecimento prático que pode ser usado, igualmente, por estudantes, engenheiros e técnicos.

Nesta sexta edição, várias tecnologias novas foram introduzidas. Tal como nas aeronaves modernas, foram integrados conceitos digitais ao longo do texto. Sistemas de transmissão de dados digitais, como ARINC 664, AFDX, ARINC 429 e RS-232, são apresentados em detalhe, juntamente com outros sistemas de barramento de dados e conceitos, assim como as modernas aeronaves *fly-by-wire* e a tecnologia da fibra óptica. Novos sistemas de instrumentação da cabine de comando, como *electronic flight bags* (documentação eletrônica de voo), sistemas de visão sintética e *heads-up displays* fazem parte desta edição.

A sexta edição também melhorou algumas das informações básicas, necessárias para construir uma base adequada para a compreensão de sistemas elétricos de aeronaves. A Regulamentação Federal de Aviação relativa à certificação da Mecânica de Fuselagem e Grupo Motopropulsor (Airframe and Powerplant (A&P)) continua a ser um componente vital deste texto. O texto também apresenta informações que vão muito além destes requisitos básicos, proporcionando ao aluno uma compreensão completa da teoria, projeto e manutenção de sistemas elétricos e eletrônicos da aeronave atual.

O livro é escrito com o pressuposto de que o leitor não possui conhecimento prévio de eletricidade e eletrônica; no entanto, o texto pode ser utilizado também por pessoas experientes para compreender melhor os sistemas avançados. Nos capítulos de 1 a 5, são discutidas a teoria e os conceitos da eletricidade básica. Os capítulos de 6 a 12 contêm informações vitais sobre a concepção e manutenção de sistemas específicos. Esta seção começa com as noções básicas sobre equipamentos de teste e teoria de solução de problemas elétricos, e, por fim, aprofunda-se nos circuitos digitais e microprocessadores que se aplicam às aeronaves, nos sistemas de energia informatizados e no equipamento de teste utilizado para resolução de problemas e de reparação de sistemas. Os capítulos 13 ao 17 introduzem ao leitor a eletrônica avançada existente em aviões modernos. Sistemas de comunicação e de navegação integrados, piloto automático e sistemas de pouso automático, sistemas de visualização de tela plana e componentes *fly-by-wire* são apresentados ao leitor de uma forma prática e fácil de entender. A sexta edição do *Eletrônica de Aeronaves* é o tipo de livro que você pode adquirir como estudante e mantê-lo como uma referência profissional por toda sua carreira.

Sumário

1. Fundamentos de eletricidade 1
A teoria do elétron 1
Eletricidade estática... 5
Unidades da eletricidade... 6
Teoria de magnetismo... 8
Dispositivos magnéticos... 11
Métodos de produção de tensão 13
Indução eletromagnética 14
Questões de revisão... 16

2. Aplicações da lei de Ohm........................... 17
A lei de Ohm... 17
Tipos de circuitos 20
Analisando circuitos em série...................................... 21
Analisando circuitos em paralelo 25
Circuitos série-paralelo 29
As leis de Kirchhoff 32
Cálculo da resistência de um circuito em ponte.................... 33
Aplicações da lei de Ohm 37
Questões de revisão.. 37

3. Acumuladores de energia para aeronaves.............. 39
Células secas e baterias 39
Baterias de chumbo-ácido de armazenamento de energia 43
Procedimentos de manutenção de baterias de chumbo-ácido............ 49
Especificações das baterias 54
Baterias de níquel-cádmio.. 56
Procedimentos de manutenção da bateria de níquel-cádmio 60
Instalação das baterias na aeronave 62
Questões de revisão.. 64

4. Cabo elétrico e práticas de cabeamento em aeronaves ... 67
Características do cabo elétrico................................... 67
Especificações para cabeamento ao ar livre......................... 76
Conduíte elétrico 79
Conectando dispositivos 80
Ligação e solda 91
Identificação dos fios 93
Questões de revisão.. 95

5. Corrente alternada em aeronaves 97
Definição e características 97
Impedância 102
Circuitos CA polifásicos 108
Corrente alternada e o avião 109
Questões de revisão 110

6. Dispositivos de controle elétrico 111
Chaves 111
Dispositivos de proteção de circuitos 114
Resistores 117
Capacitores 120
Indutores 124
Transformadores 126
Diodos e retificadores 129
Transistores 135
Outros dispositivos de estado sólido 141
Placas de circuito impresso 143
Tubo de raios catódicos 145
Displays de tela plana 146
Questões de revisão 148

7. Eletrônica digital 149
O sinal digital 149
A numeração digital 150
Sistemas de código binário 153
Portas lógicas 156
Circuitos integrados 163
Funções comuns de circuitos lógicos 166
Microprocessadores 169
Operações de computadores 171
Barramento de dados ARINC 664 181
Resolução de problemas de circuitos digitais 184
Questões de revisão 189

8. Instrumentos de medição elétrica 193
Movimentos de medidores 193
O amperímetro 196
O voltímetro 198
O ohmímetro 199
Instrumentos de medição de CA 201
O multímetro 203
Medidores digitais 203
O osciloscópio 205
Questões de revisão 209

9. Motores elétricos ... 211
Teoria dos motores. ... 211
Construção de motores ... 216
Motores CA. ... 223
Inspeção e manutenção de motores. ... 228
Questões de revisão. ... 229

10. Geradores e circuitos de controle relacionados ... 231
Teoria dos geradores ... 231
Construção de gerador CC. ... 238
Motores de partida ... 241
Controle do gerador ... 241
Inspeção, manutenção e conserto de geradores ... 248
Questões de revisão. ... 252

11. Alternadores, inversores e controles relacionados ... 255
Geração de CA ... 255
Controle do alternador ... 260
Geradores CA–alternadores CA. ... 266
Inversores ... 271
Sistemas de energia de velocidade variável e frequência constante ... 272
Questões de revisão. ... 275

12. Sistemas de distribuição de potencial ... 277
Requisitos para sistemas de distribuição de potência ... 277
Sistemas de distribuição de potência principais. ... 282
Distribuição de potência em aeronaves compostas. ... 289
Sistemas de potência elétrica de *very light jets* ... 290
Sistemas elétricos de grandes aeronaves ... 291
Questões de revisão. ... 303

13. Projeto e manutenção de sistemas elétricos de aeronaves ... 305
Requisitos para sistemas elétricos. ... 305
Luzes de aeronaves ... 309
Sistemas elétricos de grandes aeronaves ... 318
Manutenção e resolução de problemas de sistemas elétricos. ... 327
Questões de revisão. ... 342

14. Conceitos de comunicação ... 345
Ondas de rádio. ... 345
Amplificadores. ... 349
Funções de um transmissor ... 351
Receptores ... 356
Questões de revisão. ... 363

15. Sistemas de comunicação e navegação 365
Comunicação 365
Sistemas de navegação 373
Instalação de equipamentos de aviônica 392
Antenas 393
Questões de revisão 397

16. Sistemas de alerta meteorológico e outros sistemas de segurança 399
Radar 399
Sistemas meteorológicos aéreos digitais de radar 403
Manutenção de radares 409
Detecção de relâmpagos 411
Meteorologia por satélite para aviação 412
Sistemas de alerta de proximidade ao solo 413
Sistema anticolisão de tráfego (TCAS) 414
Questões de revisão 415

17. Instrumentos e sistemas de voo automático 417
Instrumentos de medição de RPM 417
Indicadores de temperatura 419
Sistemas synchro 419
Indicadores de quantidade de combustível 422
Instrumentos de voo eletromecânicos 423
Sistemas de voo eletrônicos 425
Sistemas de controle de voo automáticos 438
Piloto automático e sistema de controle de voo típicos ... 443
O sistema de gerenciamento de voo do Boeing B-757 ... 448
Questões de revisão 454

Apêndice 457

Glossário 471

Índice 483

CAPÍTULO 1
Fundamentos de eletricidade

O atual período da nossa história é frequentemente chamado de "A era da informação", pois os circuitos elétricos e eletrônicos podem coletar, armazenar e analisar uma vasta quantidade de dados. Através do uso de sistemas computadorizados, os circuitos eletrônicos são utilizados para controlar virtualmente todos os sistemas encontrados nas aeronaves modernas. A **eletrônica** é uma aplicação especial da eletricidade em que a manipulação precisa dos elétrons é empregada. As aeronaves atuais usam muito mais computadores, eletrônica e circuitos elétricos do que antes. É correto dizer que nem as aeronaves de última geração, nem os veículos espaciais poderiam voar sem o uso da eletricidade/eletrônica.

Os sistemas elétricos têm duas funções básicas nas aeronaves modernas: (1) alimentar os sistemas, como luzes e motores, e (2) coletar e analisar informações, como em sistemas computadorizados. O termo *eletricidade* refere-se aos circuitos de potência, e o termo *eletrônica* normalmente refere-se aos sistemas transistorizados e computadorizados. Os técnicos e os engenheiros de hoje devem conhecer de forma ampla todas as facetas da eletrônica, pois geralmente esse conhecimento será utilizado durante o projeto, a inspeção, a instalação e a reparação da aeronave.

Antes do século passado, pouco se sabia sobre a natureza da eletricidade. No entanto, os modernos conceitos teóricos, a matemática e as leis básicas da física têm explicado como a eletricidade funciona. Agora podemos prever com extrema precisão praticamente todos os aspectos da eletricidade, tanto pela matemática quanto por observação e documentação dos efeitos elétricos. As formas precisas pelas quais a eletricidade age do jeito que age podem ser debatidas por muito tempo; enquanto isso, continuaremos fazendo da eletricidade uma ferramenta útil prevendo suas ações.

Em aeronaves modernas, a eletricidade executa muitas funções, incluindo a ignição de combustíveis em motores de pistão ou turbina, o funcionamento dos sistemas de comunicação e navegação, o movimento dos controles de voo e a análise de desempenho de sistemas. Assim como uma casa ou um escritório, as aeronaves tornaram-se informatizadas e os sistemas de bordo comunicam-se através de conexões de dados semelhantes à Ethernet. Esses sistemas informatizados tornam as viagens aéreas mais confortáveis, altamente eficientes e mais seguras.

A TEORIA DO ELÉTRON

A estrutura atômica da matéria determina as formas de produção e transmissão de energia elétrica. Toda matéria contém partículas microscópicas feitas de elétrons e prótons. As forças que mantêm essas partículas unidas para criar a matéria são as mesmas forças que criam o fluxo de corrente elétrica e produzem a energia elétrica. Nas aeronaves, cada gerador, alternador e bateria, bem como todos os componentes elétricos, funcionam de acordo com a **teoria do elétron**. A teoria do elétron descreve especificamente as forças moleculares internas da matéria no que se refere à energia elétrica. A teoria do elétron é, portanto, uma base vital sobre a qual se constrói o entendimento de eletricidade e eletrônica.

Moléculas e átomos

A matéria é definida como qualquer coisa que ocupa espaço; portanto, tudo o que podemos ver e sentir é considerado matéria. Está universalmente aceito que a matéria é composta de moléculas, as quais, por sua vez, são compostas de átomos. Se uma quantidade de alguma substância comum, como a água, é dividida ao meio, e uma das metades também é dividida ao meio, e a quarta parte resultante também é dividida ao meio, e assim por diante, será alcançado um ponto em qualquer divisão que mudará a natureza da água e a transformará em algo diferente. Quando o composto atinge a sua última divisão, a menor partícula restante que mantém a sua identidade é chamada de **molécula**.

Se a molécula de uma substância é dividida, as partículas resultantes serão chamadas de **átomos**. Um átomo é a menor partícula possível de um elemento. Um **elemento** é uma substância única que não pode ser separada em diferentes substâncias.

Na época em que esse texto foi escrito, existiam 118 elementos conhecidos. Apesar de alguns elementos serem radioativos e muito instáveis, existem 80 elementos estáveis, os quais são também conhecidos como elementos comuns. O ferro, o cobre, o chumbo, o ouro, o zinco, o oxigênio, o hidrogênio são exemplos de elementos comuns. Qualquer elemento puro consiste em um tipo de átomo e tem propriedades específicas desse elemento. Por exemplo, o elemento cobre é constituído de um ou mais átomos; cada átomo tem as propriedades específicas do cobre.

Um **composto** é uma combinação química de dois ou mais elementos diferentes e a menor partícula possível de um composto é uma molécula. Por exemplo, uma molécula de água (H_2O) é constituída por dois átomos de hidrogênio e um átomo de oxigênio. Um diagrama que representa uma molécula de água é mostrado na Figura 1-1.

Elétrons, prótons e nêutrons

Um átomo é constituído por partículas extremamente pequenas, de energia conhecida, como os elétrons, os prótons e os nêutrons. Toda matéria é constituída por dois ou mais desses componentes básicos. O mais simples é o átomo de hidrogênio, formado por um elétron e um próton, como representado no diagrama da Figura 1-2a. A estrutura de um átomo de oxigênio está indicada na Figura 1-2b. Esse átomo tem oito prótons, oito nêutrons e oito elétrons. Os prótons e os nêutrons formam o **núcleo** do átomo; os elétrons giram em torno do núcleo em órbitas cujos formatos vão desde o elíptico ao circular e podem ser comparados aos planetas e à maneira como se movem ao redor do Sol. Cada próton é um portador de carga **positiva**, o nêutron não possui carga e cada elétron é um portador de carga **negativa**. As cargas transportadas por cada elétron e cada próton são iguais em magnitude, mas opostas em natureza. Um átomo que possui o mesmo número de prótons e elétrons é eletricamente neutro, isto é, a carga transportada pelos elétrons é equilibrada pela carga transportada pelos prótons.

Como já foi explicado, um átomo carrega duas cargas opostas: os prótons do núcleo têm uma carga positiva e os elétrons têm uma carga negativa. Quando a carga do núcleo é igual às cargas combinadas dos elétrons, o átomo é neutro; mas, se o átomo tiver uma escassez de elétrons, ele se tornará **carregado positivamente**. Por outro lado, se o átomo tiver um excesso de elétrons, ele se tornará **carregado negativamente**. Um átomo carregado positivamente é chamado de **íon positivo**, e um átomo carregado negativamente é chamado de **íon negativo**. Moléculas carregadas são também chamadas de íons. É importante observar que os prótons permanecem dentro dos núcleos; apenas os elétrons são adicionados ou removidos de um átomo, criando, assim, um íon positivo ou negativo. Esse movimento dos elétrons é a base para toda a energia elétrica.

Estrutura atômica e elétrons livres

O caminho de um elétron em torno do núcleo de um átomo descreve uma esfera imaginária ou camada. Átomos de hidrogênio e o de hélio têm apenas uma camada, mas os átomos mais complexos têm numerosas camadas. A Figura 1-2 ilustra esse conceito. Quando um átomo possui mais de dois elétrons, ele deve ter mais do que uma camada, uma vez que a primeira camada irá acomodar apenas dois elétrons. Isso é mostrado na Figura 1-2b. O número de camadas em um átomo depende do número total de elétrons ao redor do núcleo.

A estrutura atômica de uma substância determina o quão bem ela pode conduzir uma corrente elétrica. Certos elementos, principalmente metais, são conhecidos como **condutores** porque uma corrente elétrica flui através deles facilmente. Os átomos desses elementos cedem ou recebem elétrons nas órbitas externas com pouca dificuldade. Os elétrons que se movem de um átomo para outro são chamados de **elétrons livres**. O movimento dos elétrons livres a partir de um átomo para outro está indicado no diagrama da Figura 1-3, e será notado que eles passam da camada externa de um átomo para a camada externa do próximo. O diagrama mostra somente os elétrons das órbitas exteriores.

O movimento de elétrons livres nem sempre constitui uma corrente elétrica. Muitas vezes, há vários elétrons livres se movimentado aleatoriamente através dos átomos de qualquer condutor. A corrente elétrica só irá existir quando esses elétrons livres se moverem na mesma direção. Uma fonte de alimentação, como uma bateria, normalmente cria uma diferença de potencial de uma extremidade a outra de um condutor (Figura 1-3). Uma forte carga negativa na extremidade de um condutor e uma carga positiva na extremidade oposta desse mesmo condutor é um meio de se criar um fluxo de elétrons, comumente chamado "corrente elétrica".

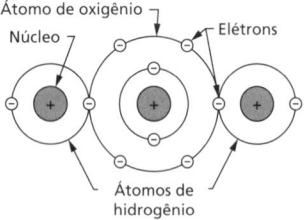

FIGURA 1-1 Uma molécula de água

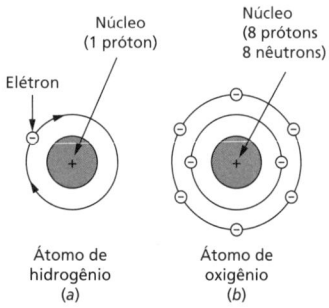

FIGURA 1-2 Estrutura dos átomos.

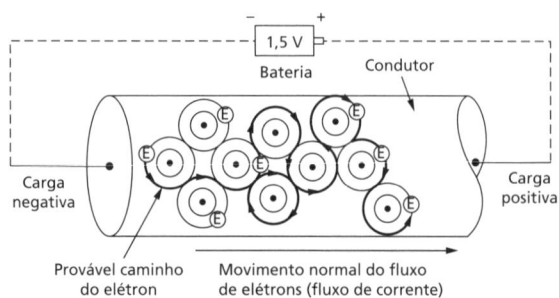

FIGURA 1-3 Diferença de potencial (tensão) criando um movimento de elétrons através do condutor

Uma substância pode ser condutora, não condutora (isolante) ou semicondutora, de acordo com o número de elétrons na camada de valência de seus átomos. A **camada de valência** de qualquer átomo é a órbita (camada) mais externa do átomo. Os elétrons em órbita na camada de valência são conhecidos como **elétrons de valência**. Todos os átomos tendem a ter a sua camada de valência completamente preenchida por elétrons, e, quanto menos elétrons na camada de valência de um átomo, mais fácil será aceitar elétrons extras. Portanto, átomos com menos da metade de seus elétrons de valência tendem a aceitar (receber) facilmente os elétrons provenientes de um fluxo de corrente elétrica. Tais materiais são chamados **condutores**. Materiais que têm mais da metade dos seus elétrons de valência são chamados **isolantes**. Isolantes não aceitam facilmente elétrons extras. Materiais com exatamente a metade de seus elétrons de valência são **semicondutores**. Semicondutores apresentam uma resistência muito alta à passagem da corrente elétrica quando estão no seu estado puro; no entanto, quando quantidades exatas de elétrons são adicionadas ou removidas desse material, o mesmo oferece uma resistência muito baixa ao fluxo de corrente elétrica.

Semicondutores podem funcionar como um condutor ou um isolante, dependendo do tipo de carga externa que é inserida no material. Os semicondutores são a matéria prima utilizada na produção de transistores e circuitos integrados.

Dois dos melhores condutores são o ouro e a prata; suas órbitas de valência são quase vazias, contendo apenas um elétron cada. Dois dos melhores isolantes são o néon e o hélio; seus átomos possuem órbita de valência completa. É comum a substituição de materiais condutores e isolantes por outros materiais "menos perfeitos" com o objetivo de reduzir custos e aumentar a capacidade de manuseio dos mesmos. Os condutores mais comuns são o cobre e o alumínio; os isolantes mais comuns são o ar, o plástico, a fibra de vidro e a borracha (ver Figura 1-4). Os dois semicondutores mais comuns são o germânio e o silício; ambos os materiais têm exatamente quatro elétrons em suas órbitas de valência. Como mostrado na Figura 1-5, átomos com quatro elétrons de valência são semicondutores; átomos com menos de quatro elétrons de valência são condutores; e aqueles com mais de quatro elétrons de valência são isolantes.

Apenas por ser um condutor, o material não cria automaticamente o movimento de elétrons. É necessária uma força externa além das forças moleculares presentes dentro dos átomos do condutor. Em uma aeronave, essas forças externas são geralmente fornecidas pela bateria, pelo gerador, ou pelo alternador. As forças internas dos átomos são causadas pela repulsão de dois corpos carregados com cargas semelhantes, como dois elétrons ou dois prótons, e a atração de dois corpos carregados com cargas diferentes, como um elétron e um próton.

Quando dois elétrons estão próximos um do outro e não estão sob a influência de uma carga positiva, eles se repelem com uma força relativamente grande. Diz-se que, se dois elétrons pudessem ser ampliados para o tamanho de ervilhas e fossem colocados a uma distância de 300 metros um do outro, eles iriam se repelir mutuamente com toneladas de força. Essa é a força que faz os elétrons se moverem através de um condutor. É importante lembrar que a força de atração exercida pelos prótons em seu núcleo sobre os elétrons em suas órbitas cria a estabilidade em um átomo sempre que uma carga neutra estiver presente.

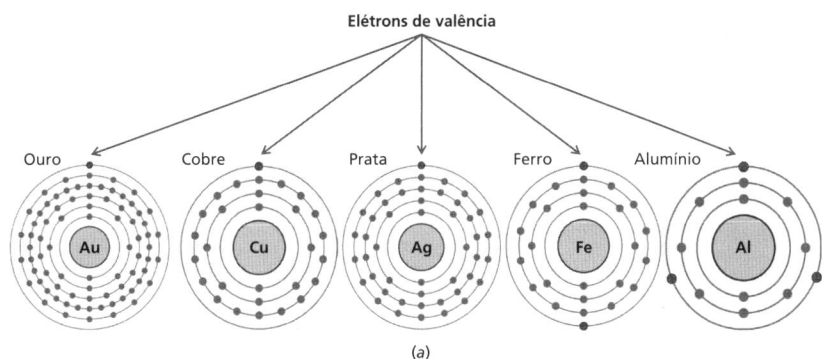

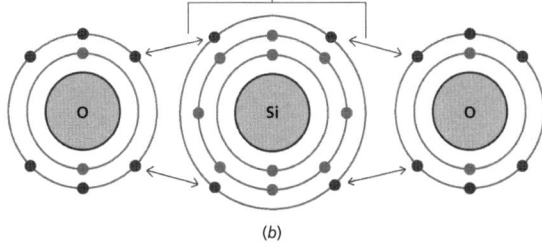

FIGURA 1-4 O número de elétrons na órbita mais externa de um átomo determina se o material é um condutor ou um isolante: (a) os condutores comuns têm menos de quatro elétrons, (b) os isolantes têm mais de 4 elétrons.

4 Eletrônica de Aeronaves

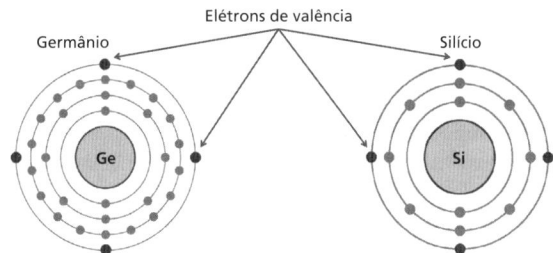

FIGURA 1-5 Semicondutores têm exatamente quatro elétrons na órbita mais externa do átomo.

Se um elétron extra entra na órbita exterior do átomo, o átomo torna-se muito instável. É essa força de repulsão instável entre os elétrons em órbita que causa o movimento desses elétrons através do condutor. Quando um elétron extra entra na órbita externa de um átomo, a força de repulsão provoca imediatamente o deslocamento de outro elétron para fora da órbita desse átomo em direção à órbita de outro. Se o material é um condutor, os elétrons vão se mover facilmente de um átomo para outro.

Direção do fluxo de corrente

Demonstrou-se que a corrente elétrica é o resultado do movimento de elétrons através de um condutor. Uma vez que um corpo carregado negativamente apresenta excesso de elétrons e um corpo carregado positivamente, uma deficiência de elétrons, é óbvio que o fluxo de elétrons será **a partir** do corpo de carga negativa **para** o corpo de carga positiva, quando os dois estão ligados por um condutor. Portanto, pode-se dizer que a eletricidade flui do negativo para o positivo.

Em muitos casos, assume-se que a corrente elétrica flui de positivo para negativo. Nesses casos, define-se o fluxo de corrente como "fluxo de corrente convencional". Uma vez que os nomes das polaridades de cargas elétricas foram arbitrariamente atribuídos a elas (*positivos e negativos*), a direção do fluxo da corrente real é difícil de distinguir sem a verdadeira natureza da corrente elétrica ser considerada. Ao estudar-se a natureza molecular da eletricidade, é necessário considerar o verdadeiro sentido do fluxo de elétrons, mas, para todas as aplicações elétricas normais, pode ser considerado o sentido do fluxo em ambas as direções, desde que a teoria seja usada de forma consistente. Muitos textos aderem à teoria convencional de que a corrente flui do positivo para o negativo; no entanto, iremos considerar que o fluxo de corrente irá fluir do negativo para o positivo. Regras elétricas e diagramas são organizados em conformidade com esse princípio, a fim de evitar confusão e dar ao aluno um verdadeiro conceito de fenômenos elétricos. A Administração Federal de Aviação (FAA – Federal Aviation Administration) adere ao conceito de que a corrente flui do negativo para o positivo; portanto, a maioria da indústria da aviação também segue essa convenção.

Na maioria das aplicações, **não** é importante saber qual é a direção exata do fluxo (negativo para positivo ou positivo para o negativo). Se a bateria e a carga estiverem corretamente conectadas, haverá um fluxo de corrente e o circuito deverá operar, ver Figura 1-6. No entanto, se a bateria ficar desconecta da carga, o circuito não funciona. Assim, na maioria dos casos, o técnico

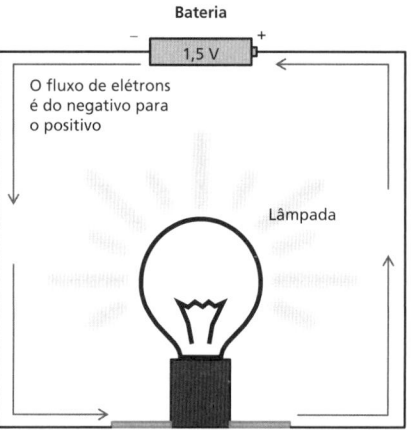

(a)

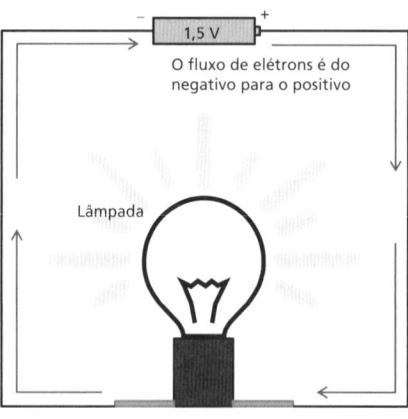

(b)

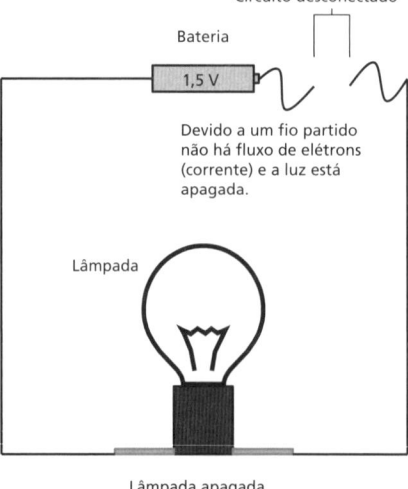

(c)

FIGURA 1-6 Um circuito completo acende a luz: (a) fluxo de elétrons do negativo para o positivo, (b) sentido convencional da corrente do positivo para o negativo, (c) circuito desconectado – não há fluxo de elétrons/corrente.

está preocupado que a corrente flua no circuito, não na direção da corrente.

A localização específica das ligações positivas e negativas em um dado circuito é chamada de *polaridade*. Por exemplo, ao substituir-se uma bateria de uma calculadora simples, é preciso inserir a bateria na posição correta. O lado positivo da bateria deve ser colocado na conexão positiva e o lado negativo deve ser colocado na conexão negativa. Isso assegura que a bateria seja instalada com a polaridade correta. A calculadora é *sensível à polaridade* e só irá funcionar com a bateria instalada corretamente. Para a maioria das instalações elétricas em aeronaves, observar a polaridade correta é muito importante.

Uma das mais recentes teorias que definem a direção do fluxo de corrente afirma que os elétrons fluem em uma direção e as lacunas fluem na direção oposta. Uma **lacuna** é o espaço criado pela ausência de um elétron. Como os elétrons se movem do negativo para o positivo, as lacunas se movem do positivo para o negativo. Esse conceito é muitas vezes usado quando se estuda o fluxo de corrente interna nos semicondutores. No entanto, para aplicações gerais de fluxo de corrente, as lacunas não precisam ser consideradas.

É importante não deixar que esse conceito de direção do fluxo de corrente confunda o entendimento da eletricidade. Basta ser coerente e lembrar-se, ao ler este texto, ou qualquer material da FAA, de que *a corrente flui do negativo para o positivo*.

ELETRICIDADE ESTÁTICA

Eletrostática

O estudo do comportamento da eletricidade estática é chamado de **eletrostática**. A palavra **estática** significa cargas estacionárias ou em repouso, e cargas elétricas que estão em repouso são chamadas de **eletricidade estática**.

Um material com átomos que contém um número igual de elétrons e prótons é eletricamente neutro. Se o número de elétrons em um material aumenta ou diminui, o material fica com uma carga estática. Um excesso de elétrons cria um corpo carregado negativamente, uma deficiência de elétrons cria um corpo carregado positivamente. Esse excesso ou essa deficiência de elétrons podem ser causados pelo atrito entre duas substâncias diferentes ou pelo contato entre um corpo neutro e um corpo carregado. Se o atrito entre duas substâncias produz uma carga estática, a natureza dessa carga é determinada pelo tipo dessas substâncias. A listagem de substâncias a seguir é chamada de **série elétrica**. Essa lista está disposta de modo que cada substância é positiva em relação a seguinte, quando as duas estão em contato.

1. Cabelo
2. Flanela
3. Marfim
4. Cristais
5. Vidros
6. Algodão
7. Seda
8. Couro
9. O corpo
10. Madeira
11. Metais
12. Cera de vedação
13. Resinas
14. Guta-percha (resina de borracha)
15. Nitrocelulose

Se, por exemplo, uma vareta de vidro é friccionada contra o cabelo, a haste torna-se carregada negativamente, mas, quando friccionada com seda, ela torna-se carregada positivamente.

Quando um material não condutor é esfregado em um material diferente, as cargas permanecem nos pontos onde o atrito ocorreu, porque os elétrons não podem se mover através do material não condutor. Quando um material condutor está carregado, ele pode se descarregar facilmente, porque os elétrons viajam livremente através dos materiais condutores.

Uma carga elétrica pode ser produzida num condutor por indução se ele estiver devidamente isolado. Imagine que a esfera de metal isolada mostrada na Figura 1-7 seja carregada negativamente e levada próxima a uma das extremidades de uma haste metálica, também isolada de outros condutores. Os elétrons que constituem a carga negativa da esfera irão repelir os elétrons na extremidade da haste e levá-los até o final do lado oposto. A haste então passará a ter uma carga positiva na extremidade mais próxima da esfera carregada e uma carga negativa na extremidade oposta. Isso pode ser demonstrado através de esferas menores colocadas suspensas em pares, a partir do meio e nas extremidades da haste, por meio de fios condutores. Nas extremidades, as esferas menores irão se repelir no momento em que a esfera carregada é aproximada de uma das extremidades da haste. As esferas perto do centro não se separam porque, no centro, a carga é nula. À medida que a esfera carregada é afastada da haste, as esferas menores retornam às suas posições originais, indicando assim que as cargas na haste se neutralizaram.

A força criada entre dois corpos carregados é chamada de **força eletrostática**. Essa força pode ser atrativa ou repulsiva, dependendo da carga de cada corpo. Cargas iguais se repelem mutuamente. Cargas diferentes se atraem. A força eletrostática é semelhante às forças que existem dentro de um átomo entre elétrons e prótons. No entanto, a força eletrostática é considerada em uma escala muito maior, lidando com objetos inteiros, e não entre partículas atômicas. A quantidade de carga estática contida dentro de um corpo irá determinar a força do campo eletrostático. Cargas fracas produzem campos eletrostáticos fracos e vice-versa. Precisamente, a intensidade de um campo eletrostático entre dois corpos é diretamente proporcional à intensidade das cargas presentes sobre esses corpos.

A Figura 1-8a demonstra esse conceito. A intensidade da força eletrostática é também afetada pela distância entre os dois corpos carregados. Se a distância entre os dois corpos aumenta, diminui a força eletrostática; se a distância diminui, a força aumenta. Precisamente, a força eletrostática entre dois corpos carregados é inversamente proporcional ao quadrado da distância entre esses dois corpos, isto é, quando a distância torna-se duas vezes maior entre os corpos, a força eletrostática é dividida por quatro. Esse conceito é demonstrado na Figura 1-8b.

A descarga elétrica estática ocorre em todos os corpos carregados. Qualquer desequilíbrio de carga tende ao equilíbrio.

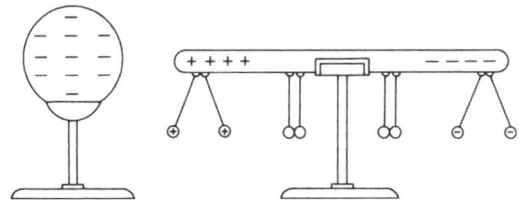

FIGURA 1-7 Carga por indução.

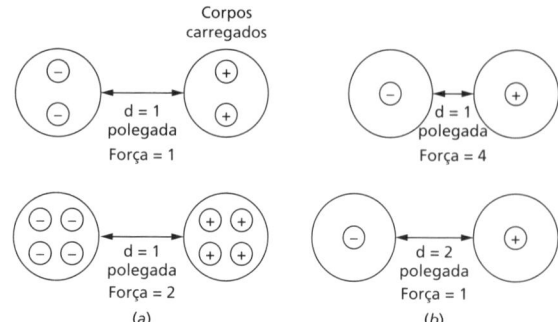

FIGURA 1-8 A intensidade da força eletrostática. (a) Dobrando-se o valor da carga estática dobra-se também a força estática. (b) Quando a distância entre as cargas é dobrada, o valor da força estática é dividido por quatro.

Normalmente é preciso o contato com outro objeto para neutralizar a carga estática. Se um corpo carregado entra em contato com um corpo neutro, ambos os objetos passam a compartilhar a carga original. Um exemplo dessa descarga ocorre quando uma pessoa toma um choque ao tocar na maçaneta de uma porta comum. Se a pessoa está carregada com uma carga estática (normalmente ocorre durante a caminhada sob um tapete em condições de ar seco), a descarga ocorre quando o indivíduo entra em contato com a parte de metal da fechadura. Se o corpo neutro é suficientemente grande, como a Terra, praticamente toda a carga será neutralizada, ou absorvida, pelo corpo maior.

A descarga estática tornou-se um grande problema para a microeletrônica moderna. A miniaturização dos sistemas informatizados modernos fez com que eles se tornassem extremamente delicados. A descarga de eletricidade estática pode facilmente danificar esses componentes. Componentes eletrônicos sensíveis a descargas eletrostáticas são conhecidos como componentes ESDS. Qualquer pessoa que projeta, instala ou repara sistemas eletrônicos de aeronaves deve seguir os procedimentos adequados para evitar danos devido à descarga estática. Técnicas de prevenção ESDS serão discutidas mais adiante.

UNIDADES DA ELETRICIDADE

Corrente

A **corrente** elétrica é definida como um fluxo de elétrons através de um condutor. No início deste capítulo, foi mostrado que os elétrons livres se movimentam dentro de um material condutor de um átomo para outro, como resultado da atração de cargas diferentes e a repulsão de cargas iguais. Se os terminais de uma bateria estão ligados às extremidades de um fio condutor, o terminal negativo força os elétrons através do fio e o terminal positivo atrai esses elétrons. Consequentemente, enquanto a bateria estiver conectada, existirá um fluxo contínuo de corrente através do fio, até que a bateria se descarregue.

Como cada elétron tem massa e inércia, o fluxo de elétrons é capaz de realizar trabalho, como ligar motores, acender lâmpadas e esquentar aquecedores. Assim como a água em movimento pode girar uma roda de pá primitiva para moer trigo,

elétrons em movimento podem fazer o mesmo. Mesmo se movendo à velocidade da luz, um único elétron não poderia realizar muito trabalho. No entanto, se grandes quantidades de elétrons são colocadas em movimento, grandes quantidades de trabalho podem ser realizadas usando a eletricidade.

Muitas vezes, é difícil de entender que os elétrons em movimento podem realizar um trabalho útil, mas lembre-se que os elétrons têm massa e qualquer massa em movimento pode realizar trabalho.

Diz-se que uma corrente elétrica viaja à velocidade da luz, aproximadamente 299.000 quilômetros por segundo (km/s). Na verdade, seria mais correto dizer que o efeito, ou a força, da eletricidade viaja a essa velocidade. Elétrons individuais movem-se a uma velocidade relativamente lenta de um átomo a outro dentro de um condutor, mas a influência de uma carga é "sentida" ao longo de todo o comprimento do condutor instantaneamente. Uma ilustração simples vai explicar esse fenômeno. Ao se encher completamente um tubo com bolas de tênis, como mostrado na Figura 1-9, e, em seguida, empurrar uma bola adicional em uma das extremidades do tubo, uma bola irá cair para fora na outra extremidade. Isso é semelhante ao efeito dos elétrons, conforme eles são forçados em um condutor. Quando a pressão elétrica é aplicada em uma das extremidades do condutor, isso é imediatamente sentido na outra extremidade. Deve-se lembrar, porém, que, na maioria das condições, os elétrons devem ter um caminho completo de condução antes que eles possam entrar ou sair do condutor.

Quando é necessário medir o fluxo de um líquido através de um tubo, a taxa de fluxo é frequentemente medida em **litros por minuto**. O litro é uma quantidade determinada de líquido e pode ser chamado de unidade de quantidade. A unidade de quantidade de energia elétrica é o **coulomb** (C), em homenagem a Charles A. Coulomb (1736-1806), físico francês que realizou muitos experimentos com cargas elétricas. Um coulomb é a quantidade de eletricidade que, quando passa por uma solução de nitrato de prata padrão, fará com que 0,001118 gramas (g) de prata se deposite sobre um eletrodo. (Um eletrodo é um terminal, ou polo, de um circuito elétrico.) Um coulomb é também definido como $6,28 \times 10^{18}$ elétrons, ou seja, 6,28 bilhões de bilhões de elétrons.

Para situações práticas, a corrente elétrica é medida em uma unidade chamada de *ampère*. **Um ampère é a taxa de fluxo de 1 coulomb por segundo**. O ampère foi nomeado em homenagem ao cientista francês André M. Ampère (1775-1836).

O termo **corrente** é simbolizado pela letra **I**. Corrente é taxa de fluxo ou movimento de elétrons. A corrente é medida em ampères, muitas vezes abreviado para **amps**.

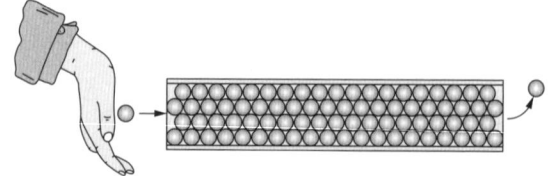

FIGURA 1-9 Demonstração do fluxo de corrente. Um elétron entrando no condutor significa, instantaneamente, um elétron saindo do condutor.

Tensão e força eletromotriz

Da mesma forma que a água flui num tubo quando existe uma diferença de pressão nas extremidades do tubo, uma corrente elétrica flui num condutor devido a uma diferença de pressão elétrica nas extremidades do condutor. Se dois tanques que contêm água em níveis diferentes são ligados por um tubo com uma válvula, como mostrado na Figura 1-10a, a água flui a partir do tanque com o nível mais elevado para o outro tanque quando a válvula é aberta. A diferença na pressão da água ocorre em função do nível de água mais elevado em um dos tanques.

Pode-se afirmar que, num circuito elétrico, um grande número de elétrons em um ponto vai fazer com que uma corrente flua para outro ponto onde há um pequeno número de elétrons, se os dois pontos estiverem ligados por um condutor (ver Figura 1-10b). Em outras palavras, quando o nível de elétrons é maior em um ponto do que em qualquer outro ponto, existe uma diferença de potencial entre esses dois pontos. Quando os pontos estão ligados por um condutor, elétrons irão fluir a partir do ponto de maior potencial para o ponto de menor potencial. Existem várias analogias simples que podem ser usadas para ilustrar a diferença de potencial. Por exemplo, quando um pneu de automóvel é inflado, existe uma diferença de potencial (pressão) entre o interior do pneu e o lado de fora. Quando a válvula é aberta, o ar escapa para fora. Nesse caso, o ar dentro do pneu representa um excesso de elétrons, um potencial elevado, ou uma carga negativa. O ar exterior do pneu representa uma deficiência de elétrons, um potencial baixo, ou uma carga positiva.

A força que faz com que os elétrons fluam através de um condutor é chamada de **força eletromotriz**, abreviada de fem. A FEM pode ser vista como uma força motriz de elétrons. A unidade prática para a medição de FEM ou diferença de potencial é o **volt** (V). A palavra *volt* é derivada do nome do famoso pesquisador da eletricidade, o italiano Alessandro Volta (1745-1827), que muito contribuiu para o conhecimento da eletricidade.

Um volt é a fem necessária para provocar um fluxo de corrente de 1 ampère através de uma resistência de 1 ohm. O termo *ohm* será definido mais adiante neste capítulo. Força eletromotriz e diferença de potencial podem ser consideradas iguais para todos os efeitos práticos. Quando existe uma diferença de potencial, ou diferença de pressão elétrica, entre dois pontos significa simplesmente que existe um campo ou uma força que tende a mover elétrons de um ponto a outro. Se os pontos estão ligados por um condutor, os elétrons irão fluir enquanto a diferença de potencial existir. Em termos práticos, uma bateria carregada irá fornecer corrente a um circuito enquanto a bateria permanecer carregada. Sempre que a bateria está carregada, há uma tensão (força eletromotriz) pronta para "empurrar" elétrons através de um circuito.

Em referência à Figura 1-11, pode ser visto que a tensão – diferença de potencial na bateria – cria um fluxo de elétrons da mesma forma que pressão interna de um balão – a diferença de pressão em relação à atmosfera – cria um fluxo de ar. A tensão (pressão elétrica) causa um fluxo de elétrons através do condutor. Isso não é um mistério. Qualquer objeto, incluindo os elétrons, tende a se mover quando uma pressão é aplicada em uma certa direção.

Força eletromotriz, a qual é a força que faz os elétrons se moverem, também pode ser considerada potencial elétrico ou pressão. O termo **tensão**, que é medido em volts, normalmente é substituído por fem. A tensão é simbolizada pela letra **E**, e o volt, pela letra **V**.

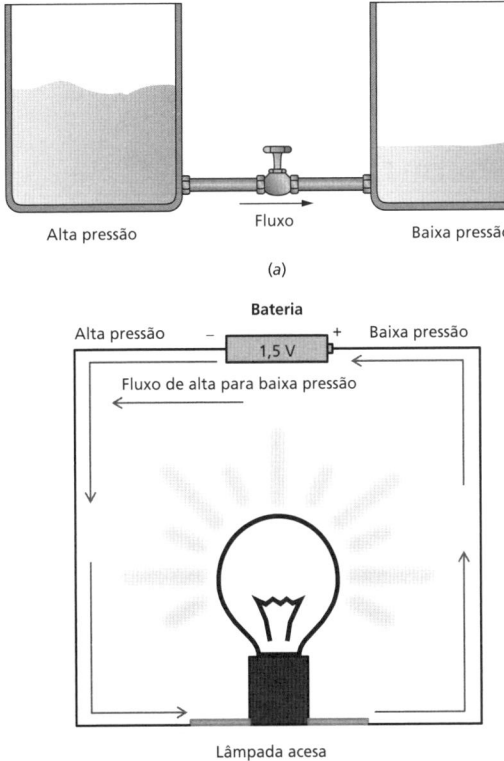

FIGURA 1-10 Pressão (força) cria movimento (a) a água flui de alta para baixa pressão; (b) os elétrons fluem de alta para baixa pressão.

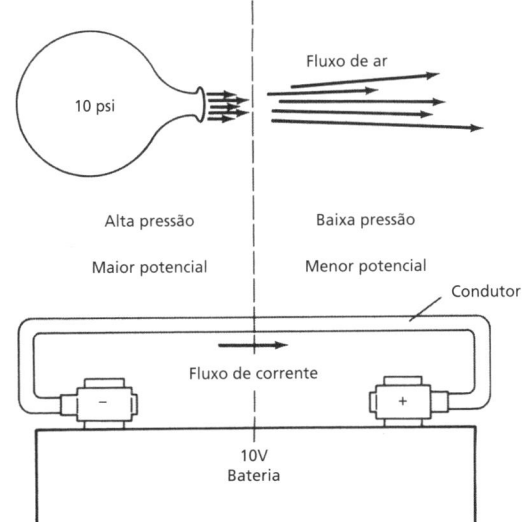

FIGURA 1-11 Comparação da tensão com a pressão do ar.

Resistência

A resistência é a propriedade de um condutor que tende a se opor, ou restringir, o fluxo de uma corrente elétrica; está presente em todos os circuitos. A resistência pode ser denominada *fricção elétrica*, porque afeta o movimento dos elétrons de forma semelhante ao efeito da fricção em objetos mecânicos. Por exemplo, se o interior de uma tubulação de água está muito rugosa, por causa da ferrugem ou algum outro material, um fluxo menor de água vai fluir através do tubo, em uma determinada pressão, em relação ao fluxo no interior do tubo limpo e liso. A tubulação rugosa oferece maior resistência, ou fricção, do que a tubulação lisa.

A unidade usada na eletricidade para mensurar a resistência é o **ohm**, nome dado em homenagem ao físico alemão Georg S. Ohm (1789-1854), que descobriu a relação entre grandezas elétricas conhecida como **lei de Ohm**. A resistência é a oposição ao fluxo de corrente e é simbolizada pela letra **R**. Ela é medida em ohms, cujo símbolo é a letra grega ômega, Ω.

Anteriormente, foi explicado que os materiais com um pequeno número de elétrons de valência, menos de quatro, são condutores. Condutores têm uma resistência relativamente baixa, porque aceitam facilmente elétrons extras (fluxo de corrente). Se uma tensão é aplicada a um condutor, uma corrente elétrica fluirá, assumindo que um circuito completo está presente. Como visto na Figura 1-12a, se uma caixa de madeira pesada é empurrada em um piso bem polido, esta deslizará facilmente, porque o piso oferece baixa resistência, ou oposição baixa, ao movimento. Se a mesma caixa é colocada em um piso de concreto áspero e empurrada outra vez, com a mesma força, pouco ou nenhum movimento ocorrerá, devido à alta resistência oferecida pelo chão rugoso. Agora compare a caixa na Figura 1-12a com o circuito na Figura 1-12b. Um circuito de baixa resistência com uma tensão de 5 V aplicada moverá facilmente os elétrons. A mesma 5 V aplicada a um circuito de alta resistência – interruptor aberto, por exemplo – não é capaz de mover os elétrons. Observe que a resistência de um interruptor aberto é tão grande que nenhuma corrente fluirá. Um interruptor aberto é considerado uma resistência infinita.

Os **isolantes** são materiais que têm mais de quatro elétrons de valência. Os isolantes não aceitam facilmente os elétrons extras da corrente e são caracterizados por possuir uma resistência relativamente alta. Se uma tensão moderada é aplicada a um isolante, não haverá nenhuma corrente elétrica. Não existe um isolante perfeito, mas muitas substâncias têm uma resistência tão alta que pode ser dito que elas praticamente impedem a passagem de corrente. Substâncias que têm boas qualidades isolantes são: o ar seco, o copo de vidro, a mica, a porcelana, a borracha, o plástico, o amianto e as composições de fibra. A resistência dessas substâncias varia até certo ponto, mas pode ser dito que todas elas bloqueiam a passagem de corrente, efetivamente. É dito que esses isolantes têm uma resistência infinita na maioria dos casos. De acordo com a teoria do elétron, os átomos de um isolante não cedem elétrons facilmente. Quando uma tensão é aplicada a tal substância, as órbitas dos elétron exteriores são deformadas, mas, assim que a tensão se afastada, os elétrons voltam às suas posições normais. Porém, se a tensão aplicada é tão forte que atrai a estrutura atômica além de seu limite elástico, os átomos perdem elétrons e o material se torna um condutor. Quando isto acontece, é dito que o material foi rompido. Um exemplo deste fenômeno é quando um raio comum viaja pelo ar durante uma tempestade de chuva. O raio produz uma tensão tão alta que a corrente é forçada pelo ar, que é um isolante na maioria das situações.

TEORIA DE MAGNETISMO

O ímã

Quase todo mundo já testemunhou os efeitos de magnetismo, e muitos possuem ímãs permanentes simples, como o ilustrado na Figura 1-13. Porém, poucas pessoas percebem a importância de magnetismo e a sua relação com a eletricidade. Na comunidade científica, é comum o pensamento de que eletricidade não existiria sem o magnetismo. Um **ímã** pode ser definido como um

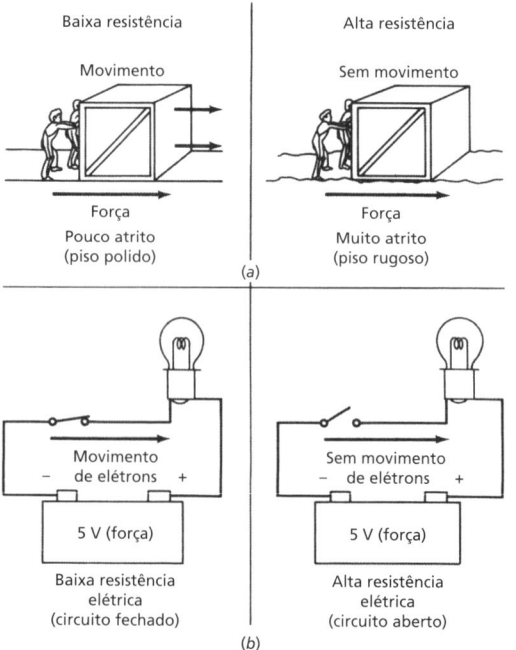

FIGURA 1-12 Comparação entre resistência e atrito.

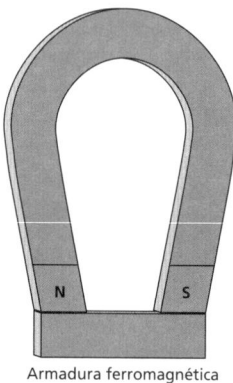

FIGURA 1-13 Um ímã permanente.

objeto que atrai metais ferrosos como o ferro ou o aço. Produz um campo magnético externo para si mesmo e reage com substâncias magnéticas.

É aceito que um **campo magnético** consiste em linhas invisíveis de força que deixam o polo **norte** do ímã e entram no polo **sul**. A direção dessa força só é suposta para estabelecer regras e referências para a sua utilização. Se existe algum movimento real da força do polo norte ao polo sul de um ímã, este não é conhecido, mas sabe-se que a força age em uma direção definida. Isso é indicado pelo fato de que um polo norte repele outro polo norte, mas é atraído por um polo sul.

Polos iguais se repelem e polos distintos se atraem. Um **ímã permanente** é um tipo de ímã que mantém um campo magnético quase constante, sem a aplicação de qualquer força magnetizadora. A maioria dos ímãs permanentes apresenta praticamente perda de força magnética ao longo um período de vários anos.

Um **ímã natural** é um ímã achado na natureza; ele é chamado de *lodestone* ou *pedra principal*. O ímã natural recebeu esse nome porque era usado pelos primeiros navegantes para determinar a direção. O *lodestone* é composto de um óxido de ferro chamado magnetita.

Quando foi descoberto, verificou-se que o *lodestone* tinha propriedades peculiares. Quando era suspenso livremente, um lado sempre apontava para uma direção ao norte. Por essa razão, uma ponta do *lodestone* foi nomeada o *norte-seguidor* e a outra ponta, o *sul-seguidor*. Esses termos foram encurtados para *norte* e *sul*, respectivamente. A razão por que um ímã livremente suspenso assume uma posição norte-sul é que a Terra é um ímã gigante e o campo magnético da Terra se manifesta sob toda a superfície. As linhas de força do ímã suspenso interagem com o campo magnético da Terra e alinham o ímã adequadamente. De acordo com a definição, o polo magnético perto do polo norte geográfico da Terra é, de fato, o polo magnético sul da Terra. Isso pode ser demonstrado suspendendo um ímã em um fio e observando a direção em que polo de norte aponta. O polo norte do ímã aponta para o norte geográfico da terra, mas, por definição, norte deveria repelir norte; então, o polo magnético sul da terra está realmente mais próximo do norte geográfico da terra. Esse conceito é demonstrado na Figura 1-14. Para eliminar qualquer confusão, a direção para a qual o polo norte de um ímã aponta é chamada de polo norte da Terra. Na realidade é o sul magnético.

Os polos magnéticos da Terra não ficam situados nos polos geográficos. O polo magnético no hemisfério do norte é situado a leste do norte geográfico. O polo sul magnético é situado a oeste do sul geográfico, como ilustrado na Figura 1-14. A diferença entre os polos geográficos e magnéticos é chamada de **variação magnética**. A variação magnética às vezes é chamada de *declinação magnética*. Em geral, esse princípio de variação magnética não afeta os fenômenos elétricos; porém, ele se torna muito importante ao navegar uma aeronave usando uma bússola magnética.

A verdadeira natureza de magnetismo não é entendida totalmente, embora seus efeitos sejam bem conhecidos. Uma teoria que parece fornecer uma explicação lógica do magnetismo assume que os átomos, ou as moléculas de substâncias magnéticas, são, na realidade, pequenos ímãs. É discutido que os elétrons que se movem em torno do núcleo de um átomo criam campos magnéticos pequenos. Em substâncias magnéticas como

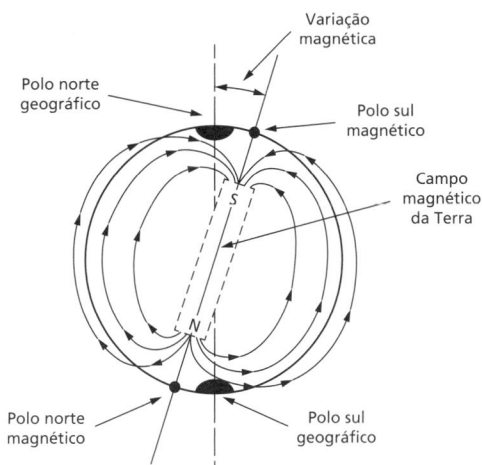

FIGURA 1-14 O campo magnético da Terra.

o ferro, supõe-se que a maioria dos elétrons está se movendo em uma direção geral ao redor dos núcleos; consequentemente esses elétrons produzem um campo magnético notável em cada átomo, e cada átomo ou molécula se torna um ímã minúsculo. Quando a substância não é magnetizada, as moléculas movem-se em todas as direções no material, como mostrado em Figura 1-15a, e os seus campos tendem a cancelar um ao outro. Quando a substância é colocada em um campo magnético, as moléculas se alinham com o campo e os campos das moléculas acrescentam à força do campo magnetizador. Um diagrama de uma substância magnetizada é mostrado em Figura 1-15b.

Quando um pedaço de ferro-doce é colocado em um campo magnético, quase todas as moléculas no ferro se alinham com o campo, mas, assim que o campo magnetizador é afastado, a maioria das moléculas retorna para suas posições aleatórias, e a substância já não está mais magnetizada. Pelo fato de algumas das moléculas tenderem a permanecer na posição alinhada, toda substância magnética retém uma quantidade pequena de magnetismo depois de ter sido magnetizada. Esse magnetismo retido é chamado de **magnetismo residual**.

Certas substâncias, como o aço duro, são mais difíceis de magnetizar que ferro-doce, por causa do atrito interno entre as moléculas. Se tal substância é colocada em um campo magnético muito forte, as moléculas são alinhadas com o campo. Quando a substância é afastada do campo magnético, ela

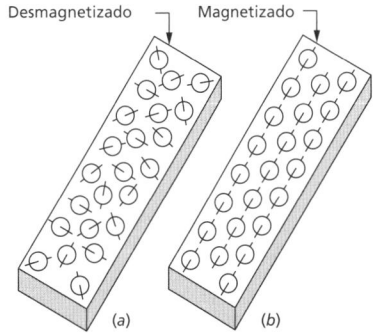

FIGURA 1-15 Teoria do magnetismo.

retém seu magnetismo; consequentemente ela é chamada de **ímã permanente**. O aço duro e certas ligas metálicas, como o Alnico (uma liga que contém níquel, alumínio e cobalto), têm a habilidade de reter o magnetismo. Ímãs permanentes retêm o seu magnetismo pela mesma razão que eles são difíceis de magnetizar, ou seja, as moléculas não trocam as suas posições facilmente. Quando as moléculas estão alinhadas, todos os polos norte das moléculas apontam na mesma direção e produzem o polo norte do ímã. De certa forma, os polos sul das moléculas produzem o polo sul do ímã.

Muitas substâncias não têm nenhuma propriedade magnética apreciável. Os átomos dessas substâncias aparentemente têm órbitas de elétrons em posições tal que os seus campos cancelam um ao outro. Entre essas substâncias estão o cobre, a prata, o ouro e o chumbo.

A capacidade de um material de se magnetizar é chamada de **permeabilidade**. Um material com permeabilidade alta é fácil de magnetizar ou desmagnetizar. Um material com permeabilidade baixa é difícil de magnetizar ou desmagnetizar. Materiais com permeabilidade alta, como ferro-doce, são mais úteis como ímãs temporários. Materiais com baixa permeabilidade, como o Alnico, são mais apropriados como ímãs permanentes.

Os materiais magnéticos descobertos mais recentemente são conhecidos como *elementos de terras raras*. Esses elementos de terras raras (ou metais de terras raras) são um conjunto de 17 elementos químicos que ocorrem naturalmente na Terra. Apesar do nome, a maioria elementos de terras raras é relativamente abundante na crosta terrestre. Porém, estes elementos são muito dispersos e não são facilmente encontrados em formas concentradas e economicamente viáveis. Quando um elemento de terras raras é transformado em um ímã, ele é geralmente chamado de *ímã de terras raras*. Em geral, a maioria dos metais de terras raras pode ser usada na fabricação de ímãs muito fortes e esses metais ficaram populares em muitos componentes elétricos modernos, devido às suas forças relativas. Por exemplo, muitos motores compactos, mas ainda assim poderosos, usam ímãs de terras raras para ajudar a criar uma força rotativa.

Propriedades de magnetismo

O campo de força que existe entre os polos de um ímã é chamado de **campo magnético**. O padrão desse campo pode ser visto colocando um papel duro em cima de um ímã e borrifando limalhas de ferro no papel. Como mostrado na Figura 1-16, as limalhas de ferro se alinharão com as linhas de força magnética. Nota-se então que as linhas diretamente entre os polos são retas, mas as linhas mais distantes são curvadas. Essa curvatura acontece por causa da repulsão de linhas que viajam na mesma direção. Se limalhas de ferro forem borrifadas em um papel colocado sobre os dois polos norte, o campo terá o padrão mostra-

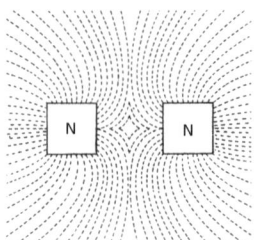

FIGURA 1-17 Um campo magnético entre dois polos magnéticos iguais.

do na Figura 1-17. Aqui as linhas de força dos dois polos saem e se curvam para longe umas das outras.

A força magnética, também chamada de **fluxo magnético**, viaja do norte para sul em linhas invisíveis. Assumindo uma direção, nós damos uma referência pela qual podem ser feitos cálculos e determinados os efeitos magnéticos. Um vez que as limalhas de ferro, em um campo magnético, se organizam em linhas, é lógico dizer que força magnética existe em linhas.

Um espaço ou uma substância atravessados por linhas de força magnéticas são chamados de **circuito magnético**. Se uma barra de ferro-doce é colocada nos polos de um ímã, quase todas as linhas magnéticas de força (fluxo) passam pela barra e o campo externo será muito fraco.

O campo externo de um ímã é distorcido quando qualquer substância magnética é colocada nesse campo, pois é mais fácil que as linhas de força viajem pela substância magnética do que pelo ar (veja Figura 1-18). A oposição de um material ao fluxo magnético é chamada de **relutância** e compara-se à resistência em um circuito elétrico. Como na corrente elétrica, o material que resistirá completamente às linhas de fluxo magnético é desconhecido. Porém, alguns materiais aceitarão linhas de fluxo mais facilmente que outros.

Revisando, as propriedades de ímãs são as seguintes: (1) O polo que tende a apontar para o norte geográfico da Terra é chamado de polo norte do ímã. O lado oposto é o polo sul. (2) Polos magnéticos iguais repelem um ao outro e polos distintos atraem um ao outro. (3) Um campo magnético está estabelecido ao redor de cada ímã e contém linhas de fluxo magnéticas. Essas linhas de fluxo são diretamente responsáveis pelas propriedades magnéticas do material. (4) A força de qualquer ímã é diretamente proporcional à densidade do campo de fluxo. Quer dizer, um ímã mais forte terá um número relativamente maior de linhas de fluxo concentradas em uma determinada área. (5) Campos magnéticos são mais fortes

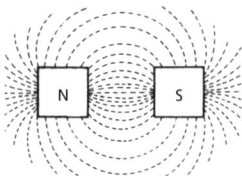

FIGURA 1-16 Um campo magnético.

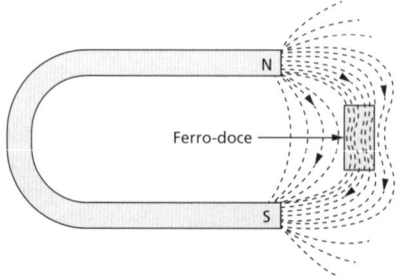

FIGURA 1-18 Um campo distorcido por uma substância magnética.

perto dos polos do ímã. Isto acontece devido à concentração de linhas de fluxo em cada polo. (6) Por definição, as linhas de fluxo magnético fluem do polo norte para o polo sul em qualquer ímã. Essa propriedade se torna importante ao estudar certas relações do magnetismo. (7) Linhas de fluxo nunca se cruzam. Isto porque as linhas de fluxo se repelem com uma força relativamente intensa. (8) Linhas de fluxo magnético sempre passam pelo caminho de menor resistência, como quando elas preferem passar por um pedaço de ferro-doce ao invés de passar pelo ar.

DISPOSITIVOS MAGNÉTICOS

Eletroímãs

Os eletroímãs, em várias formas, são itens muito úteis e já se tornaram comuns nas aeronaves modernas. Os **eletroímãs**, como insinua o nome, são produzidos usando uma corrente elétrica para criar um campo magnético. Ao redor de todo condutor pelo qual passe uma corrente elétrica, existe um campo magnético. A Figura 1-19a mostra uma bússola usada para detectar o campo magnético adjacente a um condutor de corrente. Este campo magnético é criado devido ao movimento de elétrons pelo condutor. Tipicamente esse campo magnético é tão pequeno que fica despercebido. Porém, se a corrente é muito intensa ou o condutor forma uma bobina, há um aumento de força do campo magnético. A maioria dos eletroímãs é construída de uma bobina de fio com centenas de voltas para criar a força de campo magnético desejada.

Na Figura 1-19b, o círculo sombreado representa uma seção atravessada de um condutor com a corrente fluindo para dentro do papel. A corrente está fluindo do negativo para o positivo. Quando a corrente flui como indicado, o campo magnético está na direção do ponteiro do relógio. Isso é facilmente determinado pelo uso da regra da mão esquerda. Quando um fio é segurado na mão esquerda com o dedo polegar apontando do negativo para o positivo, o campo magnético ao redor do condutor está na direção em que os dedos estão apontando.

Se um fio condutor de corrente está curvado ou enrolado, a bobina assume as propriedades de um ímã; quer dizer, um lado da volta será o polo norte e o outro lado será o polo sul. Lembre-se de que os eletroímãs são feitos de uma bobina de fio, não de um único fio. Quando um fio é enrolado e conectado a uma fonte de energia elétrica, os campos gerados pelas voltas separadas se unem e passam por toda a bobina, como mostrado na Figura 1-20a. A Figura 1-20b mostra a seção transversal da mesma bobina. Note que as linhas de força produzidas por uma volta se juntam com as linhas de força das outras voltas e passam pela bobina, isso faz com que a bobina assim adquira uma polaridade magnética. A polaridade da bobina é facilmente determinada pelo uso da **regra da mão esquerda para bobinas**: *Quando uma bobina é segurada na mão esquerda com os dedos apontados na direção da corrente, isso é, do negativo para positivo, o dedo polegar apontará na direção do polo norte da bobina.*

A maioria dos eletroímãs tem um fio enrolado ao redor de um material com núcleo de ferro doce (bobina).

O núcleo fornece a estrutura na qual o fio de cobre é enrolado. E o núcleo ajuda a direcionar os fluxos do campo magnético para uma determinada área. Claro que o fio na bobina deve ser separado de forma que não haja curto-circuito entre as voltas da bobina. Um eletroímã típico é feito torcendo muitas voltas de fio isolado em um torno de um núcleo de ferro-doce que foi envolvido com um material isolante. As voltas de fio são feitas mais próximas possível umas das outras para ajudar a impedir que linhas de força magnética passem entre as voltas. A Figura 1-21 é um desenho da seção transversal de um eletroímã.

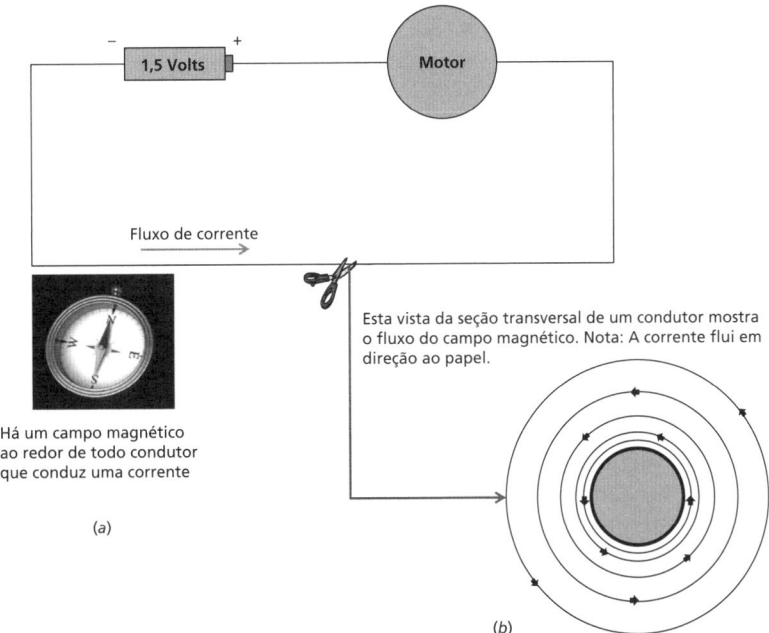

FIGURA 1-19 O elétron (corrente) cria um campo magnético: (a) o campo magnético pode ser medido nas adjacências de um fio que conduz uma corrente; (b) o fluxo de campo magnético em torno de um condutor.

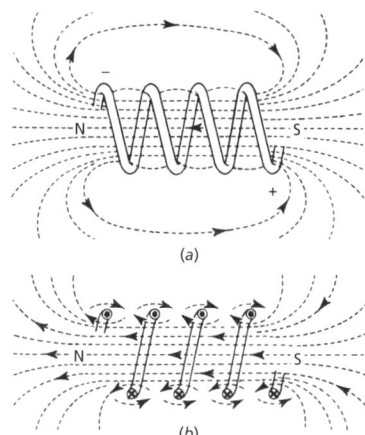

FIGURA 1-20 O campo eletromagnético de uma bobina.

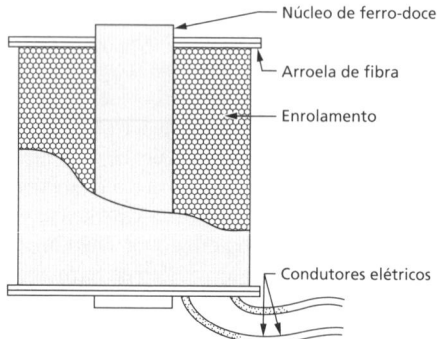

FIGURA 1-21 Um eletroímã.

A força de um eletroímã é diretamente proporcional (1) à intensidade da corrente que flui pela bobina eletromagnética e (2) ao número de voltas de fio da bobina eletromagnética. O crescimento da corrente na bobina ocorre quando o aumento do número de voltas de fio ao redor da bobina aumenta. Além disso, o uso de um material de permeabilidade alta aumentará a força de um eletroímã.

O mesmo eletroímã que usa um núcleo de baixa permeabilidade teria uma força magnética diminuída. Outros fatores também afetam a força de um eletroímã, embora eles sejam desprezíveis para a maioria das aplicações de uso geral.

A força exercida em um material magnético por um eletroímã é inversamente proporcional ao quadrado da distância entre o polo do ímã e o material. Por exemplo, se um ímã exerce uma força de atração de 1 lb [0,4536 kg] em uma barra de ferro quando a barra está a ½ in. [1,27 cm] do ímã, então a força de atração será somente de ¼ lb [0,1134 kg] quando a barra está a 1 in. [2,54 cm] do ímã. Por essa razão, a distância na qual a força magnética tem que agir merece atenção especial em um projeto de equipamento elétrico que usa a atuação eletromagnética.

Solenoides

Foi explicado que uma bobina de fio, ao conduzir uma corrente, terá as propriedades de um ímã. Frequentemente essas bobinas são utilizadas para atuar em vários tipos de mecanismos. Se uma barra de ferro-doce é colocada no campo de uma bobina condutora de corrente, a barra será magnetizada e será puxada para o centro da bobina, tornando-se, assim, o núcleo de um eletroímã. Por meio de um acoplamento adequado, o núcleo móvel pode ser usado para executar muitas funções mecânicas, como uma fechadura de porta eletricamente operada. Um eletroímã com um núcleo móvel é chamado de **solenoide**.

Um solenoide típico usa um núcleo oco; uma parte do núcleo é um revestimento exterior não magnético fixado permanentemente dentro das bobinas. A outra parte do núcleo é livre para deslizar dentro desse revestimento externo fixo, como mostrado na Figura 1-22. Geralmente a mola mantém a parte móvel do núcleo parcialmente distante de uma das extremidades da bobina eletromagnética. Quando a bobina é energizada, a força do eletroímã puxa o núcleo móvel para a parte oca, opondo-se à força da mola. Isso cria um movimento através de uma haste de ligação com o acoplamento mecânico.

Solenoides são frequentemente utilizados para controlar contatos elétricos, válvulas, disjuntores e vários tipos de dispositivos mecânicos. A principal vantagem dos solenoides é que eles podem ser colocados quase em qualquer lugar de um avião e podem ser controlados remotamente por pequenos interruptores ou unidades eletrônicas de controle. Embora o uso de solenoides seja limitado a operações nas quais apenas uma pequena quantidade de movimento é requerida, eles têm uma faixa muito maior de movimento, resposta mais rápida e melhor força que eletroímãs de núcleo fixo.

A maioria dos solenoides encontrados nas aeronaves é usada para operar contatos elétricos. Como visto na Figura 1-23, um circuito de corrente baixa é usado para ativar o eletroímã do solenoide. Quando o eletroímã é energizado (fechando o interruptor #1), o material do núcleo e os contatos elétricos movem-se devido ao campo magnético dentro da bobina. Neste circuito, os contatos elétricos são usados para fechar um segundo circuito que aciona um motor. Um solenoide pode ser usado para ligar ou desligar um circuito quando a bobina está energizada. Na a maioria dos casos, o solenoide contém dois circuitos independentes: (1) o circuito controlador e (2) o circuito controlado.

Relés

Eletroímãs que contêm um núcleo fixo e um acoplamento mecânico articulado são chamados relés. Os relés são normalmente usa-

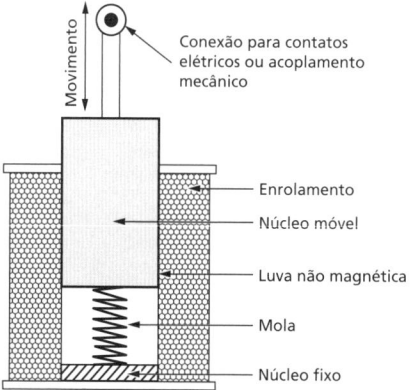

FIGURA 1-22 Um solenoide.

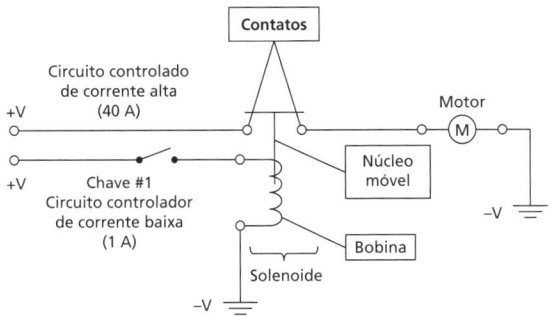

FIGURA 1-23 Um solenoide tem dois circuitos independentes, um circuito "controlador" de corrente baixa e um circuito "controlado" de corrente alta.

dos para comutação de aplicações com corrente baixa. A Figura 1-24 ilustra um típico relé de comutação. Note que o núcleo de eletroímã de um relé é estacionário, diferentemente de um solenoide.

A parte do relé que é atraída pelo eletroímã para abrir ou fechar os contatos é chamada de **armadura**. Há vários tipos de armadura na área de eletricidade, mas, em todos os casos, será visto que uma armadura consiste, em parte, de uma haste ou núcleo de um material que pode ser atraído por um campo magnético. Em um relé, a armadura é atraída pelo eletroímã, e o seu movimento fecha ou abre os pontos de contato. Em alguns casos, o eletroímã opera vários contatos simultaneamente.

Há muita confusão cercando a terminologia dos relés e dos solenoides, por causa das semelhanças entre eles. Relés são frequentemente chamados de solenoides e vice-versa. Pela finalidade deste texto, e como é geralmente aceito na indústria de aeronaves, um *solenoide* é um eletroímã com um material de núcleo móvel, e um *relé* é um eletroímã com um núcleo fixo. Essas definições determinam se o eletroímã é usado para a comutação elétrica ou para outras funções mecânicas. A Figura 1-25 mostra as fotografias de um relé e de um solenoide. Note as diferenças: (1) o solenoide tem um núcleo móvel, enquanto o núcleo de relé é estacionário; (2) o solenoide é usado para controlar circuitos de corrente alta, e o relé é usado para controlar circuitos de corrente baixa. Devido ao núcleo imóvel, um solenoide é muito mais forte que um relé. Por esse motivo, os solenoides são tipicamente usados para o controle de sistemas mecânicos, como um trinco mecânico. Também são usados solenoides (não relés) para controlar circuitos com corrente alta, como motores de partida. Para ajudar a eliminar alguma confusão, muitos fabricantes de aeronaves substituíram o termo *contator* ou *disjuntor* por solenoides de comutação ou relés.

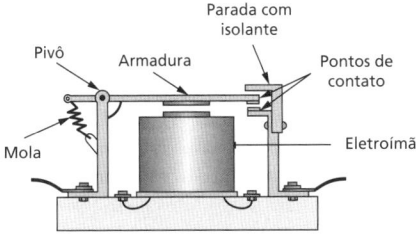

FIGURA 1-24 Chave eletromagnética: relé.

MÉTODOS DE PRODUÇÃO DE TENSÃO

Como discutido anteriormente, *tensão* é a força, ou pressão, que cria o movimento do elétron. A tensão deve estar presente em todos os circuitos para produzir uma corrente. Mas o que cria tensão? A tensão é criada através de limitadas formas, e apenas dois métodos produzem quase 100 por cento de toda a energia elétrica consumida por uma aeronave típica.

A fricção é um método de produzir tensão através do simples ato de esfregar dois materiais diferentes. Isto, normalmente, produz **eletricidade estática**, que não é tipicamente uma forma útil de energia. Na realidade, a maior parte da eletricidade estática encontrada na aeronave se torna um incomodo para os sistemas de comunicação e de navegação, como também aos dispositivos eletrônicos avançados.

A pressão é outro meio de produzir tensão. A **piezeletricidade** é a eletricidade criada aplicando pressão em certos tipos de cristais. Uma vez que somente pequenas quantidades de energia são produzidas usando piezeletricidade, as aplicações são limitadas. Alguns microfones usados em comunicação via rádio empregam o efeito piezelétrico para converter ondas sonoras em energia elétrica. A maioria dos dispositivos piezelétricos usa materiais cristalinos, como o quartzo, para produzir tensão. Quando uma força é aplicada a certos cristais, as suas estruturas moleculares deformam e elétrons podem ser emitidos para um condutor. Cristais piezelétricos também são usados em alguns equipamentos de navegação e em vários sistemas de sensores. Isso será discutido posteriormente neste texto.

A luz é uma fonte de energia que também pode ser convertida em eletricidade. O **efeito fotoelétrico** produz uma tensão quando a luz é emitida sobre certas substâncias. O zinco é um típico material fotossensível. Se exposto a raios ultravioletas, em condições apropriadas, o zinco produzirá uma tensão. Embora dispositivos fotoelétricos sejam limitados nas aeronaves modernas, astronaves e satélites dependem muito de fotocélulas (células solares) e do sol como uma fonte de energia. Algumas aeronaves usam sensores de luz nos sistemas de tela das cabines de comando modernas. Esses sensores operam usando o efeito fotoelétrico. Quanto mais de luz que alcança o sensor, mais tensão é produzida, veja Figura 1-26.

O calor também pode ser usado para produzir tensão. A eletricidade produzida pela junção de dois metais diferentes, sob temperaturas normais, é chamada de **efeito termoelétrico**. Por exemplo, cobre e zinco que se mantém unidos produzem tensão quando submetidos a aquecimento. Esta combinação de dois metais diferentes é chamada de **termopar**. Os termopares são usados em praticamente qualquer sensor de temperatura eletrônico existente em uma aeronave. Isso inclui a descarga de gás e os sensores de temperatura da cabeça dos cilindros, equipamentos eletrônicos de monitoramento de temperatura e alguns detectores de fogo.

A **reação química** ocorre em todas as baterias para produzir eletricidade para os sistemas da aeronave. Uma bateria é encontrada em praticamente todas as aeronaves, produzindo tensão a partir da reação entre duas ou mais substâncias químicas diferentes. Quando duas ou mais das substâncias químicas corretas entram em contato, as suas estruturas são alteradas e uma tensão é produzida. A maioria das aeronaves contém uma bateria usada

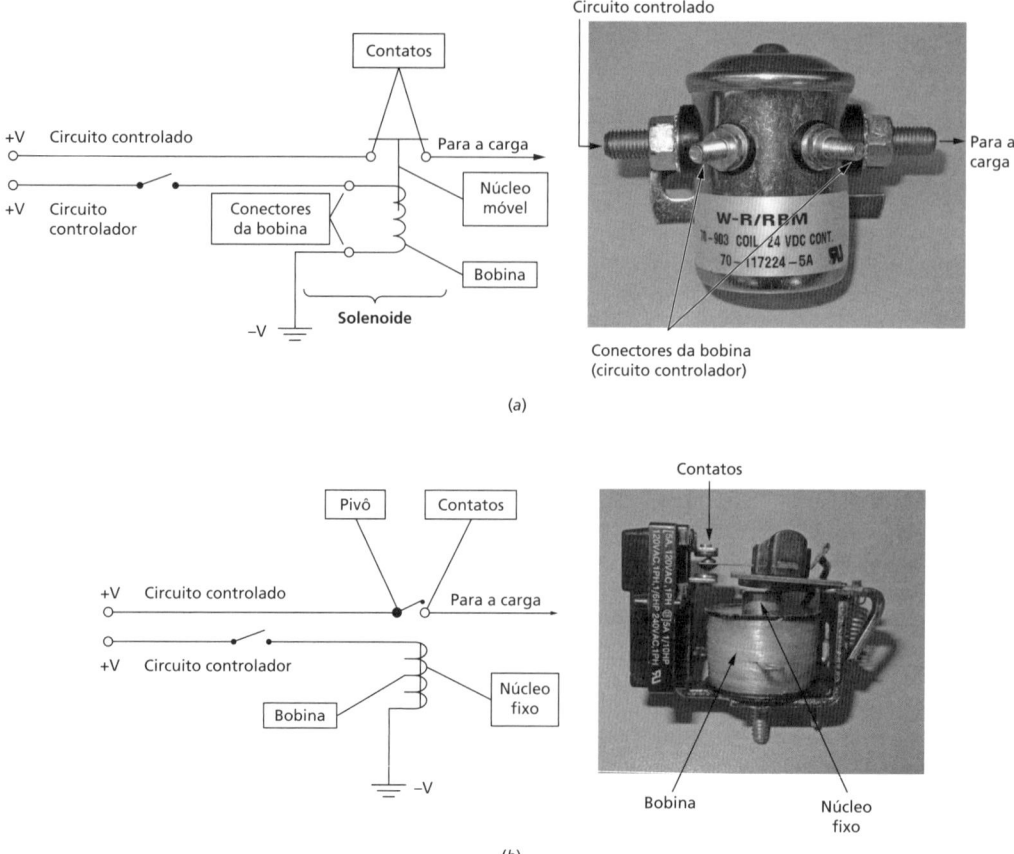

FIGURA 1-25 Comparação entre um solenoide e um relé: (a) um diagrama e uma foto de um solenoide; (b) um diagrama e uma foto de um relé.

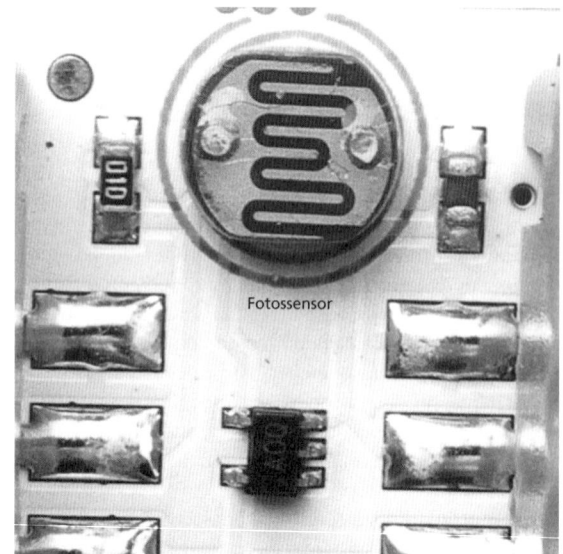

FIGURA 1-26 Um típico fotossensor montado em uma placa de circuito.

para a partida do motor e os procedimentos de emergência. As aeronaves grandes e modernas contêm várias baterias para serem usadas na alimentação de uma variedade de equipamentos.

O magnetismo é usado para produzir a maioria de toda a energia elétrica. A **indução eletromagnética** é o processo onde tensão é produzida movendo-se um condutor por um campo magnético.

INDUÇÃO ELETROMAGNÉTICA

Princípios básicos

A transferência de energia elétrica sem conexões elétricas é chamada de **indução**. Quando energia elétrica é transferida por meio de um campo magnético, isso é chamado de **indução eletromagnética**. Esse tipo de indução é universalmente empregado na geração de energia elétrica. Quase toda energia elétrica é produzida por indução eletromagnética, usando um dispositivo conhecido como gerador ou alternador. Geradores e alternadores serão discutidos posteriormente neste texto. Indução eletromagnética também é o princípio que torna possível o funcionamento de transformadores elétricos e a transmissão de sinais de rádio.

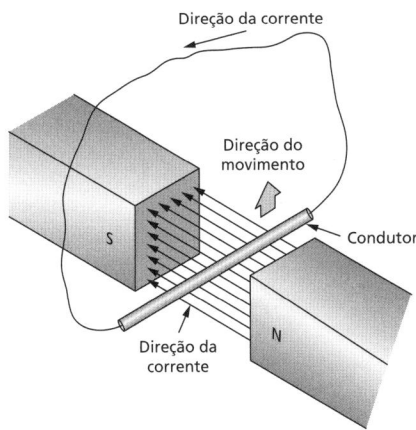

FIGURA 1-27 Ação geradora.

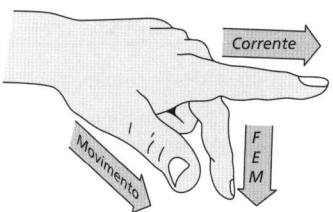

FIGURA 1-28 Regra da mão esquerda para geradores.

Indução eletromagnética ocorre sempre que há um movimento relativo entre um condutor e um campo magnético. Para se produzir energia, o condutor move-se através das linhas de força magnética (não paralelo a elas). O movimento relativo pode ser causado por um condutor estacionário e um campo em movimento ou por um condutor em movimento em um campo estacionário.

As duas classificações gerais da indução eletromagnética são **ação geradora** e **ação motora**. Ambas as ações são eletricamente as mesmas, mas os métodos de operação são diferentes. A ação motora será discutida em um próximo capítulo deste texto.

Ação geradora

O princípio básico da ação geradora é mostrado na Figura 1-27. Enquanto o condutor se move pelo campo, uma tensão é induzida nele. A mesma ação ocorre se o condutor for estacionário e o campo magnético for movido. A direção da tensão induzida depende da direção do campo e pode ser determinada usando a

regra da mão esquerda para geradores: *Estenda o dedo polegar, o dedo indicador e dedo médio da mão esquerda, de forma que eles formem ângulos retos entre eles, como mostrado na Figura 1-28. Vire a mão de forma que a ponta do dedo indicador aponte na direção do campo magnético e o dedo polegar aponte na direção de movimento do condutor. Então o dedo médio estará apontando na direção da tensão induzida.*

A Figura 1-29 ilustra outro tipo de ação geradora. Aqui uma barra de ímã é empurrada para dentro de uma bobina de fio. Um medidor sensível conectado na bobina mostra que a corrente flui em certa direção quando o ímã se move para dentro da bobina. Assim que o ímã deixa de se mover, a corrente cessa. Quando o ímã é retirado, o medidor mostra que a corrente está fluindo na direção oposta. A corrente induzida na bobina é causada pelo campo do ímã assim que ele atravessa as voltas do fio na bobina.

Em geral, para produzir uma tensão por indução eletromagnética, deve haver um campo magnético, um condutor e o movimento relativo entre os dois. O campo magnético pode ser produzido por um ímã permanente ou um eletroímã. Tipicamente, eletroímãs são usados por causa das suas vantagens no aumento de força magnética. O condutor usado normalmente é enrolado na forma de uma bobina, que produz uma maior tensão induzida. O movimento pode ser criado deslocando o ímã ou o condutor. Tipicamente, isto é feito girando uma bobina dentro de um campo magnético ou girando um campo magnético dentro de uma bobina de fio.

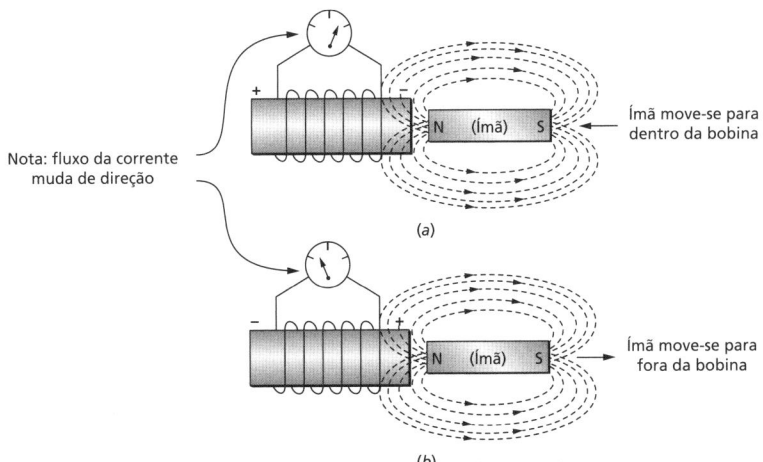

FIGURA 1-29 Corrente induzida por um campo magnético em movimento: (a) o ímã move-se para dentro da bobina – note a polaridade do medidor; (b) o ímã move-se para fora da bobina – note a polaridade do medidor.

QUESTÕES DE REVISÃO

1. Descreva as propriedades de um ímã permanente.
2. Qual é a diferença entre as substâncias necessárias para os ímãs permanentes e aquelas utilizadas para ímãs temporários?
3. Defina *permeabilidade* e *relutância*.
4. Quando a direção de uma corrente que passa por uma bobina é conhecida, como você determina a polaridade da bobina?
5. Como se dá a atração de um ímã por um pedaço de aço a 1 polegada de distância comparada à atração a 2 polegadas de distância?
6. Compare um solenoide com um eletroímã.
7. Descreva um relé.
8. Quais condições são necessárias para produzir indução eletromagnética?
9. Como você determina a direção de uma corrente?
10. De acordo com o FAA, em que direção a corrente flui?
11. Quais efeitos indesejáveis são causados pela eletricidade estática durante a operação de um avião?
12. Defina *molécula* e *átomo*.
13. Quais partículas são encontradas em um átomo?
14. Explique a diferença entre um *relé* e um *solenoide*.
15. Qual é o outro nome para um átomo carregado?
16. O que faz com que algumas substâncias sejam condutoras, isolantes ou semicondutoras?
17. Qual força é exigida para fazer elétrons se moverem em um condutor?
18. Explique a natureza das cargas estáticas.
19. O que é uma corrente elétrica?
20. Qual é o nome dado à unidade de força eletromotriz?
21. A qual força física a tensão pode ser comparada?
22. Qual é a unidade de uma corrente elétrica?
23. Descreva o processo de *indução eletromagnética*.
24. Defina o que é *resistência* e dê a sua unidade.
25. Quais os fatores que determinam a resistência de um condutor?

CAPÍTULO 2
Aplicações da lei de Ohm

Já estudamos os três elementos fundamentais da eletricidade: tensão, corrente e resistência. A **lei de Ohm**, primeiramente apresentada pelo físico alemão Georg Simon Ohm (1787-1854), descreve as relações entre esses três elementos. Essas relações constituem a base sobre a qual todos os conceitos da eletricidade são estudados. As expressões matemáticas, apresentadas na lei de Ohm, explicam a conexão entre a tensão, a corrente e a resistência para praticamente todos os circuitos elétricos de corrente contínua (CC). À medida que você avançar neste texto, deverá ficar claro como a lei de Ohm é importante no projeto e na manutenção de sistemas elétricos de aeronaves. Por exemplo, compreender a lei de Ohm é necessário para determinar o diâmetro e o comprimento de um fio a ser usado em um circuito, os valores de fusíveis e disjuntores, e muitos outros detalhes de um circuito e seus componentes. O objetivo deste capítulo é introduzir os conceitos da lei de Ohm e apresentar as sua formulação matemática.

A LEI DE OHM

Definições

Em problemas matemáticos, a fem (força eletromotriz ou tensão) é expressa em volts, e o símbolo utilizado para representá-la é a letra E. A letra R é o símbolo para resistência, que é medida em ohms. O símbolo para corrente é a letra I, que é medida em ampères. As grandezas E, R e I têm uma relação exata na eletricidade que é dada pela lei de Ohm. Essa lei pode ser enunciada da seguinte forma: **A corrente em um circuito elétrico é diretamente proporcional à fem (tensão) e inversamente proporcional à resistência.** Adiante, a lei de Ohm será expressa pela afirmação: **1 V faz com que 1 A flua por uma resistência de 1 ohm.** A equação para a lei de Ohm é:

$$I = \frac{E}{R}$$

a qual indica que a corrente em um determinado circuito é igual à tensão dividida pela resistência.

A lei de Ohm pode ser expressa em três formas diferentes como mostrado na Figura 2-1. Essas diferentes formas para a equação da lei de Ohm são obtidas por multiplicação ou divisão, como mostrado a seguir.

$$R(I) = R\left(\frac{E}{R}\right) \quad \text{tem-se} \quad RI = \frac{RE}{R}$$

Então

$$RI = E \quad \text{ou} \quad E = IR$$

Lei de Ohm	
$I = \dfrac{E}{R}$	Corrente = $\dfrac{\text{Força eletromotriz}}{\text{Resistência}}$ Ampères = $\dfrac{\text{Volts}}{\text{Ohms}}$
$R = \dfrac{E}{I}$	Resistência = $\dfrac{\text{Força eletromotriz}}{\text{Corrente}}$ Ohms = $\dfrac{\text{Volts}}{\text{Ampères}}$
$E = IR$	Força eletromotriz = Corrente $\times$ resistência Volts = ampères $\times$ ohms

FIGURA 2-1 Equações da lei de Ohm.

De uma maneira semelhante, se ambos os lados da equação $E = IR$ são divididos por I, chegamos à forma

$$R = \frac{E}{I}$$

Estas equações tornam simples a determinação de qualquer um dos três valores se os outros dois forem conhecidos. A lei de Ohm pode ser usada para se encontrar qualquer tensão, corrente ou resistência desconhecida em um determinado circuito e para se resolver qualquer problema de circuito CC comum, pois qualquer desses circuitos, quando em funcionamento, possui tensão, corrente e resistência.

A partir do estudo da lei de Ohm, foi visto que a corrente que flui em um circuito é diretamente proporcional à tensão e inversamente proporcional à sua resistência. Se a tensão aplicada a um determinado circuito é dobrada, a corrente também dobrará. Se a resistência é dobrada e a tensão permanecer constante, a corrente será reduzida pela metade (veja Figura 2-2). Esse circuito mostra os símbolos para uma bateria e um resistor. Símbolos elétricos geralmente são usados para explicar circuitos elétricos e serão usados ao longo deste texto. O apêndice deste texto contém definições dos símbolos elétricos mais comuns.

As equações da lei de Ohm são facilmente lembradas usando o diagrama simples mostrado na Figura 2-3. Cobrindo o símbolo da quantidade desconhecida no diagrama com a mão ou um pedaço de papel, as quantidades conhecidas são encontradas em seu arranjo matemático correto. Se desejarmos encontrar a tensão em um circuito do qual a resistência e a corrente são conhecidas, cobre-se o E no diagrama.

Isso deixa I e R adjacentes um ao outro; eles, então, são multiplicados de acordo com a equação $E = IR$. Em outro exemplo, se é desejado encontrar a resistência total de um circuito no qual a tensão é 10V e a corrente é 5A, cobre-se a letra R no diagrama. Isso deixa E sobre a letra I, então

$$R = \frac{E}{I} = \frac{10}{5} \quad \text{ou} \quad R = 2\,\Omega$$

Uma das descrições mais simples das relações de lei do Ohm é a analogia da água. A *pressão* e o *fluxo* da água, junto com as *limitações* de uma válvula de água, respondem de forma semelhante às relações de *tensão, corrente e resistência* em um circuito elétrico. Como ilustrado na Figura 2-4, um aumento na tensão (pressão elétrica) cria um aumento proporcional na corrente (fluxo elétrico), da mesma maneira que um aumento na pressão da água cria um aumento no fluxo de água. A Figura 2-5 mostra a relação entre a resistência e a corrente. Com o aumento da resistência de um circuito, a corrente diminui, assumindo que a tensão permanece constante. A água responde de forma semelhante. Com a válvula de água fechada (aumentando resistência), o fluxo de água diminui.

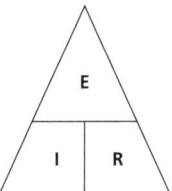

FIGURA 2-3 Diagrama para a lei de Ohm.

A analogia da lei de Ohm com a água é uma comparação simples. Use essa analogia para obter um entendimento melhor das relações entre tensão, corrente e resistência.

Potência elétrica e trabalho

Potência significa a variação do trabalho executado. Um *horse power* (hp)* [746 watts (W)] é necessário para levantar 550 libras (lb) [249,5 quilogramas (kg)] a uma distância de 1 pé [30,48 cm] em 1s. Quando 1 libra [0,4536 kg] é deslocada de 1 pé, 1 pé-libra (ft·lb) [13,82 cm·kg] de trabalho foi executado; consequentemente, 1 hp é a potência necessária para fazer 550 ft.lb [7601 cm·kg] de trabalho por segundo. A unidade de potência em eletricidade é o **watt (W)**, que é igual 0,00134 hp. Reciprocamente, 1 hp é igual a 746 W. Na eletricidade, um watt de potência é dissipado quando 1 V de tensão elétrica move 1 A de corrente por um circuito. Isto é, 1 V a 1 A produz 1 W de potência. A fórmula para potência elétrica é

$$P = EI \quad \text{ou Potência} = \text{tensão} \times \text{corrente}$$

A equação de potência pode ser combinada com as equações da lei do Ohm para permitir mais flexibilidade, ao determinar a potência em um circuito. A seguir, estão as três variações mais comuns das equações de potência:

$$P = EI \qquad P = I^2 R \qquad P = \frac{E^2}{R}$$

As equações obtidas das equações de potência básicas são encontradas da seguinte forma:
Se

$$P = EI \quad \text{e} \quad E = IR$$

então, substituindo para E,

$$P = (IR)I \quad \text{ou} \quad P = I^2 R$$

Claro que essas equações podem ser organizadas em função de E, I ou R:

$$E^2 = PR \qquad I^2 = \frac{P}{R} \quad \text{e} \quad R = \frac{P}{I^2}$$

Quando a potência é dissipada em um circuito elétrico, na forma de calor, ela é frequentemente chamada de *IR dissipada* porque o calor produzido é uma função de uma corrente de circuito e resistência. A equação $P = I^2R$ representa melhor a perda de energia na forma de calor em qualquer circuito de CC, onde P é igual à potência dissipada, medida em **watts**.

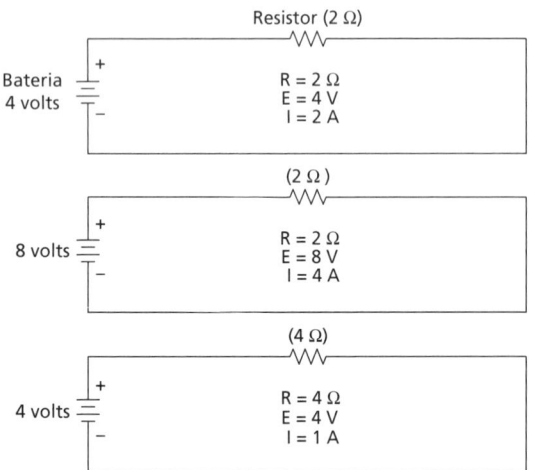

FIGURA 2-2 Efeito da corrente e da tensão.

---

* N. de R. T.: No Brasil utiliza-se o cavalo-vapor, que equivale a 736 watts.

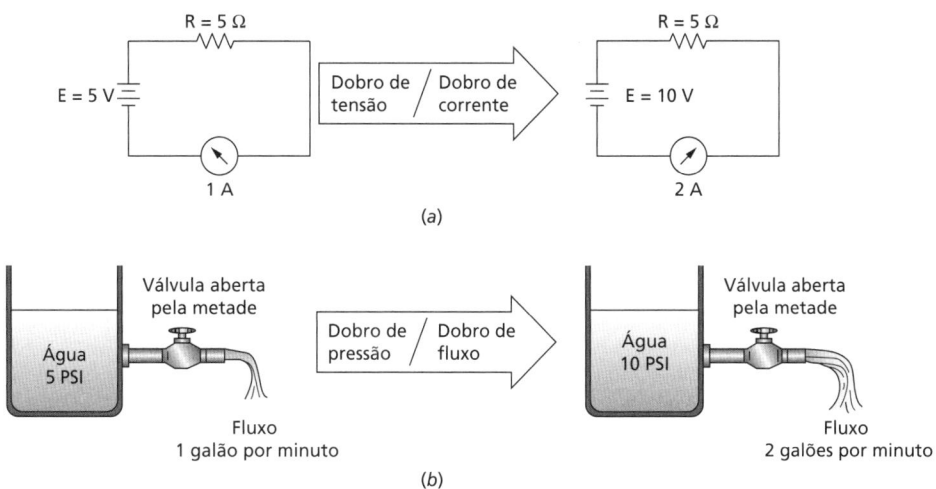

FIGURA 2-4 A analogia entre a água e a mudança da tensão.

A potência em um circuito elétrico é sempre aditiva. Isto é, a potência total é igual à soma das potências consumidas por cada unidade. A potência consumida por cada carga individual pode ser determinada usando a equação

$$P = I^2R \quad \text{ou} \quad P = IE$$

Quando for determinar a potência em qualquer parte de um circuito, esteja seguro de usar *I*, *E* ou *R* (corrente, tensão ou resistência) que se aplica à carga calculada.

Uma vez que nós sabemos a relação entre a potência e os elementos elétricos, é simples calcular a corrente aproximada para operar um determinado motor quando a eficiência e tensão de operação do motor são conhecidas. Por exemplo, se é desejado instalar um motor de 3 hp (2.238 watts) em um sistema de 24 V e a eficiência do motor é de 75%, procedemos da seguinte forma:

Como 1 hp = 746 W

$$corrente = \left(\frac{potência}{tensão}\right)$$

Potência do motor = 3 hp × 746 W/hp = 2238 W

$$corrente = \frac{2238 \text{ W}}{24 \text{ V}} = 93{,}25 \text{ A} = 93{,}25 \text{ A}$$

Considerando que o motor possui somente 75% de eficiência, nós devemos dividir 93,25 A por 0,75 para determinar que aproximadamente 124,33 A é necessário para operar o motor de 3 hp. Assim, em um motor que é 75% eficiente, 2.984 W de potência de entrada é requerida para produzir 2.238 W (3 hp) de potência de saída.

Outra unidade usada com relação ao trabalho elétrico é o joule (**J**), nome dado em homenagem ao físico inglês James Prescott Joule (1818-1889). **O joule é uma unidade de trabalho, ou energia, e representa o trabalho feito por 1 W em 1 segundo.** Isso é aproximadamente 0,7376 ft·lb. Aplicar este princípio nos permite assumir que desejamos determinar quanto trabalho em joules é executado quando um peso de 1 tonelada é elevado 50 ft. Primeiro multiplicamos 2000 lb por 50 ft. e encontramos que 100.000 ft·lb de trabalho é executado. Então, quando

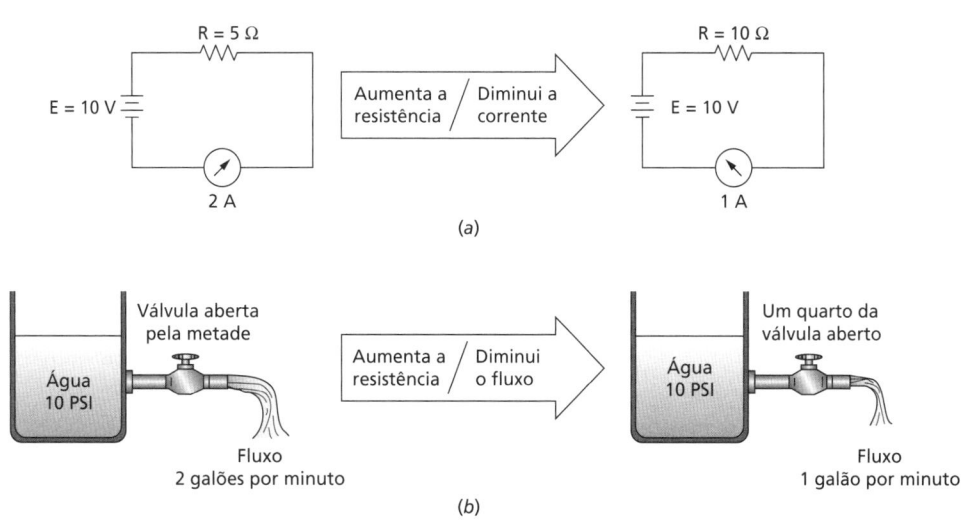

FIGURA 2-5 A analogia da água com a mudança da resistência.

dividimos 100.000 ft-lbs por 0,7376 ft-lbs, determinamos que aproximadamente 135.575 J de trabalho, ou energia, foram usados para elevar o peso.

É necessário que o técnico tenha um bom entendimento do conceito de joule, pois esta é a unidade designada pelo sistema métrico para a medida de trabalho ou energia. Outros elementos conversíveis para joule são a unidade térmica Britânica, *British thermal unit* (Btu), a caloria (cal), o pé-libra (*foot-pound*) e o watt-hora (Wh). Todos estes elementos representam uma quantidade específica de trabalho.

TIPOS DE CIRCUITOS

Para fazer uma corrente fluir por um condutor, uma diferença de potencial (pressão) deve ser mantida entre os terminais do condutor. Em um circuito elétrico, essa diferença de potencial normalmente é produzida por uma bateria, um gerador ou um alternador. Para simplificar as discussões, este texto mostrará a bateria como a fonte típica de pressão elétrica, fem.

A Figura 2-6 mostra os componentes de um circuito simples, com uma bateria como a fonte de energia. Uma extremidade do circuito está conectada ao terminal positivo da bateria e a outra ao terminal negativo. Um interruptor está incorporado ao circuito para conectar a energia elétrica à unidade de carga, que pode ser uma lâmpada elétrica, um motor, um rádio ou qualquer outro dispositivo elétrico que use energia. Quando o interruptor do circuito está fechado, a corrente da bateria flui através do interruptor passando pela carga e então retornando à bateria. Lembre-se que a direção da corrente é do terminal negativo para terminal positivo da bateria. O circuito só operará quando houver um caminho contínuo pelo qual a corrente possa fluir de um terminal da bateria para o outro. Quando o interruptor está aberto (desligado), o caminho da corrente está interrompido e o circuito para de operar.

Há dois métodos gerais para se conectar dispositivos em um sistema elétrico. Esses são ilustrados na Figura 2-7. O primeiro diagrama mostra quatro lâmpadas conectadas em série. Um **circuito em série** contém só um caminho para o elétron. Em um circuito em série ou em uma parte de um circuito em série, toda a corrente tem que passar através de cada unidade desse circuito. Então, se uma unidade de um circuito em série queima, ou abre, o circuito inteiro não receberá corrente. Por exemplo, na Figura 2-7a, se a lâmpada 1 abrir, as outras lâmpadas desse circuito também irão parar de iluminar.

As características de um circuito em série são:

- A corrente que flui por uma parte do circuito passa por todas as partes do circuito.
- Se uma parte de um circuito em série está desconectada (aberta), a corrente irá interromper o circuito inteiro.

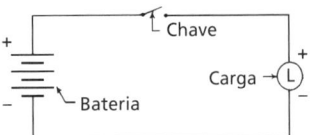

FIGURA 2-6 Um circuito simples.

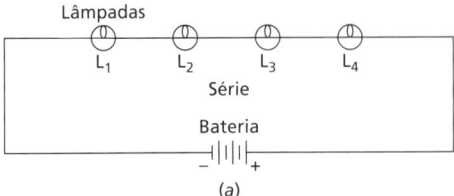

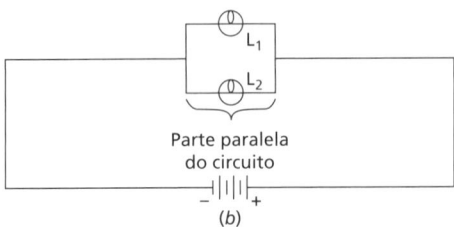

FIGURA 2-7 Dois métodos básicos de conectar dispositivos em um circuito elétrico: (a) em série – se uma lâmpada abre, todas as lâmpadas param de iluminar; (b) em paralelo – se uma lâmpada se abre, a outra não é afetada.

Em um **circuito em paralelo** há dois ou mais caminhos para a corrente fluir. Em todo circuito em paralelo, ou em uma parte paralela de um circuito, a corrente total irá se dividir e só uma parte da corrente passará por cada caminho. Se o caminho por um dado dispositivo é aberto, os outros dispositivos continuarão a funcionar. Os dispositivos de um sistema elétrico de aeronave estão, normalmente, conectados em paralelo; consequentemente, a falha de um elemento ou dispositivo não prejudicará a operação do restante dos elementos no sistema. Um circuito em paralelo simples é ilustrado no diagrama da Figura 2-7b.

As características de um circuito em paralelo são:

- A corrente total do circuito se dividirá e passará independentemente por cada ramo (caminho da corrente) do circuito.
- Se uma parte (carga) do circuito falhar (abrir), a parte restante do circuito continuará operando.

A Figura 2-8 mostra uma analogia com o fluxo de automóveis. Imagine que os automóveis são elétrons que trafegam entre duas cidades, Chicago e Detroit. Os carros viajando representam a corrente; a estrada representa o caminho da corrente. Se existisse somente uma estrada de Chicago para Detroit, ela representaria um **circuito em série**. Nesse caso, os automóveis trafegariam em um só caminho. No circuito em série, se uma ponte desmoronar ao longo da estrada, todo o tráfego irá parar e a estrada ficará interrompida; da mesma maneira, quando há um rompimento em um fio, toda a corrente para e o circuito não funciona.

Agora imagine que existam duas estradas entre Chicago e Detroit. Isso representa um **circuito em paralelo**. Todos os carros partem de Chicago, depois se dividem e cada parte segue por uma das estradas. A maioria dos carros seguirá pela rodovia, pois ela oferece menor oposição (resistência) para viajar. Uma porção menor de motoristas seguirá pela estrada secundária, ou a de uma pista, mas, no fim, todos os carros chegarão a Detroit. Nesse exemplo, é fácil perceber que, se a ponte está fora

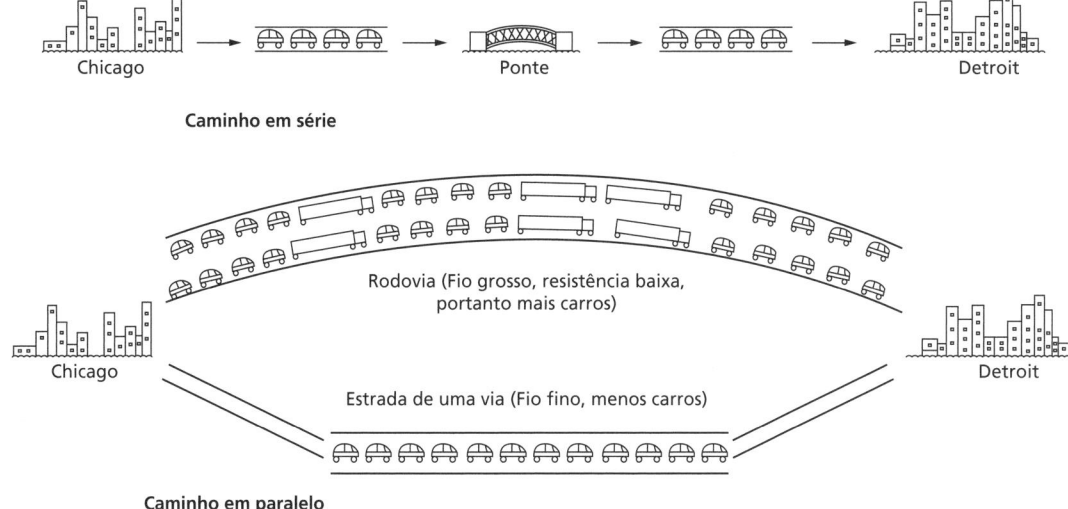

FIGURA 2-8 Características de um caminho em série e um caminho em paralelo.

de operação na estrada de uma via, a estrada secundária ainda será operacional; de forma semelhante, se uma luz queima no painel de instrumentos da aeronave, a outra luz continuará em funcionamento. Veja a Figura 2-8.

Um circuito que contém elementos elétricos em paralelo e em série é chamado de **circuito série-paralelo** (veja Figura 2-9). A maioria dos sistemas elétricos complexos, como rádios de comunicação, computadores de voo e equipamentos de navegação, consiste de várias combinações de circuitos série-paralelos. A lei de Ohm pode ser usada para determinar os valores das variáveis elétricas em qualquer circuito comum, embora possa conter vários elementos de carga diferentes.

Para resolver tal circuito, é necessário saber se os elementos estão conectados em série, em paralelo, ou em uma combinação dos dois métodos. Quando o tipo de circuito está determinado, a fórmula adequada pode ser aplicada.

Queda de tensão

Quando uma corrente passa por uma resistência, ocorre uma perda de tensão. Essa queda, conhecida como **queda de tensão** (V_x), é igual ao produto da corrente pela resistência. Uma queda de tensão individual é expressa por $V_x = IR$, em que V_x é medido em volts, I em ampères e R em ohms. *Observação*: O (x) subscrito representa um número que se aplica a uma específica queda de tensão, como uma queda de tensão 1 (V_1) ou uma queda de tensão 2 (V_2). Em um circuito em série, a soma das quedas de tensão individuais é igual à tensão total aplicada. Isso pode ser expresso como

$$E_t = V_1 + V_2 + V_3$$

para um circuito contendo três resistores.

A Figura 2-10 mostra esse conceito usando a analogia com a água. Note que, tanto no circuito elétrico quanto no da água, a elevação de pressão é igual à queda total de pressão; assim, o aumento de tensão criado pela bateria é igual à queda de pressão total nas lâmpadas e no resistor. Isso pode ser expresso matematicamente como

$$E_t = V_{L_1} + V_{L_2} + V_R$$

ANALISANDO CIRCUITOS EM SÉRIE

Como explicado anteriormente, um circuito em série consiste de um único caminho para a corrente. Quando dois ou mais elementos estão conectados em série, a quantidade total de elétrons em movimento (corrente) tem que passar por cada unidade para completar o circuito. Então, cada unidade de um circuito em série recebe a mesma corrente, embora as quedas de tensão individuais possam variar.

Dois ou mais elementos não têm que ser adjacentes um ao outro em um circuito para estarem em série. No circuito da Figura 2-11, pode ser visto que a corrente que passa por cada unidade no circuito, deve ser a mesma, independente da sua direção. Se nós substituímos a carga, R_2, por uma unidade eletrônica (frequentemente chamada de *line-replaceable unit* – LRU*) como mostrado na Figura 2-12, a corrente em cada resistor ainda será a mesma, contanto que a resistência total da unidade eletrônica seja a mesma de R_2. Nesse caso, consideramos a unidade de ele-

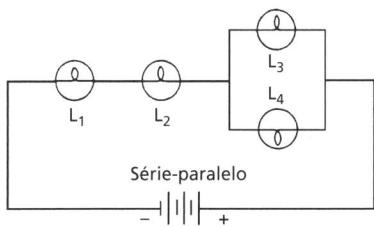

FIGURA 2-9 Um circuito série-paralelo.

---

* O termo *line-replaceable unit* pode ser traduzido com unidade de substituição em linha, mas, neste texto, a sigla em inglês será adotada por se tratar de um termo mais adequado à área de manutenção de aeronaves.

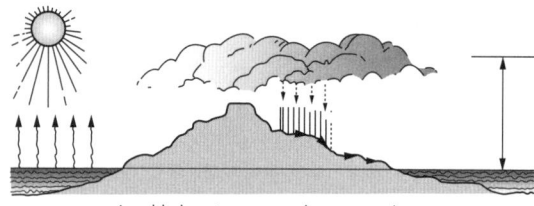

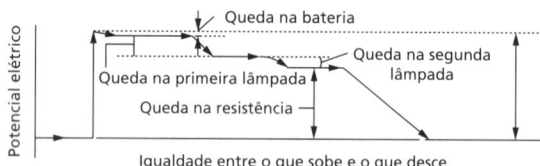

FIGURA 2-10 Analogia da água sobre as quedas de tensão.

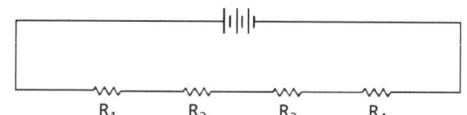

FIGURA 2-11 Um circuito em série com quatro cargas separadas.

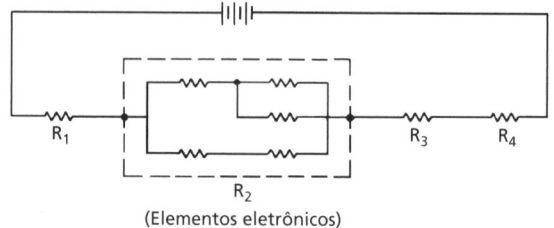

FIGURA 2-12 Um circuito em série contendo uma carga série-paralela.

trônica como uma única unidade em vez de nos preocuparmos com os componentes em separado que estão dentro dessa unidade. Assim nós vemos que há só um caminho para corrente em um circuito em série; porém, uma carga de unidade individual pode ser constituída por mais de um componente dentro de si mesma. Note que a unidade eletrônica na Figura 2-12 é mostrada com vários resistores conectados em uma rede dentro da caixa. Considerando esse circuito em série, nós apenas nos preocupamos com a resistência total da unidade eletrônica.

Os elementos de carga adjacentes entre si em um circuito estão conectadas em série se não houver junção elétrica (pontos de divisão) entre os dois elementos. Isso está ilustrado na Figura 2-13. No circuito a, R_1 e R_2 estão conectados em série, pois não

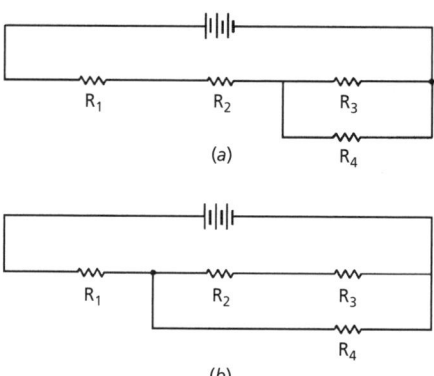

FIGURA 2-13 Um diagrama de um circuito mostrando elementos de carga conectados em série e em paralelo.

há junção elétrica entre eles para receber uma parte da corrente, e toda a corrente fluindo por R_1 também deve passar por R_2. No circuito b, R_1 e R_2 não estão conectados em série, pois a corrente que flui por R_1 é dividida entre R_2 e R_4. Porém, note que R_2 e R_3 estão em série e a mesma corrente tem que passar por ambos.

Examine o circuito da Figura 2-14, no qual R_1, R_2 e R_3 estão conectados em série, não só um ao outro, mas também com a fonte de energia. Os elétrons fluem do negativo para o positivo dentro do circuito e do positivo para o negativo na fonte de energia. Porém, o mesmo fluxo existe em todas as partes do circuito, porque só há um caminho para a corrente. Uma vez que a corrente é a mesma em todas as partes do circuito.

$$I_t = I_1 = I_2 = I_3$$

Isto é, a corrente total é igual à corrente que passa por R_1, R_2 ou R_3.

Resistência e tensão em um circuito em série

Em um circuito em série, a resistência total é igual à soma de todas as resistências do circuito; consequentemente,

$$R_t = R_1 + R_2 + R_3 + \cdots$$

Em termos práticos, uma resistência pode ser qualquer carga conectada a uma fonte de energia (tensão). Por exemplo, um resistor pode ser colocado em série com uma lâmpada incandescente para enfraquecer a sua luz. Neste caso, a soma da queda de tensão do resistor com a da lâmpada será igual à tensão total aplicada.

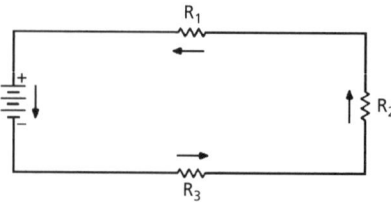

FIGURA 2-14 Fluxo de corrente em um circuito em série. Cada carga recebe a mesma corrente.

A tensão (diferença de potencial) medida entre quaisquer dois pontos em um circuito em série depende da resistência entre esses pontos e a corrente que flui no circuito. A Figura 2-15 mostra um circuito com três resistências conectadas em série. A diferença de potencial fornecida pela bateria entre os terminais do circuito é 24 V.

Como explicado anteriormente, na discussão da lei de Ohm, a tensão entre quaisquer dois pontos em um circuito pode ser determinada pela equação

$$E = IR$$

Isso é, a tensão é igual à corrente multiplicada pela resistência. No circuito da Figura 2-15, nos demos um valor de 1 Ω para R_1, 3 Ω para R_2 e 8 Ω para R_3. De acordo com a nossa prévia discussão, a resistência total do circuito é expressa por

$$R_t = R_1 + R_2 + R_3$$

ou

$$R_t = 1 + 3 + 8 = 12\ \Omega$$

Uma vez que a tensão total E_t para o circuito é dada como sendo 24 V, podemos determinar a corrente no circuito pela lei de Ohm, usando a forma

$$I_t = \frac{E_t}{R_t}$$

Então

$$I_t = \frac{24\ V}{12\ \Omega} = 2\ A$$

Uma vez que sabemos que a corrente no circuito é 2 A, é fácil determinar a tensão em cada resistor de carga. Desde que $R_1 =$ 1 Ω, podemos substituir esse valor na lei de Ohm e calcular a diferença de tensão em R_1.

$$V_1 = I_1 R_1$$
$$= 2 \times 1$$
$$= 2\ V$$

Da mesma forma,

$$V_2 = I_2 R_2$$
$$= 2 \times 3$$
$$= 6\ V$$

e

$$V_3 = I_3 R_3$$
$$= 2 \times 8$$
$$= 16\ V$$

Quando somamos as tensões do circuito, encontramos

$$E_t = V_1 + V_2 + V_3$$
$$V_t = 2 + 6 + 16$$
$$= 24\ V$$

Nós determinamos, pela lei de Ohm, que a soma das tensões (quedas de tensão) nos elementos de um circuito em série é igual à tensão aplicada pela fonte de energia, neste caso, R_1(2 V) + R_2(6 V) + R_3(16 V) = à tensão de bateria (24 V).

Em um experimento prático, podemos conectar um **voltímetro** (instrumento de medida de tensão) do terminal positivo da bateria do circuito, como mostrado na Figura 2-15, ao ponto A, e a leitura será zero. Isso é porque não há uma resistência apreciável entre esses pontos e, consequentemente, não há queda de tensão. Quando conectamos o voltímetro entre o terminal positivo da bateria e ponto B, o instrumento dará uma leitura de 2 V (a queda de tensão em R_1). De forma semelhante usando o voltímetro, nós medimos entre os pontos B e C e obtemos uma leitura de 6 V (a queda de tensão em R_2), e, entre os pontos C e D, uma leitura de 16 V (a queda de tensão em R_3). Em um circuito como o mostrado, podemos assumir que a resistência das vias (fios) que conectam os resistores é desprezível. Se as vias fossem bastante longas ou extremamente pequenas em diâmetro, seria necessário considerar as suas resistências analisando o circuito.

Como mostramos, em um circuito em série, a queda de tensão em cada resistor (ou qualquer outro dispositivo) é diretamente proporcional ao valor do resistor. Uma vez que a corrente em cada unidade do circuito é a mesma, é óbvio que será exigida uma pressão elétrica (tensão) mais elevada para empurrar a corrente por uma resistência maior, e será exigirá uma pressão menor para empurrar a mesma corrente por uma resistência menor.

A tensão em um resistor de carga é a medida do trabalho exigido para mover uma unidade de carga (determinada pela quantidade de corrente) através do resistor. A energia elétrica é consumida conforme a corrente flui pelo resistor e essa energia é convertida em calor. (Em uma lâmpada, a energia elétrica é convertida em luz; em um motor, é convertida em movimento rotativo.) Contanto que a fonte de energia produza energia elétrica tão rapidamente quanto ela é consumida, a tensão em um determinado resistor permanecerá constante.

A maioria dos elementos de carga em uma aeronave típica não são resistores simples. Por exemplo, uma carga prática poderia ser uma lâmpada, um motor ou um rádio. Em cada caso, os conceitos da lei de Ohm aplicam-se àquela unidade da mesma

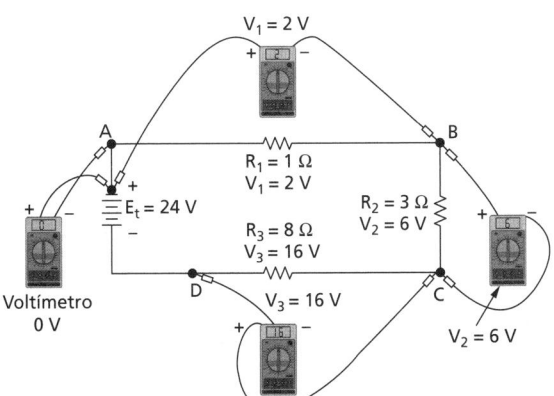

FIGURA 2-15 O somatório das quedas de tensão.

maneira que se aplicam a um resistor simples. Estudantes que dominam a lei de Ohm e as três fórmulas fundamentais para circuitos em série podem aplicar esse conhecimento para a solução de qualquer circuito em série, onde as informações necessárias forem dadas. Os exemplos a seguir são mostrados para ilustrar as técnicas para solução:

Exemplo A: Recorra à Figura 2-16 durante a seguinte explicação:

$$E_t = 12 \text{ V}$$
$$I_1 = 3 \text{ A}$$
$$R_2 = 2 \text{ }\Omega$$
$$R_3 = 1 \text{ }\Omega$$

Para calcular os valores desconhecidos do circuito, proceda como se segue:

Em razão de I_1 ser dado como 3 A, tem-se que I_t, I_2 e I_3 também são iguais a 3 A, porque a corrente é constante em um circuito em série.

Então, a resistência total do circuito pode ser determinada.

$$R_t = \frac{E_t}{I_t}$$
$$= \frac{12}{3}$$
$$= 4 \text{ }\Omega$$

Para determinar a resistência R_1

$R_t = R_1 + R_2 + R_3$ (R_2 e R_3 são dados; R_t foi previamente calculado.)

ou

$$R_1 = R_t - R_2 - R_3$$
$$R_1 = 4 - 2 - 1$$
$$R_1 = 1 \text{ }\Omega$$

Para determinar a queda de tensão em cada resistor, use o seguinte:

$$V_1 = I_1 \times 2$$
$$V_1 = 3 \times 1$$
$$V_1 = 3 \text{ V}$$

$$V_2 = I_2 \times R_2$$

(*Nota*: A corrente é consistente em um circuito em série; nesse caso, 3 A.)

$$V_2 = 3 \times 2$$
$$V_2 = 6 \text{ V}$$

$$V_3 = I_3 \times R_3$$
$$V_3 = 3 \times 1$$
$$V_3 = 3 \text{ V}$$

$$V_2 = 2 \times 3 = 6 \text{ V}$$
$$V_3 = 1 \times 3 = 3 \text{ V}$$

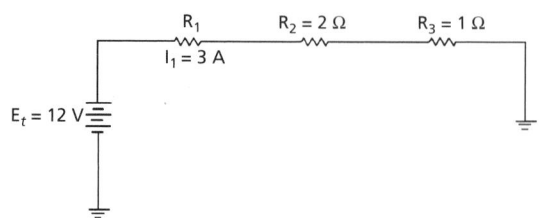

FIGURA 2-16 Circuito em série para o Exemplo A.

O problema resolvido pode ser expresso como mostrado a seguir

$E_t = 12$ V	$I_t = 3$ A	$R_t = 4 \Omega$
$V_1 = 3$ V	$I_1 = 3$ A	$R_1 = 1 \Omega$
$V_2 = 6$ V	$I_2 = 3$ A	$R_2 = 2 \Omega$
$V_3 = 3$ V	$I_3 = 3$ A	$R_3 = 1 \Omega$

Exemplo B: Recorra à Figura 2-17 durante a seguinte explicação:

$$E_t = 24 \text{ V}$$
$$R_1 = 30 \text{ }\Omega$$
$$R_2 = 10 \text{ }\Omega$$
$$R_3 = 8 \text{ }\Omega$$

Então,

$$R_t = R_1 + R_2 + R_3$$
$$R_t = 30 + 10 + 8$$
$$= 48 \text{ }\Omega$$

$$I_t = \frac{E_t}{R_t}$$
$$= \frac{24}{48}$$
$$= 0{,}5 \text{ A}$$

V_1, V_2 e V_3 são determinados multiplicando cada valor de resistor por 0,5 A, o valor da corrente do circuito. O circuito resolvido é mostrado na Figura 2-18.

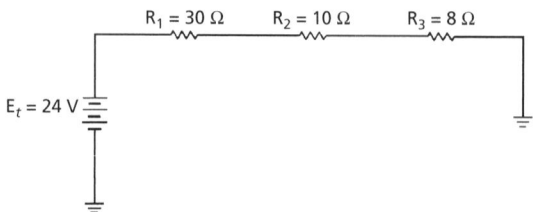

FIGURA 2-17 Circuito em série para o Exemplo B.

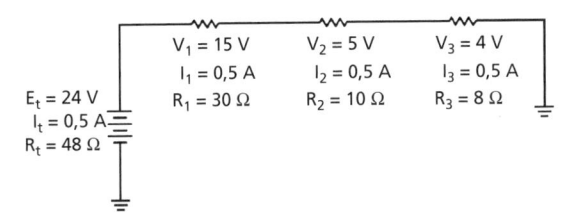

FIGURA 2-18 Circuito simplificado para o Exemplo B.

Exemplo C: Recorra à Figura 2-19 durante a seguinte discussão. Este circuito apresenta um caso onde a corrente e o resistor são conhecidos, e foi necessário calcular as tensões individuais e totais. Os valores conhecidos do circuito são mostrados a seguir:

$$I_t = 3\text{ A}$$
$$R_1 = 9\text{ }\Omega$$
$$R_2 = 3\text{ }\Omega$$
$$R_3 = 4\text{ }\Omega$$

A partir dos valores dados, podemos determinar facilmente que a resistência total é 16 Ω ($R_1 + R_2 + R_3 = R_t$). As tensões podem então ser determinadas pela lei de Ohm:

$$E = IR$$
$$E_t = I_t \times R_t$$
$$= 3 \times 16$$
$$= 48\text{ V}$$

Os valores do circuito resolvido são então mostrados abaixo:

$E_t = 48$ V	$I_t = 3$ A	$R_t = 16$ Ω
$V_1 = 27$ V	$I_1 = 3$ A	$R_1 = 9$ Ω
$V_2 = 9$ V	$I_2 = 3$ A	$R_2 = 3$ Ω
$V_3 = 12$ V	$I_3 = 3$ A	$R_3 = 4$ Ω

Nota-se que, em todos os circuitos apresentados, os valores estam sempre em conformidade com as fórmulas da lei de Ohm. É recomendado que o estudante cheque os problemas dados para verificar os resultados.

Exemplo D: Figura 2-20. Certos valores para o circuito mostrado são indicados na ilustração. É deixado para o estudante obter a solução. Siga os passos previamente descritos para achar todos os valores desconhecidos.

FIGURA 2-19 Circuito em série para o Exemplo C.

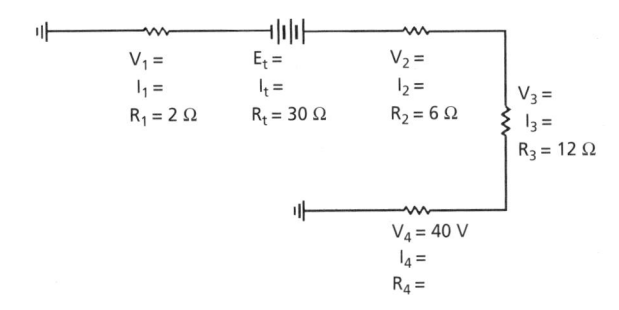

FIGURA 2-20 Circuito em série para o Exemplo D.

ANALISANDO CIRCUITOS EM PARALELO

Um circuito em paralelo sempre contém dois ou mais caminhos para a corrente elétrica. Quando dois ou mais elementos estão conectados em paralelo, cada unidade receberá uma fração da corrente total do circuito. Assim, a corrente total do circuito se divide em um ou mais pontos, e uma fração passa por cada resistor do circuito (veja Figura 2-21).

Tipicamente, quando analisamos um circuito desse tipo, assumimos que a resistência de um fio é desprezível e a fonte de energia não tem nenhuma resistência interna. Um circuito em paralelo sempre contém mais de um caminho para a corrente fluir; então, a corrente pode "escolher" por qual unidade de carga irá passar. A corrente sempre tenta ir para caminho de menor resistência e se divide proporcionalmente através de um circuito em paralelo contendo elementos de carga de resistores diferentes. Em um circuito em paralelo, cada unidade de carga recebe uma fração da corrente total. A unidade com maior resistência recebe menos corrente. A unidade com menor resistência recebe maior corrente. Resistores iguais recebem correntes iguais.

Pense sobre a corrente (movimento de elétron) em um fio como carros que viajam em uma estrada. Todo o desejo dos elétrons é viajar da conexão negativa da bateria para a conexão positiva da bateria. Da mesma maneira que carros viajando podem escolher uma rota diferente de Chicago para Detroit, em um circuito em paralelo, alguns elétrons seguirão um caminho e outros

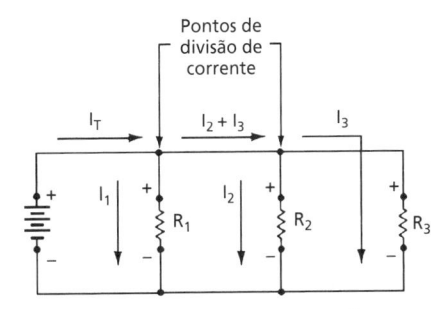

FIGURA 2-21 Fluxo de corrente passando por um circuito em paralelo.

seguirão outro caminho. Devido à natureza da física (e a lei de Ohm), mais elétrons seguirão o caminho de resistência menor e menos elétrons seguirão o caminho de resistência maior. Assim, em um circuito em paralelo, qualquer caminho de resistência maior naturalmente recebe menos corrente e circuitos de baixa resistência recebem uma corrente maior.

Tipicamente, cargas como lâmpadas, rádios ou motores, são organizadas em paralelo em relação à fonte de energia e entre si. Isso é feito para permitir um caminho diferente da corrente para cada unidade; então, a resistência de cada unidade vai determinar a corrente que passa por ela. Um exemplo é um motor de *flap* usando 30 A, uma luz de navegação usando 2 A, e a luz de pouso, com o interruptor desligado, usando 0 A. Este tipo de flexibilidade da corrente é uma necessidade para quase todo sistema elétrico.

Os resistores (elementos de carga) não precisam ser organizados como na Figura 2-21 para estarem conectados em paralelo. Os três circuitos da Figura 2-22 mostram cargas conectadas em paralelo. Os circuitos *a* e *b* são idênticos ao circuito da Figura 2-21, e circuito *c* tem uma unidade de carga adicional conectada em paralelo. Um exame cuidadoso dos circuitos revelará que as conexões são comuns para cada lado da fonte de energia. Há uma conexão direta (caminho da corrente), sem resistência, de qualquer terminal negativo de um elemento de carga para o terminal negativo de qualquer outro elemento de carga e para o terminal negativo da fonte de energia. A mesma condição é verdadeira no que se diz respeito a todos os terminais positivos.

Pode haver algumas junções entre dois ou mais resistores conectados em paralelo, mas essas junções não mudam o fato de que os resistores ainda estão conectados em paralelo. Será notado, na Figura 2-23, que três dos resistores, R_1, R_2 e R_3, têm terminais comuns entre si, mesmo havendo outras resistências conectadas entre seus terminais em comum e a fonte de energia. Mais adiante, será notado que R_4 e R_5 estão conectados em paralelo porque eles têm terminais positivos conectados e terminais negativos, também, conectados. A resistência R_6 está em série, não simplesmente com uma única resistência, mas com os grupos em paralelo.

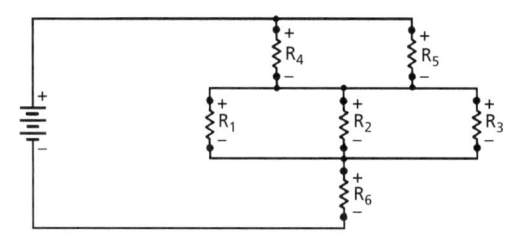

FIGURA 2-23 Resistores agrupados em paralelo.

O circuito mostrado na Figura 2-23 será chamado de série-paralelo e será discutido brevemente. A tensão sobre qualquer resistência em um grupo paralelo é igual à tensão sobre qualquer outra resistência no grupo. Observe, na Figura 2-24, que a tensão da fonte é 12 V. Uma vez que os terminais da fonte de energia estão diretamente conectados aos terminais das resistências, a diferença de potencial para cada resistência está igual à da bateria. Testando com um voltímetro, seria visto que a diferença de potencial para cada resistor no circuito seria 12 V. A fórmula para tensão em um circuito em paralelo é

$$E_t = V_1 = V_2 = V_3 = V_4 \cdots$$

Essa fórmula estabelece que a mesma tensão será aplicada para cada unidade de um circuito em paralelo. A habilidade para se aplicar uma tensão igual para todos os usuários de energia é outra razão importante porque todo o sistema elétrico (não necessariamente componentes elétricos individuais) de uma aeronave está conectado por fios em paralelo. Como descrito anteriormente, a corrente em um circuito em paralelo divide-se proporcionalmente entre cada resistência (unidade de carga).

No circuito da Figura 2-25, a corrente que passa por R_1 é determinada como 4 A, a corrente por R_2 é 2 A e a corrente por R_3 é 6 A. Para alimentar esse fluxo de corrente por essas três resistências, a fonte de energia tem que prover 4 + 2 + 6, ou um total de 12 A para o circuito. Deve ser lembrado que a fonte de energia, de fato, não fabrica elétrons, mas ela aplica uma pressão para que movê-los. Todos os elétrons que deixam a bateria para fluir pelo circuito têm que retornar à bateria. A fonte de energia para um circuito pode ser comparada a uma bomba que movimenta água por um tubo. Eventualmente a água tem que voltar à bomba para que ela possa ser "empurrada" pelo tubo em um ciclo contínuo. A bomba não cria a água; ela cria a pressão para movê-la.

Um exame do circuito na Figura 2-25 revela que uma corrente de 12 A vem do terminal negativo da bateria, e no ponto *A* o fluxo se divide para prover 4 A para R_1 e 8 A para os outros dois resistores. No ponto *B*, os 8 A se dividem para prover 2 A para R_2 e 6 A para R_3. No lado positivo do circuito, 6 A juntam-se com 2 A no ponto *C*, e os 8 A resultantes une-se a 4 A no ponto

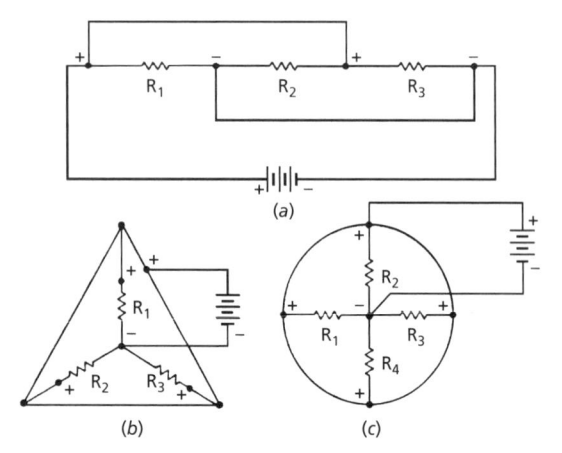

FIGURA 2-22 Diferentes arranjos de circuitos em paralelo.

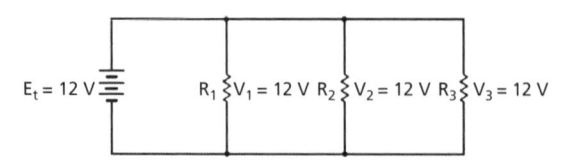

FIGURA 2-24 Tensões em um circuito em paralelo.

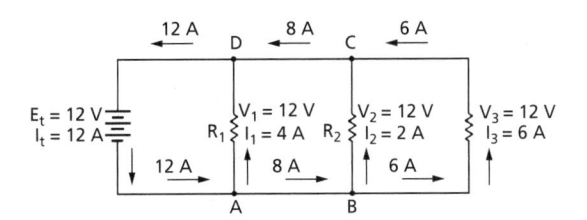

FIGURA 2-25 Fluxo de corrente em um circuito em paralelo.

D antes de retornar à bateria. A fórmula para corrente em um circuito em paralelo então será

$$I_t = I_1 + I_2 + I_3 + \cdots$$

Desde que a corrente flua e as tensões estejam determinadas para cada resistor na Figura 2-25, é fácil de determinar o valor de cada resistência por meio da lei de Ohm; isso é,

$$R = \frac{E}{I}$$

então

$$R_1 = \frac{E_1}{I_1} = \frac{12}{4} = 3\,\Omega$$

$$R_2 = \frac{E_2}{I_2} = \frac{12}{2} = 6\,\Omega$$

$$R_3 = \frac{E_3}{I_3} = \frac{12}{6} = 2\,\Omega$$

$$R_t = \frac{E_t}{I_t} = \frac{12}{12} = 1\,\Omega$$

Lembre-se que, ao calcular R_1, você deve ter certeza de estar usando a queda de tensão para resistor 1 e a corrente sobre resistor 1 (V_1 e I_1). Contudo, E_t pode ser substituído por V_1, porque a tensão é constante em um circuito em paralelo.

A fórmula para a resistência total em um circuito em paralelo pode ser obtida com uso da lei de Ohm e das fórmulas para tensão total e corrente total. Uma vez que

$$I_t = I_1 + I_2 + I_3$$

e

$$I = \frac{E}{R}$$

podemos substituir todos os valores na fórmula precedente para corrente total com os seus valores equivalentes em termos de tensão e resistência. Assim, chegamos à equação

$$\frac{E_t}{R_t} = \frac{V_1}{R_1} + \frac{V_2}{R_2} + \frac{V_3}{R_3}$$

Em um circuito em paralelo, $E_t = V_1 = V_2 = V_3$. Então, nós podemos dividir todos os termos na equação anterior por E_t e chegar à fórmula

$$\frac{1}{R_t} = \frac{1}{R_1} + \frac{1}{R_2} + \frac{1}{R_3}$$

Resolvendo para R_t, a equação se torna

$$R_t = \frac{1}{1/R_1 + 1/R_2 + 1/R_3}$$

Essa equação pode ser usada para encontrar a resistência total para todos os circuito em paralelo e é expressa verbalmente como segue: *A resistência total em um circuito em paralelo é igual ao recíproco da soma dos recíprocos das resistências.*

O **recíproco** de um número é a quantidade 1 dividida por aquele número. Por exemplo, o recíproco de 3 é 1/3.

Se a fórmula para resistência total, em um circuito em paralelo, é aplicada ao problema do circuito da Figura 2-25, encontramos

$$R_t = \frac{1}{1/R_1 + 1/R_2 + 1/R_3}$$

$$R_t = \frac{1}{1/3 + 1/6 + 1/2}$$

$$= \frac{1}{0{,}33 + 0{,}167 + 0{,}5}$$

$$= \frac{1}{1}$$

$$= 1\,\Omega$$

Se todas as resistências em um circuito em paralelo são do mesmo valor, o valor da resistência total pode ser obtido dividindo-se o valor de cada resistência pelo número de resistências. Por exemplo, se um circuito tem quatro resistores de 12 Ω conectados em paralelo, o valor 12 pode ser dividido pelo número 4 para obter o valor da resistência total de 3 Ω.

Quando duas resistências estão conectadas em paralelo, podemos usar uma fórmula derivada da fórmula geral para R_t para determinar a resistência total. A fórmula é:

$$R_t = \frac{1}{1/R_1 + 1/R_2}$$

Invertendo,

$$\frac{1}{R_t} = \frac{1}{R_1} + \frac{1}{R_2}$$

Usando um denominador comum,

$$\frac{1}{R_t} = \frac{R_2}{R_1 \times R_2} + \frac{R_1}{R_1 \times R_2}$$

Combinando,

$$\frac{1}{R_t} = \frac{R_1 + R_2}{R_1 \times R_2}$$

Invertendo,

$$R_t = \frac{R_1 \times R_2}{R_1 + R_2}$$

Da fórmula precedente, verificamos que quando dois resistores estão conectados em paralelo, a resistência total é igual ao produto dos dois valores de resistência dividido pela soma delas. Se uma resistência de 5 Ω está conectada em paralelo com uma de 6 Ω, aplicamos a fórmula assim:

$$R_t = \frac{5 \times 6}{5+6}$$

$$= \frac{30}{11}$$

$$= 2,73 \, \Omega$$

Outro fato em relação a grupos de resistores em paralelo é que a resistência total do grupo é sempre menor do que a menor resistência do grupo. Por exemplo, se $R_1 = 3 \, \Omega$, $R_2 = 6 \, \Omega$ e $R_3 = 2 \, \Omega$, então R_t será menor que 2 Ω. Como previamente estabelecido,

$$R_t = \frac{1}{1/R_1 + 1/R_2 + 1/R_3}$$

ou

$$R_t = \frac{1}{1/3 + 1/6 + 1/2}$$

$$= \frac{1}{0,33 + 0,167 + 0,5}$$

$$= \frac{1}{1}$$

$$= 1 \, \Omega$$

A R_t de 1 Ω realmente é menor que 2 Ω, a menor resistência do grupo.

As regras para determinar tensão, corrente e resistência para circuitos em paralelo têm numerosas aplicações. Por exemplo, um circuitos em paralelo contendo algumas resistências de valores desconhecidos, mas com ao menos um valor de corrente dado com o valor de uma resistência conhecida, pode ser resolvido pela lei de Ohm e pela fórmula para resistência total. Veja a Figura 2-26.

Um exame deste circuito revela que $I_2 = 8$ A e $R_2 = 12$ Ω. Com esses valores, é aparente que a tensão por R_2 é igual a 96 V. Isso é,

$$V_2 = I_2 \times R_2$$

$$= 8 \times 12$$

$$= 96 \, V$$

Uma vez que a mesma tensão existe entre todos os resistores de carga em um circuito em paralelo, sabemos que E_t, V_1 e V_3 são iguais a 96 V. Podemos, então, proceder para achar $R_1 = $ 96/12 ou 8 Ω e $R_3 = $ 96/28 ou 3,43 Ω. Já que a corrente total é igual à soma dos valores das correntes, $I_t = 12 + 8 + 28$ ou 48 A. A resistência total é então 96/48 = 2 Ω, desde que $R_t = E_t / I_t$.

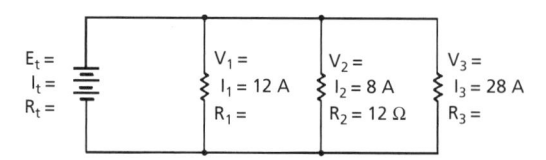

FIGURA 2-26 Diagrama de um circuito em paralelo.

Em qualquer circuito cujos vários elementos de carga estão conectados em paralelo ou em série, geralmente é possível simplificar o circuito em passos e obter um circuito equivalente. Uma amostra de um circuito em paralelo e seu equivalente simplificado está ilustrado em Figura 2-27.

O primeiro passo para resolver este problema é combinar todos os resistores individuais usando a fórmula

$$R_t = \frac{1}{1/R_1 + 1/R_2 + 1/R_3 + 1/R_4}$$

ou

$$R_t = \frac{1}{1/5 + 1/5 + 1/10 + 1/18}$$

ou

$$R_t = 1,8 \, \Omega$$

O segundo passo é resolver I_t.

$$I_t = \frac{E_t}{R_t}$$

$$= \frac{9 \, V}{1,8 \, \Omega}$$

$$= 5 \, A$$

O terceiro passo é achar os fluxos de corrente individuais por resistor. Uma vez que tensão é constante em um circuito em paralelo, E_t pode ser substituído em cada queda de tensão individual.

$$I_1 = \frac{E_1}{R_1} \quad I_1 = \frac{9\,V}{5\,\Omega} \quad I_1 = 1,8 \, A$$

$$I_2 = \frac{E_2}{R_2} \quad I_2 = \frac{9\,V}{5\,\Omega} \quad I_2 = 1,8 \, A$$

$$I_3 = \frac{E_3}{R_3} \quad I_3 = \frac{9\,V}{10\,\Omega} \quad I_3 = 0,9 \, A$$

$$I_4 = \frac{E_4}{R_4} \quad I_4 = \frac{9\,V}{18\,\Omega} \quad I_4 = 0,5 \, A$$

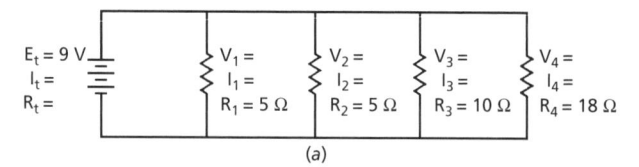

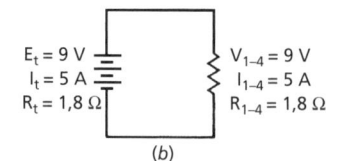

FIGURA 2-27 Um circuito em paralelo e seu equivalente simplificado: (a) circuito completo mostrando todos os resistores, 1-4; (b) circuito simplificado mostrando o resistor equivalente 1-4.

O quarto passo deve ser conferir os cálculos. Em um circuito em paralelo, as correntes são somadas para achar a corrente total. Então, se a soma das correntes individuais for igual à corrente total, os cálculos foram feitos corretamente. A checagem seria desta forma:

$$I_t = I_1 + I_2 + I_3 + I_4$$
$$= 1,8 + 1,8 + 0,9 + 0,5$$
$$= 5,0 \text{ A}$$

Uma vez que 5 A é a corrente total calculada, pode-se assumir que os cálculos estão corretos.

Outra forma de checar, de maneira rápida, é comparando a resistência total calculada com o valor de menor resistência do grupo paralelo. Como afirmado anteriormente, a resistência total de um grupo paralelo sempre deve ser menor do que o valor mais baixo do resistor. Se isso não for verdade para seus cálculos, deve-se assumir que um erro foi cometido.

CIRCUITOS SÉRIE-PARALELO

Como sugere o nome, um circuito série-paralelo é um circuito no qual alguns elementos de carga estão em conectados em série e alguns estão conectados em paralelo. Tal circuito é mostrado na Figura 2-28. Nesse circuito, nota-se rapidamente que as resistências R_1 e R_2 estão conectadas em série e as resistências R_3 e R_4 estão conectadas em paralelo. Quando as duas resistências paralelas são combinadas de acordo com a fórmula do paralelo, uma resistência, $R_{3,4}$, é encontrada e esse valor está em série com R_1 e R_2, como mostrado na Figura 2-29. A resistência total R_t é então igual para a soma de R_1, R_2 e $R_{3,4}$.

Se certos valores são atribuídos a alguns dos elementos de carga no circuito da Figura 2-27, podemos resolver para os valores desconhecidos e chegar a uma solução completa para o circuito. Para os propósitos deste problema, sabe-se que:

$$E_t = 24 \text{ V}$$
$$R_1 = 0,25 \text{ }\Omega$$
$$R_2 = 2 \text{ }\Omega$$
$$R_3 = 3 \text{ }\Omega$$
$$R_4 = 1 \text{ }\Omega$$

Para resolver com valores desconhecidos, devem-se seguir os seguintes passos.

O primeiro passo é combinar todos os resistores em paralelo, como na Figura 2-29. Para combinar os resistores em paralelo R_3 e R_4, use a fórmula

$$R_{3,4} = \frac{1}{1/R_3 + 1/R_4}$$
$$= \frac{1}{1/3 + 1/1}$$
$$= 0,75 \text{ }\Omega$$

Segundo, combine todos os resistores em série usando a fórmula

$$R_t = R_1 + R_2 + R_{3,4}$$
$$= 0,25 + 2 + 0,75$$
$$= 3 \text{ }\Omega$$

Nesse caso, a resistência total foi achada usando somente os dois passos. Circuitos mais complexos podem requerer que esses passos sejam executados em ordem oposta, e/ou várias vezes, para determinar o valor de R_t.

Terceiro, calcule a corrente total usando a fórmula

$$I_t = \frac{E_t}{R_t}$$
$$= \frac{24}{3}$$
$$= 8 \text{ A}$$

Quarto, calcule a queda de tensão nos resistores em série. A fórmula $V_x = IR$ será usada duas vezes neste caso, uma vez para R_1 e uma vez para de R_2. *Nota*: Porque I_1 e I_2 ainda não foram calculados, I_t deve ser substituído pelos valores deles. Isto é possível porque R_1 e R_2 estão em série.

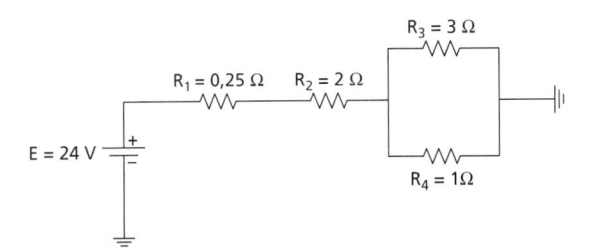

$$V_1 = I_1 R_1$$
$$= 8 \times 0,25$$
$$= 2 \text{ V}$$
$$V_2 = I_2 R_2$$
$$= 8 \times 2$$
$$= 16 \text{ V}$$

FIGURA 2-28 Um circuito série-paralelo simples.

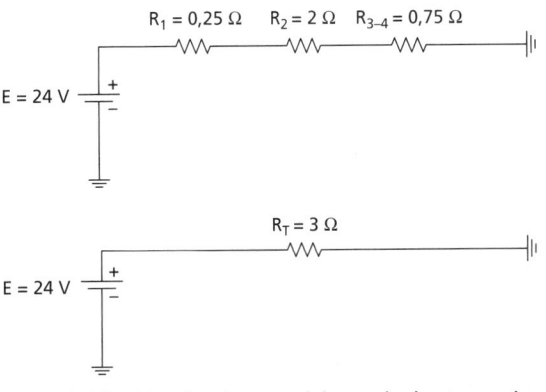

FIGURA 2-29 Um circuito em série equivalente ao circuito série-paralelo da Figura 2-27.

30 Eletrônica de Aeronaves

Quinto, calcule a queda de tensão nos resistores em paralelo usando a fórmula $V_x = IR$. Isso só pode ser feito para o grupo inteiro de resistores em paralelo ($R_{3,4}$), porque o fluxo de corrente pelos resistores individuais ainda é desconhecido. *Nota*: I_t foi substituído pelo valor desconhecido $I_{3,4}$, porque o resistor equivalente $R_{3,4}$ está em série (veja Figura 2-29).

$$V_{3,4} = I_{3,4} R_{3,4}$$
$$= 8 \times 0{,}75$$
$$= 6 \text{ V}$$

Visto que tensão é constante em paralelo, a queda de tensão em $R_{3,4}$ é igual à queda de tensão em R_3 e R_4, individualmente.

$$V_3 = 6 \text{ V} \quad \text{e} \quad V_4 = 6 \text{ V}$$

Sexto, calcule o fluxo de corrente pelos resistores em paralelo usando $I = V/R$.

$$I_3 = \frac{V_3}{R_3}$$
$$= \frac{6}{3}$$
$$= 2 \text{ A}$$

$$I_4 = \frac{V_4}{R_4}$$
$$= \frac{6}{1}$$
$$= 6 \text{ A}$$

O circuito inteiro foi analisado usando-se os elementos básicos da lei de Ohm. A solução completa é mostrada na Figura 2-30 e listada abaixo.

$E_t = 24$ V	$I_t = 8$ A	$R_t = 3$ Ω
$V_1 = 2$ V	$I_1 = 8$ A	$R_1 = 0{,}25$ Ω
$V_2 = 16$ V	$I_2 = 8$ A	$R_2 = 2$ Ω
$V_3 = 6$ V	$I_3 = 2$ A	$R_3 = 3$ Ω
$V_4 = 6$ V	$I_4 = 6$ A	$R_4 = 1$ Ω

Deve-se considerar que o circuito série-paralelo anterior foi relativamente simples e, então, de fácil resolução. Em muitos casos onde vários grupos de resistências em série e paralelas estão combinados, os cálculos anteriores devem ser repetidos e/ou executados em ordem diferente.

A solução de um circuito série-paralelo, como o mostrado na Figura 2-31, não é difícil, contanto que os valores da unidade de carga (resistência) sejam mantidos em suas relações corretas. Para determinar todos os valores para o circuito mostrado, temos que começar por R_8, R_9 e R_{10} (Figura 2-31b). Uma vez que essas resistências estão conectadas em série entre si, o valor total delas é $2 + 4 + 6 = 12$ Ω. Chamaremos esse total de $R_{8\text{-}10}$; ou seja, $R_{8\text{-}10} = 12$ Ω. O circuito pode então ser desenhado como na Figura 2-32, que é o equivalente do circuito original.

No circuito da Figura 2-32, pode ser visto que R_7 e $R_{8\text{-}10}$ estão conectadas em paralelo. A fórmula para duas resistências

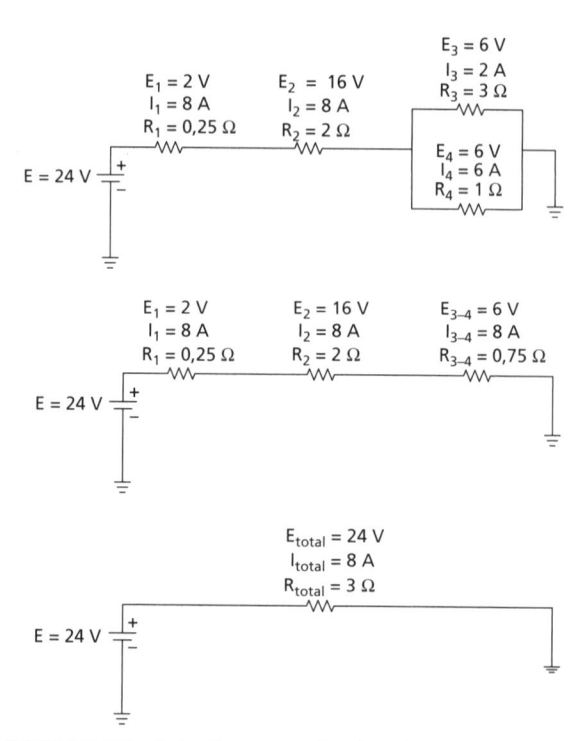

FIGURA 2-30 Solução para o circuito série-paralelo.

paralelas pode ser usada para determinar a resistência da combinação. Chamaremos essa combinação de $R_{7\text{-}10}$. Então

$$R_{7\text{-}10} = \frac{R_7 \times R_{8\text{-}10}}{R_7 + R_{8\text{-}10}}$$
$$= \frac{12 \times 12}{12 + 12}$$
$$= \frac{144}{24}$$
$$= 6 \text{ Ω}$$

Agora um circuito equivalente pode ser desenhado como na Figura 2-33 para simplificar ainda mais a solução. Nesse circuito, combinamos as duas resistências em série, $R_{7\text{-}10}$ e R_6, para obter um valor de 10 Ω para $R_{6\text{-}10}$. O circuito equivalente é então desenhado na Figura 2-34.

Uma vez que o circuito equivalente novo mostra que R_5 e $R_{6\text{-}10}$ estão conectados em paralelo e que cada tem um valor de 10 Ω, sabemos que o valor combinado é 5 Ω. Designamos esse valor novo como $R_{5\text{-}10}$ e desenhamos o circuito como na Figura 2-35. $R_{5\text{-}10}$ está em conectado em série com R_4; consequentemente, o total das duas resistências é 8 Ω. Isso é designado como $R_{4\text{-}10}$ para o circuito equivalente da Figura 2-36. Nesse circuito, resolvemos a combinação paralela de R_3 e $R_{4\text{-}10}$ para obter o valor de 2,67 Ω para $R_{3\text{-}10}$. O circuito equivalente final é mostrado na Figura 2-37 com R_1, $R_{3\text{-}10}$ e R_2 conectadas em série. Esses valores de resistência são somados para achar a resistência total do circuito.

$$R_t = 1{,}33 + 2{,}67 + 2 = 6 \text{ Ω}$$

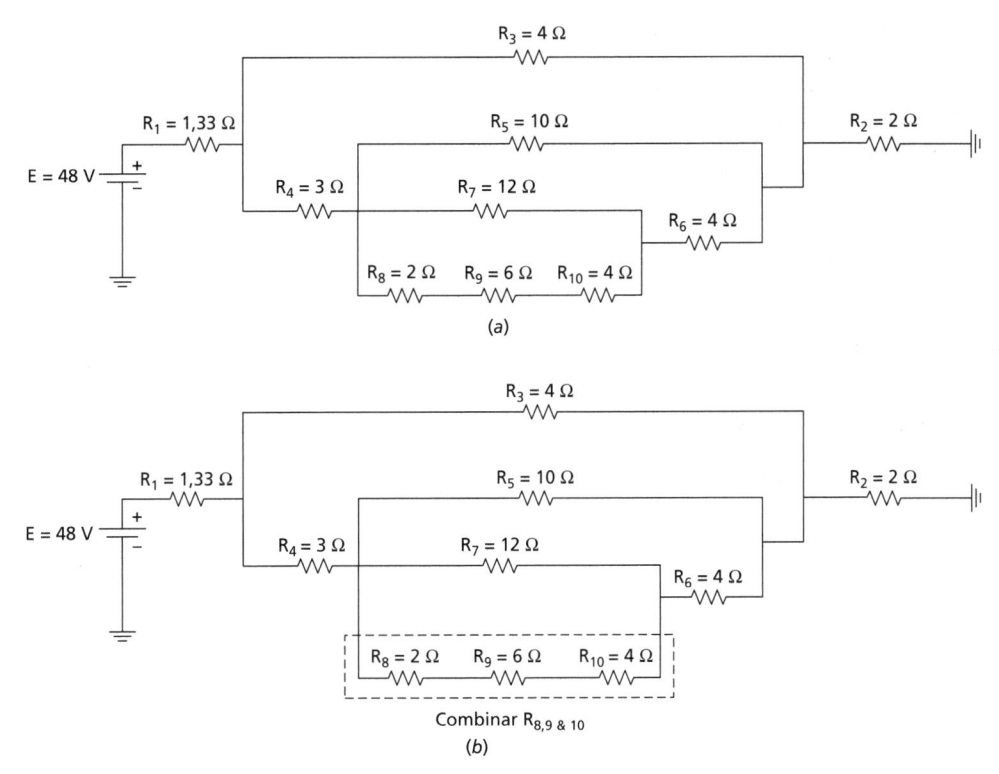

FIGURA 2-31 Circuito série-paralelo: (a) circuito original; (b) primeiro passo da combinação dos resistores em série.

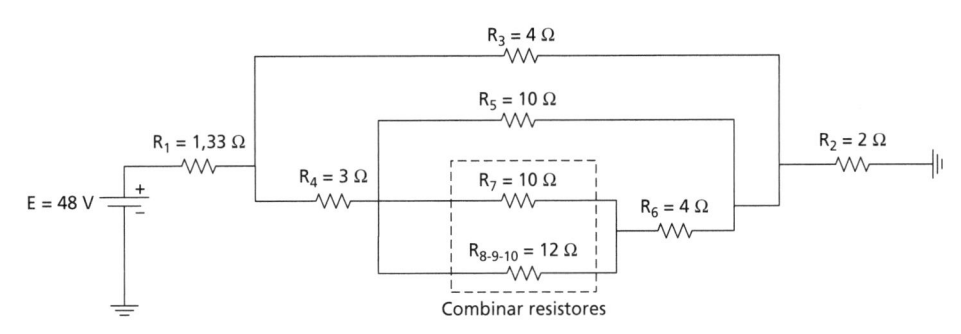

FIGURA 2-32 Primeiro passo da simplificação.

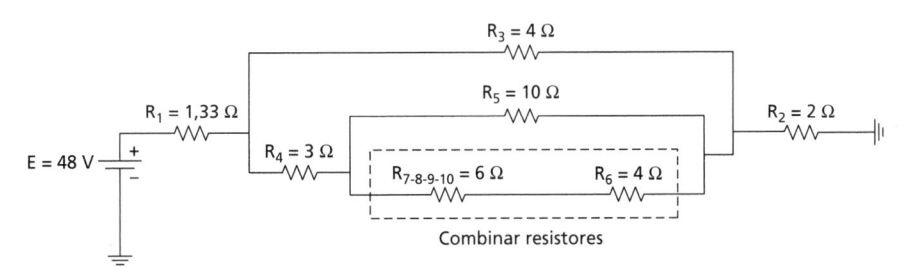

FIGURA 2-33 Segundo passo da simplificação.

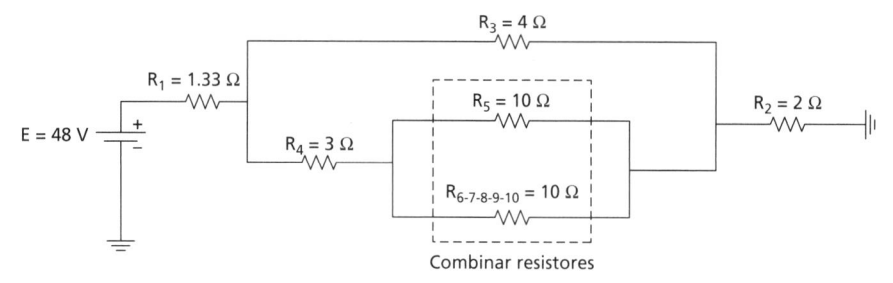

FIGURA 2-34 Terceiro passo da simplificação.

Com a resistência total conhecida e E_t dado como 48 V, fica evidente que $I_t = 8$ A ($I_t = E_t / R_t$). Os valores para o circuito inteiro podem ser calculados usando a lei de Ohm e procedendo em uma sucessão inversa àquela usada na determinação da resistência total.

Primeiro, desde que $I_t = 8$ A, I_1, I_{3-10} e I_2, devem ser 8 A, porque as resistências aparecem conectadas em série na Figura 2-35. Pela lei de Ohm, ($E = IR$), achamos que $V_1 = 10,64$ V, $V_{3-10} = 21,36$ V e $V_2 = 16$ V. Recorrendo à Figura 2-36, pode ser visto que 21,36 V existem em R_3 e R_{4-10}. Isso torna possível determinar que $I_3 = 5,33$ A e $I_{4-10} = 2,67$ A. Na Figura 2-35, notamos que I_4 e I_{5-10} devem ser 2,67 A, porque as duas resistências estão em conectadas em série. Então $V_4 = 8$ V e $V_{5-10} = 13,35$ V. Uma vez que V_{5-10} é a tensão em R_5 e R_{6-10} no circuito da Figura 2-34, é fácil dizer que $I_5 = 1,33$ A e $I_{6-10} = 33$ A. No circuito da Figura 2-33, nota-se que 1,33 A tem que fluir por R_{7-10} e R_6, porque eles estão conectados em série e nós já vimos que $I_{6-10} = 1,33$ A. Então $V_{7-10} = 8$ V e $V_5 = 13,35$ V.

Uma vez que $V_{7-10} = 8$ V, podemos aplicar essa tensão nos circuitos, como mostrado nas Figuras 2-31 e 2-32, e observe que V_7 e V_{8-10} são 8 V. Então $I_7 = 0,67$ A e $I_{8-10} = 0,67$ A. Uma vez que R_8, R_9 e R_{10} estão conectadas em série e a mesma corrente, 0,67 A, flui em ambos, $V_8 = 1,33$ V, $V_9 = 4$ V e $V_{10} = 2,67$ V.

O circuito completamente resolvido é mostrado na Figura 2-38. Ao conferir todos os valores dados, será verificado que eles estão de acordo com as exigências da lei de Ohm. *Nota*: Algum erro de aproximação pode surgir devido ao arredondamento dos números durante cálculo.

AS LEIS DE KIRCHHOFF

Os circuitos neste capítulo são todos resolvíveis por meio da lei de Ohm, como demonstrado. Há, porém, muitos circuitos mais complexos, os quais não podem ser resolvidos unicamente pela lei de Ohm. Para esses circuitos, as leis de Kirchhoff podem fornecer os procedimentos e as técnicas necessárias.

As leis de Kirchhoff foram descobertas por Gustav Robert Kirchhoff, físico alemão do século XIX. As duas leis podem ser enunciadas como se segue:

Lei 1. *Em um circuito em série, a soma algébrica das quedas de tensão deve ser igual à tensão de fonte*. A lei de Kirchhoff de quedas de tensão também pode ser aplicada

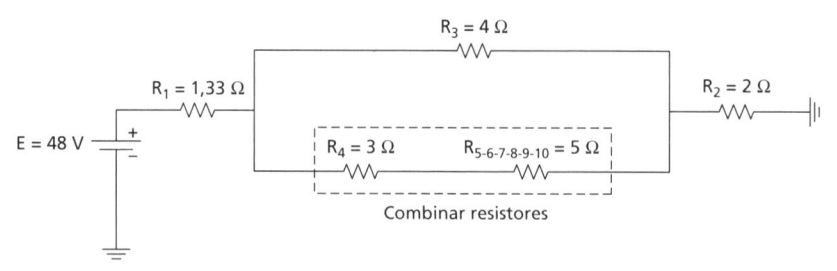

FIGURA 2-35 Quarto passo da simplificação.

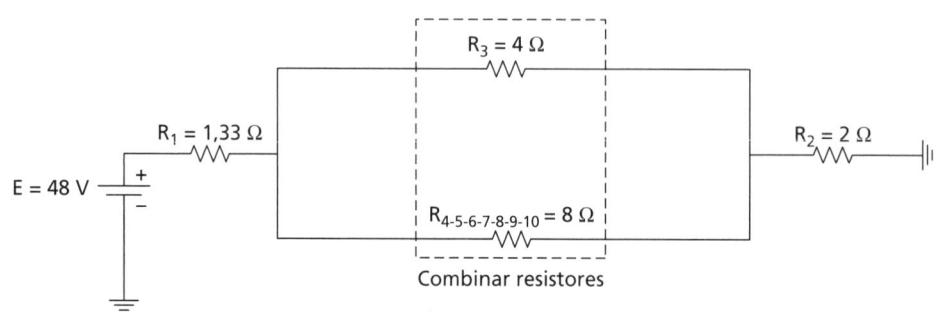

FIGURA 2-36 Quinto passo da simplificação.

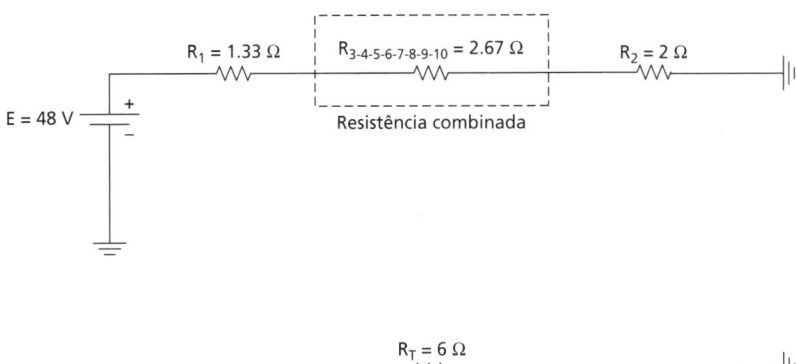

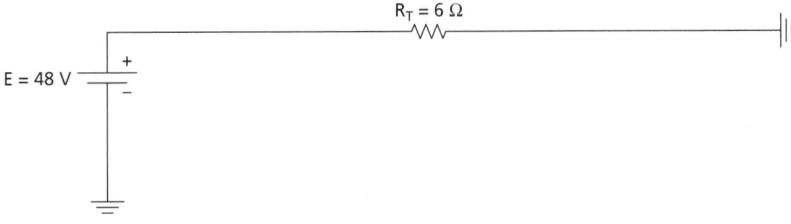

FIGURA 2-37 Versão simplificada da Figura 2-31.

para qualquer parte de um circuito que está conectado em série.

Lei 2. *Em um circuito em paralelo, a soma algébrica das correntes que entram em um ponto é igual à soma algébrica das correntes que deixam esse ponto.* A lei de Kirchhoff paralela do fluxo de corrente pode, também, ser aplicada a qualquer parte de um circuito que está conectado em paralelo.

A lei de Kirchhoff para quedas de tensão em série pode ser expressa algebricamente como se segue:

$$E_t - V_1 - V_2 - V_3 = 0$$

ou

$$E_t = V_1 + V_2 + V_3$$

A Figura 2-39 mostra um circuito que ilustra o princípio da segunda lei de Kirchhoff. Neste circuito, pode ser notado que a I_t, a corrente que flui para o ponto A, é igual a $I_1 + I_2 + I_3$, a corrente que flui para fora do ponto A. A lei de Kirchhoff para fluxos paralelos de corrente pode ser expressa pelas seguinte equação:

$$I_t - I_1 - I_2 - I_3 = 0$$

ou

$$I_t = I_1 + I_2 + I_3$$

Ambas as leis de Kirchhoff se tornaram ferramentas muito úteis para encontrar soluções de circuitos elétricos complexos. Em geral, quando você está resolvendo circuitos série-paralelos e você é forçado a resolver uma equação com mais de uma incógnita, lembre-se do seguinte: (1) em circuitos em série ou em porções em série de um circuito, a soma das quedas de tensão é igual para a tensão aplicada no grupo inteiro de resistores em série. (2) A corrente no circuito em série é constante e igual ao fluxo de corrente total por toda a parte em série do circuito.

Em circuitos em paralelo ou porções paralelas de um circuito: (1) a tensão aplicada a cada resistência é constante e igual à tensão aplicada a toda a parte paralela do circuito. (2) A soma do fluxo de corrente que passa por cada resistência paralela é igual à corrente total que entra na parte paralela do circuito. Com esses quatro princípios básicos e os procedimentos de substituição corretos, não deverão existir circuitos tão difíceis de resolver.

Uma vez que a maioria dos aviões é construída com metal, a estrutura do avião pode ser usada como um condutor elétrico. No circuito da Figura 2-40*a*, se um terminal da bateria e um terminal da carga são conectados à estrutura de metal do avião, o circuito irá operar da mesma forma como se tivesse dois fios condutores. Um diagrama desse circuito é mostrado em Figura 2-40*b*. Quando um sistema deste tipo é usado em um avião, ele é chamado de **aterrado** ou sistema de **fio-único**. O circuito de terra é a parte do circuito completo na qual a corrente passa pela estrutura do avião. Qualquer unidade conectada eletricamente à estrutura do metal do avião é dita aterrada. Quando um avião utiliza um sistema elétrico de fio-único, é importante que todas as partes do avião sejam bem unidas para permitir um fluxo livre e irrestrito de corrente ao longo de sua estrutura. Isto é particularmente importante para aeronave na qual as seções são unidas através de adesivo.

CÁLCULO DA RESISTÊNCIA DE UM CIRCUITO EM PONTE

Quando resistências são conectadas em um circuito em ponte, como mostrado na Figura 2-41*a*, nota-se que são formados dois circuitos Δ (delta). Esses circuitos compartilham a resistência R_5. Por causa disso, não é possível resolver o circuito pelos métodos previamente explicados. Um método matemático foi desenvolvido de forma a possibilitar que o circuito possa ser resolvido convertendo um dos circuitos Δ para um circuito Y equivalente.

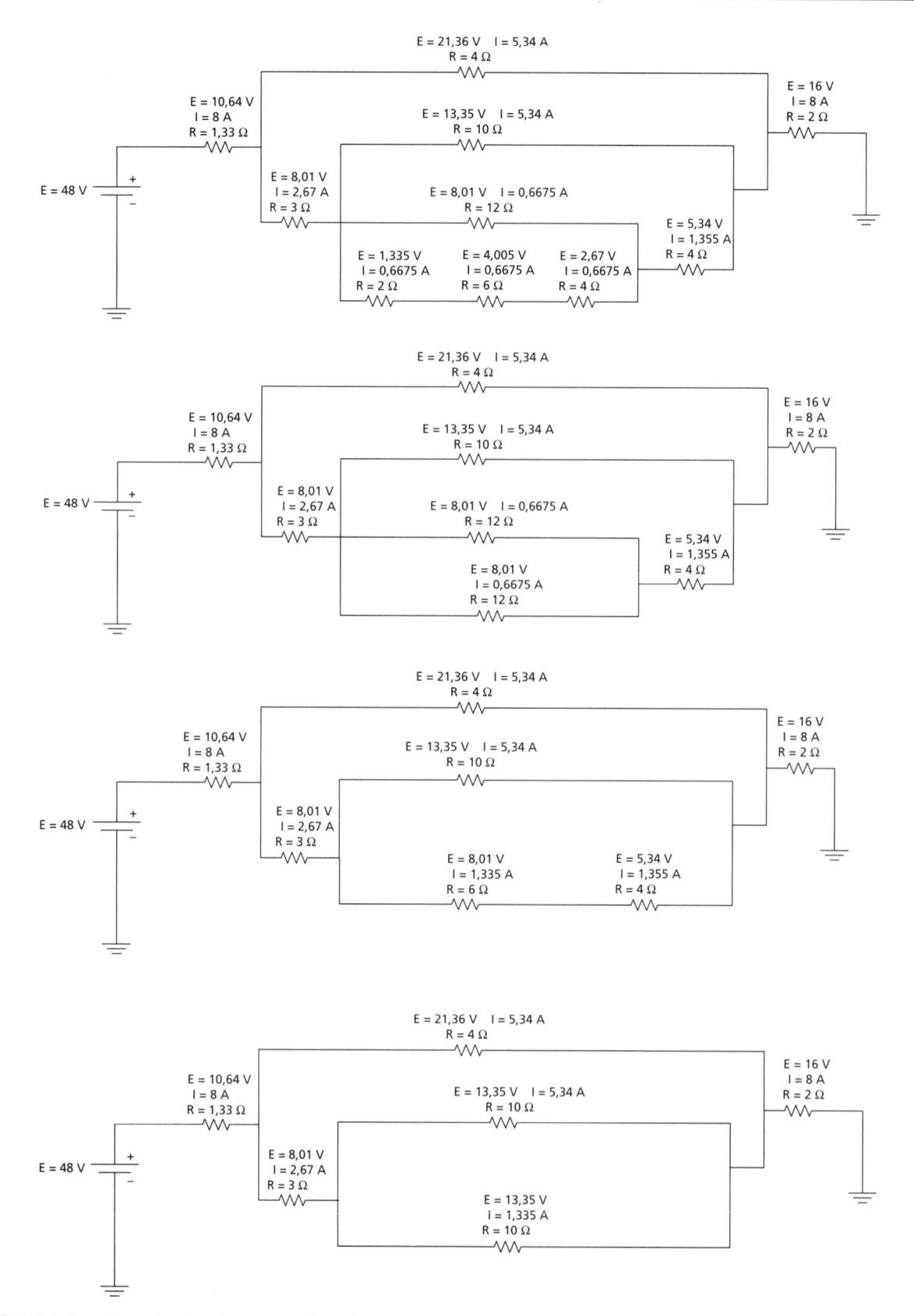

FIGURA 2-38 A versão da solução completa da Figura 2-29.

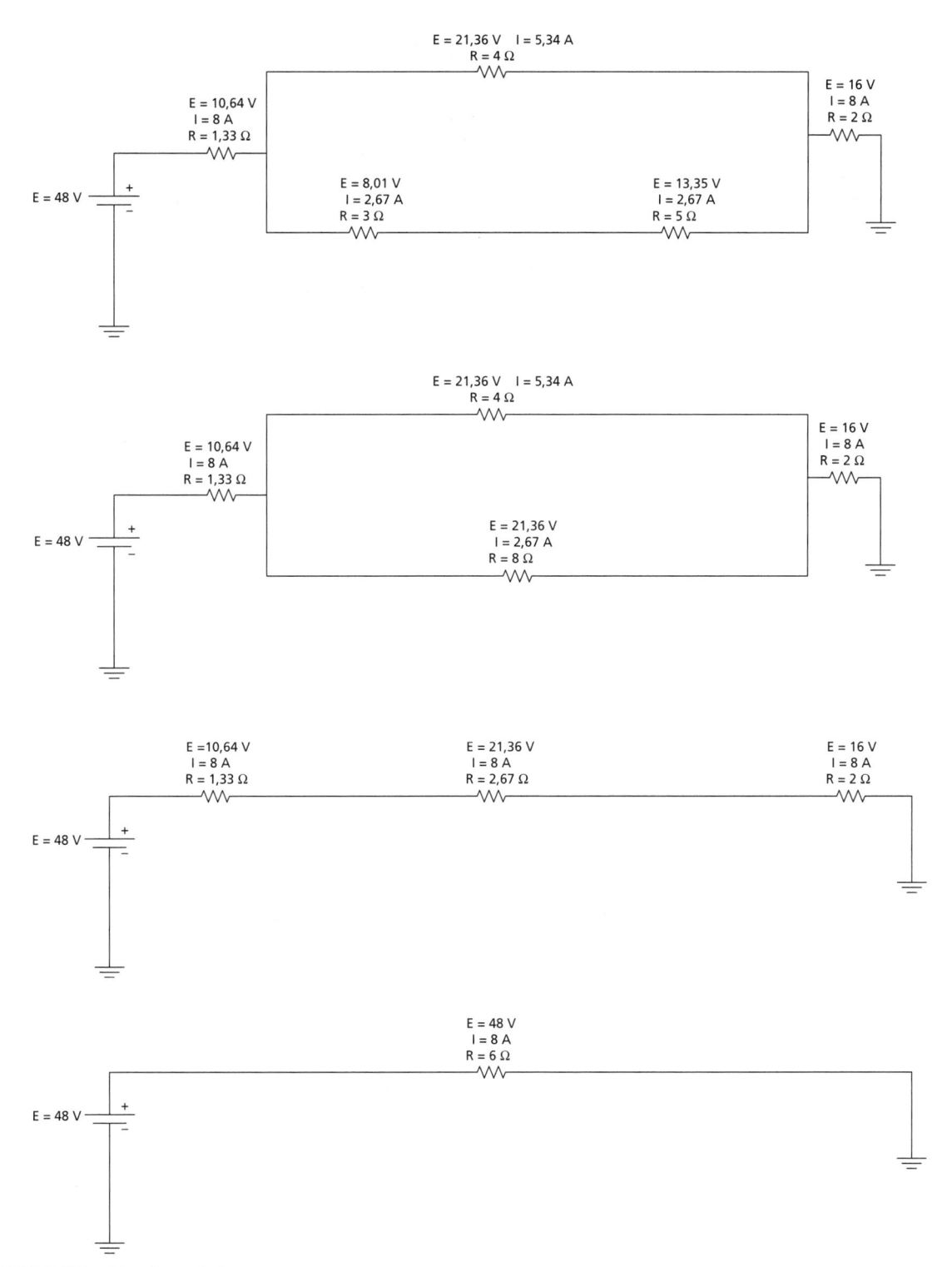

FIGURA 2-38 *(Continuação)*

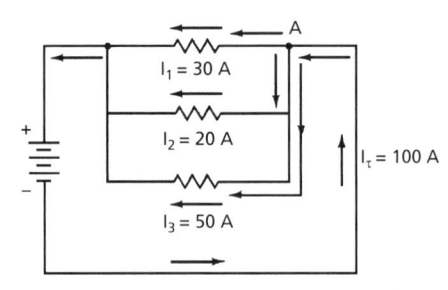

FIGURA 2-39 Diagrama que ilustra a segunda lei de Kirchhoff. A corrente que entra em um ponto é igual à corrente que sai desse ponto.

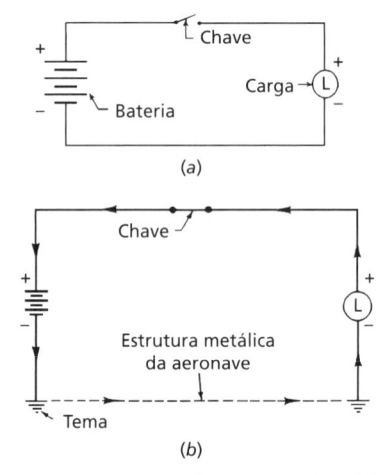

FIGURA 2-40 Um circuito elétrico simples: (a) um sistema de dois fios, (b) um sistema de fio único.

A Figura 2-41b representa um circuito equivalente onde o circuito Δ ABD da Figura 2-41a foi convertido ao circuito de Y ABD equivalente na Figura 2-41b. Essa conversão é realizada com as fórmulas mostradas a seguir:

$$R_a = \frac{R_1 \times R_5}{R_1 + R_4 + R_5}$$

$$R_b = \frac{R_1 \times R_4}{R_1 + R_4 + R_5}$$

$$R_c = \frac{R_4 \times R_5}{R_1 + R_4 + R_5}$$

O circuito da Figura 2-41b é do tipo série-paralelo simples e pode ser resolvido como explicamos previamente.

Para um exemplo de como o circuito da Figura 2-41 pode ser resolvido, atribuímos primeiramente os valores de resistência aos resistores na Figura 2-41a. $R_1 = 2\ \Omega$, $R_2 = 8\ \Omega$, $R_3 = 4\ \Omega$, $R_4 = 4\ \Omega$ e $R_5 = 10\ \Omega$. Então

$$R_a = \frac{2 \times 10}{2+4+10} = \frac{20}{16} = 1{,}25\ \Omega$$

$$R_b = \frac{2 \times 4}{2+4+10} = \frac{8}{16} = 0{,}5\ \Omega$$

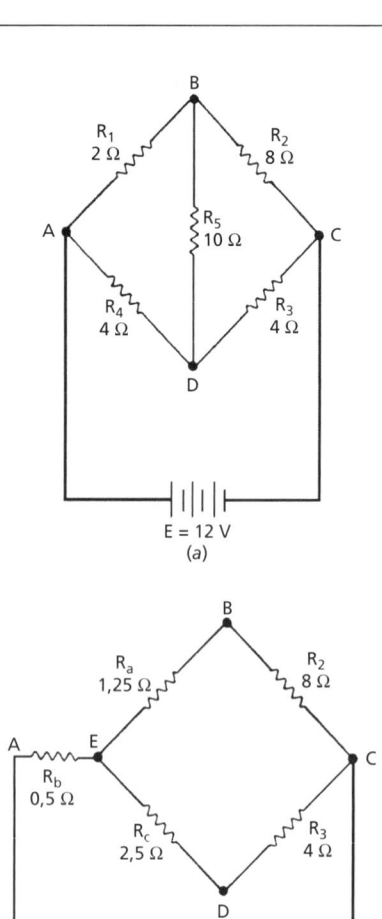

FIGURA 2-41 Circuito que ilustra a conversão de um circuito delta para um circuito equivalente Y e a solução para a resistência de um circuito em ponte.

$$R_c = \frac{4 \times 10}{2+4+10} = \frac{40}{16} = 2{,}5\ \Omega$$

No circuito da Figura 2-41b, R_a e R_2, estão em série e R_c está conectado em série com R_3. Uma vez que os valores dos circuitos em série são somados para determinar o valor total, somamos as resistências em série. Então, $R_a + R_2 = 1{,}25 + 8 = 9{,}25\ \Omega$ e $R_c + R_3 = 2{,}5 + 4 = 6{,}5\ \Omega$. A combinação de $R_a + R_2$ está em paralelo com a combinação de $R_c + R_3$; consequentemente, usamos a fórmula paralela para duas resistências para determinar o valor equivalente.

$$R_t = \frac{6{,}5 \times 9{,}25}{6{,}5 + 9{,}25} = \frac{60{,}125}{15{,}75} = 3{,}82\ \Omega$$

Considerando que o circuito em paralelo está em série com R_b, somamos o total das resistências em paralelo (3,82 Ω) com R_B (0,5 Ω) para obter a resistência equivalente combinada para o circuito; quer dizer,

$$0{,}5 + 3{,}82 = 4{,}32 \ \Omega$$

Uma vez que 12 V é aplicado ao circuito em ponte, a corrente pelo circuito é 12/4,32 = 2,78 A.

APLICAÇÕES DA LEI DE OHM

Para um técnico de aeronaves, há incontáveis usos para o material contido neste capítulo. A lei de Ohm pode ser usada durante a instalação, o conserto e a inspeção de vários elementos elétricos, na aquisição de componentes elétricos, determinando dimensões de fios para uma determinada aplicação e em projetos de circuito elétrico básico. Alguns exemplos dessas aplicações são mostrados nos problemas a seguir. Devido à simplicidade destes exemplos, talvez não seja possível ilustrar a complexidade de uma determinada situação que poderia ser encontrada durante uma real manutenção de aeronave.

Problema 1. Durante uma inspeção anual, foi notado que a *bus bar* (a principal conexão de distribuição elétrica) tinha sido substituída pelo antigo dono da aeronave. Uma maneira de o técnico verificar a aeronavegabilidade dessa *bus bar* é determinando a carga que ela pode suportar e comparando com a carga total atual da aeronave. Foi determinado, a partir no *part number* (número de série) da *bus bar*, que a corrente máxima admissível era de 60 A. A *bus bar* está operando no seu dentro do limite de condução?

Solução. Aplicando a lei de Kirchhoff para circuitos em paralelo, foi determinado que a corrente que fluía da *bus bar* era a mesma corrente que fluía pela *bus bar*. A corrente máxima admitida pela *bus bar* é 60 A; então, a carga de total da aeronave não podia exceder este valor. Como em toda aeronave os circuitos estão conectados em paralelo à *bus*, a corrente total foi determinada usando

$$I_t = I_1 + I_2 + I_3 + I_4 + I_5 + I_6 + I_7$$

Se as cargas na aeronave são como as mostradas a seguir, torna-se um processo simples determinar se a *bus bar* está sobrecarregada eletricamente.

Luzes de navegação	10 A
Rádio de navegação	4 A
Rádio de comunicação	3 A
Aquecimento do *pitot*	12 A
Motor do *flap*	8 A
Motor da bomba hidráulica	16 A
Motor da bomba de combustível	6 A

Simplesmente some as correntes individuais para achar a corrente total.

$$I_t = 10 \text{ A} + 4 \text{ A} + 3 \text{ A} + 12 \text{ A} + 8 \text{ A} + 16 \text{ A} + 6 \text{ A}$$
$$= 59 \text{ A}$$

Uma vez que a carga total da aeronave é só 59 A e a *bus bar* pode suportar 60 A, a instalação da *bus bar* pode ser considerada dentro de seu limite de corrente.

Problema 2. Qual deve ser a dimensão do gerador a ser colocado na aeronave do Problema 1? Os geradores aprovados para esse tipo de avião são dimensionados para 30, 60 e 90 A.

Solução. Mais uma vez, já que sabemos que a corrente que entra em um ponto é igual à corrente que sai desse ponto, podemos determinar que os 59 A "drenados" da *bus bar* da aeronave devem ser "enviados" à *bus bar* pelo gerador. Então, o gerador de 60 A seria o mínimo requerido. Porém, os 59 A calculados anteriormente não incluíam a corrente necessária para carregar a bateria após a partida do motor da aeronave. (*Nota*: Nessa aeronave, a corrente de bateria não vem da *bus bar*, sendo alimentada diretamente pelo gerador.) Uma vez que a corrente de carregamento da bateria excede frequentemente 20 A por curtos períodos de tempo, o gerador de 90 A gerador deve ser instalado.

Problema 3. Quando uma bomba de combustível elétrica nova é instalada em uma aeronave antiga, o ajuste do fluxo de combustível deve ser feito por uma mudança na tensão do motor da bomba. Essa mudança de tensão muda o rpm do motor da bomba mudando, consequentemente, o fluxo de combustível na bomba. Para realizar esta mudança de tensão, o sistema de aeronave contém um resistor ajustável em série com o motor da bomba de combustível. Se o manual da aeronave indica que devem ser aplicados 8 V no motor de bomba e a tensão de sistema de aeronave é 14 V, qual resistência deve ser ajustada no resistor variável?

Solução. Uma vez que quedas de tensão são aditivas em um circuito em série, a queda de tensão do resistor mais a queda de tensão na bomba de combustível tem que ser igual a 14 V (tensão de sistema); ou, 14 V – 8 V = queda de tensão no resistor. A queda de tensão no resistor é então 6 V. A equação $R = E/I$ pode ser usada para determinar o valor do resistor. De acordo com a folha de dados da bomba de combustível, o motor puxa 2 A a 8 V. Uma vez que o motor e o resistor estão em série, os 2 A também têm que fluir pelo resistor variável. Usando

$$R_r = \frac{V_r}{I_r}$$

onde R_r = resistência do resistor em ohms
V_r = a queda de tensão sobre o resistor (6 V)
I_r = o corrente que flui pelo resistor (2 A)

$$R_r = \frac{6 \text{ V}}{2 \text{ A}}$$
$$= 3 \ \Omega$$

O resistor variável deveria ser ajustado em 3 Ω para que produza o fluxo de combustível correto.

QUESTÕES DE REVISÃO

1. Defina a lei de Ohm.
2. Que letra é usada para representar a corrente elétrica?
3. Que nome é dado à unidade de força eletromotriz?
4. Como a fem é expressa durante cálculos da lei de Ohm?
5. Qual é a relação matemática entre E, R e I?
6. Qual é a equação básica para a lei de Ohm?
7. Qual analogia simples pode ser usada para ajudar entender os conceitos da lei de Ohm?
8. A pressão da água pode ser comparada a que elemento da lei de Ohm?
9. Explique a diferença entre circuitos em série e circuitos em paralelo.
10. Dê as três formas para a fórmula da lei de Ohm.
11. Defina o *watt*.
12. Compare watts com cavalo de força.
13. Quantos cavalos de força são gastos em um circuito no qual a tensão é 110 V e a corrente vale 204 A?
14. Que corrente é exigida para alimentar um motor de 5hp em um circuito de 110V, quando o motor tem uma eficiência de 60%?
15. Explique como é corrente flui em um circuito em *série*.
16. Defina *queda de tensão*.
17. Explique a relação entre as quedas de tensão em um circuito em série.
18. Explique como a corrente flui em um circuito em *paralelo*.
19. Explique como é aplicada a tensão a vários componentes em um circuito em paralelo.
20. Qual é a resistência total de um circuito que contém os seguintes resistores conectados em paralelo: $R_1 = 24$ ohms, $R_2 = 24$ ohms, $R_3 = 10$ ohms e $R_4 = 5$ ohms.
21. Explique a lei de Kirchhoff para quedas de tensão.
22. Explique a lei de Kirchhoff para correntes em paralelo.
23. Dê a equação para encontrar a resistência total em um grupo de resistores em paralelo.
24. Dê a equação para encontrar a resistência total de resistores agrupados em série.
25. Em um circuito em paralelo, a resistência total é sempre menor do que qual valor?

CAPÍTULO 3
Acumuladores de energia para aeronaves

Existem, literalmente, centenas de tipos e tamanhos de baterias e células em utilização hoje. A diversificação de tipos de dispositivos eletrônicos gerou também uma demanda por células e baterias variadas. O técnico de aeronave pode encontrar vários tipos de baterias para energizar equipamentos de monitoramento e testes; porém, dois tipos de baterias são utilizadas em quase todas as aeronaves atualmente: a de niquel-cádmio e a de chumbo-ácido.

Todas as baterias de células produzem tensão CC. O valor real da tensão é uma função das substâncias químicas que formam a célula. Tipicamente, uma "célula" é vista como a forma mais simples de uma bateria. As baterias são construídas com várias células combinadas em um recipiente. A corrente fornecida por uma bateria é uma função das substâncias químicas utilizadas para produzir as células e, também, do tamanho e do número de células que formam a bateria. Esses conceitos devem ser considerados quando o técnico ou engenheiro estiver projetando um circuito ou determinando a potência da fonte de energia para o circuito. Este capítulo examinará a teoria e a construção de vários tipos de baterias e as suas células.

CÉLULAS SECAS E BATERIAS

Células voltaicas

Anteriormente, neste texto, foi explicado que várias substâncias diferentes têm polaridades opostas umas das outras e que, quando duas delas entram em atrito, uma ficará carregada positivamente e a outra negativamente. Metais diferentes também têm essa propriedade, e quando dois desses metais são colocados em contato, haverá um fluxo momentâneo de elétrons do metal que possui uma característica negativa para o que possui características positivas. Se duas placas diferentes são colocadas em uma solução química, chamada de *eletrólito*, cargas elétricas opostas serão estabelecidas nas duas placas.

Em termos simples, um **eletrólito** é uma solução de água e um composto químico que produzirá uma corrente elétrica dentro de uma célula. O eletrólito, em um acumulador típico de energia de aeronaves, consiste de ácido sulfúrico e água. Outras soluções, como água salgada, também podem agir como um eletrólito.

Um eletrólito irá conduzir uma corrente elétrica, pois contém íons positivo e negativo. Quando um composto químico é dissolvido em água, ocorre a separação das partes que o compõem. Algumas dessas partes adquirem uma carga positiva e outras adquirem uma carga negativa.

A ação de um eletrólito ficará clara se um caso específico for considerado. Quando uma barra de carbono e uma placa de zinco são colocadas em uma solução de cloreto de amônio, o resultado é uma célula voltaica elementar (veja Figura 3-1). O carbono e o zinco são chamados de **eletrodos**. O carbono, que é o eletrodo positivamente carregado, é chamado de **ânodo**, e a placa de zinco é chamada de **cátodo**. A combinação de dois eletrodos cercados por um eletrólito formará uma **célula**.

Assim que a placa de zinco (Zn) é colocada no eletrólito, átomos de zinco começam a entrar na solução como íons, cada um liberando dois elétrons na placa. Um **íon** é um átomo ou uma molécula carregada positiva ou negativamente. Um íon positivamente carregado tem uma deficiência de elétrons, e um íon negativamente carregado tem um excesso de elétrons. Os átomos de zinco indo para uma solução como íons positivos torna a placa de zinco negativamente carregada. Os íons de zinco na solução são positivos, porque cada um deixou dois elétrons na

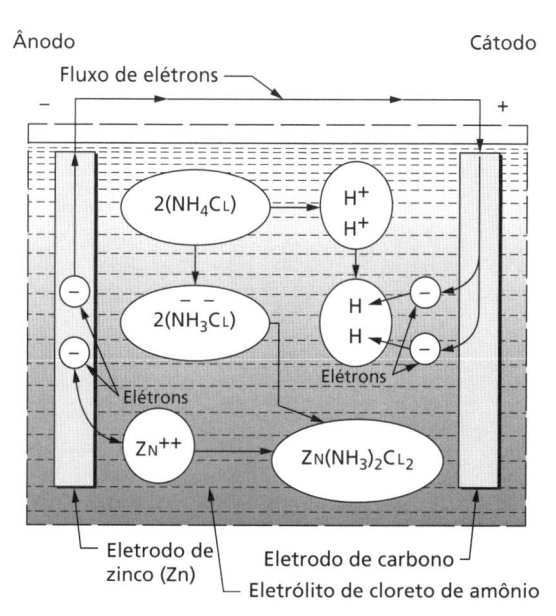

FIGURA 3-1 Ação química em uma célula voltaica.

placa. Essa carga positiva faz os íons de zinco permanecerem próximos da placa de zinco, porque a placa ficou negativa. O efeito dos íons de zinco juntos e próximos da placa impedem a decomposição da placa de zinco por tanto tempo quanto a carga negativa da placa esteja em equilíbrio com a carga positiva dos íons de zinco em solução.

O cloreto de amônio em solução no eletrólito aparentemente separa-se entre íons de hidrogênio positivos e uma combinação de amônio e cloro que são carregados negativamente. Quando os dois eletrodos estão conectados por um condutor externo, os elétrons livres do zinco fluem para a barra de carbono; e os íons de hidrogênio movem-se para barra de carbono, onde cada íon recebe um elétron e se torna um átomo de hidrogênio neutro. Os íons positivos de zinco combinam com o cloreto de amônio negativo para coletar os íons de hidrogênio libertados em solução. O efeito dessas reações químicas é remover elétrons da barra de carbono e liberá-los na placa de zinco. Isso resulta em uma fonte contínua de elétrons, disponíveis no eletrodo (zinco) negativo. Quando os dois eletrodos estão conectados, os elétrons fluirão para a barra de carbono, onde os íons de hidrogênio se tornam moléculas de hidrogênio como o resultado da sua neutralização pelos elétrons. Por fim, gás de hidrogênio borbulha na barra de carbono e separa-se da solução. Isto é chamado **polarização** e fará com que a corrente pare até que o hidrogênio seja removido.

A **célula seca** zinco-carbono padrão usada em lanternas e outros propósitos é um composto chamado dióxido de manganês (MnO_2) para prevenir a acumulação de hidrogênio no eletrodo positivo na célula. A Figura 3-2 é um desenho desse tipo de célula. Uma célula seca é chamada assim porque o eletrólito está na forma de uma pasta; a célula pode, portanto, ser manuseada sem o perigo de derramamento. A placa de zinco é o eletrodo negativo e o eletrólito de pasta é contido em contato próximo com o zinco por meio de um caminho poroso. O espaço entre a barra de carbono e a placa de zinco está preenchido com dióxido de manganês saturado com eletrólito. Grafite é misturado com o dióxido de manganês para reduzir a resistência interna da célula. O topo da célula é lacrado com um material não condutivo para prevenir escoamento e a secagem do eletrólito.

Muitas células são montadas dentro de uma fina embalagem de aço galvanizado para que possam ser mais duráveis; uma camada de material isolante é então colocada entre o interior da lata de zinco e o exterior da lata para prevenir um curto circuito.

A tensão gerada por uma célula de zinco-carbono é de aproximadamente 1,5 V. A tensão de qualquer célula depende dos materiais usados como eletrodos. Uma célula secundária chumbo-ácido, como essas empregadas em acumuladores de energia, produzem uma tensão de 2,1 V. Os eletrodos (placas) são compostos de chumbo para o negativo e peróxido de chumbo para o positivo. Como dito previamente, diferentes metais sempre têm uma polaridade definida em relação ao outro. Por exemplo, se níquel e alumínio são colocados em um eletrólito, o níquel será positivo e o alumínio negativo. Porém, se níquel e a prata são colocados em um mesmo eletrólito, o níquel será negativo e a prata será positiva. Quanto mais ativo o metal é quimicamente, melhores são as suas características negativas.

Uma célula que não pode ser recarregada satisfatoriamente é chamada de **célula primária**. A célula voltaica elementar, previamente descrita nesta seção, é uma célula primária. Alguns dos elementos se deterioram enquanto a célula produz corrente; consequentemente, a célula não pode restabelecer a sua condição original por recarga. A célula comum de lanterna é um exemplo familiar de uma célula primária. A placa negativa de uma célula primária deteriora porque o material entra em solução com o eletrólito. Na célula secundária, o material das placas não entra em solução, mas permanece nas placas, onde sofre uma mudança química durante operação.

Em uma **célula secundária**, a reação química que produz a corrente elétrica pode ser revertida; em outras palavras, as células secundárias podem ser recarregadas. Isso é realizado aplicando-se uma tensão maior do que a produzida pela célula pelos seus terminais; isso faz fluir uma corrente pela célula na direção oposta à que a corrente normalmente flui. O terminal positivo da fonte de alimentação é conectado no terminal positivo da célula, e o terminal negativo da fonte de alimentação é conectado ao terminal negativo da célula. Como a tensão do carregador é maior que a da célula, os elétrons fluem para dentro do pólo negativo e para fora do pólo positivo. Isso causa uma reação química no sentido contrário ao que ocorre durante operação da célula; os elementos da célula retornam à sua composição original. Neste momento, a célula é tida como *carregada*. As células secundárias podem ser carregadas e descarregadas muitas vezes antes que se deteriorem ao ponto em que devem ser descartadas.

Os símbolos padrões para uma bateria e uma única célula são mostrados na Figura 3-3. Como mostrado aqui, uma bateria pode ser feita de uma única célula ou várias células conectadas entre si. Também se deve notar que o símbolo tem uma determinada polaridade, isto é, as conexões positivas e negativas são

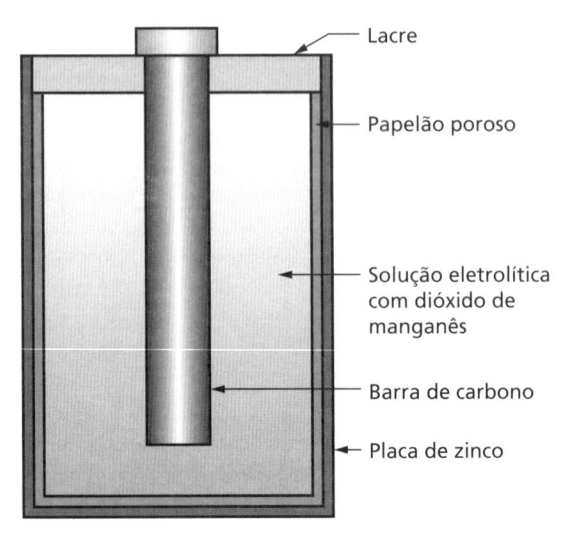

FIGURA 3-2 Construção de uma célula seca simples.

FIGURA 3-3 Símbolo elétrico para (a) uma célula única e (b) uma bateria de cinco células. Observe a localização das conexões positiva e negativa.

sempre mostradas como neste diagrama. Em alguns casos, é importante reconhecer a polaridade da bateria, e o símbolo elétrico pode ser usado para identificar a localização das conexões positiva e negativa.

Células alcalinas e de mercúrio

Baterias que utilizam um eletrólito alcalino normalmente são chamadas de **células alcalinas**.

Baterias especiais

Em busca de fontes de energia alternativa, tem havido um grande interesse no desenvolvimento e no uso de baterias de alta-energia. Essas baterias são projetadas tipicamente para uso específico e são encontradas em dispositivos eletrônicos comuns; notebooks, telefones celulares, ferramentas energizadas, automóveis e até mesmo aeronaves só são possíveis pelo desenvolvimento de baterias modernas. Na maioria dos casos, essas baterias são construídas com várias células secundárias conectadas em série e/ou em paralelo para criar uma bateria recarregável robusta. Algumas baterias especiais também são encontradas em vários dispositivos eletrônicos de aeronaves, frequentemente utilizadas para emergência ou energia de reserva.

A estrutura básica das baterias especiais é bem parecida com a das outras células convencionais; porém, a estrutura química é alterada para aumentar capacidade da bateria e o tempo de vida. As substâncias químicas geralmente usadas incluem o íon-lítio (Li$^+$), o dióxido de lítio-manganês (LiMnO$_2$), o hidróxido de níquel (NiOOH) e o óxido de prata (S). Os locais em que as baterias especiais são usadas necessitam de um cuidado extra para assegurar instalação e a manutenção adequada. Em muitos casos, a manutenção ou a instalação da bateria incorreta pode causar sérios danos aos sistemas eletrônicos. Sempre consulte as informações técnicas da aeronave antes da substituição, carga ou manutenção da bateria.

O eletrólito consiste principalmente de uma solução de hidróxido de potássio. O hidróxido de potássio (KOH) é uma poderosa substância cáustica semelhante a um forte detergente doméstico e pode causar fortes queimaduras se entrar em contato com a pele. Os eletrodos de células alcalinas podem ser de vários tipos diferentes de materiais, como dióxido de manganês e zinco, óxido de prata e zinco, óxido de prata e cádmio, óxido de mercúrio e zinco, ou níquel e cádmio. Esses vários materiais de eletrodos vão determinar se a célula alcalina será uma célula secundária recarregável ou uma célula primária não recarregável. Os diferentes eletrodos também determinarão a tensão produzida pela célula. A maioria das células alcalinas comuns produz aproximadamente 1,5 V, sem uma carga aplicada à célula. A Figura 3-4 mostra uma variedade de células usadas em vários dispositivos eletrônicos.

As **células de mercúrio** são outro tipo comum de células secas usadas em uma variedade de aplicações. Uma célula de mercúrio consiste em um eletrodo positivo de óxido mercúrio misturado com um material condutivo e um eletrodo negativo de zinco dividido finamente. Os eletrodos e o eletrólito cáustico são montados em recipientes lacrados de aço. Alguns eletrodos são prensados em formas circulares finas e outros são feitos na forma de um cilindro oco, dependendo do tipo de célula para a qual eles são feitos. O eletrólito é imobilizado em um material absorvente entre os eletrodos. As células de mercúrio são frequentemente usadas para baterias pequenas do tipo *botão* encontradas em equipamentos miniatura, como relógios e calculadoras.

FIGURA 3-4 Pilhas secas.

Células de níquel-cádmio

As células elétricas e as baterias de **níquel-cádmio** foram desenvolvidas para terem um alto grau de eficiência e confiança. Elas são usadas em dispositivos pequenos que antigamente usavam células secas de zinco-carbono e em outros dispositivos onde células de zinco-carbono não podem se adequar às cargas exigidas. Elas também estão sendo fabricadas em tamanhos grandes para uso em aeronaves, onde as exigências de cargas elevadas estão presentes. O serviço e a manutenção das baterias de aeronave de níquel-cádmio serão discutidos posteriormente neste capítulo.

As células de níquel-cádmio são feitas com vários tipos de eletrodos, mas os elementos ativos permanecem os mesmos. Quando se encontra carregado, o eletrodo negativo consiste em cádmio metálico (Cd) e o eletrodo positivo é o hidróxido de níquel (NiOOH). Durante a descarga, os eletrodos alteram a composição química. O eletrodo negativo se torna hidróxido de cádmio (CdOH) e o eletrodo positivo se torna hidróxido de níquel [Ni(OH)$_2$].

O eletrodo mais comum projetado para células de níquel-cádmio consiste em recipientes de aço perfurados para conter os materiais ativos, ou em uma chapa perfurada de níquel, ou em telas de tecido de níquel na qual os materiais ativos são impregnados por sinterização. O processo de **sinterização** consiste em aquecer as partículas de metal finamente divididas em um molde em temperatura próxima de fusão. As partículas de metal unem-se no ponto de contato com outras partículas e isso resulta em um material robusto. No caso de eletrodos de níquel-cádmio, o material sinterizado é níquel ou carbonila de níquel, para as placas positivas, e cádmio, para as placas negativas. Uma célula de níquel-cádmio que foi cortada para mostrar a sua construção está ilustrada na Figura 3-5.

Como mencionado previamente, uma célula secundária é aquela que pode ser carregada e descarregada repetidamente sem apreciável deterioração dos elementos ativos. Uma vantagem da célula de níquel-cádmio secundária é que ela pode permanecer na condição descarregada indefinidamente, a temperaturas normais, sem deterioração. Se uma bateria de chumbo-ácido é deixada descarregada por um período significativo de tempo, ocorre a sulfatação das placas e as células perdem muito de suas capacidades.

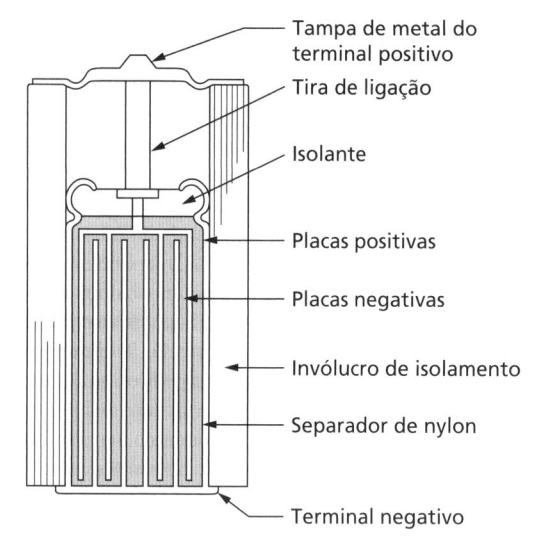

FIGURA 3-5 Corte de uma célula de níquel-cádmio para mostrar como é construída.

Durante a descarga de uma célula de níquel-cádmio, elétrons são liberados no material negativo enquanto uma mudança química acontece. Esses elétrons fluem pelo exterior do elétrico circuito e voltam ao eletrodo positivo. Íons positivos no eletrólito removem os elétrons do eletrodo positivo. Durante a carga, a ação inversa ocorre, e o eletrodo negativo é restabelecido a um estado de cádmio metálico.

Células de níquel-cádmio geram gás durante a parte final de um ciclo de carga e durante a sobrecarga. O hidrogênio é formado no eletrodo negativo, e o oxigênio é formado no eletrodo positivo. Em baterias do tipo ventiladas, o hidrogênio e oxigênio gerado durante a sobrecarga são liberados na atmosfera junto com alguns vapores do eletrólito. Em uma célula seca lacrada, é necessário criar um meio para absorver os gases. Isso é realizado projetando o eletrodo de cádmio com capacidade de exceder, tornando possível o eletrodo positivo ser carregado completamente antes do eletrodo negativo. Quando isto ocorre, é liberado oxigênio no eletrodo positivo, enquanto hidrogênio ainda não pode ser gerado, porque o eletrodo negativo não está carregado completamente. Então, a célula é projetada dessa forma para que o oxigênio possa passar para eletrodo negativo, onde ele reage para formar o equivalente químico ao óxido de cádmio. Assim, quando uma célula é sobrecarregada, o eletrodo de cádmio é oxidado a uma taxa adequada à entrada de energia e a célula é mantida em equilíbrio totalmente carregada.

Se uma célula é carregada de acordo com a taxa indicada, pode ocorrer sobrecarga em até 200 ou 300 ciclos de carga sem dano para a célula. Se a taxa de carga é muito alta, a pressão do oxigênio na célula pode ficar tão grande que romperá o selo. Por essa razão, as taxas de carga devem ser controladas cuidadosamente.

Perigos das baterias

As baterias sempre devem ser tratadas como um perigo em potencial. Uma bateria carregada conterá níveis altos de energia, que podem causar sérios danos se mal manuseadas. Até mesmo descarregadas, as baterias podem liberar substâncias químicas que podem ser prejudiciais aos sistemas eletrônicos, às pessoas ou ao meio ambiente. Sempre leia e siga as advertências, as precauções e os procedimentos quando manusear as baterias. Os procedimentos comuns para a manipulação incluem a proteção dos olhos e luvas de borracha. Outras proteções pessoais também podem ser recomendadas para certas baterias.

Uma explosão de uma bateria pode ocorrer pelo mau uso ou pelo mau funcionamento de uma bateria. Se alguém tenta carregar uma célula primária (não recarregável), ou se uma bateria é descarregada muito depressa (devido a um mau funcionamento do circuito), a bateria pode aquecer demais ou explodir. Baterias de chumbo-ácido (discutidas posteriormente neste capítulo) emitem gás de hidrogênio quando carregadas. Este gás é muito explosivo e precauções devem ser tomadas durante o carregamento de uma bateria de chumbo-ácido. Sobrecarregar ou carregar muito rápido também é muito perigoso; em ambos os casos, ocorre a produção de calor em excesso e de gás potencialmente explosivo.

Muitas substâncias químicas das baterias são corrosivas, venenosas ou ambos. Use a precaução extrema se um vazamento de bateria ocorrer. Baterias com um eletrólito líquido podem acidentalmente derramar ou escoar de um furo em seu recipiente. Baterias de célula secas também podem escoar substâncias químicas por seus recipientes devido à idade, uso impróprio, mau funcionamento ou dano. O vazamento químico pode danificar o equipamento e é tipicamente prejudicial aos humanos. Muitos fabricantes de dispositivos eletrônicos recomendam remover as baterias de dispositivos que não serão usados por longos períodos, para impedir qualquer dano potencial de vazamento das baterias.

Preocupações ambientais

Todas as baterias comerciais empregam substâncias químicas tóxicas que criam preocupações ambientais. Baterias usadas contribuem para lixo eletrônico, dano acidental da bateria e derramamentos de substâncias químicas podem prejudicar o solo local e fontes de água. O fabrico de baterias também é ambientalmente perigosa e precauções extremas são necessárias durante a fabricação da bateria. Na maioria dos casos, problemas em potencial podem ser evitados com cuidado adequado e procedimentos de reciclagem. Sempre trate baterias como um perigo químico em potencial, sempre recicle baterias usadas e sempre siga os procedimentos próprios de limpeza total se um derramamento químico ocorrer.

Tensões de circuito aberto e circuito fechado

Há dois modos de medir a tensão de uma bateria ou célula. A tensão medida quando não há carga aplicada à bateria é chamada de **tensão de circuito aberto** (TCA). A tensão medida quando é aplicada uma carga à bateria é chamada de **tensão de circuito fechado** (TCF). A TCA é sempre maior que a TCF, porque uma bateria pode manter uma maior tensão quando não há corrente na bateria. A TCA de uma bateria de aeronave completamente carregada pode alcançar 13,2 V; porém, quando até mesmo uma carga pequena é aplicada, o TCA medirá aproximadamente 12 V. Esta bateria é tipicamente conhecida como uma bateria de 12 V. A TFC de uma bateria é normalmente uma função da carga aplicada e o estado de carga da bateria. Se uma bateria é conectada a uma carga pesada, o TCF será inferior ao da bateria conectada a uma carga leve. Se uma bateria for quase totalmente descarregada, o TCF será inferior ao da mesma bateria carregada com-

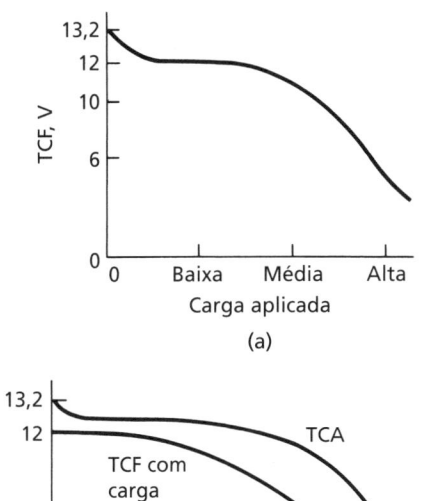

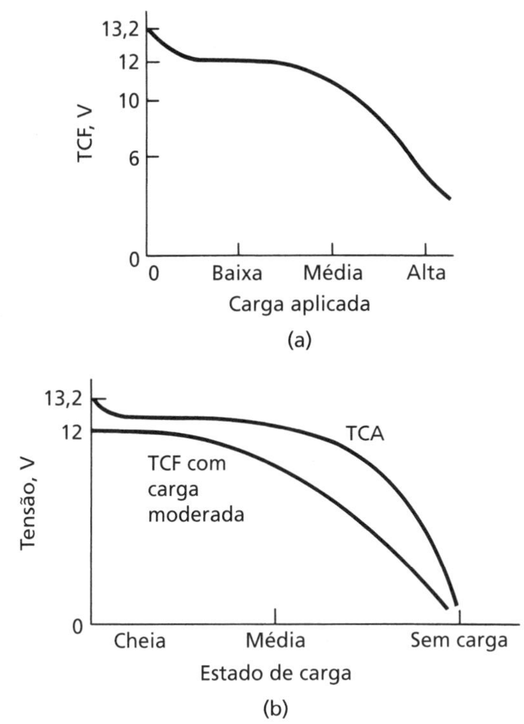

FIGURA 3-6 (a) Tensão de circuito fechado *versus* carga aplicada; (b) tensão de circuito aberto e fechado *versus* estado de carga da bateria.

pletamente. O TCA de uma bateria é tipicamente muito pouco afetado por seu estado de carga até que a bateria esteja próxima de sua descarga completa. A Figura 3-6 ilustra as relações entre TCA e TCF para várias cargas e descargas de baterias.

Resistência interna

A resistência existente dentro de uma bateria enquanto conectada a uma carga é chamada de **resistência interna** (RI). A RI restringe o movimento de corrente dentro de qualquer fonte de energia, incluindo as baterias. No caso de uma bateria, a RI é determinada pela carga aplicada e o estado de carga da bateria.

A RI de uma bateria é igual à diferença entre a TCA e a TCF, dividido pela carga aplicada. Isso é, RI = (TCA − TCF) / corrente da carga. Esta equação é derivada da lei de Ohm, $R = E/I$. A resistência interna de uma bateria pode ser determinada como segue: Se a TCA = 14 V e TCF = 12 V, sob 100 A de carga aplicada, a RI é 0,02 Ω. Os cálculo são

$$RI = \frac{TCA - TCF}{carga\ I}$$
$$= \frac{14\ V - 12\ V}{100\ A}$$
$$= \frac{2\ V}{100\ A}$$
$$= 0,02\ \Omega$$

A resistência interna de uma bateria sempre fica maior enquanto a bateria é descarregada. Isso é devido à redução da TCF de uma bateria enquanto a bateria fica mais fraca. A TCA se mantém quase constante quando o TCF cai; então, a diferença entre essas duas tensões aumenta. Consequentemente, a RI aumenta.

A RI de uma bateria torna-se muito significativa quando uma fonte de energia é escolhida ou um circuito delicado é projetado. Porém, para aplicações de uso geral, a resistência interna de uma bateria não afetará negativamente o sistema elétrico de uma aeronave enquanto a bateria estiver a 75% de sua carga máxima. Quando a bateria chega abaixo desse estado de carga, sua resistência interna fica muito alta e a TCF abaixa. Essa baixa TCF obviamente afeta o desempenho do circuito.

Um exemplo comum dessa desconexão da bateria frequentemente ocorre ao se usar uma bateria extra para "dar partida em ponte" em um automóvel. Frequentemente quando um carro não liga devido a uma bateria descarregada, o operador usará uma segunda bateria para ligar o carro em ponte ("chupeta"). Durante esse processo, é importante conectar o terminal positivo de uma bateria ao terminal positivo da outra bateria; e o negativo ao negativo. Isso é conhecido como observação da polaridade. Se a polaridade não é observada, um fluxo de corrente muito grande pode danificar o sistema. Tipicamente, serão originadas faíscas e os cabos superaquecerão a bateria. Se você, alguma vez, cometeu esse erro, é fácil perceber a força e o perigo inerente da bateria e por que é tão importante conectar baterias corretamente.

BATERIAS DE CHUMBO-ÁCIDO DE ARMAZENAMENTO DE ENERGIA

O termo **acumulador** foi usado por muitos anos como referência a uma bateria de células secundárias e particularmente para as de chumbo-ácido e as de níquel-cádmio.

Dois tipos de baterias de **chumbo-ácido** atualmente usadas na aviação são (1) a **célula ventilada** e (2) a bateria **lacrada** (Figura 3-7). As baterias modernas de chumbo-ácido de célula-lacrada são mais fortes e requerem menos manutenção do que as baterias de chumbo-ácido ventiladas, mais antigas, de aeronaves. Por isso, as baterias de chumbo-ácido estão sendo usadas para substituir as baterias de níquel-cádmio, mais caras, em alguma aeronave movida por turbinas.

Em aeronaves movidas por turbina, porém, a instalação de baterias de chumbo-ácido requer que a fonte de energia externa seja prontamente disponível para a partida do motor, e as baterias de chumbo-ácido requerem uma substituição com maior frequência. Apesar dos grandes avanços feitos para melhorar as baterias de chumbo-ácido, elas ainda são incapazes de fornecer a corrente gerada por baterias de níquel-cádmio; então, baterias de níquel-cádmio permanecerão como uma fonte de energia para a maioria das aeronaves. As baterias de níquel-cádmio serão discutidas posteriormente neste capítulo.

As células secundárias de **chumbo-ácido** consistem em placas de um composto de chumbo imersas em uma solução de ácido sulfúrico e água, que é o **eletrólito**. Cada célula tem uma TCA de aproximadamente 2,1 V quando completamente carregada. Quando é conectada para uma carga significativa, a tensão é aproximadamente 2 V. Os acumuladores de energia de aeronaves do tipo chumbo-ácido são geralmente nomeadas com 12 ou 24 V; quer dizer, elas têm 6 ou 12 células conectadas em série (veja Figura 3-8).

Na verdade, a tensão de uma bateria de 12 V é próxima a 12,6 V (6 células × 2,1 V/célula) quando a bateria está total-

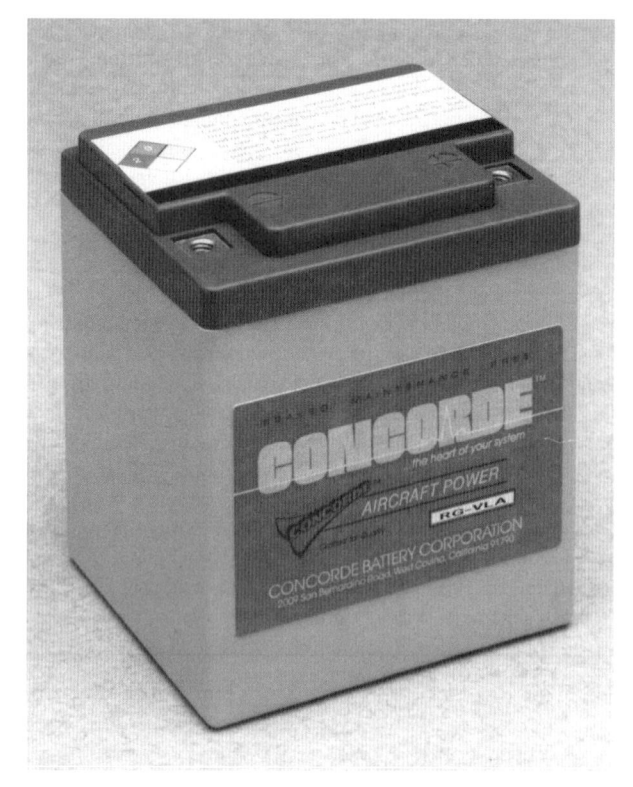

FIGURA 3-7 Uma bateria de chumbo-ácido lacrada para uso em aeronave. (*Concord Battery Corporation*.)

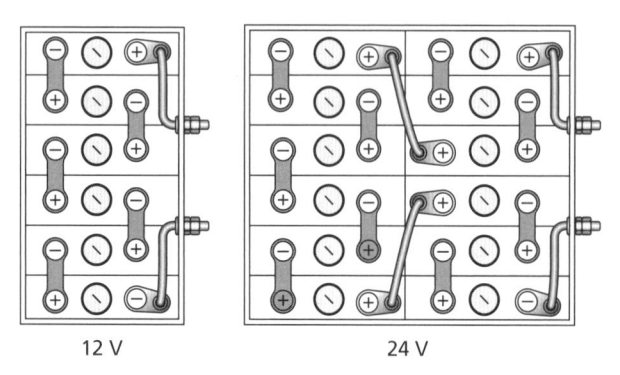

FIGURA 3-8 Arranjo de células em uma bateria de chumbo-ácido de armazenamento de energia.

mente carregada. A bateria de 24 V, na verdade, fornece 25,2 V (12 células × 2,1 V/célula). A Figura 3-8 ilustra como as células individuais de uma bateria podem estar conectadas através de placas de conectores externos. Em baterias modernas de chumbo-ácido, conectores de células são, na verdade, alojados no interior da bateria, limitando assim a possibilidade de curto-circuito acidental de células.

Os diagramas esquemáticos das células ligadas em série e em paralelo são mostrados na Figura 3-9. No diagrama de série, seis células 2 V são ligadas em série para produzir 12 V. Se os mesmas seis células são ligadas em paralelo, como é mostrado na Figura 3-9*b*, a tensão total é a mesma que a de uma célula; no entanto, a capacidade de um grupo, em ampères, é seis vezes

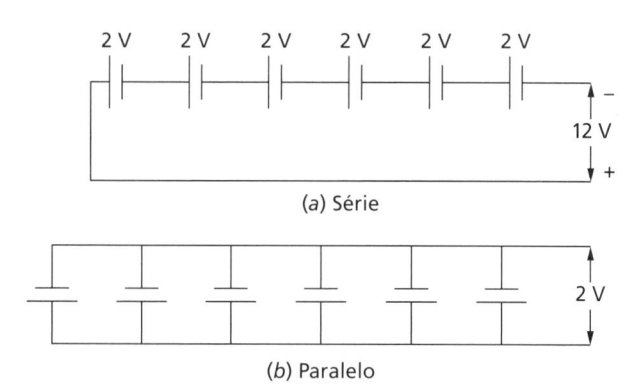

FIGURA 3-9 Células ligadas em série e em paralelo.

a capacidade de uma única célula. Para aumentar tanto a tensão quanto a corrente através da combinação de células únicas, as células são ligadas em um circuito série-paralelo, como o mostrado na Figura 3-10. Quando 24 células estão ligados dessa forma, a tensão é seis vezes melhor do que a de uma única célula, e a capacidade da corrente das células combinadas é quatro vezes maior que a de uma única célula.

Quando as baterias ou células estão conectadas de forma incorreta, elas podem ser danificadas. Por exemplo, se um técnico pretende ligar três baterias em paralelo e acidentalmente conecta uma delas de forma incorreta, haverá um curto-circuito. Isso queimaria a fiação ou descarregaria as baterias e possivelmente as danificaria de forma irreparável. Uma explosão também pode ocorrer devido à rápida descarga da bateria central. É essencial que o técnico entenda bem as características dos circuitos da bateria e os métodos adequados para ligar as baterias e as células.

Os acumuladores são convenientes para o uso em aeronaves porque o seu peso não é excessivo para a potência desenvolvida e eles podem ser mantidos em um estado quase que completamente carregado por meio de um alternador CC acionado pelo motor. Deve ser lembrado que o acumulador de avião é utilizado apenas quando outras fontes de energia elétrica não estão disponíveis.

Em aeronaves leves, a bateria é usada durante a partida do motor, para cargas intermitentes que excedem a saída do alternador, e em situações de emergência (falha do alternador). Grandes aeronaves movidas a turbina normalmente usam o acumulador apenas para energia de emergência; qualquer corrente necessária para o arranque dos motores é fornecida por uma unidade de alimentação separada. A bateria na maioria dos jatos comerciais iria fornecer cerca de 30 minutos de energia de emergência no caso de um fracasso completo no sistema de alternador.

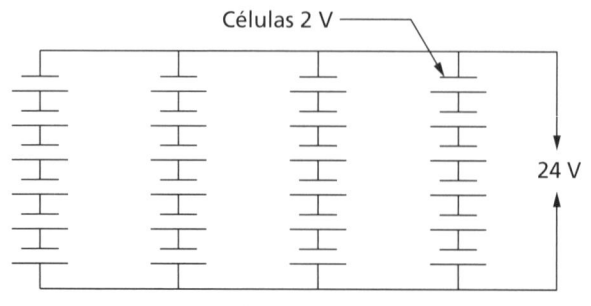

FIGURA 3-10 Ligação de células em circuito série-paralelo.

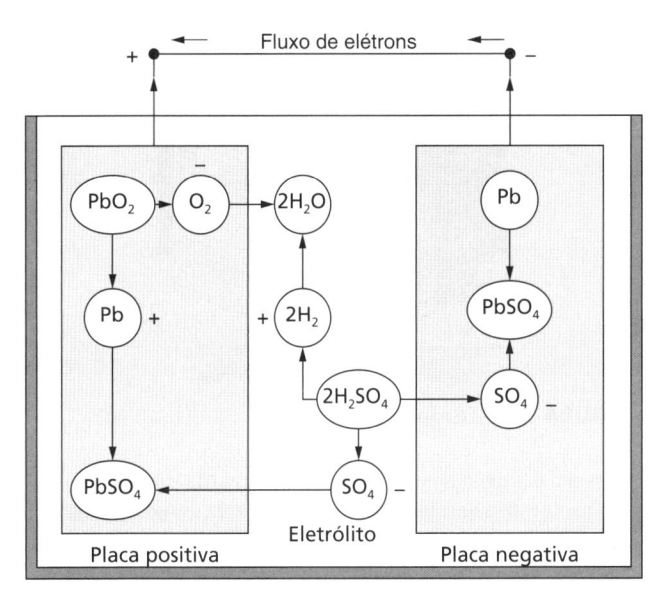

FIGURA 3-11 Reação química em uma célula secundária de chumbo-ácido.

	Estado carregado	Carga química	Descarga
Placa positiva	PbO_2	Perde O_2 Ganha SO_4	$PbSO_4$
Placa negativa	Pb	Ganha SO_4	$PbSO_4$
Eletrólito	H_2SO_4	Perde SO_4 Ganha O_2	H_2O

FIGURA 3-12 Mudanças químicas na bateria de chumbo ácido durante a carga e descarga.

Teoria sobre a célula de chumbo-ácido

A célula secundária de chumbo-ácido utilizado no acumulador consiste de placas positivas cheias de peróxido de chumbo (PbO_2); placas negativas cheias de chumbo puro esponjoso (Pb); e um eletrólito constituído por uma mistura de ácido sulfúrico a 30 por cento e 70 por cento de água, por volume (H_2SO_4).

A reação química ocorre quando uma bateria fornece corrente, como mostrado na Figura 3-11. O ácido sulfúrico no eletrólito rompe-se em íons de hidrogênio (H_2) que transportam uma carga positiva e íons de sulfato (SO_4) que transportam uma carga negativa. Os íons SO_4 combinam com a placa de chumbo e formam o sulfato de chumbo ($PbSO_4$). Ao mesmo tempo, eles fornecem a sua carga negativa, criando um excesso de elétrons na placa negativa.

Os íons H_2 se deslocam para a placa positiva e combinam-se com o oxigênio do terminal de peróxido (PbO_2) formando água (H_2O) e, durante esse processo, os íons retiram elétrons da placa positiva. O terminal de peróxido combina com alguns íons de SO_4 para formar o terminal de sulfato na placa positiva. O resultado dessa ação é que a placa positiva fica com deficiência de elétrons e a placa negativa apresenta excesso de elétrons.

Quando as placas são conectadas externamente por um condutor, os elétrons da placa negativa fluem para a placa positiva. Esse processo continuará até que ambas as placas sejam revestidas com sulfato de chumbo e nenhuma outra reação química seja possível; a bateria é, então, dita descarregada. O sulfato de chumbo é altamente resistente ao fluxo de corrente e é principalmente esta formação de sulfato de chumbo que diminui gradativamente a capacidade da bateria, até que ela esteja descarregada.

Durante o processo de carga, a corrente passa através do acumulador na direção inversa. Uma fonte de alimentação CC é aplicada à bateria com o pólo positivo ligado à placa positiva da bateria e o pólo negativo ligado à placa negativa. A tensão da fonte é maior do que a tensão da bateria. Isso faz com que a corrente flua em uma direção para carregar a bateria.

Os íons de SO_4 são conduzidos de volta para a solução do eletrólito, onde eles se combinam com o H_2, íons da água, formando assim o ácido sulfúrico. As placas, em seguida, retornam à sua composição original de peróxido de chumbo e chumbo esponjoso. Quando esse processo estiver completo, a bateria estará carregada.

A Figura 3-12 mostra as mudanças químicas que ocorrem em uma bateria de chumbo-ácido durante a carga e a descarga.

Construção da bateria de chumbo-ácido

Um acumulador consiste em um grupo de células de chumbo-ácido conectadas em série e arranjadas como mostrado na Figura 3-8. Sob um carga moderada, a tensão de circuito fechado (TCF) da bateria de 6 células é aproximadamente 12 V, e a bateria de 12 células é aproximadamente 24 V. Como afirmado anteriormente, a TCF é a tensão da bateria quando conectada a uma carga.

Cada célula de um acumulador tem um arranjo alternado de placas positivas e negativas isoladas umas das outras por separadores. Cada placa é constituída por uma estrutura, chamada de **grade**, e pelo **material ativo** que envolve a grade. Uma composição tradicional para o material da grade é aproximadamente 90% de chumbo e 10% de antimônio. O objetivo do antimônio é endurecer o chumbo e torná-lo menos susceptível à reação química. Outros metais, como a prata, também são utilizados em algumas grades para aumentar a sua durabilidade.

Uma grade típica é ilustrada na Figura 3-13. A borda pesada acrescenta força à placa, e as pequenas barras horizontais e verticais formam cavidades para conter o material ativo. As barras estruturais também agem como condutores de corrente, a qual é

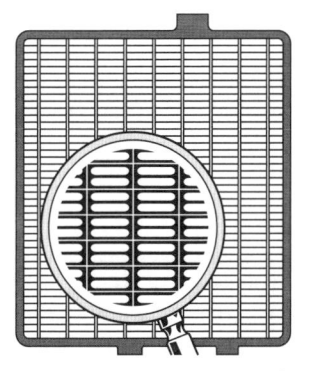

FIGURA 3-13 Grade de uma placa de célula de chumbo-ácido

distribuída uniformemente por toda a placa. Cada placa é feita com extensões, ou pés, que se apoiam sobre os frisos na parte inferior do recipiente da pilha. Esses pés estão dispostos de modo que as placas positivas se apoiam sobre duas das nervuras e as placas negativas nos frisos alternativos. O propósito dessa disposição é evitar curto-circuitos que possam ocorrer quando material ativo é derramado a partir das placas e é recolhido na parte inferior da célula.

As placas são feitas por aplicação de um composto de chumbo na grade. A pasta é misturada na consistência adequada com ácido sulfúrico diluído, sulfato de magnésio ou sulfato de amônio e é aplicada à grade. A pasta para as placas positivas é geralmente feita de chumbo vermelho (Pb_3O_4) e uma pequena quantidade de litargírio (PbO). No caso das placas negativas, a mistura é essencialmente litargírio com uma pequena percentagem de chumbo vermelho. A consistência dos vários materiais e a forma de combiná-las têm influência considerável sobre a capacidade e a vida útil da bateria.

Na composição da pasta de placa negativa, é adicionado um material chamado **expansor**. Esse material é, relativamente, inerte quimicamente e representa menos do que 1 por cento da mistura. O seu objetivo é evitar a perda de porosidade do material negativo durante a vida útil da bateria. Sem o uso de um expansor, o material negativo contrai até que se torne bastante denso, limitando, assim, a reação química imediata com a superfície. Para obter a utilização máxima do material da placa, a reação química deve ocorrer ao longo da placa, da superfície para o centro. Materiais expansíveis típicos são carbono preto, sulfato de bário, grafite, serragem fina e carbono do solo. Outros materiais, conhecidos como agentes de dureza e porosidade, são, por vezes, usados para dar às placas positivas características desejadas para certas aplicações. Um ou mais fabricantes reforçam o material ativo das placas da bateria com fibras de plástico 0,118-0,236 in. [3 a 6 mm] de comprimento. Isso aumenta substancialmente a vida útil bateria.

Depois da pasta de material ativo ser aplicada às grades, as placas são secas por um processo cuidadosamente controlado até que a placa tenha endurecido. Elas são, em seguida, submetidas a um tratamento de formação, em que um grande número de placas positivas é ligado ao terminal positivo de um aparelho de carga e um número semelhante de placas negativas, mais uma, é ligado ao terminal negativo. Eles são colocados em uma solução de ácido sulfúrico e água (eletrólito) e carregados lentamente durante um longo período de tempo. Alguns ciclos de carga e descarga são necessários para converter os compostos de chumbo nas placas em material ativo. As placas positivas assim formadas têm coloração castanha e textura rígida. O material negativo de placa foi convertido em chumbo esponjoso de cor cinza-perolada. Depois de formadas, as placas são lavadas e secas. Elas estão, então, prontas para serem montadas em **grupos de placas**.

Os grupos de placas são feitos pela junção de um número de placas semelhantes de um terminal comum (ver Figura 3-14). O número de placas no grupo é determinado pela capacidade desejada, na medida em que a capacidade é determinada pela quantidade (área) do material ativo exposto ao eletrólito.

Uma vez que o aumento da área da placa também aumenta a capacidade de uma bateria, muitos fabricantes se esforçam para obter o máximo em dimensões internas da bateria. Isto é, se o interior da bateria pode ser mantido o maior possível, a área da placa pode ser aumentada. Para fazer isso, caixas de plástico ultrafinos têm sido utilizados para "conter" a área máxima de placa no interior da bateria de um determinado tamanho. É também óbvio que o aumento das dimensões exteriores (e internas) da bateria pode ser um meio para aumentar a capacidade. No entanto, para o uso em aeronaves, normalmente há o esforço para que as baterias sejam menores, mais leves e com uma capacidade relativamente elevada.

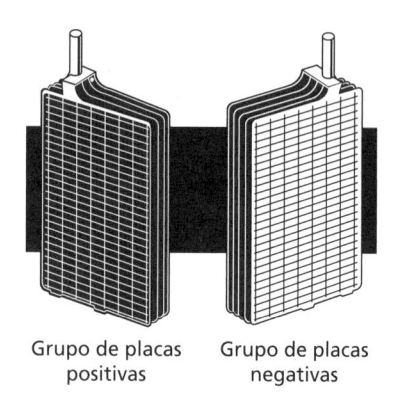

FIGURA 3-14 Grupos de placas.

Cada placa é feita com uma saliência na parte superior para que a **cinta da placa** seja fundida. Um grupo de placa positiva consiste em uma série de placas positivas ligadas a uma alça da placa, e um grupo negativo é um número de placas negativas ligadas da mesma maneira. Os dois grupos misturados em conjunto com os separadores entre as placas positivas e negativas constituem um **elemento de célula** (ver Figura 3-15). Deve-se notar nas figuras que existe uma placa positiva a menos do que placas negativas. Esse arranjo proporciona uma proteção para as placas positivas, na medida em que elas estão mais sujeitas a deformação e deterioração do que as placas negativas. Ao colocar placas negativas ao lado de cada placa positiva, a reação química é distribuída uniformemente em ambos os lados da placa positiva, e há menos tendência da placa se deformar.

Os **separadores** utilizados nas baterias de chumbo-ácido são normalmente feitos de fibra de vidro, borracha, ou outros ma-

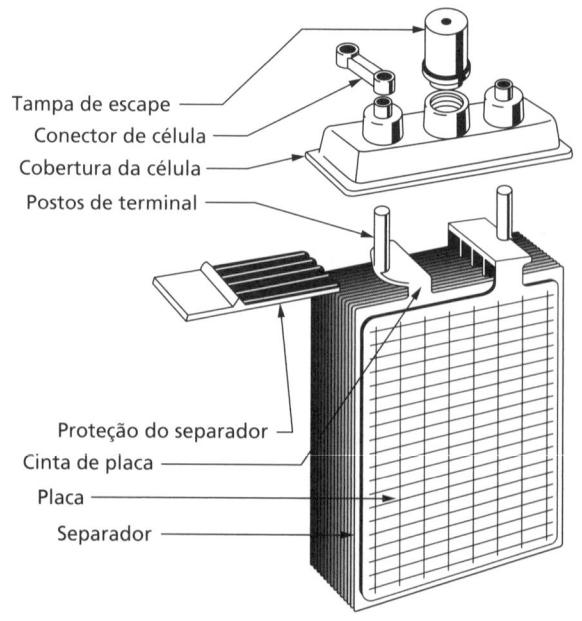

FIGURA 3-15 Elemento de célula para célula chumbo-ácido.

teriais isolantes. Sua finalidade é manter as placas separadas e, assim, evitar um curto-circuito interno. Sem separadores, mesmo que os recipientes tenham sido encaixados para manter as placas sem se tocar, o material pode descamar as placas positivas e atingir as placas negativas. O material negativo pode expandir o suficiente para entrar em contato com as placas positivas, ou as placas positivas podem deformar o suficiente para tocar as placas negativas.

O material dos separadores deve ser muito poroso, de modo que ele irá oferecer um mínimo de resistência à passagem de corrente. Os separadores estão saturados com eletrólito durante a operação, e é esse eletrólito que conduz a corrente elétrica. É também óbvio que os separadores devem resistir à reação química do eletrólito.

Separadores de fibra de vidro são utilizados por alguns fabricantes. Fibras de vidro finas são dispostas em conjunto em diferentes ângulos e cimentadas na superfície com um cimento solúvel. A lã de vidro é colocada na célula adjacente à placa positiva. Por causa da compressibilidade de lã de vidro, ela entra em contato muito próximo com a placa positiva e evita que o material ativo derrame. Alega-se que as baterias com esse tipo de separador têm um tempo de vida maior do que aquelas sem ele.

Outro método muito eficaz para proporcionar a separação da placa é colocar as placas positivas em bolsas de polietileno microporoso. Isso aumenta a eficiência da bateria, porque as placas ficam muito mais próximas, cerca de 0,05 in. [1,25 mm], do que com outros tipos de separadores. As bolsas também evitam o derramamento de material ativo das placas positivas.

Quando os elementos de célula são montados, eles são colocados no **recipiente da célula**, que é feito de um composto de plástico duro. Recipientes de célula são geralmente feitos em uma unidade com tantos compartimentos quanto células na bateria. No fundo do recipiente existem fresas. Duas dessas fresas suportam as placas positivas, e as outras duas suportam as placas negativas. Esse arranjo deixa um espaço por baixo das placas para o acúmulo de sedimentos, evitando que o sedimento entre em contato com as placas e cause um curto-circuito.

O espaço de sedimentos existente nos acumuladores é de tal capacidade que não é necessário abrir as células para limpar o sedimento. Quando o espaço de sedimento está completo a ponto de o material sedimentado poder entrar em contato com as placas, a célula está desgastada.

A célula montada de um acumulador tem uma tampa feita de um material similar ao recipiente de célula. A cobertura da célula é fornecida com dois buracos, através dos quais os terminais estendem, e um furo de rosca, no qual é parafusada a tampa ventilada da célula. Quando a tampa é colocada na célula, ela é selada com um composto especial de vedação. Isso é para evitar derramamentos e perda de eletrólitos.

Quando um acumulador está recebendo carga e aproxima-se do ponto de carga completa, ou está no ponto de carga completa, há uma liberação dos gases hidrogênio e oxigênio. É necessário fornecer um meio pelo qual esses gases possam sair e isso é feito colocando-se um respiradouro na tampa da célula. A tampa ventilada, usada para selar todas as células de bateria de chumbo-ácido, deve permitir que qualquer gás de hidrogênio/oxigênio possa escapar da célula fechada e, ao mesmo tempo, criar um selo para garantir que o eletrólito líquido não derrame da bateria. Isso se torna uma tarefa um pouco difícil em baterias de aeronaves, uma vez que todas as aeronaves vão inclinar e balançar durante várias manobras de voo. Voar pelo ar turbulento também cria um desafio na concepção da uma tampa de célula ventilada.

Uma tampa de ventilação de bateria particularmente bem adaptada para aviões militares e acrobáticos é mostrada na Figura 3-16. Conforme mostrado no desenho, há uma válvula na parte inferior da unidade e ela é aberta e fechada pela ação do peso cônico na parte superior da tampa. Quando a bateria é inclinada cerca de 45°, o peso cai contra o lado da tampa, puxando por cima a haste da válvula, que se fecha.

Quando a bateria é trazida de volta para uma posição de aproximadamente 32° para vertical, o peso centra-se novamente, permitindo que a haste de válvula vá para baixo e abra a válvula de ventilação.

Princípios envolvidos no projeto de baterias

Embora a maioria dos acumuladores de chumbo-ácido seja construída com características semelhantes, há muitas diferenças nos detalhes de tamanho e acabamento, dependendo do uso a que a bateria for submetida. Uma bateria envolta de metal (alumínio ou aço) é construída com uma caixa externa revestida com tinta resistente ao ácido.

Essa caixa fornece proteção mecânica, bem como blindagem elétrica, e é equipada com uma tampa de metal presa no lugar com hastes grampeadas. A carenagem também fornece um espaço hermético acima das células, para que os gases emitidos não escapem para a aeronave na qual a bateria está instalada. O espaço de ventilação é fornecido com uma conexão para um tubo instalado para transportar os gases da bateria para fora da aeronave. Esse é um requisito para qualquer bateria que emita gases durante a operação.

Os principais terminais positivos e negativos da bateria são conectados a terminais externos ao lado da caixa de metal. Esses terminais são adequadamente isolados da caixa por arruelas e buchas.

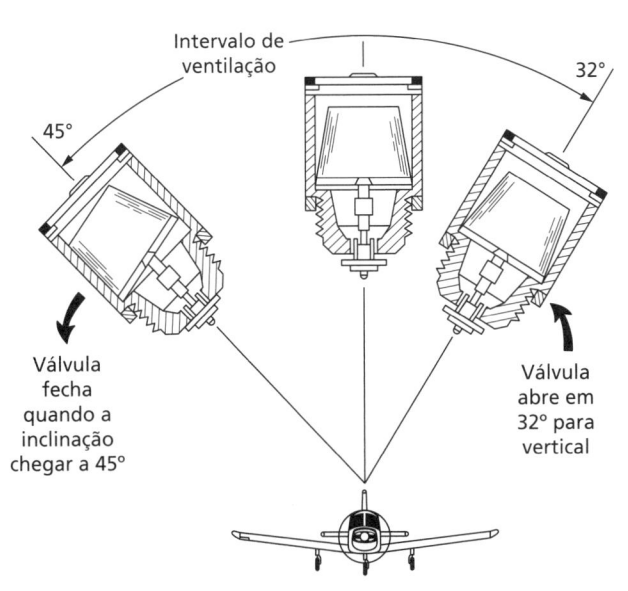

FIGURA 3-16 Tampa ventilada da célula para aeronave acrobática.

FIGURA 3-17 Uma bateria de chumbo-ácido de 12 V (6 células) para aeronaves.

Um acumulador instalado em uma aeronave leve é mostrado na Figura 3-17. Esta bateria é feita com uma carenagem leve de poliestireno e é projetada para uso em uma aeronave com um compartimento fechado e ventilado. As placas nessa bateria são reforçadas com fibras de plástico, e as placas positivas são colocadas em estojos microporosos para oferecer proteção e separação das placas. Os conectores entre as células são internos e permanentemente selados com uma resina de epóxi. *Nota*: Existem 6 tampas de célula na bateria; portanto, essa bateria contém 6 células e é considerada uma bateria de 12 V (6 células × 2 V/célula = 12 V).

A bateria indicada na Figura 3-18 está instalada em uma típica aeronave leve. Essa bateria é projetada para a instalação onde não há nenhum compartimento fechado. Como mostrado na figura, o múltiplo coletor de gás na parte superior da bateria está ligado a um tubo de entrada e saída, que permite que qualquer gás de hidrogênio/oxigênio seja exalado para fora da aeronave. Os tubos de ventilação são projetados para estenderem-se aproximadamente 2 polegadas para fora da fuselagem. Os tubos de ventilação normalmente saem da aeronave em um ponto baixo da fuselagem, em algum lugar perto da exaustão do motor. Isso ajuda a garantir que os gases corrosivos, criados durante a carga da bateria, não entrem em contato com componentes críticos de aeronaves.

Bateria de chumbo-ácido regulada por válvula

Em um esforço para reduzir os gases corrosivos/explosivos produzidos por baterias tradicionais de chumbo-ácido, uma nova geração de acumuladores foi desenvolvida, conhecida como **baterias de chumbo-ácido reguladas por válvula** (CARV). Essa bateria é comumente conhecida como uma **bateria selada** e é encontrada em muitas aplicações das aeronaves modernas. As baterias de chumbo-ácido seladas são feitas de células secundárias recarregáveis e empregam as mesmas reações químicas de uma tradicional bateria de chumbo-ácido. Por causa da sua construção, as baterias CARV não requerem a adição regular de água para as células, e nenhum gás é permitido sair da carenagem da bateria durante a carga. Qualquer gás produzido é armazenado em uma câmara no interior do compartimento. A ventilação reduzida é uma vantagem, uma vez que as baterias CARV podem ser usadas em espaços confinados ou mal ventilados. No entanto, a vedação das células impede a adição de água para o eletrólito, se necessário. Portanto, as baterias CARV são ainda de uso limitado na aeronave e, muitas vezes, em aplicações especiais, que não necessitam de ciclos regulares de descarga/carga.

Baterias CARV dividem-se em duas categorias comuns; a bateria de **manta com vidro absorvente** (*absorbed glass mat* – AGM) e a **bateria de gel** (célula de gel).

Uma bateria AGM tem o eletrólito absorvido em vários separadores de manta de fibra de vidro. Fibras de vidro muito finas são tecidas em uma esteira, que aumenta a área da superfície suficientemente para manter o eletrólito necessário. As fibras que compõem a manta de vidro fino nem absorvem nem são afetadas pelo eletrólito ácido. O eletrólito simplesmente adere-se às muitas fibras, e a manta age como uma esponja. Uma célula de gel tem o eletrólito misturado com pó de sílica, para formar um gel imobilizado. O gel relativamente grosso envolve o material da placa e substitui o eletrólito líquido em uma bateria tradicional de chumbo-ácido. Ambos os tipos são chamados frequentemente de baterias "seladas" de chumbo-ácido; no entanto, eles sempre incluem uma válvula de alívio de pressão de segurança para ventilação de emergência, se necessário. As baterias CARV não vão derramar o eletrólito se forem inclinadas ou invertidas. Essa característica é muito vantajosa para o uso em aeronaves. Em geral, as baterias CARV usam muito menos eletrólito do que as baterias tradicionais de chumbo-ácido. Uma pequena quantidade de eletrólito está contida em uma manta de vidro ou substância gel; por isso, o nome comum dessas baterias.

O nome "regulada por válvula" não descreve completamente a tecnologia das baterias. Essas são mais precisamente chamadas de baterias "recombinantes"; isso significa que o oxigênio produzido nas placas positivas será largamente recombinado com o hidrogênio formado nas placas negativas no interior da câmara selada da bateria. Esse processo impede a perda de água e a necessidade de adicionar água no eletrólito, com o envelhecimento da bateria. A válvula é uma característica de segurança, no caso de a taxa de produção de hidrogênio tornar-se perigosamente elevada. Em células tradicionais, os gases escapam antes que o hidrogênio e o oxigênio possam se recombinar, então água deve ser adicionada periodicamente.

FIGURA 3-18 Uma bateria de chumbo-ácido de 24 V para aeronaves com uma caixa de bateria independente. Veja também o encarte colorido.

A válvula de alívio de pressão será ativada se a bateria for recarregada em alta tensão, normalmente superior a 2,30 V por célula. Isso pode ocorrer durante um mau funcionamento do sistema de carga ou uma bateria com defeito. A ativação de válvula permite que parte do gás ou do eletrólito possa escapar, diminuindo assim a capacidade total da bateria. Se essa sobrecarga ocorrer, certifique-se de consultar o manual da aeronave para reparação adequada e possível troca de bateria do sistema.

As baterias CARV normalmente exigem equipamentos especiais de carga. A maioria dos carregadores de bateria CARV possui um circuito interno para monitorar a condição da bateria e o ciclo das cargas, conforme necessário, para prevenir dano às células e/ou libertação de gás através da válvula de alívio de pressão. Não é aconselhável usar um carregador de bateria convencional em baterias CARV. A tensão constante de carga é a mais usada, a mais eficiente e o método mais seguro de carga para baterias CARV, embora outros métodos possam ser utilizados. As baterias CARV podem estar continuamente com a carga "flutuando" em torno de 2,30 V por célula a 77°F [5°C]. Algumas concepções podem ser carregadas rapidamente [1h] a taxas elevadas. Sempre consulte os dados técnicos do fabricante atual antes da manutenção em qualquer bateria de aeronaves.

Operação com água fria

A temperatura é um fator vital na operação e na vida útil de um acumulador. A reação química ocorre mais rápido com o aumento da temperatura. Por essa razão, uma bateria terá uma performance muito melhor em climas temperados ou tropicais do que em climas frios. Por outro lado, em climas quentes, uma bateria irá deteriorar-se mais rapidamente e deverá ser substituída com maior frequência.

Em climas frios, o estado de carga em um acumulador deve ser mantido no máximo. Uma bateria completamente carregada não congelará mesmo sob as mais severas condições meteorológicas, mas o eletrólito de uma bateria descarregada congelará muito facilmente.

Quando água é adicionada a uma bateria em um clima extremamente frio, a bateria deve ser carregada imediatamente. Se isso não for feito, a água não vai se misturar com o ácido e congelará. Tabela 3-1 dá o ponto de congelamento para vários estados de carga.

TABELA 3-1 Pontos de congelamento para diferentes estados de carga em uma bateria de chumbo-ácido de armazenamento de energia

Peso específico	Ponto de congelamento	
	°F	°C
1,300	−95	−70,6
1,285	−85	−65,0
1,275	−80	−62,2
1,250	−62	−52,2
1,225	−35	−37,2
1,200	−16	−26,7
1,175	−4	−20,0
1,150	+5	−15,0
1,125	+13	−10,6
1,100	+19	−7,2

PROCEDIMENTOS DE MANUTENÇÃO DE BATERIAS DE CHUMBO-ÁCIDO

Precauções

Siga as seguintes precauções quando for fazer a manutenção em baterias de aeronaves:

1. Use sempre óculos de segurança.
2. Retire o cabo negativo primeiro e instale-o por último quando for desconectar a bateria.
3. Não provoque um curto-circuito entre os terminais da bateria. Seja cauteloso com joias e relógios. Alguns são bons condutores e podem causar curto-circuito na bateria, causando ferimentos graves ao técnico.
4. Nunca faça a manutenção em baterias perto de chamas ou centelhas.
5. Em preparação para um voo, nunca impulsione uma aeronave com outra fonte de energia se a bateria do avião está descarregada. A bateria dentro da aeronave não é uma bateria de capaz de levantar voo, por causa de seu estado descarregado. A bateria requer várias horas para recarregar completamente, quando totalmente descarregada, e será incapaz de suportar o sistema elétrico da aeronave em caso de uma emergência. Durante a partida de um avião, um forte fluxo de corrente na bateria do avião pode danificar as placas das células, o que leva a uma falha prematura da bateria.

Inspeção e manutenção de uma bateria chumbo-ácido

Para a maioria das aeronaves é prevista inspeções de 50 h, de 100 h, anuais ou periódicas. Durante esses períodos de inspeção, a bateria deve ser inspecionada e reparada conforme necessário. Uma programação de 50 h de tempo de voo ou uma vez por mês (o que ocorrer primeiro) irá garantir que a bateria continue a funcionar corretamente.

Como regra geral, deve-se sempre seguir as instruções de manutenção do fabricante, sempre que possível. O que se segue é oferecido como um guia geral para inspeção e manutenção de baterias:

1. As baterias são muito pesadas e o seu conjunto de montagem deve ser inspecionado minuciosamente. Certifique-se de que nenhuma parte da estrutura de suporte está, de forma alguma, rachada ou enfraquecida.
2. Remova a tampa da caixa de bateria, se for do tipo coberta, e inspecione o seu interior. Procure evidências de vazamento e corrosão. O topo da bateria deve estar limpo e seco. Uma pequena quantidade de corrosão em torno dos terminais pode ser removida com uma escova rígida e uma solução fraca de soda. Não deve ser utilizada uma escova de arame, por causa do perigo de um curto-circuito na bateria.

    É importante notar que uma bateria cujo topo está úmido com eletrólito e sujeira descarrega-se muito rapidamente. O eletrólito no exterior da carenagem cria uma corrente constante do terminal negativo da bateria para terminal positivo. Por isso, é essencial que a parte superior de um acumulador seja mantida limpa e seca. Ao usar uma solução de soda para neutralizar derramamentos de baterias de chumbo-ácido, tenha o cuidado de garantir que nenhuma parte da solução entre nas células da bateria. Se isso acontecer, a solução irá neutralizar o eletrólito, e a bateria provavelmente "morrerá". Após a limpeza da bateria com solução de soda, enxague-a com água limpa e seque-a.

Se uma grande quantidade de corrosão é encontrada na carenagem da bateria, esta deve ser removida e cuidadosamente limpa. Se dano considerável tiver ocorrido, tanto na carenagem da bateria quanto na estrutura de montagem da bateria, as partes danificadas devem ser reparadas ou substituídas.

3. Verifique o nível de eletrólito na bateria. Se o líquido estiver abaixo das placas da célula de bateria, adicione água destilada limpa até cerca de 3/8 in. (0,95 cm) acima das placas. A maioria das baterias tem um indicador do nível de eletrólito um pouco acima das placas. Se a bateria estiver tão equipada, o eletrólito deverá ser preenchido para este nível. A Figura 3-19 ilustra o nível de eletrólito correto para uma bateria de chumbo-ácido. Lembre-se de sempre adicionar somente água destilada, nunca eletrólito. O nível apropriado deve estar acima das placas e em cerca de 1,0 in abaixo da parte superior da bateria.

4. Se a bateria estiver com suspeita de estar defeituosa, realize um teste de carga da bateria ou um teste de hidrômetro (apenas para baterias de chumbo-ácido). Se a bateria indicar que está fraca durante um dos testes, recarregue a bateria e teste novamente após a bateria ter estabilizado (cerca de 1 h). Lembre-se, um teste de densímetro nunca deve ser realizado em baterias de chumbo-ácido imediatamente após ter sido adicionada água nas células. As leituras serão erradas até que a água e o eletrólito estejam realmente misturados.

5. Verifique as conexões elétricas. Veja se elas estão bem firmes e sem sinais de corrosão. Se um *plug* de desconexão rápida é usado na bateria, remova-o e inspecione os contatos. Se estiverem sujos ou corroídos, limpe-os cuidadosamente e aplique uma pequena quantidade de lubrificante de terminal. Substitua o *plug*, certificando-se de que o encaixe está leve.

6. Verifique condições de isolamento, evidências de atrito e segurança das conexões nos cabos da bateria.

7. Recoloque a tampa sobre a carenagem da bateria, certificando-se de que as porcas de fixação estão suficientemente apertadas e seguras, se necessário.

8. Verifique o sistema de ventilação da aeronave e a caixa da bateria. Certifique-se de que os tubos de ventilação estão limpos e sem danos. Inspecione a aeronave perto da área de saída do tubo de descarga. Essa área muitas vezes corrói e deve ser limpa e neutralizada periodicamente.

Teste com o hidrômetro

Para baterias de chumbo-ácido de aeronaves, é comum a utilização de um teste de hidrômetro (densímetro) para determinar o estado de carga das baterias. Um **densímetro** é um instrumento usado para medir o peso específico, ou a densidade, de um líquido. O **peso específico** de uma substância é definido como **a razão entre o peso de um dado volume da referida substância e o peso de um volume igual de água pura a +4ºC.**

O peso específico do eletrólito na célula de chumbo-ácido diminui à medida que a carga da célula diminui. Isso é porque o ácido no eletrólito reage com o material ativo nas placas enquanto a bateria produz corrente; por isso, menos ácido permanece no eletrólito. Uma vez que o peso específico do ácido é consideravelmente maior do que o da água, a perda de ácido faz com que o peso específico do eletrólito diminua.

Um densímetro é usado pare se terminar o peso específico do eletrólito em uma célula de chumbo-ácido. Um densímetro típico usado para testar uma bateria é mostrado na Figura 3-20. Ele consiste em um pequeno tubo de vidro selado com um peso

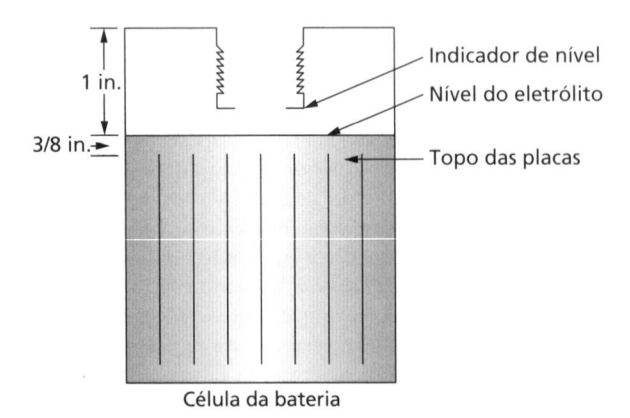

FIGURA 3-19 Nível do eletrólito da célula.

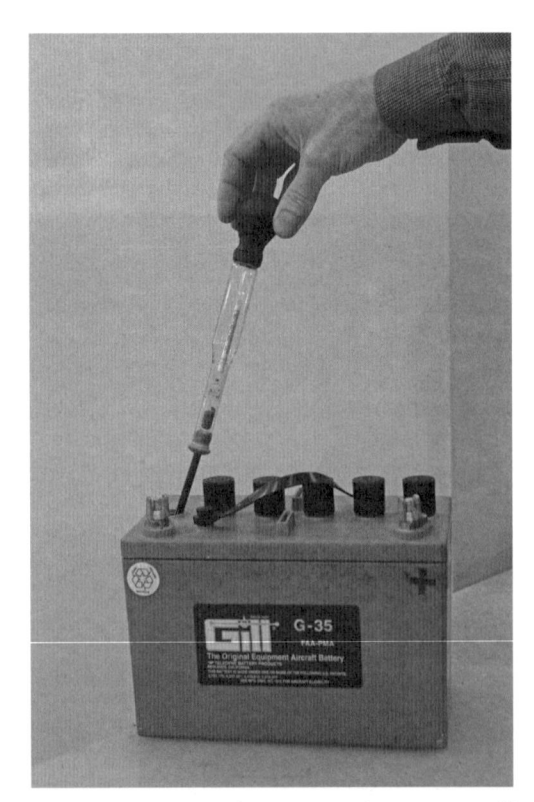

FIGURA 3-20 Executando um teste do peso específico usando um densímetro.

na extremidade inferior para fazê-lo flutuar na posição vertical. A quantidade de peso na parte inferior do tubo é determinada pelo peso específico do fluido a ser testado. No caso de um densímetro de bateria, o peso específico é de 0,100-1,300. Esse pequeno tubo é colocado dentro de uma seringa de tubo de vidro maior. Com essa disposição, o eletrólito pode ser drenado de uma célula para dentro do tubo de vidro e a leitura anotada.

A leitura do peso específico é feita registrando-se o local onde o nível do fluido encontra a boia dentro do densímetro, flutuando livremente no eletrólito. Para garantir a precisão do teste, o indicador deve estar flutuando livremente no eletrólito. Quando o teste está completo, o eletrólito é então devolvido à célula da qual foi retirado.

Quando uma bateria é testada com um densímetro, a temperatura do eletrólito deve ser levada em consideração, porque as leituras do peso específico sobre o densímetro irá variar a partir do peso específico real enquanto a temperatura estiver acima ou abaixo de 80°F [26,7°C]. Nenhuma correção é necessária quando a temperatura do eletrólito está entre 70 e 90°F [21,1 e 32,2°C], porque a variação não é suficientemente grande para ser considerada. Para temperaturas superiores ou inferiores, é necessário proceder com uma correção de acordo com a Tabela 3-2.

As correções na Tabela 3-2 devem ser somadas ou subtraídas da leitura do densímetro. Por exemplo, se a temperatura do eletrólito for 10°F [−12,2°C] e a leitura do densímetro for 1,250, a leitura correta será 1,250 − 0,028, ou 1,222. Perceba que os pontos de correção representam milésimos.

Alguns densímetros são equipados com a escala de correção dentro do tubo: a correção de temperatura então pode ser aplicada enquanto a leitura do densímetro é feita.

Testador de carga de baterias

Existem vários **testadores de carga para baterias** automáticos; um deles está ilustrado na Figura 3-21. Esta máquina vai testar não apenas as baterias, mas também o sistema de carga da aeronave, se isso for desejado. Enquanto um teste automático de bateria estiver sendo realizado, é aplicada uma carga durante 15 segundos e a *tensão de circuito aberto* (TCA) e a *tensão de circuito fechado* (TCF) são automaticamente comparadas. A TCA é a tensão da bateria sem carga aplicada; a TCF é a medida da tensão da bateria enquanto a bateria está sob carga. Se a TCF cai abaixo de 9,6 V, a indicação de "ruim" será exibida na unidade de teste. Se o TCF é mantido acima de 9,6 V durante o teste de carga total, a unidade irá indicar "bom". Mais uma vez, as baterias descarregadas devem ser carregadas antes do teste.

O teste de alta capacidade da taxa de descarga da bateria é, provavelmente, o teste mais comum e prático utilizado. Esse teste foi concebido para simular a carga tipicamente colocada sobre a bateria durante um arranque do motor. Essa carga pode chegar a várias centenas de ampères durante alguns minutos, definitivamente o momento mais crítico para qualquer bateria.

Para simular uma carga de partida, o equipamento de ensaio, como ilustrado na Figura 3-22, está ligado à bateria em paralelo. Em seguida, o operador aplica uma carga de aproximadamente duas ou três vezes a taxa ampères-hora da bateria. (A taxa ampère-hora será discutida mais adiante neste capítulo.) Enquanto uma carga é aplicada, a TCF da bateria é medida. A carga deve ser aplicada por menos de 2 minutos e a TCF monitorizada durante esse tempo. Se a TCF cai abaixo de 11 V, mas permanece acima de 10 V, a bateria está apenas um pouco descarregada. Se a TCF da bateria fica entre 10 e 9 V, a bateria

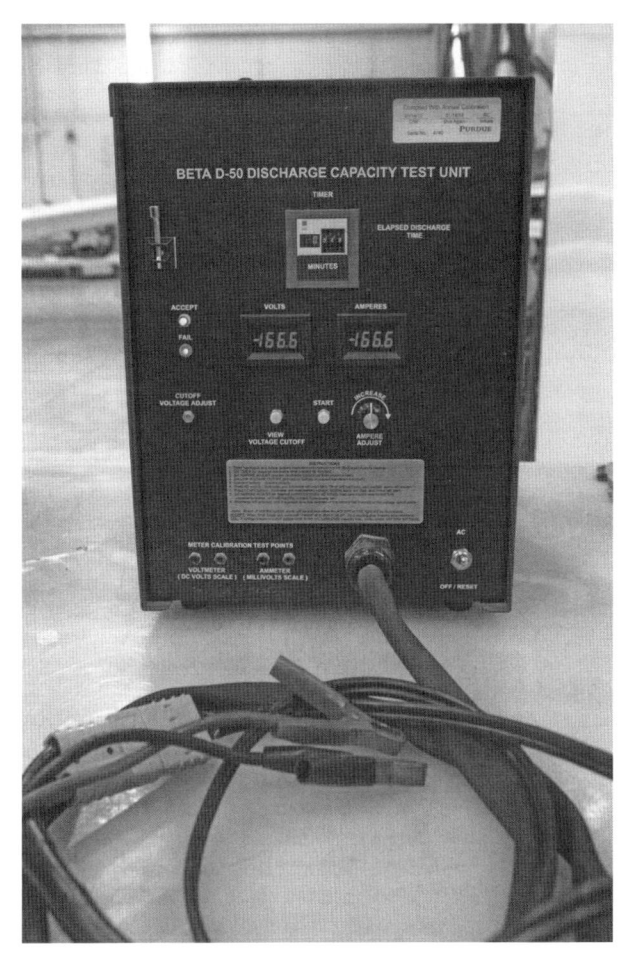

FIGURA 3-21 Testador de carga.

TABELA 3-2 Correções do densímetro para a temperatura

Temperatura do eletrólito		
°F	°C	Pontos de correção (milhares)
120	48,9	Somar 16
110	43,3	Somar 12
100	37,8	Somar 8
90	32,2	Sem correção
80	26,7	Sem correção
70	21,1	Sem correção
60	15,6	Subtrair 8
50	10,0	Subtrair 12
40	4,4	Subtrair 16
30	−1,1	Subtrair 20
20	−6,7	Subtrair 24
10	−12,2	Subtrair 28
0	−17,8	Subtrair 32
−10	−23,3	Subtrair 36
−20	−28,9	Subtrair 40
−30	−34,4	Subtrair 44

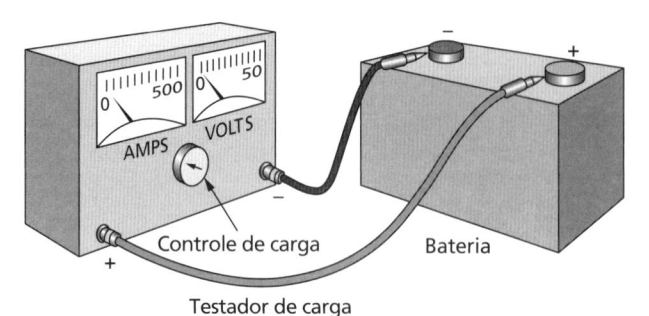

FIGURA 3-22 Testador de carga de baterias.

está apenas um pouco carregada, e qualquer TCF abaixo de 9 V indica uma bateria muito fraca ou morta. Lembre-se, uma leitura de TCF baixa não significa, necessariamente, uma bateria com defeito. Uma leitura baixa indica apenas uma carga fraca de bateria. Isso pode ser causado por uma bateria defeituosa ou uma boa bateria que tenha sido, anteriormente, parcialmente descarregada. Para determinar se a bateria está com defeito, recarregue a bateria e teste novamente. Se a TCF ainda é baixa, a bateria está com defeito. Se a TCF permanece elevada após a recarga, a capacidade da bateria é boa.

Carga da bateria

Células secundárias são carregadas por passagem de uma corrente contínua através da bateria em um sentido oposto ao da corrente de descarga. Isso significa que a conexão positiva da corrente de alimentação deve ser conectada à conexão positiva da bateria e a negativa ligada à negativa. Vários métodos de fornecer a corrente de carga estão disponíveis. A bordo do avião, o gerador ou alternador fornece a corrente de carga. Outro equipamento de carga, baseado na terra, irá converter a tensão CC em dc alternada de 115 V necessária para o carga da bateria. Os dois tipos gerais de equipamento de carga são os **carregadores de corrente constante** e os **carregadores de tensão constante**.

Carregadores de corrente constante

Como o nome indica, um carregador de bateria de corrente constante fornece uma corrente constante a uma bateria para todo o ciclo de carga. O equipamento de carga monitora o fluxo de corrente e varia a tensão aplicada, a fim de carregar a bateria. Assim que a bateria começa a carregar, a sua tensão é menor do que quando a bateria está totalmente carregada. O carregador de corrente constante irá aumentar a sua tensão fornecida à bateria durante a carga, a fim de manter o fluxo de corrente definido pelo operador.

A Figura 3-23 mostra a ligação correta de mais de uma bateria para um carregador de corrente constante. As baterias são ligadas em série em relação à outra e ao carregador, permitindo assim um fluxo de corrente constante através de cada uma das baterias. Carregadores de corrente constante requerem cuidadosa supervisão durante o uso. Devido ao risco de sobrecarga, a maioria dos carregadores de corrente constante desliga-se automaticamente após um tempo pré-determinado. O fluxo de corrente e a hora da carga exatos devem ser conhecidos e programados no equipamento de carga para evitar excesso ou subcarga das baterias. As especificações estão normalmente disponíveis através do

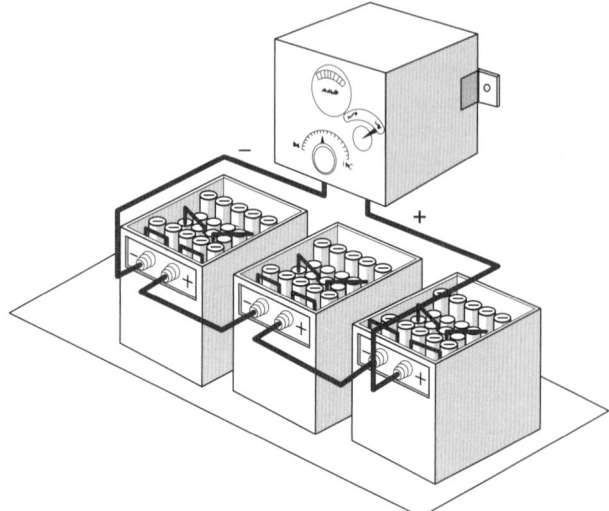

FIGURA 3-23 Carregador de corrente constante.

fabricante; no entanto, a menos que o estado original de carga restante na bateria seja conhecido, uma carga imprópria ainda é provável. Por essa razão, os carregadores de corrente constante são, muitas vezes, utilizados em baterias novas, nas quais o estado de carga inicial é conhecido, mas eles raramente são usados em baterias de chumbo-ácido que já foram colocadas em serviço. As baterias de níquel-cádmio costumam usar um equipamento de carga de corrente constante, como será discutido mais a frente.

Carregadores de tensão constante

Como o nome implica, este equipamento de carga fornece uma tensão constante à bateria e permite que a corrente mude à medida que a bateria vai sendo carregada. O carregador de tensão constante fornece aproximadamente 14 V para carregar baterias de 12 V e 28 V para carregar baterias de 24 V. Um potencial superior ao carregador é necessário para garantir o fluxo de corrente a partir do carregador para a bateria. Se a bateria estiver quase descarregada, ocorrerá pouca oposição aos elétrons que fluem para a bateria. À medida que a bateria é carregada, ela oferece maior resistência à corrente fornecida pelo carregador. Desde que o carregador forneça uma tensão constante, uma corrente relativamente alta fluirá para a bateria descarregada e a corrente diminuirá lentamente à medida que a bateria se carrega.

Quando a bateria está totalmente carregada, a sua tensão é quase igual à tensão do carregador; por isso, a corrente de carga cai para menos do que 1 A. Quando a corrente de carga é baixa, a bateria pode permanecer na carga durante um curto período de tempo, menos que 24 horas, sem qualquer efeito considerável. Durante a carga, o nível de eletrólito deve ser vigiado de perto para garantir que ele não caia abaixo dos níveis desejados.

Pelo fato de a corrente fornecida à bateria cair para um valor muito baixo conforme a bateria fica carregada, a carga de tensão constante é geralmente considerada o método mais seguro para carga da bateria. Um carregador de tensão constante é, de longe, o tipo mais comum de carregador de bateria de terra. Uma carga de tensão constante é também do tipo fornecido pelo gerador da aeronave ou pelo sistema de alternador.

Quando mais de uma bateria estiver ligada a um carregador de tensão constante, todas as baterias e o carregador devem ser ligados em paralelo. Isto irá garantir uma tensão constante para cada bateria. As baterias têm que ser ligadas em paralelo, como mostrado na Figura 3-24.

Vários tipos de carregadores de tensão constante estão disponíveis. Normalmente, eles variam de 5 a 50 A de capacidade, indicando o fluxo máximo de corrente em uma bateria descarregada. Cada carregador irá reduzir a corrente para cerca de 1 A quando a bateria está carregada. Alguns carregadores vêm com temporizadores ou monitores de tensão para desligar o sistema quando a bateria atinge o estado de carga completa. Tipicamente, uma corrente baixa (cerca de 1 A) pode ser fornecida a uma bateria totalmente carregada durante 24 h ou menos sem danificar a bateria. Após 24 h, o nível de eletrólito líquido tem o risco de se tornar demasiadamente baixo.

Muitos carregadores de bateria de tensão constante modernos possuem uma função de carga automática. Esse recurso monitora o estado de carga da bateria e automaticamente desliga o carregador, conforme necessário. Isso permite que o operador coloque uma bateria em carga sem a necessidade de controlar o sistema. Em alguns casos, um carregador automático é concebido para ficar conectado a uma bateria durante um período prolongado. Este pode ser o caso de uma bateria que não será utilizada por vários meses, uma vez que isso pode descarregá-la lentamente ao longo do tempo. Estes carregadores são frequentemente chamados de "guardiões da bateria (*battery tenders*)", uma vez que eles monitoram automaticamente a condição de uma bateria e a carregam, conforme necessário. Isso permite que um piloto deixe uma aeronave estacionada durante vários meses tendo a certeza de que a bateria vai estar pronta para o próximo voo. É claro que isso exigiria que o guardião da bateria estivesse desconectado antes do voo e reconectado quando a aeronave retornasse.

Sempre que for usar algum tipo de carregador de tensão constante, certifique-se de compatibilizar o carregador à bateria. Como mencionado anteriormente, as baterias de chumbo-ácido reguladas por válvula requerem um carregador com saídas específicas de tensão para garantir a vida da bateria. Baterias CARV serão eventualmente danificadas se ligadas a um carregador projetado para baterias de chumbo-ácido tradicionais. Além disso, baterias de 12 V e 24 V são comuns em sistemas de aeronaves. Uma bateria de 12 V poderia causar sérios danos se fosse ligada a um carregador 24 V. Uma bateria de 24 V conectada a um carregador de 12 V não seria danificada, mas que não se carregaria.

Precauções relativas à carga de uma bateria

Há várias precauções que devem ser observadas ao manusear as baterias de chumbo-ácido, especialmente durante a carga. O problema mais perigoso ocorre quando a bateria está carregada e os gases hidrogênio e oxigênio são emitidos pelas células. Uma vez que esta é uma mistura explosiva, é essencial tomar precauções para não inflamar o gás por uma faísca ou uma chama aberta. Algumas precauções para evitar explosão são dadas a seguir:

1. Recarregue sempre as pilhas em uma área bem ventilada. Exaustores para ajudar a remover quaisquer gases perigosos são recomendados; simplesmente assumir que uma sala grande, como um hangar, é bem ventilada está incorreto.

2. Sempre desligue o carregador da bateria antes de remover todas as conexões entre a bateria e o carregador. Isso ajudará a eliminar a possibilidade de faíscas nos terminais da bateria.

3. Ao remover a bateria do avião, desligue primeiro sempre o polo negativo. Ao instalar a bateria, sempre conecte o cabo negativo por último, isso ajudará a evitar curtos acidentais entre a fuselagem e o terminal positivo da bateria.

4. Certifique-se de que as tampas de cada célula da bateria estão ventiladas e que os respiradouros são limpos. Se as tampas parecem velhas e sujas, mergulhe-as em água quente simples, a fim de limpar as aberturas. Se as aberturas permanecem obstruídas, substitua as tampas antes de carregar.

5. Retire a bateria da aeronave antes de carregar sempre que possível. O eletrólito corrosivo tende a vaporizar durante a carga e escapar através das tampas das baterias ventiladas. Esse eletrólito irá corroer a aeronave se a bateria for carregada enquanto estiver dentro do avião. Se a bateria tiver que ser carregada enquanto ela permanece na aeronave, nunca operar rádios ou qualquer outro equipamento eletrônico de aeronaves. Um carregador de bateria não regula tensão com precisão suficiente para garantir um funcionamento sem problemas dos equipamentos eletrônicos.

6. Sempre tome precauções para não derramar eletrólito na pele ou na roupa; o líquido é muito corrosivo e queima. **Use sempre óculos de segurança** ou outra forma de proteção para os olhos durante a manutenção de baterias de chumbo-ácido. Isso irá proteger os seus olhos de contato acidental com o ácido. Se o eletrólito derramar a partir da bateria, a área afetada deve ser lavada com água e neutralizada com uma solução de bicarbonato de sódio e água, em seguida, cuidadosamente lavada novamente com água.

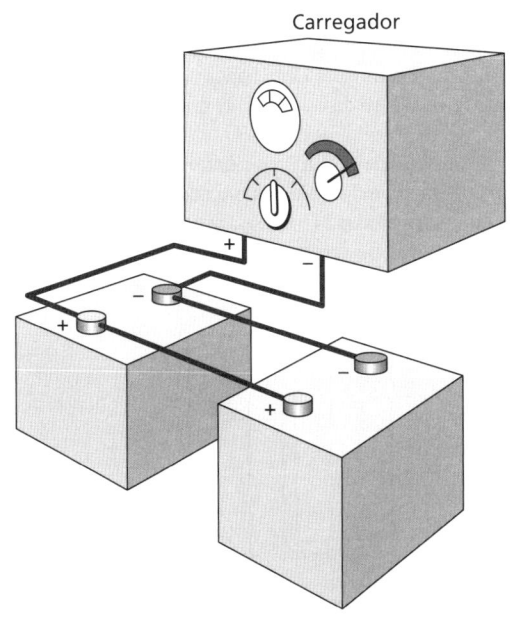

FIGURA 3-24 Carga de tensão constante para múltiplas baterias.

Uma solução de bicarbonato de sódio e água comuns é tipicamente utilizada para neutralizar os derramamentos de eletrólitos de chumbo-ácido.

Colocando novas baterias de chumbo-ácido para operar

A regra de básica para se colocar novas baterias de chumbo-ácido em serviço é seguir as instruções do fabricante. Pelo fato de essas instruções poderem variar consideravelmente, cuidados devem ser tomados para segui-las com precisão.

Muitas vezes, as baterias novas de chumbo-ácido que estão estocadas por longos períodos ou armazenadas por venda pendente não estão preenchidas com eletrólitos. As placas são carregadas a seco antes da montagem, e nenhum eletrólito é colocado nas células até que a bateria seja colocada em serviço.

Quando novas baterias são recebidas em estado seco, elas devem ser preenchidas com eletrólito recomendado pelo fabricante. Depois de uma ou mais horas, o nível do eletrólito deve ser verificado e, se tiver caído, mais eletrólito deve ser adicionado para trazê-lo até ao nível recomendado. A bateria pode ser colocada em serviço após o eletrólito ter sido colocado nas células há, pelo menos, 1 h; se houver tempo disponível, no entanto, é preferível que a bateria seja carregada lentamente durante, aproximadamente, 18 h. A taxa de carga dependerá do tipo e da capacidade da bateria; essa informação é geralmente incluída nas instruções fornecidas com a bateria.

Quando uma bateria de chumbo-ácido contendo eletrólito é armazenada, primeiramente ela deve ser completamente carregada. Todos os eletrólitos derramados sobre a parte superior da bateria devem ser removidos, e a bateria deve ser lavada com água limpa e completamente seca. Os terminais da bateria devem ser revestidos com graxa de terminal, vaselina ou uma tampa protetora. Enquanto a bateria está armazenada, ela deve ser recarregada a cada 30 dias para compensar a auto-descarga que ocorre quando ela não está em uso, ou ela pode ser ligada a um carregador do tipo guardião de bateria, como discutido anteriormente neste capítulo.

ESPECIFICAÇÕES DAS BATERIAS

Uma **bateria** é constituída por células primárias ou secundárias ligadas em série. As células estão dispostas dessa maneira para aumentar a tensão da bateria acima da tensão disponível a partir de uma única célula. Quando as células estão ligadas em série, a tensão total da bateria é igual à soma de todas as tensões de cada célula. Isso significa que a tensão total da bateria = a tensão da célula 1 + a tensão da célula 2 + a tensão da célula 3, etc. A Figura 3-25 mostra as células de uma bateria de chumbo-ácido ligadas em série para obter 12 V. Cada célula de chumbo-ácido produz cerca de 2 V; assim, seis células são necessárias para produzir uma bateria de 12 V.

Capacidade é a medida de corrente total disponível em uma bateria. A capacidade para todas as baterias é avaliada em uma unidade de corrente por uma duração de tempo. Baterias pequenas são geralmente classificadas em **miliampères-hora** (mAh), porque a sua carga de drenagem é geralmente inferior a 1 A por várias horas. Baterias maiores, tipicamente encontradas em aeronaves, são geralmente classificadas em **ampères-hora**. Essas baterias podem fornecer vários ampères por um período de tempo muito maior do que as baterias menores; ou seja, elas têm uma maior capacidade do que as baterias menores. A capacidade de uma bateria é igual ao tempo necessário para que a bateria descarregue completamente multiplicado pelo consumo de corrente aplicada à bateria. Em outras palavras, se uma bateria pode fornecer 2 A durante 2 h, ela tem a capacidade de 4 Ah (2 A × 2 h = 4 Ah), ou 1 A durante 4 h, ou 8 A por 0,5 h. Uma bateria com qualquer combinação de fluxo de corrente e tempo que proporcionam ao produto um 4 é considerada uma bateria de 4 Ah. As classificações ampère-hora ou miliampère-hora são geralmente determinadas pelo fabricante para qualquer tipo de bateria. Essa classificação de capacidade é importante para determinar qual bateria escolher para uma determinada situação de carga ou para determinar a taxa de carga para certas baterias. A recarga de uma pequena célula de níquel-cádmio deve ser a uma taxa em miliampères, que é igual a, aproximadamente, 10 por cento da sua capacidade nominal miliampères-hora. Por exemplo, uma célula, ou bateria, de 900 mAh deve ser carregada a 90 mA. As células devem ser submetidas a este regime de 14 a 16 h. Isso irá fornecer 140 a 160 por cento da capacidade total da célula, ou 90 mA × 14 h = 1260 mAh; 1260 mAh é igual a 140 por cento de 900 mAh. Baterias de aeronaves de níquel-cádmio são tipicamente recarregadas a uma taxa igual a 140 por cento da sua capacidade estimada. Uma bateria com uma capacidade de 30 Ah exigiria 42 Ah de carga. Essas taxas de carga serão discutidas mais tarde com mais detalhes.

A capacidade de qualquer bateria irá variar como uma função do tempo em que ela demora a descarregar. Devido à natureza química de todas as baterias, se uma célula é descarregada rapidamente, isso irá fornecer menos energia total do que uma

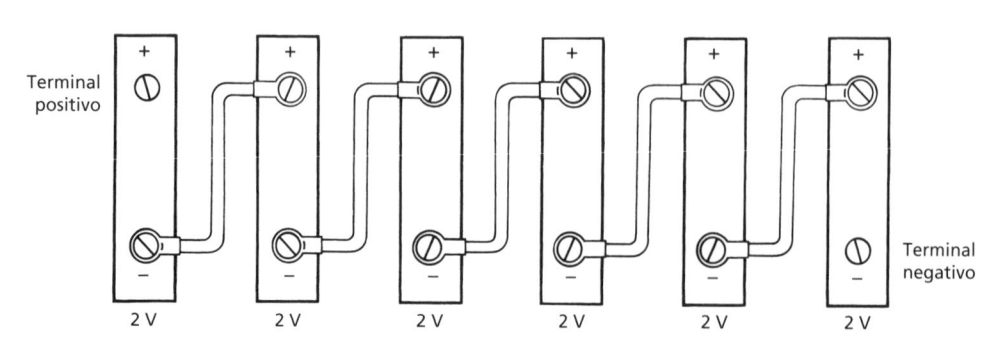

FIGURA 3-25 A tensão de seis células de 2 V em série para formar uma bateria de 12 V.

célula que é descarregada lentamente. Esse fenômeno existe porque os produtos químicos em uma bateria requerem tempo para reagir e produzir energia elétrica. Se ocorrer uma descarga rápida, nem todo o material químico terá tempo para reagir, e parte da capacidade da bateria irá permanecer no estado químico. Você pode ter experimentado isso ao usar uma lanterna por um longo período de tempo; as baterias tornam-se fracas e a luz se apaga. Se o *flash* estiver desligado e os produtos químicos tiverem vários minutos ou horas para interagir, a lanterna voltará mais uma vez a emitir luz quando é ligada. Essa força "extra" produzida pelas baterias da lanterna só vai durar por pouco um tempo; no entanto, a descarga rápida de grandes baterias vai deixar quantidades significativas de energia extra suspensas no estado químico.

Desde que se tornou importante, por vezes, determinar a capacidade exata de uma bateria, todas as baterias de aeronaves devem ser descarregadas ao longo de um bom tempo para a determinação da sua capacidade. O padrão de 5 horas de taxa de descarga é normalmente usado. Isso significa que todas as baterias serão descarregadas durante 5 h para classificar a sua capacidade.

Uma bateria que fornece 6 A por um período de 5 h é uma bateria de 30 Ah a uma taxa de 5 h (6 A × 5 h = 30 Ah). Essa mesma bateria só pode fornecer 25 Ah se ela foi completamente descarregada em apenas 1 h (25 A × 1 h = 25 Ah). Além disso, se ela descarregou em apenas 10 minutos, a capacidade total pode cair para um nível tão baixo quanto 10 Ah (60 A × 1/6 h = 10 Ah).

As diferenças exatas entre as capacidades em diferentes taxas de descarga são uma função dos produtos químicos usados na bateria, da sua pureza e da estrutura interna da bateria. É evidente, porém, que cada bateria vai fornecer menos energia que o total quando descarregada rapidamente. A Tabela 3-3 mostra exemplos das diferentes taxas de descarga para baterias diferentes.

As tensões nominais

Acumuladores de todos os tipos são classificados de acordo com a tensão e capacidade em ampère-hora. Tem sido salientado que a tensão de uma bateria de chumbo-ácido totalmente carregada é de aproximadamente 2,1 V quando a célula não está ligada a uma carga. Em uma célula de níquel-cádmio, essa tensão está avaliada em cerca de 1,28 TCA. Sob uma carga moderada, a célula de chumbo-ácido irá fornecer cerca de 2 V. Com uma carga muito pesada, como no acionamento de um motor de arranque, a tensão pode cair para 1,6 V. Uma célula de chumbo-ácido, que está parcialmente descarregada, tem uma resistência interna superior a de uma célula totalmente carregada; por isso, ela terá uma queda de tensão maior sob a mesma carga. Essa resistência interna acontece parcialmente devido à acumulação de sulfato de chumbo nas placas. O sulfato de chumbo reduz a quantidade de material ativo exposto ao eletrólito; logo, impede a reação química e interfere no fluxo de corrente.

A Figura 3-26 mostra as características de descarga de uma bateria de aeronaves típica do tipo chumbo-ácido. A TCA permanece quase em 2,1 V até que a bateria esteja descarregada. Em seguida, ela cai rapidamente em direção a zero. A TCF diminui gradativamente a partir de 2 V para cerca de 1,8 V enquanto as células descarregam. Mais uma vez, a tensão cai rapidamente quando a célula se aproxima da descarga.

Mesmo que as células da bateria variem consideravelmente em tensão sob várias condições, as baterias são nominalmente classificadas como 6 V (3 células), 12 V (6 células) e 24 V (12 células). Na substituição de uma bateria, o técnico deve garantir que a bateria de reposição seja da tensão correta.

Potências nominais

Como dito, a maioria das baterias são classificadas em ampères-hora a uma taxa de descarga de 5 h. Isso significa que a bateria foi descarregada a 0 V em 5 h para determinar sua capacidade. Na maioria das baterias de 12 V usadas para monomotores tem uma classificação de capacidade entre 25 e 35 Ah; no entanto, maiores capacidades estão disponíveis. A comparação direta dos ampère-hora por si só não indica potência total de uma bateria. Para determinar a potência total, a tensão da bateria deve ser considerada, pois potência (W) é o produto entre a tensão e corrente. Duas baterias de 12 V podem ser comparadas com base ampère-horas sozinhas, como duas baterias de 24 V. Mas é necessário lembrar que um bateria de 12 V 30 Ah (360 Wh) contém metade da energia de uma bateria de 24 V 30 Ah (720 Wh).

Se a potência desejada para um trabalho específico não está disponível em uma única bateria, muitas vezes duas ou mais baterias são ligadas em paralelo. Ligar baterias em paralelo vai aumentar a capacidade de corrente disponível e manter uma tensão constante.

Outra classificação aplicada às baterias é conhecida como a taxa de descarga de 5 min. Essa classificação baseia-se na corrente máxima que uma bateria pode entregar por um período de 5 minutos a uma temperatura inicial de 80°F [26,7°C] e uma tensão média final de 1,2 V por célula. Isso se aplica apenas a baterias de chumbo-ácido. A classificação 5 min fornece uma boa indicação do desempenho da bateria para a partida normal dos motores.

TABELA 3-3 As relações de capacidade de ampère-hora para o tempo da descarga. Uma taxa de descarga mais lenta produz uma maior capacidade total (ampère-hora)

Tensão, V	Ampères fornecidos por 5 h	Ampères fornecidos a uma taxa de 5 h	Ampères fornecidos por 20 min	Ampères fornecidos a uma taxa de 20 min	Ampères fornecidos por 5 min	Ampères fornecidos a uma taxa de 5 min
12	5	25	48	76	140	11,7
12	7	35	66	22	180	15
12	17,6	88	145	48	370	31
24	5	25	48	16	140	12
24	7,2	36	70	23,3	180	15

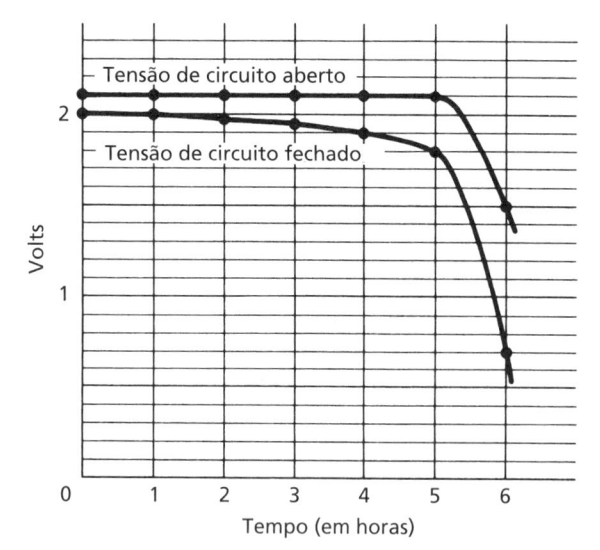

FIGURA 3-26 Características de descarga de uma bateria de chumbo-ácida.

Tensão de uma bateria de 68 Ah descarregada a uma taxa de 13,6A por 6h

Quando uma bateria totalmente carregada é ligada a uma carga muito pesada, ela descarrega rapidamente. Um bom exemplo disso é a partida de um motor em uma manhã muito fria. Depois de ligar o motor por pouco tempo, o dispositivo de partida pode se recusar a operar. Essa falha ocorre principalmente porque o fluxo intenso de corrente causou uma rápida reação do sulfato com o material ativo sobre a superfície das placas, enquanto o material no interior das placas ainda está numa condição carregada. O sulfato de chumbo na superfície das placas oferece uma elevada resistência ao fluxo da corrente, o que reduz a tensão de saída da bateria.

Perda de capacidade devido às baixas temperaturas

Utilizar um acumulador em tempo frio é o equivalente a usar uma bateria de menor capacidade. Por exemplo, uma bateria totalmente carregada a 80°F [26,6°C] pode ser capaz de acionar um motor vinte vezes. A 0°F [17,8°C], a mesma bateria pode ligar o motor apenas três vezes.

As baixas temperaturas também aumentam muito o tempo necessário para carregar uma bateria. Uma bateria que poderia ser recarregada em 1 h a 80°F pode exigir cerca de 5 h de carga quando a temperatura é de 0°F. Esses efeitos sobre a capacidade de uma bateria são causados pelas lentas reações químicas criadas pelas temperaturas frias.

BATERIAS DE NÍQUEL-CÁDMIO

Baterias de aeronaves de níquel-cádmio são construídos de células molhadas. Uma vantagem da célula de níquel-cádmio é que ela contém uma proporção maior de potência-peso do que uma bateria de chumbo-ácido. Além disso, a TCF de uma bateria de níquel-cádmio permanece quase constante ao longo de todo o ciclo de descarga. Baterias de níquel-cádmio são muito mais caras do que uma típica bateria de chumbo-ácido e, portanto, são normalmente encontrados na turbina da aeronave. A capacidade extra disponível a partir de uma bateria de níquel-cádmio irá ajudar a evitar um arranque a quente do motor de turbina e, portanto, o custo extra é justificado. As baterias de níquel-cádmio são, muitas vezes, chamadas de baterias "ni-cad" (abreviação de níquel-cádmio).

FIGURA 3-27 Um bateria de níquel-cádmio de 20 células, com a tampa removida.

Construção das células e das baterias

A célula de níquel-cádmio é uma célula ventilada semelhante àquela de chumbo-ácido. As células são colocadas em um metal isolado ou caixa de plástico na ordem apropriada e, em seguida, ligadas em série pelos conectores de células. As células finais podem ser conectadas a pontos externos, ou a uma unidade de desconexão rápida. Uma bateria completa está ilustrada na Figura 3-27.

A maioria das baterias de níquel-cádmio de aeronaves contém tampas ventilada nas células, como ilustrado na Figura 3-28. Elas são projetadas para que o selo de borracha permita que quaisquer gases em expansão dentro da célula possam es-

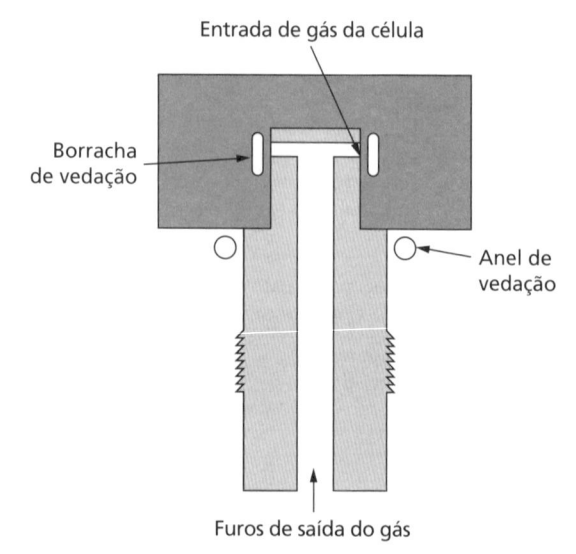

FIGURA 3-28 Tampa da célula de níquel-cádmio ventilada.

capar. No entanto, se o gás no interior da célula não está sob pressão, o selo de borracha vai fechar contra a saída do tampão e selar o eletrólito contra derrames acidentais durante o voo. As aberturas de cada célula são necessárias em caso da bateria ficar sobrecarregada. Somente nesse momento uma célula ni-cad emite gás. Tão pouco vapor é emitido durante a operação normal que a caixa de bateria geralmente é selada. Não é necessária ventilação; os gases permanecem dentro da caixa da bateria, que é projetada para aceitar e manter qualquer gás que possa ser emitido a partir das células.

Cada célula da bateria consiste em placas positivas e negativas, separadores, eletrólitos, recipiente celular, cobertura da célula e tampa de escape. As placas são feitas de chapas de metal sinterizadas impregnadas com os materiais ativos para as placas negativas e positivas. As placas são feitas de níquel carbonilo, sinterizadas em pó a uma temperatura elevada para uma base de aço niquelado perfurada ou uma base de fio de níquel tecido. Isso resulta em um material poroso, que é de 80 a 85 por cento de volume aberto e 15 a 20% de material sólido. A placa porosa é impregnada com sais de níquel para fazer as placas positivas e com sais de cádmio para fazer as placas negativas. Depois que as placas absorveram o material ativo suficiente para proporcionar a capacidade desejada, elas são colocadas dentro de um eletrólito e submetidas a uma corrente elétrica, a qual converte os sais de níquel e cádmio à forma final. As placas são então lavadas e secas e cortadas em placas menores. Um separador de níquel é soldado na quina de cada placa e é o meio pelo qual as placas são unidas em grupos de placas.

O **separador** numa célula de níquel-cádmio é um multilaminado fino e poroso de nylon embrulhado com uma camada de celofane. O separador serve para evitar o contato entre as placas negativas e positivas. O separador é contínuo e está interposto entre as placas, assim como cada placa sucessiva é adicionada ao pacote ou à pilha de placa. A porção de celofane do separador atua como uma membrana-barreira para impedir que o oxigênio que é formado nas placas positivas durante sobrecarga alcancem as placas negativas. Oxigênio nas placas negativas se recombinaria com cádmio e criaria calor, que pode levar à **fuga térmica**; assim, o celofane serve para inibir a fuga térmica. A fuga térmica é uma condição em que os produtos químicos da bateria tendem a superaquecer a um grau tão alto que a bateria pode ser destruída ou até explodir.

Fuga térmica ou **ciclo vicioso** não descreve com precisão o superaquecimento de uma bateria de níquel-cádmio. O superaquecimento de uma bateria de níquel-cádmio não é autossustentável e *pode* ser controlado. O sistema de carga da aeronave perpetua essa condição, que pode ser parada ao isolar a bateria do sistema de carga. A bateria de níquel-cádmio não pode superaquecer, a menos que algo interno esteja causando o aumento de sua temperatura. As baterias de níquel-cádmio geralmente superaquecem em função de manutenção ou uso inadequados. O uso inadequado da bateria geralmente ocorre por se drenar muita corrente da bateria durante várias partidas do motor em um curto período de tempo. O calor retido no interior da bateria enfraquece e destrói o material que separa as placas positivas e negativas nas células. Quando isso ocorre, a resistência elétrica da célula diminui e, portanto, diminui a tensão da célula. A bateria recebe quantidades excessivas de corrente de carga do sistema de carga potencial constante da aeronave, o que gera uma grande quantidade de calor dentro da bateria. Os sensores de temperatura e/ou de sobrecorrente são exigidos pela FAA em todas as baterias de níquel-cádmio usadas para arranque de motor. Esses sensores estão ligados a indicadores de alerta, que permitem ao piloto tomar medidas corretivas em caso de estresse extremo da bateria. Normalmente, se a bateria atinge uma condição de fuga térmica, o piloto tem de desligar a bateria do sistema elétrico e pousar a aeronave logo que possível.

O **eletrólito** para uma bateria de níquel-cádmio é uma solução de 70 por cento de água destilada e 30 por cento de hidróxido de potássio, o que dá um peso específico de 1,3. **Pesos específicos** para baterias de níquel-cádmio podem variar entre 1,24 e 1,32 sem afetar significativamente o funcionamento da bateria. O eletrólito em uma bateria de níquel-cádmio não entra na reação de carga-descarga: essa é a razão pela qual você não pode determinar o estado de carga de uma bateria de níquel-cádmio testando a gravidade específica do eletrólito com um densímetro. Não há nenhuma alteração na densidade de uma bateria de níquel-cádmio.

O recipiente de célula consiste em um frasco de células de plástico e uma tampa correspondente, que são permanentemente unidos durante a montagem. Ele é projetado para fornecer uma caixa selada para a célula, impedindo vazamento de eletrólito ou contaminação. A tampa de ventilação é montada na tampa da célula e é construída de plástico. Está equipada com um elastômero (borracha ou plástico flexível) válvula escrava para permitir a liberação de gases, quando necessário, especialmente quando a bateria está em sobrecarga. A tampa pode ser retirada sempre que necessário para ajustar o nível de eletrólito. A válvula de ventilação fecha automaticamente a tampa para evitar vazamento de eletrólito.

Um núcleo celular e a montagem de uma célula completa para uma bateria de níquel-cádmio são mostrados nos desenhos da Figura 3-29.

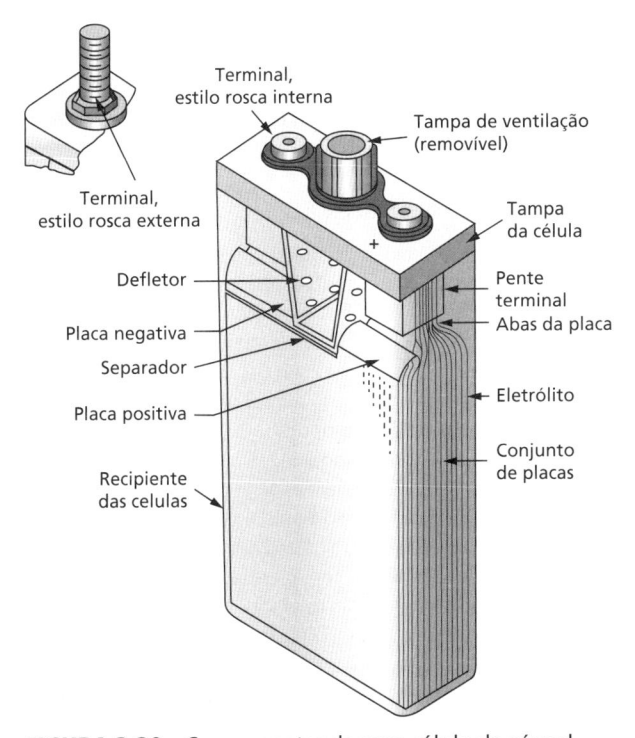

FIGURA 3-29 Componentes de uma célula de níquel-cádmio.

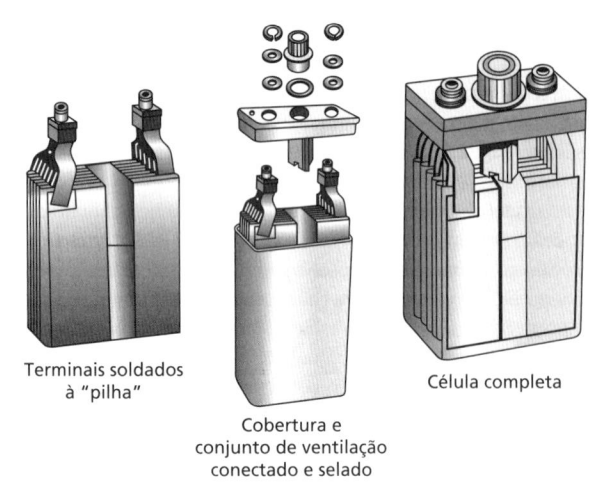

FIGURA 3-30 Montagem de uma célula de níquel-cádmio. (*Marathon Battery Company.*)

Outro tipo de célula completa de níquel-cádmio é ilustrado na Figura 3-30. A célula é montada por soldadura dos separadores das placas nos seus respectivos postos de terminais. O conjunto do terminal e da embalagem de placas é, então, inserido no recipiente da célula e o deflector, a tampa e a vedação do terminal são instalados. A tampa está permanentemente unida ao recipiente de células para produzir um conjunto selado.

As células são reunidas em um recipiente de bateria e ligadas umas as outras com ligações condutoras em aço inoxidável. Normalmente, 19 ou 20 células (dependendo da tensão total necessária) são ligadas em série. O recipiente da bateria é tipicamente feito de aço inoxidável, aço carbono, ou um material de fibra de vidro. Todos os recipientes de metal exigem um isolador interno. Recipientes de aço inoxidável usam um revestimento de plástico, enquanto a maioria dos recipientes de aço carbono são revestidos com um epóxi alcalino-resistente que contém altas propriedades dielétricas. Um conjunto de bateria típico é ilustrado na Figura 3-31.

Princípios de operação

A vantagem de uma bateria de níquel-cádmio é que os materiais ativos das placas da célula mudam apenas no estado de oxidação, não a estrutura física. Isso significa que o material ativo não é dissolvido pelo eletrólito de hidróxido de potássio. Como resultado, as células são muito estáveis, mesmo sob uma carga pesada, e os produtos químicos duram um longo tempo antes que a bateria necessite de substituição.

Como explicado anteriormente, o material ativo da placa negativa de uma bateria de níquel-cádmio carregada é de cádmio metálico (Cd), e o material ativo da placa positiva é oxi-hidróxido de níquel (NiOOH). Enquanto a bateria descarrega, íons hidróxido (OH) do eletrólito combinam com o cádmio nas placas negativas e os elétrons são liberados para as placas. O cádmio é convertido em hidróxido de cádmio [$Cd(OH)_2$] durante o processo. Ao mesmo tempo, os íons de hidróxido das placas positivas de oxi-hidróxido de níquel vão para o eletrólito, transportando elétrons adicionais com eles. Assim, os elétrons são removidos das placas positivas e entregues para as placas negativas durante a descarga. A composição do eletrólito permanece uma solução de hidróxido de potássio, porque os íons de hidróxido são adicionados ao eletrólito tão rapidamente quanto são removidos. Por esse motivo, o peso específico do eletrólito permanece essencialmente constante, independentemente do estado de descarga. É, portanto, impossível de utilizar o peso específico como um indicador do estado de carga.

Quando uma bateria de níquel-cádmio está sendo carregada, os íons de hidróxido são forçados a deixar a placa negativa e entrar no eletrólito. Assim, o hidróxido de cádmio da placa negativa é convertido novamente em cádmio metálico. Os íons de hidróxido no eletrólito se recombinam com o hidróxido de níquel das placas positivas e o material ativo é levado a um estado de oxidação maior chamado de oxi-hidróxido de níquel. Esse processo continua até que todo o material ativo das placas seja convertido. Se a carga é continuada, a bateria estará em sobrecarga e a água do eletrólito será decomposta por eletrólise. O hidrogênio será liberado das placas negativas e oxigênio será liberado das placas positivas. Essa combinação de gases é altamente explosiva e cuidados devem ser tomados para evitar qualquer possibilidade de ignição dos gases.

Água é perdida do eletrólito durante a sobrecarga devido à eletrólise. Alguma água também é perdida por evaporação e aprisionamento de partículas de água durante a ventilação de gases de célula. Teoricamente, 1 centímetro cúbico (cm^3) de água será perdida por eletrólise a cada 3 h de sobrecarga. Na prática, a perda não é tão elevada, porque existe alguma recombinação de hidrogênio e oxigênio no interior da célula.

O separador localizado entre as placas fornecem isolamento elétrico e uma barreira de gás entre as placas negativas e positivas. O tecido de nylon proporciona a separação para evitar o contato entre as placas de polaridades opostas. O celofane atua como uma barreira de gás para evitar que o oxigênio alcance as placas negativas. O oxigênio que alcançar as placas negativas provocará o aquecimento das placas, resultando em danos às placas, como explicado anteriormente.

Tensões nominais

A TCA de 1,28 V é consistente para todas as células de níquel-cádmio ventiladas, independentemente do tamanho da célula. A TCA varia um pouco com a temperatura e o tempo decorrido desde a última carga da bateria. Imediatamente após a carga, a TCA pode chegar a 1,40 V; no entanto, logo diminui entre 1,35 e 1,28 V. A bateria 20-ni-cad poderia, então, ter uma TCA entre 25,6 e 27 V. A tensão obtida por uma célula, imediatamente após a carga, é geralmente um pouco mais elevada do que a TCA média. Uma bateria de níquel-cádmio pode atingir 27,5 V imediatamente após a carga, ou 1,5 V por célula para uma bateria de 19 células. Perto do fim do ciclo de carga, a mesma bateria pode atingir 28,5 V, se a corrente de carga é ainda aplicada. Essa tensão diminui rapidamente depois que a bateria é removida do carregador e logo chegará perto de 25 V.

A TCF de uma bateria de níquel-cádmio de célula ventilada varia entre 1,2 e 1,25 V. Esta tensão vai variar dependendo da temperatura da bateria, do tempo decorrido desde a última carga da bateria e da corrente de descarga aplicada. A TCF de uma célula de níquel-cádmio permanece quase constante sob carga moderada até que a célula esteja perto do estado de completa descarga. A Figura 3-32 mostra a TCF de uma célula de níquel-cádmio.

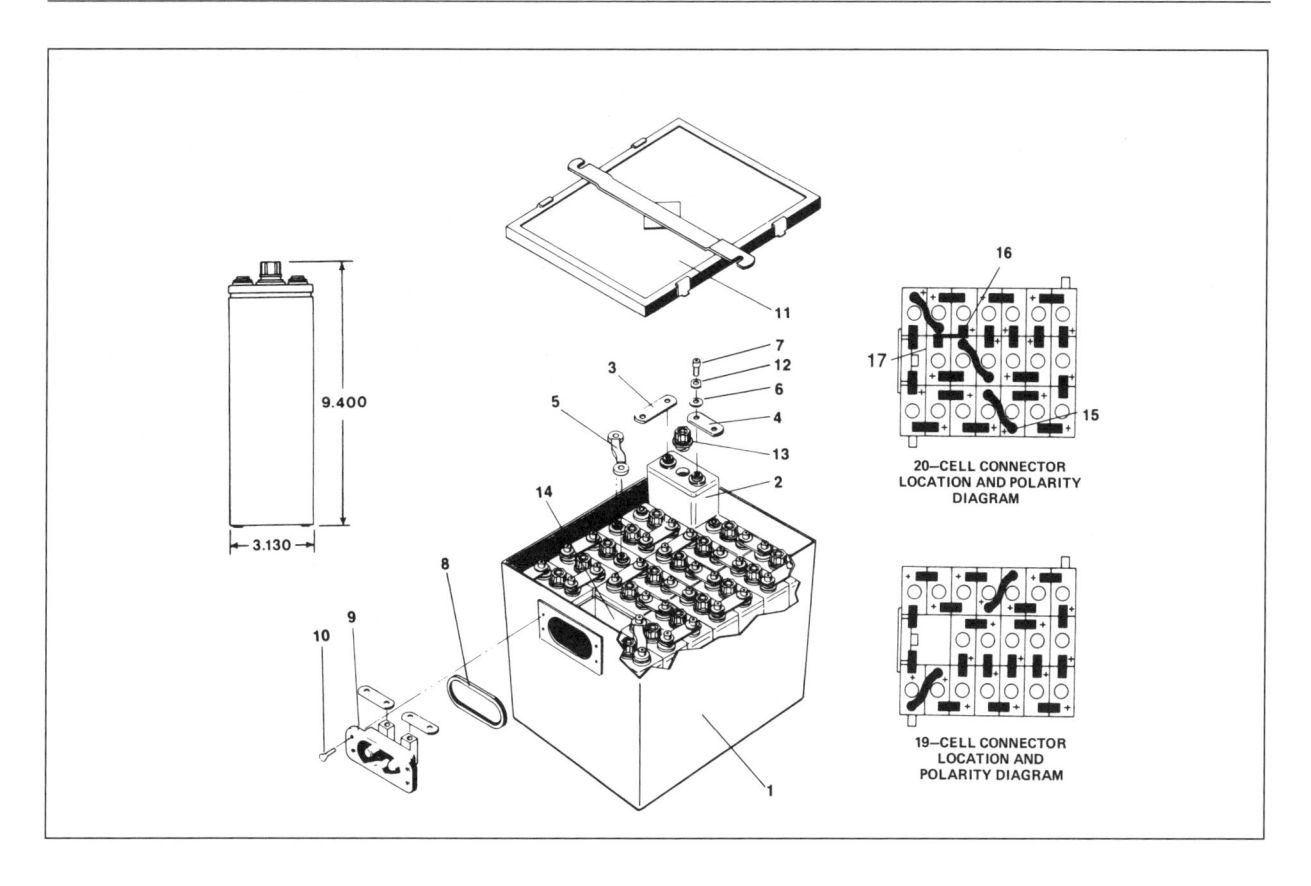

Item	Description	Part Number CA-5, CA-5-1 CA-5-20	Part Number CA-5H CA-5H-20, CA-16	Quantity
1	Can Assembly	26604	26604	1
2	Cell Assembly	36M220	36H120	19 (20)
3	Connector	16102-6	16102-6	12
4	Connector	16102-7	16102-7	6
5	Connector	16167-1	16167-3	2
6	Belleville Spring	16128-1	16128-1	40
7	Socket Head Cap Screw	10488-20	10488-20	40
8	Rectangular Ring	24583	24583	1
9	Receptacle Assembly	16163-7	16163-7	1

Item	Description	Part Number CA-5, CA-5-1 CA-5-20	Part Number CA-5H CA-5H-20, CA-16	Quantity
10	Phillips Head Screw	23084-1	23084-1	4
11	Cover Assembly	23147-3	23147-3	1
12	Double "D" Washer	23591-1	23591-1	40
13	Filler Cap & Vent Assembly	18318-1	16934-1	1
14	Spacer	27292	27292	1
15	Connector	16167-2*	16167-3*	3
16	Connector	25091*	25091*	1
17	Spacer	27291*	27291*	1
19-cell to 20-cell Conversion Kit – part number 29005				

NOTE: The batteries are 19- and 20-cell versions of Marathon's 36-40 Ah units. This figure does not necessarily represent the design of other batteries produced by Marathon.

*Used only on 20-cell batteries.

FIGURA 3-31 Uma típica bateria montada (*Marathon Power Technologies*.)

Capacidade e resistência interna

A bateria de níquel-cádmio tem um tremendo poder de pico e oferece muito mais potência do que uma bateria de chumbo-ácido do mesmo tamanho e peso. A grande quantidade de energia disponível instantaneamente produzida por uma bateria de níquel-cádmio é a razão por que ela é tão bem adaptada para o arranque dos motores de turbina. A **capacidade de uma bateria de níquel-cádmio** é uma função da área total da placa contida no interior das células (maior área da placa, maior capacidade). A maioria das baterias ni-cad é projetada para sistemas 24 V, com capacidade de entre 22 a 80 Ah. O valor de corrente por hora é determinado a uma taxa de descarga de 5 h, salvo indicações contrárias.

A capacidade de qualquer bateria é parcialmente uma função da resistência interna da bateria. A **resistência interna da maioria das células de níquel-cádmio ventiladas** é muito baixa (inferior a 1 mΩ por célula), o que permite que essas células mantenham uma elevada corrente de descarga e ainda tenham níveis de tensão aceitáveis. A baixa resistência interna de uma bateria de níquel-cádmio permite recarregá-la muito rapidamente. Essa resistência resulta, em parte, da grande área de superfície de materiais ativos disponíveis através do uso de uma placa altamente porosa.

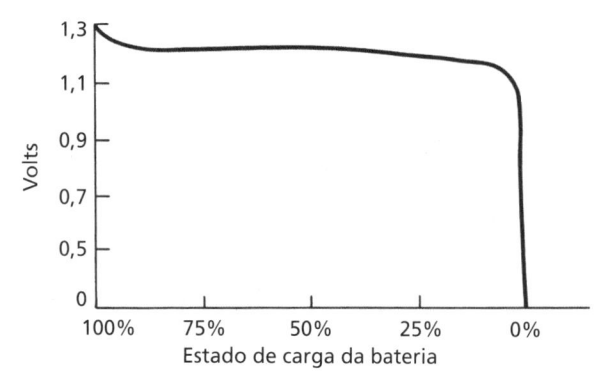

FIGURA 3-32 Curva típica de descarga sob carga moderada. (*Marathon Power Technologies*.)

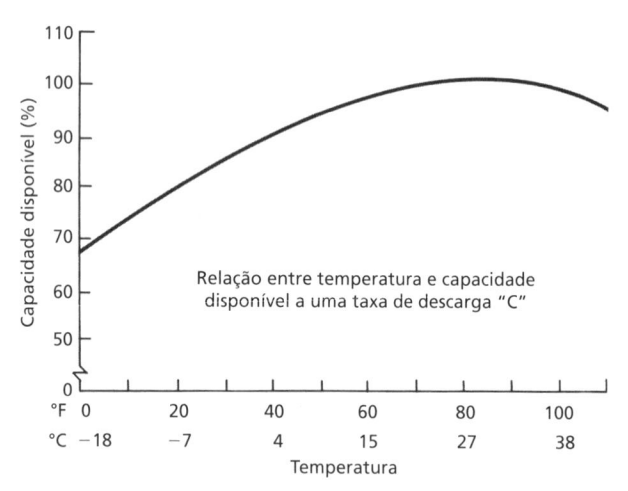

FIGURA 3-33 Relação entre a temperatura e a capacidade disponível. (*Marathon Power Technologies*.)

A saída de uma bateria de níquel-cádmio é relativamente constante, mesmo em condições de operação severas, como tempo muito frio. A faixa de temperatura ideal é entre 60 e 90 °F; acima ou abaixo desses valores, a capacidade total irá diminuir ligeiramente, como ilustrado na Figura 3-33.

PROCEDIMENTOS DE MANUTENÇÃO DA BATERIA DE NÍQUEL-CÁDMIO

A bateria de níquel-cádmio requer procedimentos específicos de manutenção; siga sempre as recomendações do fabricante da bateria durante o serviço. As seguintes diretrizes gerais ilustram as práticas de manutenção típicas, incluindo entradas de registo adequadas. Cada bateria deve ter o seu próprio histórico de manutenção específico. Isso ajuda no isolamento de defeitos e ajuda a garantir o melhor desempenho da bateria.

* **CUIDADO: Durante todos os procedimentos de manutenção, siga as precauções previamente discutidas neste capítulo.**

Inspeção da bateria

Toda programação de manutenção de aeronaves irá especificar um período de inspeção da bateria. Esse calendário não deve exceder 50 horas de voo para baterias novas para garantir a compatibilidade e o funcionamento adequado da bateria e da aeronave. Depois de alguns meses, os períodos de inspeção podem ser estendidos. Antes de retirar a bateria da aeronave, inspecione como mostrado a seguir e repare conforme necessário:

1. Examine o recipiente da bateria e veja se há rachaduras, deformações ou outros danos.
2. Verifique se o sistema de ventilação (se instalado) está com o fluxo de ar adequado.
3. Verifique as células e limpe-as, se necessário. Muitas vezes, o carbonato de potássio irá depositar como um pó branco no topo das células. Isso deve ser removido com uma escova não metálica ou um pano úmido. Se os depósitos excessivos estão presentes, suspeite de sobrecarga ou vazamento das células, e remova e limpe as células individualmente.
4. Inspecione os conectores das células procurando corrosão, rachaduras e superaquecimento. Se estes problemas existem, descarregue e desmonte a bateria, a fim de reparar o dano.
5. Inspecione as tampas das células para conferir se o anel-O e a ventilação estão em condições adequadas. Lave todas as tampas de celulas sujas em água limpa e morna.
6. Verifique o nível do eletrólito da célula para quantidades apropriadas. Se a bateria estiver muito cheia e um derramamento ocorrer, a bateria deve ser removida, descarregada e desmontada para limpeza e reparação. Se um nível baixo de eletrólito é encontrado, adicione água destilada limpa somente depois que a bateria ficou inativa por, pelo menos, 2 horas após a carga. **Nunca adicione água a uma bateria descarregada ou uma bateria de carga desconhecida.** O nível do eletrólito aumenta significativamente durante a carga; portanto, se a água é adicionada antes do carregamento, uma situação de transbordamento é eminente.

Recondicionamento e carga de baterias de níquel-cádmio

O recondicionamento de baterias de níquel-cádmio de aeronaves é normalmente realizado entre 100 e 500 horas de voo. O tempo de recondicionamento exato depende principalmente dos procedimentos de partida da aeronave, das temperaturas de funcionamento e do ajuste do regulador de tensão do gerador de partida. Esses fatores também determinam a frequência de adições de água para as células da bateria.

O recondicionamento da bateria é necessário para evitar qualquer **desequilíbrio da célula**, o que pode resultar numa perda temporária da capacidade da bateria. Desequilíbrios das células ocorrem durante a carga por um sistema de carga de tensão constante de uma aeronave. Essa condição "out-of-balance" ("fora de balanço") é causada por diferenças de temperatura, ou eficiência de carga, ou variação das taxas de autodescarga em células. Os baixos níveis de eletrólitos também contribuem para uma perda de capacidade. Para garantir o melhor desempenho e vida útil da bateria, qualquer desequilíbrio celular deve ser corrigido por meio de recondicionamento.

Qualquer área de serviço utilizada para recondicionar baterias de níquel-cádmio deve ser separada da área de serviço para as baterias de chumbo-ácido. Os materiais químicos de uma bateria de chumbo-ácido irão neutralizar uma bateria de níquel-cádmio e vice-versa. Duas salas ventiladas separadas são recomendadas para a manutenção dos dois tipos de baterias. Além disso, as ferramentas utilizadas para a manutenção nunca devem ser trocadas; ferramentas trocadas podem causar danos para a célula de níquel-cádmio devido à neutralização parcial do eletrólito.

Os procedimentos típicos de recondicionamento incluem uma inspecção da bateria, como foi citado anteriormente, uma descarga da bateria, desmontagem e limpeza ou reparação, conforme necessário. Por fim, a bateria é remontada e recarregada. **Durante a remontagem, observe sempre a polaridade correta da célula e use sempre os valores de torque adequados em cada parafuso ou porca do conector celular.** Um conector de célula indevidamente apertado, sujo, ou corroído é susceptível a causar falha da bateria. Para corrigir um desequilíbrio de células durante o recondicionamento, a bateria é geralmente descarregada à capacidade zero e depois recarregada. Esse processo é muitas vezes chamado de **ciclo profundo** da bateria. As especificidades desse ciclo profundo variam entre baterias, por isso sempre tenha como referência aos dados de manutenção adequados.

Se a bateria é recebida na condição de carregada, uma **verificação de fugas elétricas** deve ser realizada. Antes de descarregar, esse teste detecta fuga de corrente das células para o recipiente da bateria. Um vazamento superior a 50 mA, medido a partir de qualquer conexão celular positiva com o recipiente, é geralmente excessiva. Se a bateria chega à condição descarregada, um teste de vazamento deve ser realizado após a carga. A corrente que flui a partir da célula para o recipiente da bateria (fugas de corrente elétrica) é geralmente causada por excesso de líquido em cima de ou em torno das células. Portanto, se um vazamento elétrico excessivo é detectado, remova, limpe e seque todas as células e a caixa da bateria. Durante esse procedimento, inspecione cada célula a prucura de um vazamento de líquido que possa ter causado o excesso de líquido em torno das células. Qualquer célula onde eletrólito é encontrado infiltrando ou vazando deve ser substituído.

Normalmente, para descarregar completamente a bateria durante o recondicionamento, equipamento de descarga projetado especificamente para baterias de níquel-cádmio deve ser usado. Uma vez que as células da bateria atingem 0,5 V ou menos, clipes de curto-circuito devem ser colocados em cada célula. Criando um curto-circuito do terminal positivo para o terminal negativo de cada célula, a bateria será completamente descarregada.

A recarga da bateria durante o recondicionamento pode ser realizada por um carregador de corrente constante ou de tensão constante. Em qualquer caso, a bateria exigirá uma carga de 120 a 140 porcento da sua capacidade nominal em 5 horas. Se um carregador de corrente constante é usado para recarregar uma bateria de 40 Ah, a carga aplicada deve ser de 8 A durante 7 h. Isso é determinado como: 40 Ah = 8 A por 5 h (8 A × 5 h = 40 Ah) vezes 140 % = 8 A por 7 h = 56 Ah.

Dois sistemas comuns de carregador/analisador são o Marathon PCA-131 e o Christie RF80-K. O carregador/analisador Marathon PCA-131 foi projetado para carregar e analisar as baterias de níquel-cádmio automaticamente e simplificar os procedimentos de recondicionamento. Esse carregador/analisador possui um Go, No-Go para a indicação da condição da bateria. A carga correta de descarga de corrente é pré-selecionada com a configuração da posição do interruptor. A bateria pode ser deixada sem vigilância durante a carga, pois o sistema ajusta automaticamente as alterações de tensão da linha. Ele automaticamente concluirá a descarga se a tensão média da bateria cair abaixo de uma tensão pré-selecionada.

FIGURA 3-34 Um carregador/analisador típico de baterias de níquel-cádmio.

O Christie RF80-K (Figura 3-34) executa as mesmas funções de carregador/analisador como o PCA-131; no entanto, esse carregador reduz o tempo de manutenção com o seu sistema de pré-análise DigiFLEX. A tecnologia é semelhante àquela usada para recarregar as baterias do tipo lanterna e baterias de célula seca ni-cad. Esse sistema é projetado para carregar as baterias de aeronaves em menos de 1 h, aumentar a capacidade e a vida, e rejuvenescer baterias que foram rejeitadas após a carga convencional. O Christie RF80-K também é projetado para superar todos os problemas de desequilíbrio da célula durante o recondicionamento da bateria.

Uma corrente baixa de carga durante os últimos 15% da carga de ni-cad é a principal causa de desequilíbrio de células. O sistema ReFLEX utiliza impulsos negativos durante o ciclo de carga para remover gases internos que se formam nas placas de células. Os gases sobre as placas de célula aumentam a densidade de corrente e resultam no aquecimento da bateria. O carregador/analisador Christie faz uso da tecnologia do microcontrolador para analisar rapidamente e carregar baterias ni-cad.

Em geral, siga sempre as recomendações dos fabricantes ao carregar baterias. Todas as baterias de níquel-cádmio ventiladas são carregadas a cerca de 140% da sua capacidade total. Para atingir esse valor, o tempo de carga é tipicamente aumentado em 40% acima do tempo total necessário para 100% da estimativa ampère-hora da bateria.

Sempre observe as precauções de carga de baterias de níquel-cádmio. Evite curto-circuitos acidentais. Os conectores de células expostos são muito vulneráveis aos curtos de ferramentas ou joias metálicas.

*CUIDADO: Sempre utilize ferramentas que são isoladas durante a manutenção das baterias. Sempre remova todas as joias metálicas antes de trabalhar ou em torno de baterias. Sempre use proteção para os olhos durante o serviço da bateria. Antes de carregar, sempre inspecione a limpeza, a condição física e o valor de torque adequado dos conectores de celulares. Restabeleça qualquer condição inadequada.

Carregadores de tensão constante

Assim como com as baterias de chumbo-ácido, um **carregador de tensão constante** irá fornecer uma tensão constante para a bateria durante a carga. A corrente fornecida por esse tipo de carregador é elevada durante o início do ciclo de carga e diminui à medida que a bateria atinge um estado de carga completa. O fluxo de corrente preciso será uma função da capacidade do carregador, da temperatura e do estado de descarga da bateria.

A configuração correta da tensão é muito importante quando se usa um carregador de tensão constante. O equipamento de carga deve ser definido e regulado para garantir uma carga de bateria completa sem sobrecarregá-la. Uma tensão muito baixa de carga não irá carregar a bateria ou dará uma carga muito baixa. Uma tensão muito elevada de carga irá sobrecarregar a bateria e pode danificar as células por fuga térmica.

Carregadores de corrente constante

O **carregamento com corrente constante** de baterias de níquel-cádmio é recomendado para garantir um melhor equilíbrio de células e uma carga total da bateria, bem como para evitar a possibilidade de instabilidade térmica. No entanto, a corrente constante de carga tipicamente requer um maior tempo de carga e cria uma maior perda de água durante a sobrecarga do que a carga de tensão constante.

Mais uma vez, os dados de carga do fabricante devem ser rigorosamente respeitados enquanto estiver usando carregadores de corrente constante. De modo geral, as baterias completamente descarregadas são carregadas na sua capacidade de ampères-hora, taxa de 5 h durante 7 h. Isso irá aplicar cerca de 40% de corrente "extra" durante a carga para permitir as ineficiências da carga da bateria.

Tanto o equipamento de carga quanto a bateria devem ser monitorados periodicamente durante o ciclo de carga, especialmente durante a primeira e última hora de carga. Durante a parte inicial da carga, a corrente de carga e tensão devem ser controladas para assegurar que estejam nos valores corretos. Até a bateria atingir a sua máxima tensão de carga, a corrente de carga pode não estabilizar. Durante a última hora da carga, deve ser verificada na bateria a ebulição excessiva do eletrólito; isso é uma indicação de que a bateria atingiu carga total e deve ser retirada do carregador.

Existem diversas variações dos dois métodos de carga que acabamos de discutir que podem ser utilizados sob aplicações limitadas. Para a maior parte, no entanto, os métodos de tensão constante ou de corrente constante são empregados.

Para armazenamento de baterias de níquel-cádmio a longo prazo, uma carga de flutuação ou gotejamento pode ser usada. Esses métodos de carga asseguram que a bateria vai permanecer numa condição totalmente carregada durante o armazenamento. Tanto o flutuador quanto a carga lenta fornecem um corrente muito baixa para compensar a perda por auto-descarga normal da bateria; ou o carregador irá automaticamente monitorar a bateria e aplicar corrente de carga apenas quando necessário.

A formação de espuma de eletrólitos

Se a **formação de espuma** ocorre enquanto qualquer método de carga está sendo utilizado, sempre monitore a bateria ou a célula em questão. Se a célula recentemente recebeu água adicional, o eletrólito pode espumar durante a carga. Isso normalmente vai diminuir com a continuação do uso e não é indicação de uma célula defeituosa. No entanto, se a formação de espuma continua e eletrólito derrama das tampas continuamente, a célula está provavelmente contaminada com um material estranho. Nesse caso, a célula deve ser substituída.

Armazenamento da bateria

Ao contrário das baterias de chumbo-ácido, baterias de níquel-cádmio podem ser armazenadas por longos períodos de tempo em um estado carregado ou descarregado sem danos. Isso pressupõe que a bateria esteja devidamente limpa antes do armazenamento para evitar a corrosão excessiva. Na temperatura ambiente, uma bateria de níquel-cádmio carregada irá reter a maior parte da sua energia durante 6 meses de armazenamento.

Se for prevista a utilização imediata da bateria, no entanto, sugere-se que a carga lenta (uma corrente de carga muito baixa) seja mantida enquanto a bateria está no armazenamento. Enquanto a bateria está em carga lenta, ventilação adequada deve estar disponível para isso, o nível de eletrólito deve ser monitorado periodicamente e a água perdida deve ser reabastecida.

Se a bateria for armazenada sem haver reabastecimento da carga por um longo período, recomenda-se que a bateria seja totalmente descarregada antes do armazenamento. Isso inclui o uso de clipes de curto-circuito para trazer cada célula à capacidade zero. Durante o armazenamento, os terminais positivo e negativo da bateria principal deverão então estar conectados para ajudar a prevenir qualquer desequilíbrio de células. Antes do armazenamento, coloque uma leve camada de graxa não condutora, como vaselina, sobre a conexão da célula. Isto irá inibir a corrosão.

Para usar a bateria após a armazenagem, limpe a bateria, remova todos os grampos de curto-circuito (se aplicável) e recarregue a bateria com a tensão adequada e configurações atuais. Antes de carregar, o processo de limpeza deve garantir que as tampas das células estejam livres de carbonato de potássio e que as aberturas irão funcionar corretamente.

INSTALAÇÃO DAS BATERIAS NA AERONAVE

Compartimento da bateria

O compartimento da bateria em um avião deve ser facilmente acessível para que a bateria possa ser reparada e inspecionada regularmente; ele também deve ser isolado de combustível, óleo e sistemas de ignição, e de qualquer outra substância, ou condição, que possa ser prejudicial para o seu funcionamento. Qualquer compartimento utilizado para um acumulador que emite gases em qualquer momento durante a operação deve ser fornecido com um sistema de ventilação. O interior do compartimento deve ser revestido com uma tinta que irá evitar a corrosão causada pelo eletrólito.

A bateria deve ser instalada de modo que o eletrólito derramado seja drenado ou absorvido sem entrar em contacto com a estrutura do avião. A plataforma ou a base sobre a qual se coloca a bateria deve ser forte o suficiente para suportar a bateria sob todas as condições de voo e pouso. A bateria deve ser mantida firmemente no lugar com parafusos fixados à estrutura da aeronave. Baterias com invólucro metálico são mantidas por meio de parafusos que se estendem através das orelhas na tampa da bateria. Baterias não metálicas são presas por grampos de metal sobre as alças da bateria ou ao longo da borda da caixa de bateria.

As baterias não devem ficar nos compartimentos do motor, a menos que sejam tomadas medidas adequadas para proteger contra possíveis riscos de incêndio e efeitos prejudiciais à bateria em temperaturas excessivamente altas. Os fabricantes das baterias têm determinado que as temperaturas de 110 a 115°F [43 a 46°C] e superiores são suscetíveis a causar uma deterioração rápida dos separadores e das placas. A temperatura crítica especificada pelo fabricante nunca deve ser ultrapassada. A ventilação forçada do compartimento da bateria pode ser necessária para proteger contra temperaturas excessivas da bateria, e isso pode ser fornecido por meio de um tubo, que conduz, a partir do corrente de deslizamento, para dentro do recipiente, e um tubo de ventilação adequado, que conduz para fora dele.

Instalação da bateria

Sempre realizar uma inspeção completa da bateria antes da instalação em qualquer aeronave. Essa inspeção deve incluir uma verificação do nível de eletrólito (lembre-se, adicione água somente após a carga), uma inspeção no conector da célula e uma verificação do estado geral da bateria. O *plug* de desconexão rápida da bateria deve ser inspecionado, tanto da bateria quanto na aeronave. Se alguma corrosão ou frouxidão for detectada, o plug deve ser substituído ou reparado. Certifique-se de que a aeronave e os conectores da bateria têm a mesma polaridade.

Se uma bateria de níquel-cádmio é instalada para substituir uma bateria de chumbo-ácido velha, sempre neutralize o compartimento da bateria com uma solução de soda e água, e seque a área completamente. O compartimento deve então ser pintado com uma tinta álcali-resistente. Também garanta que a nova bateria terá uma ventilação adequada para remover qualquer calor que possa ser produzido durante o uso da bateria. Uma bateria que se encaixa com muita força em seu compartimento pode superaquecer. Sempre verifique se as especificações da carga da bateria e a voltagem do sistema de carga da aeronave coincidem. A bateria de níquel-cádmio deve ser carregada a uma tensão específica para o funcionamento adequado.

Finalmente, após a instalação, conecte qualquer monitor de temperatura da bateria e inspecione seus sistemas de acordo com o manual da aeronave. Certifique-se de que todas as áreas que necessitam de fio de segurança estão devidamente protegidas. Se os terminais de saída da bateria estão isolados, eles podem exigir a instalação de coberturas de proteção ou encaixes isolantes. Esses isolantes vão evitar a possibilidade de um curto-circuito, que poderia criar uma falha elétrica grave ou um incêndio. Após concluir a instalação, execute uma verificação operacional da bateria, incluindo a bateria do motor de arranque, se for o caso, e uma verificação do sistema de carga.

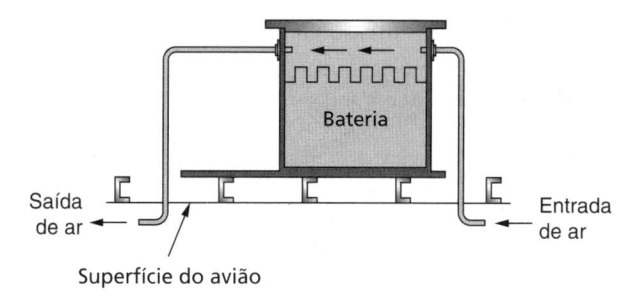

FIGURA 3-35 Sistema de ventilação da bateria.

Sistemas de ventilação

Os compartimentos de bateria (caixas de bateria) são tipicamente ventilados para remover gases e/ou calor indesejáveis produzidos pela bateria durante a carga e a descarga. A Figura 3-35 ilustra um típico sistema de ventilação da bateria encontrado em aeronaves leves. Esses sistemas fornecem uma corrente de ar de ventilação consistente, criada por uma baixa pressão no tubo de saída enquanto a aeronave está em voo. Os sistemas de ventilação para as baterias de níquel-cádmio são normalmente concebidos para remover calor do compartimento da bateria. O gás gerado durante a operação é mínimo, e o compartimento da bateria é selado para evitar vazamentos; consequentemente, a remoção de gases químicos normalmente não é necessária. Alguns compartimentos de baterias de níquel-cádmio são, portanto, sem ventilação. Esses sistemas que são ventilados para o resfriamento costumam usar ar forçado ou mesmo ar forçado regulado por uma válvula de ar controlada por termostato. A válvula de ar é fechada se a temperatura da bateria estiver abaixo de um determinado nível; a válvula abre quando a bateria requer refrigeração. Durante a verificação de um sistema de baterias, é importante assegurar que os tubos de ventilação permaneçam desobstruídos. Corrente de ar comprimido ou uma lavagem com água através dos tubos de ventilação vai ajudar a garantir o funcionamento adequado do sistema de ventilação.

Cabos da bateria

Em uma aeronave, os cabos elétricos de uma bateria devem ser suficientemente grandes para levar qualquer carga exigida da bateria a qualquer momento. Eles devem ser cuidadosamente isolados e protegidos contra o desgaste por atrito e a vibração, e estão geralmente ligados à estrutura do avião por meio de grampos ou clipes forrados de borracha ou revestidos por plástico. Os cabos da bateria devem estar firmemente ligados aos terminais da bateria; eles são normalmente mantidos no lugar como mostrado na Figura 3-36. Um terminal de metal pesado é soldado ou moldado na extremidade do cabo e, em seguida, ligado ao terminal por meio de uma porca de orelhas com uma anilha plana e uma anilha de bloqueio. Deve notar-se que esse é apenas um método para a fixação de terminais de bateria; outros métodos também são satisfatórios.

Os terminais das baterias devem ser protegidos contra curto-circuito acidental por meio de uma tampa terminal. Este pode ser um plástico ou um encaixe de borracha ao longo do terminal, ou os terminais podem ser contidos dentro da caixa de proteção da bateria.

Conector do terminal — Anilha — Anilha de bloqueio — Porca de orelhas

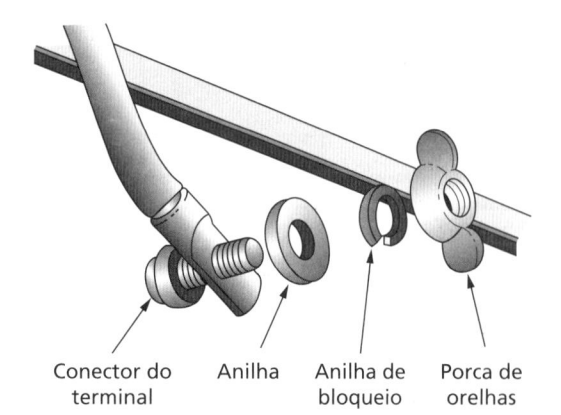

FIGURA 3-36 Conexão do terminal da bateria.

Plugs de desconexão rápida

Conectores de desconexão rápida são encontrados em algumas baterias de chumbo-ácido e praticamente em todas as baterias de níquel-cádmio. O plug de desconexão rápida é composto por um adaptador, fixado à caixa de bateria no lugar da tampa do terminal, e um tampão, no qual os cabos da bateria são ligados. Dois pinos de contato lisos são parafusados nos terminais da bateria, e o plug é puxado no lugar da bateria por meio de um parafuso grande anexado a um volante. Esse parafuso também empurra o plug para fora dos terminais para desconectar a bateria.

Um conector de bateria popular é mostrado na Figura 3-37. O conector é constituído por dois conjuntos principais: o conjunto de terminais, o qual está ligado à bateria para servir como um receptáculo, e o conjunto do conector de encaixe, ao qual os cabos da bateria estão ligados. O conjunto de tampa está inserido no receptáculo da bateria e é preso firmemente por meio do parafuso central (verme) no plug.

O projeto dos cabos possibilita muita superfície de contato com o pino macho de acoplamento, garantindo assim um contato de baixa resistência. Os cabos são feitos de fio de cobre prateado macio e são projetados para caberem confortavelmente sobre os pinos do terminal da bateria. Os pinos e as tomadas dos conectores devem ser inspecionados em intervalos regulares. Se conexões soltas, pontos queimados, manchas ou corrosão forem notados, os contatos devem ser substituídos.

FIGURA 3-37 Plug de desconexão rápida.

QUESTÕES DE REVISÃO

1. Qual é a diferença entre uma célula primária e uma célula secundária?
2. O que é uma célula seca?
3. Descreva como tensões diferentes são obtidas em diferentes células.
4. Descreva a diferença entre uma bateria e uma célula.
5. Quais são os materiais ativos em uma célula de bateria de chumbo-ácido?
6. Descreva a construção de uma célula de armazenamento de chumbo-ácido.
7. Qual eletrólito é usado em uma célula de armazenamento de chumbo-ácido?
8. Qual é o propósito dos separadores encontrados em uma célula de chumbo-ácido?
9. Explique os meios utilizados para evitar o derramamento de eletrólito a partir de uma bateria de aeronave ventilado.
10. Como são construídos os acumuladores de aeronave para proporcionar a eliminação de gases explosivos?
11. O que determina a tensão de um acumulador de aeronaves?
12. Quais classificações são usadas para descrever acumuladores de aeronaves?
13. Qual é a tensão de circuito aberto aproximada de uma célula de chumbo-ácido totalmente carregada?
14. Se uma célula de armazenamento vai entregar 20 A por 5 h, o que é a capacidade corrente-hora?
15. Por que um acumulador de chumbo-ácido parece estar descarrego após a aplicação de uma carga pesada por um curto período, mas voltará a entregar força depois que a carga tiver sido desligada por alguns minutos?
16. O que ocorre em relação a capacidade de corrente-horas quando a taxa de descarga é aumentada?
17. Dê a *faixa de peso específico* para uma célula de chumbo-ácido totalmente carregada.
18. Em que condição eletrólito novo pode ser adicionado a uma célula de chumbo-ácido?
19. Descreva o método para testar uma célula de chumbo-ácido sob carga por meio de um voltímetro.
20. Dê a principal medida de segurança que deve ser observada ao se trabalhar com acumuladores de chumbo-ácido.
21. Se uma aeronave tem uma bateria morta, por que é considerado procedimento impróprio dar partida a essa aeronave?
22. Explique a diferença entre carga de tensão constante e carga de corrente constante.
23. Que tipo de método de carga da bateria é empregado em um sistema elétrico de aeronave?
24. Que perigos existem em relação às baterias de chumbo-ácido durante a carga?
25. Descreva o compartimento de bateria em uma aeronave.

26. Como os gases explosivos de uma bateria são eliminados de uma aeronave?
27. Descreva o procedimento adequado para remover e instalar uma bateria de chumbo-ácido em uma aeronave.
28. Descrever a diferença entre uma *bateria de chumbo-ácido ventilada* e uma *bateria de chumbo-ácido regulada por válvula*.
29. O que se entende por uma bateria esteira de vidro absorvida?
30. Descreva os procedimentos de descarte adequados para uma bateria de chumbo-ácido.
31. Que eletrólito é usado em baterias de níquel-cádmio?
32. Descreva a construção de uma célula de níquel-cádmio.
33. Explique o funcionamento químico de uma célula de níquel-cádmio.
34. Quais são os fatores que afetam o desempenho das baterias de níquel-cádmio?
35. O que é o peso específico de uma bateria de níquel-cádmio de aeronave?
36. Qual é o perigo causado por conectores de células soltas em uma bateria de níquel-cádmio?
37. Quais são os métodos de carga satisfatórios para baterias de níquel-cádmio?
38. Quando uma bateria de níquel-cádmio completamente descarregada está sendo carregada, quanta energia elétrica deve ser devolvida a ela como uma porcentagem da sua capacidade de corrente-horas para uma carga completa?
39. Qual é a tensão de circuito fechado típica de uma bateria de níquel-cádmio?
40. Explique a fuga térmica.
41. Qual estado de carga é mais adequado para baterias de níquel-cádmio que estão para ser armazenadas?
42. Qual é a resistência interna de uma bateria de níquel-cádmio típica?
43. O que se entende por uma verificação de vazamento elétrico?
44. Liste precauções que devem ser observadas na manipulação de baterias de níquel-cádmio.
45. Por que áreas de serviço para baterias de chumbo-ácido e baterias de níquel-cádmio devem ser separadas?
46. O que é o recondicionamento de capacidade e por que é realizado?
47. Que condições são observadas durante uma inspeção de baterias de níquel-cádmio?
48. Como os depósitos de carbonato de potássio de uma bateria de níquel-cádmio devem ser limpos?
49. Descreva o procedimento para recondicionar uma bateria de níquel-cádmio.
50. Que prática deve ser observada quando os conectores celulares forem instalados e apertados?
51. Quais são as últimas inspeções a serem feitas quando a montagem de uma bateria de níquel-cádmio foi concluída e a bateria está pronta para ser instalada na aeronave?

CAPÍTULO 4
Cabo elétrico e práticas de cabeamento em aeronaves

O cabeamento elétrico em uma aeronave deve ser corretamente instalado e conservado para garantir a segurança dos passageiros e da tripulação da aeronave. Em aeronaves monomotoras leves, existe uma quantidade relativamente pequena de cabos elétricos; em aeronaves comerciais grandes, há, literalmente, milhares de cabos controlando cada faceta de voo. As aeronaves modernas são, muitas vezes, referidas como "*fly-by-wire*" ou "*the-more-electric-airplane*" ("o-avião-mais-elétrico"). De fato as aeronaves mais novas contêm mais sistemas elétricos e eletrônicos do que nunca; portanto, as práticas de cabeamento de segurança são fundamentais e devem ser bem compreendidas. Em qualquer aeronave civil operada dentro do Brasil, o cabeamento elétrico deve ser instalado e conservado de acordo com as diretrizes exigidas pela ABNT e outros órgãos similares de abrangência nacional e internacional (como a FAA, por exemplo). Este capítulo descreve as especificações da FAA e mostra sua relação com as práticas de cabeamento de aeronaves.

O cabo de fibra óptica também foi introduzido em muitas aeronaves modernas ao longo da última década. O cabo óptico, como um substituto para o cabo de cobre, é frequentemente utilizado para a transferência de dados digitais. Apesar de o cabo de fibra óptica ser adequado para a transferência de informações através de sinais de luz, ele não pode transmitir corrente elétrica.

CARACTERÍSTICAS DO CABO ELÉTRICO

Existem várias condições que devem ser considerados na escolha de um cabo elétrico da aeronave. A temperatura de operação, os requisitos de flexibilidade, resistência à abrasão, a resistência, o isolamento, a resistência elétrica, o peso e o fluxo de corrente e tensão aplicadas podem afetar a seleção do cabo. Esses fatores irão determinar o tipo de condutor e isolamento necessários para uma dada instalação. A maioria dos cabos de aeronaves é feita com um condutor de cobre trançado, 7 ou 19 fios para cabos pequenos e 19 ou mais para cabos maiores. O uso de cabo trançado ou torcido aumenta a flexibilidade do condutor, diminuindo assim a probabilidade de falha por fadiga. Cabos flexíveis são feitos de vários fios pequenos; cabos menos flexíveis são feitos de fios mais grosseiros e em menor quantidade. O fio rígido (um único fio) é muito inflexível e só pode ser usado em áreas limitadas da aeronave.

Condutores de cobre são tipicamente revestidos para prevenir a oxidação e para facilitar a soldagem. O fio de cobre estanhado é geralmente usado em instalações onde as temperaturas não ultrapassam 221°F [105°C]. Fio de cobre com revestimento de prata é utilizado para temperaturas de até 392°F [200°C], e fio de cobre revestido a níquel deve ser usado para temperaturas entre 392 e 500°F [200 e 260°C]. Esse revestimento torna-se bastante evidente ao visualizar o fio descascado. Os fios de cobre são de coloração estanho ou prata (não cobre). Isso é devido ao revestimento fino aplicado a cada cabo de cobre. Sob certas condições, o fio de alumínio também pode ser utilizado abaixo de 221°F [105°C].

Qualquer tipo de condutor único ou cabo protegido por isolamento é geralmente referido como um **fio**. Um **cabo** é qualquer grupo de dois ou mais condutores isolados separadamente e agrupados em conjunto por uma manga exterior. Um cabo pode ser distribuído através da aeronave e usado para vários circuitos. A principal desvantagem do cabo é criada pela incapacidade de se consertar ou substituir um único fio. A Figura 4-1 mostra diversos tipos de fios e cabos.

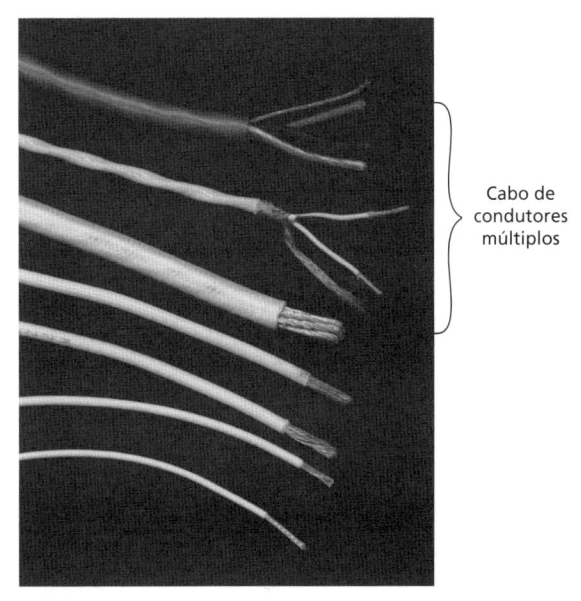

FIGURA 4-1 Cabos e fios elétricos típicos. (*Prestolite*)

De um modo geral, fio pode ser instalado no tubo de proteção, tipicamente chamado de **condutor**; ou fio pode ser distribuído sem conduíte em uma técnica chamada de **fiação aberta** ou **fiação ao ar livre**. Em ambos os casos, todos os fios da aeronave devem atender às especificações atuais da FAA. As especificações da FAA normalmente são baseadas em padrões militares (muitas vezes chamados de *MIL specs*). Por essa razão, o número de especificações dos fios em aeronaves comuns será semelhante a *MIL-W-5088L*.

Quanto à escolha de fios de aeronaves, deve-se selecionar o tipo e o tamanho do condutor, bem como o tipo de isolamento. Existem vários tipos de isolamento aprovados para aeronaves e veículos aeroespaciais; a maioria é extremamente resistente à abrasão. Outras características que devem ser consideradas são as classificações de temperatura, a capacidade de isolamento elétrico (rigidez dielétrica), a combustão e a resistência à corrosão, bem como os potenciais de emissões de fumaça, se o fio for superaquecido. Naturalmente, o condutor deve ser de tamanho adequado para transportar a corrente necessária ao circuito. Condutores comuns de aeronaves são de cobre e alumínio; disponíveis em fios de vários tamanhos.

Na última década, houve melhorias significativas na concepção do isolamento de fios de aeronaves. A resistência ao calor, a emissão de fumaça e a qualidade da resistência à abrasão foram melhorando mediante o uso de compostos de polímeros de alta tecnologia para o isolamento. Alguns fios mais velhos têm isolamento que já não é mais aprovado para uso em aeronaves, e, ao instalar novos cabos, os técnicos devem estar particularmente atentos aos números de especificação dos fio. A FAA e/ou os dados do fabricante atual irão listar todos os fios aprovados para uma instalação específica. Uma lista parcial de fios de aeronaves aprovados pela FAA para instalações ao ar livre de propósitos gerais é mostrada na Tabela 4-1. Esta tabela mostra tensão máxima, classificação de temperatura, isolamento e tipo de condutor para uma variedade de números militares específicos aprovados para fiação de aeronaves ao ar livre. A lista completa está publicada na circular AC 43.13-1B da FAA.

Os condutores de cobre de um fio de aeronaves são normalmente revestidos com uma camada extremamente fina de um metal não corrosivo. O revestimento forma camada protetora ao redor de cada fio de cobre. Isso ajuda a garantir que o condutor irá manter a integridade elétrica quando sujeito à temperatura e umidade extremas, muitas vezes encontradas em aeronaves. O revestimento comum inclui estanho, prata e níquel. Cada um desses materiais tem diferentes propriedades de temperatura e resistência à corrosão, de acordo com a especificação militar. Deve também ser notado que o revestimento muda a aparência da superfície exterior dos condutores da cor "cobre" à "prata".

Existem, obviamente, muitos critérios a serem considerados ao escolher um fio de aeronave. A circular consultiva da FAA, AC 43.13-1B, pode ser utilizada como um guia para a seleção dos fios; no entanto, recomenda-se que todas as instalações de fios sigam as recomendações atuais dos fabricantes e os dados aprovados.

Fios especiais

Existe uma grande de variedade de fios multicondutores, como os cabos fabricados para aplicações específicas. Por exemplo, instalações de luz *strobe* empregam um cabo de condutores múltiplos para conectar cada lâmpada estroboscópica à sua fonte de energia *strobe*. Para esse propósito, o fabricante produz um cabo específico contendo vários fios; tudo envolvido por um condutor externo que protege outros sistemas da interferência elétrica causada pelo disparo. Um fio especial com condutores internos blindados é mostrado na Figura 4-2*a* e *b*. O cabo blindado é usado em várias aplicações onde o designer quer bloquear a interferência elétrica a partir de qualquer saída ou entrada do fio. Em quase todos os casos, o condutor externo do cabo blindado é ligado à terra. Nesse caso, o fio é fabricado com um revestimento exterior (blindagem) de fio tecido sobre o condutor interno. Ou o condutor interno pode ser rodeado por uma bainha feita de folha de metal fina (geralmente de alumínio) enrolada no isolamento que envolve o condutor interno. Em ambos os casos, os condutores interno e externo estão isolados um do outro para evitar curtos-circuitos. Várias formas de cabos blindados são usadas para conectar as antenas de rádio, as velas de ignição do pistão dos motores e os cabos do barramento de dados, bem como outras aplicações.

O cabo projetado para o envio de sinais de informação entre os sistemas de computadores transfere pouca energia com sinais digitais que variam rapidamente. Esses sinais são particularmente suscetíveis à interferência elétrica, e, portanto, normalmente é utilizado o fio especial blindado, conhecido como **cabo do barramento de dados**. Uma especificação para o cabo

TABELA 4-1 Fios apropriados para instalação ao ar livre

Documento	Tensão nominal (máxima)	Temperatura de operação	Tipo de isolamento	Tipo do condutor
MIL-W-22759/1	600	200	Fluorpolímero isolado TFE e TFE de vidro revestido	Cobre revestido de prata
MIL-W-22759/2	600	260	Fluorpolímero isolado TFE e TFE de vidro revestido	Cobre revestido de níquel
MIL-W-22759/3	600	260	Fluorpolímero isolado TFE-vidro-TFE	Cobre revestido de níquel
MIL-W-25038/3/2	600	260	Veja folha de especificações	Veja folha de especificações
MIL-W-81044/6	600	150	Polialcano	Cobre estanhado
MIL-W-81044/7	600	150	Polialcano	Liga cobre de alta resistência estanhada com prata
MIL-W-81044/9	600	150	Polialcano	Cobre estanhado
MIL-W-81044/10	600	150	Polialcano	Liga cobre de alta resistência estanhada com prata

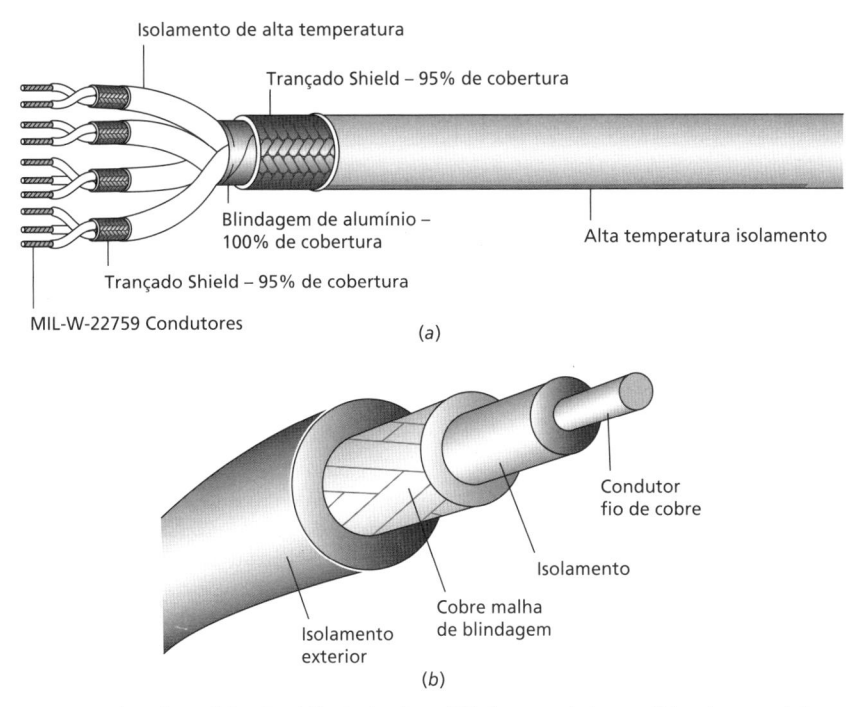

FIGURA 4-2 Tipos comuns de cabos: (a) cabo blindado de múltiplos condutores, (b) cabo coaxial.

do barramento de dados comum é MIL-W-16878. Os cabos do barramento de dados serão discutidos mais adiante neste texto.

Outra aplicação especial de fio blindado é conhecida como **cabo coaxial**. O cabo coaxial é comumente usado para a conexão das antenas a um receptor ou transmissor de rádio. O cabo coaxial é extremamente crítico, pois os sinais elétricos enviados para/de uma antena de rádio são muito fracos. Se o cabo estiver comprimido, dobrado ou enrolado de forma muito apertada, o sinal de rádio será atenuado. Tenha sempre cuidado ao manusear o cabo coaxial.

Outros fios e cabos especiais são necessários em diferentes locais da aeronave ou em diferentes tipos de equipamento. Os sensores de temperatura, chamados **termopares**, exigem um corte especial do fio para um comprimento específico, a fim de manter a precisão. Os fios instalados em zonas de temperatura extremamente alta, como compartimentos do motor, são, muitas vezes, projetados especificamente para essa aplicação. Além disso, os fios instalados em áreas designadas com problemas graves relacionados ao vento e à umidade (*severe wind and moisture problem* – SWAMP) devem atender a rigorosos testes e, muitas vezes, são exclusivos de uma aeronave ou fabricante específicos. Em geral, todos os fios e cabos especiais seguem especificações rigorosas, que devem ser seguidas durante toda a produção e manutenção de aeronaves.

Os fios e cabos descritos são alguns dos que são aprovados para uso em aeronaves. Outros tipos também estão aprovados e são selecionados por engenheiros para atender a determinadas especificações, conforme exigido pelo projeto de circuito. Em alguns casos, esses fios podem ser específicos para um determinado avião ou eles podem ser utilizados por um determinado fabricante para uma série de aeronaves.

Sempre que possível, os fios devem ser distribuídos em áreas da aeronave que não estão sujeitas a calor extremo. No entanto, alguns dispositivos elétricos, como monitores de temperatura do escape do motor, devem operar em temperaturas elevadas. O fio ou cabo elétrico usado em áreas onde existem altas temperaturas deve ter isolamento resistente ao calor. A fibra de vidro, o amianto, o Teflon e o silicone são isoladores de alta temperatura comumente usados. Durante as instalações específicas de alta temperatura, deve-se sempre seguir as recomendações dos fabricantes em relação ao fio e sua instalação.

O fio elétrico usado em aeronaves ou é branco e estampado com os números do código de identificação ou é codificado por cores para permitir ao técnico identificar os fios específicos. Em ambos os casos, o esquema de ligação do manual de manutenção irá identificar qual o número ou a cor do fio está ligado a qual circuito. Isso se torna muito importante durante a manutenção de circuitos elétricos contendo vários fios. Fios especiais, como cabos do barramento de dados, muitas vezes são identificados por uma cor específica. Tenha sempre cuidado ao lidar com fios especiais, uma vez que estes são normalmente fundamentais para a segurança do voo. Códigos de identificação dos fios serão discutidos adiante neste capítulo.

Bitola do fio

O cabo utilizado para instalações elétricas de aeronaves é dimensionado de acordo com a *American Wire Gage* (**AWG**). A bitola do fio é uma função do seu diâmetro e é indicada por uma unidade chamada de *circular mil*. Uma *circular mil* é igual à área da secção transversal de um fio de 1 mil [0,001 in.] de diâmetro, medido em milésimos de polegada. Para determinar o tamanho de um fio em *circular mils*, simplesmente eleve ao quadrado o diâmetro do fio, medido em milésimos de polegada; por exemplo, o tamanho de um fio de 0,025 in. em diâmetro é de 625 *circular mils*. Calcula-se como se segue:

$$0,025 \text{ in.} = 25 \text{ milésimos de polegada}$$
$$25^2 = 625 \text{ circular mils}$$

O **mil quadrado** é a unidade de medida para condutores retangulares, como a *bus bar* ou a fita de terminais. Um *mil quadrado* é a medida de um condutor retangular com lados que têm 0,001 in de comprimento. A Figura 4-3 ilustra esse conceito. Para simplificar a bitola do fio, o padrão AWG aplicou números para os diferentes diâmetros de fio. Somente os números pares são usados. Pequenos fios têm números mais altos, geralmente a partir de 24 AWG; fios grandes têm números menores, até AWG 4/0 (0000). Um fio de calibre 20 tem aproximadamente 0,032 in. de diâmetro e um de calibre 0 tem aproximadamente 0,325 in. de diâmetro. Deve-se notar que os condutores de outros tamanhos também podem ser utilizados em aeronaves, se aprovados pela FAA.

Para determinar o tamanho de um dado fio, pode ser utilizada uma ferramenta calibre de fio. Como ilustrado na Figura 4-4, a ferramenta típica é constituída por uma peça com ranhuras de aço com cerca de 3 in. de diâmetro. Cada *slot*, tendo um tamanho específico, representa uma determinada bitola de um fio. A porção descascada de um fio é inserida em um *slot*, que se encaixa perfeitamente em torno do condutor. O tamanho do fio está marcado em uma linha vertical adjacente ao *slot*.

Existem dois requisitos principais para qualquer fio que conduz corrente em um sistema elétrico da aeronave: o fio deve ser capaz de transportar a corrente necessária, sem superaquecimento e queima, e deve levar a corrente necessária sem produzir uma queda de tensão maior do que a que é permitida para circuitos de aeronaves. Para orientação dos técnicos envolvidos na substituição ou na instalação do cabeamento elétrico em aeronaves civis, a FAA tem gráficos e tabelas que estabelecem os tamanhos de cabos necessários para atender às diversas condições de instalação e carga. A Tabela 4-2 apresenta a queda de tensão máxima permitida entre o barramento e os componentes elétricos de acordo com a tensão nominal do sistema.

A Tabela 4-2 estabelece a queda de tensão máxima que pode ocorrer entre o barramento de distribuição de energia e qualquer unidade de equipamentos elétricos. A tensão aplicada a qualquer dispositivo é determinada pela tensão fornecida pela fonte de energia (tipicamente a bateria ou o alternador acionado pelo motor) menos a queda de tensão criada pelos fios de ligação. Se o fio cria uma queda de tensão muito grande, o dispositivo que usa essa energia não funcionará corretamente devido à tensão inadequada. Lembre-se de que todos os fios têm alguma resistência, e, embora muito pequena, essa resistência cria uma queda de tensão enquanto a corrente flui através do fio. Essa "ineficiência" no fio gera calor e uma queda na tensão do dispositivo. Em geral, quanto maior a bitola do fio, menos calor será produzido e maior é a tensão fornecida para a carga elétrica. As máximas quedas de tensão permitidas listadas na Tabela 4-2 devem ser usadas como um guia para todas as instalações dos equipamentos e dos fios da aeronave. Ao fazer a seleção do fio correto, a queda de tensão torna-se insignificante e todo o equipamento funciona corretamente. Os gráficos para fios elétricos levam em consideração tanto à queda de tensão máxima permitida e a capacidade de corrente do fio para várias situações. Os gráficos são dispostos apenas para o fio de cobre (MILSPEC MIL-W-27759) e não devem ser utilizados para a seleção de fio de alumínio.

Durante a seleção de um fio, deve-se conhecer oito características do circuito: (1) o comprimento do fio, (2) a corrente máxima do circuito, (3) a queda de tensão máxima permitida para o circuito, (4) se o circuito será operado de forma contínua ou intermitente (intermitente é considerado dois minutos ou menos), (5) a temperatura máxima do fio durante a operação, (6) se o fio será instalado em um canal ou um feixe de fios, (7) se o fio será instalado sozinho ao ar livre e (8) a altitude máxima em que o fio irá operar.

A Figura 4-5 contém dois gráficos: o gráfico (*a*) é usado para circuitos operados continuamente e o gráfico (*b*) é utilizado para os circuitos que são operados de forma intermitente. A **operação intermitente** é definida como qualquer circuito que é usado por dois minutos ou menos. Um exemplo de um circuito intermitente pode ser um motor do *flap* utilizado para aumentar/diminuir os *flaps* que requerem apenas 1min45 de operação.

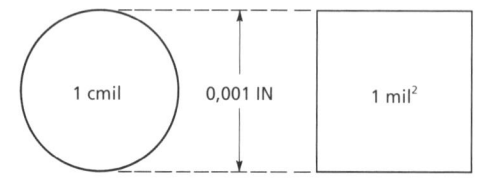

FIGURA 4-3 Dimensões em *circular mil* e *mil quadrado*.

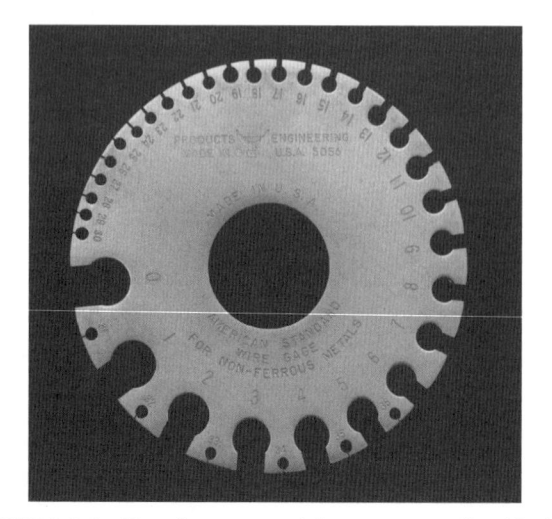

FIGURA 4-4 Uma ferramenta típica para se medir a bitola.

TABELA 4.2 Queda máxima de tensão permitida

Tensão nominal do sistema	Queda de tensão permitida	
	Operação contínua	Operação intermitente
14	0,5	1,0
28	1,0	2,0
115	4,0	8,0
200	7,0	14,0

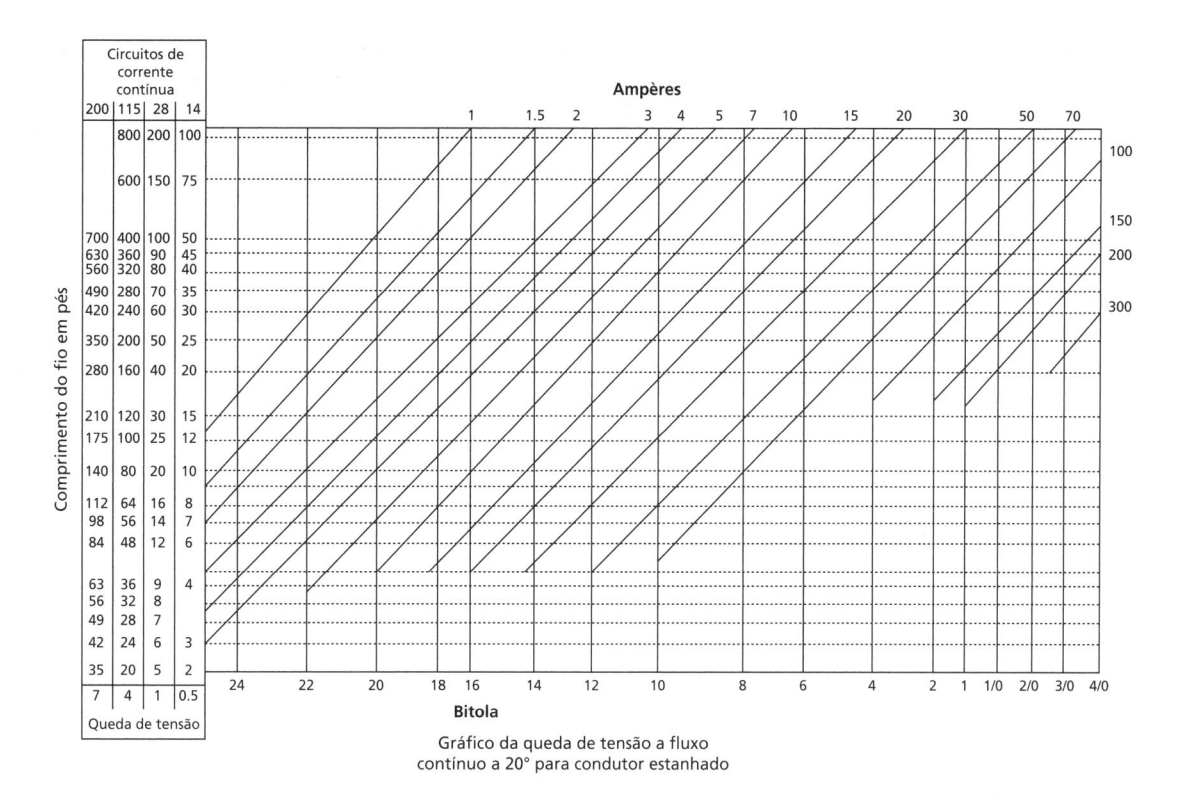

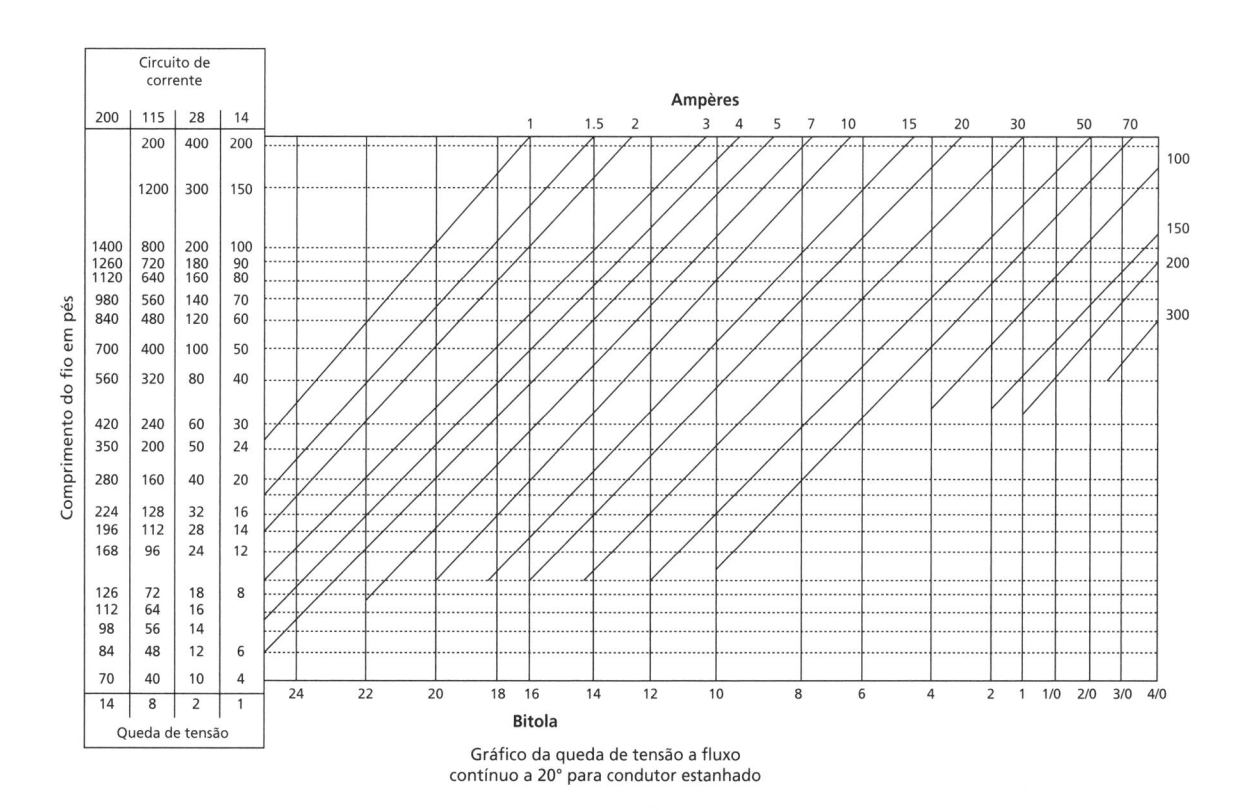

Capítulo 4   Cabo elétrico e práticas de cabeamento em aeronaves   71

(a) Gráfico da queda de tensão a fluxo contínuo a 20° para condutor estanhado

(b) Gráfico da queda de tensão a fluxo contínuo a 20° para condutor estanhado

FIGURA 4-5   Dois gráficos: (a) usado para circuitos operando continuamente, (b) usado para circuitos operando de forma intermitente.

Os seguintes passos devem ser empregados quando forem utilizados os gráficos de fios elétricos para fios operados a 68°F [20°C] ou menos:

1. Determine qual gráfico usar para a operação desejada. O gráfico da Figura 4-5a é usado para determinar os tamanhos dos fios de circuitos que tem um fluxo **contínuo** de corrente. Considera-se fluxo contínuo qualquer circuito que conduz uma corrente por um período maior que 2 min. O gráfico de fluxo contínuo é limitado por duas curvas, **curva 1** e **curva 2**.

   O gráfico da Figura 4-5b é utilizado para determinar a bitola do fio para circuitos que têm um fluxo **intermitente** de corrente. Circuitos intermitentes transportam corrente por intervalos de 2 minutos ou menos.

2. Após a determinação do gráfico a ser usado, anote a tensão do circuito na parte superior do lado esquerdo do gráfico. Escolha o valor correto para suas aplicações, sendo de 200, 115, 28, ou 14 V.

3. Observe o comprimento total do fio na coluna da tensão (lado esquerdo do gráfico). Isso vai determinar a linha horizontal correta usada para encontrar a bitola do fio. A linha horizontal correta está logo à direita do valor de comprimento do fio. (*Nota*: O comprimento total do fio é considerado a partir da circuito da via até a carga Não assuma que um segmento fio único é o comprimento do fio de todo o circuito.)

4. Localize e anote o fluxo de corrente máximo do circuito nas linhas diagonais do gráfico. (*Nota*: O fluxo de corrente máximo para qualquer circuito é determinado pela classificação de corrente do disjuntor ou do fusível, e não pelo consumo de corrente da carga.)

5. Encontre a intersecção da linha diagonal (corrente) e da linha horizontal (comprimento do fio). Encontre a bitola do fio usando intercessão. Mova diretamente para baixo a partir dessa intercessão e leia o tamanho da bitola do fio em uma linha vertical adjacente.

6. Se o tamanho do fio está entre duas linhas verticais (dois tamanhos de fio), escolha sempre o maior fio (menor número).

7. Em geral, seja sempre conservador na escolha de um tamanho de fio. Um fio que é muito grande não vai afetar negativamente um circuito. Um fio que é muito pequeno pode causar superaquecimento ou falha no circuito.

A fim de compreender a utilização das tabelas de fio, estude os exemplos seguintes.

É importante notar que os gráficos de fios mostrados na Figura 4-5 só se aplicam aos fios de cobre estanhado operando ao ar livre a uma temperatura inferior a 68°F [20°C]. Um gráfico é utilizado para o fio que produz uma carga contínua; o outro gráfico é usado para determinar a bitola do fio para cargas intermitentes. Obviamente, muitos fios são distribuídos pela aeronave em um feixe, dentro de um canal de proteção ou dentro de um cabo de condutores múltiplos. Se o fio não é um único condutor com isolamento ao ar livre, os gráficos de fios mostrados na Figura 4-5 são apenas a primeira etapa para determinar a bitola exata do fio. Por exemplo, o fio contido dentro de um conduíte ou feixe não pode expulsar o calor tão facilmente como um único fio ao ar livre. Nesse caso, cálculos adicionais são necessários para determinar o tamanho apropriado do fio. De modo geral, os fios instalados em um feixe, conduíte, ou em áreas de temperatura alta normalmente exigem uma bitola ligeiramente maior do que as indicadas pelos gráficos básicos dos fios. Uma bitola maior é necessária para garantir que o fio atenda aos requisitos para temperatura máxima e queda de tensão admissível.

A AC43.13-1B mostra os cálculos para os fios que não atendem aos requisitos limitados dos gráficos de seleção de fios mostrados na Figura 4-5. Os cálculos levam em consideração a temperatura máxima esperada do fio, o número de fios dentro de uma conduíte (ou um feixe), e a altitude máxima em que um cabeamento pode operar. Esses cálculos são relativamente extensos e vão além do escopo deste texto; no entanto, na maioria dos casos, um técnico de aeronaves irá instalar os fios de acordo com os dados técnicos dos fabricantes e não será necessário calcular a bitola do fio.

Exemplo 1. Se um fio elétrico único com as especificações MIL-W-27759 deve ser instalado em um sistema de 28 V, a 12 pés da *bus bar*, e é percorrido por uma corrente máxima de 50 A, qual é a bitola correta do fio?

Solução. Use a tabela de fios na Figura 4-5a da seguinte forma: Em primeiro lugar, encontre a coluna de 28 V no lado esquerdo do gráfico e procure o comprimento de 10 pés nessa coluna. Neste caso, o técnico deverá seguir a linha horizontal correspondente a 12 pés até interceptar a linha diagonal 50 A.

Na interseção de ambas, descer para determinar a bitola do fio. O fio necessário está entre as linhas verticais numeradas 10 e 12. Um fio nº 10 é selecionado porque é o maior.

Exemplo 2. Para compreender a utilização do gráfico do condutor de classificação intermitente, considere a instalação de um fio de 112 pés em um sistema de 115 V, que é percorrido por uma corrente máxima de 20 A. Esse sistema opera por menos de 2 minutos, então deve ser usado o gráfico da Figura 4-5b.

Solução. No lado esquerdo do gráfico, encontre a coluna 115 V e o comprimento de 112 pés nessa coluna. Siga a linha horizontal correspondente aos 112 pés até interceptar a linha diagonal 20 A. Desça e observe que a região está entre as linhas verticais numeradas 14 e 16. Um fio nº 14 é selecionado porque é o maior dos dois.

Quando for usar os gráficos de fio da Figura 4-5, sempre seja conservador na escolha do tamanho do fio. Por exemplo, se as especificações para o seu circuito não se enquadram exatamente em uma linha horizontal, vertical ou diagonal do gráfico, sempre mova para cima ou para a direita no gráfico. Mover-se nesse sentido é uma abordagem conservadora e pode resultar na seleção de em um fio maior; no entanto, isso também irá garantir a operação segura do sistema elétrico da aeronave.

Capacidade de carga constante do fio

Muitas vezes, é desejável obter mais informações sobre capacidade do fio e características além do que é fornecido na Figura 4-5. Para esse fim, a Tabela 4-3 é útil.

Esta tabela mostra o fluxo de corrente contínua aplicada a vários tamanhos de fios e diferentes temperaturas máximas de condutores. Por exemplo, um fio de calibre 20 com temperatura

TABELA 4-3 Capacidade, peso e resistência de um fio elétrico de cobre fixado

Bitola do fio	Corrente contínua aplicada (amps)-fios em feixes, grupos, chicotes ou conduítes			Distância máxima em ohms/1000 pés @20°C condutor estanhado (ver nota 2)	Condutor nominal (área-cir mil)
	Classificação de temperatura do fio condutor				
	105°C	150°C	200°C		
24	2,5	4	5	28,40	475
22	3	5	6	16,20	755
20	4	7	9	9,88	1216
18	6	9	12	6,23	1900
16	7	11	14	4,81	2426
14	10	14	18	3,06	3831
12	13	19	25	2,02	5874
10	17	26	32	1,26	9354
8	38	57	71	0,70	16983
6	50	76	97	0,44	26818
4	68	103	133	0,28	42615
2	95	141	179	0,18	66500
1	113	166	210	0,15	81700
0	128	192	243	0,12	104500
00	147	222	285	0,09	133000
000	172	262	335	0,07	166500
0000	204	310	395	0,06	210900

Nota 1: Especificações para 70°C, mais de 33 fios enrolados para bitolas de 24 até 10, e 9 fios para bitolas 8 e maiores, com menos de 20% de capacidade de condução de corrente em uma operação numa altitude de 60.000 pés.
Nota 2: Para resistências de condutores de prata ou liga de níquel, veja tabela de especificações.

máxima admissível do condutor de 105°C pode suportar com segurança 4 A de corrente contínua. Esse mesmo fio classificado para 200°C pode lidar com um máximo de 9 A de corrente contínua. Nesse caso, a classificação mais alta da temperatura máxima permite que um adicional de 5 A de corrente seja transportada por um fio de calibre 20. A temperatura máxima é maior devido ao projeto do fio; tanto o condutor e o isolamento devem ser projetados para operações de temperaturas mais elevadas. Em geral, os fios projetados para operar com segurança em temperaturas mais altas podem transportar mais corrente sem causar um potencial risco de incêndio.

A Tabela 4-3 também fornece informações sobre resistência do condutor para várias bitolas. A partir dessa tabela, é fácil de ver que à medida que o tamanho do fio aumenta (movendo-se para baixo na tabela), a resistência de 1.000 pés do condutor diminui significativamente. Por exemplo, um fio de calibre 20 tem 9,88 Ω/1.000 pés de resistência e um fio de calibre 12 tem uma resistência de 2,02 Ω/1.000 pés. O fio maior de calibre 12 oferece menos resistência do que o fio menor de calibre 20. Menos resistência significa que a corrente pode fluir mais fácil e o fio permanece frio. É sempre importante garantir que os fios não excedam a temperatura máxima de operação segura, de acordo com seus projetos e sua instalação específica.

A partir da Tabela 4-3, é possível calcular a queda de tensão para qualquer comprimento de fio de cobre com qualquer carga dada. Por exemplo, se deseja-se saber a queda de tensão em 100 pés [30,5 m] de um fio nº 18 a 10 A, usamos a lei de Ohm, mas primeiro é preciso determinar a resistência dos valores apresentados na tabela. Note que a resistência de 1.000 pés [304,8 m] do fio nº 18 é 6,23 Ω. Então, para 100 pés do mesmo fio, a resistência seria 0,623 Ω. Sendo assim, pela lei de Ohm,

$$E = 10\,\text{A} \times 0{,}623\,\Omega = 6{,}23\,\text{V}$$

Assim, vemos que 100 pés de fio nº 18 irá produzir uma queda de tensão de 6,23 V quando estiver conduzindo uma corrente de 10 A. Para encontrar o comprimento do fio que irá produzir uma queda de tensão de 1 V com 10 A de carga, devemos apenas dividir 100 por 6,23. O resultado é aproximadamente 16,05 pés [4,89 m].

Embora seja permitida a utilização de fio de alumínio em instalações de aeronaves, o tamanho do fio deve ser maior do que o de um fio de cobre para a mesma carga. Em geral, um fio de alumínio duas vezes maior do que o fio de cobre é aceitável. A Tabela 4-4 apresenta a capacidade, a resistência, a bitola e o peso para o fio de alumínio.

A Tabela 4-4 lista fios de alumínio apenas dos tamanhos 8 a 0000, porque os fios de alumínio menores não são recomendados para uso em aeronaves. É interessante notar que os fios de

TABELA 4-4 Capacidade, peso e resistência de um fio de alumínio

Bitola do fio	Corrente contínua aplicada (amps)-fios em feixes, grupos, chicotes de conduítes		Resistência máxima em ohms/1.000pés
	Classificação de temperatura do fio condutor		
	105°C	150°C	@20°C
8	30	45	1,093
6	40	61	0,641
4	54	82	0,427
2	76	113	0,268
1	90	133	0,214
0	102	153	0,169
00	117	178	0,133
000	138	209	0,109
0000	163	248	0,085

alumínio de tamanhos maiores podem ser usados de forma vantajosa para poupar peso, embora sejam maiores em diâmetro. Note que o fio de alumínio nº 00 tem quase tanta capacidade quanto o fio de cobre nº 0, mas com um comprimento de 1.000 pés [304,8 m], o fio de alumínio pesa apenas 204 lb [92,5 kg] contra 382 lb [173,3 kg] do fio de cobre. Isso é uma economia de 178 lb [80,7 kg] por 1000 pés de fio. Quando o fio de alumínio nº 0000 é substituído por um fio nº 000 de cobre, verifica-se que o peso do fio de alumínio é inferior a metade do peso do fio de cobre.

Cabo de barramento de dados

Um tipo especial de cabo utilizado exclusivamente para sistemas eletrônicos digitais é chamado de **cabo de barramento de dados**. Esse cabo tipicamente consiste de um par trançado de fios envolvidos por uma blindagem elétrica e isoladores. Existem vários tipos diferentes de cabos de barramento de dados; cada um atende a um padrão diferente e é usado para aplicações específicas. A Figura 4-6 mostra dois cabos diferentes; um usa uma haste de enchimento para separar os condutores internos. Também deve ser notado que existem pequenas diferenças no que diz respeito aos condutores internos: um cabo contém condutores de cobre folheados em prata, o outro tem condutores de cobre estanhado.

Os cabos do barramento de dados apresentados na Figura 4-6 seguem o padrão MILSTD-1553. Esse é provavelmente o padrão de barramento de dados mais comum atualmente usado atualmente nas aeronaves. Como mostrado, o padrão 1553 pode ter pequenas variações na concepção. Essas variações de projeto irão afetar a capacidade do cabo para transmitir um sinal de dados com sucesso. Uma vez que os dados digitais são tipicamente compostos de baixa tensão, baixa corrente e sinais que mudam rapidamente, é essencial que a perda de sinal seja mantida no mínimo. A seleção adequada do cabo de barramento de dados, dos conectores e das técnicas de instalação, é essencial quando se lida com a maioria dos sistemas digitais.

Uma vez que o cabo do barramento de dados é muitas vezes blindado, a terminação dos condutores se torna um desafio. É essencial que tanto o condutor interno quanto a blindagem externa estejam conectados corretamente. A blindagem externa é geralmente ligada à terra e o(s) condutor(es) interno(s) conectado(s) aos pinos específicos de um conector. A Figura 4-7 mostra um método comum de conexão com a blindagem externa do cabo. Neste exemplo, uma capa de retração por calor (termo retrátil) é instalada sobre a ponta decapada do fio e um fio de stub é ligado à blindagem exterior usando uma tira condutora no interior da capa de plástico retrátil.

Os cabos do barramento de dados executam tarefas muito específicas para os seus sistemas associados. Os sistemas digitais operam em diferentes frequências, tensões e níveis de correntes. É extremamente importante assegurar que está sendo usado o cabo correto no sistema instalado. O cabo não deve ser comprimido ou dobrado durante a instalação. O comprimento dos cabos do barramento de dados também pode ser crítico, e sempre devem ser utilizados os conectores apropriados. Consulte os manuais dos fabricantes para obter as especificações de cabo.

Cabo de fibra óptica

Muitas aeronaves modernas hoje utilizam cabos de fibra óptica para a transmissão de dados entre vários sistemas digitais. Aeronaves como o Boeing 777 e 787, assim como o Airbus A-380, usam cabos de fibra óptica para operação dos comandos de voo, dos instrumentos da cabine de pilotagem e dos outros sistemas críticos de voos. Cabos de fibra óptica são construídos com uma ou mais fibras muito pequenas de vidro cercadas por uma capa protetora, o que cria um cabo do tipo fio, usado para transmitir luz. Os elementos de fibra óptica geralmente são revestidos individualmente com camadas de plástico e contidos em um tubo de proteção adequado para o ambiente onde o cabo será implantado; ver Figura 4-8. Como pode ser visto, um revestimento trançado é normalmente incluído na construção do cabo para proporcionar resistência. A fibra óptica e os revestimentos relacionados determinam quais as frequências (comprimentos de onda) são melhores transmitidas pela fibra de vidro. Durante o processo de concepção, é importante escolher o cabo óptico correto para assegurar a compatibilidade com o transmissor e o receptor.

O cabo de fibra óptica não carrega informações usando sinais elétricos tradicionais; em vez disso, uma fonte de luz é utilizada para transportar um sinal digital por meio da fibra. Tenha em mente que os sinais transmitidos por fibra óptica são digitais e compostos por uns (1s) e zeros (0s). Por exemplo, um simples meio de transmissão de informações usando a luz seria acender a luz para digital 1 e desligar a luz para digital 0. As várias combinações de 1s e 0s contêm informações que podem ser lidas (decodificadas) por um receptor de fibra óptica. É claro que os sinais digitais são muito complexos e são transmitidos a uma taxa muito rápida. Os dados digitais serão discutido no Cap. 7 deste texto.

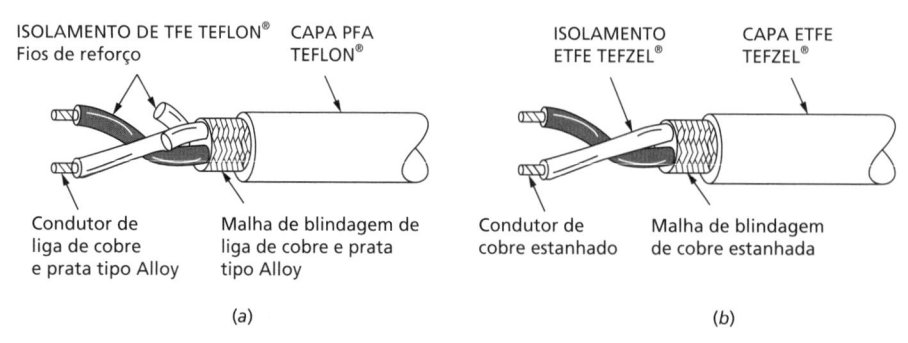

FIGURA 4-6 Dois tipos de cabos de barramento de dados: (a) MIL-STD-1553B com fios de Teflon e (b) cabo de via de dados sem fios de Teflon.

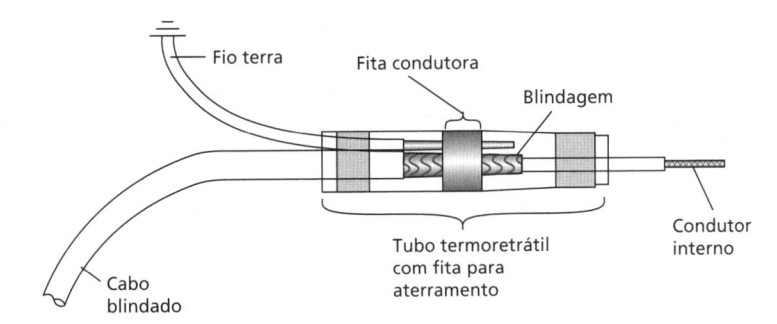

FIGURA 4-7 Terminação do cabo blindado.

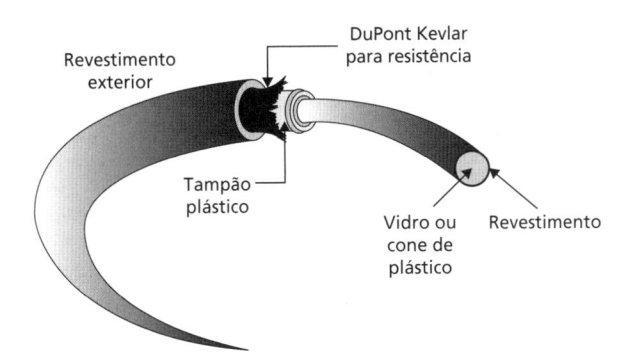

FIGURA 4-8 Cabo de fibra óptica.

O cabo de fibra óptica normalmente conecta um ou mais LRUs, que se comunicam através de sinais digitais de luz. Por exemplo, um processador digital pode usar o cabo de fibra óptica para enviar informações de vídeo para um monitor de tela plana no convés de voo. É claro que tanto o processador quanto a tela são unidades eletrônicas que operam usando sinais elétricos; apenas a informação de vídeo é transmitida usando-se a luz. Como pode ser visto na Figura 4-9, a extremidade de transmissão de um cabo de fibra óptica deve conter um circuito utilizado para mudar o sinal digital elétrico em um sinal digital de luz; na extremidade de recepção da fibra, é necessário um circuito para alterar a luz de entrada em um sinal elétrico. A fonte de luz utilizada para a transmissão dos dados pode ser de dois tipos: um laser ou um diodo emissor de luz (LED). É essencial que a fibra óptica e a fonte de luz sejam combinadas a fim de assegurar a transmissão do sinal. A fonte de luz laser é normalmente usada para cabos longos ou grandes quantidades de transferência de dados.

Olhando rapidamente, os cabos de fibra óptica e os cabos elétricos são semelhantes em muitos aspectos; no entanto, para os de fibra óptica são necessários conectores, procedimentos de instalação e ferramentas específicas. Em muitos casos, o cabo de fibra distribuído pela aeronave será de uma cor especial para facilitar a identificação. Cabos de fibra óptica podem ser distribuídos separadamente ou em um feixe de cabos tradicional, sem efeitos adversos para a transmissão de luz. Cuidados devem ser tomados para não criar dobras nos cabos de fibra ou torcê-los, uma vez que isso irá criar uma perda de sinal ou pode danificar completamente a fibra de vidro interna. Eliminação de sujeira, óleo ou outros contaminantes, em todos os conectores ópticos, também é crucial para assegurar o funcionamento adequado do circuito óptico.

Segurança do cabo de fibra

O núcleo interior de um cabo de fibra é feito de vidro formado por filamentos ou fibras muito finos. Essas fibras de vidro são envolvidas por camadas protetoras e normalmente não oferecem nenhum risco. No entanto, quando a fibra interior é exposta, cria-se uma situação perigosa. Os fios de fibras de vidro extremamente finos podem penetrar na pele e são muito difíceis de remover. Ao instalar ou remover um conector de fibra, os fios finos de vidro são expostos; não toque na extremidade do cabo e sempre use óculos de segurança. É também importante nunca olhar a extremidade do cabo de fibra; se um laser estiver transmitindo através do cabo, danos oculares graves podem ocorrer. Sempre que for efetuar quaisquer procedimentos de manutenção em fibra óptica siga sempre todos as precauções de segurança dos fabricantes.

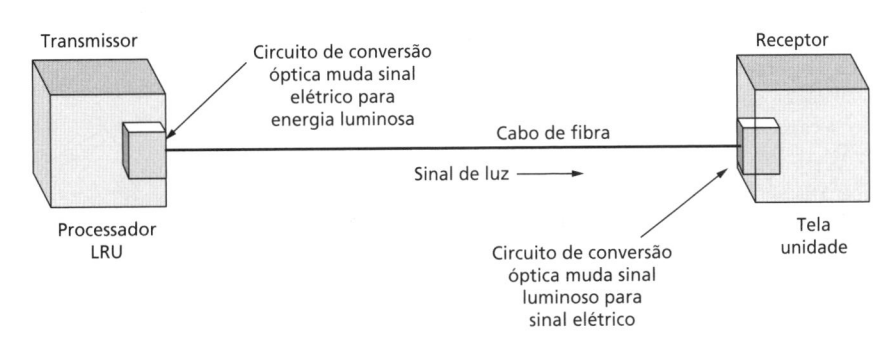

FIGURA 4-9 Circuito de conversão óptica usada com cabo de fibra óptica.

ESPECIFICAÇÕES PARA CABEAMENTO AO AR LIVRE

Quando fios ou feixes de fios são distribuídos através da aeronave, sem a proteção mecânica do conduíte, isso é chamado de **fiação ao ar livre**. A maioria das aeronaves usa o sistema de cabeamento ao ar livre, e uma proteção mecânica é fornecida em áreas críticas com a fixação adequada dos fios, adicionando-se anéis isolantes de borracha ou plástico e fios de roteamento atrás de painéis decorativos ou estruturais.

O cabeamento ao ar livre é mais vulnerável a desgaste, abrasão e danos causados por líquidos do que o instalado em conduítes; portanto, é preciso ter cuidado ao checar se ele está instalado de forma que não seja exposto a esses riscos e de forma a evitar danos. O número de fios agrupados num feixe deve ser limitado a fim de reduzir os problemas de manutenção e para limitar os danos no caso de um curto-circuito ocorrer e queimar um dos fios do feixe. O cabo blindado, o cabo de ignição e o fio que não é protegido por um disjuntor ou fusível são muitas vezes distribuídos separadamente. O raio de curvatura de um feixe de fio não deve ser menor do que 10 vezes o diâmetro exterior do feixe. Isso é necessário para evitar tensões excessivas no isolamento. Fios especiais, como de barramento de dados ou cabo coaxial, também têm um raio de curvatura mínimo. Sempre consulte os dados do fabricante para verificar os raios mínimos de curvaturas adequados.

Enlace de cabos

Os fios condutores individuais são muitas vezes distribuídos através da aeronave em grupos ou feixes. Isso garante que a maioria dos fios seja distribuída em uma determinada localização e os feixes tenham rigidez adicional em comparação a um único fio. Quando um grupo de dois ou mais fios condutores individuais são distribuídos através da aeronave, eles devem ser fixados à estrutura da aeronave e a qualquer fio adjacente. Esse tipo de instalação é conhecido como *wire bundling*. Em muitas aeronaves, um cordão de enlace pode ser usado para agrupar os fios. Um cordão de enlace é basicamente uma corda especialmente projetada para amarrar os fios individuais em um grupo ou **feixe**. É claro que o cordão de enlace deve atender aos requisitos de resistência específicos, ser resistente à umidade e falhas de aquecimento, e é normalmente revestido com uma substância, como uma cera pegajosa, que faz o cordão ser menos propenso a desatar ou deslizar.

O cordão de enlace mais moderno é, na realidade, construído com muitas fibras pequenas trançadas em uma cinta ou fita plana. A superfície plana da fita de enlace é menos propícia a sofrer corte no isolamento dos fios e criar um perigo potencial. O uso de fita plana de enlace está substituindo rapidamente o cabo redondo na maioria das aeronaves modernas; não se esqueça de consultar o manual da aeronave e/ou a documentação mais recente da FAA para as necessidades adequadas de enlace.

O enlace dos feixes de fios deve ser realizado de acordo com as especificações aceitas. Um **cordão de enlace** aprovado que satisfaça à especificação MIL-T-43435 pode ser utilizado para o enlace de fios. Se os feixes de fios não forem expostos a temperaturas superiores a 248°F [120°C], as **abraçadeiras de cabos** que respeitem a especificação MS-17821 ou MS-17822 podem ser usadas. Abraçadeiras típicas são mostradas na Figura 4-10. As abraçadeiras substituíram o cordão de enlace em muitas instalações de aeronaves; mas sempre consulte os dados atuais de manutenção para garantir que as abraçadeiras possam ser substituídas por cordões. Como pode ser visto na Figura 4-11, muitas aeronaves têm certas áreas sujeitas a altas vibrações ou a calor excessivo, onde as abraçadeiras não são aceitáveis. As abraçadeiras não devem ser utilizadas em áreas de SWAMP. Em geral, abraçadeiras não são recomendadas onde a sua falha permita o movimento excessivo do fio, o que pode danificar o isolamento do fio ou restringir o movimento de ligações mecânicas, como um atuador do *flap*. É também essencial que abraçadeiras especiais de plástico resistente a raios ultra violeta (UV) sejam utilizadas em qualquer área exposta à luz solar. Ao longo do tempo, a luz UV pode danificar algumas abraçadeiras e criar um perigo potencial. Para instalar uma abraçadeira, simplesmente deve-se enrolá-la em torno do feixe de fios, tendo a certeza de não torcê-la. Insira a abraçadeira pelo orifício de bloqueio e aperte-a, utilizando a ferramenta adequada. A ferramenta também é usada para cortar qualquer excesso, deixando uma borda aparada. A Figura 4-12 ilustra o uso de uma ferramenta de instalação da abraçadeira típica.

O **cordão de enlace simples** é usado para feixes de cabos de 1 in. [2,5 cm] de diâmetro ou menos. Para feixes maiores, um cordão duplo deve ser empregado. Feixes de cabos dentro de uma caixa de junção devem ser atados com segurança, em intervalos frequentes, para garantir o mínimo de movimento. Em áreas

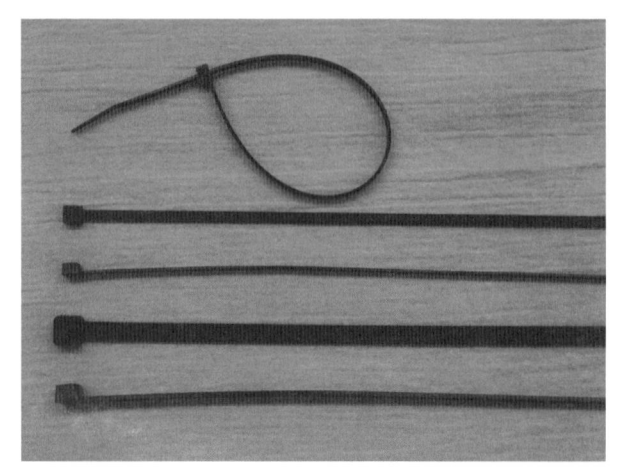

FIGURA 4-10 Abraçadeira para feixe de cabos.

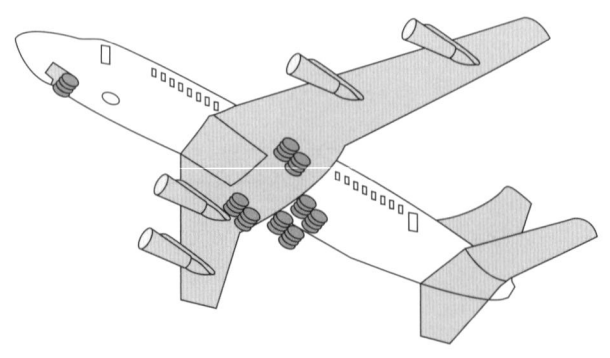

FIGURA 4-11 Locais de alta vibração de uma aeronave típica.

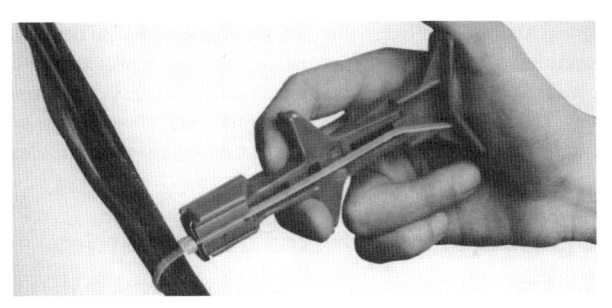

FIGURA 4-12 Uma ferramenta típica de apertar abraçadeiras. (*Thomas & Betts Corp.*)

abertas, os feixes devem ser atados ou amarrados se os apoios para o cabo estiverem a mais de 12 polin. [30,5 cm] de distância.

Feixes de fios podem ser unidos com uma série contínua de voltas em torno do feixe, como mostrado na Figura 4-13, ou com laços individuais, como na Figura 4-14. Quando os laços contínuos são aplicados, a primeira volta é um nó de cravo preso com um nó duplo overhand, como mostrado na Figura 4-13*a*. O nó é puxado e apertado como mostrado na Figura 4-13*b*, e a extremidade contínua é então enrolada em torno do feixe de fios com o cordão passando por cima e por baixo do cordão do laço anterior para formar o tipo de laço mostrado na Figura 4-13*b*. Esses laços continuam em intervalos apropriados, e a série é então finalizada com outro nó de cravo. A extremidade livre é enrolada duas vezes em volta do cordão do ciclo anterior e então é puxada e apertada para bloquear o laço. As extremidades do cordão são aparadas para proporcionar um comprimento mínimo de 3/8 in. [0,95 cm]. O método para fazer o laço terminal é ilustrado na Figura 4-13*c*.

Quando se deseja usar nós simples para proteger um feixe de fios, utiliza-se o nó de cravo fechado. O nó de cravo é formado como mostrado e é então fechado com um nó quadrado. Os laços individuais são, às vezes, utilizados para separar um grupo de fios a partir de um feixe para fins de identificação, como mostrado na Figura 4-15. Isso ajuda os técnicos de manutenção a localizar uma fiação do circuito específica.

Quando é necessário usar um **enlace de cordão duplo** para feixes de cabos largos, a primeira volta é feita com um tipo especial de nó corrediço semelhante ao "*bowline-on-a-bight*". Isso é mostrado na Figura 4-16. O cordão duplo é então usado para fazer voltas adicionais, conforme necessário, do mesmo

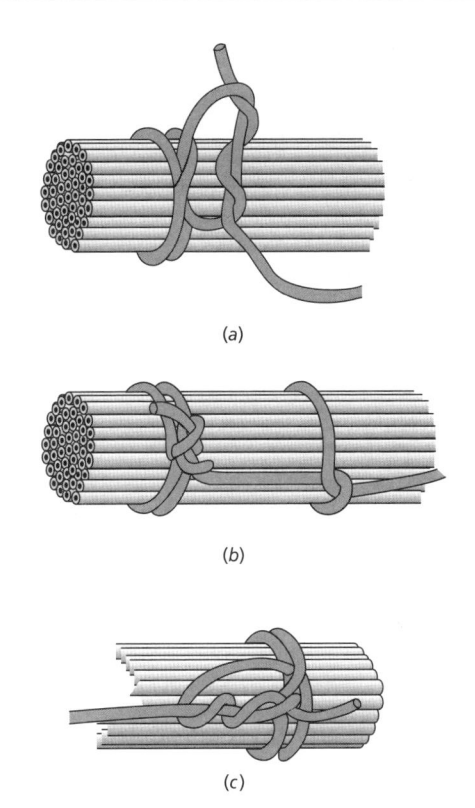

FIGURA 4-13 Enlace de feixe de fios.

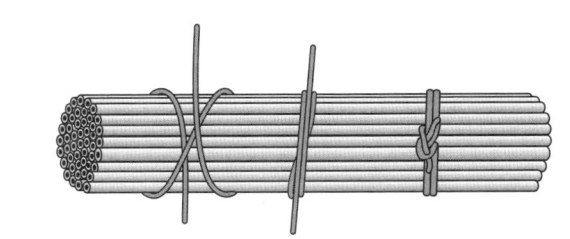

FIGURA 4-14 Aperto do enlace.

modo que o cabo simples é usado. O nó de bloqueio é feito através da formação de duas voltas individuais ao redor do feixe, em seguida, amarrando as duas extremidades com um nó quadrado.

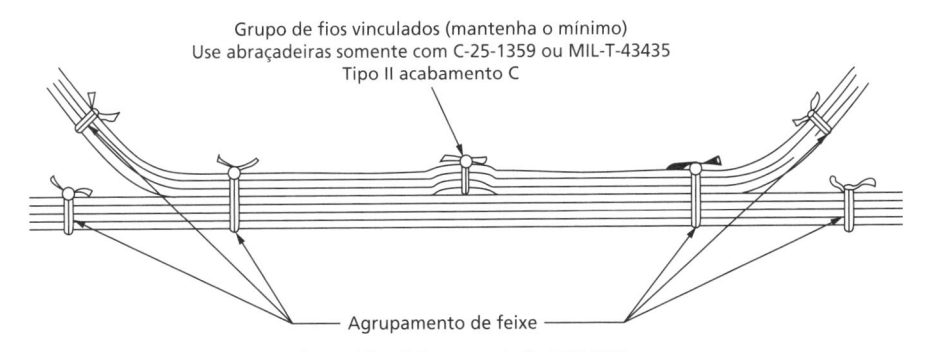

FIGURA 4-15 Separação dos fios em grupos para identificação.

Fixação de fios e cabos

A fixação de cabos elétricos ou feixes de fios à estrutura da aeronave é feita por meio de grampos de metal revestidos com borracha sintética ou um material similar. A especificação MS-21919 para grampos de cabo cumpre os requisitos para utilização de aeronaves civis. Tal grampo é ilustrado na Figura 4-17.

Durante a instilação de todos os grampos de cabo, é preciso ter cuidado para que qualquer tensão aplicada não os curve. O grampo deve suportar o peso do cabo durante um voo normal, bem como ângulos de inclinação lateral extrema e voo através do ar turbulento. Quando um grampo está montado sobre um elemento vertical, à volta do grampo deve sempre estar na parte inferior. Os métodos corretos para a instalação de grampos são mostrados na Figura 4-18.

Quando um feixe de fios é passado através de um grampo, o feixe deve ser preso dentro do revestimento de borracha do grampo e nenhum fio deve ser preso entre os *flanges* de metal do grampo. Prender o fio pode causar o rompimento do isolamento e resultar em um curto-circuito.

FIGURA 4-16 Iniciando a volta para o enlace de cordão duplo.

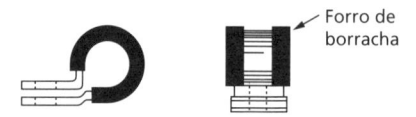

FIGURA 4-17 Grampo para cabo elétrico.

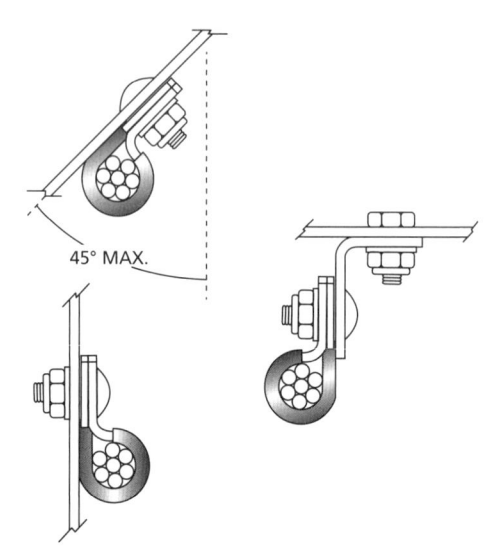

FIGURA 4-18 Métodos para fixação dos grampos.

Ao instalar a fiação em uma marca e um modelo de aeronave determinados, a melhor prática é realizar a instalação em conformidade com o projeto original do fabricante, a menos que uma mudança específica tenha sido ordenada. Os grampos, os cabos e os conectores devem ser dos mesmos tipos especificados e utilizados pelo fabricante.

Distribuição dos feixes de fio elétrico

A distribuição dos feixes de fio elétrico deve ser feita de maneira que forneça a proteção anteriormente mencionada, como proteção contra calor, líquidos, abrasão e desgaste. Os grampos devem ser instalados de tal maneira que os fios não entrem em contacto com outras partes da aeronave quando sujeitos a vibrações ou a um ângulo de inclinação extrema. Uma folga suficiente deve ser deixada entre o último grampo e os equipamentos elétricos, para evitar tensão nos terminais de fios e minimizar os efeitos adversos sobre o equipamento de amortecimento. Onde os feixes de fios passam através das anteparas ou outros elementos estruturais, deve ser previsto um ilhós ou anel isolante adequado para evitar a abrasão, como mostrado na Figura 4-19. Um mínimo de 3/8 in. [0,95 cm] deve ser mantido entre todos os fios e a antepara. Menos do que 3/8 in. é aprovado se um ilhós estiver instalado tal como ilustrado na Figura 4-19. O ilhós é um material de borracha ou plástico não abrasivo comumente usado para proteger a fiação.

Quando o cabeamento está montado nas imediações de linhas de fluido que transportam líquidos inflamáveis, deve ser tomado um cuidado extremo para evitar a possibilidade de incêndio. Um pequeno vazamento e uma conexão elétrica solta podem ser catastróficos e criar um grave perigo. Consequentemente, devem ser feitos todos os esforços para se evitar esse perigo por separação física entre os cabos e as linhas de transporte de óleo, combustível, fluido hidráulico ou álcool. Quando a separação é impraticável, o fio elétrico deve ser colocado acima da linha de fluido inflamável e firmemente fixado à estrutura. Sempre que possível, os fios devem ser montados a 6 in. [15,24 cm] acima das linhas de fluidos. Se essa distância for inferior a 2 in. [5 cm] na deflexão máxima do fio, o fio deve ser fixado por grampo.

Um cuidado especial deve ser tomado na instalação do fio elétrico sobre e nas imediações do trem de pouso, dos flaps e de outras estruturas móveis. Uma folga deve ser mantida para o movimento necessário, mas o fio não deve ficar muito solto. A distribuição dos fios deve ser feita de tal forma que não atritem ou sejam apertados por peças em movimento durante a operação. Durante a inspeção da aeronave, o técnico deve prestar atenção especial a todos os fios instalados nessas áreas críticas.

O cabeamento elétrico deve ser protegido do calor excessivo. Conforme observado anteriormente, a cabeamento elétrico é isolado e protegido com vários tipos de materiais, alguns dos quais podem resistir a temperaturas tão elevadas como 500°F [260°C]. Em áreas onde um fio deve ser submetido a altas temperaturas, é necessário utilizar fios com isolamento feito de material resistente ao calor presente. Os fios não devem passar perto de tubos de escape, resistores ou outros dispositivos que produzem altas temperaturas, exceto conforme exigido para fins específicos e apenas se os fios forem protegidos com isolamento adequado resistente ao calor.

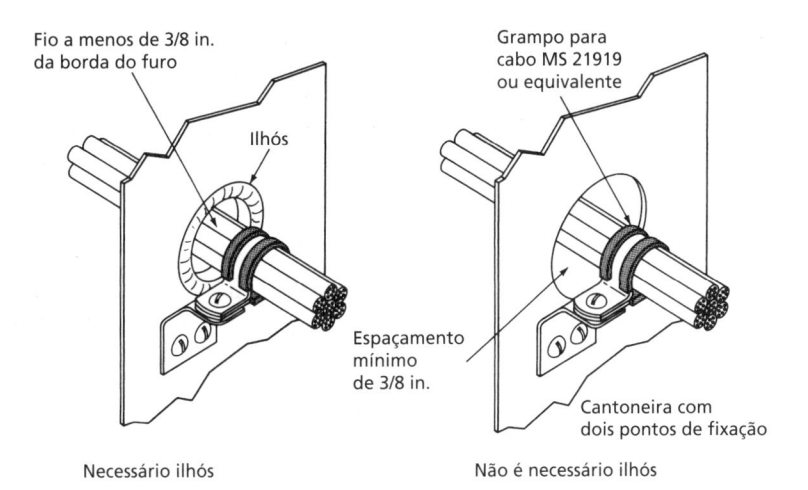

FIGURA 4-19 Métodos para fixação dos grampos.

CONDUÍTE ELÉTRICO

Os **conduítes** elétricos consistem em tubos de paredes finas de alumínio, tubos de metal trançado, chamados **conduítes flexíveis**, e tubos não metálicos. O objetivo do conduíte é proporcionar proteção mecânica, e um conduíte de metal é, frequentemente, utilizado como um meio de proteger o cabeamento elétrico para evitar a interferência de rádio.

O conduíte flexível aprovado é amparado pela especificação MIL-C-6136 para o alumínio e a especificação MIL-C-7931 para o bronze. O conduíte de alumínio é feito em dois tipos. O tipo I é descoberto e o tipo II é coberto de borracha.

O tamanho da conduíte deve ser tal que o diâmetro interno seja cerca de 25% maior do que o maior diâmetro do feixe de cabos. Para obter o diâmetro interno correto de um conduíte, subtrai-se duas vezes a espessura da parede do diâmetro externo. Normalmente, os conduítes são especificados de acordo com o seu diâmetro externo.

O interior do conduíte deve estar limpo e sem rebarbas, pontas afiadas ou obstruções. Quando o conduíte está sendo cortado e preparado, as arestas e os furos devem ser polidos para assegurar uma superfície lisa, que não irá danificar o cabo. O conduíte deve ser inspecionado cuidadosamente após os acessórios finais serem instalados para assegurar que o interior esteja liso e limpo. Se um acessório não está instalado na extremidade de uma seção do conduíte, a extremidade deve ser queimada para evitar que a borda do tubo atrite e desgaste o isolamento do cabo.

A instalação do conduíte deve ser tal que o proteja de danos de todos os tipos. Ele deve ser firmemente fixado à estrutura com grampos de metal para que não haja movimento ou vibração. Um contato limpo de metal-com-metal vai garantir uma boa ligação para ajudar na proteção. O conduíte instalado não deve estar sob estresse considerável e não deve estar localizado onde possa ser pisado ou usado como um apoio de mãos por um membro da tripulação. Drenos devem ser disponibilizados na parte mais baixa da seção do conduíte.

O conduíte rígido que é cortado ou tem furos consideráveis deve ser substituído para impedir danos no cabo elétrico. As curvas no conduíte não devem estar enrugadas e nem achatadas, na medida em que o diâmetro menor é inferior a 75% do diâmetro nominal do tubo. A Tabela 4-5 mostra o raio mínimo de curvatura para um conduíte rígido.

O conduíte flexível não pode ser dobrado tão nitidamente quanto o conduíte rígido. Isso é indicado na Tabela 4-6, que dá o raio mínimo de curvatura para o alumínio flexível ou o conduíte de latão.

Quando as seções de conduíte flexível estão sendo substituídas e é necessário cortar o conduíte, a operação pode ser muito melhorada envolvendo-se a área do corte com fita adesiva transparente. O desgaste da extremidade será bem reduzido, pois a fita irá manter os fios finos no lugar enquanto o corte é feito com um serrote. Antes que um fio ou feixe de cabos seja colocado num conduíte, o feixe deve ser polvilhado com bastante talco.

TABELA 4-5 Raio mínimo de curvatura para conduíte rígido

Diâmetro nominal externo do tubo		Raio mínimo de curvatura	
in	cm	in	cm
$\frac{1}{8}$	0,32	$\frac{3}{8}$	0,96
$\frac{3}{16}$	0,48	$\frac{7}{16}$	1,11
$\frac{1}{4}$	0,64	$\frac{9}{16}$	1,43
$\frac{3}{8}$	0,96	$\frac{15}{16}$	2,38
$\frac{1}{2}$	1,27	$1\frac{1}{4}$	3,18
$\frac{5}{8}$	1,60	$1\frac{1}{2}$	3,81
$\frac{3}{4}$	1,92	$1\frac{3}{4}$	4,46
1	2,54	3	7,62
$1\frac{1}{4}$	3,18	$3\frac{3}{4}$	9,53
$1\frac{1}{2}$	3,81	5	12,7
$1\frac{3}{4}$	4,46	7	17,8
2	5,08	8	20,3

TABELA 4-6 Raio mínimo de curvatura para conduíte flexível

Diâmetro nominal interno do conduíte		Raio mínimo de curvatura interna	
in	cm	in	cm
$\frac{3}{16}$	0,48	$2\frac{1}{4}$	5,72
$\frac{1}{4}$	0,64	$2\frac{3}{4}$	6,99
$\frac{3}{8}$	0,96	$3\frac{3}{4}$	9,53
$\frac{1}{2}$	1,28	$3\frac{3}{4}$	9,53
$\frac{5}{8}$	1,60	$3\frac{3}{4}$	9,53
$\frac{3}{4}$	1,92	$4\frac{1}{4}$	10,80
1	1,54	$5\frac{3}{4}$	14,61
$1\frac{1}{4}$	3,18	8	20,32
$1\frac{1}{2}$	3,82	$8\frac{1}{4}$	20,96
$1\frac{3}{4}$	4,46	9	20,86
2	5,08	$9\frac{3}{4}$	24,77
$2\frac{1}{2}$	6,35	10	25,40

CONECTANDO DISPOSITIVOS

Os terminais dos fios e dos cabos

Uma vez que os fios elétricos de aeronaves são raramente sólidos, mas geralmente de calibre pequeno, cobre estanhado maleável ou alumínio descoberto torcidos juntos para fornecer flexibilidade, os fios separados devem ser mantidos juntos e fixados nos conectores. Esses conectores são comumente chamados de **terminais** ou terminais de cabos e são necessários para conectar os fios aos postos de terminais nos equipamentos elétricos ou em barras de terminais.

A compatibilidade entre o material do fio e o material do terminal é muito importante. Os fios de cobre devem ser utilizados com terminais adequados para fios de cobre, e fios de alumínio devem ser utilizado com terminais compatíveis com os fios de alumínio. Se a combinação do terminal com o fio estiver incorreta, a corrosão em metais diferentes pode criar uma conexão elétrica insuficiente. Sempre verifique o tipo de fio e terminal a serem usados antes da instalação. A compatibilidade entre o terminal e o posto de terminal também é necessária para reduzir a corrosão e uma possível falha elétrica nessa área.

Terminais aprovados do tipo **estampado** ou **grampeado** estão disponíveis a partir de vários fabricantes. Eles são concebidos de acordo com a bitola do fio e o tamanho do encaixe do terminal a ser ligado. Um tamanho de terminal geralmente funciona para dois ou três tamanhos diferentes de fio; por exemplo, um tamanho de terminal poderá encaixar fio de nº. 18 ao nº. 22. O terminal é ligado ao fio por meio de uma ferramenta especial para crimpagem. Primeiro, o isolamento é retirado com um descascador de fios, como mostrado na Figura 4-20. Cuidados devem ser tomados para que a decapagem ocorra no tamanho e tipo corretos para o fio que está sendo usado. Isso vai ajudar a garantir que os fios do cabo não sejam danificados durante a decapagem. Para cada tipo de terminal, o comprimento do isola-

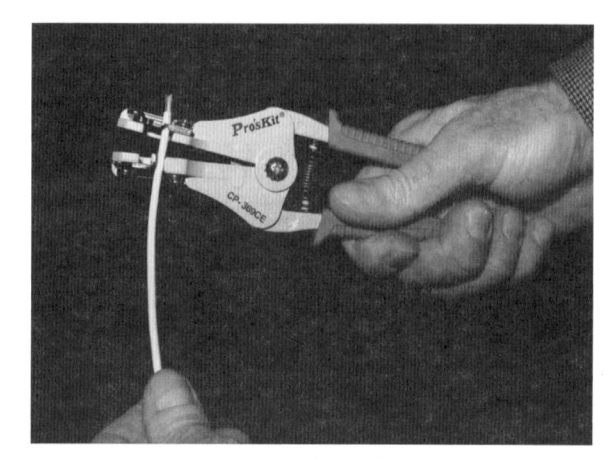

FIGURA 4-20 Um descascador de fios.

mento que deve ser removido do fio é especificado. O fio desencapado é então inserido na extremidade do terminal, e o terminal é crimpado com a ferramenta adequada.

Na decapagem do fio elétrico, o técnico deve assegurar que a ferramenta está afiada e ajustada corretamente. É também importante garantir que a ferramenta e as lâminas de corte corretas estão utilizadas. É importante verificar as recomendações dos fabricantes para a compatibilidade das ferramentas e dos tipos de fios. Também é muito importante o uso de procedimentos de decapagem adequados para evitar danos ao condutor. Os danos podem ocorrer na forma de **cortes**, **quebras** ou **raspagem dos fios**. Arranhões longitudinais menores são aceitáveis; no entanto, o número permitido de fios descascados ou quebrados é regulado pela FAA. Os dados sobre os fios descascados ou quebrados permitidos para um condutor de cobre ou de liga de cobre são mostrados na Figura 4-21. Fios sem capa e fios quebrados *não* são aceitáveis para qualquer tamanho de condutor de alumínio. Sempre que se for decapar os fios, o técnico deve consultar a versão mais recente do circular consultiva 43.13 da FAA, ou outros dados pertinentes, para determinar o número exato de fios descascados ou quebrados admissíveis.

A Figura 4-22 mostra um grupo de terminais do tipo grampo devidamente conectados aos fios elétricos. Note que as abas dos terminais são crimpadas em ambos os lados, inferior e superior (uma vez no condutor do fio, uma vez no isolamento). A Figura 4-23 mostra a construção de um típico terminal do tipo crimpado para aeronaves. O terminal está equipado com uma luva isoladora de plástico reforçada com cobre, o que torna desnecessária a instalação de isolamento depois que o terminal é ligado ao fio. É importante notar que, depois do terminal estar instalado, os filamentos do fio têm uma extensão de cerca de 1/32 in. [0,079 cm] para além da luva do terminal. Essa condição é necessária para certificar de que o terminal tem uma aderência suficiente sobre o fio.

A ferramenta de crimpagem usada com terminais do tipo sem solda é projetada de modo a não liberar o terminal até que o terminal tenha sido suficientemente crimpado. Esse recurso é fornecido por uma catraca instalada entre as alças da ferramenta. Cuidados devem ser tomados para garantir que o técnico, utilizando a ferramenta, esteja bem informado sobre o seu funcionamento adequado. Os fabricantes de terminais e ferramentas de instalação fornecem instruções e especificações necessárias para a instalação

Máximo permitido de fios descascados e quebrados		
Tamanho do fio	Número de fios por condutor	Total de fios descascados e quebrados permitido
Fio de cobre 24-14	19	2 cortados, nenhum quebrado
12-10	37	4 cortados, nenhum quebrado
8-4	133	6 cortados, 6 quebrados
2-1	665-817	6 cortados, 6 quebrados
0-00	1045-1330	6 cortados, 6 quebrados
000	1665	6 cortados, 6 quebrados
0000	2109	6 cortados, 6 quebrados
Fio de alumínio 8-000	Todos os números de fios	Nenhum, nenhum

FIGURA 4-21 Quantidade permitida de fios quebrados ou descascados.

correta. Muitas ferramentas são codificadas por cores para combinar com a cor da luva do terminal ou isolamento. A codificação garante que a ferramenta de tamanho apropriado seja usada para cada terminal. As várias cores são usadas para designar os diferentes tamanhos de terminais e as bitolas de fio que se encaixam nesses terminais. Códigos de cores comuns para fio de cobre são o amarelo para bitola 10-12, azul para bitola 14-18 e vermelho para bitola 16-22. Outros tamanhos de fios e códigos de cores também podem ser utilizados; sempre procure os dados técnicos do fabricante.

A Figura 4-24 mostra uma série de passos utilizados para criar uma ligação comum do terminal do tipo crimpada. O resultado deve ser tal que o terminal anexado tenha uma resistência à tração pelo menos equivalente à do fio. Sempre faça uma boa inspeção visual do terminal instalado.

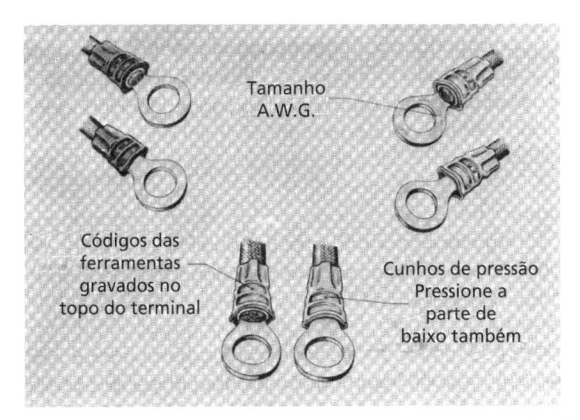

FIGURA 4-22 Terminais tipo grampo. (*AMP Specialties.*)

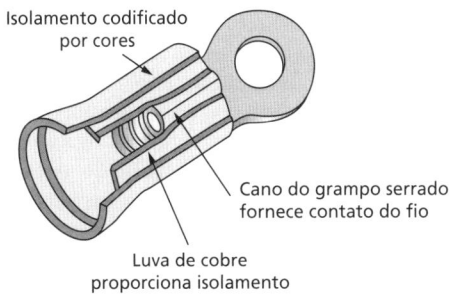

FIGURA 4-23 Construção de um terminal tipo grampo.

Os terminais do tipo crimpado utilizados em aeronaves são construídos com duas luvas metálicas, como ilustrado na Figura 4-23. Uma luva faz parte do terminal elétrico e é crimpada ao condutor de cobre. A segunda é uma luva de metal fina rodeado pela cobertura isolante do terminal. Essa luva é usada para crimpar o isolamento do fio. Quando o isolamento do fio é fixado com uma segunda luva de crimpagem, o estresse da vibração é transmitido para o isolamento do fio. Isso reduz o estresse e a probabilidade de falha por fadiga do condutor do fio. É muito importante assegurar que o terminal está crimpado duas vezes: uma vez para segurar o condutor, outra vez para segurar o isolamento.

Assegure-se sempre que o terminal instalado é aprovado para uso em aeronaves, como descrito. Outros terminais são construídos sem a luva interior de cobre que adiciona suporte à isolação (Figura 4-23). Esses terminais são menos resistentes à vibração e, muito provavelmente, não aprovados para instalações de aeronaves. A melhor maneira de garantir a seleção de terminal apropriado é verificar se o número de especificação (especificação MIL) do terminal atende aos requisitos mínimos para sua instalação específica.

Além das ferramentas manuais de grampo, os fabricantes fornecem crimpadores a energia que são movidos por energia hidráulica ou pneumática. Quando um grande número de crimpagem está para serem feito, as ferramentas economizam tempo e esforço. Máquinas especiais de ensaio à tração também estão disponíveis e podem ser usadas para testar a segurança da ligação de um terminal ao fio. O ensaio de tração garante a precisão dos equipamentos e a instalação correta pelo técnico. Um teste de tração também deve ser feito no campo depois de um técnico instalar um terminal do tipo grampo. Na aeronave, é praticamente impossível utilizar uma máquina de ensaio de tração em terminais crimpados; no entanto, um teste simples de "puxar" vai ajudar a garantir a confiabilidade do conector. Um grampo acabado deve sempre ser testado, aplicando uma tração moderada no terminal e no fio.

Como mencionado anteriormente, os terminais aprovados para o fio da aeronave são produzidos por um número de fabricantes diferentes. Por isso, é importante que o técnico de instalação de terminais identifique a marca e tipo do terminal e use as ferramentas de instalação adequadas. Se a ferramenta de crimpagem errada é usada em um terminal, é provável que o engaste esteja com defeito, o fio e o terminal poderão falhar em serviço.

Terminais do fio são feitos em muitos estilos para atender as exigências de instalações diferentes (ver Figura 4-25). Para a

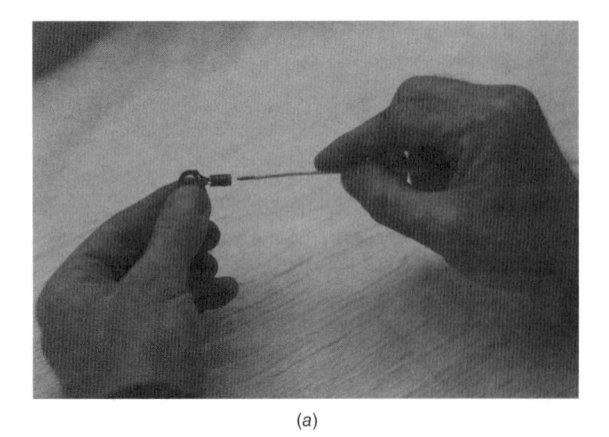

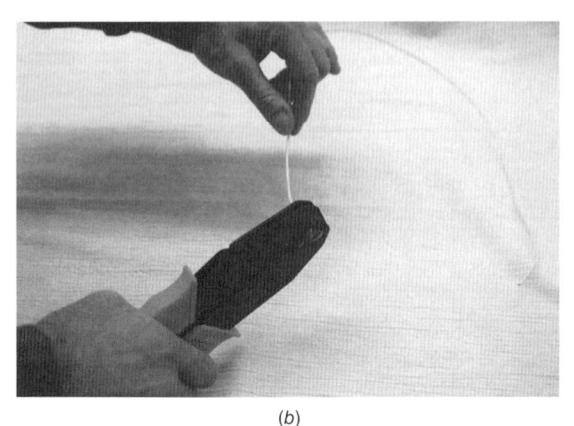

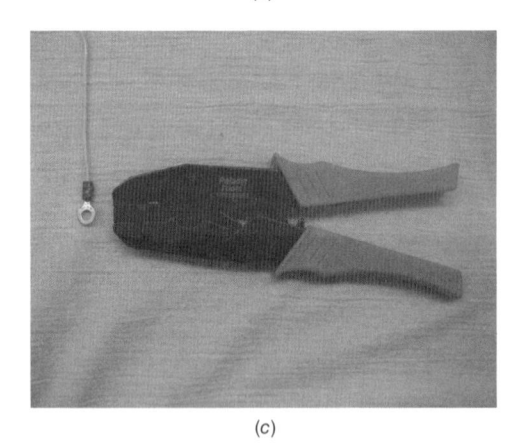

FIGURA 4-24 Uma instalação crimpada típica: (a) passo um, prepare o fio para a instalação; (b) passo dois, comprima o anel do terminal usando a ferramenta; (c) passo três, inspecione o terminal instalado. Ver também a cor inserida.

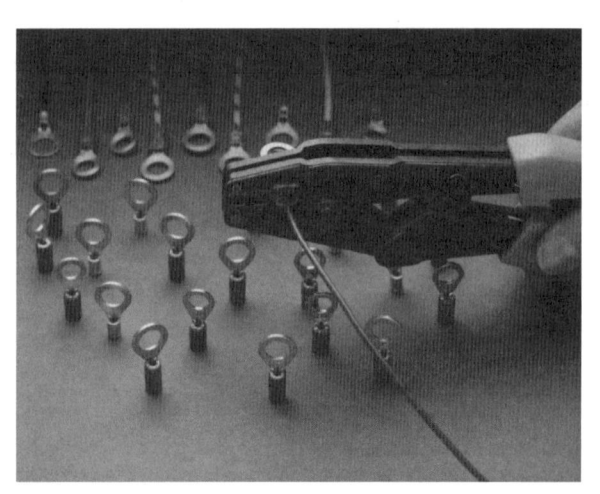

FIGURA 4-25 Terminais tipo grampo e ferramenta para crimpagem.

maioria das aplicações em aeronaves, terminais de anel, em vez de fendas ou terminais do tipo gancho, devem ser utilizados. Isso ajuda a eliminar qualquer falha no circuito devido a uma desconexão do terminal. Nas aeronaves, a melhor prática é substituir os terminais por outros de projeto similar e sempre usar terminais aprovados para instalações em aeronaves. Nem todos os terminais são produzidos da mesma forma; os técnicos devem ter certeza de que os que estão sendo instalados são de qualidade para aeronaves.

Terminais soldados são normalmente considerados insatisfatórios para uso elétrico geral em sistemas elétricos de aeronaves, embora a solda seja considerada uma boa prática em unidades eletrônicas, como receptores de rádio, displays eletrônicos e outras unidades baseado em computador. Fios elétricos no sistema elétrico principal de uma aeronave são do tipo flexível. Quando um terminal é soldado a um tal fio, a solda pode penetrar no fio e torná-lo rígida nas proximidades do terminal. Isso faz com que o fio e o terminal fiquem menos resistentes às vibrações; como o resultado, o fio pode ficar cristalizado e ocorrer ruptura no terminal por fadiga.

Por causa da necessidade deretiragem da solda e recolocação da solda, a manutenção de sistemas de terminal soldado é mais difícil do que a de sistemas com terminais frisados e estampados. Um técnico bem qualificado em técnicas de soldagem é necessário, porque um terminal malsoldado torna-se um perigo. Um operador não qualificado pode queimar o isolamento, pode deixar de se certificar de que o terminal está completamente soldado, ou pode simplesmente fazer uma má conexão soldada devido ao superaquecimento.

No caso em que uma junta deve ser soldada num sistema elétrico da aeronave, certas condições devem ser observadas. O fluxo de solda deve ser de um tipo não corrosivo, como a resina. O soldador de fios de núcleo de resina é comumente utilizado porque o fluxo é automaticamente aplicado quando a solda é derretida na junta. As duas peças de metal a serem unidas por solda devem ser levadas até à temperatura de fusão da solda, de modo que a solda flua suavemente para dentro da junta e forme uma ligação sólida com o metal. Deve-se tomar cuidado para que o isolamento adjacente ou as unidades elétricas não sejam danificados pelo calor. O superaquecimento durante a soldagem pode introduzir contaminantes para a solda e aumentar a resistência da ligação. Depois de se completar a ligação por solda, o fluxo deve ser removido do terminal e do fio. **Álcool anidro** ou um **removedor de resina**, disponível comercialmente, pode ser usado para este propósito. Em algumas instalações de solda (principalmente placas de circuito impresso), o fabricante também pode recomendar que a ligação seja coberta com um revestimento para proteção do ambiente.

Soldar é um procedimento que requer prática regular, a fim de manter a proficiência. Em geral, a maioria dos técnicos pode soldar; no entanto, nem todas as conexões soldadas são iguais em termos de qualidade. Se uma determinada instalação requer uma conexão soldada, sempre procure a ajuda de um especialista, se não tiver certeza de suas habilidades. É sempre melhor praticar primeiro ou chamar um especialista quando uma conexão soldada for necessária. Ao lidar com circuitos elétricos de aeronaves, a segurança deve ser a sua primeira preocupação.

Emendas

Em geral, a emenda em fios de aeronaves deve ser reduzida ao mínimo; no entanto, a emenda pode ser feita se aprovada para uma determinada instalação. Normalmente, a emenda é feita com um conector de emenda do tipo grampo aprovado. O **conector de emenda** é um tubo de metal com um isolante de plástico do lado de fora ou um tubo de metal liso coberto com um tubo de plástico após a emenda ser feita. O cabo descapado é inserido na extremidade do tubo, da mesma maneira que o fio é inserido numa luva do terminal. O tubo é então crimpado com uma ferramenta de crimpagem de terminais. Um conector de emenda do tipo grampo é mostrado na Figura 4-26.

As emendas realizadas em feixes de fios devem ser colocadas no lado de fora do feixe. Os feixes de laços ou tiras são então colocados onde não há emendas. Se várias emendas estão para ser feitas em qualquer feixe de fios, elas devem ser escalonadas para reduzir o diâmetro do feixe, como ilustrado na Figura 4-27. Os regulamentos da FAA recomendam que emendas de fios elétricos sejam reduzidas ao mínimo e totalmente evitadas em locais de vibrações extremas.

Um tipo especial de conector de emenda foi projetado para áreas expostas a ambientes agressivos (áreas SWAMP). Essa emenda deve satisfazer a especificação MIL-T-928, que assegura que a ligação elétrica esteja ambientalmente selada. Na maioria dos casos, isso é feito usando um tubo de isolamento termo retrátil sobre o condutor, com um vedante especial ativado por calor. Uma vez que a crimpagem é completa, o técnico usa uma pistola de calor para aquecer o conector e selar fora qualquer umidade em potencial. É claro que essa técnica para selar conectores crimpados também pode ser usada em qualquer lugar na aeronave e está se tornando mais comum devido à confiabilidade da emenda.

Isolamento da tubulação

Muitas conexões elétricas requerem a adição de isolamento depois que a conexão foi feita. Normalmente, um tubo de isolamento é deslizado no fio antes que a ligação seja feita e, em seguida, deslizado sobre a conexão exposta e fixado no local. Existem dois tipos básicos de tubos de isolamento. Um está fixado no seu lugar com um cordão firmemente apertado e atado em cada extremidade do tubo. O outro tipo de tubo de isolamento

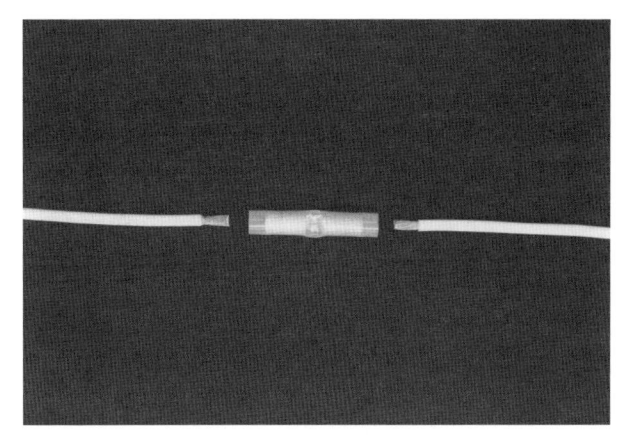

FIGURA 4-26 Conector de emenda tipo grampo.

é chamado **tubo termorretrátil**, uma vez que é mantido no lugar sobre a ligação através de um processo de encolhimento. O isolamento termorretrátil é mais confiável quando devidamente instalado e também pode fornecer alguma resistência ao estresse por vibração da conexão.

O **isolamento termorretrátil** deve ser do tipo 200 a 300ºC e deve sempre sobrepor a conexão em pelo menos 1/2 in. [1,27 cm] após o encolhimento. É importante escolher um tubo do diâmetro correto que irá encolher e formar um ajuste apertado em torno do condutor. Se for necessário para uma aplicação vibração ou resistência à abrasão adicional, duas ou mais camadas de tubos devem ser instaladas. O tubo mais interno deve ser instalado e encolhido primeiro: o segundo tubo, aproximadamente 1/2 in. [1,27 cm] mais longo do que o primeiro, deve ser instalado logo após e um terceiro adicionado, se necessário. O processo de aquecimento deve ser realizado com uma pistola de calor adequada, ajustada para a faixa correta de temperatura. Escudos térmicos reflexivos são, muitas vezes, utilizados para proteger a fiação adjacente ou outros componentes.

Em alguns casos é muito importante selar as ligações elétricas dos efeitos corrosivos do ambiente. Um tubo termorretrátil especial está disponível com um selante que está dentro do tubo. À medida que o tubo é aquecido, o selante torna-se macio e derrete em torno do condutor, selando-o para fora do ambiente. Como discutido anteriormente, alguns terminais do tipo grampo isolados e emendas também contêm esse selante e devem ser aquecidos após o processo de crimpagem.

Fitas de isolamento especiais também são aprovadas para determinadas aplicações em terminais e emendas de aeronaves. A fita é geralmente um Teflon ou um material de silicone de alta temperatura e exige a aplicação em um envoltório em espiral sobre a emenda. A fita pode ser usada sobre a tubulação de isolamento como uma segunda camada de proteção. Em todos os casos, a fita é sobreposta em 50% em cada volta e deve ultrapassar a emenda por um mínimo de 1/2 in. [1,27 cm] de cada lado.

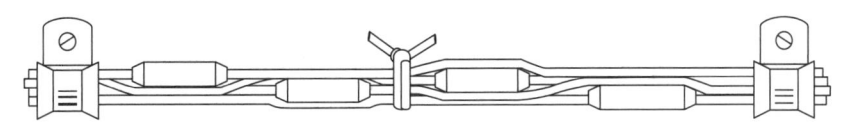

FIGURA 4-27 Emendas intercaladas.

Barras de terminais elétricos

Em aeronaves antigas, a junção das seções separadas de fios elétricos é frequentemente feita por meio de barras de terminais como as mostradas na Figura 4-28. Uma barra de terminal é feita de um material isolante forte com pinos de metal moldados no material ou inseridos através dele. Os pinos são fixados de modo que não possam rodar e são de comprimento suficiente para acomodar quatro terminais. Entre cada par de pinos existem barreiras para impedir que os terminais dos fios ligados a diferentes pinos entrem em contato uns com os outros.

Quando é necessário juntar mais de quatro terminais a uma barra de terminais, dois ou mais dos pinos são ligados com um fio ou uma ponte de metal, e, em seguida, os terminais são ligados aos pinos até o limite de quatro terminais por pino. O tamanho de pinos na barra de terminais deve ser adequado para suportar as tensões impostas durante a instalação e o aperto da porca. Por esse motivo, é uma prática comum o uso de pinos nº 10 ou 3/16 in. [0,48 cm] para os sistemas elétricos de aeronaves.

Um pino em uma barra de terminais na qual os fios serão ligados normalmente é montado na barra de isolamento com duas arruelas planas, duas arruelas de pressão e duas porcas, como mostrado na Figura 4-29.

Sempre que for instalar fios em qualquer tipo de terminal, assegure-se de estar usando a montagem correta plana (horizontal) e arruelas de pressão junto com o correto torque de aperto. Isso vai ajudar a garantir uma conexão confiável.

Fitas de terminais devem ser montadas e posicionadas de tal forma que objetos soltos não possam cair nos terminais. Isso pode ser conseguido colocando as fitas em anteparas verticais ou áreas superiores e provendo coberturas adequadas a elas.

As aeronaves modernas têm substituído a maioria das fitas de terminais por conectores especialmente projetados, conhecidos como **blocos de terminais** (ver Figura 4-30). Fios reunidos dentro desses blocos de terminais modernos usam contatos do estilo grampo. Os contatos são inseridos um a um no bloco de terminais através de um selo resistente à água. Os blocos de terminais vêm em vários tamanhos e normalmente são montadas para a aeronave para apoio.

Fios de alumínio e terminais

A instalação de fiação de alumínio e terminais exige um cuidado extremo para garantir o funcionamento satisfatório. O fio de alumínio endurece como resultado da vibração mais rapidamente do que o fio de cobre. Por essa razão, o fio de alumínio não deve ser utilizado onde existe um movimento apreciável do fio durante a operação da aeronave. Além disso, um fio de alumínio menor do que o AWG tamanho 8 não é aceitável. O fio de alumínio é normalmente encontrado apenas em aeronaves de grande porte para os cabos de distribuição de energia que necessitam de fio de grande diâmetro.

Terminais, porcas, parafusos e arruelas utilizados com a fiação de alumínio devem ser compatíveis com o alumínio para evitar a **corrosão eletrolítica** que ocorre entre metais diferentes que entram em contato. Tal equipamento é tipicamente feito de alumínio ou de uma liga de alumínio. É extremamente importante que todos os componentes de qualquer ligação sejam feitos de materiais compatíveis, mesmo quando os terminais estão ligados aos pinos dos terminais de fios de alumínio e de cobre.

O fio de alumínio é especialmente susceptível à oxidação, que se forma na superfície exterior do condutor. Essa oxidação aumenta a resistência de qualquer conexão de fio de alumínio e um cuidado extra para evitar perigos deve ser tomado. Em alguns casos, um composto anticorrosivo é adicionado a uma conexão de alumínio, grampos especiais para terminais são nor-

FIGURA 4-28 Uma barra de terminais comum e uma capa protetora.

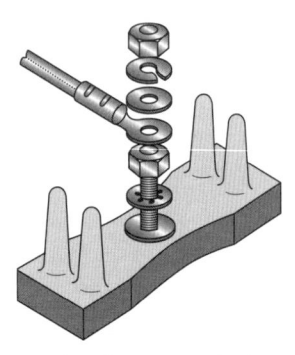

FIGURA 4-29 Encaixe de um terminal ao pino.

FIGURA 4-30 Conjunto de blocos de terminais moderno.

malmente necessários, e a ferramenta utilizada para crimpar um grampo de um terminal pode ser de concepção especial. O composto anticorrosivo remove o filme de óxido do fio de alumínio e do terminal. Em muitos casos, terminais de cabos especiais estão disponíveis para a ligação "seca" do fio de alumínio. O material e a construção são tais que o processo de crimpagem destrói automaticamente a película de óxido e produz um bom contato. Também deve ser notado que o fio de alumínio muitas vezes requer uma ferramenta especial para crimpagem, para assegurar que os fios não sejam cortados ou rompidos. Sempre que for instalar de um fio de alumínio, certifique-se de usar todas as técnicas e equipamentos de instalação adequados.

Conectores

Os conectores elétricos são projetados em muitos tamanhos e formas para facilitar a instalação e manutenção de circuitos elétricos e equipamentos em todos os tipos de veículos voadores.

Em sua maior parte, os conectores têm substituído a barra de terminais nas aeronaves modernas. Existem várias vantagens para o uso dos conectores; por exemplo, os conectores são tipicamente menores e mais leves do que as barras de terminais. Conectores também podem ser projetados para proteger os contatos elétricos de problemas de umidade, sujeira e vibração. Um típico chicote de fios de aeronave pode conter vários conectores, que são necessários para facilitar a montagem de aeronaves. Por exemplo, seria comum encontrar conectores entre os fios da asa e os fios da fuselagem, porque essas duas seções da aeronave são montadas durante diferentes fases da construção das aeronaves. Conectores também são usados para conectar os conjuntos elétricos e eletrônicos, ou **linha de unidades substituíveis (LRUs)**, como reguladores de tensão, computadores de gerenciamento de voo, inversores e equipamentos de rádio. Quando é necessário substituir uma LRU, o conector torna possível desligar a unidade rapidamente e reconectar a nova unidade sem perigo de ligar qualquer das derivações de forma incorreta.

Um **conjunto conector**, na verdade, consiste em duas partes principais. Essas partes são, muitas vezes, chamadas de *plug* e **receptáculo**. A seção do *plug* geralmente contém as **soquetes**, e o receptáculo contém os **pinos**. Os pinos e as soquetes são conectados a fios individuais que formam o circuito. Quando o *plug* e o receptáculo são montados em conjunto, os pinos deslizam para dentro das soquetes e formam uma conexão elétrica.

Quando um conjunto conector é projetado e instalado, o lado do circuito "quente", ou de tensão positiva, deve ser ligado à seção de encaixe, e o lado da terra do circuito deve ser ligado à seção de pinos, sempre que possível. Essa disposição permite reduzir a possibilidade de curto-circuito quando o conector é separado. Por essa razão, as LRUs geralmente contêm os pinos, e o feixe de cabos está ligado à seção de encaixe do *plug*.

Problemas com conectores ocorrem, muitas vezes, devido à corrosão causada por umidade da condensação dentro da capa do conector. Se um conector será instalado em um local com problema de corrosão, um conector especial à prova d'água deve ser instalado, e qualquer buraco de contato não utilizado deve ser preenchido com um fio ou um *plug*, para evitar a entrada de umidade ou outra matéria estranha. A extremidade livre de um fio de stub deve ser coberta com um composto de envasamento ou algum outro material para impedir o contato elétrico.

Ao trabalhar em sistemas elétricos de aeronaves grandes, um técnico vai encontrar muitos tipos diferentes de conectores. Os conectores anteriores foram projetados para que os fios sejam soldados aos pinos e aos contatos dos soquetes; no entanto, a maioria dos conjuntos de conectores agora é projetada com pinos e soquetes do tipo grampo. Os pinos e soquetes são primeiramente crimpados aos fios e, em seguida, são instalados nos conectores por meio de ferramentas especiais.

Devido à variedade quase infinita de circuitos e instalações elétricas possíveis, é facilmente compreensível que também haja uma grande variedade de conectores e outros dispositivos de ligação. Vários tipos diferentes de conectores são mostrados na Figura 4-31. Para a instalação de qualquer conjunto de conectores em particular, as especificações do fabricante ou da agência de administração competente devem ser seguidas.

Todos os conectores devem ser rotulados de acordo com os pinos ou soquetes localizados dentro da caixa de isolamento do conector. Essa etiqueta de identificação é necessária para garantir que o fio esteja ligado ao pino ou soquete correto durante a instalação. Rotular também facilita a solução de problemas, permitindo ao técnico identificar facilmente uma conexão de um circuito em particular. Muitos conectores de aeronaves são rotulados estampando-se uma letra sobre a caixa de isolamento do conector ao lado do pino ou buraco da soquete correto. O técnico deve ter certeza ao identificar corretamente a ligação elétrica de um conector antes de realizar a manutenção.

Conectores atualmente fabricados para uso em aeronaves têm que, muitas vezes, atender às especificações militares e são chamados de conectores elétricos MS. As **especificações militares (*military specifications*, MIL)** são dados técnicos, revisados de tempos em tempos, para incorporar os requisitos de desempenho, como ditado pelos avanços em design e requisitos operacionais mais rigorosos de equipamentos. Muitos conectores mais velhos seguem às especificações da AN (Aeronáutica ou Exército). Essas normas foram substituída pelas especificações MS ou MIL.

As especificações gerais MIL-DTL-5015 (antiga MIL-C-5015) prevêem várias denominações de conectores para atender a diferentes necessidades. Esses conectores carregam números MS, como o MS3100A-20-27S. Nessa designação, o número *3100* indica uma unidade de montagem, a letra *A* indica utilidade geral, o número *20* indica o tamanho da caixa, e *27S* mostra que o *plug* contém 27 conexões do tipo soquete. Conectores MS típicos são mostrados na Figura 4-32.

FIGURA 4-31 Conectores comuns usados em aeronaves.

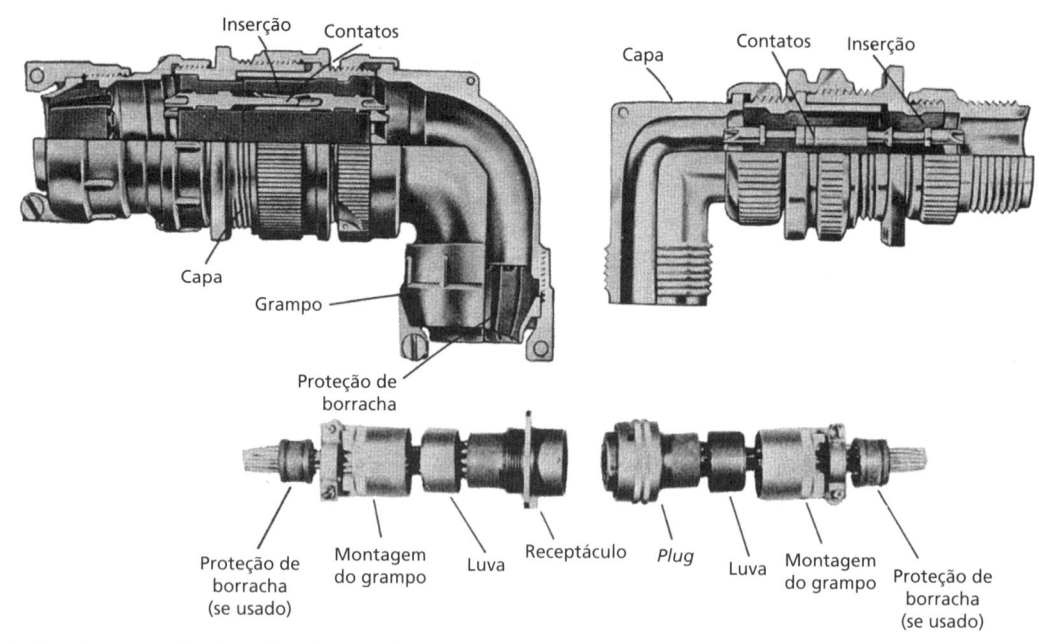

FIGURA 4-32 Conector tipo Bendix MS. (*Bendix Corporation.*)

Conjuntos conectores são fabricados em várias formas e tamanhos para atender às exigências dos equipamentos elétricos e eletrônicos modernos. O conector redondo é popular, porque garante uma conexão fácil, por meio de um colar de rosca. Muitos conectores são feitos em uma forma retangular, no entanto, estes são muitas vezes usados quando uma armadura está ligada a uma unidade eletrônica (LRU).

A construção dos pinos e soquetes na "especificação MIL", ou outro tipo de conectores, pode ser concebida para ligações com solda para os fios elétricos, ou o conector pode ser concebido com pinos com grampos e soquetes. Em geral, as aeronaves mais velhas empregam conectores do tipo soldados. No final do pino ou soquete em um conector do tipo soldador há um pequeno espaço para solda. Uma seção curta de isolamento é removida do fio, e a parte exposta é então inserida nesse espaço. Deve ser removido isolamento suficiente do fio de forma que ele não entre no espaço para solda. Com o fio nesse espaço, a solda é aplicada com um ferro de solda de ponta fina ou uma pistola de solda. A solda, que deve ser do tipo de fio de núcleo preenchido com resina (*rosin-core*), deve ser aplicada no espaço apropriado sendo aquecida com o ferro de soldar. Assim que a solda flui suavemente para dentro do espaço e penetra o fio, o ferro de soldar deve ser removido para evitar a possibilidade de queimar o isolamento do fio sendo soldado ou dos fios adjacentes. Apenas uma quantidade de solda suficiente deve ser aplicada para encher o espaço, e todas as pequenas gotas de solda devem ser retiradas de entre os pinos. Depois que cada pino for soldado, uma luva de plástico isolante deve ser empurrada para baixo, sobre a junta soldada e o pino de metal, para evitar a possibilidade de curtos-circuitos. As luvas de isolamento devem ser amarradas, apertadas ou do tipo termo retrátil para evitar que escorreguem pelos pinos.

Como mencionado anteriormente, os contatos do tipo grampo sem solda são usados em uma variedade de conectores.

Devido à sua confiabilidade comprovada, as conexões do tipo crimpado são normalmente encontradas em aeronaves modernas. Conectores do tipo soldados são encontrados em aeronaves mais antigas. O processo de crimpagem do fio ao conector depende de uma ferramenta mecânica utilizada para comprimir o pino em torno da parte decapada do cabo. Algumas das características dos conectores soldados e do tipo grampo são as seguintes:

As conexões soldadas

a. O fluxo usado para soldar é corrosivo e pode enfraquecer a conexão ao longo do tempo.

b. Erros como excesso de calor, muita solda, calor insuficiente e falta de limpeza da conexão são difíceis de eliminar.

c. Contatos banhados a ouro podem ser destruídos pelo processo de soldagem.

d. Solda torcida nos fios de arame pode gerar estresse adicional ao fio.

Conexões crimpadas

a. A utilização de ferramentas adequadas ajuda a eliminar a possibilidade de erros humanos.

b. Não há fluxos corrosivos usados durante a crimpagem.

c. Contatos banhados a ouro são completamente compatíveis com o processo de crimpagem.

d. A ligação é facilmente inspecionada antes de prender à instalação.

e. O reparo em campo pode ser realizado com maior facilidade e com menos erros do que o reparo de conexões soldadas.

Quando se prepara um fio para ser instalado em um pino ou soquete, o técnico deve primeiramente remover a quantidade adequada de isolamento da extremidade do fio. Durante esse processo, é muito importante não danificar o condutor através de fios quebrados ou cortados além dos limites aceitáveis. O comprimento adequado de isolamento a ser removido depende do tamanho do condutor e do tipo de pino ou de soquete a ser utilizado. Os dados de instalação do fabricante devem ser consultados para as especificações do comprimento da parte decapada. Um fio corretamente decapado, tanto para uma conexão de solda quanto para uma conexão com grampo, é mostrado na Figura 4-33.

Existem três procedimentos básicos que devem ser seguidos para instalar um fio, para todos os conectores do tipo grampo: (1) o fio deve ser decapado, (2) o fio deve ser crimpado ao pino ou ao encaixe e (3) o pino ou o soquete deve ser instalado no alojamento do conector. Cada um desses procedimentos deve ser seguido por uma inspeção visual do trabalho realizado, e os defeitos devem ser eliminados. Após esse processo ser concluído com êxito, o conector deve ser remontado e instalado na aeronave. A Figura 4-34 fornece instruções detalhadas para a instalação de um contato em um conjunto de conector típico.

As instruções de instalação do fio são os seguintes:

Passo 1 Instale o pino ou o soquete na ferramenta de crimpagem com o cano fio voltado para cima. Durante esse processo, certifique-se de usar a ferramenta correta e todos os adaptadores necessários e/ou a configuração adequada para o pino ou o soquete desejado.

Passo 2 Remova o comprimento correto do isolamento do fio, utilizando os métodos apropriados.

Passo 3 Instale a parte decapada do fio no encaixe do conector e comprima o conector, apertando as alavancas juntas. A ferramenta vai libertar o contato quando o processo de crimpagem estiver concluído. Se o contato não liberar, o ciclo de crimpagem não foi concluído e o contato deve ser comprimido mais.

Passo 4 Inspecione o grampo terminado através do furo de inspeção no contato. O fio deve ser visível; se não estiver, a crimpagem deve ser refeita utilizando um novo contacto.

Passo 5 Instale o contato dentro da caixa de ligação, usando a ferramenta apropriada. Durante esse processo, é muito importante garantir que o contato está instalado completamente e atingiu uma posição firme no interior do alojamento do conector. Muitas vezes, um pequeno clique é ouvido quando o contato atinge o seu ponto de parada.

Existem dois métodos comumente utilizados para instalar um contato em uma caixa de conector: **liberação frontal** e **liberação traseira**. O contato de liberação frontal é mantido no lugar por uma combinação relativamente complexa de retentores moldados na caixa do conector.

Uma ferramenta especial é utilizada para instalar um contato de liberação frontal na parte da frente do alojamento do conector. Um contato de liberação posterior é instalado na parte traseira da caixa do conector e é protegido com duas ou mais linhas pequenas, como mostrado na Figura 4-35. O método de liberação traseira oferece melhor suporte final para o contato; assim, é menos provável que o contato se dobre durante a remontagem do conector.

Remoção do contato. Para remover um contato de um conjunto de conectores, o técnico deve primeiro remover quaisquer componentes da proteção para expor o fio e o contato a ser removido. A ferramenta de remoção especial é deslizada suavemente para dentro da caixa do conector; ela libera as travas que prendem o contato no lugar. Em muitos casos, uma ferramenta de dupla terminação é usada para a instalação e remoção do contato. Isso ajuda a eliminar uma confusão durante o reparo de conexões defeituosas. Para remover um contato de liberação traseira, basta deslizar a ferramenta sobre o fio e para o contato. Uma vez que a ferramenta atingiu o fim do seu curso, as travas de bloqueio foram comprimidas e o contato pode ser removido. Um procedimento semelhante é utilizado para a remoção de contatos de liberação frontal; no entanto, deve-se tomar um cuidado extra para não danificar os componentes de liberação frontal. A Figura 4-36 mostra a remoção de pinos dos painéis de liberação frontal e traseira.

Envasamento. O processo de encapsulação dos fios elétricos e componentes em um material de plástico ou semelhante é chamado de **envasamento**. Envasamento é tipicamente utilizado com a finalidade de reduzir o estresse por vibração ou inibir a transferência de umidade. O processo é ocasionalmente recomendado para determinados componentes e deverá ser realizado como indicado pelas instruções apropriadas. Com a criação de uma variedade de conectores ambientalmente selados, o envasamento é usado apenas em situações limitadas e geralmente é encontrado em aeronaves mais antigas.

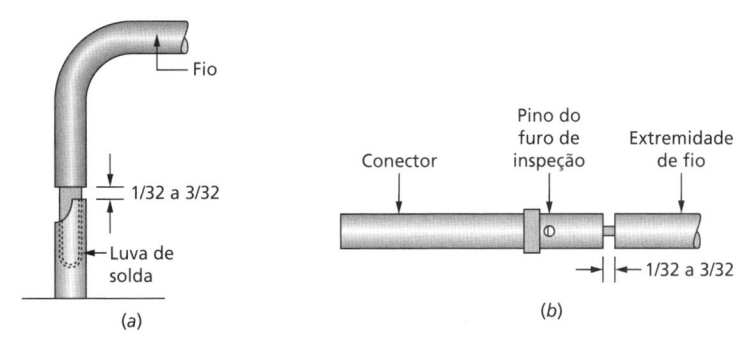

FIGURA 4-33 Comprimentos de tira de fio: (a) No caso de uma ligação com solda, o fio deve ser suficientemente comprido para chegar até ao fundo de um copo de solda, com 1/32 a 3/32 in. do fio exposto para além do copo; (b) o fio em uma conexão de grampo deve ser visível no furo de inspeção do contato do grampo, com 1/32 a 3/32 in. de fio exposto além do espaço destinado ao fio. (*The Deutsch Co.*)

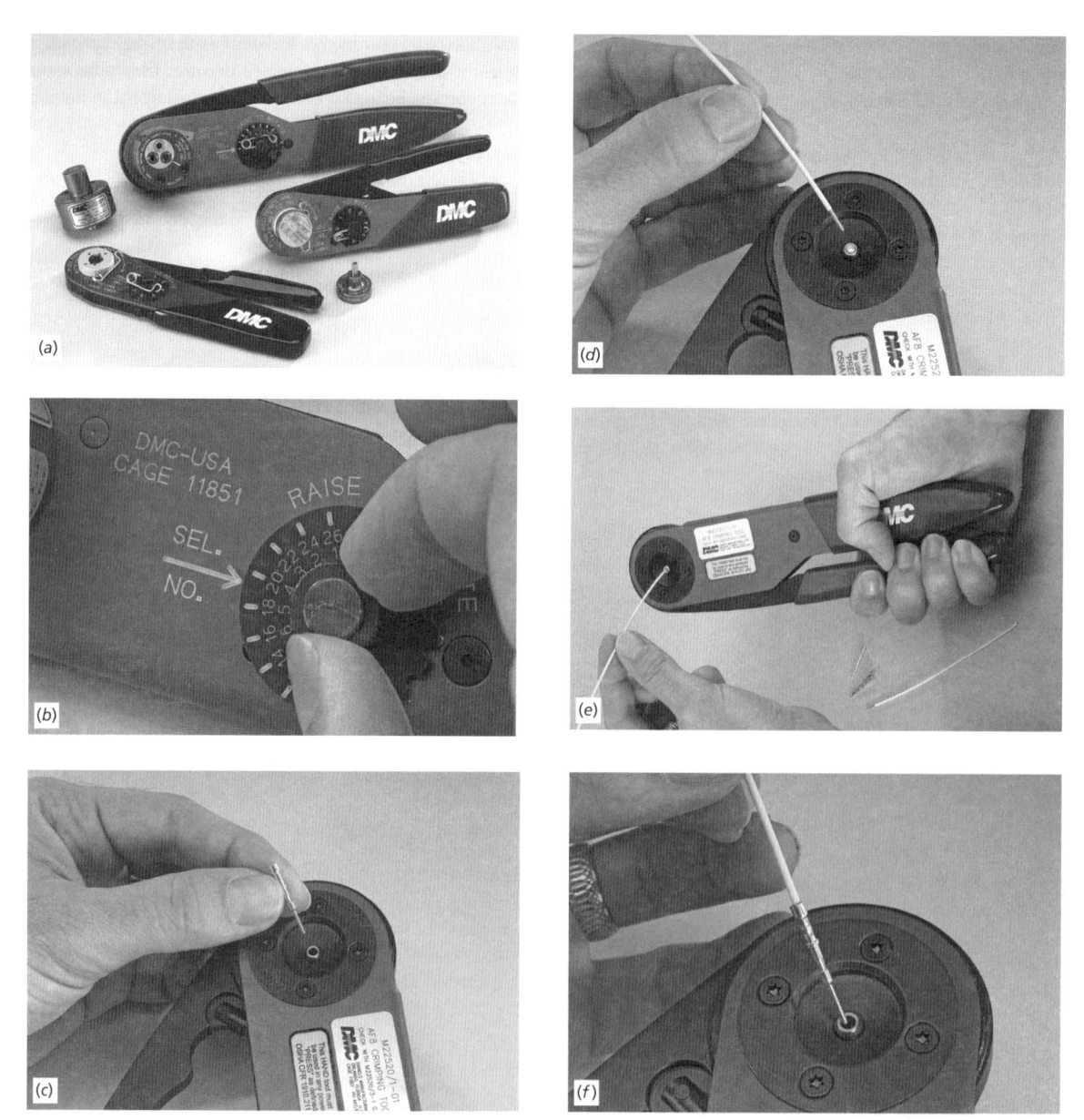

FIGURA 4-34 Passos comuns utilizados durante o processo de crimpagem. (a) Selecione a ferramenta de crimpagem correta e adaptadores para o fio e o pino a serem crimpados. (b) Ajuste a ferramenta para o tamanho adequado do fio. (c) Insira o pino ou soquete na ferramenta. (d) Insira corretamente o fio decapado no pino/soquete. (e) Comprima completamente a alavanca até que ela automaticamente libere o grampo. (f) Remova o conjunto de fios e pinos/soquete e inspecione visualmente. (*Daniels Manufacturing Corporation*.)

Conectores *light-duty*. Recentemente, muitos conectores usando carenagens de nylon ou plástico têm sido empregados em aeronaves. Esses conectores são usados em aplicações onde não é necessária uma resistência alta ao estresse ou impermeabilização. Vários fabricantes produzem esses conectores; por isso, é vital garantir a compatibilidade completa antes de instalar pinos, soquetes ou conectores. A Figura 4-37 mostra uma variedade de conectores *light-duty*. Normalmente, esses conectores são limitados a aeronaves leves, em áreas não críticas para a segurança do voo.

As caixas de conectores de luz são produzidas por moldagem do nylon ou material plástico em uma única unidade. Duas caixas acopladas produzem um conector. Os conectores podem ser concebidos para prender a uma unidade elétrica ou instalados na extremidade de um fio ou um feixe de fios. Os pinos e soquetes estão ligados aos respectivos fios por meio de uma ferramenta de crimpagem especial concebida pelo fabricante do conector. Pinos e soquetes são instalados empurrando-os para dentro do alojamento até que sejam travados. Para remover um pino ou um soquete do seu alojamento, uma ferramenta especial é necessária para pressionar as travas que prendem a pino ou o soquete no alojamento. Uma vez que as abas são comprimidas, a ligação pode ser facilmente removida. Várias carenagens e pinos são mostrados na Figura 4-38. Existem diversas variações de cada conector disponível; certifique-se de fazer a escolha, em qualquer substituição, utilizando os dados atualizados do fabricante.

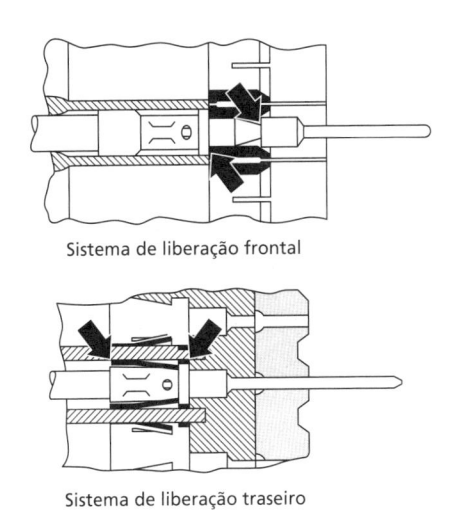

Blocos de terminais

Outro tipo de sistema rápido de conexão/desconexão, usado para fios individuais, é conhecido como o **bloco de terminais**. Este sistema é tipicamente encontrado em aeronaves de grande porte em áreas não críticas para a segurança de voo, como entretenimento de passageiros ou sistemas de luz de leitura. Os blocos de terminais são geralmente compostos por módulos individuais que conectam dois ou mais fios. Os módulos são projetados para caberem em um *rack* de montagem. O *rack* é, em seguida, montado à estrutura da aeronave. Os *racks* vêm em vários tamanhos para acomodar um ou vários módulos. Como pode ser visto na Figura 4-39, o fio está ligado a um pino especial crimpado; em seguida, o pino se encaixa no módulo. Para inserir o pino, basta aplicar uma leve pressão usando a ferramenta de instalação. Para retirar o fio e o pino, basta deslizar a ferramenta de remoção para o módulo ao lado do pino. Isso irá relaxar a mola de retenção e liberar o fio.

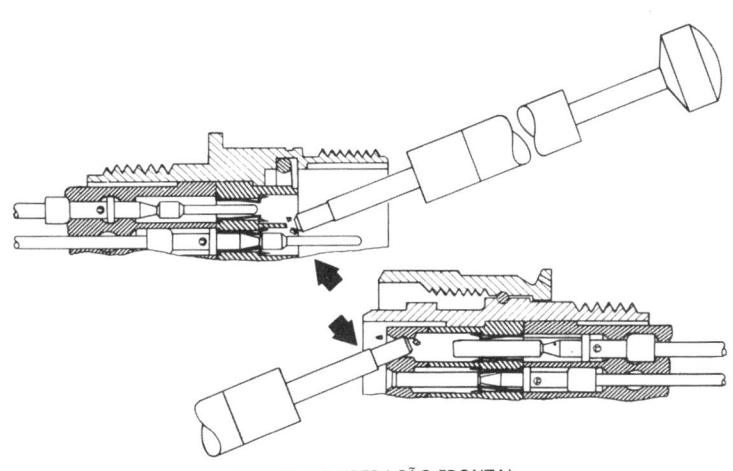

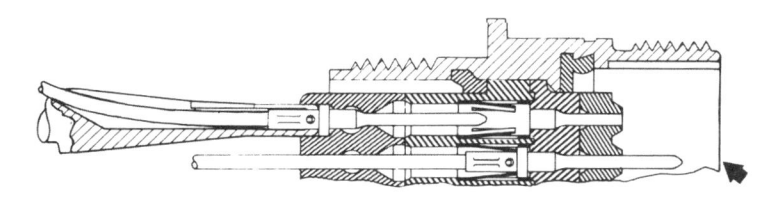

FIGURA 4-35 Sistema de retenção de pinos. (*The Deutsch Co.*)

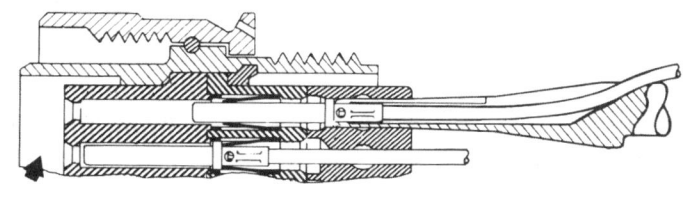

FIGURA 4-36 Remoção de pinos de contato. Liberação do sistema de retenção da parte traseira assegura que o selo tanto no soquete quanto no pino inseridos não seja danificado pela ferramenta de remoção de contato. (*The Deutsch Co.*)

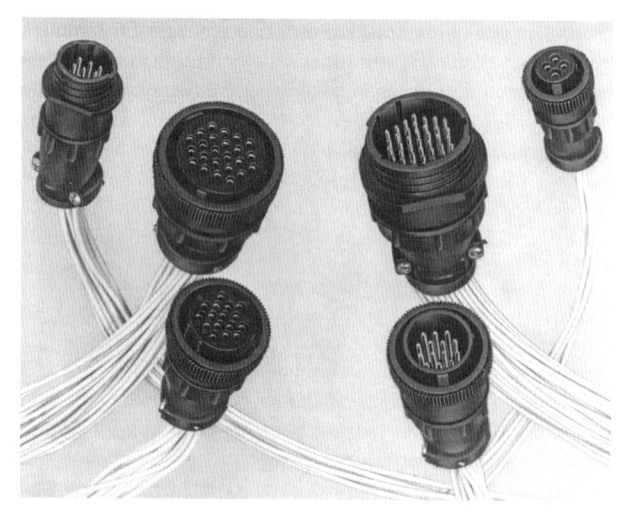

FIGURA 4-37 Um conector *light-duty* típico. (*AMP Products Corporation*)

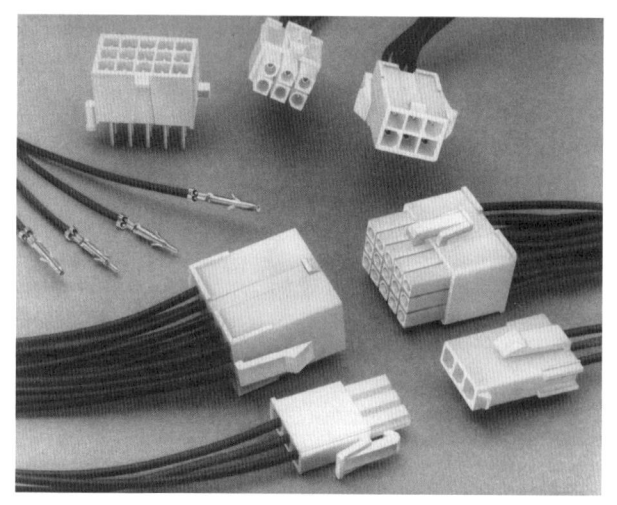

FIGURA 4-38 Vários pinos e caixas de conectores típicos. (*AMP Products Corporation*)

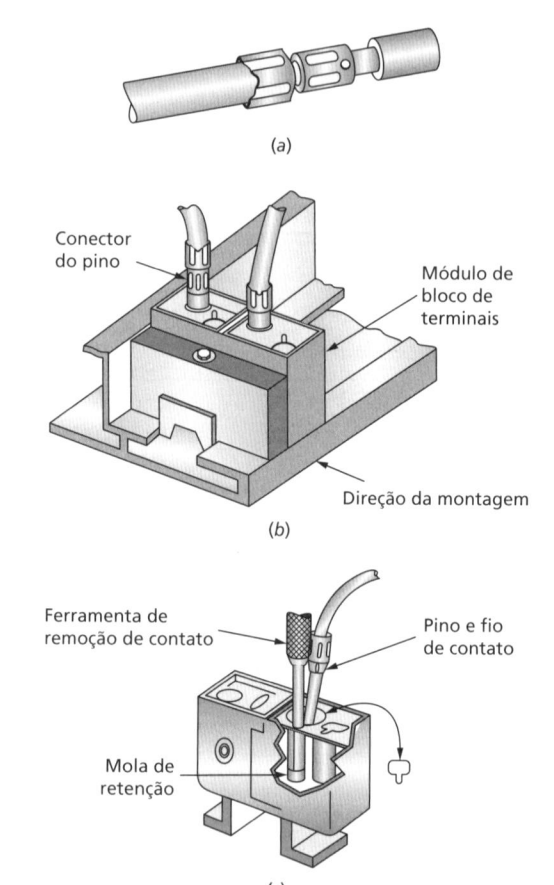

FIGURA 4-39 Módulo de bloco de terminal: (*a*) pino conector; (*b*) módulo instalado na direção correta; (*c*) contato removido.

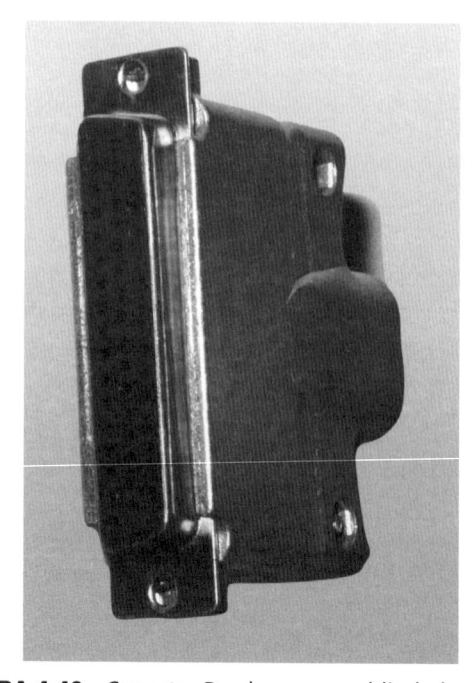

FIGURA 4-40 Conector D-sub com capa blindada.

Conectores D-sub

Outro conector frequentemente usado encontrado em aeronaves modernas é comumente conhecido como o **conector D-sub**. Esses conectores contêm duas ou mais linhas paralelas de pinos ou soquetes envolvidas por um invólucro de metal em forma de D (ver Figura 4-40). Uma grande vantagem dos conectores D-sub é que o design da caixa fornece suporte mecânico, garante orientação correta e pode facilmente proteger contra interferência eletromagnética. Para que os conectores D-sub protejam os contatos elétricos de interferência, a caixa deve ser construída de metal e conectada à terra. Na maioria dos casos, a caixa também pode estar ligada à blindagem de metal trançado que envolve o cabo de fio.

Como todos os conectores, o D-sub é feito por dois elementos exteriores: o *plug* e a soquete, cada um contendo uma série de pinos ou soquetes. As caixas podem ser montadas diretamente em uma LRU ou na extremidade de um cabo. Uma capa deve ser instalada para proteger o lado do fio de todas as sondas conectadas a um cabo. Um conector D-sub comum contém 9, 15, 25, 37 ou 50 pinos ou soquetes. A maioria dos conectores D-sub encontrados em aeronaves devem estar em conformidade com a norma MIL-DTL-24308.

LIGAÇÃO E SOLDA

Ligação

A ligação é o processo de conexão elétrica entre várias partes metálicas de uma aeronave para formar uma única conexão elétrica. Isto é, haverá um caminho de resistência muito baixa a partir de qualquer parte da estrutura a qualquer outra parte. Esta é muitas vezes referida como o solo de aeronave e liga todos os circuitos elétricos na tensão negativa da bateria ou do alternador. Quando a estrutura de metal da aeronave é utilizada como um aterramento elétrico (conexão negativa), é dito que a aeronave utiliza um sistema elétrico de um único fio. A ligação também ajuda a reduzir a interferência de rádio; a diminuir a probabilidade de danos causados por relâmpagos em elementos como dobradiças de controle; e a evitar o acumulo de cargas estáticas entre as partes da estrutura. Através de ligação, o risco de incêndio devido à descarga estática é reduzido.

Um *jumper* **de ligação** é um pequeno pedaço de trança metálica ou tira de metal usado para conectar partes independentes da aeronave para fins de ligação. O fio de *jumper* terá tipicamente um terminal em cada extremidade para prender à estrutura. Esses *jumpers* devem ser tão curtos quanto possível e instalados de tal modo que a resistência de cada ligação não exceda 0,003 Ω. Eles também devem ser instalados em locais que forneçam, razoavelmente, fácil acesso para inspeção e manutenção. Cuidados devem ser tomados para que os *jumpers* de ligação não interferiram no funcionamento de qualquer parte móvel do avião e para que o movimento normal de tais peças não resulte em danos aos *jumpers*.

Quando *jumpers* estão instalados, é importante que todos os revestimentos isolantes, como anodização, pintura, óxidos e graxa, sejam removidos, para que a superfície de metal descoberta e limpa entrem em contato. Depois de a ligação estar garantida, é uma boa prática usar um revestimento de vedação nas junções para evitar a entrada de umidade, o que poderia produzir corrosão. A corrosão eletrolítica pode ocorrer rapidamente em uma conexão de ligação se as devidas precauções não forem seguidas. *Jumpers* de liga de alumínio são recomendados na maioria dos casos, mas *jumpers* de cobre são usados para unir as peças feitas de aço inoxidável, aço banhado em cádmio, cobre, latão e bronze. Onde o contato entre metais diferentes não pode ser evitado, a escolha do *jumper* e hardware deve ser tal que a corrosão seja minimizada e a parte suscetível a corrosão seja o *jumper* ou hardware.

Um guia para a seleção de metais que podem ser unidos sem o perigo de corrosão é dado no seguinte agrupamento de metais. Metais em qualquer grupo podem ser unidos com um risco mínimo de corrosão.

Grupo 1. Ligas de magnésio

Grupo 2. Zinco, cádmio, chumbo, estanho, aço

Grupo 3. Cobre e suas ligas, níquel e suas ligas, cromo, aço inoxidável

Grupo 4. Todas as ligas de alumínio

Parafusos, arruelas, porcas, pinos ou outros elementos de fixação usados para fixar os *jumpers* devem ser de um material que seja compatível com os metais a serem unidos. Por exemplo, onde *jumpers* de alumínio estão ligados a estruturas de liga de alumínio, os elementos de fixação devem ser feitos de alumínio.

O uso de solda para fixar *jumpers* deve ser evitado pelas mesmas razões que ela não é recomendada para conexões de fios elétricos. Membros tubulares devem ser ligados por meio de grampos ou blocos de fixação, como ilustrado na Figura 4-41. Nessa instalação, uma tira fina de alumínio alinha ambas as superfícies internas do bloco de grampos, e as extremidades das tiras de metal são carregadas em torno das extremidades do bloco de grampos de modo que elas façam contato com a estrutura da aeronave. A trança de ligação pode ser ligada entre as peças eletricamente separadas de uma estrutura, como a mostrado na Figura 4-42. Cada terminal da trança de ligação está firmemente ligado à estrutura da chapa metálica por meio de parafusos e porcas. Uma ligação típica de um *jumper* a uma estrutura de liga de alumínio é mostrada na Figura 4-43.

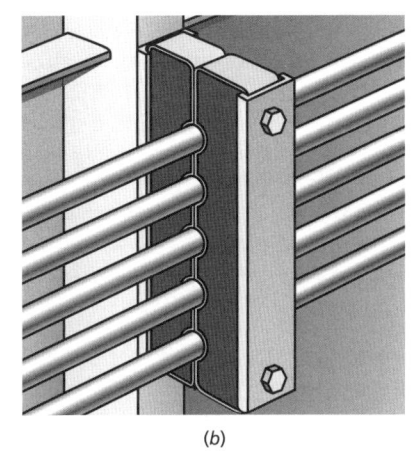

FIGURA 4-41 Ligação para os membros tubulares: (a) abraçadeiras e (b) blocos do tipo grampo.

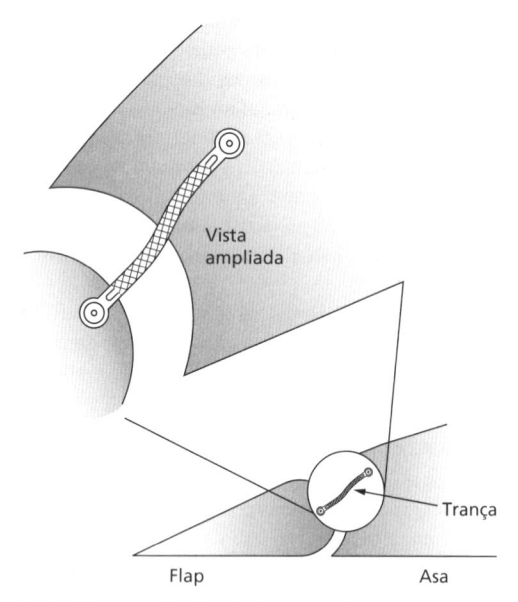

FIGURA 4-42 Instalação de ligação de trança.

Quando um *jumper* é instalado em um local onde ele será obrigado a transportar uma **carga de terra** para equipamentos elétricos, cuidados devem ser tomados para garantir que o *jumper* tenha capacidade suficiente para transportar a carga. Isso pode ocorrer quando uma unidade eletrônica é montada em amortecedores. Se o equipamento estiver ligado à terra através da fuselagem, a corrente de terra deve passar através da estrutura de montagem e, em seguida, através de uma conexão do jumper para a estrutura principal. Uma trança de ligação demasiadamente pequena para transportar a carga pode sobrecarregar e derreter, criando assim um risco de incêndio e também fazendo com que o equipamento falhe.

Blindagem

Com o aumento do número de dispositivos eletrônicos altamente sofisticados e extremamente sensíveis encontrados em aeronaves modernas, tornou-se muito importante garantir a proteção apropriada para muitos circuitos elétricos. A **blindagem** é o processo de aplicação de um revestimento metálico na fiação e nos equipamentos para eliminar a interferência causada por energia eletromagnética dispersa. Fio (ou cabo) blindado está normalmente ligado ao chão da aeronave em ambas as extremidades do fio, ou por conectores no cabo. A palavra *blindagem* é também aplicada ao processo de englobar fios ou unidades elétricas com metal.

Como recém observado, o propósito da blindagem é reduzir os efeitos adversos de **interferência eletromagnética (EMI)**. A EMI é causada quando os campos eletromagnéticos (ondas de rádio) induzem tensões indesejadas em um fio ou um componente. A tensão induzida pode causar imprecisões no sistema ou até mesmo falha, colocando a aeronaves e os passageiros em risco. A maioria das pessoas já experimentou os efeitos adversos da EMI. Por exemplo, enquanto ouve-se rádio, se ocorrer queda de raios próximos, o áudio do rádio pode apresentar ruídos ou estalos. Isso é causado pela interferência eletromagnética, provocada pelo fluxo de corrente do raio. A blindagem ajuda a eliminar a EMI protegendo o condutor primário com um condutor externo, denominado o *escudo* (ver Figura 4-44). A energia eletromagnética que normalmente atinge o condutor primário é induzida no escudo e enviada diretamente para aterramento elétrico da aeronave. Como efeito, o condutor externo (escudos) bloqueia a EMI. A blindagem é usada sempre que um LRU ou fiação relacionada devam ser protegidos contra os efeitos de campos eletromagnéticos de alta frequência (HF) e alta energia gerados pelo equipamento de bordo ou de solo. A blindagem também elimina a capacidade de qualquer condutor primário ou unidade elétrica de gerar sua própria interferência. Proteger uma unidade da interferência de outra é chamado de **compatibilidade eletromagnética**.

A blindagem de um fio é geralmente realizada cercando o(s) condutor(es) primário(s) com um fio de cobre trançado finamente, como mostrado na Figura 4-44. Essa técnica proporciona proteção adequada para a maioria dos circuitos; no entanto, alguns equipamentos muito sensíveis podem requerer a utilização de uma segunda blindagem, ou dois condutores entrançados. Em alguns casos, uma fina folha metálica é enrolada em torno do condutor primário e utilizada para o escudo. Infelizmente, essa técnica aumenta a rigidez do fio. Outro tipo de proteção EMI é feito de uma composição de ferrite e polímeros. O cabo com esse escudo é mais leve em peso e tem boa resistência à vibração.

Outra forma de energia eletromagnética que pode causar falha do sistema é conhecida como campos de radiação de alta intensidade (HIRF). O HIRF é causado pela energia de rádio frequência de força suficiente para afetar negativamente um organismo vivo ou o desempenho de um dispositivo eletrônico. Um forno de microondas é um exemplo de dispositivo de produção de HIRF. No caso do forno de microondas, a energia HIRF é contida por um metal circundante, e o forno não cria nenhum perigo.

Para as aeronaves, os perigos potenciais de HIRF podem ser causados pela alta potência e alta frequência dos transmisso-

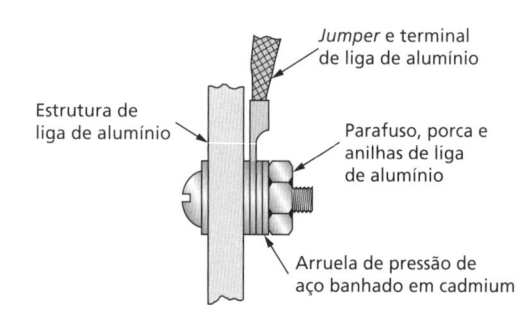

FIGURA 4-43 Conexão do *jumper* a uma estrutura de alumínio.

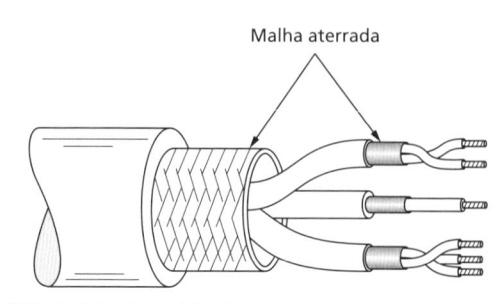

FIGURA 4-44 Cabo blindado.

res. Por exemplo, se uma aeronave voa muito perto de uma antena de alta potência, qualquer equipamento eletrônico sensível na aeronave pode ser afetado negativamente. Os perigos de HIRF têm existido desde que o uso de rádio em larga escala, televisão e sinais de radar têm transmitido de antenas ligadas a terra. No entanto, o HIRF não foi um problema até as aeronaves começarem a usar equipamentos eletrônicos sensíveis. Quanto mais sensíveis forem os equipamentos eletrônicos computadorizados e digitais instalados em aeronaves modernas, proteções HIRF adicionais devem estar colocadas.

A maneira mais fácil de proteger-se contra os perigos do HIRF é a instalação de uma proteção adequada em todos os aparelhos eletrônicos sensíveis. As aeronaves modernas usam cabos blindados e envolvem a maioria das LRUs eletrônicas em caixas de metal. Por exemplo, um típico computador de piloto automático irá conter todos os circuitos em um recipiente de metal de tamanho padrão, vai usar cabo blindado para toda a fiação sensível e estará sujeito a testes HIRF rigorosos antes da certificação e da instalação em qualquer aeronave.

IDENTIFICAÇÃO DOS FIOS

Para facilitar a instalação e a manutenção, todo o cabeamento deve ser marcado de forma indelével com **números de identificação dos fios**. Qualquer sistema de numeração consistente é considerado adequado se os números são colocados em cada uma das extremidades de cada seção do fio e também em intervalos ao longo do fio. Para realizar essa marcação durante a montagem de aeronaves, o fio é normalmente passado através de uma máquina de numeração, que estampa os números ao longo do fio em intervalos determinados. Os números e as letras de identificação devem evidenciar o circuito em que o cabo é instalado, o fio específico no circuito, a bitola do fio e outras informações pertinentes. Cuidados devem ser tomados ao marcar o cabo coaxial com uma máquina. Se pressão demasiada for aplicada ao cabo, ele pode ser achatado e isso irá alterar as características elétricas do cabo. Outros fios especiais, como cabos de barramento de dados, podem ser danificados durante o processo de marcação do fio. Sempre consulte os dados técnicos apropriados antes de marcar qualquer fio.

Fios ou cabos elétricos podem ser identificados por números e letras, especialmente nas aeronaves de grande porte. Por exemplo, em uma aeronave típica da categoria de transporte, o seguinte sistema de letras pode ser usado para identificar os circuitos específicos:

(*Nota:*. Esta é uma lista abreviada e a maioria dos sistemas de numeração de fios de aeronaves maiores conterá mais detalhes.)

Energia CA	X
Degelo e anti-gelo	D
Controle do motor	K
Instrumento do motor	E
Superfícies de controle de voo	C
Sistema de instrumentos centrais	F
Combustível e óleo	Q
Aquecimento e ventilação	H
Ignição	J
Iluminação	L
Miscelâneas elétricas	M
Energia (CC)	P
Rádio de navegação e comunicação	R
Dispositivos de aviso de emergência	W

Números utilizados juntamente com as letras para a identificação também têm uma finalidade específica. No número de identificação 2P281C-20, há duas letras e três números separados. O número 2 indica que o fio está associado ao motor nº 2, e a letra P significa que o fio é uma parte do sistema de energia elétrica. O número *281* é o número básico do fio e mantém-se inalterado entre as unidades elétricas de qualquer sistema particular, independentemente do número de cruzamentos que o fio possa ter. A letra *C* identifica a seção particular de fio no circuito, e o número *20* indica a bitola do fio. A Figura 4-45 mostra três seções do fio recém descritas. Aqui, pode ser visto que o número básico de fio mantém-se constante e somente a segunda letra (A, B ou C) irá mudar. A letra *A* designa o primeiro segmento de fio no circuito, a letra *B* indica o segundo segmento de fio do circuito e a letra *C* indica o terceiro segmento do circuito. Os segmentos individuais de fio são criados quando o circuito passa através de um conector elétrico.

Em aeronaves complexas de grande porte, o sistema de numeração de fios pode também incluir um **código de conjunto de cabo** para identificar qual pacote contém um fio específico. Esse sistema ajuda o técnico a encontrar o fio desejado rapidamente sem pesquisar pacotes individuais. O sistema acima é apenas um exemplo de um código de fiação típico; muitos sistemas diferentes foram criados pelos fabricantes. Por isso, é muito importante estar familiarizado com o código de cabeamento da aeronave a ser atendida. A maioria dos fabricantes inclui uma explicação do código do fio no manual de manutenção da aeronave.

Marcações de identificação são muitas vezes estampadas diretamente sobre o isolamento do fio ou cabo. Durante a construção de aeronaves, fios individuais são marcados com máquina de marcação de fios. Os fios são então montados em um ou mais pacotes para formar o que é normalmente chamado de **chicote de fios**. O chicote de fios inteiro é então instalado enquanto os vários componentes da aeronave são montados. Uma aeronave grande típica conterá muitos chicotes de fios individuais que terão vários feixes de fios. Muitas instalações de manutenção de aeronaves que realizam grandes *retrofits* (engenharia reversa) ou grandes instalações elétricas também vão usar uma máquina de marcação de fios durante a produção de um chicote de fios.

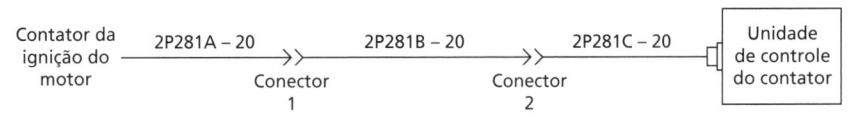

FIGURA 4-45 Três segmentos do mesmo fio A, B e C.

Marcas de fio são colocadas a 3 in [7,6 cm] a partir de qualquer ponto de terminação em um fio ou cabo e, em seguida, consecutivamente a cada 15 in. [38,1 cm] ao longo do fio. Mais uma vez, na extremidade oposta do fio, uma marca de identificação deve ser impressa a cerca de 3 in. da extremidade de fio. Fios que estão entre 3 e 7 in de comprimento devem ser marcados no ponto médio do fio.

Muitas máquinas de marcação de fios mais antigas usam um processo térmico para carimbar letras e números sobre o isolamento exterior de um fio. Em alguns casos, esse tipo de marcação levou a deterioração do isolamento dos fios, devido ao excesso de calor durante o processo de estampagem do número. Existem diretrizes específicas para o uso de máquinas de marcação a calor e o técnico deve segui-las cuidadosamente durante todo a marcação do fio. Outras técnicas de marcação de fios que são menos prejudiciais para o isolamento do fio foram desenvolvidas e têm substituído muitas das máquinas a calor.

Impressoras a jato de tinta e laser especialmente concebidas para esse propósito estão agora disponíveis para marcação de fios e são consideradas muito mais seguras, pois, se usadas corretamente, elas não salientam o isolamento do fio durante o processo de marcação. Essas máquinas modernas de marcação de fios são usadas agora na maioria das aplicações de aeronaves. Tenha em mente que cada tipo de fio e máquina tem características específicas que determinam como o fio pode ser rotulado. Verifique sempre a capacidade entre o fio a ser marcado e o equipamento utilizado para a marcação.

Se o revestimento externo ou a superfície da capa do fio é tal que não podem ser facilmente marcados, a luva ou o tubo podem ser marcados e colocados ao longo dos fios. Fios de alta temperatura, fiação blindada, cabos multicondutores e fios de termopares geralmente exigem luvas especiais para realizar as marcas de identificação. Luvas metálicas ou fitas não devem ser usadas em fios elétricos.

Os chicotes de fios são muitas vezes identificados pelo número, que indica a seção particular instalada em um sistema. Esses chicotes são identificados por meio de uma luva marcada ou fita de pressão sensível. Os métodos de marcação de fios e chicotes são mostrados na Figura 4-46.

O uso do tubo termoretrátil para marcação do fio tornou-se comum em muitas instalações de manutenção de aeronaves devido ao baixo custo do equipamento e facilidade de instalação. Geralmente, se apenas alguns fios serão instalados numa aeronave, esse método de marcação de fio é o preferido. Para instalações maiores, impressoras a laser são normalmente utilizadas. A

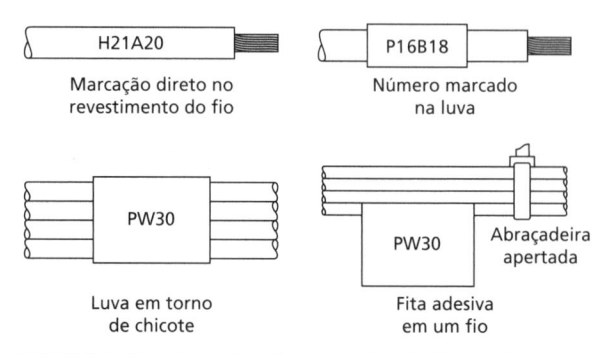

FIGURA 4-46 Métodos de marcação de fios e chicotes.

FIGURA 4-47 Marcador de tubo termoretrátil portátil.

Figura 4-47 mostra um marcador de tubo termoretrátil portátil. O número do fio desejado é primeiramente impresso no tubo termoretrátil. Um ou mais tubos impressos são, então, deslizados sobre a extremidade do fio conforme necessário. O último passo, para completar a marcação, seria encolher o tubo usando uma pistola de calor de baixa temperatura.

Quando os fios são instalados em uma aeronave, para um circuito adicional ou quando fios existentes são substituídos, o técnico deve sempre adicionar rótulos com o código apropriado. A identificação original de marcação do fio deve ser mantida sempre que possível. A instalação de fios com rótulos corretos irá facilitar todas as atividades de manutenção ou serviços futuros.

Cabeamento diagramas esquemáticos

Durante a concepção, fabricação e reparo de sistemas elétricos, é imperativo compreender os vários caminhos e tipos de fio que estão sendo utilizados em cada sistema. Para esse efeito, **diagramas** elétricos, ou **esquemas**, estão incluídos nos dados de manutenção e instalação de sistemas elétricos da aeronave. Os esquemas usam vários símbolos para representar diferentes tipos de fios e conexões de um circuito. Um esquema pode ser pensado como um "mapa do caminho" que ajuda os técnicos a encontrar o seu caminho em um circuito elétrico. Em muitos casos, os números de identificação do fio também estão incluídos no esquema elétrico.

Se é mostrado que dois fios se cruzam em um diagrama esquemático, não significa, sempre, que eles estão eletricamente conectados. Em um diagrama de cabeamento, existem duas maneiras comuns para mostrar os fios elétricos que se cruzam. Dois fios que se cruzam no esquemático e *não se conectam* no circuito real são mostrados na Figura 4-48a. Dois fios que se cruzam no diagrama de fios e *formam* uma ligação elétrica são mostrados na Figura 4-48b. Para eliminar a confusão, os símbolos 1 e 2 são sempre usados juntos em um determinado esquema e os símbolos 3 e 4 são usados juntos. Para continuar a sua compreensão de esquemas de cabeamento, reveja o conjunto de símbolos esquemáticos encontrados no Apêndice deste texto.

Para a maioria dos esquemas, um único fio é representado por uma linha preta sólida. O cabo blindado é geralmente mostrado com uma linha pontilhada ao redor de uma linha sólida; isso representa um condutor dentro de outro. Um símbolo de aterramento elétrico mostra que o fio termina na estrutura de me-

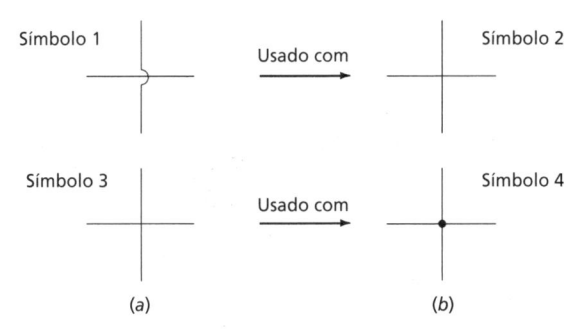

FIGURA 4-48 Diagrama de símbolos para ligação de fios elétricos. (a) Fios sem uma conexão elétrica; (b) fios com uma conexão elétrica.

tal da estrutura da aeronave. Nas aeronaves compostas, o símbolo de terra pode significar que o fio é terminado numa localização central da aeronave, que é então ligada ao terminal negativo da bateria. Símbolos para plugs, conexões de fios e outros itens podem variar de acordo com os exemplos mostrados no Apêndice, por isso, não deixe de consultar os dados do fabricante antes da manutenção em qualquer sistema elétrico. Consulte o Cap. 13, "Projeto e manutenção de sistemas elétricos de aeronaves", para obter mais informações sobre esquemas.

Os diagramas elétricos são outro meio comum para mostrar o *layout* de circuitos elétricos. Os **diagramas** são normalmente de natureza mais geral do que **esquemas** elétricos; ou seja, o diagrama oferece uma visão ampla de um sistema e o esquema fornece detalhes específicos. Um tipo comum de diagrama é conhecido como o **diagrama em blocos**. O termo **bloco** indica a natureza geral de um diagrama em blocos. Como pode ser visto na Figura 4-49, um diagrama em blocos típico mostra os principais componentes de um sistema elétrico e elimina detalhes, como números de fios ou conexões de pinos, que são normalmente incluídos em um esquema de cabeamento. Embora a maioria das aeronaves fabricadas siga regras específicas para o desenvolvimento de diagramas e esquemas elétricos, muitas pessoas costumam usar os termos como sinônimos. Ambos possuem informações valiosas para os técnicos a respeito de componentes e sistemas elétricos. Toda vez que realizar a manutenção de aeronaves, sempre esteja completamente familiarizado com todos os diagramas e esquemas elétricos para o sistema que está sendo mantido. Tal como acontece com a prática geral, este texto vai usar os termos diagrama e esquemático como sinônimos, salvo indicação contrária indicada no momento.

QUESTÕES DE REVISÃO

1. Quais propriedades tornam o fio de aeronaves especial?
2. Por que os fios de aeronaves são fixados?
3. Que tipos de materiais são usados para o isolamento dos fios?
4. Descreva fios ou cabos blindados.
5. Qual é a temperatura máxima admissível para o fio de cobre revestido de prata?
6. Qual é a temperatura máxima admissível para o fio de alumínio?
7. O que é um cabo coaxial?
8. Como é a área da seção transversal de um fio indicado?
9. Descreva o método utilizado para determinar a bitola de um fio usando uma ferramenta de bitola de fio.
10. Qual é a queda de tensão permitida para um sistema de 115 V em um circuito operando continuamente?
11. Qual bitola de um fio de cobre deve ser utilizada em um circuito de 28 V para uma carga contínua de 10 A quando o fio está em um conduíte e a uma distância de 20 ft [6,1 m] a partir da via?
12. Qual é o raio de curvatura mínimo para um feixe de fios?
13. O que pode ser feito para proteger o fio e os feixes de fios contra a abrasão?
14. Descreva um método satisfatório para o enlace de feixe de fios.
15. Descreva um grampo aprovado para feixes de fios.

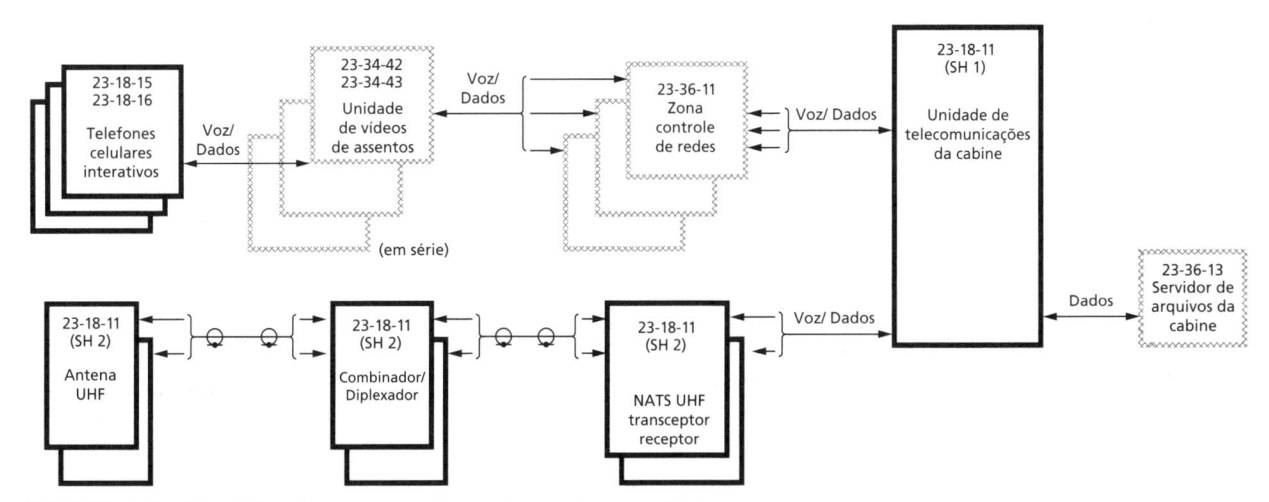

FIGURA 4-49 Um típico diagrama em blocos de um sistema elétrico.

16. Descreva como feixes de fios devem ser distribuídos em uma aeronave.
17. Descreva os conduítes elétricos.
18. Quando for impraticável separar um fio elétrico de uma linha de transporte de líquidos inflamáveis; onde deve ser localizado o fio em relação à linha de fluido?
19. Descreva os terminais típicos usados com fios ou cabos elétricos na aeronave.
20. Descreva o uso dos decapadores de fios.
21. Por que é importante o uso de tipos específicos de ferramentas de crimpagem ao instalar terminais do fio?
22. Por que os terminais soldados não são recomendados para sistemas elétricos de aeronaves?
23. Como fios de aeronaves podem ser emendados?
24. Descreva uma barra de terminais.
25. Qual é o número máximo de terminais que podem ser ligados a um único pino?
26. Quando os fios elétricos passam por buracos em anteparas, qual a proteção que deve ser fornecida e por quê?
27. Discuta sobre as precauções necessárias na instalação de fio de alumínio em um sistema de aeronave.
28. Qual é a vantagem proporcionada pelo uso de conectores em sistemas elétricos?
29. Descreva a instalação de pinos e tomadas em conectores do tipo grampo.
30. Explique os efeitos da soldagem em uma aeronave.
31. Qual é a resistência máxima permitida para uma conexão de ligação?
32. Descreva o procedimento para a instalação de um *jumper*.
33. O que é exigido de um *jumper* de ligação que deve transportar uma carga à terra de uma unidade de equipamentos elétricos?
34. Qual é o propósito da blindagem?
35. Como a blindagem é realizada?
36. Explique como fios elétricos são identificados em um sistema.
37. Onde se deve marcar a identificação no fio ou no feixe?
38. Que métodos são utilizados para a fixação de números e letras de identificação em fios e chicotes?
39. Quais precauções devem ser tomadas para os fios instalados em áreas de SWAMP da aeronave?
40. Descreva o propósito do *cabo de barramento de dados*.
41. O que é um *cabo de fibra óptica*?
42. Qual aeronave é susceptível a conter cabo de fibra óptica?
43. Descreva as precauções de segurança necessárias ao trabalhar com cabos de fibra ótica.
44. Descreva como alguns conectores de junção de fios são projetados para serem resistente à umidade.
45. O que é um conector D-sub?
46. Descreva o propósito de um diagrama em blocos.

CAPÍTULO 5
Corrente alternada em aeronaves

Um profundo conhecimento sobre corrente alternada está se tornando cada vez mais importante para os técnicos de manutenção de aeronaves, engenheiros de aeronaves, especialistas em eletrônica ou aviônicos, assim como, pilotos. As aeronaves modernas utilizam corrente alternada para uma variedade de sistemas durante as operações aéreas e as operações terrestres.

A tendência no design de aeronaves tem sido a de aumentar o número de sistemas elétricos a bordo utilizando a corrente alternada (CA).

As aeronaves grandes da categoria de transporte empregam sistemas de energia CA, que fornecem normalmente mais de uma tensão. Por exemplo, tanto 26 Vca como 115 Vca são comumente usados em aeronaves; e a aeronave Boeing 787 emprega geradores de corrente alternada, que produzem 235 Vca.

Os avanços da eletrônica moderna tornaram possível que mesmo uma aeronave monomotora leve, mantenha pequenos sistemas de energia CA. A maioria dos sistemas elétricos encontrados em grandes aeronaves opera em corrente alternada, embora um sistema de corrente contínua (CC) seja também utilizado. O sistema de emergência CC deve ser mantido, pois a tecnologia ainda tem que desenvolver uma bateria de armazenamento CA, e uma bateria pode ser a única fonte de alimentação em situações de emergência. No futuro, no entanto, poderão ser encontradas aeronaves totalmente mantidas por sistemas de corrente alternada, incluindo energia armazenada para casos de emergência.

Algumas das unidades operadas pela corrente alternada em aeronaves são instrumentos, lâmpadas fluorescentes, equipamentos de rádio, motores elétricos, equipamentos de navegação e pilotos automáticos. Esta lista não inclui todos os dispositivos que são, ou que podem ser operados por corrente alternada, nem pretende-se indicar que todos os tipos de dispositivos acima mencionados exigem corrente alternada.

A energia elétrica CC na categoria de aeronaves de transporte é utilizada para sistemas específicos, bem como para conexão de emergência. Em muitos casos, um componente ou sistema pode operar em CC ainda internamente, mas receber CA a partir dos sistemas de distribuição de energia. O componente, então, converte a energia CA em CC para uso interno.

Um bom conhecimento dos princípios da corrente alternada é essencial para a compreensão de diversos dispositivos elétricos. Isto é especialmente verdade no que diz respeito a motores de elétricos de corrente alternada, alternadores e transformadores. Este capítulo explica a natureza e muitas das características e usos da corrente alternada.

DEFINIÇÃO E CARACTERÍSTICAS

A corrente alternada é definida como a corrente que muda periodicamente de direção e muda continuamente a sua magnitude (lembre-se que a corrente é definida como o fluxo de elétrons). A corrente começa em zero e alcança um máximo em uma direção, em seguida, cai para zero, e alcança o máximo na direção oposta, e retorna a zero. De modo semelhante, a tensão atinge um máximo em uma direção, cai a zero, sobe para um máximo na direção oposta, e, em seguida, retorna a zero. A tensão (pressão elétrica) na verdade não fluir; portanto, quando a tensão muda de direção, os valores positivos e negativos simplesmente invertem. Ou seja, a polaridade da tensão do circuito inverte.

É difícil para alguns estudantes visualizar a natureza da corrente alternada, mas existem muitos dispositivos comuns que podem ser utilizados para ilustrar este princípio. O primeiro, considere um dispositivo reversível (se movendo para trás e para frente), como uma serra de carpinteiro, uma biela em um motor a pistão ou o pêndulo em um relógio. Cada um desses dispositivos realiza um trabalho útil com um movimento de vaivém. Figura 5-1 mostra uma analogia hidráulica de um circuito CA executando trabalho. A bomba força o fluido através da tubulação e faz com que o êmbolo de trabalho para frente e para trás. O pistão está ligado a um eixo de manivela, que converte o movimento de vaivém, do pistão, em movimento de rotação do volante.

Os valores de corrente alternada são indicados por uma curva senoidal ou onda senoidal. Na Figura 5-2, esta curva representa uma tensão ou o valor de uma corrente definida um determinado grau de rotação, através do ciclo alternado. Um ciclo começa em 0° termina em 360°. O valor da corrente alternada é zero no a 0°, máxima na direção em 90°, zero na direção de 180, máxima na direção oposta em 270°, e zero em 360°, como mostrado na curva senoidal. Os valores de 360° e 0° ao longo do eixo horizontal, da onda senoidal são praticamente idênticos. No ângulo de 360° (0°), um ciclo termina e outro começa.

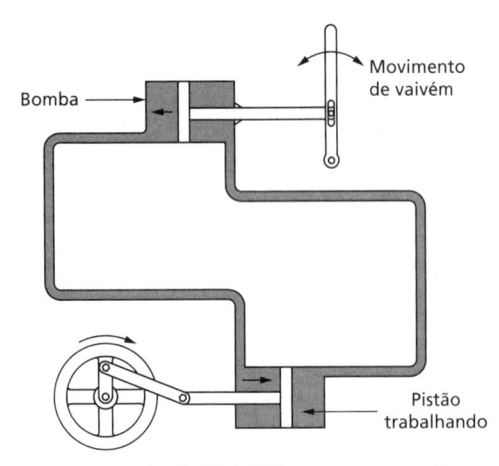

FIGURA 5-1 Analogia hidráulica a corrente alternada.

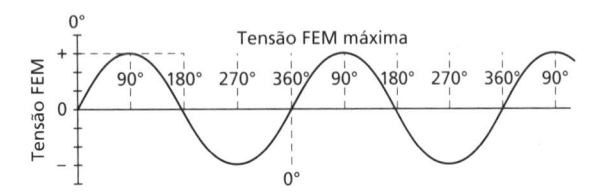

FIGURA 5-2 Uma onda senoidal.

Para fins práticos, os valores de corrente alternada podem ser considerados como tendo o formato de uma curva de seno. Isto pode ser compreendido considerando a geração de corrente alternada por um gerador simples (ver Figura 5-3). Uma única espira de fio é colocada de modo que possa ser rodada em um campo magnético. À medida que a espira gira, os seus lados passam através das linhas de força, e uma força eletromagnética (fem) é induzida nos lados da espira. Na posição 1, o condutor se move paralelamente às linhas de fluxo magnético à medida que a espira gira no sentido dos ponteiros do relógio. A tensão aumenta à medida que a espira se move da posição 1 para posição 2. Na posição 2 a tensão induzida chega a um valor máximo. Isto ocorre porque a espira está em movimento perpendicular às linhas de fluxo. À medida que o condutor se move para além da posição 2, a tensão diminui. A tensão mais uma vez chega a zero na posição 3. Meia volta foi concluída na posição 3. À medida que o condutor passa dessa posição, a tensão induzida inverte. Esta inversão ocorre porque o lado B da espira condutora agora se move para baixo e do lado A se move para cima. Originalmente, o lado A se movia para baixo e lado B se movia para cima; Assim, a tensão induzida inverte a polaridade, porque as linhas de fluxo estão cortando a espira no sentido oposto. A tensão negativa aumenta até posição 4 e, em seguida, diminui à medida que a espira condutora viaja de volta à sua posição original. Na posição 5 a espira fez um ciclo completo, e o processo repete-se. Pode ser visto, na posição 5, que a espira rotativa produziu uma onda senoidal de valores de tensão.

Quando a corrente é levada a um circuito externo, por meio de escovas, ela viaja em uma direção, enquanto a espira se move de 0 a 180°, e na outra direção, enquanto a espira passa de 180 para 360°. Quando está na horizontal e a espira está na posição 0 ou 180°, nenhuma tensão é induzida. Quando a espira está na posição vertical, uma tensão máxima é induzida, pois neste momento os lados estão cortados pelo maior número de linhas de força.

Observa-se que o valor instantâneo da tensão induzida na espira à medida que ela gira no campo magnético é proporcional ao seno do ângulo através do qual a espira está girando a partir de 0°. Portanto, utilizamos a curva de seno para representar os valores de 0° a 360°. O valor tanto da tensão quanto da corrente pode ser representado da mesma forma.

Como ilustrado na Figura 5-3, a onda senoidal está acima do eixo horizontal quando a corrente passa em uma direção e abaixo do eixo horizontal quando a corrente passa em outra direção. Muitas vezes, os valores acima da curva são considerados positivos e valores abaixo da curva, negativos. A atribuição de positivo e negativo é completamente arbitrária; no entanto, ela representa uma alteração na direção do fluxo da corrente. Este conceito de mudança de direção pode também ser aplicado para a tensão de um circuito CA.

Valores RMS ou eficaz

A fim de determinar a quantidade de energia disponível a partir de uma corrente alternada, nós devemos determinar o seu valor eficaz. É óbvio que o valor eficaz não é igual ao valor máximo, porque o valor máximo é alcançado apenas duas vezes no ciclo. Mesmo que a corrente durante o meio ciclo seja igual e oposta em direção, durante a outra metade do ciclo, as correntes não se anulam mutuamente; o trabalho é produzindo se a corrente se move tanto num sentido ou no outro. Portanto, o valor eficaz deve situar-se entre o valor zero e o valor máximo.

O valor eficaz da corrente alternada é calculado por comparação com corrente contínua. A comparação é baseada na quantidade de calor produzido por cada corrente em condições idênticas. Uma vez que o calor produzido por uma corrente é proporcional ao quadrado da corrente ($P = I^2R$), é necessário encontrar a raiz quadrada da média dos quadrados de uma série de valores instantâneos. O valor resultante é chamado de ***root-mean-square*** (**rms**). Em outras palavras, todos os valores instantâneos da onda senoidal são elevados ao quadrado, os resultados são somados e a média é determinada. A raiz quadrada da média é igual à tensão eficaz. Para todas as aplicações de propósito geral, a tensão ou corrente eficaz pode ser determinada utilizando as seguintes equações:

$$E_{eff} = 0{,}707 \times E_{max}$$
$$I_{eff} = 0{,}707 \times I_{max}$$

Da mesma forma que,

$$E_{max} = 1{,}414 \times E_{eff}$$
$$I_{max} = 1{,}414 \times I_{eff}$$

Em todas as aplicações da corrente alternada, os valores de tensão ou de corrente alternada, são apresentados de acordo com os seus valores eficazes em vez de valores máximos. Por exemplo, quando a tensão é dada como sendo 110 V, o valor máximo da tensão é $1{,}414 \times 110\,V = 155{,}6\,V$. Tendo isso em mente, os técnicos devem sempre ter certeza de que qualquer instrumento ou equipamento, conectado a um circuito elétrico CA, está classificado para a tensão e corrente adequada.

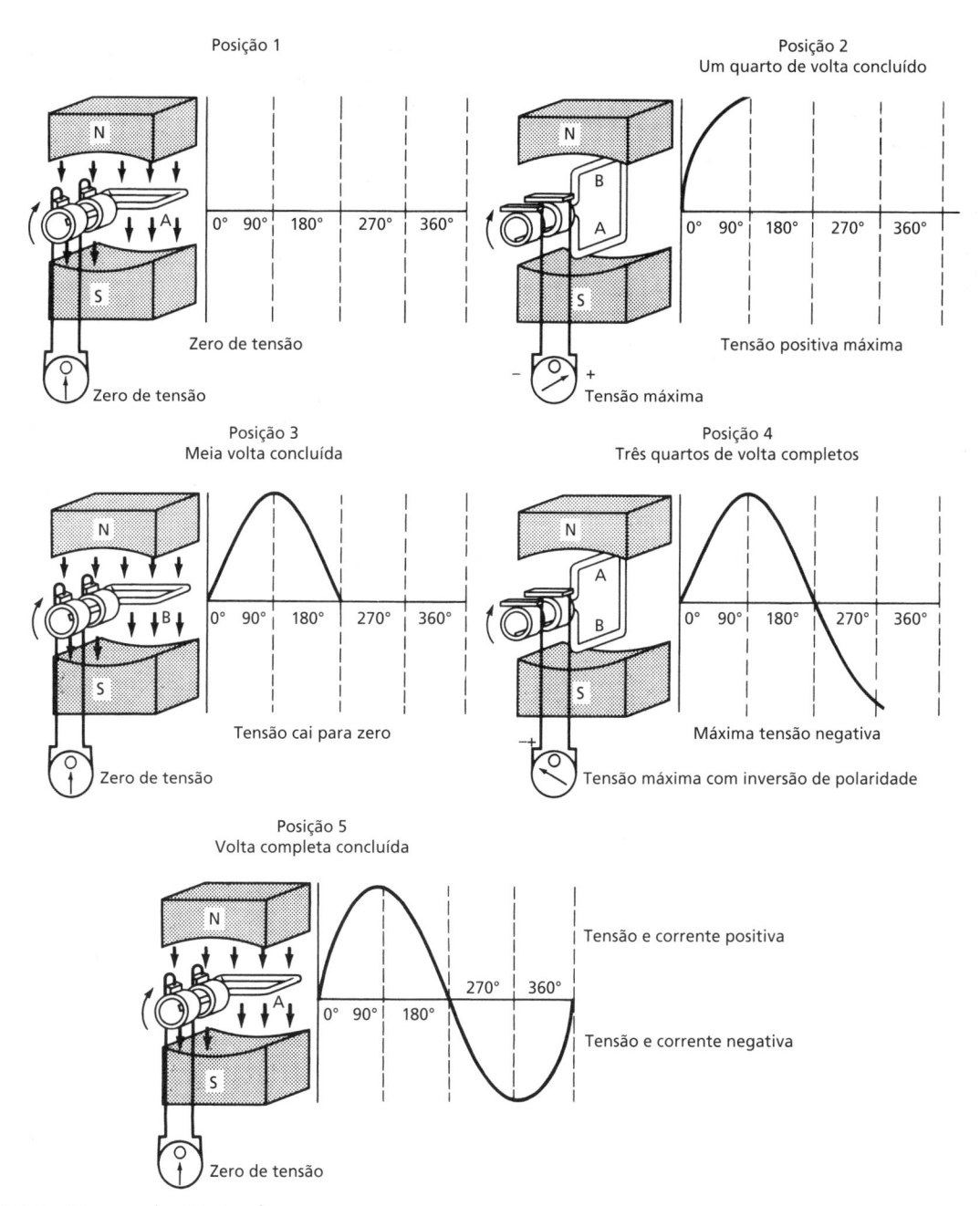

FIGURA 5-3 Um gerador CA simples.

Frequência

Foi explicado que um ciclo de corrente alternada cobre um período em que o valor de corrente aumenta, a partir de zero até um máximo, retorna a zero, aumenta a um máximo na direção oposta, e, em seguida, retorna a zero. O número de ciclos que ocorrem por segundo é a **frequência** da corrente e é medido em uma unidade chamada de **hertz**, em homenagem ao físico alemão do final do século XIX, Heinrich Rudolph Hertz, que fez uma série de descobertas importantes e valiosas que contribuíram para a ciência da eletricidade. Um hertz (Hz) é igual a 1 ciclo por segundo [cps 1]. Os termos **quilo-hertz**, **mega-hertz** e **giga-hertz** são muitas vezes utilizados para descrever as frequências de rádio e velocidades do processador do computador. Um quilo-hertz é igual a 1000 Hz, um mega-hertz é igual a 1 000 000 Hz e um giga-hertz é igual a 1 000 000 000 Hz.

Sistemas de iluminação e de energia nas cidades do Brasil, geralmente, operam a uma frequência de 60 Hz, e na Europa operam em 50Hz ou 100 Hz. Correntes alternadas em circuitos de aeronaves costumam ter uma frequência de 400 Hz. Esta frequência é utilizada para aeronaves modernas, bem como por outras aplicações.

Algumas das aeronaves mais novas operam em sistemas de corrente alternada com uma frequência variável entre 360 e 800 Hz.

A frequência da corrente alternada tem um efeito considerável sobre o funcionamento de um circuito, pois muitas unidades de equipamentos elétricos operam apenas com corrente de uma certa frequência. Onde quer que tal equipamento seja utilizado, é importante se certificar de que foi projetado para a frequência da corrente em que será utilizado. Unidades tais como motores síncronos operam a velocidades proporcionais à frequência da corrente, mesmo que a tensão seja um pouco menor ou maior do que a tensão nominal da máquina. Também é importante lembrar que um circuito, concebido para uma dada frequência, pode ser facilmente sobrecarregado, utilizando-se uma corrente de uma frequência diferente, mesmo que a tensão permaneça a mesma. Isso é por causa dos efeitos da reatância indutiva e capacitiva, o que será explicado mais adiante neste capítulo.

A fase

A fase de uma corrente ou tensão alternada é a distância angular entre dois pontos de uma forma de onda. A distância angular é normalmente medida em graus de rotação, ou graus. O ângulo de fase em equações elétricas é geralmente representado pela letra grega teta (θ). O **ângulo de fase** é a diferença em graus de rotação entre duas correntes ou tensões alternadas, ou entre uma tensão e uma corrente. Por exemplo, quando uma tensão atinge o máximo 120° depois de uma outra, existe um ângulo de fase de entre as duas tensões. A Figura 5-4a mostra uma diferença de fase de 120° entre três curvas das tensões diferentes. Este tipo de relação de fase é muito comum em circuitos de aeronaves que utilizam um sistema elétrico de corrente alternada trifásica. Sistemas trifásicos são conhecidos como **circuitos polifásicos** e serão discutidos mais adiante neste capítulo.

Na maior parte dos circuitos de corrente alternada, existe um deslocamento de fase entre a tensão e a corrente. A Figura 5-4b mostra curvas senoidais que representam uma corrente atrasada em relação à uma tensão, ou uma tensão atrasada em relação à uma corrente. Os circuitos aonde a corrente e tensão não chegam ao máximo, ao mesmo tempo, são considerados *fora de fase*. Na Figura 5-4b, observe que a onda da corrente cruza o eixo zero após a onda da tensão. Isto significa que a corrente atinge o zero algum tempo após a tensão. De modo semelhante, o valor de pico da corrente ocorre após o valor do pico de tensão. Por esta razão, sabemos que a corrente está atrasada em relação à tensão em vários graus.

A corrente é dita estar "defasada" porque atinge todos os valores respectivos em algum momento após a tensão. O tempo de latência é tradicionalmente medido em graus. Na Figura 5-4c, é mostrado que a tensão é aproximadamente 90° fora de fase com a corrente. Isto é, a tensão segue a corrente em aproximadamente 90°.

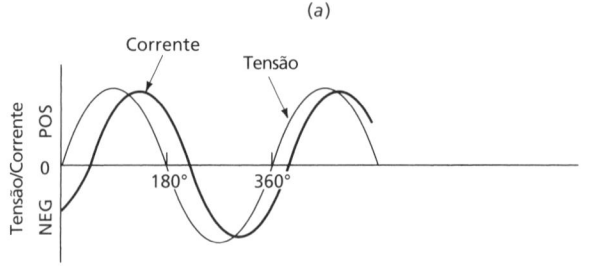

Capacitância em circuitos CA

A capacitância pode ser definida como a capacidade em armazenar uma carga elétrica. A capacitância em um circuito é criada por um dispositivo chamado **capacitor**. A teoria do capacitor será discutida em detalhes no Capítulo 6; essa seção deve ser estudada cuidadosamente para obter uma compreensão completa de como os capacitores agem em um circuito ca. Em suma, os capacitores opõem-se à mudança de fluxo de corrente num circuito. Num circuito de corrente alternada, uma vez que a cor-

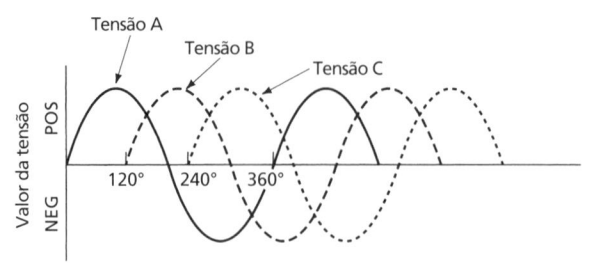

FIGURA 5-4 Tensão fora de fase e curvas de corrente: (a) as curvas de tensão de um circuito trifásico; (b) tensão adiantada da corrente; (c) corrente adiantada da tensão.

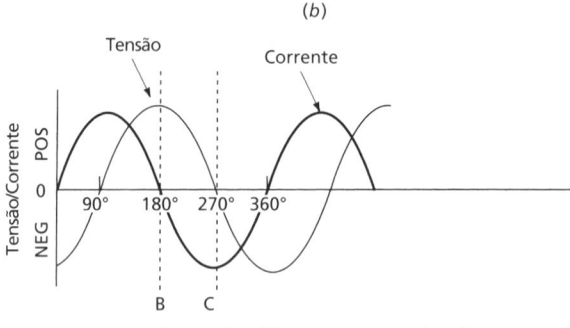

rente está constantemente mudando em grandeza e em direção, um capacitor irá criar uma grandeza de oposição à corrente aplicada. Esta oposição à corrente é semelhante a uma resistência; no entanto, ela também cria uma mudança de fase no circuito (a resistência não cria mudança de fase).

Quando um capacitor está ligado em série em um circuito de corrente alternada, parece que a corrente alternada passa pelo capacitor. Na realidade, os elétrons são armazenados primeiro de um lado do capacitor e, em seguida, sobre o outro, permitindo assim que a corrente alterna flua no circuito, sem que se passe através do capacitor.

Uma analogia hidráulica pode ser usada para explicar o funcionamento de um capacitor em circuito (ver Figura 5-5a). O capacitor é representado por uma câmara separada em duas seções por um diafragma elástico. O gerador de corrente alternada é representado pela bomba do tipo êmbolo. À medida que o pistão se move numa direção, força o fluido para uma seção da câmara, e desenhá-lo para fora da outra secção. O fluxo de fluido representa o fluxo de elétrons em um circuito elétrico. Assim, pode ser visto que existe um fluxo alternado do fluido nas linhas

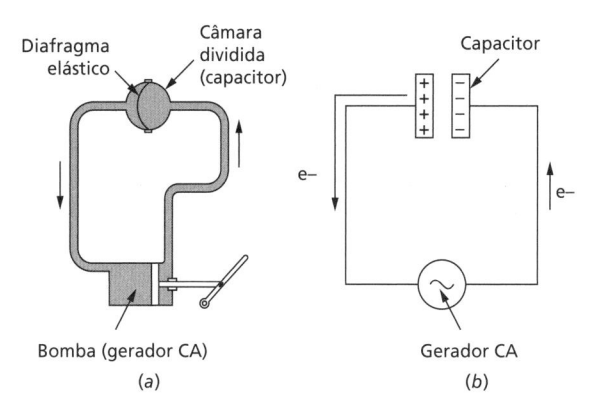

FIGURA 5-5 Analogia hidráulica de um capacitor. (a) A bomba hidráulica força o fluido para o lado direito da câmara; (b) o gerador CA força elétrons a irem para o lado direito do capacitor.

e que o trabalho é produzido quando o fluido se move para trás e para frente, em primeiro lugar enchendo um lado da câmara e, em seguida, a outro.

Como pode ser visto na Figura 5-5b, que a atuação de um capacitor em um circuito de corrente alternada é, para todos os efeitos práticos, idêntica à atuação da câmara recém descrita. Os elétrons são concentrados em uma placa do capacitor, e essa carga negativa força os elétrons para longe da outra placa. Como a corrente ca inverte a direção, o capacitor é carregado com a polaridade invertida. Em cada ciclo de corrente alternada, como tensão da fonte começa a cair, a corrente começa a fluir para fora de uma das placas do capacitor e para a outra; e este ciclo repete-se o durante tempo em que a corrente estiver fluindo.

Esta carga e descarga constante, do capacitor, cria um campo eletrostático e estresse dielétrico dentro dele. Um **dielétrico** é um material isolante utilizado para separar as placas de um capacitor. O estresse dielétrico é semelhante à tensão do diafragma elástico do circuito hidráulico (Figura 5-5a). O estresse dielétrico cria uma força que se opõe à corrente aplicada. Em outras palavras, o capacitor irá criar um fluxo de corrente no sentido oposto ao da corrente aplicada. Este fluxo de corrente tem dois efeitos no circuito: (1) um que se opõe, ou "resiste", à corrente aplicada, e (2) um que cria um **deslocamento de fase** entre a tensão e a corrente.

A mudança de fase em circuitos capacitivos faz com que a corrente esteja adiantada em relação à tensão. Esta mudança de fase da corrente faz com ela atinja os seus valores máximos e mínimos antes que a tensão do circuito. Se fosse possível ter um circuito puramente capacitivo, sem nenhuma resistência, a corrente seria adiantada da tensão em 90° (Figura 5-4c). Estudando a Figura 5-4c, pode ser visto que a queda de tensão aumenta, a corrente começa a diminuir devido ao aumento de tensão no dielétrico do capacitor. Isto, naturalmente, significa que a oposição ao fluxo de corrente está aumentando. No momento em que a tensão atingir o seu valor máximo, o capacitor estará completamente carregado; portanto, nenhuma corrente poderá fluir. Neste ponto B, a corrente tende a zero. À medida que a tensão começa a cair, a corrente flui para fora do capacitor na direção oposta, porque o seu potencial é maior do que o potencial da tensão aplicada. No momento em que a tensão cai a zero, a corrente passa a fluir a uma velocidade máxima por não haver oposição. Este ponto da curva é representado pela letra C.

Deve-se lembrar que a ação descrita só ocorre quando não há resistência no circuito. Uma vez que isto é impossível, em um circuito no qual a corrente esteja adiantada 90°. No entanto, o estudo de um tal circuito dá ao estudante uma compreensão clara do efeito de capacitância. Em um circuito de corrente alternada onde a capacitância e resistência estão presentes, o deslocamento de fase será entre 0 e 90°.

Os efeitos da capacitância em circuitos de corrente alternada são mais efetivos em frequências maiores. Circuitos eletrônicos modernos podem produzir frequências de muitos milhões de ciclos por segundo (Hz). Por esta razão, tipos especiais de dispositivos e equipamentos elétricos e eletrônicos foram concebidos para reduzir os efeitos de capacitância, onde estes efeitos são prejudiciais para o funcionamento do circuito.

Reatância capacitiva

Se a capacitância é considerada a *habilidade* em se opor à passagem de corrente, então a **reatância capacitiva** é a oposição real à passagem de corrente em um dado circuito CA. Uma vez que a reatância capacitiva é a oposição à passagem de corrente, ele é medida em ohms. Deve-se notar que a capacitância reativa também cria um deslocamento de fase no circuito, logo não pode ser considerada uma resistência. A reatância capacitiva é representada por X_C e é uma função da frequência e da capacitância total do circuito.

A reatância capacitiva num circuito é inversamente proporcional à capacitância e à frequência de corrente alternada. Isto porque um capacitor de capacitância grande terá uma carga maior do que um capacitor de capacitância baixa; assim, vai permitir que mais corrente flua no circuito. Se a frequência aumenta, o capacitor se carrega e descarrega mais vezes por segundo; daí, a alteração no fluxo de corrente torna-se mais rápida. A partir da seguinte equação, para a reatância capacitiva, pode-se ver que a reatância irá diminuir à medida de capacitância ou frequência aumentar.

A fórmula da reatância capacitiva é

$$X_C = \frac{1}{2\pi f C}$$

onde, X_C = reatância capacitiva, Ω
f = frequência, Hz
C = capacitância, F

Para determinar a reatância capacitiva em um circuito cuja frequência é 60 Hz e a capacitância é 100 μF, substitua os valores conhecidos na fórmula. Então:

$$X_C = \frac{1}{2\pi \times 60 \times 100/1000000}$$

Lembre-se que 1 μF é um milionésimo de 1 farad, 100 μF é igual a 100/ 1 000 000 F. Então

$$X_C = \frac{1}{6{,}283 \times 0{,}006} = \frac{1}{0{,}037698} = 26{,}5 \text{ Ω}$$

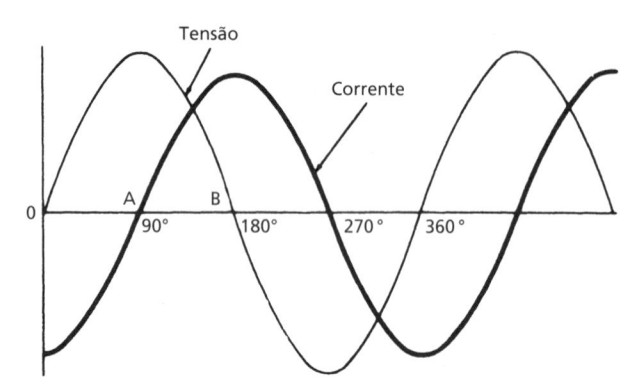

FIGURA 5-6 Corrente adiantada em relação à tensão.

Indutância em circuitos CA

O efeito da **indutância** em circuitos de corrente alternada é exatamente oposto ao efeito da capacitância. Capacitância faz com que a corrente adiante-se em relação à tensão, e indutância faz com que a corrente atrase-se em relação à tensão. A Figura 5-6 mostra as curvas de tensão e de corrente para um circuito puramente indutivo. A fim de entender completamente os efeitos da reatância indutiva, a pessoa deve primeiro estudar a seção que aborda a indutância da bobina no Cap. 6.

De acordo com a **lei de Lenz**, sempre que uma ocorre uma mudança na corrente em uma indutância, uma fem (tensão) é induzida para se opor à mudança na corrente. Então a tensão induzida será máxima quando a taxa de alteração da corrente for a maior. Uma vez a variação da corrente é mais rápida, no caso de um circuito de corrente alternada, quando a corrente passa pelo ponto zero, a tensão induzida será máxima neste mesmo tempo, como mostrado na Figura 5-6. Quando a corrente atinge o máximo, por um momento, não há mudança em seu valor, e, portanto, a tensão induzida é zero no ponto B. Recorde-se que, para induzir uma tensão em qualquer circuito, deve haver uma alteração na corrente; assim, um "movimento" do campo magnético é criado em torno da bobina da indutância. Assim, no ponto B, onde não há mudança rápida de corrente, não haverá tensão induzida. Este efeito faz a corrente atrasar-se em relação a tensão por 90°. Mas, uma vez que um circuito puramente indutivo é impossível, porque há sempre uma resistência presente, a defasagem estará entre 0 e 90°.

Reatância indutiva

O efeito da indutância no circuito de corrente alternada é chamado reatância indutiva e é medida em ohms porque "resiste" ao fluxo de corrente no circuito. **A reatância indutiva (X_L) é a oposição real, ao fluxo de corrente, criada pela indutância em um circuito CA.** A indutância L é a capacidade de uma bobina opor-se às mudanças no fluxo da corrente. A reatância indutiva de um circuito qualquer é dada em função da frequência e da indutância do circuito de corrente alternada.

A reatância indutiva, em um circuito, é proporcional à indutância do circuito e à frequência da corrente alternada. À medida que a indutância é aumentada, a tensão induzida (que se opõe à tensão aplicada) é aumentada; portanto, o fluxo de corrente é reduzido. Da mesma forma, quando a frequência do circuito aumenta, a taxa de variação de corrente na bobina é também aumentada; Assim, a tensão induzida (oposta) é maior e a reatância indutiva é aumentada. Como a reatância indutiva aumenta, a corrente do circuito é reduzida.

Podemos ver claramente que os efeitos da capacitância e indutância são opostos, uma vez que a reatância indutiva aumenta com o aumento da frequência e a reatância capacitiva diminui à medida que a frequência aumenta. A fórmula para reatância indutiva é

$$X_L = 2\pi f L$$

onde X_L = reatância indutiva, Ω
f = frequência, Hz
L = indutância, H

Vamos supor que uma bobina de indutância de 7 H está ligada em um circuito de 60 Hz e é necessário encontrar a reatância indutiva. Substituindo-se os valores conhecidos na fórmula,

$$X_L = 2 \times 3{,}1416 \times 60 \times 7 = 2638{,}94 \ \Omega$$

Combinando resistência, capacitância e indutância

Em aplicações presentes em uma aeronave típica, existem vários componentes que têm resistência, capacitância e indutância. Nesse caso, o circuito é conhecido como um circuito **RCL**. Um circuito que contém apenas resistência é chamado de um **circuito resistivo (R)**. Outros circuitos são conhecidos como **resistivo indutivo (RL)** e **resistivo capacitivo (RC)**. Cada nome descreve os tipos de elementos que estão contidos no circuito. Por exemplo, um circuito RC contém as unidades resistivas e unidades capacitivas. Para qualquer circuito que não é puramente resistivo, a oposição total ao fluxo de corrente é chamada de *impedância*. Como observado anteriormente, todos os circuitos de contêm alguma resistência, indutância e capacitância; No entanto, em alguns casos, os efeitos de indutância e capacitância são considerados insignificantes.

E, claro, não há reatâncias indutiva ou capacitiva em um circuito CC. Em um circuito CC a frequência (F) é igual a 0; portanto, X_L e X_C também são iguais a zero.

IMPEDÂNCIA

No estudo da lei de Ohm, para circuitos de corrente contínua, verificou-se que a corrente no circuito era igual à tensão dividida pela resistência. Em um circuito CA é necessário considerar reatância capacitiva e reatância indutiva, antes de determinar o valor da corrente nesse tipo de circuito. A combinação da resistência, da reatância capacitiva e da reatância indutiva é chamada de **impedância** e o símbolo da fórmula representa pela letra Z.

Pode parecer que poderíamos somar a reatância capacitiva, a reatância indutiva, e a resistência para encontrar a impedância, mas isso não é verdade. Lembre-se que reatância capacitiva e reatância indutiva têm efeitos opostos em um circuito CA. Por esta razão, para encontrar a reatância total usamos a diferença das reatâncias. Se considerarmos a reatância indutiva como positiva e a reatância capacitiva como negativa, então, nós podemos adicionar as duas algebricamente, isto é,

$$X_L + (-X_C) = X_t \text{ ou reatância total.}$$

Agora pode parecer que nós poderíamos adicionar este resultado à resistência para encontrar a impedância, mas novamente, devemos considerar o efeito da resistência no circuito. Sabe-se que a resistência de um circuito não causa o deslocamento da fase da corrente, e por este motivo, o adiantamento de 90°, causado pela indutância e o atraso de 90° causado pela capacitância, torna necessário adicionar resistência à reatância na forma vetorial.

Um **vetor** é uma grandeza que tem magnitude (ou módulo), direção e sentido. Vetores são muitas vezes representados graficamente por uma linha que aponta em um determinado sentido. Os vetores podem ser utilizados para representar uma dada força. A intensidade da força é indicada pelo comprimento da linha que representa o vetor. Os valores para X_L, X_C e R podem ser representados usando um diagrama de vetores, tal como ilustrado na Figura 5-7a. A resistência é sempre mostrada no eixo horizontal, a reatância indutiva no eixo vertical, apontando para cima, e reatância capacitiva no eixo vertical, apontando para baixo. Tal como ilustrado, é fácil de verificar que os efeitos de X_L e X_C anulam-se mutuamente, e os efeitos da resistência estão a 90° de cada reatância. Como demonstrado na Figura 5-7b, usando a adição de vetores, os três vetores X_L, X_C e R podem ser combinados em um vetor resultante chamado *impedância* (Z). O comprimento do vetor de impedância pode ser determinado graficamente ou algebricamente. O teorema de Pitágoras, $A^2 + B^2 = C^2$, pode ser facilmente ser aplicado para calcular Z, isto é,

$$X_t^2 + R^2 = Z^2$$

ou

$$Z = \sqrt{R^2 + X_t^2}$$

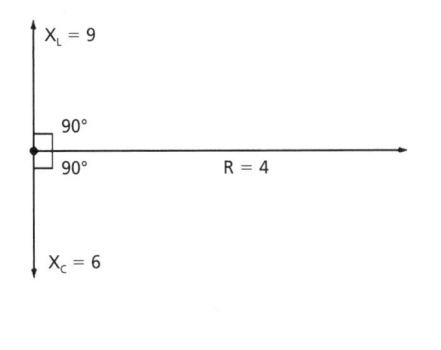

Substituindo X_t,

$$Z = \sqrt{R^2 + (X_L - X_C)^2}$$

Esta fórmula é tipicamente utilizada para calcular um o valor de Z, de R ou de X que não seja conhecido. Deve-se notar que esta fórmula pode ser aplicada para determinar a impedância em apenas circuitos em série. Isto é, os valores totais de resistência, capacitância e indutância e devem estar em série uns com os outros, como mostrado na Figura 5-8. As equações para circuitos em paralelo serão discutidas mais adiante.

Após a impedância ser encontrada, em um circuito de corrente alternada, os outros valores podem ser encontrados pela lei de Ohm, para a corrente alternada. Nesta fórmula nós apenas substituímos o símbolo Z, ou seja, a impedância, no lugar de do símbolo R que normalmente significa a resistência. A fórmula torna-se então

$$I = \frac{E}{Z}$$

Um problema simples. Se um circuito em série contém um indutor com reatância indutiva X_L igual a 12 Ω, uma reatância capacitiva X_C de 18 Ω, uma resistência R de 5 Ω, e uma aplicada uma tensão de 120 V, qual que é a corrente que flui através do circuito?

Solução: Em um circuito CA, $I = E/Z$; logo, o valor para Z deve ser determinado.

$$Z = \sqrt{R^2 + (X_L - X_C)^2}$$
$$= \sqrt{5^2 + (12 - 18)^2}$$
$$= \sqrt{25 + 36}$$
$$= 7,8 \text{ Ω}$$

Nota: Sempre subtraia X_C de X_L, e então eleve o resultado ao quadrado; $X_L - X_C$ podem produzir um valor negativo. Esse valor negativo se tornará positivo quando elevado ao quadrado.

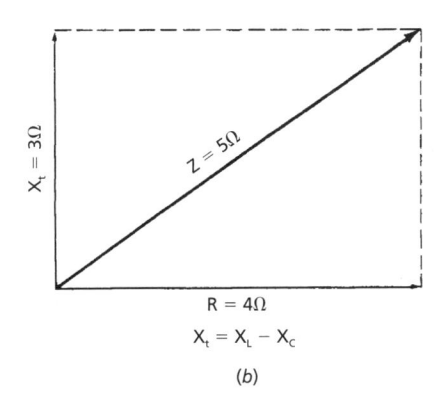

NOTA: X_t É CONSIDERADO INDUTIVO PORQUE X_L É MAIOR QUE X_C.

FIGURA 5-7 Diagramas de vetores para a resistência, reatância e impedância.

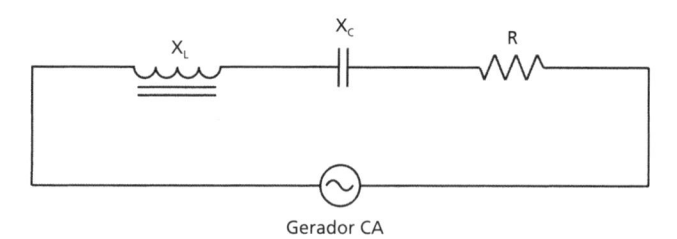

FIGURA 5-8 Um circuito CA simples.

Para encontrar $I = E/Z$:

$$I = \frac{120V}{7,8\Omega}$$

$$= 15,4 \text{ A}$$

A corrente estará adiantada em relação à tensão nesse circuito porque X_C é maior que X_L e, portanto, tem um efeito maior no deslocamento de fase.

Ângulo de fase

Como afirmado anteriormente, o *ângulo de fase* é a distância angular entre corrente e tensão de um circuito de corrente alternada. O ângulo de fase é designado pela letra grega teta (θ). Para compreender melhor o deslocamento de fase criados em um circuito de corrente alternada, estudam-se os diagramas vetoriais da Figura 5-9. Tal como ilustrado, θ é sempre medido entre a linha horizontal e o vetor resultante Z. Para um circuito R, C ou L simples, o vetor resultante é igual ao vetor R, C ou L. Para um circuito resistivo puro (R), a mudança de fase é 0°. Para um circuito puramente indutivo (L) ou puramente capacitivo (C), o ângulo do deslocamento de fase é sempre 90°. A tensão adianta-se em relação à corrente no circuito indutivo, e a corrente adianta-se em relação à tensão no circuito capacitivo.

Para determinar o valor exato de um ângulo de deslocamento de fase, a função de trigonometria seno, cosseno ou a tangente é usada. A Figura 5-10 demonstra os cálculos para encontrar θ em um circuito RL. O seno de θ é usado nesse caso para encontrar o valor do ângulo. O seno de θ é determinado como sendo 0,446; então, uma calculadora é usada para determinar o ângulo real de 26,5°. Se a tangente for usada para encontrar θ, os cálculos serão como se segue:

$$\tan \theta = \frac{\text{cateto oposto}}{\text{cateto adjacente}}$$

$$\tan \theta = \frac{10}{20} = 0,5$$

$$\theta = \tan^{-1} 0,5 = 26,5°$$

O cosseno da função será usado de maneira similar para encontrar o ângulo θ.

O valor do ângulo de fase tem grande importância quando um circuito de corrente alternada é projetado. Um ângulo de fase pequeno significa que o vetor de resistência é grande em comparação aos vetores das reatâncias. Um ângulo de fase grande ocorre quando o vetor de reatância indutiva ou capacitiva é muito maior do que o vetor de resistência. Se essa situação ocorrer, o circuito de CA torna-se muito ineficiente e pode sobrecarregar a fonte de energia.

A proporção de resistência, em relação à reatância indutiva ou capacitiva, torna-se crítica durante a concepção de sistemas elétricos de corrente alternada. Se um técnico faz grandes mudanças em um sistema elétrico de corrente alternada, é importante garantir que o ângulo de fase permaneça dentro das especificações.

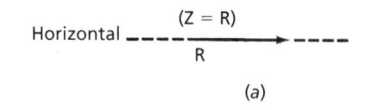

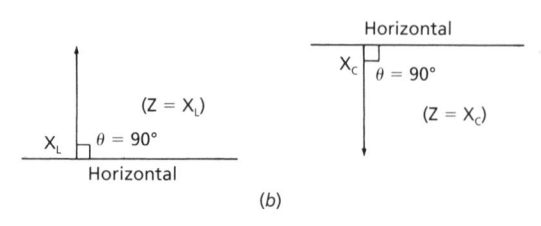

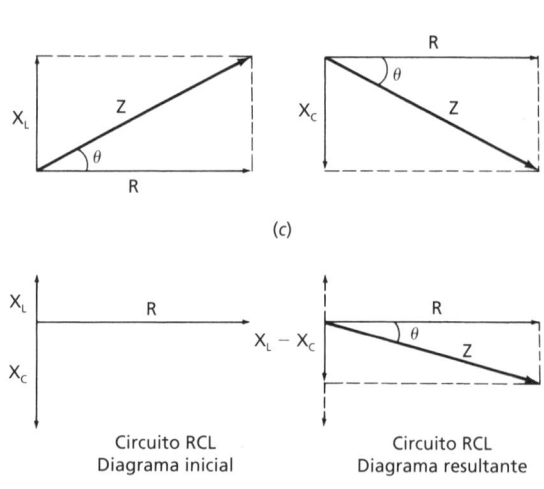

FIGURA 5-9 Vários ângulos de fase: (a) circuito puramente resistivo (R); θ = 0. (b) puramente indutivo (L) ou puramente capacitivo (C); θ = 90°. (c) Resistivo-indutivo (RL) ou resistivo-capacitivo (RC); θ é maior do que 0° mas menor que 90° (d) resistivo-indutivo-capacitivo; θ é maior que 0°, mas menor que 90°.

$$\text{sen } \theta = \frac{\text{Cateto oposto}}{\text{Hipotenusa}}$$

$$\text{sen } \theta = \frac{10}{22,4}$$

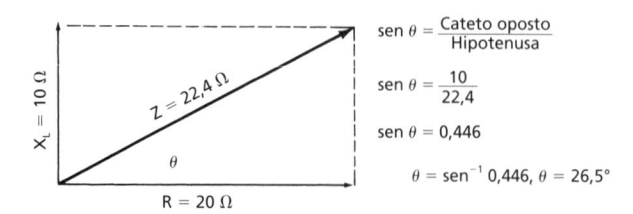

$$\text{sen } \theta = 0,446$$

$$\theta = \text{sen}^{-1} 0,446, \theta = 26,5°$$

FIGURA 5-10 Cálculo do ângulo de fase.

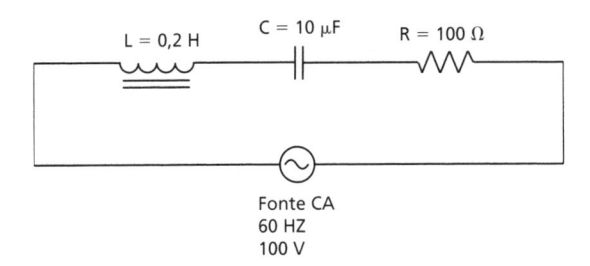

FIGURA 5-11 O circuito em série simples para o problema.

Problema simples. Em um circuito CA em série (veja Figura 5-11) determine a impedância total Z, a corrente total I_t e o ângulo de fase θ.

Passo 1. Encontre a reatância capacitiva e a indutiva. (*Nota*: Lembre-se de converter microfarads para farads.)

$$\text{Encontrar a reatância indutiva} \begin{cases} X_L = 2\pi fL \\ = 2\pi 60(0,2) \\ = 75,4\ \Omega \end{cases}$$

$$\text{Encontrar a reatância capacitiva} \begin{cases} X_C = \dfrac{1}{2\pi fC} \\ = \dfrac{1}{2\pi 60(0,00001)} \\ = \dfrac{1}{0,0038} \\ = 265,26\ \Omega \end{cases}$$

A reatância indutiva é 75,4 Ω; arredondando tem-se 75 Ω, A reatância capacitiva é 265,26 Ω; arredondando tem-se 265 Ω.

Passo 2. Encontre a impedância do circuito.

$$Z = \sqrt{R^2 + (X_L - X_C)^2}$$
$$= \sqrt{100^2 + (75,4 - 265,26)^2}$$
$$= \sqrt{46\,046}$$
$$= 214,58\ \Omega$$

A impedância é 214,58 Ω; arredondando, tem-se 214 Ω.

Passo 3. Determine o ângulo do deslocamento de fase (Figura 5-12).
(*Nota:* A corrente estará adiantada em relação à tensão, uma vez que X_C é maior que X_L.)

$$\text{sen}\,\theta = \frac{190}{214}$$
$$\text{sen}\,\theta = 0,8879$$
$$\theta = 62,6°$$

O deslocamento de fase é 62,6°.

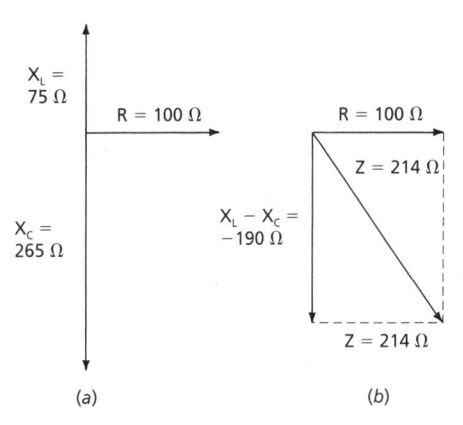

FIGURA 5-12 Diagrama de vetores do circuito CA em série para o problema.

Passo 4. Encontre o valor da corrente total.

$$I_t = \frac{E_t}{Z}$$
$$= \frac{100\ V}{214\ \Omega}$$
$$= 0,74\ A$$

A corrente total é igual a 0,47 A.

O cálculo do fator de potência para circuitos CA

Existem normalmente dois tipos de potência utilizadas para descrever o trabalho realizado por um circuito CA. A **potência real** é a energia consumida apenas pela resistência de um circuito de corrente alternada. A **potência aparente** é a energia consumida pelo circuito de corrente alternada completo. Assim, a potência aparente leva em consideração a energia consumida pela resistência e pelas reatâncias indutiva e capacitiva. A potência real considera apenas a resistência. Assim como a impedância é encontrada vetorialmente, a potência aparente segue o mesmo comportamento, como ilustrado na Figura 5-13. A potência reativa Q é colocada sobre o eixo vertical. A **potência reativa** é uma função da reatância total de um circuito. A potência real P é colocada sobre o eixo horizontal e a sua magnitude é encontrada por $P = I^2 R$. A potência aparente U é o vetor resultante e pode ser encontrado usando

$$U = \sqrt{P^2 + Q^2}$$

Q = Potência reativa
P = Potência real
U = Potência aparente

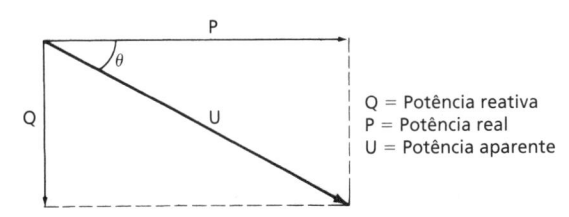

FIGURA 5-13 Diagrama vetorial para a potência aparente.

Para distinguir entre os tipos de potências, a potência real é medida em **watts (W)**, a potência aparente é medida em **volt-ampère (VA)** e potência reativa é medida em **volt-ampère reativo (VAR)**.

O fator de potência (FP) é a razão entre a potência real e a potência aparente; a eficiência de um circuito irá determinar o fator de potência. Ou seja, quanto maior a reatância indutiva ou capacitiva, a eficiência e o fator de potência serão menores. O fator de potência pode ser calculado por

$$FP = \frac{\text{potência real}}{\text{potência aparente}}$$
$$= \frac{P}{U}$$

Uma vez que fator de potência é uma razão, ele é adimensional. Se $P = 130$ W e $U = 140$ VA, o fator de potência pode ser calculado da seguinte forma:

$$FP = \frac{P}{U}$$
$$= \frac{130}{140}$$
$$= 0{,}928$$

Um fator de potência igual a 1,0 indica um circuito é puramente resistivo. Um fator de potência igual a zero indica um circuito puramente reativo.

O fator de potência também pode ser calculado usando o cosseno do ângulo de mudança de fase. Isto é,

$$FP = \text{cosseno } \theta$$

Portanto, se o fator de potência é conhecido, o ângulo de deslocamento de fase (não a direção) é também conhecido. Quanto maior for a reatância de um circuito, para uma dada resistência, o ângulo de deslocamento da fase será maior, quanto menor o fator de potência menor será a eficiência do circuito. Depois de entender essa relação, é fácil ver por que grandes quantidades de reatância indutiva ou capacitiva podem criar ineficiências e são indesejáveis em um circuito ca.

A maioria dos alternadores ac de aeronaves contêm especificações críticas para a potência aparente e para a faixa admissível para o fator de potência. A potência aparente é usada porque descreve a energia usada pelo circuito inteiro; ou seja, a resistência e a potência reativa. A potência aparente é medida em **quilovolt-ampère (kVA)**, e o fator de potência é dado como um intervalo. Por exemplo, um alternador de aeronave específica pode ser classificado da seguinte forma: máximo fator de potência aparente sendo 200 kVA e o fator de potência compreendido entre 0,90 a 1,0. Estas especificações nunca devem ser excedidas; de outra forma, o alternador pode ser danificado internamente.

Circuitos CA paralelo

Como mencionado anteriormente, os cálculos utilizados para encontrar a impedância de circuitos em paralelo, são diferentes daqueles utilizados nos circuitos em série. A letra Z ainda é usada para representar a impedância; no entanto, para circuitos em paralelo $Z_1 = 1/Y$. Para calcular Y, deve ser usada a seguinte equação:

$$Y = \sqrt{G^2 + (B_L - B_C)^2}$$

onde $G = 1/R$
$B_L = 1/X_L$
$B_C = 1/X_C$

Aqui podemos ver que a G, B_L e B_C são simplesmente o inverso da resistência R, da reatância indutiva X_L, e da reatância capacitiva X_C, para um determinado circuito. G, B_L e B_C não têm valor prático em termos elétricos; no entanto, eles devem ser utilizados como um passo intermédio, sempre que a impedância total de um circuito em paralelo for determinada. Uma vez calculados os valores, a equação

$$Y = \sqrt{G^2 + (B_L - B_C)^2}$$

pode ser usada para encontrar Y. O valor de Y deve então ser invertido para encontrar Z, como mostrado a seguir.

$$Z = \frac{1}{Y}$$

Para circuitos de corrente CA em paralelo, tensão é adiantada da corrente se B_L for maior que B_C. A tensão será atrasada se B_C for maior do que B_L (Figura 5-14a). O ângulo de deslocamento da fase (θ) é determinado pelo ângulo entre o vetor resultante Y e o vetor horizontal G, como visto na Figura 5-14b.

Como será visto no exemplo a seguir, o cálculo da impedância Z, para circuitos em paralelo, é relativamente fácil se você sempre lembrar de inverter os valores de R, X_L e X_C, antes de calcular Y. Em seguida, basta inverter Y para encontrar a impedância total Z.

Exemplo para um circuito paralelo. Para encontrar a impedância total e o ângulo de deslocamento de fase do circuito na Figura 5-15, siga os seguintes passos:

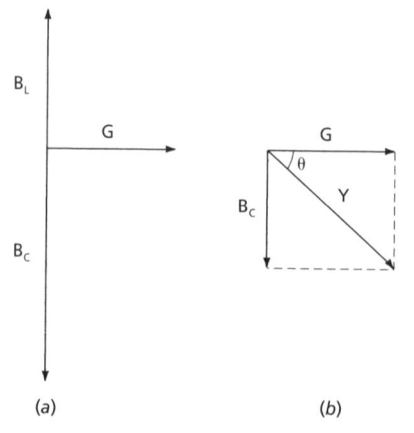

FIGURA 5-14 Diagrama de vetores para o circuito CA em paralelo; θ é medido entre a linha horizontal e o vetor resultante.

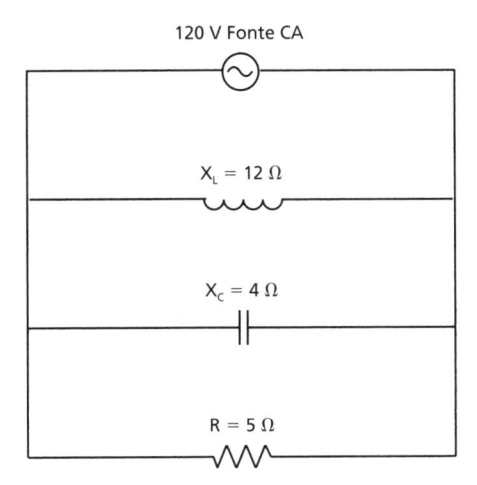

FIGURA 5-15 Circuito do exemplo.

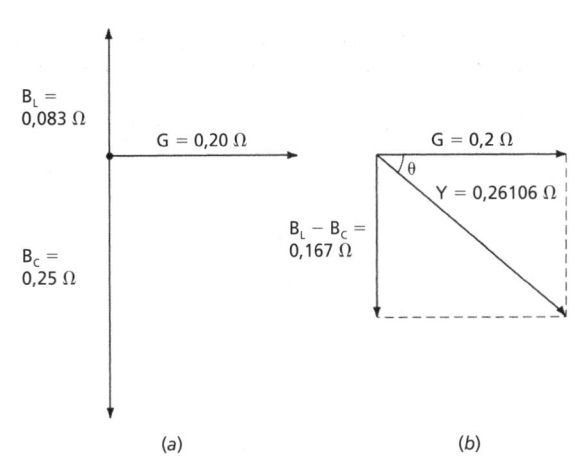

FIGURA 5-16 Diagrama de vetores para o circuito CA em paralelo.

Passo 1. Converta R, X_L e X_C para G, B_L e B_C.

$$G = \frac{1}{R} \quad G = \frac{1}{5} \quad G = 0,20 \ \Omega$$

$$B_L = \frac{1}{X_L} \quad B_L = \frac{1}{12} \quad B_L = 0,083 \ \Omega$$

$$B_C = \frac{1}{X_C} \quad B_C = \frac{1}{4} \quad B_C = 0,25 \ \Omega$$

Passo 2. Calcule Y

$$Z = \sqrt{G^2 + (B_L - B_C)^2}$$
$$= \sqrt{0,02^2 + (0,083 - 0,25)^2}$$
$$= \sqrt{0,0283}$$
$$= 0,2606 \ \Omega$$

Passo 3. Inverta Y para determinar Z.

$$Z = \frac{1}{Y}$$
$$= \frac{1}{0,2606}$$
$$= 3,84 \ \Omega$$

A impedância total Z é igual a 3,84 Ω.

Passo 4. Calcule a o ângulo do deslocamento de fase para o vetor do diagrama da Figura 5-16.

$$\text{sen}\ \theta = \frac{\text{cateto oposto}}{\text{hipotenusa}}$$

$$\text{sen}\ \theta = \frac{0,167}{0,2606}$$

$$\text{sen}\ \theta = 0,641$$

$$\theta = 39,8°$$

Esse circuito tem um deslocamento de fase de 39,8°, e a tensão atrasada em relação à correte.

Para determinar a corrente total para o circuito, divida a tensão total pela impedância, como se segue:

$$I_t = \frac{E_t}{Z}$$
$$= \frac{120\ V}{3,84\ \Omega}$$
$$= 31,25\ A$$

A corrente total é 31,25 A.

O vetor soma de corrente e tensão

Em um circuito CC série, a tensão total é igual à soma das quedas de tensão individuais. Em um circuito CA em série, no entanto, a tensão total é igual às quedas de tensão somadas vetorialmente. Isto é, as quedas de tensão criadas pelas resistências são somadas, as quedas tensão através das capacitâncias são somadas, e as quedas de tensão através das indutâncias também são somadas. Estes três totais são então adicionadas vetorialmente, as quedas de tensão das resistências são colocadas sobre o eixo horizontal, a queda de tensão indutiva é colocada verticalmente, apontando para cima, e queda de tensão capacitiva colocada verticalmente apontando para baixo. Isto é ilustrado na Figura 5-17a. A queda de tensão total é então calculada usando a equação

$$E_t = \sqrt{E_R^2 + (E_{X_L} - E_{X_C})^2}$$

A corrente total de um circuito de corrente contínua em paralelo pode ser encontrada pela soma dos fluxos de corrente através de cada trajeto individual. A corrente total em um circuito CA em paralelo é encontrada através da adição de correntes vetorialmente. Os diagramas de vetores na Figura 5-17b demonstra o somatório dos fluxos de corrente alternada. A equação

$$I_t = \sqrt{I_R^2 + (I_{X_L} - I_{X_C})^2}$$

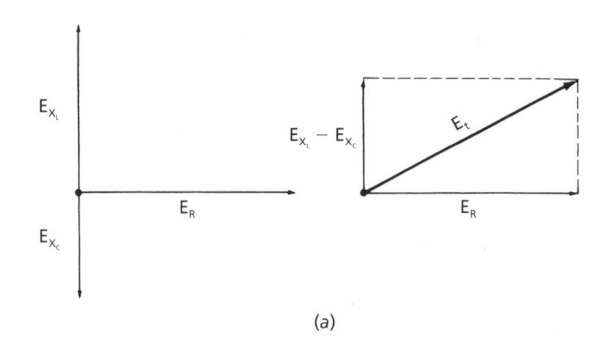

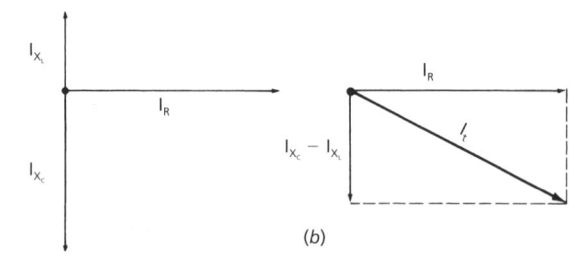

FIGURA 5-17 Adição vetorial em um circuito CA: (a) tensão; (b) corrente.

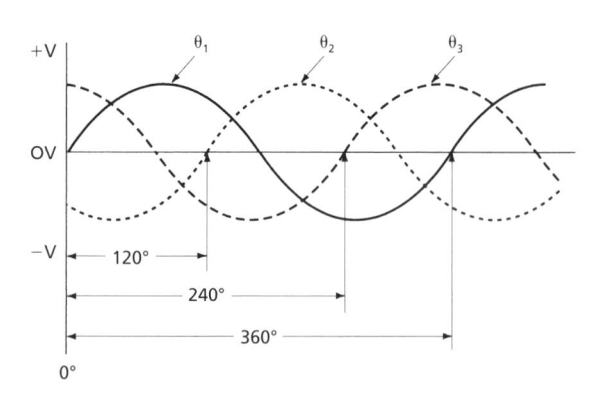

FIGURA 5-18 Uma onda senoidal típica para um circuito trifásico.

é usada para encontrar I, onde I_t é a corrente total do circuito ca, I_R é a soma das correntes resistivas, I_{X_L} é a soma das correntes indutivas e I_{X_C} é a soma das correntes capacitivas.

Problema exemplo: Se um circuito de corrente alternada em paralelo compreende de dois indutores que transportam cada um 2 A, um capacitor de transportando 1 A, e três resistências transportando 1,5 A, 0,5 A e 3 A, qual é a corrente total do circuito?

Primeiro, some as correntes individuais das resistências, das indutâncias e da capacitância.

$$I_R = 1,5\,A + 0,5\,A + 3,0\,A$$
$$= 5\,A_{Resistiva}$$
$$I_{X_L} = 2\,A + 2\,A$$
$$= 4\,A_{Indutiva}$$
$$I_{X_C} = 1\,A_{Capacitiva}$$

Para achar I_t, use

$$I_t = \sqrt{I_R^2 + (I_{X_L} - I_{X_C})^2}$$
$$= \sqrt{(5\,A)^2 + (4\,A - 1\,A)^2}$$
$$= \sqrt{34\,A}$$
$$= 5,8\,A_{Total}$$

CIRCUITOS CA POLIFÁSICOS

Um circuito de corrente alternada **polifásico** consiste em dois ou mais circuitos, que estão geralmente interligados e energizados, de modo que as correntes que passam através dos circuitos, separados, e as tensões têm exatamente as mesmas frequências, mas diferem em fase. Uma diferença de fase significa que as tensões não atingem os valores negativos ou positivos dos picos, ao mesmo tempo. Além disso, os valores correspondentes de corrente são geralmente separados por um número igual de graus. Por exemplo, em um sistema de corrente alternada **trifásica,** a fase no. 1 chegará a um pico de tensão 120° antes da fase no. 2, a fase no. 2 vai atingir a tensão máxima positiva 120° antes fase no. 3. Assim, as três fases estão separadas por um ângulo de 120° (Figura 5-18).

Grandes aeronaves modernas da categoria de transporte, de todos os tipos, empregam um sistema elétrico CA **trifásico**. Este sistema é consideravelmente mais eficiente comparável a um sistema de corrente alternada de fase única ou de um sistema elétrico CC. Por causa das grandes exigências de energia elétrica em grandes aeronaves, um sistema de energia CC gostaria acrescentaria centenas de quilos em comparação a um sistema de corrente alternada trifásica. Os sistemas de três fases encontrados nessas aeronaves utilizam um gerador de corrente alternada polifásica que produz três tensões CA defasadas em 120°.

A Figura 5-19 é o diagrama de um alternador estator em delta. Este alternador, que também pode ser chamado de um gerador de corrente alternada, fornece três tensões separadas espaçadas de 120°. Ele é chamado de alternador **ligado em triângulo** porque o diagrama é na forma da letra grega delta (Δ). Em uma ligação delta, a tensão produzida através de todas as três fases será igual; neste exemplo 110 Vca.

Outro método para ligar os enrolamentos de fase de um sistema de três fases é ilustrado na Figura 5-20. Isso é conhecido como uma **ligação Y**. Um alternador deste tipo pode ter três ou quatro terminais. Quando existem três terminais, as tensões

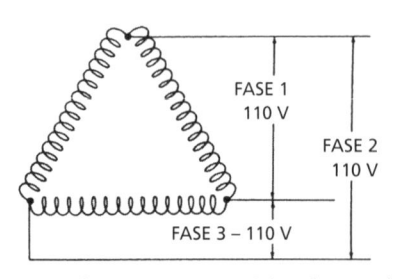

FIGURA 5-19 Diagrama esquemático de um alternador delta.

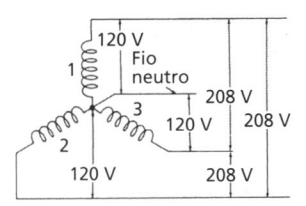

FIGURA 5-20 Diagrama esquemático de um alternador Y.

entre qualquer um dos dois terminais são iguais, mas defasadas 120°. Para operar o equipamento de fase única, qualquer um dos dois terminais são usados. Quando o alternador tem quatro terminais, o quarto é o comum a todos os enrolamentos e é chamado o **fio neutro**. Isto torna possível obter duas tensões diferentes do mesmo alternador. No sistema de alimentação de corrente alternada de uma aeronave da categoria de transporte, o fio neutro é tipicamente ligado ao terra, e as três ligações de fase, que podem ser A, B e C ou 1, 2 e 3, são distribuídas para o sistema de alimentação da aeronave. Em todos os casos, os terminais de fase separados devem ser devidamente identificados e isolados uns dos outros.

A tensão entre quaisquer pares entre os três enrolamentos de fase do sistema Y é igual à soma vetorial das tensões de dois dos enrolamentos de fase. Por exemplo, se a tensão através de um enrolamento é de 120 V, a tensão entre dois dos três terminais de fase é de 1,73 vezes 120 ou 208 V. Uma disposição deste tipo é conveniente porque o circuito 120 V pode ser utilizado para as luzes de operação e outras cargas pequenas e circuito de 208 V trifásico o usado para operar equipamentos de maior potência, como motores elétricos. Em uma aeronave na qual o fio neutro é ligado ao terra, um sistema de fio único pode ser utilizado para todos os circuitos monofásicos 120 V. A energia trifásica de 208 V pode ser direcionada para um motor trifásico, ou algum outro dispositivo que necessite deste tipo de energia. Onde corrente contínua deve ser obtida, para determinadas demandas de energia, a partir da corrente trifásica, por um retificador de onda completa. Retificadores são explicados no Cap. 6.

Os equipamentos monofásicos e itens tais como luzes são alimentados pela ligação de um terminal de carga a um dos condutores trifásicos e o outro terminal à estrutura metálica da aeronave (terra). Assim, os circuitos monofásicos fazem uso da tensão vinda de um enrolamento de fase, e o equipamento trifásico é ligado aos três enrolamentos de fase separados. A tensão do terra para qualquer terminal de fase é de 120 V (tensão monofásica), a tensão a partir de um terminal de fase para um outro terminal de fase é 208 V e a tensão para o sistema trifásico é de 208 V.

CORRENTE ALTERNADA E O AVIÃO

Você pode estar se perguntando, por que usar corrente alternada para sistemas elétricos de aeronaves? Simplificando, a energia CA é muito mais flexível do que a energia CC. Corrente alternada é produzida por todos os geradores e alternadores de aeronaves. Essa energia deve ser convertida para CC se tal energia for desejada. Uma vez que a conversão de CA para CC demanda um gasto de energia, só faz sentido converter o mínimo possível e utilizar, principalmente, os sistemas elétricos CA.

Existem três vantagens principais na utilização de corrente alternada para os sistemas de energia elétrica. (1) A tensão de alimentação CA pode ser mudada facilmente por meio de transformadores. Isto faz com que seja possível transmitir energia em alta tensão com baixa corrente, reduzindo, assim, o tamanho e peso do fio requerido. (2) A corrente alternada pode ser produzida em um sistema de três fases, tornando assim possível a utilização de motores de menor peso para a mesma quantidade de potência desenvolvida. (3) Geradores de corrente alternada são mais eficientes do que geradores de corrente contínua e normalmente têm menos peças móveis; daí, os serviços e a manutenção são muito reduzidos.

Um exemplo simples irá demonstrar a vantagem da utilização de altas tensões de transmissão de energia. Vamos supor que temos um motor 1 hp [746 W] que deve ser instalado a uma distância de 100 pés [30,5 m] a partir da fonte de energia elétrica. Com uma fonte de corrente contínua de 10 V, o motor irá requerer aproximadamente 125 A, supondo que o motor seja de 60% de eficiência. Agora, quando se considera a capacidade de transporte de corrente do fio de cobre, descobrimos que um fio de bitola No. 1 é necessário para transportar a corrente para o motor. Cem metros desse fio pesam aproximadamente 25 lb [11 kg]. Se nós substituirmos o motor CC de 10 V por um motor de 1 hp 200 Vca, a corrente necessária é somente cerca de 5 ou 6 A, dependendo da eficiência do motor. Isso vai exigir um fio de bitola No. 18 que pesa cerca de 1 lb [0,5 kg] por 100 pés. Essa comparação demonstra claramente a vantagem de tensões mais elevadas para transmissão de energia. Utilizando um motor de corrente alternada de alta tensão economiza-se aproximadamente 24 kg de fio.

Na categoria de grandes aeronaves de transporte, a corrente alternada trifásica é produzida pelo gerador acionado pelo motor (alternador). A corrente trifásica é usada para alimentar a maioria dos grandes motores encontrados neste tipo de aeronave. Motores de corrente alternada trifásica são muito mais leves e menores do que se tivessem sido produzidos como motores monofásicos AC ou de corrente contínua. Os motores trifásicos são normalmente utilizados para alimentar as bombas hidráulicas, equipamentos de refrigeração ventoinhas e outros sistemas que exigem grandes quantidades de energia mecânica. A energia monofásica ca é também utilizada para motores de baixo consumo de energia, tais como as utilizadas para operar um conjunto de válvula. A energia monofásica ca também é usada para alimentar uma variedade de outros sistemas, como o de iluminação.

A corrente alternada pode ser convertida para diferentes tensões muito mais facilmente do que a corrente contínua. Através do princípio de indução eletromagnética, a tensão da corrente alternada pode ser facilmente aumentada ou diminuída para praticamente qualquer nível desejado. Um dispositivo chamado **transformador** é utilizado para esta finalidade. A maioria dos alternadores de aeronaves produzir energia em 115 V e 400 ciclos por segundo (Hz). No entanto, várias tensões são muitas vezes desejadas para um equipamento elétrico específico. Por exemplo, as lâmpadas fluorescentes operam sobre uma tensão relativamente alta obtidas a partir da saída de um estabilizador. Se a mesma quantidade de luz fosse produzida utilizando CC, uma quantidade muito maior de energia seria consumida. Assim como a tensão pode ser aumentada, ela também pode ser reduzida para um nível relativamente baixo para carregar uma bateria ou a operação de outros sistemas que requerem apenas 28 V.

Mesmo em aeronaves grandes, alguma energia CC é necessária para sistemas específicos. A corrente alternada pode ser facilmente convertida para CC quando isso se torna necessário. Normalmente, a energia CC necessária é apenas uma pequena porcentagem do total de energia elétrica consumida na aeronave.

Em alguns casos, aeronaves leves usam sistemas de energia de corrente alternada para alguns equipamentos. Uma vez que os geradores de energia de aeronaves leves usam geradores de *corrente contínua* ou alternadores, elas requerem um **inversor** para produzir energia CA. Um inversor é um dispositivo que transforma a tensão CC em tensão CA. Um inversor é usado apenas quando uma pequena quantidade de ca é necessária. Inversores podem ser concebidos para produzir praticamente qualquer valor de tensão. Normalmente, os inversores de 26 ou 115 V são utilizados para sistemas de luz de aeronaves.

Sistemas de corrente alternada apresentam certas desvantagens, tais como a radiação do campo eletromagnético em torno de cada condutor. Este campo pode interferir nos sistemas de comunicação ou navegação, se não forem devidamente controlados. Para a maior parte, no entanto, as vantagens da CA superam as desvantagens. Por esta razão, a maioria das aeronaves da categoria de transporte contêm sistemas elétricos de corrente alternada.

Estado da arte de sistemas elétricos CA

A tendência no *design* de aeronaves é incorporar sistemas cada vez mais elétricos e reduzir o número de sistemas hidráulicos e pneumáticos, e outros sistemas mecânicos. Esse conceito de design é muitas vezes referido como o "**avião mais elétrico**". Tanto as aeronaves leves quanto as pesadas, estão utilizando cada vez mais energia elétrica. As aeronaves leves de hoje baseiam-se principalmente na alimentação de CC e normalmente contêm mais de uma bateria de energia de emergência. As aeronaves modernas da categoria de transporte, como o Boeing 777, o Airbus A-380 e o Boeing 787, funcionam utilizando grandes quantidades de energia elétrica e, portanto, tem múltiplos geradores de corrente alternada. Por exemplo, o bimotor B-787 tem seis geradores acionados pelo motor. Estes geradores produzem 235 e 115 V de corrente alternada, bem como 270 e 28 V de corrente contínua.

Devido aos requisitos de potências extremas e ao uso de vários valores de tensões, os sistemas elétricos que se encontram nas aeronaves modernas da categoria de transporte são extremamente complexos. Estas aeronaves são frequentemente chamadas de *fly-by-wire* (voam por fios), porque dependem da eletricidade para mover todos os controles de voo. Em geral, uma aeronave não pode ser controlada, se todos os sistemas elétricos falharem. Agora, mais do que nunca, projetistas, engenheiros e técnicos devem considerar sistemas elétricos como um fator extremamente crítico e assegurar o funcionamento adequado da energia CA e da CC. Sistemas de distribuição de energia elétrica serão discutidos em detalhes adicionais mais adiante neste texto.

QUESTÕES DE REVISÃO

1. Defina a *corrente alternada*.
2. Quais são as vantagens de corrente alternada em aeronaves grandes de transporte?
3. Explique como a onda senoidal descreve os valores de corrente alternada.
4. O que se entende por *rms*, ou, *valores eficazes* de corrente alternada?
5. Qual é a relação entre a frequência e o período de uma onda de CA?
6. Explique o termo *frequência*.
7. O que se entende por *fase* ao em relação à corrente alternada?
8. Por que a corrente alternada parece fluir através de um capacitor?
9. Qual é o efeito da capacitância em um circuito de corrente alternada?
10. Defina *reatância capacitiva*.
11. Dê a fórmula para reatância capacitiva.
12. Qual é a reatância capacitiva em um circuito quando a capacitância é 1µF e a frequência é 60Hz
13. Que unidade é normalmente utilizada para indicar a reatância capacitiva?
14. Que unidade é utilizada para medir a reatância indutiva?
15. Dê a fórmula para reatância indutiva.
16. Calcule a reatância indutiva em um circuito onde a frequência é de 1000 kHz e a indutância é de 20 mH.
17. Explique impedância.
18. Descreva um diagrama de vetores utilizado para mostrar a combinação de 15 Ω de reatância indutiva, 10 Ω de reatância capacitiva, 4 Ω de resistência.
19. Calcule a impedância em um circuito de corrente alternada, que tem os seguintes valores: $f = 1400$ kHz. $L = 5$mH, $C = 2$µF e $R = 600$ Ω.
20. Defina ângulo de fase.
21. Qual é o símbolo para ângulo de fase?
22. Defina o *fator de potência*.
23. Quais são as fórmulas para a potência real e para a potência aparente?
24. Defina as relações entre o fator de potência e ângulo de fase.
25. Como são somados os fluxos de corrente individuais em um circuito de corrente alternada?
26. Como são somadas as quedas de tensões individuais em um circuito de corrente alternada?
27. O que é um circuito CA multifásico?
28. Qual é a tensão e a frequência da corrente alternada que é produzida pela maioria dos alternadores de aeronaves?

CAPÍTULO 6
Dispositivos de controle elétrico

Existem diversas maneiras de controlar a tensão e a corrente em um determinado circuito. O uso de chaves, resistores, transistores e outros dispositivos elétricos se tornou um fato cotidiano em todas as aeronaves modernas. Esses dispositivos são necessários para garantir a operação e o controle corretos de qualquer carga elétrica. Este capítulo discute a teoria da operação e as práticas de instalação para diversos dispositivos de controle elétrico usados em aeronaves modernas.

CHAVES

Uma **chave** pode ser definida como um dispositivo para abrir ou fechar (fazer ou romper) um circuito elétrico. Em geral, ela é composta de um ou mais pares de contatos, feitos de metal ou de uma liga metálica, através dos quais uma corrente elétrica pode fluir quando os contatos são fechados. Muitos tipos de chaves foram projetados para uma ampla variedade de aplicações. As chaves podem ser operadas manual, elétrica ou eletronicamente. As chaves operadas pelo piloto ou por outros seres humanos normalmente são grandes o suficiente para acesso fácil. Por outro lado, as chaves eletrônicas normalmente são operadas por computador e quase sempre são extremamente pequenas. Em muitos casos, milhares de chaves eletrônicas estão contidas em um único circuito ou em um circuito integrado. Uma chave manual normalmente é operada por uma alavanca ou por um botão. As chaves operadas eletricamente costumam ser chamadas de **relés** ou de **solenoides**. Uma chave operada eletronicamente utiliza um transistor ou circuito integrado para controlar o fluxo de corrente através de um circuito. A "chave" é ligada ou desligada por meio de um sinal elétrico aplicado ao transistor ou circuito integrado. A discussão a seguir sobre chaves se concentrará nas chaves manuais, enquanto o acionamento de chaves eletrônicas será discutido em uma parte posterior deste capítulo.

Para que esteja apta a uso contínuo, uma chave deve ter contatos capazes de resistir a milhares de ciclos de operação sem nenhuma deterioração sensível causada por arqueamento ou desgaste. Os contatos normalmente são feitos de ligas especiais, resistentes à queima ou à corrosão. O mecanismo operacional de uma chave deve ser construído com alta resistência para que não falhe devido a estresses de carga ou desgaste. Para uso em aeronaves, as chaves devem ser do tipo e projeto que atendem as normas de aprovação da FAA e devem ser aprovadas pelo fabricante da aeronave.

O tipo de carga elétrica que uma chave precisa controlar determina, até certo ponto, o tipo e a capacidade da chave que será empregada no circuito. Alguns circuitos elétricos têm um alto surto de corrente quando conectados pela primeira vez e então o fluxo de corrente diminui até o nível operacional normal. Isso é comum em circuitos para lâmpadas incandescentes ou motores elétricos. Uma lâmpada incandescente precisa de uma corrente alta enquanto o filamento da lâmpada está frio. A resistência do filamento se multiplica diversas vezes à medida que a temperatura alcança seu máximo; assim, a corrente fica reduzida nesse momento. A chave para um circuito de lâmpada incandescente deve ser capaz de transportar a alta corrente inicial sem sofrer danos.

Um motor elétrico usa uma corrente alta durante sua partida devido ao torque adicional necessário para a rotação inicial. A tensão contrária da armadura também é fraca durante a partida inicial do motor. Quando o motor alcança sua velocidade operacional normal, a tensão contrária aumenta e se opõe à tensão aplicada, reduzindo significativamente o fluxo de corrente.

Os circuitos indutores, que incluem as bobinas eletromagnéticas de diversos tipos, têm uma alta tensão momentânea no momento em que o circuito é rompido. Essa alta tensão leva à ocorrência de um arco forte entre os contatos da chave.

Como fica evidente por esta discussão, a chave deve ser capaz de transportar uma carga maior do que a carga corrente nominal do circuito no qual está instalada. Assim, são aplicados **fatores de degradação** para determinar a capacidade de uma chave para uma determinada instalação. O fator de degradação é um multiplicador usado para estabelecer a capacidade que uma chave deve ter para controlar um determinado tipo de circuito. A degradação de uma chave garante que seus contatos elétricos serão grande o suficiente para lidar com qualquer corrente/tensão "extra" quando os contatos se abrem ou se fecham inicialmente. Por exemplo, se um circuito de lâmpada incandescente opera continuamente a 5 A em um sistema de 24 V, a capacidade da chave deve ser de 40 A, pois o fator de degradação é 8. Ou seja, a corrente de surto para o circuito da lâmpada pode ser quase oito vezes a corrente operacional contínua. A Tabela 6-1 fornece os fatores de degradação para chaves de aeronaves em diversos tipos de circuitos CC. É preciso observar que a tensão usada neste exemplo é de 24 Vcc. Esse circuito opera a 24 V apenas quando o gerador ou alternador da aeronave está fora de linha (não em uso). A tensão nominal de uma bateria carregada é de aproximadamente 24 V, que pode variar ligeiramente. Quando os sistemas de carga da aeronave (gerador ou alternador) fornecem energia, a tensão do sistema elétrico deve ficar entre 26 e 28 V. Por consequência, é importante que os sistemas

TABELA 6-1 Fatores de degradação

Tensão nominal do sistema	Tipo de carga	Fator de degradação
24	Lâmpada	8
24	Indutiva	4
24	Resistiva	2
24	Motor	3
12	Lâmpada	5
12	Indutiva	2
12	Resistiva	1
12	Motor	2

e componentes elétricos da aeronave sejam projetados para operar em uma faixa de tensões. Essa faixa deve incluir a tensão de carga máxima do sistema (p.ex., 29 V) e a tensão mínima da bateria (p.ex., 22 V para uma bateria fraca). Para os fins deste texto e para a maior parte da indústria, considere que toda tensão de sistema está em uma faixa. Para uma aeronave com uma bateria de 24 V, a faixa de tensão típica seria de aproximadamente 22 a 29 V. Para uma aeronave com uma bateria de 12 V, a faixa de tensão típica seria de aproximadamente 10 a 15 V. Os técnicos e outros membros de equipes industriais costumam falar de sistemas de 24 V ou de 28 V; lembre-se sempre que esse é o mesmo sistema, mas simplesmente operando em configurações diferentes. Praticamente todas as aeronaves empregam uma bateria de 12 V ou de 24 V e suas tensões de sistema ficam na faixa apresentada.

A instalação de chaves deve estar de acordo com a prática padrão para que o operador sempre tenha a mover a alavanca da chave na direção correta para uma operação qualquer. As chaves sempre devem ser instaladas em painéis de modo que a alavanca seja movida para cima ou para a frente para acionar o circuito. As chaves que operam peças móveis da aeronave devem ser instaladas de modo que a alavanca da chave se mova na mesma direção que a peça da aeronave irá se mover. Por exemplo, a chave do trem de pouso deve ser instalado de forma que a alavanca da chave se mova para baixo para baixar o trem de pouso e suba para erguê-lo. O mesmo princípio deve ser aplicado à operação das flapes das asas.

As chaves são projetadas com números variáveis de contatos para que possam ser usadas no controle de um ou mais circuitos elétricos. A chave usada para abrir e fechar um único circuito é chamada de unipolar de uma direção (SPST, *single-pole single-throw*). Uma chave projetada para ativar e desativar dois circuitos com uma única alavanca é chamada de bipolar ou dois polos de uma direção (DPST, *double-pole single-throw*). Uma chave projetada para rotear a corrente para um de dois circuitos independentes é chamada de chave de duas direções. A Figura 6-1 apresenta diagramas esquemáticos de diversos tipos de chaves. As chaves de duas direções podem ser projetadas com ou sem uma posição de centro desligado. A posição desligada da chave desconecta o polo de ambas as direções. As chaves com uma posição de centro desligado aparecem na Figura 6-2. Uma chave com três posições (que contém uma posição de centro desligado) seriam usadas quando é necessário conectar um fio a um de dois circuitos ou desconectá-lo de ambos. Uma chave de duas posições seria usada quando o circuito deve estar sempre conectado a uma de duas direções. As chaves DPDT de duas posições não contêm uma posição desligada. Quando instalar qualquer tipo de chave, sempre confirme que ela é capaz de controlar o circuito adequadamente. Os símbolos esquemáticos para as chaves nem sempre são consistentes entre os diversos fabricantes. Como ilustrado na Figura 6-1, mais de um tipo de símbolo pode ser utilizado para representar uma determinada configuração de chaves.

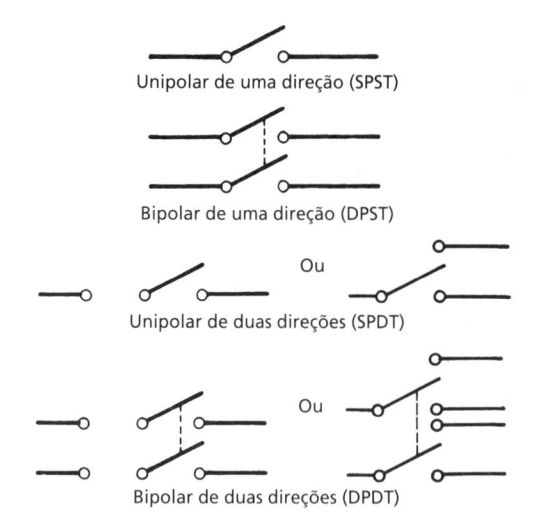

FIGURA 6-1 Diagramas esquemáticos para diversos tipos de chaves.

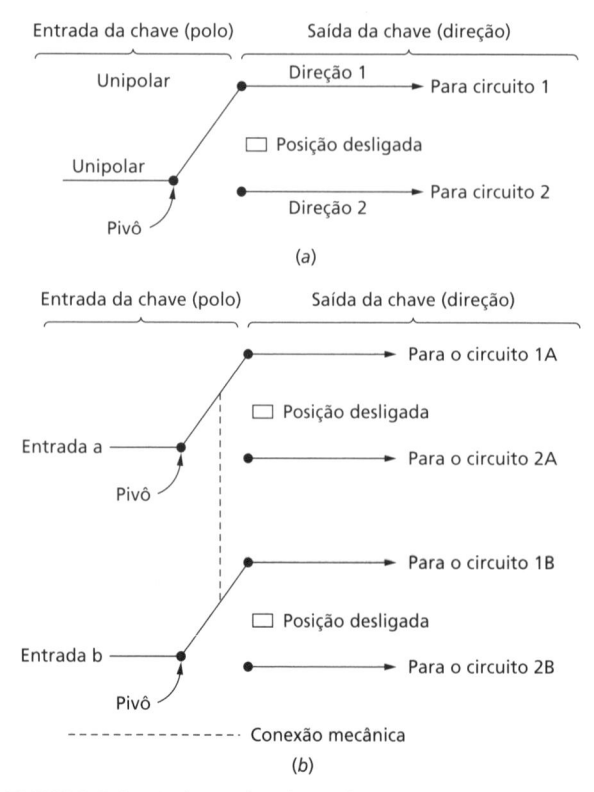

FIGURA 6-2 A chave de três posições contém uma posição de centro desligado: (*a*) unipolar de duas direções (SPDT), (*b*) bipolar de duas direções (DPDT).

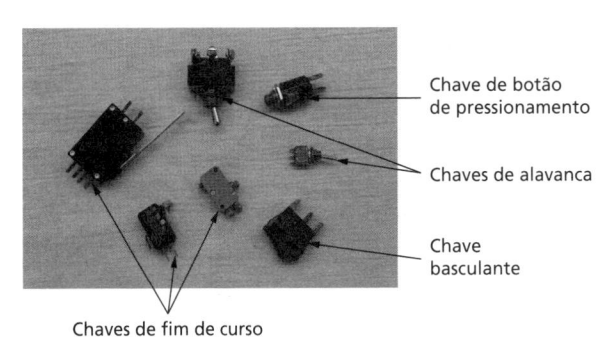

FIGURA 6-3 Tipos de chave comuns. Veja também o encarte colorido.

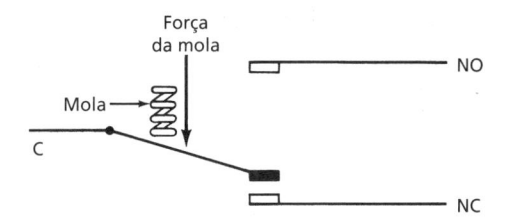

FIGURA 6-4 Diagrama esquemático de uma microchave SPDT.

As chaves estão disponíveis em várias configurações. Chaves de alavanca, rotativas, de botão de pressão, basculantes e eletromagnéticas são exemplos de diferentes chaves projetadas para aplicações específicas. A Figura 6-3 ilustra diversos tipos de chave. As chaves de alavanca são usadas para controlar a maioria dos componentes elétricos de aeronaves. Em situações nas quais um contato deve ser conectado a algum de mais de dois circuitos, utiliza-se uma chave rotativa. As chaves rotativas são comuns em painéis de controle de rádio. A chave rotativa permite que o piloto selecione uma de diversas frequências de rádio diferentes.

Nas chaves de fim de curso, é preciso aplicar uma pressão mínima ao atuador para mover os contatos internos da chave. Todas as chaves de fim de curso usam ação de mola; assim, depois que a pressão externa é removida do atuador, os contatos elétricos voltam a suas posições normais. A posição normal de qualquer chave sob ação de mola é definida pela posição dos pontos de contato quando nenhuma força externa atua sobre o atuador da chave. As chaves sob ação de mola podem ser **normalmente abertas** ou **normalmente fechadas**. Os pontos de contato de uma chave normalmente aberta ficam desconectados (abertos) até que a pressão seja aplicada ao mecanismo de atuação da chave. Se a pressão é aplicada ao atuador da chave, os pontos de contato se conectam (fecham). Uma chave normalmente fechada contém pontos de contato fechados quando nenhuma força é aplicada ao atuador da chave e pontos abertos quando a força é aplicada.

As chaves de fim de curso também são chamadas por outros nomes comuns, como **chave de ação instantânea** ou **microchave**. O termo **ação instantânea** vem do fato do atuador da chave normalmente precisar de pouquíssima pressão ou movimento e os contatos elétricos da chave se fecharem imediatamente em suas posições (aberta ou fechada). O termo **microchave** é, na verdade, uma marca registrada das chaves de fim de curso fabricadas pela Honeywell Corporation. Essas chaves são tão populares que a marca **Microswitch** se tornou um nome comum, usado para se referir a muitos tipos de chaves de fim de curso.

As chaves de fim de curso costumam ser SPDT ou DPDT, o que permite que a chave seja utilizada em diversas configurações diferentes. Como ilustrado na Figura 6-4, o polo de uma chave de fim de curso é marcada com "C" para comum e as direções são marcadas "NC" para normalmente fechada e "NO" para normalmente aberta (*normally closed* e *normally open*). Por exemplo, um circuito necessário para ligar uma luz quando a pressão é aplicada à chave seria conectado aos terminais C e NO. Se a luz deve ser desligada quando uma pressão é aplicada à chave, os terminais C e NC são usados. As chaves de fim de curso são usadas principalmente para detectar a posição ou limite de um componente móvel, o que explica o nome "fim de curso". Os trens de pouso, flapes, freios aerodinâmicos, spoilers e outros componentes móveis podem todos conter algum tipo de chave de fim de curso no circuito de controle elétrico.

As chaves eletromagnéticas, como discutido no Capítulo 1, são chamadas de **relés** ou **solenoides**. Essas chaves usam um eletroímã para mover um ou mais conjuntos de contatos de chave. A capacidade de acionar o eletroímã é controlada por uma chave separada ou uma unidade de controle eletrônico, normalmente localizada em uma parte diferente da aeronave. Na prática, um relé ou solenoide é usado como dispositivo de acionamento remoto, ativado por algum outro tipo de chave. Os relés e solenoides são chaves sob ação de mola; logo, seus contatos são projetados como normalmente abertos, normalmente fechados ou comuns, como visto na Figura 6-5.

Os solenoides e relés também podem ser designados por seu **ciclo de trabalho** (*contínuo* ou *intermitente*). Um solenoide projetado para operar por 2 minutos ou menos é considerado como de trabalho intermitente. Um solenoide projetado para ser mantido na posição ativada por mais de 2 minutos é um solenoide de trabalho contínuo. Se um solenoide ou relé de trabalho intermitente for mantido na posição ativada por tempo demais, ele provavelmente acabará se superaquecendo e falhando.

Os **sensores de proximidade** são um tipo de chave eletrônica sem pontos de contato móveis. Eles são usados em conjunto com circuitos eletrônicos para detectar a posição de diversos componentes móveis na aeronave, como flapes e trens de pouso. Em muitas aeronaves de alta tecnologia, os sensores de proximidade foram substituídos por microchaves, já que estas são consideradas mais confiáveis. Os sensores de proximidade são discutidos no Capítulo 13.

As **chaves de botão de pressão iluminadas** são utilizadas nos painéis de instrumentos de muitas aeronaves modernadas. Cada uma dessas chaves apresenta uma descrição iluminada (*legenda*) do circuito que controla (ver Figura 6-6). A tripulação de voo consegue facilmente identificar as chaves e determinar o status do circuito pela descrição na frente da chave. Em geral, as legendas podem ser iluminadas em duas configurações diferentes, permitindo que o projetista da aeronave escolha cores diferentes para os diversos modos de operação de um circuito.

Como mostrado na Figura 6-7, essas chaves são construídas a partir de duas unidades básicas: o conjunto da chave e o botão de pressão iluminado. O conjunto da chave pode usar uma de diversas configurações, como contato momentâneo ou contato contínuo. O botão de pressão iluminado contém até quatro lâmpadas para criar redundância para as legendas. Novas ver-

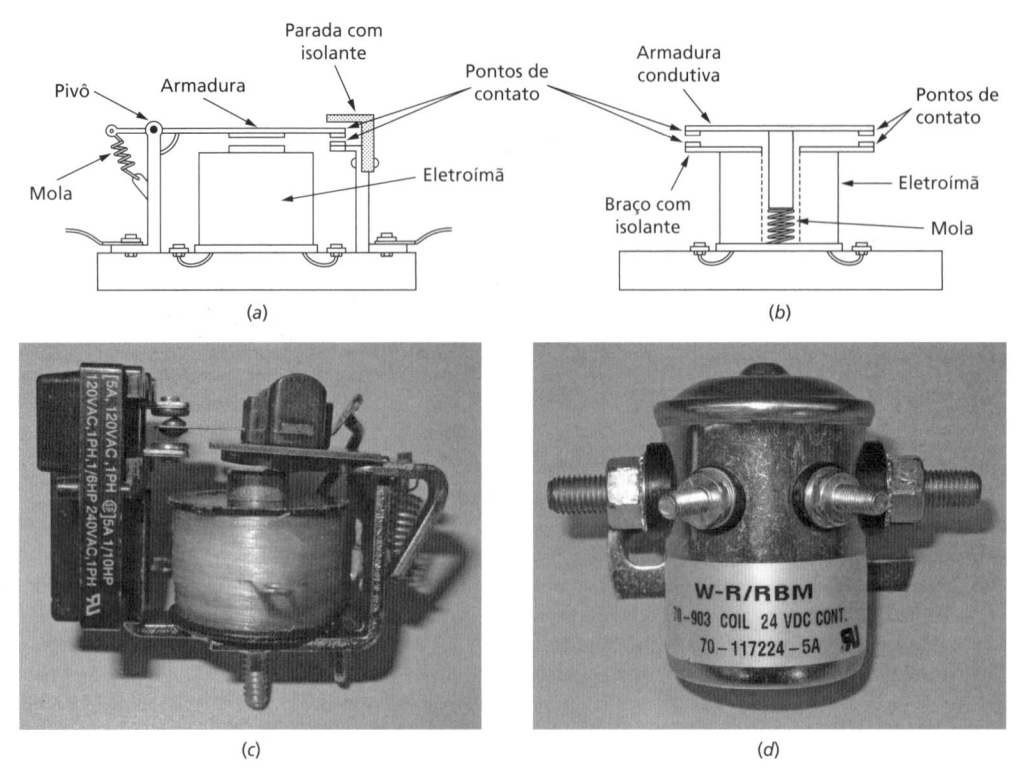

FIGURA 6-5 Chaves eletromagnéticas: (*a*) diagrama de relé, (*b*) diagrama de solenoide, (*c*) foto de relé, (*d*) foto de solenoide.

FIGURA 6-6 Uma chave de botão de pressão iluminado típica. (*Staco-Switch, Aero Products Group.*)

sões dessa chave iluminada substituíram as lâmpadas com diodos emissores de luz (LEDs). Os LEDs são mais eficientes do que as lâmpadas convencionais. Esse tipo de chave normalmente é projetado para trabalhar em conjunto com equipamentos computadorizados; assim, os contatos transportam fluxos de corrente relativamente pequenos. As conexões elétricas na traseira da chave normalmente são soldadas a seus condutores associados.

DISPOSITIVOS DE PROTEÇÃO DE CIRCUITOS

Uma causa comum de falha de circuitos é o chamado **curto-circuito**. O curto-circuito existe quando um contato acidental entre condutores permite que a corrente volte à bateria através de um caminho mais curto, de baixa resistência, como mostrado na Figura 6-8. Podemos pensar no curto-circuito como um problema que ocorre quando a corrente toma um "atalho" de volta à fonte de potência, o que causa um fluxo de corrente excessivo. Essa falha pode ser prevenida pela verificação do bom estado do isolamento de todos os fios e a confirmação de que são fortes o suficiente para suportar a tensão da fonte de energia. Além disso, todos os fios devem ser presos adequadamente com braçadeiras isoladas e outros dispositivos para que não rocem contra qualquer estrutura e desgastem o material isolante.

O risco de um curto-circuito é que uma quantidade excessiva de corrente pode fluir através de porções limitadas do circuito, fazendo com que os fios se superaqueçam, emitam fumaça ou causem um incêndio. Se o curto-circuito não é descoberto imediatamente, os fios provavelmente se aquecem demais e podem até derreter. Muitos incêndios são causados por curtos-circuitos, mas o risco é praticamente todo atenuado pela instalação de dispositivos protetores, como fusíveis ou disjuntores.

Fusíveis

Os fusíveis são um de muitos tipos de componentes que protegem um circuito elétrico. Os fusíveis são um dispositivo bastante

FIGURA 6-7 Um conjunto de chave de botão de pressão iluminado. (*StacoSwitch, Aero Products Group.*)

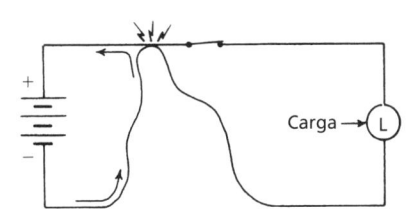

FIGURA 6-8 Diagrama esquemático de um curto-circuito.

simples e funcional; contudo, se falha, um fusível precisa ser substituído manualmente. Se o piloto precisa substituir um fusível, sua atenção se desvia de seus deveres de voo, o que pode representar um risco de segurança. Por esses motivos, na maioria das aeronaves modernas, os fusíveis foram substituídos por um dispositivo de proteção que pode ser rearmado facilmente e não precisa de substituição. Muitas aeronaves mais antigas foram construídas com fusíveis e ainda os utilizam, assim como alguns equipamentos especializados em aeronaves modernas. Contudo, os fusíveis são uma raridade nas aeronaves modernas.

Um **fusível** é uma tira de metal com um ponto de fusão precisamente calibrado. Ele é colocado em um circuito em série com a carga de modo que toda a corrente da carga precise passar através do fusível. A tira de metal é composta de chumbo, chumbo e estanho, estanho e bismuto ou alguma outra liga com baixa temperatura de fusão.

Quando a corrente que flui através de um fusível excede a capacidade deste, a tira de metal derrete e quebra o circuito. A tira precisa ter baixa resistência, mas também derreter a uma temperatura relativamente baixa. Quando derrete, a tira não deve emitir um vapor ou gás ou criar outros riscos em potencial; assim, a tira do fusível normalmente fica envolta em uma carcaça selada. O metal ou liga usado também deve ser do tipo que reduz a tendência ao arqueamento.

Os fusíveis normalmente ficam envoltos em um vidro ou algum outro material isolante resistente ao calor para impedir que um arco cause danos aos equipamentos elétricos ou outras peças do avião. Os fusíveis usados na aeronave são classificados mecanicamente como cartucho, de encaixar e tipo clipe, apesar de outros fusíveis especializados poderem ser utilizados em algumas aeronaves. Todos esses tipos são fáceis de inspecionar, remover e substituir. A Figura 6-9 mostra alguns fusíveis típicos.

Durante o voo, os fusíveis sobressalentes devem estar acessíveis para o piloto para que ele possa substituir qualquer um que possa ter falhado acidentalmente. As regulamentações de voo da FAA estipulam para que cada tipo de fusível usado em uma aeronave, os fusíveis de sobressalentes devem ser o maior entre 50% do número daquele tipo ou um. Assim, se os circuitos

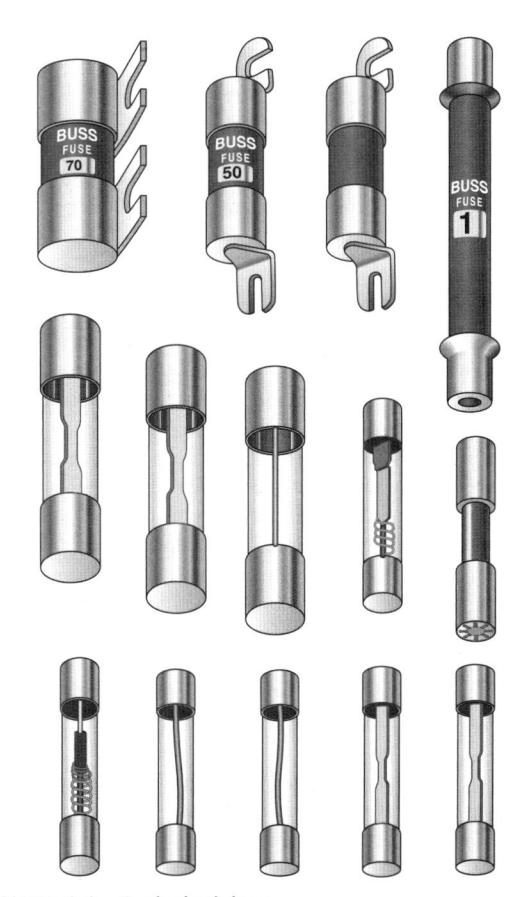

FIGURA 6-9 Fusíveis típicos.

de uma aeronave usam quatro fusíveis de 20 A, cinco fusíveis de 10 A e um fusível de 30 A, deve haver pelo menos dois fusíveis sobressalentes de 20 A, três de 10 A e um de 30 A. Esses fusíveis sobressalentes são necessários apenas para os voos sob a Federal Air Regulation parte 91; contudo, durante qualquer inspeção de uma aeronave, aconselha-se a confirmar o número apropriado de fusíveis sobressalentes e sua localização.

Um **limitador de corrente** é basicamente um **fusível lento**. Ou seja, quando o circuito se sobrecarrega, há um breve atraso entre o derretimento da ligação metálica e a desconexão do circuito. A ligação de metal fusível é feita de cobre, que tem um ponto de fusão maior do que as ligas utilizadas em outros tipos de fusíveis. O limitador de corrente suporta mais do que sua capacidade nominal e também transporta uma sobrecarga pesada por um breve período de tempo. Ele é projetado para ser utilizado em circuitos de alta potência, nos quais as cargas podem ocorrer em durações tão breves que não danificarão o circuito ou o equipamento. A capacidade de um limitador de corrente para qualquer circuito é selecionada de modo que o limitador de corrente sempre interrompa o circuito antes que uma sobrecarga tenha tempo para causar danos. A Figura 6-10 mostra os limitadores de corrente.

Em muitas aeronaves, os limitadores de corrente são usados para a proteção de circuitos de alta corrente, como a potência de saída do alternador. Por exemplo, uma aeronave que emprega um alternador de 150 A pode ter um limitador de corrente projetado para se abrir a 151 A ou mais. Esse circuito representa um risco de incêndio extremo devido ao fluxo de alta corrente, então é fundamental garantir que qualquer situação de sobrecorrente leva a uma desconexão imediata. O limitador de corrente desconecta o circuito quando necessário; contudo, o limitador de corrente não pode ser substituído durante o voo. A maioria dos limitadores normalmente seria substituída por um técnico, não pelo piloto. Em geral, os limitadores de corrente ficam localizados em áreas da aeronave que somente podem ser acessadas quando esta está no solo.

Disjuntores

O disjuntor serve um propósito semelhante ao do fusível; contudo, o disjuntor normalmente pode ser rearmado após a falha do circuito ser removida. A Figura 6-11 mostra disjuntores típicos de aeronaves. Como vemos, os disjuntores são projetados para controlar diferentes limites de fluxo de corrente; esse limite é indicado na frente de cada disjuntor. Os disjuntores também estão disponíveis em diferentes estilos e formatos. O disjuntor é basicamente um dispositivo de controle de corrente, ou chave, que abre automaticamente o circuito sempre que a corrente alcança um determinado limite. Os disjuntores mais comuns operam usando uma tira metálica que se deforma com o fluxo de corrente excessivo. À medida que a tira de metal se dobra além de um certo limite, o disjuntor se abre, ou "cai", desconectando o circuito. Como o disjuntor é ligado em série com a corrente aplicada, quando ele se abre, o circuito não recebe mais energia. Ao contrário do fusível, se a situação de sobrecarga foi eliminada, o disjuntor pode ser rearmado e a potência será restaurada mais uma vez. Se a sobrecarga permanece no circuito, a unidade deve ser projetada de forma que o piloto possa suprimir manualmente a ação do disjuntor.

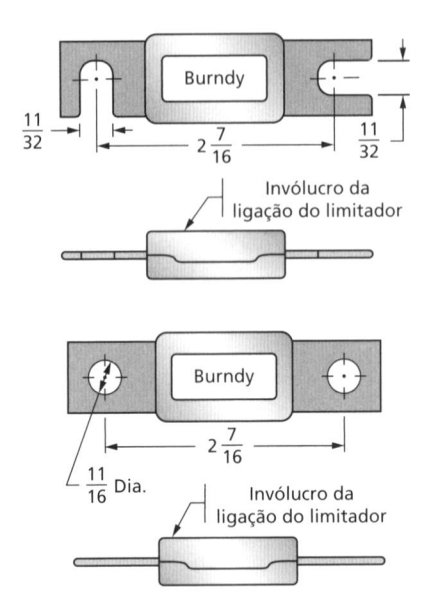

FIGURA 6-10 Limitadores de corrente típicos.

A maioria dos disjuntores é projetada com um controle de botão de pressão; esse botão se move para fora sempre que ocorre uma sobrecarga no circuito. O botão é apertado para rearmar o disjuntor quando a sobrecarga é removida. Os circuitos com um disjuntor de botão de pressão também devem conter outras maneiras de ligar/desligar o circuito. Os disjuntores do tipo botão de pressão não devem ser utilizados como interruptores. A unidade mostrada à direita na Figura 6-11 foi projetada com uma alavanca; esse tipo de disjuntor é projetado para uso como chave e como dispositivo de proteção de corrente. Dois símbolos elétricos comuns são utilizados para representar um disjuntor; a Figura 6-12 mostra os símbolos usados para representar um fusível, um disjuntor e um limitador de corrente.

Requisitos para dispositivos de proteção de circuitos

Em todos os casos, os disjuntores e fusíveis devem proteger a fiação no circuito de sobrecargas e devem estar localizados o mais próximo possível do barramento de distribuição de energia. Lembre-se que um barramento é uma tira metálica à qual

FIGURA 6-11 Disjuntores típicos.

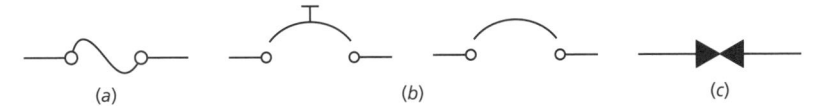

FIGURA 6-12 Símbolos comuns para um dispositivo de proteção de circuito: (a) fusível, (b) disjuntor, (c) limitador de corrente.

um suprimento de energia é conectado e da qual os outros circuitos recebem energia para operação. A bus bar geralmente é projetada de forma que os disjuntores se conectem diretamente ao barramento, um adjacente ao outro. O barramento de distribuição de energia e os disjuntores normalmente são instalados atrás do painel de instrumentos, e o controle de botão de pressão de cada disjuntor é apresentado para o piloto. A Figura 6-13 mostra um painel de disjuntores instalado em uma pequena aeronave bimotor.

Um disjuntor ou fusível deve abrir o circuito antes do fio ficar suficientemente aquecido para emitir fumaça ou causar danos. A característica de tempo-corrente do dispositivo protetor deve, assim, ser menor do que a do fio associado; o resultado, obviamente, é que o protetor do circuito abre o circuito antes do fio ser danificado. O termo **tempo-corrente** se refere ao produto da multiplicação da quantidade de corrente pelo tempo durante o qual ela flui. Para obter proteção máxima, as características do protetor de circuito devem corresponder ao máximo àquelas do fio conectado.

A Tabela 6-2 é um guia para a seleção de classificações nominais de disjuntores e fusíveis para proteger os cabos de cobre. As condições para os valores na tabela são os seguintes:

1. Feixes de fios a temperatura ambiente de 135°F [57,2°C] e altitudes de até 30.000 ft [9.144 m].
2. Feixes de fios de 15 ou mais fios (cabos), com fios transportando não mais de 20% da capacidade de condução de corrente total do feixe, como detalhado na especificação MIL-W-5088 [Aeronautical Standards Group (ASG)].
3. Protetores a temperaturas ambientes de 75 a 85°C [23,9 a 29,4°C].
4. Fio de cobre de especificação MIL-W-5088 (ASG) ou equivalente.

TABELA 6-2 Quadro de proteção de fios e cabos

Bitola americana de fios de cobre	Disjuntor, A	Fusível, A
22	5	5
20	7,5	5
18	10	10
16	15	10
14	20	15
12	25(30)*	20
10	35(40)	30
8	50	50
6	80	70
4	100	70
2	125	100
1		150
0		150

* Os valores em parênteses podem ser substituídos quando os protetores com as classificações indicadas não estão disponíveis.

5. Disjuntores de acordo com a especificação MIL-C-5809 ou equivalente.
6. Fusíveis de acordo com a especificação MIL-F-15160 ou equivalente.

Se as condições reais da instalação desviam significativamente daquelas apresentadas na Tabela 6-2, uma classificação acima ou abaixo do valor recomendado pode ser justificada. Por exemplo, um fio que corre individualmente ao ar livre pode ser protegido por um disjuntor da próxima classificação mais alta em vez daquela mostrada na tabela. Em geral, a tabela é conservadora para todas as instalações elétricas comuns em aeronaves. Sempre que possível, siga os dados técnicos aprovados pelos fabricantes. Isso lhe ajudará a garantir a proteção adequada do circuito.

Todos os disjuntores rearmáveis devem ser projetados para abrir o circuito independentemente da posição do controle operacional quando ocorre uma sobrecarga ou falha do circuito. Esses disjuntores são descritos como sendo de **abertura livre**. É impossível cancelar manualmente a ação de um disjuntor de abertura livre caso a falha do circuito ainda esteja presente. Os disjuntores de rearme automático, que se rearmam sozinhos periodicamente, não devem ser utilizados como protetores de circuitos em aeronaves.

RESISTORES

Um resistor é um elemento de circuito projetado para inserir resistência no circuito. O resistor pode ser de baixo valor (1-2 ohms) ou de valor extremamente alto (100.000 ohms). A natureza da resistência e seu efeito nos circuitos elétricos foram discu-

FIGURA 6-13 Painel de disjuntores de um avião bimotor.

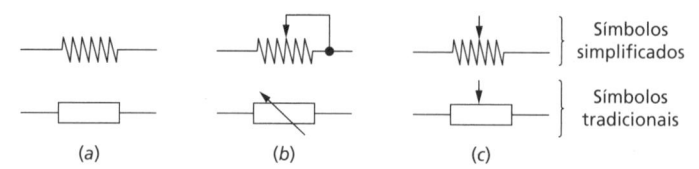

FIGURA 6-14 Símbolos comuns de resistores: (a) resistores de valor fixo, (b) resistor variável usado como reostato, (c) resistor variável usado como potenciômetro.

tidos no Capítulo 1; aqui, descrevemos brevemente a construção dos resistores e seu uso em circuitos.

Os resistores em circuitos eletrônicos estão disponíveis em diversos formatos e tamanhos. Em geral, são classificados como fixos, ajustáveis ou variáveis, dependendo de seu uso e construção. A Figura 6-14 mostra os símbolos de resistor mais comuns, enquanto a Figura 6-15 ilustra um resistor fixo típico. Esse tipo de resistor é composto de uma pequena haste de um composto de carbono. A haste de carbono normalmente é cercada por um material isolante, com conexões elétricas de fio de cobre fixas a cada ponta do resistor. Obviamente, a haste de carbono deve se ligar ao fio de cobre. O valor da resistência para cada resistor é determinada pela composição e tamanho do composto de carbono, podendo variar de alguns poucos ohms a vários milhões de ohms. Os dois valores importantes associados com resistores são o valor em **ohms** da resistência e o valor em **watts**, que representa a capacidade do resistor de dissipar potência. Todos os resistores produzem calor devido à potência consumida pelo resistor. É fundamental que o resistor seja capaz de atender os requisitos de potência corretos.

O valor da resistência de pequenos resistores fixos é indicado por um código de cores. Os valores numéricos das cores usados nesse código são:

Preto	0	Amarelo	4	Violeta	7
Marrom	1	Verde	5	Cinza	8
Vermelho	2	Azul	6	Branco	9
Laranja	3				

Há quatro **faixas coloridas** na maioria dos resistores. A banda na ponta do resistor é chamada de banda a e representa o primeiro dígito do valor da resistência. A próxima, a banda B, representa o segundo dígito do valor da resistência; a terceira, a banda C, representa o número de zeros a ser colocado após os dois primeiros dígitos; e a quarta, a banda D, indica o grau de precisão ou tolerância do resistor.

Se as quatro bandas de um resistor são coloridas com verde (banda A), azul (banda B), laranja (banda C) e prata (banda D), então o valor do resistor é determinado da seguinte maneira: a banda verde indica o número 5 e a banda azul o número 6; a banda laranja mostra que deve haver três zeros após o 5 e o 6. Logo, o resistor tem um valor de 56.000 Ω. A banda prata, ou D, representa uma tolerância de 10%. Se a banda fosse dourada, a tolerância seria de 5%.

Os resistores que precisam transportar uma corrente comparativamente alta e dissipar um nível alto de potência normalmente são do tipo bobinado de cerâmica (ver Figura 6-16). Um resistor bobinado é composto de um tubo de cerâmico envolto em um fio fino, que é então coberto com uma camada de cerâmica ou verniz. Os terminais para o fio da resistência se estendem de cada ponta do resistor, como mostrado. O valor do resistor bobinado normalmente é impresso na camada de cerâmica.

Resistores ajustáveis e variáveis

Um **resistor ajustável**, mostrado na Figura 6-17, é do tipo bobinado, com uma argola de metal que pode ser movida ao longo do fio da resistência para variar o valor da resistência colocada no circuito. Para mudar a resistência, a faixa de contato deve ser afrouxada e movida até a posição desejada, onde é apertada para que não escorregue. Dessa forma, o resistor se torna, para todos os fins práticos, um resistor fixo durante a operação.

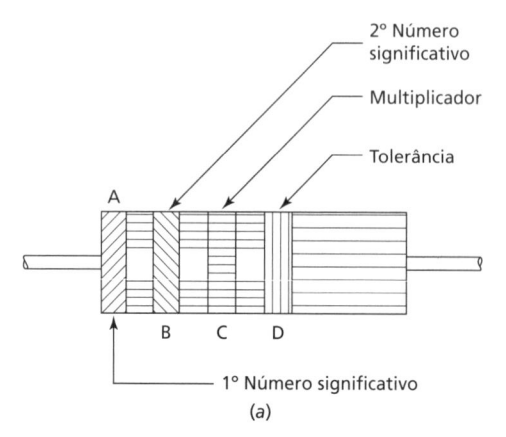

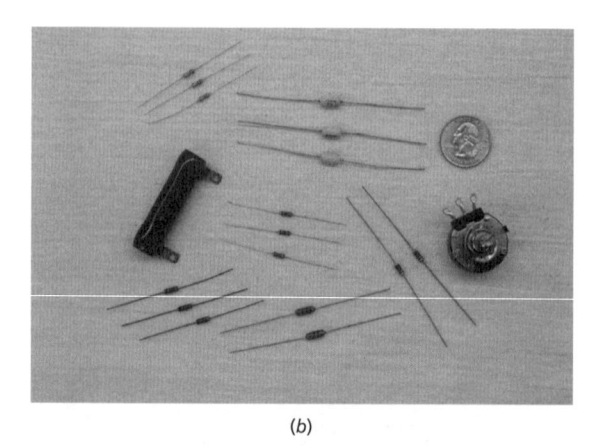

FIGURA 6-15 Resistores típicos (a) código de cores, (b) tipos comuns de resistores.

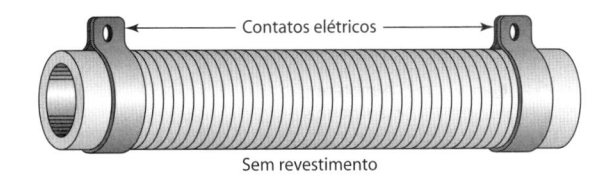

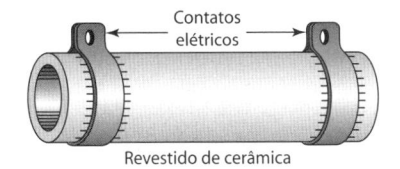

FIGURA 6-16 Resistores bobinados.

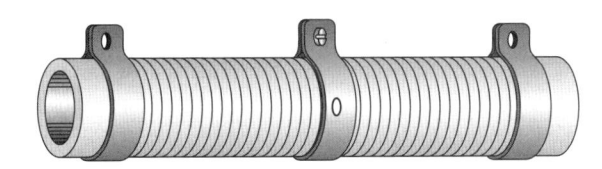

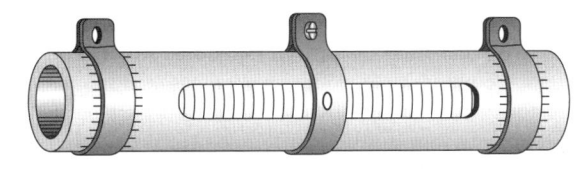

FIGURA 6-17 Resistores ajustáveis.

Um **resistor variável** é estruturado de forma que seu valor possa ser alterado a qualquer momento pelo operador do circuito eletrônico. Essa mudança normalmente é realizada com o giro de um pequeno botão ajustável ou de um ajuste de parafuso. Os resistores variáveis são mais conhecidos como **reostatos** ou **potenciômetros** (ver Figura 6-18). Normalmente, o reostato é conectado a um circuito apenas para alterar o fluxo de corrente e tem valor de resistência relativamente abaixo (em geral, menos de 500 Ω). Suas conexões de circuito são aquelas mostradas na Figura 6-19. Observe que o reostato tem dois terminais, um conectado ao resistor bobinado e o outro conectado ao braço de contato corrediço, que se move ao longo do resistor. Os potenciômetros normalmente são usados em circuitos eletrônicos que precisam de pouquíssima potência. Os potenciômetros não são sujeitos a altos fluxos de corrente ou condições de alta temperatura e, logo, costumam ser altamente confiáveis.

Um potenciômetro é conectado a três terminais. Um terminal é conectado a cada ponta do resistor, enquanto o terceiro é conectado ao braço de contato corrediço. O valor da resistência de um potenciômetro é relativamente alto e o resistor em geral é feito de materiais como compostos de grafite ou carbono. O objetivo do potenciômetro é variar o valor da tensão em um circuito.

A Figura 6-20 mostra um diagrama de um potenciômetro em um circuito de dimmer. A tensão aplicada entre a base e o emissor do transistor é controlada pelo potenciômetro; posteriormente, a tensão para a lâmpada é controlada pelo circuito emissor-coletor o transistor. Os transistores serão discutidos em mais detalhes posteriormente neste capítulo.

É preciso observar que o uso de resistores de qualquer tipo precisa ser analisado com cuidado. A capacidade de um

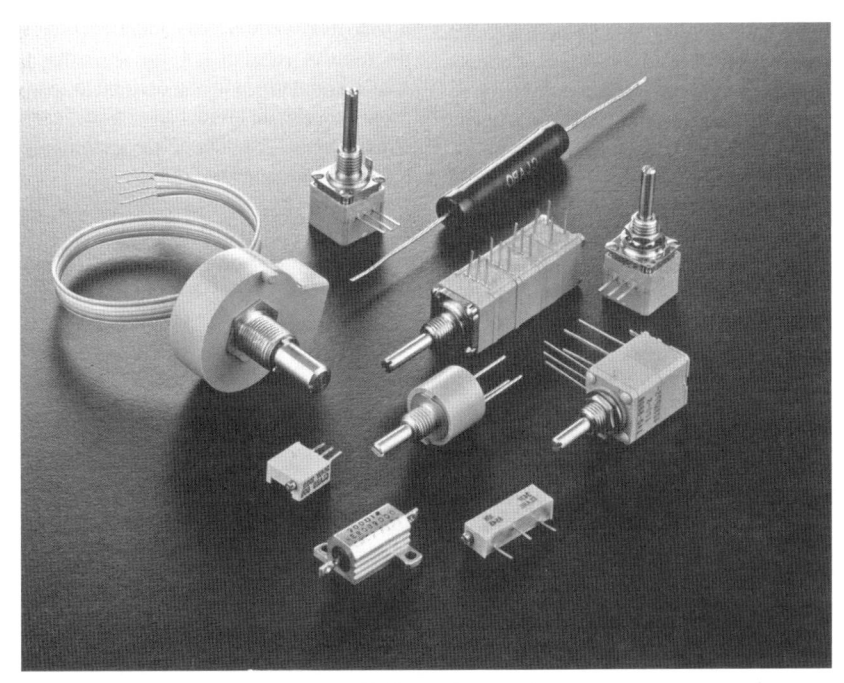

FIGURA 6-18 Diversos resistores variáveis. (*Clarostat Mfg. Co.*)

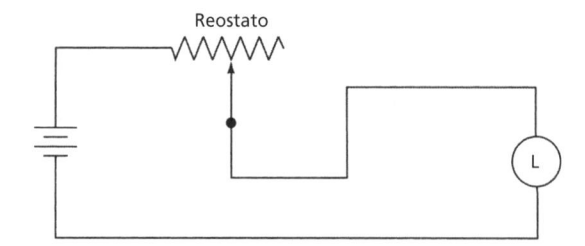

FIGURA 6-19 Um circuito de reostato.

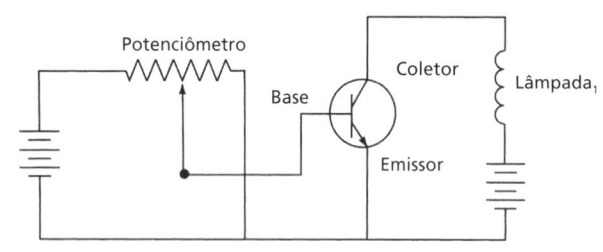

FIGURA 6-20 Um circuito de potenciômetro.

resistor fixo, reostato ou potenciômetro deve ser tal que o resistor possa suportar a corrente que atravessa o circuito sem sofrer danos. Sempre é necessário usar a lei de Ohm para calcular a corrente através do resistor antes de colocar o circuito em operação.

Divisores de tensão

Os resistores muitas vezes são estruturados de forma a criar um circuito **divisor de tensão**. Um divisor de tensão é simplesmente composto de dois resistores em série entre si em paralelo com uma fonte de tensão. O divisor de tensão cria uma queda de tensão entre cada resistor que é proporcional à resistência do resistor individual (ver Figura 6-21). Quando uma alta carga de resistência é colocada em R_1 do divisor de tensão, a carga recebe uma tensão igual (ou próxima) à queda original sobre R_1.

A tensão real aplicada à carga é uma função da resistência em paralelo total de R_1 e R_{carga}. Em muitos casos, entretanto, se a resistência da carga é grande o suficiente, a mudança na queda de tensão sobre R_1 é mínima com a adição da queda. O conceito de circuito divisor de tensão é o mesmo usado por um circuito potenciômetro. Em geral, um potenciômetro é um divisor de tensão ajustável de baixa potência.

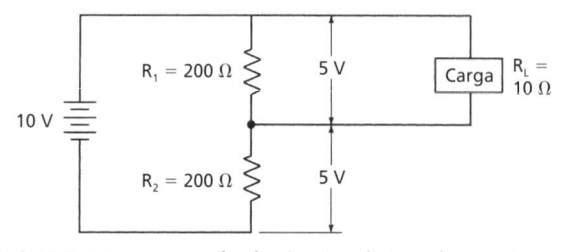

FIGURA 6-21 Exemplo de circuito divisor de tensão.

CAPACITORES

Teoria dos capacitores

Um capacitor é composto de dois condutores capazes de manter um carga elétrica e separados por uma mídia isolante. A Figura 6-22 mostra um capacitor simples, composto de duas placas de metal separadas pelo ar. O ar, ou algum outro material isolante, entre as placas de um capacitor é chamado de **dielétrico**. Quando as placas de um capacitor são conectadas a uma fonte de tensão, o capacitor se torna *carregado*. Essa carga consiste em um excesso de elétrons na placa negativa e uma deficiência correspondente de elétrons na placa positiva. Se o capacitor é desconectado da fonte de tensão, a carga permanece no capacitor por um determinado período de tempo, dependendo da natureza do dielétrico.

Quando um capacitor é carregado, desenvolve-se um campo elétrico estático pelo dielétrico, causando a coleta de uma carga positiva em uma placa e uma carga negativa na outra. A energia é armazenada no campo eletrostático entre as placas. A capacidade de um capacitor de armazenar uma carga estática é conhecida como **capacitância**, medida em uma unidade chamada de **farad**.

A menos que haja um vácuo completo entre as placas, o material dielétrico entre as placas de um capacitor é composto de um grande número de átomos. Isso é verdade independentemente do dielétrico ser gasoso, líquido ou sólido. Como o dielétrico é um isolante, é precisa uma tensão altíssima para fazer com que os elétrons livres se soltem dos átomos do dielétrico e se movam através do material. Quando o capacitor é carregado, existe uma tensão entre as placas que atua sobre o dielétrico. Durante a operação normal, a tensão não é grande o suficiente para fazer com que os elétrons no dielétrico se separem de seus átomos, mas ela ainda faz com que se desloquem uma pequena distância em suas órbitas. Esse deslocamento dos elétrons em direção à placa positiva do capacitor cria o chamado **estresse dielétrico**, que pode ser comparado a uma presilha de borracha sendo esticada. O estresse dielétrico é pelo menos parcialmente responsável pela força que faz com que o capacitor se desloque.

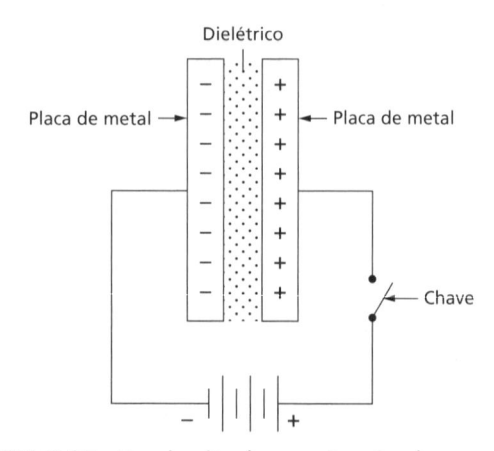

FIGURA 6-22 Um circuito de capacitor simples.

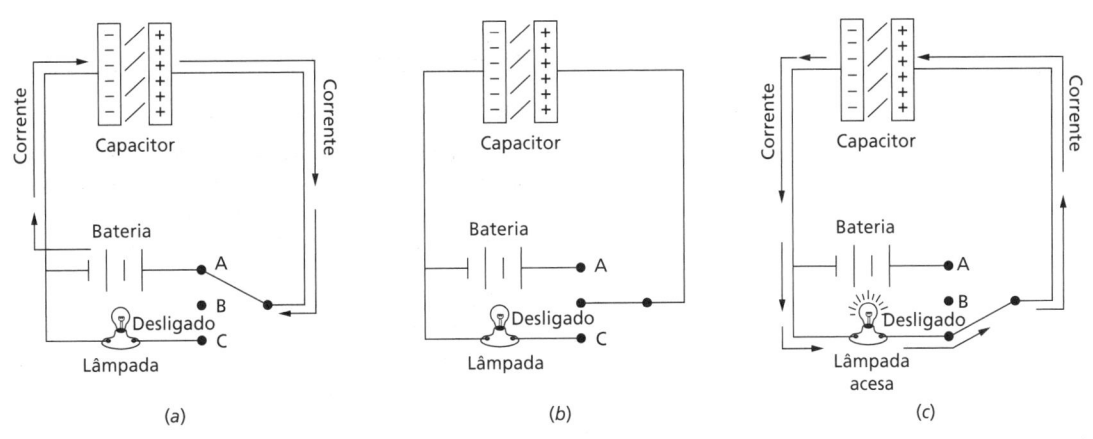

FIGURA 6-23 Operação de capacitores: (a) a bateria carrega o capacitor, (b) o capacitor retém a carga elétrica, (c) o capacitor descarrega na lâmpada e a lâmpada se ilumina.

A Figura 6-23 mostra a operação básica de um capacitor; consulte esse diagrama durante a discussão a seguir. Se a chave é movida para a posição A, o capacitor é carregado pela bateria. O capacitor mantém essa carga enquanto conectado à bateria ou se a chave é movida para a posição B. Quando a chave é movida para a posição C, o capacitor se descarrega, enviando uma corrente através da lâmpada. O capacitor continua a iluminar a lâmpada até que o capacitor seja descarregado. Na prática, os capacitores mais utilizados conseguem armazenar apenas uma pequena quantidade de energia elétrica, então a lâmpada desse circuito se iluminaria apenas por um breve período, talvez menos de um segundo. Obviamente, é importante determinar a dimensão de qualquer capacitor para se adaptar às necessidades específicas do circuito.

A construção de capacitores pode variar bastante, mas todos contêm pelo menos dois condutores elétricos separados por um dielétrico (isolador). Um capacitor comum é composto de duas folhas de metal separadas por uma fina camada de filme isolante. A folha se torna as "placas" condutoras que podem armazenar uma carga elétrica. Os capacitores são bastante utilizados em aeronaves como parte de circuitos elétricos ou eletrônicos. Os capacitores são utilizados para bloquear correntes contínuas ao mesmo tempo que permitem a passagem de correntes alternadas, para harmonizar a tensão de saída de suprimentos de potência, alternadores e geradores e em circuitos ressonantes que sintonizam rádios a determinadas frequências.

A capacitância é maior quando há uma separação mais estreita entre grandes áreas do condutor (placas). Na prática, o dielétrico entre as placas deixa passar uma pequena quantidade de corrente vazada e também possui um limite de força do campo elétrico. Se esse limite é excedido, o dielétrico se rompe e muito provavelmente destrói a habilidade do capacitor de armazenar uma carga. Essa ruptura ocorre quando o capacitor é sujeitado a uma tensão acima de sua capacidade nominal.

O estudo da analogia hidráulica mostrada na Figura 6-24 permite um entendimento claro sobre a operação de um capacitor. O capacitor é representado por um câmara separada em duas seções iguais por um diafragma elástico, que representa o dielétrico. Essas câmaras são conectadas a uma bomba

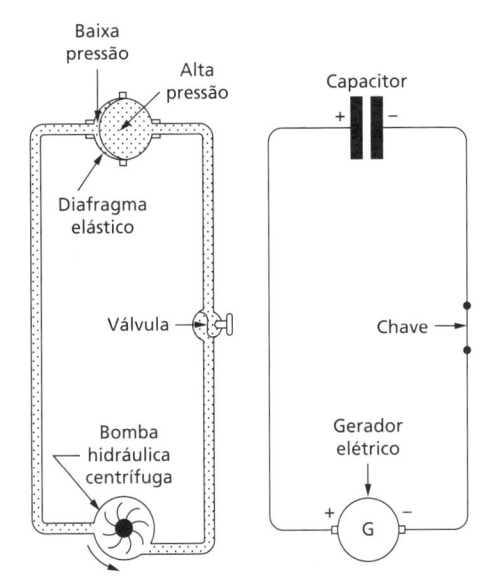

FIGURA 6-24 Analogia hidráulica de um capacitor.

centrífuga por meio de canos. A bomba representa o gerador em um circuito elétrico e a válvula de um dos canos representa uma chave. Quando a bomba gira, ela força a água para dentro de uma das câmaras e estica o diafragma. A água da outra câmara, por sua vez, flui em direção à bomba. Uma das câmaras contém mais água do que a outra, enquanto o diafragma, por estar esticado, mantém o diferencial de pressão entre elas. Quando a pressão do diafragma é igual à pressão da bomba, a água para de fluir e a câmara está "carregada". Se a válvula é fechada, o diafragma mantém o diferencial de pressão entre as seções da câmara.

No circuito elétrico correspondente, os elétrons são forçados em uma placa do capacitor e extraídos da outra placa. Quando a diferença de potencial entre as placas é igual à tensão do gerador, o fluxo de corrente para e o capacitor é carregado. Agora a chave pode ser aberta e a carga permanecerá no capacitor.

Tanto o capacitor quanto a câmara hidráulica pressurizada continuam a armazenar energia potencial até esta ser liberada. No caso do capacitor, ela pode ser descarregada em outro circuito, como um resistor. No caso da água, ela pode equalizar a pressão quando flui para fora do lado de alta pressão do diafragma elástico.

Capacitância

O efeito de um capacitor, ou seja, sua capacidade de armazenar uma carga elétrica, é chamado de **capacitância** (C). A unidade de capacitância é o **farad** (F), que é a capacitância presente quando um volt armazena um coulomb de energia elétrica no capacitor. O farad normalmente é uma unidade grande demais para fins práticos, então costuma-se utilizar uma unidade menor, chamada de **microfarad** (μF). Um microfarad é um milionésimo de um farad, e μ é a letra grega mu.

Alguns capacitores têm capacitâncias tão pequenas que mesmo o microfarad é uma unidade grande demais para expressar seu valor convenientemente. Nesses casos, usa-se o **picofarad** (pF). Um picofarad é igual a um trilionésimo de um farad. Esse valor também pode ser expresso como 1 pF = 10^{-12} F.

A capacitância de um capacitor depende de três fatores principais: a área das placas, a espessura do dielétrico e o material do qual o dielétrico é composto. Ficará óbvio que dois capacitores que têm as mesmas dimensões físicas podem diferir significativamente em capacitância devido a diferenças entre os materiais dielétricos.

Para medir as características dielétricas de um material, utiliza-se a **constante dielétrica**. O ar recebe uma constante dielétrica de 1 e é usado como referência para estabelecer as constantes dielétricas de outros materiais. Materiais dielétricos comuns incluem cerâmica, vidro, porcelana e a maioria dos plásticos.

Além da constante dielétrica de um material, é preciso considerar sua qualidade isolante. A qualidade isolante de um material é chamada de sua **força dielétrica** e é medida em termos da tensão necessária para romper (causar a ruptura) de uma determinada espessura de material. Ao selecionar um capacitor para qualquer fim específico, é importante que a capacitância seja correta e a tensão de ruptura do capacitor seja maior do que a tensão à qual o capacitor será sujeitado quando em uso.

Tipos de capacitores

Existem dois tipos gerais de capacitores: **fixos** e **variáveis**. O capacitor fixo é construído com as placas e o dielétrico posicionados firmemente e cobertos com um material protetor, como plástico, cerâmica ou uma caixa de metal isolada. Devido ao modo de construção do capacitor fixo, sua capacitância não pode ser alterada.

Os capacitores variáveis normalmente têm placas fixas e placas móveis, arranjadas de tal forma que o efeito dielétrico entre as placas possa ser alterado pela variação da distância entre as placas ou pela substituição de um conjunto de placas por outro. A construção de um capacitor de sintonia variável típico aparece na Figura 6-25. Os capacitores variáveis são usados em rádios e outros dispositivos eletrônicos nos quais é necessário

FIGURA 6-25 Um capacitor variável.

alterar a capacitância para atender aos requisitos de um determinado circuito. Em um capacitor variável, o material dielétrico geralmente é o ar.

Apesar dos elementos condutores de um capacitor serem chamados de placas, em um capacitor fixo eles muitas vezes consistem em longas tiras de chapa isoladas com o filme plástico ou roladas. As chapas roladas são então cobertas com um material isolante e podem ser colocadas em uma caixa protetora. Os fios condutores das chapas podem ser extraídos de uma extremidade da caixa ou de ambas, dependendo do projeto do capacitor.

Quando uma capacitância relativamente alta e desejada em um tamanho físico reduzido, utiliza-se um capacitor **eletrolítico**. Em um capacitor desse tipo, o dielétrico é um líquido ou pasta conhecido pelo nome de *eletrólito*. O eletrólito forma um óxido em uma das placas, o que na prática a isola da outra placa. A constante dielétrica do eletrólito é muito maior do que a dos materiais secos usados normalmente; assim, o capacitor tem uma capacitância significativamente maior do que os equivalentes que usam materiais secos. Um capacitor eletrolítico deve ser conectado em um circuito com a polaridade correto, pois tal capacitor permite que a corrente flua através dele em apenas uma direção. Se a corrente flui através da placa de um capacitor eletrolítico, a capacitância se perde e as placas se decompõem. É preciso tomar precauções para garantir que os capacitores eletrolíticos não serão conectados de forma invertida e que não serão sobrecarregados. Esses capacitores muitas vezes se superaquecem e estouram se não são conectados e utilizados adequadamente. Seu uso incorreto pode, assim, criar um risco de segurança. Os capacitores fixos dos tipos seco e eletrolítico são fabricados em uma ampla variedade de formatos, como mostrado na Figura 6-26.

Múltiplos circuitos capacitores

Quando os capacitores estão conectados em paralelo (Figura 6-27), **a capacitância combinada é igual à soma das capacitâncias.** O efeito é o mesmo que o uso de um único capacitor com área da placa igual à área das placas total de todos os capacitores no circuito em paralelo. Qualquer capacitor de

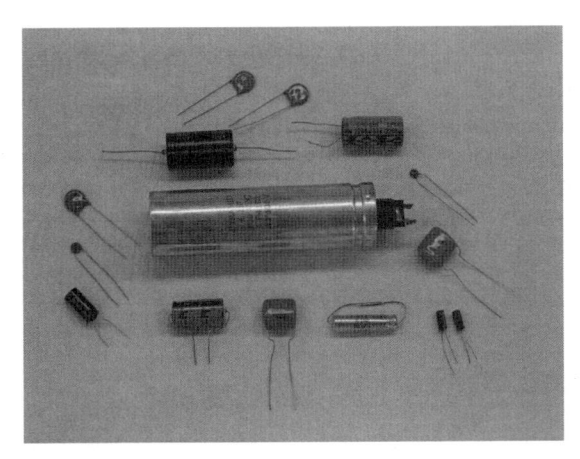

FIGURA 6-26 Capacitores.

múltiplas placas é, na verdade, um grupo de capacitores conectados em paralelo. Como a capacitância varia diretamente com a área das placas, é evidente que dois capacitores com a mesma área das placas e conectados em paralelo terão o dobro da capacitância de um, pois os dois têm o dobro da área das placas que um só.

A fórmula para capacitores conectados em paralelo é:

$$C_t = C_1 + C_2 + C_3 ...$$

Para capacitores em série, a fórmula é semelhante àquela usada para resistências em paralelo. **Quando os capacitores são conectados em série, a capacitância total é igual à recíproca da soma das recíprocas das capacitâncias.** A fórmula é:

$$C_t = \frac{1}{1/C_1 + 1/C_2 + 1/C_3 ...}$$

A partir da fórmula acima, vemos que quando os capacitores são conectados em série, a capacitância total diminui. O motivo para isso pode ser compreendido se observarmos um circuito no qual dois capacitores de capacidades nominais iguais são conectados em série (Figura 6-27b). As duas placas centrais não contribuem para a capacitância, pois suas cargas são contrárias e neutralizam uma à outra. O efeito é o de duas placas externas que atuam através de um dielétrico com o dobro da espessura do dielétrico de um dos capacitores. Logo, a capacitância total dos dois capacitores é igual a metade da capacitância de um dos capacitores. Lembre-se que a capacitância de um capacitor varia inversamente com a espessura do dielétrico.

Constante de tempo

Quando um capacitor é conectado a uma fonte de tensão, é preciso um certo período de tempo para que o capacitor se carregue totalmente. Se uma alta resistência é conectada em série com o capacitor, o tempo de carga aumenta. Para um determinado circuito que contém apenas capacitância e resistência, o tempo em segundos necessário para carregar o capacitor até 63,2% de sua carga total é chamado de **constante de tempo** do circuito. Essa mesma constante de tempo se aplica quando o capacitor é descarregado através da mesma resistência e é o tempo necessário para que o capacitor perca 63,2% de sua carga.

A carga e descarga de um capacitor em termos de constantes de tempo é ilustrada pelo gráfico na Figura 6-28. Observe que é preciso seis constantes de tempo para carregar o capacitor até 99,8% de sua carga total. A curva de descarga é o exato inverso da curva de carga. Quando o capacitor sofre um curto-circuito, ele perde 63,2% de sua carga em uma constante de tempo e quase 99,8% de sua carga em seis constantes de tempo.

Para determinar a duração em segundos de uma constante de tempo para qualquer circuito capacitor-resistência específico, é preciso multiplicar a capacitância (em microfarads) pela resistência (em megohms, ou MΩ); ou seja:

$$T = CR$$

Como exemplo de como a constante de tempo pode ser usada para determinar o desempenho de um circuito capacitor-resistência, vamos pressupor que um capacitor de 20 μF é conectado

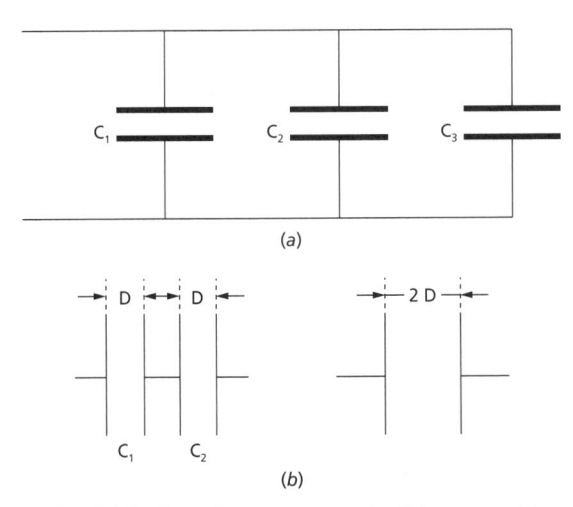

FIGURA 6-27 Capacitores conectados (a) em paralelo e (b) em série.

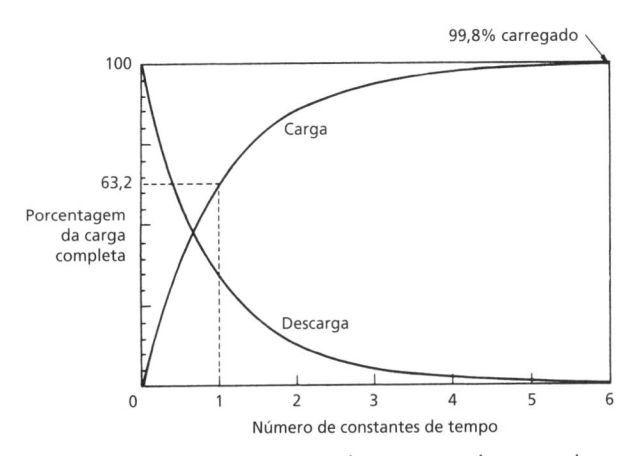

FIGURA 6-28 Curvas mostrando a carga e descarga de um capacitor de acordo com a constante de tempo.

em série com um resistor de 10.000 Ω e que uma tensão de 110 V é aplicada ao circuito em intervalos de 0,5 s.

A constante de tempo é igual a 20 × 0,01, ou T = 0,2 s. (Observe que 10.000 Ω é igual a 0,01 MΩ.) O intervalo de tempo é dado como 0,5 s; logo, o número de constantes de tempo é 2,5. Se analisarmos um gráfico ou uma tabela de constantes de tempo, veremos que a tensão em 2,5 constantes de tempo será de aproximadamente 92% da tensão total. Aplicando esse resultado ao nosso problema, descobrimos que 92% de 110 V é cerca de 101 V. Assim, vemos que o capacitor nesse problema se carregará até aproximadamente 101 V.

Efeitos e usos de capacitores em circuitos elétricos

Quando um capacitor é conectado em *série* em um circuito CC, nenhuma corrente consegue fluir **através** do capacitor devido à qualidade isolante do dielétrico. (A corrente somente pode fluir para as placas do capacitor ou se afastar delas; jamais através do dielétrico.) Quando uma tensão é aplicada a um circuito como esse, há um fluxo momentâneo de elétrons para a placa negativa do capacitor e uma saída correspondente da placa positivo. Assim que o estresse dielétrico é igual à tensão aplicada, o fluxo de elétrons para. Se a tensão é removida, a carga permanece no capacitor até surgir um caminho através do qual os elétrons podem fluir de volta da placa negativa para a positiva.

Quando um capacitor é conectado em *paralelo* em um circuito CC, ele se opõe a qualquer mudança na tensão do circuito. À medida que a tensão da fonte aumenta, a corrente flui para dentro do capacitor, desacelerando o aumento da tensão no resto do circuito. Se a tensão na fonte permanece em um nível mais elevado, o capacitor se carrega até esse nível e não tem efeitos subsequentes no circuito enquanto a tensão permanece constante. Se a tensão da fonte cai, o capacitor e descarrega para o circuito e mantém a tensão do circuito acima da tensão da fonte por um breve intervalo. A propriedade dos capacitores de se opor a mudanças na tensão é utilizada em circuitos CC para reduzir ou eliminar os pulsos de tensão. A tensão de um gerador CC pulsa; ou seja, ela varia levemente acima e abaixo do valor médio. Quando um capacitor de capacitância suficiente é conectado em paralelo com os circuitos de saída do gerador, as pulsações de tensão são praticamente eliminadas e o resultado é uma corrente contínua mais estável. Isso será discutido em mais detalhes no Capítulo 10.

Outro uso para os capacitores é reduzir o arqueamento nos platinados ou contatos de chaves. Quando uma chave se abre e impede que a corrente flua através de um circuito, uma centelha salta entre os pontos de contato da chave. Se essa centelha não é controlada, os pontos de contato logo se tornam corroídos e queimados. Esse dano cria uma alta resistência nos contatos da chave e pode levar a um baixo nível de eficiência ou falha total do circuito. Quando o capacitor é conectado em paralelo com os pontos de contato, a centelha é absorvida pelo capacitor; assim, o capacitor impede a queima dos platinados. Quando a chave é fechada novamente, o capacitor se descarrega de volta no circuito.

A flutuação de tensão e de corrente em circuitos elétricos provoca a emanação de ondas eletromagnéticas. Essas ondas induzem correntes em rádios e outros circuitos sensíveis e interferem com sua operação. Os capacitores podem ser conectados nos circuitos elétricos nos pontos de maior eficácia na absorção de flutuações temporárias de tensão; dessa maneira, eles reduzem a emanação de ondas eletromagnéticas.

Em um circuito CA, o capacitor muitas vezes é usado para bloquear a corrente contínua, mas permitir o fluxo da corrente alternada. Um capacitor também pode ser usado em combinação com um indutor e/ou resistor para permitir que certas frequências CA atravessem o circuito enquanto outras são bloqueadas. Essa técnica é conhecida pelo nome de *filtragem*.

INDUTORES

Qualquer condutor elétrico possui a propriedade da indutância; contudo, a maioria dos **indutores** são bobinas de fio projetadas especificamente. **A indutância é a capacidade de um condutor de induzir tensão em si mesmo quando uma mudança na corrente é aplicada ao indutor.** Um indutor pode ser um fio reto ou uma bobina. A Figura 6-29 mostra diversas bobinas indutoras.

A indutância de um único fio reto costuma ser praticamente nula. Contudo, se o fio é enrolado em uma bobina, o valor da indutância aumenta significativo. Isso ocorre devido ao campo eletromagnético relativamente forte produzido pela corrente que flui através de uma bobina de fios. É o aumentou ou redução (uma mudança) desse campo magnético que produz a indutância da bobina. Como discutido no Capítulo 1, se há um movimento relativo entre um condutor e um campo magnético, uma tensão é induzida em tal condutor. A Figura 6-30 ilustra a formação de um campo magnético em torno de uma bobina indutora com relação ao tempo para um circuito CC. Como ilustrado, a força do campo magnético aumenta por um breve período de tempo, do ponto *A* ao ponto *B*. Isso ocorre no instante que o fluxo de corrente começa. Imediatamente após a chave se abrir, o fluxo de corrente cai para zero. Nesse momento, a força do campo magnético diminui, como ilustrado entre os pontos *C* e *D*. Esse

FIGURA 6-29 Diversas bobinas de indutância.

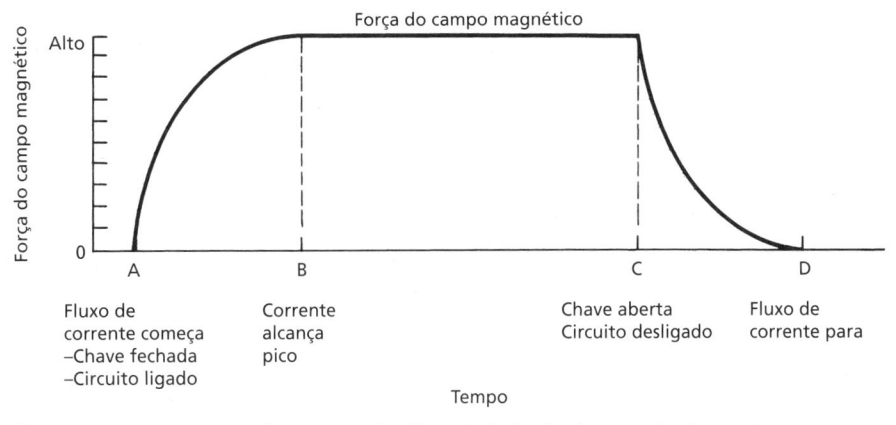

FIGURA 6-30 A força do campo magnético de uma bobina de indutância em relação ao tempo.

aumento e redução da força do campo magnético cria um movimento relativo entre o condutor e o campo magnético. Em outras palavras, se o condutor é estacionário e o campo magnético "expande" e "encolhe" em torno dele, uma tensão é induzida no condutor. Essa tensão induzida tem polaridade contrária à da tensão da fonte. Como a tensão induzida tem polaridade oposta à tensão da fonte, ela se opõe à tensão da fonte, como ilustrado na Figura 6-31. A tensão induzida é sempre muito menor do que a tensão da fonte; assim, a tensão induzida apenas enfraquece a tensão da fonte. A corrente reage de forma semelhante. A corrente induzida sempre se opõe à corrente aplicada. A tensão induzida existe apenas durante as mudanças no fluxo de corrente (ver Figura 6-30). Assim, a indutância pode ser considerada a capacidade de se opor a mudanças no fluxo de corrente.

A indutância pode ser comparada com a inércia de um objeto. A inércia tende a manter em repouso os objetos que já estão em repouso e manter em movimento os objetos que já estão em movimento, assim como as correntes induzidas mantêm o fluxo de elétrons em zero se ele já é zero e mantém os elétrons fluindo se já estão fluindo. Ou seja, as correntes induzidas tendem a se opor a mudanças no movimento dos elétrons, assim como a inércia tende a se opor a **mudanças** no movimento de um objeto.

Foi afirmado no Capítulo 1 que a força do campo de um eletroímã depende do número de voltas do fio na bobina, a corrente que flui na bobina e o material no núcleo. Na verdade, um eletroímã e uma bobina de indutância são basicamente os mesmos; assim, o efeito de uma bobina de indutância em um circuito também depende do número de voltas de fio na bobina, a corrente que flui na bobina e o material usado no núcleo. As bobinas de indutância são feitas de núcleos de ferro doce quando deseja-se obter um alto efeito indutivo. Quando se deseja obter um baixo efeito indutivo, a bobina de indutância não possui núcleo, ou seja, o núcleo é feito de ar.

A indutância de uma bobina é medida em uma unidade chamada de **henry** (H), em homenagem ao físico americano Joseph Henry (1797–1878). **Um henry é a indutância de uma bobina quando a mudança de corrente de um ampère por segundo induz uma FEM de um volt.** O símbolo da indutância é a letra L. O henry é uma unidade muito grande para a maioria das aplicações, então se utiliza a unidade menor **milihenry** (mH). Um milihenry é igual a um milésimo de um henry.

Assim como no caso da capacitância em um circuito com resistência, aplica-se uma constante de tempo em um circuito que contém indutância em série com uma resistência. Na Figura 6-28, as curvas mostradas se aplicam tanto a um circuito indutivo quanto a um capacitivo. As curvas para um circuito apenas com indutância e resistência também são mostradas na Figura 6-32.

No caso da indutância, o fluxo de corrente máximo em um circuito é atrasado por um breve momento após a bobina de indutância ser conectada a uma fonte de energia. A constante de tempo é o tempo em segundos necessário para que o fluxo de corrente alcance 63,2% do máximo após o circuito ser conectado à fonte de energia. A constante de tempo para uma corrente decrescente é o tempo em segundos necessário para que o fluxo de corrente cai para 36,8% do máximo. Esse é o mesmo tempo necessário para o aumento até 63,2% do máximo.

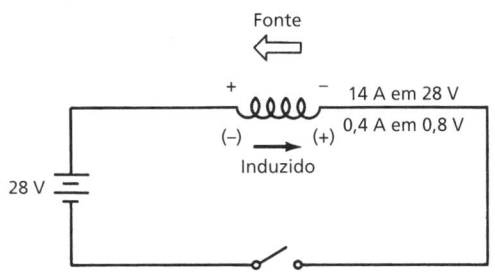

FIGURA 6-31 Relações da tensão aplicada com a tensão induzida.

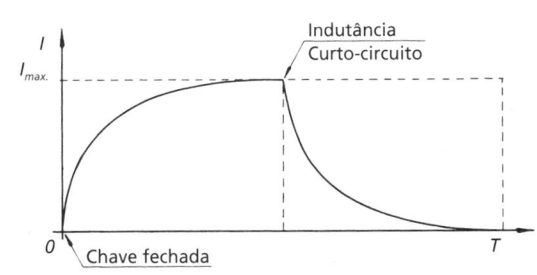

FIGURA 6-32 Curvas mostrando os efeitos da indutância na subida e queda de corrente.

Para determinar a constante de tempo para um circuito que contém apenas indutância e resistência, é necessário dividir a indutância (*L*) em henrys pela resistência (*R*) em ohms. Logo,

$$T = \frac{L}{R}$$

Se uma bobina de indutância de 10 H é conectada em série com uma resistência de 200 Ω, a constante de tempo é 10/200, ou 0,05 s.

Múltiplos circuitos indutores

Em alguns casos, dois ou mais indutores são combinados em série ou em paralelo. Em ambos os casos, a indutância total do circuito muda devido a essa combinação. Quando os indutores são ligados em série uns com os outros, a indutância total aumenta. O resultado é a soma dos valores dos indutores no circuito, como mostrado pela equação a seguir.

$$L_t = L_1 + L_2 + L_3 \ldots$$

Quando os indutores são colocados em paralelo uns com os outros, a indutância total diminui. A equação a seguir é usada para descobrir a indutância total de dois ou mais indutores em paralelo.

$$L_t = \frac{1}{1/L_1 + 1/L_2 + 1/L_3}$$

Usos de indutores

Como explicado no Capítulo 5, a oposição ao fluxo de corrente em um circuito ca criado por um indutor é chamado de **reatância indutiva** e é medida em ohms. Como os sinais de rádio são transmitidos usando energia eletromagnética com mudanças rápidas (alta frequência), os indutores muitas vezes são combinados com capacitores para criar um circuito sintonizado. Esses circuitos sintonizados são especialmente valiosos em rádios e televisores para filtrar frequências indesejadas e deixar passar as frequências desejadas.

Em muitos circuitos eletrônicos, deseja-se utilizar indutores que são variáveis em indutância. Isso significa que é preciso criar dispositivos que dão ao operador a capacidade de alterar a indutância da bobina de indutância. Um método comum para mudar a indutância é utilizar um núcleo de limalha de ferro no indutor e criar uma maneira de tirar o núcleo da bobina e colocá-lo de volta quando desejado. Uma bobina de indutância que contém um núcleo móvel para fins de sintonização também é chamada de *sintonizador de varetas*. Os indutores desse tipo são comuns em pequenos receptores de rádio.

TRANSFORMADORES

Um **transformador** é um dispositivo usado para aumentar ou reduzir a tensão em um circuito ca. Na verdade, uma das principais vantagens da corrente alternada é que ela pode ser transmitida em alta tensão com baixa perda de potência; a seguir, a tensão pode ser reduzida para qualquer valor desejada com o uso de um transformador. Assim, os transformadores são itens comuns em sistemas CA.

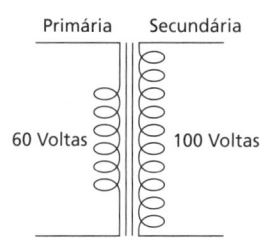

FIGURA 6-33 Diagrama esquemático de um transformador.

A Figura 6-33 apresenta um diagrama esquemático de um transformador. Como explicado no Capítulo 1, na seção sobre indução eletromagnética, todo condutor de uma corrente elétrica possui um campo magnético. Se uma corrente alternada flui em um condutor, o campo magnético em torno do condutor se expande e se retrai rapidamente à medida que a corrente muda de magnitude e de direção. Esse campo magnético que muda rapidamente cerca todos os fios que transportam a corrente alternada e possibilita o uso de transformadores.

Um transformador é composto de um **enrolamento primário** e um **enrolamento secundário** que normalmente cercam um núcleo de ferro doce laminado ou um núcleo de folha de aço recozido. A bobina secundária pode ser enrolada em torno da bobina primária ou de uma seção separada do mesmo núcleo. É o que ilustra a Figura 6-34. O núcleo laminado reduz o efeito das **correntes de Foucault**, que, sem ele, produziriam calor e perda de potência consideráveis.

A teoria de operação dos transformadores é semelhante à de uma bobina de indução. À medida que um fluxo de corrente é alimentado ao enrolamento primário, o campo magnético se expande e se contrai em torno do enrolamento. Se outra bobina de indutância, a secundária, é colocada próxima à primária, ela recebe uma tensão induzida do campo magnético com mudança constante da primária. Se a segunda bobina é conectada a um circuito, a tensão induzida produz um fluxo de corrente. Quanto maior a frequência CA aplicada (dentro dos limites), melhor a transformação de tensão entre a primária e a secundária. Uma ca de frequência relativamente mais alta, assim, permite o uso de transformadores menores. Devido à reatância

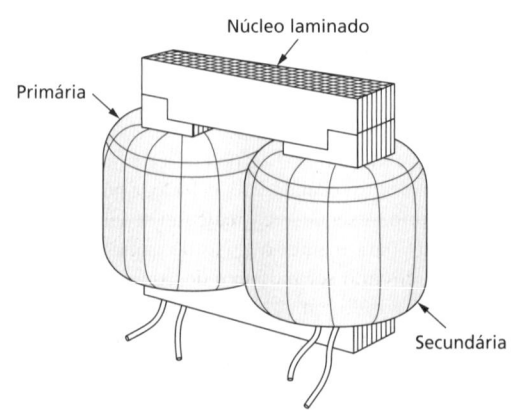

FIGURA 6-34 Um transformador.

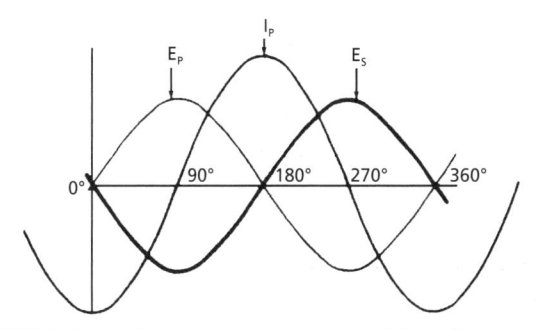

FIGURA 6-35 Tensão e corrente nas bobinas de um transformador.

indutiva das bobinas primária e secundária, a tensão induzida na secundária é quase 180° fora de fase com a tensão primária. Isso ocorre porque a corrente primária é quase 90° fora de fase com a FEM primária devido à indutância do enrolamento primário e a FEM da segunda bobina e 90° fora de fase com a da primária. Na teoria, a FEM secundária de um circuito sem resistência seria exatamente 180° fora de fase com a FEM da primária; como nenhum circuito pode ter resistência zero, no entanto, a tensão secundaria será ligeiramente menos de 180° fora de fase com a tensão primária.

O estudo da Figura 6-35 ajuda o aluno a entender as relações de fase em um circuito transformador. A curva E_p representa a FEM aplicada à bobina primária do transformador. I_p é a corrente primária, atrasada em relação à FEM primária em quase 90° devido à indutância do enrolamento primário. Como a mudança de corrente é máxima quando a corrente inverte sua direção, a FEM máxima (E_s) é induzida na secundária nesse ponto. Quando a corrente alcança um valor máximo de 180° na curva, há um instante no qual não há mudança de corrente; assim, nesse ponto não há FEM induzida na secundária. À medida que o valor da corrente diminui, a taxa de mudança aumenta e a FEM secundária aumenta para se opor a essa mudança.

Uma das características mais importantes do transformador é que a bobina primária pode ser deixada conectada à linha e consome pouquíssima potência a menos que o circuito secundário seja fechado. (**Linha** é um termo usado para descrever uma fonte de energia CA.) Isso ocorre devido à reatância indutiva do enrolamento primário. A corrente primária cria um campo que induz uma FEM oposta na bobina primária. Essa FEM oposta é chamada de **FCEM** e é quase igual à FEM aplicada à bobina; assim, flui apenas uma corrente mínima na bobina quando nenhuma carga é aplicada à secundária do transformador.

Podemos considerar o campo um reservatório de potência; quando o circuito secundário é fechado, a potência é retirada do reservatório. A seguir, a corrente flui no circuito primário suficientemente para manter o fluxo do campo em um valor máximo. Se o circuito secundário é desconectado, a potência deixa de ser retirada do campo, então é necessário pouquíssima corrente para manter a força do campo. Com isso, vemos que o fluxo de corrente que entra no enrolamento primário está diretamente relacionado com a corrente que sai do enrolamento secundário.

Como as bobinas primária e secundária de um transformador são enroladas em torno do mesmo núcleo, as duas são afetadas pelo mesmo campo magnético. Lembre-se que a FEM induzida em uma bobina depende da força do campo magnético e do número de voltas na bobina. Como ambas as bobinas são cortadas pelo mesmo campo magnético, a razão entre a FEM primária e a FEM secundária é proporcional à razão do número de voltas na primária e o número de voltas na secundária. Por exemplo, se a bobina primária tem 100 voltas de fio e a secundária tem 200 voltas, a FEM da secundária terá o dobro do valor da FEM na primária. A fórmula para esses valores é:

$$\frac{E_p}{E_s} = \frac{N_p}{N_s}$$

onde E_p = tensão no primário
E_s = tensão induzida no secundário
N_p = número de voltas no enrolamento primário
N_s = número de voltas no enrolamento secundário

É óbvio que a potência produzida por um transformador não pode ser maior do que a potência de entrada. Como a potência em um transformador é aproximadamente igual à tensão vezes a corrente, vemos que se a tensão na secundária é maior do que a tensão na primária, a corrente na secundária deve ser menor do que a corrente na primária. Em um transformador com 100% de eficiência, a razão entre a corrente na primária e a corrente na secundária é inversamente proporcional à razão das tensões. A fórmula para essa relação é:

$$\frac{E_p}{E_s} = \frac{I_s}{I_p} \quad \text{ou} \quad E_p I_p = E_s I_s$$

As equações para tensão, corrente e número de voltas no primário e secundário para um transformador podem ser combinados da seguinte forma:

$$N_p/N_s = E_p/E_s = I_s/I_p$$

ou,

$$\frac{\text{VOLTAS}_{(p)}}{\text{VOLTAS}_{(s)}} = \frac{\text{Tensão}_{(p)}}{\text{Tensão}_{(s)}} = \frac{\text{Corrente}_{(s)}}{\text{Corrente}_{(p)}}$$

Quando a secundária de um transformador tem mais voltas de fio do que a primária e é usada para aumentar a tensão, o transformador é chamado de **elevador**. Quando o transformador é usado para reduzir a tensão, ele é chamado de **rebaixador**. Em muitos casos, o mesmo transformador pode ser usado como elevador ou como rebaixador. A bobina conectada à tensão de entrada é chamada de primária e aquela conectada à carga é chamada de secundária. Outra maneira de considerar os valores de entrada e de saída de um transformador é lembrar que a potência que entra no transformador sempre será igual à potência que sai dele. Por ora, vamos supor que o transformador tem 100% de eficiência e sua ação não representa perda nenhuma. Nesse caso,

$$\text{Potência}_{(\text{primária})} = \text{Potência}_{(\text{secundária})}$$

Especificações do transformador

N_P = 1000 voltas $\qquad$ N_S = 500 voltas

V_P = 120 volts $\qquad$ V_S = 60 volts

I_P = 10 amps $\qquad$ I_S = 20 amps

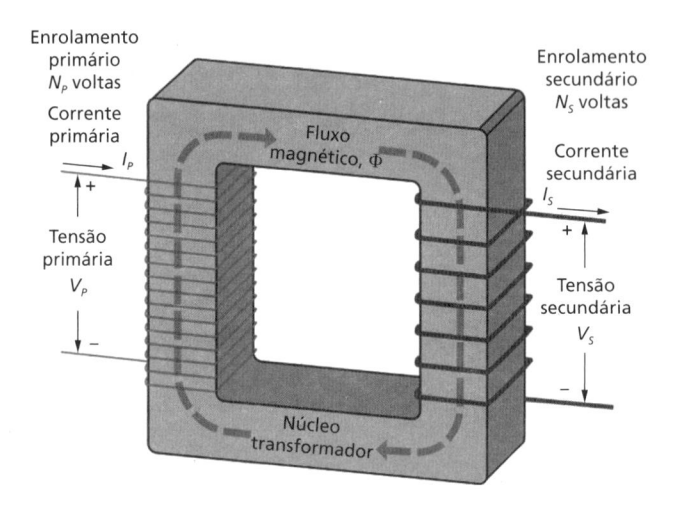

Potência$_{(primário)}$ = Potência$_{(secundário)}$

Tensão$_{(P)}$ × Corrente$_{(P)}$ = Tensão$_{(S)}$ × Corrente$_{(S)}$

ou $\qquad$ 1200 W$_{(primário)}$ = 1200 W$_{(secundário)}$

120 V$_{(P)}$ × 10 A$_{(P)}$ = 60 V$_{(S)}$ × 20 A$_{(S)}$

FIGURA 6-36 Especificações do transformador.

e como Potência = tensão × corrente ($P = E \times I$), podemos fazer a seguinte substituição:

$$E_{(primário)} \times I_{(primário)} = E_{(secundário)} \times I_{(secundário)}$$

ou

$$\text{Tensão}_{(p)} \times \text{Corrente}_{(p)} = \text{Tensão}_{(s)} \times \text{Corrente}_{(s)}$$

Como ambos os lados da equação devem ser iguais, vemos que se a tensão secundária do transformador aumenta, a corrente máxima disponível na secundária deve, então, diminuir em relação à primária. A Figura 6-36 mostra um exemplo de como determinar a saída de um transformador típico. Nesse exemplo, um transformador rebaixador 100% eficiente é usado para simplificar os cálculos. A maioria dos transformadores tem eficiência entre 90 e 98%, sendo que os transformadores maiores têm eficiências mais elevadas. A maior parte da potência perdida pelos transformadores é transformada em calor e ruído; os transformadores esquentam e muitas vezes começam a zunir.

Se passa a ser necessário usar mais de um transformador em um circuito, com os transformadores conectados em série ou em paralelo, é importante que eles usem as *fases* apropriadas. A Figura 6-37 ilustra um circuito simplificado com dois transformadores conectados em série. Observe que os terminais

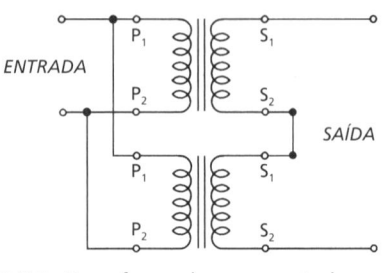

FIGURA 6-37 Transformadores conectados em série.

primários P_1 do primeiro transformador e P_1 do segundo estão conectados à mesma linha do suprimento de energia e que os terminais P_2 dos transformadores são igualmente conectados à mesma linha do suprimento de energia. Com os circuitos primários conectados dessa maneira, os terminais secundários S_1 serão positivos ao mesmo tempo e negativos ao mesmo tempo. Portanto, para conectar os dois circuitos secundários em série para obter tensão máxima, a S_2 de um transformador deve ser conectada à S_1 do outro transformador e os terminais opostos S_1 e S_2 devem, então, ser utilizados como terminais de saída. Com essa estrutura, as tensões são aditivas e a saída total será de 220 V se os enrolamentos secundários individuais produzirem 110 V cada. Se os dois enrolamentos secundários em série fossem co-

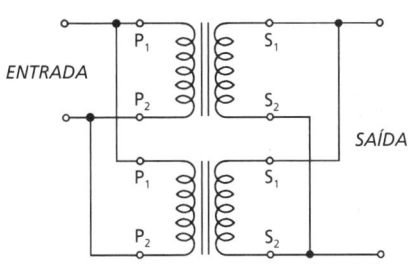

FIGURA 6-38 Transformadores conectados em paralelo.

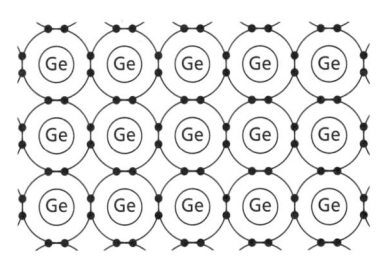

FIGURA 6-39 Ligações de valência do germânio.

nectados de modo que o S_2 de um transformador fosse conectado ao S_2 do outro, não haveria saída dos dois terminais S_1, pois as tensões trabalhariam em direções opostas.

Na Figura 6-38, os transformadores estão conectados em paralelo. Os enrolamentos primários estão conectados da mesma maneira que aqueles no circuito da Figura 6-37. Para conectar os enrolamentos secundários em paralelo, os dois terminais S_1 e os dois terminais S_2 são conectados à mesma linha. A saída entre essas linhas terá, então, a mesma tensão que cada enrolamento individual e a corrente será aditiva. Se a conexão para um dos enrolamentos secundários for revertida, será criado um curto-circuito entre os dois enrolamentos secundários e os transformadores se queimarão, ou então o disjuntor no suprimento de energia será aberto.

DIODOS E RETIFICADORES

Um **retificador** é um dispositivo que permite que a corrente flua em uma direção, mas que se opõe, ou interrompe, ao fluxo de corrente na direção contrária. Um retificador pode ser comparado com uma válvula de retenção em um sistema hidráulico. Uma válvula é uma porta unidirecional para fluídos; os retificadores são portas unidirecionais para elétrons.

Diversos tipos de retificadores de estado sólido estão em uso atualmente. O termo **estado sólido** se refere a um dispositivo no qual um material sólido é usado para controlar correntes elétricos pela manipulação de elétrons. Os dispositivos de estado sólido são meios eficientes, bastante confiáveis e comprovados de controle eletrônico, utilizados em uma ampla variedade de aplicações.

Diodos

Para entender os princípios operacionais de um diodo, antes é preciso entender a teoria dos semicondutores. Assim, vamos apresentar uma breve descrição da estrutura dos materiais semicondutores e da atividade eletrônica dentro de um diodo. Os semicondutores também são conhecidos como dispositivos de estado sólido, pois são sólidos e não contêm partes soltas ou móveis.

Os principais materiais semicondutores usados em retificadores são o **silício** e o **germânio**. Como explicado no Capítulo 1, um elemento semicondutor tem quatro elétrons na órbita externa de cada átomo. O silício tem um total de 14 elétrons em cada átomo, 4 dos quais estão na camada externa. Os átomos de germânio têm 32 elétrons, com 4 na camada externa. No esta-

do puro, nenhum desses materiais conduz uma corrente elétrica facilmente. Isso ocorre porque os átomos formam **ligações de valência** fortes, com os elétrons na camada externa de cada átomo se pareando com os elétrons nos átomos adjacentes. É o que vemos na Figura 6-39. A ilustração é um conceito bidimensional do **retículo cristalino** do germânio. Na verdade, os elétrons estão em camadas esféricas, não em anéis, e eles giram em torno dos núcleos dos átomos. Contudo, eles ainda formam ligações de energia nas camadas externas e não são fáceis de mover de um átomo para o outro. A única maneira disso acontecer é com a aplicação de uma tensão altíssima em todo o material, rompendo as ligações de valência. Poderíamos afirmar que o germânio e o silício puros não têm elétrons livres que possam servir de portadores de corrente.

Para tornar o germânio ou o silício capaz de transportar uma corrente, é adicionada uma pequena quantidade de outro elemento (impureza). É a chamado **dopagem**. O elemento **antimônio**, com símbolo químico Sb, tem cinco elétrons na camada externa de cada átomo, Quando esse material é adicionado ao germânio, o germânio se torna condutor. O motivo para isso é que o quinto elétron do átomo Sb não pode se ligar com os elétrons do germânio e fica livre no material. É o que vemos na Figura 6-40. Lembre-se que os átomos de germânio têm quatro elétrons na camada externa da cada átomo; assim, apenas quatro dos elétrons do Sb podem se parear nas ligações de valência.

Quando o germânio é tratado com antimônio, o material resultante é chamado de germânio **tipo *n***, pois contém elétrons adicionais, que representam cargas negativas. Contudo, é preciso lembrar que o material ainda é eletricamente neutro, pois o número total de elétrons no material é equilibrado pelo mesmo número de prótons. O átomo de Sb tem 51 prótons e sua carga

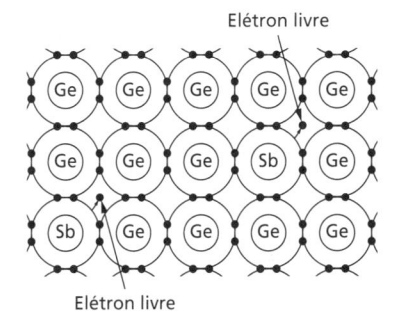

FIGURA 6-40 Efeito de adicionar antimônio ao germânio para formar material tipo *n*.

positiva compensa a carga negativa dos 51 elétrons de cada átomo. Um dos 51 elétrons é forçado para fora da camada externa do átomo de Sb, tornando-se um elétron libre. O Sb é chamado de **doador**, pois *doa* elétrons para o material.

Quando o elemento índio (In) é adicionado ao germânio, são deixados espaços vazios nas ligações de valência, pois os átomos de índio têm apenas três elétrons na camada externa. Os espaços vazios são chamados de **lacunas**. As lacunas podem ser preenchidas por elétrons que se desprendem das ligações de valência. Quando isso ocorre, surge outra lacuna onde antes estava situado um elétron. Assim, as lacunas aparecem por todo o material.

A lacuna representa uma carga líquida positiva, pois uma condição equilibrada exige que um par de elétrons ocupe cada ligação. Quando um dos elétrons está ausente, a ligação não tem a carga negativa normal; assim, ela é positiva e atrai elétrons. A Figura 6-41 mostra uma ilustração do germânio **tipo *p***. As lacunas estão adjacentes aos átomos de índio. O índio adicionado ao germânio é chamado de **aceitador** porque *aceita* elétrons de outros átomos.

O material tipo *n* de um retificador é chamado de **cátodo**; o material tipo *p* é o **ânodo**. O cátodo é o emissor de elétrons, ou conexão negativa. O ânodo é o receptor de elétrons, ou conexão positiva. Essas polaridades precisam ser observadas para que o diodo conduza eletricidade.

Quando um pedaço de germânio tipo *n* forma uma **junção** com um pedaço de germânio tipo *p*, ocorre um fenômeno interessante. Como há lacunas (cargas positivas) no germânio tipo *p* e elétrons (cargas negativas) no germânio tipo *n*, há uma deriva das lacunas e elétrons em direção à junção. As lacunas são atraídas pela carga negativa dos elétrons no material tipo *n*, enquanto os elétrons são atraídos pela carga positiva das lacunas no material tipo *p*. Alguns dos elétrons se difundem através da junção para preencher as lacunas no lado positivo. Esse movimento das cargas deixa um grande número de íons negativos no material tipo *p* mais distante da junção e um grande número de íons positivos no material tipo *n* mais distante da junção. Lembre-se que o material é eletricamente neutro, como um todo, antes da junção ser criada, pois o número de elétrons é compensado pelo número de prótons. O material como um todo ainda é eletricamente neutro após a junção ser realizada, mas algumas porções têm cargas negativas e outras têm cargas positivas.

Os íons estacionários em cada lado da junção fornecem cargas que interrompem o movimento dos elétrons através da junção. Essas cargas resultam em uma **barreira de potencial** com tensão de aproximadamente 0,3 para o germânio e 0,6 para o silício. A Figura 6-42 ilustra a condição que existe quando é realizada uma junção de dois tipos diferentes de germânio. Observe que as lacunas se movem em direção à junção a partir do material tipo *p* e que os elétrons se movem em direção à junção a partir do material tipo *n* até as cargas estarem equilibradas. As discussões anteriores se concentraram nos semicondutores de germânio; a mesma teoria também se aplica aos semicondutores de silício. Quando o arsênico é adicionado ao silício, o material possui um excesso de elétrons e se torna negativo. Quando o alumínio é adicionado ao silício, o material possui elétrons de menos e se torna positivo.

Um uso comum dos semicondutores é a criação de diodos. Um diodo pode ser considerado uma porta unidirecional para elétrons; ou seja, os elétrons podem fluir através do diodo em uma direção, mas não na outra. Assim, o diodo pode ser usado para prevenir o fluxo de corrente caso a polaridade da tensão seja aplicada **incorretamente** ao diodo e permitir o fluxo caso a polaridade esteja **correta**. A Figura 6-43 mostra um exemplo dessa situação. Nela, vemos que quando a bateria é conectada com a polaridade de uma maneira, o diodo conduz a corrente; se a polaridade é revertida, o diodo não conduz. Obviamente, esse circuito simplificado não contém carga elétrica e não realiza nenhuma função prática, sendo apresentado apenas para fins de explicação; os diodos sempre são usados com conjunto com outros elementos de circuito.

Na Figura 6-43*a*, a bateria é conectada de forma que seu terminal negativo seja unido ao lado *n* do diodo. Dessa maneira, os elétrons que fluem do lado negativo da bateria neutralizam o efeito dos íons positivos, que sem eles afetariam o fluxo de corrente. Isso possibilita que os elétrons fluam através da barreira (junção) para ocupar as lacunas e fluam em direção ao terminal positivo da bateria. Assim, o diodo é um bom condutor em uma direção, ou seja, de *n* para *p*. Em seu modo condutor, diz-se que o diodo tem **polarização direta**.

Na Figura 6-43*b*, observamos a condição na qual a bateria é conectada na direção contrária, chamada de **polarização inversa**. Aqui, o terminal positivo da bateria é conectado ao lado *n* do diodo. Os elétrons livres são atraídos em direção à carga positiva até o potencial se equilibrar. As lacunas no lado *p* do diodo se movem em direção à carga negativa para que não haja movimento de elétrons através da junção. Sob essa condição, não flui corrente alguma.

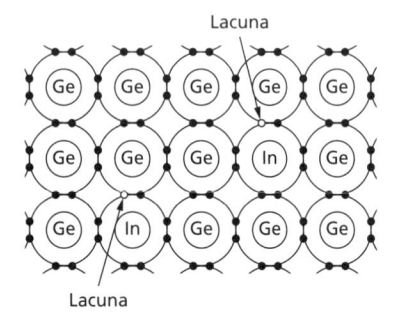

FIGURA 6-41 Adição de índio para formar um material tipo *p*.

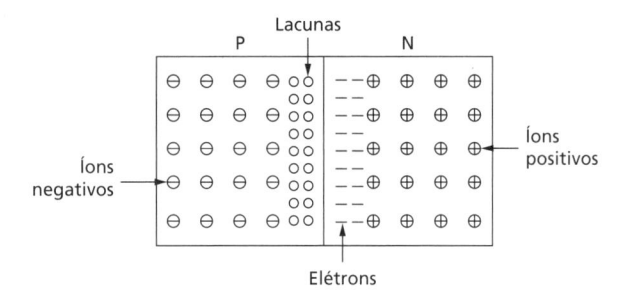

FIGURA 6-42 Junção de materiais de tipo *p* e *n* para formar uma barreira de potencial.

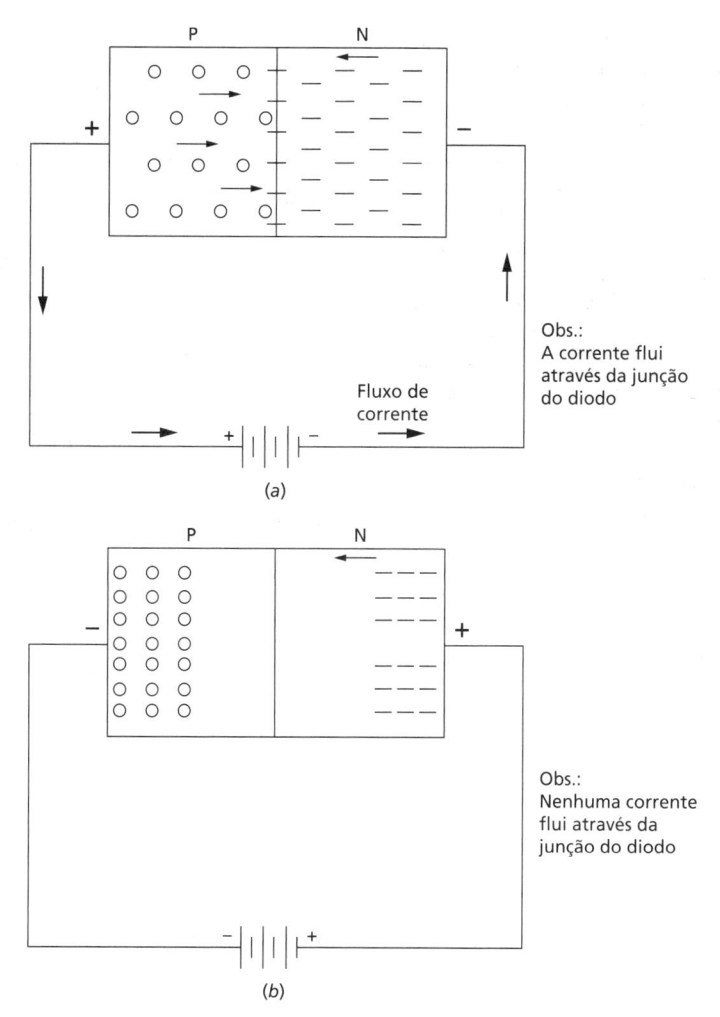

FIGURA 6-43 Teoria dos diodos; (a) com polarização direta, (b) com polarização reversa.

A maioria dos diodos usados nos equipamentos modernos são diodos de junção de silício. O nome vem da conexão física (ou junção) entre os materiais N e P do diodo. A junção também é chamada de **região de depleção** devido à ausência de elétrons ou lacunas nessa área do diodo. Os terminais do diodo são ligados a cada uma dessas regiões. A fronteira entre as duas regiões, chamada de **junção p-n**, é onde ocorre a ação do diodo.

Existem diversos tipos de diodo de junção, cada um dos quais com seu próprio tamanho ou formato e diferentes tipos de conexões elétricas. O diodo também pode ser um de muitos diodos especializados (ver Figura 6-44). Os diodos de potência (aqueles usados para controlar fluxos de corrente relativamente altos) normalmente são componentes individuais montados sobre uma placa de circuito ou dissipador de calor para ajudar na função de dissipação de calor, como visto na Figura 6-45. Os diodos projetados para transportar fluxos de corrente muito baixos se tornaram extremamente pequenos e normalmente são formados em circuitos integrados junto com resistores, transistores e outros componentes miniaturizados. Os dispositivos de computação moderna utilizam literalmente milhares de diodos em um ou mais circuitos integrados.

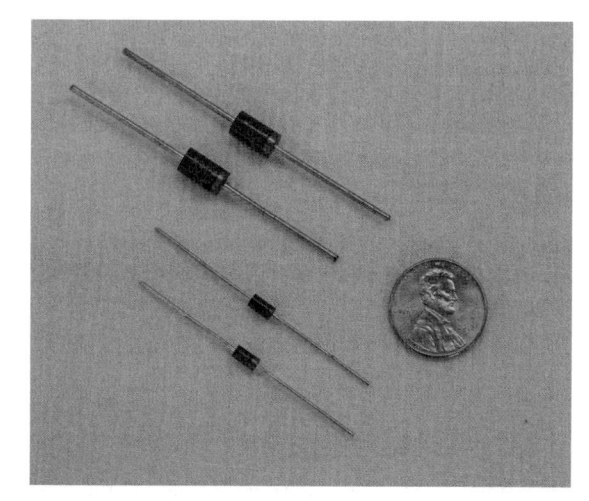

FIGURA 6-44 Diodos típicos.

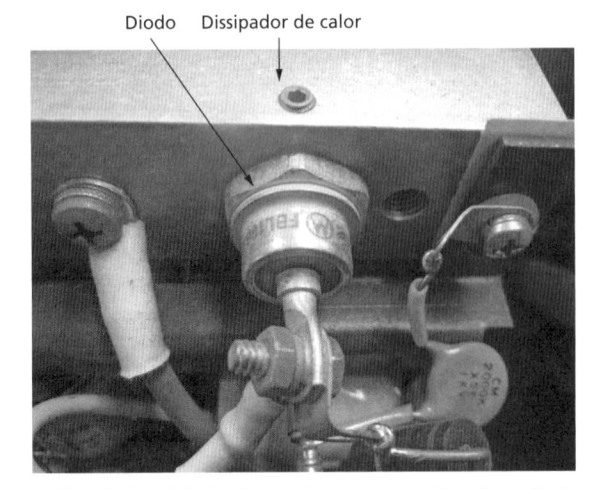

FIGURA 6-45 Diodo de potência montado sobre dissipador de calor de alumínio.

Alguns diodos comuns encontrados em sistemas eletrônicos modernos incluem:

1. Diodos emissores de luz

Um LED normalmente é formado com um semicondutor, como o arsenieto de gálio. O material emite fótons quando a corrente flui através da junção. Dependendo do material, podem ser produzidos comprimentos de onda (ou cores) que vão de infravermelho a quase ultravioleta. A tensão com polarização direta desses diodos depende do comprimento de onda dos fótons emitidos: 2,1 V corresponde a vermelho, 4,0 V a violeta. Os primeiros LEDs eram vermelhos e amarelos, mas com o passar do tempo foram desenvolvidos diodos com frequências maiores. Todos os LEDs produzem luz incoerente de espectro estreito; os LEDs "brancos" são combinações de três LEDs de cores diferentes, ou um LED azul com uma cobertura amarela. Devido a seu baixo consumo de potência e longo ciclo de vida, os LEDs estão se tornando mais comuns na iluminação das aeronaves modernas e nos displays de tela plana usados para instrumentação.

2. Diodos a laser

Quando uma estrutura semelhante a um LED é contida em uma cavidade ressonante formada pelo polimento de laterais paralelas, é possível formar um laser. Os diodos a laser são bastante usados em dispositivos de armazenamento por meios óticos e para comunicação ótica de alta velocidade. A caneta laser é um exemplo de dispositivo comum que utiliza um diodo a laser.

3. Fotodiodos

Os fotodiodos são projetado para detectar a luz (fotodetecção). O material semicondutor usado para criar a junção p-n de um fotodiodo deve ser sensível à luz e os diodos devem estar contidos em um material que permite a passagem da luz, como um plástico transparente. Quando a luz atinge o material semicondutor, o diodo produz uma tensão CC. Os fotodiodos são comuns em células solares, sensores de luz e dispositivos de conexão ótica que normalmente empregam cabos de fibra ótica.

4. Diodos térmicos

O termo é usado para diodos sensíveis ao calor (monitoramento de temperatura) e para diodos do tipo bomba de calor, usados para aquecimento e arrefecimento termelétrico. Os diodos de bomba de calor são compostos de dois materiais semicondutores, mas não têm nenhuma junção retificadora. Atualmente, o uso dos diodos de bomba de calor é limitado, mas eles têm um potencial enorme de se tornarem uma maneira muito eficiente de transportar calor para fins de aquecimento e arrefecimento.

5. Diodos Schottky

Os diodos Schottky têm uma queda de tensão direta mais baixa do que os diodos de junção p-n, o que faz com que o material semicondutor opere (mude do modo condutor para o não condutor) em altíssimas velocidades. Devido a suas altas velocidades de comutação, os diodos de Schottky são utilizados em circuitos de alta velocidade e dispositivos de radiofrequência (RF), como suprimentos de energia de modo comutado, misturadores e detectores.

6. Diodos zener

Esses diodos podem conduzir no modo de polarização inversa. Esse efeito, chamado de ruptura zener, ocorre em uma tensão precisamente definida. Isso permite que o diodo seja usado como referência de tensão de precisão. O diodo zener se tornou uma peça central em praticamente todos os circuitos de controle de tensão modernos ou reguladores de tensão de estado sólido.

Os diodos listados estão entre os tipos mais comuns desse dispositivo, mas diversos outros diodos especializados estão disponíveis ou em desenvolvimento. Com o amadurecimento da indústria aeroespacial, é óbvio que o uso de componentes de estado sólido irá aumentar e os engenheiros continuarão a encontrar novas utilidades para os diodos.

Uma consideração importante na instalação dos diodos de potência é garantir que o diodo está preso firmemente ao suporte, que atua como **dissipador de calor**. Os diodos que transportam correntes significativas se superaquecem e são danificados ou destruídos a menos que o calor desenvolvido seja eliminado pela estrutura de suporte. Muitos diodos de potência dissipam o calor através de aletas de resfriamento.

Diodos de grande porte são construídos com bases metálicas pesadas para serem presos firmemente a uma estrutura de metal pesadas o suficiente para atuarem como dissipadores de calor. Antes do diodo ser instalado, sua base deve ser inspecionada para garantir a limpeza e suavidade da peça, e o suporte sobre o qual será instalado deve passar por uma inspeção semelhante. Isso garante que haverá contato máximo entre os metais da base do diodo e do suporte. Em alguns casos, utiliza-se um gel condutor de calor entre a base do diodo e o suporte para preencher possíveis lacunas causadas por irregularidades nas superfícies a serem unidas. Isso maximiza a condutância de calor do diodo para o suporte.

Os dissipadores de calor também podem ser utilizados para outros dispositivos de estado sólido que geram grandes quantidades de calor. Muitas vezes, são utilizadas ventoinhas de arrefecimento em conjunto com os dissipadores de calor para ajudar a dissipar o calor do componente. A Figura 6-46 ilustra um exemplo típico de conjunto de transistores e dissipador de calor.

Teste de diodos. Um diodo é uma porta unidirecional para elétrons; logo, ele pode ser testado pela aplicação de uma tensão ao diodo e a medição do fluxo de corrente. A seguir, a polaridade da tensão é revertida e a corrente é medida mais uma vez. Um ohmímetro pode ser utilizado como fonte de energia para esse teste.

Um multímetro digital comum é projetado para realizar esse teste usando a **função de teste de diodos** do medidor.

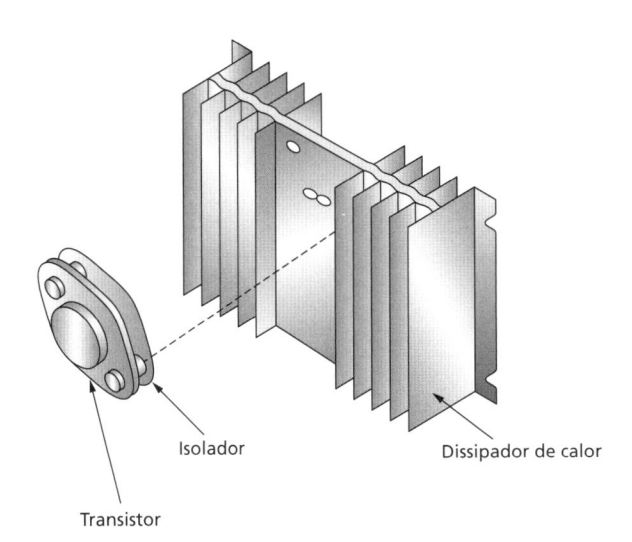

FIGURA 6-46 Conjunto de dissipador de calor de um transistores.

Como mostrado na Figura 6-47, o técnico deve seguir os passos abaixo para testar um diodo:

1. Configurar a chave de seleção do medidor para a função de teste de diodos.
2. Conectar o diodo às pontas de teste vermelha e preta do medidor.
3. Ler a indicação na tela do medidor.
4. Reverter a polaridade das conexões do medidor (reverter as pontas vermelha e preta do medidor conectadas ao diodo).
5. Ler a indicação na tela do medidor.

Durante esse teste, a bateria interna do multímetro aplica uma tensão ao diodo. Se as pontas do medidor são conectadas ao diodo na condição de polarização direta, o diodo conduz corrente. Quando as pontas do medidor são invertidas, o diodo não conduz. O medidor indica a operação apropriada de um diodo mostrando a queda de tensão no diodo com polarização direta, mas sem queda de tensão no diodo com polarização inversa.

Assim, um diodo de silício que está operando corretamente indicará uma queda de cerca de 0,6 a 0,7 V quando o diodo tiver polarização direta. Esse mesmo diodo deve indicar uma queda de 0,0 V no modo de polarização inversa para ser considerado um diodo funcional.

Lembre-se que os medidores podem ter indicações ligeiramente diferentes. Uma diferença comum é que o display é indicado em milivolts, não em volts, então um diodo de silício de polarização direta funcionando corretamente deve mostrar de 600 a 700 mV. Lembre-se também que nem todos os diodos têm a mesma queda de tensão. Um diodo de germânio terá uma queda de tensão de aproximadamente 0,3 V em polarização direta. Os diodos especializados podem ter outros valores de tensão em polarização direta, então lembre-se de sempre consultar as especificações do diodo sendo testado.

Retificadores de meia onda

Quando um único retificador (diodo) é colocado em série com um circuito ca, o resultado é chamado de **retificação de meia onda**. Apenas metade da corrente alternada passa através do retificador e continua a fluir através do circuito. Como afirmado anteriormente, a corrente ca está sempre mudando de direção e polaridade. Assim, qualquer diodo em um circuito ca recebe um fluxo de corrente em duas direções diferentes. Em uma direção, a tensão negativa é aplicada ao cátodo e a positiva é aplicada ao ânodo. O diodo conduz e a corrente flui. Na direção contrária, o diodo oferece alta resistência e a corrente não flui. O resultado é que flui uma corrente contínua pulsante através do circuito apesar do suprimento de energia produzir uma tensão CA. A Figura 6-48a ilustra um circuito retificador de meia onda, enquanto sua curva de corrente associada está ilustrada na Figura 6-48b. Nesse circuito, o motor CC recebe uma corrente contínua pulsante 60 vezes por segundo. A linha sólida da curva de corrente representa a corrente contínua pulsante; a linha tracejada representa a onda CA bloqueada pelo retificador de meia onda (diodo).

Retificadores de onda completa

Os retificadores de meia onda usam apenas metade da corrente ca disponível; logo, eles são utilizados em aplicações limitadas.

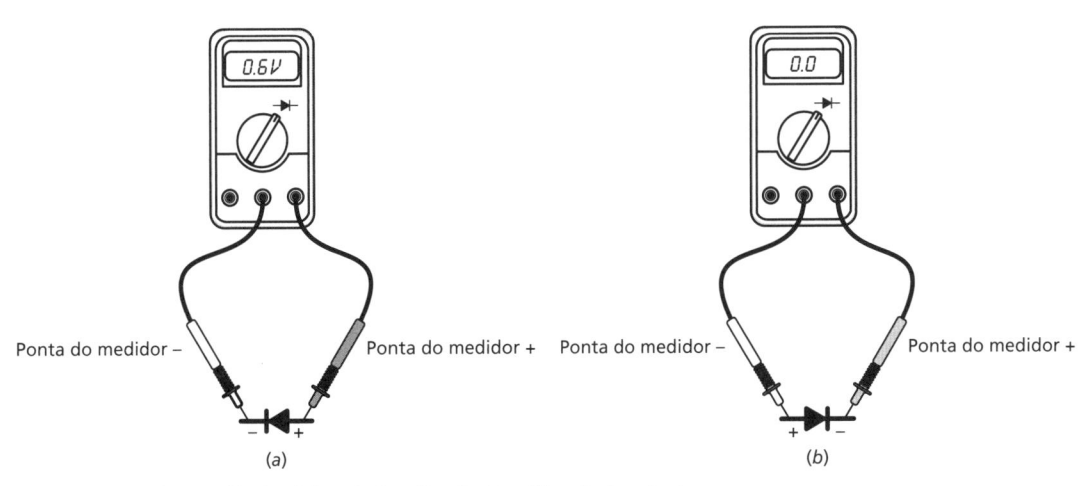

FIGURA 6-47 Teste de um diodo: (a) polarização direta, (b) polarização inversa.

134 Eletrônica de Aeronaves

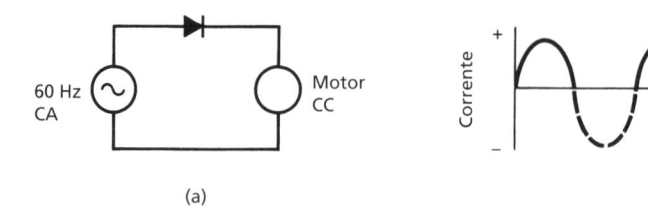

FIGURA 6-48 (a) Circuito retificador de meia onda; (b) a curva de corrente associada.

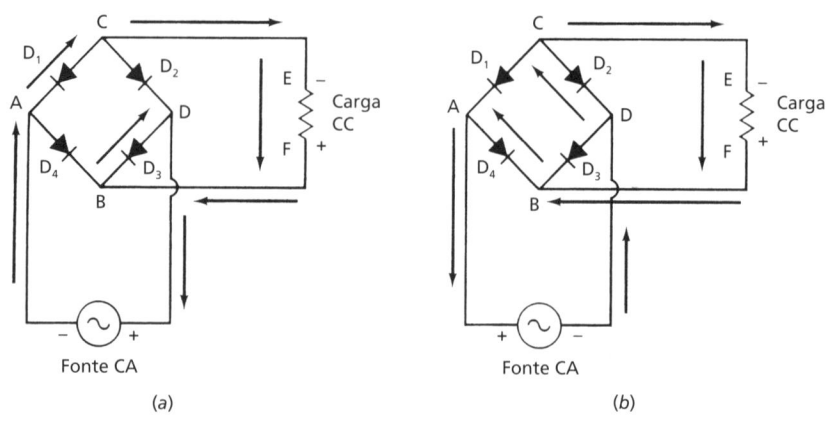

FIGURA 6-49 Um circuito de retificador de onda completa.

Sempre que é necessária uma corrente contínua de flutuação mais suave ou uma utilização mais eficiente da potência, usa-se um **retificador de onda completa**. É possível criar um circuito em ponte de onda completa usando quatro diodos individuais ou um único conjunto de retificador de estado sólido. O conjunto de retificador simplesmente contém quatro diodos combinados em um único item compacto. O conjunto do retificador em ponte facilita a instalação em placas de circuito impresso ou outros circuitos.

A Figura 6-49 mostra um circuito retificador em ponte típico. A fonte CA é conectada aos pontos A e D (a entrada do retificador). A saída do retificador, os pontos C e B, é conectada à carga CC. A Figura 6-49a ilustra o fluxo de corrente durante a primeira metade da onda CA. Nesse momento, o lado negativo da tensão CA é conectada ao ponto A, o positivo ao ponto D. A corrente flui através do diodo com polarização direta D_1, mas é bloqueada por D_4 e D_2 porque estes têm polarização inversa; A corrente atravessa a carga CC e volta ao ponto B. Nesse ponto, a corrente segue pelo caminho de menor resistência e volta ao lado positivo da fonte CA; assim, a corrente atravessa D_3, completando o ciclo.

Durante a segunda metade da onda CA (ver Figura 6-49b), a polaridade da corrente é invertida e a tensão negativa passa a ser conectada ao ponto D, enquanto a positiva é conectada ao ponto A. A corrente flui através de D_2 e é bloqueada pela alta resistência de D_3 e D_1. A seguir, a corrente atravessa a carga de E a F; assim, a polaridade da carga CC permanece constante apesar da tensão CA inverter a polaridade. O ponto E permanece negativo e o ponto F permanece positivo. A corrente alcança o ponto B e então segue o caminho mais direto, através de D_4, de volta ao lado positivo da fonte.

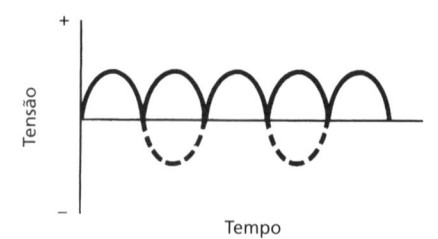

FIGURA 6-50 Tensão CC flutuante produzida por um retificador de onda completa.

A onda CA é convertida em uma corrente contínua flutuante através do retificador de onda completa. Como ilustrado na Figura 6-50, a metade inferior da tensão CA tem sua polaridade invertida para produzir uma corrente contínua flutuante. A tensão CC flutuante é designada pela linha contínua e a tensão CA pela linha tracejada. O retificador de onda completa usa totalmente a tensão CA aplicada e produz uma tensão CC relativamente suave; por consequência, os retificadores de onda completa são mais comuns do que os retificadores de meia onda.

Retificador trifásico

Muitas vezes é necessário obter uma corrente contínua dos sistemas de potência trifásicos de uma aeronave; assim, são empregadas unidades retificadoras trifásicas. Seria possível usar um retificador de onda completa monofásico em um ramo de um sistema trifásico; contudo, é mais eficiente usar um sistema retificador que utiliza a potência de todos os três ramos do circuito

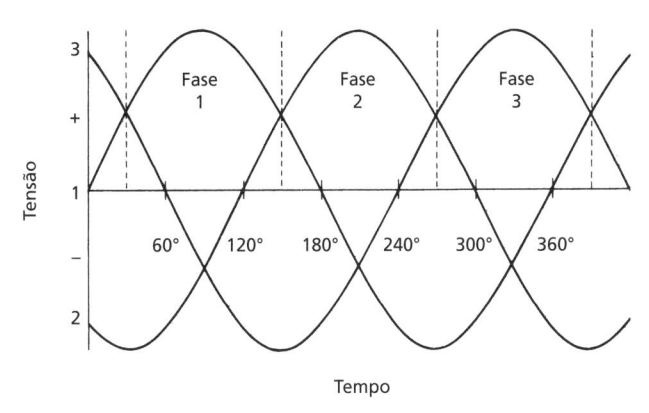

FIGURA 6-51 Saída de um alternador trifásico.

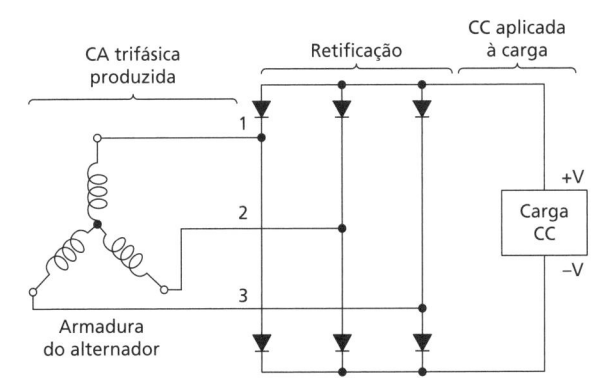

FIGURA 6-52 Retificador de onda completa para um alternador trifásico.

trifásico. A Figura 6-51 indica a saída de um alternador trifásico. Observe no diagrama que as tensões alcançam um máximo de 120° de distância. Um retificador composto de seis diodos é conectado de forma a fornecer caminhos unidirecionais para a saída CA, como mostrado na Figura 6-52. No diagrama, vemos que a tensão trifásica é produzida pelo alternador, a CA é retificada pelo sistema de diodos e a tensão CC é aplicada à carga.

Na Figura 6-53, o fluxo de corrente é ilustrado pelas setas através de cada fase do sistema trifásico. A linha contínua representa o fluxo através da fase 1, a linha tracejada representa a corrente da fase 2 e a linha pontilhada representa a corrente da fase 3. Cada fase da corrente é direcionada através do retificador de maneira a aplicar uma tensão CC à carga.

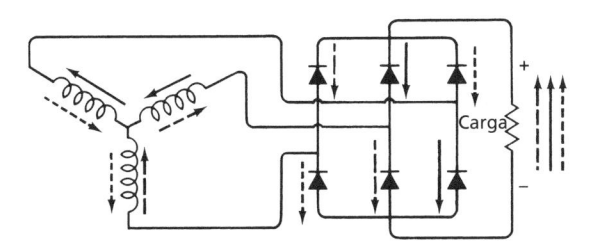

FIGURA 6-53 Fluxo de corrente através de um retificador trifásico.

TRANSISTORES

Um **transistor** é um dispositivo de estado sólido que pode ser utilizado para controlar sinais elétricos. Em geral, os transistores são produzidos em massa e a relativamente baixo custo. Durante a operação, os transistores produzem calor, o que pode danificar o transistor caso se torne excessivo. Como até mesmo pequenas quantidades de calor podem danificar muitos transistores, muitas vezes é essencial fornecer dissipadores de calor e circulação apropriada do ar para garantir a operação correta dos transistores.

Como foi explicado anteriormente, na discussão sobre diodos, os materiais tipo n e tipo p são semicondutores. Quando formados em uma junção, esses semicondutores permitem o fluxo de corrente em uma direção e bloqueiam o fluxo de corrente na direção oposta. Quando os materiais tipo n ou tipo p são unidos na combinação correta contendo duas junções, o resultado é a formação de um transistor de junção.

Transistor de junção

Como discutido anteriormente, dois materiais semicondutores são os mais usados: silício e germânio. Atualmente, os transistores de silício são mais comuns do que os de germânio devido a suas maiores velocidades e eficiências energéticas. Alguns semicondutores especializados também são utilizados em transistores de ultra alta frequência.

O **transistor de junção** é apenas um dos diversos tipos de transistores disponíveis atualmente. Basicamente, todos exigem o estabelecimento de junções entre germânio ou silício tipo n e tipo p.

Um transistor de junção é composto de três seções principais e é fabricado como uma só peça. Em um transistor *npn* típico, o material semicondutor é composto de uma seção de silício tipo n seguida de uma seção finíssima de silício tipo

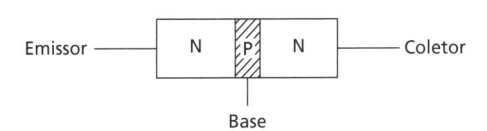

FIGURA 6-54 Diagrama de transistor *npn*.

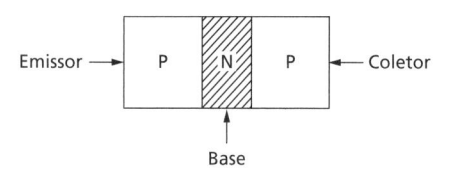

FIGURA 6-55 Diagrama de um transistor *pnp*.

p e então outra seção maior de silício tipo *n*. É o que vemos na Figura 6-54. Uma ponta desse transistor é chamada de **emissor**, a seção tipo *p* menor é chamada de **base** e a outra ponta é chamada de **coletor**.

Um transistor ***pnp*** também contém duas junções *np*; contudo, nesse caso, o emissor é um material tipo *p*, a base é um material tipo *n* e o coletor é um material tipo *p*. A Figura 6-55 ilustra um transistor tipo *pnp*. Para todos os fins práticos, os transistores *pnp* e *npn* são funcionalmente iguais, exceto por suas conexões terem polaridades opostas. Por exemplo, o emissor de um transistor *npn* é negativo porque é um material tipo *n*; o emissor de um transistor *pnp* é positivo porque é um material tipo *p*. Os símbolos esquemáticos do transistor facilitam a identificação de qual tipo de transistor está sendo utilizado. A Figura 6-56 mostra os símbolos para um transistor *pnp* e um transistor *npn*. Nessa ilustração, a seta, que representa o fio emissor do transistor, aponta nas direções contrárias para dois tipos diferentes de transistores. A seta aponta **para dentro** para transistores *pnp* e aponta **para fora** para transistores *npn*. Isso é fácil de lembrar, basta observar que a seta de um símbolo de transistor *npn* **n**ão **ap**onta para de**n**tro (*npn*). Nas aeronaves modernas, os transistores de comutação são usados no lugar de relés e solenoides para comutações de baixa potência. Por exemplo, os engenheiros agora projetam circuitos que usam um transistor para acender e apagar as luzes da cabine; no passado, eles teriam usado um relé. As chaves de transistores também são usadas em diversos circuitos eletrônicos digitais. Nesse caso, milhares de transistores são formados em um único circuito integrado e usados para controlar sinais de potência extremamente baixa para sistemas computadorizados.

A direção da seta também ajuda a definir a direção do fluxo de corrente através do transistor. Assim como com os diodos, a corrente sempre flui contra a seta. Logo, para permitir o fluxo de corrente correto através do transistor, qualquer conexão no ponto da seta deve ser negativa. A conexão nas costas da seta deve ser positiva. Os transistores *npn* e *pnp* não são intercambiáveis devido a suas polaridades opostas.

Os transistores podem ser utilizados para comutação ou amplificação. **Um transistor de comutação** é semelhante a um relé ou solenoide elétrico; ou seja, o transistor pode atuar como chave de controle remoto. Ao conectar a tensão correta à conexão de base do transistor, a resistência entre o emissor e o coletor é reduzida a quase zero. A analogia do solenoide de um transistor de comutação está ilustrada na Figura 6-57. A conexão da bobina do solenoide realiza uma função semelhante à da conexão da base do transistor; se qualquer uma delas é conectada à terra, a lâmpada se ilumina, pois a conexão do solenoide (chave) ou o emissor-coletor reduz a quase zero a resistência e a acorrente flui através do sistema.

A **amplificação** é outra função comum dos transistores. **A amplificação é definida como um aumento na potência de um sinal.** Um sinal fraco pode ser alimentado em um transistor, produzindo um sinal de saída mais forte. O transistor não pode criar potência e, logo, precisa de uma fonte de energia adicional para o sinal amplificado. A Figura 6-58 demonstra o princípio da amplificação.

A amplificação em um transistor é chamada de **ganho**. A amplificação real de um sinal deve aumentar a potência total do sinal sem alterar suas características. Se a tensão de um sinal de entrada aumenta e a corrente diminui, como em um transformador elevador, não ocorre amplificação. Para amplificar, é preciso haver um ganho de potência total. O ganho do transistor é simbolizado pela letra grega β (beta).

O ganho de um transistor costuma ser definido como a razão entre a corrente do coletor e a corrente de base. Ou seja,

$$\text{Ganho} = \frac{\text{corrente do coletor}}{\text{corrente de base}}$$

ou

$$\beta = \frac{I_c}{I_b}$$

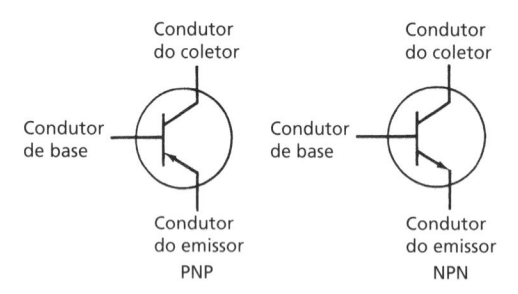

FIGURA 6-56 Símbolos esquemáticos de transistores *npn* e *pnp*.

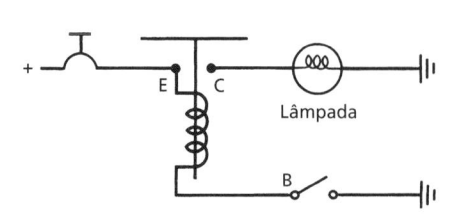

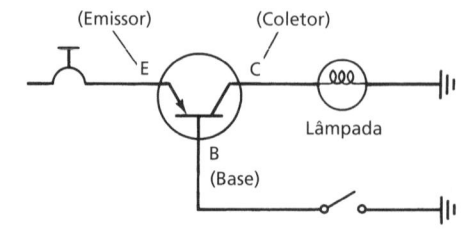

FIGURA 6-57 Analogia de solenoide de um transistor de comutação.

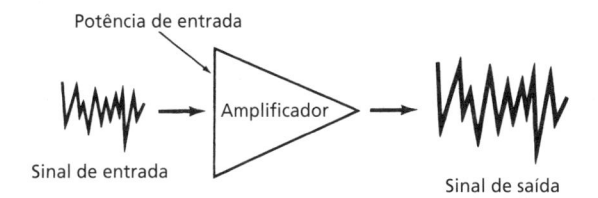

FIGURA 6-58 Princípio da amplificação.

Os transistores de potência podem ter ganhos de apenas 20 e os transistores de sinal normalmente têm ganho de mais de 100. É preciso observar que, em geral, quanto maior o ganho, maior a distorção do sinal. Por esse motivo, a amplificação normalmente se divide em diversos passos. É muito comum utilizar um pré-amplificador antes do sinal ser transmitido para o amplificador de potência. Esse conceito de amplificação passo a passo ajuda a eliminar a distorção do sinal. O ganho não é sempre um número constante para cada transistor. O ganho de um transistor pode variar com a tensão ou a corrente do coletor e muitas vezes é afetada por mudanças de temperatura.

Operação de transistores

Os transistores contêm pelo menos duas junções entre um material tipo *n* e um tipo *p*. Ambas as junções devem ter a polarização correta para permitir que o transistor conduza. **Para que o transistor seja operacional, a junção emissor-base de um transistor *pnp* ou *npn* deve ter polarização direta, enquanto a junção base-coletor deve ter polarização inversa** (Figura 6-59). Como demonstrado na Figura 6-59, a junção emissor-base de um transistor *npn* tem polarização direta quando o emissor é negativo com relação à base. A junção base-coletar tem polarização inversa quando o coletor é positivo com relação à base. Nessa ilustração, "mais positivo" representa uma tensão positiva maior no coletor do que na base, marcada como "positivo".

As junções de um transistor *pnp* são polarizada em um modo condutor quando o emissor é positivo com relação à base e o coletor é negativo com relação à base. A situação fica confusa quando lidamos com transistores se a tensão é considerada como apenas um positivo absoluto e um negativo absoluto. A tensão de um ponto deve ser definida com relação a um segundo ponto. A tensão medida em qualquer ponto pode ser negativa com relação a uma referência e positiva com relação a uma segunda. A Figura 6-60 demonstra esse conceito. O ponto *B* é negativo se medido a partir do ponto *A*. O ponto *B* se torna positivo se medido a partir do ponto *C*. Esse conceito de tensão deve ser empregado quando estudamos a operação dos transistores.

A Figura 6-61 mostra um diagrama de um circuito de transistor *npn*. Como indicado, o fluxo de elétrons produzido pelas baterias CC do circuito percorre através de dois caminhos, o caminho emissor-base e o caminho emissor-coletor. A corrente emissor-base é um sinal de "controle" relativamente fraco. Aproximadamente 1% da corrente total atravessa o circuito emissor-base. Este é o sinal que será amplificado. A corrente que viaja através do circuito emissor-coletor é o sinal amplificado. A maior parte da corrente do transistor, cerca de 99%, é enviada através desse caminho. A corrente nesse caminho é controlada pela corrente através do circuito da base.

Durante a operação normal de um transistor amplificador, quando a corrente da base aumenta, a corrente do coletor aumenta proporcionalmente. Se a corrente da base diminui, a corrente do coletor diminui. Uma característica importante dos transistores é que uma mudança na tensão aplicada ao circuito emissor-coletor tem pouquíssimo efeito na corrente do emissor-coletor. Apenas a corrente/tensão emissor-base controla o emissor-coletor ou a corrente. É por isso que o componente de base de um transistor é considerado o elemento "controlador" do transistor e o emissor-coletor é considerado o elemento "controlado" do transistor.

É preciso considerar que qualquer junção *np* terá um **limiar de ruptura**. Esse limiar é igual à tensão necessária para superar a resistência da junção do transistor em uma condição de polarização inversa. Em geral, o limiar de ruptura é uma tensão relativamente alta aplicada com polarização inversa. Quando o transistor é sujeitado a esse tipo de tensão, ele quase sempre é danificado e deve ser substituído.

Como indicado na Figura 6-62, o transistor *pnp* pode ter uma razão de corrente semelhante a de um transistor *npn* (99:1). A corrente emissor-base é o sinal controlador mais fraco, enquanto o sinal emissor-coletor é o mais forte sendo controlado. A tensão e a polaridade da corrente de um transistor *pnp* são invertidos em relação ao de um transistor *npn*; logo, os dois tipos de transistores não são intercambiáveis. Em geral, o transistor *pnp* é menos popular do que o transistor *npn* porque o tipo *npn* responde mais rapidamente a mudanças na corrente da base. Isso é especialmente importante para a amplificação de sinais de alta frequência.

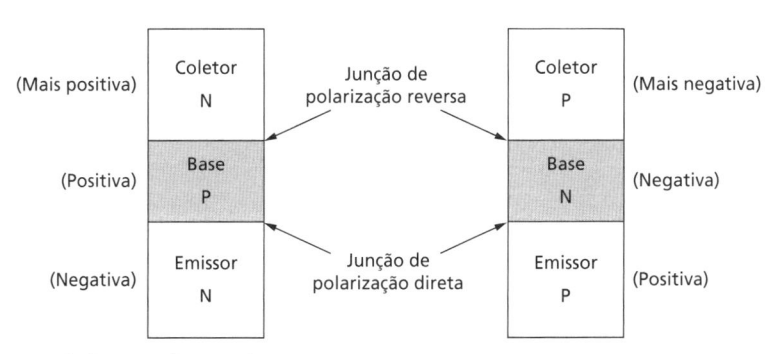

FIGURA 6-59 Polarização de junção de transistores.

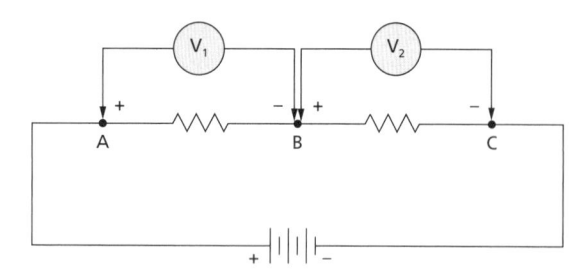

FIGURA 6-60 Medição de tensão: a tensão no ponto B é positiva com relação ao ponto C; o ponto B é negativo com relação ao ponto A.

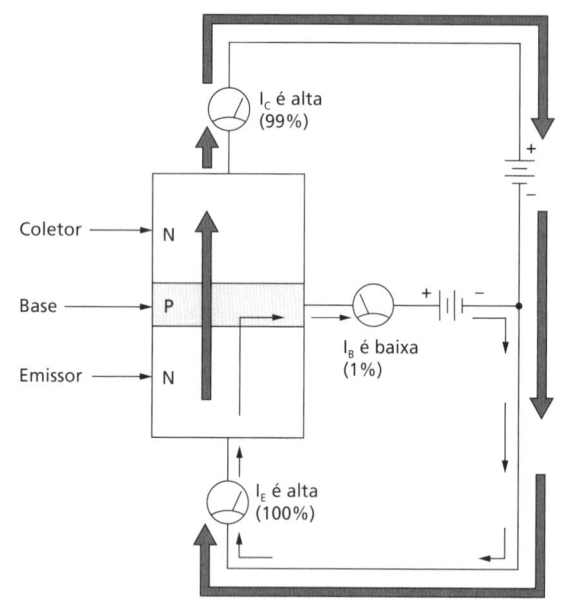

FIGURA 6-61 Diagrama de fluxo de corrente de um transistor *npn*.

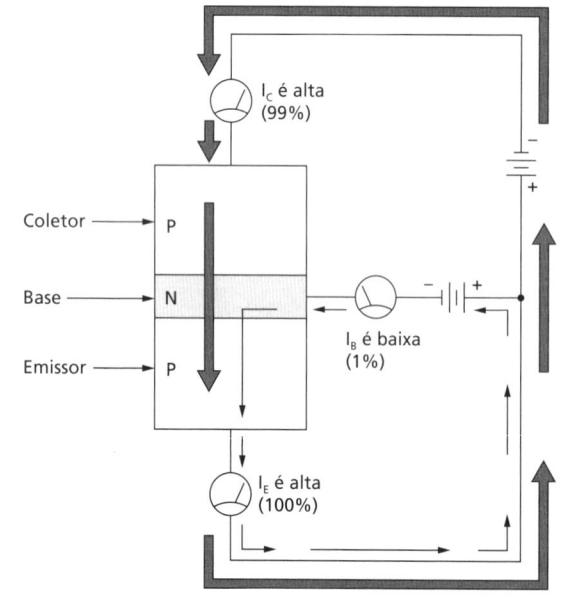

FIGURA 6-62 Diagrama de fluxo de corrente de um transistor *pnp*.

Um circuito de transistor típico

Os transistores são usados em diversos dispositivos eletrônicos em aeronaves modernas. Como discutido anteriormente, o transistor costuma ser usado como chave ou como amplificador. O circuito mostrado na Figura 6-63 é um exemplo de circuito de dimmer típico que usa um transistor para controlar o fluxo de corrente para a lâmpada. Consulte esse circuito durante as discussões a seguir para ajudá-lo a entender melhor a operação dos transistores.

Primeiro, determine qual tipo de transistor está sendo usado e qual polaridade de tensão é necessária para que o transistor acenda a luz. Como visto no símbolo do transistor, a seta dentro do transistor aponta para fora do círculo. Isso designa o transistor como *npn*. Como o circuito contém um transistor *npn*, a conexão da base deve ser positiva, a conexão do coletor deve ser ligeiramente mais positiva do que a base e a conexão do emissor deve ser negativa com relação à base e ao coletor. Cada uma dessas conexões deve estar correta para que o transistor conduza.

Segundo, analise a parte do dimmer do circuito. Como este é um transistor amplificador, ele foi projetado para que um sinal variável na conexão da base controle a corrente do emissor/coletor. O fluxo da corrente do emissor/coletor determina o brilho da luz. O potenciômetro (P_1) é usado para controlar o fluxo de corrente para a conexão da base do transistor. (Um potenciômetro é um transistor variável simples.) Normalmente, o potenciômetro seria um controle ativado pelo piloto no painel de instrumentos da aeronave. À medida que o piloto gira o botão de controle do potenciômetro, a luz se torna mais ou menos brilhante. Para aumentar o brilho das luzes, o potenciômetro é girado para que a conexão central (marcada como 2 no diagrama) suba em direção à conexão 1. Isso faz com que a conexão da base do transistor receba um sinal positivo maior, o que faz com que o transistor permita que uma corrente maior do emissor/coletor flua e a luz fique mais brilhante. Obviamente, a luz

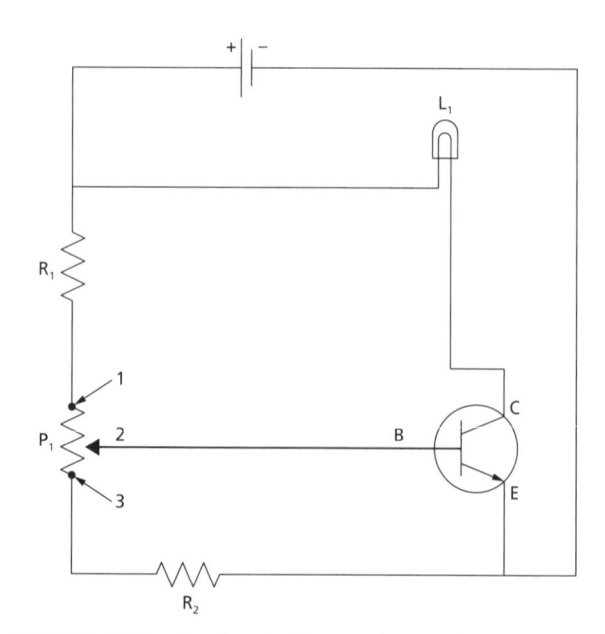

FIGURA 6-63 Circuito de dimmer de transistor.

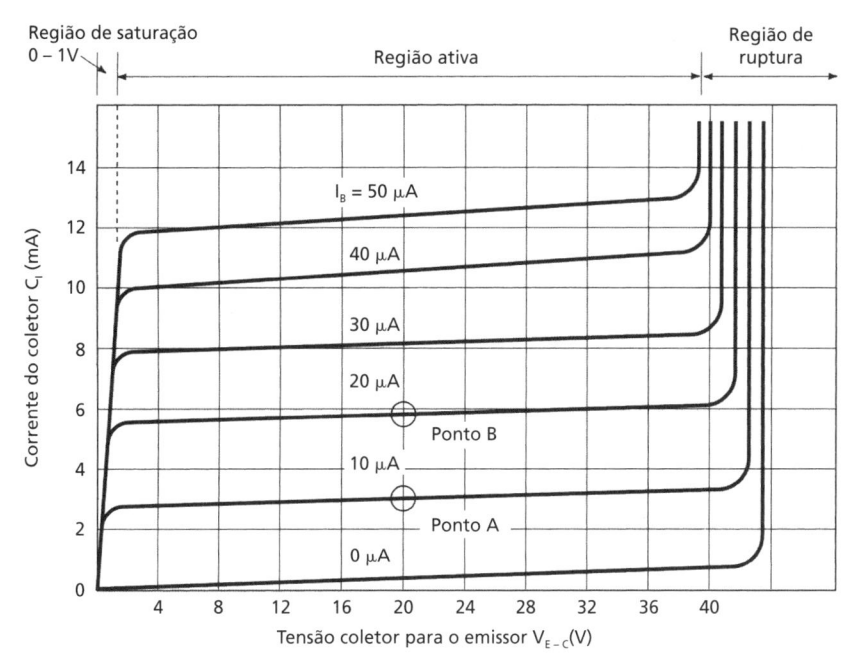

FIGURA 6-64 Curvas de corrente do coletor.

se escurece à medida que o potenciômetro desce em direção à conexão #3. Quando a base é conectada a um sinal negativo maior, a luz escurece.

Obviamente, esse circuito contém apenas uma lâmpada; a maioria dos circuitos de dimmers em aeronaves controla diversas lâmpadas ao mesmo tempo, ligadas em paralelo umas com as outras. Os resistores R_1 e R_2 muitas vezes são chamados de resistores de polarização. R_1 é usado para criar uma queda de tensão da tensão positiva da bateria antes dela alcançar o potenciômetro, enquanto R_2 é usado para baixar a tensão negativa da bateria antes dela alcançar o potenciômetro. Em geral, os resistores de polarização são usados para garantir que todos os elementos de um circuito são eletricamente compatíveis, ou seja, para ajustar a polarização do transistor. Por exemplo, R_1 pode ser necessário para garantir que a tensão correta é aplicada à conexão da base do transistor. Sem R_1, o transistor pode se superaquecer, criar um fluxo de corrente excessivo e danificar a lâmpada. Os valores exatos de quaisquer resistores de polarização devem ser determinados no momento em que o circuito é projetado.

Características do transistor

Uma das melhores maneiras de definir as características operacionais de qualquer transistor é criar um gráfico de seus fluxos de corrente e tensões. As **curvas de corrente do coletor**, como ilustrado na Figura 6-64, são a maneira mais comum de criar um gráfico das características de um transistor. O eixo horizontal é medido em volts e representa a tensão de polarização do emissor-coletor (V_{e-c}). O eixo vertical é calibrado em miliampères e representa a corrente do coletor (I_c).

As curvas na Figura 6-64 mostram os dados de saída (I_B) para qualquer situação de entrada (V_{e-c} e I_C). A partir dessas curvas, é fácil ver que a maior parte da variância na saída (corrente do coletor) é causada por mudanças na corrente da base, não mudanças na tensão emissor-coletor. A tensão inicial, entre 0 e 0,5 V, aplicada ao circuito emissor-coletor, altera a corrente do emissor-coletor em aproximadamente 3 mA. Contudo, uma mudança de 0,5 V entre 10 e 10,5 V afeta muito pouco a corrente do emissor-coletor. Essa mudança de tensão sem uma mudança proporcional na corrente mostra que os transistores não reagem de forma semelhante aos resistores; ou seja, seu fluxo de corrente não é diretamente proporcional à tensão aplicada.

O principal fator controlando a corrente do coletor é a corrente da base. A corrente da base (IB) é medida em microampères e está representada no lado direito do gráfico. Uma corrente da base de 10 μA a uma tensão emissor-coletor de 20 V permite o fluxo de uma corrente do coletor de 3,2 mA (ver ponto A na Figura 6-64). A uma corrente da base de 20 μA, a mesma tensão emissor-coletor de 20 V permite o fluxo de uma corrente do coletor de 5,7 mA (ver ponto B na Figura 6-64). A análise desses dois pontos nas curvas dos coletores deixa claro que uma pequena mudança na corrente da base de 10 μA cria uma mudança significativamente maior na corrente do coletor, 2,5 mA. O sinal fraco da base controla o sinal mais forte do coletor e a amplificação está presente.

Como vimos na Figura 6-64, a corrente da base controla a corrente do coletor; também é verdade que a tensão emissor-base controla a corrente do coletor. Isso ocorre porque a tensão entre a base e o emissor controla a quantidade de corrente emissor-base. A Figura 6-65 ilustra a relação entre a tensão emissor-base e a corrente do coletor para transistores de germânio e de silício. À medida que a tensão do circuito emissor-base de um transistor de germânio ou de silício aumenta, a corrente do coletor também aumenta. Para um transistor de germânio, uma mudança de 0,1 V (0,2 para 0,3 V) no circuito emissor-base cria uma mudança de 12 mA (2 para 14 mA) na corrente do coletor.

A tensão emissor-base necessária para ativar um transistor de germânio é de aproximadamente 0,2 a 0,3 V; um transistor de

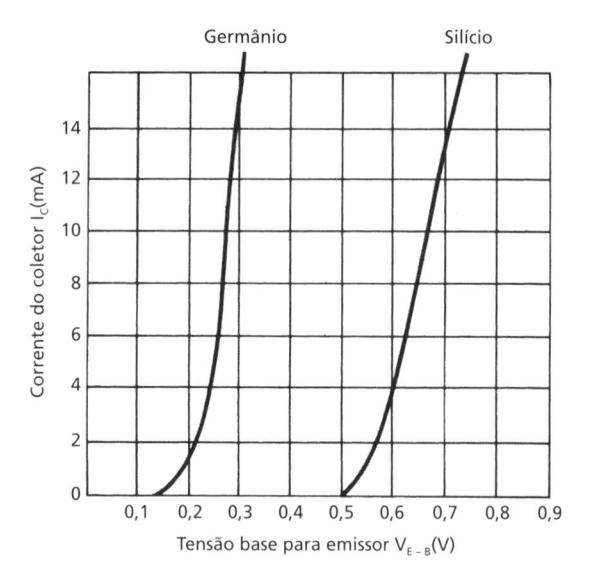

FIGURA 6-65 Curvas de tensão para transistores de germânio e silício.

silício precisa de cerca de 0,5 a 0,6 V. O estudo dessas tensões de polarização pode ser útil na solução de problemas de transistores e seus circuitos relacionados. Por exemplo, se a tensão de polarização aplicada ao circuito emissor-base de um transistor de silício fosse menor do que 0,6 V, o técnico não esperaria que o transistor fosse ativado. Se a tensão é maior do que 0,6 V, o transistor deve se ligar; se não liga, a peça provavelmente está com defeito.

Regiões de operação do transistor

Há três regiões de operação para transistores: a **região ativa**, a **região de saturação** e a **região de ruptura**. As diferentes regiões são definidas pela mudança na corrente do coletor devido a diferentes níveis de tensão aplicados ao emissor-coletor do transistor. A **região ativa** é a área plana das curvas de corrente do coletor (Figura 6-64). Nessa região, a tensão do emissor-coletor deve estar entre 1 e 40 V, aproximadamente. O transistor normalmente é operado nessa região para fins de amplificação. Na região ativa, as mudanças na corrente do coletor são controladas pelas mudanças na corrente da base.

A **região de saturação** é a área vertical das curvas (Figura 6-64). Nela, pequenas mudanças na tensão do coletor resultam em mudanças significativas na corrente do coletor. Em geral, nessa região, a tensão emissor-coletor será de menos de 1 V. Os transistores muitas vezes são operados nessa região quando usados para fins de comutação.

A **região de ruptura** de um transistor é a área das curvas dos coletores acima de aproximadamente 40 V. O transistor não deve ser operado nessa região, pois isso muito provavelmente danificará o material semicondutor.

Teste de transistores

Os transistores podem ser testados com um multímetro, desde que o transistor seja removido de seu circuito. Esse teste deve ser limitado a transistores que não são extremamente delicados e a multímetros digitais que têm uma função de teste de semicondutores.

Antes do teste, confirme que o medidor está em modo de teste de semicondutores, como mostrado anteriormente na seção deste capítulo sobre teste de diodos. (O teste de transistores é bastante parecido com o teste de diodos.) O primeiro teste será realizado entre a conexão do coletor e do emissor do transistor. Conecte o medidor da maneira mostrada na Figura 6-66. Como vemos, é preciso realizar dois testes entre o emissor e o coletor; inverta a polaridade do medidor entre os testes um e dois. O medidor não pode mostrar conexão alguma durante os dois testes. Apesar dos medidores poderem variar, a maioria indicará **OL**, para sobrecarga (*overload*), ou **000**, indicando que não há queda de tensão no material semicondutor e que nenhuma corrente flui entre o emissor e o coletor.

O segundo teste é realizado na junção emissor/base do transistor (ver Figura 6-67). Ele é exatamente como no teste da

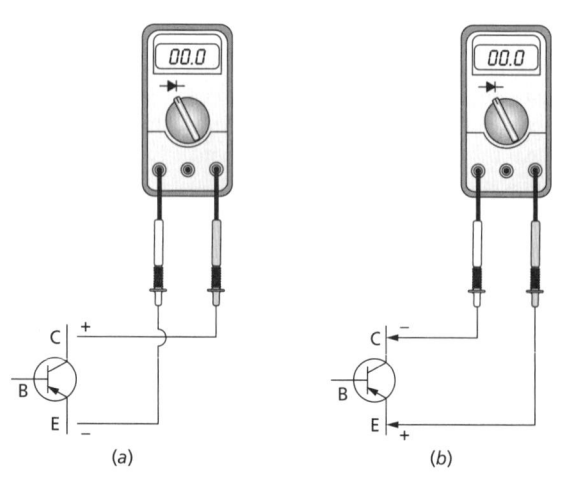

FIGURA 6-66 Teste de um transistor com um DMM: (*a*) sem conexão entre emissor e base; (*b*) sem conexão entre base e emissor.

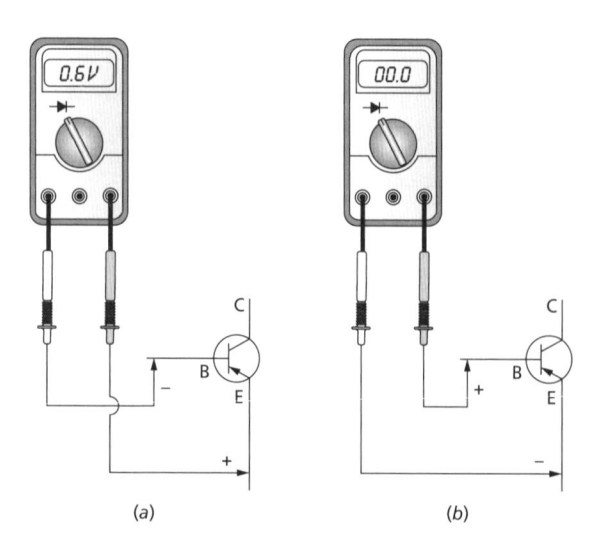

FIGURA 6-67 Teste de um transistor com um DMM: (*a*) junção base/emissor com polarização direta; (*b*) junção base/emissor com polarização inversa.

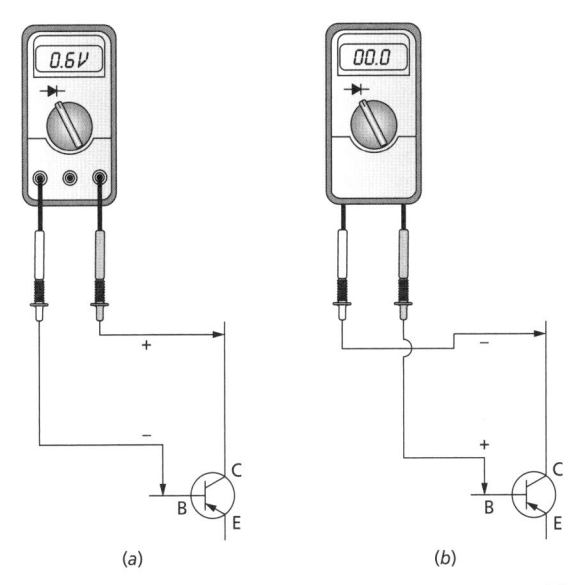

FIGURA 6-68 Teste de um transistor com um DMM: (a) junção base/coletor com polarização direta; (b) junção base/coletor com polarização inversa.

junção de um diodo. Simplesmente coloque o medidor sobre as conexões do emissor e da base e faça uma leitura. Inverta a polaridade das pontas do medidor e consulte o display do medidor mais uma vez. Um bom transistor indicará uma queda de tensão na junção em um teste, mas queda nenhuma com a polaridade inversa. A queda de tensão para um transistor de silício deve ser de 0,6 a 0,7 V, enquanto para um transistor de germânio ela será de cerca de 0,3 V.

O último teste é realizado entre as junções da base e do coletor do transistor. Realize o teste como mostrado na Figura 6-68. As indicações no medidor devem mostrar uma queda de tensão em um teste, mas queda nenhuma quando a polaridade é invertida.

Diversos testadores de transistores estão disponíveis atualmente. Os testadores realizam um teste mais completo do que o medidor portátil típico. Contudo, os transistores raramente produzem falhas parciais e qualquer falha total pode ser detectada com qualquer testador de semicondutores. Uma vantagem da maioria dos dispositivos de verificação de transistores é que eles muitas vezes possuem capacidades de teste "no circuito". Isso é muito importante quando lidamos com transistores que foram soldados em suas posições. Muitas vezes, remover um transistor como esse danifica o componente; logo, o teste no circuito é o método preferencial. Os voltímetros e osciloscópios também podem ser usados para testar transistores caso o circuito esteja completo e a potência operacional normal esteja disponível.

OUTROS DISPOSITIVOS DE ESTADO SÓLIDO

Diversos tipos de dispositivos de estado sólido híbridos estão disponíveis atualmente. Muitos deles foram projetados para operar sob condições específicas e realizar operações específicas. Oito dos semicondutores especializados mais comuns são o JFET, o MOSFET, o tiristor, o diodo zener, o diodo emissor de luz, o fotodiodo, o LASCR e o LCD.

O **transistor de junção de efeito de campo** (JFET) é bastante parecido com um transistor de junção; contudo, o JFET é considerado sensível à tensão, enquanto o transistor de junção é sensível à corrente. A Figura 6-69 mostra o símbolo de um JFET. As conexões de um JFET são a **porta**, que é o fio de controle, e o **dreno** e a **fonte**, que são os fios sendo controlados. Se a tensão aplicada entre a porta e a fonte aumenta, o fluxo de corrente entre o dreno e a fonte aumenta também. Essa relação está ilustrada na Figura 6-70. O JFET é usado em circuitos nos quais a entrada de tensão deve controlar a saída de corrente. Um circuito desse tipo é usado em osciloscópios e voltímetros digitais.

Outra vantagem do JFET é que ele produz um nível baixíssimo de ruído, tornando-o ideal para amplificadores com sinais de entrada fracos. A principal desvantagem de um JFET é que ele é menos sensível a mudanças de tensão do que um transistor de junção.

O **transistor de efeito de campo metal-óxido semicondutor** (MOSFET) tem fonte, porta e dreno, semelhante às conexões de um JFET. A principal diferença é que a porta é isolada do canal de corrente do dreno e da fonte. A estrutura e o símbolo esquemático de um MOSFET estão ilustrados na Figura 6-71. A principal vantagem de um MOSFET é que uma tensão positiva ou negativa pode ser aplicada à porta para produzir uma corrente de fluxo dreno-fonte.

Um **tiristor** é um semicondutor usado para fins de comutação. Um tiristor contém quatro camadas de material semicondutor e as junções *n-p* como mostrado na Figura 6-72. Em

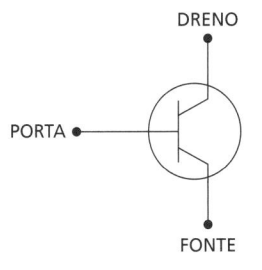

FIGURA 6-69 Símbolo do JFET.

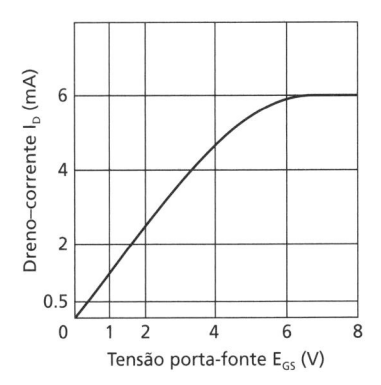

FIGURA 6-70 A relação entre a tensão da porta e a corrente dreno-fonte para um JFET.

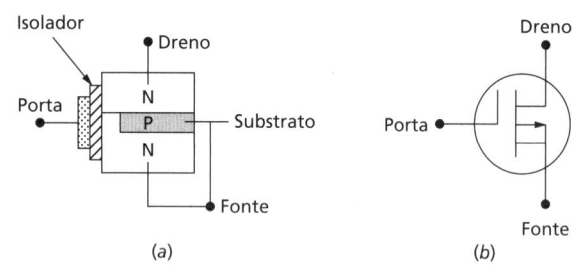

FIGURA 6-71 Um MOSFET: (a) estrutura de um MOSFET tipo n; (b) símbolo para um MOSFET tipo n.

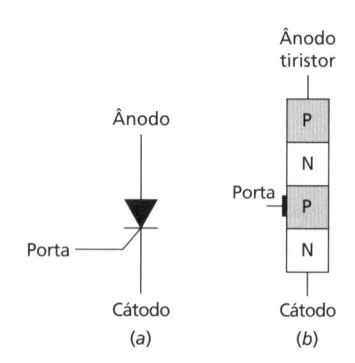

FIGURA 6-72 Tiristor: (a) símbolo; (b) quatro camadas e três junções.

muitos casos, um tiristor pode substituir um solenoide ou relé para o controle de corrente de carga para motores. A vantagem da comutação de carga elétrica com tiristores é que não há partes móveis, eliminando os problemas com desgaste, corrosão e arqueamento.

Existem dois tipos comuns de tiristor, o **retificador controlado de silício** (SCR) e o **semicondutor CA de triodo** (triac). O símbolo do SCR se encontra na Figura 6-73a, enquanto o símbolo do triac é mostrado na Figura 6-73b. O SCR ou o triac permitirão que a corrente flua após um determinado nível de sinal da porta ser alcançado. Se o sinal da porta é removido, a corrente continua a flui através do circuito ânodo-cátodo até esse sinal ser interrompido. Os tiristores também são chamados de dispositivo enganchados, pois depois que o semicondutor é ativado, ele permanece ligado ou "enganchado" até o restabelecimento. Essa característica de um tiristor o torna ideal para a comutação de circuitos de aviso em aeronaves. Por exemplo, se uma temperatura excessiva é alcançada em uma turbina por uma fração de segundo

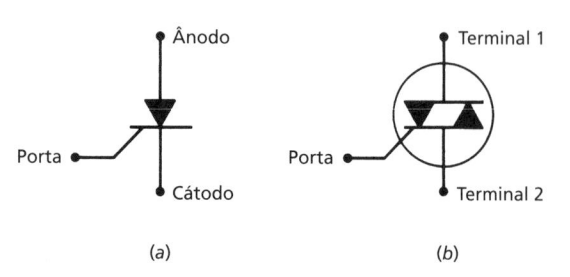

FIGURA 6-73 Símbolos de tiristor: (a) um SCR e (b) um triac.

FIGURA 6-74 Símbolo esquemático de um diodo zener.

e então diminui, a luz de aviso do motor se ilumina. A luz continua a brilhar até o piloto interromper o circuito da luz e desligar o tiristor, apagando a luz. O tiristor possibilitou que o piloto recebesse uma indicação contínua de uma condição de aviso que existiu apenas por um breve instante. Os tiristores também são usados para controlar grandes quantidades de fluxo de corrente para motores, aquecedores ou circuitos de iluminação.

O **diodo zener** também é um dispositivo popular nas aeronaves modernas. O diodo zener, como ilustrado na Figura 6-74, conduz eletricidade apenas sob determinadas condições de tensão; assim, ele é ideal para uso em circuitos reguladores de tensão. O diodo zener é projetado para operar na tensão de ruptura ou acima dela. A tensão de ruptura é aquela na qual o diodo zener é condutor; abaixo dela, o zener não conduz. O **efeito avalanche** é causado quando um zener alcança sua tensão de ruptura em um modo de polarização reversa. Se o valor correto da tensão reversa (ânodo negativo, cátodo positivo) é aplicada ao zener, ele atua como uma resistência fraquíssima. Abaixo dessa tensão, o zener oferece uma resistência alta. O fenômeno é conhecido como efeito avalanche porque o zener oferece uma resistência quase infinita até a tensão de ruptura ser alcançada. Nesse ponto, a resistência cai drasticamente, a quase zero (uma avalanche). Assim como nos diodos convencionais, se a polaridade é revertida, o diodo zener não é condutor.

Diodos zener bidirecionais também aparecem em diversas aeronaves. Esses diodos muitas vezes são conectados em paralelo com a bobina magnética de um relé ou solenoide (Figura 6-75). Os diodos zener bidirecionais são usados para eliminar picos de tensão (transientes) criados durante a expansão ou contração do campo magnético da bobina de relés (solenoide). Semelhante aos diodos zener, o zener bidirecional conduz corrente acima de um determinado nível de tensão. Contudo, o zener bidirecional conduz corrente em ambas as direções ou polaridades.

O **diodo emissor de luz** (LED) é amplamente utilizado em instrumentos aeronáuticos e equipamentos de teste. Os LEDs são usados como luzes indicadoras. Um sistema de LEDs, como aquele na Figura 6-76, é utilizado para mostrar letras e números. Os LEDs precisam de 1,5 a 2,5 V e 10 a 20 mA para produzir iluminação adequada para a maioria das aplicações. Para que um LED seja condutor, a tensão aplicada deve ser conectada nas condições de polarização direta.

A luz de um LED vem da energia emitida quando o diodo tem polarização direta. Nesse momento, os elétrons livres viajam de um alto nível de energia para um baixo e produzem luz

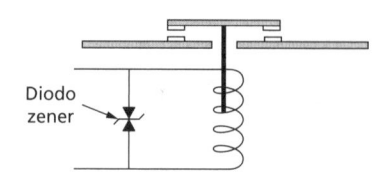

FIGURA 6-75 Diodo zener bidirecional instalado em uma bobina solenoide.

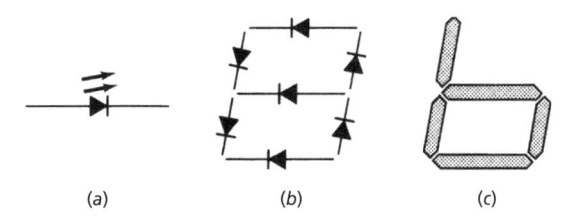

FIGURA 6-76 Diodos emissores de luz: (a) um símbolo esquemático; (b) um sistema de LED para apresentar um dígito; (c) um display de LED do dígito 6.

e calor. Os diodos que não emitem luz gastam toda sua energia "extra" com o calor. Os LEDs gastam quase toda a sua energia extra na luz. As diversas cores disponíveis para LEDs são determinadas por seus elementos ativos, como gálio, fósforo e arsênico. Atualmente, existem LEDs que produzem luz vermelha, verde, amarela, azul, laranja e infravermelha.

Os **fotodiodos** são semicondutores que respondem à luz. Os diodos fotovoltaicos, ou células solares, como costumam ser chamados, produzem uma tensão CC quando expostos à luz. Uma quantidade relativamente pequena de potência é produzida pelas células fotovoltaicas, mas com o uso da eletrônica moderna, diversas calculadoras e outros dispositivos de baixa energia podem operar usando a corrente produzida pelas células fotovoltaicas. Fora da atmosfera terrestre, os raios do sol são muito mais fortes e ajudam a criar uma maior quantidade de energia elétrica através dos fotodiodos. Diversos satélites modernos operam exclusivamente com a energia elétrica gerada por células fotovoltaicas.

Um **SCR ativado por luz** (LASCR) é um dispositivo ativado por raios de luz. Nesse dispositivo, quando a luz é forte o suficiente, os elétrons de valência da porta se tornam elétrons livres e permitem que a corrente flua do cátodo para o ânodo. A Figura 6-77 mostra o símbolo de um LASCR. As setas indicam a luz necessária para acionar o LASCR. Assim como os SCRs, os LASCRs continuam a conduzir após a fonte da ativação ser removida. Em outras palavras, depois que a fonte de luz diminuiu, o LASCR continua a oferecer baixíssima resistência (um circuito fechado).

Os **termistores** são dispositivos sensíveis ao calor usados em algumas aeronaves para monitorar a temperatura de determinados equipamentos elétricos. Por exemplo, os sensores de baterias de níquel-cádmio podem usar termistores para monitorar a temperatura da bateria. Como sugere o nome, *termistor* vem das palavras *térmico* e *resistor*. Os termistores são dispositivos semicondutores que mudam a resistência à medida que sua temperatura muda. Os termistores são formados de óxidos de metal e cobertos com um material de epóxi, vidro ou assemelhado. Existem diversos estilos de termistores, como hastes, discos e arruelas, que são montados dentro de uma sonda de temperatura.

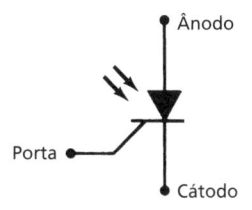

FIGURA 6-77 Símbolo esquemático de um LASCR.

Os **displays de cristal líquido** (LCDs) são usados em diversos instrumentos de alta tecnologia em aeronaves. Os displays podem ser configurados para formar padrões de letras e números ou até mesmo uma imagem completa. Um LCD básico é cinza, mas muitos displays modernos empregam filtros de cor para criar imagens coloridas completas. Os LCDs coloridos substituíram os instrumentos tradicionais na maioria das aeronaves modernas. Os LCDs são o display preferencial nesses projetos devido a suas economias de peso e eficiências elétricas.

Os displays de cristal líquido recebem seu nome por causa do *cristal líquido* usado para organizar os padrões de luz dentro da unidade. Os cristais líquidos são materiais fluídos que contêm moléculas organizadas em formas cristalinas. As moléculas normalmente são torcidas e, logo, "dobram" a luz que passa através do cristal (ver Figura 6-78a). Se uma tensão é aplicada ao cristal líquido, as moléculas se alinhas e a luz passa "reta" através do material (ver Figura 6-78b). Os LCDs usam esse fenômeno para alinhar as ondas de luz com filtros polarizados. Os filtros polarizados bloqueiam ou deixam passar a luz para formar padrões específicos no display.

A Figura 6-79 mostra um exemplo típico de display de cristal líquido de 7 segmentos. Nele, a tensão é aplicada aos segmentos individuais para formar o número 5. Os segmentos aos quais a tensão não é aplicada são *cinza-claros*. As ondas de luz passam através desses segmentos e são refletidas por um espelho montado atrás do polarizador traseiro. Os segmentos que formam o número 5 são cinza-escuros, pois refletem a luz. Os cristais líquidos desses displays são alinhados por uma tensão aplicada.

PLACAS DE CIRCUITO IMPRESSO

Os equipamentos eletrônicos modernos utilizam **placas de circuito impresso** (PCBs, *printed circuit boards*), que oferecem uma superfície de suporte e os caminhos de corrente elétrica para os componentes individuais de um sistema. As placas de circuito impresso normalmente são construídas usando um material isolante rígido de aproximadamente 1/16 polegadas de espessura. A superfície da placa é coberta com uma folha de cobre. A seguir, são perfurados buracos nos materiais para a realização das conexões dos componentes (ver Figura 6-80). As placas de circuito impresso permitem a instalação compacta de centenas de componentes individuais em equipamentos eletrônicos. Em alguns equipamentos, as PCBs, chamadas simplesmente de *placas*, podem ser removidas facilmente para consertos.

Durante a construção de PCBs, quase toda a superfície da placa isolante é coberta pela folha de cobre, que então é gravada com solventes químicos para formar os caminhos de corrente específicos necessários para os circuitos. Os componentes são instalados na placa e soldados à folha de cobre. Em muitos casos, o conjunto completo (componentes e PCB) é coberto com uma camada protetora para selar a umidade. Essa camada protetora deve ser removida antes da substituição dos componentes da PCB. Lembre-se de seguir as recomendações do fabricante para a substituição de componentes.

Os **componentes de superfície** são projetados para serem montados em ambos os lados de uma placa de circuito impresso. Como vemos na Figura 6-81, os fios dos componentes não se estendem através da PCB. Os fios são dobrados em um ângulo de

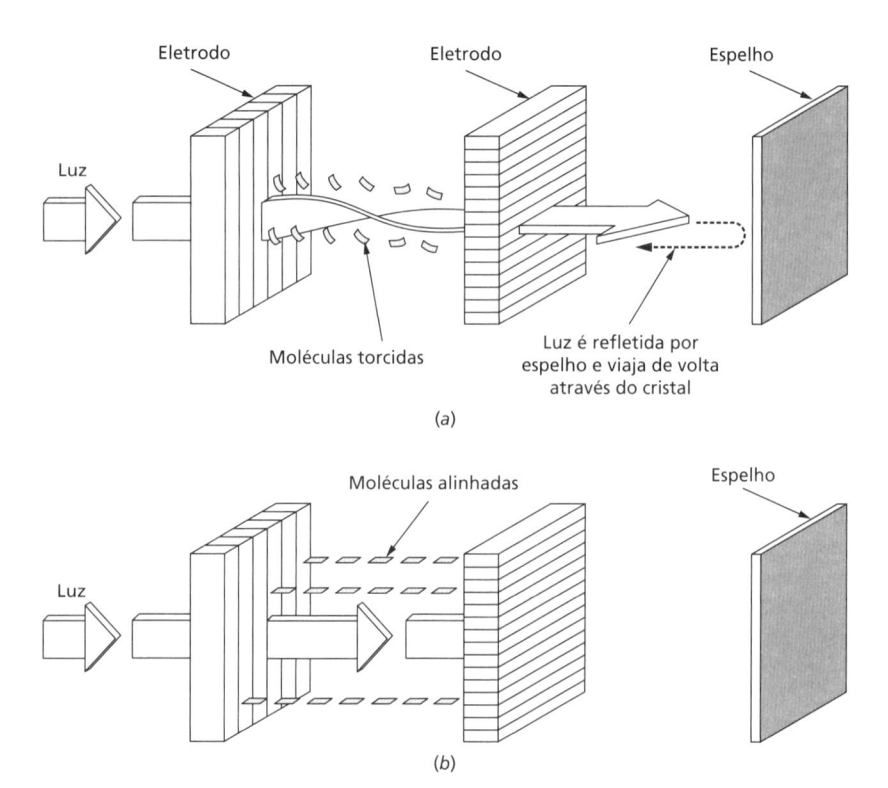

FIGURA 6-78 Teoria do cristal líquido: (*a*) Sem corrente aplicada aos eletrodos, a luz passa através do polarizador. A luz é refletida pelo espelho e atravessa o polarizador novamente. Esse segmento é claro. (*b*) Com a corrente aplicada aos eletrodos, a luz não atravessa o polarizador. Esse segmento é escuro.

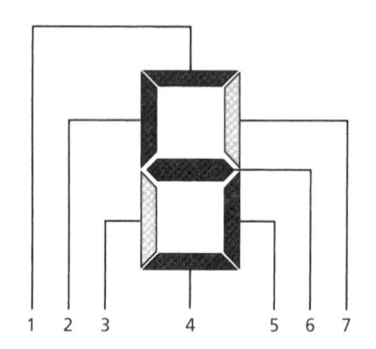

FIGURA 6-79 Um display de cristal líquido de 7 segmentos. Os eletrodos 1, 2, 4, 5 e 6 são energizados para formar o número 5.

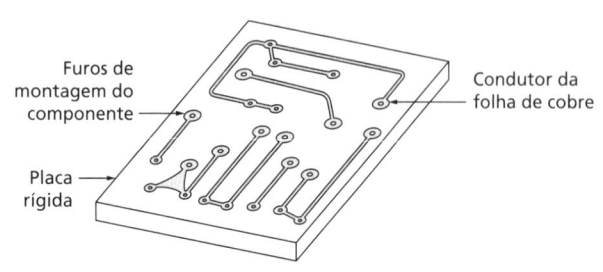

FIGURA 6-80 Placa de circuito impresso.

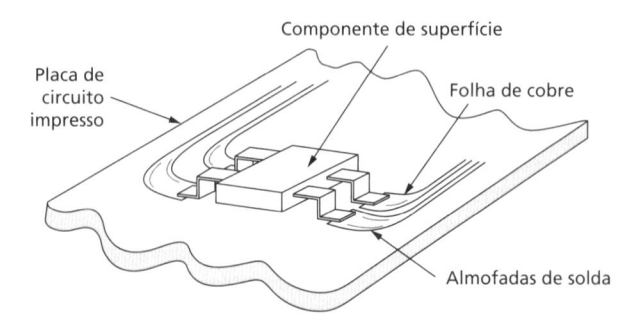

FIGURA 6-81 Exemplo de componente de superfície.

90° e repousam sobre a superfície da placa. Os fios são então soldados ao condutor de folha de cobre e fixados em suas posições. Esse sistema permite a instalação de componentes em ambos os lados da PCB, possibilitando a criação de uma unidade mais compacta. Praticamente todos os tipos de componentes elétricos, dos resistores aos circuitos integrados, podem ser projetados para montagem em superfícies. Na maioria dos casos, os componentes projetados para montagem em superfície são extremamente pequenos e difíceis de manusear. Em muitos casos, a identificação do componente é praticamente impossível, pois as peças são pequenas demais para a impressão de números de identificação ou códigos de cores de resistores em suas superfícies.

Devido a seu design compacto, é muito difícil instalar e remover componentes de superfície. Equipamentos de solda e dessolda especiais são fundamentais para o sucesso de uma substituição de componentes. Os componentes de superfície devem ser removidos e instalados apenas por técnicos com treinamento em técnicas de conserto de superfícies e de PCBs.

TUBO DE RAIOS CATÓDICOS

Há muitos anos, o **tubo de raios catódicos** (CRT) é conhecido de milhões de pessoas como o tubo de imagem do aparelho de televisão. O CRT de um televisor é projetado para reproduzir uma imagem não distorcida em uma tela. A imagem é desenvolvida a partir de uma série de pulsos e tensões variáveis aplicados aos elementos do tubo.

Fundamentalmente, o CRT é composto de um "canhão" de elétrons, uma tela fosforescente e dispositivos defletores para controlar o movimento do feixe de elétrons "disparado" do canhão. A Figura 6-82 mostra um diagrama de um CRT. Assim como em qualquer outro tubo termoemissor, o cátodo aquecido fornece a emissão de elétrons, que por sua vez são acelerados em direção à tela pelas cargas positivas nos ânodos. A intensidade do feixe de elétrons é regulada por meio da carga da grade de controle. Após o feixe de elétrons ser acelerado e focado pelos ânodos, sua direção é controlada pelas **placas de deflexão**. Quando os elétrons atingem a tela com revestimento fosforescente, eles criam um ponto brilhante. Se uma tensão alternada é aplicada às placas de deflexão verticais, o ponto se move para cima e para baixo, formando uma linha reta, como mostrado na Figura 6-83a. Da mesma forma, se uma tensão alternada é aplicada às placas de deflexão horizontais, aparece uma linha reta horizontal na tela, como na Figura 6-83b.

A deflexão do feixe de elétrons pode ser realizada por meios eletrostáticos ou eletromagnéticos. A deflexão eletrostática posiciona o feixe de elétrons com a produção de campos elétricos que mudam a direção na qual o feixe se move. As **placas de deflexão**, que criam o campo elétrico, normalmente são usadas em CRTs para osciloscópios e muitos displays de instrumentos aeronáuticos. Os campos eletromagnéticos são usados para direcionar o feixe de elétrons em muitos receptores de televisão e displays de vídeo semelhantes. As **bobinas de deflexão** criam campos magnéticos para direcionar o feixe de elétrons na direção horizontal e na vertical.

O lado interno de uma tela de CRT é coberta com um material fosforescente que brilha depois de atingido por um feixe de elétrons. O tempo necessário para que o material fosforescente brilhe é determinado pela varredura do feixe de elétrons. Qualquer ponto da tela do CRT deve brilhar até que o feixe de elétrons volte àquele local e reative o material fosforescente.

Um CRT a cores usa três canhões de feixes de elétrons para produzir as três cores primárias. É preciso usar um canhão separado para cada uma delas: vermelho, azul e verde. A tela de um CRT a cores é composta de três materiais fosforescentes diferentes; o tipo de material fosforescente determina a cor produzida quando o feito de elétrons atinge a tela do CRT. A tela do CRT é dividida em centenas de grupos de três pequenos pontos fosforescentes, um cada para vermelho, azul e verde. Cada feixe de elétrons deve passar por uma **máscara de sombra** antes de atingir seu respectivo ponto fosforescente. A máscara de sombra ajuda a prevenir a sobreposição dos feixes de elétrons em qualquer ponto colorido incorreto. A Figura 6-84 apresenta um diagrama de um CRT a cores. Quando um feixe de elétrons atinge seu ponto colorido na tela CRT, essa cor aparece na face do CRT. Se dois ou três elétrons alcançam seus pontos fosforescentes correspondentes em qualquer área, as cores se misturam e produzem uma nova. Por exemplo, se os canhões vermelho, azul e verde emitem elétrons direcionados à mesma área da tela CRT, o resultado é a cor branca. Se os canhões vermelho e azul emitem elétrons para seus respectivos pontos fosforescentes, é produzida a cor malva (roxo azulado). Os CRTs a cores ainda são bastante populares em sistemas de radar meteorológico de aeronaves e painéis de instrumentos; como mencionado anteriormente, no entanto, os LCDs de tela plana são usados na maioria das instalações modernas. Os CRTs são bastante confiáveis, mas usam mais energia e são mais pesados do que um LCD colorido típico.

Todo CRT precisa de alguma forma externa de controle para os feixes de elétrons. Esses controles devem ligar ou desligar e controlar a intensidade dos feixes de elétrons nos intervalos

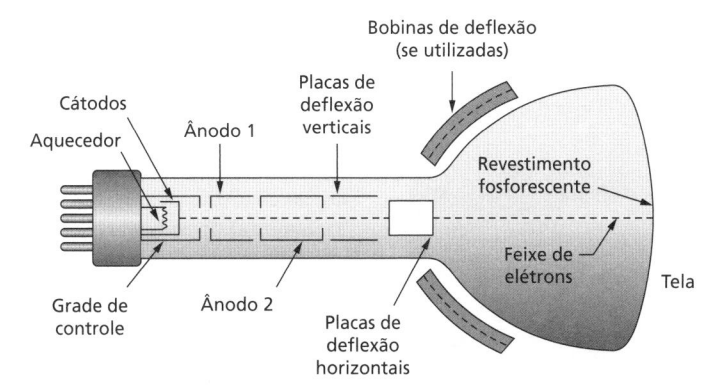

FIGURA 6-82 Diagrama de um CRT típico.

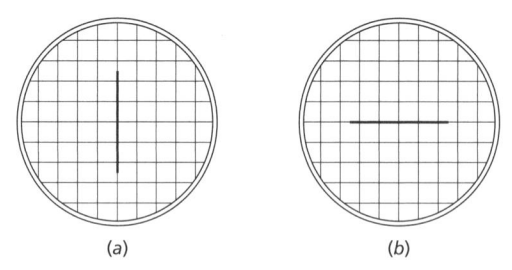

FIGURA 6-83 Efeitos quando uma tensão CA é aplicada às placas de deflexão.

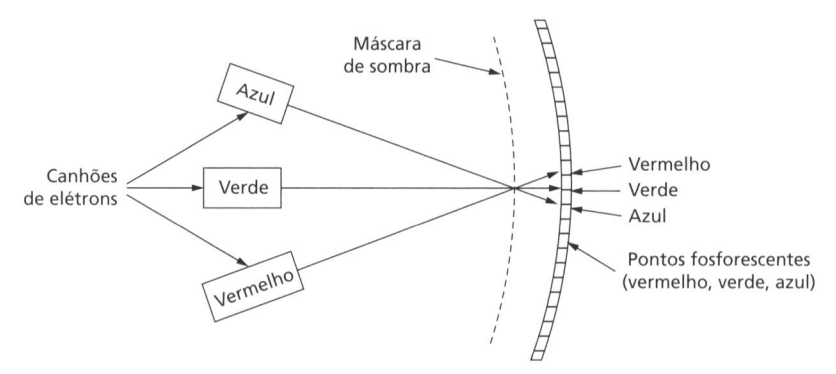

FIGURA 6-84 Um diagrama de um CRT a cores.

de tempo corretos. A direção dos feixes também deve ser controlada para garantir que os feixes se movem até a porção correta da tela do CRT na sequência correta. Em geral, esses controles são produzidos por diversos circuitos complexos diferentes. Apesar dessa função poder ser realizada por sinais digitais ou analógicos, a maioria dos equipamentos aéreos modernos emprega técnicas digitais.

DISPLAYS DE TELA PLANA

O painel de instrumentos de uma aeronave moderna muitas vezes contém diversos displays de tela plana que fornecem informações ao piloto e ao copiloto. Como vemos na Figura 6-85, praticamente todos os instrumentos de "seletores redondos" das aeronaves mais antigas foram substituídos por telas de alta tecnologia. A maioria dos displays de tela plana modernos usa tecnologias de LCD. A teoria operacional básica dos LCDs discutida anteriormente neste capítulo se aplica a todos os displays de tela plana de LCD, mas foram adicionados iluminação traseira e filtros de cores, além de um sistema de controle complexo para cada LCD.

Um display de tela plana moderno é composto de milhares de cristais líquidos minúsculos, cada um dos quais conectados a uma matriz ativa. A matriz ativa utiliza **transistores de película fina** (TFT) para ligar/desligar cada LCD no momento apropriado. Cada LCD da matriz ativa possui um filtro de cor vermelho, azul ou verde (RBG) dedicado; cada LCD com cor RBG é chamado de subpixel. A combinação de todos os três subpixels RBG é chamda de pixel. Quanto maior o número de pixels por polegada quadrada, melhor a qualidade da imagem do display de tela plana. Em geral, os displays de aeronaves têm alta densidade de pixels e, logo, altíssima resolução. Os TFTs são usados para controlar o grande número de subpixels por meio de uma matriz de conexões elétricas formadas em uma estrutura de tela plana.

As telas planas de aeronaves modernas são coloridas e usam iluminação traseira com LEDs ou luzes fluorescentes especializadas. Com ambas as fontes de luz, são incorporados difusores de luz especiais para criar uma distribuição de luz mais harmônica. A iluminação traseira é necessária para melhorar a legibilidade em todas as condições de iluminação e, obviamente, durante voos noturnos. A Figura 6-86 mostra a construção de um pixel típico usado para compor um display de tela plana moderna. Nela, vemos que a fonte de luz, localizada na parte traseira da tela, projeta luz através dos polarizadores, do cristal líquido e do filtro de cor. Obviamente, a luz apenas atravessa as lentes polarizadoras quando o sinal elétrico apropriado é enviado para o cristal líquido. Para produzir todo o espectro cromático, cada subpixel vermelho, azul ou verde pode ser ligado ou desligado para permitir que apenas a quantidade necessária de luz consiga passar. Os pixels do display são controlados em taxas de

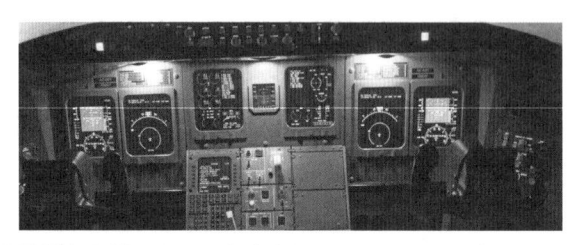

FIGURA 6-85 Um painel de instrumentos moderno substitui os instrumentos convencionais com múltiplos painéis de tela plana. Veja também o encarte colorido.

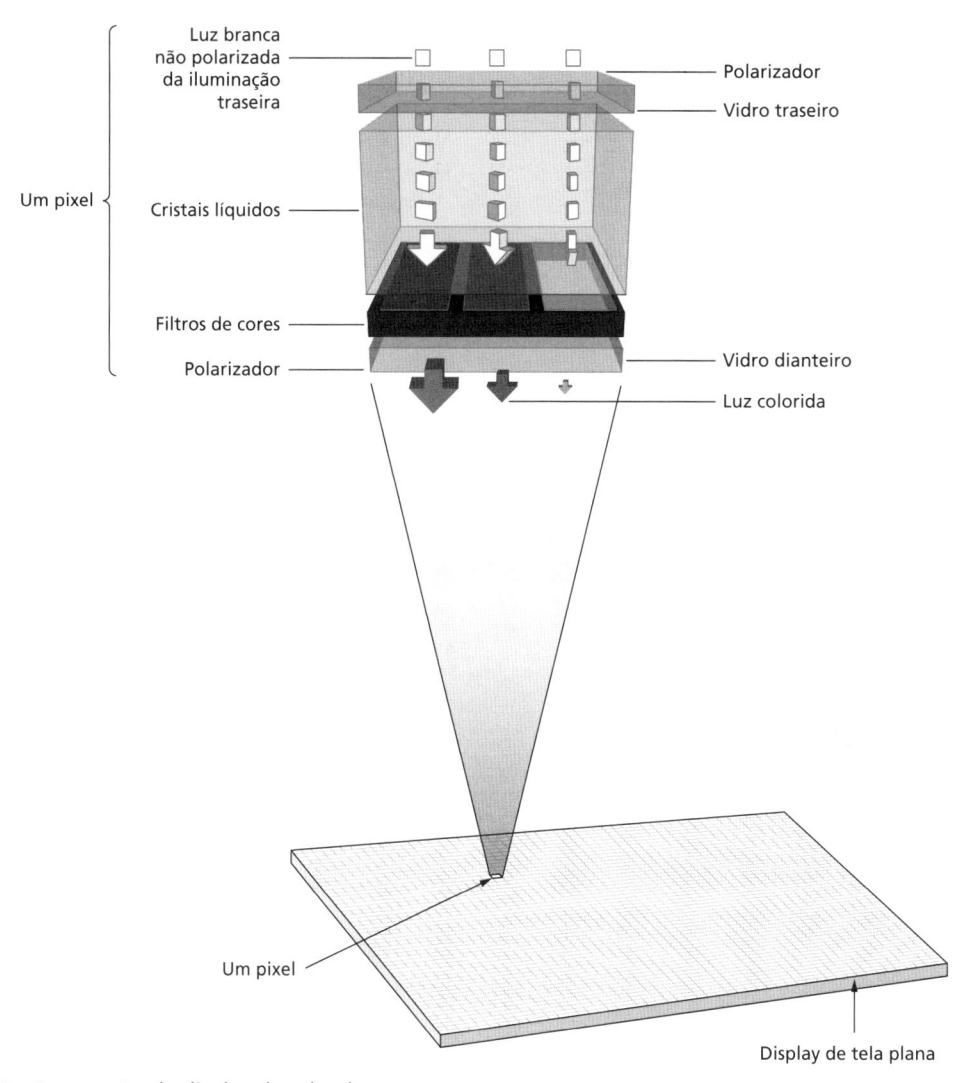

FIGURA 6-86 Construção de display de tela plana.

atualização altíssimas para criar uma imagem perfeita com cada mudança da tela.

Alguns displays de tela plana modernos incorporam tecnologias **touchscreen** (telas sensíveis ao toque). Uma tela touchscreen é um display especial que pode detectar a presença e o local de um toque em sua área. O termo geralmente se refere a tocar a tela com um dedo, mão ou caneta. As telas toucschreen são comuns em aparelhos como consoles de videogame, tablets e smartphones há anos, mas recentemente se tornaram populares em diversos tipos de telas de aeronaves para sistemas não críticos. O uso de uma tela touchscreen durante turbulências apresenta algumas desvantagens óbvias, então elas são projetadas para operar apenas enquanto a aeronave está sobre o solo. Um uso comum de telas touchscreen é o display usado para planejamento pré-voo conhecido pelo nome de **informações aeronáuticas em formato digital** (EFB). A tela touchscreen tem uma vantagem principal: ela permite que o usuário interaja diretamente com a imagem mostrada na tela, não indiretamente com um ponteiro controlado por um mouse, touchpad ou teclado.

Várias tecnologias diferentes são usadas na construção de telas de touchscreen, mas as mais comuns detectam o toque humano por meio de uma mudança de capacitância. Como o corpo humano é um condutor elétrico, tocar a superfície da tela altera seu campo eletrostático. Essa mudança pode ser medida como uma mudança de capacitância. Tecnologias diferentes podem ser utilizadas para determinar o local do toque, que é então enviado ao controlador para processamento.

Algumas telas de touchscreen são compostas de uma matriz de linhas e colunas de material condutor, organizadas em camadas de telas de vidro. Isso é possibilitado pela gravação de um padrão em grade condutivo de eletrodos em uma tela de vidro simples ou dupla. A tensão aplicada a essa grade cria um campo eletrostático uniforme, que pode ser medido. Quando um objeto condutor, como um dedo, entra em contato com o painel, ele distorce o campo eletrostático local nesse ponto. Essa distorção pode ser medida pelo circuito de controle da tela touchscreen como uma alteração na capacitância.

QUESTÕES DE REVISÃO

1. Descreva o propósito de uma chave elétrica.
2. Por que as chaves devem ser degradadas para alguns circuitos?
3. Descreva uma chave DPST.
4. Onde se encontram *chaves de fim de curso* em uma aeronave?
5. O que significa o contato normalmente fechado de uma chave?
6. O que significa o contato comum de uma chave de fim de curso?
7. Descreva um fusível.
8. O que é preciso fazer antes de rearmar um disjuntor que foi desligado?
9. Qual deve ser a capacidade de um disjuntor usado com um fio No. 16?
10. Quando mais de um circuito pode ser protegido pelo mesmo disjuntor?
11. Defina *resistor*.
12. Liste os tipos gerais de resistores.
13. Forneça o código de cores para valores de resistores.
14. Se a primeira faixa colorida de um resistor fixo é laranja, a segunda é verde e a terceira é azul, qual é o valor da resistência?
15. Quais os outros nomes comuns de um resistor variável?
16. Qual é a principal diferença entre um potenciômetro e um reostato?
17. Defina *capacitor*.
18. O que é um dielétrico?
19. Qual é a fórmula para os capacitores conectados em paralelo? Em série?
20. Descreva a constante de tempo para capacitores.
21. Qual é a função de um indutor em um circuito eletrônico?
22. Compare indutância e capacitância.
23. Qual precaução deve ser tomada ao conectar um capacitor eletrolítico em um circuito?
24. O que significa a potência de um resistor?
25. Quais unidades costumam ser usadas para indicar a capacitância em um circuito eletrônico?
26. O que é um transformador elevador? E um transformador rebaixador?
27. Descreva os princípios operacionais de um transformador.
28. Compare o número de enrolamentos na bobina primária de um transformador elevador com o número de enrolamentos na bobina secundária.
29. Forneça a fórmula para expressar os valores de tensão nos circuitos de um transformador com relação ao número de voltas nos enrolamentos primários e secundários.
30. Dê a fórmula para os valores de corrente máximos nos enrolamentos primários e secundários de um transformador.
31. O que é um retificador?
32. Quais são os dois materiais principais usados em um semicondutor?
33. Qual é a diferença entre um material tipo *n* e um material tipo *p* em um semicondutor?
34. Explique a operação de um *diodo*.
35. Qual é a diferença entre um retificador de meia onda e um retificador de onda completa?
36. Desenhe um circuito de retificador de onda completa para um circuito CA monofásico.
37. Quais são os procedimentos usados para testar um diodo com um multímetro digital?
38. Descreva o propósito de um dissipador de calor.
39. Descreva as características de um diodo zener.
40. Descreva um tiristor.
41. Qual é a diferença entre um transistor *npn* e um transistor *pnp*?
42. Liste as três seções principais de um transistor.
43. Discuta a importância da temperatura com relação à operação de um transistor.
44. Explique a diferença entre um transistor de efeito de campo de junção e um transistor de junção.
45. Qual fio condutor transmite a maior parte da corrente em um transistor de junção?
46. O que é amplificação?
47. O que é ganho do transistor?
48. Qual circuito é o circuito de *controle* de um transistor?
49. Qual circuito é o circuito *controlado* de um transistor?
50. Descreva o processo usado para testar um transistor com um multímetro digital.
51. O que é um LED?
52. O que é um tubo de raios catódicos?
53. Como a direção do(s) feixe(s) de elétrons muda(m) dentro de um CRT?
54. Quais são as três cores usadas em um CRT a cores?
55. Qual é o propósito da máscara de sombra de um CRT?
56. O que é um *display de tela plana* e como ele é usado em uma aeronave?
57. Descreva a operação de um LCD.
58. Descreva a função da matriz ativa com relação a um display de tela plana de LCD.

CAPÍTULO 7
Eletrônica digital

Os sistemas digitais se tornaram práticos com a invenção do circuito integrado. Contudo, a evolução da eletrônica inclui diversos exemplos de circuitos digitais. O primeiro meio de transmitir um sinal de informação, o telégrafo, se embasava em princípios digitais básicos. O telégrafo usava um sistema de código com combinações tensão ativada e desativada para produzir letras, palavras e, logo, informações. O conceito de tensão ativada e desativada está no centro do circuito digital moderno.

Atualmente, os circuitos integrados são capazes de fornecer milhares de combinações de sinais de tensão. Esse grande número de combinações de tensão por componente permite que os circuitos digitais modernos realizem um número aparentemente infinito de tarefas. Os circuitos digitais são bastante usados nos sistemas de computadores das aeronaves modernas. Os computadores operam praticamente todos os sistemas de um avião de alta tecnologia. O conceito de eletrônica digital alterou o modo como projetamos, voamos e mantemos aeronaves. Aeronaves modernas como o Boeing 777, o Airbus A-380 e o Boeing 787 empregam um sistema de *fly-by-wire* completo; ou seja, os controles da cabine de comando são ligados à superfície de controle exclusivamente por fios elétricos e sistemas de computador. Essas aeronaves costumam ser chamadas de "aviões mais elétricos". Diversos computadores são usados nas aeronaves modernas para controlar diversas funções. Alguns exemplos comuns são os computadores de gerenciamento de voo, computadores de gerenciamento de empuxo e computadores de controle da potência do barramento. Vários dispositivos periféricos também são usados para enviar e receber informações para e de diversos computadores.

Este capítulo apresentará o sistema de códigos utilizado pelos computadores e as funções básicas dos circuitos digitais, computadores e periféricos diversos. A estrutura eletrônica dos computadores também será apresentada, incluindo circuitos integrados, microprocessadores e sistemas de transferência de dados.

O SINAL DIGITAL

Um **sinal digital** é aquele que contém dois valores distintos. Esses valores muitas vezes são considerados como ligado e desligado, ou 1 e 0. Um sinal analógico, por outro lado, é aquele que contém um número infinito de valores de tensão. A Figura 7-1 representa um sinal digital. Como ilustrado, se a tensão presente no ponto A é zero, ele é considerado 0 digital; a tensão positiva de 5 V no ponto é considerada um 1 digital. Nesse circuito, o 0 digital é criado quando a chave é aberta. O 1 digital é criado quando a chave é fechada, conectando o ponto A à fonte positiva de 5 V.

A Figura 7-2 mostra um sinal analógico criado por um resistor variável. Nesse circuito, + 5 V, ou 1 digital, estão presentes no ponto A do circuito quando o potenciômetro é configurado na posição 1. A tensão zero, ou 0 digital, está presente quando o potenciômetro é movido para a posição 2. Como ilustrado pelo gráfico da Figura 7-2b, o sinal analógico não produz um valor distinto de + 5 ou 0 V. Quando o potenciômetro massa da posição 1 para a posição 2, ele fornece uma tensão infinitamente variável que vai de 0 a + 5 V.

Os **circuitos lógicos**, os componentes fundamentais de todos os computadores, utilizam sinais digitais. Com o uso de circuitos integrados, é possível produzir e manipular milhares de combinações de 1s e 0s para realizar inúmeras funções. O computador de voo de uma aeronave moderna recebe milhões de sinais de entrada digitais durante um voo típico. Esses sinais são comparados e processados pelos circuitos do computador, que

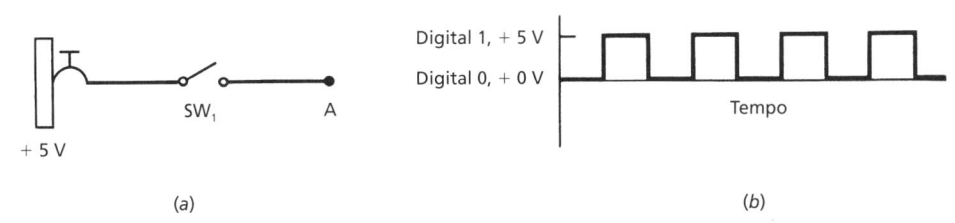

FIGURA 7-1 Um sinal digital: (*a*) um circuito digital simples; (*b*) uma forma de onda digital.

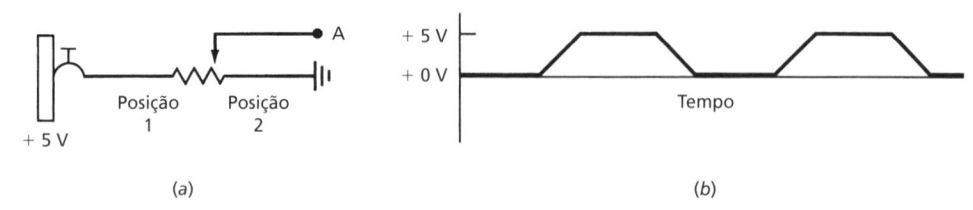

FIGURA 7-2 Um sinal analógico: (a) um circuito analógico simples; (b) uma forma de onda analógica.

então produz sinais de saída também compostos de uma combinação de 1s e 0s. Os sinais de saída do computador podem ser utilizados para apresentar dados sobre instrumentos de voo, controlar altitudes de voo, manter a potência do motor ou fornecer informações de defeitos sobre panes de sistemas.

A NUMERAÇÃO DIGITAL

Para que um computador entenda diversas informações, é preciso utilizar um sistema de código composto de 1s e 0s digitais. O **sistema de números binários**, como o nome sugere, é composto de dois componentes, 1 e 0. Diversas variedades de sistemas binários são usados nos computadores modernos. Esses sistemas de código fornecem a "linguagem" para a comunicação entre computadores e seus componentes relacionados. Por exemplo, uma combinação digital de 1 011 poderia representar o número onze. Se um código binário é usado para representar ou marcar um determinado componente, a combinação digital de 1 001 poderia representar uma sonda de temperatura nº 1. Como ilustrado na Figura 7-3, um código de entrada de 1 001 1 011 poderia representar 11º medidos na sonda de temperatura nº 1. Praticamente qualquer sistema de código binário pode ser usado como linguagem de computador, desde que todos os componentes do sistema sejam programados para usar o mesmo código. Os 1s e 0s muitas vezes são usados para representar outras características dos sistemas de uma aeronave. Por exemplo, uma luz ligada é representada por um 1 digital; a luz desligada é igual ao 0 digital. Um item presente como declarado, como a pressão hidráulica, é representado por um 1 digital. Um 0 digital seria usado para representar a ausência de pressão hidráulica. A lista abaixo apresenta designações comuns dos dígitos binários 1 e 0.

Sistema decimal

Em qualquer sistema de números, dá-se um símbolo para cada quantidade a ser representa. O **sistema de números decimais** usa dez caracteres para representar as quantidades de 0 a 9. Cada quantidade de pontos na Tabela 7-1 é representada por um símbolo do sistema decimal. Esse exemplo de sistema de números decimais pode parecer bastante óbvio, mas isso ocorre apenas porque usamos esse sistema em nossas atividades cotidianas. Já reconhecemos qual quantidade cada símbolo representa. Infelizmente, o sistema de números decimais não é apropriado para uso como linguagem de computador, pois o sistema digital contém apenas dois símbolos, 1 e 0.

Números binários

O **sistema de números binários** representa diferentes quantidades usando apenas dois símbolos, 1 e 0. Se uma quantidade maior do que 1 precisa ser representada por números binários, os símbolos se repetem sistematicamente. Assim como no sistema de números decimais, o sistema binário repete com a adição à esquerda do primeiro dígito. A coluna imediatamente à esquerda do primeiro dígito é considerada uma **coluna de ordem superior**. Em um número composto de uma série de dígitos, o dígito mais distante à direita é chamado de **dígito (bit) menos significativo** e o dígito mais à esquerda de **dígito (bit) mais significativo**. O termo **dígito** normalmente é usado para indicar um número no sistema decimal (0-9); o termo *bit* normalmente é usado para indicar um número no sistema binário (0-1).

Na Tabela 7-2, cada quantidade de pontos é representada por um símbolo do sistema de números binários. Cada dígito de um número binário possui um valor específico. Como ilustrado,

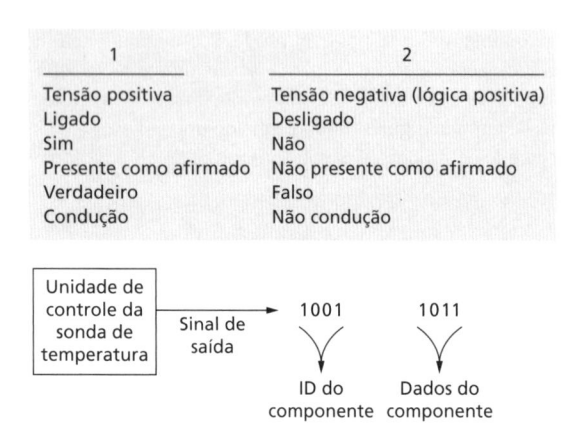

1	2
Tensão positiva	Tensão negativa (lógica positiva)
Ligado	Desligado
Sim	Não
Presente como afirmado	Não presente como afirmado
Verdadeiro	Falso
Condução	Não condução

FIGURA 7-3 Representação de conversões digital para binário.

TABELA 7-1 Representação do sistema de números decimais

Símbolo do número decimal	Quantidade de pontos
0	nenhum
1	•
2	••
3	•••
4	••••
5	•••••
6	••••••
7	•••••••
8	••••••••
9	•••••••••

TABELA 7-2 O sistema de números binários: (a) o valor dos números binários; (b) o valor dos dígitos binários

Símbolo do número binário	Quantidade de pontos
0	nenhum
1	•
10	• •
11	• • •
100	• • • •
101	• • • • •
110	• • • • • •
111	• • • • • • •
1000	• • • • • • • •
1001	• • • • • • • • •

(a)

Dígito binário	10º	9º	8º	7º	6º	5º	4º	3º	2º	1º
Potência	2^9	2^8	2^7	2^6	2^5	2^4	2^3	2^2	2^1	2^0
Valor decimal	512	256	128	64	32	16	8	4	2	1

(b)

o primeiro dígito de um número binário é representado por 2 elevado a 0, cujo valor decimal é 1; o segundo dígito é igual a 2 elevado a 1, cujo valor decimal é 2; o terceiro dígito é igual a 2 elevado a 2, cujo valor decimal é 4; e assim por diante. O valor decimal de 2^0 é 1, o valor decimal de 2^1 é 2, o valor decimal de 2^2 é 4 e assim por diante.

Para determinar o valor decimal total de qualquer número binário, some os valores individuais (2^0, 2^1, 2^2, etc.) dos dígitos que contêm um 1 binário. Qualquer dígito com um 0 binário tem valor de zero; logo, ele não precisa ser somado. Por exemplo, o número binário 101 é igual ao número decimal 5. Descobrimos esse resultado somando os valores individuais: o primeiro dígito, 2^0 (1), mais o terceiro dígito, 2^2 (4), ou (1 + 4 = 5). Observe que o segundo dígito não é somado, pois é um zero binário. O valor decimal total do número binário 111 011 é determinado da seguinte forma: $2^5 + 2^4 + 2^3 + 2^1 + 2^0 = 32 + 16 + 8 + 2 + 1 = 59$. Estudar a Tabela 7-3 vai ajudá-lo a entender o conceito de valores de números binários.

Um número binário pode ser convertido para seu equivalente binário pela divisão sequencial do número por 2 e o registro de cada resto. O quociente da primeira divisão deve ser dividido por 2 e seu resto registrado. Esse processo é repetido até o quociente ser 0. Os restos compõem o número binário. O exemplo a seguir indica esse sistema de conversão:

Conversão do número decimal 96 para seu equivalente binário:

	Quociente	Resto
$\frac{96}{2} =$	48	0 menos significativo
$\frac{48}{2} =$	24	0
$\frac{24}{2} =$	12	0
$\frac{12}{2} =$	6	0
$\frac{6}{2} =$	3	0
$\frac{3}{2} =$	1	1
$\frac{1}{2} =$	0	1 mais significativo

Número decimal 96 = número binário 1 1 0 0 0 0 0

Como ilustrado, 96 é dividido por 2 e o resto, 0, é registrado. O quociente, 48, é dividido por 2 e o resto é registrado. Vinte e quatro é dividido por 2 e assim por diante. O número binário é produzido pela listagem dos restos calculados. Para determinar o número binário, basta registrar cada resto, começando pelo fim da lista. O dígito inferior da lista de restos se torna o dígito mais à esquerda do número binário. O dígito superior da lista se torna o dígito mais à direita do número binário. A Figura 7-4 mostra dois outros exemplos da conversão de números decimais para números binários.

O código dos números binários é a linguagem dos circuitos lógicos e computadores. O sistema de código decimal é a linguagem dos seres humanos. Se desejamos nos comunicar com computadores, antes precisamos entender sua linguagem. Por outro lado, os computadores e seus componentes relacionados devem ser capazes de converter informações para o sistema decimal para poder apresentar informações compatíveis com seres humanos. A compreensão do sistema de código binário é essencial para um entendimento básico das operações dos computadores.

O termo **bit** pode ser usado quando nos referimos a dígitos binários. Um bit é igual a um dígito binário. Um bit sempre será expresso como um nível lógico alto (1) ou baixo (0). Os bits manuseados como um único grupo são chamados de **bytes**. Logo, um número binário de oito dígitos é um byte que contém oito bits. Outra categoria de dados é chamada de **palavra**. Uma palavra é um agrupamento de bits que o computador usa como formato padrão de informação. Por exemplo, muitos sistemas se comunicam usando uma palavra de 16, 32 ou 64 bits. Cada palavra em um sistema específico se conforma a um determinado formato que permite que o computador decodifique a mensagem.

TABELA 7-3 Conversão de números binários para seus equivalentes decimais (101 binário = 5 decimal; 111011 binário = 59 decimal)

Dígito binário	6º	5º	4º	3º	2º	1º	
Potência	2^5	2^4	2^3	2^2	2^1	2^0	
Valor decimal	32	16	8	4	2	1	
				1	0	1	4 + 1 = 5
	1	1	1	0	1	1	32 + 16 + 8 + 2 + 1 = 59
	número binário						equivalente decimal

	Quociente	Resto
$\frac{18}{2}$ =	9	0
$\frac{9}{2}$ =	4	1
$\frac{4}{2}$ =	2	0
$\frac{2}{2}$ =	1	0
$\frac{1}{2}$ =	0	1

Número decimal = 18
Número binário = 10010
(*a*)

	Quociente	Resto
$\frac{69}{2}$ =	34	1
$\frac{34}{2}$ =	17	0
$\frac{17}{2}$ =	8	1
$\frac{8}{2}$ =	4	0
$\frac{4}{2}$ =	2	0
$\frac{2}{2}$ =	1	0
$\frac{1}{2}$ =	0	1

Número decimal = 69
Número binário = 1000101
(*b*)

FIGURA 7-4 Exemplos de conversões de decimal para binário.

Adição de números binários

A soma usando qualquer sistema de números é uma maneira de combinar quantidades. Por exemplo, no sistema decimal, 6 + 1 = 7 pode representar uma quantidade de Xs ou X X X X X X mais X é igual a X X X X X X X. No sistema binário, as quantidades podem ser somadas de uma forma parecida. Em binário, 110 + 1 = 111 representaria 6 + 1 = 7 do sistema decimal.

É preciso lembrar de quatro regras básicas quando se soma números binários:

Regra nº 1: 0 + 0 = 0
Regra nº 2: 0 + 1 = 1
Regra nº 3: 1 + 0 = 1
Regra nº 4: 1 + 1 = 10

Em um sistema binário, apenas dois símbolos são usados, 1 e 0; logo, quando 1 e 1 são somados, devemos registrar zero e passar o 1 para uma coluna de ordem superior. Isso é idêntico ao processo usado no sistema decimal, como ilustrado na Figura 7-5. Para somar 100 e 100 binários, o processo seria o seguinte:

$$\begin{array}{r} 100 \\ +\,100 \\ \hline 1000 \end{array}$$

Adição em números binários		Adição em números decimais
1		9
+ 1		+ 1
0	Transfira 1 para a próxima coluna de ordem superior	0
1		1
1 0		1 0

FIGURA 7-5 Comparação da adição de números binários com a adição de números decimais.

Adição de 11011 + 110		Adição de 11000 + 1101		Adição de 11101 + 11101	
Binário	Decimal	Binário	Decimal	Binário	Decimal
11011	27	11000	24	11101	29
+ 110	+ 6	+ 1101	+ 13	+ 11101	+ 29
100001	33	100101	37	111010	58

FIGURA 7-6 Exemplos de adição de números binários mostrando os equivalentes decimais.

Ou seja, primeiro, 0 + 0 = 0; segundo, 0 + 0 = 0; e terceiro, 1 + 1 = 10. Se os números binários 11 e 11 fossem somados, o processo seria o seguinte:

$$\begin{array}{r} 11 \\ +\,11 \\ \hline 110 \end{array}$$

Ou seja, primeiro, 1 + 1 = 10; aqui, é necessário registrar o 0 e transferir o 1 para a próxima coluna de ordem superior. Segundo, 1 + 1 + 1 = 11; logo, o resultado é 110. A Figura 7-6 mostra três outros exemplos de adição de números binários.

Subtração de números binários

Quatro regras se aplicam à subtração de números binários. São elas:

Regra nº 1: 0 − 0 = 0
Regra nº 2: 1 − 0 = 1
Regra nº 3: 1 − 1 = 0
Regra nº 4: 10 − 1 = 1

Quando vai subtrair números binários, comece com a subtração na coluna da direita e avance para a esquerda. Tome emprestado da coluna de ordem superior adjacente quando necessário. Ou seja, se a coluna da direita é 0 − 1, tome emprestado da coluna adjacente para subtrair 1 de 10 (10 − 1). A seguir, subtraia na coluna adjacente à esquerda; mais uma vez, tome emprestado se necessário. Repita o procedimento até uma subtração ter sido realizada em cada coluna. Por exemplo, para subtrair 110 de 1101, proceda da seguinte maneira:

$$\begin{array}{r} 1101 \\ -\,110 \\ \hline 111 \end{array}$$

Primeiro, subtraia na coluna da direita (1 − 0 = 1); segundo, subtraia na coluna adjacente (0 − 1; com um dígito transferido, 10 − 1 = 1); terceiro, subtraia na coluna seguinte (0 − 1; com um dígito transferido, 10 − 1 = 1). A quarta coluna não existe mais, pois tomamos 1 emprestado para a subtração na terceira coluna. Em forma decima, a mesma subtração seria 13 − 6 = 7.

A Figura 7-7 apresenta três outros exemplos de subtração de números binários. Seus respectivos equivalentes decimais também são apresentados.

Subtração de 1011 − 100		Subtração de 1110011 − 101001		Subtração de 111000 − 101	
Binário	Decimal	Binário	Decimal	Binário	Decimal
1011	11	1110011	115	111000	56
− 100	− 4	− 101001	+ 41	− 101	+ 5
111	7	1001010	74	110011	51

FIGURA 7-7 Exemplos de subtração de números binários mostrando os equivalentes decimais.

Multiplicação e divisão em números binários

Para multiplicar ou dividir números binários, é preciso considerar quatro regras. São elas:

Regra nº 1: $0 \times 0 = 0$
Regra nº 2: $0 \times 1 = 0$
Regra nº 3: $1 \times 0 = 0$
Regra nº 4: $1 \times 1 = 1$

Para multiplicar um número binário, utilize os mesmos procedimentos usados para multiplicar números decimais; ou seja, multiplique para formar produtos parciais e então faça a soma. Por exemplo, para multiplicar 10 por 11, proceda da seguinte maneira:

```
     10
    ×11
     10      (produto parcial)
     10      (produto parcial)
    110      (adição de produtos parciais)
```

A divisão de um número binário é realizada de forma semelhante à divisão de um número decimal. Para dividir 1 110 por 10, proceda da seguinte maneira:

```
        111
    10)1110
        10
        11
        10
        10
        10
         0
```

Sempre divida os dígitos mais à esquerda primeiro e avance para a direita; o procedimento está completo quando o resto é igual a zero. A Figura 7-8 apresenta diversos exemplos de problemas de multiplicação e divisão. Os equivalentes decimais também são apresentados.

SISTEMAS DE CÓDIGO BINÁRIO

Teoria geral

Diversas variedades de sistemas de código podem ser usados para converter bits de informação em letras ou números decimais. O sistema de números binários puro muitas vezes não é adequado para que o computador manipule dados rapidamente. Três dos sistemas mais comuns usados para produzir um computador mais rápido

```
 11010    26    1011    11       110001
× 110    × 6   × 11    × 3      × 1000   49
 00000   156   1011    33       000000   × 8
 11010         1011             000000   392
 11010         100001           000000
10011100                        110001
                                110001000
```
(a)

```
       1001                          111
1100)1101100        9         11)10101        7
     1100        12)108           11        3)21
       11          108            100         21
       00            0             11          0
      110                          11
      000                          11
     1100
     1100
        0
```
(b)

FIGURA 7-8 (a) Exemplos de multiplicação de números binários com os equivalentes decimais; (b) exemplos de divisão de números binários com equivalentes decimais.

são os sistemas de **codificação binária decimal**, **notação octal** e **hexadecimal**. Todos esses sistemas utilizam os dígitos binários 1 e 0 para representar números decimais, ou seja, de base 10.

Sistema de codificação binária decimal

O sistema de **codificação binária decimal** (BCD, *binary-coded decimal*) usa um grupo de quatro bits para representar cada dígito de um número decimal (ver Figura 7-9). Cada dígito do sistema decimal (1 a 9) pode ser representado por quatro dígitos binários. Por exemplo, 9 no sistema decimal é igual a 1 001 no sistema binário; 2 em decimal é igual a 0 010 no binário. Esse sistema é extremamente útil quando lidamos com grandes quantidades de dados trocadas entre as entradas e saídas de um sistema de computador.

Uma desvantagem do sistema de numeração BCD é que 4 bits precisam ser utilizados para representar qualquer número decimal. Em alguns casos, isso cria um número BCD com "bits inúteis", como mostrado na Figura 7-9. Quando usamos o BCD, o

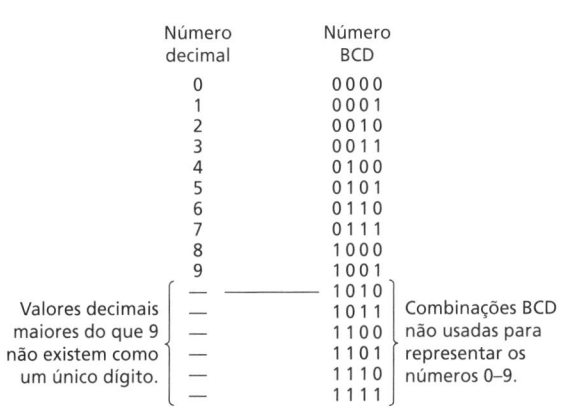

Número decimal	Número BCD	
0	0000	
1	0001	
2	0010	
3	0011	
4	0100	
5	0101	
6	0110	
7	0111	
8	1000	
9	1001	
—	1010	Combinações BCD não usadas para representar os números 0–9.
Valores decimais maiores do que 9 não existem como um único dígito.	1011	
	1100	
	1101	
	1110	
	1111	

FIGURA 7-9 Número decimal e equivalente BCD.

número decimal 9 é o maior número possível para qualquer dígito isolado. Isso cria uma situação na qual há seis combinações de bits BCD inúteis enquanto dígitos decimais. Em alguns casos, esses "bits inúteis" recebem significados específicos escolhidos pelo programador para aumentar a capacidade de dados do sistema. Os dígitos adicionais muitas vezes recebem símbolos alfabéticos ou outros tipos simples de dados, expandindo as possibilidades de armazenamento de informação de cada byte BCD de quatro dígitos.

Sistema de notação octal

O sistema de **notação octal** é uma representação binária de um número octal. Os **números octais** são compostos de oito símbolos diferentes. Como os computadores só conseguem trabalhar com dois símbolos, 1 e 0, a notação octal foi desenvolvida. A notação octal é composta de uma série de grupos de três bits. Como o maior número decimal representado por três dígitos binários é 7 (111), este é um sistema de base 8, ou octal. Em suma, a notação octal é uma maneira de representar números octais (base 8) em uma linguagem binária. Um número notação octal típico seria (001) (100)(111). Cada grupo de três bits representa um número octal específico, e os valores octais são somados para determinar o valor total do número. Obviamente, um computador não colocaria os parênteses, de modo que o número octal real seria 001 100 111. É importante observar que o número octal está sempre em múltiplos de três bits. Em alguns casos, isso pode parecer estranho, pois o bit mais significativo (extrema esquerda) é um zero (0). A notação octal é útil para determinadas técnicas de programação nas quais é preciso manipular grandes quantidades de números binários. A notação octal também é utilizada para a transmissão de dados por computadores de aeronaves e seus periféricos relacionados.

O sistema de notação octal tem base 8; ou seja, cada grupo binário de três bits (**tríade**) recebe um valor de oito elevado a 0, 1, 2, 3, etc. Os valores de cada tríade octal se encontram na Tabela 7-4a. A Tabela 7-4b mostra o valor em notação octal 001 010 100

001 convertido para seu equivalente decimal, 673. Para determinar o valor decimal de um número em notação octal, descubra o valor decimal de cada tríade e some esses valores. Para descobrir o valor de uma tríade, multiplique o equivalente decimal do número de base 8 (8^0 ou 1, 8^1 ou 8, 8^2 ou 64, etc.) pelo equivalente decimal da tríade (001 = 1 010 = 2 011 = 3, etc.). Por exemplo, para converter 001 010 100 001 para a forma decimal, proceda da seguinte maneira: Primeiro, determine o valor decimal de cada tríade. O valor decimal da primeira tríade é igual a 001 × 8^0, ou 1 × 1 = 1. A segunda tríade é 100 × 8^1, ou 4 × 8 = 32. A terceira tríade é 010 × 8^2, ou 2 × 64 = 128. A quarta tríade é 001 × 8^3, ou 1 × 512 = 512. A seguir, some os valores das tríades individuais: 1 + 32 + 128 + 512 = 673. O valor decimal da do número em notação octal 001 010 100 001 é 673.

Para determinar o código em notação octal de um número decimal, proceda da seguinte maneira. Primeiro, divida o número decimal por 8 e registre o quociente e o resto. Segundo, divida o quociente anterior por 8 e registre o quociente e o resto. Repita esse procedimento até o quociente ser zero e então converta cada resto em um número binário de três dígitos (tríade). Finalmente, registre cada tríade, começando de baixo e subindo, para determinar o código em notação octal.

Para determinar o código octal para o número decimal 741, proceda da seguinte maneira:

Divisão	Quociente	Resto	Tríade equivalente do resto em binário
$\frac{741}{8}$	92	5	101 (tríade menos significativa)
$\frac{92}{8}$	11	4	100
$\frac{11}{8}$	1	3	011
$\frac{1}{8}$	0	1	001 (tríade mais significativa)

TABELA 7-4 O sistema de notação octal: (a) os equivalentes decimais de grupos de tríades; (b) conversão do número de notação octal 001 010 100 001 para o número decimal 673.

Grupo de três dígitos (tríade)	5º	4º	3º	2º	1º
Potência de oito	8^4	8^3	8^2	8^1	8^0
Valor decimal de número em base oito	4096	512	64	8	1

(a)

Grupo de tríades	4º	3º	2º	1º
Notação octal de três dígitos	001	010	100	001
Equivalente decimal da tríade	1	2	4	1
Potência de oito	8^3	8^2	8^1	8^0
Valor decimal de número em base oito	512	64	8	1
Equivalente decimal de grupos octais	(1 × 512) 512	(2 × 64) 128	(4 × 8) 32	(1 × 1) 1

Soma dos equivalentes decimais de cada grupo octal
512 + 128 + 32 + 1 = 673
Notação octal 001 010 100 001 = 673 decimal

(b)

Conversão de notação octal para decimal

101 010 octal

é igual a	$(101 \times 8^1) + (010 \times 8^0)$
é igual a	$(5 \times 8) + (2 \times 1)$
é igual a	$40 + 2$
é igual a	42 decimal

100 010 111 100 octal

é igual a	$(100 \times 8^3) + (010 \times 8^2) + (111 \times 8^1) + (100 \times 8^0)$
é igual a	$(4 \times 512) + (2 \times 64) + (7 \times 8) + (4 \times 1)$
é igual a	$2048 + 128 + 56 + 4$
é igual a	2.236 decimal

(a)

Conversão de 2460 decimal para notação octal

Divisão	Quociente	Resto	Tríade equivalente do resto	
$\frac{2460}{8}$	307	4	100	menos significativo
$\frac{307}{8}$	38	3	011	
$\frac{38}{8}$	4	6	110	
$\frac{4}{8}$	0	4	100	mais significativo

O código octal 100 110 011 100 é igual a 2460 decimal

Conversão de 137 decimal para notação octal

Divisão	Quociente	Resto	Tríade equivalente do resto	
$\frac{137}{8}$	17	1	001	Menos significativo
$\frac{17}{8}$	2	1	001	
$\frac{2}{8}$	0	2	010	Mais significativo

010 001 001 em código octal é igual a 137 decimal

(b)

FIGURA 7-10 (a) Conversão de números em notação octal para números decimais; (b) conversão de números decimais para números em notação octal.

A lista de tríades é 001 011 100 101, que é o código de notação octal do número decimal 741. A Figura 7-10 mostra diversos exemplos de conversões octais para códigos decimais e de códigos decimais para octais. Nas tríades apresentadas nos exemplos anteriores, cada tríade é separada por um espaço em branco. Em uma linguagem de computador típica, os espaços em branco seriam removidos e as tríades seriam agrupadas. Por exemplo, o número em notação octal 100 011 010 111 seria representado como 100011010111.

Sistema de números hexadecimais

O **sistema de números hexadecimais** (Hex) usa a base 16. Os sistemas de numeração hexadecimais são usados para diversas funções computacionais devido a sua capacidade de representar valores de números grandes. O sistema de números hexadecimais usa os números de 0 a 9, junto com as letras A, B, C, D, E e F, para compor 16 símbolos. A relação entre os números hexadecimais, decimais e binários é apresentada na Tabela 7-5.

TABELA 7-5 A relação entre decimal, hexadecimal e notação hexadecimal

Decimal	Hexadecimal (16 símbolos)	Notação hexadecimal (grupos de quatro bits)
0	0	0000
1	1	0001
2	2	0010
3	3	0011
4	4	0100
5	5	0101
6	6	0110
7	7	0111
8	8	1000
9	9	1001
10	A	1010
11	B	1011
12	C	1100
13	D	1101
14	E	1110
15	F	1111

Notação hexadecimal

Como mencionado anteriormente, os números hexadecimais são compostos de 16 símbolos (0-F). Na notação hexadecimal, cada um desses 16 símbolos é representado por um grupo binário de quatro bits, como vemos na Tabela 7-5. Sempre que os números hexadecimais são representados em um grupo binário de quatro bits, o nome real do sistema de numeração é **notação hexadecimal**; contudo, ele muitas vezes é chamado simplesmente de **hex** ou **hexadecimal**.

É fácil confundir os termos **hexadecimal** e **notação hexadecimal**; contudo, lembre-se que grupos de quatro bits binários são usados na notação hexadecimal e que 16 símbolos separados (0-F) são utilizados no hexadecimal.

Conversão de hexadecimal para decimal

Cada dígito em um número de base 16 possui uma magnitude que corresponde à posição daquele dígito. O dígito mais à direita em uma sequência, ou o dígito menos significativo (LSD), tem uma magnitude de 16^0, ou 1. O dígito mais à esquerda na sequência, ou o dígito mais significativo (MSD), tem uma magnitude de 16^{n-1}, onde n é o número de dígitos na sequência. Para converter o número 653_{16} para seu equivalente decimal:

$$653_{16} = 6 \times 16^2 + 5 \times 16^1 + 3 \times 16^0$$
$$= 1536 + 80 + 3$$
$$= 1619_{10}$$
$$FA2_{16} = 15 \times 16^2 + 10 \times 16^1 + 2 \times 16^0$$
$$= 3840 + 160 + 2$$
$$= 4002_{10}$$

Observe que o 15 foi substituído por F e 10 foi substituído por A no segundo exemplo.

Conversão de decimal para hex

Assim como na conversão de decimal para binário, a divisão repetida é usada para calcular o número equivalente em base 16.

Para converter 324_{10} para seu equivalente em hex:

$$\frac{324}{16} = 20 + \text{resto de } 4$$

$$\frac{20}{16} = 1 + \text{resto de } 4$$

$$\frac{1}{16} = 0 + \text{resto de } 1$$

Logo, $324_{10} = 144_{16}$.

Para converter 412_{10} para seu equivalente em hex:

$$\frac{412}{16} = 25 + \text{resto de } 12 \ (12 \text{ será convertido para "C"})$$

$$\frac{25}{16} = 1 + \text{resto de } 9$$

$$\frac{1}{16} = 0 + \text{resto de } 1$$

Logo, $412_{10} = 19C_{16}$.

Observe como os restos dos processos de divisão formam os dígitos do número hexadecimal.

Notação hex para hexadecimal

Para criar um número de notação hexadecimal, cada dígito hexadecimal é convertido em seu equivalente binário de 4 bits.

Para converter $2F9_{16}$ para notação hexadecimal:

```
    2      F      9
    ↓      ↓      ↓
  0010   1111   1001
```

Logo, $2F9_{16} = 001011111001$ (notação hexadecimal)

Conversão de hexadecimal para hex

Isso é simplesmente uma questão de converter cada grupo de 4 dígitos binários para seu equivalente hexadecimal. Começando pela direita do número binário, conte cada 4 bits e converta.

Para converter 10110001101 para seu equivalente hexadecimal:

$$101\ 1000\ 1101 = \underbrace{0101}_{5}\ \underbrace{1000}_{8}\ \underbrace{1101}_{D}$$

Logo, 101 100 011 01 em notação hexadecimal = $58D_{16}$.

PORTAS LÓGICAS

Uma introdução

As **portas lógicas**, ou **portas**, são funções fundamentais desempenhadas por computadores e equipamentos relacionados. Cada circuito integrado (CI) dentro de um computador contém vários circuitos de porta. Cada porta pode ter várias entradas e deve ter apenas uma saída. As sete portas lógicas mais comuns são: **AND**, **OR**, **NOT**, **NOR**, **NAND** e **OR exclusiva** e **NOR exclusiva**. O nome de cada porta representa a função que ela desempenha.

As **tabelas verdade** são um meio sistemático de apresentar dados binários. As tabelas verdade ilustram a relação entre as entradas e a saída de uma porta lógica. Esse tipo de visualização de dados pode ser utilizada para descrever a operação de uma porta ou um CI. Para fins de solução de problemas, muitas vezes os dados da tabela verdade para um CI específico são revisados para determinar o sinal de saída correto para um determinado conjunto de entradas.

Cada porta lógica tem um símbolo de um formato específico. Os símbolos são projetados para "apontar" em uma determinada direção. Ou seja, as entradas sempre são listadas à esquerda do símbolo e a saída à direita. Como as portas lógicas operam usando dados digitais, todos os sinais de entrada e de saída serão compostos de 1s e 0s. Em geral, o símbolo 1 representa "ligado", ou tensão positiva. O símbolo 0 representa "desligado", ou tensão negativa. A tensão negativa muitas vezes é chamada de tensão zero ou massa do circuito.

A porta AND

A **porta AND** é usada para representar uma situação na qual todas as entradas da porta devem ser 1 (ligadas) para produzir uma saída 1 (ligada). Para uma porta AND, a entrada número 1, a entrada número 2, a entrada número 3 e assim por diante devem ser todas 1 para produzir uma saída 1. Se qualquer entrada for 0 (desligada), a saída será 0 (desligada). A Figura 7-11 ilustram o símbolo e a tabela verdade para uma porta AND de duas entradas.

Um circuito AND simples pode ser representado por duas chaves em série usadas para ligar uma luz. Se ambas as chaves (entradas) são ligadas (1), a luz se acende (1). Se qualquer uma das chaves é desligada (0), a luz se apaga (0). A Figura 7-12 ilustra esse circuito AND simples.

Um circuito AND diferente aparece na Figura 7-13. Esse circuito usa componentes de estado sólido para produzir a porta; logo, ele é mais consistente com aqueles circuitos usados em um CI. Nesse circuito, cada diodo sofre polarização reversa por um sinal positivo nas entradas A e B, respectivamente. Se ambas as entradas são positivas (1), ambos os diodos sofrem polarização reversa e nenhuma corrente flui através de R_1; logo, não há queda de tensão sobre R_1 e o ponto C é positivo. Se qualquer uma das entradas for negativa (0), a corrente flui através de R_1 e o ponto C é negativo (0) devido à queda de tensão entre R_1. Nesse circuito, a única maneira de produzir um positivo no ponto C (uma saída 1) é fornecer uma tensão positiva (ambas as entradas são 1) a ambos os diodos; logo, o circuito desempenha uma função AND.

Entradas		Saída
A	B	C
0	0	0
0	1	0
1	0	0
1	1	1

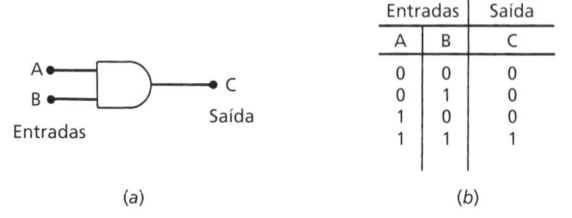

(a)   (b)

FIGURA 7-11 Uma porta AND: (*a*) símbolo lógico; (*b*) tabela verdade.

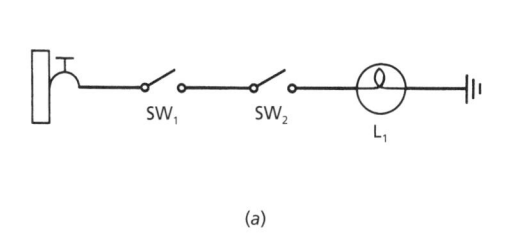

FIGURA 7-12 Um circuito AND: (a) circuito em série; (b) tabela verdade.

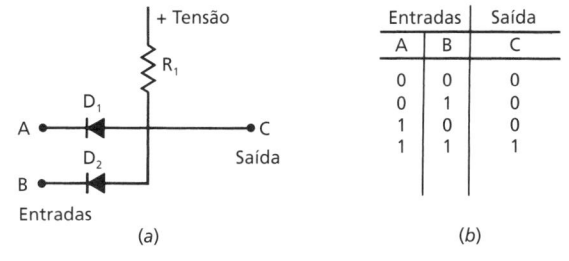

Entradas		Saída
SW$_1$	SW$_2$	L$_1$
0	0	0
0	1	0
1	0	0
1	1	1

Entradas		Saída
A	B	C
0	0	0
0	1	0
1	0	0
1	1	1

FIGURA 7-13 Uma porta AND: (a) circuito AND de estado sólido; (b) tabela verdade.

A porta OR

A **porta OR** é usada para representar uma situação na qual qualquer entrada ser ligada (1) produz uma saída ligada (1). Para uma porta OR, a entrada número 1, a entrada número 2, a entrada número 3 ou qualquer outra devem ser 1 para produzir uma saída 1. Somente se todas as entradas forem 0 a porta OR irá gerar uma saída 0. Se qualquer entrada for 1, independentemente dos outros valores de entrada, a porta OR irá gerar uma saída 1. A Figura 7-14 ilustram o símbolo da porta e a tabela verdade correspondente para uma porta OR de duas entradas.

Um circuito OR simples pode ser composto de duas chaves em paralelo que controlam uma luz, como ilustrado na Figura 7-15. Se qualquer uma das chaves estiver ligada (1), a luz se acenderá (1).

A Figura 7-16 mostra um circuito OR de estado sólido e sua tabela verdade correspondente. Nesse circuito, se uma tensão positiva (1) é aplicada a qualquer uma das entradas, o diodo correspondente terá polarização direita e uma corrente fluirá através de R_1, o que torna o ponto C positivo (1).

O ponto C será negativo apenas se não houver fluxo de corrente através de R_1. Isso ocorre quando ambas as entradas são negativas. Se uma ou ambas as entradas forem positivas, a saída é positiva; logo, este é um circuito OR.

A porta NOT

A **porta NOT** é usada para reverter a condição do sinal de entrada. A porta INVERT contém apenas uma entrada e uma saída e normalmente é usada em conjunto com outras portas. A Figura 7-17 mostra o símbolo e a tabela verdade para uma porta NOT.

Um circuito NOT pode ser composto de uma chave que controla um relé normalmente fechado que acende ou apaga uma luz. Como ilustrado na Figura 7-18, se a chave está ligada (1), a luz está desligada (0).

A Figura 7-19 ilustra um circuito inversor de estado sólido básico contendo um transistor. Como mostrado pela tabela verdade do circuito, se a entrada é de tensão negativa (0), o transistor tem polarização reversa e o ponto B é positivo (1). O ponto B se torna positivo devido à falta de corrente através de R_1. Se não há fluxo de corrente através de R_1, não há queda de tensão através de R_1; logo, o ponto B é positivo. Se o ponto A se torna positivo, o transistor tem polarização direta e o ponto B é conectado à massa (0) através do circuito emissor-coletor do transistor; logo, o ponto B é negativo (0).

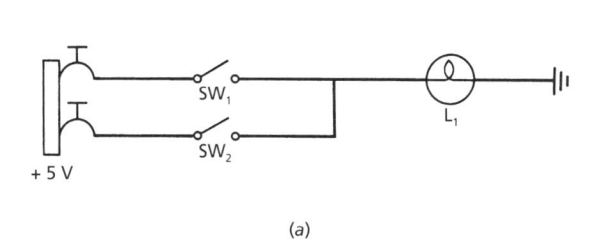

Entradas		Saída
A	B	C
0	0	0
0	1	1
1	0	1
1	1	1

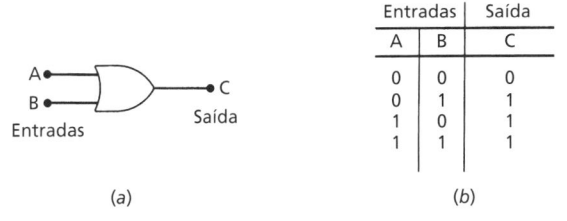

FIGURA 7-14 Uma porta OR: (a) símbolo lógico; (b) tabela verdade.

Entradas		Saída
SW$_1$	SW$_2$	L$_1$
0	0	0
0	1	1
1	0	1
1	1	1

FIGURA 7-15 Um circuito OR: (a) circuito em paralelo; (b) tabela verdade.

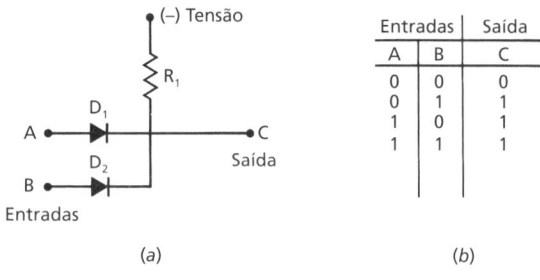

FIGURA 7-16 Uma porta OR: (a) circuito OR de estado sólido; (b) tabela verdade.

Entradas		Saída
A	B	C
0	0	0
0	1	1
1	0	1
1	1	1

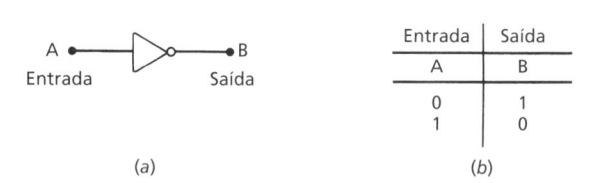

FIGURA 7-17 Uma porta NOT: (a) símbolo lógico; (b) tabela verdade.

Entrada	Saída
A	B
0	1
1	0

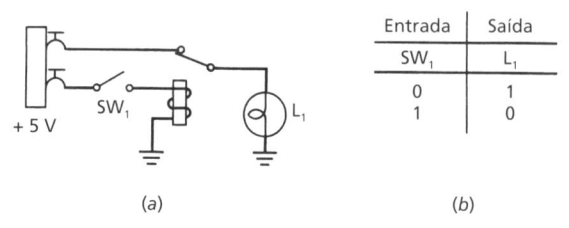

FIGURA 7-18 Uma porta NOT: (a) circuito NOT simples; (b) tabela verdade.

Entrada	Saída
SW_1	L_1
0	1
1	0

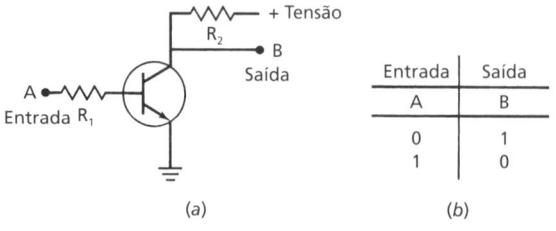

FIGURA 7-19 Uma porta NOT: (a) circuito NOT de estado sólido; (b) tabela verdade.

Entrada	Saída
A	B
0	1
1	0

A porta NOR

A **porta NOR** é uma porta OR com uma saída invertida. O resultado é uma porta na qual qualquer entrada igual a 1 cria uma saída 0. A Figura 7-20 mostra o símbolo e a tabela verdade da NOR.

A Figura 7-21 ilustra o circuito eletrônico usado para representar um símbolo NOR. Se as entradas desse circuito são ambas negativas (0), o transistor tem polarização reversa e a saída é positiva (1). Se qualquer uma das entradas é positiva (1), o diodo correspondente conduz e o transistor tem polarização

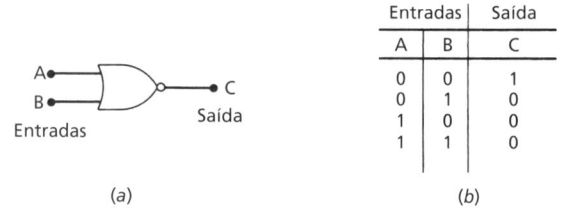

FIGURA 7-20 Uma porta NOR: (a) símbolo lógico; (b) tabela verdade.

Entradas		Saída
A	B	C
0	0	1
0	1	0
1	0	0
1	1	0

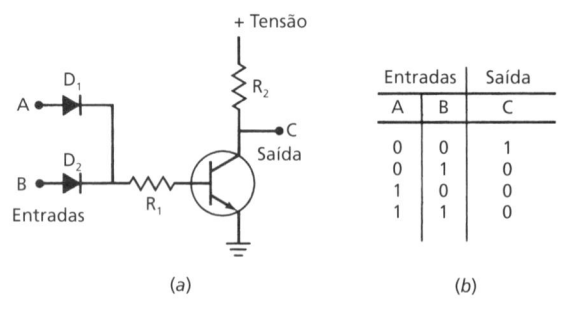

FIGURA 7-21 Uma porta NOR: (a) circuito NOR de estado sólido; (b) tabela verdade.

Entradas		Saída
A	B	C
0	0	1
0	1	0
1	0	0
1	1	0

direta. Isso, por sua vez, conecta o ponto C à massa (0) e a saída se torna negativa (0).

A porta NAND

A **porta NAND** é uma porta AND com uma saída invertida. A saída dessa porta será 1 se qualquer entrada for 0. Esse é, obviamente, a situação exatamente contrária da porta AND. A Figura 7-22 mostra o símbolo e a tabela verdade de uma porta NAND. O circuito para uma porta NAND aparece na Figura 7-23. Se qualquer entrada é conectada a uma tensão negativa (0), o diodo correspondente tem polarização direta e uma corrente flui da tensão de entrada negativa através de R_1 até a fonte positiva. A corrente segue por esse caminho em vez de flui da massa (0) através do circuito emissor-base e através de R_1 e R_2 até a fonte positiva. Como não há fluxo de corrente no circuito emissor-base, o transistor tem polarização reversa e o ponto C é positivo (1).

Se ambas as entradas são conectadas a uma fonte positiva (1), ambos os diodos têm polarização reversa, o transistor tem polarização direta e o ponto C é conectado à massa (0); logo, a saída é 0.

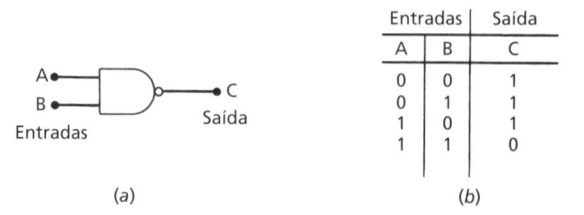

FIGURA 7-22 Uma porta NAND: (a) símbolo lógico; (b) tabela verdade.

Entradas		Saída
A	B	C
0	0	1
0	1	1
1	0	1
1	1	0

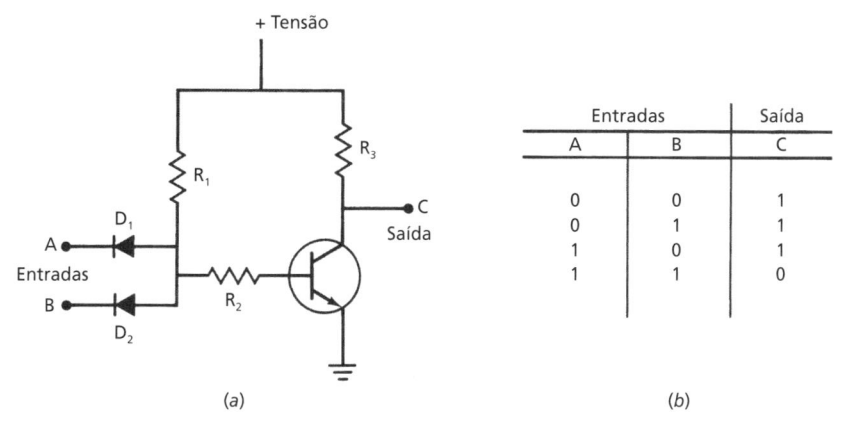

FIGURA 7-23 Uma porta NAND: (a) circuito NAND de estado sólido; (b) tabela verdade.

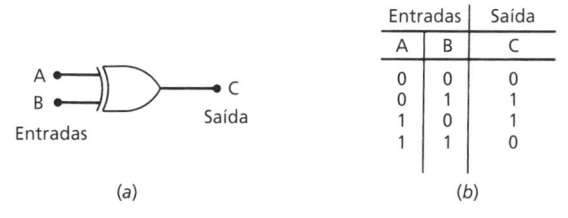

FIGURA 7-24 Uma porta OR exclusiva: (a) símbolo lógico; (b) tabela verdade.

A porta OR exclusiva

A **porta OR exclusiva** é projetada para produzir uma saída 1 sempre que seus sinais de entrada são dissimilares. A Figura 7-24a ilustra o símbolo OR exclusivo. Essa porta compara um máximo de dois sinais de entrada para determinar sua saída. A porta OR exclusiva também é chamada de comparador digital. Como mostrado na Figura 7-24b, se os sinais de entrada são valores semelhantes, a saída é 0; se os sinais de entrada são valores diferentes, a saída é 1.

A porta NOR exclusiva

A **porta NOR exclusiva** produz um padrão de saída exatamente contrário ao de uma porta OR exclusiva. Como vemos na Figura 7-25, a saída de um NOR exclusivo é um 1 digital sempre que as entradas são iguais (ambas 1 digital ou ambas 0 digital). Assim como na OR exclusiva, uma porta NOR exclusiva pode ter duas entradas.

Combinações das portas básicas

As portas lógicas básicas podem ser utilizadas em um número infinito de combinações. Essa variedade de combinações de portas permite que um computador desempenhe uma ampla variedade de funções. Uma combinação típica de portas lógicas adiciona uma porta NOT à entrada de uma porta AND ou OR. A Figura 7-26 mostra o símbolo e a tabela verdade para uma porta AND com uma entrada invertida. Uma entrada invertida também é chamada de entrada NOT.

A Figura 7-27a mostra o circuito para uma porta AND com uma entrada invertida. Como ilustrado, esse circuito é simplesmente uma combinação de um circuito NOT e um circuito AND. As portas NOT normalmente são adicionadas às entradas, ou saídas, das portas básicas discutidas anteriormente. A Figura 7-28 ilustra três outras combinações de portas básicas. Nos exemplos anteriores, cada porta era representada com apenas duas entradas; contudo, muitos circuitos têm três ou mais entradas. Isso se aplica a todas as portas exceto a NOT, a OR exclusiva e a NOR exclusiva. A NOT sempre tem apenas uma entrada; a OR exclusiva e a NOR exclusiva sempre têm duas entradas. Uma porta com múltiplas entradas pode ser construídas a partir de várias portas interligadas da forma mostrada na Figura 7-29. Nessa configuração, três portas AND são usadas para construir um circuito de quatro entradas. A Figura 7-29 também mostra uma porta AND de quatro entradas e a tabela verdade relacionada.

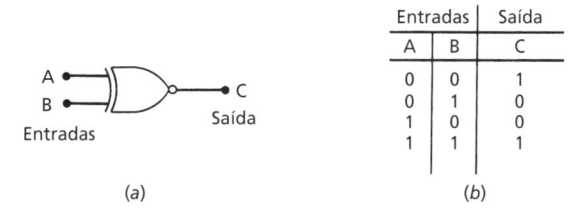

FIGURA 7-25 Uma porta NOR exclusiva: (a) símbolo lógico; (b) tabela verdade.

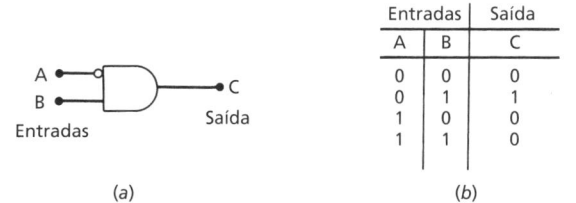

FIGURA 7-26 Uma porta AND com uma entrada invertida: (a) símbolo lógico; (b) tabela verdade.

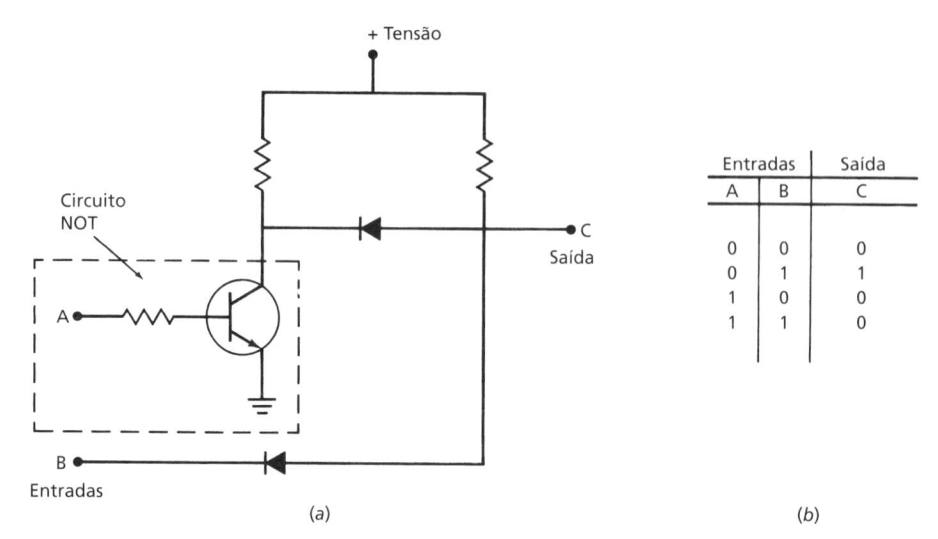

FIGURA 7-27 Uma porta AND com uma entrada invertida: (a) circuito de estado sólido; (b) tabela verdade.

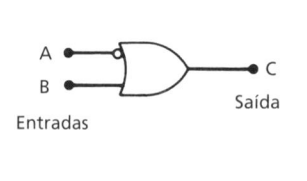

Entradas		Saída
A	B	C
0	0	0
0	1	1
1	0	0
1	1	0

(a)

Entradas		Saída
A	B	C
0	0	1
0	1	1
1	0	0
1	1	1

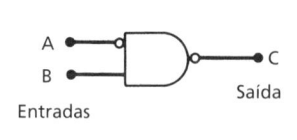

(b)

Entradas		Saída
A	B	C
0	0	1
0	1	0
1	0	1
1	1	1

(c)

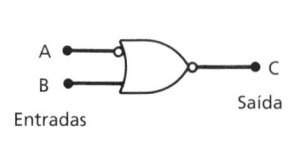

Entradas		Saída
A	B	C
0	0	0
0	1	0
1	0	1
1	1	0

FIGURA 7-28 Variações das portas lógicas básicas: (a) uma porta OR com uma entrada invertida; (b) uma porta NAND com uma entrada invertida; (c) uma porta NOR com uma entrada invertida.

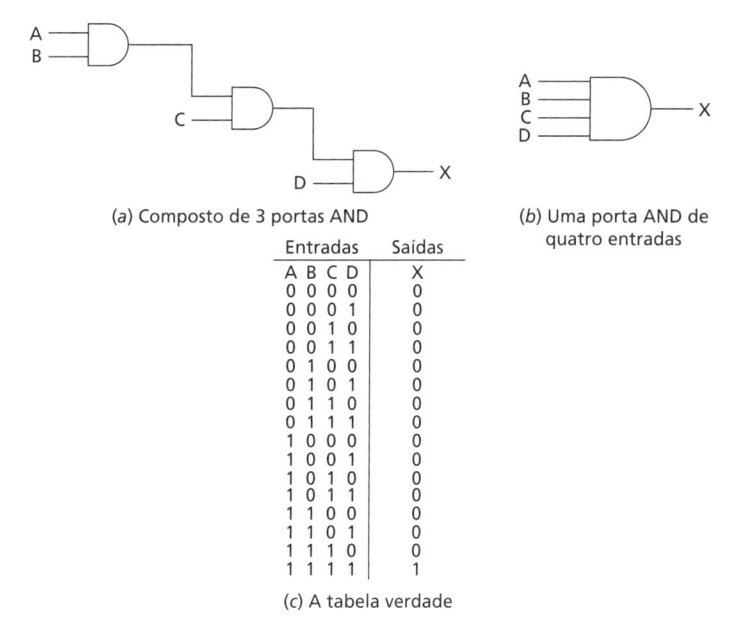

FIGURA 7-29 Um circuito AND de quatro entradas: (*a*) composto de 3 portas AND; (*b*) uma porta de quatro entradas; (*c*) a tabela verdade.

Tabela verdade:

A	B	C	D	X
0	0	0	0	0
0	0	0	1	0
0	0	1	0	0
0	0	1	1	0
0	1	0	0	0
0	1	0	1	0
0	1	1	0	0
0	1	1	1	0
1	0	0	0	0
1	0	0	1	0
1	0	1	0	0
1	0	1	1	0
1	1	0	0	0
1	1	0	1	0
1	1	1	0	0
1	1	1	1	1

Lógica positiva e negativa

Como afirmado anteriormente, os sinais de entrada e saída de circuitos lógicos são compostos de dois níveis distintos. Esses níveis normalmente são chamados de 1 binário e 0 binário. Os níveis de tensão reais necessários para produzir um 1 ou um 0 binário podem variar entre os circuitos.

Se a **lógica positiva** é usada no circuito digital, o 1 binário é igual a um alto nível de tensão e um 0 binário é igual a um baixo nível de tensão. Os valores de tensão reais podem ser ambos positivos, ambos negativos ou um positivo e o outro negativo. A única estipulação para a lógica positiva é que o 1 binário seja criado por uma tensão positiva maior do que a do zero binário. A Figura 7-30 mostra quatro exemplos de sinal digital. Cada sinal representa o valor de tensão positiva maior como 1 binário; logo, todos os exemplos empregam o conceito de lógica positiva. A maioria dos sistemas digitais emprega a lógica positiva em todos os circuitos dos computadores e componentes relacionados.

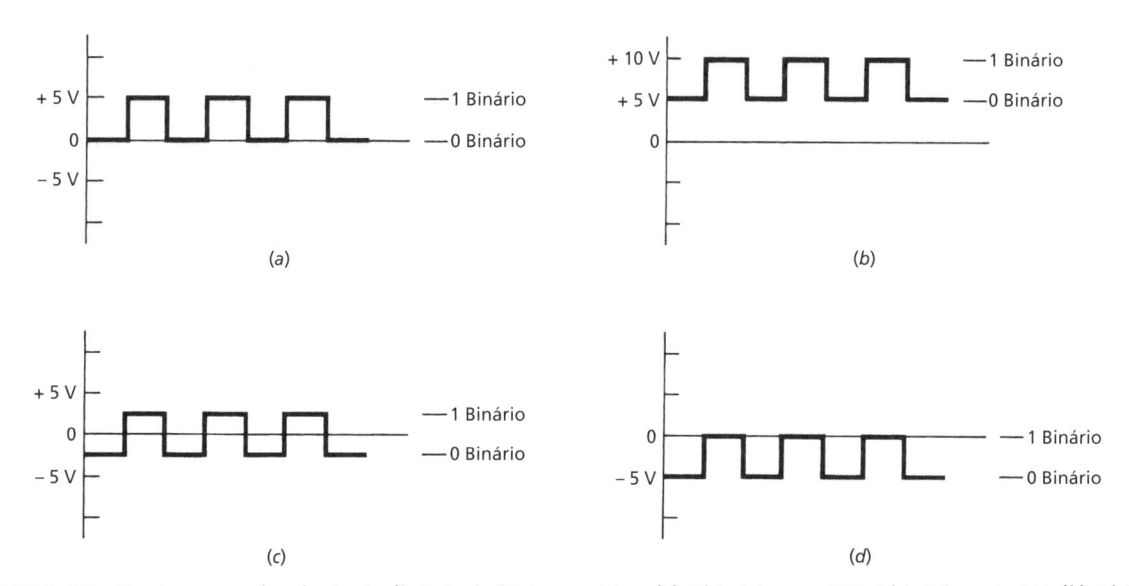

FIGURA 7-30 Quatro exemplos de sinais digitais de lógica positiva: (*a*) 1 binário = + 5 V, 0 binário = + 0 V; (*b*) 1 binário = + 10 V, 0 binário = + 5 V; (*c*) 1 binário = + 2,5 V, 0 binário = −2,5 V; (*d*) 1 binário = + 0 V, 0 binário = −5 V.

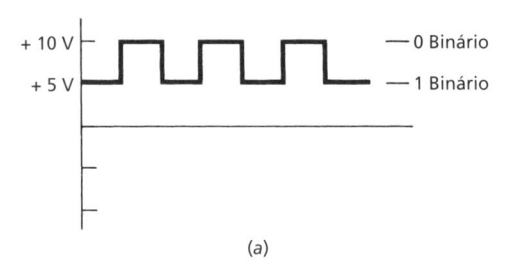

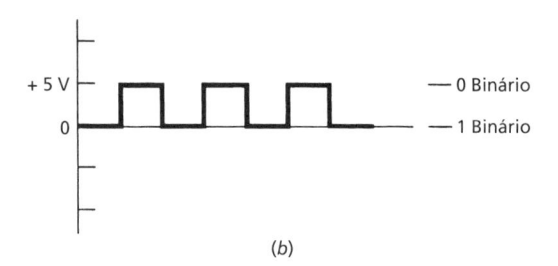

FIGURA 7-31 Exemplos de sinais digitais de lógica negativa: (a) 1 binário = + 5 V, 0 binário = + 10 V; (b) 1 binário = + 0 V, 0 binário = + 5 V.

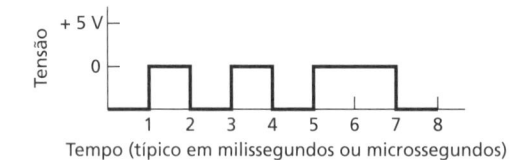

FIGURA 7-32 Uma forma de onda digital típica.

Os níveis de tensão de todos os sistemas digitais são integrados ao projeto do circuito pelas limitações dos componentes individuais. Como existem inúmeras variedades de CIs, o engenheiro de projeto do circuito deve decidir quais valores de tensão melhor se adaptam as parâmetros do projeto. Para a maioria dos circuitos digitais, os dois estados lógicos diferentes (1 ou 0) são representados por dois níveis de tensão diferentes; contudo, alguns circuitos especializados podem utilizar níveis de corrente para determinar estados lógicos. Em ambos os casos, projeta-se um limite para cada família lógica. (Uma **família lógica** é um grupo de circuitos digitais que possuem características semelhantes.) Se a tensão (ou corrente) cai abaixo do limite, a conexão é "baixa"; quando fica acima do limite, a conexão é "alta". Os níveis intermediários (aqueles entre os limites baixo e alto) não são definidos e normalmente não são reconhecidos pelo circuito. Os circuitos mais confiáveis são projetados para evitar circunstâncias que produzem níveis intermediários; assim, o resultado é um circuito no qual todos os resultados são previsíveis. É comum integrar alguma tolerâncias nos níveis de tensão usados; por exemplo, 0,0 a 1,0 V poderiam representar o estado lógico 0 e 4,0 a 5,0 V o estado lógico 1. Uma tensão de 1,1 a 3,9 V seria inválida e ocorreria apenas em uma condição de pane ou durante uma transição de nível lógico, pois mesmo os circuitos digitais não conseguem alterar seus níveis de tensão instantaneamente. A tolerância de cada CI deve ser conhecida para que possamos determinar os valores de tensão exatos exigidos.

O conceito de **lógica negativa** define o 1 binário como o valor de tensão menor e o 0 binário como o valor de tensão maior (mais positivo). Apesar de menos popular, a lógica negativa é usada em alguns sistemas para atender determinados parâmetros de projeto. A Figura 7-31 apresenta exemplos de sinais digitais de lógica negativa. Como ilustrado, o 0 binário é o valor de tensão positivo mais alto e o 1 binário é valor de tensão mais baixo.

Representação de dados digitais

A representação de dados digitais pode ocorrer em diversas formas. A **tabela verdade** e o **gráfico de forma de onda de tensão** são duas maneiras comuns de representar dados digitais. As tabelas verdade foram discutidas anteriormente neste capítulo; os gráficos de forma de onda de tensão serão apresentados nos parágrafos a seguir.

A forma de onda digital pode ser usada para descrever a operação de qualquer circuito digital pela representação de seus dados de entrada e saída. A Figura 7-32 mostra uma forma de onda digital típica. Como ilustrado, a linha vertical representa valores de tensão e a linha horizontal representa o tempo. A manipulação da maioria dos sinais digitais exige um intervalo de tempo extremamente curto; logo, o eixo horizontal muitas vezes utiliza uma escala de milissegundos ou microssegundos. Um milissegundo é igual a um milésimo de segundo, enquanto um microssegundo é igual a um milionésimo de segundo.

O eixo vertical de alguns gráficos de forma de onda é marcado de acordo com o código binário, como vemos na Figura 7-33a. Essa ilustra demonstra a forma de onda de uma porta AND. Os eixos horizontal e vertical foram eliminados para deixar os dados mais claros. O símbolo lógico e a tabela verdade correspondentes se encontram nas Figuras 33b e c. A partir desse diagrama de forma de onda, vemos que a porta AND produz uma saída 1 quando ambas as entradas são um 1 digital. As representações em forma de onda de dados digitais

Entradas		Saída
A	B	C
0	0	0
0	1	0
1	0	0
1	1	1

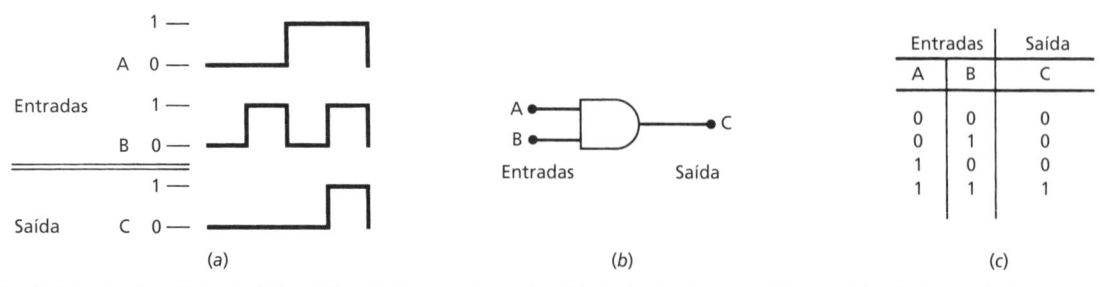

FIGURA 7-33 Dados digitais: (a) gráfico de forma de onda; (b) símbolo de porta lógica; (c) tabela verdade.

são usadas mais frequentemente durante a solução de problemas com circuitos de computadores. Um osciloscópio de velocidade extremamente alta pode representar uma forma de onda digital com um tempo de pulso de menos de 1 ms. A forma de onda representada pelo osciloscópio pode ser comparada com dados operacionais conhecidos para avaliar o desempenho do circuito.

CIRCUITOS INTEGRADOS

Um **circuito integrado** (CI) é simplesmente um conjunto de diodos, transistores e/ou outros elementos de circuito combinados em um pacote extremamente pequeno. Como um computador move elétrons através de diversos circuitos para que possa "pensar", é importante manter os circuitos o mais próximos possível uns dos outros para reduzir o tempo de deslocamento dos elétrons. Quanto maior o número de circuitos contidos em uma pequena área, mais rápido o computador. Para produzir um circuito extremamente pequeno, a maioria dos fabricantes utiliza um processo chamado **fotolitografia**. O processo foi usado para produzir CIs capazes de lidar com milhares de bits (1s e 0s). Lembre-se que um *bit* é igual a uma informação digital.

A fotolitografia imprime um circuito sobre uma pastilha de silício focando um padrão de luz em uma área concentrada. Esse processo é semelhante àquele usado em câmaras escuras para imprimir uma imagem negativa sobre papel fotográfico. Os solventes químicos são então usados para gravar o desenho do circuito no silício. Ao adicionar outros materiais a áreas específicas da pastilha de silício, realiza-se a "dopagem" do circuito. Uma segunda camada de silício pode ser adicionada e outra combinação de circuitos produzida no CI. As pastilhas de silício são então cortadas e montadas no pacote do CI. A Figura 7-34 mostra diversas pastilhas de silício prontas para serem cortadas e montadas em CIs. Fios de ouro extremamente pequenos são usados para conectar o silício aos terminais de pinos do CI. O chip de silício normalmente fica alojado em um pacote plástico que prende a pastilha de silício e as conexões elétricas externas.

A Figura 7-35 mostra três **microprocessadores de 40 pinos**. De cima para baixo, são eles um microprocessador de pacote de *piggyback* de cerâmica, um microprocessador de pacote de cerâmica padrão e um microprocessador de pacote de plástico padrão. O microprocessador é um CI complexo ou de grande escala e será discutido posteriormente. Estes microprocessadores contêm terminais de 40 pinos cada, usados para transmitir os sinais elétricos entre a placa de circuito e a pastilha de silício.

Os circuitos integrados são produzidos em uma ampla gama de complexidades de circuito. Alguns CIs são simples somadores ou subtratores de dígitos binários, alguns CIs são dispositivos de memória dedicados e outros ainda contêm um sistema digital completo semelhante a uma calculadora ou um computador simples. Os circuitos integrados muitas vezes são definidos de acordo com a complexidade dos circuitos contidos na pastilha de silício. Quando os CIs foram desenvolvidos originalmente, apenas alguns transistores podiam ser colocados em cada chip. Com a melhoria das técnicas de fabricação, tornou-se possível encolher os circuitos componentes, a ponto de hoje milhões, até bilhões, de transistores poderem ser colocados em um único circuito integrado.

Os primeiros circuitos integrados, chamados de **integração em pequena escala (SSI)**, muitas vezes continham apenas cinco a dez transistores e normalmente tinham de 8 a 16 conexões elétricas externas, nas quais o CI era soldado a uma placa de circuito impresso. Os circuitos de SSI foram cruciais para os

FIGURA 7-34 Pastilhas de silício prontas para serem cortadas e montadas em CIs. (*Collins Divisions, Rockwell International.*)

FIGURA 7-35 Três microprocessadores de 40 pinos. (*Texas Instruments, Inc.*)

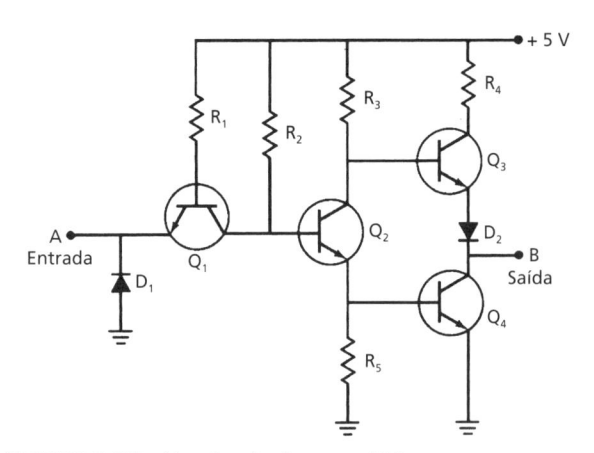

FIGURA 7-36 Um circuito inversor TTL.

primeiros projetos aeroespaciais, que por sua vez ajudaram a inspirar o desenvolvimento da tecnologia. Os circuitos de **integração em média escala (MSI)** são CIs com centenas de transistores em cada chip. Os chips de **integração em larga escala (LSI)** contêm dezenas de milhares de transistores e se tornaram populares na década de 1970 com a criação da primeira geração de microprocessadores. O desenvolvimento dos CIs de **integração em muito larga escala (VLSI)** teve início com centenas de milhares de transistores no início da década de 1980, mas hoje ultrapassa os bilhões de transistores. Os chips de VLSI contêm muitos milhares de portas lógicas em um único pacote, criando microcomputadores bastante complexos.

Os circuitos integrados muitas vezes são divididos em classes chamadas de **famílias lógicas**. Cada família contém CIs que operam em níveis de potência e velocidades semelhantes. Duas famílias lógicas comuns são a **TTL** e a **CMOS**.

A família lógica TTL

Um circuito de **lógica transistor-transistor**, ou TTL (*transistor-transistor logic*) tem transistores bipolares como elementos primários. Todos os CIs TTL operam com uma fonte de energia de +5 V e lógica positiva; logo, o 1 binário é igual a +5 V e o 0 binário é igual à massa ou +0 V. A maioria dos circuitos de TTL aceita valores de tensão dentro de uma determinada tolerância; por exemplo, o 1 binário = 2,6 V a 5,0 V e o 0 binário = 0,0 V a 0,8 V. Os circuitos de TTL mais comuns são cinco: o **TTL padrão**, o **TTL de baixa potência**, o **TTL de alta potência**, o **TTL Schottky** e o **TTL Schottky de baixa potência**. Os membros da família TTL empregam componentes de circuito ligeiramente diferentes para desempenhar diversas funções lógicas. O uso de diferentes componentes muitas vezes muda os requisitos de energia do circuito. Quando os requisitos de energia do circuito mudam, normalmente a velocidade do circuito também muda. Em geral, os circuitos mais rápidos consomem mais energia.

A Figura 7-36 mostra um exemplo de circuito inversor TTL básico. Pela ilustração, vemos que mesmo um inversor TTL simples contém quatro transistores bipolares.

A família lógica CMOS

CMOS é a abreviatura em inglês de **semicondutor metal-óxido complementar**. Um CMOS é um transistor de efeito de campo de semicondutor metal-óxido (MOSFET) que usa ambas as entradas de canal *p* e *n*. O diagrama esquemático na Figura 7-37 é um inversor CMOS. Esse circuito substitui os transistores de junção bipolar das portas TTL com dispositivos MOSFET. As principais vantagens dos dispositivos da família lógica CMOS é que eles são menos suscetíveis a interferência elétrica e precisam de menos energia do que os dispositivos TTL. Os dispositivos CMOS também operam em uma gama mais ampla de níveis de tensão de entrada, geralmente entre +3 e +18 V. A maioria dos CIs modernos pertencem à família lógica CMOS.

Padrões de circuitos integrados

O padrão mais óbvio para os CIs é a estrutura de pinos de conexão. Como ilustrado na Figura 7-38, todos os CIs aderem ao **padrão dual in-line package (DIP)**. Isso significa que há um

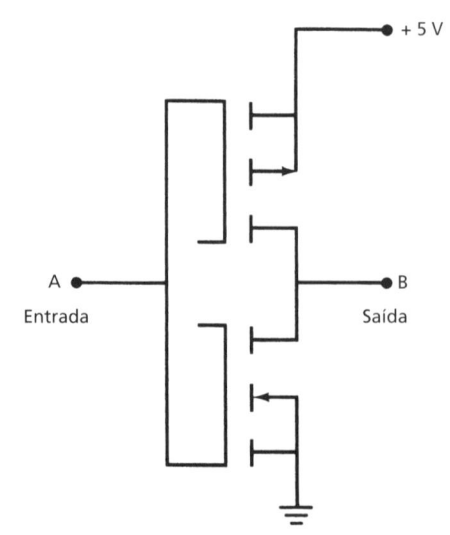

FIGURA 7-37 Um inversor CMOS.

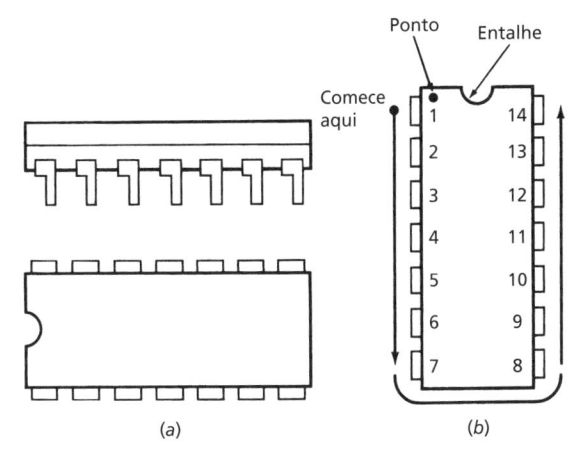

FIGURA 7-38 Estrutura de conexão de CI: (a) pinos de CI típicos; (b) configuração de numeração de pinos.

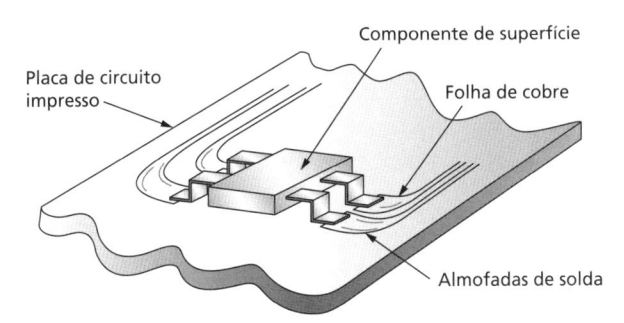

FIGURA 7-40 Exemplo de componente de superfície.

número igual de conexões (pinos) em ambos os lados do CI, espaçados dentro de dimensões específicas. Os circuitos integrados estão disponíveis em configurações de 8, 14, 16, 18, 24, 28 e 40 pinos. Em linhas gerais, um CI com maior número de pinos é capaz de realizar um número maior de funções lógicas.

O sistema de numeração dos pinos também é parte do padrão DIP. Se o CI é observado verticalmente, como na Figura 7-38b, o pino superior esquerdo é o número 1. Os números dos pinos avançam em direção anti-horária, descendo pelo lado esquerdo do CI e então subindo pelo direito. Para identificar o canto superior esquerdo de um CI, os fabricantes colocam um entalhe ou um ponto em cada componente. O entalhe ou ponto deve ficar para cima quando o CI é observado verticalmente, com os pinos terminais virados para fora.

A Figura 7-39 mostra um diagrama típico de pinos de CI. Esse CI é uma unidade do tipo 7408 TTL que contém quatro portas AND de 2 entradas, conhecido como porta AND de 2 entradas quádrupla. As conexões de energia desse CI são os pinos 7 e 14, como marcado na imagem. Diagramas como esse são muito úteis para o projeto e solução de problemas de dispositivos elétricos que contêm circuitos integrados.

Para construir computadores mais rápidos e poderosos, os fabricantes de CI estão sempre em busca de maneiras de encolher os circuitos. Recentemente, foi introduzida uma nova linha de peças eletrônicas, conhecidas pelo nome de **componentes de superfície**. Como vemos na Figura 7-40, as conexões elétricas nesses componentes são dobradas em um ângulo de 90 graus, o que permite que os componentes repousem planos sobre a placa de circuito impresso (PCB). Os componentes são então fixados pela solda de seus fios condutores à superfície da PCB. Os componentes tradicionais continham fios que eram montados através da PCB e soldados no lado oposto do componente. A Figura 7-41 mostra um CI padrão e um de superfície para fins de comparação.

Os componentes de superfície permitem que os fabricantes instalem peças eletrônicas em ambos os lados de uma placa de circuito impresso. Na prática, essa técnica consegue dobrar a capacidade computacional de uma PCB. Contudo, os componentes de superfície ainda têm alguns problemas associados; por exemplo, (1) instalações compactas exigem o uso de mais ar de arrefecimento; (2) as peças são menores do que as versões convencionais dos CIs, resistores, capacitores e assim por diante, então sua remoção e substituição são extremamente difíceis; e (3) a identificação desses componentes em subminiatura é difícil, pois em muitos casos não há espaço para imprimir números de identificação na peça.

A chave DIP

Uma **chave DIP** é um dispositivo de comutação comum usado em computadores e circuitos lógicos. Todas as chaves DIP aderem ao formato *dual in-line package*; logo, elas são compatíveis com as configurações padrões de placas de circuito. A Figura 7-42 mostra várias chaves DIP. A maioria das chaves DIP são bipolares de duas direções; assim, suas entradas devem ser conectadas a uma de duas saídas diferentes, como ilustrado na Figura 7-43. A entrada de uma chave DIP é conectada à massa (0) ou tensão positiva (1) na maioria dos circuitos lógicos. O diagrama esquemático mostra quatro chaves independentes contidas em uma armação. Cada polo é conectado a direção positiva de 5 V.

A maioria dos CIs exige que cada entrada seja conectada um sinal 1 ou 0 binário. Por exemplo, um dispositivo TTL pressupõe um 1 binário para uma entrada desconectada; um dispositivo CMOS aumenta seu consumo de energia e pode se

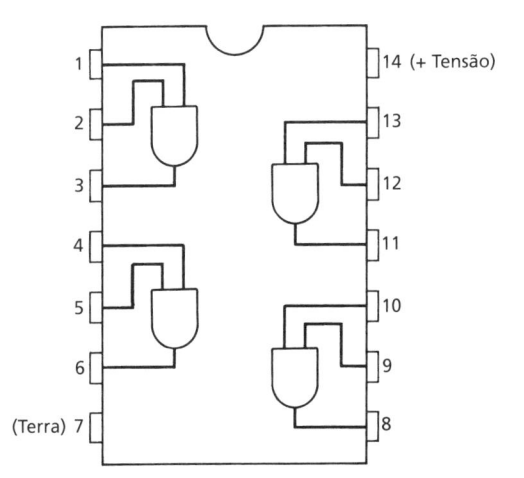

FIGURA 7-39 Um diagrama de circuito lógico de CI 7408 TTL.

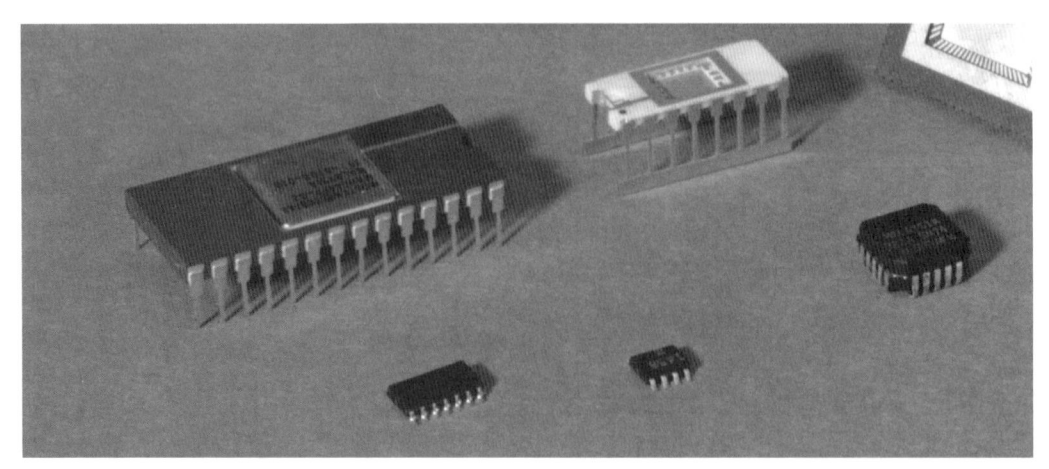

FIGURA 7-41 Exemplos de circuitos integrados comuns: (superior) CIs padrões, (inferior) CIs de superfície. (*Collins Divisions, Rockwell International.*)

FIGURA 7-42 Chaves DIP típicas. (*AMP Products Corporation.*)

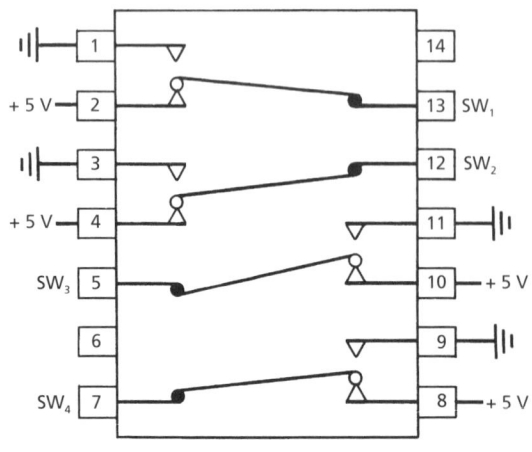

FIGURA 7-43 Conexões típicas de uma chave DIP.

superaquecer caso suas entradas sejam desconectadas. Considerando esses problemas, é fácil entender por que as chaves DIP unipolares de duas direções são usadas no controle das entradas de circuitos lógicos.

FUNÇÕES COMUNS DE CIRCUITOS LÓGICOS

Diversos circuitos lógicos básicos são comuns a quase todos os computadores ou dispositivos periféricos relacionados. Esses circuitos usam combinações simples das portas AND, OR, NOT e OR exclusiva. Cinco dos circuitos lógicos mais comuns são os **somadores**, **subtratores**, **clocks**, **retentores** e **flip-flops**.

Somadores e subtratores

Os circuitos **somadores** e **subtratores** são usados para realizar cálculos básicos em sistemas de computadores. Os **somadores**, como sugerem seu nome, somam dígitos binários. Como os números binários são compostos de apenas dois dígitos, 1 e 0, quase sempre é necessário transferir um dígito para a próxima coluna de maior ordem durante a soma. Por exemplo, em números binários, 1 + 1 = 10; dois dígitos isolados são somados para formar um resultado de dois dígitos. Os circuitos **meio somadores** são capazes de adicionar dois dígitos binários, mas não podem transferir um dígito para a próxima coluna de maior ordem. Os circuitos **somadores completos** usam uma combinação de dois meio somadores para transferir quaisquer dígitos necessários para a próxima coluna.

A Figura 7-44 mostra o símbolo e o diagrama lógico de um somador completo. Os pontos A, B e CI são entradas nos circuitos lógicos. A e B são os dois bits a serem somados; CI é o dígito a ser transferido da coluna de menor ordem adjacente (se aplicável). As saídas do somador completo são CO e S; S representa a soma dos dígitos somados e CO é o bit a ser transferido para a próxima coluna de maior ordem. Cada somador completo é capaz de somar apenas dois dígitos binários e um dígito transferido; logo, um somador completo deve ser usado para cada dois dígitos a serem somados em qualquer cálculo binário. Um

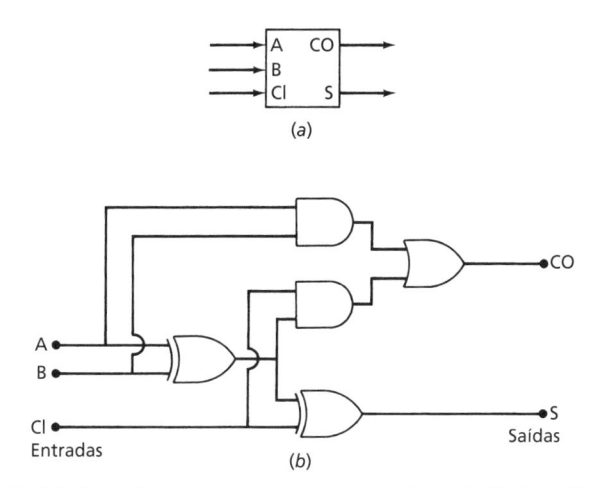

FIGURA 7-44 Somador completo: (a) símbolo lógico; (b) diagrama de circuito lógico.

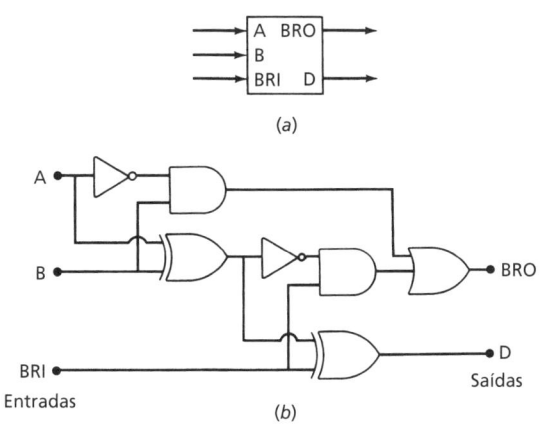

FIGURA 7-45 Subtrator: (a) símbolo lógico; (b) diagrama de circuito lógico.

CI típico usado para somar dígitos binários contém diversos subcircuitos de somadores completos, dando ao CI a capacidade de somar vários dígitos binários.

Os circuitos **subtratores** são uma combinação de portas básicas, como mostrado na Figura 7-45. As entradas de um subtrator são A, B e BRI; A e B são os dígitos para a subtração e BRI é o dígito emprestado da subtração na coluna de menor ordem adjacente (se aplicável) As saídas são D, que é a diferença entre os dígitos na subtração, e BRO, o dígito emprestado da coluna de maior ordem adjacente (se aplicável).

Circuitos de clocks digitais

Determinadas funções de circuitos digitais exigem um sinal binário de tempo constante. Um **clock digital** fornece uma frequência estável de 1s e 0s binários. A alma do clock digital é um oscilador, ou circuito multivibrador. Um material cristalino costuma ser usado para controlar o tempo de pulso de um circuito lógico para produzir uma forma de onda consistente de 1 e 0 binários. Esse tipo de forma de onda é chamada de **onda quadrada**. A Figura 7-46 mostra um multivibrador controlado por cristal típico e sua forma de onda correspondente. Apesar de sistemas mais complexos serem usados, o sinal de saída de clock mais comum é uma simples onda quadrada com um ciclo de trabalho de 50%, geralmente de frequência constante fixa. O ciclo de trabalho é o tempo que a onda quadrada passa em um estado ativo como fração do tempo total de um ciclo completo. A Figura 7-46b mostra uma onda quadrada típica com um ciclo de trabalho de 50%.

Retentores e flip-flop

Os circuitos **retentores** e **flip-flop** são combinações de portas lógicas que desempenham funções de memória básicas para computadores e periféricos. Ambos os tipos de circuito retém seu sinal de saída mesmo depois que o sinal de entrada foi removido; logo, esses circuitos "lembram" os dados de entradas. Existem dois tipos básicos de circuitos retentores, o **retentor RS** e o **retentor de dados**. Como ilustrado na Figura 7-47, o retentor RS contém dois sinais de entrada, o *set* S e o *reset* R, e dois sinais de saída, Q e $\overline{Q}$. Um 1 binários na entrada S configura (*set*) a memória de retenção e torna Q igual a 1, enquanto $\overline{Q}$ é igual a 0. Um 1 binário na entrada R reconfigura (*reset*) o retentor e torna Q igual a 0, enquanto $\overline{Q}$ é igual a 1.

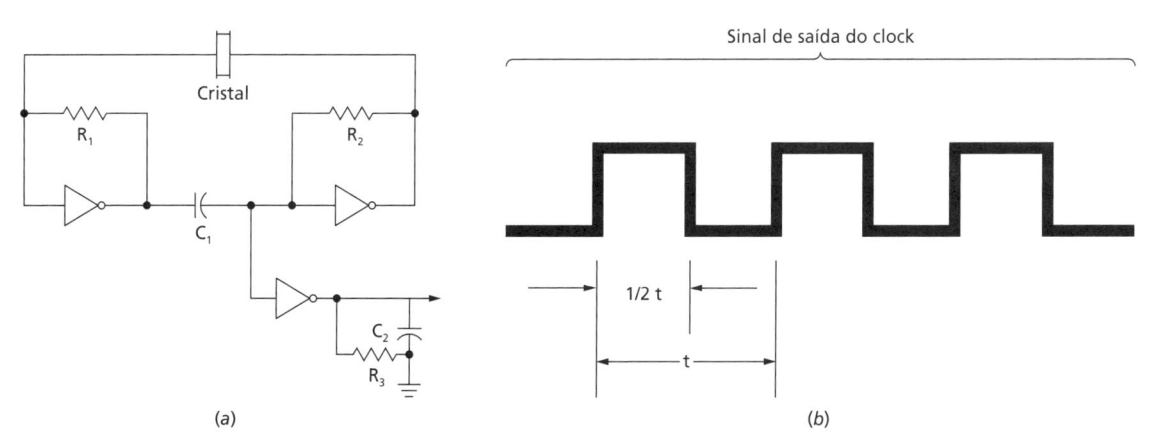

FIGURA 7-46 Multivibrador controlado por cristal: (a) o diagrama do circuito; (b) saída do clock, ciclo de trabalho de 50%.

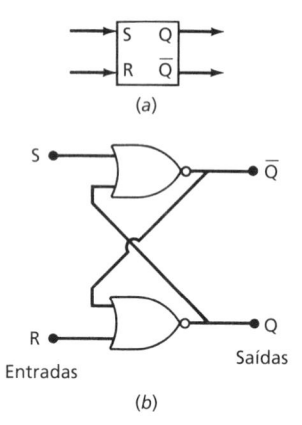

FIGURA 7-47 Retentor RS: (a) símbolo lógico; (b) diagrama lógico.

O retentor de dados (tipo d) contém apenas um sinal de entrada, como mostrado na Figura 7-48. Nesse circuito, uma entrada, D, de 1 binário configura o retentor (Q = 1, $\overline{Q}$ = 0). O 0 binário em D reconfigura o retentor (Q = 0, $\overline{Q}$ = 1).

Os circuitos **flip-flop** são semelhantes aos retentores, mas os flip-flops mudam sua saída quando na presença de um pulso de disparo. Como mostrado na Figura 7-49, um circuito flip-flop contém três entradas. Os sinais de configuração S e reconfiguração R são idênticos àqueles de um circuito retentor. O **pulso de clock** (CP) é uma entrada que controla o tempo de comutação do circuito. Em outras palavras, o flip-flop muda seus sinais de saída (Q e $\overline{Q}$) apenas em determinados intervalos de tempo. Os intervalos de tempo de comutação são determinados pelo pulso de clock e os sinais de configuração ou reconfiguração.

A vantagem de usar uma entrada de clock para um circuito de memória é que todos os sinais de saída de flip-flop mudam ao mesmo tempo. Isso se torna muito importante quando diversos circuitos de memória são usados simultaneamente. Se um circuito mudasse seu sinal de saída fora de sequência, a memória inteira se tornaria inválida.

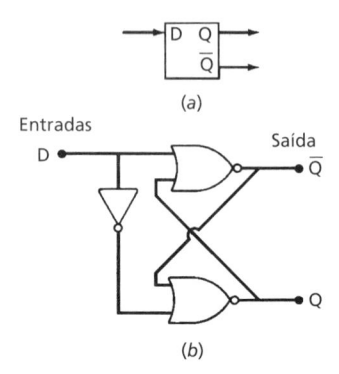

FIGURA 7-48 Retentor de dados: (a) símbolo lógico; (b) diagrama lógico.

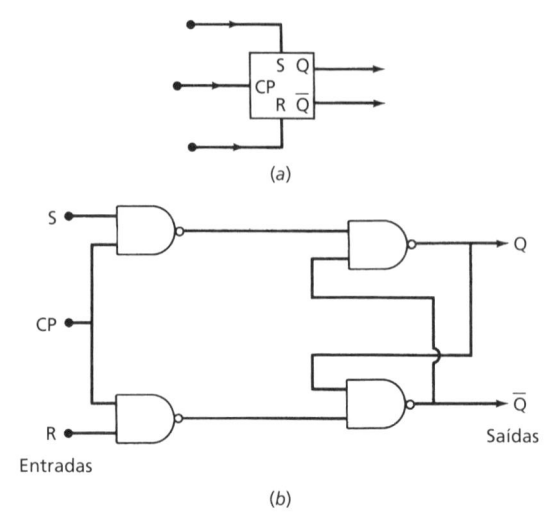

FIGURA 7-49 Um flip-flop digital: (a) símbolo lógico; (b) diagrama lógico.

Diagramas lógicos

Um **diagrama lógico** é um diagrama esquemático simplificado de um circuito digital complexo. Os diagramas lógicos de circuitos digitais normalmente mostram apenas as portas lógicas, não os transistores, diodos e resistores reais que desempenhas as funções lógicas. Por exemplo, a Figura 7-50 representa um indicador de trem de pouso baixado e sistema de buzina de alarme. Um circuito analógico comparável também é apresentado. Para que a luz de baixado se ilumine, todos os trens devem estar baixados e travados; assim, uma porta AND é usada para essa função. Todos os três trens devem não estar baixados e travados e o manete do acelerador deve estar fechado para que a buzina de alarme soe. Uma combinação de portas NOR e AND é usada para realizar essa tarefa. Esse tipo de diagrama lógico é bastante comum para a descrição dos sistemas elétricos de aeronaves modernas. Assim como nessa representação de circuito, a maioria dos diagramas lógicos não mostra as conexões com a massa.

Os diagramas lógicos não se limitam à descrição de circuitos elétricos. Muitos sistemas mecânicos complexos podem ser simplificados pelo uso de diagramas lógicos. A Figura 7-51 mostra um diagrama lógico usado para representar as fontes pneumáticas disponíveis ara a partida do motor de turbina nº 2 de uma aeronave trimotor. Nesse avião, há quatro maneiras de dar partida no motor nº 2. Para dar partida no motor nº 2 usando a sangria do compressor do motor nº 3, a válvula de sobrepressão pneumática deve estar fechada (desligada) e as válvulas 2-3 devem estar abertas (ligadas). Essa maneira de dar partida no motor nº 2 é representada pelos símbolos lógicos com as linhas tracejadas inferiores (ver Figura 7-51b). Para dar partida no motor nº 2 usando a unidade auxiliar de força (APU), a APU deve estar ligada e a válvula de controle de carga da APU deve estar aberta (ligada). Essa porção do diagrama lógico está dentro das linhas tracejadas superiores (ver Figura 7-51b). O resto do diagrama lógico é usado para representar maneiras alternativas de dar partida no motor nº 2.

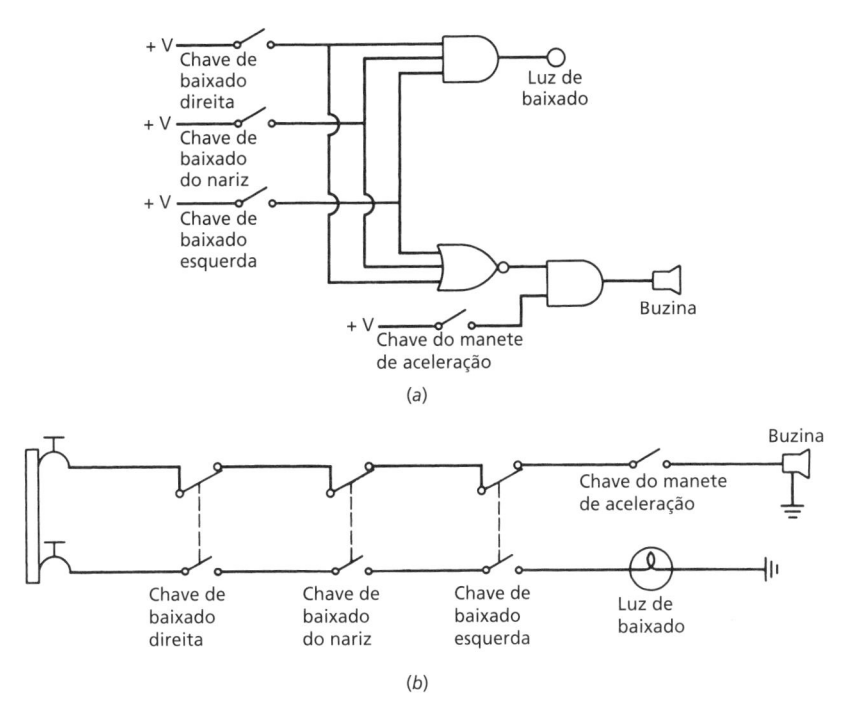

FIGURA 7-50 Representação de circuito de trem de pouso: (a) diagrama lógico; (b) diagrama esquemático do circuito.

MICROPROCESSADORES

Os **microprocessadores** são simplesmente circuitos digitais complexos que podem ser considerados computadores em miniatura. Em geral, os microprocessadores são CIs em muito larga escala que contêm milhares de portas estruturadas para desempenhar funções específicas. Um exemplo comum de microprocessador é usado nas calculadoras portáteis. O microprocessador da calculadora realiza todas as funções necessárias para a operação do aparelho. Na prática, o microprocessador é um computador projetado para uma função, a saber, calcular números.

Todos os microprocessadores são compostos de pelo menos três elementos básicos: a unidade central de processamento (CPU), a unidade lógica aritmética (ALU) e uma memória. A CPU é o elemento de controle primário do microprocessador. A CPU processa e direciona os dados de acordo com as solicitações realizadas pelo operador ou outro circuito no sistema. A CPU coordena as atividades da ALU, que realiza os diversos cálculos de números binários para desempenhar uma função específica. A ALU usa diversas portas lógicas para desempenhar suas funções.

A memória de um microprocessador pode ser de um de dois tipos, permanente ou temporária. A memória permanente fornece informações para as operações básicas do microprocessador. A memória temporária é usada como "bloco de notas" ou para armazenamento de curto prazo de dados necessários durante a manipulação dos números.

Como vemos na Figura 7-52, todos os microprocessadores exigem alguma maneira de se comunicar com o resto do sistema. Essa ligação de comunicação é chamada de **barramento de dados**. O microprocessador também precisa de algum dispositivo de tempo para coordenar as atividades do sistema. Um circuito **sincronizador** ou **clock** é usado para essa função. Alguns microprocessadores contêm um clock interno e alguns são acessados através do barramento de dados.

Operação de microprocessadores

A operação específica de um microprocessador é determinada pelo programa contido na memória e as informações recebidas das entradas de dados. Contudo, praticamente todos os microprocessadores seguem um protocolo operacional padrão. Quando é ligado, um microprocessador sempre começa por sua **rotina de inicialização**. As funções do programa do microprocessador são divididas em diversas sub-rotinas. Uma **sub-rotina** é basicamente um pequeno programa que opera quando solicitado pela CPU. A rotina de inicialização é um exemplo de sub-rotina. Quando executa uma rotina, a CPU recupera as instruções operacionais da rotina de sua memória e realiza as operações necessárias; a seguir, ela passa para a próxima rotina. Esse processo é repetido até todas as funções trem sido completadas ou até o processo ser interrompido por um comando de ordem superior.

Durante a operação, o microprocessador deve ter uma maneira de se comunicar com o resto do sistema de computador. Como mencionado, a comunicação é realizada através de um barramento de dados. Um **barramento de dados** pode ser usado para conectar diversos circuitos digitais dentro de um componente eletrônico ou para conectar diversos componentes ou sistemas independentes localizados em diversas seções da aeronave. O propósito do barramento de dados é transferir um sinal digital de um circuito para outro, o que pode ser feito usando

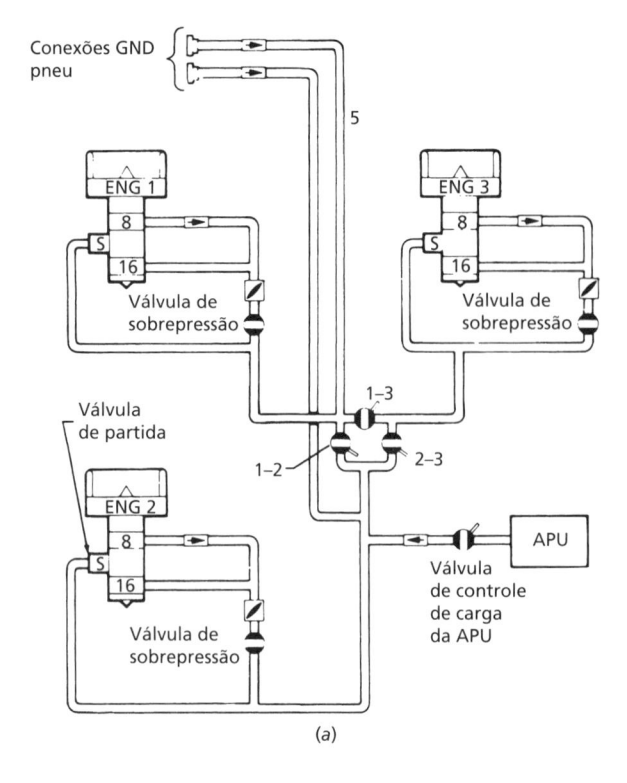

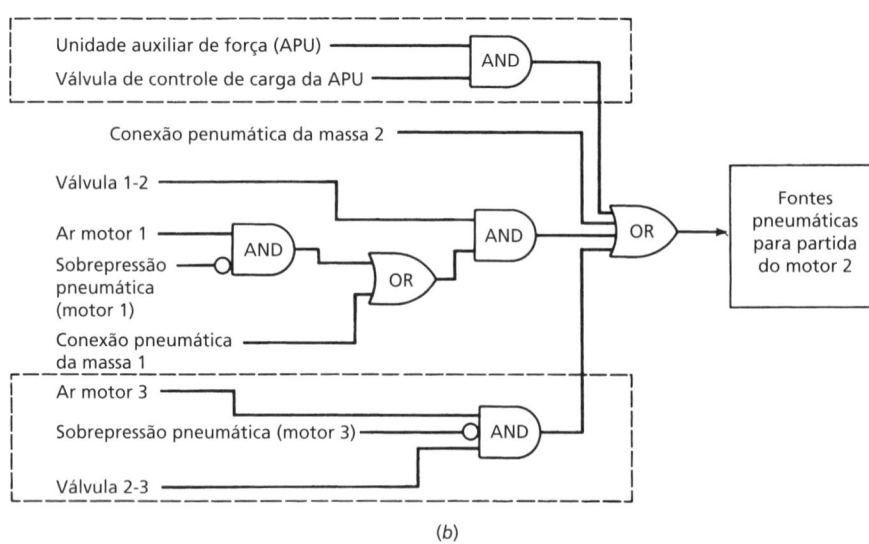

FIGURA 7-51 Diversas maneiras de dar partida no motor nº 2: (a) representação pictórica; (b) diagrama lógico. (*McDonnell Douglas Corp.*)

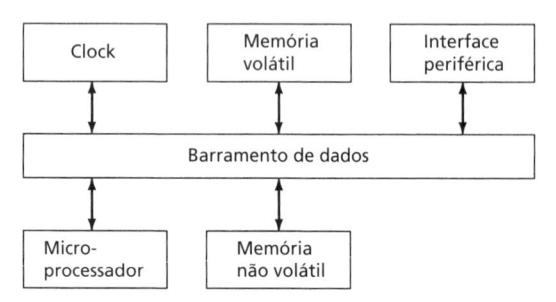

FIGURA 7-52 Uma ligação de dados de microprocessador típica.

energia elétrica ou luminosa. Um barramento de dados comum é composto de um par de fios de cobre blindados usados para a transmissão de dados elétricos. Quando a luz é usada para transmitir o sinal de dados digital, um cabo de fibra ótica é usado para criar o barramento de dados. Os conceitos das tecnologias de barramentos de dados digitais serão discutidos em mais detalhes posteriormente neste capítulo.

OPERAÇÕES DE COMPUTADORES

Todo computador contém cinco seções fundamentais: entrada, controle, memória, processamento e saída. Cada uma dessas seções usa circuitos lógicos para manipular dígitos binários. O computador como um todo é composto de fonte de energia, circuitos baseados em microprocessadores e periféricos relacionados. Os **periféricos** normalmente são dispositivos que permitem que o computador se comunique com seres humanos ou outros aparelhos eletrônicos. Por exemplo, um teclado é um periférico de entrada; uma impressora e um monitor de tela plana são usados como periféricos de saída. A Figura 7-53 mostra o diagrama de fluxo de um computador típico. Como ilustrado, a **unidade central de controle** deve se conectar com cada seção do computador para coordenar as atividades de todo o sistema. A coordenação estrita é essencial para a operação adequada de qualquer computador. Todos os sistemas devem operar apenas sob o comando da unidade central de controle. Para coordenar as atividades do computador, a unidade central de controle deve ter acesso a uma fonte de controle do tempo precisa. O **clock** (relógio) do computador é usado para realizar essa função de sincronização. Um clock simples é um circuito oscilador usado para gerar um pulso digital de frequência constante, usado como base temporal para todas as operações do computador. O clock pode ser parte integral da unidade de controle ou um elemento independente. A velocidade do clock muitas vezes representa um bom ponto de referência para determinar a velocidade à qual um computador pode realizar funções específicas. Contudo, é preciso observar

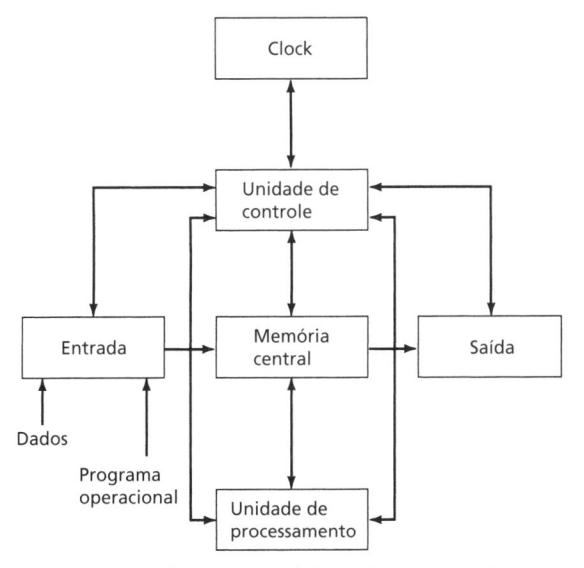

FIGURA 7-53 Diagrama em blocos de computador.

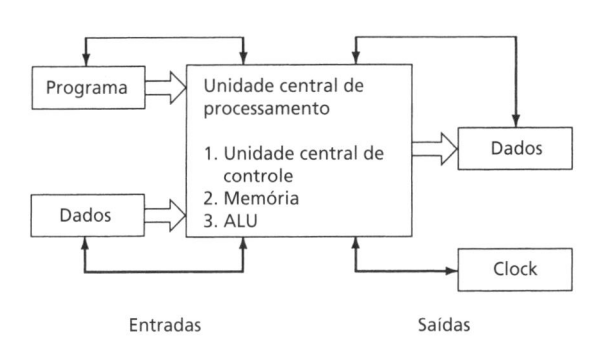

FIGURA 7-54 Diagrama em blocos de unidade central de processamento.

que diferentes seções de um sistema de computador podem operar a velocidades diferentes. Por exemplo, é muito comum que um computador doméstico possua um microprocessador de alta velocidade e uma conexões de Ethernet externa que opera a uma velocidade de clock menor.

A unidade central de processamento

A **unidade central de processamento (CPU)** é o circuito dentro de um computador, ou dispositivo computadorizado, como um telefone celular, que executa as instruções de um programa de computador, realizando as operações aritméticas, lógicas e de entrada/saída básicas do sistema. A CPU de todos os computadores realiza as somas e subtrações reais e outras funções lógicas. Em outras palavras, a CPU recebe os dados de entrada, manipula-os de acordo com instruções específicas e responde com os respectivos dados de saída. A Figura 7-54 mostra um diagrama em blocos de uma CPU típica. A entrada de uma CPU normalmente é composta de um programa necessário para "rodar" os trabalhos específicos do computador, e os dados de entrada, que são as informações a serem processadas. Os dados de saída da CPU são criados pela manipulação dos dados de entrada de acordo com o programa de computador. Por exemplo, os dados de entrada de uma CPU típica poderiam ser a velocidade e direção do vento, a velocidade em relação ao ar, a temperatura e a distância até o destino. Os dados de saída poderiam ser uma representação da velocidade em relação ao ar real e o tempo até o destino. Obviamente, as entradas também poderiam incluir o programa (por exemplo, equações matemáticas) necessário para manipular os dados. Em muitos casos, o programa está contido na memória da CPU e não precisa ser adicionado à entrada da CPU para cada operação.

O teclado de entrada, a CPU e o display de saída de um avião de voo típico estão ligados da maneira mostrada na Figura 7-55. As linhas que conectam o teclado, a CPU e a CRT representam a ligação de dados entre esses componentes. A CPU

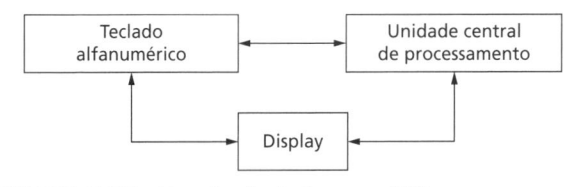

FIGURA 7-55 Ligação de dados com CPU.

de todo computador deve ser capaz de se comunicar com seus periféricos de entrada e de saída. A unidade central de processamento de um computador pode ser subdividida em três subsistemas essenciais: a **unidade central de controle**, a **memória** e a **unidade lógica aritmética** (ALU). Dependendo do computador, esses subsistemas podem ser combinados em um único microprocessador ou podem ser elementos totalmente separados.

A unidade central de controle

Um sistema de controle é usado para coordenar as funções desempenhadas por cada seção do computador. Para tanto, é preciso haver uma ligação de comunicação entre a unidade central de controle (CCU) e as diversas seções do computador. Em geral, usa-se um **barramento de transferência de dados** para criar essa ligação. Um barramento de transferência de dados é uma conexão digital, ou ligação, entre dois ou mais dispositivos digitais. Em alguns sistemas, este é um barramento de comunicação bidirecional; em outros, o barramento de dados é uma ligação unidirecional. Na Figura 7-54, a transferência de dados bidirecional é mostrada como uma linha negra fina que aponta em ambas as direções; o barramento de dados unidirecional é mostrado como uma linha mais grossa que aponta em apenas uma direção. Diversos sistemas de barramentos de dados diferentes estão em uso atualmente. A transmissão de dados será discutida posteriormente neste capítulo.

Como a CCU realiza a coordenação principal das funções de cada dispositivo periférico, ela deve ser conectada a cada unidade através de um barramento de transferência de dados. A Figura 7-56 ilustra o conceito de CCU e barramento de dados. Nela, cada seção do computador é ligada ao barramento de dados, que por sua vez é ligado à CCU.

Memória

A memória de uma CPU costuma ser dividida em duas categorias básicas: a **memória volátil** e a **memória não volátil**. Os dados na memória não volátil *não* serão destruídos quando o computador for desligado. A memória desse tipo pode ser contida em discos magnéticos, fita magnética ou CIs especiais. Os dados em uma memória volátil se perdem sempre que o computador perde energia elétrica. Os dados desse tipo são simplesmente armazenados pelos CIs que contêm circuitos retentores ou flip-flop. Quando a energia é removida de um CI, a memória volta a um estado neutro e os dados são apagados.

Os dados armazenados em uma memória antes devem ser convertidos para linguagem binária. A unidade de memória então "lembra" das combinações de bytes apropriadas de 1s e 0s. Essas combinações são rotuladas para facilitar o acesso futuro. Muitas vezes, o computador possui diversas unidades de memória, algumas voláteis e outras não voláteis. A maioria dos computadores de aeronaves contém uma memória não volátil relativamente grande para armazenar as informações necessárias para o processamento dos dados de voo. A memória das aeronaves (volátil ou não volátil) normalmente é criada usando circuitos semicondutores, não discos magnéticos, como é o caso dos discos rígidos dos computadores domésticos normais. A memória semicondutora não contém peças móveis e, logo, cria uma fonte mais confiável de armazenamento de dados, o que melhora a segurança do voo.

Os circuitos de memória semicondutora se dividem em duas categorias: **memória de acesso aleatório** (RAM) e **memória somente de leitura** (ROM). A memória de acesso aleatório muitas vezes é considerada uma memória de escrita e leitura, ou seja, você deve gravar (escrever) informações na RAM antes que alguém possa acessar (ler) as informações. A RAM pode ser alterada a qualquer momento usando os procedimentos corretos, então e considerada uma memória semicondutora volátil.

Uma memória somente de leitura é uma memória semicondutora não volátil. O padrão lógico de 1s e 0s é programado permanentemente no material semicondutor de um CI. Se a energia é removida do CI, a memória permanece intacta. As memórias somente de leitura são muito usadas nos sistemas de computadores de aeronaves para registrar o programa operacional e as sub-rotinas para cada sistema.

Existe um tipo especial de ROM que pode ser alterado pelo usuário, mas apenas sob condições especiais. A **EAROM (memória somente de leitura eletronicamente alterável)** pode ser alterada quando desejada. Para mudar uma EAROM, o operador deve seguir os procedimentos corretos e "reprogramar" os chips de memória. Um exemplo típico desse tipo de ROM é usado para armazenar as informações da trajetória de voo no computador de gerenciamento de voo de uma aeronave. Essas informações devem ser atualizadas periodicamente. Para realizar

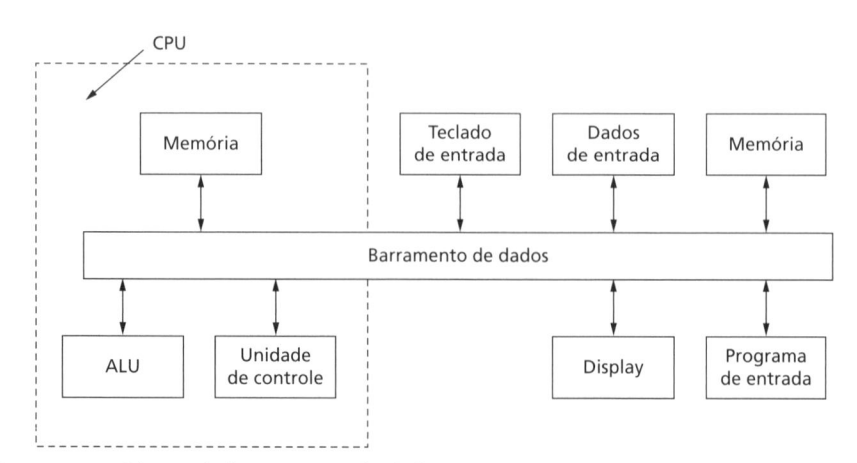

FIGURA 7-56 Diagrama em blocos de barramento de dados.

a atualização, as novas informações são transferidas para a EA-ROM de outro computador "portátil" através de um download wireless ou um pendrive comum. Durante essa atualização, os dados originais são perdidos e os novos dados são armazenados em uma memória somente de leitura.

A unidade lógica aritmética

A **unidade lógica aritmética** (ALU) é a seção "pensante" da CPU. Em outras palavras, a ALU realiza todos os cálculos e/ou comparações necessários para processar os dados de entrada. A ALU recebe seu nome devido ao fato de realizar principalmente cálculos aritméticos usando circuitos lógicos. Obviamente, a ALU recebe seus sinais de coordenação da CCU. Os dados resultantes dos cálculos da ALU são enviados aos diversos dispositivos de saída do sistema. A ALU muitas vezes é considerada como a combinação dos circuitos lógicos necessários para processar o programa de computador.

Transmissão de dados

Todas as aeronaves modernas são altamente computadorizadas e contêm centenas de LRUs (unidades substituíveis durante a escala). Cada uma dessas LRUs e subsistemas de computadores ou dispositivos periféricos deve se comunicar usando um ou mais sistemas de transmissão de dados digitais. Mais conhecidos como **barramentos de dados**, esses sistemas de transferência de dados conectam diversos circuitos digitais usando energia elétrica ou luminosa. Fios de cobre são usados para a transmissão de dados elétricos, enquanto cabos de fibra ótica são usados para transmitir energia luminosa digital. Na época da redação deste livro, o uso de cabos de fibra ótica ainda era limitado em aeronaves civis, mas duas das aeronaves comerciais projetadas mais recentemente, o A-380 e o B-787, empregam fibra ótica para diversas conexões de dados principais. É provável que as aeronaves projetadas no futuro continuarão a usar sinais luminosos digitais transmitidos através de cabos de fibra. A transmissão ótica de dados tem duas vantagens principais: os cabos de fibra são mais leves que os de cobre e os sinais luminosos digitais não são suscetíveis a interferência eletromagnética. A maior parte dos dados de comunicação digital é transmitida de forma **serial**, ou seja, com apenas um dígito binário por vez. A transmissão de dados de forma serial significa que cada dígito binário é transmitido apenas por um brevíssimo período de tempo. Na maioria dos sistemas, a transmissão de dados precisa de menos de 1 ms. Após um bit de informação ser enviado é a vez do próximo, um processo que continua até todas as informações desejadas terem sido transmitidas. Esse tipo de sistema também é chamado de **tempo compartilhado**, pois cada sinal transmitido compartilha os fios por um breve intervalo. A **transmissão de dados em paralelo** é uma forma de transmissão contínua que exige dois fios (ou um fio e a massa) para cada sinal a ser enviado. A transmissão em paralelo recebe esse nome porque cada circuito é ligado em paralelo com relação ao próximo. Um par de fios transmissores pode ser usado para manusear enormes quantidades de dados seriais. Se os sinais de informação fossem transmitidos de forma paralela, seria necessário empregar centenas de fios para realizar uma tarefa semelhante.

Quando dados são transmitidos entre as diversas LRUs da aeronave, os bits de dados digitais individuais (os 1s e 0s) normalmente são organizados em grupos. Os nomes comuns para esses grupos de dados são **palavras**, **bytes** ou **blocos de mensagem** ou **datagramas**. Cada grupo de bits é então transmitido através do barramento de dados, um bit por vez (em forma serial); quando a transmissão do primeiro grupo termina, a do segundo começa; após a do segundo estar completa, a do terceiro tem início; e assim por diante. Esse formato permite que um pacote de informações completo seja transmitido de uma LRU para outra em forma serial. O barramento de dados pode ser interpretado como uma esteira que transporta caixas. Na esteira, apenas uma caixa é enviada por vez, seguida por outra e mais outra, assim como na transmissão serial de dados. Cada caixa seria uma palavra de dados contendo múltiplos bits de dados digitais, também transmitidos em forma serial.

A transmissão de dados seria exige o uso de menos fios que um sistema paralelo; contudo, é necessário um circuito de interpretação para converter todos os dados paralelos para informações do tipo serial antes da transmissão. Um circuito usado para converter dados paralelos em dados seriais é chamado de **multiplexador**; e um circuito usado para converter dados paralelos em um formato serial é chamado de **demultiplexador**. Os circuitos multiplexadores e demultiplexadores normalmente são integrados aos circuitos de entrada/saída de uma LRU. Como ilustrado na Figura 7-57, os dados paralelos são enviados a um multiplexador, onde são convertidos em dados seriais e enviados ao barramento de transferência de dados. O **barramento de transferência de dados** é uma conexão de dois fios entre o multiplexador e o demultiplexador. O demultiplexador recebe os dados seriais e os reorganiza em forma paralela. Nesse exemplo, o byte 10 100 está sendo recebido pelo multiplexador em forma paralela. Começando do alto e descendo, o multiplexador transmite cada dígito individualmente. O bit número 0 é o primeiro a ser transmitido. O bit número 1 é o próximo, seguido pelo bit número 2 e assim por diante. Esse sistema é repetido até todos os dados paralelos terem sido reunidos em forma serial e conectados individualmente ao barramento de transferência de dados. O demultiplexador recebe uma entrada de dados serial do barramento de transmissão e a reorganiza em forma paralela. A saída do demultiplexador é idêntica à entrada do multiplexador

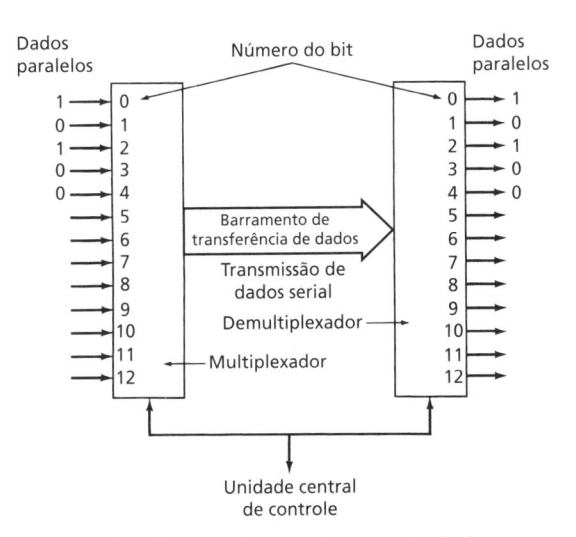

FIGURA 7-57 Sistema de transferência de dados.

(10 100). Esse exemplo (Figura 7-57) é simples porque foi criado para ajudar a explicar os conceitos. Em muitas aplicações, os bits individuais seriam substituídos por palavras de dados ou até uma sequência de palavras. Cada sequência poderia conter milhares de bits, manipulados pelos multiplexadores e demultiplexadores para permitir a transmissão serial dos dados.

É preciso utilizar alguma forma de controle para coordenar o sistema MUX/DEMUX. Como vemos na Figura 7-57, a CCU normalmente é usada para coordenar a transmissão e recepção de dados. Esse controle é essencial para garantir que todos os dados seriais serão transmitidos e recebidos nos intervalos de tempo apropriados. Esse sistema de transmissão serial de dados pode parecer complexo, mas a alternativa, a transmissão em paralelo, exigiria um fio para cada bit a ser transmitido. Como milhares de bits de informação são transmitidos entre diversos sistemas durante o voo, é óbvio que as técnicas de transmissão serial de dados devem ser escolhidas.

O uso de multiplexadores e demultiplexadores é necessária apenas quando a mudança de serial para paralelo (ou vice-versa) é necessária. Em muitos casos, os dados seriais são transmitidos para outro componente que consegue "ler" dados seriais. Nesses casos, não é preciso realizar uma mudança de formato. Se os sistemas de aeronave empregam cabos de fibra ótica para a transmissão de dados, cada LRU deve incorporar um circuito que converte energia elétrica em energia luminosa e vice-versa. Apesar da luz poder ser usada para transmitir dados digitais, os sinais elétricos são necessários para a operação de computadores e circuitos digitais. A Figura 7-58 mostra um diagrama simplificado dos elementos necessários para o uso da transmissão de dados por fibra ótica. A LRU transmissora deve converter o sinal digital elétrico em um sinal digital luminoso. A luz real que atravessa o cabo ótico é produzida por um LED ou um laser, dependendo do tipo de cabo. É essencial que o comprimento de onda da luz corresponda à fibra ótica para a transmissão adequada dos dados. Na LRU receptora, é necessário usar outro circuito para converter a luz recebida em um sinal digital. Um fotossensor, muitas vezes um fotodiodo, é usado para medir a luz recebida e produzir um sinal elétrico. Obviamente, este é um exemplo simplificado. Os circuitos reais são relativamente complexos e muitas vezes contêm amplificadores, buffers e memória para armazenamento de dados.

Padrões de barramento de dados

Como os sistemas digitais de aeronaves foram desenvolvidos por fabricantes diferentes e em momentos diferentes da história, diversas normas de barramentos de dados. Um **padrão de barramento de dados** pode ser considerado um conjunto de regras usado para descrever o hardware e o software do sistema de transferência de dados. Em alguns casos, o padrão de barramento de dados foi desenvolvido por um fabricante específico, como a Honeywell Corporation ou a Rockwell International, e é usado principalmente nos sistemas deste. Outros padrões de barramentos de dados foram estabelecidos por organizações do setor e são compartilhados por toda a comunidade aeronáutica e aeroespacial. Um padrão compartilhado abertamente permite que todos os desenvolvedores de equipamentos utilizem normas e padrões comuns e simplifica o desenvolvimento de novos sistemas.

Para que duas ou mais LRUs se comuniquem usando sinais digitais, ambas devem se conformar com o mesmo padrão de barramento de dados. O padrão deve definir praticamente todos os aspectos dos sinais de dados digitais, além da estrutura do barramento de dados em si. O padrão deve determinar as características físicas, como se o barramento de dados usará fios de cobre ou cabos de fibra, e as virtuais, como níveis de tensão, velocidade de transmissão e formato da palavra de dados. Em alguns sentidos, um padrão de barramento de dados estabelece as regras para a comunicação das LRUs, assim como o inglês, o espanhol ou o chinês estabelecem as regras da comunicação entre seres humanos. Este capítulo apresentará materiais introdutórios sobre padrões comuns de barramentos de dados para aeronaves, mas explicações detalhadas estariam além do escopo deste texto. Lembre-se de consultar os dados atualizados dos fabricantes e realizar um estudo completo de qualquer sistema de barramento de dados antes de dar início a atividades de manutenção em sistemas digitais de aeronaves.

Especificações ARINC

A **Aeronautical Radio Incorporated** (ARINC) é uma organização estabelecida por companhias aéreas nacionais e internacionais, fabricantes de aeronaves e empresas de transporte. O

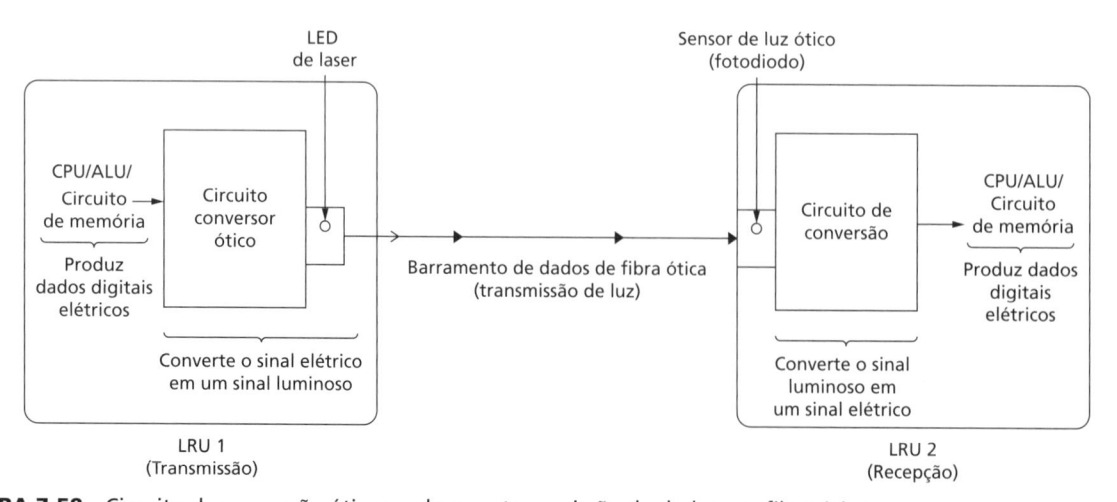

FIGURA 7-58 Circuito de conversão ótica usado para transmissão de dados por fibra ótica.

objetivo da entidade é auxiliar na padronização dos sistemas de aeronaves. Foram estabelecidas especificações ARINC para gravadores de dados de voo digitais (ARINC 573), sistemas de navegação inercial (ARINC 561), sistemas de transferência de informações digitais (ARINC 429, 629 e 664) e diversos outros sistemas de navegação e comunicação de aeronaves.

Padrão de barramento de dados ARINC 429

O padrão **ARINC 429** estabelece especificações para a transferência de dados digitais entre os componentes de sistemas eletrônicos de aeronaves. Um barramento de dados ARINC 429 é um link de comunicação unidirecional entre um único transmissor e múltiplos receptores. O sistema ARINC 429 permite a transmissão de até 32 bits de informação em cada byte ou palavra. Um de quatro formatos de quatro palavras deve ser usado para se conformar com os padrões ARINC 429: **binário, codificação binária decimal** (BCD), **AIM** ou **discreto**. Um pulso de clock sincronizador é formado por um nulo de quatro bits entre cada palavra. Um **nulo** é um sinal que não é igual a 1 binário ou a 0 binário. Como mostrado na Figura 7-59, o ARINC 429 designa os 8 primeiros dígitos de um byte para o rótulo da palavra, os dígitos 9 e 10 são um **indicador de fonte-destino** (SDI), os dígitos 11 a 28 fornecem as informações de dados, os dígitos 29 a 31 são a **matriz de estado-sinal** (SSM) e o bit número 32 é um **bit de paridade**. Esse formato muda ligeiramente entre os diferentes formatos de palavra 429 (ver Figura 7-59).

Há 256 combinações de rótulos de palavras no código ARINC 429. Cada palavra é codificada em linguagem de notação octal e escrita em ordem reversa. O indicador de fonte-destino serve como endereço da palavra de 32 bits. Ou seja, o SDI identifica a fonte ou destino da palavra. Todas as informações enviadas a uma barramento serial comum são recebidas por qualquer receptor conectado a tal barramento. Cada receptor aceita apenas informações rotuladas com seu endereço específico, ignorando todas as outras.

Os dados de informação de uma transmissão codificada ARINC 429 devem estar contidos dentro dos bits de número 11 a 28. Esses dados são a mensagem real sendo transmitida por uma LRU. Por exemplo, um indicador de velocidade em relação ao ar pode transmitir a mensagem binária 0110101001. Traduzida para a forma decimal, isso significa 425, ou uma velocidade em relação ao ar de 425 nós. A matriz de estado-sinal (SSM) fornece informações que podem ser comuns a diversos periféricos. Exemplos de informações comuns incluem norte, sul, mais, menos, direita, esquerda leste e oeste. Usando os bits de SSM, é preciso usar menos caracteres binários para representar esse tipo de informação do que se cada item fosse "soletrado" no segmento de dados da palavra.

O **bit de paridade** da especificação ARINC 429 é usado para verificar a presença de erros na transmissão de dados. O bit de paridade não verifica a validade dos dados em si; esse teste é realizado por outros circuitos nas LRUs transmissoras e receptoras. O bit de paridade do ARINC 429 é designado pela LRU transmissora logo antes do sinal ser enviado ao barramento de dados. O ARINC 429 usa **paridade ímpar**, o que significa que o número total de bits marcados como 1 digital deve ser um número ímpar para que o receptor aceite os dados como válidos. Se os dados de entrada (bits 1 a 32) contêm um número par de bits 1, toda a palavra de dados 429 é ignorada pela LRU receptora. O bit de paridade é designado ao código ARINC antes da transmissão. Se ocorrer um erro durante a transferência de dados, o bit de paridade provavelmente será incorreto. O receptor de dados monitora o bit de paridade e identifica possíveis erros. Se um erro é detectado, a CPU do sistema realiza os ajustes necessários e registra o defeito em uma memória não volátil.

O teste do bit de paridade realizado por todos os receptores ARINC 429 determina se um ou mais bits de dados foram perdidos durante a transmissão. Os bits de dados são sinais elétricos de baixa potência que ligam e desligam a altíssimas velocidades. Esses sinais se perdem facilmente devido a más conexões elétricas ou interferência eletromagnética. É preciso observar que o teste do bit de paridade não é perfeito; contudo, se vários bits de dados se perdem durante a transmissão, outros circuitos dentro das LRUs receptoras são usados para determinar se os dados são válidos e razoáveis.

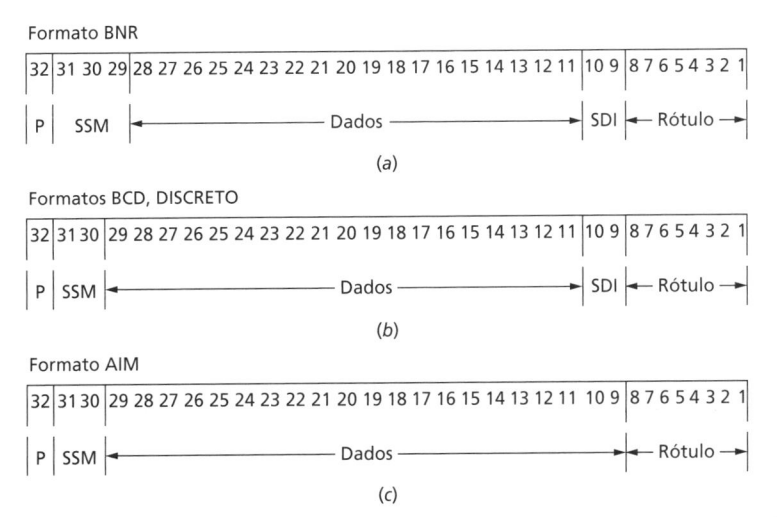

FIGURA 7-59 Formatos de palavras ARINC: (a) binário (BNR); (b) codificação binária decimal (BCD), discreto; e (c) AIM.

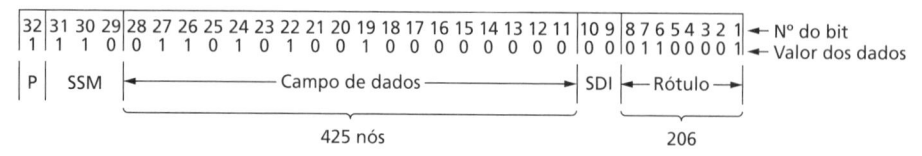

FIGURA 7-60 Dados ARINC 429, velocidade em relação ao ar computada.

Observe que os exemplos contidos nesta seção do texto foram simplificados para auxiliar a explicação e devem ser usados apenas para o estado do padrão ARINC 429, não para atividades reais de manutenção ou projeto de aeronaves.

Decodificação do rótulo de palavra 429

Para ajudar a entender a especificação ARINC 429, consulte a Figura 7-60 durante as discussões a seguir sobre a decodificação de dados 429. O padrão ARINC 429 designa o **rótulo** aos oito primeiros bits da transmissão de dados de 32 bits. O rótulo é usado para identificar o tipo de informação transmitida no campo de dados (bits 11-28). Nesse exemplo, quando o rótulo é decodificado, ele é igual a 206. Como o rótulo é um número octal, nada maior do que o número sete pode existir e o valor do rótulo deve ser lido como "dois, zero, seis" (e não como duzentos e seis). Como vemos, o rótulo é composto de 8 bits usados para representar três dígitos octais. Os bits de números 1 e 2 criam o primeiro dígito, os bits 3, 4 e 5 criam o segundo dígito e os bits 6, 7 e 8 criam o terceiro dígito do rótulo. Para decodificar um rótulo binário, antes é preciso determinar o valor decimal de cada bit e então converter cada grupo binário para seu equivalente octal. Como mostrado na Figura 7-61, cada bit é configurado como igual a 1 ou 0 binário; se o bit é configurado como 1 binário, ele "conta". Se é configurado como 0 binário, o bit "não conta". Todos os valores configurados como 1 binário são somados para criar o dígito octal. Quando todos os três dígitos octais são decodificados, estes são colocados em ordem reversa para determinar o rótulo. Os dígitos são apresentados em ordem reversa para que, durante a transmissão de dados, o bit mais significativo do dígito octal mais significativo seja o primeiro bit recebido pela LRU. Isso permite que a LRU receptora comece a decodificar o rótulo assim que os dados entram no circuito.

De acordo com a especificação ARINC 429, o rótulo 206 é usado para transmitir dados sobre velocidade em relação ao ar computada no formato BNR. A especificação também contém detalhes, como as informações necessárias para decodificar ou codificar o SDI, a SSM e o campo de dados. Obviamente, a especificação ARINC fornece os detalhes para todos os 256 rótulos possíveis. Cada rótulo é designado a um formato de palavra específico, como BNR, BCD, AIM ou Discreto. Apesar do rótulo permanecer consistente, os detalhes específicos dos bits 9-32 mudam ligeiramente entre os formatos. Para entender os

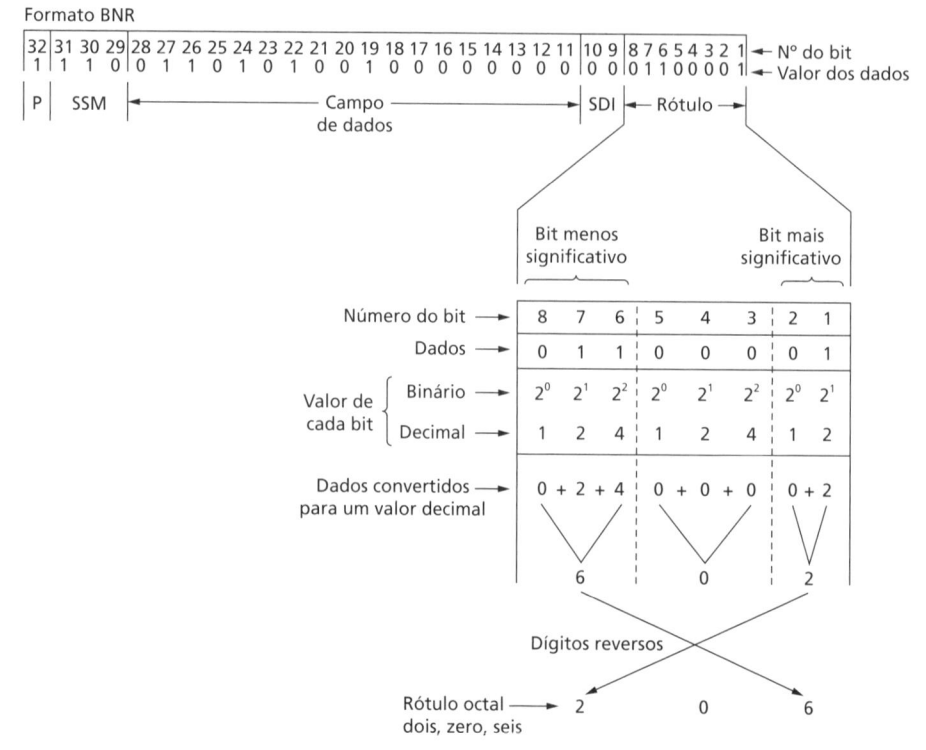

FIGURA 7-61 Rótulo ARINC 429 decodificado.

procedimentos de decodificação/codificação de uma mensagem 429, antes é preciso usar o rótulo octal e a especificação para determinar qual formato está sendo utilizado.

Decodificação de um campo de dados BNR

O padrão de barramento de dados mais popular usado atualmente em aeronaves modernas adere à especificação ARINC 429; e os formatos de dados BNR e BCD são os mais comuns. Este texto fornece exemplos da decodificação de dados BNR e BCD. Para um estudo mais aprofundado desse barramento de dados, consulte a especificação ARINC 429. Durante a explicação a seguir sobre como decodificar dados BNR, consulte a Figura 7-62. O campo de dados para qualquer mensagem BNR está contido nos bits 11-28. Logo, os dados contêm no máximo 18 bits, ainda que alguns contenham menos. Sempre que os dados transmitidos não preenchem todo o campo de dados, os bits desnecessários são definidos como **bits de padding** (enchimento). Os bits de padding são configurados como 0s binários, mas alguns engenheiros de software usam os bits de padding para transmitir informações adicionais. Isso aproveita um espaço de dados que não teria utilidade.

De acordo com a especificação ARINC, o rótulo 206 é designado ao formato BNR; a informação é a velocidade em relação ao ar calculada; as unidades da velocidade em relação ao ar são os **nós**; há 10 bits significativos; a amplitude dos dados é 1024; e a resolução dos dados é 1. O número de bits significativos determina quanto do campo de dados conterá os dados reais. Como vemos, dez bits (28-19) são dados utilizáveis; os bits remanescentes do campo de dados (18-11) são bits de padding configurados como 0 binário. A amplitude (no caso, 1024) designa o valor máximo possível dos dados decodificados; a resolução é definida como o menor valor possível de qualquer dado. Obviamente, esses valores são alocados ao rótulo 206; valores diferentes são usados para rótulos diferentes definidos pela especificação ARINC 429.

Para decodificar o valor da velocidade em relação ao ar computada (rótulo 206), primeiro determine os valores dos bits 28-19. O valor do bit 28 é a amplitude dividida por 2 (1024/2 = 512); o valor do bit 27 é a amplitude dividida por 4 (1024/4 = 256); o valor do bit 26 é a amplitude dividida por 8 (1024/8 = 128); e assim por diante. Em outras palavras, para dados BNR a amplitude é dividida ao meio para o bit 28, ao meio novamente para o bit 27 e assim sucessivamente até um valor ter sido designado para todos os bits significativos. Depois que os valores dos bits são determinados, basta somar todos os bits configurados como 1 binário. Os bits configurados como 0 binário tem valor de zero e podem ser ignorados. Nesse exemplo, os bits 27, 26, 24, 22 e 19 são configurados como 1 binário; logo, soma-se 256 + 128 + 32 + 8 + 1 para chegar ao resultado de 425. Assim, essa palavra ARINC 429 seria decodificada para significar que a velocidade em relação ao ar computada é de 425 nós.

A especificação ARINC também detalharia o significado do SDI e da SSM. Nesse caso, para o rótulo 206, os dados do SDI são configurados como 0 binário, 0 para os bits 9 e 10. Isso poderia significar que todas as LRUs conectadas ao barramento de dados devem ler esse rótulo. O SDI configurado como 0,1 binário poderia significar que apenas o computador de gerenciamento de voo deve ler esses dados e todas as outras LRUs podem ignorar a mensagem. O exemplo mostra a SSM configurada como 1,1 binário e 0 para os bits 29, 30 e 31. Isso poderia indicar que os dados de velocidade em relação ao ar computada são enviados a partir do computador de dados aerodinâmicos primário. Os valores do SDI e da SSM são sempre específicos a um determinado número de rótulo, de acordo com a especificação ARINC 429. Use os materiais apresentados, em conjunto com a especificação ARINC 429 ou os dados dos fabricantes da aeronave, para decodificar ou codificar dados BNR.

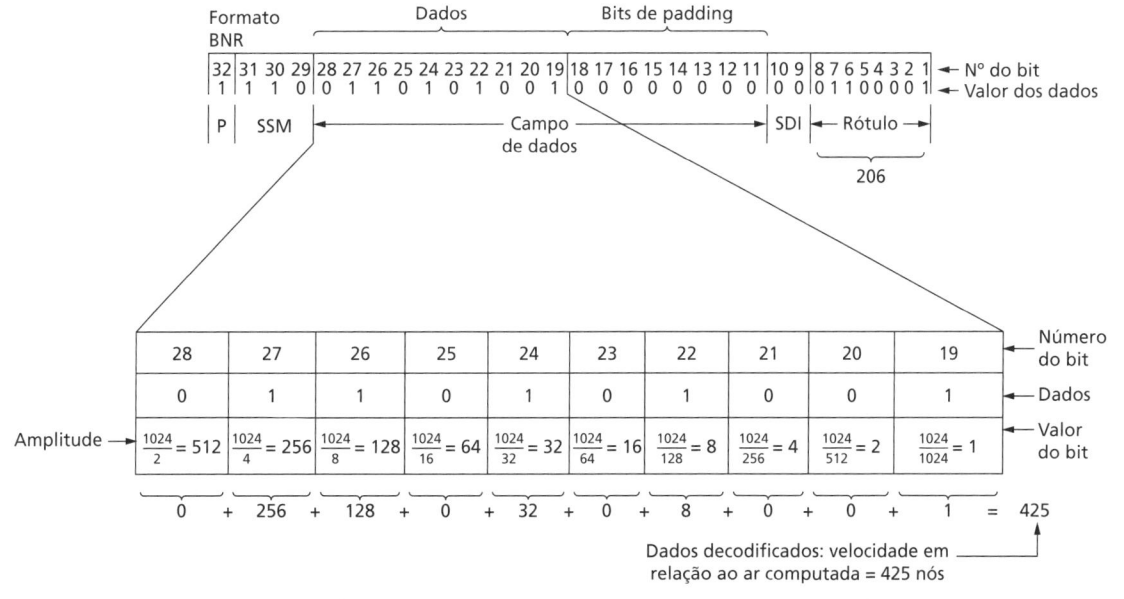

FIGURA 7-62 Dados decodificados: (formato BNR) velocidade em relação ao ar computada = 425 nós.

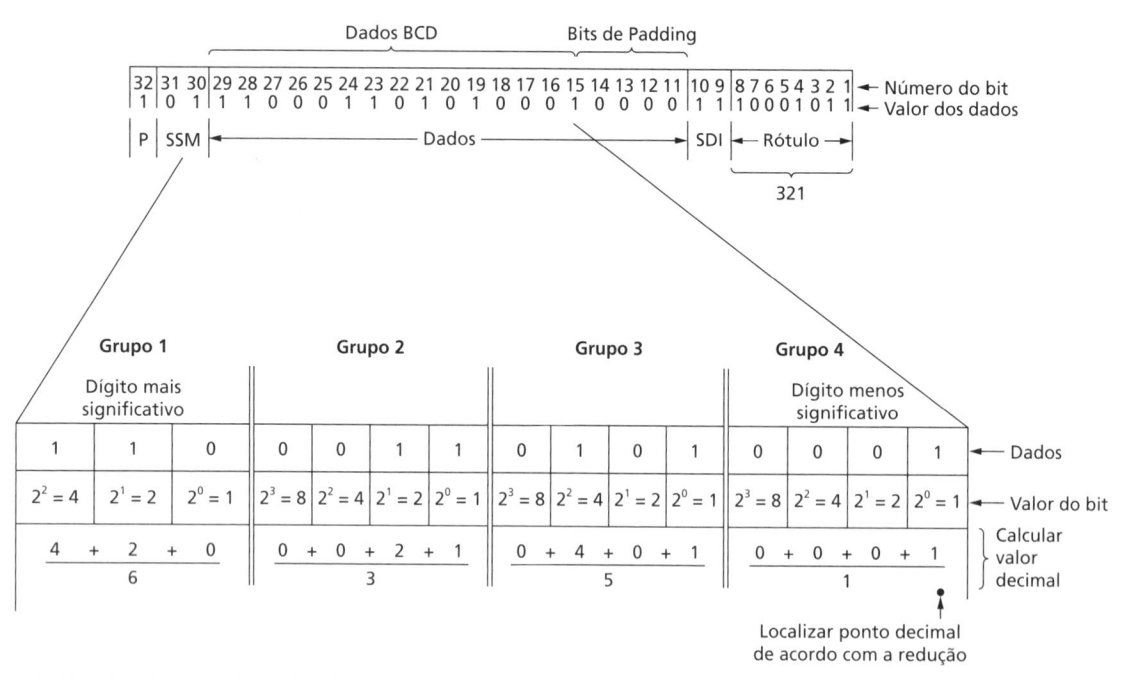

FIGURA 7-63 Dados decodificados: formato BCD.

Decodificação de um campo de dados BCD

Consulte a Figura 7-63 durante a explicação a seguir sobre como decodificar dados BCD. O campo de dados em codificação binária decimal (BCD) está contido nos bits 11-29. Semelhante à BNR, a especificação BCD fornece todos os detalhes necessários para decodificar ou codificar a palavra de dados ARINC 429. Os detalhes são fornecidos de acordo com o rótulo da palavra, que no caso é 321 (três, dois, um; não trezentos e vinte e um). Vamos pressupor que o rótulo 3221 é alocado à **quantidade de combustível**. Nesse caso, a especificação definiria a informação em unidades (libras), o número de dígitos significativos (4), a amplitude (7999) e a resolução (0,0). A especificação também definiria significados para o SDI e a SSM.

O campo de dados de uma palavra BCD é organizado em cinco grupos: bits 11-14, bits 15-18, bits 19-22, bits 23-26 e bits 27-29. Esses grupos são usados para representar um valor decimal dos dados. Para determinar o valor decimal, converta cada grupo BCD da maneira mostrada na Figura 7-63. Aqui, vemos que cada bit recebe um valor binário organizado em um grupo de três ou quatro bits para criar um dígito decimal. Depois que os dígitos decimais foram calculados, a resolução é usada para determinar a localização do ponto decimal. Nesse exemplo, a resolução é 0,0; isso significa que o menor valor possível para a quantidade de combustível é 1 gal e que não há dígitos à direita do ponto decimal. Nesse exemplo, os dados decodificados para o rótulo 321 afirmam que a quantidade de combustível é igual a 6351 lb.

Para dados BCD, o número de dígitos significativos se aplica ao valor decimal (não aos bits binários). Assim, nesse exemplo, quatro dígitos significativos significa que os dados usarão os bits 15-29, enquanto os bits 11-14 serão bits de padding configurados como 0 binário. Para a quantidade de combustível, é provável que o SDI definiria qual tanque de combustível está enviando as informações. Por exemplo, um SDI de 01 poderia significar o tanque de combustível principal esquerdo, 00 o tanque de combustível auxiliar esquerdo e assim por diante.

O sinal de dados ARINC 429

Assim como a maioria dos padrões de barramentos de dados, a especificação ARINC 429 estabelece em detalhes os sinais elétricos usados para transmitir informações digitais. Esses detalhes incluem os níveis de tensão, sinais de tensão e tolerâncias relacionadas para esses valores (ver Figura 7-64). Aqui, vemos que o bit de dados ARINC 429 na verdade contém duas partes, os dados (1 ou 0 binário) e o pulso de clock. Os dados terão um valor de $+10$ V para um 1 binário e -10 V para um 0 binário. A polaridade do barramento de dados reverte para passar de $+10$ V para -10 V. Um valor de 0,0 V é considerado um valor **nulo** e é usado para um pulso de clock. O sinal de clock é usado para sincronizar precisamente todas as LRUs conectadas ao barramento de dados. Por esses motivos, diz-se que o sinal ARINC 429 é **barramento de dados bipolar com auto-clock**. A tolerância dos níveis de tensão são de $+/-$ 1 V para o 1 ou 0 binário e de $+/-$ 0,5 V para o nulo.

Teoricamente, um sinal digital está ligado ou desligado e o valor da tensão deve subir ou cair instantaneamente. Contudo, na prática, é preciso algum tempo para que a tensão mude de valor. A especificação ARINC 429 detalha essa tolerância de tempo e também a frequência para as transmissões de sinal. O ARINC 429 permite a transmissão de dados em duas velocidades; a velocidade baixa é de 12 a 14,5 Kbits/s. (Leia-se **Kbits/s** como **quilobits por segundo** ou 1000 bits/segundo.) A maior parte dos dados transmitidos usando o 429 é transmitida em baixa velocidade. O barramento de alta velocidade transmite dados a uma taxa de 100 Kbits/s. O barramento de alta velocidade normalmente é reservado para dados críticos para o voo que precisam ser atualizados com frequência.

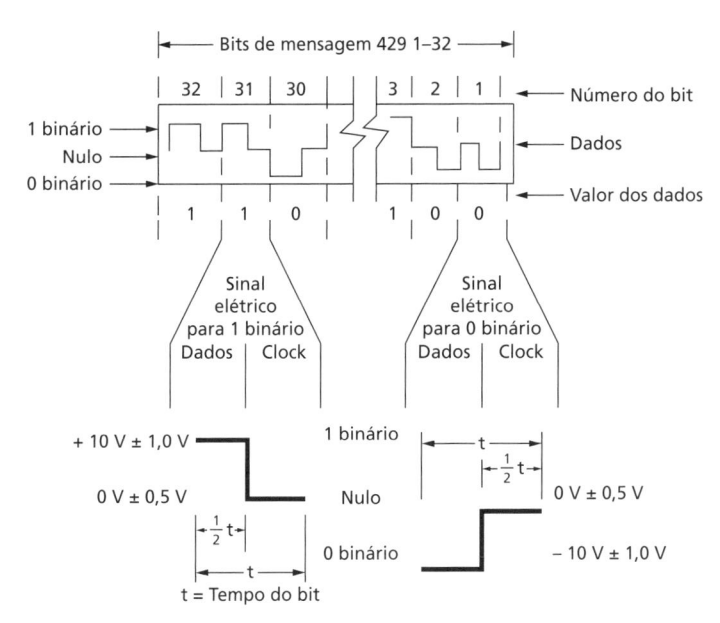

FIGURA 7-64 Sinal de dados ARINC 429.

Barramento de dados ARINC 629

O **ARINC 629** é outro formato de barramento de dados digitais que oferece mais flexibilidade e velocidade do que o sistema 429. O ARINC 629 permite que até 120 dispositivos compartilhem um único **barramento de dados serial bidirecional**, que pode ter até 100 m de comprimento. O barramento pode ser um par de fios torcidos ou um cabo de fibra ótica. A Boeing Company, no desenvolvimento do B-777, instalou o ARINC 629 em um formato de dois fios, mas também no formato de fibra ótica em uso limitado. O ARINC 629 representa duas melhorias importantes em relação ao sistema 429. Primeiro, há uma economia de peso significativa. O sistema 429 exige um par de fios independente para cada transmissor de dados. Com o maior número de sistemas digitais nas aeronaves modernas, o sistema 629 economiza centenas de quilos com o uso de um único barramento de dados para *todos* os transmissores. Segundo, o barramento 629 opera a velocidades de até 2 Mbits/s; o 429 é capaz de apenas 100 kbits/s. A Figura 7-65 mostra diagramas simplificados das estruturas dos barramentos 429 e 629. Nele, vemos que o sistema 629 precisa de muito menos cabos de dados.

O sistema ARINC 629 pode ser considerado uma espécie de "linha coletiva" para os diversos sistemas eletrônicos da aeronave. Qualquer unidade pode transmitir no barramento ou "ficar escutando" em busca de informações. Apenas um usuário pode transmitir a cada momento, mas uma ou mais unidades podem receber dados. Esse cenário de "barramento aberto" cria alguns problemas interessantes para o sistema 629: (1) como garantir que nenhum transmissor domine o uso do barramento, (2) como garantir que os sistemas de alta prioridade poderão se manifestar antes dos outros e (3) como tornar o barramento compatível com uma ampla variedade de sistemas.

A resposta está em um sistema chamado de **barramento multitransmissor periódico aperiódico**. Para entender esse sistema, estude os exemplos usando quatro receptores/transmissores na Figura 7-66. Nele, cada transmissor pode usar o barramento desde que atenda um determinado conjunto de condições. Primeiro, qualquer transmissor pode realizar apenas uma transmissão por **intervalo terminal**. Segundo, cada transmissor permanece inativo até o tempo de **gap terminal** do transmissor terminar. Terceiro, cada transmissor pode realizar apenas uma transmissão; depois disso, ele deve esperar até o **gap de sincronização** ocorrer para que possa realizar uma segunda transmissão.

O **intervalo terminal** (TI) é um período de tempo comum a todos os transmissores. O TI começa imediatamente após qualquer usuário iniciar uma transmissão. O TI inibe as outras trans-

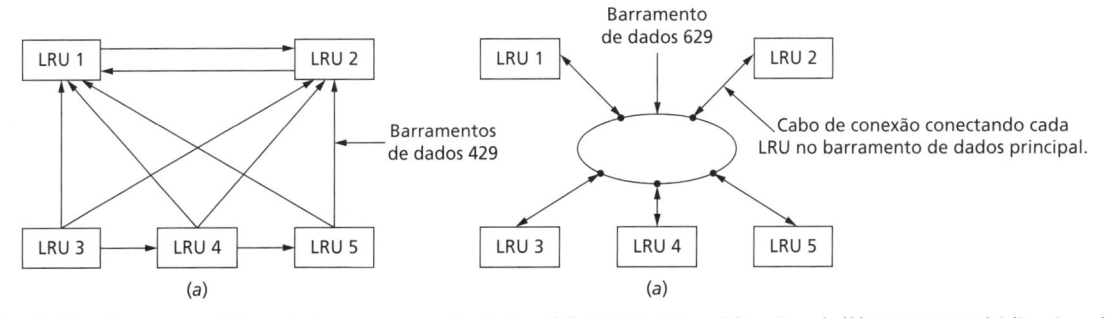

FIGURA 7-65 Estruturas típicas de barramentos de dados: (*a*) ARINC 429 unidirecional; (*b*) ARINC 629 bidirecional.

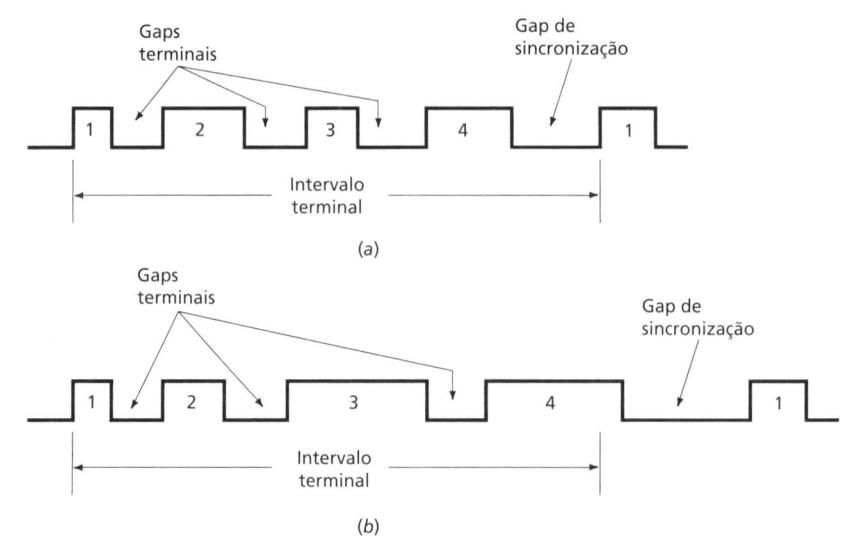

FIGURA 7-66 Estrutura de barramento ARINC 629: (*a*) um intervalo periódico; (*b*) um intervalo aperiódico causado pela mensagem estendida do usuário 3.

missões do mesmo usuário até após o período de tempo de TI. Um **intervalo periódico** ocorre quando todos os usuários completam sua transmissão desejada antes do final do TI. Se o TI é excedido (**intervalo aperiódico**), um ou mais usuários transmitiu uma mensagem mais longa do que a média Figura 7-66*b*).

O **gap terminal** (TG) é um período de tempo exclusivo para cada usuário. O tempo do gap terminal determina a prioridade das transmissões do usuário. Os usuários com alta prioridade têm TGs curtos. Os usuários com menos necessidade de comunicação (menor prioridade) têm TGs mais longos. Dois terminais nunca podem ter o mesmo gap terminal. A prioridade do TG é flexível e pode ser determinada por mudanças de software nos receptores/transmissores.

O **gap de sincronização** (SG) é um período de tempo comum a todos os usuários. Esse gap pode ser considerado o sinal de reconfiguração para todos os transmissores. Como o gap de sincronização é maior do que o gap terminal, o SG ocorrerá no barramento apenas após cada usuário ter tido a chance de fazer uma transmissão. Se um usuário escolhe não transmitir por um tempo igual ou maior do que o SG, o barramento se abre a todos os transmissores mais uma vez. Mantenha em mente que os gaps terminal e de sincronização são simplesmente períodos de tempo nos quais o barramento não transmite dados; diz-se que o barramento está **ocioso**. Esses períodos podem ser considerados uma pausa entre as mensagens, sendo que cada LRU precisa "esperar" por um tempo de pausa específico antes que possa transmitir. Cada LRU recebe um gap terminal específico, sendo que nenhum TG pode ser igual a outro para qualquer barramento de dados. O gap de sincronização será maior do que todos os TGs do barramento e determina o "tempo ocioso do barramento" necessário para abrir o barramento para a transmissão por qualquer LRU. Obviamente, para poder transmitir, cada LRU precisa mais uma vez aguardar até que seu TG específico tenha sido atendido.

Qualquer mensagem transmitida por um usuário de barramento tem um tempo limitado durante o qual ela pode ser transmitida. A **mensagem** transmitida é composta de um máximo de 16 sequências de palavras. As sequências de palavras contêm um rótulo de palavra e até 256 palavras de dados. Cada palavra é limitada a 16 bits de dados e um bit de paridade.

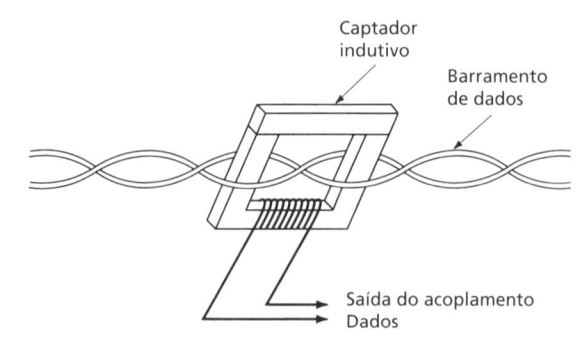

FIGURA 7-67 Exemplo de acoplamento indutivo em um sistema de barramento.

Outra característica exclusiva do barramento ARINC 629 é a técnica de **acoplamento indutivo** usada para conectar o barramento a receptores/transmissores. Como mostrado na Figura 7-67, os fios do barramento são arqueados através de um captador indutivo, que usa a indução eletromagnética para transferir corrente do barramento para o usuário ou do usuário para o barramento. Esse sistema melhora a confiabilidade, pois não é preciso uma interrupção na fiação do barramento para formar as conexões. O acoplamento indutivo é basicamente um transformador, apesar de mais complexo do que o circuito simples mostrado na Figura 7067. O acoplamento indutivo é conhecido como **acoplador de modo-corrente (CMC)** e contém circuitos eletrônicos para ajudar a monitorar e controlar o tráfego do barramento. O CMC é uma LRU pequena que conecta o barramento de dados 629 principal a um cabo de conexão, que por sua vez se conecta a cada LRU. O comprimento máximo do cabo de conexão é de 75 pés (22,86 m); o do barramento de dados principal pode atingir 328 pés (99,97 m).

BARRAMENTO DE DADOS ARINC 664

A mais nova especificação de barramento de dados ARINC é conhecida pelo nome **ARINC 664**. Esse padrão é baseado em um barramento de dados proprietário da Airbus Industries, o **AFDX (Avionics Full-duplex Switched Ethernet).** Apesar de haver pequenas diferenças entre o AFDX e o ARINC 664, em sua maior parte eles podem ser considerados iguais e este texto fará referência apenas ao ARINC 664. A especificação de barramento de dados AFDX/ARINC 664 é utilizada nas aeronaves comerciais mais recentes: o Airbus A-380 e o Boeing B-787. Além disso, padrões de barramentos de dados do tipo Ethernet semelhantes são usados por diversos fabricantes em sistemas proprietários, como o Garmin G-1000. O barramento ARINC 664 normalmente é usado como sistema de transferência de dados de "backbone" e transfere facilmente dados criados em outros formatos, como o ARINC 429. O padrão ARINC 664 é semelhante ao padrão IEEE (Institute of Electrical and Electronics Engineers) 802.3. O ARINC 664 transfere a duas taxas, 10 Mbits/s ou 100 Mbits/s, e permite que as LRUs transmitam e recebam de forma totalmente independente; logo, o 664 é cerca de 1000 vezes mais rápido do que seu predecessor, o sistema de transferência de dados ARINC 429. Isso acelera a transferência de dados, reduz o peso da aeronave e aumenta as eficiências.

O hardware ARINC 664

O componente de hardware do padrão 664 é composto de uma rede de **chaves** que transferem os frames Ethernet para seus destinos apropriados através de um barramento de dados bidirecional. A conexão de dados pode ser de fio de cobre ou cabo de fibra ótica e, obviamente, o sistema possui múltiplos componentes redundantes para melhorar a confiabilidade. As chaves ARINC 664 são chamadas de "chaves inteligentes", pois contêm software e circuitos complexos para controlar o fluxo de dados através da rede. As chaves usam software para determinar como os dados serão roteados para os diversos sistemas finais. Os **sistemas finais** são basicamente LRUs computadorizadas que transmitem/recebem dados para realizar uma série de funções necessárias para a operação da aeronave. A Figura 7-68 mostra um exemplo simplificado de uma rede de sistema. Nesse exemplo, um computador de gerenciamento de voo é um sistema final que transmite/recebe dados de/para o computador de gerenciamento de display e quatro outros sistemas finais; cada sistema final também pode transmitir e receber no barramento 664. O software do sistema e a capacidade de uma chave inteligente de tomar decisões sobre roteamento de dados é chamada de **link virtual**. O link é considerado virtual porque a chave pode tomar decisões relativas a qual direção (link) enviar/receber dados. Obviamente, este é um exemplo bastante simples; quando centenas de sistemas finais estão conectados, o link virtual se torna muito mais complexo. O hardware ARINC 664, incluindo o barramento de dados, conectores, chaves e circuitos de LRU, é chamado de **camada física**.

Fluxo de dados e mensagem ARINC 664

Como o sistema de barramento de dados 664 foi projetado para permitir a transferência de dados de qualquer sistema final para qualquer sistema final a qualquer momento, um sistema de identificação complexo deve ser transmitido com todos os pacotes de dados. Um identificador digital usado para direcionar todos os pacotes de dados dentro da rede é conhecido como **ID de link virtual**. As chaves inteligentes e os sistemas finais da rede contêm software que seguem instruções detalhadas para garantir o fluxo de dados apropriado de acordo com o ID de link virtual. Em alguns aspectos, esse ID é semelhante ao rótulo usado no ARINC 429; contudo, ele é muito mais complexo. Um barramento de dados ARINC 664 sempre contém duas redes para

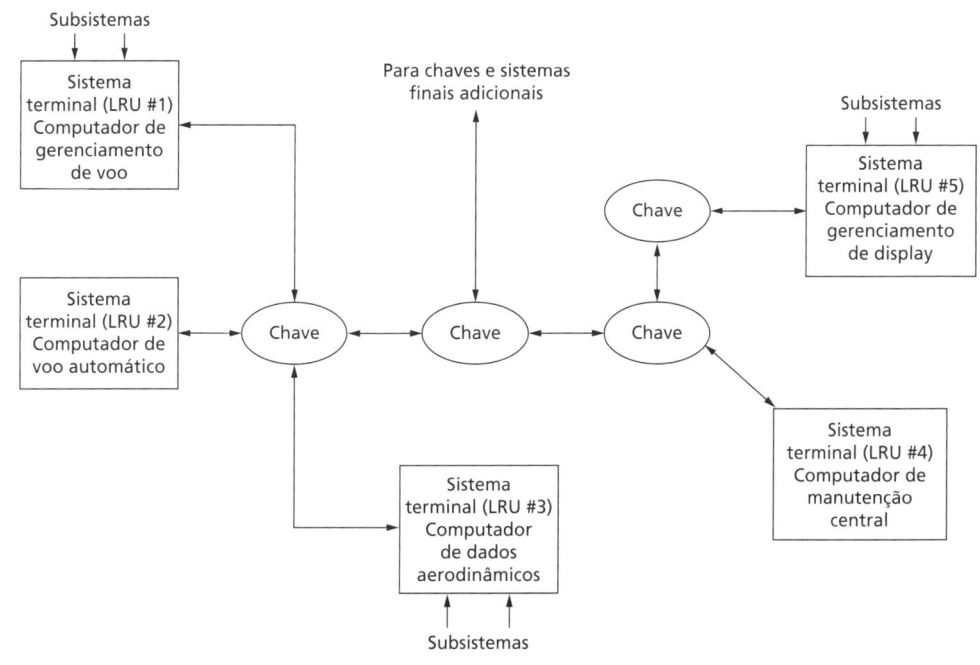

FIGURA 7-68 Exemplo de rede ARINC 664.

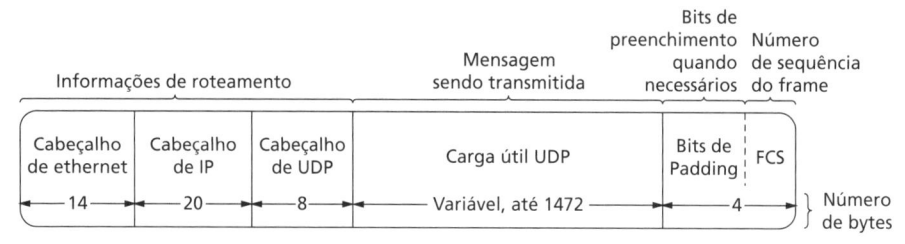

FIGURA 7-69 Exemplo simplificado de transmissão de dados ARINC 664.

cada mensagem enviada. A rede redundante oferece a maior confiabilidade necessária para a segurança da aeronave.

A mensagem completa transmitida no barramento de dados 664 na verdade contém vários **bytes, palavras** ou **sequências de palavras**, usados para o roteamento da mensagem. A mensagem real é chamada de **carga útil UDP** e pode conter até 1472 bytes de dados. A Figura 7-69 mostra a estrutura básica de uma mensagem ARINC 664. Nela, vemos que as informações de roteamento estão contidas em três cabeçalhos: o cabeçalho de Ethernet, o cabeçalho de IP e o cabeçalho de UDP. A mensagem segue as informações de roteamento e um número de sequenciamento conhecido como número de sequência do frame (FCS) é adicionado ao final do pacote de dados para garantir o sequenciamento correto da mensagem.

Para permitir que a mensagem 664 acomode uma ampla variedade de usuários finais, os dados da carga útil UDP podem ser estruturados em diversos formatos diferentes. Os engenheiros de software e projetistas aeronáuticos podem escolher o formato desejado que melhor se adapta a suas mensagens específicas (carga útil UDP). Por exemplo, uma mensagem ARINC 429 pode ser transmitida dentro da seção de carga útil da transmissão. Isso permite que equipamentos tradicionais baseados no padrão 429 transmitam facilmente em um barramento de dados 664. É claro que os dados 429 simplesmente estão contidos no bloco de mensagem da transmissão e todos os dados de roteamento devem seguir a especificação 664. Outras cargas úteis UDP comuns incluem mensagens escritas usando **álgebra booleana**, **números inteiros Signed_32(64)**, **Float_32(64)** e dados **opacos**.

Outros padrões de barramento de dados comuns

A maioria das aeronaves construídas desde a década de 1980 emprega algum tipo de sistema digital que exige um barramento de dados para a transmissão de informações entre LRUs. Hoje, seria seguro dizer que há aproximadamente 10 a 15 padrões de barramentos de dados comuns usados em veículos aeronáuticos e aeroespaciais. Alguns são especificações proprietárias, usados exclusivamente por um único fabricante; outros foram padronizados por uma ou mais organizações e são usados em diversos sistemas. Os padrões de barramentos de dados **RS-232, ASCB** e **CSDB** são bastante usados em aviões corporativos, além de pequenas aeronaves pessoais modernas. À medida que os sistemas digitais se tornam mais comuns, é provável que todas as aeronaves modernas logo empregarão um ou mais barramentos de dados para comunicações entre LRUs. Todos os técnicos devem estar familiarizados com todos os padrões de barramento usado em aeronaves nas quais realizam atividades de manutenção.

Sempre consulte a especificação atual e os dados do fabricante antes de realizar resolução de problemas, manutenção ou instalação de qualquer barramento de dados digitais.

O **Padrão Recomendado número 232** (mais conhecido como **RS-232**) é um padrão de barramento de dados usado em muitos sistemas, incluindo os populares sistemas de display de voo integrado da Garmin. O padrão de barramento de dados RS-232 foi desenvolvido como uma interface comum entre diversas unidades de sistemas de computadores pessoais padrões e adaptado para uso em aeronaves. Obviamente, os sistemas RS-232 de aeronaves usam hardware robusto e software redundante para garantir a confiabilidade e segurança necessárias para o uso em aeronaves. O RS-232 é um formato de dados seriais que permite operações full duplex. A transmissão e recepção simultânea de dados também é chamada de transferência de dados **full duplex**. Os sinais RS-232 são representados por níveis de tensão com relação à massa do sistema. Os níveis de tensão específica usados para representar 1 binário e 0 binário podem mudar entre os diversos sistemas RS-232; contudo, o mínimo de 3 V e o máximo de 15 V são os níveis aceitáveis mais comuns.

O padrão RS-232 exige uma massa comum entre as LRUs que transmitem/recebem dados. O conector usado para a terminação do cabo do barramento de dados normalmente usa uma de duas configurações: um conector D-sub de 25 pinos ou um conector D-sub de 9 pinos. A Figura 7-70 mostra um conector D-sub típico para uso em aeronaves. Esse conector emprega uma caixa metálica para dar apoio mecânico e blindar totalmente os pontos de terminação do barramento de dados contra interferência eletromagnética vinda de fora do cabo. A caixa metálica externa do soquete se encaixa firmemente contra a carcaça metálica do plugue. Isso cria uma tela eletricamente contínua que cobre o conector e o cabo do barramento de dados. O Capítulo 4 deste texto apresenta informações adicionais sobre os conectores D-sub.

O **barramento digital padrão comercial (CSDB)** é um padrão usado em muitas aeronaves corporativas que utiliza equipamentos digitais fabricados pela Rockwell Collins Corporation. O CSDB é um barramento de dados unidirecional que opera a uma alta velocidade de **50 Kbits/s** ou de **12,5 Kbits/s** para baixa

FIGURA 7-70 Conector D-sub usado para dados RS-232.

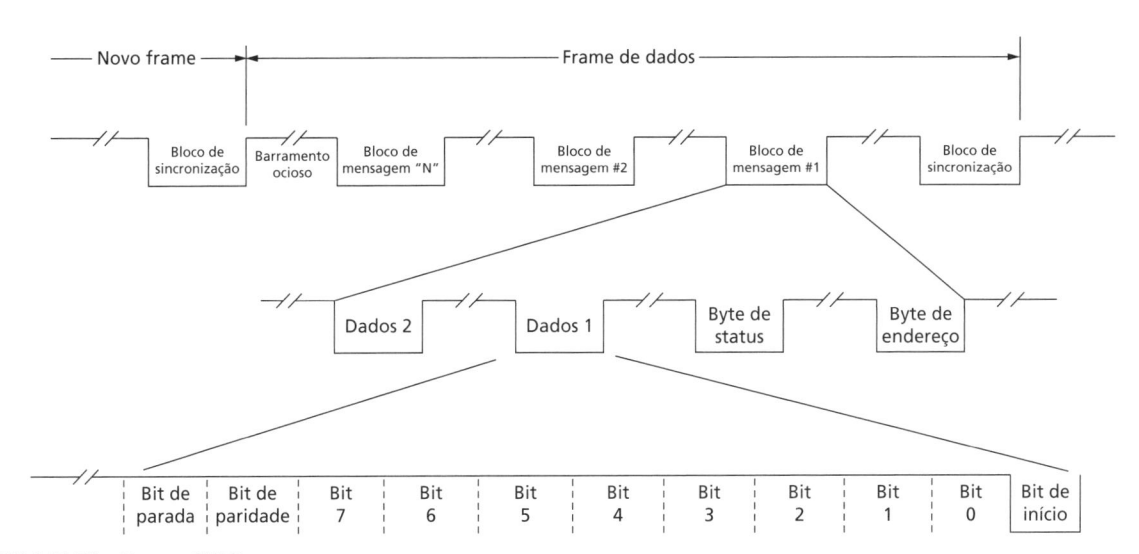

FIGURA 7-71 Frame CSDB.

velocidade. No máximo 10 receptores podem ser conectados a cada barramento de dados, que é um par de fios torcidos blindados de até 150 pés (45,72 m) de comprimento. O CSDB segue uma especificação do padrão RS-422A da Electronics Industries Association e também foi reconhecido como barramento de dados para aeronaves padrão pela General Aviation Manufacturers Association (GAMA).

O padrão CSDB afirma que o sinal de dados estará em um formato de **não retorno a zero** (NRZ) no qual o estado lógico 1 existe quando uma linha de barramento A é positiva com relação à linha B. O estado lógico 0 existe quando a linha de barramento B é positiva com relação à linha A. Como mostrado na Figura 7-71, todas as transmissões do CSDB são divididas em diferentes seções chamadas de **frames**. Cada frame recebe um intervalo de tempo fixo para a transmissão de dados e a duração do frame é uma função da taxa de atualização exigida para o sistema. Um **bloco de sincronização (sync)** designa o início e o fim de cada frame. O bloco de sincronização é composto de um número fixo de bytes específico àquele barramento e programado no software. A mensagem CSDB real é composta de um determinado número de bytes. Cada mensagem é dividida em um byte de endereço, um byte de estado e um ou mais butes de dados. Cada byte é composto de 8 bits de dados mais um bit de início, um bit de paridade e um bit de parada. O bit de paridade é usado para um teste de validez rápido dos dados, semelhante ao bit de paridade usado no ARINC 429.

O **barramento de comunicação padrão de aviônica (ASCB)** opera a 0,667 MHz como barramento de dados bidirecional que precisa de múltiplos controladores de barramento para coordenar as transmissões de barramentos. Como o ASCB permite transmissões de dados em ambos os sentidos (bidirecional), um controlador de barramento é utilizado. Uma ou mais LRUs, o **controlador de barramento**, devem estar conectadas ao barramento para controlar a as atividades do barramento. Em geral, o ASCB emprega dois pares de cabos de barramento de dados e três controladores de barramento, como mostrado na Figura 7-72. Durante a operação, um controlador de barramento permanece ativo e os outros dois operam em modo de espera. Essa configuração oferece a redundância necessária para garantir a segurança do voo. Cada LRU conectada aos barramentos somente pode transmitir após receber o comando do controlador de barramento ativo. O software controlador envia um sinal de solicitação em ambos os barramentos de dados para um endereço de LRU específico. O subsistema então responde à solicitação com sua própria mensagem. Todas as solicitações de transmissão do controlador do barramento ocorrem em uma determinada sequência e em intervalos de tempo específicos de acordo com o software controlador. Os sistemas críticos podem ser acessados com maior frequência para que possam ser atualizados mais rapidamente.

Todos os dados ASCB são transmitidos em um formato de não retorno a zero (NRZ) a 0,667 MHz usando um forma-

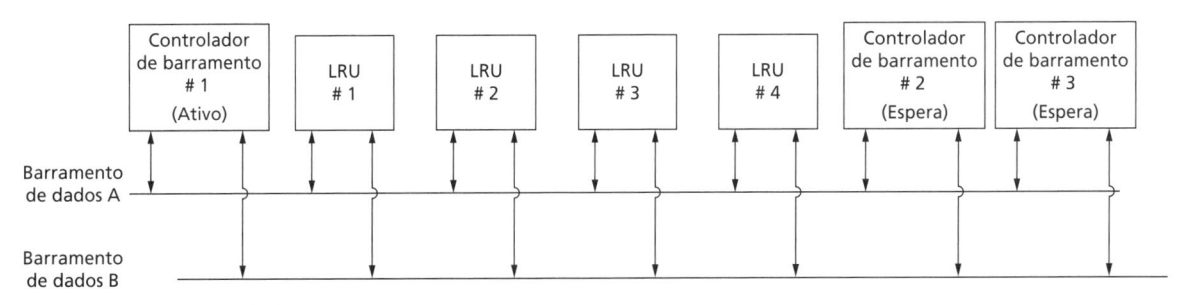

FIGURA 7-72 Estrutura de barramento ASCB.

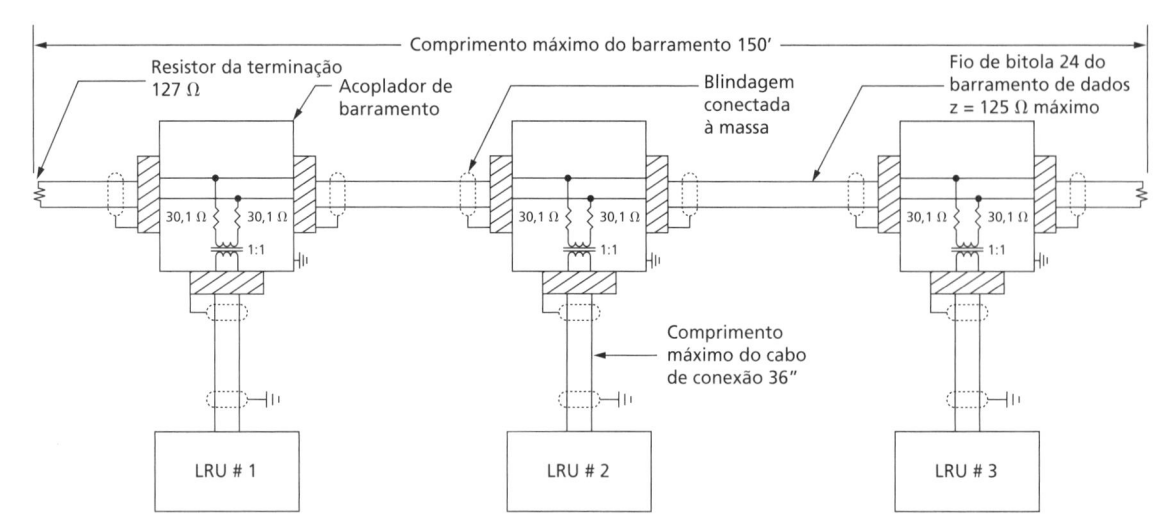

FIGURA 7-73 Exemplo simplificado de barramento de dados ASCB, acopladores de barramento e cabos de conexão.

to digital padrão. Um sinal de + 5 V é usado para 1 binário e um de 0 V para o 0 binário, sem mudança no nível de tensão durante cada período de bit para fins temporais. Uma tolerância aceitável para a perda de sinal durante a transmissão é de aproximadamente 0,5 V (considerando + 4,5 V para alcançar o receptor). Uma perda de sinal maior muito provavelmente causará um erro na transmissão de dados. As transmissões de dados ASCB contêm um endereço no início de cada mensagem. Todos os receptores no barramento podem escolher aceitar ou ignorar uma determinada mensagem através da análise do endereço. Os dados de qualquer LRU serão transmitidos usando um formato especificado de acordo com o programa de software; a LRU receptora decodifica os dados da maneira adequada.

O barramento de dados ACSB é um cabo blindado de bitola 24 de dois fios com impedância máxima de 125 Ω +/− 2 Ω e capacitância máxima de 12 +/− 2 picofarads. Toda a blindagem de cabos de barramento deve ser terminada na massa em cada extremidade do cabo. Cada par de fios deve conter um resistor de terminação de 127 Ω, +/− 1/4 Ω. A Figura 7-73 mostra um exemplo simplificado de como cada LRU é conectada ao barramento através de um cabo de conexão e um conjunto transformador/acoplador. (Um barramento de dados ASCB de aeronave real conteria mais de três LRUs, incluindo múltiplos controladores de barramento.) O acoplador de barramento é basicamente um transformador simples com uma razão de um para um; logo, ele não altera o valor da tensão ou da corrente do sinal de dados. O comprimento máximo do barramento é de 150 pés (45,72 m) e o comprimento máximo do cabo de conexão é de 36 polegadas (91,44 cm).

RESOLUÇÃO DE PROBLEMAS DE CIRCUITOS DIGITAIS

Com o advento dos circuitos lógicos digitais veio a introdução das **técnicas de resolução de problemas lógicas**. Esse sistema de resolução de problemas pode ser aplicado a circuitos analógicos e digitais, além dos hidráulicos, pneumáticos e outros sistemas mecânicos. Uma sequência lógica de resolução de problemas simplesmente emprega um fluxograma de panes e consertos "lógicos" para um determinado sistema.

A Figura 7-74 mostra um fluxograma típico para a resolução de problemas em um sistema de aviônica. Esse sistema "faz" perguntas de sim ou não e orienta o técnico em direção à maneira de correta de realizar o conserto. O uso crescente de LRUs viabilizou esse método de resolução de problemas. Como cada sistema contém apenas um número limitado de peças substituíveis, um fluxograma relativamente simples consegue identificar a maioria dos componentes em pane.

Equipamentos de teste integrados

Os sistemas de **equipamentos de teste integrados** (BITE) são usados em conjunto com muitos circuitos digitais. Os sistemas BITE são projetados para oferecer **detecção de panes, isolamento de panes** e **verificação operacional após reparo de defeito**. A detecção de panes é realizada continuamente durante a operação do sistema. Se uma pane é detectada, o BITE inicia um sinal de controle apropriado para isolar os componentes em pane. Para reparar o sistema em pane, o técnico de linha pode utilizar o BITE para identificar fios ou componentes com problemas. Após a realização dos reparos apropriados, é preciso executar uma verificação operacional completa do sistema. Mais uma vez, o BITE monitora o sistema e confirma a operação correta caso o sistema tenha sido consertado adequadamente.

Um avião comercial típico pode conter diversas unidades de BITE usadas para monitorar uma ampla variedade de sistemas. Um Boeing 757 ou 767, por exemplo, utiliza sistemas de equipamentos de teste integrados para monitorar os sistemas de energia elétrica, controle ambiental, potência auxiliar e controle de voo. Sete unidades de BITE separadas localizadas na baia de equipamentos elétricos da aeronave ou no centro de equipamentos traseiro são utilizadas para realizar essa tarefa. Cada uma das caixas BITE recebe entradas de diversos componentes individuais do sistema sendo testado. Outros sistemas individuais também contêm seus próprios equipamentos de teste integrados de uso exclusivo. Esses sistemas de BITE são relativamente

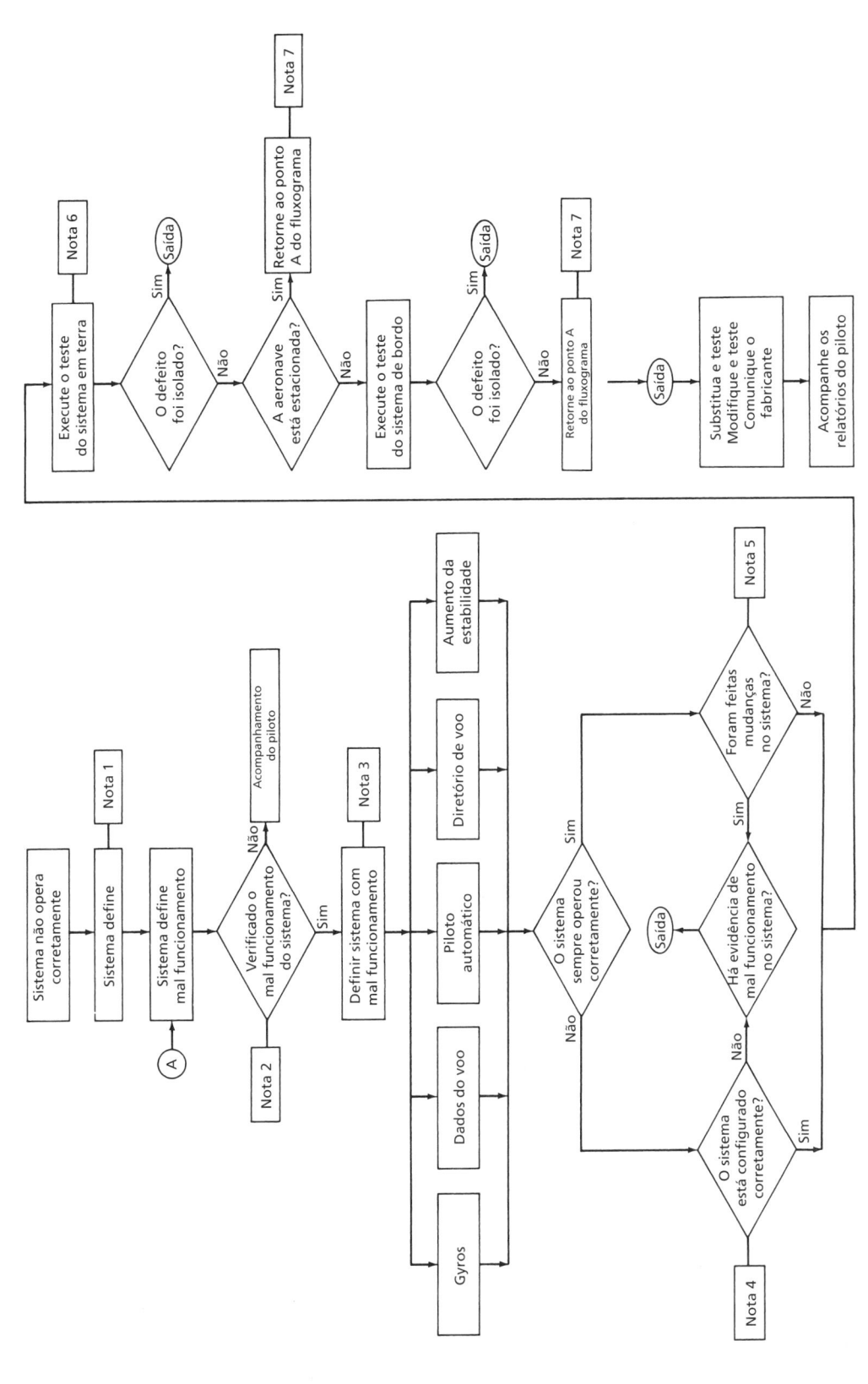

FIGURA 7-74 Um fluxograma de solução de problemas típico. (*Sperry Corporation*.)

simples, sendo que normalmente cada um fica contido dentro de uma unidade substituível durante a escala do sistema sob monitoramento. Os sistemas que empregam equipamentos de teste integrados incluem:

- Indicador do motor e alerta da tripulação
- Rádios de comunicação VHF
- Rádios de comunicação HF
- sistema de comunicações e relatório ARINC
- Referência inercial
- Computador de dados aerodinâmicos
- Instrumentos de voo eletrônicos
- Computador de gerenciamento de voo
- Indicador magnético de distância de rádio
- Iluminação
- Quantidade de combustível
- Fogo e superaquecimento
- Ligação seletiva
- Comunicação com passageiros
- Radar meteorológico
- Transponder ATC
- Altímetro de rádio
- Indicador automático de direção
- Antiderrapante/auto-brake
- Pouso por instrumentos
- Receptor de VHF omnidirecional
- Equipamento medidor de distâncias
- Aquecimento das janelas
- Unidade eletrônica de sensor de proximidade
- Gerenciamento hidráulico

Um sistema BITE complexo é capaz de testar milhares de parâmetros de entrada de diversas LRUs diferentes. O sistema executa dois tipos de programas de teste: um **teste operacional** e um **teste de manutenção**. As verificações operacionais normais começam com a iniciação após a aquisição da energia do sistema (ver Figura 7-75). O programa BITE operacional é projetado para verificar os sinais de entrada, circuitos de proteção, circuitos de controle, sinais de saída e circuitos BITE operacionais. Durante a operação normal do sistema, os equipamentos de teste integrados monitoram um sinal de vigia iniciado pelo programa de BITE. A rotina de vigia detecta panes de hardware ou distorções excessivas do sinal que possam criar uma pane operacional. Se o programa de BITE detecta qualquer uma dessas condições, ele isola automaticamente os componentes em pane; inicia dados de alerta, advertência ou aviso; e registra a pane em uma memória não volátil.

O programa de manutenção dos equipamentos de teste integrados são inseridos no sistema apenas quando a aeronave está no solo e a rotina de teste de manutenção é solicitada. Quando solicitado, o BITE de manutenção ativa todos os circuitos de entrada e rotinas de software do sistema sendo verificado. Os dados de saída correspondentes são então monitorados e as panes registradas e apresentadas pelo sistema de BITE. A Figura 7-76 mostra um diagrama de fluxo da rotina BITE de manutenção da unidade de controle da potência do barramento (BPCU). Essa rotina verifica os circuitos de entrada, circuitos reguladores de tensão, software de proteção, software lógico e sistema de BITE operacional. Os resultados do teste são então devolvidos à BPCU para armazenamento e apresentação. O software, ou programas operacionais, do sistema são testados por utilização. Em outras palavras, os dados de entrada são iniciados pelo BITE e manipulados pelo programa de software. Os dados de saída correspondentes são avaliados pelo programa de BITE para determinar o desempenho do sistema. Caso seja detectada uma discrepância nos dados de saída, o sistema de BITE considera que o software operacional está em pane e fornece a indicação apropriada.

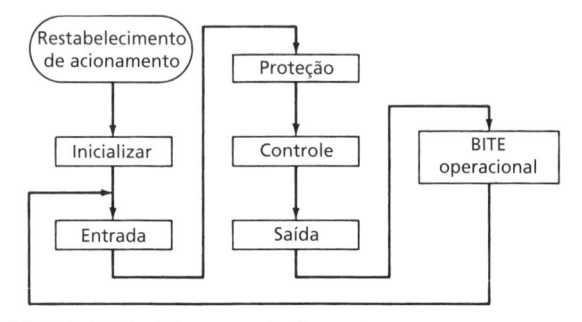

FIGURA 7-75 Diagrama de fluxo de BITE.

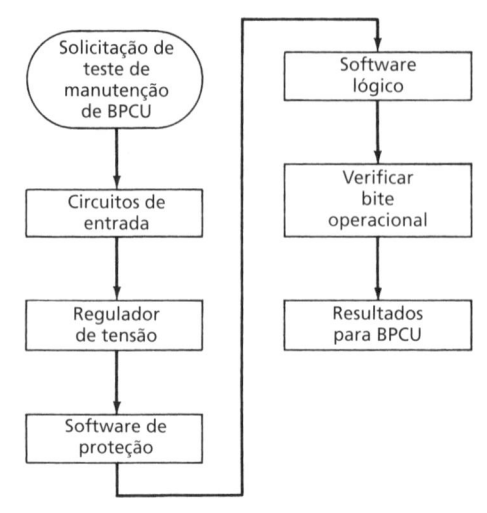

FIGURA 7-76 Diagrama de fluxo de BITE de unidade de controle da potência do barramento.

A segunda geração dos equipamentos de autodiagnóstico incorpora o uso de um sistema de monitoramento centralizado. As panes detectadas através de diversos sistemas de BITE podem ser monitoradas de um só local. Esses sistemas são altamente integrados e podem ser interpretados como uma central para todos os dados de BITE coletados pelas diversas LRUs que contêm BITEs. A maioria das aeronaves comerciais e corporativas construídas na década de 1990 e posteriormente possuem alguma espécie de sistema centralizado para a resolução de problemas que possam ocorrer na aeronave. O Boeing 747-400 é um exemplo perfeito desse tipo de aeronave e será analisado a seguir.

O **sistema de computador de manutenção central (CMCS)** é usado em uma ampla variedade de aeronaves modernas da Boeing. O CMCS do Boeing 747-400 é acessado de um de quatro pontos centrais na aeronave e apresenta os testes de solo e de voo de praticamente todos os sistemas digitais. O CMCS gerencia os equipamentos de teste integrados individuais, mas não realiza os testes dos circuitos em si; os testes são realizados pelo software das diversas LRUs espalhadas pela aeronave. Um **painel de controle e indicação (CDU)** é um teclado alfanumérico e tela usado para acessar os dados do CMCS. No B-747-400, normalmente há quatro painéis de controle e indicação (CDUs), três localizados no console central da

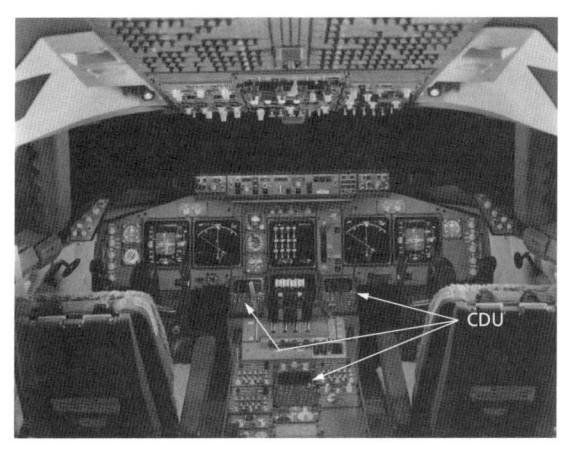

FIGURA 7-77 Painéis de controle e indicação na cabine de comando de um Boeing 747-400. (*Boeing Corporation*.)

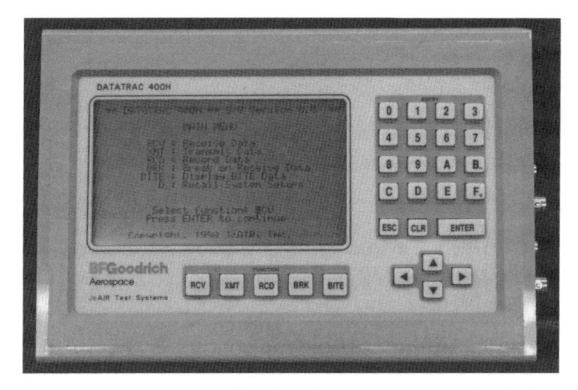

FIGURA 7-78 Um analisador de barramento de dados típico.

cabine de comando e um na baia de equipamentos principal. A Figura 7-77 mostra a cabine de comando de um 747-400 contendo os CDUs. Uma impressora também pode ser instalada na cabine de comando para fornecer um relatório por escrito dos dados sobre panes quando necessário, enquanto um carregador de dados de software pode ser usado para registrar as panes em um disco ou pendrive. A aeronave também pode enviar os dados sobre panes durante o voo para instalações de manutenção em solo usando equipamentos ACARS. O ACARS também responde todas as solicitações de dados de manutenção por parte das instalações de solo. O **ACARS** é um sistema projetado para enviar mensagens digitais da aeronave durante o voo para as instalações de solo da companhia aérea. Uma mensagem ACARS é semelhante a uma mensagem de SMS enviada de um telefone móvel comum.

Os sistemas de manutenção e diagnóstico de terceira geração se tornaram mais integrados e permitem a comunicação wireless dos dados de resolução de problemas. Os sistemas de diagnóstico modernos também se tornaram mais comuns em pequenas aeronaves, pois estas também se tornaram mais integradas com sistemas digitais. As aeronaves de hoje podem monitorar sistemas, analisar panes e fazer download automático de informações de manutenção usando sistemas wireless como as tecnologias celulares, Wi-Fi ou de satélite. Esses sistemas automatizados de resolução de problemas aumentam a manutenibilidade da aeronave e melhoram sua segurança. O Capítulo 13 deste texto apresenta uma análise mais detalhada sobre o projeto e a operação dos sistemas de diagnóstico das aeronaves modernas.

Analisadores de barramento de dados

O **analisador de dados do barramento** é um equipamento de teste portátil comum usado para resolver problemas em sistemas digitais. Existem muitos tipos de analisadores de barramentos de dados, mas seus objetivos básicos são bastante semelhantes. Os analisadores de barramentos são usados para (1) receber e revisar dados transmitidos ou (2) transmitir dados para um usuário do barramento. Antes de usar um analisador, antes é preciso garantir que a linguagem do barramento é compatível com a do analisador. Por exemplo, o CDU do **DATATRAC 400H** mostrado na Figura 7-78 pode monitorar, simular e gravar transmissões de dados para equipamentos de aviônica usando os formatos de dados ARINC 429.

Quando monitora um sistema, o analisador captura um fluxo de dados transmitido entre dispositivos digitais. Com isso, os dados registrados podem ser apresentados pelo analisador para avaliação. Se são detectadas inconsistências, o transmissor ou o sistema de barramento de dados estão em pane. Alguns analisadores de barramentos de dados são capazes de ler diversas linhas de transmissão, ou **canais**, ao mesmo tempo. Isso permite o uso de comparações para acelerar a resolução de problemas.

Há três modos básicos de operação para o DATATRAC 400H:

Receber Permite que o técnico selecione rótulos específicos a serem avaliados ou receba todos os dados de entrada. Os formatos hexadecimal, decimal e binário podem ser selecionados para a apresentação dos dados.

Transmitir O analisador de barramento de dados é capaz de enviar dados digitais para simular comunicações entre equipamentos de aviônica ou enviar dados analógicos usando um driver e conversor D/A.

Registrar São selecionados um rótulo de dados e taxa de gravação específicos e o analisador do barramento de aviônica coleta informações enviadas a esse endereço. Assim, todos os dados podem ser mostrados em formato numérico. Alguns analisadores de barramentos de aviônica têm a capacidade de apresentar informações em modo gráfico.

Na maioria dos casos, o analisador de dados deve estar conectado ao sistema no plugue conector de uma LRU. Por exemplo, se planeja receber dados transmitidos para a unidade de controle do gerador (GCU), você precisa desligar a GCU do barramento e conectar o analisador ao cabo do barramento de dados. Se as conexões corretas forem estabelecidas e os equipamentos de testes forem ajustados corretamente, o analisador apresentará todas as mensagens enviadas à GCU. Em algumas aeronaves, um conector específico é disponibilizado para permitir a conexão direta com o sistema do barramento de dados. A Figura 7-79 mostra um analisador de dados portátil conectado ao barramento de dados. Nesse caso, o técnico está monitorando o altímetro de radar (RA). *Observação:* O seletor está configurado para RA e o analisador indica −12 pés.

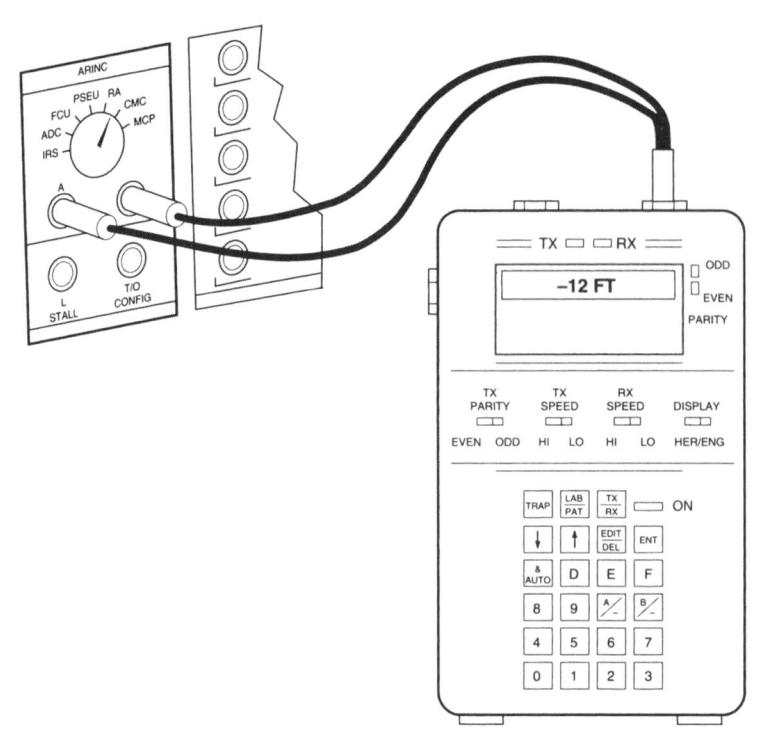

FIGURA 7-79 Exemplo de analisador de barramento instalado em uma aeronave de transporte.

Outros analisadores de barramentos de dados do tipo portátil são baseados em computadores; ou seja, um placa de circuito e/ou software apropriado são instalados em um computador pessoal para criar um analisador de barramento de dados. Nesse caso, o computador muitas vezes consegue armazenar e transmitir múltiplos pacotes de dados em formato serial. Com o conjunto correto de hardware e software, um computador pessoal pode ser usado para analisar dados ou substituir LRUs durante o teste do sistema. Esse tipo de resolução de problemas ajuda a detectar rápida e facilmente LRUs em pane ou problemas em barramentos de dados.

Medição de níveis lógicos

Dois instrumentos comuns são usados para medir níveis lógicos: a **sonda lógica** e o **monitor lógico**. Uma sonda lógica mede um ponto em um circuito para determinar seu nível lógico (alto ou baixo). Um monitor lógico é capaz de medir os níveis lógicos de todo um circuito integrado. Em outras apalavras, o nível lógico de todos os pinos de um 1C pode ser testado simultaneamente com o uso de um monitor lógico.

A Figura 7-80 mostra uma sonda lógica típica. A ponta da sonda encosta em qualquer conexão do circuito lógico para detectar seu estado lógico. Por exemplo, um sinal de + 5 V ou mais ativa o indicador de LED lógico HIGH (alto), enquanto um sinal de menos de + 5 V ativa o indicador LOW (baixo). Os níveis de tensão reais para uma resposta de HIGH ou LOW podem variar entre as sondas lógicas. A maioria das sondas lógicas responde a um pulso digital de 50 ns ou mais. Essa taxa de resposta rápida está muito além da capacidade da maioria dos voltímetros. Assim, a sonda lógica é um instrumento essencial para testar qualquer sinal digital que mude rapidamente.

Os ajustamentos de chave apropriados permitem que muitas sondas lógicas testem tanto os CIs de lógica diodo-transistor (DTL) quanto os de lógica transistor-transistor (TTL). Todas as sondas lógicas devem estar conectadas a um sinal de referência; logo, todas contêm um fio condutor independente que deve estar conectado à fonte de energia do circuito lógico.

Os monitores lógicos usam um suporte de ensaio especial que se conecta a cada fio condutor de um circuito integrado. A Figura 7-81 mostra um monitor lógico típico e diversos suportes de ensaio. O monitor lógico representado contém 16 LEDs. Cada LED representa um dos pinos de conexão do CI sendo testado. Quando um pino de conexão do CI está em um nível lógico HIGH, seu LED correspondente se ilumina. Se a conexão do CI está em um nível lógico LOW, seu LED não se ilumina. Ambos os circuitos integrados TTL e DTL podem ser testados pela maioria dos monitores lógicos. Muitos monitores também contêm um ajuste que permite que o operador determine os limites de tensão desejados. Esse ajuste determina o nível de tensão necessário para indicar um nível lógico HIGH nos LEDs do monitor.

Muitas variações de sondas lógicas e monitores lógicos estão disponíveis. Lembre-se de se familiarizar com todos os equipamentos usados para testar circuitos digitais. Em geral, os CIs são bastante delicados, de modo que qualquer tensão desnecessária pode danificar o circuito sendo testado.

Campos eletromagnéticos de alta intensidade de energia (HERF)

Os sistemas digitais das aeronaves modernas se comunicam através do movimento de milhares de bits de dados digitais. Esses fluxos de dados operam a nível de energia baixíssimos e podem

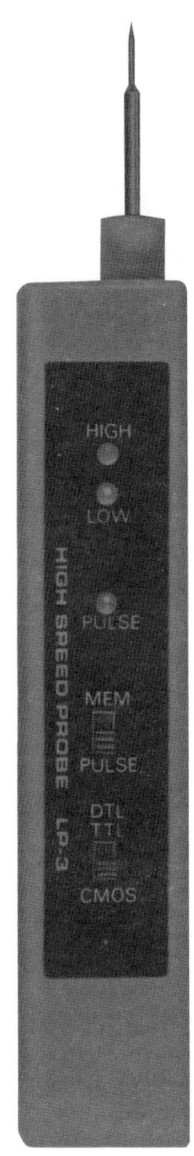

FIGURA 7-80 Sonda lógica. (*Global Specialties, an Interplex Electronic Company.*)

facilmente ser dominados por um sinal mais poderoso. Este é o conceito fundamental que torna a energia irradiada por campos eletromagnéticos tão problemática. Os **campos eletromagnéticas de alta intensidade de energia** (HERF) são emitidos por praticamente todas as torres de transmissão de rádio do mundo. Todo transmissor FM, antena de estação de TV e radar emite energia eletromagnética. Essa energia irradiada induz uma corrente em condutores próximos. Se o condutor for um barramento de dados e se a corrente induzida for forte o suficiente, é possível que os dados no barramento sejam perdidos. Para uma aeronave, essa perda de dados pode ser catastrófica.

As normas mais recentes da FAA exigem que todos os novos equipamentos passem por um teste de HERF. Esses testes são usados para garantir que os componentes eletrônicos usados nos sistemas digitais modernos não sofrerão uma pane quando sujeitados a campos eletromagnéticos de alta intensidade de energia. Uma aeronave pode ser sujeitada a esses campos de alta intensidade se chegar perto de um transmissor de rádio poderoso ou se for atingida por um raio. Também há a preocupação de que até mesmo descargas elétricas indiretas (próximas de aeronaves, mas que não chegam a atingi-la) podem causar panes em sistemas digitais.

Estruturas compostas, que bloqueiam menos energia magnética do que as aeronaves de alumínio convencionais, também complicam a questão. As normas atuais de teste de HERF podem ser adequadas ou podem vir a ser expandidas; mas enquanto as aeronaves continuarem a depender de circuitos digitais de baixa energia, o HERF continuará a ser uma ameaça. As aeronaves modernas usam um alto nível de blindagem como principal maneira de proteger os circuitos contra os efeitos dos HERF. Entre as técnicas usadas para proteger os dispositivos eletrônicos modernos poderíamos listar cabos blindados, conectores especializados com caixas blindadas, LRUs blindadas e até mesmo gaiolas de alumínio projetadas especialmente para cercar componentes sensíveis. Todas essas técnicas dependem do princípio de cercar as peças sensíveis com uma "blindagem" de metal conectada à massa. Assim, sempre que for realizar uma atividade de manutenção próximo a equipamentos eletrônicos em aeronaves digitais, dê atenção especial às cabos terra e jumpers de ligação. Deve sempre haver uma conexão limpa com a massa para que a blindagem funcione.

Componentes sensíveis a descargas eletrostáticas (ESDS)

Muitos dispositivos eletrônicos digitais são suscetíveis a danos causados por descargas de eletricidade estática. Esses componentes são chamados de peças **sensíveis a descargas eletrostáticas** (ESDS). Como os circuitos digitais são fabricados usando chips de silício extremamente pequenos, eles podem ser danificados pela descarga de tensões estáticas de apenas 100 V. Durante a movimentação de suas atividades cotidianas, o técnico pode facilmente gerar mais de 1000 V. Se essa tensão é descarregada em um componente ESDS, a peça é danificada. O técnico pode adotar vários passos simples para não causar danos a peças ESDS. Cada passo garante que os componentes sensíveis jamais serão sujeitados a altos níveis de eletricidade estática. As técnicas de prevenção de danos são discutidas no Capítulo 13 deste livro.

QUESTÕES DE REVISÃO

1. O que é um *circuito digital*?
2. Dê um exemplo de onde encontraríamos um circuito digital em uma aeronave.
3. Qual componente elétrico tornou os circuitos digitais práticos?
4. O que são periféricos de computador?
5. Explique a diferença entre um sinal digital e um sinal analógico.
6. Explique o sistema de números binários.
7. Quais dois símbolos compõe o sistema de números binários?

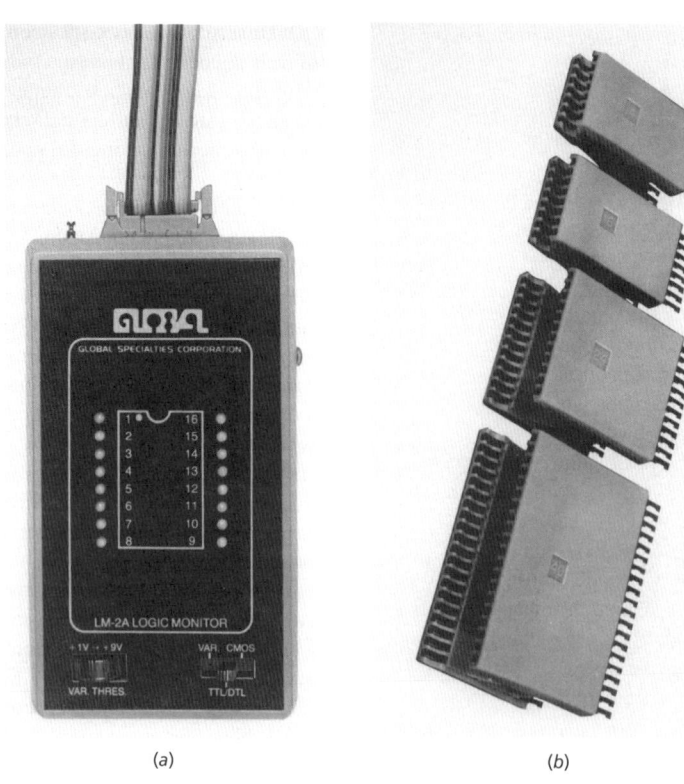

FIGURA 7-81 Um monitor lógico: (a) o indicador; (b) os suportes de ensaio de CI. (*Global Specialties, an Interplex Electronic Company.*)

8. Como o número decimal 12 é representado no sistema de números binários?
9. Liste algumas designações do 1 e do 0 binários.
10. Descreva o sistema de números decimais.
11. Como o 10 110 binário é representado no sistema decimal?
12. Como o 100 0110 binário é representado no sistema decimal?
13. Qual é o valor hexadecimal do número decimal 12?
14. Defina os termos *bit* e *byte*.
15. Descreva o sistema de codificação binária decimal.
16. Descreva o sistema de notação octal.
17. Descreva o sistema de números hexadecimais.
18. Qual é o equivalente decimal do número em notação octal 101 001 000 101?
19. Defina o termo *porta lógica*.
20. O que é uma tabela verdade?
21. Qual é função principal de uma porta OR exclusiva?
22. Explique o conceito de lógica positiva.
23. O que é uma forma de onda digital de uma porta lógica?
24. Explique o processo de fotolitografia.
25. Explique o processo de fabricação usado para produzir circuitos integrados.
26. Defina o termo *microprocessador*.
27. Quais são as quatro categorias de CIs?
28. O que é uma família lógica?
29. Descreva a família lógica TTL.
30. Descreva as vantagens dos dispositivos da família lógica CMOS.
31. O que é o padrão DIP?
32. Como são identificadas as conexões de um CI?
33. O que são circuitos somadores?
34. Qual é a função de um clock digital?
35. Descreva a operação de um circuito flip-flop.
36. Qual é a função desempenhada por retentores ou flip-flops?
37. Descreva a função de uma unidade central de processamento.
38. Quais as duas categorias principais de circuitos de memória?
39. Dê um exemplo de como as ROMs são utilizadas.
40. Qual é a função da unidade lógica aritmética?
41. Explique o processo usado para transmitir dados digitais.
42. Explique as funções de um multiplexador e um demultiplexador.
43. Descreva uma memória não volátil.
44. Quais padrões ARINC são usados para a transmissão de dados digitais?

45. Qual é o propósito do bit de paridade no código ARINC 429?
46. O que é o código ARINC 629?
47. Explique os conceitos do padrão de barramento de dados ARINC 664.
48. Qual é o propósito do identificador de fonte e destino do código ARINC 429?
49. Explique o conceito de técnicas de solução de problemas lógica.
50. O que são diagramas lógicos?
51. Descreva a operação de um sistema típico de equipamentos de teste integrados.
52. Quais são dois instrumentos comuns usados para testar níveis lógicos?
53. Explique os diferentes formatos de dados usados pelo ARINC 429.
54. Explique como a tabela de palavras ARINC 429 é decodificada.
55. Qual é a relação entre o ARINC 664 e o padrão de barramento de dados AFDX?
56. Descreva o *link virtual* e a *camada física* em suas aplicações às especificações ARINC 664.

CAPÍTULO 8
Instrumentos de medição elétrica

As unidades fundamentais de medição elétrica são o ampère, o volt, o ohm e o watt. Para medir valores elétricos nessas unidades, é necessário utilizar certos instrumentos.

Os instrumentos de medição elétrica mais comuns são o **amperímetro**, o **voltímetro**, o **ohmímetro** e o **wattímetro**. A unidade medida por esses instrumentos é indicada claramente pelo nome. Além destes, há diversos outros instrumentos de medição elétrica. Cada variação emprega os mesmos princípios básicos que serão discutidos neste capítulo. Por exemplo, a operação de um medidor de temperatura do motor opera de forma semelhante a um voltímetro comum. Os princípios fundamentais de funcionamento dos instrumentos podem ser úteis para todos os técnicos de aeronaves.

O digital e o analógico são os dois tipos gerais de medidores usados nas aeronaves modernas e nos equipamentos de teste relacionados. Os medidores analógicos usam uma escala infinitamente variável na qual é indicado um valor específico. Um medidor analógico típico usaria, por exemplo, uma escala que vai de 0 a 100. A posição real do indicador tem um número infinito de possibilidades dentro dessa amplitude. Os medidores e instrumentos digitais contêm apenas um número finito de indicações possíveis. Um medidor digital típico poderia ter uma escala de 0 a 100 com apenas 100 leituras possíveis.

O sistema digital normalmente é mais preciso, apesar de permitir menos indicações. Isso ocorre porque o sistema digital fornece indicações em valores exatos que são fáceis de ler sem erro. Os medidores e instrumentos digitais também demonstraram ter mais durabilidade e confiabilidade do que os analógicos. Apesar de os medidores digitais e analógicos terem muitos elementos em comum, os sistemas de medição digitais serão discutidos em uma seção própria deste capítulo.

MOVIMENTOS DE MEDIDORES

O princípio básico de muitos instrumentos elétricos é o do **galvanômetro**, um dispositivo que reage a influências eletromagnéticas mínimas causadas em si pelo fluxo de uma pequena quantidade de corrente. A Figura 8-1 mostra um galvanômetro simples, composto de uma agulha magnetizada suspensa dentro de uma bobina de fio. Quando uma corrente passa pelo fio, um campo magnético é produzido e a agulha magnetizada tenta se alinhar com esse campo. Os galvanômetros práticos não são construídas de maneira tão simples, mas todos ainda operam devido à reação entre as forças magnéticas e eletromagnéticas.

Qualquer dispositivo projetado para indicar um fluxo de corrente, especialmente uma corrente muito pequena, e que opera com base no princípio de dois campos magnéticos que interagem, pode ser chamado de galvanômetro. Um ímã permanente apoiado em um eixo tal que possa girar em resposta à influência de uma bobina que transporta corrente, ou uma bobina condutora de corrente colocada em um campo magnético e articulada de forma a girar em resposta ao campo produzido por um fluxo de corrente, pode ser utilizado como galvanômetro. Em ambos os casos, a base giratória deve ser equilibrada por uma mola que tenderá a mantê-la na posição zero quando não houver fluxo de corrente.

Os tipos mais comuns de instrumentos de medição elétrica empregam uma bobina móvel e um ímã permanente. O sistema é conhecido como movimento de **d'Arsonval** ou **Weston** e é ilustrado pela Figura 8-2. A bobina, composta de um fio fino, é articulada e montada de forma que possa girar no campo magnético dos polos do ímã permanente. Quando uma corrente flui na bobina, um campo magnético é produzido. O polo norte desse campo é repelido pelo polo norte do ímã permanente e atraído por seu polo sul. Como mostrado na Figura 8-2, isso faz com que

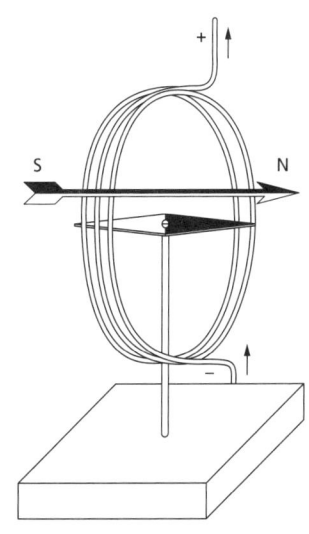

FIGURA 8-1 Um galvanômetro simples.

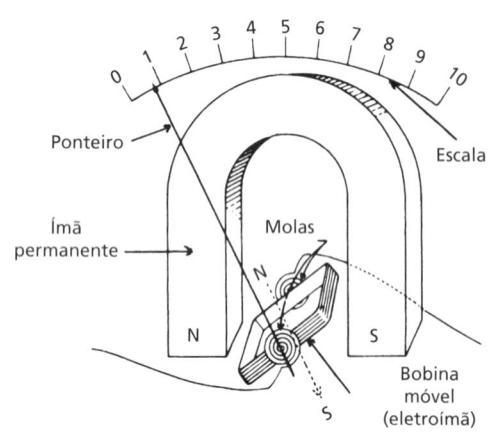

FIGURA 8-2 Movimento do medidor de d'Arsonval ou Weston.

a bobina gire para a direita. A força magnética que causa a rotação é proporcional à corrente que flui na bobina e é equilibrada contra uma mola espiral. O resultado é que a distância da rotação aumenta à medida que o fluxo de corrente na bobina aumenta. A agulha ligada à bobina se move ao longo de uma escala e indica a quantidade de corrente que flui na bobina.

Fica evidente que o movimento de d'Arsonval, usado de maneira independente, é inadequado para a medição da corrente alternada. Essa corrente produz inversões rápidas de polaridade na bobina móvel que fariam com que a agulha apenas vibrasse. Sob essas condições, não seria possível obter nenhuma indicação.

Um movimento semelhante ao de d'Arsonval, mas apropriado para medições de corrente alternada, emprega um eletroímã no lugar do ímã permanente. Esse é chamado de movimento de **dinamômetro** (ver Figura 8-3). A bobina móvel pode ser conectada em série ou em paralelo com o circuito do eletroímã. Quando se utiliza um movimento desse tipo, o ponteiro indicador sempre se move na mesma direção, independentemente da direção da corrente através do instrumento. Isso ocorre porque a polaridade da bobina móvel e do eletroímã muda quando a direção da corrente muda; logo, a direção do torque (força de torção) permanece a mesma. Por consequência, o movimento funciona com uma corrente alternada.

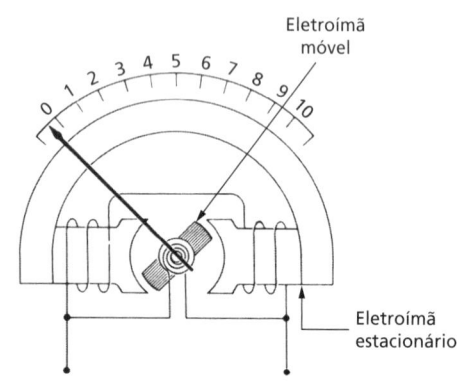

FIGURA 8-3 Movimento de dinamômetro (visão frontal).

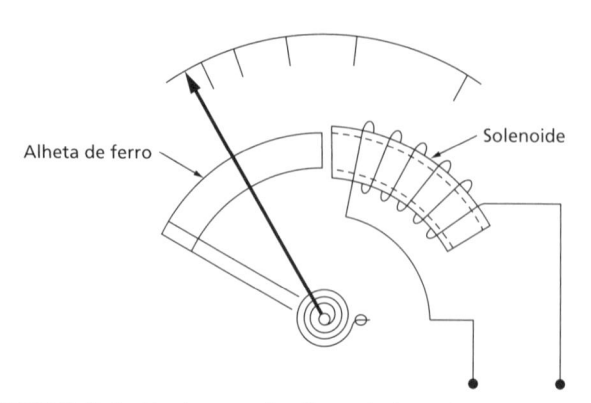

FIGURA 8-4 Movimento de alheta de ferro (visão frontal).

Outro tipo de movimento usado com a corrente alternada é ilustrada pela Figura 8-4. Este é o chamado mecanismo de **alheta de ferro** que, como o nome sugere, emprega uma alheta de ferro através da qual as forças eletromagnéticas atuam para mover o ponteiro indicador. A alheta de ferro é ligada a uma haste articulada e fica livre para se mover para dentro da bobina sempre que a bobina é energizada.

O ponteiro indicador também é montado sobre a haste; assim, a alheta e o ponteiro se movem em conjunto em resposta a um fluxo de corrente na bobina. O movimento do conjunto do ponteiro e da alheta é compensado por uma mola espiral que mantém a agulha na posição zero quando não há fluxo de corrente.

Características da construção

Como alguns movimentos de medidores devem responder a correntes de meros milionésimos de um ampère, os medidores elétricos devem ser construídos com o máximo de cuidado e precisão. Algumas das partes móveis passam por processos extremamente precisos de usinagem e acabamento. Por esse motivo, os instrumentos devem ser manuseados com muito cuidado para prevenir choques e danos por vibração, que poderia prejudicar a precisão do aparelho.

Devido à sensibilidade exigida dos movimentos de medidores elétricos, é necessário que os rolamentos da haste articulada tenham o mínimo de fricção possível. Para tanto, utiliza-se mancais de joalheria semelhantes àqueles usados em relógios de luxo. A Figura 8-5 mostra três tipos diferentes de mancais de joalheria. Para instrumentos de medição elétrica, normalmente se utiliza o mancal de joalheria em V, pois este produz a menor quantidade de fricção.

Apesar dos elementos móveis dos instrumentos serem projetados para que tenham o menor peso possível, a área de contato extremamente pequena entre a articulação e o mancal produz estresses significativos para os quais o segundo deve conseguir resistir. Por exemplo, um elemento móvel que pesa 300 miligramas (mg) [0,00066 libras], em repouso sobre a área de um círculo de 0,0002 in. [0,0005 cm] em diâmetro, produz uma força de cerca de 10 toneladas/polegada^2 [1406 kg/cm^2]. Com isso, vemos que se um instrumento cai ou recebe um choque, os estresses dos mancais podem facilmente ser elevados até o ponto de causarem danos permanentes.

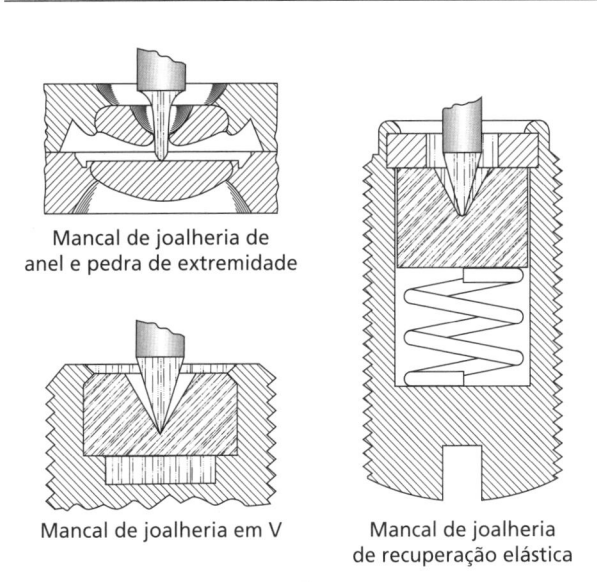

FIGURA 8-5 Mancais de joalheria.

Alguns instrumentos são projetados para resistir a choques bastante fortes, então usam mancais de joalheria de recuperação elástica como aquele mostrado na Figura 8-5. Essa construção permite que a haste articulada se mova no sentido axial quando sujeitada a choques, resultando em uma forte redução dos estresses.

Movimentos de faixa tensa

Um avanço bastante engenhoso nos movimentos de instrumentos praticamente eliminou os problemas com fricção e a necessidade de mancais articulados. Nesse movimento, a bobina móvel é suspensa em uma faixa tensa presa pela tensão de mola na armação do instrumento. A faixa tensa é feita de uma material bastante forte e flexível. Esse tipo de unidade é chamada de **movimento de faixa tensa** (*taut-band movement*). A Figura 8-6 mostra a construção de um instrumento que utiliza a suspensão de faixa tensa para a bobina móvel.

Como vemos, o instrumento de faixa tensa é menos sensível a choques do que aqueles com mancais de joalheria, pois os choques são absorvidos pela elasticidade da faixa. A faixa não sofre corrosão devido ao material do qual é feita. Como nenhuma peça se esfrega contra outra, como no caso dos mancais, a fricção é eliminada e o movimento pode reagir a influências magnéticas extremamente pequenas. Por esse motivo, o movimento pode ser projetado para sistemas de altíssima sensibilidade.

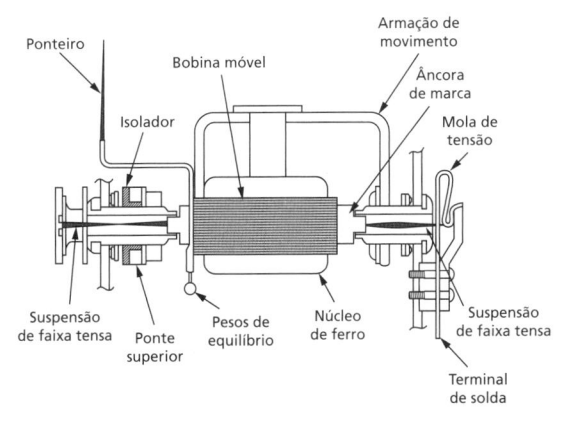

FIGURA 8-6 Movimento de faixa tensa (visão lateral).

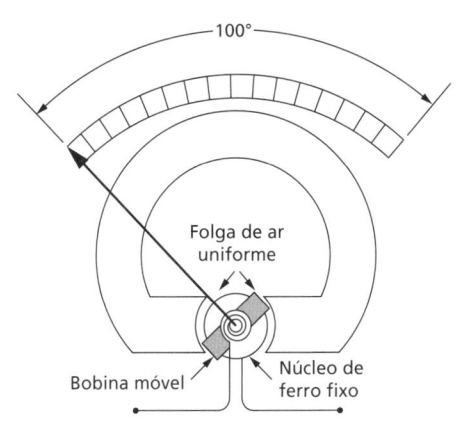

FIGURA 8-7 Núcleo de ferro usado para criar um campo uniforme (visão frontal).

Projeto para escala uniforme

Como a força magnética que atua sobre uma substância magnética é inversamente proporcional à distância entre o ímã e a substância que sofre a ação, os instrumentos que usam o princípio magnético não têm uma escala uniforme a menos que sejam incorporados recursos especiais a sua construção. No movimento de medidor de Weston, a escala uniforme é possibilitada pela colocação de um núcleo de ferro cilíndrico dentro da bobina móvel (ver Figura 8-7). Esse sistema produz um campo magnético uniforme no espaço aéreo entre o núcleo e os polos. A bobina gira no espaço cilíndrico a uma distância proporcional à quantidade de corrente que flui nos enrolamentos da bobina.

O estudo do diagrama de um instrumento típico deixa evidente que há um limite para a amplitude de atuação do ponteiro indicador. Em um movimento de medidor convencional, como aquele na Figura 8-7, essa faixa é de aproximadamente 100°. Alguns medidores precisam de uma amplitude maior e devem ser construídos especialmente.

Sensibilidade

Como afirmado anteriormente, alguns medidores devem ser construídos com alto grau de sensibilidade. Essa **sensibilidade** é determinada pela quantidade de corrente necessária para produzir uma deflexão de escala completa do ponteiro indicador. Movimentos muito sensíveis podem precisar de meros 0,000005 A para produzir uma deflexão de escala completa. Esse valor costuma ser chamado de 20.000Ω/V, pois exige 20.000 Ω para limitar a corrente a 0,00005 A quando uma tensão de 1 V é aplicada. Os movimentos com sensibilidade de 1000 Ω/V costumam ser utilizados por eletricistas quando a energia consumida pelo instrumento não é importante. Em trabalho eletrônico, no qual

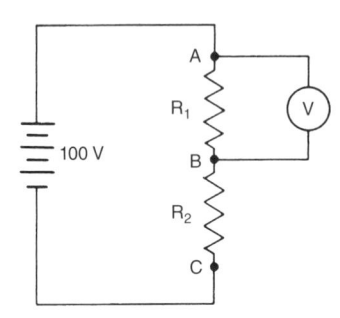

FIGURA 8-8 Demonstração da necessidade de alta sensibilidade em um voltímetro.

é preciso medir quantidades ínfimas de corrente e tensão, são necessários instrumentos de altíssima sensibilidade. Os instrumentos de medição eletrônica, como o volt-ohmímetro (VOM), o multímetro ou o multímetro digital (DMM) normalmente são usados para a medição de resistência, correntes e tensões em circuitos eletrônicos. Esses instrumentos são projetados para isolar o circuito de medição do circuito sendo medido; assim, pouquíssima carga é aplicada ao circuito sendo medido.

Para entender a importância da sensibilidade de um instrumento para o teste de determinados valores nos quais o fluxo de corrente é muito pequeno, vale a pena considerar um exemplo específico. No circuito da Figura 8-8, uma bateria de 100 V é conectada entre dois resistores em série. Cada resistor tem o valor de 100.000 Ω, tornando a resistência total do circuito igual a 200.000 Ω. Como os dois resistores têm valores iguais, é óbvio que a tensão entre cada um será de 50 V. Se desejamos testar essa tensão por meio de um voltímetro com sensibilidade de 1000 Ω/V, vamos descobrir que um grande erro foi introduzido na leitura.

Pressuponha que o voltímetro tem amplitude de 100 V e que se conecta entre R_1, entre os pontos A e B. Como o voltímetro tem sensibilidade de 1000 Ω/V, sua resistência total será de 100.000 Ω. Quando este é conectado em paralelo com R_1, a resistência da combinação em paralelo se torna 50.000 Ω e a resistência total do circuito passa a ser 150.000 em vez de 200.000 Ω. Com a resistência entre A e B igual a 50.000 Ω e a resistência entre B e C igual a 100.000 Ω, a queda de tensão será de 33,3 V entre A e B e de 66,7 V entre B e C. Fica evidente, então, que o voltímetro utilizado não seria satisfatório para esse teste.

Se conectarmos um voltímetro com sensibilidade de 20.000 Ω/V entre R_1, obtemos uma indicação muito mais precisa da tensão operacional. O voltímetro tem resistência interna de 2.000.000 Ω, e essa resistência, combinada em paralelo com R_1, produzirá uma resistência de 95.238 Ω. Essa resistência em série com os 100.000 Ω de R_2 produzirá uma queda de tensão de aproximadamente 48,7 V entre R_1 e 51,3 V entre R_2. A leitura do voltímetro é, então, 48,7 V, que provavelmente tem a precisão necessária para os fins normais.

O AMPERÍMETRO

A maioria dos instrumentos de medição elétrica em uso atualmente exige pouquíssima corrente para produzir um movimento no ponteiro ou uma indicação digital. Uma resistência é usada para restringir a corrente aplicada aos circuitos sensíveis do medidor quando medimos uma corrente ou tensão relativamente alta. Se usamos resistores calibrados para a restrição, a precisão do medidor permanece alta e a amplitude de indicação do medidor é estendida.

Quando uma resistência é conectada em paralelo com os terminais de um medidor, ela é chamada de **resistência em derivação**. Uma resistência em derivação, também chamada de **shunt de instrumento**, pode ser definida como um tipo específico de resistor projetado para ser conectado em paralelo com um medidor para estender a amplitude de corrente além de um valor específico para o qual o instrumento já é competente. Em geral, as palavras *shunt* e *derivação* significam "conectado em paralelo". O resistor em derivação pode ser considerado um "atalho" para um fluxo de corrente, permitindo que a maior parte da corrente contorne o movimento do medidor sensível e percorra a derivação. Um medidor projetado para medir múltiplas amplitudes de corrente/tensão pode conter diversas derivações.

Um amperímetro simples com baixa capacidade pode ser construído usando um fio relativamente grande na bobina móvel. Se o fio for grande o suficiente para transportar toda a corrente do circuito no qual o medidor é utilizado, não é necessário incorporar uma resistência em derivação.

A Figura 8-9 mostra um circuito de amperímetro com uma resistência em derivação. Se pressupormos que uma corrente de 0,01 A causa uma deflexão de escala completa do ponteiro indicador e que a resistência do movimento é 5 Ω, podemos calcular a tensão necessária para produzir uma deflexão de escala completa. Aplicando a lei de Ohm, o resultado é 0,05 V. Esse instrumento pode ser utilizado para medir praticamente qualquer valor de corrente usando uma resistência em derivação do valor correto. Suponha que é necessário usar o amperímetro em um sistema cuja amplitude de corrente é de 0 a 30 A. Como 30 A devem fluir através da combinação em paralelo do medidor e da resistência em derivação e apenas 0,01 A pode fluir através do medidor, então 30 − 0,01 A, ou 29,99 A, devem fluir através da resistência em derivação. Sabemos que 0,05 V entre o medidor

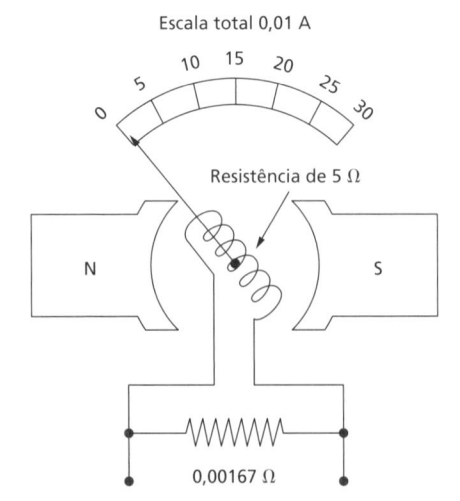

FIGURA 8-9 Circuito de amperímetro.

fornece uma corrente de 0,01 A; logo, devemos encontrar uma resistência que causará uma queda de tensão de 0,05 V quando uma corrente de 29,99 A flui através dela. Pela lei de Ohm:

$$R = \frac{0,05}{29,99} = 0,00167 \, \Omega$$

Se desejamos usar o mesmo movimento do medidor para uma amplitude de 500 A, o valor da resistência em derivação pode ser determinada da mesma forma que para a amplitude de 30 A. Como 0,01 A fluirão através do instrumento em deflexão de escala completa, 499,99 A devem fluir através do shunt. A resistência do shunt deve ser tal que 499,99 A causarão uma queda de tensão de 0,05 V. Esse valor é obtido pela divisão de 0,05 por 499,99. Assim, descobrimos que a resistência necessária é de aproximadamente 0,0001 Ω. É muito difícil construir uma resistência de exatamente 0,0001 Ω, e as mudanças de temperatura também causam algumas variações; logo, os amperímetros práticos para altas amperagens empregam um movimento menos sensível do que aquele descrito.

Podemos obter mais precisão com um movimento sensível incorporando uma resistência em série. Por exemplo, se uma resistência de 995 Ω é conectada em série com o movimento, então o valor da resistência em derivação pode ser aumentado para aproximadamente 0,02 Ω. Isso aumenta muito mais a precisão, pois a maior resistência do shunt reduz o fator de erro. A Figura 8-10 mostra shunts de amperímetro externos típicos.

Os **miliamperímetros**, que são usados para medir valores de corrente em milésimos de ampères, não exigem necessariamente o uso de uma resistência em derivação. Se o instrumento tem uma sensibilidade de 100 Ω/V, sua amplitude será de 0 a 10 miliampères (mA) sem uma resistência em série ou derivação. Uma resistência em derivação pode ser incorporada para aumentar a faixa até qualquer valor desejado. Para medir a corrente em unidades menores do que o miliampère, usa-se um **microamperímetro**. Um microampère (μA) é um milionésimo de um ampère. Um amperímetro com uma sensibilidade de 20.000 Ω/V tem uma deflexão de escala completa do ponteiro indicador com uma corrente de 50 μA através do movimento. Esse medidor pode ser usado para medir uma corrente na amplitude de 0 a 50 μA.

Um amperímetro projetado para medir uma ampla gama de valores pode conter shunts internos. Normalmente, cada shunt interno é controlado pela chave de amplitude do medidor. Quando o medidor mede um circuito de alta corrente, a chave de amplitude é colocada na posição apropriada e o resistor em derivação correto é adicionado em paralelo ao circuito do amperímetro. Se deseja-se utilizar uma amplitude de corrente diferente, a chave é reposicionada e um shunt diferente é conectado em paralelo com o movimento do medidor.

Os amperímetros usados para medir apenas uma amplitude estreita de fluxos de corrente normalmente emprega shunts externos, como ilustrado pela Figura 8-10. Esse tipo de shunt normalmente é construído usando uma peça de metal fina de um tamanho específico projetado para criar uma resistência calibrada.

A Figura 8-11a mostra o método apropriado para conectar um amperímetro em um circuito. Observe que o amperímetro e

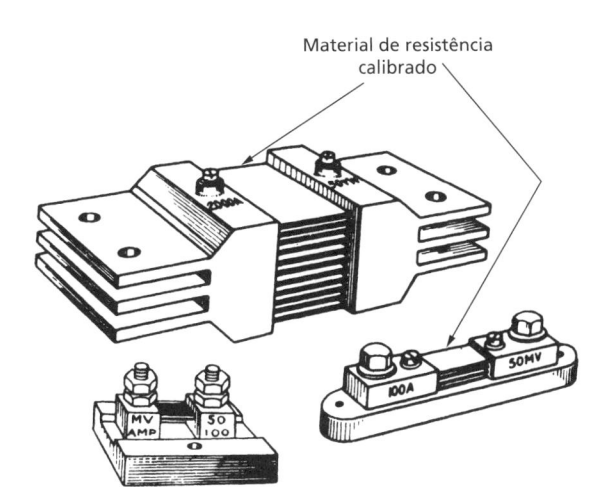

FIGURA 8-10 Shunts de amperímetro externos.

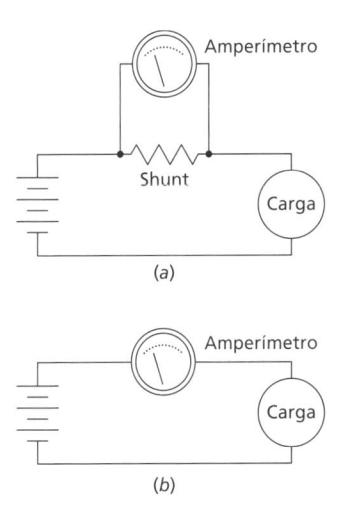

FIGURA 8-11 Amperímetro conectado em um circuito: (a) com um shunt externo e (b) com um shunt interno.

o shunt estão em paralelo entre si e em série com a carga. O amperímetro do tipo correto usa uma quantidade ínfima de energia para sua operação e, logo, não interfere com a operação da carga. O instrumento não deve ser conectado em paralelo com a fonte de energia. O amperímetro e seu shunt são projetados para oferecerem o mínimo de resistência possível em um circuito; logo, se são conectados em paralelo com a fonte de energia, eles atuam como um curto-circuito direto. Além de impedir a operação do circuito, na maioria das vezes também causa danos irreparáveis ao instrumento e à fonte de energia.

A Figura 8-11b ilustra um amperímetro que não precisa de shunts ou que contém um shunt interno. Nesse circuito, o amperímetro ainda é conectado em série com a carga e nenhum shunt externo é necessário.

Para medir a corrente em uma parte do circuito, o amperímetro deve ser colocado em série com tal parte. Como ilustrado na Figura 8-12, o amperímetro mede apenas a corrente que flui através do medidor. A corrente que contorna o medidor por ou-

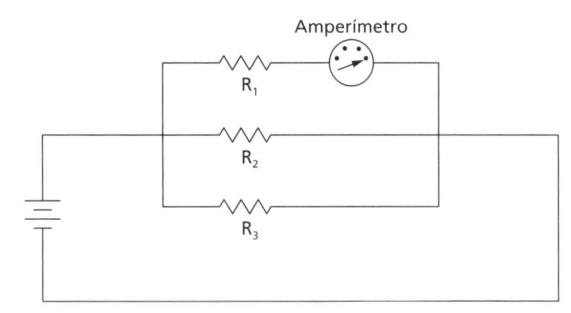

FIGURA 8-12 Amperímetro conectado para medir a corrente através de R_1.

tra parte do circuito não é medida. Nessa ilustração, o medidor mede apenas a corrente que atravessa R_1, não a corrente em todo o circuito.

Um amperímetro da capacidade e do tipo corretos pode ser usado para determinar quanta corrente uma carga específica puxa em uma aeronave. Se deseja-se descobrir quanta corrente flui em um circuito de partida, basta desconectar um dos cabos de energia do motor de partida e conectar o amperímetro entre o cabo de partida e o terminal no motor de partida. É preciso tomar cuidado para que o amperímetro seja conectado com a polaridade corrente. Em um sistema com massa negativa, o terminal positivo (+) do amperímetro é conectado ao cabo de energia a partir do relé de partida e o terminal negativo (−) do amperímetro é conectado ao terminal de energia do motor de partida. Também é importante instalar um medidor capaz de medir o fluxo de corrente esperado máximo do circuito. No caso de um motor de partida, esse nível pode ser de centenas de ampères.

O amperímetro usado para verificar a corrente no sistema de partida de uma pequena aeronave deve ter uma amplitude de até aproximadamente 500 A. Após o amperímetro ser conectado corretamente com um fio tão grande quanto o cabo de partida, a chave de partida pode ser fechada. Observe que inicialmente há um surto de corrente bastante alto que cai rapidamente para um valor muito mais baixo.

Quando conectamos um amperímetro, ou qualquer outro medidor, em um circuito elétrico, sempre é essencial escolher um medidor com amplitude alta o suficiente para garantir que ele não será sobrecarregado. Se o fluxo de corrente máximo do circuito é desconhecido, sempre instale um medidor com amplitude de indicação bastante alta. Se o teste fornece uma indicação muito baixa, é possível instalar um medidor de amplitude menor para determinar mais precisamente o fluxo de corrente do circuito. Quando se utiliza um medidor que contém shunts internos, esse procedimento é bastante simples. Sempre instale o medidor com o seletor de amplitude em seu valor mais alto. Depois, se necessário, mova a chave seletora lentamente até um valor menor para produzir uma indicação do ponteiro mais próxima do ponto médio da escala.

O VOLTÍMETRO

Um **voltímetro** de bobina móvel na verdade mede o fluxo de corrente através do instrumento; mas como o fluxo de corrente é proporcional à tensão, o instrumento pode ser marcado em volts.

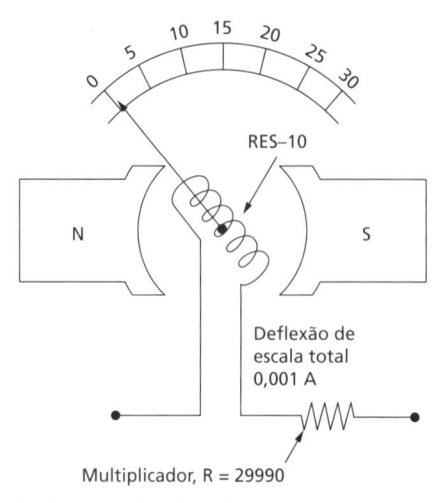

FIGURA 8-13 Circuito de voltímetro.

O movimento do medidor é adaptado à medição da tensão com o uso da resistência em série.

A Figura 8-13 mostra um diagrama esquemático de um circuito de voltímetro. Pressupondo que o movimento do medidor tem deflexão de escala completa em uma corrente de 0,001 A e resistência interna de 10 Ω, é fácil determinar que 0,01 V é a tensão máxima que pode ser aplicada ao instrumento sem a adição de resistência em série. Se desejamos dar ao instrumento uma amplitude de 0 a 30 V, usamos a lei de Ohm para descobrir a resistência em série necessária. Como a corrente através do instrumento deve ser de 0,001 A para uma leitura de 30 V, procedemos da seguinte forma:

$$R = \frac{30}{0,0001} = 30.000 \ \Omega$$

Como a resistência interna do movimento é 10 Ω, esse valor deve ser subtraído da resistência exigida total. A resistência em série exigida é, então, de 29.990 Ω.

Os voltímetros normalmente tem a resistência em série necessária integrada ao próprio instrumento. A amplitude desse instrumento pode ser aumentada com o uso de resistências em série adicionais chamadas de **multiplicadores**. As resistências desse tipo são usadas com instrumentos de teste quando o dispositivo deve ser capaz de medir uma ampla variedade de tensões. Por exemplo, para dobrar a amplitude de um voltímetro, basta adicionar uma resistência em série igual à resistência total do instrumento.

A Figura 8-14a apresenta o método correto de conectar um multímetro com um multiplicador interno. O medidor é conectado em paralelo com a fonte de energia sendo medida. A Figura 8-14b mostra um voltímetro e um multiplicador externo conectados em um circuito. O medidor está em série com o multiplicador, enquanto o multiplicador e o voltímetro estão em paralelo com a fonte de energia sendo medida. Quase todos os voltímetros contêm resistores multiplicadores internos, sendo muito raro encontrar um voltímetro que utiliza uma resistência externa.

Como afirmado na discussão sobre a lei de Ohm, as resistências paralelas têm quedas de tensão iguais. Como um voltí-

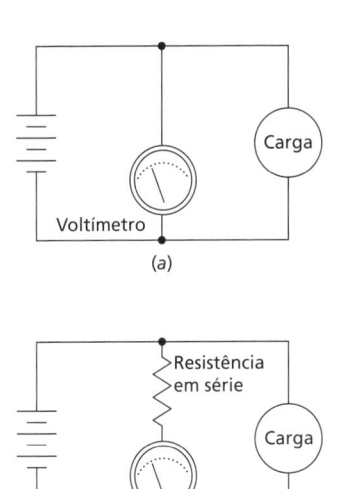

FIGURA 8-14 Voltímetro conectado em um circuito: (a) com um multiplicador interno e (b) com um multiplicador externo.

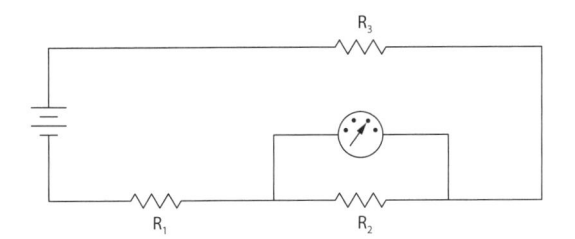

FIGURA 8-15 Voltímetro conectado para medir a tensão aplicada a R_2.

metro é uma resistência, ele deve ser colocado em paralelo com qualquer item cuja tensão deva ser medida. Ao medir a tensão em uma parte do circuito, o voltímetro deve ser colocado em paralelo com a parte a ser medida. A Figura 8-15 ilustra as conexões necessárias para medir a tensão disponível para R_2. O voltímetro em paralelo com R_2 mede a queda de tensão entre R_2 e não a tensão de todo o circuito.

Se a resistência do voltímetro é baixa demais, ela perturba as condições do circuito e impede a obtenção de uma leitura precisa. Isso é especialmente verdade em circuitos com baixo fluxo de corrente, como os circuitos eletrônicos. Nesses circuitos, é preciso usar instrumentos bastante sensíveis (de alta resistência).

Como um voltímetro tem resistência suficiente para ser conectado em paralelo com a fonte de energia, o instrumento não sofre danos caso seja conectado em série com a carga. O único efeito é impedir a operação do circuito.

Os voltímetros são usados em aviões para que o piloto, ou algum outro membro da tripulação, possa se manter informado sobre a operação do sistema elétrico. Em geral, eles não são instalados em pequenas aeronaves com sistemas de um único gerador, mas quando é necessário operar dois ou mais geradores em paralelo, o voltímetro é essencial para auxiliar no equilíbrio da produção dos geradores.

O voltímetro é um instrumento muito importante para a resolução de problemas e a verificação de circuitos elétricos e eletrônicos. O técnico deve sempre confirmar que o voltímetro está sendo utilizado na amplitude correta e que é do tipo correto para a corrente na circuito, que pode ser alternada ou contínua.

Se uma determinada unidade elétrica não está funcionando, o primeiro passo é determinar se a energia elétrica está sendo levada até a unidade. Para tanto, basta realizar um teste com o voltímetro. Em um sistema com um massa negativa (−), a sonda positiva ou clipe jacaré conectado ao voltímetro é encostado no terminal da unidade sendo verificada, enquanto a sonda negativa é encostada no metal do avião. Se a energia alcança o ponto de teste, o voltímetro deve indicar uma tensão no sistema.

Os circuitos podem ser testados "quentes", ou seja, com a potência ativada, ou podem ser testados com a conexão do voltímetro enquanto estão desligados seguida pela ativação do circuito e a observação da resposta do voltímetro. No teste de circuitos quentes, é preciso tomar cuidado para não causar curtos-circuitos ao permitir que algum objeto metálico crie uma ponte entre o terminal testado e o metal da aeronave. Os fios de teste do voltímetro devem estar bem isolados e as pontas de teste ou clipes jacaré também devem ser isolados, exceto nos pontos em que ocorrerá o contato elétrico.

Em grandes aeronaves, nos quais é preciso testar circuitos de alta tensão (100 volts ou mais), é preciso tomar muito cuidado para não entrar em contato com as partes quentes do circuito com a pele das mãos ou de qualquer outra parte do corpo. Quando um circuito é completado através do corpo humano, o resultado pode ser um choque grave. Os procedimentos de trabalho estabelecidos pela empresa que opera a aeronave de grande porte geralmente são definidos de modo a minimizar o risco de choques. **O potencial de lesões físicas e até morte não pode ser ignorado no teste de circuitos de alta tensão. Sempre siga todas as precauções de segurança estabelecidas pelo fabricante da aeronave ou do equipamento.**

Para o teste dos circuitos operacionais normais do sistema elétrico de uma aeronave, a sensibilidade de teste do voltímetro não precisa ser alta. Em geral, um voltímetro com sensibilidade de 1000 Ω/V deve bastar.

Um voltímetro com alta sensibilidade deve ser utilizado no teste de circuitos delicados, ou seja, circuitos que operam com baixíssima tensão ou baixíssimas correntes. Nos casos em que é preciso medir uma tensão de curto prazo ou mutante, a velocidade do medidor de teste também é uma consideração importante. A leitura precisa só é possível se o voltímetro consegue responder com rapidez o suficiente para medir a tensão antes dela mudar.

O OHMÍMETRO

O **ohmímetro**, como o nome sugere, é um instrumento para medir a resistência. Para tornar o movimento do medidor capaz de medir a resistência diretamente, basta fornecer uma fonte de energia elétrica e uma resistência apropriada. Lembre-se que o instrumento de teste responde apenas à corrente através da bobina do medidor; como a corrente é uma função da resistência do circuito, no entanto, um galvanômetro pode ser usado como ohmímetro, desde que o circuito receba um suprimento de energia.

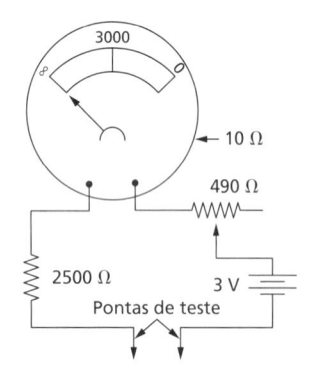

FIGURA 8-16 Um circuito de ohmímetro simples.

A Figura 8-16 é um diagrama esquemático de um circuito de ohmímetro simples. O princípio de operação segue a lei de Ohm, e uma bateria de 3 V (duas pilhas AA de 1,5 V em série) fornece a potência necessária para a operação. O movimento do medidor tem sensibilidade de 1000 Ω/V e resistência interna de 10 Ω. A resistência em série total em todo o circuito deve ser de 3000 Ω para criar uma deflexão de escala completa do ponteiro indicador quando a FEM da fonte de energia é 3 V. Isso é possível com a colocação de uma resistência fixa de 2500 Ω e uma resistência variável de 490 Ω em série com a bateria e o movimento do medidor. A resistência variável possibilita que compensemos a redução da tensão da bateria durante um determinado período de tempo.

Quando as pontas de teste estão em contato uma com a outra, o ponteiro indicador se move até a posição de escala completa. Esse ponto é marcado como zero porque indica que há resistência zero entre as pontas. Se uma resistência de 3000 Ω é colocada entre as pontas de teste, o ponteiro se desloca até o meio da escala. Esse ponto na escala é marcado com 3000 Ω. Se as pontas são separadas, ou seja, posicionadas de forma a medir a resistência do ar entre elas, o ponteiro indicador permanece na extrema esquerda da escala. Esse ponto é marcado com o infinito (∞), pois a resistência do ar é tão grande que nenhuma corrente que pode ser medida atravessa o circuito; logo, para todos os fins práticos, a resistência é infinita.

A amplitude de indicações de resistência na escala do ohmímetro descrito acima vai de zero ao infinito, mas a amplitude prática de aproximadamente 100 a 30.000 Ω. As divisões de escala para resistências altíssimas são tão próximas que a probabilidade de erro aumenta incrivelmente à medida que o valor da indicação aumenta. A amplitude básica do ohmímetro pode ser alterada com o uso de resistências como multiplicadores. Para resistências maiores, é necessário usar uma tensão mais alta ou um movimento mais sensível. Em ambos os casos, a resistência limitadora de corrente deve ser aumentada.

Um ohmímetro projetado para a medição de resistências muito baixas deve ser conectado de forma que a resistência a ser medida atue como uma resistência em derivação entre as pontas de teste. A Figura 8-17 mostra um circuito para esse tipo de ohmímetro. O movimento do medidor é conectado em série com uma bateria, uma chave, um resistor fixo e um resistor variável. Se pressupomos que o medidor possui uma resistência interna de 5 Ω e que 1 mA produzirá uma deflexão de escala completa, então uma resistência total do circuito de 4500 Ω produzirá

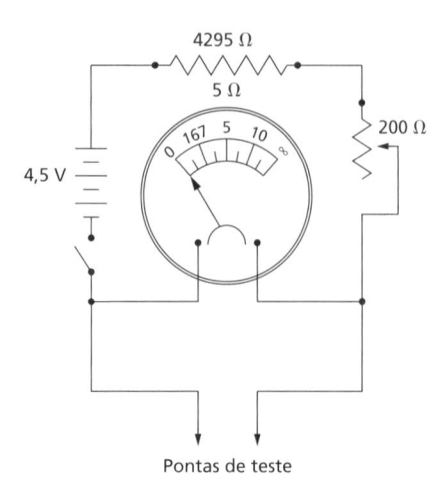

FIGURA 8-17 Ohmímetro para teste de baixa resistência.

uma deflexão de escala completa quando uma bateria de 4,5 V (três pilhas AA de 1,5 V em série) for utilizada para alimentar o instrumento. Para testar uma resistência, a chave é fechada e o ponteiro indicador se desloca até a extrema direita da escala (ou seja, indica resistência infinita). Se colocamos um resistor de 5 Ω entre as pontas de teste, o ponteiro se posiciona no meio da escala. Isso ocorre porque 0,5 mA estão passando pelo medidor e 0,5 mA pelo resistor. Se um resistor de 15 Ω é colocado entre as pontas, o ponteiro indicador se posiciona a três quartos de distância em relação ao zero da escala, pois 0,75 mA estão fluindo através do medidor e 0,25 mA através do resistor.

Para medir a resistência de qualquer item elétrico, como um resistor, bobina ou seção de fio, basta apenas conectar as pontas de teste do ohmímetro aos terminais do item a ser testado. Antes do teste ser realizado, o ohmímetro deve ser ajustado de modo que a leitura da escala seja zero quando as sondas são conectadas uma à outra e infinito quando são separadas. Para tanto, ajusta-se a resistência do medidor para compensar qualquer variância na tensão da bateria. A resistência do medidor é alterada pelo ajuste de um multiplicador interno variável. Com o tempo, mesmo que uma bateria não seja utilizada, sua tensão diminui. Para obter indicações precisas, sempre é necessário "zerar" um ohmímetro analógico antes de utilizá-lo. A maioria dos ohmímetros digitais não exige esse ajuste de zeramento. Em geral, os ohmímetros contêm vários multiplicadores internos que podem ser conectados ao circuito com o seletor de amplitude do medidor. A chave do seletor de amplitude pode ser ajustada para permitir que um instrumento meça mais precisamente diversas resistências diferentes. A amplitude do ohmímetro usado deve ser tal que o ponteiro indicador se mova até um ponto nos dois terços centrais da escala quando a unidade que está sendo testada é conectada às pontas de teste. Com alguns instrumentos, o fabricante pode sugerir que uma porção diferente da escala fornece os resultados mais precisos.

O ohmímetro não será danificado pela medição de uma resistência quando o medidor está configurado para a escala errada; contudo, a indicação do medidor pode ser menos precisa ou mais difícil de ler.

No teste de unidades conectadas em um circuito, toda a energia elétrica do circuito deve ser desligada. A melhor prática é desconectar ou remover as fontes de energia do circuito ou unidade quando as porções do circuito são testadas com um ohmímetro. A energia elétrica em um circuito testado com um ohmímetro normalmente danifica o instrumento e sempre impede a leitura correta dos valores de resistência. Muitas vezes, é necessário isolar um lado da unidade do circuito para impedir que suas outras partes afetem a leitura. Se uma unidade é testada enquanto ainda está conectada ao circuito, o resultado mais provável é uma leitura incorreta.

O ohmímetro pode ser um instrumento útil para testar ou verificar componentes elétricos. Além de medir a resistência, ele também é um excelente **testador de continuidade**. Testar a continuidade é o processo no qual o medidor é usado para determinar se o circuito possui um caminho completo (*contínuo*) para a corrente. Os testes de continuidade muitas vezes são realizados em itens como lâmpadas ou relés para determinar se o item possui um caminho contínuo ou um circuito aberto. Um circuito aberto significa que há uma desconexão em algum ponto dentro da unidade e que ela não funcionará.

Para usar um ohmímetro como testador de continuidade, basta contatar os terminais do circuito sendo testado com as pontas de teste do medidor. É isso que ilustra a Figura 8-18, que mostra como verificar uma seção dos fios do circuito. Em geral, a fiação para diversos circuitos é incluída em um feixe chamado de **chicote** e não é possível inspecionar visualmente cada um dos fios. O circuito específico a ser testado pode ser identificado em cada extremidade por meio da codificação usada nos fios e no diagrama do circuito fornecido no manual de manutenção da aeronave. Após identificarmos o fio a ser testado, as pontas do ohmímetro são encostadas nos dois terminais do fio simultaneamente. Se o fio está em boas condições, a leitura do o ohmímetro ficará próxima do ponto de resistência zero.

Apesar do procedimento descrito acima ser válido, muitas vezes ele se torna difícil de realizar. Por exemplo, se o fio a ser verificado sai da ponta da asa e vai até o painel de instrumentos, as pontas de teste do ohmímetro serão curtas demais para se conectar às duas extremidades do fio suspeito. Um teste de tensão, com a energia do sistema ligada, normalmente é a maneira mais fácil de resolver problemas com fios abertos. O Capítulo 13 discute técnicas de solução de problemas. O ohmímetro é indicado para testar a continuidade de um componente como a chave ilustrada na Figura 8-19. O ohmímetro deve indicar resistência

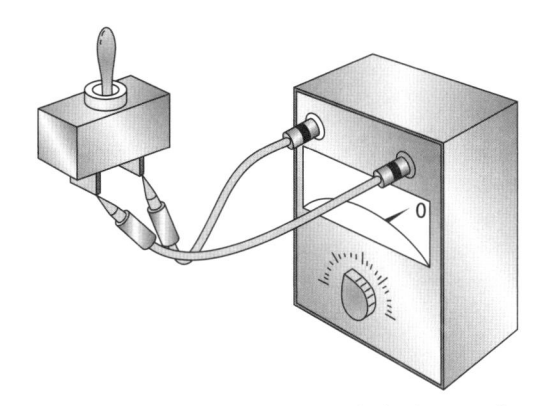

FIGURA 8-19 Medição da continuidade de uma chave.

próxima de zero (menos de 1 Ω) quando a chave está ligada e resistência infinita quando a chave está desligada.

INSTRUMENTOS DE MEDIÇÃO DE CA

Como o medidor elétrico básico é projetado para medir a corrente contínua, a medição da corrente alternada (CA) exige algumas modificações ao projeto do medidor. Mais especificamente, a corrente alternada sendo medida deve, de alguma forma, ser convertida em corrente contínua para medição. Na maioria dos casos, a conversão de CA em CC (conhecida como retificação) cria uma ligeira perda de sinal elétrico. Para garantir a precisão do aparelho, qualquer medidor que mede uma corrente alternada deve compensar a energia perdida durante a retificação; isso vale para os medidores de CA de bobina móvel e para os digitais. O meio mais comum de medir uma corrente alternada usando um medidor de bobina móvel é simplesmente retificar a corrente alternada antes de enviar o sinal elétrico ao movimento do medidor; em geral, estes são chamados de **medidores retificadores**. Uma alheta de ferro e um dinamômetro também podem ser usados para medir uma corrente alternada, mas esses tipos de medidores são menos comuns.

O movimento de alheta de ferro e o dinamômetro foram discutidos anteriormente neste capítulo. Esses movimentos são satisfatórios para correntes alternadas de frequências relativamente baixas, dentro de uma amplitude de 15 a 1000 Hz. Para frequências de mais de 150 Hz, é preciso aplicar uma correção aos movimentos do tipo dinamômetro.

Um dos instrumentos mais comuns para uso com correntes alternadas de relativamente baixa frequência é um movimento de medidor CC conectado em um circuito com um retificador de onda completa, como mostrado na Figura 8-20. Um instrumento como esse costuma ser chamado de **instrumento retificador**. Um retificador de onda completa é usado para transformar a corrente alternada em corrente contínua e é discutido em mais detalhes no Capítulo 6. Quando um medidor desse tipo é usado para medições de CA e CC, normalmente são fornecidas duas escalas. Isso ocorre porque o movimento do ponteiro na medição de valores de CA é proporcional ao valor médio da corrente, não ao valor efetivo.

Quando um medidor do tipo retificador é usado para medir uma corrente alternada de alta frequência, o erro aumenta

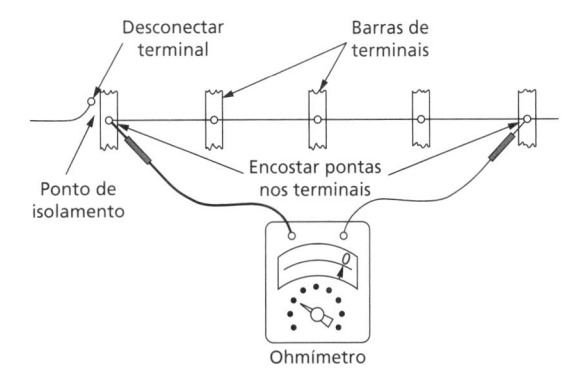

FIGURA 8-18 Uso de um ohmímetro como testeador de continuidade.

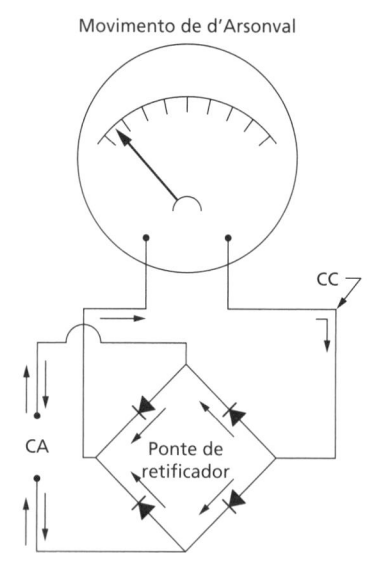

FIGURA 8-20 Medidor tipo retificador.

em proporção com a frequência. Esse erro é causado pelo efeito capacitivo dos elementos retificadores. Em frequências extremamente altas, o retificador deixa passar uma quantidade significativa de corrente em ambas as direções; logo, a corrente flui através do instrumento em ambas as direções.

O resultado é que a corrente em uma direção é reduzida pela corrente na direção contrária. Existem maneiras de compensar esse efeito e medir precisamente uma corrente alternada de alta frequência. O meio mais comum é reduzir a alta frequência sendo medida antes de enviar o sinal ao retificador. A frequência pode ser reduzida por um circuito adicional localizado dentro de um medidor de CA de alta frequência projetado especialmente para esse tipo de situação.

Captadores indutivos

Muitos medidores de ca usam o princípio da indução eletromagnética para medir a corrente e a frequência de um circuito. Esses medidores contêm uma ponta de teste chamada de **captador indutivo** ou um **transformador de corrente** que envolve um fio do circuito a ser testado. A Figura 8-21 mostra um medidor que emprega um captador indutivo. O captador indutivo recebe sua corrente da onda eletromagnética que se forma em torno de qualquer fio que conduz uma corrente. Se esse campo magnético está sempre mudando, como em um circuito CA, uma tensão/corrente será induzida no captador indutivo. A seguir, o captador envia um sinal ao instrumento de medição, que mede o fluxo de corrente do circuito. Os captadores indutivos são usados com frequência para wattímetros e amperímetros CA, mas também podem ser usados em circuitos operados por uma corrente contínua pulsante.

O wattímetro

Os **wattímetros** não são usados com frequência pelos técnicos de manutenção e aeronaves, mas uma breve discussão sobre os princípios desses medidores o ajudará a entender a medição da potência elétrica.

FIGURA 8-21 Um medidor de captador indutivo.

A unidade para a medição da potência elétrica é o watt. Um watt é a potência gasta quando uma corrente de 1 A flui sob a pressão de 1 V. Em um circuito elétrico, a potência em watts é igual ao produto da tensão e da corrente. Isso é verdade em circuitos CC e em circuitos CA quando a tensão e a corrente estão em fase.

Como a potência elétrica envolve corrente e tensão, o wattímetro deve ser capaz de multiplicar esses valores. A Figura 8-22 mostra um diagrama esquemático de um wattímetro conectado em um circuito. A construção do instrumento é semelhante ao de um movimento de dinamômetro, mas os circuitos do campo magnético e da bobina móvel são separados. Um dos enrolamentos deve fornecer um campo proporcional à corrente no circuito, enquanto o outro deve produzir um campo proporcional à tensão. Como o enrolamento da corrente deve ser pesado o suficiente para transportar a corrente do circuito, a bobina da corrente é estacionária. A bobina móvel transporta a tensão porque o enrolamento deve ter alta resistência e tem peso relativamente leve.

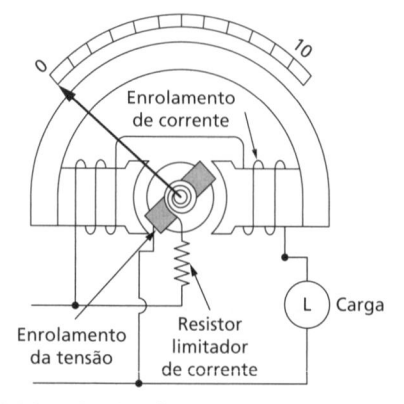

FIGURA 8-22 Circuito de wattímetro.

O circuito da corrente é conectado em série com o circuito da carga e o circuito da tensão é conectado em paralelo com o circuito da arga. Um resistor limitador de corrente é conectado em série com a bobina da tensão. Quando os circuitos são conectados dessa maneira, a força do campo estacionário é proporcional à corrente da carga e a força do campo da bobina móvel é proporcional à tensão entre a carga. O ponteiro indicador se desloca uma distância proporcional ao produto da tensão e da corrente; logo, a escala pode ser marcada diretamente em watts.

O MULTÍMETRO

Na prática, as funções de um voltímetro, ohmímetro e amperímetro (ou miliamperímetro) normalmente são combinadas em um instrumento chamado de **multímetro** ou **volt-ohm-miliamperímetro** (VOM). Esse instrumento combinado possibilita a realização de uma ampla variedade de medições elétricas com apenas um instrumento básico. A Figura 8-23 mostra um tipo de multímetro analógico. Esse instrumento mede a tensão CA e CC até 1000 V, a resistência do zero ao infinito e a corrente CC de zero a 10 A. Um movimento do medidor é usado para fornecer todas as indicações por meio das diversas escalas no aparelho. Para cada tipo de indicação, o instrumento é ajustado usando chave giratória e a colocação dos fios de teste nas tomadas apropriadas.

FIGURA 8-23 Multímetro analógico típico. (*Simpson Electric Co.*)

Quando utiliza um multímetro, o técnico deve seguir as instruções fornecidas no manual do instrumento. Quando testamos uma tensão ou corrente desconhecida, é importante que a amplitude do medidor seja configurada acima do maior nível provável de ser encontrado. A boa prática determina estabelecer a maior amplitude disponível no início e então reduzi-la até que a leitura fique no terço superior da escala. Essa prática evita danos ao instrumento causadas por sobrecarga e maximiza a precisão da leitura. O movimento do medidor fornece proteção automática contra sobrecargas. Quando são testadas tensões acima da amplitude de 30 V, o técnico deve exercer muito cuidado para evitar choques elétricos. Isso é especialmente importante na amplitude de 300 a 1000 V. O Capítulo 13 contém informações adicionais sobre a utilização de medidores.

MEDIDORES DIGITAIS

Os medidores digitais se tornaram comuns nas aeronaves modernas. Eles são mais leves, mais confiáveis e geralmente mais baratos do que os medidores analógicos. Os medidores digitais, usados como multímetros de bancada ou portáteis, também são bastante empregados pelos técnicos aeronáuticos. A Figura 8-24 mostra um **multímetro digital** (DMM). Em muitos casos, o DMM é considerado mais preciso do que o medidor analógico, pois sua tela fornece valores numéricos precisos. Os displays digitais exigem menos interpretação por parte do operador e, logo, reduzem a probabilidade de erro. Como o display de um medidor digital é um dispositivo de estado sólido, não há um movimento de medidor sensível que pode ser danificado durante usos mais pesados, o que torna os medidores digitais mais precisos e mais confiáveis. Em um multímetro digital, o sinal testado é convertido em uma tensão, amplificado e enviado a um microprocessador para análise do sinal. O microprocessador converte o sinal e envia as informações ao display digital, que por sua vez cria uma imagem do valor sendo medido.

Os medidores digitais usam um ou mais chips de circuito integrado (CI) para processar os dados de entrada, iniciar displays e realizar os cálculos necessários. Os diodos emissores de luz ou cristais líquidos são usados nos displays da maioria dos medidores digitais. Quando mede a tensão, o DMM envia o sinal de entrada (dos fios de teste) através de um conversor analógico-digital. O sinal digital é então comparado com uma tensão de referência interna usando o microprocessador do medidor. O microprocessador interpreta o sinal e envia os dados de saída para o display numérico. Quando a corrente é medida, um resistor é colocado em série com a carga dentro do medidor. A queda de tensão sobre o resistor é medida e o microprocessador converte as informações nos sinais apropriados para o display numérico. Quando mede a resistência, o medidor fornece uma tensão de referência à resistência sendo medida. O resultado é um fluxo de corrente. Essa corrente é medida pelo medidor para determinara a resistência da carga. As baterias internas do medidor fornecem a tensão necessária para medir a resistência.

A resolução de um medidor digital determina o quão pequena pode ser a medição realizada pelo medidor. Em outras pala-

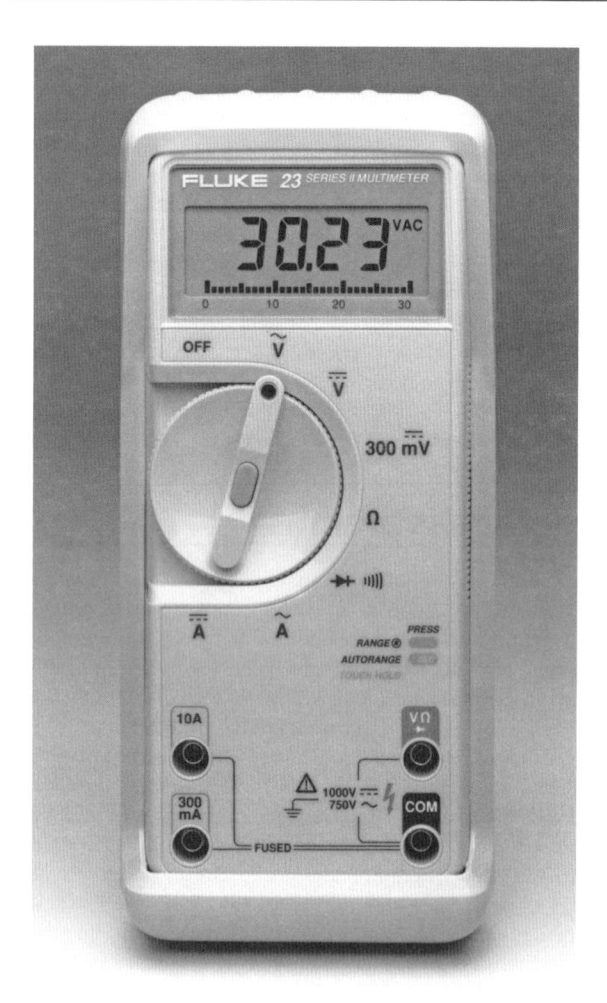

FIGURA 8-24 Um multímetro digital portátil típico. (*Reproduzido com permissão, John Fluke Mfg. Co.*)

vras, um medidor com alta resolução pode ser capaz de medir até 1 mV (0,001 V); um medidor com má resolução pode conseguir medir apenas 0,1 V. Um fator limitante da resolução do medidor é o número de *dígitos* no display do medidor. Em geral, os DMMs portáteis tem entre 3 e 4,5 contagens. Um medidor de 3 dígitos pode mostrar até três dígitos completos (0 a 9). Uma unidade de 4,5 dígitos pode mostrar quatro dígitos completo e um meio dígito (1 ou vazio). O meio dígito fica localizado na extrema esquerda do display. Por exemplo, um display de 3 dígitos poderia indicar até 999 V; um display de 3,5 dígitos poderia indicar até 1999 V.

Muitos medidores digitais incorporam uma função de teste de diodos. Durante o teste de diodos, o medidor fornece uma tensão às pontas de teste. Se o diodo está operando corretamente, o medidor indica a queda de tensão no diodo quando a ponta vermelha é conectada ao ânodo e a preta é conectada ao cátodo do diodo. A queda de tensão deve ser de aproximadamente 0,3 ou 0,7 V, dependendo do tipo de diodo. Quando as pontas do medidor são invertidas, o dispositivo deve indicar um circuito aberto. A maioria dos medidores digital incorpora um testador de continuidade fácil de usar. A chave seletora do medidor deve ser configurada na posição correta para realizar o teste de continuidade. Na maioria dos casos, o DMM contém um beeper digital que emite um som quando o circuito é contínuo (abaixo de um determinado valor de resistência, aproximadamente 1 Ω). Se o circuito ou componente excede esse valor de resistência predeterminado, o circuito é considerado aberto (não contínuo) e o beeper não emite o som. Isso permite que o técnico determine a continuidade sem precisar olhar para o display do medidor, uma recurso muito útil quando solucionamos problemas em sistemas e componentes de aeronaves. O testador de continuidade é usado para garantir que um circuito, ou componente, permite o fluxo de corrente *contínua*. Para permitir o fluxo de corrente, o circuito, ou componente, deve ter um circuito completo de um contato até o outro. A Figura 8-25 mostra um DMM usado para realizar um teste de continuidade em uma lâmpada de navegação comum. Se a lâmpada está operacional, o DMM emite um tom e o display do medidor apresenta a resistência da lâmpada, indicando um caminho de corrente contínuo através dela. Se a lâmpada está com defeito (aberta), o beeper do DMM não emite som e o display indica um circuito aberto.

Os multímetros digitais modernos muitas vezes possuem um computador embutido, ou microprocessador, que fornece diversos recursos de conveniência. As melhorias de medição disponíveis nos multímetros digitais incluem:

1. **A variação automática de amplitude**, que seleciona a amplitude correta para a quantidade sob teste para que o maior número de dígitos significativos seja mostrado pelo medidor. Por exemplo, um multímetro de quatro dígitos selecionaria automaticamente uma amplitude apropriada para mostrar 1,234 em vez de 0,012. Se os outros fatores permanecem iguais, um medidor com variação automática de amplitude tem mais circuitos do que um aparelho equivalente sem esse recurso e, logo, será mais caro, mas também mais conveniente de usar. Um medidor com variação automática de amplitude pode responder de forma relativamente mais lenta em comparação com um aparelho sem o recurso. O medidor também pode flutuar quando mede sinais instáveis. Por esses motivos, muitos medidores permitem que o usuário ligue e desligue o recurso de variação automática de amplitude.

2. **Correção de autopolaridade**, um recurso para medição de corrente contínua. Se os fios do medidor são conectados ao circuito com a polaridade incorreta, os circuitos internos do medidor realizam a correção automaticamente.

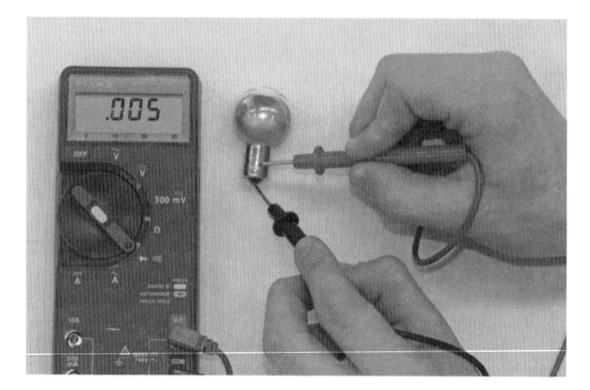

FIGURA 8-25 Medidor digital usado para testar a continuidade de uma lâmpada.

3. **Sample and hold** ("amostragem e retenção"), que trava a leitura mais recente para análise após o instrumento ser removido do circuito sendo testado.
4. **Testes com limitação de corrente** para quedas de tensão entre junções de semicondutores. Esse recurso permite que o usuário teste diodos e diversos tipos de transistores. Também chamados de **função de teste de semicondutores**.
5. Um recurso de **representação gráfica** usa um gráfico de barras para mostrar uma imagem mais específica do sinal sendo testado.

Precauções de segurança

Independentemente de estar usando um medidor analógico ou um digital, sempre siga as instruções de segurança do fabricante para os equipamentos de teste e para os equipamentos sendo testados. Sempre verifique os fios de teste do medidor para garantir que seu isolamento está em bom estado. Seja extremamente cuidadoso no teste de circuitos de alta tensão ou alta corrente e lembre-se de conectar e desconectar os fios de teste com a energia do circuito desligada. Sempre desconecte o fio de teste *quente* (vermelho) primeiro e conecte-o por último. Nunca teste qualquer circuito enquanto estiver dentro da água ou vestindo calçados e roupas molhadas. Grandes joias metálicas podem criar curto-circuitos com facilidade. Tome cuidado com pulseiras, braceletes, anéis e colares de metal; se conectados entre as tensões + e −, eles podem se aquecer rapidamente e causar queimaduras. Não dê nada como certo; sempre confirme duas vezes que a tensão está desligada. Nunca trabalhe sozinho.

Contadores de frequência

Quando testamos circuitos, muitas vezes é importante conhecer a frequência da corrente alternada. Os **contadores de frequência** são instrumentos usados para "contar" os pulsos elétricos de uma determinada tensão. A maioria dos contadores de frequência mede, além da frequência de uma corrente alternada, também a de uma corrente contínua pulsante, uma forma de onda quadrada ou uma forma de onda triangular. Os contadores de frequência são conectados em paralelo com o circuito sendo medido, permitindo que o instrumento monitore a tensão do circuito.

Um contador de frequência típico transforma a forma de onda de entrada em uma onda quadrada padrão com a mesma frequência que o sinal de entrada. A frequência da onda padrão é então comparada com a frequência de um valor conhecido gerado pelo contador. Essa comparação permite que o instrumento determine o valor da frequência medida.

Alguns tipos de circuitos de porta de tempo devem ser usados em contadores de frequência. Como a forma de onda sendo medida está sempre mudando, o instrumento de teste deve medir a entrada por um determinado período (tempo de porta). Logo, os contadores de frequência medem uma frequência média. Um segundo é um tempo de porta típico.

O OSCILOSCÓPIO

O **osciloscópio** é um dos instrumentos de medição mais importantes para a análise de circuitos eletrônicos complexos. O osci-

FIGURA 8-26 Osciloscópio típico.

loscópio é um voltímetro sofisticado com um display gráfico bidimensional que pode ser usado para medir a tensão (amplitude) e a frequência (tempo) de um sinal elétrico. Isso permite que o operador visualize as mudanças de tensão ou frequência com o tempo; logo, é possível medir um sinal constante ou um mutante. Usando um osciloscópio com multitraço, é possível comparar dois sinais separados. Em geral, o osciloscópio é usado para analisar sinais que mudam rápido demais para serem monitorados por um multímetro comum. A medição de um sinal que muda rapidamente muitas vezes é necessária quando resolvemos problemas em circuitos digitais ou de rádio. A Figura 8-26 mostra um osciloscópio típico.

A maioria dos sinais elétricos pode ser conectada facilmente a um osciloscópio com pontas de teste ou cabos. Fenômenos não elétricos, como sons ou temperaturas, podem ser medidos com sondas especializadas que contêm **transdutores**. Um transdutor é um dispositivo calibrado que mede uma forma de energia e a converte em tensão. Um microfone é um tipo de transdutor que converte ondas sonoras em sinais elétricos. A Figura 8-27 mostra exemplos de diversas formas de onda em uma tela de osciloscópio.

O propósito geral de um osciloscópio típico é medir um sinal elétrico, analisar esse sinal e usar os circuitos do processador para converter as informações em uma imagem que possa ser visualizada pelo técnico. A imagem deve ser uma representação gráfica do sinal elétrico sendo medido. Isso é uma tarefa relativamente complexa porque o osciloscópio é capaz de medir uma ampla variedade de sinais elétricos. Os blocos funcionais de um osciloscópio típico aparecem na Figura 8-28. Nela, vemos que uma **ponta de prova** de um osciloscópio muitas vezes é usada para conexão com o circuito sendo medida. O bloco de entrada pode conter circuitos de proteção, amplificadores e circuitos de redução (atenuação) de sinais. A **seção vertical** controla o nível de tensão (eixo vertical) mostrado no display do osciloscópio, enquanto a **seção horizontal** controla o valor temporal (eixo horizontal) mostrado no display do osciloscópio. A **seção de gatilho** é usada para sincronizar o sinal de modo a criar uma imagem estável. Isso é necessário porque o dispositivo pode medir uma ampla variedade de sinais dinâmicos, alguns mais estáveis, outros menos. As informações finalmente são enviadas a um processador de saída que realiza as conversões necessárias para "pintar um retrato" na tela do osciloscópio. Dois displays

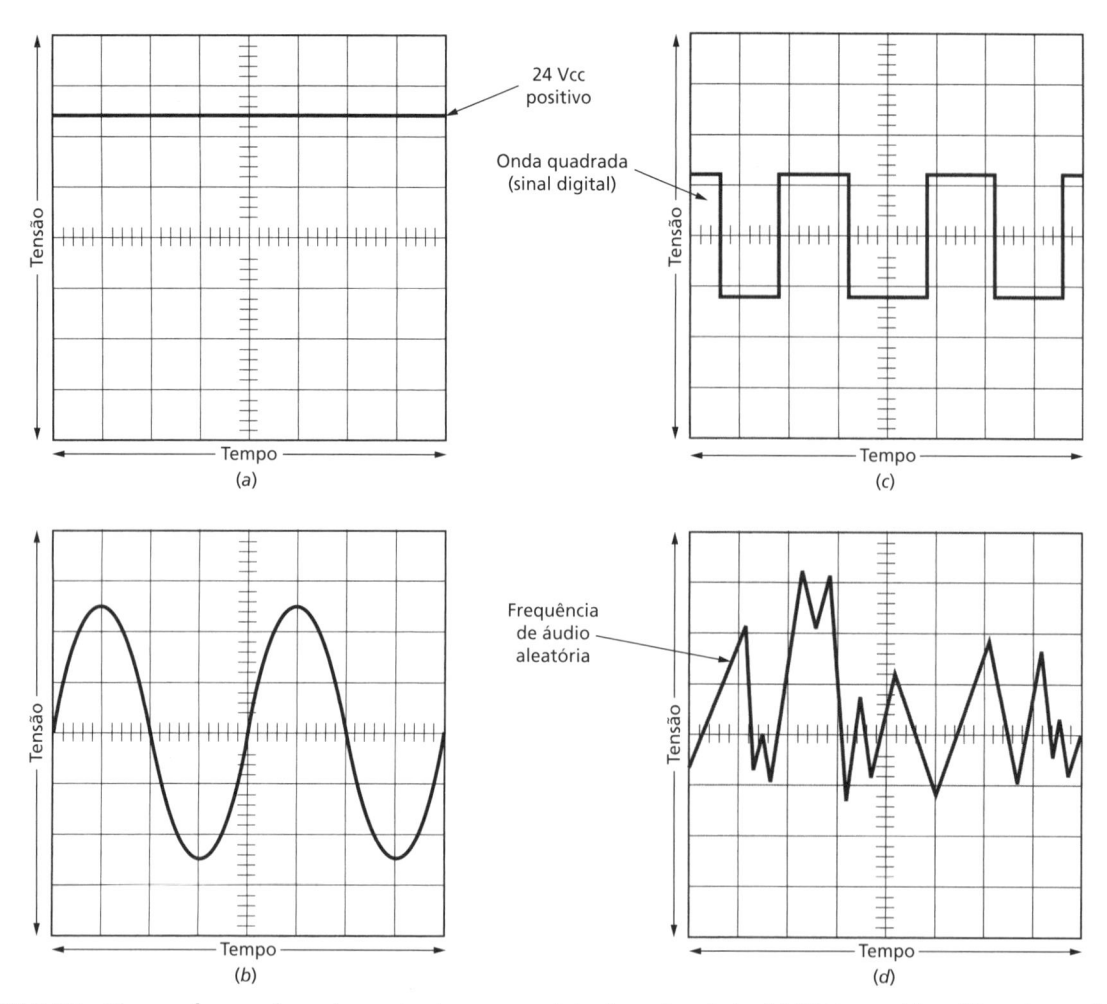

FIGURA 8-27 Diversas formas de onda mostradas em uma tela de osciloscópio: (a) 24 Vcc positivo; (b) onda senoidal ca; (c) onda quadrada para um sinal digital; (d) onda sonora de frequência de áudio.

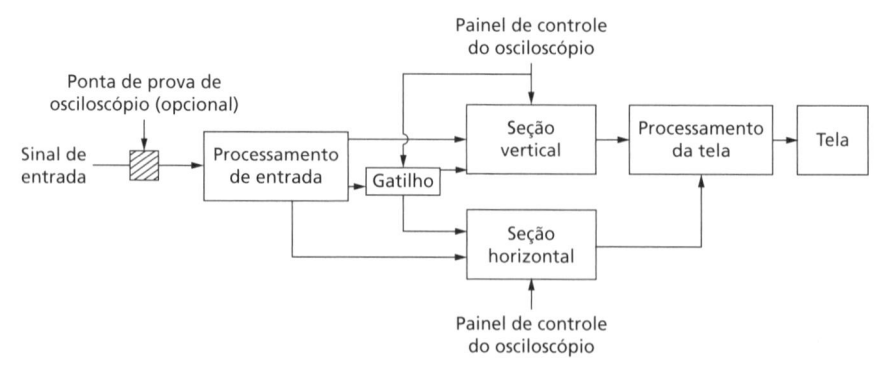

FIGURA 8-28 Diagrama dos blocos funcionais básicos de um osciloscópio.

comuns em osciloscópios são o tubo de raios catódicos (CRT) e a tela plana de display de cristal líquido (LCD).

Categorias de osciloscópio

Os osciloscópios muitas vezes são categorizados pelos circuitos usados para processar as informações de forma de onda. Os **osciloscópios analógicos** utilizam circuitos analógicos para processar e representar o sinal de entrada e normalmente possuem um display de CRT. Os osciloscópios analógicos foram muito populares até o início dos anos 2000, quando a maioria das instalações técnicas e de engenharia adotou os aparelhos digitais mais modernos. Os **osciloscópios digitais** empregam circuitos de microprocessadores para analisar e representar os sinais elétricos sendo monitorados. Os osciloscópios digitais normalmente têm a capacidade de processar sinais de frequência mais elevada do que os analógicos e quase sempre podem guardar os valores de uma forma de onda em sua memória digital para apresentação posterior ou download em um PC. Praticamente todos os osciloscópios digitais utilizam um LCD de tela plana, e muitos são portáteis.

Outro avanço recente a na tecnologia dos osciloscópios é uma placa de circuito especializada de aquisição de sinais usada para criar uma interface do usuário com um PC, um tablet ou até mesmo um smartphone. Alguns desses aparelhos são projetados com placas para serem instaladas em seu PC; alguns são independentes e conectam o aparelho com uma porta paralela ou conexão USB externa. Essa opção pode transformar qualquer tela de computador em um osciloscópio digital.

A tela

Os osciloscópios analógicos que utilizam um CRT criam a imagem da tela projetando um feixe de elétrons contra uma tela fosforescente.

O movimento do feixe na tela é produzido por dois conjuntos de placas de deflexão dentro do CRT; um conjunto de placas controla o movimento horizontal do feixe de elétrons, enquanto o outro controla o movimento vertical. Quando uma tensão é aplicada a uma ou mais das placas, o feixe é atraído em direção às placas positivos e repelido pelas negativas. O movimento resultante do feixe de elétrons sobre a tela fosforescente traça um caminho na tela por um breve intervalo.

Quando um feixe é mantido estacionário, o resultado é que aparece um ponto na tela. Se o feixe se move rapidamente em sentido horizontal de um lado ao outro da tela, aparece uma linha de **varredura**. Se um sinal ou tensão a ser medido é aplicado à entrada do osciloscópio, ele é aplicado indiretamente às placas de deflexão verticais do CRT. O feixe do CRT se move para cima ou para baixo na tela quando o valor da tensão do sinal se torna positivo (aumenta) ou negativo (diminui). À medida que a tensão do sinal fica positiva, o feixe sobe na tela; à medida que se torna negativa, o feixe desce. Qualquer sinal que varia em tensão aparece como algum tipo de forma de onda na tela, dependendo do modo como varia.

O LCD se tornou um display muito comum nos osciloscópios modernos devido a sua confiabilidade e baixo custo. Em geral, ambos os dispositivos de LCD e de CRT têm características funcionais e circuitos de operação semelhantes. O processador do osciloscópio deve produzir um sinal de controle digital que contém os dados verticais e horizontais para o LCD. A seguir, o LCD converte esses sinais digitais em uma imagem do sinal elétrico sendo medido pelo osciloscópio. O Capítulo 6 deste texto oferece mais detalhes sobre a operação dos LCDs.

A **gratícula** é a grade de linhas, com as divisões maiores espaçadas em intervalos de 1 cm. A gratícula costuma ser pintada na tela da CRT ou em um painel que é então instalado sobre o display de LCD ou CRT. A gratícula é usada como referência para medições de tensão e frequência (Figura 8-29). Em alguns osciloscópios, a gratícula é apresentada pelo LCD ou CRT em si como parte da imagem produzida. Nesse caso, não é necessário instalar um painel de gratícula.

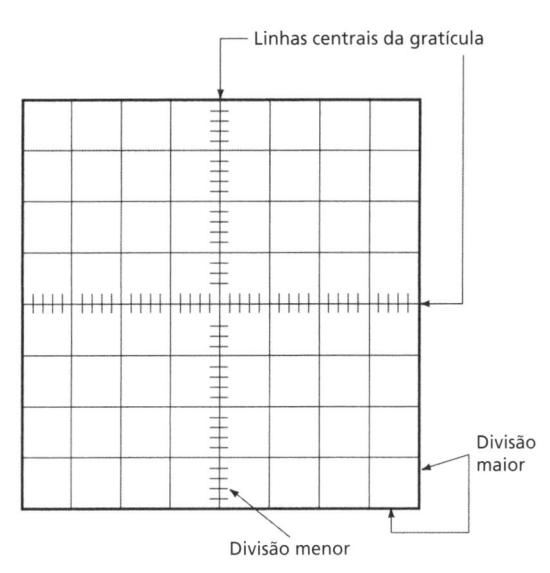

FIGURA 8-29 Uma gratícula de osciloscópio típica.

A ponta de prova de osciloscópio

A definição mais simples da **ponta de prova do osciloscópio** (ou **ponta**) é o meio pelo qual o circuito a ser testado é conectado ao osciloscópio. O uso de fios de teste abertos (como aqueles usados em um multímetro típico) tendem a captar interferência de fontes externas e, logo, não é apropriado para sinais de baixo nível. Os fios de teste abertos também levam a uma maior indutância e não são adequados para a medição de altas frequências. Usando uma ponta de prova de osciloscópio conectada com um fio de teste de cabo blindado ajuda a eliminar esses problemas. O cabo coaxial (um cabo blindado especializado) tem menor indutância, mas maior capacitância; por consequência, uma ponta de prova é utilizada para compensar quaisquer problemas de ajuste em termos de indutância, capacitância ou impedância. Uma ponta típica carrega o circuito a ser medido com uma capacitância de cerca de 110 pF e uma resistência de 1 MΩ. A Figura 8-30 mostra uma ponta de prova de osciloscópio típica.

Para minimizar a carga e permitir que o osciloscópio meça uma amplitude maior de sinais, algumas pontas de prova contêm uma chave para atenuação 1X ou 10X. Uma **ponta de prova 10X** atenua o sinal de entrada por um fator de 10 usando um circuito RC de alta resistência e baixa capacitância. Pontas de outros valores também estão disponíveis para determinadas aplicações, mas as pontas 1X e 10X são as mais comuns. O cabo coaxial, que conecta a ponta de prova ao osciloscópio, deve ter impedância de um determinado valor, então seu projeto e comprimento são críticos.

Existem pontas de prova de alta tensão especiais que são fisicamente maiores do que uma ponta de baixa tensão comum. Hoje também existem pontas de prova que utilizam um captador indutivo e não exigem conexão direta com o circuito a ser medido. Um captador indutivo exige que o fio seja passado através de um buraco na ponta. Depois disso, o processo de indução eletromagnética é usado para transferir o sinal medido para a ponta de prova. As pontas desse tipo somente podem ser utilizadas para testar tensões ou correntes alternadas.

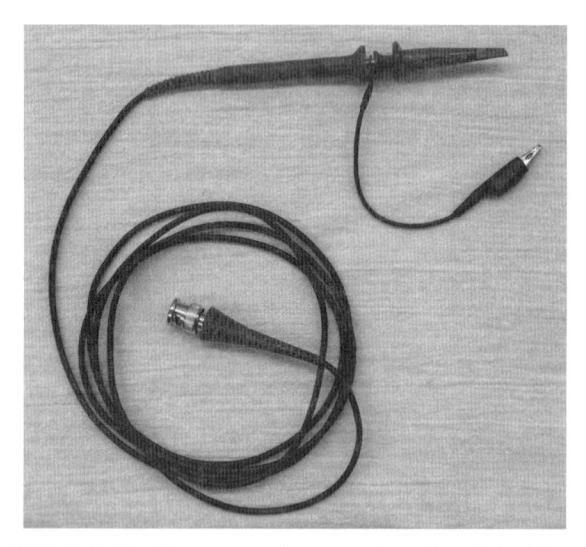

FIGURA 8-30 Uma ponta de prova de osciloscópio típica.

A seção vertical

O display representa um sinal elétrico como uma forma de onda. O deslocamento vertical do sinal elétrico é chamado de *eixo y* e representa o nível de tensão da forma de onda sendo medida. A mudança da forma de onda com o tempo é representada horizontalmente no LCD ou CRT e é chamado de *eixo x*. A seção de controle vertical do osciloscópio fornece as informações para o display do eixo *y*. Nos osciloscópios de CRT, os sinais de entrada são convertidos em tensões de deflexão e utilizados pela seção do display para defletir o feixe de elétrons. Nos aparelhos de LCD, as informações verticais são enviadas ao circuito processador do LCD. A seção vertical também fornece sinais internos para a seção de gatilho do osciloscópio.

O engatilhamento é produzido pela sincronização do gerador de dente de serra que produz o varrimento horizontal com a forma de onda do sinal sendo medido. Se o gerador de dente de serra não inicia e para no mesmo ponto no tempo que a forma de onda do sinal, ocorre uma condição de dessincronização, que gera um display instável. Isso cria múltiplas formas de onda sobrepostas ou então o sinal aparece como uma forma de onda móvel. Para sincronizar o gerador de dente de serra com o sinal de entrada, é aplicado um **pulso de gatilho** ao gerador de dente de serra. O pulso de gatilho pode sair da seção vertical ou de uma fonte externa.

A seção horizontal

A função de processador horizontal controla a taxa de varredura horizontal e permite que o operador escolha a quantidade de sinal de entrada a ser apresentada. A seção horizontal contém um gerador de varredura que produz uma forma de onda de dente de serra, ou rampa, usada para controlar as taxas de varredura do osciloscópio. O gerador de varredura é calibrado no tempo e também é chamado de **base de tempo**. Ajustando o **tempo de varredura**, ou a taxa à qual a imagem se move horizontalmente no display, é possível escolher a quantidade de sinal de entrada visualizado pelo operador. O valor temporal da varredura também deve ser conhecido para determinarmos a frequência do sinal medido. A maioria dos aparelhos modernos permite que o operador realize um ajuste manual da taxa de varredura horizontal, além de um recurso automático que configura a taxa de varredura que melhor mede o sinal de entrada.

A seção de gatilho

O osciloscópio desenha uma forma de onda no LCD ou CRT usando informações das seções vertical e horizontal do processador, que fornecem sinais de referência. A seção de gatilho determina quando o osciloscópio deve começar a "desenhar" a forma de onda. A forma de onda apresentada no display é "redesenhada" constantemente. Se o osciloscópio não começasse a redesenhar a forma de onda no mesmo ponto todas as vezes, o display não faria muito sentido.

A seção de gatilho garante um display estável, reconhecendo um determinado ponto de tensão na forma de onda de entrada. Depois que esse ponto é reconhecido, o gerador de varredura é ativado e uma nova forma de onda é desenhada no ponto correto do display.

Operações e segurança

Instrumentos especializados são essencial para a solução de problemas e o teste de circuitos eletrônicos. Contudo, se não são usados corretamente, é possível danificar gravemente eles e/ou os circuitos. Os operadores desses instrumentos devem garantir que sabem como os instrumentos são conectados e que a tensão a ser testada não está acima da amplitude do instrumento. Eles também devem estar cientes dos efeitos do instrumento de teste no circuito em si. Como já foi observado, um voltímetro comum muitas vezes produz efeitos que tornam as leituras errôneas. O mesmo vale para osciloscópios e outros instrumentos.

Muitos instrumentos de teste eletrônicos foram desenvolvidos para fins especiais. Os operadores de todo e qualquer instrumento devem entender perfeitamente todos os procedimentos operacionais antes de conectar o instrumento ao circuito. Eles devem sempre ler e confirmar que entendem as instruções do fabricante antes de usar um instrumento de teste.

Quase todos os testes realizados com um osciloscópio são realizados em um circuito ativo (quente). Isso cria o potencial de choques elétricos e até eletrocussão. Sempre tome precauções extremas e leia todos os materiais de segurança dos equipamentos sendo utilizados ou testados. Em geral, quando utilizar um osciloscópio, sempre siga as seguintes diretrizes: (1) limite qualquer exposição a altas tensões. Qualquer valor acima de aproximadamente 100 V pode ser perigoso. (2) Quando realizar testes dentro de equipamentos, preste atenção em conexões elétricas contendo alta tensão e tome cuidado para evitar esses pontos sempre que possível. (3) Sempre que possível, os testes devem ser realizados em estações de trabalho com isolamento apropriado, incluindo um piso isolado. (4) Sempre mantenha uma mão longe do circuito e das massas elétricas. Muitos técnicos trabalham com apenas uma mão e mantêm a outra distante de qualquer massa elétrica. (5) Lembre-se que até equipamentos desligados podem ter conexões elétricas quentes dentro da caixa; desligue-os da tomada ou desconecte a fonte de energia para ficar totalmente seguro. (6) Sempre que possível, trabalhe com alguém por perto para ajudá-lo em caso de emergência. Essas precauções podem salvar sua vida; sempre tome o mais extremo cuidado sempre que trabalhar com circuitos ativos.

QUESTÕES DE REVISÃO

1. Descreva as diferenças entre medidores digitais e analógicos.
2. Dê três classificações gerais de instrumentos de medição elétrica.
3. Explique a operação de um galvanômetro.
4. Descreva o movimento de medidor de d'Arsonval ou Weston.
5. Descreva o tipo de mancal articulado mais usado nos movimentos de instrumentos elétricos.
6. Explique uma sensibilidade de medidor de 20.000 Ω / V.
7. Qual é o motivo para usar um instrumento bastante sensível para testar tensões em um circuito?
8. Quando os shunts de medidores são necessários?
9. Explique a diferença entre um circuito de medidor conectado como amperímetro e um conectado como voltímetro.
10. Qual precaução importante deve ser observada quando conectamos um amperímetro em um circuito?
11. Como o voltímetro deve ser conectado com relação à carga para determinar a tensão aplicada à carga?
12. Qual é um instrumento comum usado para medir uma corrente alternada de baixa frequência?
13. Explique a operação de um termopar.
14. Para que são usados os instrumentos contadores de frequência?
15. Qual é a função de um wattímetro?
16. O que são medidores de captador indutivo?
17. Descreva um multímetro.
18. Quais são algumas das vantagens de um *multímetro digital*?
19. Explique as precauções de segurança que precisam ser tomadas quando medimos circuitos usando um multímetro.
20. Liste e explique as operações importantes que devem ser realizadas antes de conectar um multímetro para um teste.
21. O que é um osciloscópio?
22. Qual é o propósito do circuito de gatilho em um osciloscópio?
23. O que é uma ponta de prova de osciloscópio?

CAPÍTULO 9
Motores elétricos

Um motor elétrico é um dispositivo que transforma energia elétrica em energia mecânica. Os motores elétricos podem ser classificados de diversas maneiras; são tão numerosos, no entanto, que seria impossível descrevê-los com classificações simples. Duas classificações amplas descrevem o tipo de potência elétrica necessária para operar um motor: corrente alternada (CA) ou corrente contínua (CC). Em geral, os motores CA são usados em grandes aeronaves comerciais, pois esses aviões empregam geradores CA e um suprimento de energia adequado. Em geral, os motores CC são usados em aeronaves leves, que têm geradores CC e sistemas de distribuição de potência CC. Outro tipo de motor, desenvolvido mais recentemente, exige circuitos de controle computadorizado. Esses motores muitas vezes usam ímãs permanentes de alta força e um microprocessador para controlar múltiplos enrolamentos elétricos. Os motores CC são descritos em parte pelo tipo de enrolamento interno que utilizam. Existem motores com **excitação em série, excitação em paralelo** e **excitação composta,** cujos nomes descrevem a relação entre as conexões da bobina de campo e o enrolamento da armadura. Os motores de todos os tipos normalmente são classificados de acordo com sua potência nominal. Em geral, a placa de dados também mostra a tensão e a corrente. Informações adicionais sobre motores CC incluem rpm, tipo de operação e alguns outros pontos que descrevem o projeto do motor.

Os motores CA são classificados de acordo com potência, fase, frequência operacional e tipo de construção. Em geral, o fator de potência também é declarado. Todas as características de um motor sempre devem ser consideradas quando um aparelho é selecionado para uma determinada operação.

Os motores elétricos são usados em aeronaves e espaçonaves para diversos fins. Entre as muitas unidades e sistemas que precisam de motores elétricos, podemos listar motores de arranque, válvulas de controle, trens de pouso, flapes, compensadores, controles de voo, servomecanismos, bombas de combustível, bombas hidráulicas, bombas a vácuo, giroestabilizadores e dispositivos de navegação. Este texto não pretende abranger os detalhes de todos os motores elétricos, mas vamos apresentar uma explicação completa da teoria dos motores e de suas funções. Isso deve permitir que o aluno entenda qualquer instalação de motores usada em veículos aeroespaciais modernos.

TEORIA DOS MOTORES

Atração e repulsão magnética

A função de um motor elétrico é transformar energia elétrica em energia mecânica. A energia elétrica entra no motor como corrente alternada ou contínua e o produto de energia mecânica cria uma força rotacional, também chamada de torque. Todos os motores elétricos usados em aeronaves operam com base no princípio de atração e repulsão magnética. O estudo do magnetismo nos ensina que polos magnéticos *iguais* se repelem e que polos magnéticos *diferentes* se atraem. A Figura 9-1 mostra os princípios operacionais básicos de todos os motores elétricos. Nesse exemplo, uma bobina de fio é montada próxima a um disco que pode girar com facilidade; no disco, monta-se um ímã permanente. A bobina é colocada próxima ao polo norte de um

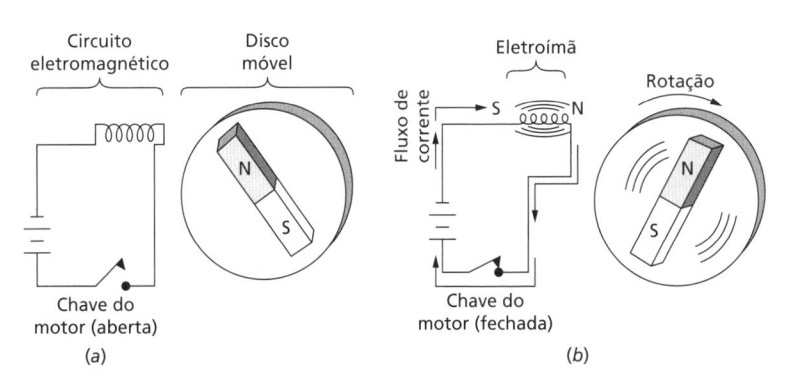

FIGURA 9-1 Princípios operacionais de um motor elétrico: (*a*) chave aberta/sem fluxo de corrente/sem rotação, (*b*) chave fechada/fluxo de corrente/rotação.

ímã permanente (Figura 9-1*a*). Se a chave é fechada, a corrente flui através da bobina, criando um eletroímã. A bobina é projetada para que a força do eletroímã se oponha à força do ímã permanente; os dois polos norte se repelem. Logo, quando a chave é fechada e o motor é ligado, produz-se torque e o disco gira. Obviamente, a rotação desse motor simples para quando o polo sul do ímã permanente se alinha com o polo norte do eletroímã estacionário. Apesar de não ser prático, esse exemplo representa os princípios operacionais básicos de todos os motores elétricos.

Outro princípio que define a operação de um motor típico é o fato de qualquer condutor que transporta corrente produzir um campo magnético. Se esse condutor é colocado dentro de outro campo magnético, como mostrado na Figura 9-2, o condutor se moverá devido à interação dos campos eletromagnético e magnético. Ao projetar um motor, passa a ser muito importante conhecer as relações entre a direção do fluxo de corrente e a polaridade de um campo magnético.

A direção que um condutor transmissor de corrente em um campo magnético tende a se mover pode ser determinada pelo uso da **regra da mão direita para motores**. Essa regra é aplicada da seguinte maneira: *Estenda o polegar, o indicador e o dedo médio da mão direita de modo que todos fiquem em ângulos retos em relação uns aos outros, como mostrado na Figura 9-3. Vire a mão para que o indicador aponte na direção do fluxo magnético e o dedo médio na direção da corrente que flui no condutor. Com isso, o polegar apontará na direção do movimento do condutor.*

Qualquer bobina de fio tem polaridade magnética quando uma corrente o atravessa. Se um núcleo de ferro doce é colocado na bobina, o resultado é um eletroímã. Nesse exemplo, o campo, ou ímã de campo, é um ímã permanente estacionários e a armadura é o ímã permanente giratório. Se esse eletroímã é colocado entre os polos de um ímã de campo e pode girar, o fluxo do eletroímã reage com o fluxo do ímã de campo e produz torque, fazendo com que o eletroímã gire (ver Figura 9-4*a*). O polo norte do eletroímã é atraído pelo polo sul do ímã de campo e repelido

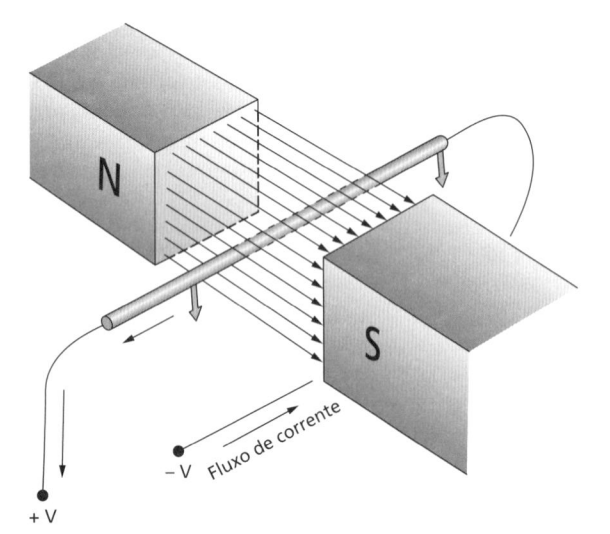

FIGURA 9-2 Condutor portador de corrente em um campo magnético.

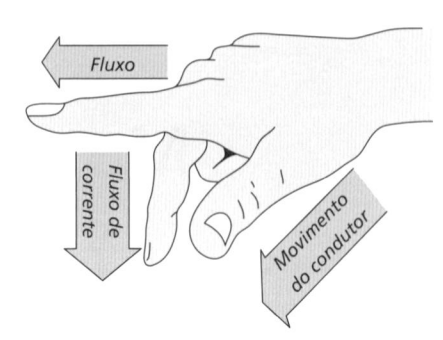

FIGURA 9-3 Regra da mão direita para motores.

pelo polo norte. O eletroímã continua a girar até que se alinhe com o campo. Nesse ponto, ele pararia naturalmente, pois as condições de repulsão e atração seriam satisfeitas. Em um motor elétrico, no entanto, a polaridade da armadura é revertida pela ação do **comutador**. O computador é um dispositivo de chave que reverte as conexões com a bobina da armadura (ver Figura 9-4*b*). Observe que a inversão do fluxo ocorre logo antes da armadura se alinhar com o campo, fazendo com que a armadura continue a girar à medida que se alinha com as novas condições (Figura 9-4*c*). A inversão do fluxo na armadura ocorre todas as vezes que a armadura fica quase alinhada; logo, ela continua a girar enquanto a energia elétrica for aplicada.

Um motor simples, do tipo descrito acima, não produz um fluxo estável de potência, pois o torque é alto quando a armadura está em ângulos retos com os polos do campo, mas quase não há torque no momento em que a armadura está alinhada com os polos do campo. Para que o motor produza uma potência estável, a armadura recebe bobinas adicionais para que sempre haja um alto torque. A Figura 9-5 mostra um motor com quatro polos de armadura. Com esse sistema, o torque em um conjunto de polos aumenta à medida que o torque em outro conjunto diminui e o motor produz uma potência razoavelmente estável. A adição de mais bobinas estabiliza ainda mais a potência. Se o motor tem quatro polos de campo, os lados das bobinas da armadura teriam uma distância de espaçamento igual a um quarto da circunferência da armadura. A maioria dos motores modernos contém quatro ou mais polos.

A ação de uma armadura de tambor em um campo magnético está ilustrada na Figura 9-6. Esse diagrama representa uma seção transversal de uma armadura com os condutores nos entalhes da armadura mostrados como pequenos círculos. A cruz em um círculo pequeno indica a corrente fluindo para longe do observador e o ponto indica a corrente que flui em direção ao observador. Aplicando a regra da mão direita para motores, podemos determinar a direção do torque na armadura. Por exemplo, a corrente na esquerda da armadura flui para dentro da página e o campo de fluxo vai da esquerda para a direita. A regra da mão direita indica que o condutor subiria através do campo. No lado oposto da armadura, o condutor desceria através do campo e a armadura giraria em sentido horário.

A ação do comutador muda continuamente a corrente de entrada para novas seções do enrolamento da armadura para que o topo da armadura seja sempre um polo norte; assim, a armadura continua a girar na tentativa de se alinhar com os polos do campo.

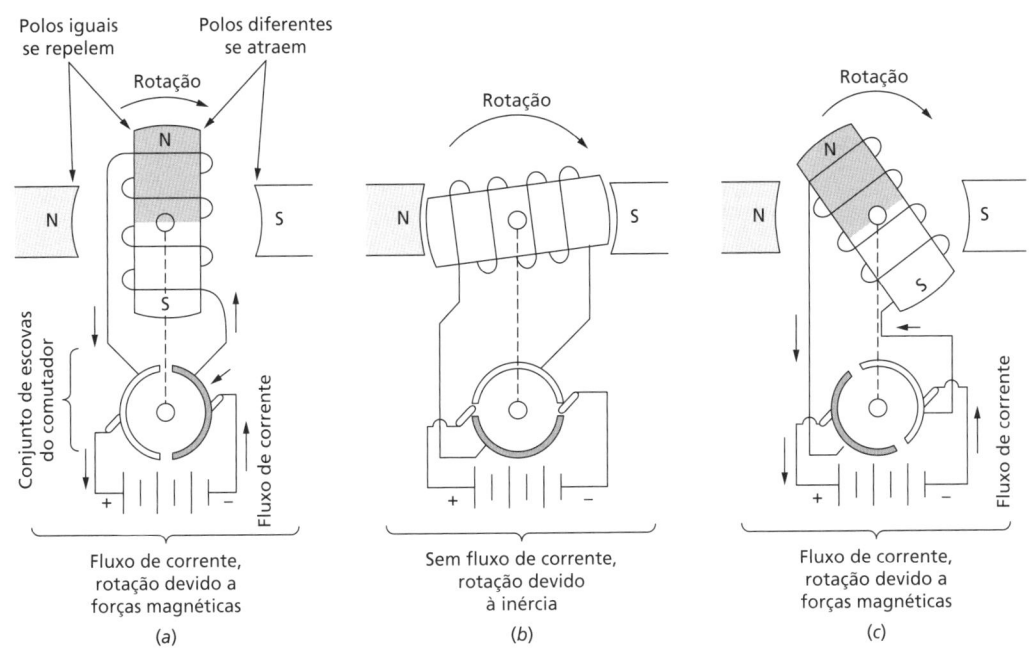

FIGURA 9-4 Princípio do motor CC.

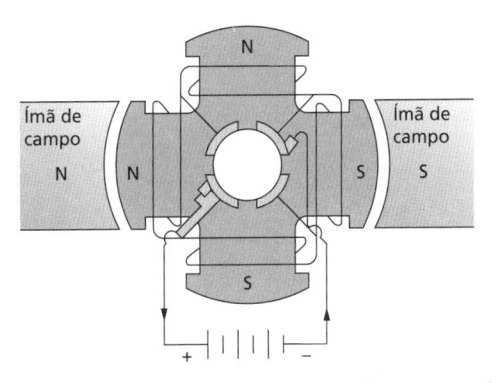

FIGURA 9-5 Motor CC com armadura de quatro polos.

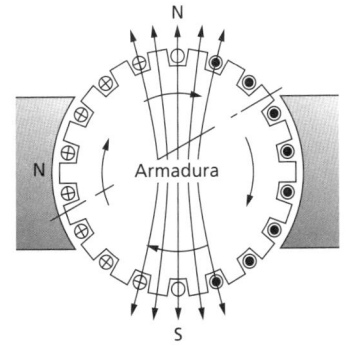

FIGURA 9-6 Diagrama transversal de uma armadura.

FCEM e FEM líquida

Como foi indicado nas discussões anteriores, um condutor que se move através de um campo magnético terá uma FEM induzida dentro de si. Como os condutores na armadura de um motor estão atravessando o campo magnético à medida que a armadura gira, a FEM é produzida nos condutores. Essa FEM induzida se opõe à corrente sendo aplicada à armadura vinda da fonte externa. Essa tensão induzida é chamada de **força contraeletromotriz** (FCEM) e atua para reduzir a quantidade de corrente que flui na armadura. A **FEM líquida** é a diferença entre a FEM aplicada e a FCEM.

A FCEM tem um papel importante no projeto do motor. Os motores devem ser projetados de modo a operar com eficiência sobre a FEM líquida, que é apenas uma fração da FEM aplicada; logo, a resistência das bobinas da armadura deve ser relativamente baixa. Antes que um motor ganhe velocidade, a corrente através da armadura é determinada pela FEM aplicada e a resistência da armadura. Como a resistência da armadura é baixa, a corrente é muito alta. À medida que a velocidade do motor aumenta, a FCEM se acumula e se opõe à FEM aplicada, reduzindo o fluxo de corrente através da armadura. Isso explica os fatos de que há um grande surto de corrente quando o motor dá a partida e que a corrente então cai rapidamente até uma fração de seu valor inicial.

Com algumas instalações de motores elétricos, a corrente de partida é tão alta que ela poderia superaquecer e danificar a fiação ou a armadura, então uma resistência deve ser inserida no circuito até que o motor ganhe velocidade. A resistência pode ser cortada automaticamente com o aumento da velocidade do motor ou então ser controlada manualmente.

Um enrolamento de armadura, um campo, um comutador e as escovas são todas peças essenciais em um motor CC (ver

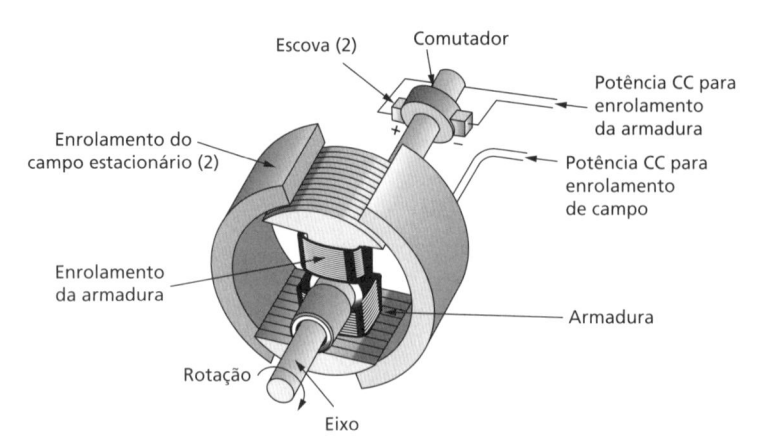

FIGURA 9-7 Componentes de um motor CC simples.

Figura 9-7). O campo pode ser produzido por um ímã permanente ou por um eletroímã. Quase sempre se emprega o campo eletromagnético, pois esse tipo de campo permite uma ampla variedade de operação. A armadura recebe a corrente através do comutador e das escovas e se torna um eletroímã. As forças magnéticas da armadura e do campo interagem para produzir uma força rotacional.

Tipos e características dos motores CC

Diversos motores CC são usados na maioria das aeronaves modernas. Por exemplo, um motor de partida CC é usado em praticamente todas as aeronaves, com exceção de algumas antiguidades e em grandes aviões comerciais. Existe uma ampla variedade de motores CC, mas todos têm um elemento em comum: deve haver pelo menos dois campos magnéticos em cada motor. Um campo magnético é o **estator** (ou componente estacionário) e um ímã é o **rotor** (o componente rotacional). Os motores CC podem ser construídos com um ímã permanente e um eletroímã; estes são chamados de **motores de ímã permanente**. Esses motores usam um projeto simples, mas geralmente têm baixa potência. O ímã permanente normalmente é projetado para atuar como estator do motor. Os motores CC também podem ser projetados com um eletroímã para o rotor e o estator; esses motores são chamados de **motores de eletroímã**. Como produzem o máximo de torque e de potência nominal, os motores CC de eletroímã são muito mais comuns nas aeronaves típicas. A Figura 9-8 mostra a diferença básica entre um motor de ímã permanente e um motor de eletroímã.

Três motores CC de eletroímã são os com excitação em série, excitação em derivação ou excitação composta, dependendo da estrutura dos enrolamentos do campo com relação ao circuito da armadura (ver Figura 9-9).

Em um **motor em série**, as bobinas de campo são conectadas em série com a armadura, como mostrado na Figura 9-9a. Como toda a corrente usada pelo motor deve fluir através do campo e da armadura, fica evidente que o fluxo da armadura e do campo será forte. O maior fluxo de corrente através do motor ocorrerá quando o motor está dando partida; logo, o torque de partida será alto. Um motor desse tipo é muito útil em instalações nas quais a carga é aplicada continuamente ao motor e nas quais a carga é pesada quando o motor dá a partida. Em aeronaves, os motores em série são usados para operar motores de partida, trens de pouso e equipamentos semelhantes. Em todos esses casos, o motor deve dar partida com uma carga relativamente pesada; o alto torque de partida do motor em série é especialmente adequado para essa condição.

Se um motor em série não é conectado mecanicamente a uma carga, a velocidade do motor continua a aumentar enquan-

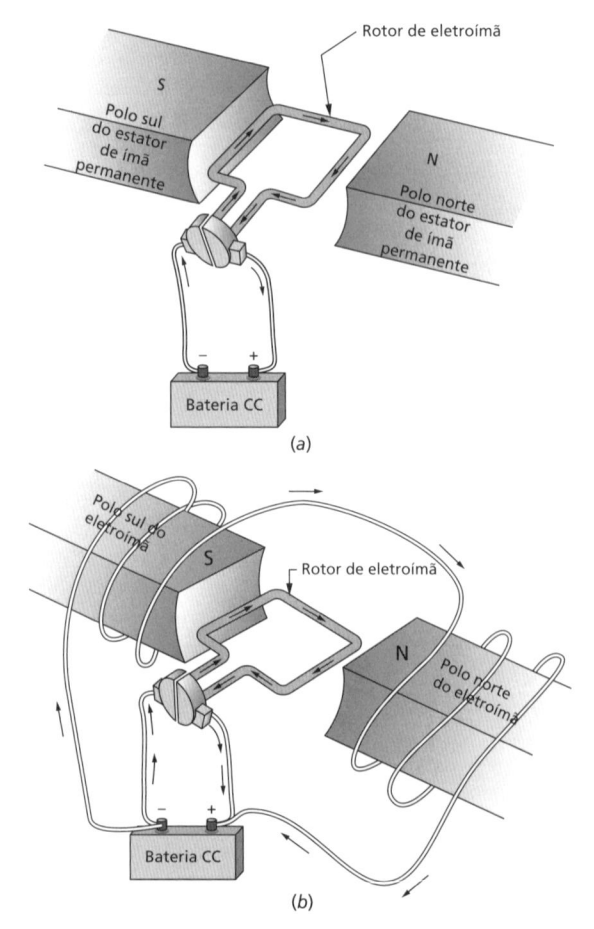

FIGURA 9-8 A diferença entre dois tipos de motor: (a) motor de ímã permanente, (b) motor de eletroímã.

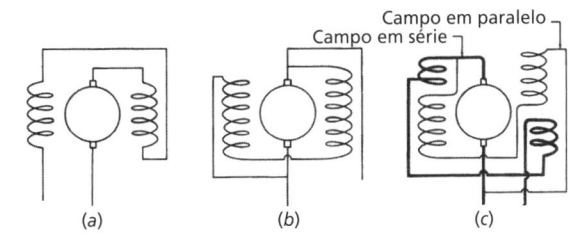

FIGURA 9-9 Diagramas esquemáticos de diferentes tipos de motor CC: (a) excitação em série, (b) excitação em derivação (paralelo), (c) excitação composta.

to a força contraeletromotriz estiver significativamente abaixo da FEM aplicada. A velocidade pode aumentar muito acima da velocidade operacional normal do motor, despedaçando a armadura devido à força centrífuga desenvolvida pela rotação rápida. Um motor em série deve sempre ser conectado mecanicamente a uma carga para impedir que ele se "desgoverne".

O motivo para o aumento de velocidade quando um motor em série não move um carga pode ser compreendido se considerarmos o comportamento do campo desse motor. À medida que a velocidade do motor aumenta, a FCEM aumenta também. Com o aumento da FCEM, no entanto, a corrente do campo diminui. Lembre-se de que o campo está em série com a armadura e que, como a FCEM faz com que a corrente da armadura diminua, ele deve necessariamente causar uma redução na corrente do campo. Isso enfraquece o campo de forma que a FCEM não consegue se acumular suficientemente para se opor à tensão aplicada. Uma corrente continua a fluir através da armadura e do campo, e o torque resultante aumenta a velocidade da armadura ainda mais.

Em um **motor em derivação**, as bobinas de campo são conectadas em paralelo com a armadura (ver Figura 9-9b). O motor em derivação muitas vezes é chamado de motor de excitação em paralelo. A bobina de campo em derivação deve ter resistência suficiente para limitar a corrente do campo àquela necessária para a operação normal, pois a FCEM da armadura não atuará de forma a reduzir a corrente do campo. Como a tensão aplicada ao campo à velocidade operacional será praticamente a mesma que a tensão aplicada ao motor como um todo, seja qual for a FCEM, a resistência do campo deve ser muitas vezes a resistência da armadura. Em geral, isso é possível pelo enrolamento das bobinas de campo com muitas voltas de fio fino. O resultado dessa estrutura é que o motor tem um torque de partida baixo devido à fraqueza do campo.

À medida que a armadura de um motor em derivação ganha velocidade, a corrente da armadura diminui devido à FCEM e a corrente do campo aumenta. Isso causa um aumento correspondente no torque até que a FCEM seja quase igual à FEM aplicada; nesse ponto, o motor opera em sua velocidade normal. Essa velocidade é quase constante para todas as cargas razoáveis.

Quando uma carga é aplicada a um motor em derivação, há uma ligeira redução de velocidade. Isso faz com que a FCEM diminua e a FEM líquida na armadura aumente.

Como a resistência da armadura é baixa, um ligeiro aumento na FEM líquida causa um aumento relativamente grande na corrente da armadura, o que por sua vez aumenta o torque. Isso impede uma redução adicional da velocidade e, na verdade, mantém a velocidade em um ponto apenas ligeiramente inferior à velocidade encontrada na ausência de uma carga. O fluxo de corrente aumenta até um nível suficiente para manter a velocidade contra a carga maior. Devido à capacidade do motor em derivação de manter uma velocidade quase constante sob uma ampla variedade de cargas, ele também é chamado de **motor de velocidade constante**.

Os motores em derivação são utilizados quando a carga é pequena no início e aumenta à medida que a velocidade do motor também aumenta. Cargas típicas desse tipo incluem ventiladores elétricos, bombas centrífugas e bombas sobrealimentadoras.

Quando um motor possui um campo em série e um campo em paralelo (Figura 9-9c), ele é chamado de **motor composto**. Esse tipo de motor combina as características dos motores em série e em derivação; ou seja, seu torque inicial é forte, como os motores em série, mas sua velocidade não se excede quando a carga é leve. Isso ocorre porque o enrolamento em derivação mantém um campo que permite que a FCEM aumente o suficiente para compensar a FEM aplicada. Quando a carga em um motor composto aumenta, a velocidade do motor diminui mais do que em um motor em derivação, mas o motor composto fornece uma velocidade suficientemente constante para muitas aplicações.

Os motores compostos são usados para operar máquinas sujeitas a uma ampla variedade de cargas. Em aeronaves, eles são usados para acionar bombas hidráulicas, que podem operar em condições que vão desde a ausência de carga até a carga máxima. Nem um motor em derivação nem um motor em série atenderiam esses requisitos satisfatoriamente.

Motores CC sem escovas

Cada um dos motores descritos, **em série**, **em derivação** e **composto**, usam um conjunto de contatos chamado de **escovas** para realizar as conexões elétricas com o eletroímã rotativo. As escovas avançam sobre um contato chamado de comutador, como será descrito posteriormente. As escovas têm desvantagens, a primeira e principal das quais sendo que elas se desgastam e precisam ser repostas periodicamente, mas elas também criam arcos ou fagulhas que podem perturbar os circuitos de rádio ou equipamentos eletrônicos sensíveis nas proximidades. Alguns motores CC modernos são projetados sem escovas, recebendo o nome de **motores CC sem escovas**. Nesse tipo de motor, a "chave rotativa" mecânica ou conjunto escova/comutador é substituída por uma chave eletrônica externa sincronizada com a posição do rotor. Os motores sem escovas normalmente têm eficiência de 85% a 90% ou mais, enquanto os motores CC com sistemas de escova/comutador têm eficiências normais de 75 a 80%.

O motor CC sem escovas usam um rotor externo de ímã permanente e um eletroímã trifásico usado como bobinas motrizes. Algum tipo de sensor de posição é necessário junto com um circuito de controle para ativar os três eletroímãs. Os sensores são utilizados para determinar a posição do rotor e os eletroímãs estacionários associados. As bobinas do estator são ativadas, uma fase após a outra, controladas pelo equipamento eletrônico como determinado pelos sensores.

A potência dos motores CC sem escovas modernos varia desde uma fração de um watt até muitos quilowatts. Os motores sem escovas de maior porte de até 100 kW de potência nominal são usados em veículos elétricos. Os motores CC sem escovas são mais comuns quando o controle exato da velocidade é necessário, tendo diversas vantagens sobre os motores convencionais. São elas:

Em comparação com a maioria dos motores, eles são muito eficientes, com temperatura mais frio quando em atividade, o que melhora significativamente a vida útil do motor.

Sem um comutador para se desgastar, a vida útil de um motor sem escovas CC pode ser significativamente mais longa do que a de um motor CC que usa escovas e um comutador. A comutação também tende a causar um nível elevado de ruído elétrico de RF; sem um comutador ou escovas, o motor sem escovas pode ser utilizado em dispositivos eletricamente sensíveis, como equipamentos de áudio ou de computação.

Os sensores do motor que fornecem as informações sobre a localização do rotor também fornecem um sinal de taquímetro conveniente para aplicações de controle de loop fechado. O sinal de taquímetro pode ser utilizado para derivar um sinal de "OK" e também para fornecer feedback sobre a velocidade de acionamento.

O motor pode facilmente ser sincronizado com um relógio interno ou externo, levando a um controle preciso da velocidade.

Os motores sem escovas praticamente não têm chance de criar faíscas, ao contrário dos motores com escovas, o que os torna mais apropriados para ambientes com combustíveis e produtos químicos voláteis.

Eles também são acusticamente bastante silenciosos, uma vantagem quando usados em equipamentos afetados por vibrações.

Outro tipo de motor sem escovas não usa ímãs permanentes e o rotor não tem fluxos de corrente elétrica. Conhecido como **motor a relutância comutado (SRM)**, seu torque vem de um ligeiro desalinhamento dos polos magnéticos do rotor com os polos do estator. O estator é alimentado com corrente contínua através de um circuito de controle eletrônico. O rotor se alinha com o campo magnético do estator, enquanto os enrolamentos do estator são energizados sequencialmente. O fluxo magnético criado pelos enrolamentos do estator segue o caminho de menor relutância magnética; logo, o fluxo corre através do polo mais próximo. Por meio do alinhamento preciso dos polos do estator e do rotor, o fluxo magnético sai do estator para o polo do rotor e cria torque. À medida que o rotor gira, diferentes enrolamentos são energizados, mantendo o rotor em movimento. Isso é possível porque os polos são ligados e desligados nos momentos certos usando um circuito de controle eletrônico.

CONSTRUÇÃO DE MOTORES

Características de motores elétricos de aeronaves

A razão potência-peso dos motores elétricos aeronáuticos deve ser alta; ou seja, um motor pequeno deve produzir uma quantidade máxima de potência com um mínimo de peso. Um motor comercial pode pesar até 100 lb/hp [60,8 kg/kW], mas para fins aeronáuticos há motores que pesam menos de 5 lb/hp [3 kg/kW].

O peso reduzido é possível com a operação dos motores em altas velocidade se altas frequências e com correntes relativamente altas. Isso exige o uso de esmaltes e isolamentos resistentes ao calor na armadura e nos enrolamentos de campo e possivelmente ar de impacto ou ventoinhas de arrefecimento para ajudar a dissipar o calor do motor.

Alguns motores de potência fracionária usados em aeronaves giram a mais de 40.000 rpm [4138 rad/s] sem carga e cerca de 20.000 rpm [2069 rad/s] com uma carga normal. Como a potência significa a taxa de trabalho, é evidente que um motor que gira a 20.000 rpm desenvolve o dobro da potência de um motor semelhante que gira a 10.000 rpm [1035 rad/s]. Para reduzir o efeito da força centrífuga sobre a armadura do motor girando a uma velocidade tão alta quanto essa, o diâmetro da armadura é relativamente pequeno em comparação com seu comprimento.

Motores de operação contínua e intermitente

Muitos motores elétricos usados em aeronaves não precisam operar continuamente. Como o calor desenvolvido em um breve período não é suficiente para causar danos, motores nesse tipo de operação são projetados para gerar mais potência para o seu peso do que motores usados em operação contínua. Se um motor dessa natureza fosse utilizado continuamente, ele se superaqueceria e queimaria o isolamento, inutilizando o equipamento. Os motores projetados para breves períodos de operação são chamados de *motores de operação intermitente*, enquanto aqueles que operam continuamente são chamados de *motores de operação contínua*. O tipo de operação para o qual um motor é projetado pode aparecer em sua placa de identificação; se não estiver nessa placa, o tipo de operação é informado nas especificações do fabricante.

Motores CC reversíveis

Em pequenas aeronaves, os motores usados para a operação de trens de pouso, flapes, flapes de arrefecimento e outras aplicações devem ser projetados para operar em ambas as direções e, logo, são chamados de **motores reversíveis**. Os motores CC de 28 V reversíveis também são utilizados nas aeronaves da categoria de transportes, sendo usados para controlar diversos conjuntos de válvulas hidráulicas e de combustível.

A polaridade da tensão aplicada aos enrolamentos da armadura e do campo de qualquer motor determina a direção de rotação desse motor (horária ou anti-horária). Para inverter a rotação de um motor CC que contém um campo eletromagnético, a polaridade da tensão aplicada ao campo ou à armadura deve ser invertida. Isso inverte o campo magnético de uma das duas bobinas e transforma a força de atração em uma força de repulsão (ou vice-versa), invertendo, assim, a rotação do motor. Reverter um motor por esse método exige o uso de um circuito externo complexo como aquele ilustrado pela Figura 9-10.

Outro método para reutilizar um motor CC cria um enrolamento de campo duplo conhecido como **campo dividido**. A Figura 9-11 apresenta um diagrama esquemático do circuito para um motor de campo dividido. Observe que há um circuito separado para cada enrolamento de campo, o que possibilita a mudança de direção do motor sempre que desejado pela colocação da chave na posição desejada. Mudar a polaridade do campo

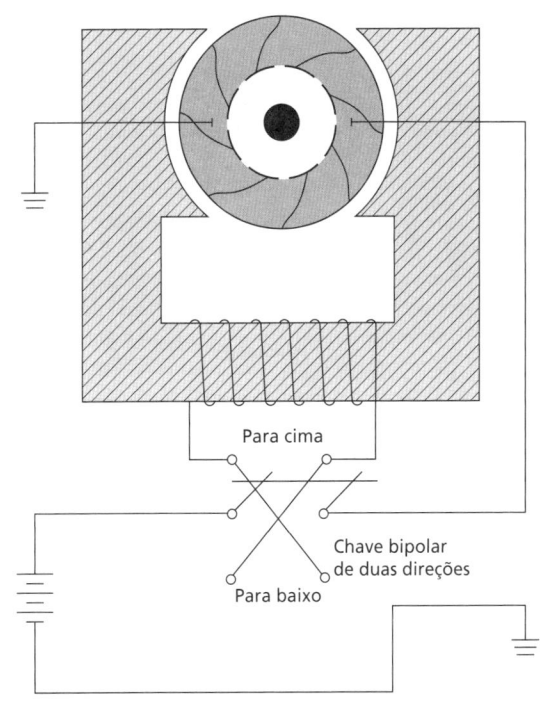

FIGURA 9-10 Reversão de um motor CC com comutação externa.

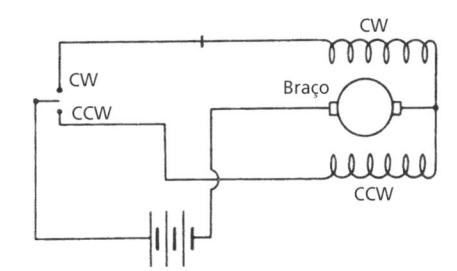

FIGURA 9-11 Diagrama esquemático de circuito para um motor reversível com dois enrolamentos de campo.

em relação à polaridade da armadura quando os diferentes enrolamentos de campo são energizados reverte o motor.

As bobinas de campo individuais de um motor reversível normalmente são enroladas em direções contrárias no mesmo polo ou em polos alternados. Como as bobinas de campo estão em série com a armadura, elas devem ser enroladas com um fio grande o suficiente para conduzir toda a corrente do motor. Lembre-se que toda a corrente da carga passa através do campo e da armadura.

As escovas em um motor reversível normalmente são presas em um porta-escovas do tipo caixa com o centro do eixo do motor. Com essa estrutura, as escovas são perpendiculares a um plano tangencial ao comutador no ponto do contato da escova, então as escovas se desgastam igualmente seja qual for a direção da rotação do motor. Em motores de pequeno porte, o suporte da escova e do campo ocasionalmente são feitos de uma peça só. Os porta-escovas são inseridos através de aberturas na extremidade do suporte e isolados do suporte por buchas de composição. Cada conjunto de escovas é composto da escova, uma mola

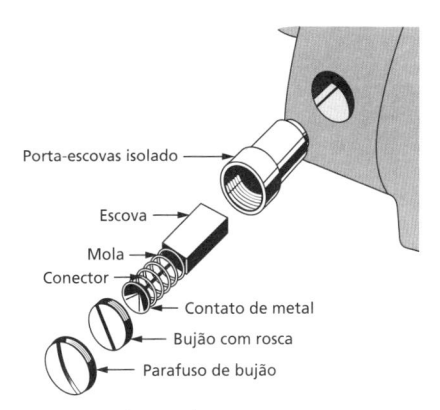

FIGURA 9-12 Conjunto de escovas e porta-escovas para um motor pequeno.

helicoidal, um conector flexível dentro da mola e um contato metálico. Quando a escova é instalada no motor, ela é fixada por um bujão com rosca.

Em alguns motores de baixo consumo de energia, a bobina de campo é substituída por um ímã permanente. Para reverter a rotação desse tipo de motor, basta inverter a polaridade da tensão aplicada. Isso reverte o campo magnético da armadura (não o campo); logo, o motor inverte a direção de sua rotação. Os motores reversíveis de ímãs permanentes são bastante usados para alimentar os sistemas de flapes de pequenas aeronaves.

Os motores CC reversíveis são controlados diretamente por chaves unipolares de duas direções (SPDT) ou indiretamente por relés controlados por chaves semelhantes. O uso de relés ou solenoides é determinado pela quantidade de corrente que o motor extrai quando está em operação. Qualquer motor que precisa de mais de 20 a 30 A normalmente é controlado (ligado/desligado) usando um relé ou um solenoide. A Figura 9-13 mostra o circuito de motor de partida que utiliza um solenoide. Como vemos na imagem, uma corrente pequena (1-2 A) é usada para acionar o solenoide, que por sua vez envia 200 A ao motor de partida. Isso permite que o piloto opere uma pequena chave *light-duty* que então controla o motor de aprtida de alta corrente.

Freios e embreagens

Muitos dispositivos movidos por motores usados em aeronaves devem ser projetados de forma que o mecanismo operado pare em um ponto exato. Por exemplo, quando o trem de pouso é retraído ou estendido, ele deve parar imediatamente quando a operação está completa. Se o motor de acionamento é conectado diretamente ao mecanismo operado, é imposto um estresse

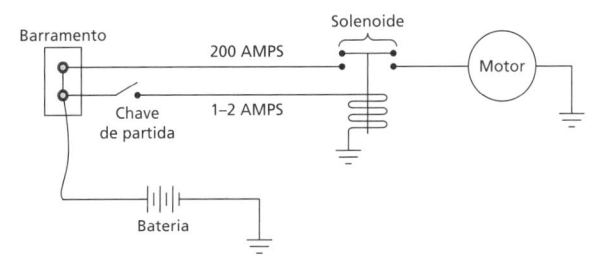

FIGURA 9-13 Solenoide usado para controlar um motor.

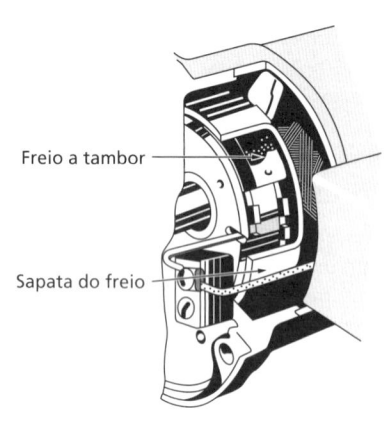

FIGURA 9-14 Freio a tambor.

muito grande ao motor quando o mecanismo é forçado a parar. Esse estresse deve à quantidade de movimento da armadura e de outras peças móveis. Em instalações que exigem uma para instantânea, emprega-se um mecanismo de freio e embreagem para prevenir possíveis danos quando o mecanismo de operação é interrompido.

A Figura 9-14 ilustra um tipo de mecanismo de freio para motores atuadores. Esse freio é composto de um tambor montado sobre o eixo da armadura e sapatas do freio internas controladas por uma bobina magnetizante. A bobina é colocada dentro das sapatas do freio; quando a corrente do motor é desligada, a bobina é desenergizada e as sapatas do freio são forçadas contra o tambor pela pressão de uma mola. Quando a potência é ligada, por outro lado, a bobina puxa as sapatas do freio para longe do tambor.

Um freio de disco, muito usado em motores atuadores, é composto de um disco giratório montado sobre o eixo da armadura e uma superfície de frenagem revestida de cortiça sobre a estrutura estacionária do motor. Uma bobina magnetizante é utilizada para soltar o freio quando o motor é energizado e uma mola aciona o freio quando a corrente para o motor é desligada. Uma pequena quantidade de folga é usada no suporte do conjunto da armadura para criar um espaçamento quando o freio é solto. Quando a bobina do freio é energizada, todo o conjunto da armadura se move ligeiramente em uma direção tal que o disco do freio se afasta da superfície de frenagem. Quando a corrente é desligada, uma mola move o conjunto na direção contrária e a fricção produzida entre o disco do freio e a superfície de frenagem revestida de cortiça faz com que a armadura pare rapidamente.

São projetadas embreagens de diversos tipos para desengatar o motor da carga quando a potência é cortada. Todas essas embreagens são engatadas pela atração magnética quando a potência é ligada e desengatadas por ação de mola. A Figura 9-15 mostra uma embreagem magnética típica. Duas faces de embreagem são localizadas dentro da bobina da embreagem. Uma das faces é montada firmemente sobre o eixo da armadura, enquanto a outra é conectada através de uma mola de diafragma ao mecanismo de acionamento. Quando a bobina da embreagem é energizada, as duas faces são magnetizadas com polaridades opostas; assim, elas são unidas com força. A fricção produzida por esse sistema faz com que o mecanismo acionado gire com o motor. Quando a potência é cortada, a mola de diafragma separa as fases, desengatando o motor.

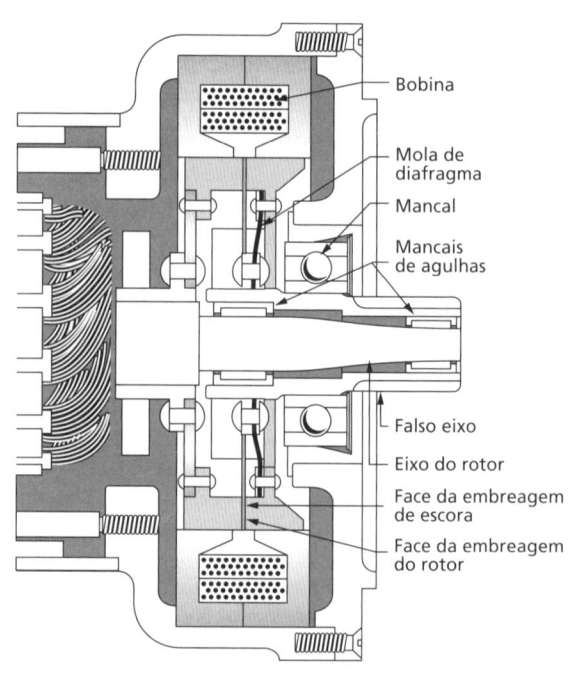

FIGURA 9-15 Uma embreagem magnética.

Alguns motores atuadores usam uma combinação de freio e embreagem. Uma bobina magnetizante é localizada na extremidade da carcaça do motor, como mostrado na Figura 9-16. Essa bobina, quando energizada, magnetiza um disco de acionamento ligada ao eixo da armadura. Um disco acionado é fechado com o eixo de saída; quando a potência é ligada, esse disco se move contra a pressão da mola até se engatar com o disco de acionamento. Quando a corrente é cortada, o disco acionado é afastado do disco de acionamento pela mola e pressionado contra a placa do freio na face oposta, fazendo com que o mecanismo acionado pare imediatamente.

Os motores sujeitos a altas cargas normalmente são equipados com um disparador de sobrecarga. Uma embreagem desse tipo é chamada de **embreagem deslizante**, e sua função é desconectar o motor do mecanismo acionado quando a carga é grande o suficiente para causar danos. Essa embreagem é composta de

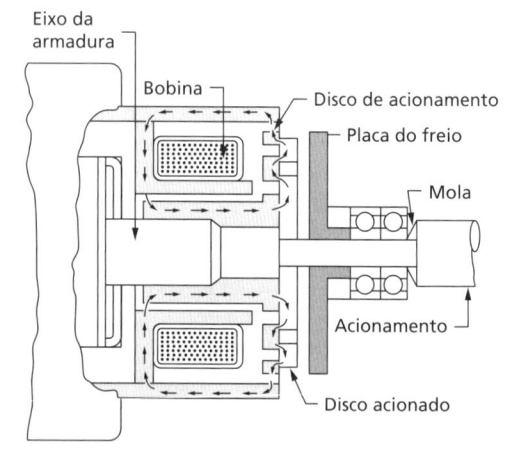

FIGURA 9-16 Conjunto de freio e embreagem.

dois grupos de discos, organizados alternadamente, com um grupo preso ao mecanismo acionado pelo motor por chavetas. Esses discos são pressionados uns contra os outros por uma ou mais molas projetadas para criar pressão suficiente para que os discos girem como se fossem uma só unidade quando a carga é normal. Quando a carga é excessiva, os discos deslizam, impedindo possíveis danos devido ao torque excessivo.

Chaves de fim de curso e dispositivos protetores

Devido à distância de percurso limitada permitida no mecanismo acionado, os motores atuadores reversíveis normalmente são limitados em sua quantidade de rotação em cada direção. Assim, é essencial que os circuitos do motor tenham chaves que cortem a potência quando o mecanismo acionado alcança o limite de seu percurso. As chaves desse tipo são chamadas de **chaves de fim de curso** e são atuadas por cames ou alavancas ligadas ou presas por engrenagens ao mecanismo acionado. O ajuste dessas chaves é fundamental, pois podem ocorrer danos graves ao equipamento caso o motor continue a funcionar após o limite da operação ser alcançado. Engrenagens espanadas e eixos quebrados muitas vezes são o resultado de chaves de fim de curso mal ajustadas. Se o mecanismo acionado é forte o suficiente para suportar o torque imposto pelo motor, o fusível ou disjuntor no circuito do motor normalmente corta a corrente para o motor.

O ajuste de cada uma das chaves de fim de curso é realizado com o acionamento do motor até o limite de percurso e então o ajuste do mecanismo atuador da chave para que tenha acabado de abrir a chave. As chaves devem ser ajustadas para se abrir ligeiramente antes do limite extremo ser alcançado.

Alguns motores atuadores utilizam um disjuntor térmico, ou **protetor térmico**, projetado para proteger o motor de sobrecargas e do excesso de calor. Esse dispositivo é montado sobre a carcaça do motor; quando o calor alcança um limite predeterminado, o disjuntor se abre e corta a corrente para o motor. Depois que o motor se resfriou o suficiente, o disjuntor se fecha automaticamente, permitindo a operação normal.

A Figura 9-17 é um diagrama esquemático de um circuito de motor reversível com um protetor térmico e uma bobina para operar a embreagem e o freio. Ambas as chaves de fim de curso na Figura 9-17 são normalmente fechadas. Como elas apenas se abrem quando o motor alcançou o limite de percurso em uma direção ou na outra, fica imediatamente evidente que nunca haverá um momento em que ambas as chaves estão abertas. Observe que o disjuntor térmico e a bobina da embreagem estão ambos no lado da massa (negativo) do circuito e, logo, estarão em operação para qualquer uma das direções de percurso.

Sensores de proximidade e transdutores diferenciais

Muitos motores em aeronaves modernas são controlados por LRUs que analisam uma ampla variedade de dados de entrada, processam as informações e enviam os sinais de ativação do motor correspondentes. Esse tipo de sistema de controle de motor é bastante usada em aeronaves de alta tecnologia complexas, como o Gulfstream GV, o Boeing 787 e o Airbus A-380. Na tentativa de tornar essas aeronaves mais confiáveis, projetistas e engenheiros se esforçam para iluminar as peças móveis que podem se desgastar ou se desajustar. Em muitas aeronaves computadorizadas, um sensor de proximidade substituiu as chaves de fim de curso que eram usadas tradicionalmente para ligar e desligar um motor. Um **sensor de proximidade** é um componente de estado sólido capaz de detectar a presença de objetos próximos sem qualquer contato físico. Os sensores de proximidade, com o auxílio de circuitos eletrônicos sensíveis, pode simplesmente detectar quando um objeto se aproxima o suficiente para ativar o sensor. O objeto não precisa entrar em contato físico, como acontece com uma chave de fim de curso tradicional. Essa estrutura cria uma maneira mais confiável de detectar a posição de componentes móveis. A desvantagem do sensor de proximidade é que ele apenas pode realizar a comutação com níveis muito baixos de tensão e de corrente; assim, eles precisam utilizar algum tipo de circuito eletrônico para fins de controle do motor.

Um sensor de proximidade muitas vezes emite um campo eletromagnético ou feixe de radiação eletromagnética. O sensor é projetado para detectar qualquer mudança no campo magnético ou sinal de retorno. O sinal de retorno muda quando outro objeto se aproxima bastante do sensor. O objeto percebido muitas vezes é chamado de **alvo** do sensor de proximidade. Cada tipo de alvo exige um sensor de proximidade diferente. Por exemplo, um sensor fotoelétrico capacitivo poderia ser apropriado para um alvo de plástico; um sensor de proximidade indutivo sempre exige um alvo de metal. A Figura 9-18 mostra um sensor de proximidade comum.

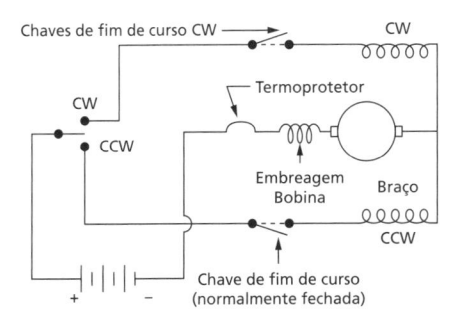

FIGURA 9-17 Diagrama esquemático de um circuito de motor reversível.

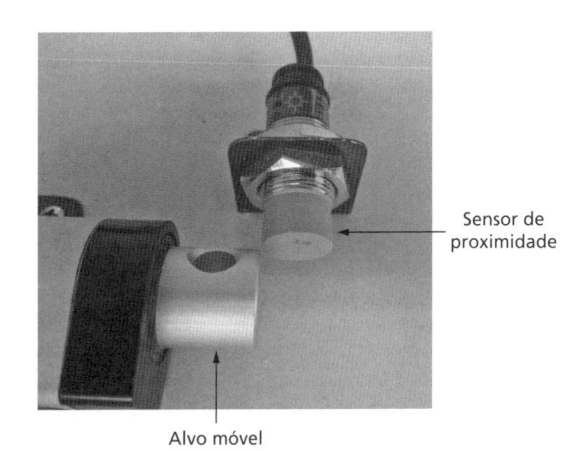

FIGURA 9-18 Sensor de proximidade e alvo.

A distância máxima que esses sensor pode detectar é definida como a "amplitude nominal". Usando circuitos eletrônicos, alguns sensores podem ajustar sua amplitude nominal. Os sensores de proximidade podem ter alta confiabilidade e vidas funcionais longas devido à ausência de peças mecânicas e de contato físico entre o sensor e o objeto percebido, o que os torna muito populares nos veículos aeronáuticos e aeroespaciais modernos. Os usos mais comuns para os sensores de proximidade incluem a detecção do posicionamento de componentes móveis, como trens de pouso, controles de voo, válvulas de controle aéreo e travas das portas do compartimento de carga.

Outro sensor moderno usado para determinar a posição de um componente móvel é o chamado **transdutor diferencial**. Dois transdutores comuns usados para medir a posição são o **transdutor diferencial variável linear (LVDT)** e o **transdutor diferencial variável rotativo (RVDT)**. Esses sensores podem detectar a posição de um objeto como uma condição variável, enquanto um sensor de proximidade somente pode detectar uma posição do objeto. O LVDT e o RVDT utilizam os conceitos de indução eletromagnética aplicados em um transformador comum. Em uma forma simples, podemos imaginar esses sensores como um transformador com um material de núcleo móvel.

O transdutor diferencial variável linear tem três bobinas posicionadas com suas extremidades lado a lado em torno de um tubo, como vemos na Figura 9-19. A bobina central é o enrolamento primário e as duas bobinas externas são os enrolamentos secundários superior e inferior. Um núcleo ferromagnético cilíndrico, ligado ao objeto cuja posição será medida, desliza ao longo do eixo do tubo. Uma corrente alternada aciona a primária e faz com que uma tensão seja induzida em ambas as bobinas secundárias. A frequência CA quase sempre é relativamente alta, na faixa de 1 a 10 kHz, para ajudar a facilitar a indução eletromagnética e tornar o transdutor mais eficiente. Enquanto o núcleo se move, a ligação magnética primária com as duas bobinas secundárias muda e provoca uma mudança nas tensões induzidas. As bobinas são conectadas de forma que a tensão de saída seja a diferença (de onde vem o termo "diferencial") entre a tensão secundária superior e a tensão secundária inferior. Quando o núcleo está exatamente na posição central, tensões iguais são induzidas nas duas bobinas secundarias, mas os sinais estão 180° fora de fase e, logo, cancelam um ao outro. Teoricamente, a tensão de saída é zero sempre que o núcleo está centralizado; esta é conhecida como a **posição nula**. O transdutor tem sensibilidade máxima nesse ponto. Se o núcleo do LVDT é movido em direção ao topo, a tensão induzida na bobina superior aumenta e a tensão na bobina inferior diminui. Se o núcleo se move na direção contrária, cruzando a posição nula central, ocorre um deslocamento de fase entre as tensões primária e secundária. À medida que o núcleo se afasta da posição central, a mudança de tensão aumenta.

Os sinais de saída da bobina secundária normalmente são enviados a um LRU que contém os circuitos de controle necessários para monitor a posição. O LRU pode ser programado para controlar o motor usado para mover o componente e o núcleo do LVDT. O uso de LVDTs e controles eletrônicos permitiu que os engenheiros projetassem circuitos de motores que desaceleram o motor quando ele se aproxima do ponto de parada; ou mais de um ponto de parada pode ser integrado ao circuito.

O LVDT é projetado com muito cuidado, com bobinas longas e esguias, para tornar a tensão de saída basicamente linear em um amplo espaço de deslocamento, que pode ter vários

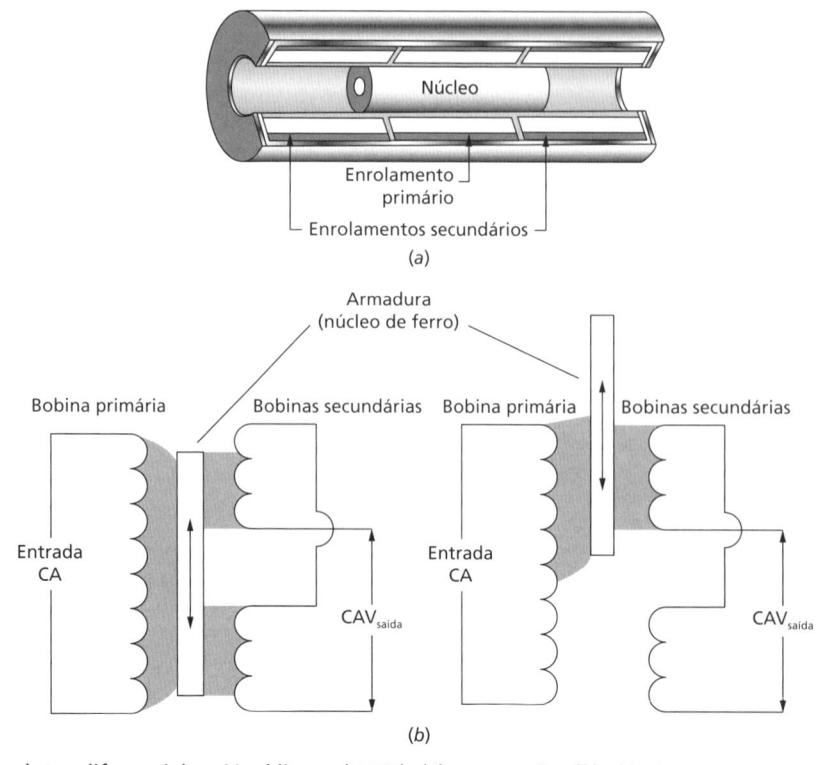

FIGURA 9-19 Transdutor diferencial variável linear (LVDT): (*a*) construção, (*b*) elétrica.

centímetros de comprimento. O núcleo deslizante de um LVDT muitas vezes corre em uma luva de plástico de alta densidade com pouquíssima fricção, o que torna o LVDT um dispositivo de alta confiabilidade. O LVDT quase sempre é projetado para ficar totalmente selado contra o ambiente e pode ser colocado em quase qualquer posição na aeronave. Os LVDTs normalmente são usados em sensores de feedback de posição em servomecanismos de controle de voo.

Um transdutor diferencial variável rotativo (RVDT) é outro tipo de transformador elétrico usado para medir o deslocamento angular. Como o nome sugere, o RVDT é usado para medir o movimento de objetos que giram. Parecidos com o LVDT, os RVDTs usam uma tecnologia sem escovas e sem contato para prolongar a vida útil e aumentar a confiabilidade necessárias em aeronaves. Como vemos na Figura 9-20, a maioria dos RVDTs é construída com um rotor de dois polos conectado ao componente móvel. O enrolamento primário e os dois enrolamentos secundários ficam localizados em torno do motor. A teoria da operação desse dispositivo é semelhante àquela que acabamos de descrever para o LVDT, exceto que o movimento de entrada é rotacional e não linear.

Construção de motor CC

A Figura 9-21 mostra a vista explodida de um motor atuador CC típico. As seções principais do conjunto do motor são a armadura, as bobinas e de campo e armação de campo, o conjunto do freio e o conjunto do protetor térmico. A armadura é do tipo de tambor padrão com um núcleo de ferro doce laminado. O comutador fica montado sobre uma extremidade do eixo da armadura, enquanto o disco da lona do freio fica no outro.

O campo para o motor é fornecido por dois polos formados para se encaixar em torno da armadura com um espaçamento de cerca de 0,01 polegadas [0,025 cm]. As bobinas de campo tem enrolamento duplo para permitir a reversão da polaridade do campo necessária para inverter a rotação do mo-

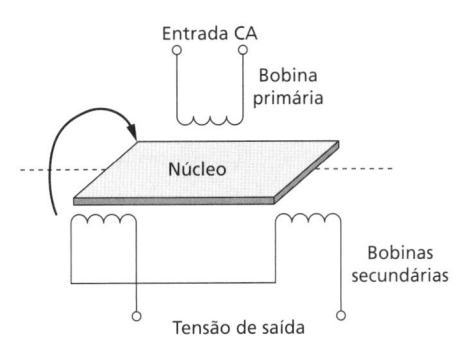

FIGURA 9-20 Transdutor diferencial variável rotativo (RVDT).

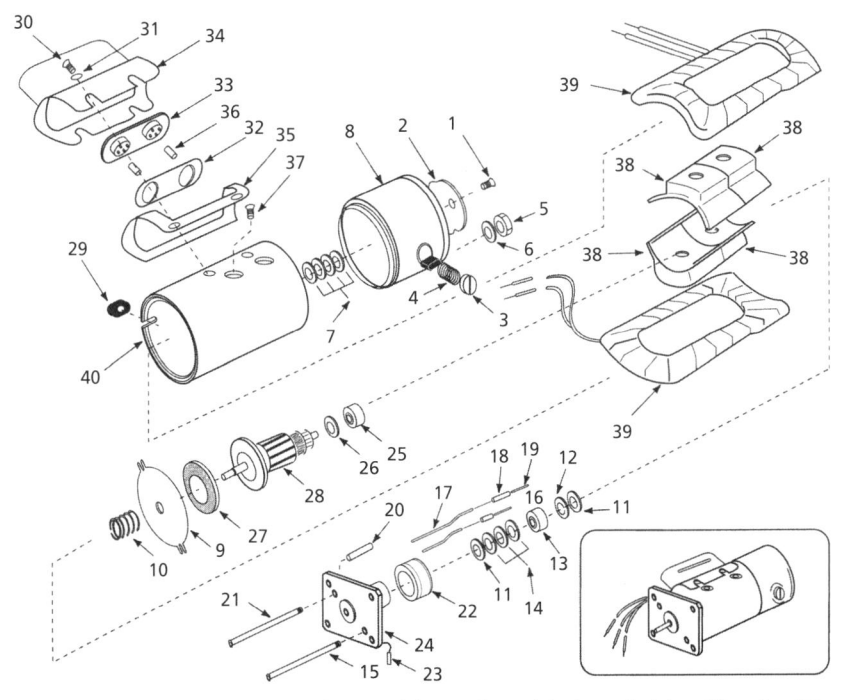

FIGURA 9-21 Vista explodida de um motor atuador CC: (1) parafuso, (2) placa de identificação, (3) porta-escovas, (4) conjunto de escovas, (5) porca, (6) arruela, (7) arruelas-calço, (8) tampa do motor, (9) armadura do freio, (10) mola da arruelas-calço, (11) arruela espaçadora, (12) arruela-calço, (13) mancal de esferas, (14) arruelas-calço, (15) prisioneiro do conjunto do motor, (16) luva isolante, (17) fio, (18) luva isolante, (19) conector de escova, (20) luva isolante, (21) prisioneiro do conjunto do motor, (22) conjunto da bobina do freio, (23) pino de registro da base, (24) conjunto da base do motor, (25) mancal de esferas, (26) arruela-calço, (27) lona do freio, (28) conjunto da armadura, (29) anel isolante do fio do motor, (30) parafuso da caixa do protetor térmico, (31) arruela, (32) retentor do protetor térmico, (33) protetor térmico, (34) caixa do protetor térmico, (35) junta do protetor térmico, (36) luva de isolamento, (37) parafuso do polo do campo, (38) polo do campo, (39) enrolamento de campo, (40) carcaça do motor.

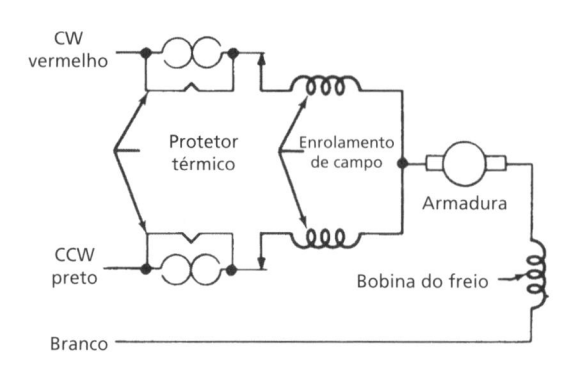

FIGURA 9-22 Protetores térmicos ligados em um circuito de motor.

tor. Os protetores térmicos são conectados no circuito para cada campo (ver Figura 9-22).

O conjunto do freio é composto de uma bobina, uma armadura do freio e uma lona do freio montada sobre o disco de revestimento na armadura do motor. A armadura do freio é um disco fixado pelos prisioneiros do motor, que atravessam fendas na periferia externa da armadura. Quando o motor não está energizado, a armadura do freio é presa contra a lona do freio da armadura do motor por uma mola espiral. Isso impede que o motor gire. Quando o motor é energizado, a bobina do freio magnética afasta a armadura do freio da lona, deixando o motor livre para girar.

Os motores atuadores CA e CC são fabricados em tamanhos minúsculos para uso em veículos aeronáuticos e aeroespaciais. A Figura 9-23 é uma fotografia de um conjunto atuador que pode ser operado por um motor CC ou CA. Apesar do conjunto do motor e do atuador ser muio pequeno, ele consegue exercer uma força tremenda.

Motor de partida

A Figura 9-24 mostra um motor de partida direto para pequenas aeronaves. O enrolamento da armadura é composto de um fio de cobre pesado capaz de suportar amperagens altíssimas. Os enrolamentos são isolados com um esmalte resistente ao calor especial e, depois de colocados na armadura, o conjunto todo é impregnado duplamente com um verniz isolante especial. Os fios condutores das bobinas da armadura são crimpados em suas posições nos segmentos do comutador e então soldados com

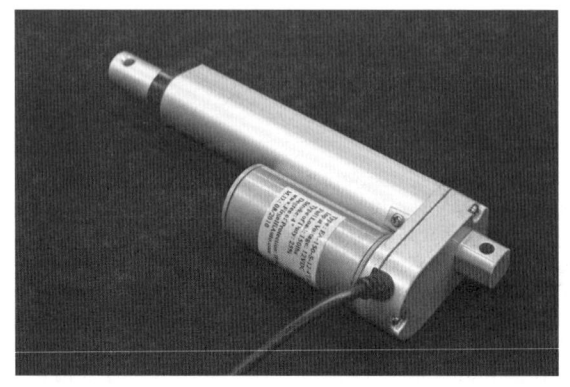

FIGURA 9-23 Atuador linear.

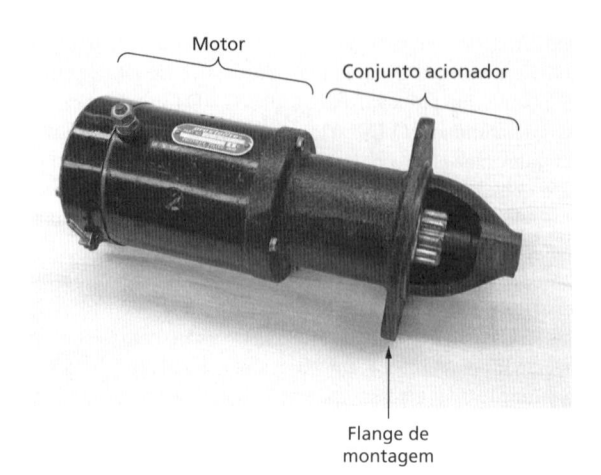

FIGURA 9-24 Motor de ignição para pequena aeronave.

uma solda de alto ponto de fusão. Uma armadura construída dessa maneira suporta as altas cargas impostas durante breves intervalos quando se dá a partida no motor.

O conjunto de armação de campo é construído em aço fundido, com os quatro polos de campo fixados por parafusos escareados rosqueados nos núcleos polares. Os núcleos polares são presos ao contorno interno da armação de campo para criar o melhor circuito magnético possível, pois a armação de campo conduz o fluxo magnético de um campo para os outros. Em outras palavras, a armação de campo atua como um condutor para as linhas de força magnéticas; logo, ela é parte do circuito magnético dos polos de campo. Como um motor desse tipo é de excitação em série, os enrolamentos de campo devem ser feitos de um fio de cobre pesado grande o suficiente para conduzir a alta corrente de partida.

A Figura 9-25 mostra uma vista explodida de um motor de partida e acionamento. Esse conjunto completo é composto de seis componentes principais: o **conjunto da tampa da extremidade do comutador**, a **armadura**, o **conjunto da armação e do campo**, a **caixa de engrenagens**, o **conjunto do acionamento Bendix** e o **conjunto da carcaça de pinhão**.

A engrenagem cortada na extremidade de acionamento do eixo da armadura se estende pela caixa de engrenagens, onde é sustentada por um mancal de esferas. A engrenagem se une com os dentes da engrenagem de redução que move o eixo Bendix. O eixo é fechado com a engrenagem de redução e o acionamento Bendix é fixado em sua posição no eixo por um pino-guia. O eixo é sustentado na caixa de engrenagens por um mancal de esferas de extremidade fechada e na carcaça de pinhão por um mancal de bronze grafitado.

Quando a armadura gira a engrenagem de redução, o pinhão do acionamento Bendix se engata com a coroa do volante no motor. Isso ocorre devido à inércia da engrenagem de redução Bendix; ou seja, quando a armadura começa a virar, a engrenagem de redução ainda está em repouso. Isso cria um movimento relativo entre a engrenagem de redução e a armadura. Como a engrenagem é montada sobre um eixo "rosqueado", a engrenagem se move ao longo das roscas enquanto a armadura gira e o motor de partida se engata com a engrenagem do volante do motor.

Um pino de trava engata em um entalhe nas roscas do parafuso, o que impede o desengate caso o motor não consiga

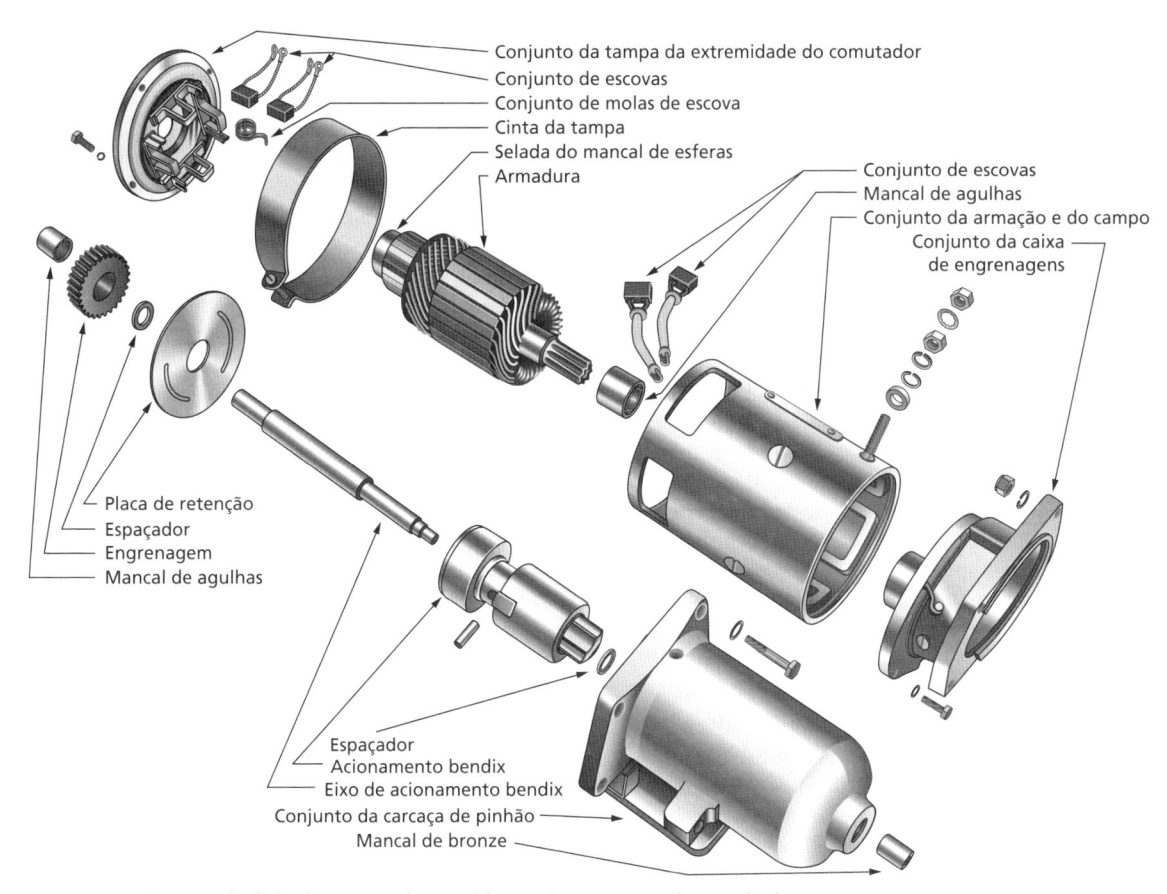

FIGURA 9-25 Vista explodida de motor de partida e acionamento. (*Prestolite*)

dar partida e o circuito de partida seja desenergizado. Quando o motor dá partida e alcança uma velocidade predeterminada, a força centrífuga move o pino de trava para fora do entalhe no eixo do parafuso e permite que o pinhão se desengate da engrenagem do volante.

Na última década, os avanços nas tecnologias de motores permitiram a produção de motores de partida aeronáuticos menores e mais leves. Esses novos motores incorporam eletroímãs mais poderosos, melhor arrefecimento e maior resistência ao calor dos componentes. Os motores são projetados para girarem em um rpm mais alto do que os motores mais antigos, o que ajuda a melhorar a partida. Um motor mais rápido precisa de um conjunto diferente de engrenagem de redução e produz mais torque. Muitos motores de partida modernos são projetados para serem intercambiáveis com os motores do estilo antigo com o uso de um adaptador de montagem. A Figura 9-26 mostra um motor moderno com o adaptador de montagem removido.

MOTORES CA

Teoria da operação

Os princípios básicos do magnetismo e da indução eletromagnética são os mesmos para os motores CA e CC, mas a aplicação dos princípios é diferente devido às inversões rápidas de direção e as mudanças na característica de magnitude da corrente alternada. Certas características tornam a maioria dos tipos de motor CA mais eficientes do que os motores CC; logo, tais motores são utilizados comercialmente sempre que possível. Nos últimos anos, foram desenvolvidos sistemas de potência CA para grandes aeronaves com maiores tensões e

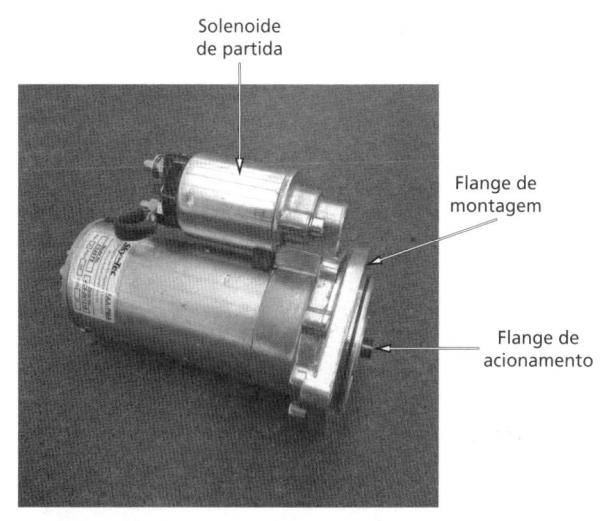

FIGURA 9-26 Motor de partida moderno para uma aeronave de motor de pistão.

maiores capacidades de corrente do que jamais foi visto antes. Por exemplo, os geradores CA do Boeing 787 têm saída de 235 V; os geradores de aeronaves anteriores produziam apenas 115 Vca. Essa aeronave aproveita essa alta tensão em uma série de motores elétricos. O B-787 utiliza a potência elétrica para a substituição de sistemas tradicionalmente operados por meios hidráulicos e pneumáticos. Por exemplo, o B-787 é o primeiro avião comercial a empregar um motor elétrico para a partida. O B-787 também usa motores elétricos de alta potência para bombas hidráulicas e pressurização da cabine. Em geral, os motores ca de alta tensão produzem mais potência com menor tamanho e peso do que os motores CC.

Existem três tipos principais de motor CA. São eles o motor **universal**, o motor de **indução** e o motor **síncrono**. Todos esses tipos permitem diversas variações, incluindo combinações de recursos para atender diferentes requisitos. Entre eles estão os motores de repulsão, os motores de fase dividida, os motores capacitores e os motores síncronos que utilizam princípios de indução para o torque de partida.

Um **motor universal** é idêntico a um motor CC e pode ser operado com corrente alternada ou contínua. Como a direção do fluxo de corrente no campo e na armadura muda simultaneamente quando a corrente alternada é aplicada a um motor universal, o torque continua na mesma direção todas as vezes. Por esse motivo, o motor gira continuamente em uma direção, independentemente do tipo de corrente aplicada. Os motores universais típicos são aqueles utilizados em aspiradores de pó, pequenos eletrodomésticos e motores de perfuratrizes elétricas. Os motores universais não são usados nos sistemas elétricos de aeronaves, pois a corrente alternada tem uma frequência de 400 Hz, na qual ocorrem perdas de energia bastante significativas em motores universais.

O **motor de indução** possui uma ampla variedade de aplicações devido a suas características operacionais. Ele não exige dispositivos de partida especiais ou excitação de uma fonte auxiliar e trabalha com uma grande variedade de cargas. Ele se adapta a praticamente qualquer carga quando uma velocidade exata e constante não é necessária. Os dois componentes principais de um motor de indução são o estator e o rotor, como mostrado na Figura 9-27.

Se uma fonte de corrente contínua é conectada a dois terminais de um enrolamento de estator, vemos que seções da superfície interior do estator têm uma polaridade definida. Se as conexões CC são invertidas, a polaridade do estator também se inverte. Quando uma corrente alternada é aplicada às conexões do estator, a polaridade do estator se inverte duas vezes a cada ciclo. Muitos motores ca de alta potência são projetados para operarem com uma corrente alternada trifásica. Quando correntes multifásicas são aplicadas aos enrolamentos de um estator, é estabelecido um campo magnético giratório dentro do estator (ver Figura 9-28). À medida que a corrente em cada fase muda de direção e de magnitude, o campo combinado do estator gira na frequência da corrente alternada.

Se estudarmos cuidadosamente os diagramas e o gráfico da posição na Figura 9-28, veremos que a fase 1 é positiva com corrente máxima e que o campo do estator é vertical. A corrente é negativa na fase 2 e na fase 3, com toda a corrente fluindo através do enrolamento da fase 1 no estator e no gerador. O gerador, ou alternador, é representado pelas bobinas em Y invertido na parte inferior de cada diagrama. Na posição 1, vemos que aproximadamente metade da corrente flui através da fase 2 e a outra metade flui através da fase 3. O resultado disso é o campo vertical mostrado no diagrama.

Quando a corrente muda através de um ângulo de 30° para a posição 2, a corrente na fase 1 ainda é positiva, mas menor, a corrente na fase 2 é zero e a corrente na fase 3 aumentou na direção negativa. O resultado disso é um campo produzido totalmente pelos polos das fases 1 e 3 no estator e a posição do campo é 30° no sentido horário em relação à vertical. Se estudarmos os diagramas das posições 3 e 4 e determinarmos o fluxo de corrente através de cada enrolamento de fase, veremos que o campo do estator se afasta 30° para cada posição. Se os valores da corrente são marcados para um ciclo completo, vemos que o campo gira 360° para cada ciclo.

O rotor em um motor de indução é composto de um núcleo de ferro laminado no qual são colocados condutores longitudinais. Em um **rotor em curto-circuito**, esses condutores normalmente são barras de cobre conectadas nas pontas por anéis. Quando esse conjunto é colocado no campo giratório produzido pelo estator, uma corrente é induzida nos condutores. Como os condutores estão em curto-circuito, há um fluxo de corrente daqueles em um lado do rotor, através dos anéis nas extremidades do rotor, até os condutores no outro lado. Essa corrente produz um campo magnético posicionado a um determinado ângulo do campo do estator. Se o campo do rotor se alinhasse com o campo do estator, não haveria torque; logo, o campo do rotor deve estar sempre alguns graus atrás do campo do estator. A diferença percentual nas velocidades dos campos do estator e do rotor é chamada de **deslizamento**. É preciso enfatizar que esse deslizamento é absolutamente necessário. O único campo gerado inicialmente pela entrada de corrente no motor é o campo produzido pelo estator. O rotor não possui nenhuma conexão elétrica com a energia externa, então a única maneira de produzir um campo é induzindo uma corrente dentro de si à medida que o fluxo do campo do estator giratório o atravessa. A interação do campo do rotor com o campo do estator produz, então, o torque que faz o rotor girar.

Quando o rotor é conectado mecanicamente à carga, a carga tende a desacelerar a rotação do rotor. Isso faz com que o deslizamento aumente e os condutores do rotor cortam um maior número de linhas de força por intervalo de tempo, o que por sua vez aumenta a corrente do rotor e o campo do rotor. Esse campo

FIGURA 9-27 Motor de indução CA.

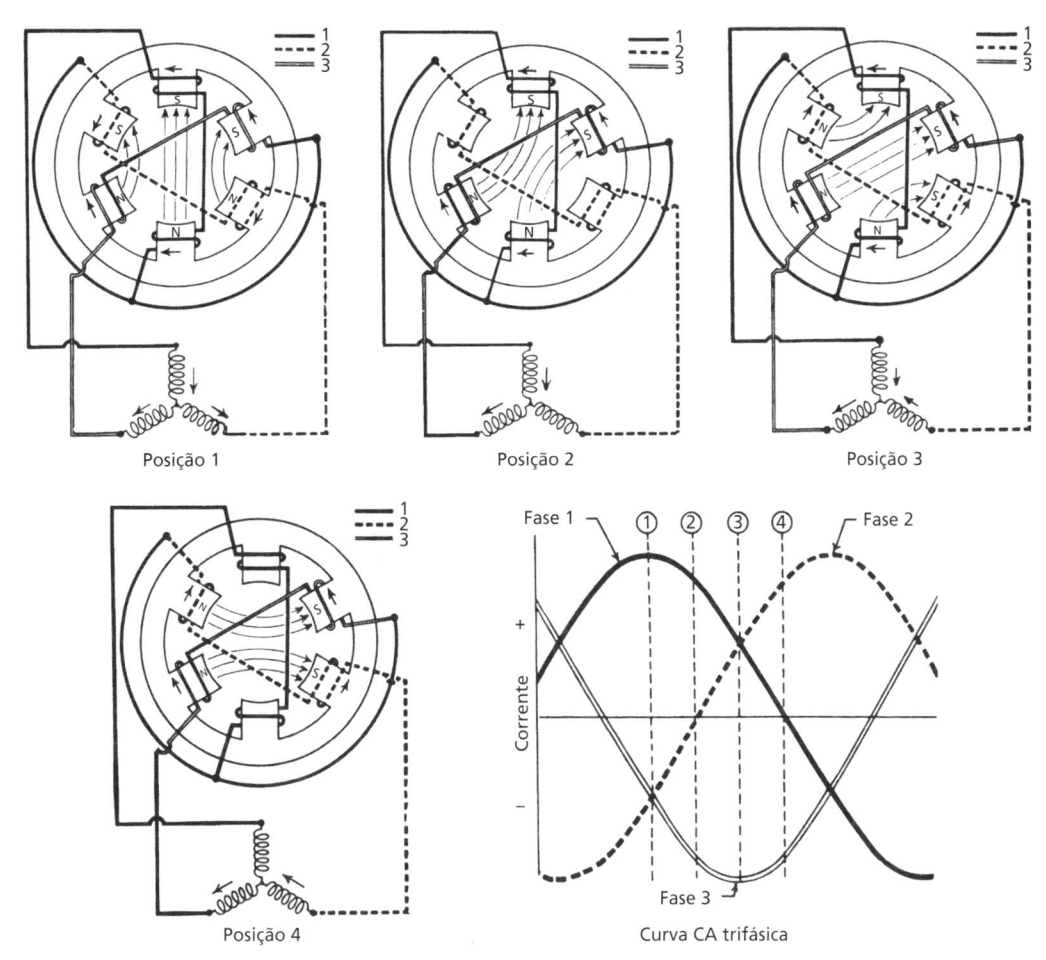

FIGURA 9-28 Campo giratório de um motor CA.

mais forte produz um torque maior, o que permite que o motor conduza a carga maior.

Outro efeito deve ser considerado quando uma carga é aplicada a um motor de indução: a redução do fator de potência causada pela reatância indutiva do rotor. Quando o rotor gira a uma velocidade quase síncrona, ou seja, à velocidade do campo do estator, a frequência da corrente do rotor e a reatância indutiva do rotor são baixas. À medida que a carga é aplicada ao motor, o deslizamento aumento e há um aumento correspondente na frequência da corrente do rotor. Isso aumenta a reatância indutiva do rotor; por consequência, o fator de potência do motor diminui. Lembre-se que o fator de potência é igual ao cosseno do ângulo de fase entre a tensão e a corrente e que a reatância indutiva aumenta esse ângulo de fase. Para manter a eficiência do sistema, os motores devem ser projetados de modo a minimizar o ângulo de fase.

Quando a carga de um motor de indução se torna tão grande que o torque do rotor não consegue sustentá-la, o motor para. Esse é o chamado **limite do conjugado máximo**.

Melhoria das qualidades de partida

Um motor de indução dá partida de forma satisfatória sem carga na ausência de qualquer dispositivo de partida especial. Contudo, quando um motor desse tipo é conectado diretamente a uma carga significativa que deve ser movida quando o motor dá partida, normalmente é necessário adicionar resistência nos circuitos do rotor. Diversos métodos permitem a realização desse processo, mas a explicação de apenas um deles é suficiente para os fins deste texto.

O estudo da corrente alternada nos ensina que o fator de potência para uma corrente alternada que flui em um circuito puramente resistivo é de 100%. Por outro lado, a corrente alternada que flui em um circuito puramente indutivo teria um fator de potência de 0%, caso tal circuito fosse possível. Logo, a adição de resistência a um circuito indutivo terá o efeito de melhorar o fator de potência. Para adicionar a resistência necessária a um circuito de rotor para fins de partida, são usados dois enrolamentos em curto-circuito. Um desses enrolamentos é de cobre e tem baixa resistência, enquanto o outro é de um composto de cobre e prata e tem alta resistência. Quando a corrente de partida é aplicada ao motor, o enrolamento de alta resistência produz o torque de partida devido a seu alto fator de potência. À medida que o rotor ganha velocidade, o efeito do enrolamento de alta resistência diminui e o efeito do enrolamento de baixa resistência aumenta. Quando o rotor opera à velocidade normal, ele tem a vantagem de um enrolamento de rotor de baixa resistência.

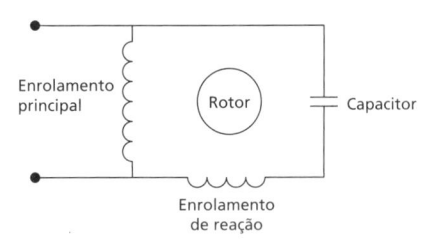

FIGURA 9-29 Circuito para um motor capacitor.

Motores de fase dividida. Os motores de indução monofásicos não têm torque quando o rotor está em repouso; logo, é preciso incorporar a eles dispositivos que forneçam um torque de partida. Isso é possível se dermos ao motor dois enrolamentos separados e usarmos um indutor ou um capacitor para alterar a fase das tensões aplicadas aos diferentes enrolamentos. Essa é a chamada de **divisão de fase**. Um motor que contém dispositivos para esse fim é chamado de **motor de fase dividida**. A Figura 9-29 mostra um circuito de motor no qual um capacitor é utilizado para fazer com que a corrente em um enrolamento conduza a corrente no outro enrolamento. Na prática, isso faz com que o motor atue como um motor bifásico durante a partida.

Os motores de fase dividida do tipo capacitor são bastante utilizados na indústria para aplicações de baixa potência, como furadeiras, esmeris, pequenos tornos e pequenas serras. Em grandes aeronaves, o motor de fase dividida é usado como atuador para diversos tipos de cargas comparativamente pequenas, como ventiladores sopradores de pequeno porte.

Como mostrado na Figura 9-29, muitas vezes se utiliza um capacitor para fornecer o torque de partida. Quando o motor atinge um determinado rpm, uma chave centrífuga se abre e corta o circuito do capacitor. Os motores que empregam um capacitor para partida ou para operação contínua muitas vezes são chamados de **motores capacitores**.

Motores de repulsão

Um **motor de repulsão** utiliza a repulsão de polos iguais para produzir o torque para operação. O rotor é excitado como uma armadura e emprega um comutador e escovas. As escovas sofrem curto-circuito entre o comutador em um ângulo que faz com que a corrente induzida nos enrolamentos produza uma polaridade no rotor que ficará em oposição à polaridade do estator. Em outras palavras, um polo norte produzido no rotor ficará próximo ao polo norte no estator. Assim, o rotor gira devido à repulsão entre os polos iguais. Enquanto o rotor gira, as escovas no comutador permanecem na mesma posição, então a polaridade do rotor também permanece na mesma posição, apesar do rotor girar. O princípio da repulsão é utilizado em alguns motores para fornecer o torque de partida, mas posteriormente o dispositivo opera como um motor de indução.

Motores síncronos

Os motores síncronos, como o nome sugere, giram a uma velocidade sincronizada com a corrente alternada aplicada. Esses motores têm algumas características em comum com os motores de indução e construção semelhante à dos alternadores. O estator é composto de uma carcaça de ferro doce laminado com bobinas enroladas através de entalhes na superfície interna. Um motor síncrono trifásico possui três enrolamentos independentes no estator e produz um campo giratório como o estator de um motor de indução. O rotor pode ser um ímã permanente em um motor síncrono muito pequeno, mas em aparelhos maiores o rotor é um eletroímã excitado por uma fonte externa de corrente contínua.

A teoria de operação de um motor síncrono é bastante simples. Se um ímã consegue girar e é colocado em um campo rotativo, ele se alinhará com o campo e girará à mesma velocidade. Se esse motor não recebe nenhuma carga, o centro dos polos do rotor ficará exatamente alinhado com o centro dos polos do campo do estator. Na prática, a fricção impede que isso ocorra. A fricção e a carga fazem com que o centro dos polos do rotor fiquem atrasados em relação ao centro dos polos do campo formados pelo estator. O ângulo entre o campo do rotor e o campo do estator é chamado de **atraso**, e aumenta em proporção à carga sobre o motor. Se a carga se torna tão grande a ponto de superar a reação magnética, atinge-se o limite do conjugado máximo e o motor para. Nesse momento, a corrente de entrada aumenta até um valor de curto-circuito e o torque praticamente desaparece.

Quando opera dentro de seus limites de carga, um motor síncrono gira à mesma velocidade que o alternador que fornece a corrente, desde que o alternador tenha o mesmo número de polos que o motor. Como a velocidade de um motor síncrono depende totalmente da frequência do suprimento de corrente, tais motores são úteis quando deseja-se obter velocidades e frequências constantes. Uma das utilidades mais comuns dos motores síncronos é alterar a frequência de uma corrente alternada. Como o motor girará a uma velocidade exatamente constante, ele pode ser utilizado para acionar um alternador através de um sistema de engrenagens diferenciais para fornecer uma frequência exata de qualquer valor desejado.

Os motores síncronos normalmente são usados no taquímetro elétrico nos aviões. Um alternador trifásico é conectado a sistema de acionamento no motor e a saída do alternador é conectada a um motor síncrono no indicador do taquímetro. (Os alternadores serão tratados no Capítulo 11.) A frequência da corrente é diretamente proporcional à velocidade do motor; logo, o motor síncrono no indicador girará a uma velocidade proporcional à do motor. O ponteiro indicador é acoplado ao motor síncrono através de um ímã permanente e uma campânula. A distância percorrida pelo ponteiro na escala de rpm é proporcional à velocidade do motor.

A diferença entre um motor síncrono e um alternador é que o primeiro tem um enrolamento em curto-circuito de alta resistência no rotor para gerar um bom torque de partida. Esse enrolamento faz com que o motor dê partida como um motor de indução e trabalhe como um motor síncrono. Quando o motor alcança a velocidade síncrona, ele gira com o campo magnético e os condutores do enrolamento em curto-circuito não cortam as linhas de força. Se o rotor tende a pulsar ou oscilar, no entanto, o enrolamento em curto-circuito tem uma corrente induzida, o que tende a atenuar as oscilações e prevenir a pulsação.

Perdas em motores

A eficiência dos motores elétricos de qualquer tipo é determinada principalmente pelas perdas de potência resultantes da fricção, resistência, correntes de Foucault e histerese. A potência

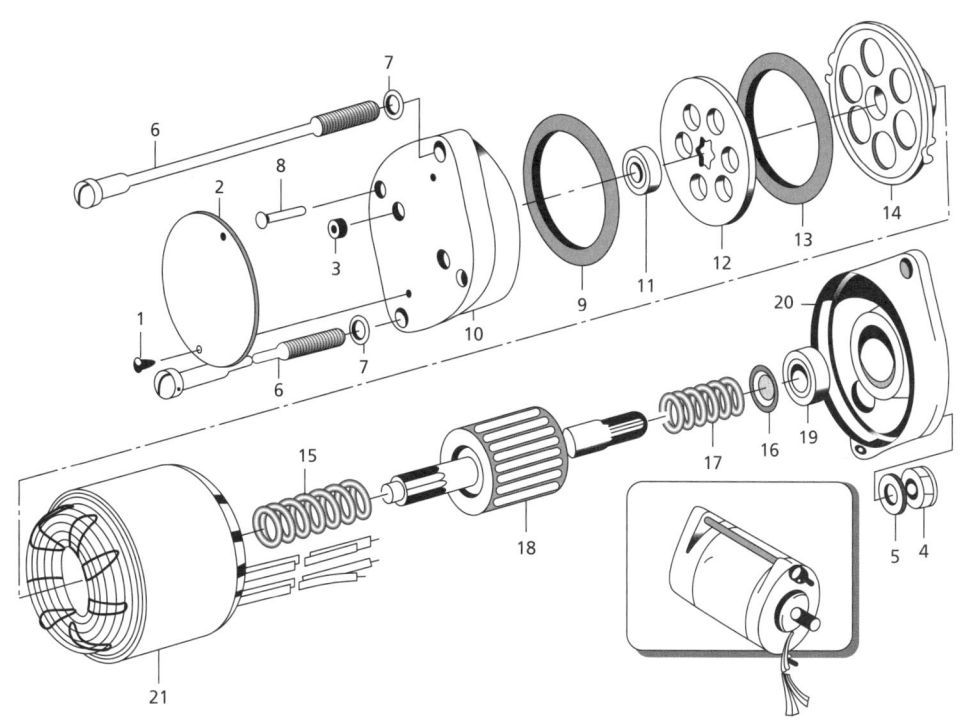

FIGURA 9-30 Vista explodida de um motor CA reversível monofásico: (1) parafuso da placa de identificação, (2) placa de identificação, (3) parafuso de ajustagem, (4) porca do conjunto principal, (5) arruela, (6) parafuso do conjunto principal, (7) arruela, (8) pino de alinhamento, (9) lona do freio, (10) placa de mancal, (11) mancal de esferas, (12) disco do freio, (13) lona do freio, (14) armadura do freio, (15) mola do freio, (16) arruela do fixador da mola, (17) mola de compressão, (18) conjunto do rotor, (19) mancal de esferas, (20) motor base, (21) conjunto do estator.

usada para superar a fricção dos mancais é chamada de **perda por fricção**. Essa perda também pode incluir a perda devida à fricção do vento, também chamada de **perda por ventilação**, comparativamente alta quando um motor é equipado com uma ventoinha de arrefecimento que trabalha por ventilação forçada. A potência usada para superar a resistência dos enrolamentos é chamada de **perda por resistência** ou **perda no cobre**. As perdas no cobre são dissipadas na forma de calor.

As correntes induzidas no núcleo da armadura e nos polos do campo são chamadas de **correntes de Foucault** e são responsáveis por perdas consideráveis na forma de calor. Essas perdas são reduzidas pela construção dos núcleos dos campos e da armadura com ferro doce laminado, sendo as laminações isoladas umas das outras.

As **perdas por histerese** ocorrem quando um material é magnetizado primeiro em uma direção e depois em outra rápida e sucessivamente. O efeito da histerese é fazer com que a mudança de força do fluxo magnético seja atrasada em relação à força magnetizante e supostamente se deve à fricção entre as moléculas do material quando são deslocadas em uma direção pela força magnetizante. As perdas por histerese são perceptíveis devido a seu efeito de aquecimento. Qualquer condição que produz calor em um motor causa perda de potência, ou de energia, pois o calor é uma das principais formas de energia e exige o uso de potência para ser produzido.

A construção de motores elétricos com núcleos do polo do campo e armaduras laminadas ajuda a resolver os problemas de arrefecimento, pois boa parte do calor encontrado durante a operação é consequência das perdas descritas. Esse tipo de construção é especialmente importante para motores atuadores de alta velocidade. Os motores atuadores precisam ter uma razão potência-peso alta, o que por sua vez exige que operem em velocidades relativamente altas. Por esse motivo, todas as perdas devem ser minimizadas.

Motores CA reversíveis monofásicos

Os motores CA reversíveis monofásicos são usados em aeronaves de transporte para acionar conjuntos de válvulas e outros atuadores relativamente pequenas. Quando grandes quantidade de energia mecânica são necessárias, utiliza-se motores trifásicos. Os motores CA reversíveis monofásicos normalmente contêm dois enrolamentos de estatores. A direção do motor é determinada pelo fluxo de corrente através do enrolamento em sentido horário ou anti-horário, que pode ser regulado com uma chave bipolar de duas direções (DPDT) no circuito externo. A construção de um motor CA reversível monofásico é composta principalmente de um rotor em curto-circuito, um estator com enrolamento duplo e um conjunto de freio (ver Figura 9-30). O núcleo do rotor é construído de ferro doce laminado. A superfície do núcleo tem entalhes para as barras de cobre que formam o rotor em curto-circuito. As barras de cobre são soldadas em cada extremidade a anéis de cobre.

O estator com enrolamentos duplos cria o campo dividido necessário para estabelecer o torque para a partida sob carga. Os fios condutores do estator são levados à parte externa do motor,

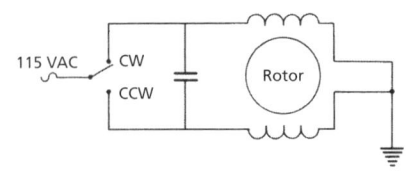

FIGURA 9-31 Circuito de motor CA reversível de fase dividida.

onde são conectados a um capacitor, como mostrado na Figura 9-31. Observe que quando a chave de controle é colocada na posição em sentido horário, o fluxo de corrente atravessa a bobina em sentido horário diretamente e através do capacitor até a bobina de sentido anti-horário. Isso faz com que a corrente na bobina de sentido anti-horário leve a corrente na bobina de sentido horário, criando, assim, um campo de rotação em sentido horário. Quando a chave é colocada na posição anti-horária, por outro lado, o campo giratório tem direção anti-horária e o motor gira em sentido correspondente.

Motores CA trifásicos

Os motores CA trifásicos são bastante semelhantes aos motores de indução trifásicos do tipo comercial ou industrial. A principal diferença é que o motor aeronáutico opera a uma frequência de 400 Hz, possibilitando o uso de um motor mais leve, mas com a mesma potência. Os motores CA trifásicos são usados em grandes aeronaves de transporte para acionar bombas hidráulicas, grandes ventiladores sopradores, bombas sobrealimentadoras e de transferência e outros sistemas que exigem grandes quantidades de energia mecânica.

O **motor de indução trifásico** é composto basicamente de um estator Y trifásico e um rotor em curto-circuito convencional. O estator trifásico produz um campo giratório, como explicado anteriormente, e esse campo induz uma corrente no rotor. A corrente do rotor cria um campo que se opõe ao campo do estator, com o resultado que o rotor tenta girar a uma velocidade que o manterá à frente do campo do estator.

A Figura 9-32 mostra um tipo de motor atuador trifásico para aeronaves com fiação interna. Observe que o motor tem um estator Y; contudo, as conexões neutras de cada enrolamento de fase são conectadas individualmente a três pernas independentes de um retificador de onda completa. A saída do retificador é direcionada através de uma bobina de embreagem dividida para acomodar a corrente alternada na linha neutra.

O efeito desse tipo de circuito interno é permitir um alto surto de corrente quando o motor dá a partida e uma corrente comparativamente baixa assim que o motor alcança a velocidade operacional total. Como os enrolamentos do rotor estão em série com a bobina da embreagem, esta recebe o benefício de uma alta corrente de partida para engatar a embreagem. Quando a embreagem é engatada, ela precisa de uma corrente relativamente baixa para mantê-la nessa posição. Essa corrente baixa é o resultado da reatância indutiva desenvolvida pelos enrolamentos do estator e da bobina da embreagem.

Como os motores elétricos são extremamente variados e muitos têm exatamente a mesma aparência, apesar de terem características e especificações diferentes, o técnico deve se certificar que um motor de reposição em um sistema qualquer é identificado pelo número de peça correto. Um motor instalado em um sistema cujas características corretas não correspondem às do motor provavelmente será danificado e poderá causar danos a outros elementos do circuito.

INSPEÇÃO E MANUTENÇÃO DE MOTORES

Procedimentos gerais de inspeção

No Capítulo 10, que discute os geradores, são dadas instruções para a inspeção e manutenção de geradores. Muitas das instruções também se aplicam aos motores devido às semelhanças entre os dois.

As inspeções pré-voo dos motores normalmente são uma simples verificação operacional. As chaves das diversas unidades acionadas por motores são ligadas e, caso a operação seja satisfatória, nenhuma inspeção adicional é realizada. Obviamente, os atuadores do trem de pouso não podem ser testados dessa maneira, mas se o último relatório do piloto for satisfatório, apenas uma inspeção visual precisa ser realizada.

Dependendo da quantidade de operação à qual o motor foi sujeitado, as inspeções devem ser realizadas em intervalos definidos no manual de operações do fabricante. Esse tipo de inspeção provavelmente inclui uma verificação da montagem, conexões elétricas, fiação, escovas, molas das escovas e comutador. Para motores CA, normalmente não é necessário considerar as escovas e o comutador, pois apenas motores CA universais têm essas peças, e motores universais são raros em aeronaves.

A construção de muitos pequenos motores atuadores CC dificulta a inspeção do comutador sem remoção e desmontagem. Como esses motores normalmente são do tipo intermitente, no entanto, o desgaste do comutador é mínimo. Uma inspeção periódica das escovas e sua substituição quando necessário garante a operação satisfatória até um recondicionamento. As novas escovas devem ser assentadas da maneira descrita no Capítulo 10, sobre manutenção do gerador. Em geral, as escovas dos motores menores podem ser encomendadas especificamente para um determinado modelo; a face das escovas já terá sido retificada com a curvatura correta. O assentamento das escovas pode ser veri-

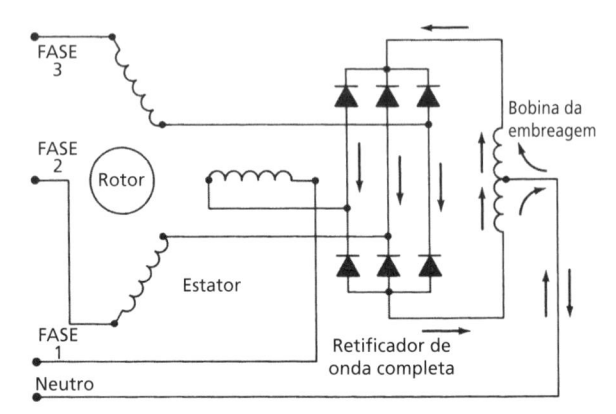

FIGURA 9-32 Circuito de motor CA trifásico com retificador de onda completa para fornecer corrente contínua à bobina da embreagem.

ficado pela remoção das escovas do motor após alguns minutos de operação e a análise da área que foi polida pelo comutador.

A remoção da cobertura ou cinta da tampa dá acesso às escovas e seus suportes. Se uma escova é presa a um braço articulado, podemos removê-la erguendo o braço e retirando o parafuso da escova. Para uma escova em um suporte do tipo caixa, basta erguer a mola da escova e puxá-la para fora do porta-escovas.

Remoção e instalação

Devido aos muitos tipos diferentes de motores elétricos, é impossível dar instruções específicas sobre sua remoção e instalação. Para qualquer motor específico em uma aeronave, o técnico deve sempre consultar o manual de manutenção ou recondicionamento fornecido pelo fabricante.

Quando a remoção de um motor é necessário, o técnico precisa dar a devida consideração ao mecanismo acionado. Em muitos casos, um conjunto de trem de engrenagens deve ser removido junto com o motor. Uma breve inspeção visual quase sempre permite que o técnico determine o procedimento a ser seguido. É preciso tomar cuidado para garantir que a fiação elétrica e os conectores de encaixe não sejam danificados quando o motor é desconectado. É melhor passar uma fita ou usar alguma outra técnica para isolar terminais desconectados, pois estes poderiam sofrer um curto-circuito acidental caso a chave da bateria fosse ligada por engano.

Caso a remoção de um motor crie uma abertura através da qual poeira ou outros objetos estranhos podem acessar peças essenciais de um mecanismo, a abertura deve ser coberta com um pano ou placa. Isso é especialmente importante quando removemos um motor de partida. Se uma porca, parafuso ou outro objeto cai dentro do motor, o resultado pode ser uma avaria grave, exigindo um recondicionamento completo de todo o motor.

As questões importantes que precisam ser consideradas na instalação de um motor são:

1. Confirme que a área de montagem está limpa e corretamente preparada. Instalar o tipo correto de junta caso uma junta seja necessária.
2. Tome muito cuidado para não causar danos quando movimenta o motor. Uma batida ou arranhã na montagem pode se transformar em uma rachadura e causar um pane no futuro.
3. Aperte parafusos de fixação e parafusos comuns igualmente e com o torque correto. Confirme que portas, parafusos e prisioneiros estão presos corretamente.
4. Confirme que as conexões elétricas estão limpas, depois apertá-las e prendê-las quando necessário.

Desmontagem e teste

A desmontagem, inspeção, recondicionamento e montagem de um motor elétrico aeronáutico deve ser realizada de acordo com as instruções do fabricante. Quando realizamos manutenção, as seguintes regras gerais se aplicam:

1. Use as ferramentas apropriadas para cada operação.
2. Marque e organize as peças em uma ordem que auxiliará sua montagem.
3. Não utilize força em excesso em nenhuma operação; se peças estão presas, determine a causa. Se necessário, use uma marreta maleável para separar as peças. Às vezes, as peças são unidas por chavetas ou pinos de metal que o técnico pode não ver; confirme que esses dispositivos foram removidos antes de tentar separar peças que foram unidas dessa maneira.
4. Quando mancais são pressionados contra um eixo, ou quando ficam presos devido à corrosão, use um extrator de mancal para removê-los.
5. Use uma prensa manual para a remoção e instalação de mancais e buchas encaixadas sob pressão. O uso desse dispositivo é recomendado, mas caso a prensa manual não esteja disponível, é possível utilizar um tubo de fibras que se encaixe na face interna ou externa do mancal.
6. Mantenha limpas todas as peças de um conjunto. A bancada de trabalho não deve ter sujeira ou graxa. Quando peças engraxadas são removidas, elas devem ser limpas. Use solventes de limpeza aprovados em toda e qualquer peça do motor. O solvente incorreto pode danificar certos isolantes ou conjuntos plásticos dentro do motor.

O teste das peças de um motor elétrico é executado da mesma maneira que os testes de peças de geradores, como discutido no Capítulo 10. Um growler é utilizado para testar armaduras em busca de bobinas abertas ou em curto. Um ohmímetro ou testador de continuidade é usado para testar uma massa entre os enrolamentos da armadura e o núcleo. As bobinas de campo podem ser testadas com um ohmímetro ou testador de continuidade em busca de circuitos abertos, curtos-circuitos e massas.

Depois que o motor foi montado, ele deve passar por um teste operacional antes de ser instalado em um avião. Primeiro, a armadura deve ser girada manualmente para confirmar que está girando livremente; não deve haver rugosidades ou ruídos estranhos nesse momento. O motor deve então ser operado com uma carga baixa por cerca de 10 minutos para assentar as escovas. O valor da tensão aplicada deve estar de acordo com as especificações de recondicionamento. Enquanto é testado, o motor deve ser observado de perto em busca de vibrações ou aquecimento em excesso. Os procedimentos para o teste de motores específicos normalmente estão incluídas nas instruções de manutenção e recondicionamento do fabricante. Os motores somente devem ser desmontados quando essas instruções estão disponíveis.

QUESTÕES DE REVISÃO

1. Defina *motor elétrico*.
2. Descreva a operação de um motor de ímã permanente.
3. Descreva a operação de um motor elétrico eletromagnético.
4. Descreva motores de excitação em série, em paralelo e composta.
5. Qual é a principal característica de um motor de excitação em série?
6. Para qual tipo de carga um motor de excitação em série seria mais apropriado?

7. Qual é a principal característica de um motor de excitação em paralelo?
8. Explique por que um motor CC típico gira quando conectado a uma fonte de potência apropriada.
9. O que determina a direção da rotação de um motor CC?
10. Por que a corrente sugada por um motor de excitação em paralelo diminui à medida que a rpm do motor aumenta?
11. O que pode acontecer com um motor em série se conectado à potência sem ter uma carga?
12. Como os motores CC são revertidos?
13. Descreva os princípios operacionais de um motor CC sem escovas.
14. Explique como os sensores de proximidade e transdutores diferenciais são usados para controlar motores.
15. Explique a teoria operacional de um transdutor diferencial variável linear.
16. Quais são os três tipos principais de motores CA?
17. Onde os motores ca trifásicos costumam ser utilizados em aeronaves?
18. Como o rotor de um motor de indução reage com o campo do estator?
19. Explique como melhorar o torque de partida de um motor de indução.
20. Liste algumas das perdas internas em motores que ocorrem na operação de um motor CA.
21. Como se reduz o peso no projeto de motores para uso em aeronaves?
22. Por que enrolamentos pesados são usados na armadura de um motor de partida CC?
23. Explique a operação de um conjunto de freio magnético.
24. Por que é necessário desligar um motor atuador de sua transmissão quando ele é desligado?
25. Explique os ajustes das chaves de fim de curso em um circuito atuador.
26. Liste algumas das precauções típicas que devem ser observadas na instalação de motores elétricos.
27. Liste as regras gerais para a desmontagem de um motor elétrico.

CAPÍTULO 10
Geradores e circuitos de controle relacionados

O primeiro avião foi projetado sem sistemas elétricos; com o passar dos anos, no entanto, eles foram se tornando mais complexos e a necessidade de energia elétrica aumentou. Hoje, todos os veículos aeronáuticos e aeroespaciais modernos são equipados com dezenas de sistemas elétricos e eletrônicos diferentes, todos os quais utilizam quantidades significativas de energia.

Os geradores foram a primeira maneira de fornecer energia elétrica para aeronaves. Atualmente, os geradores ou os derivados de geradores, chamados de alternadores, são fabricados em uma ampla variedade de tamanhos e capacidades de produção. Um gerador típico de uma grande aeronave comercial pode produzir 90.000 watts de potência elétrica. A última aeronave projetada pela Boeing, o B-787, usa tanta energia elétrica que cada gerador principal chega a produzir 250.000 W. Em aviões com múltiplos motores, um ou mais geradores são acionados por cada motor para criar redundância em caso de falha do gerador.

Um gerador elétrico pode ser definido como uma máquina que transforma energia mecânica em energia elétrica. Em aeronaves, a energia mecânica normalmente é fornecida pelos motores do veículo. Aeronaves pequenas usam geradores CC de 14 ou 28 V. Aeronaves de grande porte normalmente empregam geradores que produzem uma corrente alternada de 208 ou 115 V a 400 Hz. Algumas aeronaves mais novas empregam geradores com tensão de saída de até 270 V. Em comparação com o sistema CC de 28 V, um sistema CA de mais alta tensão desenvolve várias vezes mais potência com o mesmo peso; logo, é uma vantagem significativa usar sistemas de alta tensão CA quando são impostas cargas elétricas mais pesadas.

TEORIA DOS GERADORES

A eletricidade é produzida nos geradores por indução eletromagnética. Como explicado no Capítulo 1, é um princípio fundamental que quando há um movimento relativo entre um campo magnético e um condutor mantido perpendicular à linha de fluxo, é produzida uma FEM (tensão) no condutor. Se as extremidades do condutor são conectadas através de um circuito, a tensão causa o fluxo de uma corrente, como mostrado na Figura 10-1. A direção do fluxo da corrente é determinada pela direção do fluxo magnético e a direção na qual o condutor é movido através do fluxo.

Uma maneira simples de determinar a direção do fluxo de corrente é usar a **regra da mão esquerda para geradores**. *Estenda o polegar, o indicador e o dedo médio de modo que todos fiquem em ângulos retos em relação uns aos outros, como mostrado na Figura 10-2. Vire a mão para que o polegar aponte na direção do movimento do condutor e o indicador aponte na direção do fluxo magnético. Agora o dedo médio aponta na direção do fluxo de corrente.* Lembre-se que a corrente flui do negativo para o positivo. A direção do fluxo é considerada como sendo de norte para sul.

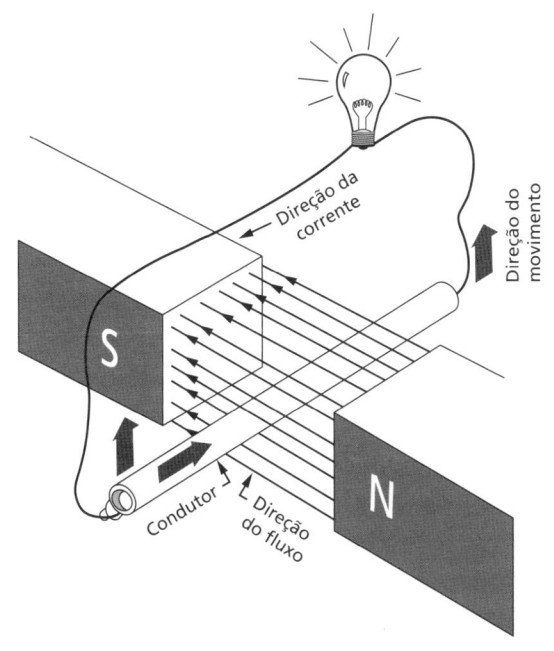

FIGURA 10-1 Ação do gerador.

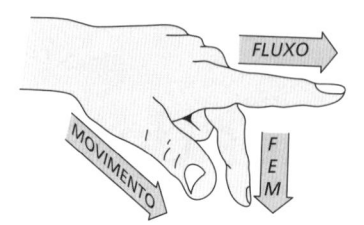

FIGURA 10-2 Regra da mão esquerda para geradores.

Gerador CA simples

Um gerador CA simples pode ser construído com a colocação de uma única alça de fio entre os polos de um ímã permanente e seu posicionamento para que possa ser girado como mostrado na Figura 10-3. A corrente é extraída da alça de fio por meio de escovas, que realizam contato contínuo com os anéis coletores (anéis deslizantes). Um anel coletor é conectado com cada extremidade da alça de fio. Na Figura 10-3, os lados da alça são designados *AB* e *CD*. À medida que a alça gira na direção indicada pela seta, o lado *AB* se move através do campo magnético. Se aplicarmos a regra da mão esquerda para geradores, veremos que é induzida uma tensão que faz com que a corrente flua de *A* para *B* em um lado da alça e de *C* para *D* no outro. Isso ocorre porque *AB* se move em sentido **ascendente** através do campo e *CD* em sentido **descendente**.

A tensão induzida nos dois lados da alça se somam e fazem com que a corrente flua na direção *ABCD* através do circuito interno e de volta à alça. Enquanto a alça continua a girar em direção a uma posição vertical, os lados cortam cada vez menos linhas de fluxo; quando ela alcança a posição vertical, os lados da alça não cortam mais nenhuma linha de fluxo e, na verdade, se movem em paralelo a elas. Nessa posição, nenhuma tensão é induzida na alça, pois um condutor precisa atravessar as linhas de fluxo para induzir tensão. Girando a alça através da posição vertical e de volta à horizontal, uma tensão é induzida mais uma vez, mas na direção contrária na alça, pois o lado *AB* passa a **descer** através do campo e o lado *CD* passa a **subir** através do campo magnético. Assim que a alça volta à posição vertical, nenhuma linha de fluxo é cortada. Quando a alça está exatamente perpendicular às linhas de fluxo magnético, nenhuma tensão está sendo produzida. O fluxo de corrente repete seu ciclo enquanto a alça é girada dentro do campo magnético. A forma de onda de tensão produzida por esse tipo de gerador é chamada de onda senoidal.

Analisando a onda senoidal da Figura 10-4, vemos que a tensão está em zero quando a alça está em uma posição vertical e então aumenta até seu valor máximo quando a alça está na posição horizontal. Isso é indicado na curva senoidal de 0 a 90°. Enquanto a alça continua a girar, vemos que a tensão está em seu máximo em 90°, zero em 180°, máximo em 270° e zero novamente em 360°.

Peças essenciais de um gerador CA simples

A Figura 10-5 mostra as peças essenciais de um gerador CA simples. São elas um **campo magnético**, que pode ser produzido por um ímã permanente ou bobinas de campo de eletroímã; uma alça giratória ou bobina chamada de **armadura** ou **rotor**; **anéis deslizantes** e **escovas**, através das quais a corrente é levada da armadura. Os polos do ímã são chamados de **polos de campo**. Na maioria dos geradores, esses polos são enrolados com bobinas de fio chamadas de **bobinas de campo**. Os geradores que contêm campos de ímã permanente produzem apenas quantidades limitadas de energia elétrica. Os grandes geradores de alta potência usam um enrolamento de campo eletromagnético.

Valor da tensão induzida

A tensão induzida em um condutor que se move através de um campo magnético depende de dois fatores principais: a força do campo (a densidade de fluxo) e a velocidade com a qual o condutor atravessa as linhas de fluxo. Em outras palavras, a tensão depende do número de linhas de fluxo cortadas por segundo. Assim, quanto mais forte o campo magnético e mais rápido o giro do gerador, mais eletricidade é produzida.

Gerador CC simples

Os geradores CC são usados na maioria das aeronaves para carregar baterias e fornecer energia a diversas cargas elétricas. Por esse motivo, um gerador CA não atende todos os requisitos de potência a menos que haja um meio de retificar a corrente alternada. A Figura 10-6*a* mostra um gerador simples que retifica a tensão/corrente de saída usando um conjunto de comutador e escovas. Esse gerador CC usa um conjunto de comutador para criar os contatos elétricos entre a bobina de armadura giratória e as escovas estacionárias. (Um gerador CA usa anéis deslizantes, como vemos na Figura 10-5.)

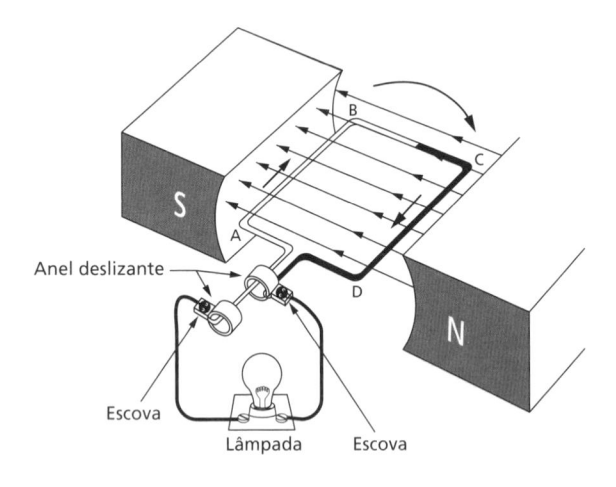

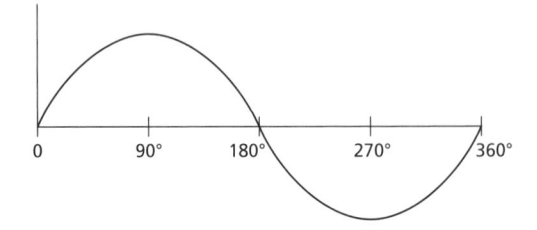

FIGURA 10-3 Gerador CA simples e onda de tensão associada.

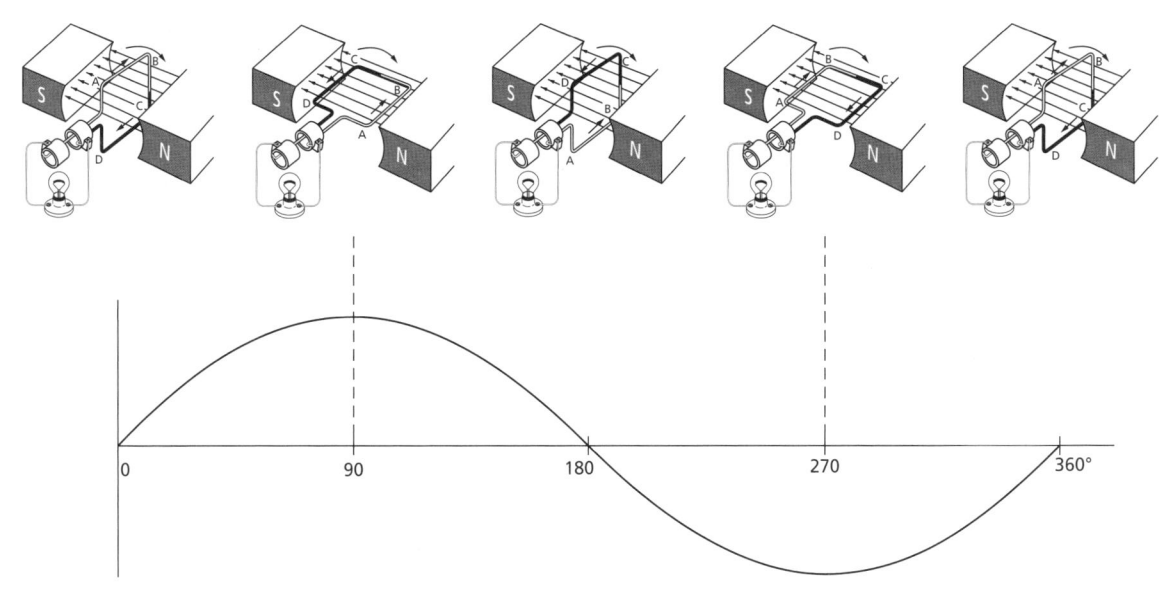

FIGURA 10-4 CA produzida durante a operação do gerador.

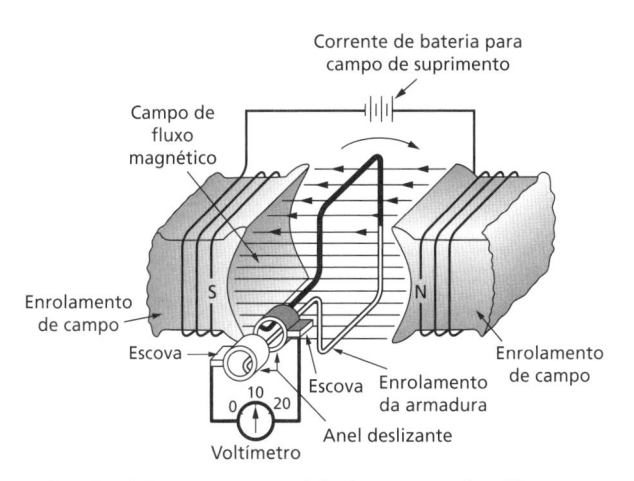

FIGURA 10-5 Peças essenciais de um gerador CA.

O uso de um conjunto de comutador permite que o gerador CC produza uma corrente contínua pulsante, como mostrado na Figura 10-6b.

Um **comutador** é um dispositivo de comutação que reverte as conexões externas com a armadura ao mesmo tempo que a corrente se reverte na armadura. O comutador na Figura 10-6a é um anel bipartido que gira com a armadura. Uma extremidade da alça rotativa é conectada a uma metade do anel, enquanto a outra extremidade da alça é conectada à metade oposta. As duas seções do comutador são isoladas uma da outra. Duas escovas são colocadas em uma posição tal relativa ao comutador que quando este gira, as escovas passam de um segmento do comutador para o outro. Essa reversão ocorre ao mesmo que a corrente produzida na armadura se reverte; praticamente nenhuma tensão é produzida entre os dois segmentos nesse instante.

Consulte a Figura 10-6a e observe que o lado da alça que sobe através do campo sempre estará conectado com a escova

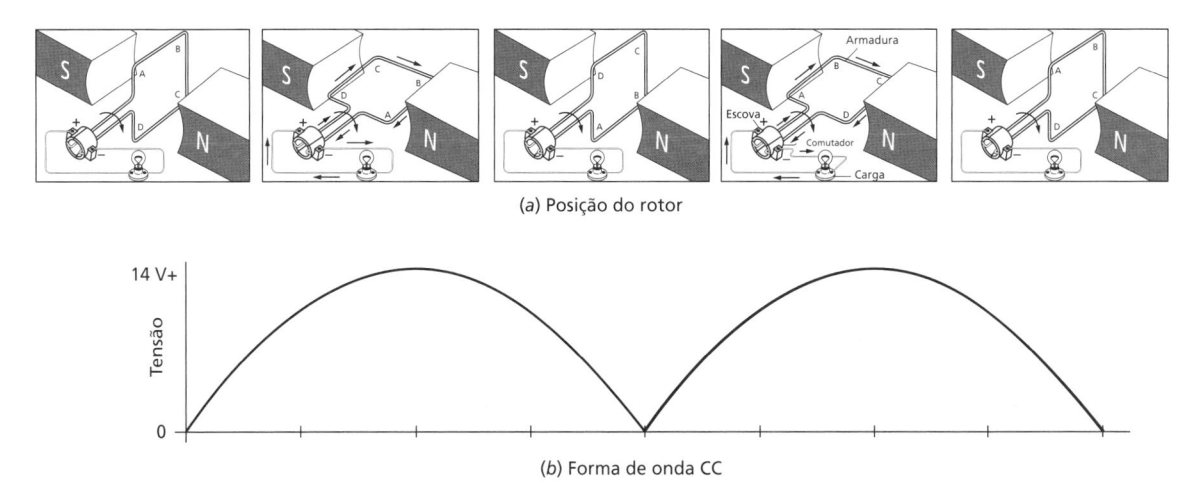

FIGURA 10-6 Gerador CC simples e onda de tensão associada.

positiva e que o lado da alça que desce através do campo sempre estará conectado com a escova negativa.

Como ilustrado na Figura 10-6b, a corrente do gerador estará se movendo em uma direção no circuito externo, mas ela pulsará. A corrente de saída variará em intensidade de zero ao máximo e de volta a zero a cada meio giro da armadura. Uma corrente desse tipo é chamada de corrente contínua pulsante e é instável demais para a maioria das aplicações.

Eliminação de ondulação CC

Como a corrente contínua pulsante do gerador CC simples não é adequada para a maioria dos fins, é necessário construir um gerador que produzirá uma tensão quase constante. Isso é possível aumentando o número de bobinas na armadura e/ou o número de bobinas de campo. A Figura 10-7a ilustra a natureza da tensão de um gerador de bobina única, enquanto a Figura 10-7b mostra a curva para um gerador com quatro bobinas de armadura. Observe a grande diferença na natureza da tensão.

As bobinas da armadura são enroladas em torno de um núcleo de ferro doce laminado. O núcleo de ferro concentra o fluxo de campo e aumenta significativamente a tensão gerada. As laminações reduzem os efeitos das correntes de Foucault induzidas no núcleo.

A Figura 10-8 mostra uma versão simplificada de um gerador CC contendo uma armadura de quatro bobinas. Nela, vemos que as quatro bobinas separadas têm o mesmo espaçamento entre si em torno da armadura. Enquanto o rotor gira dentro do campo magnético, quatro pulsos de corrente separados são produzidos pela armadura; a Figura 10-8b mostra cada pulso elétrico. É importante observar que durante a operação, o gerador produz diversos pulsos de tensão elétrica (representados pelas linhas tracejadas na Figura 10-8b); contudo, o conjunto do comutador garante que apenas as porções absolutamente superiores das curvas de tensão são conectadas à saída do gerador (representadas pelas linhas contínuas na Figura 10-8b). As escovas positivas e negativas se conectam a cada segmento do comutador apenas por um breve período durante a rotação da armadura. O gerador é projetado para garantir que as escovas se conectam ao enrolamento da armadura no exato instante em que o enrolamento produz a tensão máxima. Enquanto a armadura gira, cada alça se conecta sequencialmente ao conjunto de escovas para garantir que a corrente de saída transmitida ao sistema elétrico da aeronave sempre ficará dentro dos limites.

Essa forma de gerador produz uma tensão apropriada para a maioria dos componentes elétricos; contudo, alguns circuitos sensíveis, como as LRUs computadorizadas e muitos rádios, exigem o uso de uma tensão CC praticamente sem flutuações. Para esses circuitos, é preciso eliminar a flutuação CC produzida pelo gerador. Um capacitor simples conectado em paralelo com o fornecimento de tensão pode reduzir bastante o nível de flutuação CC que alcança uma carga sensível. O capacitor cria um **circuito de filtro**, usado para "peneirar" as inconsistências na corrente antes do sinal ser aplicado à carga. Também é possível adicionar indutores como filtros para uma corrente contínua flutuante. Nesse caso, o capacitor é conectado em paralelo e o indutor em série com relação à carga. Um filtro capacitivo/indutivo projetado corretamente produz uma curva de potência CC extremamente plana.

Magnetismo residual

Um eletroímã produz um campo muito mais forte por tamanho e peso do que um ímã permanente. O uso de bobinas de campo eletromagnéticas em um gerador também cria uma maneira fácil de controlar a saída do gerador quando necessário para diversas cargas elétricas e condições de voo. Por esses motivos, todos os geradores usados como fonte de energia elétrica principal em uma aeronave empregam um eletroímã para criar o campo de fluxo magnético. A bobina de campo do gerador normalmente é projetada com várias espiras de fio de cobre em torno de um núcleo metálico, como mostrado na Figura 10-9. Como vemos nesse diagrama simplificado, o núcleo é construído com peças laminadas de ferro doce para melhorar a eficiência do gerador. O núcleo de ferro doce ajuda a direcionar as linhas de fluxo magnético próximas ao rotor do gerador. O núcleo de ferro também retém uma pequena parte do magnetismo quando a corrente até a bobina do campo é desligada; é o chamado **magnetismo residual**.

É o magnetismo residual que possibilita dar partida no gerador sem excitar o campo usando uma fonte externa de magnetismo ou corrente elétrica. O magnetismo residual nos polos do campo faz com que uma tensão fraca seja criada quando o gerador começa a girar. Essa pequena tensão é então utilizada para alimentar o campo eletromagnético do gerador, fortalecendo o campo. O aumento na força do campo causa um aumento correspondente na tensão de saída do gerador e um aumento mútuo na força do campo e na tensão contínua até a tensão alcançar o valor apropriado para o gerador. Em outras palavras, dizemos que o gerador se autoexcita.

Se o magnetismo residual no campo do gerador se perde ou se enfraquece demais, o gerador deixa de produzir corrente. O magnetismo residual pode se degradar com o tempo quando exposto a calor em excesso ou outro campo magnético ou devido a níveis severos de choque/vibração. Se isso ocorre, o magnetismo residual pode ser recuperado com a simples transmissão de uma corrente através dos enrolamentos da bobina de campo. É importante observar a polaridade correta durante esse processo para garantir que a polaridade do magnetismo também é correta. Esse processo é chamado de **magnetização do indutor** e será discutido em mais detalhes em uma parte posterior deste capítulo.

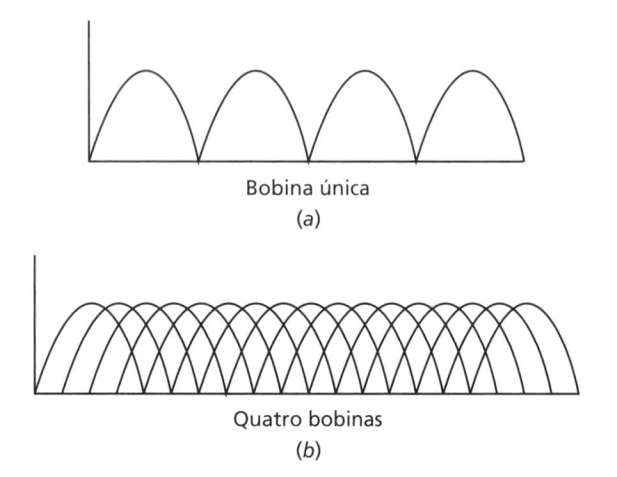

FIGURA 10-7 Comparação de tensões de uma armadura de bobina única e uma armadura de múltiplas bobinas.

Capítulo 10 Geradores e circuitos de controle relacionados **235**

Armadura de quatro bobinas

Ímã de campo

Ímã de campo

S

N

Um de oito segmentos de comutador

Tensão/corrente de saída

(a)

Tensão/corrente induzida

A   B   C   D   E

Tensão conectada às escovas

Tensão produzida, mas não usada

0   ¼   ½   ¾   1

Revoluções

(b)

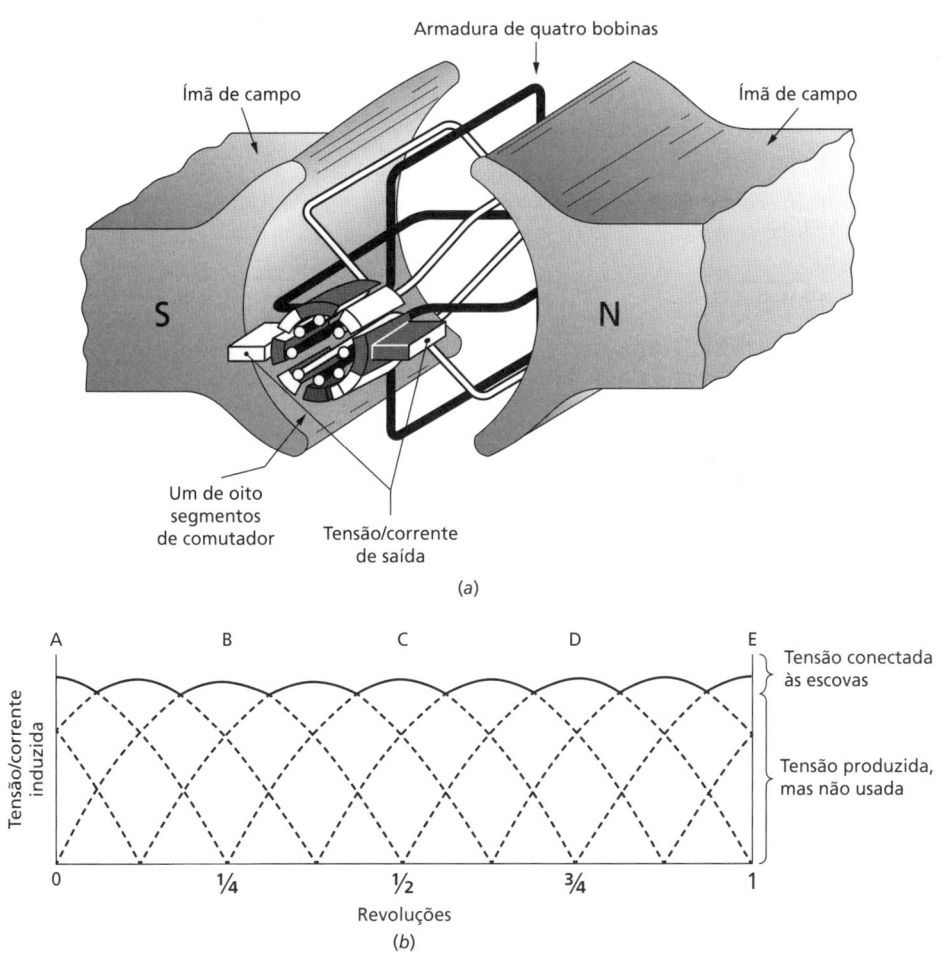

FIGURA 10-8 A saída de um gerador CC contendo uma armadura de quatro bobinas.

Corrente CC para campo eletromagnético

Núcleo laminado de ferro doce

Enrolamento de campo

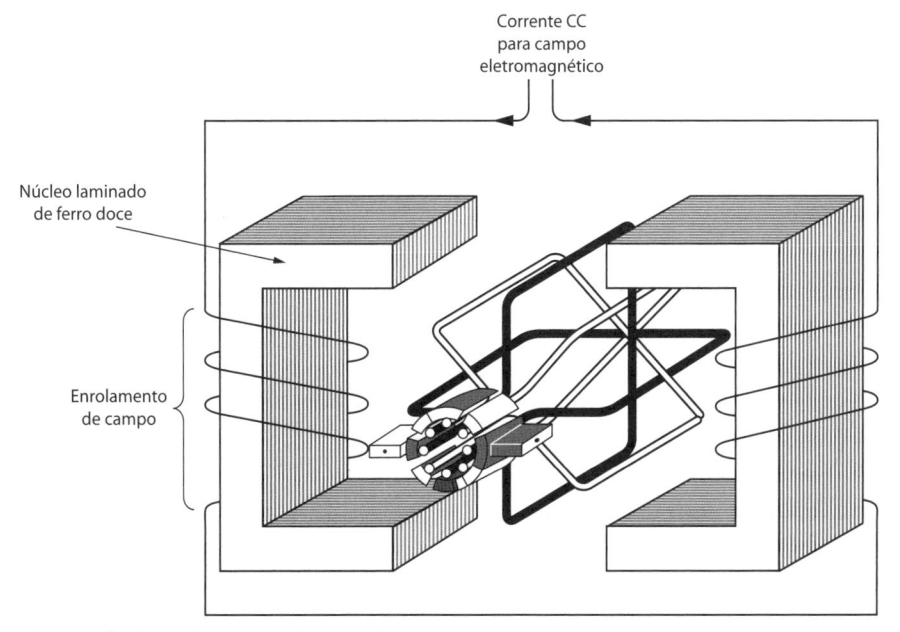

FIGURA 10-9 Projeto de bobina de campo de gerador.

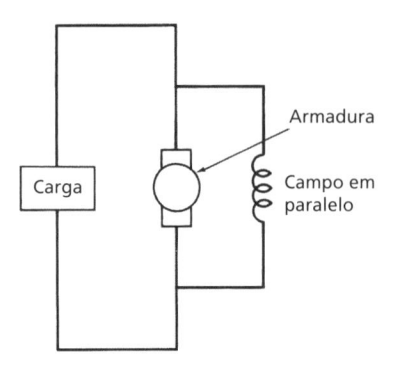

FIGURA 10-10 Diagrama de um gerador de excitação em paralelo simples.

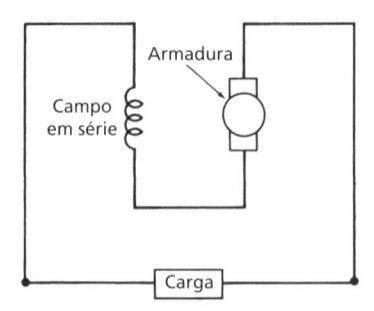

FIGURA 10-12 Diagrama de um gerador de excitação em série simples.

Características dos geradores CC

Os geradores CC são classificados como de **excitação em derivação**, **excitação em série** ou **excitação composta**, de acordo com a maneira como as bobinas de campo são conectadas com relação à armadura.

A Figura 10-10 mostra as conexões internas para um **gerador de excitação em derivação**. Nela, vemos que as bobinas de campo estão conectadas em paralelo com a armadura.

O gerador de excitação em derivação também é chamado de gerador de **excitação em paralelo**. Com esse tipo de sistema, a saída do gerador pode atravessar o enrolamento do campo ou as cargas da aeronave. (Lembre-se que o gerador está produzindo potência e a carga e o enrolamento do campo são usuários de potência.) Obviamente, a corrente de saída "escolherá" proporcionalmente o caminho de menor resistência; assim, se a resistência da carga aumenta, o campo recebe mais corrente e aumenta a saída do gerador devido ao aumento do campo magnético. Em outras palavras, quando a carga elétrica total da aeronave diminui, a resistência da carga total aumenta; logo, a corrente do campo aumenta e a saída do gerador, também. Outro fator que dever ser considerado é que a velocidade rotacional do gerador muda com o rpm do motor. Por exemplo, se o piloto reduz a posição do manete do acelerador para uma aterrissagem, a saída do gerador diminui.

Com essa descrição, é fácil enxergar que o gerador de excitação em paralelo sem algum tipo de controle adicional seria apropriado para um número muito limitado de aplicações. O diagrama de um gerador de excitação em paralelo mostrado na Figura 10-11 inclui um dispositivo de controle de tensão/corrente. Praticamente todas as aeronaves que empregam um gerador CC para o suprimento de energia elétrica principal usam um gerador de excitação em paralelo com esse tipo de circuito de controle. O controle de geradores será discutido em uma parte posterior deste capítulo.

Um **gerador de excitação em série** contém um enrolamento de campo em série com relação ao enrolamento da armadura. A Figura 10-12 mostra um diagrama de um gerador de excitação em série. Nesse tipo de gerador, a resistência da carga controla a corrente do campo. Se a resistência da carga diminui porque mais carga elétrica é aplicada, a corrente do campo aumenta e a tensão de saída do gerador aumenta também. Se a carga elétrica diminui (maior resistência), a corrente através da carga e do campo do gerador diminui e a tensão de saída do gerador aumenta. A partir dessas relações, vemos que um gerador de excitação em série não regulado não consegue manter uma tensão de saída constante. Os geradores de excitação em série que não são regulados podem ser utilizados em situações nas quais um rpm constante e uma carga constante são aplicadas ao gerador, mas eles não podem ser utilizados em aplicações aeronáuticas.

Um **gerador de excitação composta** combina as características dos geradores com excitação em série e em derivação. Como ilustrado na Figura 10-13, esse gerador contém um enrolamento de campo em série e um em paralelo com relação à armadura. Nesse tipo de gerador, quando a carga aumenta (resistência decrescente), a corrente do campo em série aumenta e a corrente do campo em paralelo diminui. A tensão de saída permanece constante. Se a carga diminui (resistência crescente), a corrente do campo em série diminui e a do campo em paralelo aumenta. Mais uma vez, a saída permanece constante.

Na teoria, os geradores de excitação em série, em derivação e composta têm suas próprias vantagens e desvantagens.

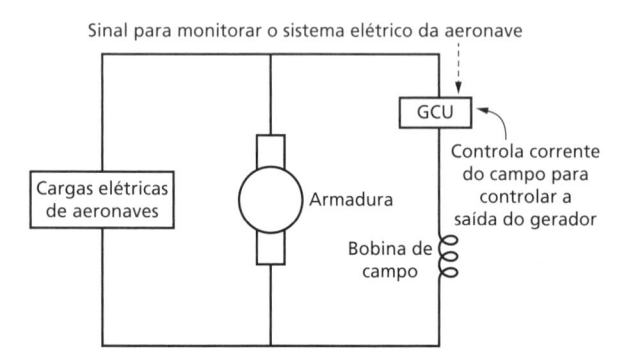

FIGURA 10-11 Regulação de tensão em circuito de campo.

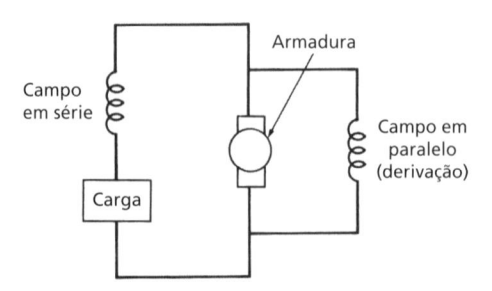

FIGURA 10-13 Diagrama de um gerador de excitação composta simples.

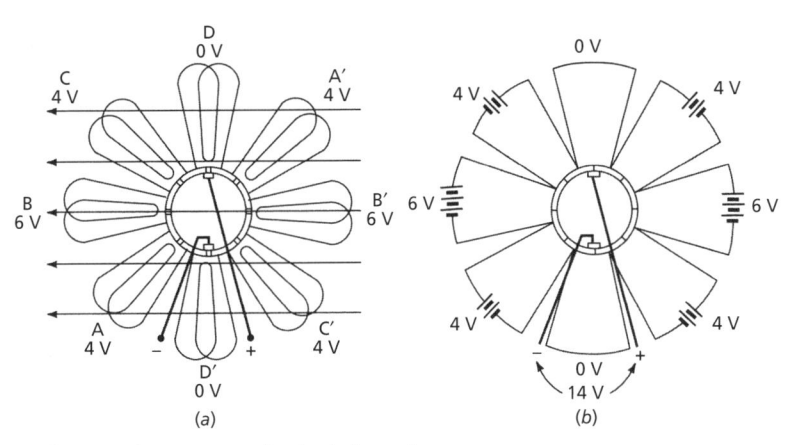

FIGURA 10-14 Circuito de armadura com analogia de bateria.

Nas aeronaves modernas, no entanto, todos os geradores contêm alguma maneira de controlar a tensão e a corrente de saída. O gerador de excitação em derivação usado em conjunto com um regulador de tensão é o tipo mais comum de sistema de gerador CC para aeronaves. O regulador de tensão ajusta a corrente ao campo em derivação para manter a saída necessária sob diversas condições de carga e rpm.

Análise de um circuito de armadura

No parágrafo anterior, foi explicado que um gerador prático possui muitas bobinas de fio na armadura. Essas bobinas são conectadas aos segmentos do comutador de tal forma que estejam em série umas com as outras. A Figura 10-14a mostra a conexão para um comutador típico em um gerador de dois polos. Pressuponha que a armadura tem oito bobinas de duas espiras, cada uma enrolada em torno da armadura através de fendas contrapostas. Se o fluxo magnético é horizontal, nenhuma tensão é induzida nas bobinas verticais, pois os lados das bobinas se movem em paralelo às linhas de força e não cortam nenhuma delas. As bobinas nas posições B e B' cortam um número máximo de linhas de fluxo e, assim, terão FEM máxima induzidas nelas.

Por exemplo, vamos pressupor que essa FEM é de 6 V. As bobinas nas posições A, A', C e C' terão uma FEM induzida de aproximadamente 4 V cada. O resultado é que três bobinas produtoras de tensão estão conectadas em série em cada metade da armadura.

A Figura 10-14b mostra uma analogia de bateria do circuito da armadura. Em cada um dos circuitos em série na armadura, há duas bobinas de 4 V e uma de 6 V. A FEM total de cada série é 14 V; como os dois circuitos estão conectados em paralelo, a corrente será o dobro da de um circuito em série.

A estrutura de enrolamento da armadura ilustrado na Figura 10-14 é conhecida pelo nome de **enrolamento embricado progressivo**. Diversos tipos diferentes de enrolamento são usados em motores e geradores, mas aquele mostrado aqui é adequado para os fins desta discussão.

Reação da armadura

Como a armadura é enrolada com bobinas de fio, um campo magnético é montado na armadura sempre que uma corrente flui nas bobinas, como na Figura 10-15a. Esse campo está em ângulos retos em relação ao gerador mostrado na Figura 10-15b e é chamado de **magnetização cruzada** da armadura. O efeito do campo da armadura é distorcer o campo do gerador e deslocar o plano neutro, como ilustrado na Figura 10-15c. Lembre-se que o plano neutro é a posição na qual os enrolamentos da armadura se movem em paralelo às linhas de fluxo magnéticas. Esse efeito é conhecido como **reação da armadura** e é proporcional à corrente que flui nas bobinas da armadura.

As escovas de um gerador devem ser colocadas no plano neutro, ou seja, devem contatar segmentos do comutador conectados às bobinas da armadura sem FEM induzida. Se as escovas contatam segmentos do comutador fora do plano neutro, elas

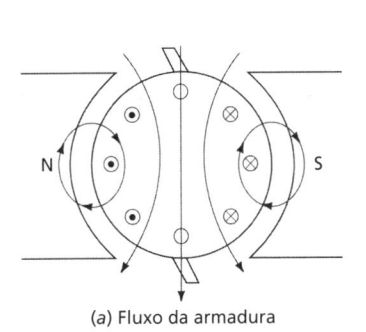

(a) Fluxo da armadura
(b) Fluxo do campo
(c) Fluxo resultante

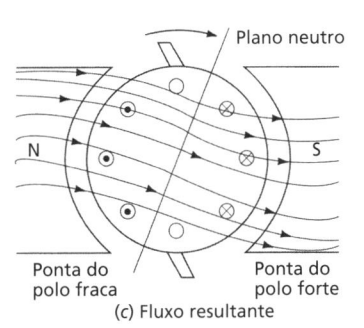

FIGURA 10-15 Reação da armadura.

provocam um curto-circuito nas bobinas ativas e causam arqueamento e perda de potência. A reação da armadura faz com que o plano neutro se desloque na direção da rotação; se as escovas estão no plano neutro sem carga, ou seja, quando não há uma corrente da armadura fluindo, elas não estarão no plano neutro quando a corrente da armadura fluir. Por esse motivo, é melhor incorporar um sistema corretivo ao projeto do gerador.

Dois métodos principais permitem superar o efeito da reação da armadura. O primeiro é deslocar a posição das escovas para que fiquem no plano neutro quando o gerador está produzindo sua corrente de carga normal. No outro método, polos de campo especiais, chamados de **polos auxiliares**, são instalados no gerador para se contrapor ao efeito da reação da armadura.

O método de configuração das escovas é satisfatório em instalações nas quais o gerador opera sob uma carga relativamente constante. Se a carga varia significativamente, o plano neutro sofre um deslocamento proporcional e as escovas não ficam na posição correta todas as vezes. O método de configuração das escovas é o meio mais comum de corrigir o efeito da reação da armadura em pequenos geradores (aqueles que produzem cerca de 1000 W ou menos). Geradores maiores exigem o uso de polos auxiliares.

Polos auxiliares

O uso de polos auxiliares é o método mais satisfatório para manter um plano neutro constante em um gerador. Os enrolamentos dos polos auxiliares estão em série com a carga; assim, o efeito do polo auxiliar é proporcional à carga. A polaridade dos polos auxiliares é tal que seu efeito é contrário ao do campo da armadura, ou seja, cada polo auxiliar tem a mesma polaridade que o próximo polo de campo na direção da rotação. Com essa polaridade, podemos dizer que o polo auxiliar puxa o campo do gerador para a posição correta. A Figura 10-16 mostra um sistema típico de polos auxiliares.

Em muitos geradores, um **enrolamento compensador** é usado para ajudar a superar a reação da armadura. Esse enrolamento é composto de condutores embutidos nas faces do polo do campo com uma bobina em torno das seções de dois polos do campo de polaridades opostas (ver Figura 10-17). O enrolamento compensador está em série com os enrolamentos dos polos auxiliares; assim, ele trabalha com os polos auxiliares e aumenta sua eficácia. A comutação sem centelhas obtida com o uso de polos auxiliares e um enrolamento compensador aumenta a vida útil das escovas e do comutador, reduz a interferência de rádio e melhora significativamente a eficiência do gerador.

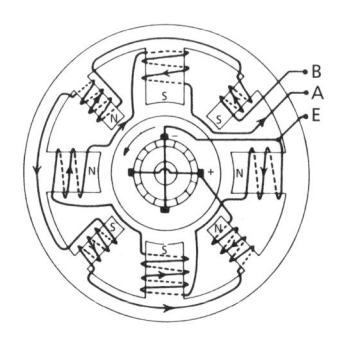

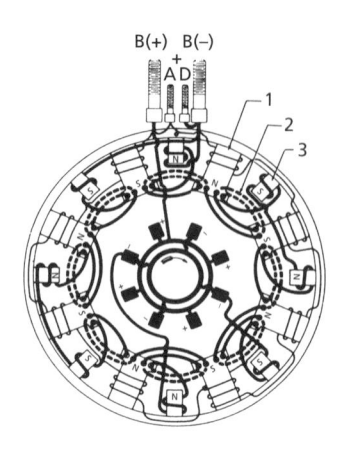

1 Polo do campo principal
2 Enrolamento compensador
3 Polo auxiliar

FIGURA 10-17 Gerador com polos auxiliares e enrolamento compensador.

CONSTRUÇÃO DE GERADOR CC

Todos os geradores CC têm diversas características em comum. Os enrolamentos da armadura conectados ao conjunto do comutador estão contidos no rotor. Os enrolamentos de campo, que produzem o campo magnético, são estacionários ou parte do conjunto do rotor. As escovas de um gerador CC também são estacionárias, sendo usadas junto com o comutador para retificar a corrente produzida na armadura. Em geral, há dois elementos principais em todos os geradores: o **rotor**, o conjunto que gira, e o **estator**, o conjunto que é estacionário. O rotor é conectado ao motor através de uma conjunto de engrenagens ou correias de acionamento, enquanto o estator é montado no motor. Apesar da maioria dos geradores CC serem utilizados em aeronaves mais antigas, muitas delas ainda voam e é importante entender os princípios fundamentais do aparelho. A Figura 10-18 apresenta um diagrama *cutaway* de um gerador típico. A discussão a

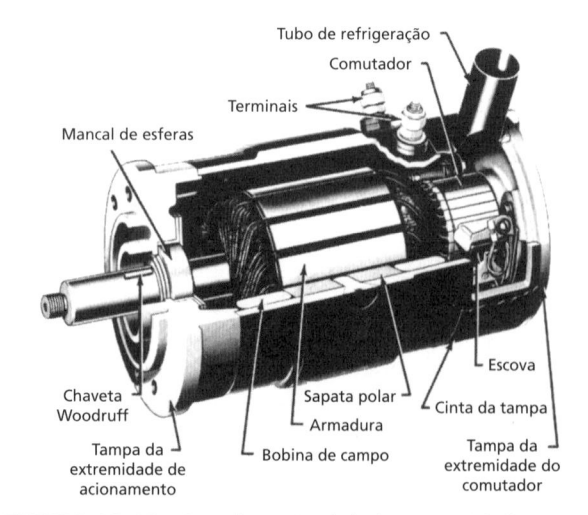

FIGURA 10-16 Circuito gerador com polos auxiliares.

FIGURA 10-18 Geradores CC de baixa capacidade típicos.

Capítulo 10 Geradores e circuitos de controle relacionados **239**

seguir se concentrará em um gerador simples usado em pequenas aeronaves. Essas características de projeto básicas podem ser aplicadas a todos os geradores.

Conjunto armadura/rotor

O conjunto da armadura (Figura 10-19) é composto de um núcleo de ferro doce laminado montado sobre um eixo de aço, o comutador em uma extremidade do conjunto e as bobinas da armadura enroladas através das fendas no núcleo da armadura. O núcleo é composto de múltiplas laminações de ferro doce revestidas com um verniz isolante e então empilhadas. O objetivo dessas laminações é eliminar ou reduzir as correntes de Foucault que seriam induzidas em um núcleo sólido. O efeito dessas correntes foi explicado no Capítulo 9. As laminações para o núcleo da armadura são empilhadas de tal forma que as fendas se alinham para que as bobinas da armadura sejam colocadas nelas. Antes dos enrolamentos das bobinas serem instalados, um papel ou tecido isolante é colocado nas fendas para proteger os enrolamentos contra desgaste e abrasão.

Um fio de cobre isolado com bitola grande o suficiente para conduzir as correntes máximas da armadura é enrolado em bobinas através das fendas da armadura.

Cada extremidade do fio de cobre é então conectada a um segmento do comutador. Se o gerador contém duas escovas, as extremidades do fio da armadura se conectam com 180° de distância entre si; se quatro escovas são usadas, as extremidades dos enrolamentos se conectam com os segmentos do comutador com 90° de distância entre si.

Depois que armadura é enrolada, as bobinas são fixadas com o uso de cunhas não metálicas colocadas nas fendas. Em alguns modelos, bandas de aço são colocadas em torno da armadura para impedir que os enrolamentos sejam atirados longe pela força centrífuga quando a armadura é acionada a altas velocidades.

O comutador é composto de diversos segmentos de cobre isolados da estrutura da armadura e uns dos outros. O material isolante utilizado deve resistir a altos níveis de força e temperatura para que possa ser usinado em formatos finos e complexos. Uma substância mineral chamada mica era usada nos geradores mais antigos, mas hoje é comum usar plásticos especializados modernos. Os segmentos são construídos de modo a serem fixa-

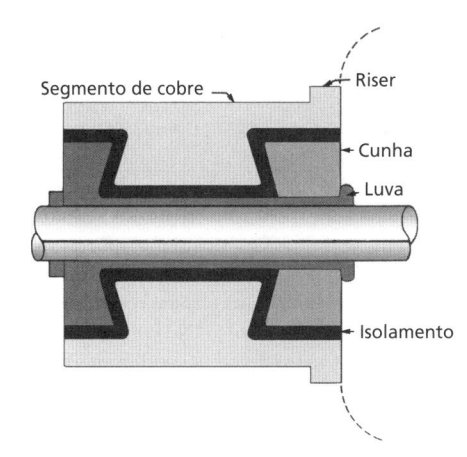

FIGURA 10-20 Seção transversal de um comutador.

dos por cunhas localizadas entre o eixo e os segmentos. A Figura 10-20 mostra uma seção transversal de um comutador típico. Cada segmento do comutador possui um riser soldado a um fio condutor de uma bobina da armadura. A superfície do comutador é cortada e esmerilhada até ter uma superfície cilíndrica bastante suave. O isolamento entre os segmentos tem uma mordedura de aproximadamente 0,02 polegadas [0,051 cm] para garantir que não interferirá com o contato das escovas com o comutador.

Conjunto de campo/estator

A carcaça pesada de aço ou ferro que sustenta os polos do campo é chamada de **armação de campo** ou **carcaça de campo**. Além de sustentar os polos do campo, ela também forma parte do circuito magnético do campo. As sapatas polares são fixadas por grandes parafusos escareados que passam através da carcaça.

Os pequenos geradores normalmente têm dois a quatro polos montados no conjunto a armação de campo, enquanto os grandes podem ter até oito polos principais e oito polos auxiliares. As peças do polo são retangulares e, na maioria dos casos, feitas de aço laminado. Os enrolamentos do campo principal são compostos de muitas espiras de fio de cobre isolado. A Figura 10-21 mostra um conjunto típico de armação de campo.

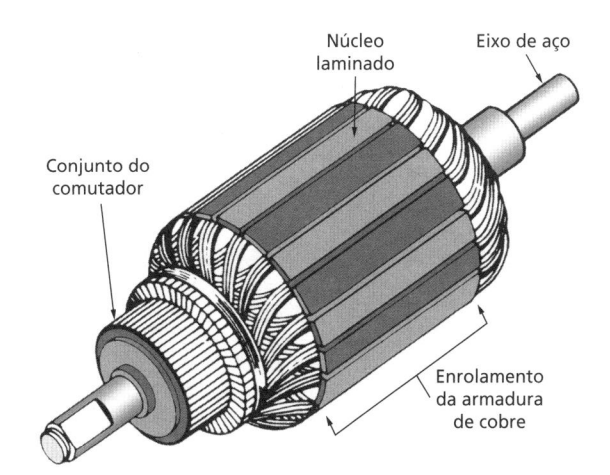

FIGURA 10-19 Conjunto de armadura típico.

FIGURA 10-21 Conjunto de campo do gerador montado dentro da carcaça do gerador.

FIGURA 10-22 Conjunto de escovas do gerador removido do gerador.

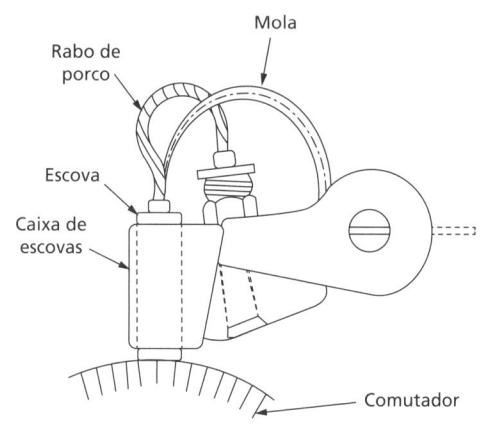

FIGURA 10-23 Diagrama de um porta-escovas de gerador típico.

Conjunto de escovas

O conjunto de escovas (Figura 10-22) fica localizado na extremidade do comutador do gerador. As escovas são pequenos blocos de um composto de carbono e grafite macio o suficiente para minimizar o desgaste do comutador, mas duros o suficiente para funcionarem por períodos prolongados. Foram projetadas escovas especiais para geradores operados em altitudes extremas. Elas são necessárias porque o arqueamento aumenta com a altitude e causa a deterioração rápida das escovas normais.

Com o desgaste, as escovas escorregam dentro dos porta-escovas metálicos e são pressionadas firmemente contra o comutador por meio de molas. A tensão dessas molas deve ser suficiente para fornecer às escovas uma pressão de aproximadamente 6 psi [41 kPa] de superfície de contato. Um fio condutor flexível conecta a escova à armação das escovas para garantir uma conexão elétrica de alta qualidade. A Figura 10-23 mostra um desenho de um porta-escovas típico.

Tampas das extremidades

As **tampas das extremidades** dos geradores sustentam os mancais da armadura e são montadas em cada extremidade da armação de campo. A tampa na extremidade do comutador do gerador também sustenta o conjunto do aparelhamento das escovas. A tampa na extremidade de acionamento é flangeada para fornecer uma estrutura de montagem. Em alguns geradores, as tampas das extremidades são fixadas ao conjunto da armação de campo por meio de longos parafusos que atravessam totalmente a armação. Em outros, as tampas são fixadas por parafusos de fenda nas extremidades da armação.

Os mancais do gerador geralmente são do tipo de esferas, pré-lubrificados e selados pelo fabricante. Os mancais pré-lubrificados não precisam de manutenção alguma, exceto durante recondicionamentos ou caso sofram danos. Os mancais se encaixam firmemente nos recessos nas tampas das extremidades e são fixados em suas posições por retentores aparafusados às tampas das extremidades. A Figura 10-24 mostra uma vista expandida de um gerador típico.

Características de arrefecimento

Como um gerador operando em capacidade máxima desenvolve uma grande quantidade de calor, é preciso utilizar algum meio de arrefecimento. Para tanto, usam-se passagens através da carcaça do gerador entre as bobinas de campo. Em geradores de alto rendimento, também há passagens de ar de arrefecimento através da armadura, e em alguns casos o gerador usa até arrefecimento a óleo. O ar de arrefecimento é forçado através da passagens por uma ventoinha montada no eixo do gerador ou por pressão de um duto de ar de impacto que leva a uma tomada de ar montada na extremidade do gerador. As aberturas são colocadas na tampa de extremidade oposta à ventoinha ou conexões de ar para permitir que o ar aquecido atravesse a carcaça do gerador.

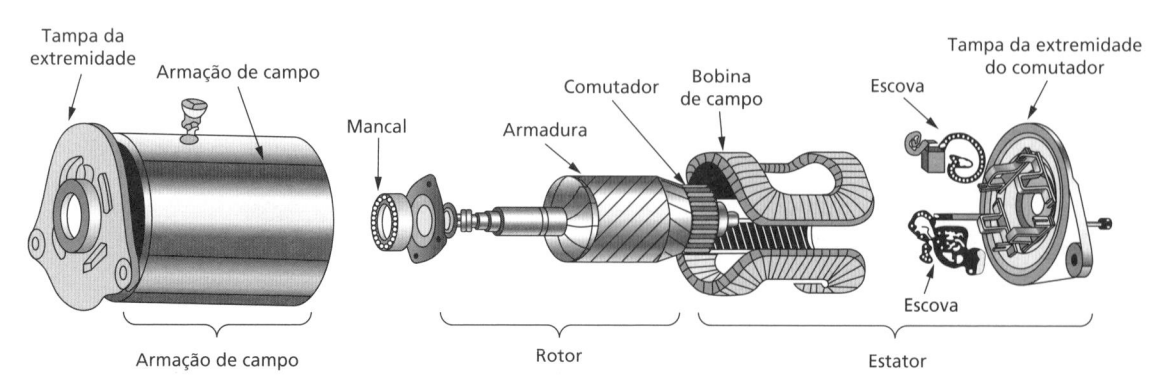

FIGURA 10-24 Vista expandida de componentes do gerador.

MOTORES DE PARTIDA

Um **motor de partida** é uma combinação de gerador e sistema de partida em uma carcaça, como mostrado na Figura 10-25. Os motores de partida normalmente são usados em pequenas aeronaves de turbo-hélice e de turbinas, como o Beechcraft King Air ou o Cessna Citation. A maioria dos motores de partida contém pelo menos dois conjuntos de enrolamentos de campo e apenas um enrolamento de armadura. No modo de partida, a corrente é transmitida para o enrolamento de campo de baixa resistência, que fica conectado em série com a armadura. Nesse momento, uma alta corrente flui através dos enrolamentos de campo e armadura, produzindo o alto torque necessário para a partida do motor.

Em modo gerador, o motor de partida é capaz de fornecer corrente ao sistema elétrico da aeronave. Um motor de partida típico fornece corrente contínua de até 300 A e 28,5 V em modo gerador. Para gerar energia elétrica, o enrolamento em derivação do motor de partida é energizado e o campo em série é desenergizado. O enrolamento em derivação é uma bobina de relativamente alta resistência que produz o campo magnético para induzir tensão na armadura. Nessa configuração, a unidade opera da mesma forma que um gerador com excitação em derivação. A tensão produzida na armadura transmite a corrente para o barramento da aeronave, onde é distribuída para as diversas cargas da aeronave.

É preciso observar que diversos tipos de motores de partida estão em uso atualmente. Alguns empregam dois enrolamentos de campo separados, como descrito acima; outros usam apenas um enrolamento de campo (em derivação). Se apenas um enrolamento de campo é utilizado, circuitos especiais passam a ser necessários na unidade de controle do gerador (GCU) para elevar o torque de partida até um nível apropriado. O técnico deve se familiarizar com o gerador de partida específico antes de dar início aos procedimentos de manutenção.

Uma vantagem do motor de partida é que apenas um mecanismo de engrenagem de acionamento é utilizado para ambos os modos, partida e gerador. Assim, a engrenagem de acionamento do motor de partida não precisa ser engatada ou desengatada da engrenagem de acionamento do motor da aeronave. Além disso, o motor de partida é menor em peso e tamanho do que um sistema convencional que emprega duas unidades, a saber, um motor e um gerador. A principal desvantagem dos motores de partida é que elas não conseguem manter o rendimento total a um baixo rpm. Assim, a maioria dos motores de partida deve ser utilizada em aeronaves de turbinas para manter com consistência um nível relativamente alto de rpm do motor.

Componentes de motores de partida

Os motores de partida são projetados para fornecer torque para o arranque do motor e gerar energia elétrica CC para os sistemas elétricos da aeronave. O motor de partida mostrado na Figura 10-25 contém um gerador de quatro polos autoexcitado. Quatro polos auxiliares e um enrolamento compensador são utilizados para ajudar a superar a reação da armadura. Uma ventoinha integral é utilizada para puxar ar através da unidade durante a rotação. O ar de arrefecimento é necessário para manter os limites de temperatura durante a geração de alta potência. Um amortecedor de embreagem pode ser utilizado em algumas unidades para

FIGURA 10-25 Motor de partida típico. (*Lear Siegler, Inc., Power Equipment Division*)

conectar a armadura ao eixo de acionamento. Essa embreagem fornece amortecimento da fricção de quaisquer cargas torcionais que passam ser aplicadas à armadura durante a operação. As mudanças nas cargas torcionais ocorrem sempre que os equipamentos elétricos da aeronave são ligados ou desligados. Se a armadura é conectada diretamente ao motor, sem uma embreagem, as cargas torcionais podem aplicar um estresse excessivo ao eixo de acionamento e levar a uma pane do gerador. Alguns motores de partida empregam uma **seção de cisalhamento** do eixo de acionamento, usada para proteger a caixa de engrenagens do motor em caso de pane mecânica do gerador que impeça sua rotação. Nessa situação, a seção de cisalhamento se quebra (cisalha) e desconecta o gerador da engrenagem de acionamento.

CONTROLE DO GERADOR

Monitoramento da saída do gerador

Há duas maneiras de monitorar a saída de um gerador. A tensão produzida pelo gerador pode ser indicada por um voltímetro ou o fluxo de corrente do gerador pode ser apresentado por um amperímetro. Um ou ambos os instrumentos normalmente são montados na cabine de comando da aeronave para que o piloto possa monitorar a operação do gerador. Se apenas um instrumento é utilizado, dá-se preferência ao amperímetro. Um voltímetro jamais deve ser utilizado sem um amperímetro.

O amperímetro pode ser colocado no fio condutor de saída do gerador, como mostrado na Figura 10-26*a*, ou no fio condutor positivo da bateria, como mostrado na Figura 10-26*b*. Os amperímetros localizados no fio condutor da saída do gerador medem apenas a corrente que sai do gerador, então são calibrados apenas em uma escala positiva. Um gerador de 30 A exigiria um amperímetro com escala de 0 a 30 A. Qualquer leitura desse tipo de amperímetro indica que a corrente está saindo do gerador e fluindo para o barramento, como indicado pelas setas no diagrama.

Os amperímetros localizados no fio condutor positivo da bateria devem ser calibrados para indicar um valor negativo e um positivo. Um amperímetro típico desse tipo lê de -60 A a 0 a $+60$ A. Isso é necessário porque a corrente pode fluir através do amperímetro *para* ou *da* bateria. Se a bateria está descarregando, o amperímetro indica um valor negativo. Se está carregando, um

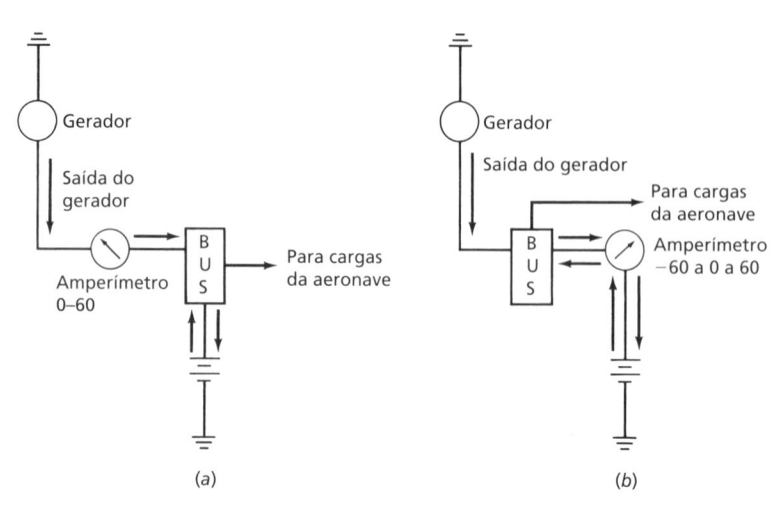

FIGURA 10-26 Posicionamento de amperímetro em um sistema de gerador: (*a*) localizado no fio condutor de saída do gerador; (*b*) localizado no fio condutor da bateria.

valor positivo. Quando esse tipo de amperímetro é utilizado, as indicações são um valor positivo quando o sistema de carregamento está funcionando corretamente.

Os amperímetros colocados no fio condutor de saída no gerador que indicam apenas valores positivos são conhecidos como **amperímetros de polaridade única**. Os amperímetros instalados em série com o fio condutor positivo da bateria são chamados de **amperímetros de polaridade dupla**. Ambos os tipos de medidor são bastante usados em aeronaves, então sempre conheça o sistema antes de analisar a saída do gerador usando o amperímetro do veículo.

Muitas vezes, um voltímetro é necessário para monitorar corretamente a saída de um gerador em uma aeronave multimotor. A tensão de um gerador operacional deve ser ligeiramente maior do que a tensão da bateria. Isso é necessário para garantir que a bateria recebe uma corrente de carga do gerador. Os geradores produzem quase 14 V para sistemas que utilizam baterias de 12 V e 28 V para sistemas que utilizam baterias de 24 V. Com sistemas de múltiplos geradores, muitas vezes é necessário monitorar a tensão de saída de cada gerador para determinar qual deles sofreu uma pane, ou se algum sofreu. Algumas aeronaves multimotores contêm apenas um voltímetro, usado para medir a tensão do barramento, a tensão do gerador direito ou a tensão do gerador esquerdo por meio de uma chave de controle. Isso economiza peso e espaço no painel de instrumentos.

Antes de qualquer determinação sobre a condição de um gerador ou sistema de geradores, lembre-se de ligar a aeronave e monitorar todos os instrumentos relacionados. Nesse momento, considere os dois tipos diferentes de amperímetros, mais especificamente o que eles medem. Esse procedimento ajuda a garantir um diagnóstico apropriado do sistema.

Algumas das aeronaves mais novas utilizam instrumentos digitais para apresentar as saídas dos geradores. Nesse caso, uma unidade de controle do gerador seria usada para monitorar o gerador e enviar um sinal digital à unidade gestora do display. Essa unidade analisaria o status do gerador e enviaria qualquer informação de alerta ou advertência a um display de tela plana. A vantagem desse tipo de sistema de display é a sua flexibilidade;

durante a operação normal, as informações do gerador poderiam sequer serem mostradas, mas caso uma pane ocorresse, o piloto veria uma mensagem de advertência e todos os dados de saída apropriados do gerador.

Princípios da regulação de tensão

Na seção deste capítulo que descreve a teoria dos geradores, foi explicado que a tensão produzida pela indução eletromagnética depende do número de linhas de força cortadas por segundo por um condutor. **Em um gerador, a tensão produzida depende de três fatores: (1) a velocidade da rotação da armadura, (2) o número de enrolamentos da armadura no rotor e (3) a força do campo magnético no estator.** Para manter uma tensão de saída constante do gerador sob todas as condições de carga e de velocidade, é preciso utilizar algum tipo de controle do operador.

Como o gerador é acionado diretamente pelo motor, é óbvio que a velocidade do gerador não pode ser variada de acordo com os requisitos da carga. Além disso, é impossível mudar o número de espiras de fio na armadura durante a operação. Assim, a única maneira prática de regular a tensão de saída do gerador é controlar a **força do campo**. Isso é fácil de fazer, pois a força do campo é determinada pela corrente que flui através das bobinas do campo, que por sua vez é controlada por um resistor variável no circuito do campo.

O tipo mais simples de regulação de tensão é realizado da maneira mostrada na Figura 10-27. Nesse sistema, um reostato (resistor variável) é colocado em série com o circuito de campo em paralelo do gerador. Se a tensão aumenta acima do valor desejado, o operador pode reduzir a corrente do campo com o reostato, enfraquecendo o campo e reduzindo a saída do gerador. Um aumento na saída do gerador pode ser obtido com a redução da resistência do circuito do campo usando o reostato. Todos os métodos de regulação de tensão nos sistemas elétricos de uma aeronave empregam o princípio de uma resistência de campo variável ou intermitente. Os reguladores de tensão modernos têm um nível tão avançado de eficiência que a FEM de um gerador varia apenas uma fração mínima de um volt em faixas extremamente amplas de condições de carga e velocidade.

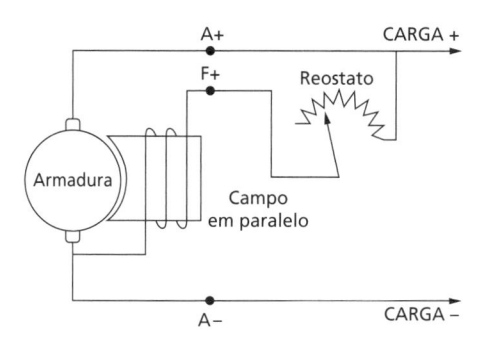

FIGURA 10-27 Regulador de tensão simples (um resistor variável).

Os **reguladores de tensão** ou **unidades de controle do gerador (GCU)** para aeronaves modernas normalmente são do tipo de estado sólido, ou seja, empregam transistores e diodos como elementos de controle. Como ainda há muitos aviões mais antigos em uso que empregam reguladores de tensão do tipo vibrador e de resistência variável, vamos analisar esses dispositivos nas seções a seguir.

Regulador de tensão do tipo vibrador

A Figura 10-28 mostra um sistema de geradores que usa um regulador de tensão do tipo vibrador. Uma resistência que é cortada e reinserida intermitentemente no circuito do campo por meio de pontos de contato vibratórios é colocada em série com o circuito do campo. Os pontos de contato são controlados por uma bobina de tensão conectada em paralelo com a saída do gerador. Quando a tensão do gerador aumenta até o valor desejado, a bobina de tensão produz um campo magnético forte o suficiente para abrir os pontos de contato. Quando os pontos se abrem, a corrente do campo deve passar através da resistência. Isso provoca uma redução significativa na corrente do campo, e o resultado é que o campo magnético no gerador é enfraquecido. A tensão do gerador cai imediatamente, fazendo com que o eletroímã da bobina de tensão perca força e permita que uma mola feche os pontos de contato. Isso permite que a tensão do gerador aumente, repetindo o ciclo. Os pontos de contato se abrem e se fecham muitas vezes por segundo, mas o tempo real em que permanecem abertos depende da carga sendo conduzida pelo gerador e o rpm do gerador (motor). Quando a carga do gerador aumenta, o tempo em que os pontos de contato permanecem fechados aumenta e o tempo em que permanecem abertos diminui. O ajustamento da tensão do gerador é possibilitada pelo aumento ou redução da tensão da mola que controla os pontos de contato.

Muitas vezes, a temperatura afeta significativamente a saída do gerador; assim, esse ajustamento deve ser realizado apenas sob condições específicas determinadas pelo fabricante.

Como os pontos de contato não se queimam ou sofrem cavitações relevantes, os reguladores de tensão do tipo vibrador são satisfatórios para geradores que exigem uma corrente de campo baixa. Em um sistema no qual o campo do gerador exige uma corrente de até 8 A, os pontos de contato vibratórios logo se queimaram e provavelmente se fundiriam uns com os outros. Por esse motivo, os geradores de alto rendimento normalmente usam uma unidade de controle de estado sólido complexa.

Regulador de tensão de pilha de carbono

Quando os discos de carbono são montadas como se fossem uma pilha de moedas, os discos podem ser utilizados como uma resistência variável. Essa pilha de carbono de resistência variável também é chamada simplesmente de **pilha de carbono**. A resistência do carbono varia à medida que os discos são espremidos uns contra os outros; com mais pressão, a resistência diminui, e com menos pressão ela aumenta. O carbono é muito usado como resistência confiável de baixo custo em diversas aplicações industriais. As pilhas de discos de carbono são utilizadas em equipamentos que precisam de uma resistência variável capaz de suportar uma corrente alta. Quanto maior o requisito de corrente controlado pela pilha de carbono, maiores as dimensões de cada disco. Em geral, os reguladores de pilha de carbono não são mais utilizados em aeronaves; contudo, os conceitos apresentados aqui ajudam o leitor a entender a teoria dos sistemas de controle de geradores.

O regulador de tensão de pilha de carbono recebe seu nome porque o elemento regulador (resistência variável) é composta de uma **pilha** de discos de carbono (ver Figura 10-29). Em geral, a pilha de carbono alterna discos de carbono duro e macio (grafite) contidos em um tubo de cerâmica com um plugue de contato de carbono ou metálico em cada extremidade. Em uma extremidade da pilha, um certo número de molas de folha organizadas radialmente exercem pressão contra o plugue de contato, mantendo os discos firmemente pressionados uns contra os outros. Enquanto os discos estão comprimidos, a resistência da

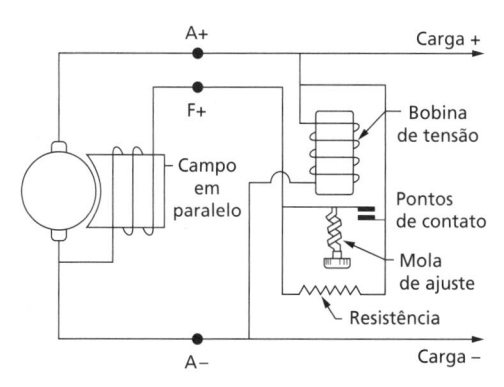

FIGURA 10-28 Circuito regulador do tipo vibrador.

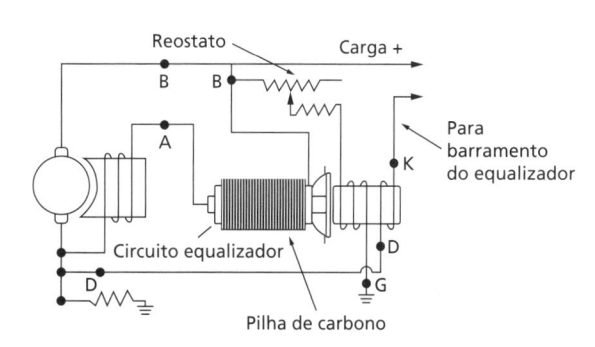

FIGURA 10-29 Circuito regulador de tensão de pilha de carbono.

pilha é bastante baixa. Se a pressão sobre a pilha de carbono é reduzida, a resistência aumenta. Colocando um eletroímã em uma posição na qual reduzirá a pressão da mola sobre os discos com o aumento da tensão acima de um valor predeterminado, o resultado é um regulador de tensão eficiente.

O regulador de tensão de pilha de carbono é conectado em um sistema de geradores da mesma maneira que qualquer regulador, ou seja, com uma resistência no circuito de campo e um eletroímã para controlar a resistência. A pilha de carbono está em série com o campo do gerador e a bobina de tensão é colocada em derivação entre a saída do gerador. Um pequeno reostato ajustado manualmente é conectado em série com a bobina de tensão para permitir um ajustamento limitado, necessário quando dois ou mais geradores são conectados em paralelo ao mesmo sistema elétrico.

Circuito equalizador

Quando dois ou mais geradores são conectados em paralelo a um sistema de potência, os geradores devem compartilhar a carga igualmente. O exemplo a seguir de um circuito equalizador é oferecido apenas para fins explicativos; o sistema real usado em uma aeronave seria mais complexo e provavelmente de estado sólido. Apesar dos componentes de um sistema complexo serem diferentes, a teoria operacional básica será semelhante. O entendimento desse circuito equalizador pode ser aplicado a uma ampla variedade de aeronaves diferentes que empregam múltiplos geradores. Se a tensão de um gerador é ligeiramente maior do que a dos outros em paralelo, esse gerador assume uma parte maior da carga. Por esse motivo, é preciso utilizar um circuito equalizador para fazer com que a carga seja distribuída homogeneamente entre os geradores. Um circuito equalizador inclui uma bobina equalizadora enrolada com a bobina de tensão em cada um dos reguladores de tensão, um barramento equalizador a qual todos os circuitos equalizadores são conectados e um shunt de baixa resistência no fio condutor de massa de cada gerador (ver Figura 10-30). A bobina equalizadora irá fortalecer ou enfraquecer o efeito da bobina de tensão, dependendo da direção do fluxo de corrente através do circuito equalizador. O shunt de baixa resistência no fio condutor da massa de cada gerador causa uma diferença de potencial entre os terminais negativos dos geradores que é proporcional à diferença na corrente da carga. O resistor em derivação tem um valor tal que haverá uma diferença potencial de 0,5 V entre ele na carga máxima do gerador.

Pressuponha que o gerador 1 na Figura 10-30 está transmitindo 200 A (carga total) e que o gerador 2 está transmitindo 100 A (meia carga). Sob essas condições, haverá uma diferença de potencial de 0,5 V entre o shunt do gerador 1 e 0,25 V entre o shunt do gerador 2. Isso criará uma diferença de potencial líquida de 0,25 V entre os terminais negativos dos geradores. Como o circuito equalizador está conectado entre esses pontos, uma corrente fluirá através do circuito. A corrente que flui através da bobina equalizadora do regulador de tensão 1 estará em uma direção que fortalecerá o efeito da bobina de tensão. Isso fará com que mais resistência seja colocada no circuito de campo do gerador 1, enfraquecendo o campo e reduzindo a tensão. A queda de tensão fará com que o gerador assuma menos carga. A corrente que flui através da bobina equalizadora do regulador de tensão 2 estará em uma direção contrária ao efeito da bobina de tensão, reduzindo a resistência no circuito de campo do gerador

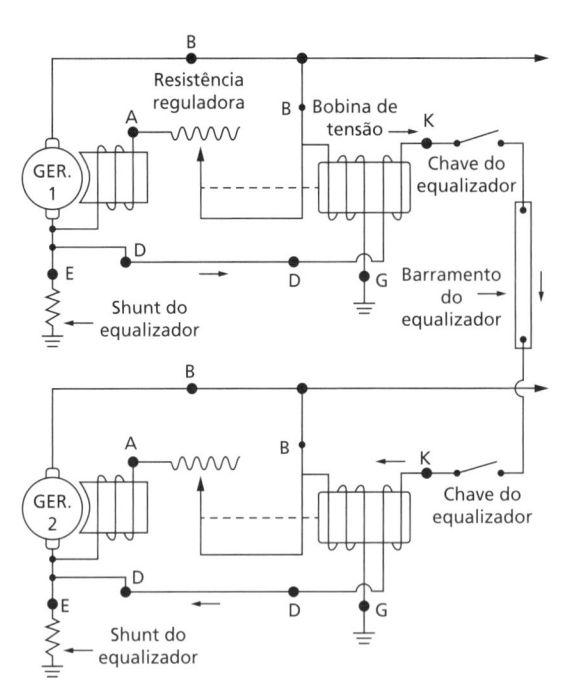

FIGURA 10-30 Circuito de equalização.

2. A tensão do gerador aumentará devido à corrente maior nos enrolamentos de campo e o gerador assumirá uma parte maior da carga. Em suma, o efeito de um circuito equalizador é reduzir a tensão de um gerador que está assumindo uma parte muito grande da carga e aumentar a tensão do gerador que não está assumindo a parte que deveria da carga.

Os circuitos equalizadores podem corrigir apenas pequenas diferenças na tensão dos geradores; assim, os geradores devem ser ajustados para serem o mais iguais que puderem. Se as tensões dos geradores são ajustadas para que haja uma diferença de menos de 0,5 V entre eles, o circuito equalizador manterá um balanceamento satisfatória da carga. Uma inspeção periódica dos fluxos de corrente e valores de tensão deve ser realizada para garantir que as cargas dos geradores permaneçam balanceadas corretamente.

Relé de corte de corrente reversa

Em todos os sistemas nos quais o gerador é usado para carregar baterias e também suprir energia operacional, é preciso usar um meio automático para desconectar o gerador da bateria quando a tensão do gerador é menor do que a tensão da bateria. Se isso não ocorre, a bateria se descarrega através do gerador, o que poderia colocar o voo em perigo. Foram criados diversos dispositivos para desconectar automaticamente o gerador, o mais simples dos quais é o **relé de corte de corrente reversa**. A Figura 10-31 é um diagrama esquemático que ilustra a operação desse tipo de relé.

Uma **bobina de tensão** e uma **bobina de corrente** são enroladas em torno do mesmo núcleo de ferro doce. A bobina de tensão tem muitas espiras de fio fino e é conectada em paralelo com a saída do gerador; ou seja, uma extremidade do enrolamento de tensão é conectado ao lado positivo da saída do gerador, enquanto a outra é conectada à massa, que é o lado negativo da saída do gerador. É isso que o diagrama mostra. A bobina de corrente é composta de poucas espiras de fio grosso e é conectada em série

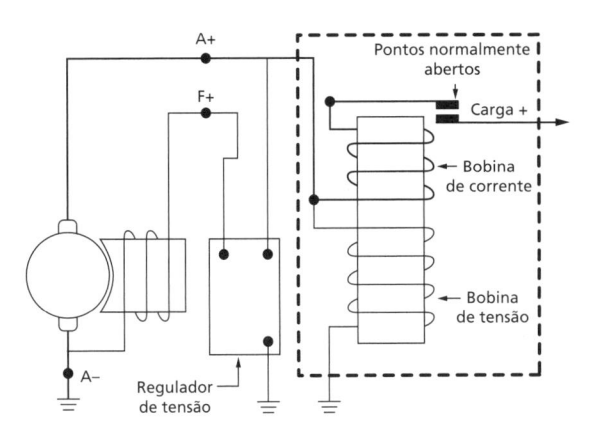

FIGURA 10-31 Circuito de relé de corte de corrente reversa.

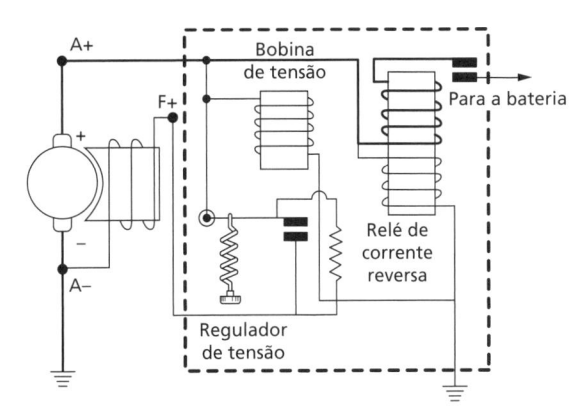

FIGURA 10-32 Controle de gerador de duas unidades.

com a saída do gerador; assim, ela deve transmitir toda a corrente da carga do gerador. Um par de pontos de contato pesados é colocada onde ele será controlado pelo campo magnético do núcleo de ferro doce. Quando o gerador não está operando, esses pontos de contato são mantidos na posição aberta por uma mola.

Quando a tensão do gerador alcança um valor ligeiramente acima do bateria no sistema, a bobina de tensão no relé magnetiza o núcleo de ferro doce suficientemente para superar a tensão da mola. O campo magnético fecha os pontos de contato, conectando o gerador ao sistema elétrico do avião. Enquanto a tensão do gerador permanecer maior do que a tensão da bateria, o fluxo de corrente através da bobina de corrente ocorrerá em uma direção que ajuda a bobina de tensão a manter os pontos fechados. Isso significa que o campo da bobina de corrente estará na mesma direção que o campo magnético da bobina de tensão e que os dois fortalecerão um ao outro.

Caso ocorra um problema com o circuito do gerador, a tensão do gerador diminui e caixa abaixo da tensão da bateria. Nesse caso, a tensão da bateria faz com que a corrente comece a fluir em direção ao gerador através da bobina da corrente do relé. Quando isso acontece, o fluxo de corrente segue em uma direção que cria um campo oposto ao campo do enrolamento da tensão. Isso resulta em um enfraquecimento do campo total do relé e os pontos de contato são abertos pela mola, desconectando o gerador da bateria.

Em termos gerais, a tensão da mola que controla os pontos de contato deve ser ajustada para que os pontos se fechem em aproximadamente 13,5 V em um sistema de 12 V e a 26,6 a 27 V em um sistema de 24 V. Contudo, sempre consulte os dados técnicos do fabricante antes de realizar qualquer ajuste. A Figura 10-32 mostra um regulador de duas unidades que contém um regulador de tensão e um relé de corrente reversa.

Limitador de corrente

Em alguns sistemas de geradores, é instalado um dispositivo que reduz a tensão do gerador sempre que a carga segura máxima é excedida. Esse dispositivo, chamado de **limitador de corrente**, é projetado para proteger o gerador de cargas que causarão seu superaquecimento e que poderiam criar um risco de segurança.

O limitador de corrente opera com base em um princípio semelhante àquele do regulador de tensão do tipo vibrador. Em vez de fazer com que a bobina de tensão regule a resistência no circuito de campo do gerador, o limitador de corrente tem uma bobina de corrente conectada em série com o circuito de carga do gerador (ver Figura 10-33).

Quando a corrente da carga se torna excessiva, a bobina da corrente magnetiza o núcleo de ferro o suficiente para abrir os pontos de contato e adicionar uma resistência ao circuito do campo do gerador. Isso faz com que a tensão do gerador diminua, com uma redução correspondente na corrente do gerador. Como o magnetismo produzido pela bobina do limitador de corrente é proporcional à corrente que flui através dele, a redução na corrente da carga do gerador também enfraquece o campo magnético da bobina de corrente, permitindo que os pontos de contato se fechem. Isso remove a resistência do circuito do campo do gerador e permite que a tensão volte a subir. Se uma carga excessiva permanece conectada ao gerador, os contatos do limitador de corrente continuam a vibrar, mantendo a saída de corrente no nível do limite seguro mínimo ou abaixo dele. Os pontos de contato normalmente são configurados para se abrirem quando o fluxo de corrente fica 10% acima da capacidade nominal do gerador.

O limitador de corrente descrito acima não deve ser confundido com o limitador de corrente do tipo fusível. O limitador do tipo fusível não passa de um fusível de alta capacidade que permite um breve período de sobrecarga no circuito antes do elo fusível derreter e quebrar o circuito.

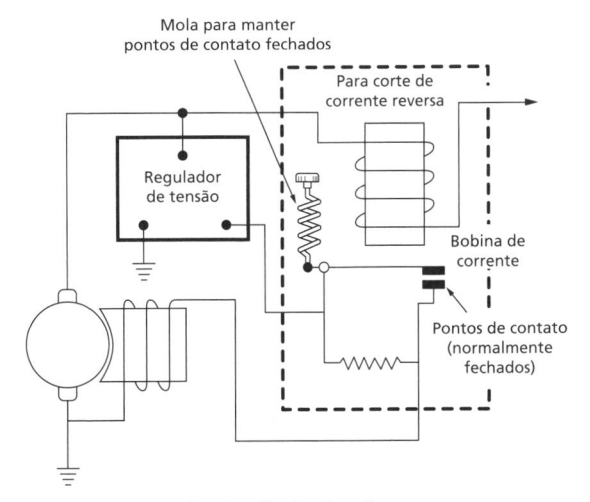

FIGURA 10-33 Circuito limitador de corrente.

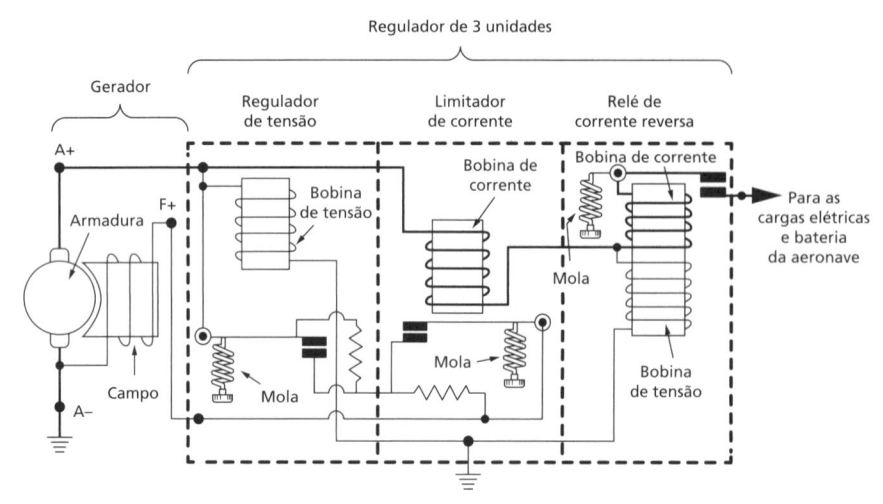

FIGURA 10-34 Controle de gerador de três unidades.

Regulador de três unidades

Quando os três circuitos de controle (regulador de tensão, limitador de corrente e relé de corrente reversa) são combinados em uma unidade, ela é chamada de **regulador de três unidades**. Diversos membros da indústria também chamam esse tipo de aparelho de **unidade de controle do gerador (GCU)** ou simplesmente **regulador de tensão**. Independentemente do nome, o controle do gerador é uma combinação dos três circuitos apresentados acima, combinados em uma só carcaça. Como vemos na Figura 10-34, a corrente do campo do gerador é controlada pelos circuitos reguladores de tensão e limitadores de corrente. O relé de corrente reversa controla a corrente de saída principal do gerador para prevenir uma corrente reversa. Cada um desses circuitos abre ou fecha um conjunto de pontos de contato para garantir que o sistema do gerador manterá a saída correta para qualquer variável de voo ou de carga elétrica.

A Figura 10-35 mostra um regulador de três unidades com a capa protetora removida; no diagrama, é fácil ver as três bobinas de relé distintas e os pontos de contato associados. Esse tipo de regulador é típico daqueles usados em pequenas aeronaves com geradores que produzem aproximadamente 90 A ou menos. A unidade tem aproximadamente 6 polegadas de largura, 4 polegadas de altura e 4 polegadas de profundidade com a capa. Apesar de muitos desses reguladores terem pequenos ajustamentos, eles muitas vezes são substituídos quando o sistema de carregamento está descalibrado. Na maioria das aeronaves, a unidade de controle do gerador é montada próxima ao gerador em si, em geral no lado do motor da parede de fogo da aeronave.

Sistemas de controle de motores de partida

Os circuitos de controle de um motor de partida são relativamente complexos, pois precisam controlar a corrente para as operações de partida e de geração. Uma GCU de curto típica aparece na Figura 10-36; ela contém um regulador de tensão, os diversos circuitos de controle para os modos de partida e geração e os circuitos de proteção usados durante condições operacionais anormais. Os componentes eletrônicos da GCU ficam contidas em três placas de circuito impresso. Cada placa é montada em uma base de alumínio forjado que atua como dissipador de calor para os componentes que precisam dessa função. A unidade como um todo é envolvida por uma capa de alumínio que permite que todas as conexões externas sejam expostas.

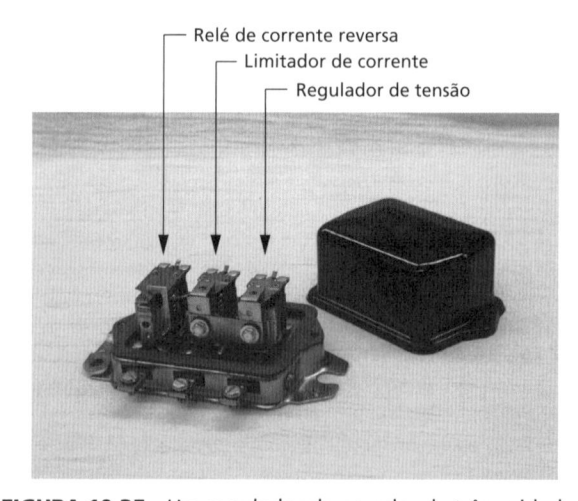

FIGURA 10-35 Um regulador de gerador de três unidades.

Funções da GCU

O modo de partida de um motor de partida é controlado através de um circuito independente da GCU. Durante a partida, a corrente da bateria ou unidade auxiliar de força (APU) é transmitida para o motor de partida através de um contator de ignição. O contator de ignição é energizado pela chave de partida do motor cabine de comando. Em modo gerador, a GCU controla a saída do gerador, proteção do sistema e funções de autoteste. Se uma pane é detectada no sistema do gerador, a GCU ilumina o anunciador apropriado na cabine de comando e pode soar um tom ou buzina de advertência. A unidade de controle do gerador é capaz de realizar as dez funções a seguir:

1. *Regulação de tensão* A seção do regulador de tensão da GCU mantém constante a tensão do gerador sob diversas condições de carga, temperatura e velocidade rotacional. A corrente do circuito do campo do gerador é controla-

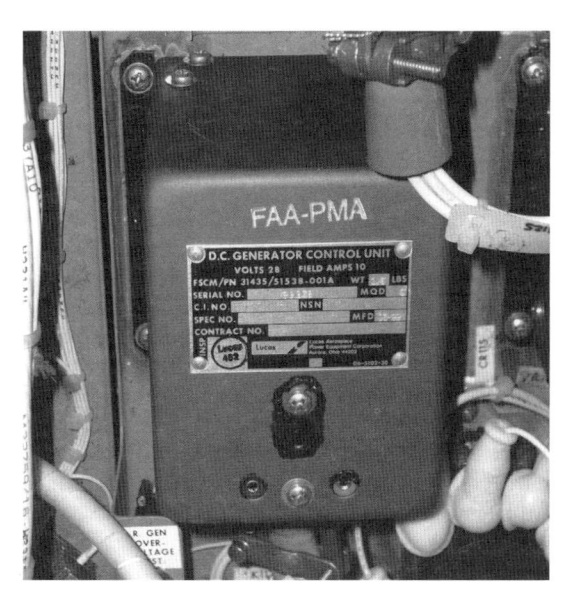

FIGURA 10-36 Uma unidade de controle do gerador (GCU) típica instalada em uma aeronave de turbo-hélice.

da através do transistor do campo. Esse transistor varia o tempo de pulso da corrente do campo para variar a saída do gerador. Isso é semelhante ao relé de tensão no regulador de três unidades discutido anteriormente.

2. *Controle do contator de linha do gerador* O controle do contator de linha do gerador cria uma maneira de conectar a saída do gerador ao barramento de carga CC da aeronave. Esse circuito opera com um retardo para garantir que a tensão do gerador é quase igual à tensão do barramento imediatamente após a partida inicial do motor. Vários sinais inibidores também são empregados para garantir o posicionamento correto do contator (aberto ou fechado) quando condições de pane são detectadas.

3. *Proteção contra sobretensão* O circuito de proteção contra sobretensão previne danos aos equipamentos da aeronave em caso de saída excessiva do gerador. Se a tensão de saída do gerador excede limites predeterminados, um integrador começa a funcionar. Esse integrador é usado como um retardo invertido, de modo que uma condição de leve sobretensão possa continuar por mais tempo do que uma condição mais grave antes de uma abertura. Desse modo, um transiente de tensão elevado estranho, mas momentâneo, não causa uma abertura indesejada do relé do campo. Se uma sobretensão mais grave é detectada, o gerador é desenergizado e o contator de linha é aberto. Um circuito totalmente separado é usado para abrir o contator de linha do gerador assim que a tensão excede 40 Vcc. Além de fornecer proteção redundante para equipamentos de uso, essa característica também permite a resposta mais rápida do contator de linha após uma pane. Ao contrário da sobretensão com retardo invertido, essa função não é enganchada, de modo que o restabelecimento manual não é necessário após uma condição temporária de sobretensão.

4. *Proteção contra sobrecarga e subtensão* As funções protetoras contra sobrecarga e subtensão cooperam para desenergizar o sistema em caso de uma condição de sobrecarga. A GCU detecta uma condição de sobrecarga como uma condição de sobrecorrente do gerador, como indicada por uma tensão excessiva dos polos auxiliares do gerador, ou uma condição de subtensão. Quando a GCU detecta qualquer uma das duas condições, um retardo interno é iniciado. Se a condição de sobrecarga continua por um período de aproximadamente 10s, a GCU abre o relé do campo, desenergizado o gerador e abrindo o contator de linha.

5. *Proteção contra diferencial de tensão e corrente reversa* A função de proteção contra corrente reversa detecta a tensão dos polos auxiliares do gerador para determinar se o gerador está atuando como uma carga no sistema em vez de fonte de energia. Se, devido a uma pane ou durante o desligamento normal do motor, a corrente começa a fluir para dentro do gerador, essa situação é detectada e o contator de linha se abre. Um retardo invertido é usado para abrir rapidamente o contator sob condições graves, enquanto os desligamentos normais recebem mais tempo. Isso previne os ciclos desnecessários do contator durante uma condição transiente. O circuito não é engatado, então não é necessário restabelecê-lo para refechar o contator depois que uma corrente reversa é detectada. O contator é mantido aberto devido à detecção de diferencial de tensão depois que a corrente reversa foi detectada. A função de diferencial de tensão também opera no acúmulo do gerador para impedir que o contator de linha do gerador se feche até a tensão de saída do gerador ficar a menos de 0,5 Vcc da tensão do barramento.

6. *Proteção contra polaridade reversa* A função de proteção de polaridade reversa protege o equipamento de utilização contra o acúmulo de polaridade reversa do gerador. Essa proteção abre o relé de campo para desenergizar o gerador.

7. *Proteção anticiclos* O recurso de proteção anticiclos impede mais de uma tentativa de restabelecimento do relé de campo do gerador para cada ativação da chave de controle do gerador. Como a tensão de saída do gerador é usada para a potência de controle da GCU, e essa tensão desaparece após uma abertura, o sistema acumularia repetiria o ciclo de acumular tensão e reabrir a chave caso houvesse uma pane.

8. *Controle do relé de campo de engate* Um relé de campo de engate magnético é utilizado para desenergizar o gerador após uma condição de pane ser detectada. O relé de campo é usado para desenergizar o gerador com a abertura do caminho de excitação do campo em paralelo do gerador e abrir o contator de linha com a abertura de sua entrada de energia. O relé de campo é aberto por uma função protetora como a detecção de sobretensão, sobrecarga, subtensão, polaridade reversa ou fio de massa aberto; ele também pode ser aberto por uma chave externa que aplica um sinal de massa à GCU.

9. *Controle do relé de magnetização e partida* O relé de magnetização do indutor e os circuitos associados garantem que a saída do gerador poderá ser acumulada usando a tensão residual sem o auxílio de qualquer outra fonte de energia. A tensão residual eleva o gerador por *bootstrapping* até o ponto em que o relé de campo é restabelecido e então a uma tensão mais elevada para energizar o relé de magnetização do indutor. Depois que o relé de magnetização do indutor está energizado, o caminho da magnetização é rompido, mas os circuitos reguladores de tensão normais conseguem

operar nesse nível de tensão, de modo que o gerador continua a acumular até a tensão operacional normal.

10. *Autoteste de proteção contra sobretensão e sobrecarga* A GCU contém provisões para permitir que ela acione periodicamente seus circuitos de proteção contra sobretensão, sobrecarga e subtensão. Sem isso, uma pane apassiva dos circuitos não seriam descobertos até a operação da função se tornar necessária. Se uma chave de teste externa aplica a tensão de saída do gerador à GCU, a proteção será polarizada até o ponto de operar, apesar da tensão normal aparecer na saída do gerador. Se uma abertura do canal ocorre até alguns segundos após a aplicação da tensão, o circuito está funcionando corretamente.

INSPEÇÃO, MANUTENÇÃO E CONSERTO DE GERADORES

Balanceamento de carga de geradores

Quando se deseja balancear a carga entre múltiplos geradores em qualquer sistema, o técnico deve sempre seguir o procedimento determinado pelo fabricante da aeronave. Esse procedimento está descrito no manual de manutenção do fabricante.

O procedimento de teste geralmente inicia com a verificação de todos os geradores usando um voltímetro de precisão. Isso ocorre depois que os geradores e motores foram aquecidos até a temperatura operacional normal. Sob essas condições, todos os geradores são ajustados a exatamente a mesma tensão de saída (28 a 29 V para um sistema de 24 V). Uma carga significativa é ligada e os amperímetros são analisados. Todas as cargas dos geradores devem estar dentro de uma margem de $\pm 10\%$ umas das outras. Se as cargas dos geradores não estão dentro desses limites, o gerador com o maior erro deve ser ajustado antes. Um pequeno ajustamento do regulador de tensão deve produzir uma mudança instantânea na corrente da carga para o gerador sendo ajustado. Se a carga sobre um gerador é reduzida, os outros geradores adicionam carga. Os amperímetros de todos os geradores devem ser monitorados enquanto os ajustamentos são realizados.

Se os geradores da aeronave não podem ser balanceados corretamente, o sistema deve ser consertado antes que a aeronave volte ao serviço. O processo de balancear os geradores também é chamado de **paralelismo de geradores**. Se ambos os geradores produzem tensão igual, eles conduzem cargas de corrente iguais se conectados em paralelo.

Resolução de problemas de geradores

O primeiro passo na solução de problemas de um circuito de gerador em uma aeronave é determinar qual tipo de sistema está sendo utilizado. Se o sistema está em uma pequena aeronave, é provável que a unidade de controle seja do tipo de três elementos, ou seja, que contenha um regulador de tensão um, relé de corte de corrente reversa e um limitador de corrente. Se o sistema contém um gerador ou motor de partida de 24 V, é provável que um controle mais complexo seja utilizado. Os sistemas de motores de partida modernos são usados na maioria dos aviões corporativos. Essas aeronaves contém GCUs transistorizadas ou digitais, que muitas vezes contêm recursos de autoteste integrados para auxiliar na solução de problemas do sistema. Sempre consulte os dados do fabricante e os diagramas da fiação elétrica antes de tentar solucionar qualquer problema.

As duas indicações mais prováveis de pane do sistema do gerador são (1) tensão baixa ou ausente e (2) descarga da bateria. Se o amperímetro da aeronave indica uma descarga da bateria, o gerador pode não estar produzindo a tensão apropriada. A tensão no terminal de saída do gerador pode então ser medida; se aproximadamente 2 a 6 V estiverem presentes com o sistema em operação, o gerador está operando apenas com magnetismo residual. Isso significa que não há corrente através das bobinas de campo do gerador e que algum componente do circuito do campo está com defeito. Os suspeitos mais prováveis incluem conexões da fiação, a chave-mestra do gerador, o regulador de tensão e o campo do gerador. Se zero volts são medidos entre o terminal de saída do gerador e a massa com o sistema em operação, o gerador perdeu seu magnetismo residual ou o circuito da armadura está com defeito. Uma tensão de saída do gerador de zero também pode indicar uma pane das escovas do gerador.

Caso se torne necessário determinar se o regulador de tensão ou o gerador estão com defeitos, simplesmente contorne o circuito do regulador de tensão. Para tanto, conecte uma tensão diretamente ao circuito de campo do gerador, monitorando a saída do gerador. Se a corrente é transmitida para o campo de um gerador em rotação, tal gerador deve produzir uma tensão de saída normal ou acima do normal. Como há dois métodos diferentes de construir a fiação do campo de um gerador, antes é preciso determinar qual deles está sendo utilizado. Com um método, o positivo do campo é conectado ao regulador de tensão, como ilustrado na Figura 10-37*a*; com o outro, o negativo do campo é conectado ao regulador de tensão, como mostrado na Figura 10-37*b*. Para con-

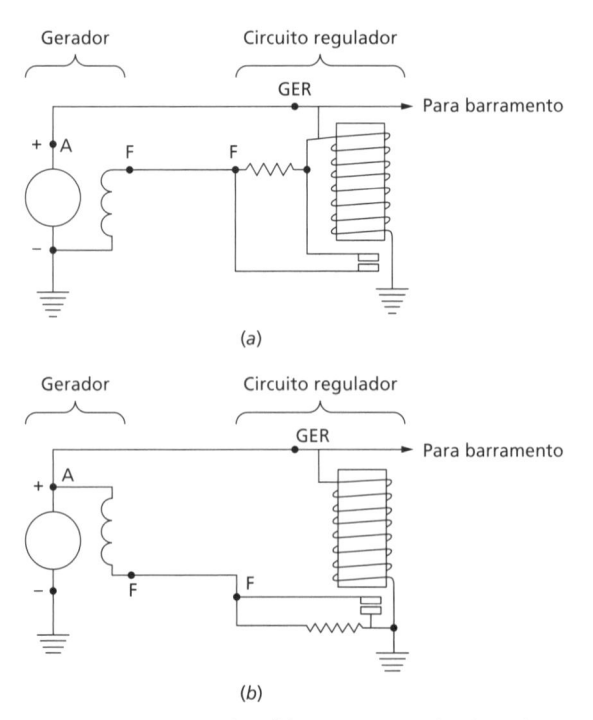

FIGURA 10-37 Arranjos diferentes para circuitos de controle do campo: (*a*) controle da tensão positiva do campo; (*b*) controle da tensão negativa do campo.

tornar o regulador de tensão, o sinal de tensão correto (positivo ou negativo) deve ser conectado ao terminal F do gerador com o regulador desconectado e a armadura do gerador girando. Se a tensão medida no terminal de saída do gerador com a massa é menor do que a tensão do sistema, o gerador está em pane.

Se a tensão de saída do gerador está em um valor normal ou acima do normal, o gerador está bem e o regulador de tensão provavelmente está em pane. Algumas condições de pane podem ser não detectadas por esse teste; em geral, no entanto, contornar o regulador é uma tática válida. Muitos fatores devem ser considerados quando solucionamos problemas em um sistema de geradores; sempre estude o sistema antes de dar início ao processo de solução de problemas.

Manutenção de motores de partida

Todos os procedimentos de manutenção e inspeção de motores de partida devem ser realizados de acordo com os dados atualizados do fabricante. A maioria dos fabricantes exige a realização de inspeções periódicas dos motores de partida para garantir a operação apropriada do sistema. Essas inspeções podem ocorrer a cada 200 horas de voo ou mais ou então serem parte de uma inspeção progressiva. O intervalo entre os recondicionamentos de motores de partida não deve ser maior do que 1000 horas, a menos que especificado do contrário pelo fabricante da aeronave. A vida útil típica da escova de um motor de partida varia de 500 a 1000 horas. Escovas e comutadores devem ser inspecionados para garantir que seu desgaste não ultrapassa os limites operacionais.

As informações a seguir são apresentadas como referência geral sobre técnicas típicas de inspeção na solução de problemas. Os detalhes específicos dos circuitos de partida e do gerador podem variar significativamente entre as instalações. Em geral, no entanto, todos os motores de partida precisam que a corrente seja transmitida para a armadura e apara o campo para a partida e que seja transmitida apenas para o campo para fins de geração. As unidades que controlam a corrente que vai e vem do gerador podem ser contornadas para determinar a operação correta do sistema. Esse procedimento somente deve ser realizado após o técnico obter um entendimento completo do sistema. Isso vai garantir que nenhum componente será danificado pelo teste.

Se determina-se que o gerador está em pane, um ou mais dos procedimentos a seguir pode ser empregado. O motor de partida pode ser removido do motor, afrouxando-se os parafusos de fixação ou o adaptador de ligação/separação rápida (QAD). Um adaptador de QAD é montado em muitos geradores e motores de partida para facilitar a remoção e instalação da unidade. Isso elimina os longos tempos de manutenção da substituição de geradores. Em geral, apenas um parafuso ou mecanismo de engate precisa ser afrouxado para remover uma unidade que utiliza um adaptador de QAD. Sempre tome cuidado para sustentar o motor de partida adequadamente durante a remoção e instalação. A *seção de cisalhamento* do eixo de acionamento da unidade pode ser danificada caso o motor de partida fique suspenso, sem apoio, pela estria do eixo de acionamento.

A limpeza do motor de partida deve ser realizada pela remoção da tampa de inspeção das escovas e o uso de ar comprimido a cerca de 40 psi para soprar a poeira de carbono e cobre. Essa poeira se acumula em torno de enrolamentos elétricos e conjuntos de escovas devido ao desgaste normal das escovas e comutadores.

Um solvente aprovado deve ser utilizado para limpar o exterior da unidade. Depois da limpeza, é preciso realizar uma inspeção visual completa da unidade. Os itens que precisam de atenção especial são o conjunto de escovas, o comutador, o sistema de arrefecimento e o eixo de acionamento.

As escovas devem ser inspecionadas para garantir que não há rachaduras e desfiaduras e verificar sua integridade geral. Muitas escovas incorporam um **canal de desgaste** para facilitar a inspeção. Quanto do canal de desgaste está visível indica a vida de serviço restante de uma determinada escova. A Figura 10-38 mostra um canal de desgaste típico como referência. Os porta-escovas e molas também devem ser inspecionados em busca de danos ou desgaste excessivo. Em muitos motores, as escovas de partida podem ser substituídas sem assentamento, caso escovas de **filme instantâneo** estejam instaladas. As escovas de filme instantâneo contêm um aditivo lubrificante que melhora as características de condutividade e desgaste das peças. Essas escovas podem ser substituídas no campo sem refaceamento caso o comutador não sofra de desgaste excessivo.

O comutador do motor de partida deve ser inspecionado em busca de pontos queimados, cavitação ou desgaste excessivo. Os isolantes do comutador devem ter mordedura de 0,020 polegadas [0,051 cm] na maioria dos modelos. A ventoinha de arrefecimento, quaisquer furos de respiro relacionados e os dutos de ar devem ser inspecionados e limpos. Ventoinhas frouxas, rachadas ou tortas devem ser substituídas.

O mecanismo de acionamento deve ser inspecionado em busca de danos ou desgaste em excesso. A maioria dos motores de partida incorpora um conjunto amortecedor para absorver cargas de choque excessivas. Esse conjunto amortecedor é sujeito a mudanças de carga extremas durante a operação normal, então deve ser inspecionado com muito cuidado para garantir a operação apropriada do sistema. Se um defeito for encontrado, o motor de partida deve ser enviado às instalações de recondicionamento apropriadas. O eixo de acionamento ou estria deve ser inspecionado em busca de desgaste em excesso ou danos e todas as juntas de montagem ou anéis-O devem ser substituídos antes da instalação do motor de partida. Após a instalação da unidade, é preciso realizar uma verificação operacional completa para garantir o funcionamento apropriado do sistema.

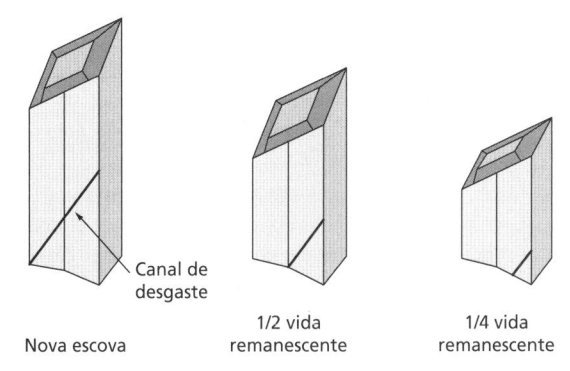

FIGURA 10-38 Canal de desgaste típico de escova de gerador.

Magnetização do indutor

Se um gerador não indica nenhuma tensão enquanto opera no rpm correto, essa condição muitas vezes se deve à perda de magnetismo residual no campo. Para corrigir o problema, é preciso **magnetizar o indutor**.

Para magnetizar o indutor (campo) de um gerador, uma tensão deve ser aplicada à bobina do campo com a polaridade correta. Antes da magnetização, sempre desconecte o regulador de tensão do gerador. Isso prevenirá possíveis danos ao circuito regulador. Também é importante observar a polaridade, conectando a tensão positiva ao fio condutor positivo do campo e a tensão negativa ao fio condutor negativo do campo. A fiação interna do gerador deve ser conhecida para garantir a polaridade correta durante a operação de magnetização; consulte os manuais de manutenção apropriados.

Inspeção

Os geradores em serviço devem receber uma inspeção periódica de suas conexões externas, fiação, escovas, comutador, montagem e desempenho. Essas inspeções devem ser realizadas de acordo com as instruções do fabricante; contudo, uma regra geral é que a inspeção do gerador deve ser realizada pelo menos a cada 100 horas de voo. Mantenha em mente que muitas vezes são os técnicos aeronáuticos que realizam as inspeções, mas a manutenção do gerador normalmente é realizada em estações de reparo certificadas. As inspeções a seguir são consideradas essenciais; uma descrição geral da manutenção relacionada será mostrada abaixo.

1. Inspecione as conexões dos terminais do gerador para confirmar que estão limpos e apertados.
2. Inspecione as flanges de montagem em busca de rachaduras ou frouxidão dos parafusos de montagem. Confirme que não há vazamentos de óleo em torno da montagem.
3. Remova a tampa ou faixa que cobre as escovas e o comutador. Sopre qualquer acúmulo de poeira de carbono usando ar comprimido seco. Inspecione o nível de desgaste das escovas e confirme que elas deslizam livremente nos porta-escovas. Se uma escova está se prendendo ao porta-escovas, ela deve ser removida e limpa com um pano umedecido com gasolina ou um bom solvente de petróleo. Se as escovas estão excessivamente desgastadas além das tolerâncias especificadas pelo fabricante, elas devem ser substituídas. Para inspecionar a tensão das molas da escovas, levante-as com os dedos. Molas fracas devem ser ajustadas ou substituídas. Se houver uma balança de mola da amplitude apropriada à disposição, esta pode ser usada para medir a tensão escova-mola; a tensão da mola deve ficar dentro das especificações do fabricante.
4. Inspecione a limpeza, desgaste e cavitação do comutador. Um comutador em bom estado deve ser suave e ter uma cor achocolatada clara. Se houver uma ligeira rugosidade no comutador, esta pode ser removida usando uma lixa Nº 000 ou um bastão abrasivo especial para limpeza de comutadores e assentamento de escovas. Se o bastão abrasivo for utilizado, a aplicação correta é segurar a extremidade do bastão contra o comutador enquanto o gerador está ligado. Isso continua até o comutador estar suave, limpo e brilhante. Após a suavização, todas as partículas de poeira e areia devem ser sopradas com ar comprimido. Nunca limpe um comutador ou assente escovas com um papel abrasivo metálico. As partículas metálicas podem ficar presas entre os segmentos do comutador e provocar um curto-circuito na armadura. A sujeira pode ser removida do comutador usando um pano umedecido com solvente de petróleo. O óleo nas escovas e no comutador indica um defeito no retentor de óleo do motor. Se essa condição está presente, o gerador deve ser removido, desmontado e totalmente limpo. Se a tampa da extremidade do gerador possui um dreno de óleo, este deve ser inspecionado para confirmar que está aberto. Antes do gerador ser instalado, o retentor de óleo do acionamento do motor deve ser substituído.
5. Inspecione a área dentro da extremidade do comutador da caixa do gerador em busca de partículas de chumbo. Se partículas de chumbo estão visíveis, é provável que a armadura tenha se superaquecido. Isso pode ter sido causado por uma sobrecarga do gerador por um período prolongado, por bobinas em curto-circuito na armadura, por segmentos em curto-circuito do comutador ou pela adesão dos pontos do relé de corrente reversa. O gerador deve ser removido e uma armadura nova ou reconstruída deve ser instalada. Antes da reinstalação do gerador, a causa da pane da armadura deve ser determinada e corrigida.
6. Sempre inspecione a montagem do gerador na aeronave. A estrutura não pode ter rachaduras e todos os parafusos devem estar corretamente apertados. Os furos dos parafusos de suporte da montagem devem ser inspecionados com muito cuidado. Se houver furos alongados, a estrutura deve ser consertada ou substituída. Inspecione a correia do gerador em busca de desgaste e/ou rachaduras. A tensão correta da correia também é muito importante. Em geral, uma correia instalada deve ter deflexão de cerca de 0,5 polegadas quando uma apressão moderada é aplicada à mão.

Desmontagem

O procedimento de desmontagem para geradores não pode ser discutido em detalhes neste texto, pois varia muito entre as diferentes marcas e modelos de geradores. Contudo, se for necessário desmontar um gerador, o técnico deve consultar as instruções fornecidas pelo fabricante do modelo específico. Se essas instruções não estiverem disponíveis, o técnico pode seguir os procedimentos a seguir para obter um resultado razoável:

1. Remover a cinta ou tampa que cobre as escovas e o comutador.
2. Remova as escovas e desconectar os fios condutores flexíveis dos porta-escovas. Marque as escovas em relação a suas posições corretas no aparelhamento das escovas.
3. Desconecte os fios condutores do campo e dos terminais e marque as conexões para que possam ser reconectadas corretamente.
4. Remova os pinos ou parafusos que fixa as tampas de extremidades à armação de campo. Alguns geradores possuem uma porca e arruela que prende o eixo da armadura no

mancal; nesse caso, a porca e a arruela devem ser removidas antes das tampas das extremidades serem removidas.

5. Quando ambas as tampas de extremidade estiverem livres, remova-as e tire-as da armadura. *Observação:* Desmontagens adicionais podem ser realizadas quando necessário, mas para fins de inspeção e limpeza, a remoção das escovas, tampas de extremidade e armadura normalmente é suficiente.

6. Após a desmontagem, sopre ar comprimido seco para retirar a poeira das escovas que se acumulou no conjunto do campo.

7. Use uma escova ou pano umedecido com um solvente apropriado para limpar o conjunto da armação de campo, o comutador e o aparelhamento das escovas.

Reparo do comutador

Se o comutador está ligeiramente áspero ou cavitado, ele pode ser suavizado usando uma lixa Nº 000. Após a suavização, sopre todas as partículas de poeira e areia usando ar comprimido seco. Se a rugosidade ou cavitação do comutador for muito elevada, a armadura deve ser colocada em um torno de metal e um corte leve deve ser realizado através da superfície do comutador. A maneira mais fácil de realizar esse procedimento é usar um equipamento projetado especialmente para esse fim. O corte no comutador deve ser apenas profundo o suficiente para remover as irregularidades da superfície. O corte também corrigirá qualquer excentricidade que tenha sido desenvolvida devido a um desgaste irregular. Lembre-se de confirmar todas as dimensões usando os dados técnicos apropriados; é importante manter todos os limites de tolerância.

Após o comutador ser girado em um torno, é necessário fazer uma mordedura no isolamento entre os segmentos com profundidade de aproximadamente 0,020 polegadas [0,051 cm]. Para garantir um corte limpo e com a profundidade correta, use uma ferramenta de corte ligeiramente mais larga que a grossura do isolamento. Após fazer a mordedura do isolamento, suavize possíveis rebarbas ou bordas afiadas nos segmentos do comutador usando uma lixa Nº 000.

Teste

Para o teste de armaduras, utiliza-se um dispositivo chamado de **growler**. Esse aparelho é composto de muitas espiras de fio enroladas em torno de um núcleo laminado com duas sapatas polares pesadas estendidas para cima para formar um V no qual a armadura pode ser colocada. Na verdade, o growler não passa de um grande eletroímã projetado especialmente para a função. A Figura 10-39 mostra uma armadura sendo testada em um growler. O suprimento de energia do growler é uma corrente alternada de 110 V padrão. A corrente causa um zumbido quando a armadura é colocada entre as sapatas polares, o que explica o nome (em inglês, *growler* significa "rosnador").

Quando colocada em um growler, a armadura forma a secundária de um transformador. O enrolamento do growler é a primária. O campo de movimento rápido produzido pelo enrolamento do growler induz uma corrente alternada nos enrolamentos da armadura. Conectando um medidor de teste entre os segmentos do comutador e a armadura do growler (ver

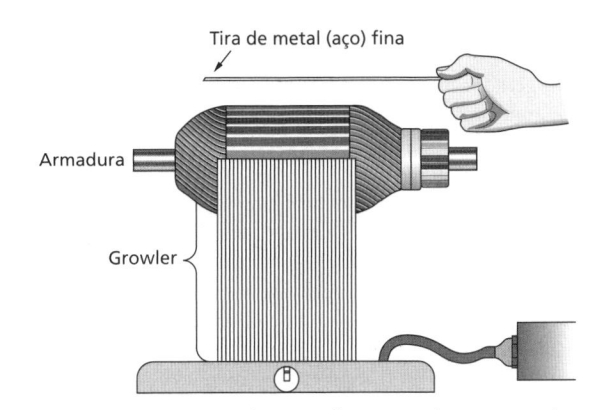

FIGURA 10-39 Teste de armadura usando um growler.

Figura 10-40), podemos determinar se há um circuito aberto em alguma das bobinas. O medidor indica uma determinada tensão quando conectado entre os segmentos de uma bobina em bom estado. Para testar a presença de um curto-circuito nos enrolamentos, coloca-se uma tira de aço fina entre os segmentos da armadura e então gira-se a armadura lentamente entre os polos do growler. Se há algum curto, detecta-se uma atração magnética fraca. Uma ou mais bobinas em curto provocarão uma vibração forte da tira de metal em determinados pontos da superfície da armadura.

Um ohmímetro pode ser usado para testar a massa entre os enrolamentos e o núcleo da armadura. Conecte uma ponta de teste do medidor ao eixo da armadura e uma ponta aos segmentos do comutador, como ilustrado na Figura 10-41. Se o comutador entra em curto com o eixo da armadura, o medidor indica resistência zero. Se a armadura está operacional, o ohmímetro indica resistência infinita.

Para testar a continuidade em uma bobina de campo, as sondas de um ohmímetro são conectadas aos terminais da bobina. Uma bobina em derivação deve ter baixa resistência, de aproximadamente 2 a 30 Ω, dependendo do tipo de gerador no qual é utilizada. Uma bobina de campo em série deve ter resistência praticamente zero, pois transmite toda a carga para o gerador e a resistência interna do gerador deve ter o menor valor possível.

As bobinas de campo também devem ser testadas em busca de curtos com a armação de campo. Um ohmímetro deve indicar uma resistência infinita entre qualquer conexão do campo e a armação de campo. Se a indicação for de resistência zero, o campo está em curto com a caixa e deve ser substituído.

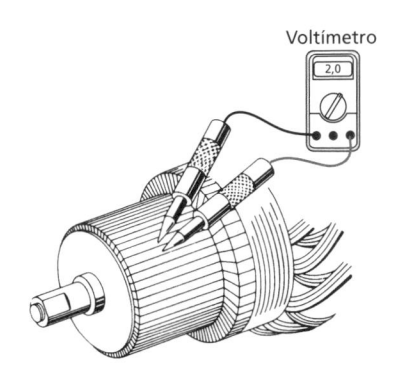

FIGURA 10-40 Teste para bobina aberta na armadura.

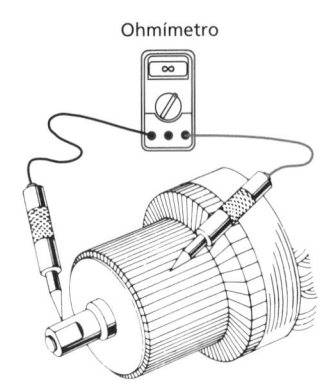

FIGURA 10-41 Teste de armadura para curto com a massa.

Manutenção de mancais

Como afirmado anteriormente, os geradores de aeronaves modernas são equipados com mancais selados pré-lubrificados. Durante as inspeções de serviço normal, não é necessário lubrificar ou realizar outros tipos de manutenção com mancais desse tipo. Se um mancal se trava ou se torna áspero, ele deve ser substituído por um novo. Os mancais podem ser verificados girando manualmente a armadura do gerador montado. A armadura deve girar livre e suavemente. Se for observada alguma rugosidade ou ruído excessivo, os mancais devem ser substituídos.

Assentamento de novas escovas

Se novas escovas são instaladas em um gerador, normalmente elas são **assentadas** para que a face de cada escova tenha superfície de contato máxima com o comutador. As escovas devem ser instaladas após o gerador ser montado e então assentadas da seguinte forma: Coloque uma tira de lixa N° 000 em torno do comutador, com a superfície áspera contra a face da escova e então gire a armadura na direção normal da rotação. Isso faz com que a lixa esmerilhe a face de cada escova em um contorno com o comutador. Quando a face de cada escova é esmerilhada suficientemente para realizar contato máximo com a lixa do comutador, remova a lixa e sopre todas as partículas de escova e areia usando ar comprimido seco.

Outro método de assentar escovas recomendado por alguns fabricantes é o seguinte: Monte o gerador em uma bancada de teste para que possa ser girado a velocidades operacionais normais. Instale as escovas em suas posições apropriadas e acione o gerador a aproximadamente 1500 rpm. Dobre uma tira de lixa N° 000 sobre a extremidade de um pedaço de material isolante rígido com a superfície áspera para fora. Segure a superfície áspera contra o comutador enquanto o gerador gira. Partículas de areia fina serão levadas sobre a face de cada escova, e as faces das escovas serão formadas no contorno do comutador. Depois que as escovas forem assentadas, sopre toda a poeira e areia usando ar comprimido seco.

Um terceiro método para assentar escovas, bastante satisfatório, é usar um bastão abrasivo projetado especialmente para esse fim. O bastão abrasivo deve ser utilizado da mesma maneira que a lixa descrita no parágrafo acima. O bastão abrasivo é segurado contra o comutador, pequenas partículas de material abrasivo são levadas sob as escovas e as faces das escovas são esmerilhadas no contorno do comutador.

Muitas escovas modernas são projetadas para se autoassentarem. Nesse caso, o fabricante fornece as instruções apropriadas para a substituição das escovas. Na maioria dos casos, as escovas podem simplesmente ser instaladas e o gerador girar a uma baixa velocidade por um determinado período de "amaciamento". Após o tempo de amaciamento, as escovas obtêm o contorno apropriado para corresponder ao comutador; a área deve ser limpa para que o sistema possa operar normalmente.

Instalação

Existem dois tipos básicos de mecanismos de acionamento usados em geradores de aeronaves, os de engrenagem direta e os acionados por correia. Para instalar um gerador acionado por engrenagens, remova a cobertura do coxim de montagem e instale a junta apropriada sobre os prisioneiros. Encaixe a estria do gerador ou engrenagem, tomando cuidado para não danificar a engrenagem ou deixar cair um material estranho dentro do conjunto do motor. Aperte as porcas e os prisioneiros de fixação, aplicando o torque recomendado. Conecte os cabos do gerador aos terminais apropriados e confirme que todas as conexões estão limpas, apertadas e instaladas corretamente. Se o gerador emprega um duto de ar para arrefecimento, confirme que este está conectado corretamente.

Para instalar um gerador acionado por correia, monte a unidade no local apropriado e instale todos os equipamentos. A seguir, coloque a correia de acionamento em torno das polias acionadoras da aeronave e do gerador. Depois que a correia estiver colocada no local correto, posicione o gerador para apertar a correia de acionamento e prenda todas as peças e os equipamentos de segurança. A tensão correta da correia pode ser configurada através do equipamento de montagem do gerador. Em geral, o gerador pode ser movido ligeiramente para ajustar a tensão da correia. Consulte as instruções de instalação para obter os ajustamentos apropriados da correia.

Após a instalação do gerador estar completa, o sistema de carregamento como um todo deve ser testado. Uma verificação estática e uma dinâmica devem ser realizadas para garantir que o gerador funciona corretamente sob diversas condições de carga e rpm. Se todas as leituras de tensão e corrente estiverem dentro das especificações, a aeronave pode voltar ao serviço.

QUESTÕES DE REVISÃO

1. Explique o princípio elétrico pelo qual a eletricidade é produzida em um gerador.
2. Como podemos determinar a direção do fluxo de corrente em uma armadura?
3. Liste as peças essenciais de um gerador CC.
4. O que determina o valor da tensão em um gerador?
5. Como o magnetismo residual é utilizado em um gerador?
6. Apresente duas classificações para geradores CC com relação às conexões de circuito internas.
7. Descreva as funções de um motor de partida.

8. Quais tipos de aeronaves normalmente empregam motores de partida?
9. Descreva o fluxo de corrente através de um motor de partida durante o modo de gerador.
10. Descreva o conjunto da armadura de um gerador típico de uma aeronave.
11. Compare o enrolamento de campo em derivação em um gerador de aeronave com o enrolamento de campo em série.
12. Descreva os meios de resfriamento de geradores de aeronaves.
13. Para a regulação da tensão, qual dos itens a seguir é variado: rpm, força do campo ou número de enrolamentos da armadura?
14. Descreva a ação de um regulador de tensão do tipo vibrador.
15. Descreva a operação de um regulador de tensão de pilha de carbono.
16. Descreva a operação de um circuito equalizador usado em uma aeronave bimotor.
17. Por que um relé de corte de corrente reversa é necessário em um sistema de gerador?
18. Explique a operação de um relé de corte de corrente reversa.
19. Quais são os valores de tensão comuns para a saída de geradores CC usados em pequenas aeronaves?
20. O que é um GCU?
21. Explique a operação de um limitador de corrente usado com um regulador de tensão do tipo vibrador.
22. Com que frequência ocorrem as inspeções obrigatórias para motores de partida?
23. O que significa o termo magnetização do indutor?
24. Se um gerador produz apenas 2 ou 3 V, qual é o problema mais provável?
25. Qual pode ser o problema caso um gerador não tenha tensão?
26. Liste os procedimentos típicos de inspeção de geradores.
27. Se você deseja recondicionar um gerador, quais informações deve ter a seu dispor?
28. Qual é o método apropriado para assentar novas escovas de gerador?
29. O que é usado para testar a armadura de um gerador CC?
30. Descreva o uso de um ohmímetro para testar um campo para enrolamentos imobilizados.
31. Descreva os passos para a instalação de um gerador de aeronave típico.

CAPÍTULO 11
Alternadores, inversores e controles relacionados

Dois tipos principais de alternadores são usados atualmente em aeronaves, o **alternador CC** e o **alternador CA**. Os alternadores CC são mais utilizados em pequenas aeronaves nas quais a carga elétrica é relativamente pequena. Os alternadores CA são usados em grandes aviões comerciais e muitas aeronaves militares. Como essas aeronaves precisam de grandes quantidades de potência elétrica, o uso de sistemas CA possibilita uma economia de peso valiosa. Através do uso de transformadores, a transmissão de energia elétrica CA pode ser realizada com mais eficiência e, logo, com equipamentos mais leves. Com a transmissão de energia elétrica em tensões relativamente altas e correntes baixas, a perda de energia é minimizada. Como discutido no Capítulo 6, os transformadores são utilizados para elevar ou rebaixar a tensão CA.

Na maioria das grandes aeronaves convencionais, a energia CA é usada diretamente para realizar a maioria das funções de potência para a operação de sistemas de controle e motores elétricos para diversos fins; contudo, a tendência é incorporar mais sistemas CC de alta potência em grandes aeronaves. Por exemplo, o Boeing B-787 e o Airbus A-380 têm mais equipamentos elétricos CC do que qualquer aeronave anterior. Em pequenas aeronaves, a maioria dos dispositivos opera com energia CC de 14 ou 28 V. Se uma pequena quantidade de corrente alternada é necessária para aplicações específicas, um inversor é usado para converter a tensão CC em tensão CA. A tensão CA é então utilizada para alimentar apenas os itens específicos que precisam de corrente alternada para operarem corretamente.

GERAÇÃO DE CA

Princípios da geração de CA

O princípio da **indução eletromagnética** foi explicado anteriormente com relação a geradores CC e CA. Recapitulando, quando um condutor é cortado por linhas de força magnéticas, uma tensão é induzida no condutor, sendo que a direção da tensão induzida depende da direção do fluxo magnético e do movimento através do campo de fluxo.

Considere o gerador simples (alternador) ilustrado na Figura 11-1. Uma barra de ímã é montada de forma a girar entre os lados de um garfo de ferro doce no qual uma bobina de fio isolado está enrolada. Quando o ímã gira, um campo se acumula primeiro em uma direção, depois na outra. Enquanto isso ocorre, uma tensão alternada aparece entre os terminais da bobina. O formato de onda da tensão CA será uma aproximação de uma onda senoidal.

Alternadores de CC de aeronave

Quase todos os alternadores para sistemas de potência de aeronaves são construídos com um **campo giratório** e uma **armadura estacionária**. Os alternadores CA são construídos de forma diferente, como será discutido posteriormente neste capítulo. Como é preciso fornecer uma tensão estável para o sistema elétrico da aeronave, a força do campo do alternador deve ser variada de acordo com os requisitos de carga. Para tanto, um **regulador** ou unidade de controle do alternador é empregado para fornecer uma corrente contínua variável ao enrolamento do rotor (campo) do alternador. O sistema de controle é utilizado para alterar essa corrente quando necessário para manter uma tensão de saída do alternador constante. Essa corrente variável do regulador deve ser fornecida por uma fonte CC.

Os geradores e alternadores de aeronaves têm muitas semelhanças; ambas as unidades transformam energia mecânica em energia elétrica. As principais diferenças entre um alternador CC e um gerador CC são as diversas características de seus projetos. Como um gerador possui uma armadura giratória, toda a corrente de saída deve ser fornecida através do conjunto de escovas e co-

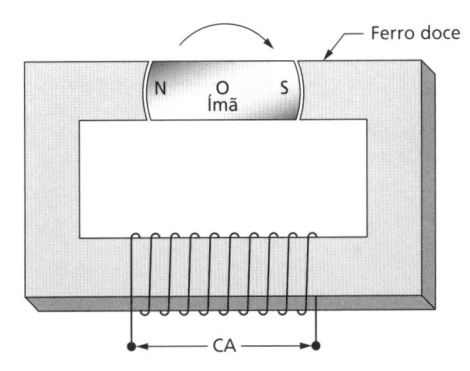

FIGURA 11-1 Gerador CA simples.

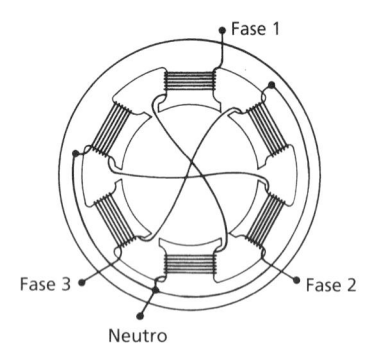

FIGURA 11-2 Um enrolamento de estator conectado em Y.

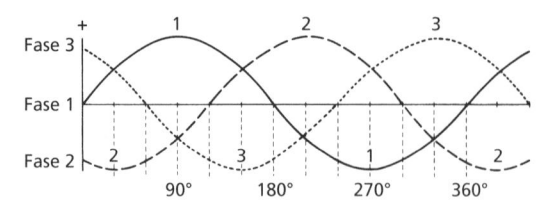

FIGURA 11-4 Saída de um alternador trifásico.

mutador. Um alternador, por ter uma armadura estacionária, pode fornecer sua corrente de saída através de conexões diretas com o barramento da aeronave. Esse sistema de contato direto da saída do alternador com o barramento elimina os problemas causados por más conexões entre um comutador giratório e as escovas estacionárias. Em altos níveis de potência, os contatos giratórios são ineficientes demais para serem práticos; logo, na maioria das aeronaves, os alternadores têm preferência em relação aos geradores.

Princípios dos alternadores de aeronaves

O alternador de aeronave é uma unidade **trifásica**, não um aparelho do tipo monofásico mostrado na Figura 11-1. Isso significa que o **estator** (armadura estacionária) tem três enrolamentos separados, com espaçamento de 120° entre si. O campo gira e é chamado de **rotor**. A ilustração esquemática na Figura 11-2 indica como os enrolamentos do estator são organizados, apesar dos enrolamentos em um estator real terem outra aparência. Além disso, alguns estatores tem configuração em Y, enquanto outros usam a configuração em delta. Os diagramas esquemáticos desses sistemas se encontram na Figura 11-3.

A saída de um alternador trifásico é mostrada na Figura 11-4. Observe que há três tensões separadas, com 120° de distância entre si; ou seja, cada tensão atinge um valor máximo na mesma direção em pontos com 120° de distância. Enquanto o rotor do alternador gira, cada fase atravessa um ciclo completo de 360° de rotação; ou seja, cada tensão alcança o máximo em uma direção, atravessa o zero, alcança o máximo na direção contrária e então volta ao ponto de partida em 360°.

Sistema de alternador para pequenas aeronaves

A corrente produzida na armadura de um alternador CC é uma corrente alternada trifásica, como mostrado na Figura 11-4. Para usar essa energia em um sistema de pequena aeronave, é necessário convertê-la em corrente contínua. Isso é possível com um **retificador de onda completa trifásico**. Um retificador para corrente alternada trifásica é composto de seis diodos. A Figura 11-5 mostra um diagrama esquemático de um estator em delta com um retificador de onda completa trifásico. As setas do símbolo do diodo apontam na direção contrária do fluxo de elétrons real. Sob o sistema convencional (fluxo de corrente do positivo para o negativo), as setas apontariam na direção do fluxo. Nos diagramas da Figura 11-6a, vemos como a corrente produzida em cada fase do estator é retificada.

Enquanto a armadura gira, as três tensões separadas produzidas por cada fase se sobrepõem, como vemos na Figura 11-6b. Depois que a corrente é retificada, as curvas de tensão permanecem sobrepostas; contudo, como o estator é conectado por fios em paralelo, apenas a tensão mais forte alcança os terminais de saída do alternador. Como ilustrado na Figura 11-6b, a tensão efetiva é uma média dos valores de tensão acima da intersecção das curvas de tensão individuais. A tensão efetiva é igual à tensão de saída nominal do alternador. Esse valor tem média de cerca de 14 V para um sistema de bateria de 12 V e de 28 V para um sistema de bateria de 24 V. Os valores de tensão

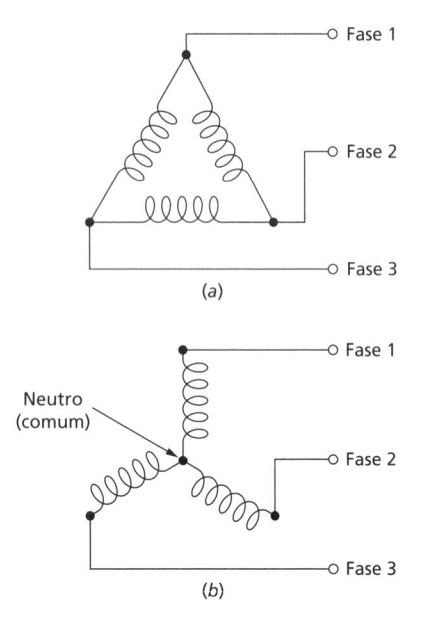

FIGURA 11-3 Diagramas de estatores conectados em (a) delta e em (b) Y.

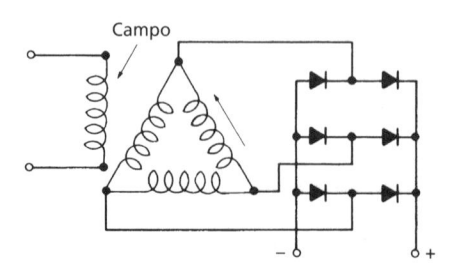

FIGURA 11-5 Diagrama esquemático de um retificador de onda completa trifásico em um circuito estator alternador.

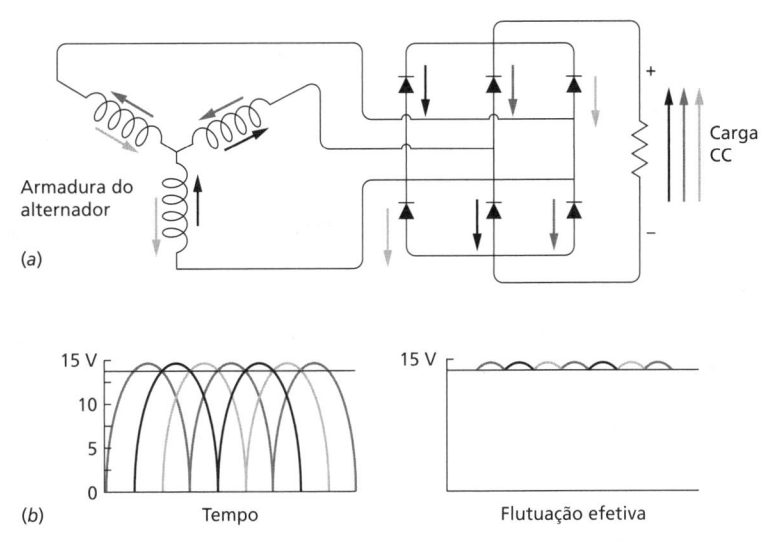

FIGURA 11-6 Retificação de uma corrente trifásica. Veja também o encarte colorido.

flutuante CC na verdade variam entre aproximadamente 13,8 V a 14,2 V ou de 23,8 V a 24,2 V. Contudo, a tensão flutuante CC muda de valor tão rapidamente e em tão pouco que, na prática, a tensão do sistema elétrico da aeronave é considerada como igual à tensão efetiva do alternador.

A Figura 11-7 mostra um circuito de energia elétrica típico. Como o retificador é montado na tampa da extremidade do alternador, os terminais de saída do alternador são marcados para corrente contínua.

A Figura 11-8 mostra o alternador típico de uma pequena aeronave. Esse alternador é acionado por engrenagens e tem saída de 28 V, com rendimento máximo de 120 A. O tipo específico de alternador que será usado no sistema de uma aeronave pode ser determinado a partir do catálogo de peças do fabricante da aeronave ou do catálogo preparado pelo fabricante do alternador.

Em comparação com um gerador, o alternador é um dispositivo comparativamente simples, projetado para fornecer muitas horas de serviço sem maiores problemas. Os componentes principais são o estator trifásico (enrolamentos da armadura), o rotor (enrolamentos de campo) e o conjunto do retificador (os diodos). O enrolamento de campo giratório cria

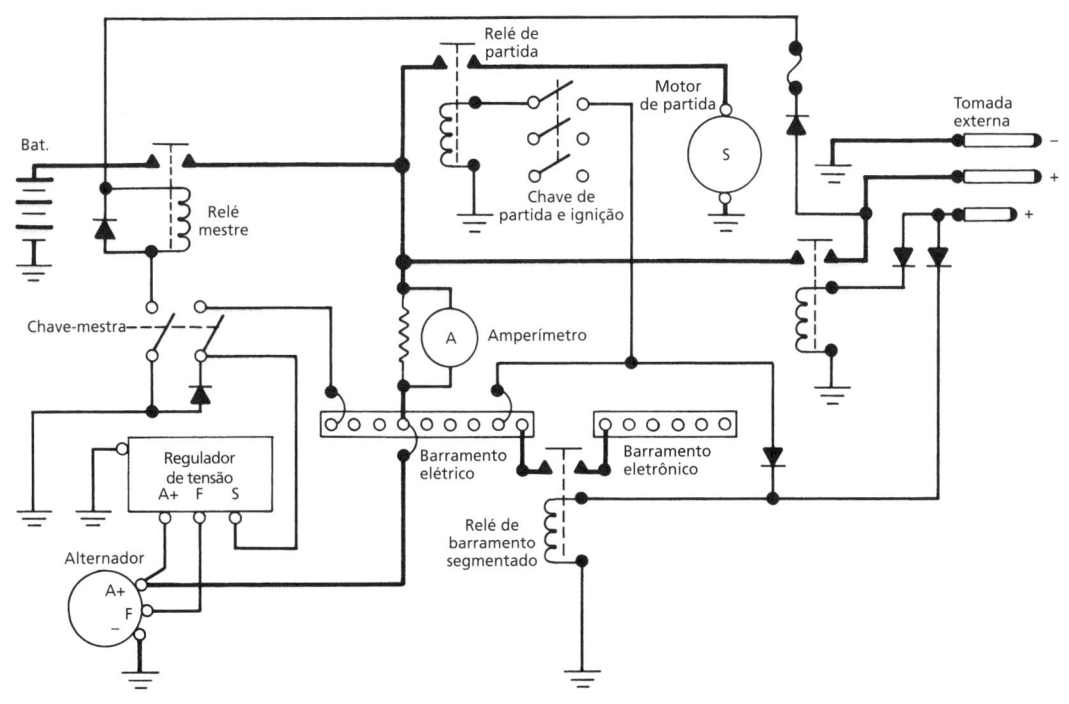

FIGURA 11-7 Diagrama esquemático de uma distribuição de potência típica para uma pequena aeronave contendo um alternador CC.

FIGURA 11-8 Alternador CC acionado por engrenagens.

o campo eletromagnético, usado para excitar os enrolamentos do estator. Um conjunto de escovas e um de anéis deslizantes é usado para transferir a corrente para o campo giratório. Como a bobina de campo exige uma corrente relativamente baixa (cerca de 4 A, no máximo) para alimentar o eletroímã, as escovas são menores e mais duradouras do que aquelas usadas em geradores CC. O conjunto de escovas de um gerador CC muitas vezes conduz mais de 50 A. A armadura estacionária recebe uma tensão induzida, conectada ao conjunto do retificador. O retificador é composto de seis diodos conectados para formar o retificador de onda completa trifásico.

O alternador típico para pequenas aeronaves tem um rotor com 8 ou 12 polos, espaçados alternadamente com polaridade norte e sul, como vemos na Figura 11-9. Isso cria o campo giratório dentro do estator. A força do campo giratório é controlada pela quantidade de corrente que flui no enrolamento do rotor. Essa corrente de campo é governada pelo sistema regulador de tensão. A saída do estator é aplicada a um retificador de onda completa composto de seis diodos montados dentro da carcaça do alternador. A saída do alternador é, logo, uma corrente contínua fornecida ao sistema de energia elétrica da aeronave.

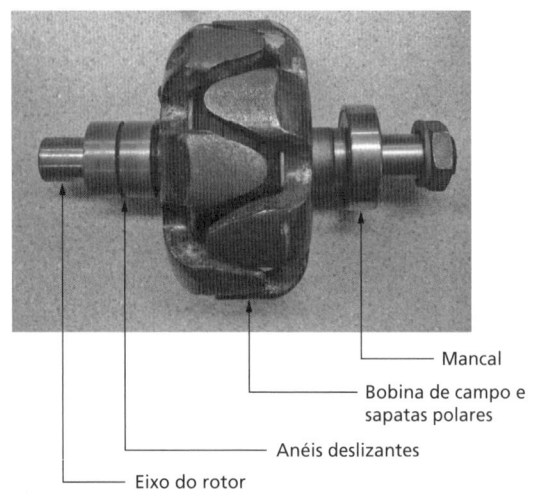

FIGURA 11-9 Rotor alternador.

FIGURA 11-10 Alternador CC acionado por correia.

Os alternadores de pequenas aeronaves podem ser acionadas por uma correia e polias, ou então acionados por engrenagens e flangeados no motor. No segundo caso, o fabricante do motor deve fornecer a montagem correta e comando da engrenagem corretos para o alternador.

A Figura 11-10 mostra um alternador CC acionado por correia típico instalado no motor de uma pequena aeronave. O alternador é montado imediatamente atrás do volante do motor, no lado inferior direito do motor, e a correia de acionamento foi removida. Este é um local comum para os alternadores acionados por correia; as unidades acionadas por engrenagens são instaladas na traseira do motor e acopladas diretamente à caixa de engrenagem. A Figura 11-11 mostra uma vista expandida dos componentes internos de um alternador CC. Consulte essa figura durante as discussões subsequentes sobre componentes de alternadores CC. A polia acionadora e a ventoinha de arrefecimento (extrema direita) são um conjunto usado para conectar o rotor do alternador ao volante do motor através de uma correia de acionamento. É assim que a energia mecânica entra no alternador. O conjunto polia/ventoinha é acoplado diretamente ao rotor do alternador.

A tampa da extremidade de acionamento é projetada para dar estrutura para o alternador e contém uma pista de rolamento, espaçadores e retentores de lubrificação, quando necessário. A tampa da extremidade de acionamento se aparafusa à tampa da extremidade do diodo (lado esquerdo); depois de montadas, as duas tampas de extremidade criam uma carcaça completa para o alternador. O rotor do alternador é composto de um conjunto de bobina de campo e sapata polar montado sobre o eixo do rotor. As sapatas polares são feitas de aço e direcionam o campo de fluxo magnético próximo ao enrolamento da armadura, o que ajuda a melhorar as eficiências do alternador. Um mancal de esferas é instalado no eixo e apoia o rotor dentro da tampa da extremidade de acionamento; os anéis deslizantes ficam no lado esquerdo do rotor. Os anéis deslizantes são os contatos elétricos para a bobina de campo do alternador. O conjunto de escovas é usado para transferir a corrente do campo para o rotor através dos anéis deslizantes. As escovas são projetadas para correr sobre os dois anéis deslizantes; uma é a escova positiva, a outra é a escova negativa. O conjunto de escovas é estacionário e se conecta ao circuito elétrico da aeronave; a escova positiva recebe

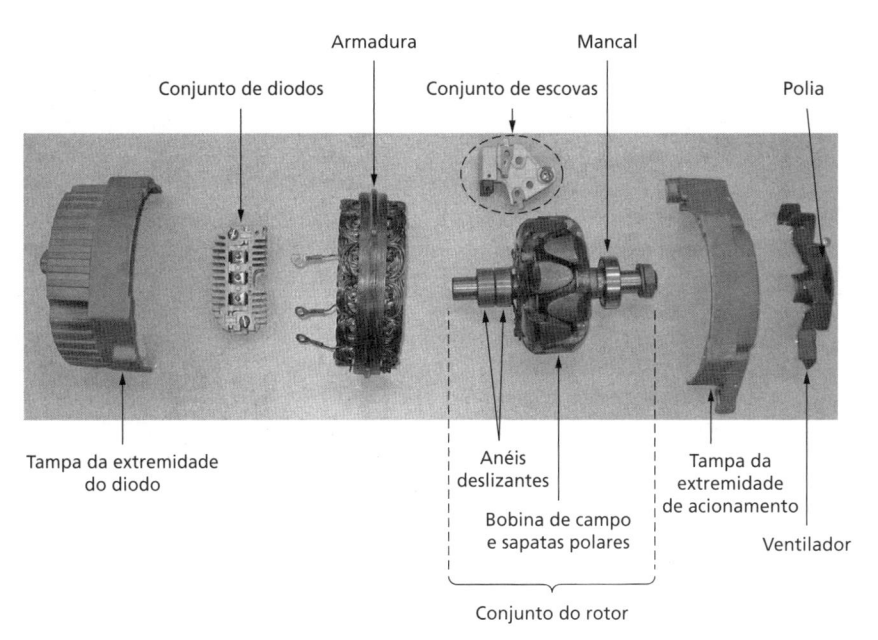

FIGURA 11-11 Componentes principais de alternador CC.

Legendas da figura: Conjunto de diodos; Armadura; Mancal; Conjunto de escovas; Polia; Tampa da extremidade do diodo; Anéis deslizantes; Bobina de campo e sapatas polares; Tampa da extremidade de acionamento; Ventilador; Conjunto do rotor.

tensão/corrente da unidade de controle do alternador (ACU). A escova negativa é conectada à massa.

A bobina da armadura e o conjunto do núcleo de aço do alternador são projetados de modo que o rotor gira no centro do conjunto. Com a bobina do campo energizada, enquanto o rotor gira dentro da armadura, o processo de indução eletromagnética faz com que a tensão/corrente seja induzida nas bobinas da armadura. A saída da armadura é uma corrente alternada e deve ser retificada em uma corrente contínua; logo, a armadura é conectada ao conjunto de diodos. O conjunto de diodos é composto de seis diodos: três positivos, três negativos. Os diodos positivos e negativos devem ser isolados uns dos outros. Todos os seis diodos são montados em um dissipador de calor que ajuda a dissipar o calor gerado pelo processo de retificação. Esse dissipador de calor contém diversas aletas de alumínio para auxiliar o processo de arrefecimento. Quatro parafusos de fenda unem as duas tampas de extremidade; é preciso usar um arame de freno para prender os parafusos de fenda após a montagem do alternador.

Manutenção de alternadores

A manutenção de alternadores segue os princípios das melhores práticas mecânicas e elétricas e deve ser realizada de acordo com as instruções dadas no manual de manutenção de cada unidade específica. Em geral, o procedimento de desmontagem é semelhante àquele usado para outros geradores. É preciso tomar cuidado para garantir que as peças serão marcadas e identificadas de modo que possam ser remontadas corretamente. Considere fotografar o processo de desmontagem, pois isso pode criar uma referência útil durante a remontagem do alternador.

O enrolamento do rotor pode ser testado com um ohmímetro ou um testador de continuidade. A leitura é realizada com as pontas de teste do instrumento aplicadas aos anéis deslizantes (ver Figura 11-12). A resistência do enrolamento do rotor deve

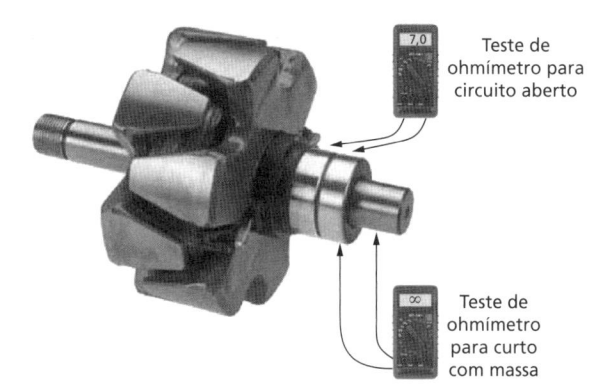

FIGURA 11-12 Uso de um ohmímetro para testar um rotor alternador.

Legendas da figura: Teste de ohmímetro para circuito aberto; Teste de ohmímetro para curto com massa.

ser relativamente baixa e dentro dos limites especificados pelo fabricante. O aterramento do enrolamento do rotor pode ser testado conectando uma ponta de teste de um ohmímetro ao eixo do rotor e outra a um dos anéis deslizantes. A leitura deve indicar resistência infinita. Se a indicação for de resistência baixa, o rotor deve ser substituído.

Os enrolamentos do estator podem ser testados usando um ohmímetro para fazer a leitura entre os fios condutores do estator (Figura 11-13). A leitura deve sempre ficar dentro das especificações. Normalmente, a leitura mostrará baixa resistência. Se a resistência ficar acima ou abaixo dos limites especificados pelo fabricante, o estator deve ser substituído. Para testar os enrolamentos aterrados no estator, o ohmímetro é conectado entre um fio condutor do estator e a armação do estator. O ohmímetro deve indicar resistência infinita.

Para testar a presença de enrolamentos abertos no estator, uma ponta de teste do ohmímetro é conectada ao terminal auxiliar ou à conexão central do enrolamento do estator. A outra

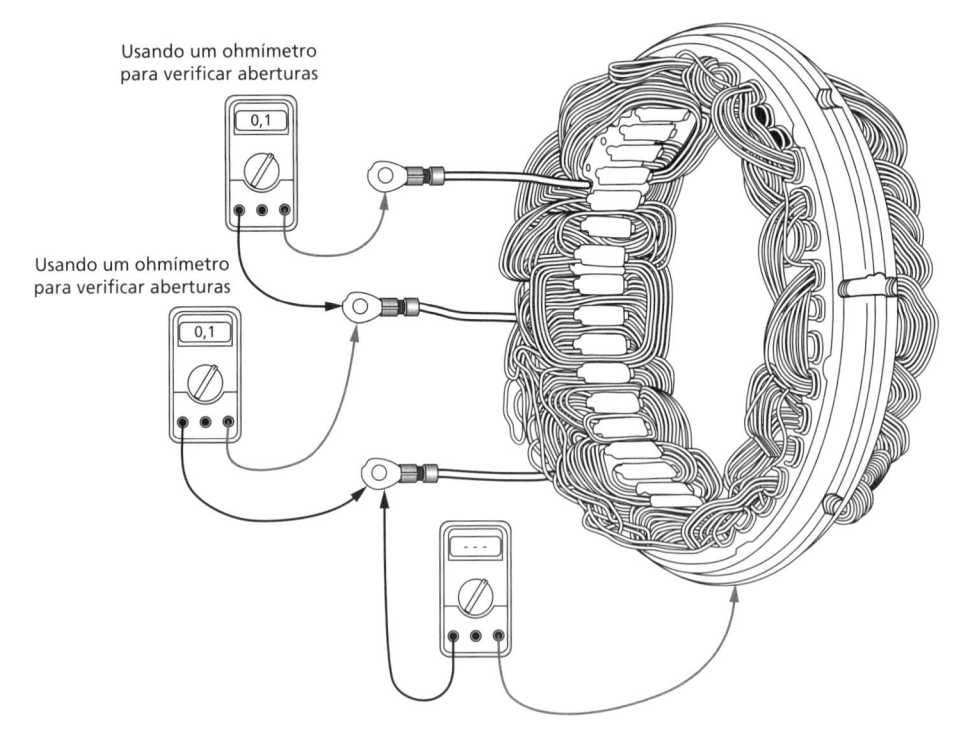

FIGURA 11-13 Usando um ohmímetro para testar um enrolamento de armadura de alternador.

ponta é conectada a cada um dos três fios condutores do estator, uma de cada vez. O ohmímetro deve mostrar continuidade em todos os casos e a resistência deve ficar dentro da faixa especificada pelo fabricante.

A inspeção visual da armadura ou do enrolamento de campo também pode indicar defeitos. Se a bobina mostra sinais de superaquecimento ou contém enrolamentos soltos, a causa mais provável é um circuito em curto ou defeituoso. Tome muito cuidado quando for realiza o teste com um ohmímetro, pois o defeito pode ser intermitente e difícil de localizar. Qualquer estator ou rotor com enrolamentos soltos deve ser substituído. Se essas bobinas ainda não falharam, o problema não vai demorar para ocorrer. Inspecione cuidadosamente todas as conexões elétricas e fios dentro do alternador para garantir sua segurança e identificar possíveis defeitos, como isolamentos rachados ou roçaduras. Devido a vibrações e ao calor produzido dentro do alternador, é fundamental que todos os componentes internos estejam fixados firmemente e não tenham sofrido danos.

CONTROLE DO ALTERNADOR

Ao contrário dos geradores CC, os alternadores CC precisam de apenas dois meios de controle: um regulador de tensão e um limitador de corrente. O relé de corte de corrente reversa não é necessário, pois o conjunto do retificador não permite que a corrente flua para a armadura. O limitador de corrente para a maioria dos alternadores CC é um disjuntor simples. O disjuntor é escolhido de forma a corresponder à corrente de saída do alternador e instalado no painel de instrumentos da aeronave. O **regulador de tensão** pode ser do tipo vibratório, como discutido em relação aos geradores, ou uma unidade transistorizada. Em ambos os casos, o regulador de tensão varia a entrada do alternador para controlar sua saída. Mais especificamente, o regulador de tensão aumenta a resistência do circuito do campo para reduzir a saída do alternador. Por outro lado, a redução da resistência do circuito do campo aumenta a saída do alternador.

Unidade de controle do alternador (ACU)

O controle do alternador normalmente é realizado por um pequeno dispositivo montado em algum ponto do compartimento do motor da aeronave. Os dois termos comuns usados para descrever esse dispositivo são **unidade de controle do alternador** (ACU) e **regulador de tensão**. Em germos gerais, **ACU** é o termo moderno e **regulador de tensão** é usado para descrever os sistemas mais antigos. Ambos são utilizados neste texto e reconhecidos pelos membros do setor como o dispositivo utilizado para monitorar, controlar e proteger a saída do alternador. Um tipo de ACU contém um relé de campo que fornece corrente a um transistor; o transistor controla a corrente para o campo. Um transistor não contém peças móveis; logo, não há nenhum ponto de contato que possa falhar e/ou mudar sua resistência. À medida que os pontos de contato do regulador vibratório mais antigo se corrói, a precisão do ACU diminui e a unidade acaba por sofrer uma falha; assim, os ACUs transistorizados normalmente são considerados mais precisos e confiáveis.

Alguns ACUs contêm um relé de campo para "ligar" o regulador e usam um transistor para regular a tensão de saída do alternador. Um exemplo desse tipo de ACU é composto de um relé de campo, um transistor, um enrolamento de regulador de tensão, um diodo e resistores. A Figura 11-14 mostra um ACU desse tipo.

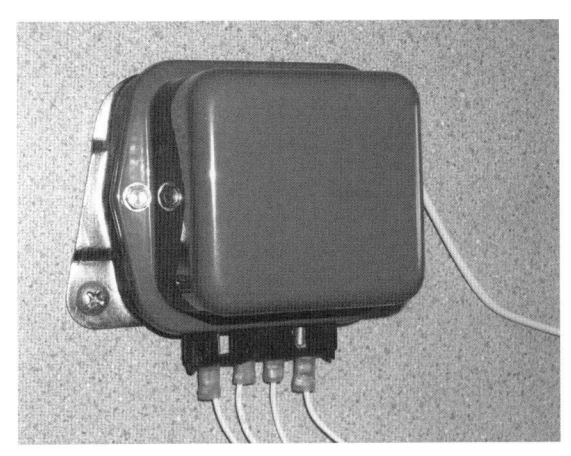

FIGURA 11-14 Unidade de controle do alternador (regulador de tensão).

O relé de campo é semelhante aos relés discutidos em seções anteriores. Basicamente, o relé é uma chave controlada eletromagneticamente, usado para conectar a saída do alternador a um terminal do campo do alternador. O outro lado do circuito de campo é controlado pelo transistor e a bobina do regulador de tensão.

A Figura 11-15 mostra uma forma simplificada do circuito de controle de campo da unidade de controle transistorizada. Nesse circuito, o relé de campo é controlado pela chave-mestra do alternador. A chave-mestra do alternador muitas vezes é metade de uma chave-mestra dupla. A outra metade controla um solenoide, que conecta a bateria da aeronave ao barramento. Quando a chave-mestra do alternador é fechada, o relé de campo se fecha e conecta a conexão de base do transistor à massa da aeronave (conexão negativa). Em um sistema típico, isso permitiria que 4,5 A fluíssem através do enrolamento de campo.

Na discussão sobre transistores no Capítulo 6, foi explicado que um transistor *pnp* se torna um bom condutor através da seção emissor-coletor quando o circuito de base tem polarização negativa. No caso do regulador que estamos discutindo, o circuito de base conduz aproximadamente 0,15 A quando os pontos de contato do regulador de tensão estão fechados.

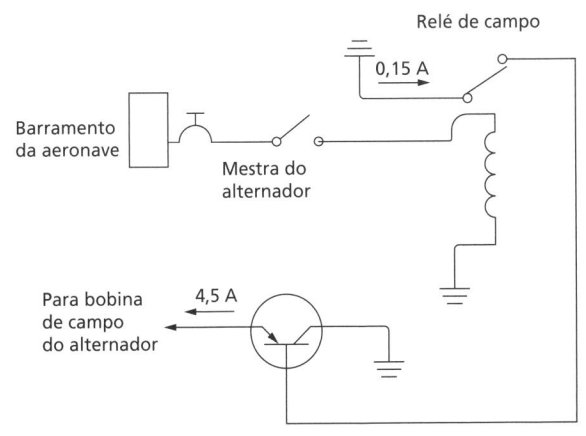

FIGURA 11-15 Desenho esquemático simplificado de um regulador de tensão transistorizado.

Quando a tensão do alternador atinge o valor para o qual o regulador está ajustado, os pontos de contato do regulador são abertos pela força magnética do relé de tensão, cortando a corrente de base para o transistor. A seção emissor-coletor deixa de ser condutora e a corrente do campo é bloqueada. A tensão do alternador cai e os pontos do regulador se fecham novamente para fornecer polarização para o circuito transistor-base. A corrente do campo pode então fluir através do transistor e a tensão aumenta até o valor regulado. Esse ciclo continua, com os pontos de contato do regulador vibrando rapidamente (cerca de 2.000 vezes por segundo) para manter a tensão do alternador no valor necessário.

Nesse tipo de unidade de controle, o transistor conduz a corrente do campo (4,5 A), enquanto os pontos de contato controlam uma corrente muito menor (0,15 A). Aplicando uma corrente relativamente baixa através dos pontos de contato, é possível aumentar significativamente a confiabilidade do regulador de tensão.

A Figura 11-16 mostra um diagrama esquemático mais completo dos circuitos do ACU e do alternador. O diagrama do alternador mostra o estator, no qual a corrente alternada é gerada; a bobina de campo e os anéis deslizantes, através dos quais a corrente flui para a bobina de campo; e o retificador de seis diodos. Quando a chave-mestra do alternador é fechada, a bateria e o alternador são conectados à bobina do relé de campo para produzir um campo magnético que fecha os contatos do relé. Quando isso acontece, a corrente flui da massa, através do circuito emissor-coletor do transistor de controle e do terminal F_1 do regulador, e para o terminal F_1 do alternador. Após passar através do campo do alternador, a corrente entra no terminal F_2 da ACU e passa através dos pontos de contato fechados do relé de campo e sai pelo terminal da bateria *BAT* da ACU. A partir desse ponto, ela flui para o terminal positivo (+) do alternador, através da rede do retificador e para a massa.

Quando o enrolamento de campo do alternador é energizado, uma tensão CC é fornecida ao sistema pelo alternador, desde, é claro, que o alternador esteja funcionando. Quando a tensão do alternador aumenta, o fluxo de corrente através dos dois enrolamentos da bobina do regulador de tensão também aumenta. Quando a tensão alcança o valor para o qual o regulador está ajustado, os pontos de contato na seção do regulador se abrem. Isso reduz a corrente emissor-base no transistor e faz com que o transistor reduza a corrente para o campo do alternador.

Com os pontos de contato abertos, o enrolamento do campo do alternador recebe menos corrente e a tensão do alternador diminui imediatamente. Com uma saída menor do alternador, a mola na extremidade do braço de contato fecha os pontos e o ciclo explicado anteriormente se repete. A alta taxa de vibração dos pontos de contato fornece uma tensão estável, para todos os fins práticos. Como os pontos de contato do regulador de tensão são fechados por uma mola, quando a tensão está abaixo do valor desejado e os pontos se abrem porque a tensão do alternador alcançou esse valor, um aumento na tensão da mola fará com que a tensão do alternador aumente. Assim, o parafuso que controla a tensão da mola é virado para ajustar a tensão.

É importante observar que os pontos de contato do regulador de tensão conduzem apenas cerca de 0,15 A quando a corrente do campo do alternador fica acima de 4 A. Em reguladores sem controle por transistor, a corrente total do campo do gerador

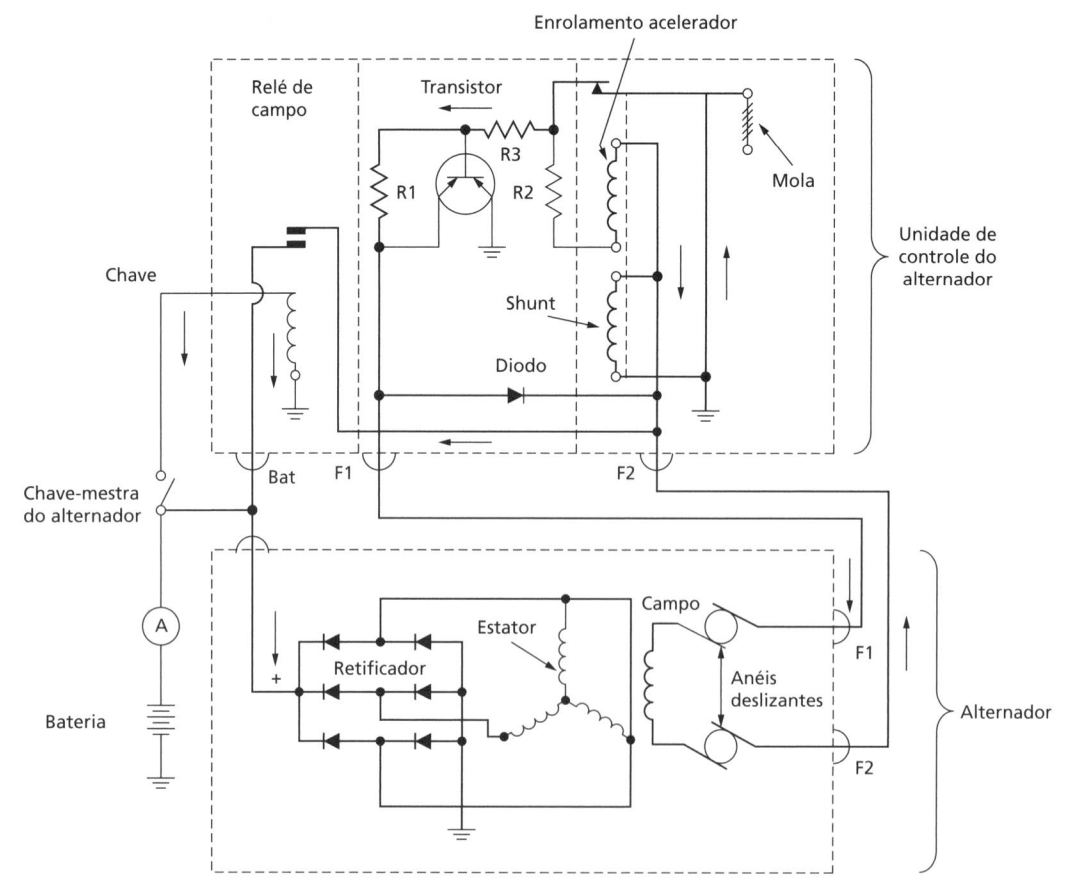

FIGURA 11-16 Desenho esquemático de regulador de tensão transistorizado e alternador.

precisa passar através dos pontos de contato do regulador. Como os pontos de contato vibratórios são queimados por amperagens mais altas, o uso de um transistor possibilita a extensão da vida útil dos pontos de contato, pois uma corrente menor atravessa os pontos.

No diagrama na Figura 11-16, observe que o **enrolamento acelerador** no regulador de tensão está conectado ao terminal F_2 do regulador (um ponto de tensão positiva) e através de um resistor e os pontos de contato com a massa. Por consequência, esse enrolamento conduzirá menos corrente quando os pontos de contato estiverem abertos. O efeito desse sistema é reduzir a atração magnética sobre os contatos assim que pontos de contato se abrem, tornando a mola mais efetiva em fechá-los de volta. Quando os pontos de contato são fechados, o efeito magnético do enrolamento acelerador é somado à força magnética totalmente mais uma vez e os pontos se reabrem rapidamente. Assim, o efeito do enrolamento acelerador faz com que os pontos de contato vibrem (abram e fechem) com muito mais rapidez do que ocorreria apenas com a bobina em derivação. É por isso que o nome do dispositivo é *enrolamento acelerador*.

O diodo no regulador é conectado diretamente através do enrolamento do campo. Se os contatos da tensão se abrissem sem um diodo nesse circuito, a interrupção súbita da corrente do campo e a alta tensão resultante induzida no enrolamento do campo danificaria ou destruiria o transistor de potência. O diodo é conectado de forma a oferecer uma alta resistência a qualquer tensão aplicada e baixa resistência a qualquer tensão de polaridade reversa. A alta tensão induzida no relé do campo quando os pontos de contato se abrem é uma tensão de polaridade reversa; logo, o diodo deixará em curto qualquer corrente produzida dessa maneira. Assim, a corrente em curto não consegue danificar o transistor.

No uso de transistores, é importante observar que as altas temperaturas podem levar ao funcionamento impróprio dos transistores e causar danos permanentes neles. Por esse motivo, os transistores usados com reguladores de tensão ou em qualquer outro circuito devem ser mantidos em temperaturas operacionais seguras. Os transistores usados com reguladores de tensão normalmente têm bases de metais pesados, que atuam como dissipadores de calor para afastar o calor dos elementos ativos. Em qualquer instalação, a temperatura operacional segura máxima para o transistor deve ser conhecida e é preciso tomar medidas para garantir que ela não será excedida.

Algumas aeronaves utilizam uma luz indicadora para mostrar quando o alternador não está carregando a bateria. Um exemplo desse tipo de sistema emprega um regulador de tensão de três terminais, um relé de campo externo e uma luz indicadora. A Figura 11-17 mostra o circuito desse sistema. A análise desse circuito mostra que a chave-mestra do alternador conecta a bateria ao enrolamento do relé de campo e faz com que os pontos de contato se fechem. A bateria também é co-

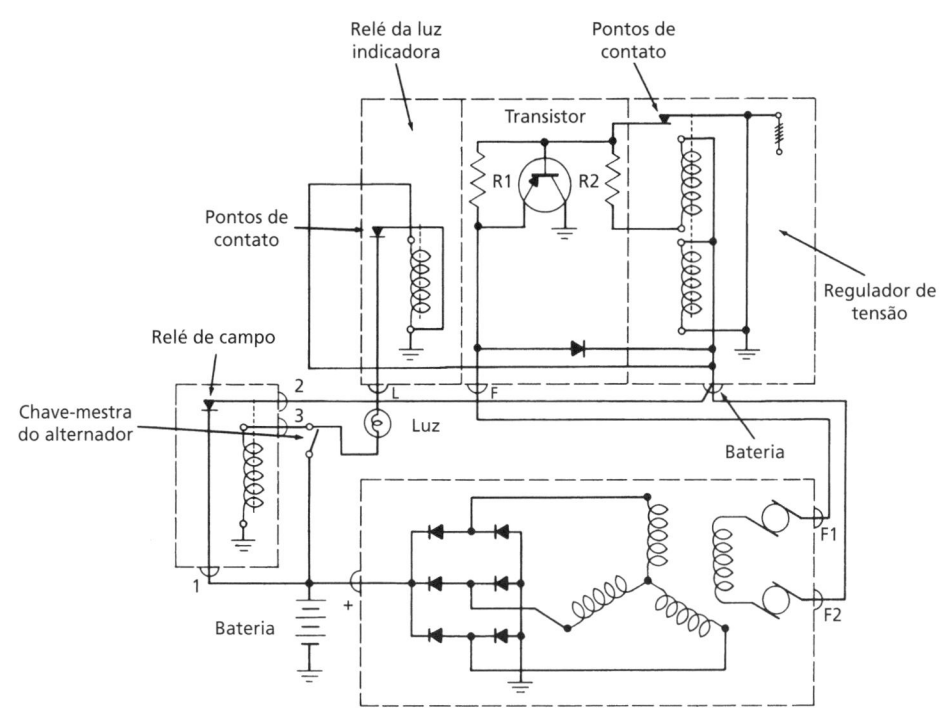

FIGURA 11-17 Regulador de tensão transistorizado com um circuito de luz indicadora.

nectada à luz indicadora. O circuito da luz indicadora é completado com a massa através dos pontos de contato do relé da luz indicadora. Esses pontos são fechados quando o relé não está energizado; assim, a luz fica acesa. Como o relé de campo se fecha quando a chave-mestra do alternador está ligada, a bateria é conectada ao enrolamento de campo do alternador. A tensão de saída do alternador então abre o relé da luz indicadora, desligando essa luz.

Reguladores de tensão de estado sólido

A Figura 11-18 mostra um diagrama de circuito para ilustrar a operação de um regulador de tensão completamente de estado sólido. Esse regulador não tem peças móveis e geralmente é considerado bastante confiável. Na descrição a seguir, cada item é explicado em termos do fluxo de corrente real do negativo para o positivo. Por exemplo, quando a bateria fornece corrente ao circuito, a corrente flui do terminal negativo (massa), através do circuito e para dentro do terminal positivo da bateria. Quando a bateria está sendo carregada, a corrente flui para dentro do terminal negativo da bateria e sai do terminal positivo.

No circuito na Figura 11-18, quando a chave-mestra do alternador é fechada, a bateria e o alternador são conectados através do relé com o terminal positivo (A) do regulador. Nesse caso, há um circuito completo da massa através do resistor R_2, a base do **transistor de potência** TR_1, o diodo D_1 e o resistor R_1 e de volta à bateria e o terminal positivo do alternador. Se a saída do alternador está abaixo da tensão para a qual o regulador está configurado, o transistor TR_1 terá polarização direta e a corrente fluirá do terminal F_1 do alternador para o terminal F do regulador e através do circuito emissor-coletor do TR_1. O circuito é completado através de D_1, R_1 e do relé do alternador.

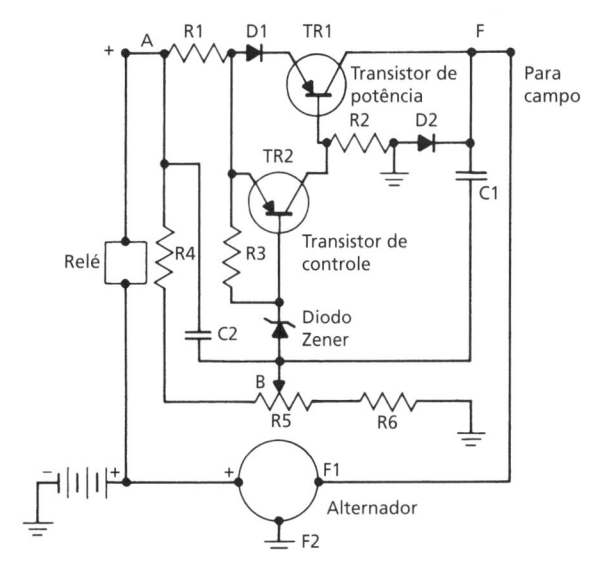

FIGURA 11-18 Desenho esquemático de um alternador CC e regulador de tensão transistorizado.

O fluxo de corrente excita o campo do alternador e a saída deste aumenta rapidamente até o nível desejado. No circuito na Figura 11-18, vemos que há um circuito da massa através de R_6, R_5, o **diodo zener**, R_3 e R_1 a A. Também há um circuito do diodo zener através do circuito emissor-base do **transistor de controle** TR_2 e através de R_1 até o terminal A do regulador. O diodo zener bloqueia o fluxo de corrente que sai de R_5 até a tensão entre a massa e A alcançar aproximadamente 14,5 V. Nesse ponto, o diodo zener começa a conduzir e aplica uma polarização direta através do circuito emissor-base de TR_2, o transistor de controle. TR_2 se torna condutor e a corrente flui através da seção emissor-coletor vinda da massa. Esse fluxo de corrente sai da massa através de R_2, TR_2 e R_1 e sai por A. O efeito disso é causar um curto-circuito no circuito emissor-base de TR_1, o que faz com que TR_1 pare de conduzir a corrente de campo para o alternador. A tensão do alternador cai imediatamente e o diodo zener para de conduzir, removendo a polarização direta do TR_2, que também para de conduzir. Isso devolve a polarização direta para o TR_1, que passa a conduzir a corrente do campo novamente, e o ciclo se repete. Esse ciclo se repete cerca de 2.000 vezes por segundo, produzindo uma tensão razoavelmente estável de aproximadamente 14,5 V saída do alternador.

Teoria operacional do regulador de tensão transistorizado

Os dois pontos mais importantes que precisam ser entendidos com relação à operação do regulador de tensão transistorizado são a operação do diodo zener e o controle do transistor de potência pelo transistor de controle. O diodo zener pode ser comparado com uma válvula de alívio que se abre a um determinado nível de pressão em um sistema hidráulico. Quando o diodo zener conduz corrente, ele faz com que o transistor de controle desligue o transistor de potência. O transistor de controle consegue interromper o fluxo de corrente através do circuito emissor-base do transistor de potência porque há uma diferença nas quedas de tensão entre os circuitos emissor-base dos dois transistores quando o circuito emissor-base do transistor de controle está conduzindo. O diodo D_1 causa uma queda de aproximadamente 1 V no potencial no circuito emissor-base do transistor de potência quando o circuito está conduzindo. Quando o circuito emissor-coletor do transistor de controle começa a conduzir, não há uma queda de tensão sensível no transistor de controle; assim, uma polarização reversa de 1 V torna-se efetiva no circuito-emissor base do transistor de potência. Isso, obviamente, interrompe a corrente emissor-base no transistor de potência.

O ajuste da saída de tensão do alternador é realizado através do resistor variável R_5. Uma mudança na resistência desse resistor altera o nível de tensão no diodo zener, o que eleva ou reduz o nível da tensão de saída do alternador necessária para fazer com que o diodo zener conduza.

O resistor R_1 e o capacitor C_1 atuam de modo a reduzir o tempo necessário para que a tensão do campo mude entre os valores máximo e mínimo, o que impede o superaquecimento dos transistores. O capacitor C_2 reduz as variações de tensões que aparecem entre os resistores R_4 e R_5, tornando o regulador mais preciso. O resistor R_3 impede o vazamento de corrente do emissor para o coletor. O resistor R_4 é de um tipo especial sensível à temperatura que atua de modo a aumentar ligeiramente a tensão do alternador em uma temperatura mais baixa, o que ajuda a manter a carga adequada para a operação em baixas temperaturas. O diodo D_2 auxilia no controle do fluxo de corrente de campo enquanto o transistor de potência liga e desliga a corrente do campo rapidamente.

Os sistemas de carga de alternadores CC modernos substituíram o "regulador de tensão" tradicional com uma unidade mais avançada, também chamada de *ACU*. Esses controles

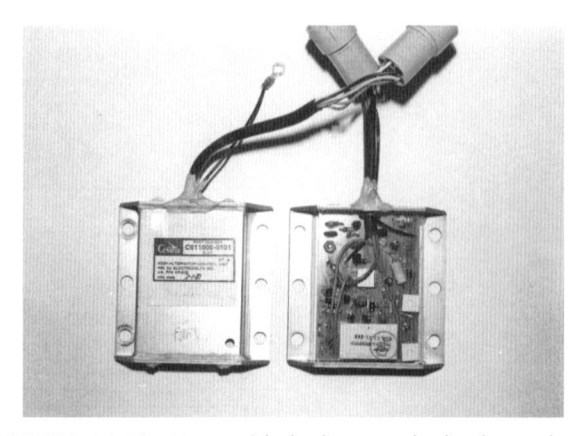

FIGURA 11-19 Uma unidade de controle do alternador.

avançados muitas vezes cumprem funções de regulação de tensão, monitoramento do sistema e proteção do circuito, tudo em uma única unidade de estado sólido. Muitas pequenas aeronaves Cessna empregam um ACU como aquele mostrado na Figura 11-19.

A ACU normalmente mantém a tensão do sistema entre 28,4 e 28,9 V. Para tanto, ela muda a resistência do circuito do campo através da ACU. Se a tensão do sistema aumenta acima de 28,9 V, a ACU automaticamente abre o circuito do campo do alternador e desliga o alternador, o que estabelece uma condição de baixa tensão (apenas tensão da bateria). Se a tensão do sistema cai abaixo de 25,2 V, a luz de advertência do alternador se acende, indicando uma falha do sistema.

O Cirrus SR-20 é uma aeronave monomotor avançada que emprega um sistema elétrico de última geração com dois sistemas de bateria de 24 V e dois carregamentos totalmente independentes. A bateria número um é utilizada para a partida do motor e é típica da maioria das baterias de chumbo-ácido de 24 V; a bateria número dois é composta de duas baterias de 12 V conectadas em série para produzir 24 V. Essas baterias são relativamente pequenas, com capacidade de apenas 7,0 Ah (ver Figura 11-20). Essa aeronave precisa da redundância de dois sistemas completos devido a sua alta dependência de instrumentos eletrônicos. O alternador principal tem capacidade de 100 A a 28 V; o alternador número dois tem capacidade de 20 A a 28 V. As saídas serão diferentes dependendo do modelo exato da aeronave Cirrus. Durante a operação normal, ambos os alternadores produzem potência e são regulados por duas unidades de controle independentes chamadas de **módulos de controle de campo**.

Os módulos de controle de campo são pequenas ACUs de estado sólido instaladas dentro da **unidade de controle mestre (MCU)**. Com o uso da microeletrônica digital, os módulos de controle de campo têm o tamanho de apenas 4 × 1,5 × 1 polegadas. Como vemos na Figura 11-21, os dois módulos de controle de campo são instalados dentro de uma caixa resistente a intemperismos localizada no compartimento do motor na parede de fogo; essa unidade é a MCU. A MCU contém diversos outros componentes e circuitos de controle elétrico, incluindo (1) a bateria principal, o motor de partida e contatores de potência externos (solenoides), (2) diversos fusíveis que podem ser trocados no solo, (3) uma placa de circuito usada

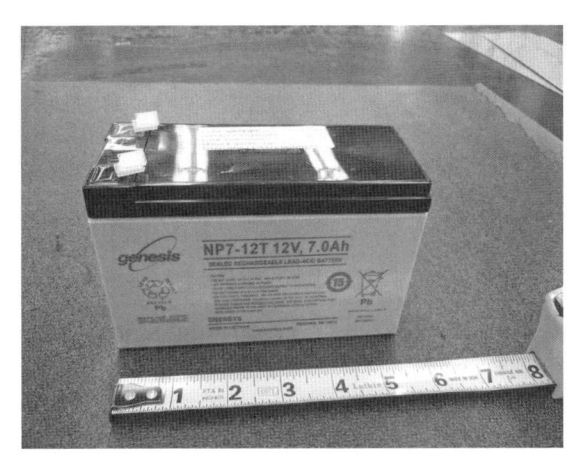

FIGURA 11-20 Bateria #3 de aeronave Cirrus; uma de duas baterias conectadas em série.

para controlar outras cargas, como a luz de aterrissagem. O sistema de distribuição de potência da Cirrus será discutida em mais detalhes no Capítulo 12.

Solução de problemas de um sistema de alternador CC

Os procedimentos típicos para a solução de problemas em um sistema de alternador de uma pequena aeronave se encontram na seção elétrica do manual de manutenção da aeronave. Não esqueça que os diferentes sistemas têm variações; logo, é importante consultar as instruções do fabricante para cada sistema específico. Uma regra geral que deve ser aplicada em todos os casos é que a tensão do alternador é controlada pela variação da quantidade de corrente de excitação do campo. O regulador de tensão pode, assim, ser contornado com o fornecimento de corrente do campo diretamente para o alternador. Se o motor é acionado enquanto o regulador é contornado, o alternador deve produzir corrente e tensão de saída relativamente altas. Se nenhuma tensão é produzida durante esse teste, o alternador está com defeito, ou seus circuitos relacionados estão. Todos os rádios e equipamentos eletrônicos sensíveis devem ser desligados durante o teste para garantir sua proteção contra uma condição de sobretensão.

Sempre que for solucionar problemas em um circuito de alternador, lembre-se que a tensão de saída do alternador deve ser ligeiramente mais alta do que a tensão da bateria. Se o alternador é ligado e a tensão do barramento não aumenta cerca de 2 a 4 V acima da tensão da bateria, o sistema de carregamento está com defeito, ou seus circuitos relacionados estão. Essa medição de tensão normalmente é realizada entre o barramento principal da aeronave e a massa.

Cuidado. Apesar de haver semelhanças entre alguns alternadores CC de aeronaves e os alternadores automotivos, os dois são diferentes. Os reguladores de tensão e alternadores automotivos não podem ser utilizados no lugar de componentes aeronáuticos. A Figura 11-22 mostra uma parte do FAA Alert 63, que ilustra diversas diferenças entre um alternador de aeronave e um alternador automotivo. Quando for instalar peças de reposição em uma aeronave, sempre utilize unidades aprovadas pela FAA.

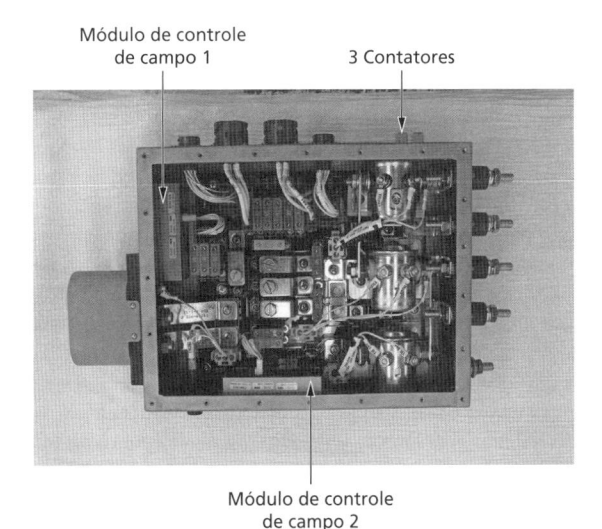

FIGURA 11-21 Unidade de controle mestre (MCU) de uma aeronave Cirrus. Veja também o encarte colorido.

BE AWARE

DIFFERENCES BETWEEN AIRCRAFT AND AUTO ALTERNATORS USING A COMMON BELT-DRIVEN ALTERNATOR FOR A COMPARISON

Aircraft alternators include features not found on automotive alternators.

1. Although alternators are birotational, aircraft engines turn opposite of automotive. This means cooling fans must be canted in the opposite direction. Also, pulleys and belt sizes vary due to coming-in speed.

2. The through bolts are of a higher tensile strength utilizing an antirotational device in the form of a lock tab. The rectifier assembly has a heavy-duty diode with higher voltage and amperage capacity. Also, one excites at 90 PIV and the other at 150 PIV. Radio suppression is designed for 108 frequencies and up, which is the VHF, and 108 and down, which is FM band.

3. The brushes have a higher graphite content and they utilize a tin plate on the brush leads to prevent corrosion.

4. The stator is of the Delta wind rather than the "Y" wind, and it does not utilize the stator terminal. The aircraft unit also carries "H" insulation, which is capable of 200° Centigrade temperatures. It is also rated at 60 amperes instead of 55.

5. The rotor has a shorter shaft and a smaller thread size. Because of the opposite rotation, it is wound in the opposite direction. It also utilizes "H" insulation and Havel varnish.

6. The front and rear housings are the same as automotive. With this brief description, I hope I have enlightened you on the differences between aircraft and automotive alternators. Using automotive units in an aircraft creates a potential safety hazard, as well as a short alternator life and unreliability.

If you suspect an automotive unit on an aircraft, check with your nearest FAA-approved aircraft accessory shop or your local FAA General Aviation District Office.

NOTE: The above article was submitted by an FAA certificated Aircraft Accessory Shop.

FIGURA 11-22 Parte do FAA Alert 63. Diferenças entre os alternadores aeronáuticos e automotivos.

GERADORES CA – ALTERNADORES CA

Os geradores CA, muitas vezes chamados de alternadores, são usados como a principal fonte de energia elétrica em quase todas as aeronaves de transporte. O sistema CA fornece quase toda a energia elétrica usada pela aeronave. A maior parte das cargas elétricas em grandes aeronaves tradicionais opera usando a corrente alternada; a bateria e alguns sistemas de reserva ainda exigem o uso de corrente contínua. Quando a corrente contínua é necessária, a energia do sistema de corrente alternada é retificada e enviada a um ou mais barramentos de distribuição de potência CC. É essencial que o sistema de distribuição para a corrente alternada e o para corrente contínua sejam mantidos independentes um do outro. As aeronaves de transporte de última geração utilizam mais sistemas elétricos do que os modelos anteriores. Aeronaves como o B-787 e o A-380 contêm mais geradores, tanto de corrente alternada quanto de corrente contínua, e sistemas de distribuição complexos. A distribuição de potência será discutida no próximo capítulo. Praticamente todas as aeronaves contêm algum tipo de sistema de energia de emergência para fornecer energia elétrica em caso de pane do sistema primário; em geral, as aeronaves mais complexas contêm um sistema de energia de emergência mais complexo. Em aeronaves maiores, a **unidade auxiliar de força (APU)** e/ou uma **turbina de ar de impacto (RAT)** podem ser usadas para acionar um gerador de emergência CA. A maioria das aeronaves modernas também emprega um ou mais inversores; o inversor é uma unidade que transforma a corrente contínua em corrente alternada. O inversor pode ser usado para produzir corrente alternada a partir da corrente da bateria em caso de pane total do sistema do gerador.

É importante lembrar que os termos gerador CA e alternador CA são usados de forma intercambiável na indústria aeroespacial. Alguns fabricantes podem fazer uma distinção entre os dois, mas, em geral, são considerados sinônimos. Lembre-se que ambos são máquinas que transformam energia mecânica em energia elétrica; eles são bastante semelhantes e seus termos muitas vezes são trocados um pelo outro. Este texto usa ambos, mas dá preferência a **gerador** CA por este ser mais comum.

Os sistemas de potência CA produzem mais energia por peso de equipamento do que os sistemas CC; contudo, a maioria dos geradores CA exige um acionamento de velocidade constante para manter uma frequência CA constante. Um **acionamento de velocidade constante (CSD)** é um tipo de transmissão automática que mantém um rpm de saída constante com rpm de entrada varável. Como aeronaves pesadas utilizam grandes quantidades de energia elétrica, o uso de um acionamento de velocidade constante e um gerador CA é mais prático. Em pequenas aeronaves, nas quais uma quantidade relativamente pequena de energia elétrica é utilizada, um gerador CA que exige um acionamento de velocidade constante seria simplesmente pesado demais. As pequenas aeronaves modernas utilizam alternadores CC para produzir sua energia elétrica.

A parte estacionária do circuito alternador é chamada de **estator**, enquanto a parte rotativa é chamada de **rotor**. Como vemos na Figura 11-23, em um alternador CA básico, o estator é uma armadura estacionária, enquanto o rotor é um campo giratório, que pode ser produzido por um ímã permanente ou um eletroímã. Enquanto o rotor gira, o fluxo magnético corta os polos do estator e induz uma tensão no enrolamento do estator.

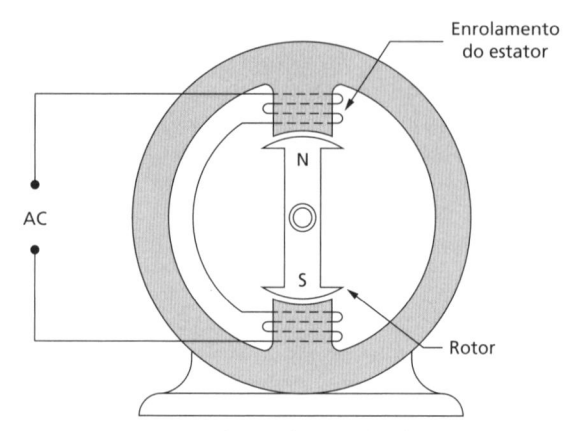

FIGURA 11-23 Um alternador CA dipolo simples.

A tensão induzida reverte a polaridade a cada meia revolução do rotor porque o fluxo reverte sua direção quando os polos opostos do rotor passam os polos do estator. Uma revolução completa do rotor em um alternador de dois polos produz 1 ciclo de corrente alternada; ou seja, uma onda senoidal CA completa será produzida para cada revolução completa do rotor.

O número de ciclos da corrente alternada por segundo é chamado de **frequência**. Como um alternador de dois polos produz 1 ciclo por revolução (cpr), fica evidente que um alternador produz 1 ciclo de corrente alternada de cada par de polos no rotor. Se desejamos determinar a frequência de qualquer alternador, devemos proceder da seguinte maneira: Dividir o número de polos por 2 e multiplicar o resultado pela velocidade em rpm para obter o número de ciclos por minuto. Para descobrir os ciclos por segundo, divida os ciclos por minuto por 60.

Vamos pressupor que desejamos determinar a frequência de um alternador com quatro polos e que gira a 1800 rpm. Dividindo 4 por 2, obtemos 2 cpr; multiplicando 2 cpr por 1800 rpm, obtemos 3600 ciclos por minuto. Dividindo 3600 por 60 (60s/min), obtemos 60 Hz (ciclos por segundo).

A frequência de qualquer corrente alternada produzida é determinada pela estrutura interna do gerador e a velocidade à qual ele gira. As aeronaves usam corrente alternada com frequência de 400 Hz; os geradores CA terrestres nos Estados Unidos produzem corrente a 60 Hz para usos residenciais e industriais. A Europa e outras partes do mundo produzem potência CA a 100 Hz. Muitos sistemas elétricos são sensíveis à frequência; ou seja, eles operam apenas a uma determinada frequência (ou próxima dela). Por exemplo, é provável que um motor projetado para operar a 400 Hz em uma aeronave não funcionará corretamente a 60 Hz. Outras cargas menos complexas, como as lâmpadas, não são sensíveis à frequência e poderia operar dentro de uma amplitude maior de frequências. Uma vantagem da frequência de 400 Hz usada nas aeronaves é que, em muitos casos, ela permite o uso de equipamentos menores e mais leves em comparação com um sistema CA de frequência menor.

Alguns geradores CA não são controlados por rpm e criam uma saída de frequência variável. Por exemplo, o B-787 emprega quatro geradores acionados por motores, que produzem uma saída de corrente alternada com frequência entre 360 e 800 Hz. Obviamente, as cargas elétricas dessa aeronave devem ser projetadas para aceitar essa amplitude de frequência, ou então alguma forma de circuito de controle deve ser utilizada para estabilizar a frequência antes do uso. Em ambos os casos, a instalação de um gerador de frequência variável não exige o uso de uma unidade de acionamento de velocidade constante (CSD), eliminando os componentes mecânicos e criando um sistema mais confiável.

Os alternadores são classificados de acordo com sua tensão, corrente, fase, saída de potência (watts ou quilovolt-ampères) e fator de potência. A classificação de fase de um alternador é o número de tensões separadas que ele produz. Em geral, os alternadores são monofásicos ou trifásicos, dependendo do número de conjuntos de enrolamentos independentes no estator. Os alternadores trifásicos são normais na maior parte das aplicações aeronáuticas. Os alternadores trifásicos são construídos com três enrolamentos de armadura separados, espaçados de modo que sua tensões tenham defasagem de 120° entre si.

Alternadores sem escovas (geradores)

Os alternadores e geradores de aeronaves discutidos anteriormente contêm pelo menos um conjunto de escovas. As escovas são usadas para conectar a potência ao rotor, como vemos na Figura 11-24. Devido a seus altos requisitos de manutenção, os alternadores ca que contêm escovas não são mais usados em aeronaves. O **alternador sem escovas** é uma unidade com estrutura especial que usa linhas de fluxo magnético para transferir energia do estator para o rotor. O uso de um campo magnético para realizar essa "conexão móvel" elimina o uso de escovas, anéis deslizantes e comutadores. A eliminação desses componentes reduz o número de peças com vida útil limitada e aumentada a confiabilidade e longevidade do alternador CA sem escovas.

Entre as vantagens do alternador sem escovas, podemos listar:

1. Menor custo de manutenção, pois não há desgaste das escovas ou anéis deslizantes.
2. Alta estabilidade e consistência da saída, pois as variações de resistência e condutividade nas escovas e anéis deslizantes são eliminadas.
3. Melhor desempenho em altas altitudes, pois o arqueamento nas escovas é eliminado.

A teoria por trás do alternador sem escovas é usar a indução eletromagnética para transferir a corrente dos componentes

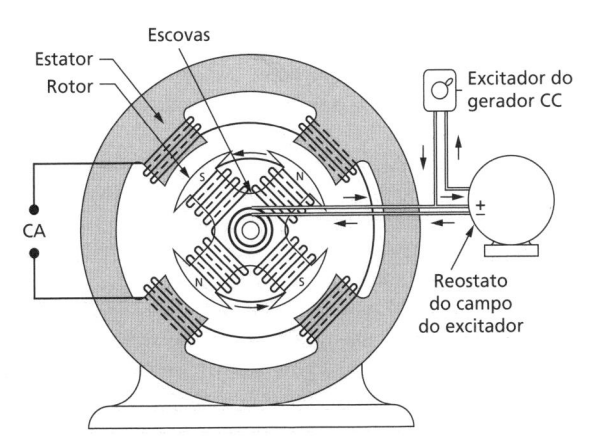

FIGURA 11-24 Um alternador CA com escovas conectadas a um campo giratório CC.

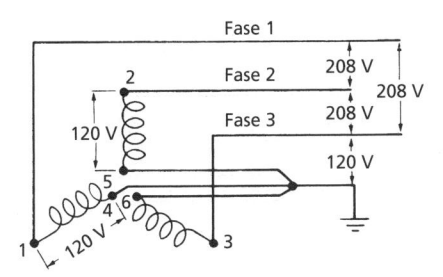

FIGURA 11-25 Enrolamento de estator conectado em Y para um alternador CA.

estacionários do gerador para os componentes giratórios. Em geral, os alternadores sem escovas usam uma armadura conectada em Y trifásica. A tensão em qualquer fase individual é de 120 V, enquanto a tensão entre quaisquer dois terminais de saída principais é de 208 V. É isso que ilustra a Figura 11-25. Um terminal de cada enrolamento do estator separado é conectado à massa, enquanto o outro terminal do enrolamento é o terminal de saída principal. Para circuitos de aeronaves que precisam de potência monofásica de 115/120 V, o circuito é conectado entre uma fase principal e a massa. Para circuitos de potência trifásicos como aqueles usados em motores de alta potência nominal, todas as três fases principais são conectadas ao motor.

Os alternadores sem escovas modernos são chamados de **geradores de ímã permanente** (PMGs, *permanent magnet generators*). O PMG recebe seu nome devido ao ímã permanente dentro do gerador, que inicia a produção de energia elétrica. Como vemos na Figura 11-26, na verdade há três geradores separados dentro da mesma caixa: (1) o **gerador de ímã permanente**, (2) o **gerador excitador** e (3) o **gerador principal**. Cada uma dessas três unidades é uma parte essencial do alternador sem escovas moderno.

A Figura 11-26 mostra um diagrama simplificado de um gerador sem escovas típico; consulte esse desenho durante as discussões subsequentes. A ilustração mostra dois elementos importantes do gerador: o rotor é representado pela área sombreada na parte central esquerda do diagrama. O rotor é cercado pelos componentes estacionários do gerador. Para entender a operação de um gerador sem escovas, a melhor opção é considerar que a produção da corrente de saída se divide em três passos distintos. Na prática, esses três passos ocorrem simultaneamente para criar a produção da corrente alternada. São eles:

Passo 1. Quando o gerador começa a girar, o ímã permanente (extrema esquerda do diagrama) induz uma pequena tensão/corrente na armadura do ímã permanente. Essa corrente é enviada à GCU (parte superior esquerda do diagrama). A GCU também recebe sinais de controle e entradas de diversos sensores elétricos para regular a saída do gerador. Os circuitos da GCU realizam uma análise de todas as entradas e envia a corrente apropriada ao enrolamento de campo do excitador.

Passo 2. A bobina de campo do excitador produz um campo magnético que induz uma corrente na armadura do excitador. O campo do excitador é estacionários e a armadura do excitador trifásico é montada sobre o rotor. Um conjunto retificador também é montado sobre o rotor, recebendo uma entrada da armadura do excitador.

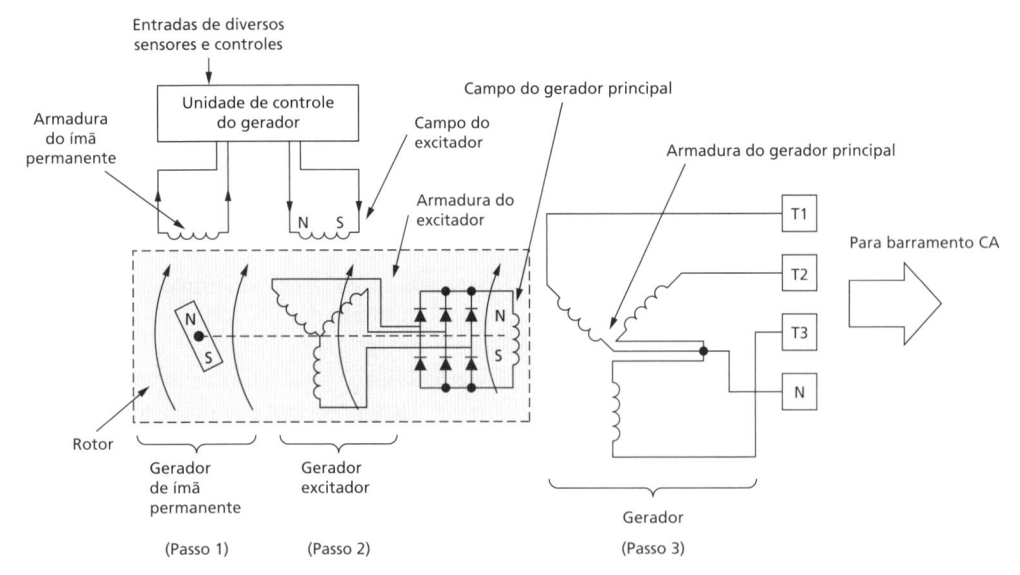

FIGURA 11-26 Diagrama de gerador de ímã permanente (PMG).

Passo 3. O conjunto do retificador transmite uma corrente contínua para o campo do gerador principal, também parte do conjunto do rotor. O campo do gerador principal cria um magnetismo para excitar a armadura do gerador principal (lado direito do diagrama). A armadura do gerador principal produz a energia enviada às cargas elétricas. Esse é o último passo no processo utilizado por um gerador CA sem escovas.

Em suma, o gerador sem escovas contém três geradores separados, cada um dos quais opera em sequência para produzir a corrente de saída principal. O nome gerador de ímã permanente (PMG) vem do uso de um ímã permanente no rotor. Esse ímã inicia o ciclo que produz a saída do gerador principal. A corrente de saída principal do PMG é uma corrente alternada trifásica.

A armadura do gerador principal é um enrolamento trifásico que produz 120 V em uma única fase e 208 V entre duas fases. Essa armadura é conectada aos terminais de saída do gerador e, logo, fornece a energia elétrica para os sistemas da aeronave. Como vemos na Figura 11-26, a GCU monitora a saída do gerador principal, que por sua vez regula a corrente de campo do excitador quando necessário. Se a saída do gerador não é alta o suficiente, a GCU aumenta a corrente do campo do excitador, o que aumenta a saída da armadura do excitador e a corrente do campo principal. Um campo principal mais forte aumenta a saída da armadura principal. Se a saída do gerador pode ser reduzida, a GCU enfraquece a corrente do campo do gerador e a saída do gerador diminui.

Sistema de acionamento de velocidade constante

Em um sistema de potência CA, geralmente é necessário manter uma velocidade relativamente constante no gerador CA. Isso ocorre porque a frequência do gerador CA é determinada pela velocidade com a qual ele é acionado. É especialmente importante manter a velocidade do gerador constante em instalações nas quais os geradores operam em paralelo. Nesse caso, é absolutamente essencial que a velocidade do gerador seja mantida constante dentro de limites extremamente estreitos.

Para fornecer ao gerador CA um rpm de entrada constante, é instalado um dispositivo de transmissão hidráulica entre o motor de velocidade variável e o gerador de velocidade constante. O dispositivo de velocidade pode ser comparado com a transmissão automática em um automóvel comum; a 30 mi/h, a velocidade do motor de um carro pode ser de 2000 rpm ou, dependendo da transmissão automática, o rpm do motor pode ser de 4000. Obviamente, diversas variáveis determinam o rpm do motor e a velocidade do automóvel; contudo, esse exemplo é semelhante à operação de um dispositivo de velocidade constante usado para os geradores CA de uma aeronave. A unidade de velocidade constante pode ser um conjunto independente chamado de **acionamento de velocidade constante (CSD)**. Essas unidades são mais frequentes em aeronaves mais velhas, ou seja, aquelas produzidas antes de 1980. As aeronaves de transporte mais novas combinam o gerador e a unidade de velocidade constante em um só conjunto, chamado de **gerador de acionamento integrado (IDG)**.

As unidades de CSD são fabricadas em muitos estilos diferentes para atender diversas aplicações. O princípio operacional para todos os CSDs é basicamente o mesmo.

O sistema de CSD completo é composto de uma engrenagem diferencial axial (AGD), cuja velocidade de saída relativa à de entrada é controlada por um governador de pesos volantes que controla uma bomba hidráulica de produção variável. A bomba fornece a pressão hidráulica para um motor hidráulico, que varia a razão entre o rpm de entrada e o rpm de saída para a AGD de modo a manter um rpm de saída constante para acionar o gerador e manter a frequência CA de 400 Hz.

A Figura 11-27 mostra um conjunto típico de acionamento de velocidade constante e gerador CA. Nessa visualização, o CSD está no lado esquerdo do conjunto e o gerador está no direito. O gerador é arrefecido por um pulverizador de óleo produzido pela seção do CSD. Quase todos os CSDs são equipados com um adaptador de **ligação/separação rápida** (QAD). Essa unidade

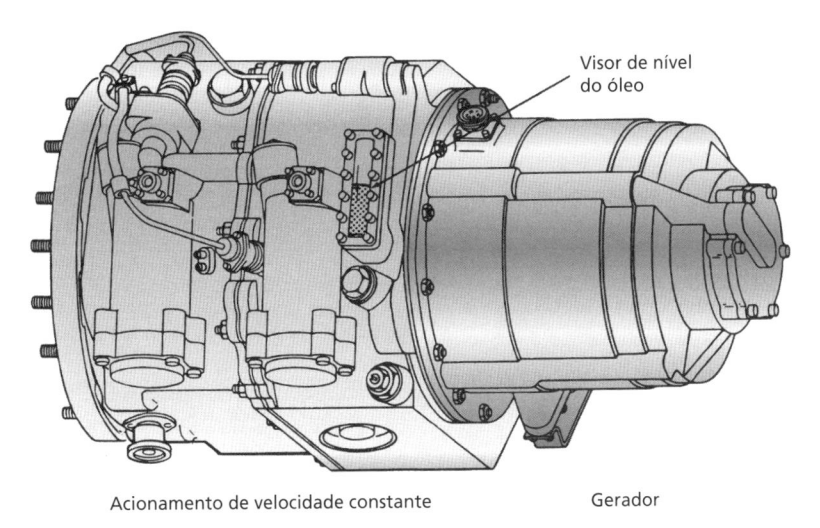

FIGURA 11-27 Conjunto típico de gerador e acionamento de velocidade constante. (*Sundstrand Corporation*.)

permite que o técnico remova e substitua um conjunto de gerador e CSD em uma questão de minutos. O anel QAD é montado no CSD usando diversos parafusos através da flange de montagem. Para remover o gerador da aeronave, basta soltar a QAD usando um prendedor. Essa técnica de montagem permite o conserto em linha rápido da aeronave com um CSD de gerador em pane.

Uma temperatura operacional normal para o óleo de arrefecimento seria de aproximadamente 200°F [93,3°C]. Par manter a capacidade de arrefecimento correta, o nível do óleo deve ser monitorado periodicamente. Um visor como aquele mostrado na Figura 11-27 é usado na maioria dos sistemas de acionamento de velocidade constante para permitir que o técnico verifique rapidamente o nível do óleo. Em caso de perda de óleo durante o voo ou uma condição de sobretemperatura, um indicador de advertência se acende na cabine de comando. Nessa situação, o CSD seria desengatado imediatamente e inspecionado após o pouso.

A maioria das unidades de acionamento constante é equipada com um mecanismo de desconexão gerador-acionamento ativado eletricamente. Esse mecanismo acopla o eixo de entrada do CSD à estria de entrada do CSD. O mecanismo de desconexão do CSD é operado manualmente da cabine de comando da aeronave ou automaticamente por uma unidade de controle do gerador. O mecanismo é ativado em caso de determinadas panes de sistema do gerador.

Gerador de acionamento integrado

O **IDG** é a última palavra em termos de meios de produzir energia elétrica ca. Como ilustrado na Figura 11-28, o IDG contém o gerador e o CSD em uma unidade. Esse conceito ajuda a reduzir o peso e o tamanho do sistema tradicional de duas unidades. O CSD, que contém unidades de compensação hidráulicas e um conjunto diferencial, converte o rpm do motor variável em velocidade de entrada do alternador de 12.000 rpm. Os alternadores mais antigos normalmente rodam a 8.000 a 9.000 rpm. O aumento de 30% na velocidade do alternador, junto com características de arrefecimento melhoradas, permite a redução no tamanho do alternador sem redução na potência de saída.

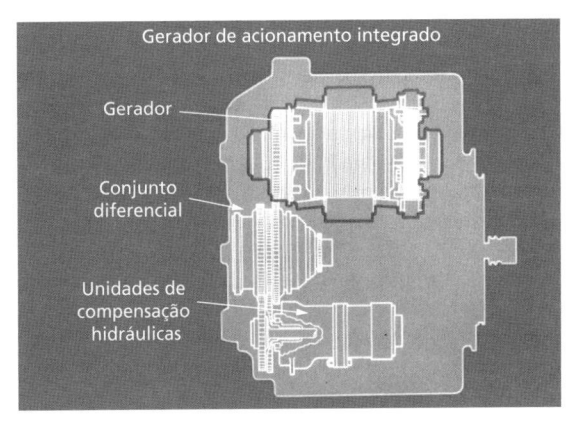

FIGURA 11-28 Um gerador de acionamento integrado. (*Sundstrand Corporation*.)

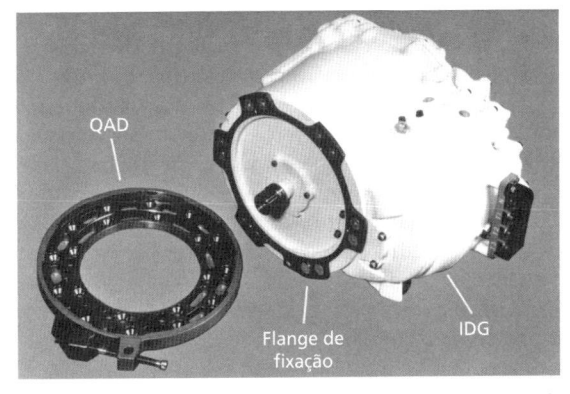

FIGURA 11-29 Um gerador de acionamento integrado (IDG), uma flange de fixação e um anel de ligação/separação rápida (QAD). (*Sundstrand Corporation*.)

O IDG usado em muitas aeronaves Boeing 757 é produzido pela Sundstrand Corporation. Essa unidade é capaz de produzir 90 quilovolt-ampères (kVA) continuamente, 112,5 kVA para uma sobrecarga de 5 minutos e 150 kVA para uma sobrecarga de

Aeronave	Boeing B-727	Airbus A-320	Boeing B-777	Airbus A-380	Boeing B-787
Saída do gerador	40 KVA	90 KVA	120 KVA	150 KVA	250 KVA
Tempo	1965	1980	1995	2007	2011

FIGURA 11-30 Saída de gerador CA por aeronave e ano.

5 segundos. A tensão de saída é de 120 Vca a 400 Hz. A Figura 11-29 mostra esse IDG.

Três subconjuntos elétricos compõem a porção do gerador (alternador) do IDG: o gerador de ímã permanente (PMG), o conjunto de gerador excitador e retificador e o gerador principal. Esse gerador (alternador) opera da mesma maneira que o PMG descrito anteriormente.

Uma tendência no projeto de aeronaves de transporte exige a produção de mais energia elétrica. As aeronaves mais novas costumam ser chamadas de "**o avião mais elétrico**", pois muitos dos sistemas hidráulicos e pneumáticos foram convertidos para operar usando eletricidade. Muitas pessoas considerar o Boeing B-727 como o início da era moderna do transporte aéreo. Essa aeronave empregava geradores CA com saída de 40 kVA (kVa significa quilovolt-ampères e é uma medida da saída de potência semelhante ao watt). Com o desenvolvimento dos sistemas elétricos e das aeronaves, a saída de um gerador CA típico foi aumentando. A Figura 11-30 mostra um cronograma comparando aeronaves e a saída de seus geradores CA sem escovas. Como vemos, os geradores de aeronaves modernas têm saídas de potência muito maiores do que as unidades anteriores. Também é preciso observar que além de usar geradores de alta potência, as aeronaves modernas da categoria de transporte também utilizam mais geradores do que as aeronaves anteriores.

Arrefecimento de geradores

Devido a seu tamanho compacto, a maioria dos geradores precisa de algum meio de arrefecimento durante sua operação. Os geradores mais antigos e/ou menos poderosos normalmente são resfriados por ar de impacto forçado através das unidades. Os sistemas mais novos usam óleo como agente de arrefecimento. O óleo sai do CSD através do gerador e então através do trocador de calor ar/óleo. O ar resfria o óleo, que mais uma vez passa pelo ciclo através do CSD e do gerador. O uso de arrefecimento a óleo permite um rotor de maior velocidade dentro da seção do gerador. Um rotor mais veloz significa um gerador mais leve e mais compacto que consegue produzir a potência exigida por uma aeronave moderna.

Unidades de controle do gerador

Os sistemas de controle de energia elétrica de aeronaves incluem funções como regulação de voltagem, limitação de corrente, proteção para condições de frequência e tensão fora de tolerância e alerta da tripulação. O principal componente usado para realizar essas funções é chamado de **unidade de controle do gerador** (GCU). A Figura 11-31 mostra uma GCU típica. A GCU regula

FIGURA 11-31 Uma unidade de controle do gerador (GCU) típica. (*Sundstrand Corporation*.)

a saída do gerador por meio da detecção da tensão do sistema da aeronave e comparação desta com um sinal de referência. O regulador de tensão envia um fluxo de corrente ajustado para o campo excitado do gerador principal, que por sua vez controla a tensão de saída do gerador principal.

Os circuitos de proteção monitoram diversos parâmetros do sistema elétrico, incluindo condições de sobretensão e sobrecorrente, frequência, sequência de fase e diferenciais de corrente. Se ocorre uma pane, os circuitos de proteção operam os relés elétricos correspondentes para isolar os componentes defeituosos. Em caso de falha de um sistema de gerador, a GCU sente a perda parcial de energia elétrica e automaticamente envia o sinal apropriado para a **unidade de controle da potência do barramento** (**BPCU**). Nesse caso, a BPCU isola automaticamente qualquer gerador em pane e reconecta o barramento da carga com outra fonte de energia. A distribuição e o controle de potência, junto com as unidades de controle da potência do barramento, serão discutidos no Capítulo 12.

A turbina de ar de impacto

Muitas aeronaves de transporte modernas utilizam um sistema de energia de reserva conhecido pelo nome de **turbina de ar de impacto** (**RAT**). Em caso de pane de sistema completa do sistema de geradores, a RAT é acionada para fornecer energia elétrica emergencial. A RAT é uma pequena turbina de vento conectada a uma bomba hidráulica e/ou gerador elétrico. Quando acionada, a RAT gera potência a partir do fluxo de ar ao longo da aeronave enquanto o avião voa. Se as fontes de energia primária e auxiliar estiverem ambas inoperantes, a RAT alimenta os sistemas elétricos críticos e controles de voo.

Em condições normais, a RAT é retraída para dentro da fuselagem (ou asa) e acionada manual ou automaticamente após a perda total de potência. No tempo entre a perda de potência e o acionamento da RAT, as baterias são usadas para fornecer energia elétrica emergencial. Quando acionada, como vemos na Figura 11-32, a RAT gera potência devido à velocidade avante da aeronave; o ar que passa através da hélice da RAT provoca um efeito de moinho de vento na unidade, que por sua vez gira uma bomba hidráulica. A maioria das RATs produz apenas potência hidráulica, usada para alimentar um pequeno gerador elétrico e também sistemas hidráulicos críticos.

Muitos tipos modernos de aviões comerciais são equipados com RATs. O Airbus A-380 tem a maior hélice de RAT do mundo, com diâmetro de 5,3 ft [1,63 m]. Uma RAT grande típica de um avião comercial é capaz de produzir de 5 a 50 kVA, dependendo do gerador e da velocidade da aeronave. Em uma velocidade em relação ao ar baixa, a RAT gera menos potência.

INVERSORES

Um **inversor** é um dispositivo para converter corrente contínua em corrente alternada à frequência e tensão apropriada para um propósito específico. Determinados sistemas e equipamentos nos sistemas elétricos ou eletrônicos das aeronaves precisam de potência CA de 26 V e 400 Hz, enquanto outros precisam de 115 V e 400 Hz. Para fornecer essa potência, muitas vezes é necessário empregar um inversor.

Os inversores normalmente são usados em grandes aeronaves apenas para situações de emergência. Nesse caso, a aeronave emprega geradores (alternadores) acionados pelos motores para fornecer a potência CA necessária durante as condições operacionais normais. Se todos os geradores CA entram em pane, o inversor é usado para converter a potência CC da bateria em potência CA disponível para cargas CA essenciais.

Muitas pequenas aeronaves empregam inversores estáticos durante as condições operacionais normais. Essas aeronaves usam uma quantidade relativamente pequena de corrente alternada e, logo, utilizam alternadores CC acionados por motores como principal fonte de energia elétrica. A maioria das aeronaves produzidas durante a última década emprega um ou mais inversores para a produção de corrente alternada. Elas usam corrente alternada para alimentar diversos componentes, incluindo instrumentos de voo e motor, para-brisas aquecidos e circuitos de iluminação. Em alguns casos, esses componentes somente são viáveis se operador por potência CA; logo, o inversor é essencial. Existem dois tipos básicos de inversores, os rotativos e os estáticos. As aeronaves modernas empregam inversores estáticos devido a sua confiabilidade, eficiência e economia de peso em relação aos inversores rotativos.

Inversores rotativos

Por muitos anos, os inversores eram simplesmente tipos especiais de motores geradores; ou seja, um motor de velocidade constante era empregado para acionar um alternador projetado para produzir um tipo específico de potência.

Um **inversor rotativo** típico é composto de um motor CC que aciona um gerador CA. Os rotores do motor e o alternador são montados sobre o mesmo eixo e giram como se fossem uma só unidade. Normalmente, uma ventoinha de arrefecimento é montada sobre o eixo para fornecer arrefecimento a ar.

Os inversores rotativos utilizam uma tensão de entrada de 26 a 29 Vcc. A saída é de 115 V, monofásica; 115 V, trifásica; e 200 V, trifásica. A frequência é de 400 Hz para todas as fases.

A manutenção dos inversores rotativos é semelhante àquela de motores e geradores. As práticas de manutenção são estabelecidas no manual de manutenção do fabricante.

Devido a seu peso excessivo e altos requisitos de manutenção, os inversores rotativos foram substituídos por inversores estáticos em quase todas as aeronaves. É muito provável que as únicas aeronaves voando atualmente com inversores rotativos sejam antiguidades que desejam manter o equipamento original por motivos históricos.

Inversores estáticos

Um **inversor estático**, ou **inversor**, é um conversor de energia elétrica que transforma corrente contínua em corrente alternada usando circuitos de estado sólido, transformadores, transistores de comutação e circuitos de controle. Os inversores estáticos modernos não têm peças móveis e são utilizados em uma ampla

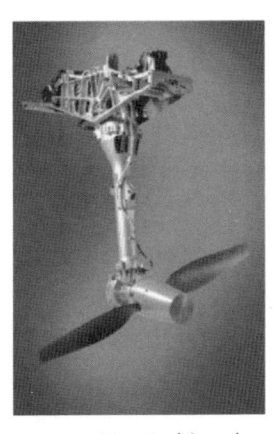

FIGURA 11-32 Turbina de ar de impacto.

variedade de aplicações, desde a comutação de pequenas fontes de energia em computadores a grandes sistemas elétricos; os inversores normalmente são usados para fornecer energia CA de fontes CC, como painéis solares ou baterias. O inversores desempenha a função contrária à do retificador. O inversor elétrico é um oscilador eletrônico de alta potência. (Ele cria um fluxo de corrente "oscilante" a partir de um fluxo de corrente contínuo ou estável.) Devido à miniaturização dos circuitos eletrônicos, hoje é possível construir inversores de baixa potência extremamente pequenos e leves. Os inversores estáticos se tornaram uma maneira comum de fornecer energia a diversas aplicações em todos os tipos de aeronave. Os inversores de alta potência são usados em aeronaves de transporte como fonte reserva de corrente alternada; por exemplo, o Airbus A-380 emprega um inversor de emergência de 2,5 kVA.

Os circuitos internos de um **inversor estático** contêm componentes elétricos e eletrônicos padrões, como um circuito oscilador, transistores, capacitores e transformadores. O inversor usa o circuito oscilador para desenvolver a frequência de 400 Hz para a qual foi projetado. A corrente passa através de um transformador e é filtrada para produzir a forma de onda e a tensão apropriadas. A unidade mostrada na Figura 11-33 utiliza uma tensão de entrada de 18 a 30 Vcc e produz uma saída de corrente alternada de 15 V monofásica com frequência de 400 Hz. A unidade pesa 18,5 lb [8,4 kg].

FIGURA 11-33 Inversor estático. (*Bendix Corporation, Electric and Power Division.*)

Os inversores estáticos são fáceis de remover para serem testados. Se precisam de conserto, eles devem ser enviados a instalações aprovadas, equipadas para realizar o trabalho necessário.

Devido à miniaturização dos componentes eletrônicos, os inversores estáticos se tornaram relativamente leves e pequenos. Isso possibilitou que os pequenos aviões monomotores empregassem um sistema elétrico CA. Um painel eletroluminescente (EL) é um sistema de iluminação de alta eficiência alimentado por uma corrente alternada. O painel é composto de um material fosforescente laminado entre duas camadas de plástico transparente, como mostrado na Figura 11-34. O material fosforescente brilha quando conectado a uma tensão CA. A camada plástica frontal é pintada de preto, exceto onde são colocados estênceis das letras ou número apropriados. Assim, as letras e números permanecem claros para transmitir a luz do material fosforescente brilhante. A Figura 11-35 mostra um inversor estático típico e um painel EL.

SISTEMAS DE ENERGIA DE VELOCIDADE VARIÁVEL E FREQUÊNCIA CONSTANTE

Na tentativa de simplificar e melhorar a produção de potência CA para aeronaves e eliminar a necessidade de acionamentos de velocidade constante hidromecânicos, foram desenvolvidos diversos sistemas para produzir energia elétrica trifásica de 400 Hz usando circuitos eletrônicos. Isso é possível graças aos avanços significativos na tecnologia de estado sólido nos últimos anos.

Os **geradores de velocidade variável e frequência constante** costumam ser chamados de sistemas de **VSCF** (*variable-speed constant-frequency*). Basicamente, os sistemas empregam um gerador acionado a uma velocidade variável, produzindo, assim, uma saída de frequência variável. A velocidade rotacional do gerador é uma função direta do rpm do motor. Não é necessário usar um mecanismo de acionamento de velocidade constante (CSD) para sistemas de VSCF. A eliminação do CSD mecânico melhora a confiabilidade dos sistemas e flexibiliza a instalação do gerador. A corrente de saída de frequência variável do gerador é convertida em uma corrente alternada de 400 Hz

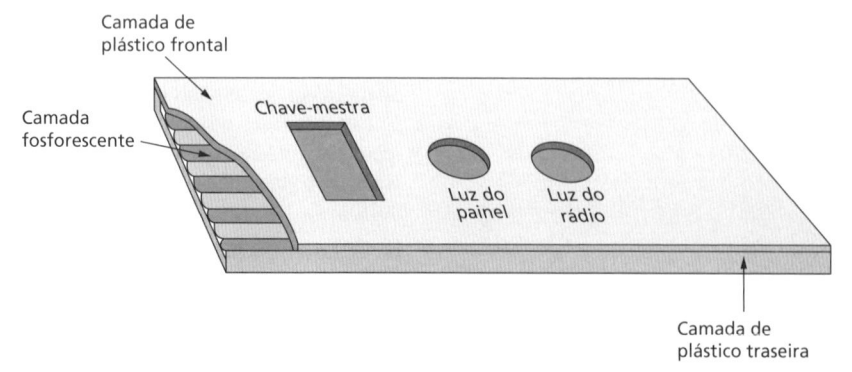

FIGURA 11-34 Painel eletroluminescente.

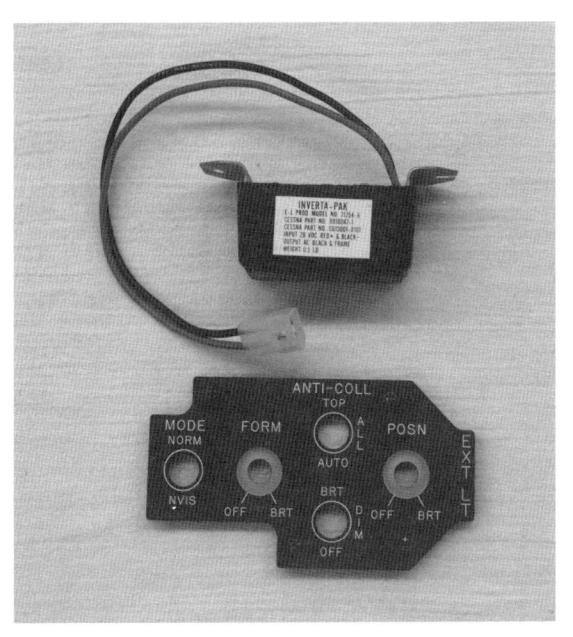

FIGURA 11-35 Painel eletroluminescente e inversor estático associado.

FIGURA 11-36 Transistor de potência de 600 A. (*Westinghouse Electric Corporation.*)

de frequência constante por meio de circuitos de estado sólido. Isso torna a energia elétrica apropriada para uso em aeronaves. Várias aeronaves modernas usam sistemas de VSCF atualmente como fontes de energia ca primárias e secundárias. Os sistemas de VSCF são usados em praticamente todas as aeronaves de transporte projetadas nos últimos 20 anos e em muitas aeronaves corporativas e de voos regionais.

Utilizando componentes eletrônicos de última geração, os sistemas de VSCF aumentam a confiabilidade em relação às unidades mecânico-hidráulicas do acionamento de velocidade constante. O sistema de VSCF produzido pela Sundstrand Corporation contém apenas duas peças móveis, a bomba de óleo e o rotor gerador. Não há outras peças que possam se desgastar ou precisar de recondicionamento periódico. Um avanço importante no projeto de componentes para os sistemas de VSCF foi o desenvolvimento do transistor de potência de 600 A mostrado na Figura 11-36. O transistor possibilitou a criação de sistemas de VSCF capazes de produzir 110 kVA.

Os sistemas de VSCF também oferecem maior flexibilidade do que a configuração de CSD e gerador típica. O gerador ainda deve ser montado no mecanismo de acionamento do motor, mas agora as unidades de controle do sistema de VSCF podem ser montadas praticamente em qualquer ponto da aeronave. Assim, a eliminação do CSD permite a criação de uma nacele do motor mais compacta. A Figura 11-37 mostra uma unidade integrada típica, a Figura 11-38 mostra os principais subconjuntos, a Figura 11-39 mostra o conjunto do inversor de alta potência e a Figura 11-40 mostra a visão inferior do inversor e o polo de potência modular. Como vemos na figura, os transistores de potência de 600 A são montados em uma pilha e, nesse caso, são capazes de produzir 60 kVA.

A Figura 11-41 é um diagrama em blocos que mostra os principais elementos de um sistema de VSCF em uma ae-

FIGURA 11-37 Sistema de VSCF integrado. (*Westinghouse Electric Corporation.*)

ronave Boeing 737. O gerador CA sem escovas é semelhante àqueles descritos anteriormente; contudo, como ele é acionado diretamente pelo motor, sua velocidade rotacional e frequência de saída variam com a velocidade do motor. A energia trifásica variável é transmitida para o retificador de onda completa dentro do conversor VSCF, onde é transformada em corrente contínua e filtrada. Essa corrente contínua alimenta o circuito inversor, onde é formada em saídas de onda quadrada que são separadas e somadas para produzir a corrente alternada trifásica de 400 Hz. As funções do conversor de VSCF são semelhantes àquelas de um inversor estático típico. A unidade de controle do conversor gerador (GCCU) permite controle e proteção de VSCF por meio do uso de um regulador de tensão e circuitos de teste integrados.

FIGURA 11-38 Os principais subconjuntos de um sistema de VSCF. (*Westinghouse Electric Corporation.*)

FIGURA 11-39 O conjunto do inversor de potência de um sistema de VSCF. (*Westinghouse Electric Corporation.*)

FIGURA 11-40 O conjunto do polo de potência principal de um inversor de VSCF. (*Westinghouse Electric Corporation.*)

Os componentes de VSCF do B-737 são arrefecidos por meio de pulverização de óleo para o gerador, pulverização de óleo e ar forçado para o conjunto do conversor e arrefecimento por convecção para a GCCU. Esse sistema produz energia CA trifásica de 400 Hz e 115/200 V e é capaz de produzir 60 kVA contínuos ou 80 kVA por 5 s. A velocidade de entrada varia de 4.630 a 8.600 rpm. O fator de potência limita a faixa de um atraso de 0,75 a um avanço de 0,95. O gerador, conversor e GCCU juntos pesam apenas 145 lb [65,8 kg].

A manutenibilidade do sistema de VSCF é melhorada com o uso do sistema anunciador de panes da aeronave e equipamentos de teste integrados localizados diretamente no conjunto conversor. O recurso de teste integrado (BIT, *built-in test*) é projetado para operar em dois níveis. Os técnicos de linha de voo usam o primeiro nível de teste ativando uma chave na unidade. Adjacente à chave ficam duas luzes, marcadas "pane de VSCF detectado" e "Fase aberta na aeronave". Esse teste informa o técnico se a pane ocorreu nos componentes de VSCF ou na fiação da aeronave. O segundo nível de teste é utilizado pelos técnicos para consertar o sistema de VSCF depois que este foi removido da aeronave.

Atualmente, os sistemas de VSCF estão em uso limitado; se as projeções de confiabilidade e custos operacionais estiverem corretas, no entanto, os sistemas de VSCF serão a próxima geração dos sistemas de fornecimento de energia elétrica nas aeronaves modernas.

Geradores de frequência variável

Os mais novos geradores de aeronaves de transporte são projetados para produzir uma corrente alternada de frequência variável; essas unidades são chamadas de **geradores de frequência variável (VFG)**. Como os motores de turbina operam a um rmp relativamente constante, qualquer gerador conectado a esse motor também vai girar a um rpm relativamente constante. Isso permite que os engenheiros produzam um gerador CA acionado diretamente pelo motor de turbina. A frequência de

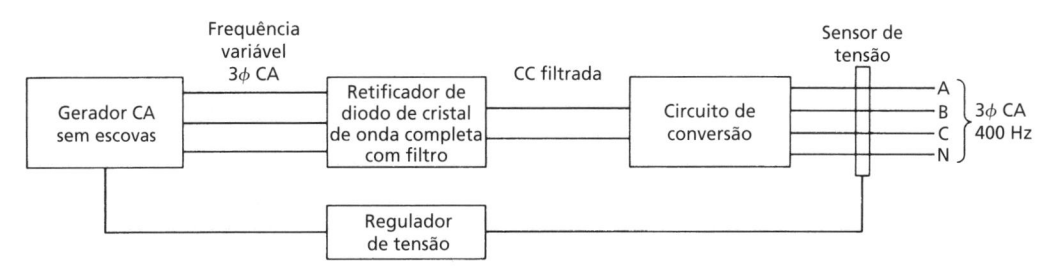

FIGURA 11-41 Diagrama em blocos de um sistema de energia de velocidade variável e frequência constante.

saída desses geradores normalmente varia entre cerca de 350 a 800 Hz. Obviamente, as cargas elétricas conectadas a essa corrente alternada de frequência variável devem ser projetadas para operar em uma frequência variável; ou a frequência variável pode ser transformada em uma frequência constante usando circuitos eletrônicos.

Três aeronaves comerciais lançadas recentemente empregam VFGs como unidades de energia de emergência ou principais. O Boeing 777 usa a RAT para energia elétrica ca de reserva para emergências. Essa unidade produz 115 Vca a uma frequência variável de 392 a 510 Hz. A frequência é uma função da velocidade da RAT. A potência de saída total dessa unidade é 7,5 kVA, muito menor do que o máximo de 120 kVA dos geradores dos motores principais. É preciso observar que a faixa de frequência desse gerador de emergência só muda aproximadamente 25%; essa variância ainda permite que todos os sistemas ca críticos operem em caso de emergência. A frequência operacional padrão do equipamento CA do B-777 é 400 Hz. Tanto o Airbus A-380 quanto o Boeing B-787 usam VFGs como fonte de energia primária. O A-380 tem quatro geradores principais capaz de produzir 115 Vca com faixa de frequência de 370 a 770 Hz e potência máxima de 150 kVA. Os dois geradores de APU dessa aeronave usam geradores de VSCF com saída de 120 kVA, 115 Vca a uma frequência constante de 400 Hz.

O Boeing 787 é, de longe, o avião "mais elétrico" voando na atualidade. A aeronave emprega quatro motores de partida principais e dois motores de partida APU; combinadas, essas seis unidades produzem uma potência total de 1,45 MW. Os **motores de partida (SG)** usados no B-787 são unidades de aplicações múltiplas usadas para a partida do motor e também para a geração de corrente alternada. Esses SGs são semelhantes àqueles discutidos no capítulo anterior; contudo, essas unidades são muito maiores e mais poderosas e produzem CA, não CC. No modo de geração, os quatro SGs dos motores principais do B-787 produzem uma potência máxima de 250 kVa, 235 Vca a uma frequência variável de 360 a 800 Hz. Quando analisamos as tendências no projeto de aeronaves, fica evidente que os sistemas de frequência variável e o uso de mais energia elétrica serão fatores cruciais para a próxima geração de aeronaves.

QUESTÕES DE REVISÃO

1. Descreva a operação de um alternador CC de aeronave típico.
2. Qual é a diferença entre o rotor e o estator em um alternador CC?
3. Explique o circuito de controle de tensão de um alternador CC típico.
4. Qual é o propósito dos anéis deslizantes usados em um alternador CC?
5. O que é uma armadura trifásica?
6. Compare um enrolamento em delta com um em Y.
7. Em um sistema trifásico, quantos graus separam as fases?
8. Quantos diodos são usados em um retificador de onda completa trifásico?
9. Descreva um alternador trifásico para uma pequena aeronave.
10. Como são acionados os alternadores de pequenas aeronaves?
11. Descreva os testes que podem ser realizados em um pequeno alternador para determinar se sua operação será satisfatória.
12. Qual é a vantagem de utilizar um ACU de estado sólido?
13. Quais os pontos principais que descrevem a operação de um ACU de estado sólido?
14. Como a tensão é ajustada quando um regulador de tensão transistorizado é utilizado?
15. Por que não é necessário incluir um relé de corte de corrente reversa em um sistema que utiliza um alternador?
16. Qual é a função do diodo zener em um circuito de controle de tensão transistorizado?
17. Descreva a função da chave-mestra do alternador.
18. Descreva as diferenças entre os alternadores aeronáuticos e automotivos.
19. Descreva a teoria de operação do alternador sem escovas de uma aeronave de transporte.
20. Explique como a excitação do campo ocorre em um gerador sem escovas.
21. O que significa o termo PMG?
22. Qual fator deve ser controlado quando os geradores CA são operados em paralelo?
23. O que é um gerador de acionamento integrado?
24. Qual é a forma mais comum de arrefecimento de grandes alternadores CA?
25. O que significa *kVA*?
26. Qual é o propósito da GCU?
27. Explique o uso de um alternador acionado por APU.

28. Descreva o produto de um gerador CA de frequência variável.
29. O que é uma *turbina de ar de impacto* (RAT) e em que tipo de aeronave ela é utilizada?
30. Qual aeronave da categoria de transporte utiliza um motor de partida?
31. Como é possível manter um alternador em velocidade constante quando o motor pelo qual é acionado muda suas rpm?
32. Explique brevemente a operação de um CSD.
33. Como um CSD detecta a perda de óleo ou uma condição de sobretemperatura?
34. Como um técnico poderia determinar se um IDG tem o nível de óleo correto?
35. Explique os princípios básicos de um sistema de energia elétrica de velocidade variável e frequência constante.
36. Qual é a vantagem de um sistema de VSCF?
37. Explique o propósito de um inversor.
38. Qual é a vantagem de um inversor estático?
39. Descreva o princípio de um inversor estático.

FIGURA 3-18 Uma bateria de chumbo-ácido de 24 V para aeronaves com uma caixa de bateria independente.

(a)

(b)

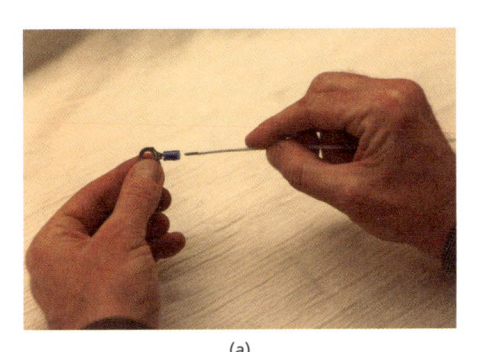

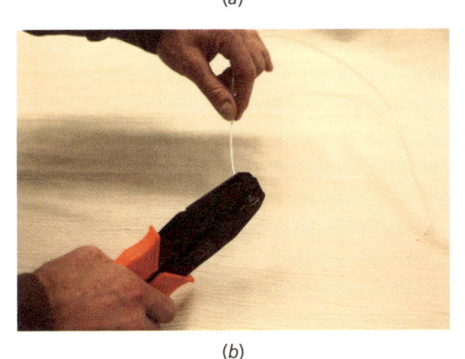

FIGURA 4-24 Uma instalação crimpada típica: (*a*) passo um, prepare o fio para a instalação; (*b*) passo dois, comprima o anel do terminal usando a ferramenta; (*c*) passo três, inspecione o terminal instalado.

FIGURA 4-31 Conectores comuns usados em aeronaves.

(a)

(e)

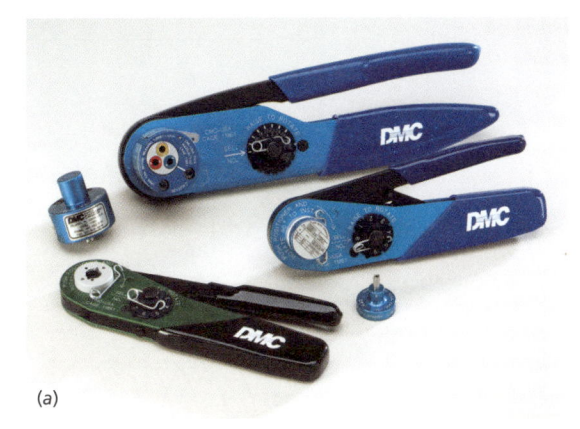

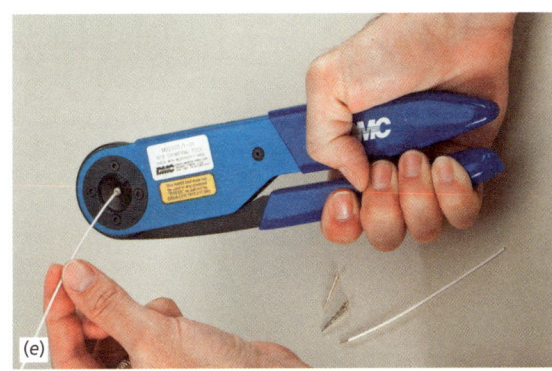

FIGURA 4-34 Passos comuns utilizados durante o processo de crimpagem. (*a*) Selecione a ferramenta de crimpagem correta e adaptadores para o fio e o pino a serem crimpados. (*e*) Comprima completamente a alavanca até que ela automaticamente libere o grampo. (*Daniels Manufacturing Corporation.*)

Chave de botão de pressionamento

Chaves de alavanca

Chave basculante

Chaves de fim de curso

FIGURA 6-3 Tipos de chave comuns.

FIGURA 6-85 Um painel de instrumentos moderno substitui os instrumentos convencionais com múltiplos painéis de tela plana.

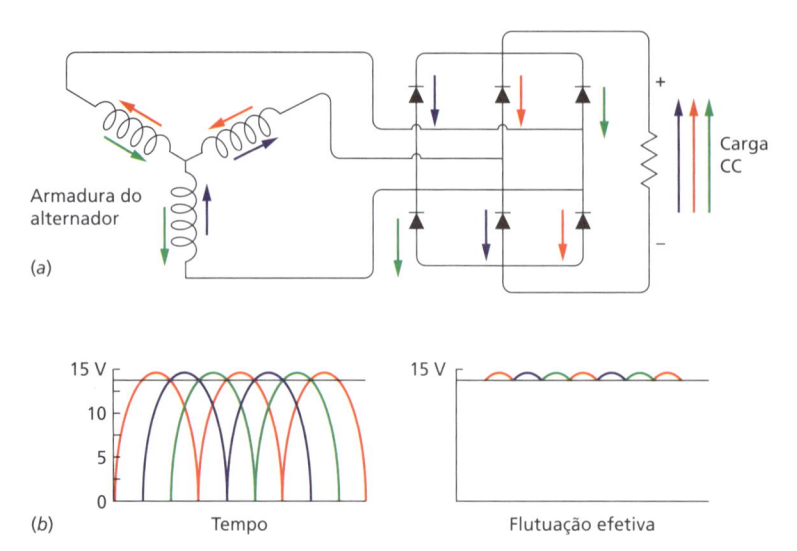

FIGURA 11-6 Retificação de uma corrente trifásica.

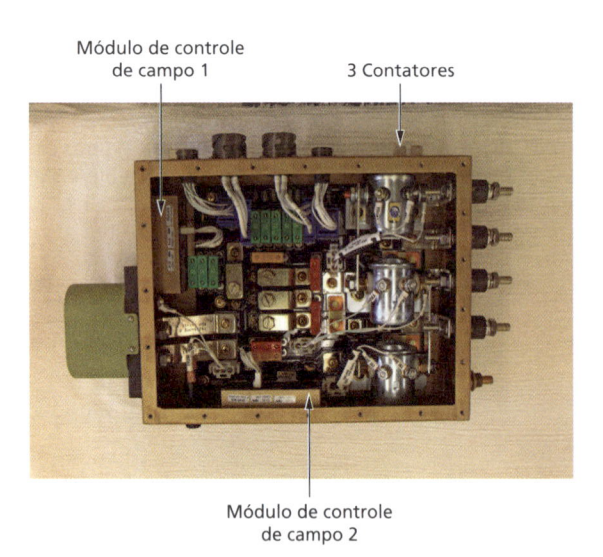

FIGURA 11-21 Unidade de controle mestre (MCU) de uma aeronave Cirrus.

FIGURA 12-7 Painel de instrumentos do Cirrus SR20.

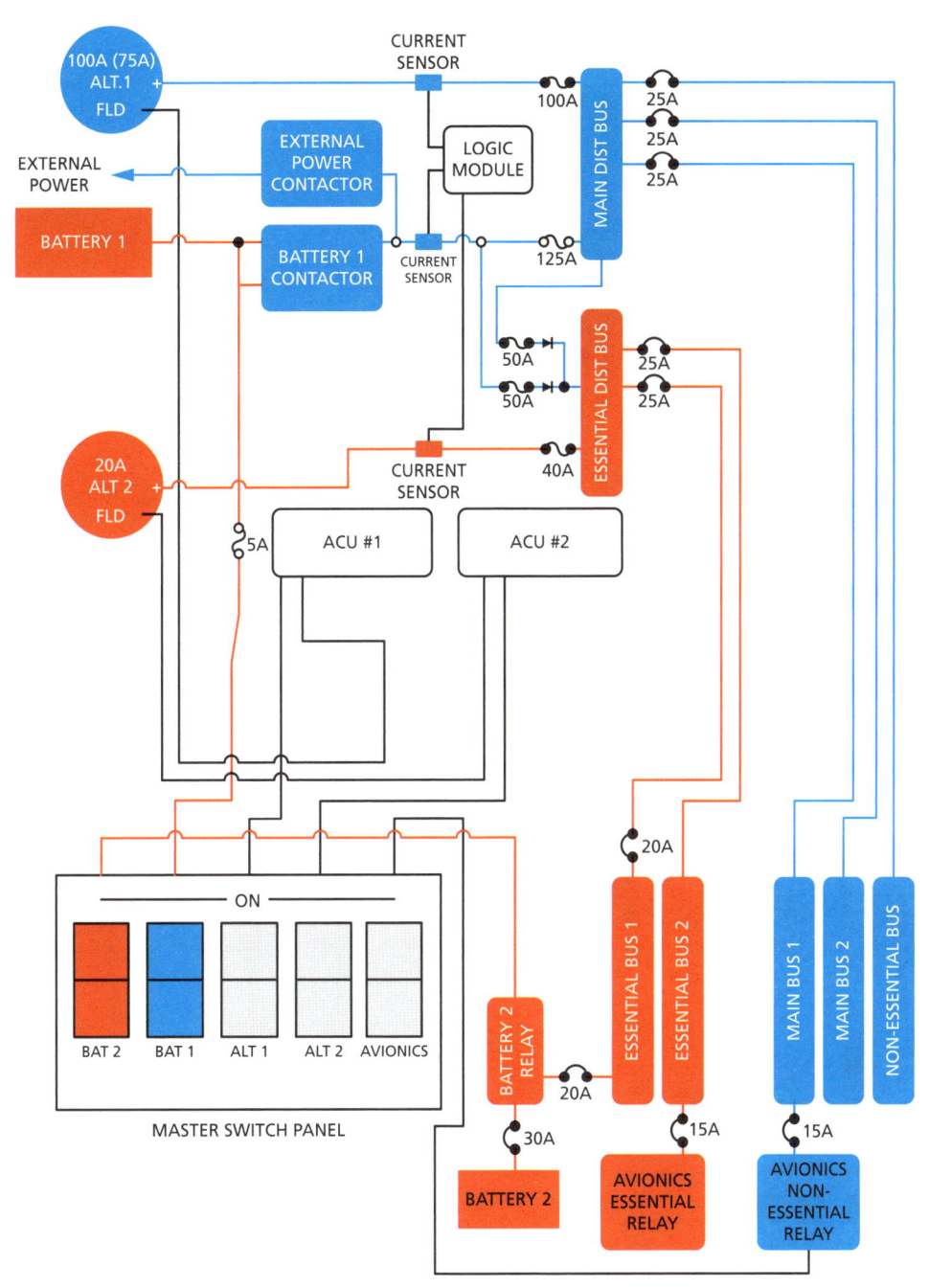

FIGURA 12-8 Sistema de distribuição de potência do Cirrus SR20.

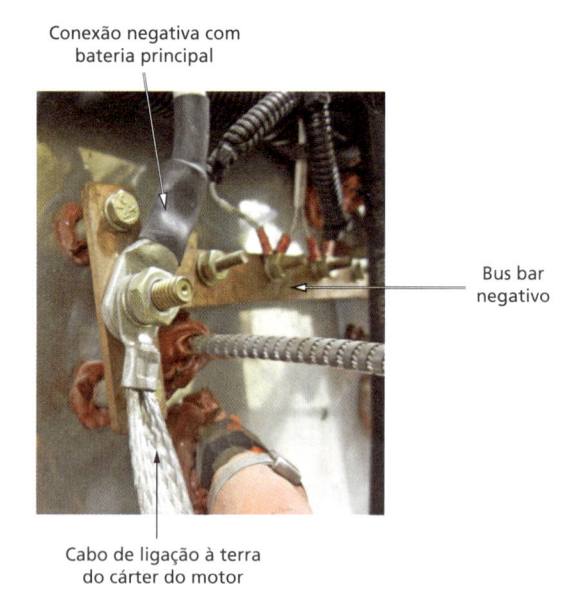

FIGURA 12-15 Ponto de distribuição de massa típico (tensão negativa) em uma aeronave composta.

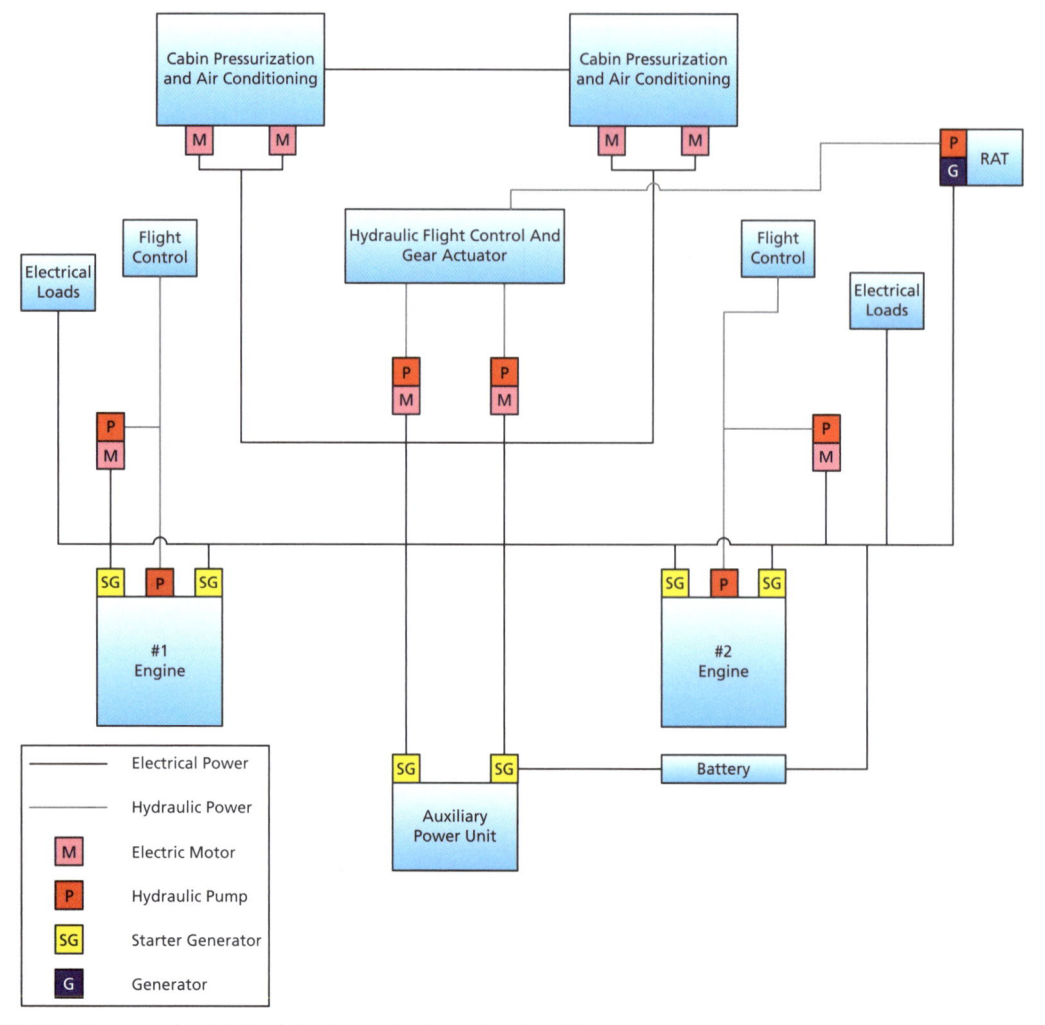

FIGURA 12-28 Sistema de distribuição de potência do Boeing 787.

FIGURA 13-1 Baia de equipamentos dianteira no nariz de uma pequena aeronave a jato.

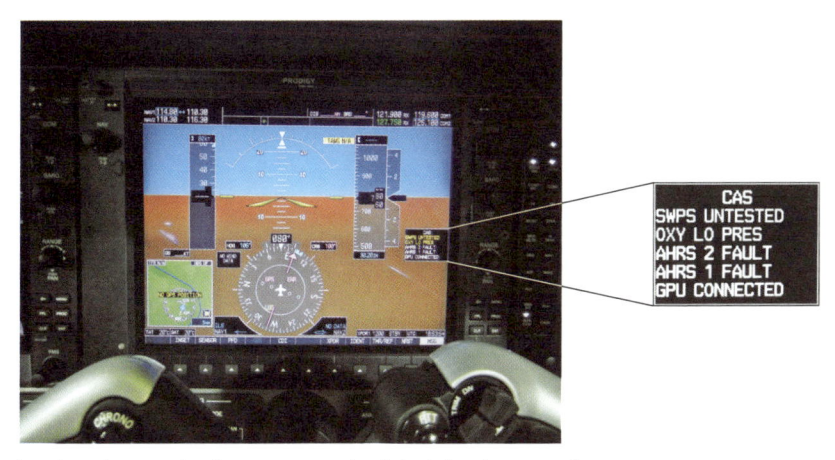

FIGURA 13-10 Dados de aviso mostrados em um painel de tela plana moderno.

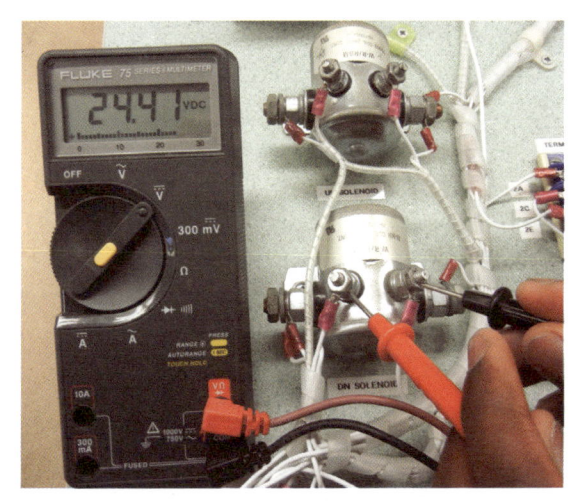

FIGURA 13-32 Multímetro digital conectado aos terminais de um circuito de solenoide para medir tensão.

FIGURA 14-49 Rádio aeronáutico digital moderno: (**a**) circuitos internos mostrando circuitos integrados de superfície; (*b*) painel digital.

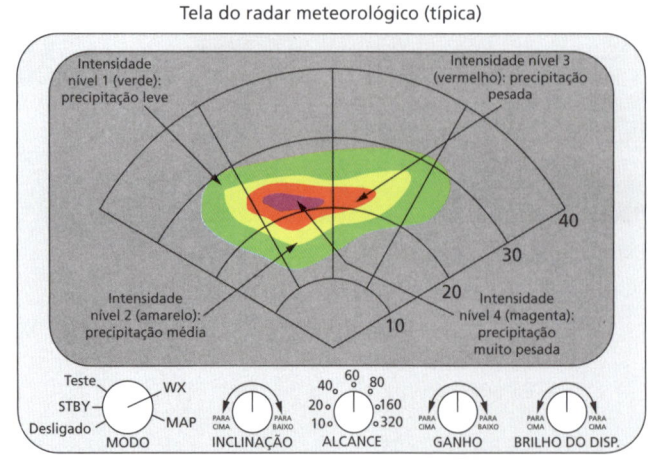

FIGURA 16-9 Tela de radar colorido típica. As marcas de alcance geralmente são brancas ou azuis. Atividade de tempestade nível 1 (chuva leve), verde; Atividade de tempestade nível 2 (chuva moderada), amarelo; Atividade de tempestade nível 3 (chuva pesada), vermelho; turbulência (atividade de tempestade extrema), magenta.

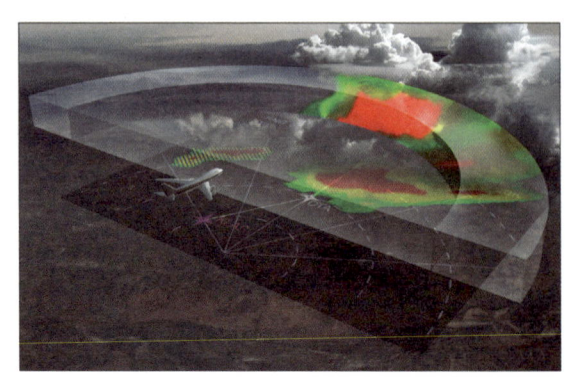

FIGURA 16-20 Radar meteorológico 3-D de aeronaves. (*Honeywell*.)

FIGURA 16-21 O sistema de radar tridimensional IntuVue RDT-4000 para um Boeing 737. (*Honeywell.*)

FIGURA 17-28 O display multifuncional portátil AV80R, projetado para pequenas aeronaves. (*Bendix King, da Honeywell.*)

FIGURA 17-32 Cabine de comando do Airbus A-380. (*Airbus S.A.S.*)

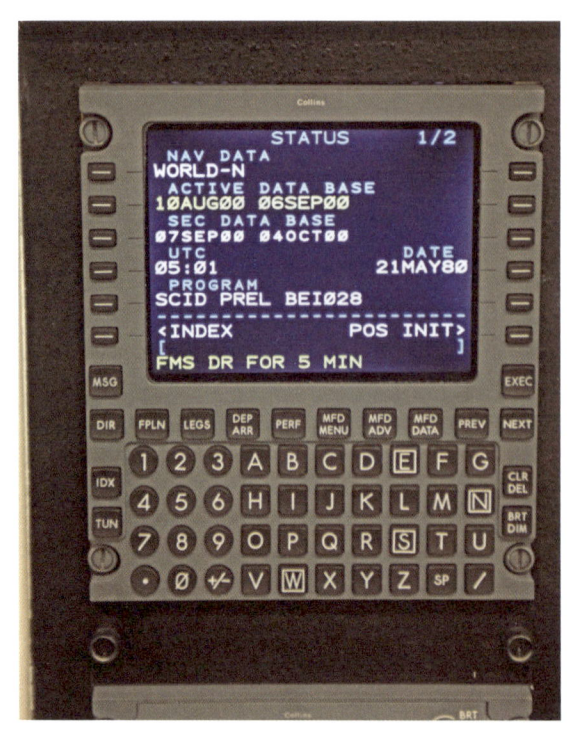

FIGURA 17-47 Painel de controle e indicação (CDU).

CAPÍTULO 12
Sistemas de distribuição de potencial

As aeronaves modernas exigem uma fonte consistente e confiável de energia elétrica. Quatro fontes comuns de energia elétrica são utilizadas durante as operações normais de uma aeronave: alternadores CC, geradores CC, alternadores (geradores) CA e o acumulador da aeronave. Como discutido no Capítulo 11, a bateria da aeronave normalmente é utilizada para operações de emergência e sobrecargas intermitentes do sistema. Os alternadores CC normalmente são usados em aeronaves com motores de pistões. Os motores de partida CC são usados em aeronaves com turbinas de médio porte. Os alternadores CA são usados em aeronaves de transporte e alguns jatos executivos maiores. Alguma forma de sistema de distribuição elétrica precisa ser usado em toda aeronave que contém um sistema elétrico. Um sistema de distribuição de potência simples é composto de um condutor de cobre básico, chamado de **bus bar** ou **barramento**. Esse tipo de sistema é usado em praticamente todas as aeronaves monomotores. O barramento é um condutor projetado para conduzir toda a carga elétrica e distribuí-la para os usuários de energia individuais. Cada usuário de energia elétrica é conectado ao barramento através de um fusível ou disjuntor.

Em quase todas as aeronaves, a bus bar é conectada ao terminal de saída positivo do gerador e/ou bateria. A tensão negativa é distribuída através da estrutura de metal da aeronave. A célula de metal (lado negativo da tensão) é chamada de **massa** ou **terra**; assim, esse tipo de distribuição também é chamado de **sistema de massa negativa**. Em todas as aeronaves de massa negativa, a tensão positiva é distribuída para os equipamentos elétricos através de um fio isolado e a tensão negativa é conectada através da célula. Como apenas um fio (e a massa) é necessário para operar os equipamentos elétricos, este é chamado de **sistema de fio único**. Os sistemas de fio único somente são possíveis quando a célula é feita de um material condutor, como o alumínio. Em aeronaves compostas, é preciso usar algum tipo de condutor de massa (negativo). Em alguns casos, dois fios (um positivo, um negativo) são distribuídos através da aeronave para cada usuário de potência; em outros, um plano de massa é adicionado à estrutura da aeronave. Nesse caso, a aeronave composta transmite a tensão negativa para todas as cargas de forma semelhante ao que ocorreria em uma aeronave de alumínio. A distribuição de potência em aeronaves compostas será discutida neste capítulo.

Aeronaves maiores e mais complexas normalmente contêm várias bus bars ou centros de distribuição de potência. Cada barramento tem a tarefa específica de distribuir energia elétrica para um determinado grupo de cargas elétricas. Os centros de distribuição normalmente são categorizados como CA e CC, esquerda e direita e essencial e não essencial. Em aeronaves multimotores, cada alternador acionado por motor normalmente emprega seu próprio barramento de distribuição. Esses barramentos de geradores são então conectados a suas respectivas cargas por barramentos de distribuição e ligações de barramento associadas.

Como foi descrito anteriormente, os alternadores ou geradores são usados em praticamente todas as aeronaves para produzir energia elétrica. Como a operação de ambas as unidades é semelhante, os termos *alternador* e *gerador* são usados de forma intercambiável em toda a indústria aeronáutica. Apesar de haver diferenças óbvias entre os alternadores e os geradores, neste capítulo o leitor deve tratar os termos como sinônimos.

REQUISITOS PARA SISTEMAS DE DISTRIBUIÇÃO DE POTÊNCIA

Requisitos gerais

Os requisitos gerais para os sistemas de distribuição de potência em aeronaves normais, utilitárias e acrobáticas são estabelecidas na **FAR Part 23**. A **FAR Part 25** estabelece os requisitos para aeronaves de transporte. Os detalhes específicos do projeto de qualquer aeronave são resultado do consenso entre o fabricante e a FAA antes da certificação da aeronave. As regulamentações federais de aviação nos EUA (FARs) determinam apenas diretrizes básicas para orientar a certificação da aeronave.

O sistema de energia elétrica é um dos mais críticos das aeronaves modernas. Uma pane total no sistema elétrico seria catastrófica. As diretrizes a seguir, relacionadas aos sistemas de energia elétrica, foram elaboradas para prevenir panes desse tipo.

As fontes de energia elétrica devem funcionar corretamente quando conectadas em combinação ou de forma independente, exceto que os alternadores podem depender de uma bateria para a excitação inicial ou para a estabilização Nenhuma pane ou mau funcionamento de qualquer fonte de energia elétrica pode prejudicar a capacidade das fontes remanescentes de alimentar os circuitos de carga essenciais para a operação segura da aeronave, exceto na medida em que um alternador que depende de uma bateria para excitação inicial ou para estabilização possa ser interrompido pela pane de tal bateria.

Os controles de fontes de energia elétrica devem considerar a operação de cada fonte de forma independente. Contudo, os controles associados com alternadores que dependem da bateria para a excitação inicial não precisam considerar a operação independente entre o alternador e sua bateria. Um projeto desse tipo possibilita a desconexão de um alternador em um sistema de múltiplos alternadores (paralelo) sem afetar a operação dos outros alternadores no sistema. Obviamente, com um alternador ou gerador desconectado, haverá um aumento subsequente na carga dos geradores ativos.

É preciso haver pelo menos um gerador em um sistema elétrico caso este alimente circuitos que são essenciais para a operação segura da aeronave. Cada gerador deve ser capaz de fornecer sua potência nominal contínua. Se o projeto do gerador e seus circuitos associados são tais que uma corrente reversa fluiria da bateria para o gerador, um relé de corte de corrente reversa deve ser colocado no circuito para desconectar o gerador dos outros geradores e da bateria quando houver uma corrente reversa suficiente para danificar o sistema. Os sistemas de alternadores não precisam do relé de corte de corrente de reversa, pois os retificadores de diodo nos alternadores impedem o fluxo de corrente reversa.

O equipamento de controle de tensão do gerador deve ser capaz de regular a saída do gerador dentro dos limites nominais de forma contínua e confiável. Cada gerador ou alternador deve ter um controle de sobretensão projetado e instalado de modo a prevenir danos ao sistema elétrico, ou equipamentos alimentados pelo sistema, que poderiam ocorrer caso o gerador desenvolvesse uma condição de sobretensão. É preciso haver uma maneira de alertar a tripulação imediatamente caso qualquer gerador do sistema sofra uma pane.

É preciso haver uma maneira de indicar aos membros apropriados da tripulação as quantidades elétricas no sistema essenciais para a operação segura da aeronave. Em geral, um ou mais amperímetros e/ou voltímetros são necessários. Em aeronaves bimotores, muitas vezes é utilizado um amperímetro com a capacidade de alternar entre o monitoramento da saída de corrente do gerador ou a corrente da bateria. Como discutido anteriormente, qualquer amperímetro que meça a corrente da bateria deve ser capaz de leituras de corrente positiva e negativa, pois a bateria pode fornecer ou receber corrente. Os amperímetros usados para medir a saída do gerador precisam apenas indicar os valores de corrente positivos; a corrente flui do gerador para o barramento da aeronave. Em muitas aeronaves mais novas, os amperímetros e voltímetros se tornaram parte de um display integrado. Nesse caso, o monitoramento do alternador normalmente é apresentado em um display de tela plana.

Se foram feitos preparativos para conectar uma fonte de energia externa à aeronave e tal fonte pode ser conectada eletricamente a equipamentos que não aqueles usados para a partida do motor, é preciso prover um meio de garantir que nenhuma fonte de energia externa com uma polaridade reversa ou sequência de fase invertida poderá fornecer energia ao sistema elétrico da aeronave. Esse requisito geralmente é atendido com o uso de um plugue com contatos de tamanhos diferentes, pois assim é impossível que ele seja inserido incorretamente.

Em muitas aeronaves, um diodo é usado para impedir que qualquer corrente de polaridade reversa entre na tomada externa. O diodo é colocado em série com o circuito que controla o contator de potência externo (solenoide). Se o sistema de energia externo fornece uma corrente de polaridade incorreta, o diodo fica com polarização reversa e o contator não se fecha. Isso ocorre porque um diodo com polarização reversa atua como uma chave aberta; um abertura no circuito contator impede que o contator se feche. Logo, qualquer energia externa com polaridade reversa fornecida à tomada nunca será conectada com o sistema de distribuição de potência.

As fontes de energia e o sistema elétrico devem ser capazes de fornecer as seguintes cargas em combinações operacionais prováveis e por durações prováveis:

1. Cargas conectadas ao sistema com o sistema funcionando normalmente
2. Cargas essenciais, após a pane de qualquer força motriz principal, conversor de potência ou dispositivo acumulador de energia (bateria)
3. Cargas essenciais após a pane de qualquer motor em uma aeronave bimotor
4. Cargas essenciais após a falha de quaisquer dois motores em aeronave com três motores ou mais
5. Cargas essenciais para as quais uma fonte de energia alternativa é necessária, após qualquer pane ou mau funcionamento em qualquer sistema de fonte de energia, sistema de distribuição ou outro sistema de utilização

Requisitos adicionais para sistemas elétricos das aeronaves da categoria de transporte especificam que a capacidade geradora para o sistema e o número e tipos de fontes de energia devem ser determinados por uma **análise de carga** elétrica complexa. O sistema gerador inclui fontes de energia elétrica, barramentos de potência principais, cabos de transmissão e controles associados, regulação e dispositivos protetores. O sistema deve ser projetado para que as fontes de energia funcionem corretamente quando independentes e quando conectadas em combinação com outras fontes. Nenhuma pane ou mau funcionamento de qualquer fonte pode criar um risco ou prejudicar a capacidade das fontes remanescentes de alimentar cargas essenciais. O sistema deve ser projetado de forma que a tensão e a frequência do sistema, quando aplicável, nos terminais de todos os equipamentos de cargas essenciais possam ser mantidas dentro dos limites para os quais os equipamentos foram projetados, durante qualquer condição operacional provável. Transientes do sistema (variações em tensão e frequência) devidos a comutação, religamento ou outras causas não podem deixar as cargas essenciais inoperantes e não devem criar fumaça ou risco de incêndio.

É preciso haver um meio acessível durante o voo para que os tripulantes autorizados realizem a desconexão individual e coletiva das fontes de energia elétrica do sistema. O sistema deve incluir instrumentos como voltímetros, amperímetros e frequencímetros para indicar aos tripulantes que o sistema gerador está fornecendo as funções elétricas essenciais para a sua operação segura.

Capítulo 12 Sistemas de distribuição de potencial **279**

É preciso usar análises, testes ou ambos para mostrar que a aeronave pode ser operada com segurança em condições de **VFR (regras de voo visual)** por um período de não menos de 5 minutos com as fontes de energia elétrica normais, excluindo a bateria, inoperantes. A maioria das aeronaves comerciais excede de longe o mínimo de 5 minutos. Por exemplo, um Boeing 737 com uma bateria totalmente carregada pode operar todos os sistemas elétricos essenciais por cerca de 30 minutos sem usar energia suplementar de nenhum gerador.

A necessidade de dispositivos de proteção

Os curtos-circuitos em sistemas elétricos representam um risco grave de incêndio e também podem destruir a fiação elétrica e danificar equipamentos elétricos. É por isso que sistemas e dispositivos de proteção adequados devem estar presentes, como fusíveis, disjuntores e relés de corte.

No sistema gerador, os dispositivos de proteção devem ser de um tipo que desenergiza fontes de energia e equipamentos de transmissão em pane e os desconectam de seus barramentos associados com rapidez suficiente para proteger contra condições perigosas de sobretensão, sobrecorrente e outros maus funcionamentos.

Todos os dispositivos de proteção de circuito rearmáveis devem ser projetados para que quando ocorra uma sobrecarga ou pane do circuito, eles abram o circuito independentemente da posição do controle operacional. Isso significa, é claro, que um dispositivo de proteção de circuito não deve ser do tipo que pode ser neutralizado manualmente. Diz-se que esse tipo de disjuntor tem **abertura livre**. A Figura 12-1 mostra vários disjuntores de aeronave comuns. Os dispositivos de proteção devem ser identificados claramente e acessíveis para rearmação durante o voo caso estejam em um circuito essencial. Um disjuntor somente pode ser rearmado após a correção da pane.

Quando fusíveis são usados no sistema elétrico de uma aeronave, é preciso haver fusíveis reservas para uso durante o voo em quantidade igual a pelo menos 50% do número de fusíveis de cada classificação necessário para a proteção total do circuito. Se apenas um fusível de uma determinada classificação é utilizado em um sistema da aeronave, é preciso haver uma peça sobressalente dessa classificação.

Os dispositivos protetores não são necessários nos circuitos principais de motores de partida ou em circuitos nos quais não há nenhum perigo em sua omissão. Cada circuito para **cargas essenciais** deve ter proteção individual; contudo, a proteção individual para cada circuito em um sistema de carga essencial não é obrigatória. A Figura 12-2 mostra o painel de disjuntores de uma pequena aeronave bimotor típica; os disjuntores estão localizados na aprte inferior direita do painel de instrumentos, diretamente em frente ao copiloto.

FIGURA 12-2 Painel de disjuntores, aeronave Piper bimotor.

Todos os fusíveis, disjuntores, chaves e outros controles elétricos em um avião devem estar claramente identificados para que o piloto ou algum outros tripulante possa realizar rápida e facilmente, durante o voo, qualquer manutenção necessária na unidade. É preciso haver uma **chave-mestra** que possibilite a desconexão de todas as fontes de energia do sistema de distribuição. Usando relés, a desconexão real deve ocorrer o mais próximo possível da fonte de energia.

Em muitas aeronaves, mais de uma chave-mestra pode ser empregada para permitir o isolamento de determinados equipamentos elétricos. Por exemplo, uma chave-mestra de aviônica controla a energia elétrica para todos os equipamentos de aviônica. O painel de controle de chaves-mestras de um Cirrus SR22 aparece na Figura 12-3. Essa aeronave possui duas chaves de baterias e duas de alternadores; nesse avião, a bateria/alternador #2 é considerada o sistema mestre ou primário. A bateria/alternador #1 é o sistema secundário. Também há uma chave de **aviônica** separada usada para controlar os sistemas de navegação eletrônica, comunicação e instrumentos. Em geral, a função utiliza um solenoide que controla a potência para uma bus bar de aviônica. Outras chaves-mestras normalmente são utilizadas para operar geradores individuais e energia da *galley* (se aplicável).

FIGURA 12-1 Disjuntores de aeronaves comuns.

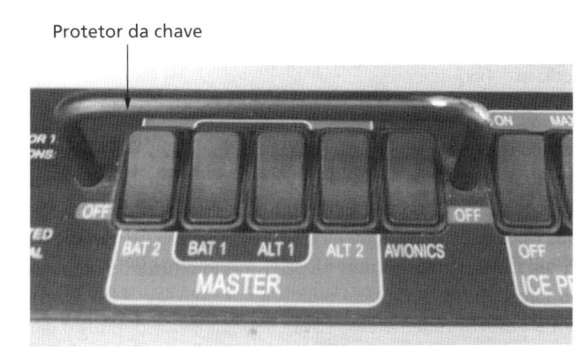

FIGURA 12-3 Painel de controle de chaves-mestras de um Cirrus SR22.

Carga elétrica

A **carga elétrica** de uma aeronave é determinada pelos requisitos de carga das unidades elétricas ou sistemas que podem ser operados simultaneamente. É essencial que a carga elétrica de qualquer aeronave seja conhecida pelo proprietário ou operador, ou ao menos pela pessoa responsável pela manutenção da aeronave. Nenhum equipamento elétrico pode ser adicionado ao sistema elétrico de uma aeronave até ou a menos que a carga total seja calculada e se saiba que a fonte de energia elétrica tem capacidade suficiente para operar os equipamentos adicionais.

Para determinar a carga elétrica de uma aeronave, realiza-se uma **análise de carga elétrica**. Uma maneira de fazê-lo é somar todas as cargas possíveis que podem operar a qualquer momento. (A análise de carga elétrica será discutida em detalhes na próxima seção.) As cargas podem ser **contínuas** ou **intermitentes**, dependendo da natureza da operação. Exemplos de cargas contínuas incluem luzes de navegação, farol intermitente, receptor de rádio, equipamento de navegação por rádio, instrumentos elétricos, bombas de combustível elétricas, bombas a vácuo elétricas e o sistema de condicionamento de ar. Estes são exemplos de sistemas que podem ser operados continuamente durante o voo.

As **cargas intermitentes** são aquelas operadas por 2 minutos ou menos e então desligadas. Os exemplos de cargas intermitentes são os motores do trem de pouso, os atuadores dos flapes, bombas hidráulicas de emergência de acionamento elétrico, motores de compensadores e luzes de aterrissagem. Essas unidades e circuitos para outros dispositivos operados eletricamente em geral são operados apenas por um breve período de tempo, então são considerados cargas intermitentes.

No cálculo da carga elétrica de uma aeronave, todos os circuitos que podem ser operados em qualquer momento devem ser considerados. A **carga contínua provável** total é a base para selecionar a capacidade da fonte de energia. Recomenda-se que a carga contínua provável não ultrapasse 80% da capacidade do gerador da aeronave na qual placas ou dispositivos de monitoramento especiais não foram instalados. Isso permite que o gerador ou alternador alimente a carga e também mantenha a bateria carregada.

As aeronaves que empregam um sistema para monitorar o status do carregamento de energia podem operar cargas elétricas contínuas de até 100% da capacidade do gerador. Nesse caso, também é preciso haver algum meio para indicar uma pane do alternador. A maioria das aeronaves atuais emprega alguma maneira de monitorar a saída do alternador. Esse meio pode ser um simples amperímetro ou combinar indicações de amperímetros e voltímetros, como vemos na Figura 12-4. Se ocorre uma pane no sistema de carregamento, um indicador de advertência se ilumina no painel de instrumentos, permitindo que o piloto analise a operação do sistema usando o amperímetro e/ou o voltímetro.

Durante períodos nos quais é operada uma carga intermitente pesada, como o trem de pouso, provavelmente há uma sobrecarga, atendida naquele curto espaço de tempo pela combinação da bateria e do gerador. O operador da aeronave precisa entender que a operação prolongada sob condições de sobrecarga faz com que a bateria se descarregue a ponto de não conseguir fornecer energia elétrica em caso de emergência.

Em aeronaves bimotores, nas quais dois geradores são usados para fornecer a energia elétrica, a capacidade dos dois geradores operando em conjunto é usada no cálculo dos requisitos de potência. A carga contínua provável não é excessiva se dois geradores podem fornecer a energia. Quando a carga contínua total é maior do que a capacidade de fornecimento de um gerador, é necessário considerar a redução da carga caso um dos geradores ou um dos motores sofra uma pane. A carga deve ser reduzida assim que possível a um nível que possa ser atendido pelo gerador operacional.

FIGURA 12-4 Voltímetro e amperímetro em uma aeronave monomotor moderna.

A condição de carga durante a operação pode ser determinada pela observação do amperímetro e do voltímetro. Quando o amperímetro é conectado entre a bateria e o barramento do bateria para que indique **carga** ou **descarga**, sabe-se que o sistema não está sobrecarregado, desde que o amperímetro indique uma condição de carga. Nesse caso, um voltímetro conectado ao barramento de potência principal mostra que o sistema está operando à tensão nominal. Se há uma sobrecarga, o amperímetro indica uma descarga e o voltímetro fornece uma leitura baixa cujo valor é determinado pelo nível de sobrecarga.

Quando o amperímetro é conectado ao fio condutor de saída do gerador e o sistema não tem limitação de corrente, uma sobrecarga é indicada quando a leitura do amperímetro fica acima da marca de 100%. O amperímetro deve usar uma **"linha vermelha"** para que o piloto possa determinar facilmente quando há uma sobrecarga. A maioria dos circuitos de geradores ou alternadores modernos contêm um meio automático de controlar uma condição de sobrecarga, então as sobrecargas de geradores normalmente não acontecem.

Quando o amperímetro é conectado ao fio condutor de saída do gerador e nenhuma corrente de saída está sendo produzida, o dispositivo indica um fluxo de corrente igual a zero. Em uma aeronave monomotor, isso indica que a bateria está fornecendo toda a energia elétrica. Em sistemas multimotores, se apenas um alternador sofre pane, a bateria e os outros geradores fornecem a energia elétrica necessária. Se essa condição sobrecarrega os geradores operacionais, o piloto pode então desligar equipamentos não essenciais e reduzir a carga até um nível apropriado.

A preocupação principal do técnico de manutenção aeronáutica com relação à carga elétrica em uma aeronave é a situação na qual se deseja adicionar equipamentos elétricos. Se a adição desses equipamentos foi testada e aprovada pela FAA para uma determina instalação, o fabricante do equipamento ou da aeronave disponibiliza instruções que estabelecem todos os requisitos para a instalação. Essas instruções devem ser seguidas com muita atenção.

Análise de carga elétrica

Antes de instalar qualquer equipamento elétrico em uma aeronave, o técnico deve realizar uma **análise de carga elétrica** para garantir que o sistema de energia da aeronave não será sobrecarregado pela adição. O objetivo é comparar a soma de todas as cargas elétricas contínuas com a potência máxima do gerador (alternador). Se a carga contínua total é menor do que a potência nominal do gerador, mais equipamentos podem ser adicionados; contudo, a potência máxima do gerador nunca pode ser superada por uma carga contínua.

Existem basicamente duas maneiras de determinar a carga elétrica de uma aeronave: medição ou soma das cargas individuais. Para medir cargas elétricas, é preciso colocar um amperímetro preciso no fio condutor de saída do gerador. O amperímetro do avião normalmente não consegue fornecer leituras com um grau de precisão de 0,5 A, desejado nesse tipo de teste. Dê partida no motor da aeronave e permita que a bateria obtenha sua carga completa. A seguir, ligue todos os equipamentos elétricos contínuos da aeronave e monitore o amperímetro. O dispositivo medirá a carga elétrica total. Esse valor pode ser comparado com a potência nominal do gerador.

Para descobrir a carga elétrica total usando o método de soma, cada carga de corrente elétrica individual deve ser conhecida. O manual de manutenção da aeronave pode fornecer essas informações, ou então elas podem ser obtidas da folha de dados de cada unidade individual. Em ambos os casos, confirme que somou todas as cargas elétricas contínuas. A seguir, compare a potência nominal máxima do gerador com a soma de todas as cargas elétricas. A carga contínua máxima deve ser sempre igual ou menor do que a potência nominal máxima do gerador. Se o gerador tiver uma capacidade "extra" disponível, mais equipamentos elétricos poderão ser adicionados sem a necessidade de restringir a operação de determinadas cargas elétricas. Se restrições forem necessárias, é preciso colocar uma placa no painel de instrumentos da aeronave para alertar o piloto sobre cada uma delas. Ao somar as cargas elétricas, lembre-se de sempre contar o uso de corrente real, não as classificações nominais dos disjuntores (ou fusíveis). O disjuntor deve ser capaz de suportar um valor mais alto do que a carga real, então a soma dos valores de disjuntores produziria uma soma superior.

Se for necessário adicionar equipamentos que podem exceder a potência máxima do gerador, podem ser usadas placas que informam o piloto sobre as configurações de carga apropriadas. Em outras palavras, uma placa dá ao piloto os dados sobre carga necessários para garantir que os limites de energia elétrica não serão excedidos. Por exemplo, uma placa poderia ler "Não opere o condicionador de ar e o desembaçador ao mesmo tempo". Essa placa seria colocada junto às chaves de controle do desembaçador e do condicionador de ar. Outra opção para impedir uma possível sobrecarga do sistema de carga seria substituir o alternador/gerador com outro de maior capacidade. Se a aeronave foi aprovada para o uso de mais um gerador com seu certificado original ou um certificado suplementar, um sistema de carga de maior capacidade pode estar disponível. Nesse caso, o alternador, a unidade de controle do alternador, a fiação associada e outros controles relacionados podem ser alterados quando necessário. Isso, por sua vez, permite a adição de novos equipamentos elétricos aprovados para a aeronave.

Um sistema elétrico simples

Um sistema elétrico simples para uma pequena aeronave é composto de um circuito de bateria, um circuito de alternador com controles associados, um circuito de motor de partida, uma bus bar com disjuntores, chaves de controle, um amperímetro, circuitos de iluminação e circuitos de rádio. A Figura 12-5 mostra um diagrama esquemático do sistema básico de distribuição de potência. Os cabos de alta capacidade de corrente nesse sistema são conectados da bateria ao relé da bateria principal, do relé da bateria ao relé do motor de partida e deste relé ao motor de partida. Os fios condutores da massa para o motor de partida e a bateria também são de cabos pesados. Nesse diagrama, esses circuitos de alto nível de corrente são marcados com fios mais espessos.

Os cabos de energia principais do alternador também são significativamente maiores do que a fiação dos circuitos normais; contudo, eles normalmente são menores do que os cabos necessários para conduzir a corrente total da bateria para a partida do motor. Isso ocorre porque a bateria é usada para dar partida no motor, e a corrente de partida pode facilmente exceder o nível de 200 A; a corrente de saída do alternador muitas vezes é de 100 A ou menos em uma pequena aeronave. Durante a operação da aeronave, a bateria é conectada ao sistema, mas não fornece energia. Em vez disso, ela recebe energia do alternador para manter a carga. Todas as correntes de carga normais são alimentadas pelo alternador durante o voo. O barramento de distribuição recebe energia do alternador e/ou da bateria durante diferentes modos de operação. A seguir, o barramento distribui a corrente elétrica através dos disjuntores individuais para suas respectivas cargas. Como vemos no diagrama esquemático (ver Figura 12-5*), os disjuntores são conectados diretamente ao barramento de distribuição. Essa estrutura impede um curto-circuito acidental de um fio não protegido com a massa. Sempre é melhor proteger tanto quanto possível da fiação. Todos os fios não protegidos por um fusível ou disjuntor devem ser o mais curtos possíveis, protegidos por capas ou "engates" isolados em todas as conexões de terminais.

Apesar do diagrama esquemático na Figura 12-5 mostra todo o sistema elétrico de uma aeronave, isso não representa um caso típico. A maioria dos fabricantes prefere dividir seus diagramas esquemáticos em desenhos individuais. Isso se torna necessário quando lidamos com sistemas elétricos mais complexos. Se um único diagrama representasse todo um sistema elétrico, o resultado seria muito difícil de ler e sofreria de uma poluição visual extrema. Os parágrafos a seguir discutem os diagramas esquemáticos de diversos sistemas de distribuição de potência. Os circuitos individuais, como podem estar representados em um manual de manutenção de aeronaves típico, serão apresentados no Capítulo 13.

---

* N. de R.T.: Algumas figuras permaneceram em inglês por representarem painéis de treinamento que não estão disponíveis em português.

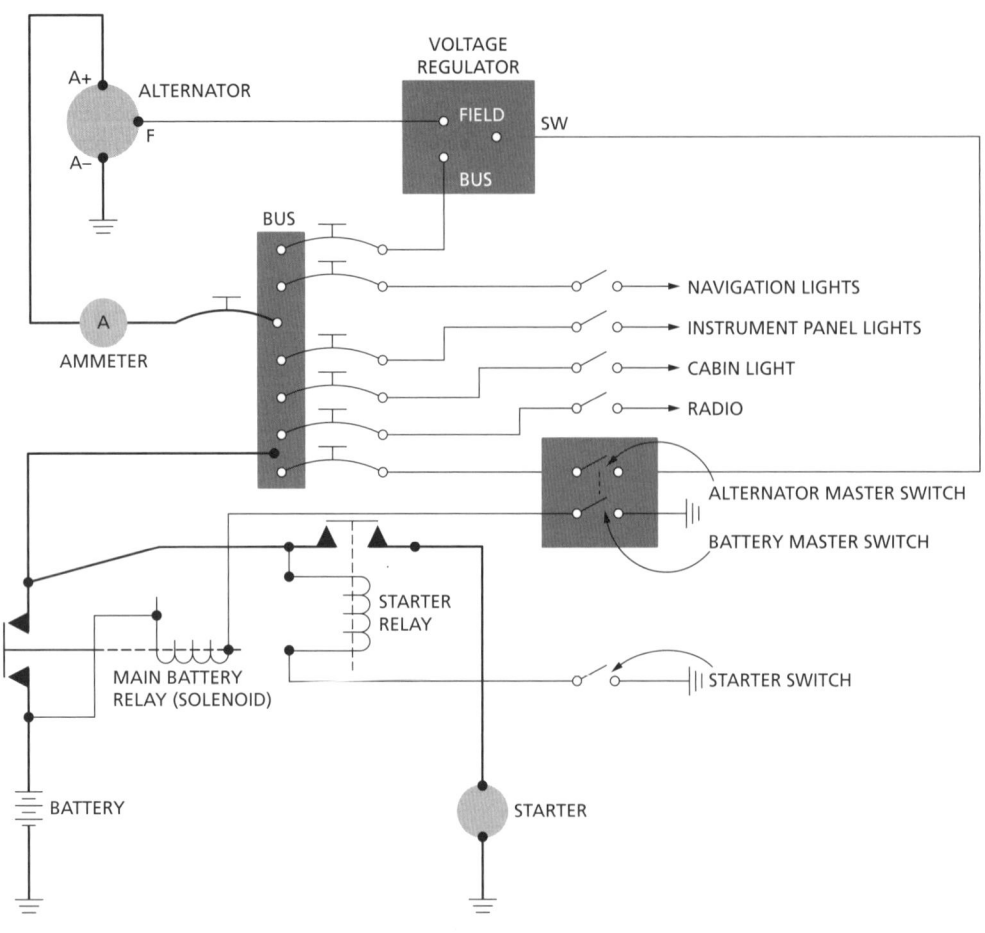

FIGURA 12-5 Sistema de distribuição de potência básico.

SISTEMAS DE DISTRIBUIÇÃO DE POTÊNCIA PRINCIPAIS

Aeronave monomotor

A Figura 12-6 mostra os sistemas de distribuição de potência Piper Tomahawk. O sistema é semelhante ao de muitas pequenas aeronaves monomotores, como os Cessna 152 e 172, Piper Warrior e outras aeronaves de treinamento construídas antes do ano 2000. Em geral, essas aeronaves foram projetadas com uma bateria de chumbo-ácido de 12 V um alternador que produzia saída de 14 V. Um alternador típico de uma aeronave monomotor produz um máximo de 120 A. A maioria dos monomotores construídos após o ano 2000 dependem muito mais do sistemas elétricos e, logo, empregam uma estrutura de distribuição de potência mais complexa. Em geral, essas aeronaves operam com uma tensão de bateria de 24 V e tensão do alternador de 28 V. No Piper Tomahawk, e na maioria das outras pequenas aeronaves, a bobina do solenoide mestre é comutada no lado negativo do circuito. A chave-mestra contém dois polos e direções independentes. A mestra da bateria (no lado esquerdo da chave) conecta a massa (tensão negativa) ao solenoide mestre. O fio condutor negativo do solenoide é comutado para garantir a operação correta do sistema em caso de curto elétrico com a massa. Em outras palavras, se um fio P2A sofresse curto com a massa, o solenoide mestre permaneceria fechado. Se o solenoide é fechado, a potência da bateria permanece conectada ao barramento de distribuição, sem criar nenhum risco imediato. Assim, se o fio P2A sofre um curto acidental com a massa durante o voo, a única consequência será a impossibilidade de desligar a bateria no final do voo. A chave-mestra do alternador (no lado direito da chave-mestra de combinação) conecta o regulador de tensão ao barramento, ligando o alternador. Em muitas aeronaves, o lado do alternador da chave-mestra somente pode ser operado se a mestra da bateria também está ligada. Isso acontece para garantir que a bateria está conectada ao barramento antes do alternador.

Há duas observações na parte inferior esquerda do diagrama. Sempre consulte as observações ou números seriais efetivos antes de utilizar um diagrama esquemático para fins de manutenção.

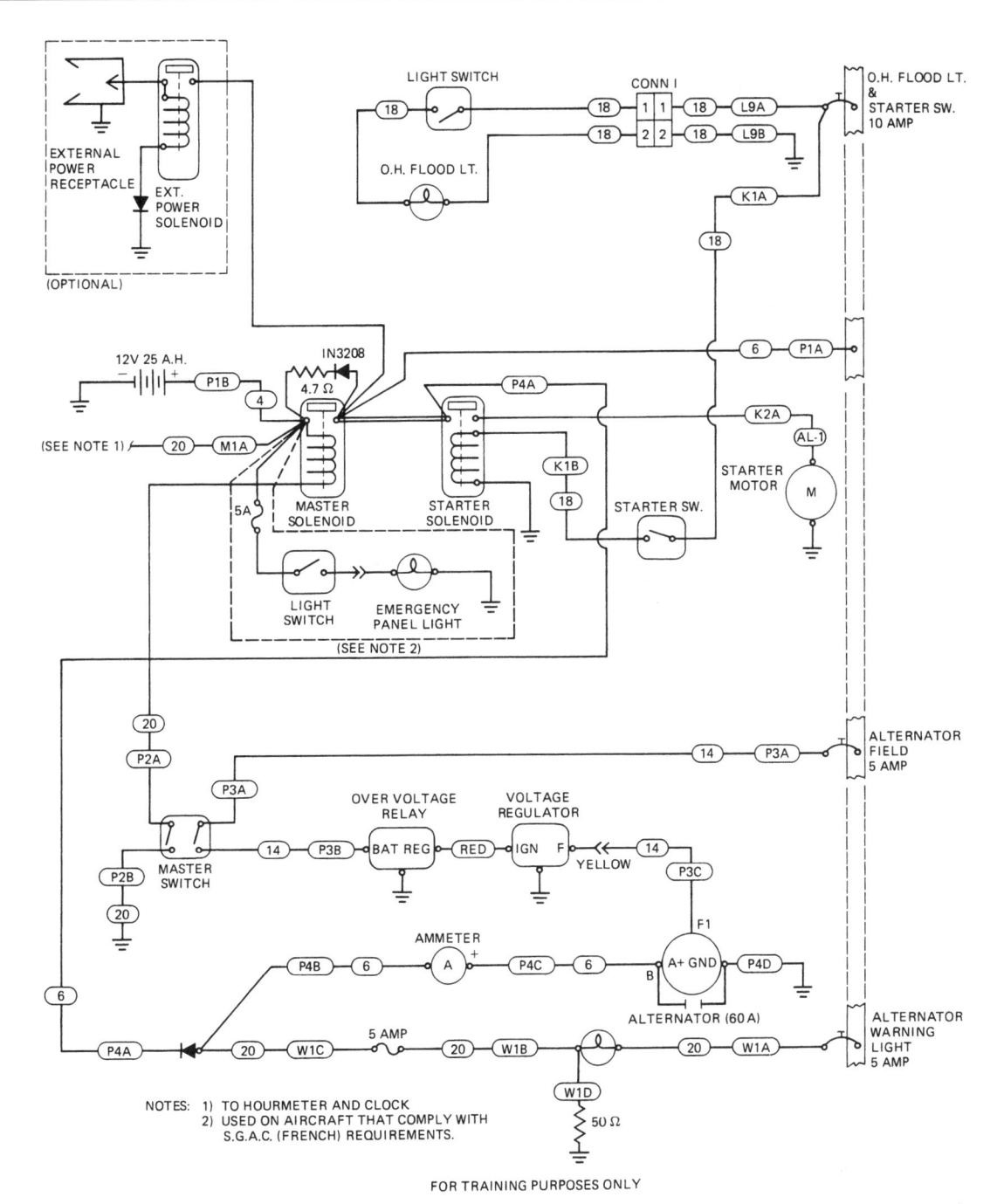

FIGURA 12-6 Sistema de distribuição de potência típico de aeronave monomotor. (*Piper Aircraft Corporation.*)

A aeronave monomotor "mais elétrica"

O Cirrus SR20 é uma aeronave monomotor bastante independente da eletricidade para ativar muitos de seus sistemas críticos de navegação e de voo. Por esse motivo, o SR20 contém um sistema elétrico mais complexo do que o do Piper Tomahawk discutido anteriormente. O sistema elétrico do SR20 contém duas baterias e dois alternadores para ajudar a garantir o fluxo de corrente elétrico e aumentar a confiabilidade da aeronave. Essa "segurança extra" criada pelos sistemas de potência duplicados é necessária porque o painel de instrumentos dessa aeronave é totalmente dependente da eletrônica digital para a sua operação. A Figura 12-7 mostra o painel de instrumentos de uma aeronave monomotor Cirrus típica. Se todos os sistemas elétricos sofressem panes, apenas alguns instrumentos básicos funcionariam como sistemas mecânicos de reserva e uma situação crítica poderia ocorrer facilmente.

FIGURA 12-7 Painel de instrumentos do Cirrus SR20. Veja também o encarte colorido.

Durante as discussões a seguir, consulte o diagrama simplificado da aeronave Cirrus na Figura 12-8. Como é típico da maioria das aeronaves altamente eletrônicas, o sistema de potência do Cirrus é dividido em sistemas de distribuição **principal** e **essencial**. Essa aeronave opera usando duas baterias de 24 V e dois alternadores que produzem aproximadamente 28 Vcc durante a operação normal. O alternador principal (ALT 1) produz um máximo de 100 A, enquanto o alternador de reserva (ALT 2) produz um máximo de 20 A. (A corrente exata pode depender do número serial da aeronave.) A bateria 1 é a principal usada para a partida do motor e é semelhante a outras baterias aeronáuticas de chumbo-ácido. Os dois alternadores e a bateria principal aparecem no lado esquerdo do diagrama.

A bateria 2 é uma unidade menor, composta de duas baterias de chumbo-ácido de 12 V seladas. As duas baterias de 12 V são ligadas em série para criar o efeito de uma bateria de 24 V. Essas baterias ficam na porção traseira da fuselagem e devem ser substituídas após 2 anos de serviço ou 500 horas de voo (ver Figura 12-9). Na parte inferior do diagrama (Figura 12-8), vemos que a bateria 2 é conectada ao barramento essencial 1 através do relé da bateria 2 sempre que a chave da bateria 2 está **ligada**. O painel da chave-mestra (parte inferior esquerda do diagrama) mostra duas chaves-mestras das baterias independentes, duas chaves-mestras dos alternadores e uma **chave-mestra de aviônica**. A mestra de aviônica controla um relé que liga/desliga todos os equipamentos de aviônica não essenciais. As mestras das baterias controlam suas respectivas baterias através de um relé, ou contator. Os alternadores são controlados por suas respectivas chaves-mestras através das unidades de controle do alternador (ACU) 1 e 2. Cada módulo controla a corrente do campo para seu respectivo alternador para controlar a operação do alternador.

A estrutura do barramento de distribuição na Figura 12-8 é relativamente complexa para um avião monomotor; há nove barramentos independentes. Os barramentos de distribuição principais e essenciais são usados como os pontos de fornecimento de energia primários. O barramento principal distribui a maior parte da energia elétrica, mas as cargas críticas são alimentadas através do barramento essencial. Para criar um certo nível de segurança, a bateria 1 pode alimentar o barramento essencial através do barramento principal, mas o barramento essencial não pode alimentar o principal. No centro do diagrama há dois diodos usados para impedir qualquer fluxo de corrente reversa do barramento essencial para o principal em casa de pane do sistema. Também há dois disjuntores de 50 A para isolar ambos os barramentos se necessário devido a uma situação de sobrecorrente. Durante o voo normal, o barramento principal é alimentado pelo alternador 1 e o barramento essencial pelo alternador 2. Um módulo lógico (próximo à parte superior central do diagrama) recebe sinais de entrada de três sensores de corrente. Se os sensores detectam um fluxo de corrente anormal, o módulo lógico pode abrir um ou mais contatores ou relés para isolar porções do sistema. O módulo também ilumina um indicador de advertência no painel de instrumentos.

A maior parte das cargas elétricas do Cirrus SR20 é conectada aos barramentos secundários localizados na parte inferior direita do diagrama. Esses barramentos secundários são alimentados pelos barramentos de distribuição principais e essenciais (parte superior central do diagrama). Disjuntores ficam localizados nos cabos de alimentação entre os barramentos principais e secundários. Algumas cargas elétricas pesadas podem ser conectadas diretamente ao barramento principal por precisarem de correntes mais altas. Essas cargas podem incluir um sistema de condicionamento de ar ou luzes de aterrissagem de alta potência.

O sistema Cirrus descrito acima é típico de aeronaves que exigem um alto nível de confiabilidade elétrica. A estrutura é projetada para permitir que uma ou mais porções do sistema elétrico sofram panes e sejam totalmente isoladas e os outros sistemas ainda funcionem normalmente. As cargas elétricas críticas devem ter a menor probabilidade de falharem e muitos sistemas podem receber energia de mais de uma fonte. No passado, esse nível de confiabilidade só existia em aeronaves multimotores; contudo, com a nova geração de aviões altamente eletrônicos, é essencial que haja uma fonte confiável de energia elétrica.

Aeronave bimotor

A Figura 12-10 mostra um diagrama esquemático de um sistema de distribuição de potência simplificado de uma pequena aeronave bimotor típica. Esse sistema emprega um diodo em série com o fio que conecta os barramentos de distribuição de potência principal e de emergência. Esse diodo permite que a corrente flua do barramento principal para o de emergência, mas não na direção reversa. Essa estrutura é escolhida para isolar o barramento principal caso ele sofra curto com a massa. Nessa configuração, o barramento de emergência ainda poderia receber energia da bateria sem ser afetado pelo curto-circuito.

Esse diagrama esquemático também contém um diodo em paralelo com a bobina do relé da bateria. Se um diodo é colocado em paralelo com uma bobina eletromagnética, ele é usado para cortar picos de tensão. Como explicado no Capítulo 6, quando uma corrente começa a fluir em uma bobina, ou quando o fluxo de corrente é interrompido, a indutância da bobina cria uma tensão oposta à tensão aplicada. Assim, sempre que a chave é aberta ou fechada dentro do circuito da bobina do relé ou do solenoide, é produzido um **pico de tensão** ou uma **tensão transiente**. Esse pico de tensão de polaridade reversa danifica equipamentos eletrônicos sensíveis se consegue entrar no sistema elétrico. O diodo em paralelo com a bobina do relé provoca um curto em qualquer

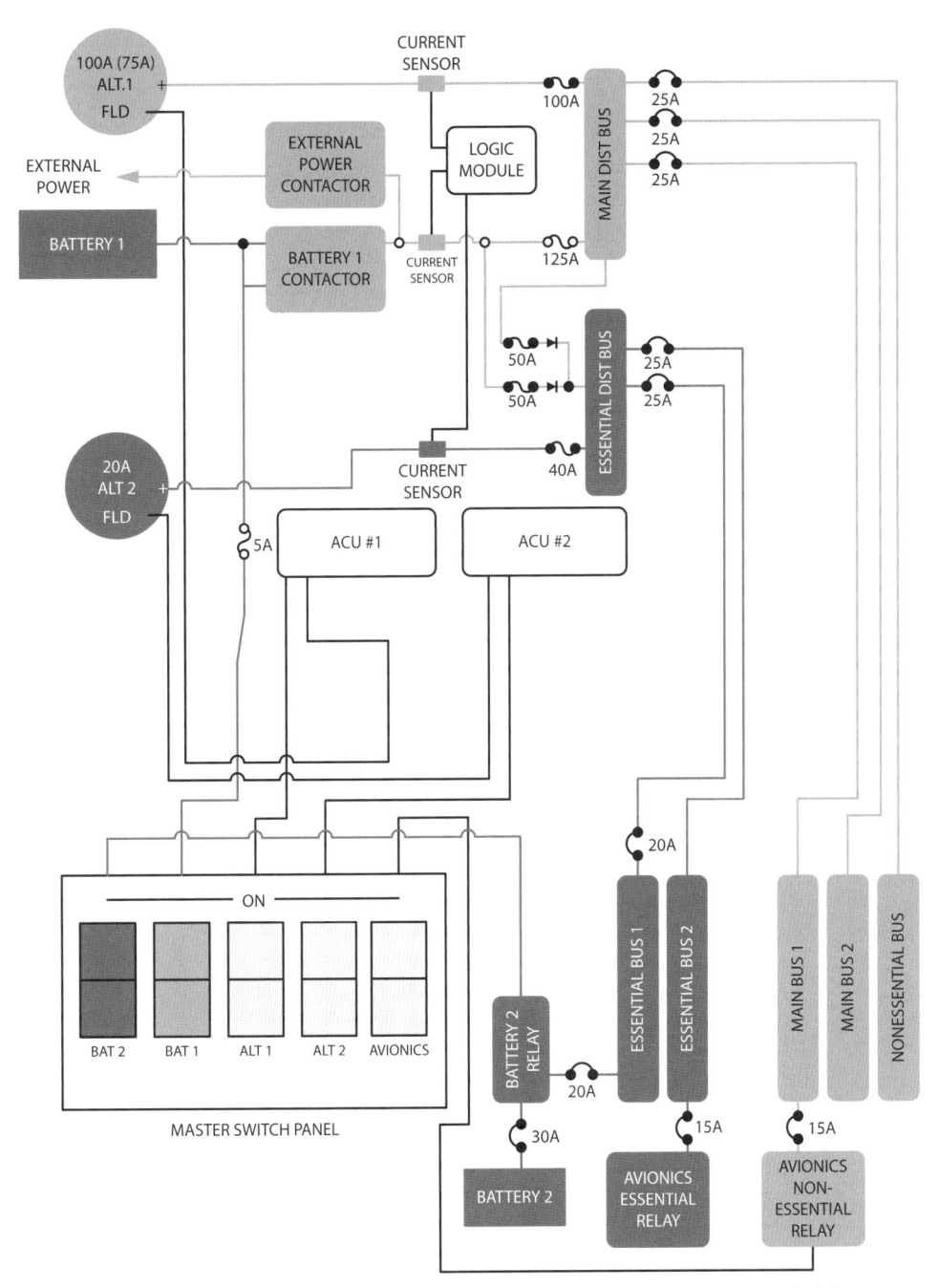

FIGURA 12-8 Sistema de distribuição de potência do Cirrus SR20. Veja também o encarte colorido.

pico de tensão de polaridade reversa; contudo, a tensão aplicada permanece inalterada. Um diodo zener bidirecional também pode ser usado com esse objetivo. O diodo zener conduz e prova um curto-circuito na tensão transiente de valor relativamente alto. A tensão do sistema, mais baixa, não é afetada. Lembre-se que o diodo zener é um dispositivo sensível à tensão.

Em geral, os diodos de todos os tipos estão se popularizando nos sistemas de distribuição de potência de aeronaves. Se um diodo é colocado em paralelo com uma bobina, ele é usado para prevenir os danos causados por picos de tensão induzidos. Se um diodo é colocado em série, ele é usado para criar um caminho de corrente unidirecional entre as unidades.

A Figura 12-11 mostra o sistema de distribuição de potência de uma pequena aeronave bimotor Piper. Como o avião é equipado com todos os equipamentos de aviônica necessários para navegação elétrica e otimização do desempenho de voo, os alternadores precisam ter uma capacidade relativamente alta.

O sistema elétrico mostrado na Figura 12-11 inclui uma bateria de 24 V e 17 Ah fechada em uma caixa de bateria de aço inoxidável selada. Dois alternadores de 24 V e 70 A acionados

FIGURA 12-9 Alternador reserva instalado em uma aeronave monomotor Cirrus.

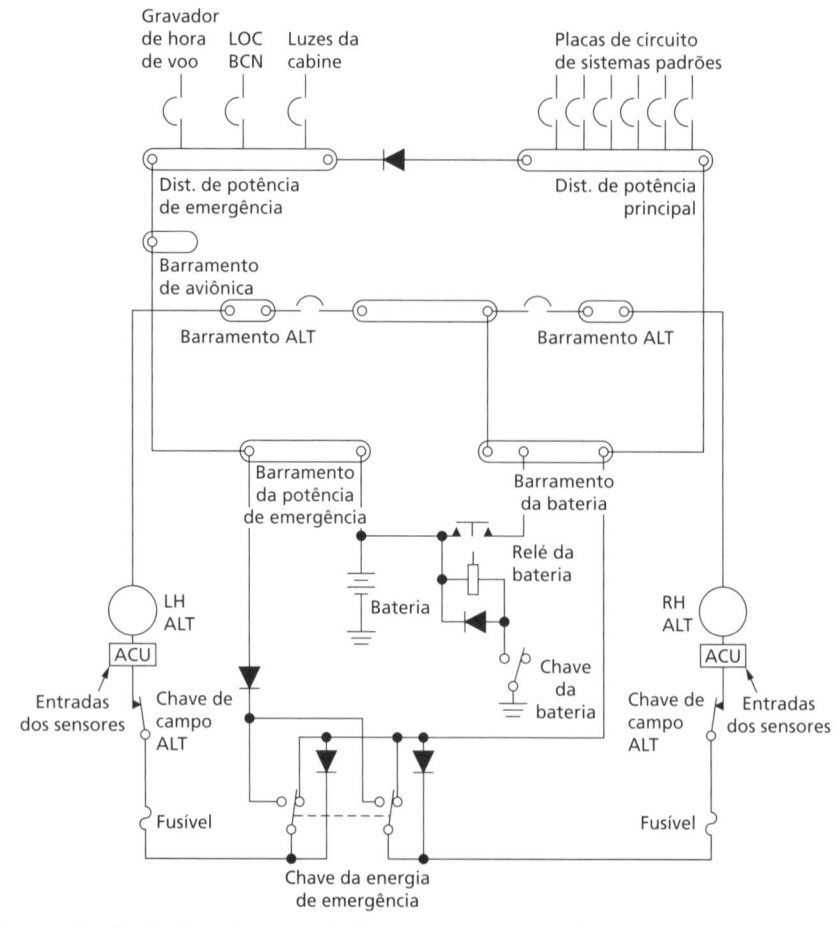

FIGURA 12-10 Sistema de distribuição de potência de pequena aeronave bimotor típica.

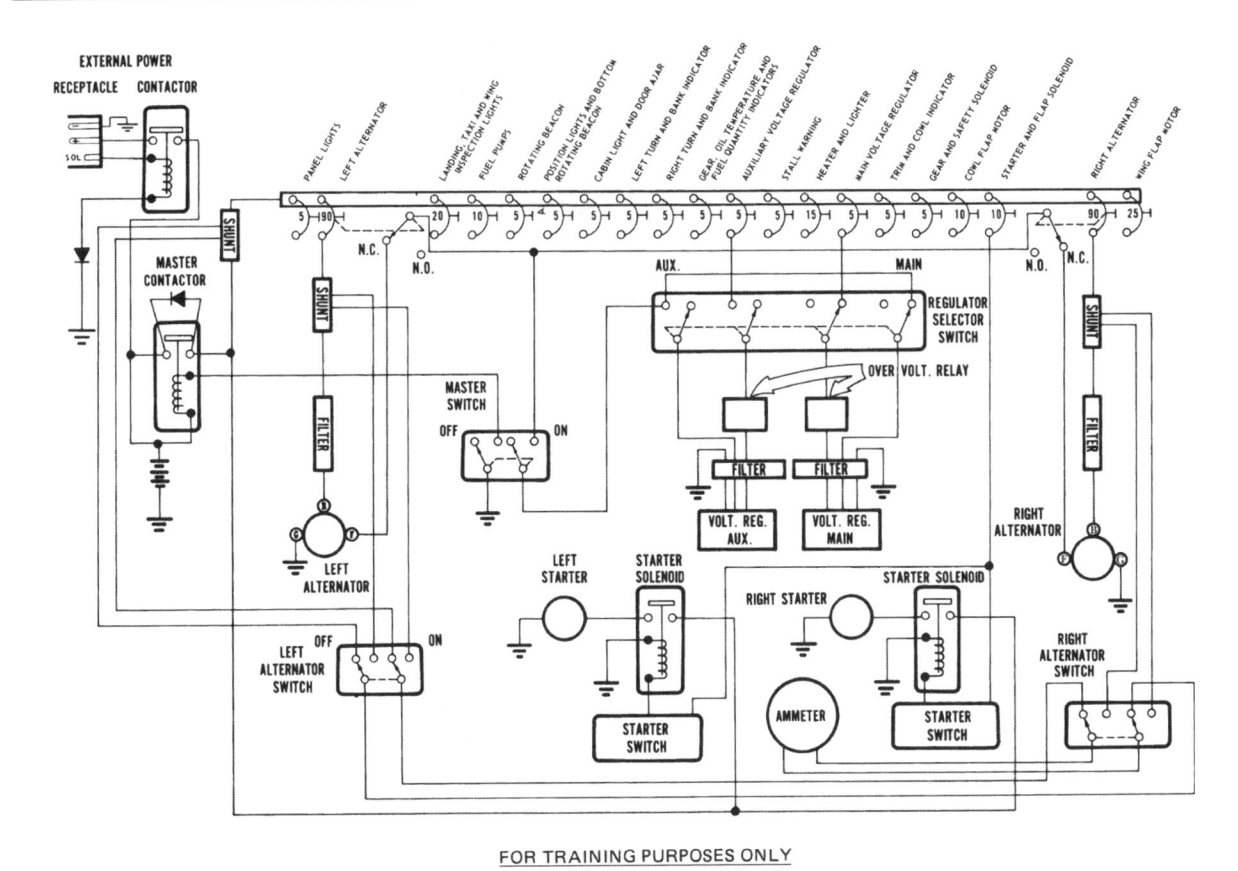

FIGURA 12-11 Sistema de distribuição de potência típico de pequena aeronave bimotor. (*Piper Aircraft Corporation*.)

pelos motores atendem todos os requisitos de potência normais da aeronave e seus equipamentos. A bateria fornece energia para a partida dos motores e para cargas de pico de emergência.

Os alternadores são locados em paralelo usando um regulador de tensão para controlar a corrente de campo para ambos os alternadores. O diagrama do circuito na Figura 12-11 mostra como isso é feito.

Um relé de sobretensão no sistema serve como válvula de segurança caso um ou ambos os alternadores produza uma sobretensão perigosa. Essa condição existiria em caso de pane do regulador de tensão. Caso o regulador de tensão principal sofra um pane e o relé de sobretensão desconecte os campos do alternador do sistema, um regulador de tensão auxiliar está disponível. A pane dos alternadores pode ser detectada por uma indicação de descarga para a bateria e saída zero de ambas as posições de teste do alternador.

A saída de cada alternador é verificada pela ativação de uma chave de *press to test* (pressione para testar) e a observação do amperímetro no painel de chaves superior. As chaves de teste são mostradas como a **chave do alternador esquerdo** e a **chave do alternador direito** no diagrama do circuito na Figura 12-11.

As chaves elétricas para os diversos sistemas, incluindo a chave-mestra, estão localizadas no painel de instrumentos da aeronave. Os disjuntores, localizados abaixo das chaves, abrem automaticamente seus respectivos circuitos em caso de sobrecarga. Os disjuntores podem ser rearmados com o simples uso de um botão. Se um disjuntor continua a se desarmar, o problema deve ser localizado e reparado antes de qualquer tentativa subsequente de operar o circuito.

O sistema de distribuição de potência de um avião bimotor de turbinas, o Beechcraft King Air, aparece na Figura 12-12. Esse diagrama esquemático é apresentado para mostrar a complexidade do sistema elétrico de uma aeronave moderna e as muitas funções que exigem o uso de energia elétrica.

Os motores de partida acionados por dois motores recebem potência do barramento da bateria principal para a partida. Durante o modo gerador, a corrente de saída do motor de partida é direcionada para os barramentos direito e esquerdo dos geradores, respectivamente. Os dois barramentos dos geradores são conectados aos **barramentos de alimentação** (números 1 a 4) através de diodos e disjuntores. Esse sistema permite que ambos os geradores alimentem os quatro barramentos de alimentação durante as operações normais ou permaneçam isolados durante curtos-circuitos acidentais com a massa.

Os dois barramentos dos geradores são conectados ao barramento de isolamento através de **limitadores de isolamento**. Os limitadores de isolamento, muitas vezes chamados de **limitadores de corrente**, são simplesmente fusíveis de alta corrente. Os limitadores de isolamento podem conduzir 325 A antes de se abrirem. Esses limitadores de isolamento se abrem durante condições de sobrecarga. Por exemplo, se há uma sobrecarga (uma conexão direta com a massa) no barramento do gerador direito, o limitador de isolamento do lado direito se abre e desconecta a bateria (através dos barramentos de isolamento e da bateria) do

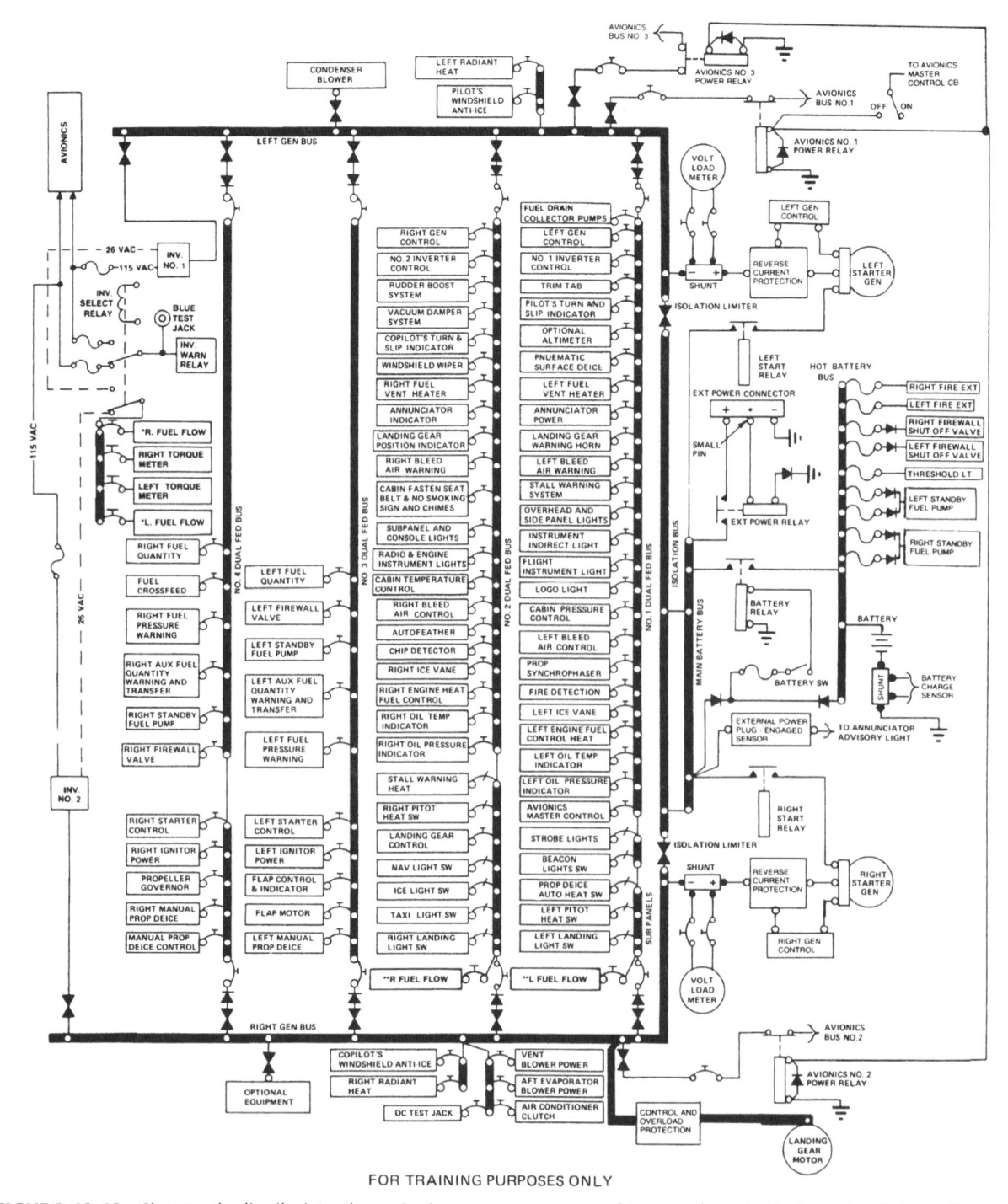

FIGURA 12-12 Sistema de distribuição de potência para uma aeronave bimotor de turbo-hélice. (*Beech Aircraft Corporation.*)

barramento do gerador direito. Ao mesmo tempo, o gerador direito é desconectado do barramento do gerador direito pela unidade de controle do gerador direito. Os diodos colocados entre o barramento do gerador direito e os quatro barramentos de alimentação terão polarização reversa nesse caso e, logo, isolarão os barramentos de alimentação e impedirão o fluxo de corrente dos barramentos de alimentação para o barramento do gerador direito. Assim, o barramento do gerador direito fica totalmente isolado e o resto do sistema elétrico opera de forma normal. Sob essas condições, o gerador direito não consegue fornecer potência ao sistema e todas as cargas não essenciais devem ser desligadas para conservar energia.

O sistema elétrico do King Air é típico daqueles usados em aviões executivos de médio porte. O isolamento de circuitos barramentos de distribuição e circuitos sobrecarregados se torna essencial para a operação segura da aeronave. Cada uma das cargas elétricas da aeronave pode ser alimentada por um mínimo de dois meios diferentes (os geradores direito e esquerdo). Todas as cargas elétricas essenciais podem ser alimentadas por um de três meios diferentes, os geradores direito ou esquerdo ou a bateria da aeronave.

DISTRIBUIÇÃO DE POTÊNCIA EM AERONAVES COMPOSTAS

As aeronaves compostas representam um desafio interessante com relação à distribuição de energia elétrica, controle da eletricidade estática e quedas de raios. A possibilidade de interferência no sistema causada por **campos de alta intensidade de energia (HERF)** também é maior nas aeronaves compostas. A energia HERF pode facilmente ser transmitida através de materiais compostos não protegidos. Por esse motivo, a maioria das aeronaves compostas é completamente coberta por uma camada condutora e todos os fixadores de metal e conexões com a massa elétrica são ligadas a essa camada. Em outras palavras, uma malha metálica condutora é moldada na estrutura composta para criar uma blindagem elétrica ao redor da aeronave. Muitos tipos diferentes de materiais condutores são usados, incluindo tecido de grafite coberto e níquel, fibra de vidro aluminizada e malhas metálicas. A malha metálica mais comum é feita de alumínio, mas o cobre é usado para certos materiais compostos. Nesses projetos, é importante que todas as seções independentes da aeronave seja conectadas, **ligadas**, eletricamente. Em geral, isso é feito usando jumpers de ligação; fios curtos usados para conectar eletricamente um componente da aeronave a outro. Muitas aeronaves compostas precisam que essa ligação elétrica seja testada regularmente para garantir que uma baixa resistência é sustentada entre os diversos componentes da aeronave.

Os materiais compostos têm uma resistência alta demais para conduzir corrente facilmente. Para se contrapor a esse efeito de alta resistência, é integrado um **plano de massa** à célula composta. O plano de massa mais provável é feito de um material de malha de alumínio, como discutido anteriormente. Esse material é semelhante a uma tela de janela de alumínio. A malha de alumínio é ligada ao material composto durante o processo de fabricação. O plano de massa fica localizado dentro da estrutura da aeronave para a ligação com equipamentos elétricos. A malha pode correr através da célula, incluindo peças estruturais, anteparos, pisos, painéis de instrumentos e prateleiras de equipamentos elétricos.

Dois métodos são usados para conectar equipamentos elétricos ao plano de massa, a **ligação elétrica direta** e a **ligação elétrica indireta**. O método direto é usado quando o equipamento elétrico é montado adjacente ao plano de massa. Para aterrar corretamente um componente usando o método direto, antes é preciso remover uma camada fina de material composto, tinta ou camada resistiva para expor a malha de arame. A malha é então coberta com um agente corrosivo e o componente elétri-

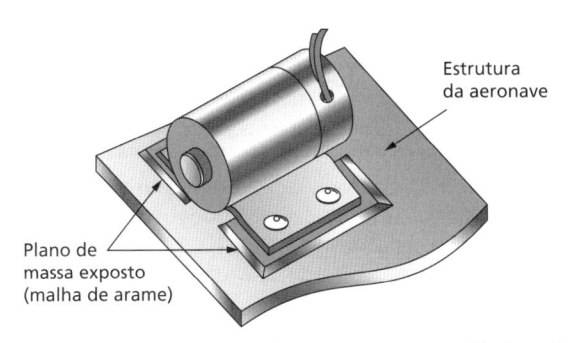

FIGURA 12-13 Conexão direta com a massa elétrica típica em uma aeronave composta.

co é montado diretamente no plano de massa. Como vemos na Figura 12-13, é muito importante remover o mínimo de material possível durante esse processo e ainda abrir uma área suficiente para a conexão apropriada com a massa. A área exposta recebe um novo acabamento com cobertura protetora após a instalação do componente.

O método indireto é mais comum, sendo usado em áreas da aeronave que não estão adjacentes ao plano de massa. O método indireto usa uma tira de metal flexível chamada de **jumper de ligação** para conectar o plano de massa ao componente elétrico. O jumper de ligação é fixado ao plano de massa de maneira semelhante àquela descrita acima. A seguir, o jumper é ligado ao componente que precisa de uma massa elétrica (ver Figura 12-14).

Outro método indireto de conectar equipamentos elétricos ao lado negativo da fonte de energia (massa) é através de uma estrutura metálica. Em algumas aeronaves compostas, certas áreas são feitas de alumínio para facilitar a distribuição de corrente elétrica. Áreas como um rack de equipamentos, painel de instrumentos ou parede de fogo podem ser feitas de material condutor (alumínio) e a massa do equipamento elétrico conectada diretamente a esse metal. O alumínio oferece um caminho de corrente até a massa e se torna a estrutura para a montagem do equipamento. Obviamente, o alumínio deve ser conectado ao circuito de massa elétrica principal da aeronave. Isso é possível usando uma malha de tela embutida na estrutura composto ou através de um condutor separado que volta até o ponto de distribuição negativo.

Em geral, as aeronaves compostas precisam de distribuição elétrica positiva e negativa, e a tela de malha é usada ape-

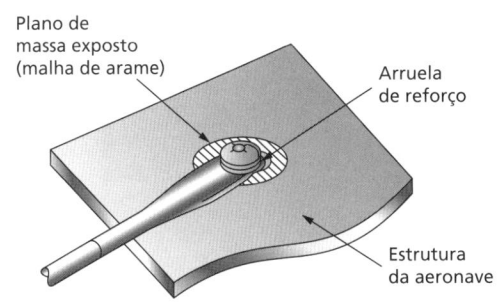

FIGURA 12-14 Conexão de jumper de ligação a uma aeronave composta.

nas para sistemas elétricos com correntes muito baixas. Como a malha de tela ligada ao material composto é projetada para ser leve, ela só consegue carregar um nível baixo de corrente; assim, todas as cargas de corrente mais pesadas são conectadas com um fio positivo e um negativo. O fio positivo usa uma distribuição idêntica àquela das aeronaves de alumínio; o fio de tensão negativa volta a um ponto de distribuição negativo próximo. A Figura 12-15 mostra um ponto de distribuição típico para a tensão negativa de uma aeronave composta. Esse barramento de distribuição negativo é montado no lado do motor da parede de fogo nessa aeronave Cirrus SR20. Cargas elétricas como o motor de partida, alternador e circuito da luz de aterrissagem, além da ligação elétrica do motor e dos sistemas relacionados, são todas levadas a esse ponto de distribuição.

A proteção contra raios para uma aeronave composta exige a instalação de uma malha de arame de alumínio entrelaçada na lona interna do revestimento da aeronave. Se um raio cai na aeronave, a corrente é distribuída por uma grande área através dos fios de alumínio. Como o raio normalmente entra na célula através de uma extremidade e sai pelo outra, os arames de alumínio cobrem toda a estrutura da aeronave. Todas as seções desse fio de desvio de raios devem ser conectadas por uma fixação de baixa resistência. Os fios de proteção contra raios não podem ser usados para aterramento elétrico. Apenas o plano de massa da aeronave é projetado para conduzir a corrente dos equipamentos elétricos.

A distribuição da tensão positiva em uma aeronave composta é praticamente idêntica àquela em outras aeronaves. A distribuição de tensão positiva no Cirrus SR20 discutido anteriormente contém os bus bars, circuitos de proteção e controles elétricos padrões usados em aeronaves de metal típicas. O sistema de distribuição de potência de um avião a jato executivo será discutido na próxima seção.

FIGURA 12-15 Ponto de distribuição de massa típico (tensão negativa) em uma aeronave composta. Veja também o encarte colorido.

SISTEMAS DE POTÊNCIA ELÉTRICA DE *VERY LIGHT JETS*

Um dos projetos de aeronave mais modernos na época da redação deste livro era na categoria de aeronaves conhecida pelo nome de ***very light jets*** (**VLJ**, jatos muito leves). Em geral, essas aeronaves são construídas usando materiais compostos, aviônica avançada e sistemas de voo automáticos. O conceito do projeto é economizar peso, melhorar eficiências e manter a segurança adequada necessária para aeronaves de alta velocidade. Um desses aviões, o Embraer Phenom VLJ, lançado em 2008, tem capacidade típica de quatro a seis passageiros e pode voar facilmente com apenas um piloto.

Em geral, esse tipo de aeronave emprega dois motores de partida que produzem uma saída CC de 28 V e uma ou mais baterias de chumbo-ácido. A descrição geral do sistema de distribuição de potência do Phenom apresentada aqui é típica de outros *very light jets* disponíveis no mercado. O **Sistema de Geração e Distribuição de Energia Elétrica (EPGDS)** gera e fornece corrente contínua às cargas elétricas da aeronave. O EPGDS é dividido entre sistemas de geração de energia e sistemas de distribuição de potência. O sistema de geração de energia é composto de dois motores de partida de 325 A acionados pelo motor, uma conexão de potência externa e os controles automáticos e da cabine de comando relacionados. Também há a energia de emergência fornecida por duas baterias de chumbo-ácido reguladas por válvula de 27 Ah. Cada bateria é carregada através de seu respectivo canal de distribuição de potência. Em caso de perda total da potência principal, o sistema de bateria garante 45 minutos de energia CC fornecida ao barramento de emergência. O EPGDS também fornece controles manuais e automáticos para a tripulação de voo.

A Figura 12-16 mostra um diagrama esquemático simplificado do sistema de distribuição de potência do Phenom; consulte-o durante as discussões a seguir. O sistema de distribuição de potência primário é composto de um **barramento central**, um **barramento de emergência** e um **barramento secundário**. Eles são instalados dentro de três unidades de distribuição de potência independentes (esquerda, direita e de emergência) como indicado pelas linhas tracejadas no diagrama. As unidades de distribuição de potência contêm todos os controles necessários para a operação dos sistemas. As funções de distribuição são divididas em três unidades para criar redundância. As unidades de distribuição são pequenas LRUs que contêm um total de 13 contatores elétricos (solenoides) e diversos fusíveis e disjuntores. As bus bars e fiação de distribuição elétricas são distribuídas em chicotes separados para melhorar a segregação do sistema, o que aumenta a confiabilidade dos dois sistemas redundantes.

Os barramentos da bateria ativos (próximos à parte inferior do diagrama) sempre são conectados a suas respectivas baterias e, logo, nunca devem perder energia. Os sistemas mais críticos, como os de extintores de incêndio, seriam conectados a um desses barramentos. Outros sistemas críticos são conectados ao barramento de emergência (parte inferior esquerda do diagrama). Como vemos no diagrama, o barramento de emergência pode receber energia de ambas as baterias através de seus respectivos **contatores do barramento de emergência (EBC)** 1 ou 2. Essa aeronave também contém um inversor estático conectado ao barramento secundário CC. Esse inversor converte os

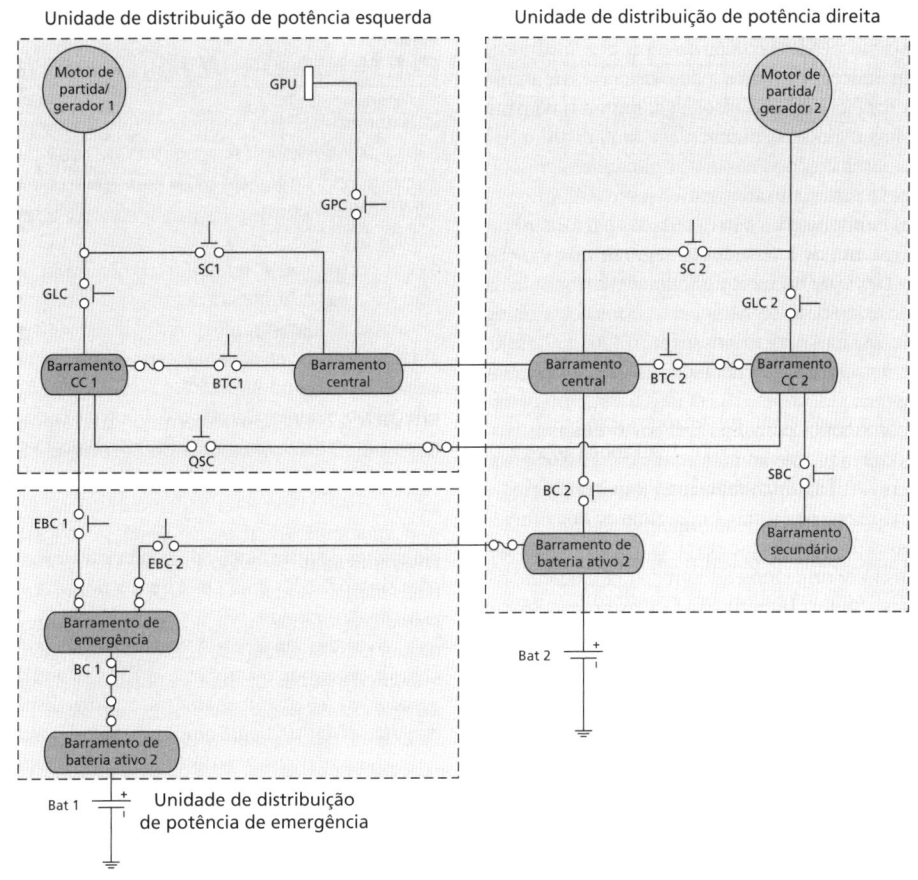

FIGURA 12-16 Sistema de distribuição de potência de pequena aeronave a jato moderna.

28 Vcc em 120 V de 60 Hz ca doméstico comum para uso dos passageiros. O inversor é conectado ao barramento secundário porque pode ser desconectado facilmente sem consequências para a segurança do voo. O barramento secundário é desconectado em caso de pane do gerador.

O EPGDS é projetado para operação automática. Contudo, existe a capacidade de controle manual para neutralizar alguns recursos de controle automático. Mais especificamente, a tripulação de voo pode controlar manualmente os contatores de linha do gerador 1 e 2 através da respectiva chave do motor, os contatores da bateria 1 e 2 através da respectiva chave da bateria, os contatores da ligação de barramento 1 e 2 através da chave da ligação de barramento e o contator de potência de massa. A tripulação e voo também tem a capacidade de forçar manualmente a operação do sistema de energia de emergência.

SISTEMAS ELÉTRICOS DE GRANDES AERONAVES

Os sistemas elétricos de grandes aeronaves têm muitas semelhanças com aqueles utilizados nas pequenas. Em grandes aeronaves, é normal que haja uma ou duas baterias e dois ou mais geradores CA (alternadores), que fornecem energia para diversos barramentos de distribuição. Os geradores CA são conectados ao barramentos CA. A bateria CC é conectada diretamente à bateria ou barramento de emergência. A potência CA produzida pelos geradores é convertida em corrente contínua quando necessário para aplicações especiais. A iluminação essencial, sistemas de controle de voo e rádios de comunicação e navegação são sistemas elétricos de alta prioridade. A energia da *galley*, iluminação não essencial e diversos outros sistemas de conforto são considerados sistemas elétricos de baixa prioridade. Esses sistemas não essenciais normalmente são desligados durante uma pane parcial do sistema de geradores. Em caso de pane total do gerador, a bateria fornece potência para todos os equipamentos elétricos essenciais. Em geral, uma bateria totalmente carregada fornece cerca de 20 a 30 minutos de potência de emergência.

Sistemas de distribuição de potência

As grandes aeronaves modernas usam energia elétrica CA e CC. Um gerador típico produz tensão **trifásica de 115 Vca**, convertida por **transformadores retificadores** (TRUs) quando a potência CC se faz necessária. Um TRU incorpora um transformador rebaixador e um retificador de onda completa; sua saída é de 28 Vcc. A maioria das grandes aeronaves contém dois ou mais inversores estáticos, usados para situações de emergência (pane do gerador). Cada inversor é capaz de converter corrente contínua fornecida pela bateria em potência CA, que por sua vez é distribuída pelo barramento CA essencial. Os inversores estáticos fornecem uma quantidade relativamente pequena de potência CA, mas sua saída é adequada para alimentar todos os equipamentos ca essenciais. As turbinas de ar de impacto (RATs) também são usadas para alimentar geradores de emergência na maioria das aeronaves de transporte modernas. A RAT é usada na fuselagem em caso de pane catastrófica do sistema elétrico. A turbina é usada para alimentar um pequeno gerador de emergência e sistemas hidráulicos críticos. Consulte o Capítulo 11 para mais informações sobre RATs.

Existem duas configurações básicas usadas para distribuir energia elétrica, o **sistema de barramento segmentado** e o **sistema paralelo**. O sistema de barramento segmentado é usado na maioria das aeronaves comerciais bimotores, como os Boeing 737, 757, 767, 777 e 787 e os Airbus Industries A-320, 330 e 300. Em um sistema de barramento segmentado, os geradores acionados pelo motor nunca podem ser conectados ao mesmo barramento de distribuição simultaneamente. Sob condições normais, cada gerador fornece energia apenas para suas cargas associadas.

Em um sistema elétrico paralelo, toda a carga elétrica é compartilhada igualmente por todos os geradores em funcionamento. Os sistemas de distribuição de potência CA paralelos normalmente são usados em aeronaves comerciais que contêm três ou mais motores, como o Beoing 727 e os primeiros 747s e os McDonnell Douglas DC-10 e MD-11. Em geral, os sistemas paralelos são usados em aeronaves mais antigas com três ou mais motores. Um sistema paralelo modificado é usado em algumas aeronaves modernas com quatro motores, como o Boeing 747-400. Esse sistema paralelo modificado é chamado de sistema paralelo segmentado, pois todos os geradores podem operar em paralelo ou ser isolados. Os geradores do lado direito e os do lado esquerdo podem ser conectados ou podem operar separadamente uns dos outros por meio de um disjuntor de sistema segmentado.

O sistema de barramento segmentado

O **sistema elétrico de barramento segmentado** contém dois sistemas de geração de energia completamente isolados. Cada sistema, o esquerdo e o direito, contém seu próprio gerador CA, transformadores-retificadores e barramentos de distribuição. Os geradores direito e esquerdo alimentam suas respectivas cargas independentemente de outras operações do sistema. Em caso de pane do gerador, o gerador operacional é conectado de forma a alimentar todas as cargas elétricas essenciais, ou então o gerador da APU (unidade auxiliar de força) pode ser usado para conduzir a carga elétrica do gerador inoperante.

A Figura 12-17 mostra um diagrama esquemático simplificado de um sistema de barramento segmentado típico. O diagrama mostra o **contator de potência externa** (EPC) fechado e um fornecimento de energia de massa conectado à aeronave. Os **disjuntores da ligação do barramento** (BTBs), 1 e 2, são fechados, conectando a potência externa a ambos os barramentos de transferência e suas respectivas cargas elétricas. Nessa configuração, os **disjuntores de geradores** (GBs) são abertos, desconectando os geradores do sistema elétrico.

É preciso observar que os diversos contatores, como os BTBs e GBs, estão controlando uma corrente trifásica. Assim, os contatores na verdade são compostos de um conjunto de três contatos, um contato para abrir ou fechar o fio ativo de cada fase. Em alguns casos, os contatores podem ter quatro contatos, um para cada fase e um para o fio neutro. Os barramentos também consistem em três unidades distintas, uma para cada fase. Os

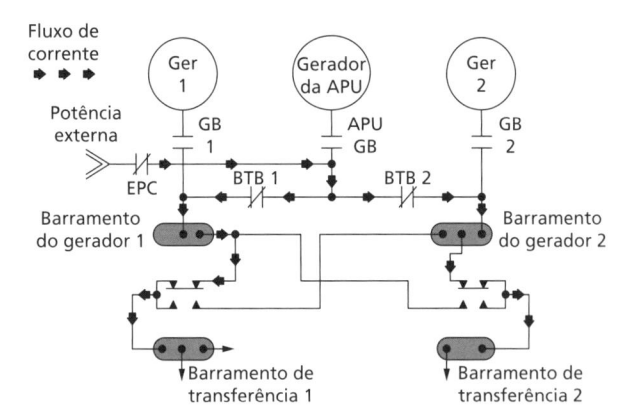

FIGURA 12-17 Um sistema de barramento segmentado típico para uma grande aeronave. (*Sundstrand Corporation*.)

diagramas de distribuição de potência apresentados aqui são versões simplificadas e não mostram a fiação real para cada fase da potência CA gerada.

No caso em que a APU seria usada para fornecer energia elétrica para toda a aeronave, o EPC se abriria e o disjuntor do gerador da APU se fecharia. Isso distribuiria a energia elétrica do gerador da APU para ambos os barramentos de transferência.

Se ambos os geradores acionados pelo motor estão operacionais, o fluxo de corrente vai de cada gerador para seu respectivo barramento de transferência, como ilustrado na Figura 12-18. Nesse instante, os BTBs 1 e 2 estão abertos, os GBs 1 e 2 estão fechados e o relé de transferência está em sua posição normal. Por esse diagrama, vemos que os dois geradores operam de forma totalmente independente um do outro.

Se um gerador acionado pelo motor sofre pane, o gerador oposto é conectado a ambos os barramentos de transferência para alimentar todo o sistema elétrico. Sob essa configuração, as cargas não essenciais são removidas automaticamente do sistema para evitar a sobrecarga do gerador. O diagrama esquemático na Figura 12-19 mostra uma pane no gerador 1. A corrente do gerador 2 é dividida para os barramentos de transferência 1 e 2 pelo posicionamento correto dos relés de transferência. Nesse caso, o

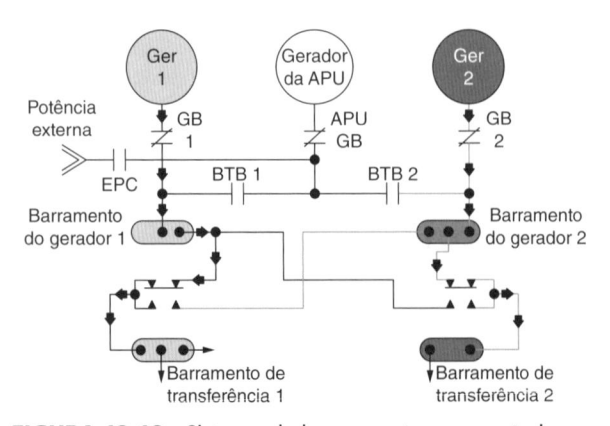

FIGURA 12-18 Sistema de barramento segmentado com ambos os geradores operacionais. (*Sundstrand Corporation*.)

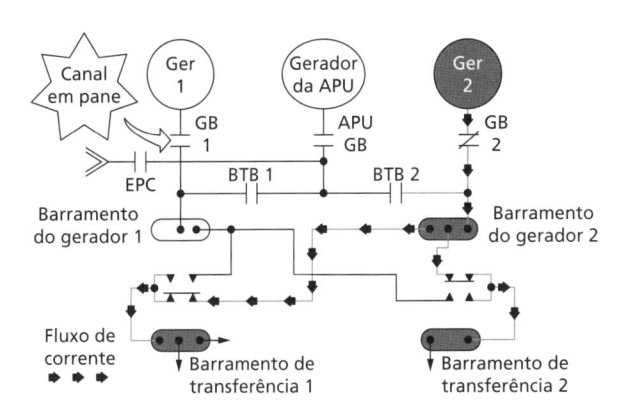

FIGURA 12-19 Sistema de barramento segmentado com o gerador 1 em pane. (*Sundstrand Corporation*.)

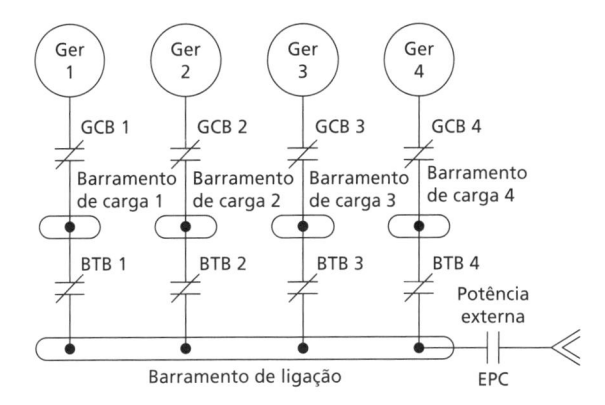

FIGURA 12-20 Sistema de distribuição de potência em paralelo com quatro geradores. (*Sundstrand Corporation*.)

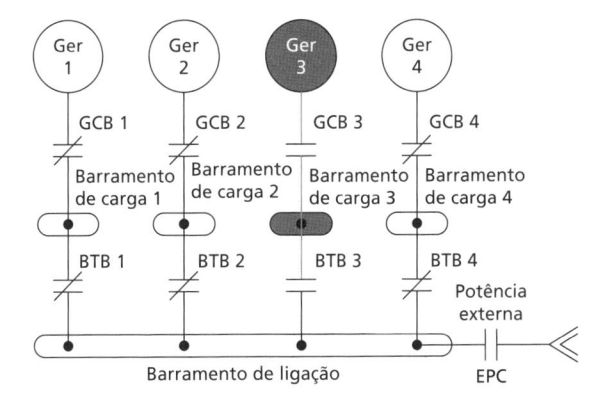

FIGURA 12-21 Sistema de distribuição de potência em paralelo com o barramento 3 isolado. (*Sundstrand Corporation*.)

relé de transferência 1 é ativado automaticamente para sua posição anormal, que conecta o barramento do gerador 2 com o barramento de transferência 1. Ao mesmo tempo, o GB 1 se abre para desconectar o gerador em pane do sistema elétrico. Todo esse processo é controlado automaticamente dentro de um período de microssegundos e o voo continua sem sofrer nenhuma interrupção.

Em certas aeronaves, se um gerador primário sofre pane, a tripulação pode escolher empregar o gerador da APU. Nessa situação, a APU deve dar partida e seu gerador deve ser conectado pelo fechamento do disjuntor do gerador (GB) da APU. Isso fecha automaticamente o **BTB** 1 e reposiciona o relé de transferência 1 para sua posição normal. Assim, o gerador da APU é conectado ao barramento de transferência 1 e mais uma vez dois geradores independentes operam para fornecer toda a energia elétrica da aeronave.

A principal vantagem de um sistema de barramento segmentado é que os geradores operam de forma independente; ou seja, as frequências de saída e relações de fase do gerador não precisam ser reguladas tão cuidadosamente. Os sistemas paralelos precisam de limites operacionais mais estritos. Na prática, os sistemas de barramento segmentado têm maior tolerância para a variância de frequência.

Sistemas elétricos em paralelo

Em um **sistema paralelo de distribuição de potência elétrica**, todos os geradores CA são conectados a um barramento de distribuição. Esse tipo de sistema mantém uma divisão de carga igualitária para três ou mais geradores CA. Como os geradores são conectados em paralelo a um barramento comum, todas as tensões de geradores, frequências e sequências de fase devem estar dentro de limites bastante estritos para garantir a operação correta do sistema.

O diagrama em blocos simplificado na Figura 12-20 representa um **sistema paralelo de quatro geradores** típico. O diagrama mostra uma configuração operacional normal; todos os quatro disjuntores de geradores (GCBs) e disjuntores da ligação do barramento (BTBs) são fechados. Todos os quatro geradores são sincronizados e conectados em paralelo pelo **barramento de ligação**, também chamado de **barramento de sincronização**. O objetivo desse barramento é conectar a saída de todos os geradores operacionais. Os **barramentos de carga** são usados para distribuir a corrente do gerador para as diversas cargas elétricas.

Se um gerador sofre pane, seu GCB recebedor se abre. Isso isola esse gerador de seu barramento de carga; contudo, o barramento de carga continua a receber energia enquanto permanece conectado ao barramento de ligação. Em caso deo sobrecarga do barramento de carga, o barramento é isolado pela abertura de seu GCB e BTB. A Figura 12-21 ilustra esse modo de falha. Nesse diagrama, o barramento de carga 3 foi isolado. A suspeita provável é que o barramento de carga 3 tenha sofrido curta com a massa e a unidade de controle da potência do barramento tenha desarmado automaticamente os contatores apropriados. Esse modo de isolamento ocorre sempre que um ou mais barramentos apresentam defeitos.

Se dois ou mais geradores sofrem panes, seus respectivos disjuntores se abrem e eles são isolados. Os geradores restantes fornecem a energia para todo o sistema. Nessa situação, as cargas elétricas não essenciais são desconectadas automaticamente do sistema, impedindo uma sobrecarga acidental dos geradores operacionais.

O sistema paralelo segmentado

A Figura 12-22 ilustra um **sistema paralelo segmentado de distribuição de potência elétrica**. Esse sistema permite alguma flexibilidade na distribuição da carga, mas ainda mantém o iso-

294 Eletrônica de Aeronaves

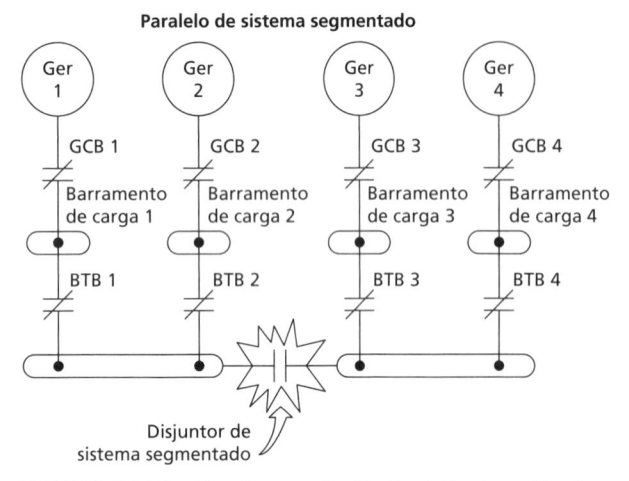

FIGURA 12-22 Um sistema de distribuição de potência paralelo segmentado. (*Sundstrand Corporation.*)

lamento entre os sistemas quando necessário. Quando fechado, o disjuntor do sistema segmentado conecta todos os geradores, colocando o sistema em paralelo. Quando aberto, o disjunto do sistema segmentado isola os sistemas direito e esquerdo, o que cria um sistema paralelo mais flexível.

O sistema paralelo segmentado foi usado pela primeira vez no Boeing 747-400; hoje, o sistema é empregado na maioria das aeronaves de transporte com quatro motores. Como vemos na Figura 12-23, esse sistema emprega quatro geradores acionados por motores e dois geradores de unidade auxiliar de força (APU) e pode aceitar duas fontes de energia externas separadas (EXT 1 e EXT 2). O B-747-400 usa um sistema de controle automatizado da distribuição de potência que inclui transferência de energia sem interrupção. A transferência de energia sem interrupção será discutida posteriormente neste capítulo. como vemos no diagrama esquemático do sistema, quatro geradores de acionamento integrado (IDGs) são conectados a seus respectivos barramentos ca através de disjuntores de controle do gerador (GCBs). Os barramentos ca são colocados em paralelo através dos disjuntores da ligação do barramento (BTBs) e do disjuntor do sistema segmentado (SSB). Quando o SSB se abre, o sistema direito opera da independentemente do esquerdo. Com esse sistema, qualquer gerador pode fornecer energia a qualquer barramento de carga e qualquer combinação de IDGs pode operar em paralelo.

A potência externa ou da APU pode ser conectada aos barramentos CA através de seus contatores associados. Os barramentos de **manuseio no solo** (GH, *ground handling*) CA são alimentados pelo fechamento do relé de manuseio no solo (GHR) para a potência APU ou EXT. Os barramentos de GH CC recebem energia do transformador-retificador (TR) localizado diretamente acima deles no diagrama (Figura 12-23). Os barramentos de manuseio no solo são usados para alimentar equipamentos de iluminação e miscelânea para carregamento de cargas, abastecimento de combustível e limpeza. Os barramentos de GH não são alimentados durante o voo normal.

Os barramentos de **manutenção no solo** (GS, *ground service*) são controlados da estação dos comissários de bordo localizada na porta esquerda número 2 da aeronave. A chave de controle energiza o relé de manutenção no solo (GSR), que conecta os barramentos GS à potência que estiver em linha, seja ela APU ou EXT. Os barramentos de manutenção no solo são usados para iluminar o interior da aeronave e alimentar o carregador

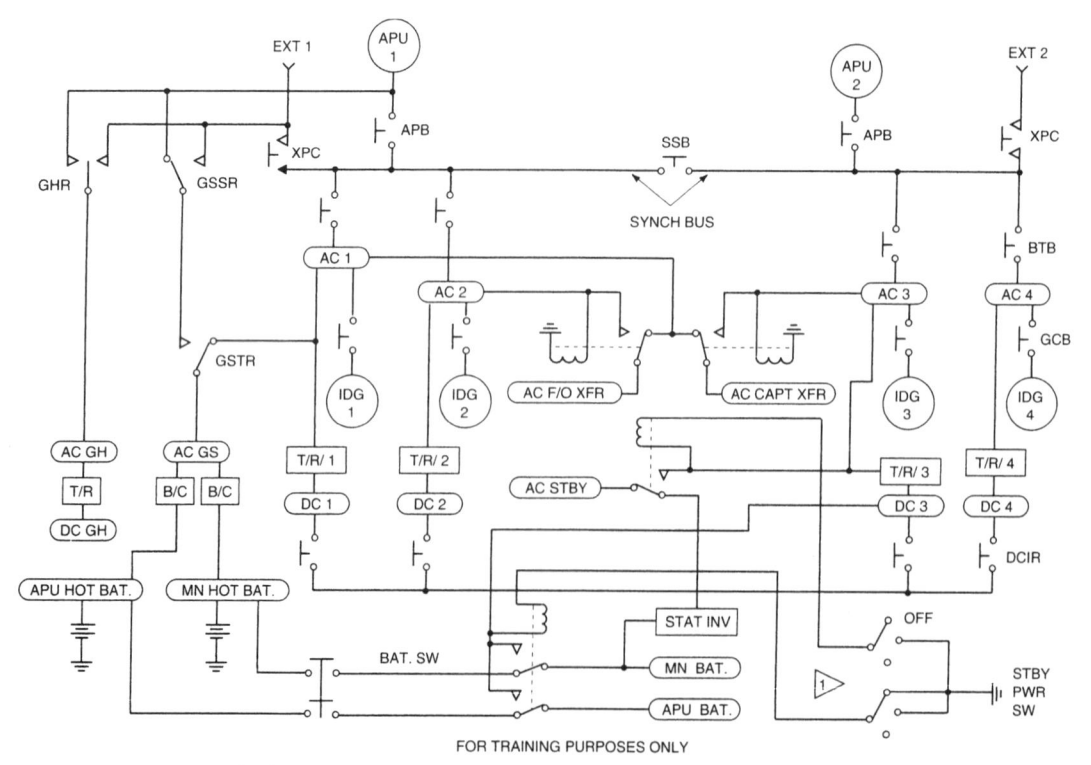

FIGURA 12-23 Um sistema de distribuição de potência paralelo segmentado.

da bateria principal e outros sistemas diversos necessários para a manutenção, limpeza e partida da aeronave.

Praticamente todas as aeronaves da categoria de transporte contêm um ou mais meios de alimentar a aeronave para fins de manuseio no solo e manutenção. Uma aeronave desse porte precisa de diversas operações no solo, incluindo limpeza e carregamento. A potência de manuseio no solo permite que as equipes realizem tarefas gerais sem transmitir energia para diversos sistemas críticos de voo. O nome e projeto exato dos sistemas elétricos de manuseio no solo variam entre as aeronaves; os sistemas que acabamos de descrever são apenas exemplo típicos.

Sistemas elétricos CC

As grandes aeronaves comerciais empregam os dois tipos de sistema de distribuição de potência, CA e CC. O sistema CC incorpora capacidades de redundância e isolamento por uma questão de segurança. O carregamento dos barramentos CC é organizado de forma que uma perda total de potência em um sistema seja improvável. Durante uma pane parcial do sistema, as cargas CC essenciais podem ser alimentadas por qualquer transformador-retificador (TR) através do barramento CC essencial. Em caso de pane completa do sistema de geradores, a potência CC essencial seria fornecida pela bateria da aeronave. Um inversor CA também seria alimentado em uma situação de emergência para operar todas as cargas ca essenciais.

A distribuição de potência CC do Boeing 747

O diagrama do 747-400 (ver Figura 12-23) mostra os quatro barramentos de distribuição CC conectados a seus respectivos TRs. Duranete um voo normal, os barramentos CC estão todos conectados, pois a corrente contínua pode ser colocada facilmente em paralelo. Se um barramento CC sofre uma pane, este é isolado pela abertura de seu respectivo **relé de interligação de corrente contínua (DCIR)**. Se a aeronave está operando apenas com a potência da bateria (uma situação de emergência extrema), apenas o **barramento da bateria ativo principal**, o **barramento da bateria ativo da APU**, o **barramento da bateria principal** e o **barramento da bateria da APU** receberão energia.

A distribuição de potência CC do Boeing 727

A Figura 12-24 ilustra o sistema de distribuição de potência do Boeing 727. No diagrama, vemos que o sistema de distribuição de potência do B-727 é um sistema paralelo que contém três geradores CA acionados pelo motor. Cada gerador pode ser conectado para conduzir toda a carga elétrica da aeronave individualmente durante situações de emergência ou sincronizado com os outros dois durante a operação normal. Nessa aeronave, a potência CA e CC de emergência normalmente é fornecida pelo gerador 3, mas qualquer gerador pode desempenhar essa função. A chave giratória usada para controlar a potência essencial é mostrada na parte inferior central do diagrama. Nesse tipo de sistema, as cargas elétricas mais críticas devem ser conectadas ao barramento da bateria ativo. Esse barramento é a fonte com menor probabilidade de perder energia em caso de pane catastrófica do sistema elétrico.

A Figura 12-25 mostra um diagrama simplificado do sistema de distribuição de potência CC de um **Boeing 727**. Como ilustrado, os barramentos de carga CA 1 e 2 e o barramento CA essencial estão conectados a TRs, que fornecem energia aos barramentos CC correspondentes. O TR carregador da bateria recebe energia do barramento de transferência CA, um método típico de carregamento da bateria durante o voo. Os barramentos CC 1 e 2 são conectados por um limitador de corrente de 100 A. O barramento CC 1 é ligado ao barramento CC essencial através de um diodo que permite o fluxo de corrente apenas do barramento CC 1 para o barramento CC essencial. O barramento CC essencial fornece corrente para o barramento da bateria, o barramento de transferência da bateria e o barramento da bateria ativo. O **barramento da bateria ativo** é sempre conectado diretamente à bateria.

O avião "mais elétrico"

À medida que os projetistas se esforçam para criar aeronaves com alta eficiência energética, o uso de componentes de estado sólido leves substituiu muitos dos sistemas mecânicos das aeronaves tradicionais. Essa mudança também possibilitou a invenção de sistemas eletrônicos mais confiáveis, motores elétricos de alta potência, controles computadorizados melhores e inúmeros sistemas redundantes. Em geral, as aeronaves contemporâneas empregam mais sistemas elétricos e eletrônicos do que qualquer projeto anterior. Esse conceito de projeto costuma ser chamado de **o avião "mais elétrico"**. A primeira aeronave de transporte a seguir esses conceitos de projeto foi o Boeing 777, lançado no final da década de 1990. Desde então, as aeronaves aumentaram o uso de sistemas elétricos, e muitos especialistas preveem que um dia até os motores de turbina (jato) serão substituídos por motores elétricos. Obviamente, ainda há muitos anos de desenvolvimento antes que uma grande aeronave possa usar apenas eletricidade como fonte de energia, mas já foram desenvolvidas aeronaves de dois assentos movidas por hélices que voam usando apenas energia elétrica.

O sistema de distribuição de potência do Boeing 777

A aeronave Boeing 777 é o maior avião de passageiros bimotor em serviço. Essa aeronave, apelidada de "triplo sete", foi lançada em 1995 e transporta mais de 300 passageiros. O B-777 foi o primeiro a empregar muitos dos sistemas elétricos usados na maioria das aeronaves modernas. Para melhorar a energia elétrica disponível e manter a confiabilidade necessária para uma aeronave de transporte, o B-777 contém um total de oito geradores: sete acionados por motores e um acionado pela RAT. Consulte o diagrama simplificado da distribuição de potência na Figura 12-26 durante a discussão a seguir sobre o triplo sete.

O B-777 usa um sistema de distribuição de potência CA de barramento segmentado; além disso, dois geradores de reserva ca adicionais e dois geradores CC ficam explicitamente disponíveis para os controles de voo. A distribuição elétrica é regulada, controlada e protegida através de um sistema computadorizado moderno. Os dois geradores CA principais são geradores de acionamento integrado (IGDs) tradicionais com saída de 115 Vca a 400 Hz e máximo de 120 kVA.

Os controles de voo do B-777 operam usando sinais elétricos da cabine de comando sem um sistema mecânico de reserva; mais conhecida como aeronave *fly-by-wire*, esse avião literalmente não teria como voar sem energia elétrica. Por esse motivo, cada motor aciona um gerador de reserva de velocidade variável

296 Eletrônica de Aeronaves

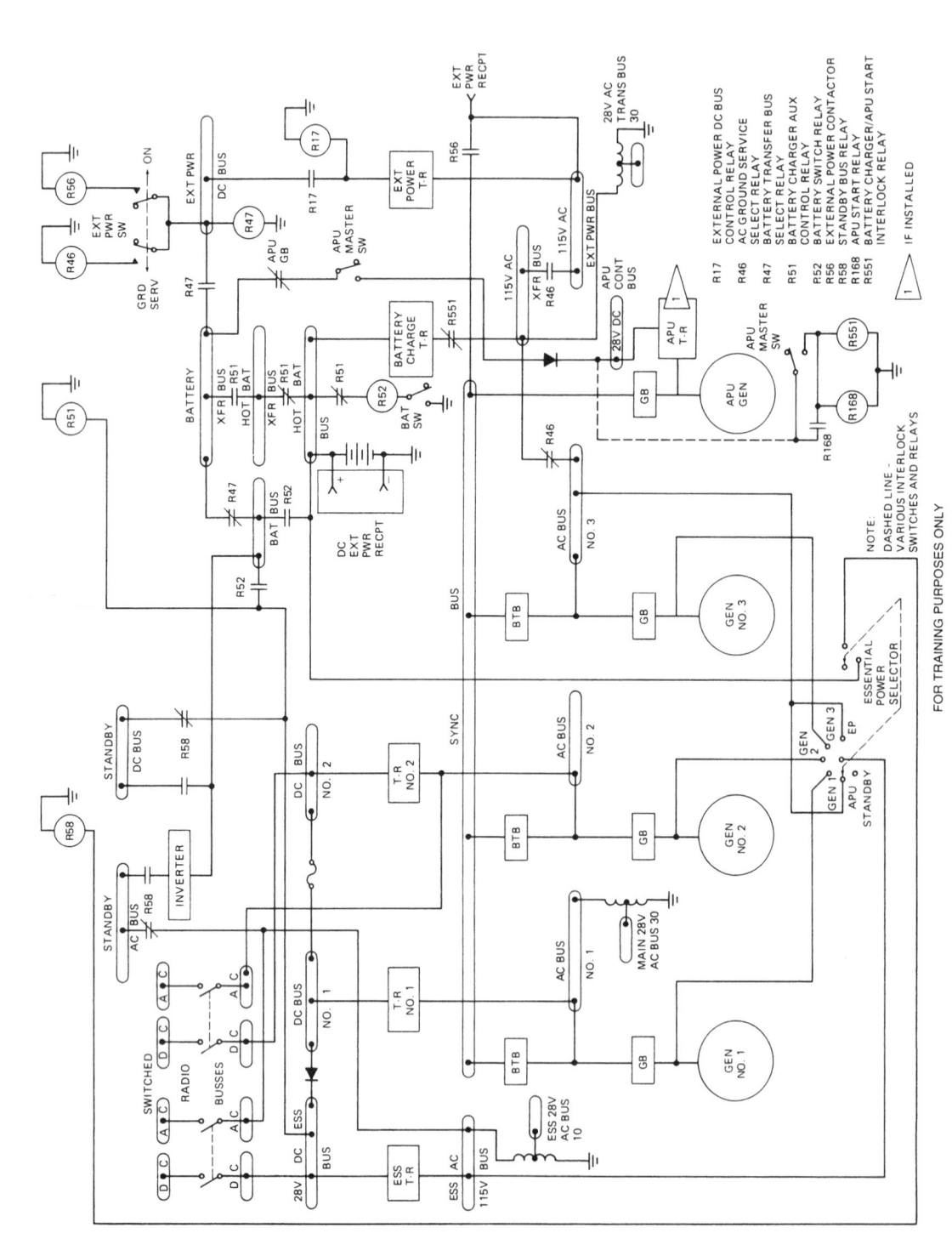

FIGURA 12-24 Sistema de distribuição de potência do Boeing 727. (*Boeing Company*.)

Capítulo 12   Sistemas de distribuição de potencial   **297**

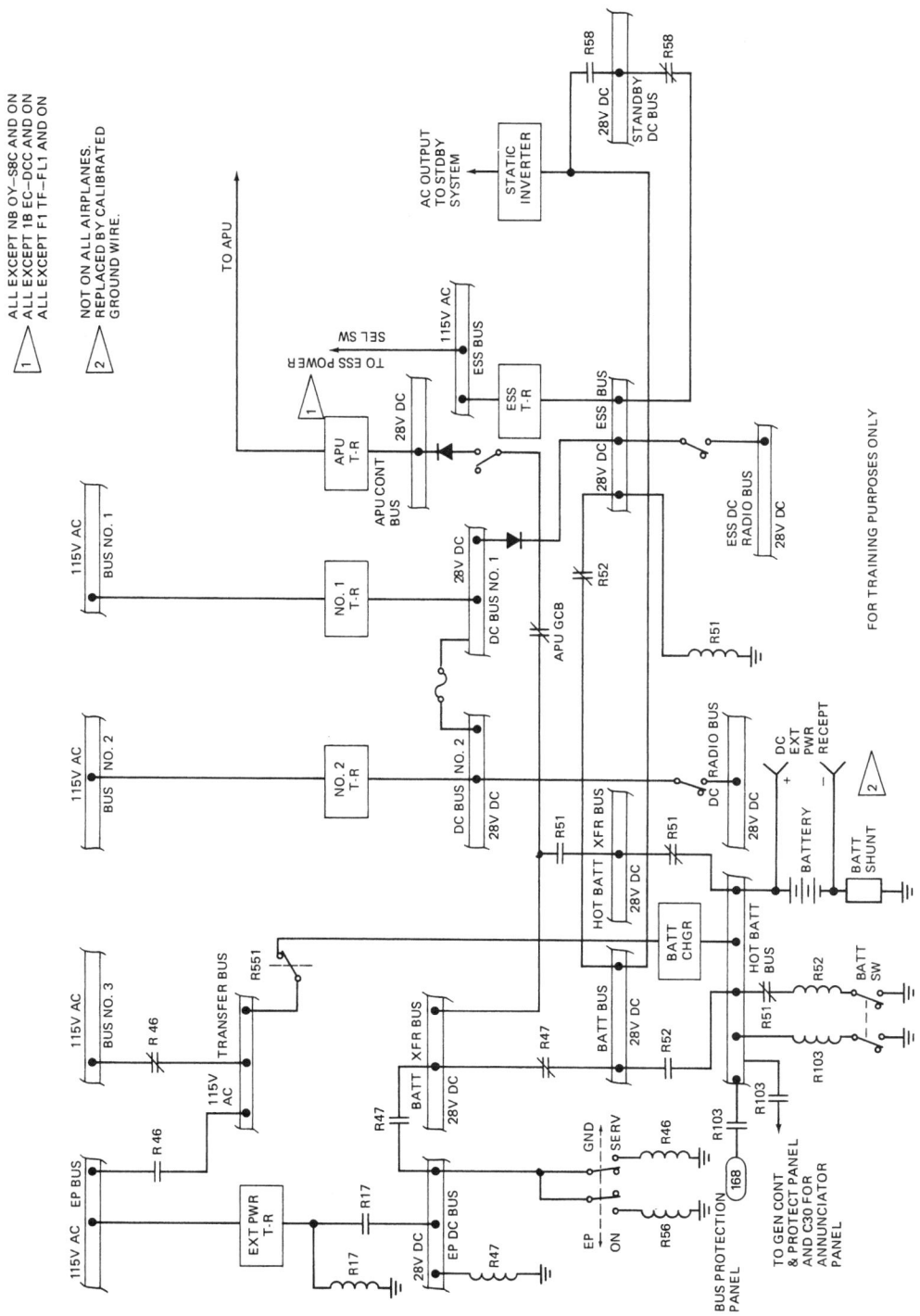

FIGURA 12-25   Sistema de distribuição de potência CC do Boeing 727. (*Boeing Company.*)

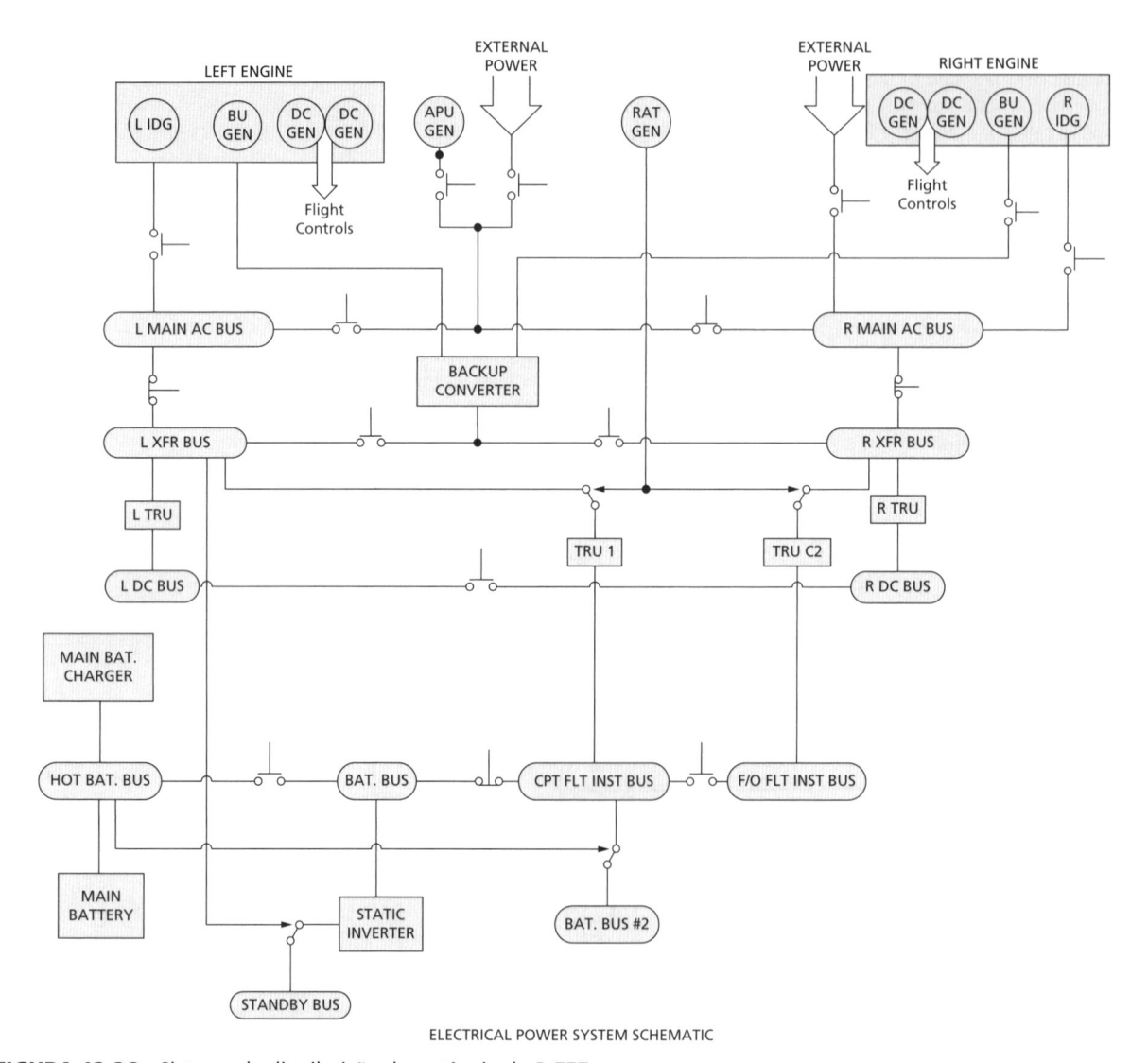

FIGURA 12-26 Sistema de distribuição de potência do B-777.

e frequência constante (VSCF) usado em caso de emergência elétrica. Esses geradores usam um circuito conversor para fornecer 115 Vca, 400 Hz com saída máxima de 20 kVA. Os dois motores e os geradores relacionados estão localizados na parte superior do diagrama; observe que os geradores de reserva se conectam diretamente com o conversor elétrico.

Cada motor também aciona dois geradores CC usados para alimentar três conjuntos de fonte de energia de controle de voo. Assim como na maioria das aeronaves modernas, a APU pode ser operada no voo e seu gerador pode ser usado para energia elétrica. Além disso, o B-777 emprega uma turbina de ar de impacto (RAT) para gerar 7,5 kVA de potência elétrica caso todos os motores entrem em pane. Esse projeto cria uma redundância extrema para todos os controles de voo críticos.

Com exceção das muito pesadas, todas as cargas são controladas através do **Sistema Eletrônico de Gestão de Cargas (ELMS)**. Diversos painéis de controle de potência do ELMS contêm as unidades de comutação de carga que distribuem a potência. O ELMS recebe informações dos diversos sistemas e controla através de um barramento de dados digitais para monitorar, distribuir e proteger a energia elétrica. As cargas pesadas são controladas pela unidade de controle da potência do barramento.

O sistema de potência CC do B-777 emprega cinco transformadores-retificadores (TRUs) que recebem energia dos geradores CA. Próximo à parte inferior central do diagrama, vemos que os barramentos de instrumentos de voo do capitão e do primeiro oficial podem receber energia de diversas fontes. Esses dois barramentos são usados para alimentar os instrumentos de voo críticos e são considerados essenciais para a segurança do voo. Durante um voo normal, esses barramentos de instrumentos recebem energia do TRU 1 ou 2; eles também podem ser alimentados diretamente pela bateria principal.

O sistema de potência elétrica do A-380

O Airbus A-380 foi lançado em 2007 como uma aeronave comercial de alta capacidade e longa distância. Com capacidade para mais de 500 passageiros, o avião tem seis geradores CA acionados por motores, sendo quatro pelos motores principais e dois acionados por uma APU montada na cauda da aeronave. Assim como na maioria das aeronaves modernas, a APU pode operar no solo e em voo. Os geradores principais podem produzir um máximo de 150 kVA a 115 Vca. A frequência de saída do gerador varia de 370 a 770 Hz, dependendo do rpm do motor; estes são **geradores de frequência variável (VFGs)**. Os dois geradores da APU produzem um máximo de 120 kVA a uma frequência constante de 400 Hz. O A-380 também tem uma RAT e um sistema de inversor estático para potência CA de emergência. Cada gerador opera de forma independente dos outros; assim, o sistema de distribuição de potência do A-380 é semelhante ao de um sistema de barramento segmentado típico. A potência CA de um gerador nunca é conectada em paralelo com outra potência CA. Isso permite que cada gerador opere em uma larga amplitude de frequência (370–770 Hz). As cargas CA alimentadas por essa corrente de frequência variável devem ser projetadas para corresponder a ela.

Durante a operação normal, o sistema CC recebe energia através de dois TRUs principais (TRU). Três baterias de 50 Ah fornecem eletricidade para a potência CC de reserva. Uma bateria independente está disponível para a partida da APU. Consulte o diagrama de distribuição de potência (Figura 12-27) durante as discussões a seguir sobre o A-380.

A potência principal do avião aparece no alto do diagrama; as fontes incluem quatro VFGs acionados por motores, os geradores da APU A e B e quatro opções de potência externa. No solo, a potência externa pode fornecer até 90 kVA a 115 Vca e 400 Hz. Os geradores da RAT (alto/centro do diagrama) podem ser usados para alimentar a potência de emergência ao barramento essencial ca. Se todos os geradores CA sofrem pane, o inversor estático pode fornecer uma corrente alternada de emergência à aeronave.

A porção inferior do diagrama contém o sistema de distribuição de potência CC com duas baterias principais e uma bateria separada para a partida da APU. Os barramentos de carga CC podem ser alimentados pelos geradores CA (localizados no alto do diagrama) ou pelas baterias durante uma situação de emergência. Obviamente, toda a potência CA deve passar através dos TRUs, que convertem a tensão CA de 115 V A para 28 Vcc.

O diagnóstico do sistema de distribuição de potência do A-380 é realizado com a ajuda de dois **Computadores de Manutenção de Distribuição de Potência (PDMCs)**. Há três terminais de acesso para informações usando o PDMC. Os terminais de acesso são conhecidos pelos nomes de **Terminal de Manutenção a Bordo (OMT)**, **Terminal de Informações a Bordo (OIT)** e **Terminal de Acesso para Manutenção Portátil (PMAT)**. A operação desses pontos de acesso é semelhante à de

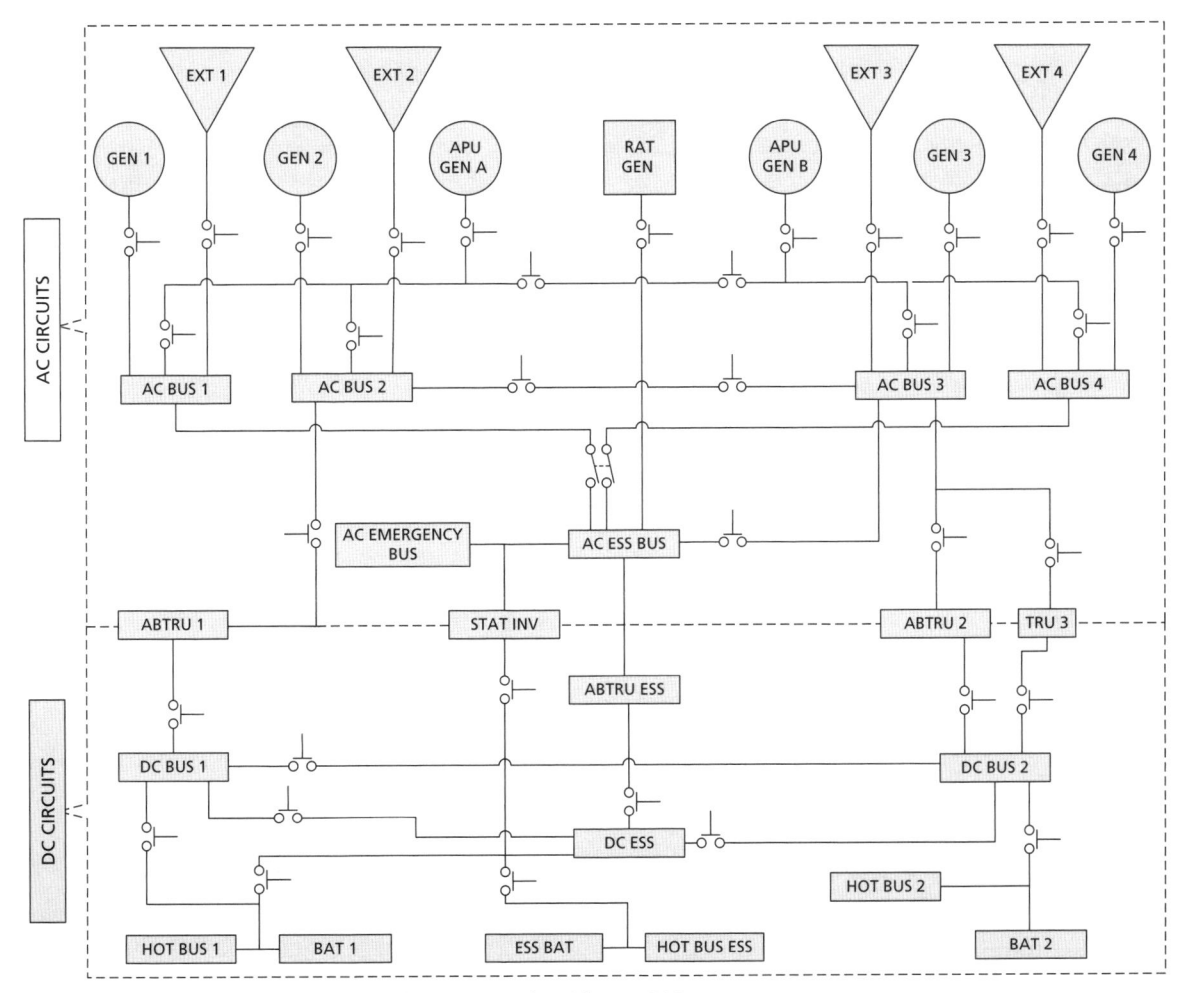

FIGURA 12-27 Sistema de distribuição de potência do Airbus A-380.

um PC e permite que os técnicos obtenham informações diretas sobre os sistemas de energia elétrica durante a manutenção. Os sistemas de manutenção automatizados serão apresentados em mais detalhes no Capítulo 13.

O sistema de potência elétrica do Boeing 787

O Boeing 787 é uma aeronave bimotor projetada para transportar até 330 passageiros e é, por uma larga margem, o avião "mais elétrico" da história. Muitos dos outros sistemas tradicionalmente hidráulicos e pneumáticos, como o condicionador de ar da cabine, a pressurização e a proteção contra gelo nas asas, foram substituídos por sistemas elétricos. A maioria dos sistemas hidráulicos opera usando atuadores hidráulicos acionados por um motor elétrico de alta potência. Devido ao tamanho da aeronave, muitos dos motores produzem quase 100 hp; junto com outras cargas, isso cria a necessidade de uma quantidade inédita de energia elétrica para a aeronave. O B-787 emprega quatro motores de partida nos dois motores principais e dois motores de partida da APU, com saída combinada de 1,45 MW de energia elétrica. Em modo de geração, a saída de potência é de 235 Vca a uma frequência variável de 360 a 800 Hz. O uso de um sistema de 235 V (em vez dos 115 Vca tradicionais) permite a redução dos fluxos de corrente, o que por sua vez reduz o tamanho e o peso dos componentes elétricos e da fiação.

Ambos os motores de partida são utilizados para uma partida normal do motor, mas uma unidade sozinha consegue dar partida no motor mais lentamente. Apenas um motor de partida é utilizado para partidas da APU. Na maioria dos casos, a energia elétrica do sistema de potência externo é utilizado para a partida do motor. Se a potência de massa não está disponível, a partida da APU usa a bateria do avião e a potência do gerador da APU pode ser utilizada para dar partida nos motores principais.

A Figura 12-28 mostra um diagrama simplificado da distribuição de potência do B-787. Nela, vemos os três motores de

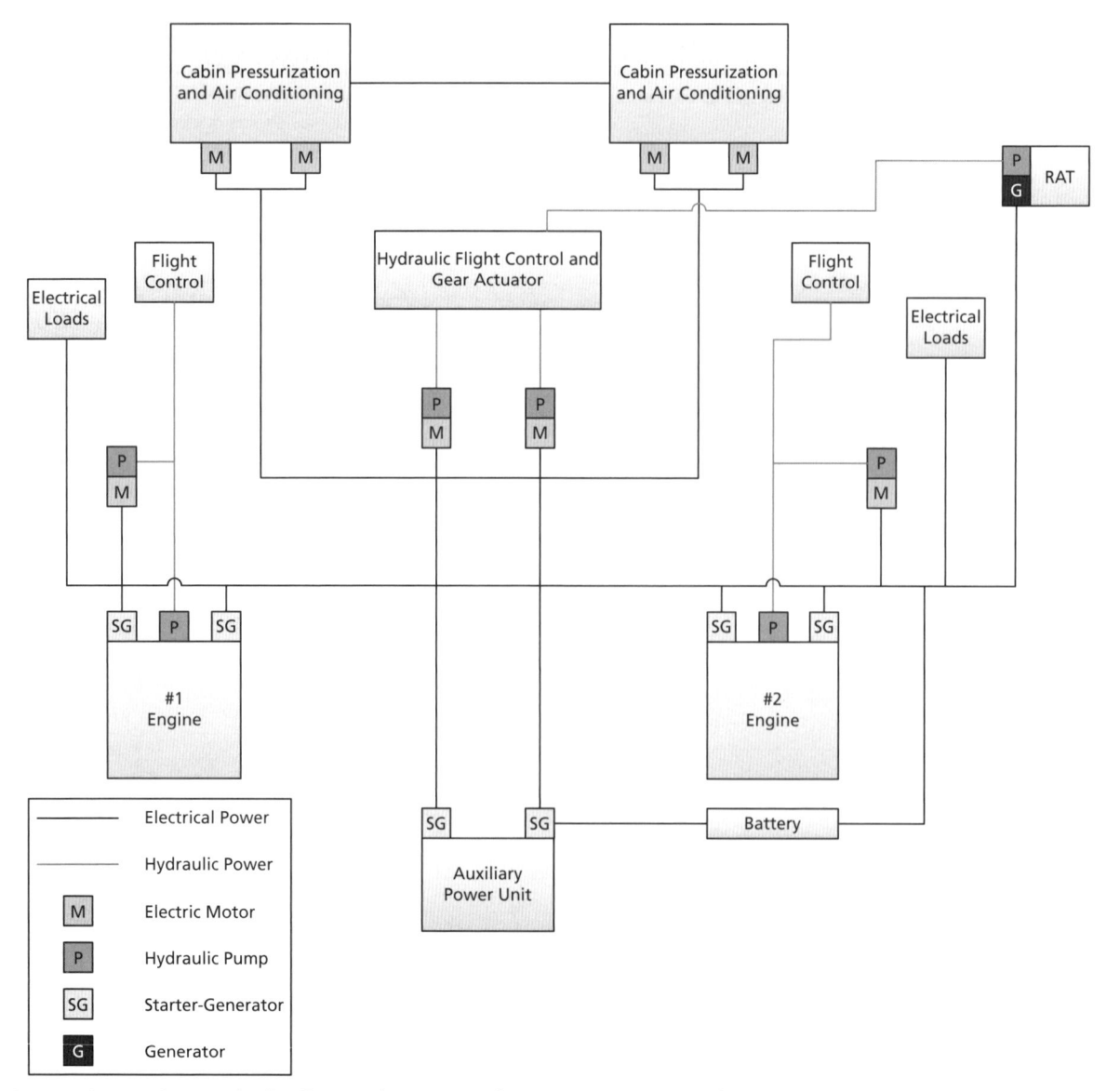

FIGURA 12-28 Sistema de distribuição de potência do Boeing 787. Veja também o encarte colorido.

turbina (parte inferior do diagrama); a APU e os motores principais 1 e 2; ambos empregam dois motores de partida. Nos motores 1 e 2, o diagrama também mostra as bombas acionadas pelo motor (P) que produzem a pressão hidráulica para determinados controles do voo. O centro do diagrama representa o controle de voo hidráulico e os atuadores de engrenagens; a pressão hidráulica para essas unidades é fornecida por duas bombas (P) acionadas por dois motores elétricos (M). Quatro motores elétricos também aparecem no alto diagrama, usados para alimentar os sistemas de pressurização da cabine e condicionamento de ar. O B-787 é a primeira aeronave de transporte a empregar motores elétricos de alta potência para os sistemas hidráulicos e ambientais da cabine. Na parte superior direita do diagrama vemos o RAT; essa unidade fornece energia de emergência para os sistemas críticos elétricos e hidráulicos.

A aeronave tem a capacidade de fornecer quatro valores de tensão diferentes: 235 volts de corrente alternada (Vca), 115 Vca, 270 volts de corrente contínua (Vcc) e 28 Vcc. As potências de 115 Vca e 28 Vcc alimentam a maioria dos sistemas tradicionais. As tensões de 235 Vca e 270 Vcc são usadas principalmente para motores elétricos de alta potência. Essa complexidade exige o uso de um sistema altamente sofisticado para o controle da energia elétrica.

Hierarquia de distribuição de potência

Todos os sistemas elétricos de aeronaves são projetados com uma **hierarquia de barramentos**. Em outras palavras, cada sistema é projetado para que os componentes mais críticos tenham a menor probabilidade de pane. Em todas as aeronaves, os componentes mais críticos devem operar usando a potência da bateria. Os componentes menos críticos podem operar com outras fontes de energia, como um gerador. Por exemplo, no Boeing 747-400, as cargas menos críticas são conectadas aos barramentos CA e CC 1, 2, 3 e 4 (Figura 12-23). As cargas mais críticas podem ser conectadas aos **barramentos de transferência** do capitão e do primeiro oficial (AC CAPT XFR e AC F/O XFR). As cargas CA mais críticas são conectadas ao **barramento de reserva CA** (AC STBY); as cargas CC são conectadas ao **barramento da bateria principal** (MN BAT). Essa hierarquia permite a operação segura da aeronave mesmo no caso improvável de uma pane de todos os geradores acionados por motores.

Controle dos sistemas de distribuição de potência

Nas aeronaves modernas que empregam um sistema paralelo ou de barramento segmentado, é essencial ter uma maneira centralizada de controlar a distribuição de potência entre os barramentos de carga individuais. Por exemplo, se um gerador entra em pane ou um barramento sofre curto com a massa, as ligações de barramento e disjuntores de geradores apropriados devem se armar na posição correta. No caso de uma sobrecarga do sistema, a unidade de controle deve reduzir a carga elétrica até um nível aceitável. O nome desse processo é **deslastre de carga**. A potência da *galley* da aeronave normalmente é a primeira carga não essencial a ser desconectada. Além disso, a unidade de controle deve reconectar automaticamente todas as cargas essenciais a um barramento operacional. Essa manipulação da potência deve

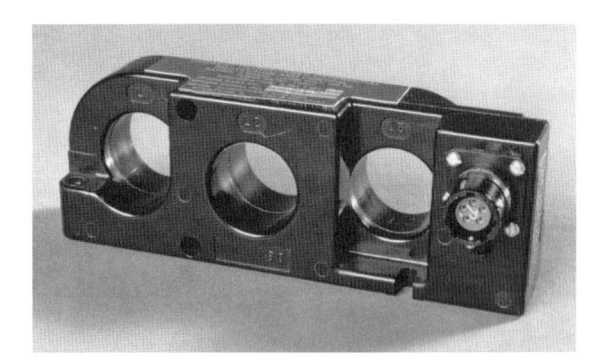

FIGURA 12-29 Transformador de corrente. (*Sundstrand Corporation.*)

ocorrer dentro de uma fração de segundo para garantir que o voo não sofrerá nenhuma interrupção. Para atingir esse objetivo, muitas aeronaves empregam uma **unidade de controle da potência do barramento** (BPCU) de estado sólido.

A BPCU recebe dados das unidades de controle do gerador (GCUs), a unidade de controle da potência de massa (GPCU) e os diversos disjuntores e ligações de barramentos do sistema. Como discutido no Capítulo 11, as GCUs são usadas em conjunto com cada gerador da aeronave para monitorar e regular as atividades dos geradores. Se um GCU detecta uma falha, ela informa a BPCU, que por sua vez garante a configuração apropriada do sistema de distribuição de potência.

A BPCU também recebe informações de entrada relativas a cargas do sistema dos **controladores de carga**, circuitos elétricos que sentem a corrente real do sistema e fornecem sinais de controle para o governador de rpm de acionamento de velocidade constante do gerador. O rpm de saída do acionamento de velocidade constante, por sua vez, afeta a frequência de saída do gerador. Os controladores de carga recebem seus sinais de entrada de transformadores de corrente, como aquele mostrado na Figura 12-29. Os **transformadores de corrente** são compostos de três bobinas de captadores indutivos que fornecem sinais de detecção de corrente. Os fios condutores de potência principais que conduzem a corrente alternada trifásica de cada gerador são distribuídas através dos orifícios correspondentes em um transformador de corrente. Enquanto a corrente alternada percorre o fio, o campo magnético correspondente induz uma tensão no transformador de corrente (Figura 12-30). Os sinais elétricos do transformador de corrente, em conjunto com a GCU e a BPCU, são usados para controlar os circuitos de proteção e fornecer sinais aos medidores de carga na cabine de comando.

A BPCU é o computador de controle principal para todos os geradores e distribuição de energia elétrica. A BPCU recebe sinais de entrada de diversos transformadores de corrente para monitorar o sistema elétrico. Se a BPCU detecta uma condição anormal, ela abre e/ou fecha a ligação de barramento apropriada e/ou disjuntor. Como ilustrado anteriormente neste capítulo pelos diagramas esquemáticos dos sistemas paralelos e de barramento segmentado, os disjuntores ficam espalhados pelo sistema elétrico da aeronave e são usados para isolar ou conectar diversos geradores e/ou barramentos de distribuição. Os disjuntores operam automaticamente de acordo com os sinais da GCU ou BPCU ou manualmente através de controles da cabine

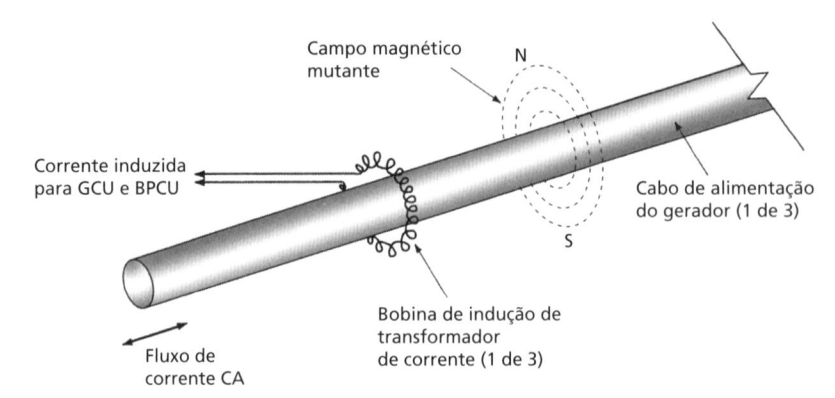

FIGURA 12-30 Bobina de indução de transformador de corrente.

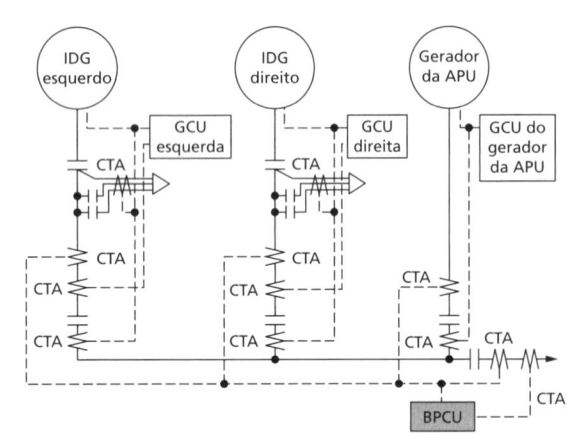

FIGURA 12-31 Desenho esquemático de sistema de controle de distribuição de potência. (*Sundstrand Corporation*.)

de comando. Os disjuntores da ligação do barramento são outro tipo de unidade usada para conectar ou desconectar os pontos de distribuição elétrica principais. Um disjuntor da ligação do barramento (BTB) é semelhante a um solenoide elétrico, pois é utilizado como chave de controle remota. Normalmente, cada BTB é controlado pela BPCU.

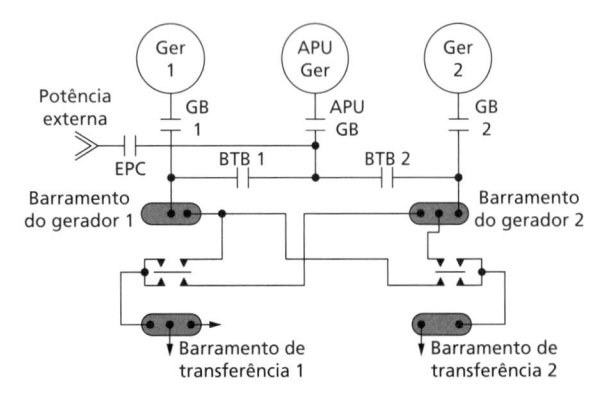

FIGURA 12-32 Sistema de controle da distribuição de potência com disjuntores de geradores (GBs) e disjuntores de ligação do barramento (BTBs). (*Sundstrand Corporation*.)

A BPCU cumpre funções de controle, teste, proteção e identificação de panes. O diagrama esquemático na Figura 12-31 mostra as GCUs, a BPCU e seus sensores relacionados e os conjuntos de transformadores de corrente (CTAs). A Figura 12-32 mostra os disjuntores de geradores e disjuntores da ligação do barramento (BTBs), usados para controlar as cargas do sistema por meio de sinais da BPCU.

As BPCUs são basicamente pequenos computadores projetados para uma função específica. Cada aeronave normalmente contém duas BPCUs por uma questão de redundância em caso de pane. Cada BPCU monitora constantemente seus dados de entrada e de saída usando mensagens codificadas digitalmente. Se ocorre uma falha no sistema, a BPCU inicia a ação corretiva necessária e registra a pena em uma memória não volátil. A memória não volátil é parte dos equipamentos de teste integrados (BITE) da BPCU. Qualquer dado de pane armazenado pelo sistema BITE pode ser recuperado posteriormente por um técnico de linha. Esse processo reduz significativamente o tempo de manutenção e aumenta a confiabilidade do sistema. Os equipamentos de teste integrados são discutidos nos Capítulos 7 e 13.

As aeronaves de transporte mais recentes, como o B-777, o 787 e o A-380, incorporam sistemas elétricos altamente complexos que empregam controles também complexos. A tendência nessas aeronaves é subdividir a regulação da energia elétrica em diversos controles localizados em pontos espalhados por toda a aeronave. Isso permite extensões menores da maioria dos cabos de energia e leva a uma economia de peso.

O sistema de distribuição de potência do B-777 é controlado através de um **ELMS** moderno. Toda a energia elétrica passa através do ELMS para distribuição pela aeronave. Há vários painéis de controle de potência do ELMS, contendo os dispositivos de comutação de carga que distribuem a energia. Para monitorar, distribuir e proteger a energia elétrica, o ELMS recebe dados de diversos sistemas e painéis de controle da cabine de comando usando um barramento de dados ARINC 629.

Os circuitos de controle eletrônicos necessários para a distribuição de potência do B-787 estão contidos nas baias de equipamentos traseiras ou dianteiras. A baia de equipamentos dianteira distribui energia para a maior parte das cargas elétricas a 115 Vca ou 28 Vcc. Os equipamentos elétricos de 235 Vca são alimentados através da baia traseira. Dezessete módulos de distribuição de potência remotos estão espalhados por diversas seções da aeronave para minimizar o número de cabos de energia de longa distância. Os módulos de distribuição de potência remotos (RPDMs) controlam mais de 1000 cargas elétricas de baixo e médio nível. Os RPDMs substituem os contatores e disjuntores térmicos tradicionais usados em aeronaves mais antigas. As cargas pesadas, como os motores de grande porte, são comutadas usando controladores individuais.

O sistema de distribuição de potência do Airbus A-380 é controlado através de uma série de contatores (solenoides) que conectam/desconectam barramentos e fontes de energia. Os comandos do piloto e as instruções automatizadas são enviadas para quatro subsistemas de distribuição de potência para controlar a energia elétrica. O sistema de distribuição principal é dividido em dois subsistemas, o primário e o secundário. A distribuição primária, para cargas que precisam de 15 A ou mais, é controlada através do **Centro de Distribuição de Energia Elétrica Primário (PEPDC)**, localizado na baia de equipamentos elétricos. O sistema de distribuição secundário é controlado por dois **Centros de Distribuição de Energia Elétrica Secundários (SPEDCs)** e oito **Caixas de Distribuição de Energia Secundárias (SPDBs)**. O sistema secundário controla e protege circuitos elétricos que consomem menos de 15 A de corrente. Os centros de distribuição ficam localizados em diversas áreas da aeronave para reduzir a extensão dos fios que partem de um ponto central, o que economiza na complexidade e peso da fiação e aumenta sua confiabilidade.

Na maioria das aeronaves modernas, o sistema automatizado de distribuição de potência permite uma **transferência de energia sem interrupção** (NBPT). Isso significa que o sistema automatizado pode mudar de fonte ca sem uma interrupção momentânea da energia elétrica. Por exemplo, quando está sendo utilizada potência externa e aeronave se prepara para partir do portão, os motores dão a partida e os geradores principais entram em linha. Durante uma NBPT, as unidades de controle do gerador monitoram a fonte de energia em linha no momento (potência externa) e a fonte de energia solicitada pela tripulação de voo (geradores principais). Se a potência solicitada está dentro das especificações, ambas as fontes são colocadas em paralelo por um instante e não ocorre uma interrupção. Se a fonte solicitada está fora dos limites, as GCUs tentam ajustar o sistema e então conectam a fonte solicitada aos barramentos. Se o sistema de potência não pode ser ajustado à tolerância correta para o paralelismo, a fonte de energia solicitada será rejeitada e haverá uma interrupção de energia momentânea.

QUESTÕES DE REVISÃO

1. Qual é o propósito de uma *bus bar*?
2. Descreva um sistema de distribuição de potência para uma grande aeronave.
3. Qual FAR estabelece os requisitos gerais para os sistemas de distribuição de potência de aeronaves?
4. Quais são os diversos meios de monitorar um sistema de distribuição de potência?
5. Explique o propósito e o uso de um circuito de potência externo.
6. Qual é o propósito de um diodo em um circuito contator de potência externa?
7. Explique como conduzir uma análise de carga elétrica.
8. Quais cargas são consideradas em uma análise de carga elétrica?
9. Discuta por que uma aeronave pode conter mais de uma bateria.
10. Discuta a necessidade de dispositivos de proteção em sistemas elétricos de aeronaves.
11. Onde os dispositivos de proteção devem ficar localizados?
12. Qual é o propósito de uma chave-mestra?
13. Quais tipos de cargas elétricas podem ser consideradas cargas intermitentes?
14. O que deve ser feito antes de adicionar equipamentos elétricos ao sistema de uma aeronave?
15. Quais são os requisitos básicos para a identificação de proteção de circuito?
16. Explique por que uma aeronave pode conter mais de uma chave-mestra.
17. Quando a carga contínua total pode ser igual a 100% da saída de um alternador?
18. Explique a diferença entre um circuito de amperímetro de *polaridade única* e *polaridade dupla*.
19. Por que os diagramas esquemáticos elétricos no manual de manutenção de uma aeronave são separados em sistemas diferentes?
20. Quais elementos de um sistema elétrico apareciam em um diagrama esquemático de um sistema de distribuição de potência?
21. Descreva a diferença entre o sistema de distribuição de potência em uma aeronave monomotor e aquele em uma aeronave bimotor.
22. O que é usado para cortar os picos de tensão produzidos por solenoides?
23. Descreva a função de um limitador de corrente.
24. O que é uma *massa elétrica*?
25. Descreva os dois métodos usados para conectar equipamentos elétricos à massa do sistema.
26. O que é um jumper de ligação?
27. Em caso de falha parcial do sistema de energia, o que acontece com as cargas elétricas não essenciais?
28. Qual é a função de um transformador-retificador?
29. Descreva a operação básica de um sistema de distribuição de potência de barramento segmentado.
30. Quais tipos de aeronaves normalmente empregam um sistema de barramento segmentado?
31. Descreva a operação de um sistema de distribuição de potência em paralelo.
32. Quais são as desvantagens de um sistema de distribuição de potência em paralelo?
33. Descreva o sistema de distribuição de potência CC básico para uma grande aeronave comercial.
34. Qual é o propósito do barramento da bateria ativo?

35. Quais unidades são usadas para controlar o sistema de distribuição de potência em uma grande aeronave?
36. O que é uma transferência de energia sem interrupção?
37. Explique os conceitos de projeto básicos do avião "mais elétrico".
38. Por que o Cirrus SR20 tem dois alternadores?
39. O que são campos de alta intensidade de energia (HERFs) e como as aeronaves se protegem contra eles?
40. Descreva a natureza especial dos sistemas de distribuição de potência do Airbus A-380 e dos Boeing B-777 e B-787.

CAPÍTULO 13
Projeto e manutenção de sistemas elétricos de aeronaves

As aeronaves modernas dependem da operação correta de seus sistemas elétricos para uma operação segura e satisfatória. Os sistemas elétricos são necessários para o controle da planta de potência, navegação, comunicação, controle de voo, iluminação, operação da *galley* e outras funções. Em muitas aeronaves, as operações de voo não podem ser conduzidas de maneira segura sem determinados sistemas elétricos **essenciais**. Em alguns dos aviões mais modernos, seria impossível voar sem alguma fonte de energia elétrica. Logo, fica evidente que a manutenção de uma aeronave exige que os sistemas elétricos sejam mantidos na melhor condição possível por meio de inspeções, testes e a execução dos procedimentos de manutenção aprovados.

Para garantir a confiabilidade dos sistemas elétricos, é essencial tomar muito cuidado na seleção dos componentes e materiais e que cada peça seja instalada de modo a não ficar exposta à alguma condição prejudicial. Para aviões comerciais e outras aeronaves civis nos Estados Unidos, os requisitos para a instalação e aprovação de materiais e componentes elétricos foram estabelecidos pela Federal Aviation Administration (FAA) e publicados no Federal Aviation Regulations (FARs). As regulamentações e diretivas da FAA devem sempre ser observadas na manutenção de aeronaves civis. Para tipos específicos de aeronaves e equipamentos, é preciso seguir os manuais de recondicionamento e manutenção dos fabricantes. Durante o projeto e a fabricação da aeronave, o fabricante garante que os requisitos da FAA são atendidos para que a aeronave seja segura e possa ser aprovada no processo de certificação. O propósito deste capítulo é apresentar materiais relativos ao projeto e à manutenção de sistemas comuns de aeronaves. Serão apresentados sistemas simples, usados em pequenas aeronaves monomotores, e também componentes computadorizados complexos.

REQUISITOS PARA SISTEMAS ELÉTRICOS

Requisitos gerais

Em geral, os requisitos para sistemas elétricos de aeronaves são estabelecidos para garantir que os sistemas desempenharão suas função com confiabilidade e eficácia. Os requisitos para aeronaves normais, utilitárias e acrobáticas são definidas pela **FAR Part 23**. A **FAR Part 25** determina os requisitos para aeronaves de transporte. Esses requisitos sofrem diversas mudanças de tempos em tempos, e é responsabilidade da FAA, dos fabricantes e da equipe de manutenção garantir que tais mudanças são incorporadas a aeronaves certificadas quando necessário.

Nesta seção, não é possível listar todos os requisitos atuais em detalhes, mas ainda vamos considerar os principais fatores que garantem a segurança e eficácia dos sistemas elétricos. Para os requisitos atuais relativos à inspeção e manutenção de aeronaves, consulte as FARs e boletins do fabricante apropriados.

Os sistemas elétricos de todas as aeronaves devem ser adequados para seu uso pretendido. As fontes de energia elétrica, seus cabos de transmissão e os dispositivos associados de controle e proteção devem ser capazes de fornecer energia na tensão apropriada para cada circuito de carga essencial para a operação segura da aeronave. A conformidade com os requisitos acima deve ser substanciada por uma análise de carga elétrica (medição ou soma) que considere as cargas elétricas aplicadas ao sistema em combinações prováveis e por durações prováveis.

Os sistemas elétricos, quando instalados, devem estar livres de risco em si mesmos, em seus métodos de operação e em seus efeitos sobre outras partes da aeronave. Eles devem estar protegidos de combustível, óleo, água e outras substâncias prejudiciais e de danos mecânicos como a abrasão ou a força aplicada fisicamente. Os sistemas devem ser projetados para que o risco de choque elétrico para a tripulação, os passageiros e tripulação de solo seja minimizado.

Sempre que possível, os sistemas elétricos são projetados para que não sejam afetados negativamente pelo fogo ou excesso de calor. Isso depende da colocação apropriada da fiação, o uso de paredes de fogo e anteparos térmicos nos compartimentos dos motores e o uso de isolamento de alta temperatura especial nos fios. Os sistemas e equipamentos elétricos devem ser projetados para que estejam protegidos de situações de sobrecorrente que poderiam produzir fumaça ou fogo. Além disso, a instalação dos equipamentos elétricos deve ser feita em um local que minimize a possibilidade de incêndios causados por outros sistemas da aeronave.

Requisitos para aeronaves de transporte

Todos os sistemas e equipamentos instalados em uma **aeronave de transporte** devem cumprir certos requisitos de segurança básicos estabelecidos na FAR Part 25. Todos os sistemas devem ser projetados para desempenhar suas funções pretendidas sob condições operacionais previsíveis. O sistema elétrico e os componentes associados devem ser projetados para tornar improvável a ocorrência de qualquer condição de pane que impediria um voo seguro contínuo. Qualquer pane que reduziria a capacidade da aeronave ou da tripulação de lidar com condições operacionais adversas deve ser improvável.

Devem ser fornecidas informações de advertência para avisar a tripulação sobre condições operacionais inseguras, permitindo que esta adote as ações corretivas apropriadas. Os sistemas, controles e equipamentos associados de monitoramento e advertência devem ser projetados para minimizar os erros da tripulação que poderiam causar riscos adicionais. A conformidade com os requisitos deve ser demonstrada por análise e, quando necessário, pelos testes apropriados em solo, voo ou simulador. A análise deve considerar possíveis modos de falha, incluindo panes e danos causados por fontes externas. Ela deve lidar com a probabilidade de panes múltiplas e panes não detectadas e os efeitos resultantes na aeronave e seus ocupantes.

Instalações

Os equipamentos elétricos, controles e fiação de uma aeronave devem ser instalados de forma que a operação de qualquer unidade ou sistema de unidades não afete adversamente a operação simultânea de qualquer sistema ou unidade elétrica essencial à operação segura da aeronave. É por isso que os circuitos elétricos individuais são instalados em paralelo uns aos outros. Se um circuito de um grupo paralelo é desligado ou sofre pane, ele não afeta os circuitos remanescentes. Também é importante garantir que os circuitos críticos à segurança de voo são protegidos por fusíveis independentes. Se apenas um circuito crítico é conectado a cada fusível ou disjuntor, sua pane não afeta negativamente os outros circuitos. As chaves de controle individual (liga/desliga) também devem ser utilizadas em todos os circuitos críticos ao voo. Em outras palavras, o tripulante apropriado deve poder desligar ou ligar qualquer circuito crítico sem afetar adversamente os outros. Em suma, cada circuito crítico deve conter suas próprias chaves e dispositivos protetores de circuito independentes.

Os cabos e fios devem ser agrupados, roteados e espaçados de modo que danos a circuitos essenciais sejam minimizados caso haja panes em cabos que conduzem altos níveis de corrente. Isso significa que os cabos que poderiam estar sujeitos a incêndio em caso de curto-circuito não devem ser agrupados com os cabos de circuitos essenciais, pois o incêndio de um cabo em curto também poderia danificar um circuito essencial a ponto de torná-lo inoperante.

A Figura 13-1 mostra a baia de equipamentos na seção do nariz de um avião a jato corporativo; a fiação é agrupada, fixada e roteada de forma a proteger os fios e permitir a remoção e instalação das LRUs montadas na área. As LRUs mostradas servem as operações de diversas funções de navegação, comunicação e voo automático.

As instalações projetadas para uma aeronave pelo fabricante normalmente são aceitáveis; contudo, às vezes é necessário realizar mudanças depois da aeronave já estar em operação. Essas mudanças são informadas ao proprietário ou operador da aeronave por meio dos boletins de serviço do fabricante ou por diretrizes de aeronavegabilidade (AD) emitidas pela FAA nos Estados Unidos.

FIGURA 13-1 Baia de equipamentos dianteira no nariz de uma pequena aeronave a jato. Veja também o encarte colorido.

Diagramas esquemáticos típicos

As publicações sobre manutenção para qualquer publicação devem conter informações que expliquem a operação dos sistemas elétricos. Para entender totalmente a operação de qualquer sistema elétrico, o técnico deve estar familiarizado com a fiação do sistema. O **diagrama esquemático** é um mapa elétrico que identifica os diversos fios e componentes elétricos de um determinado sistema. Os diagramas esquemáticos elétricos para pequenas aeronaves muitas vezes estão contidos no **manual de manutenção**. O manual de manutenção também descreve as práticas de operação e manutenção de cada sistema. Os diagramas elétricos de aeronaves maiores e mais complexas estão contidos em um **manual do diagrama do circuito elétrico**. Os sistemas elétricos que não são produzidos ou instalados pelo fabricante da aeronave normalmente não estão incluídos nesses dados. Os diagramas esquemáticos de equipamentos elétricos "adicionais" devem ser obtidos junto aos fabricantes desses itens específicos.

Os termos **diagrama esquemático**, **esquema** e **diagrama** são todos usados para denotar o mapa de um sistema elétrico ou componente. Em geral, esses termos são usados como sinônimos no setor. Muitas empresas e fabricantes possuem diretrizes específicas sobre o que é um diagrama elétrico e o que é um esquema elétrico; logo, essas definições devem ser seguidas. Em geral, no entanto, a maioria dos técnicos usa os termos simples **diagrama** ou **diagrama esquemático** para definir o mapa elétrico. Sua opção entre os termos normalmente é uma questão de preferência pessoal, não de definição específica. Este texto usa os dois termos como sinônimos em praticamente todas as ocasiões.

Os fabricantes de aeronaves corporativas e de transporte normalmente seguem as especificações da **Air Transport Association** (ATA) para categorizar os dados nos manuais de manutenção e do diagrama do circuito elétrico. Alguns manuais de aeronaves de aviação geral, mas não todos, seguem as especificações da ATA. A **especificação 2200 da ATA** contém um código numérico detalhado para os diversos itens usados em uma aeronave. A especificação 2200 da ATA é uma versão moderna da antiga especificação 100 da ATA. Como a 2200 é relativamente nova, muitas publicações mais antigas sobre manutenção de aeronaves ainda seguem a ATA 100. Em linhas gerais, as duas especificações são bastante semelhantes, mas a 2200 tem mais flexibilidade e foi projetada para uso com mídias digitais, como notebooks e tablets.

A especificação ATA 2200 designa componentes e sistemas específicos a determinados capítulos de todas as publicações de manutenção e diagramas de circuitos elétricos. Conhecer esse padrão ajuda os técnicos a encontrar uma descrição de sistema ou diagrama esquemático elétrico específico. Alguns dos capítulos que poderiam se aplicar a sistemas elétricos incluem os capítulos **20 (práticas padrões de células)**, **24 (energia elétrica)**, 31 (sistemas de indicação e gravação), 33 (iluminação), 34 (navegação), 39 (painéis elétricos/eletrônicos e componentes de múltiplos propósitos), 74 (ignição do motor) e 77 (indicador do motor). Lembre-se que esta é apenas uma lista parcial; praticamente todas as peças de uma aeronave podem ter um sistema elétrico ou eletrônico relacionado. Cada um dos capítulos ATA é dividido em seções que detalhe as diversas peças do sistema de uma aeronave.

Os diagramas esquemáticos normalmente representam as configurações elétricas de um ou mais sistemas. Os diagramas esquemáticos *não* mostram as configurações físicas de componentes dentro de um sistema elétrico. Em outras palavras, os diagramas esquemáticos não representam o local dos componentes elétricos dentro da aeronave ou com relação a outros componentes do sistema. Em geral, os diagramas de aeronaves civis são bastante parecidos; contudo, há diversas diferenças nos digramas desenhados por cada fabricante. Alguns diagramas indicam a bitola do fio dentro do número do código do fio. Isso é útil quando precisamos substituir fios em pane. Muitas vezes, os componentes individuais de um sistema elétrico estão identificados no diagrama esquemático; outros diagramas numeram os componentes e usam uma lista de identificação. Literalmente centenas de símbolos diferentes são usados para representar os diversos componentes dos sistemas elétricos de aeronaves. Na maior parte das vezes, esses símbolos são padronizados, mas ainda há alguma variância entre os fabricantes. O apêndice deste livro inclui os símbolos elétricos e eletrônicos de diversos fabricantes de aeronaves.

Em linhas gerais, aeronaves complexas exigem diagramas mais complexos do circuito elétrico e listas de fios detalhadas. Por exemplo, grandes aeronaves de transporte normalmente usam vários níveis de diagramas elétricos. O nível mais simples pode ser o diagrama em blocos (ver Figura 13-2). O **diagrama em blocos** é usado para a familiarização geral com o sistema em sua totalidade e não inclui muitos detalhes. O técnico provavelmente começaria o processo de resolução de problemas por esse diagrama e depois passaria para outros, que contêm informações mais específicas. Posteriormente, o técnico precisaria entender detalhes como os números de fios ou pontos de contato específicos em um conector elétrico; para essas informações, o fabricante fornece mais detalhes em um ou mais diagramas ou esquemas elétricos. Aeronaves grandes e complexas também usam **listas de fios** e **listas de feixes** para ajudar a identificar o roteamento de fios e feixes. Essas listas muitas vezes são apresentadas como tabelas contendo números de fios, números de identificação de conectores, informações sobre contatos elétricos e locais onde os fios são usados na aeronave. Essas informações são ligeiramente diferentes entre os fabricantes e mesmo entre os tipos de aeronave construídos pelo mesmo fabricante. Sempre que for necessário executar um processo detalhado de resolução de problemas de um sistema, é importante consultar as listas de fios e de feixes.

O diagrama esquemático de um sistema elétrico raramente identifica a fiação elétrica dentro de um componente ou LRU. Por exemplo, o diagrama de um circuito de partida de uma aeronave poderia representar o motor de partida como um círculo vazio. O diagrama esquemático do motor de partida mostra a fiação interna do motor. O termo **unidade substituível durante a escala (LRU)** é muito usado para se referir a componentes elétricos, rádios de comunicação ou unidades de controle do gerador. Os diagramas esquemáticos desses componentes normalmente são disponibilizados pelos fabricantes dos componentes. O termo unidade substituível durante a escala significa que o componente pode ser removido e instalado com facilidade da aeronave.

Os principais fabricantes de aeronaves representam os esquemas elétricos de formas ligeiramente diferentes. As Figuras 13-3 e 13-4 mostram diagramas esquemáticos diferentes de um sistema de luzes de aterrissagem; as duas têm várias diferenças e semelhanças entre si. O diagrama esquemático da Beechcraft, a Figura 13-3, inclui uma descrição de componentes, que lista os números de peça aplicáveis, a quantidade de unidades e as zonas de

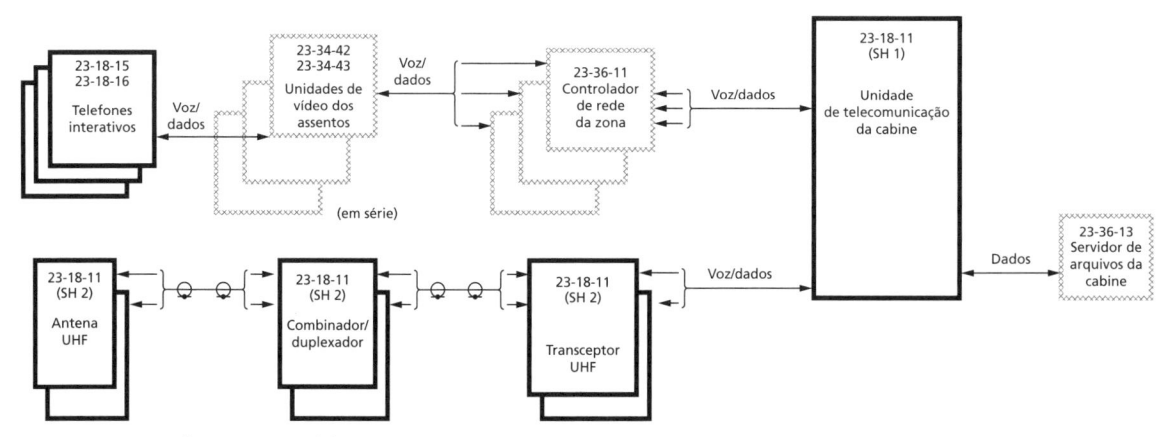

FIGURA 13-2 Um diagrama em blocos típico.

GMA/ATA CODE & REF DES	PART NO.	DESCRIPTION 1 2 3 4 5 6 7	UNITS PER ASSY	INSTL ZONE	USABLE ON CODE
46-01-CB56		CIRCUIT BREAKER SWITCH, LANDING LIGHT/SEE CH 24/	1	240	
-DS20	4596	LIGHT ASSY, LANDING LIGHT..........................	1	410	
-GS4	131270-3	GROUND STUD..	1	222	
-J61		RECEPTACLE, SUBPANEL DISCONNECT/SEE CHAPTER 91/.	1	231	
-P61		PLUG, SUBPANEL DISCONNECT/SEE CHAPTER 91/	1	231	

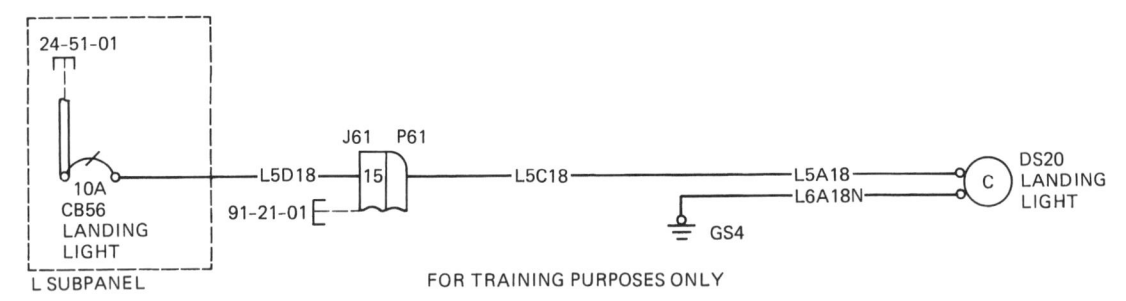

FIGURA 13-3 Diagrama esquemático de circuito de luz de aterrissagem Beechcraft. (*Beech Aircraft Corporation.*)

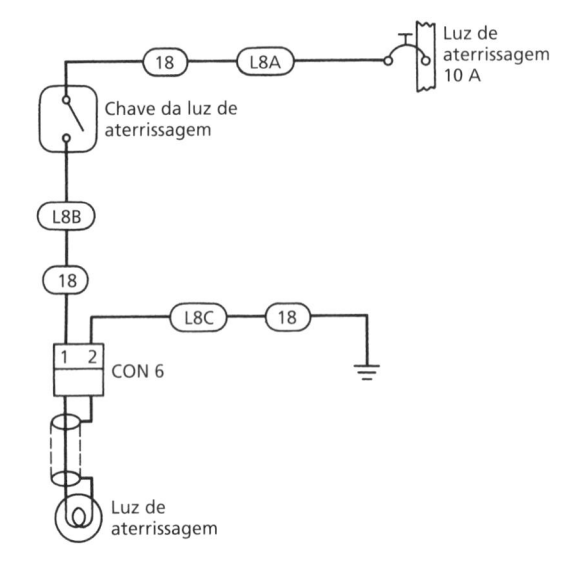

FIGURA 13-4 Diagrama esquemático de circuito de luz de aterrissagem Piper. (*Piper Aircraft Corporation.*)

instalação de componentes. Uma **zona de instalação** indica onde um componente fica localizado dentro da aeronave. Se o número da zona é ligado a uma tabela de códigos de zonas, é possível identificar o local do componente. Isso é extremamente importante quando estamos lidando com uma aeronave complexa, com diversos componentes elétricos em locais remotos. A Beechcraft indica a bitola da fiação de um circuito nos dois últimos dígitos do **código do fio**. Por exemplo, L5 5A18 indica um fio de bitola 18.

O diagrama esquemático da Piper mostrado na Figura 13-4 não contém uma tabela separada de componentes ou fios. Todas as informações relativas ao circuitos estão contidas dentro do diagrama. Cada componente tem seu rótulo e a bitola do fio é sobreposta aos fios individuais.

Em geral, todos os diagramas esquemáticos são bastante semelhantes; todos contêm as informações necessárias para comunicar o layout elétrico do circuito. As diferenças de projeto são ilustradas pelo diagrama. Por exemplo, a Beechcraft controla a luz usando uma chave disjuntora, enquanto o sistema da Piper conecta a luz de aterrissagem ao plugue conector usando um cabo blindado. Essas diferenças de projeto são comuns entre os diversos fabricantes. Sempre consulte o diagrama esquemático antes de trabalhar em qualquer circuito elétrico. Se alguma parte do diagrama não puder ser interpretada, busque auxílio junto ao representante técnico apropriado.

Dados de manutenção eletrônicos

Na era eletrônica contemporânea, os técnicos de aeronaves dependem cada vez mais de dados digitais para os processos de manutenção. Além disso, na última década, as aeronaves se tornaram mais complexas e os documentos de manutenção se multiplicaram. Isso cria um desafio para lidar com as informações de manutenção. No passado, os fabricantes de aeronaves imprimiam literalmente toneladas de manuais de papel sobre a inspeção, manutenção e reparo de seus sistemas elétricos. Hoje, os documentos de papel foram praticamente todos substituídos por dados de manutenção computadorizado na maioria das instalações de manutenção.

As aeronaves computadorizadas modernas empregam a capacidade de monitorar e armazenar dados de manutenção sobre o desempenho e as panes dos motores, células e sistemas elétricos das aeronaves. Os dados desses sistemas computadorizados são inseridos em computadores de manutenção centrais e podem ser extremamente úteis durante a resolução de problemas. Contudo, isso dá origem à questão de como categorizar e analisar todos esses dados. Com a maior complexidade das aeronaves modernas, os dados técnicos eletrônicos também evoluíram. Hoje em dia, mesmo os formatos de CD-ROM não são mais suficientes para os múltiplos tipos de dados disponíveis para o técnico de manutenção.

Os dados técnicos das aeronaves modernas muitas vezes são mantidos diretamente pelo fabricante do equipamento original (OEM) e fornecidos ao técnico de manutenção através de um serviço online seguro. O sistema de dados técnicos administrado pelo OEM fornece uma central de armazenamento e recuperação de dados técnicos para um prestador de serviços de manutenção. Os serviços onlines típicos incluem manuais de isolamento de falhas, documentação de manutenção e diagramas de engenharia, além de diversas outras informações. O técnico pode então acessar os manuais técnicos usam um sistema via web e um computador pessoal ou tablet comum. No passado, os prestadores de serviços de manutenção precisavam armazenar e manter inúmeros diagramas de circuito elétrico, manuais de manutenção e resolução de problemas e catálogos de peças em papel, mas agora esses documentos técnicos podem ser acessados e mantidos quase que exclusivamente online e acessados por uma interface via web.

Os servidores de bancos de dados modernos possuem uma capacidade quase ilimitada de armazenamento e flexibilidade. A adoção dos sistemas de controle de gestão de dados de OEMs permite a interligação de manuais separados (p. ex., um manual de manutenção e um manual de diagramas de circuito elétrico) usando palavras-chave com hiperlinks. Isso acelera o uso de referências cruzadas e permite melhorias importantes na revisão e controle de documentos. Essa abordagem via web também facilita a atualização de todos os documentos técnicos de aeronaves. A integração de estações de trabalho computadorizadas durante a manutenção em hangares e de dispositivos eletrônicos portáteis (notebooks e tablets) na cabine de comando ajuda o técnico da linha de ferente a melhorar as eficiências das atividades de manutenção (ver Figura 13-5). Hoje, um ou mais computadores podem ser considerados a ferramenta de resolução de problemas mais importante no kit do técnico aeronáutico moderno.

Sistemas de identificação para a localização de componentes elétricos

Praticamente todos os fabricantes de aeronaves corporativas e de transporte têm um sistema de identificação usado para localizar componentes em uma aeronave a partir dos diagramas esquemáticos elétricos. Os sistemas variam entre os fabricantes e até mesmo entre as diferentes aeronaves produzidas pela mesma empresa, então sempre consulte a introdução do manual do diagrama do circuito elétrico para identificar detalhes específicos. Em geral, cada um dos componentes elétricos e a fiação descritos nos diagramas esquemáticos recebe um número, que por sua vez pode ser utilizado para localizar a peça usando os manuais apropriados.

As publicações de manutenção de aeronaves que utilizam publicações eletrônicas também adotam os sistemas de localização de componentes. Em muitos casos, os locais dos componentes podem ser acessadas com um simples clique do mouse. Os hiperlinks são muito usados nos manuais de manutenção para recuperar dados de localização de componentes de forma simples e rápida. Em alguns sistemas, as informações de localização incluem imagens tridimensionais ou fotos do componente instalado na aeronave. Algum dia, esse tipo de sistema de localização de componentes eletrônicos certamente será o padrão em todas as instalações de manutenção.

LUZES DE AERONAVES

Todas as aeronaves aprovadas para voo noturno devem estar equipadas com diversos tipos de luzes. Entre elas, podemos listas as **luzes de posição (ou navegação)**, **luzes anticolisão**, **luzes de aterrissagem, luzes de instrumentos**, **luzes de advertência** e **luzes da cabine**. Além disso, outras luzes podem ser necessárias ou obrigatórias, incluindo luzes de taxi, luzes de detecção de gelo, luzes do compartimento de carga e todas as luzes especiais necessárias em grandes aeronaves de passageiros. A iluminação de emergência também é obrigatória no compartimento de passageiros e na cabine de comando da maioria dos aviões a jato corporativos e grandes aeronaves de transporte. Os sistemas de iluminação de emergência devem ser projetados para permitir a saída segura da aeronave em caso de pouso de emergência. Toda a iluminação de emergência deve ser projetada de forma a operar independentemente do sistema elétrico principal da aeronave; em muitos casos, a iluminação de emergência emprega baterias de uso exclusivo para o sistema. Todas as instalações e equipamentos de iluminação devem ser aprovados pela FAA antes da certificação da aeronave.

Luzes de posição

Cada aeronave deve ter três **luzes de posição**: duas dianteiras e uma traseira. As luzes de posição dianteiras normalmente ficam montadas nas pontas das asas, pois devem ficar nos pontos mais externos possíveis. A luz de posição direita é verde e a esquerda é vermelha. As luzes de posição dianteiras devem mostrar luz através de um ângulo de 110° em relação a uma posição diretamente à frente da direita e da esquerda, como mostrado na Figura 13-6.

FIGURA 13-5 Acessibilidade dos dados de manutenção online para atividades de manutenção em hangares.

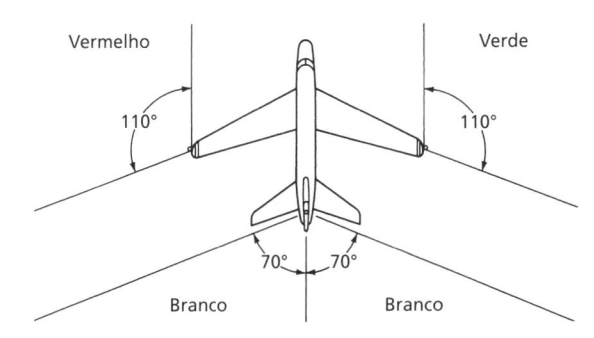

FIGURA 13-6 Arranjo de luzes de posição.

A luz traseira é branca e fica montada na posição mais posterior possível. A prática comum é montar a luz de posição traseira no alto do estabilizador vertical (aleta) ou no cone da cauda traseiro. A luz de posição traseira deve mostrar luz através de um ângulo de 70° em cada lado da linha de centro da aeronave e para trás.

Os filtros de cores ou coberturas usados nas luzes de posição devem ser feitos de um material resistente ao calor e que não encolha, não se esmaeça e não fique nublado ou opaco.

Todas as luzes de posição devem estar em um único circuito e serem controladas por uma chave. A fonte de energia é conectada através de um fusível ou disjuntor. Observe que o termo *luzes de navegação* é muito usado no lugar de *luzes de posição*.

O diagrama esquemático na Figura 13-7 representa um sistema típico de luzes de painel e de posição. Essa aeronave emprega circuitos de dimmer transistorizados para controlar a intensidade das luzes de rádio e do painel. O sistema foi projetado para que as luzes de navegação (posição) e as luzes do painel de instrumentos da aeronave sejam ligadas simultaneamente. No alto do diagrama, vemos que as chaves das luzes de **painel/navegação** estão ligadas mecanicamente, como indicado pela linha tracejada. Também vemos que os componentes elétricos de cada sistema são completamente independentes, incluindo todos os disjuntores e fios. Assim, uma pane em um circuito não provoca um efeito adverso no outro.

Atualmente, algumas aeronaves modernas utilizam **diodos emissores de luz (LEDs)** em diversos sistemas de iluminação. Os LEDs estão se popularizando devido a seu projeto leve, robusto e de alta eficiência. Uma luz de navegação de LED de ponta de asa típica consome aproximadamente 0,35 A a 28 Vcc; usando uma lâmpada incandescente tradicional, a mesma luz consumiria quase 10 vezes mais energia. A Figura 13-8 mostra um conjunto de LED de ponta de asa típico. Os LEDs também têm um alto **tempo médio entre falhas (MTBF)**; a vida útil média de um LED comum é de 10.000 a 20.000 horas de operação, muito maior do que uma lâmpada incandescente tradicional, o que reduz o tempo ocioso e os custos de manutenção da aeronave. Hoje em dia, estão disponíveis luzes interiores, luzes de posição e até luzes de aterrissagem usando tecnologias LED. Muitas das aeronaves produzidas após 2005 têm projetos originais que utilizam iluminação por LED, enquanto aeronaves mais antigas aproveitam a tecnologia com lâmpadas de LED projetadas para substituição direta das peças tradicionais. É preciso observar que muitas luzes de LED de alta intensidade ou piscantes precisam de alguma forma de fonte de energia para operarem. Em muitos casos, o uso de técnicas de microeletrônica permite que esse suprimento de energia fique contido dentro do conjunto de iluminação.

Luzes anticolisão

Uma **luz anticolisão** é projetada para tornar a presença da aeronave visível para pilotos e tripulantes de outras aeronaves na região, especialmente em áreas com alta densidade de atividades de aviação, à noite e em condições de visibilidade reduzida. A luz anticolisão é de alta intensidade e pisca no mínimo 40 e no máximo 100 ciclos por minuto. Há dois tipos básicos de luzes anticolisão, os **faróis giratórios** e as **luzes estroboscópicas**. A maioria das aeronaves modernas emprega luzes anticolisão estroboscópicas (piscantes), pois estas não usam peças móveis e geralmente produzem uma luz mais brilhante. LEDs piscantes de alta intensidade também são utilizados em algumas aeronaves.

Uma luz estroboscópica é um tubo de vidro ou de quartzo preenchido com gás xenônio sob paixa pressão. A aplicação de uma alta tensão a dois eletrodos no tubo e o acionamento do tubo com um circuito adicional faz com que a luz pisque. A corrente usada para disparar o tubo é armazenada em um capacitor por meio de um circuito de carga. Esse circuito converte a baixa tensão do sistema elétrico da aeronave em uma alta tensão (300 a 500 V) para carregar o capacitor de armazenamento. A seguir, um circuito de acionamento aplica o sinal ao terminal de acionamento do tubo e faz com que este dispare. A duração da luz causada pela descarga do capacitor pode ser de cerca de 0,001 s, mas sua intensidade é altíssima; assim, a luz pode ser avistada a muitos quilômetros de distância. O princípio estroboscópico é o mesmo do flash eletrônico de uma máquina fotográfica.

Pelo menos uma luz anticolisão é necessária para qualquer aeronave certificada para voos noturnos. Qualquer aeronave certificada após 11 de agosto de 1971, ou qualquer luz anticolisão instalada após essa data, deve atender os requisitos para luzes anticolisão do AC 43.13-2A, capítulo 4, parágrafo 56.b.(1). Esses requisitos estipulam que todo sistema de luzes anticolisão devem iluminar um campo de cobertura específico. Em outras palavras, todo sistema deve iluminar uma determinada área em torno da aeronave. Para atender essa condição, quase todas as aeronaves certificadas após 11 de agosto de 1971 empregam três luzes anticolisão. Em geral, as três luzes são uma luz vermelha piscante ou farol giratório no alto do estabilizador vertical e duas luzes brancas piscantes (estroboscópicas) nas pontas da asas. Como as luzes anticolisão piscantes produzem uma luz de alta intensidade, a parte de vidro de uma lâmpada estroboscópica não pode estar suja de óleo ou graxa para poder operar corretamente. Mesmo pequenas quantidades de óleo criam zonas de calor no vidro e formam rachaduras na lâmpada.

O diagrama esquemático na Figura 13-9 ilustra o sistema elétrico de um circuito típico de luzes estroboscópicas. Nesse sistema, uma fonte de energia é usada para iluminar dois tubos de flash independentes. Como mostra a Figura 13-9, um cabo blindado é usado para conectar os tubos de flash ao suprimento de energia da luz estroboscópica. Isso previne a interferência de rádio criada pelo pulso de corrente curto usado para produzir a luz intensa da lâmpada.

Os faróis giratórios são outro tipo de luz anticolisão, mais frequente em aeronaves mais antigas. Essas unidades contêm uma lâmpada incandescente de alta potência e um pequeno motor CC que alimenta um conjunto refletor e/ou de lentes. O farol giratório é projetado para que o refletor/lente seja o componente giratório e a lâmpada seja estacionária. O conjunto também contém um sistema de engrenagem de redução entre o motor e a lente giratória para criar os 40-100 ciclos/min. Esse tipo de luz anticolisão contém diversas peças móveis, o que o torna menos confiável do que o farol intermitente moderno, além de utilizar mais energia elétrica.

Hoje, as luzes anticolisão de LED estão disponíveis para substituir os faróis giratórios ou unidades piscantes de quartzo-halógeno. Todas as substituições devem ser certificadas pela FA sob a Technical Standard Order TSO-C96a, que prescreve

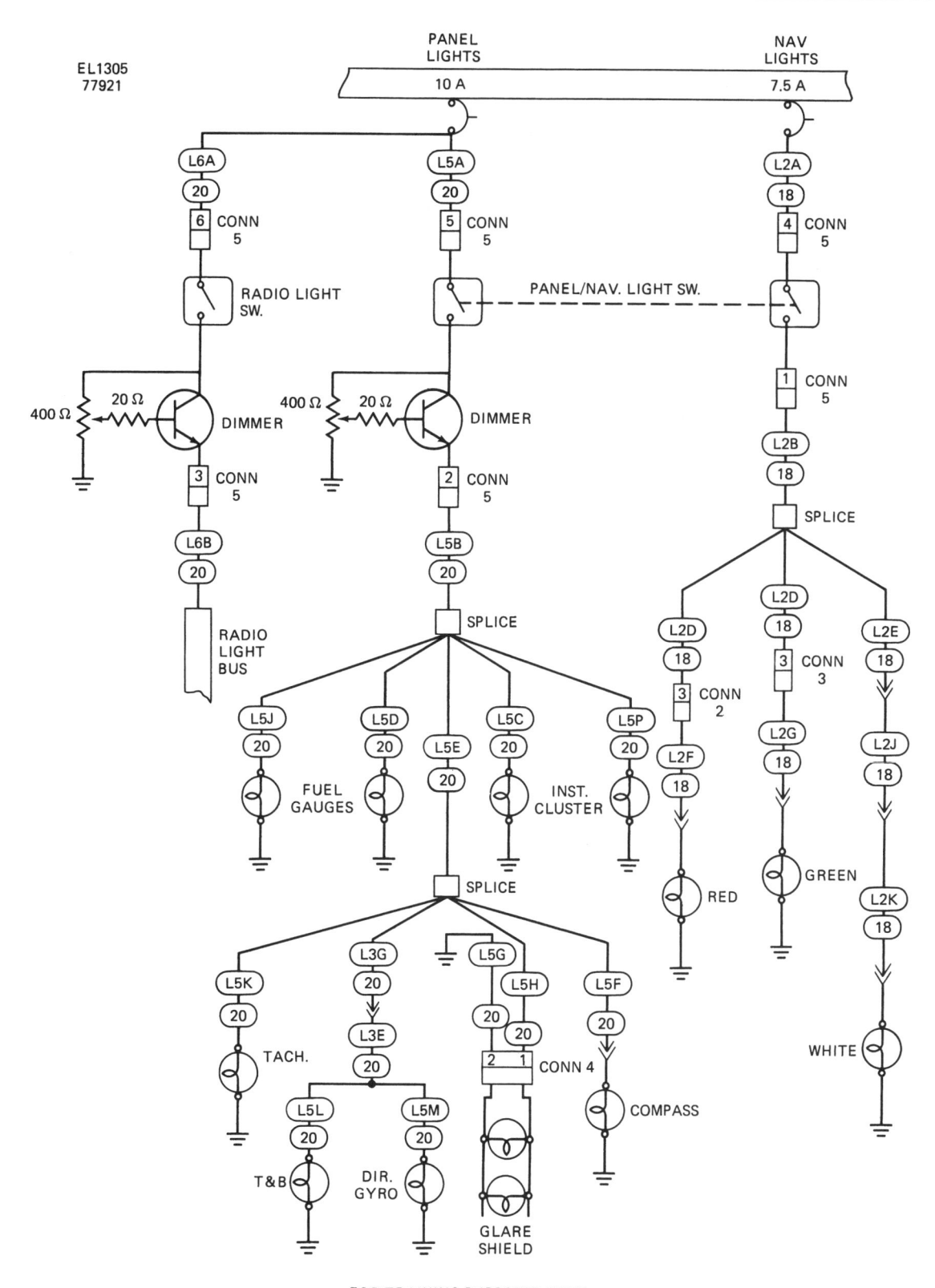

FIGURA 13-7 Diagrama esquemático de circuito de luzes do painel e de posição. (*Piper Aircraft Corporation.*)

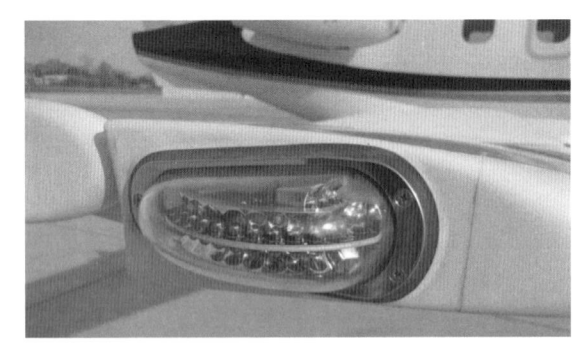

FIGURA 13-8 Um conjunto de luz de ponta de asa de LED moderno.

as normas de desempenho mínimas para os sistemas de luzes anticolisão. A Whelen Corporation, um fabricante popular de sistemas de iluminação para aeronaves, oferece diversos modelos de substituição de luzes anticolisão de LED para diversas aeronaves. As unidades possuem um suprimento de energia autocontido e empregam tecnologias LED com vida útil esperada de mais de 20.000 horas. As principais vantagens dessa tecnologia em relação aos sistemas mais antigos são o peso reduzido, a vida útil mais longa e o menor consumo de energia. As unidades de LED utilizam uma corrente de entrada média de 1,2 A a 14 Vcc ou 0,6 A a 28 Vcc.

Luzes de aterrissagem

As **luzes de aterrissagem** de uma aeronave são necessárias para iluminar adequadamente a pista quando a aeronave realiza um pouso. Um refletor parabólico é usado para concentrar a luz em um feixe da largura desejada.

As luzes de aterrissagem podem ser afixadas à parte estacionária da engrenagem do nariz, instalada nos bordos de ataque das asas ou instalada na carenagem do motor. Algumas grandes aeronaves têm luzes de aterrissagem nos bordos de ataque das asas e luzes retráteis nas superfícies inferiores das asas. As luzes de aterrissagem dos bordos de ataque podem ser ligadas a vários quilômetros de distância do local da aterrissagem, enquanto as luzes retráteis são ligadas logo antes da aterrissagem.

As luzes de aterrissagem retráteis são estendidas por meio de um motor pequeno, mas muito poderoso, que estende as luzes para fora e para a frente contra a força da corrente de ar. Essas luzes também podem ser montadas em uma parte do trem de pouso. Dessa forma, as luzes são estendidas ou retraídas automaticamente com o mecanismo do trem de pouso.

As luzes de taxi podem ser empregadas em algumas aeronaves para melhorar a visibilidade durante as operações de solo. As luzes de taxi são miradas ligeiramente mais alto do que as luzes de aterrissagem para iluminar a área diretamente à frente da aeronave. Ambas normalmente são de altíssima potência; então, costumam ser controladas por um relé ou solenoide de comutação. Algumas luzes de aterrissagem e taxi operam a uma alta tensão para produzir uma luz de alta intensidade. As lâmpadas de xenônio são bastante usadas para luzes de alta intensidade nas aeronaves modernas. Esses conjuntos usam um tubo de gás (não uma lâmpada incandescente) feito de quartzo fundido; isso é necessário devido ao calor intenso produzido durante a operação. O tubo de quartzo é preenchido com um gás xenônio de alta pressão. É preciso usar um suprimento de energia para aumentar a tensão do sistema até um nível que crie um arco entre dois eletrodos localizados dentro do tubo de quartzo selado. A luz produzida real é causada pelo arco e pode ser transformada em luz direcional por um refletor montado junto ao conjunto da lâmpada. Em algumas aeronaves, o suprimento de energia e o conjunto da lâmpada representam uma única unidade completa, enquanto em outras instalações o suprimento de energia é montado remotamente e o conjunto de luz de tubo de quartzo é posicionado onde necessário. Sempre que for instalar uma lâmpada de alta intensidade, é importante cuidar da limpeza do tubo de quartzo. Sujeira, óleo ou graxa no tubo podem causar áreas quentes durante a operação, o que faz com que a lâmpada se rache e sofra uma pane. Mesmo o óleo dos dedos do técnico pode criar essas áreas quentes, então nunca encoste diretamente no tubo. Em geral, usa-se luvas limpas durante a instalação do tubo de quartzo; depois do tubo estar instalado, o conjunto da lâmpada pode ser manuseado sem luvas.

Luzes de instrumentos

As **luzes de instrumentos** são instaladas atrás da face do painel de instrumentos. As luzes iluminam os instrumentos, mas não brilham na direção do piloto ou do copiloto. Todas as luzes de instrumentos devem usar esse sistema de proteção. As luzes de instrumentos usam um dispositivo de dimmer para que sua intensidade possa ser ajustada para se adaptar às necessidades do piloto. A Figura 13-7 mostra um circuito de dimmer transistorizado. No lado esquerdo do diagrama, próximo ao topo, vemos que o circuito de dimmer contém um resistor variável (potenciômetro) que é controlado pelo piloto para variar a intensidade da luz. O potenciômetro controla o sinal até a base do transistor usando um resistor de 20 Ω. O transistor, por sua vez, controla a corrente para as lâmpadas de acordo com as seleções do piloto. Observe também que cada circuito de luz de instrumentos contém uma chave de liga/desliga independente.

Luzes de advertência

As **luzes de advertência** são usadas para alertar o piloto e a tripulação sobre as condições operacionais nos sistemas da aeronave. As luzes vermelhas são usadas para indicar perigo, as luzes cor de âmbar para indicar cuidado e as luzes verdes para indicar condições seguras. As luzes indicadoras usadas apenas para informações podem ser brancas.

Muitas aeronaves modernas incorporam displays digitais de tela plana que fornecem uma ampla variedade de informações operacionais dos sistemas para a tripulação de voo. Muitas das luzes de advertência e indicadoras usadas em aeronaves tradicionais foram substituídas por esses sistemas integrados de informações e indicação. Hoje, tanto pequenas aeronaves monomotores quanto grandes aeronaves de transporte usam displays de tela plana para informações de advertência, cuidado e indicação. A Figura 13-10 mostra uma indicação de advertência típica em um display de tela líquido moderno em uma aeronave. Em aeronaves da categoria de transporte, as luzes de cuidado e advertência normalmente aparecem em um ou mais displays

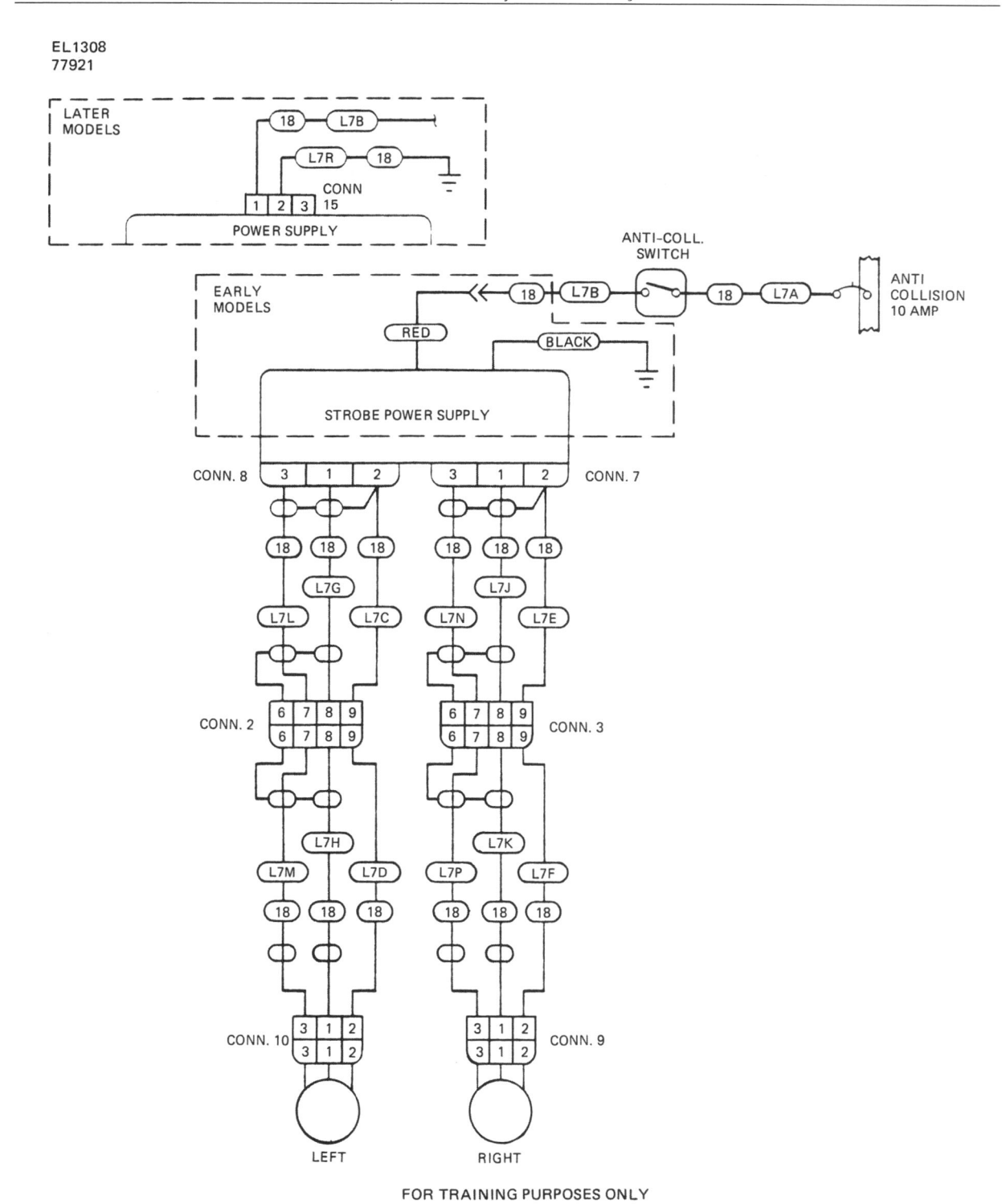

Capítulo 13 Projeto e manutenção de sistemas elétricos de aeronaves **313**

FOR TRAINING PURPOSES ONLY

FIGURA 13-9 Desenho esquemático do circuito da luz estroboscópica. (*Piper Aircraft Corporation*.)

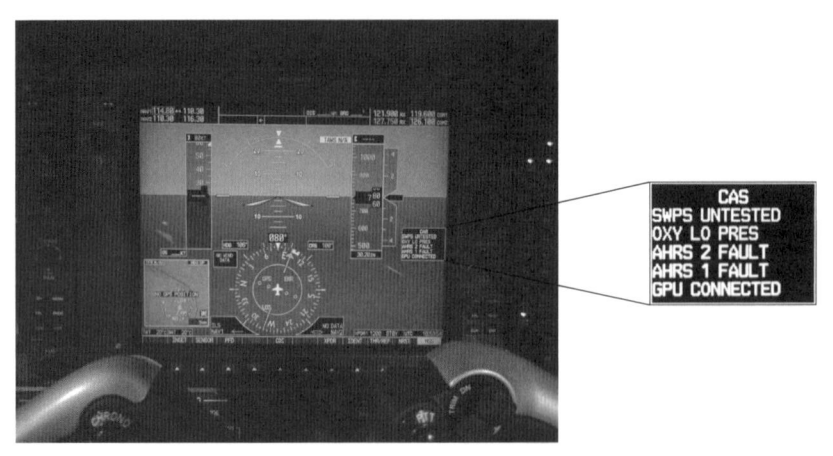

FIGURA 13-10 Dados de aviso mostrados em um painel de tela plana moderno. Veja também o encarte colorido.

dedicados às informações dos sistemas. A Boeing usa um sistema chamado de *engine indicating and crew alerting system* (**EICAS, sistema de alerta da tripulação e indicação do motor**); um sistema semelhante é usado em aeronaves da Airbus, o *electronic centralized monitoring system* (**ECAM, sistema de monitoramento centralizado eletrônico**). Ambos os sistemas monitoram análises e apresentam informações sobre centenas de sistemas da célula e dos motores.

Circuitos do trem de pouso

Os circuitos envolvidos na operação de trens de pouso acionados eletricamente aparecem nas Figuras 13-11 e 13-12. Esse sistema elétrico de trens de pouso se divide em duas subcategorias separadas: o sistema **atuador** e o sistema **indicador**. Um diagrama esquemático elétrico independente é utilizado para cada subsistema. É normal que os fabricantes de aeronaves mostrem os detalhes de sistemas elétricos complexos divididos em subcategorias lógicas e apresentados em mais de um esquema ou diagrama. A Figura 13-11 mostra os circuitos associados com o motor elétrico reversível que levanta e abaixa o trem de pouso. Esse diagrama mostra todos os componentes do circuito atuador do trem de pouso. O circuito atuador, por sua vez, pode ser subdividido entre circuito de controle e circuito do motor. A porção de controle é um circuito de baixa corrente que liga/desliga (controla) o circuito de alta corrente do motor. O circuito de alta corrente do motor precisa de um fio relativamente pesado, de bitola 10, enquanto o circuito de controle usa um fio mais leve de bitola 20. O circuito de controle é protegido por um disjuntor de 5 A no conjunto do painel de disjuntores. Esse circuito incorpora as duas **chaves de segurança do trem de pouso ("squat" switches)**, que impedem a operação do trem de pouso enquanto o avião está no solo. As chaves de segurança do trem de pouso são identificadas como S36 e S37 no circuito. O circuito de potência está conectado a um disjuntor de 30 A. Esse circuito fornece energia para os relés de potência em ambos os sentidos, controlados por meio do circuito de controle. Quando a chave do trem de pouso (S38) é colocada na posição para cima com o avião em voo, a energia elétrica flui a partir da massa, através do relé, através da chave de fim de curso do trem de pouso para cima (S39), através de ambas as chaves de segurança e até o disjuntor CB18. Isso faz com que o relé se feche e direciona a potência para o motor do trem de pouso. Quando o trem de pouso alcança a posição para cima, a chave de fim de curso para cima se abre e corta a energia do relé para cima, o que interrompe a ação do motor. A ação reversa ocorre quando o trem de pouso é baixado.

A Figura 13-12 é um diagrama de circuito de um sistema de indicação da posição do trem de pouso. Esse circuito opera em conjunto com o circuito de controle do trem de pouso mostrado na Figura 13-11. As chaves mostradas no circuito representam a condição quando o trem de pouso está na posição baixada e travada e a aeronave está no solo. Nesse momento, se a energia elétrica é ligada, as três luzes verdes se acenderão para indicar que todas as três unidades do trem de pouso estão baixadas e travadas. A luz vermelha de trem em pouso estará desligada.

A Figura 13-13 mostra outro circuito de trem de pouso. As chaves no circuito são mostradas na posição para o trem de para baixado e com o peso do avião sobre ele. Um estudo minucioso desse circuito revela diversos recursos de segurança. Por exemplo, não é possível erguer o trem de pouso enquanto o avião está no solo, mesmo que a chave do trem de pouso seja colocada na posição para cima. Observe que a bobina de controle do relé do trem de pouso é alimentada através da chave de segurança (*squat switch*) do trem de pouso esquerdo. Enquanto o avião está no solo, essa chave fica aberta, então nenhuma corrente chega à bobina do relé. Além disso, se a chave do trem de pouso está para cima enquanto o avião está no solo, uma buzina de alarme é acionada.

Quando a chave do trem de pouso é colocada na posição para cima enquanto o avião está em voo, o trem de pouso se ergue; quando ele está totalmente para cima, a chave de fim de curso para cima se abre e rompe o circuito até a bobina de controle do relé do trem de pouso (183). Quando a chave de fim de curso se abre, ela também fecha o circuito através da luz indicadora de trem de pouso para cima.

Quando o trem de pouso está para cima, a chave de fim de curso do trem de pouso baixado fica fechada, possibilitando que a corrente seja direcionada para o motor do lado baixado caso a alavanca seletora do trem de pouso seja colocada na posição baixada. O trem de pouso baixa, mas antes da luz indicadora de trem de pouso baixado poder se acionar, três microcha-

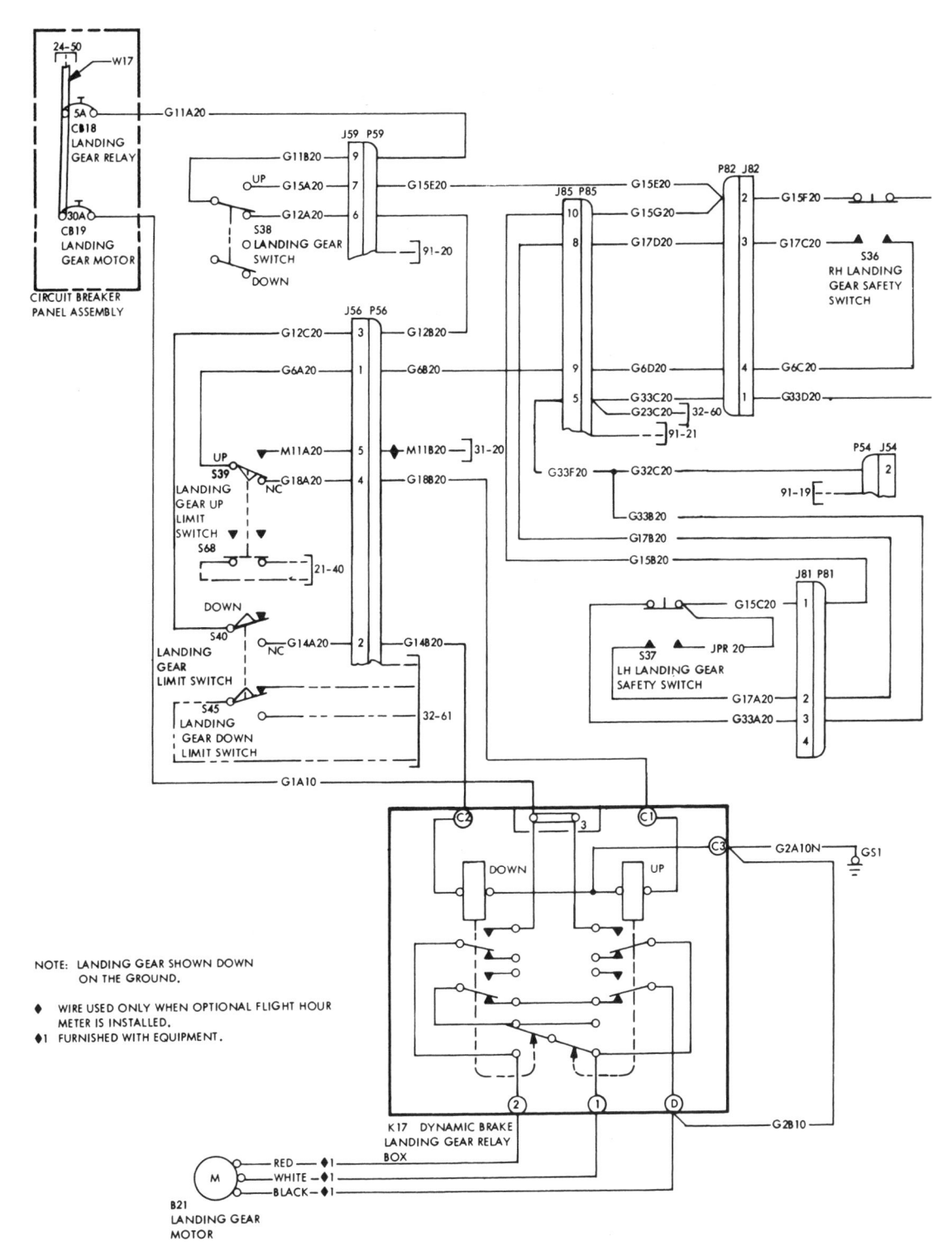

FIGURA 13-11 Diagrama esquemático do circuito de ativação do trem de pouso. (*Beech Aircraft Corporation.*)

FIGURA 13-12 Sistema indicador de posição do trem de pouso. (*Beech Aircraft Corporation.*)

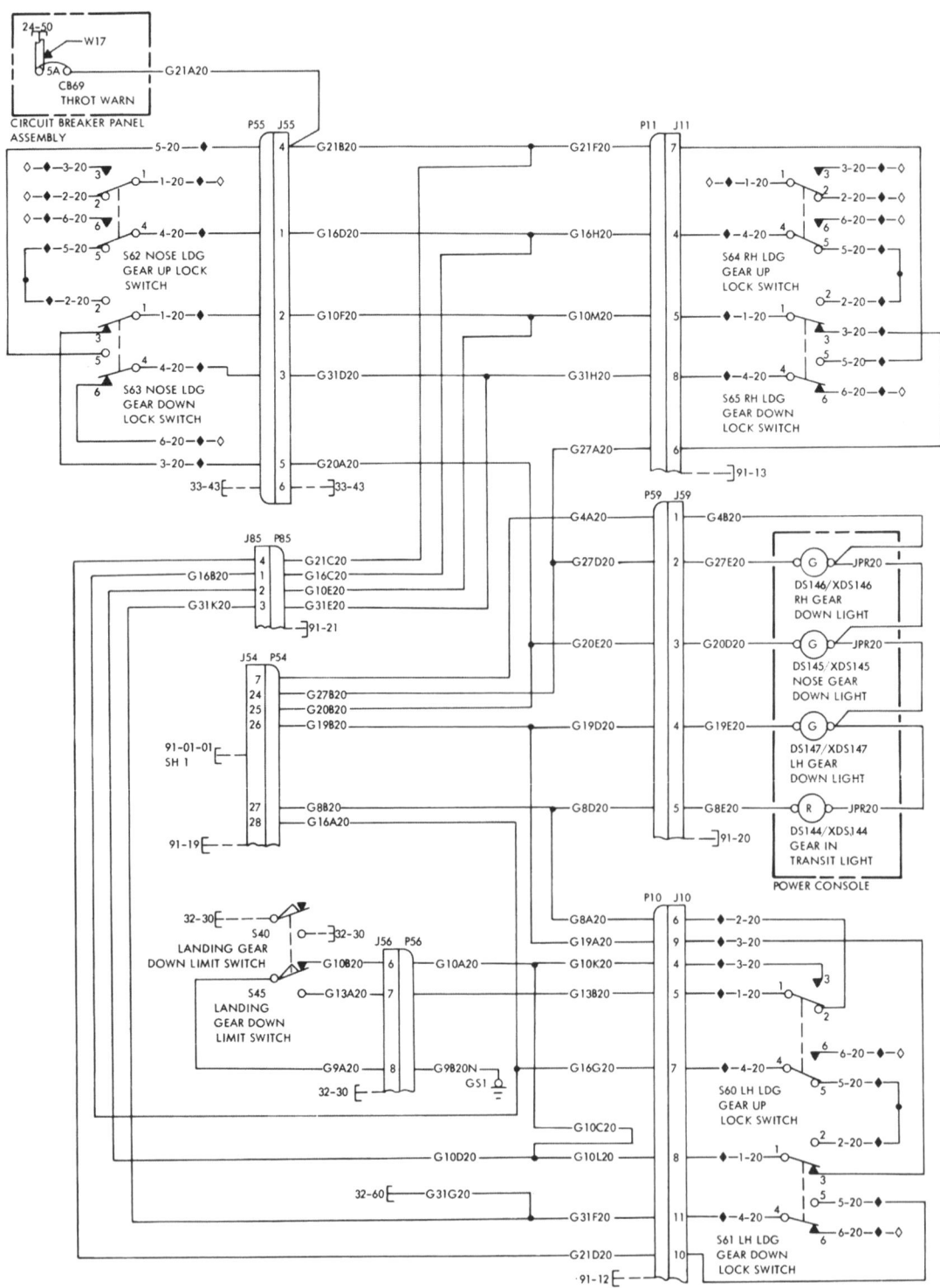

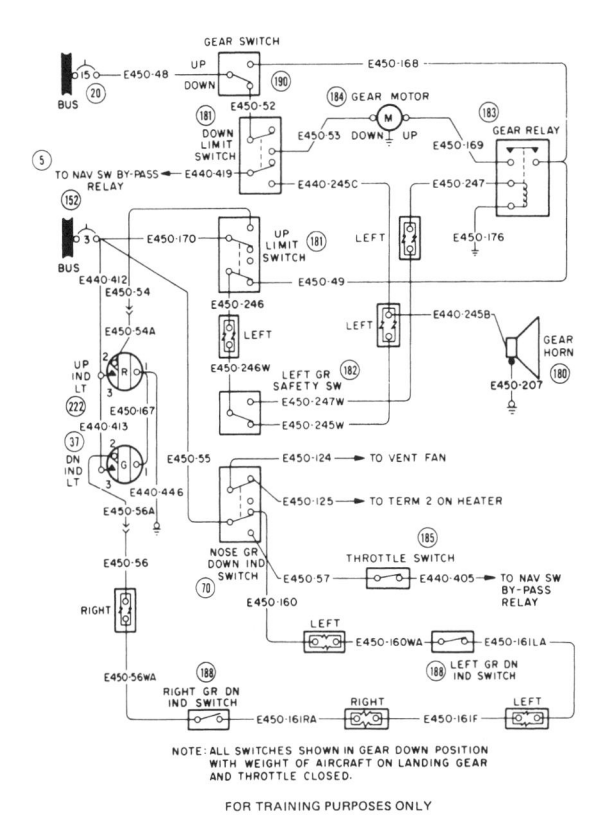

FIGURA 13-13 Circuito do trem de pouso. (*Cessna Aircraft Corporation.*)

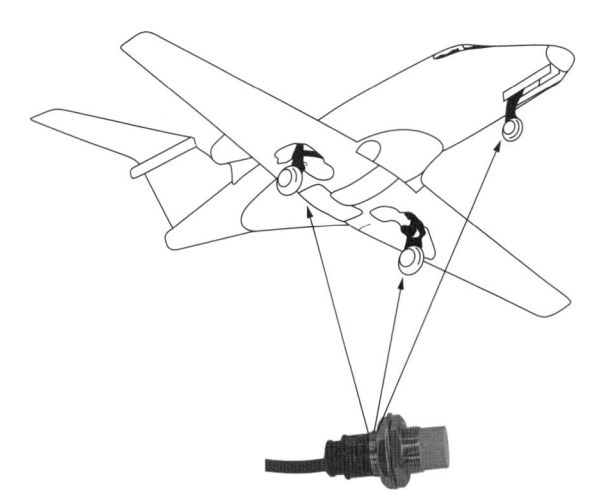

FIGURA 13-14 Sensores de proximidade usados para detectar a posição do trem de pouso.

ves precisam ser fechadas. São elas a chave de trem de pouso direito baixado, a chave de trem de pouso esquerdo baixado e a chave de trem de pouso do nariz baixado. Essas chaves estão conectadas em série, então a corrente não consegue fluir no circuito a menos que todas as três estejam fechadas. Durante o voo, se o manete de aceleração está parcialmente fechado, a buzina de alarme soa a menos que o trem de pouso esteja baixado. Observe que a buzina de alarme precisa obter energia através de um lado da chave de fim de curso de trem de pouso baixado. Exceto quando o trem de pouso está baixado, essa chave fica sempre fechada.

O circuito na Figura 13-13 incorpora uma luz **press-to--test** para confirmar a operação correta do sistema. Durante a operação normal, a energia vai da massa ao terminal 1 da luz, através da lâmpada até o terminal 2 e através da chave de fim de curso para cima ou baixado até o barramento positivo. Durante a função de teste, a corrente sai a partir da massa até o terminal 1, através da lâmpada até o terminal 3 e diretamente até o barramento positivo. Para ativar a função de teste da luz, a lente da lâmpada é apertada, o que move o contado de uma chave dentro do soquete da lâmpada do terminal 2 ao 3. O piloto apertaria essa chave durante operações de voo caso suspeitasse de uma falha no sistema de retração ou extensão do trem de pouso.

Os sistemas de trem de pouso usados nas aeronaves eletrônicas modernas empregam muitos dos componentes de alta tecnologia discutidos anteriormente em diversas seções deste li-

vro. Por exemplo, as chaves do trem de pouso foram substituídas por sensores de proximidade, as luzes indicadoras deram lugar a displays de tela plana e uma unidade de controle computadorizada é responsável pela coordenação de todos os componentes. A Figura 13-14 mostra a instalação de um sensor de proximidade em um avião a jato moderno. Esses sensores, também chamados de **detectores de proximidade**, são instalados para detectar a posição dos componentes do trem de pouso retrátil. O sensor de proximidade transmite um sinal de baixa potência à unidade de controle, que por sua vez analisa todas as entradas relativas à posição do trem de pouso. O diagrama na Figura 13-15 mostra um diagrama esquemático elétrico simplificado de um sistema de trem de pouco controlado digitalmente.

A aeronave tem seis sensores de proximidade do trem de pouso que enviam informações sobre posicionamento para ambos os processadores. Quando o piloto escolhe uma posição para o trem de pouso, o sinal apropriado é enviado aos processadores a partir das chaves seletoras do trem de pouso. Usando lógica digital, os processadores analisam a posição atual do trem de pouso e enviam o sinal de saída apropriado para os displays de tela plana, o circuito atuador do trem de pouso e o sistema de advertência, quando necessário. Os displays de tela plana mostram a posição do trem de pouso para os pilotos, o circuito atuador é responsável pelo movimento, trem de pouso para cima ou baixado, e o circuito de advertência é usado para soar uma buzina caso o trem de pouso não seja estendido e os manetes do motor sejam retardados.

A principal diferença entre esse sistema e os dois sistemas de trem de pouso discutidos anteriormente é o processador. Este é uma unidade baseada em microprocessadores que usa lógica digital para ativar as indicações e o movimento do trem de pouso. Todas as entradas e saídas do processador são circuitos de baixa potência, o que permite o uso de fios menores e peso mais baixo. Todas as aeronaves empregam mais de um processador para tornar o sistema mais confiável e criar sistemas de reserva. Apesar do exemplo ser simplificado, a maioria das aeronaves modernas utiliza um tipo semelhante de sistema.

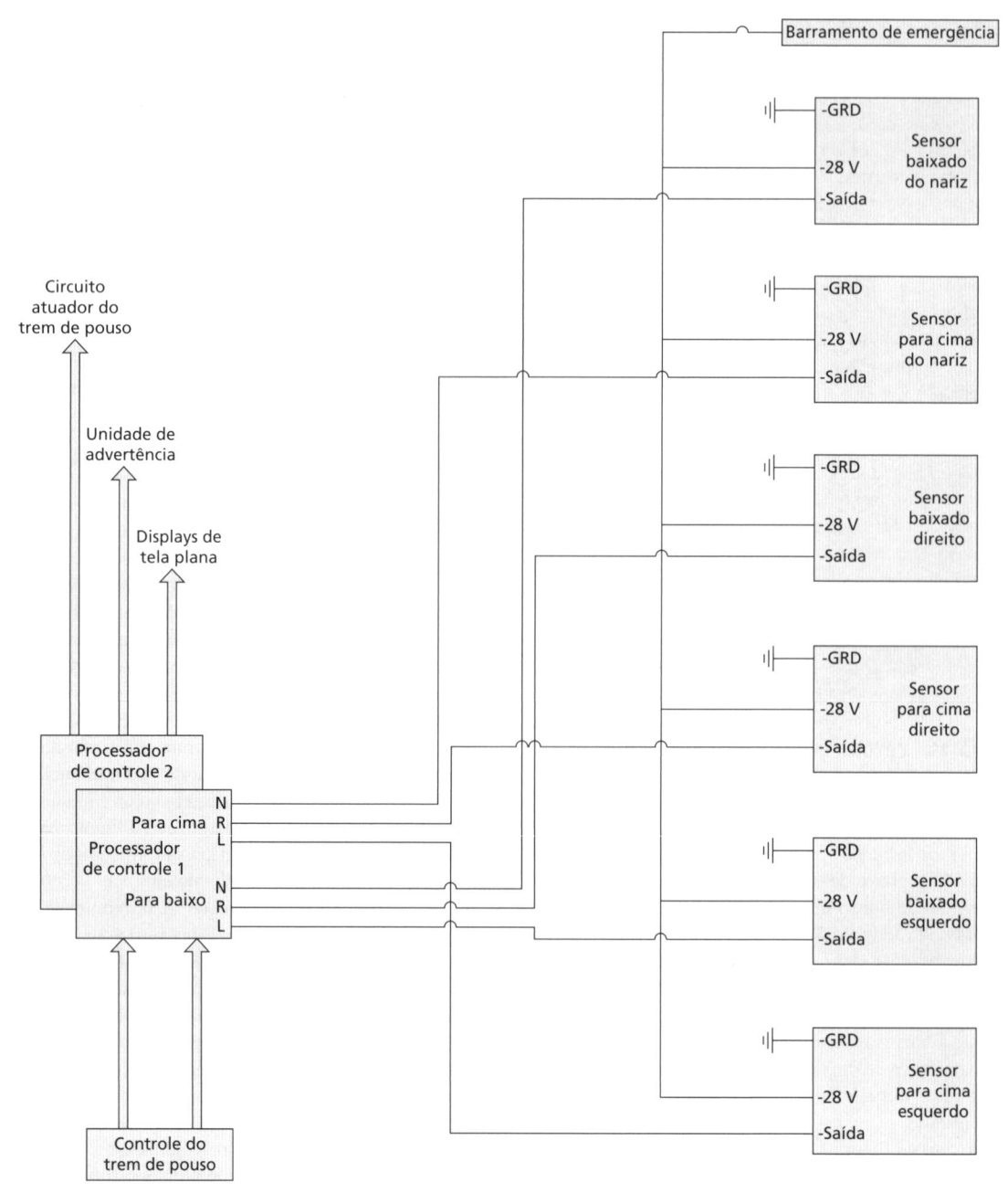

FIGURA 13-15 Circuito de controle digital do trem de pouso com seis sensores de proximidade para medir a posição do trem de pouso.

SISTEMAS ELÉTRICOS DE GRANDES AERONAVES

Circuitos de iluminação

Assim como outros sistemas de aeronaves comerciais, os circuitos de iluminação se dividem em duas categorias básicas, os **essenciais** e os **não essenciais**. Para facilitar a segurança, certas luzes da cabine de comando e da cabine de passageiros devem ser alimentadas pelos barramentos de potência principais ou então conter suas próprias baterias. Essas luzes essenciais, incluindo os sinais de saída e luzes do tobogã de evacuação, permanecem acesas mesmo em caso de pane elétrica catastrófica. Em geral, uma bateria dedicada é usada para alimentar as luzes de emergência. As luzes podem ser ligadas manualmente ou se ligaram sozinhas em caso de pane do sistema primário de iluminação.

Os sistemas de iluminação primários (não essenciais) incorporam diversas luzes. Em termos gerais, temos as luzes do compartimento de voo, as luzes do compartimento de passageiros, as luzes de manutenção e as luzes exteriores. São literalmente centenas de luzes operando com potência elétrica CC ou CA.

Luzes do compartimento de voo

Há quatro categorias de luzes do compartimento de voo em um Boeing 757. O Boeing 757 contém sistemas de iluminação típicos daqueles usados em todos os aviões comerciais. Os holofotes do compartimento de voo são compostos de dois conjuntos de **holofotes fluorescentes**, um montado sobre o visor antiofuscante do capitão e o outro sobre o visor do primeiro oficial. As luzes do capitão podem ser conectadas ao barramento CA de reserva caso haja uma pane no sistema de potência CA primário.

Também há **holofotes incandescentes** montados no teto e sob o visor antiofuscante. Os circuitos de dimmer são usados para os holofotes, fluorescentes e incandescentes. Cada sistema de dimmer possui seu próprio circuito neutralizador, usado em caso de pane do dimmer. A Figura 13-16 mostra um diagrama esquemático dos holofotes. Como ilustrado, a posição do relé de reserva do capitão (parte superior esquerda do diagrama) determina a fonte de energia da luz. Cada luz pode estar conectada ao barramento CA direito ou ao barramento CA de reserva. Se o barramento CA direito é energizado, o relé se move para sua posição anormal, conectando a energia do barramento CA direito às luzes. Se o barramento direito entra em pane, o relé é desenergizado e o barramento de reserva é conectado automaticamente ao circuito de iluminação.

O compartimento de voo também contém **luzes do teto**, montadas, como diz o nome, no teto, alimentadas por potência 28 Vcc. A energia pode ser fornecida pelo barramento da bateria ou pelo barramento de manutenção no solo.

As **luzes do painel** são usadas no compartimento de voo para iluminar os instrumentos individuais e os letreiros do painel. Luzes de mapas e cartas, luzes de utilidade e luzes do degrau da entrada também podem ficar localizadas dentro do compartimento de voo. Todas as luzes visualizadas por ambos os pilotos podem ser controladas por um sistema mestre de dimmer e teste. A função de teste é usada durante a inspeção pré-voo para confirmar que todas as luzes se encontram em estado operacional.

Luzes do compartimento de passageiros

A maioria das aeronaves comerciais contém diversos tipos de **luzes da cabine**. As luzes do teto fluorescentes da cabine com intensidade variável; as luzes de sinalização, incluindo proibido fumar, apertar cintos de segurança e lavabo; e as luzes das paredes laterais são todas controladas das estações dos comissários de bordo. As luzes de leitura dos passageiros ficam localizadas acima do assento de cada passageiro e são controladas individualmente por uma chave adjacente a cada assento. Luzes de entrada também devem estar incluídas em todos os compartimentos da cabine de passageiros, junto com as luzes na *galley* e nas estações dos comissários de bordo. As luzes de emergência da cabine incluem as luzes dos sinais de saída, as luzes do corredor principal e as luzes do tobogã de emergência. As luzes de emergência normalmente contêm suas próprias fontes de energia.

As luzes fluorescentes usadas na área da cabine ficam localizadas nos painéis da parede lateral ou painéis superiores da aeronave. As luzes fluorescentes são mais eficientes do que as incandescentes; logo, elas são o sistema mais utilizado. As luzes transformadores exigem o uso de um **estabilizador** para aumentar a tensão do sistema. A alta tensão é usada para ionizar o gás dentro do tubo fluorescente, o que produz luz. A Figura 13-17 mostra o diagrama esquemático de um sistema de iluminação fluorescente típico. Pelo diagrama, vemos que o barramento de manutenção no solo ou o barramento de utilidade podem fornecer energia para as luzes. Uma chave de claro/escuro ativa o relé de controle da iluminação das paredes laterais, que por sua vez direciona a tensão para o estabilizador. Na posição escura, 208 Vca são transmitidos do transformador da luz da parede lateral para o estabilizador e as luzes ficam fracas. Na posição clara, uma tensão CA adicional é transmitida para o estabilizador. Isso produz uma saída mais forte do estabilizador, intensificando as luzes fluorescentes.

Iluminação por diodo emissor de luz e descarga de alta intensidade

As aeronaves comerciais mais recentes se valem das eficiências oferecidas pelos sistemas de iluminação por LED. Por exemplo, a cabine do Boeing 787 usa LEDs como equipamento padrão, permitindo que a aeronave seja totalmente "sem lâmpadas". No passado, as luzes de LED eram opcionais em aeronaves da Airbus e no B-777. O B-787 substituiu praticamente todas as luzes da cabine de passageiros, cabine de comando e exteriores por tecnologias de iluminação de **descarga de alta intensidade (HID)** e **LED**. Como esses sistemas não usam filamentos, as vidas operacionais das luzes são muito maiores do que as de uma lâmpada incandescente. Por exemplo, as luzes de LED da cabine têm duração de 50.000 horas operacionais e as luzes de posição de LED têm 20.000 horas operacionais. No total, as luzes do B-787 duram de 10 a 20 vezes mais do que as lâmpadas incandescentes tradicionais correspondentes.

Assim como a maioria dos circuitos em aeronaves computadorizadas, aqueles usados para controlar a iluminação por LED e HID no B-787 são integrados com controles por computador centralizados. As luzes da cabine são controladas de múltiplos locais, incluindo a cabine de comando, as estações dos comissários de bordo e os assentos dos passageiros. Obviamente, cada passageiro controla apenas suas próprias luzes, enquanto as luzes da cabine ficam sob o controle da tripulação de voo. Com esse grande número de combinações de controle possíveis, passa a ser necessário operar a iluminação da cabine por meio de um sistema digital multiplexado. Quando um comando de iluminação é realizado por um passageiro ou tripulante, um sinal digital é enviado à unidade de controle computadorizada, que por sua vez envia um sinal ao conjunto de iluminação apropriado.

As luzes de HID do Boeing 787 são usadas para diversas luzes exteriores, como as luzes de aterrissagem, luzes de inspeção da asa e luzes de taxi. Essas luzes de alta intensidade operam usando um tubo de gás que contém dois eletrodos. Uma alta tensão é fornecida aos eletrodos, o que faz com que o gás dentro do tubo se ionize. Essa ionização cria uma luz extremamente brilhante que em geral é focada em um feixe pelo refletor parabólico montado junto ao tubo. Esse tipo de luz exige um suprimento de energia de alta tensão para produzir o fluxo de corrente.

Outras luzes

Outros circuitos de iluminação comuns a grandes aeronaves incluem as luzes de manutenção, luzes de carga e luzes exteriores. As **luzes de manutenção** ficam localizadas nos alojamentos da

320 Eletrônica de Aeronaves

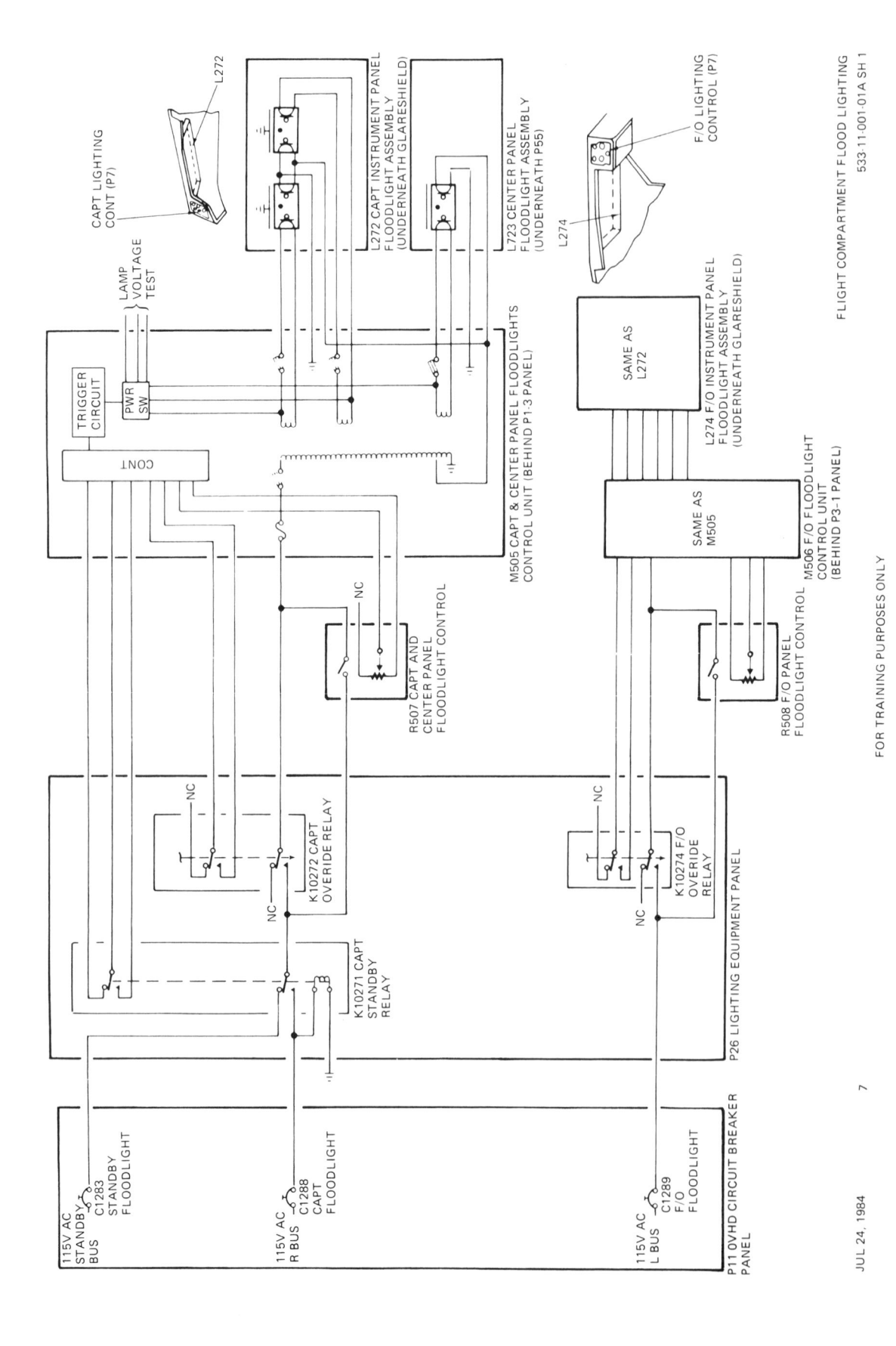

FIGURA 13-16 Circuito de holofote. *(Boeing Corporation.)*

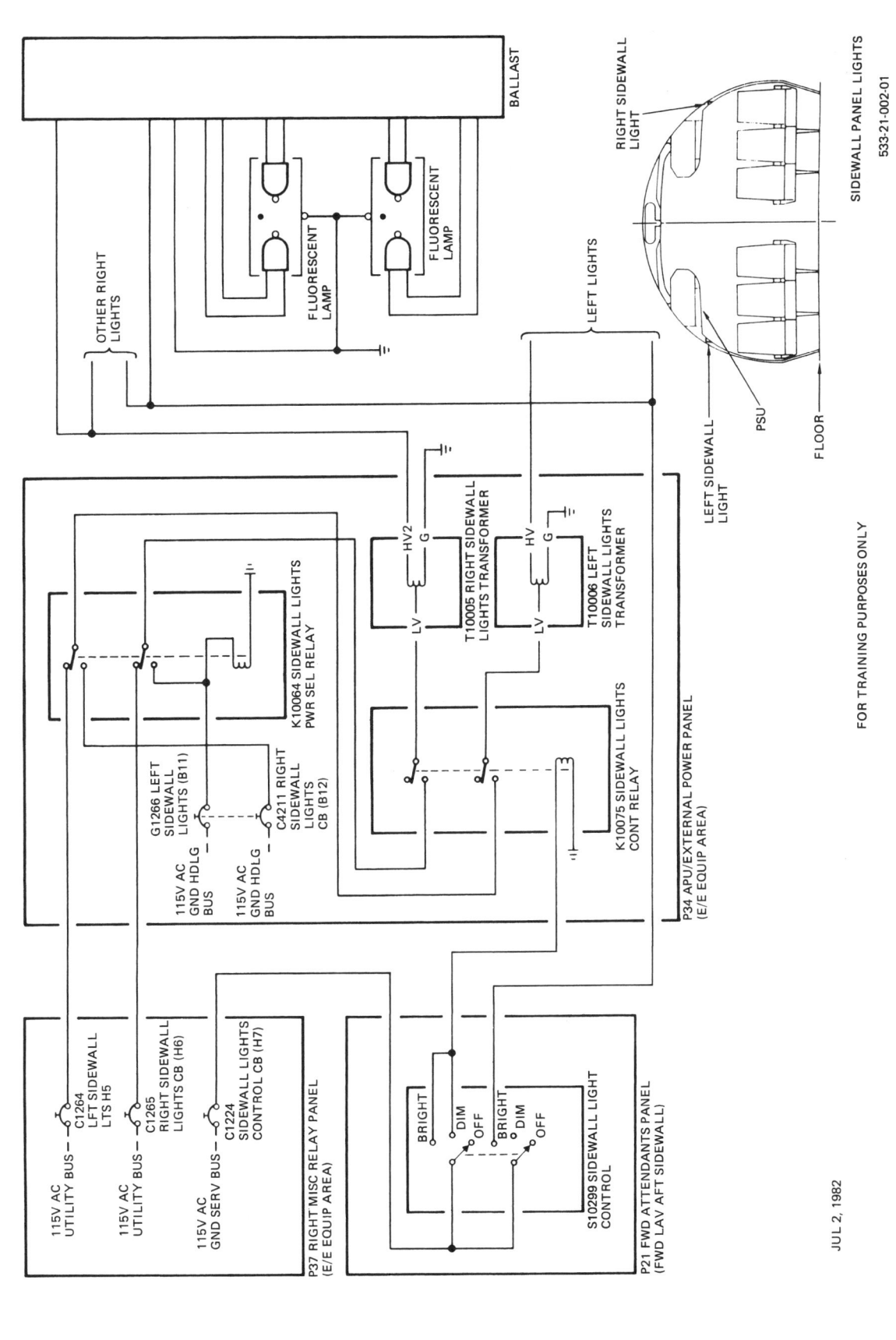

FIGURA 13-17 Circuito de iluminação fluorescente. (*Boeing Corporation.*)

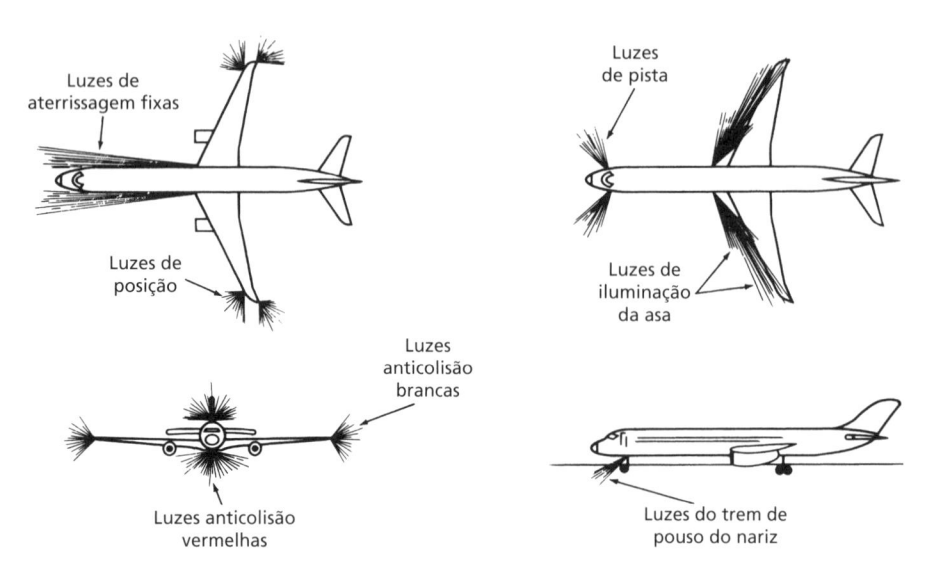

FIGURA 13-18 Caminho de iluminação e locais típicos da iluminação exterior.

roda dos trens de pouso principais e do nariz, nos compartimentos de equipamentos elétricos e em alguns compartimentos de motores. A energia para as luzes de manutenção normalmente é fornecida por equipamentos de solo através de um barramento de manutenção no solo.

As **luzes do compartimento de carga** são utilizadas na maioria das aeronaves comerciais para auxiliar no manuseio e armazenamento da carga. Em geral, uma fonte de energia ca de solo é usada para alimentar as luzes do compartimento de carga. Várias luzes são usadas em cada compartimento para fornecer a iluminação apropriada.

Os circuitos da **iluminação exterior** muitas vezes incluem luzes de iluminação da asa, luzes de aterrissagem, luzes de pista, luzes anticolisão e luzes de posição. A Figura 13-18 ilustra essas luzes e seus respectivos caminhos de iluminação. As luzes de iluminação da asa são projetadas para iluminar os bordos de ataque das asas para inspeção pelo pessoal de manutenção no solo ou membros da tripulação de voo. O bordo de ataque de uma asa é bastante suscetível à formação de gelo e muitas vezes é inspecionada visualmente para garantir que o gelo não se acumulou.

As grandes aeronaves muitas vezes contêm três ou mais luzes de aterrissagem. A Figura 13-18 mostra duas luzes montadas nas asas e uma luz de aterrissagem no nariz. Em algumas aeronaves, essas luzes são reduzidas automaticamente caso o trem de pouso seja retraído.

As luzes de pista são usadas para iluminar a área imediatamente à direita e à esquerda da aeronave. Essas luzes são usadas durante operações de taxiamento para melhorar a visibilidade do solo.

As luzes anticolisão são montadas nas pontas das asas e nas partes superior e inferior da cabine. Faróis giratórios vermelhos ou luzes piscantes quase sempre ficam localizados na cabine. Luzes brancas piscantes, ou estroboscópicas, ficam localizadas nas pontas das asas.

Como observado anteriormente, as luzes de posição são projetadas para indicar a posição e direção de uma aeronave. Uma luz branca deve brilhar em direção à traseira da aeronave, uma luz vermelha deve brilhar à esquerda e uma luz verde deve brilhar à direita. Na aeronave mostrada na Figura 13-18, a ponta da asa contém luzes de posição brancas e coloridas. A luz vermelha (ou verde) brilha para a frente e para o lado da aeronave. A luz branca ilumina uma área em direção à traseira da asa da aeronave.

As grandes aeronaves contêm diversos circuitos de iluminação. Muitos deles foram discutidos neste capítulo, mas seria impossível abranger todos os tipos e combinações de luzes.

Sempre consulte os dados atualizados do fabricante quando for realizar atividades de manutenção em qualquer equipamento de iluminação.

Circuitos de controle do trem de pouso

Em grandes aeronaves, os atuadores do trem de pouso são operados hidraulicamente. Os circuitos eletrônicos do sistema são usados para fornecer uma indicação da posição do trem de pouso e, em alguns casos, controlar os componentes do sistema hidráulico. Em algumas aeronaves, microchaves são desarmadas quando o trem de pouso alcança seu fim de curso. Essas chaves desligam o motor da bomba hidráulica e ligam o indicador de trem de pouso correto no compartimento de voo. Esses sistemas são bastante semelhantes àqueles usados em pequenas aeronaves.

Outra maneira de controlar os sistemas indicador e atuador do trem de pouso utiliza **sensores de proximidade**. Os sensores de proximidade mais simples são bobinas de indutância que operam em conjunto com alvos de metal. A indutância de uma bobina muda com a proximidade do alvo. Como discutido anteriormente, a indutância de uma bobina é uma função do material do núcleo. Se o alvo de aço atua como núcleo da bobina de proximidade, a indutância da bobina muda quando o alvo se afasta ou se aproxima da bobina. A Figura 13-19 apresenta um diagrama de um sensor de proximidade. A vantagem desses sensores é que, ao contrário de uma chave, não há contatos móveis que possam sofrer pane; assim, o sistema é mais confiável do que aqueles que empregam chaves de fim de curso.

A indutância de um sensor de proximidade é medida por uma unidade de controle eletrônico. Essa unidade interpreta os dados de entrada (alguns dos quais vêm de sensores de proxi-

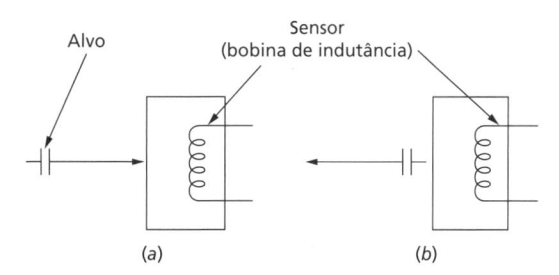

FIGURA 13-19 Diagrama de sensor de proximidade. (*a*) Alvo se move em direção à bobina; (*b*) alvo se afasta da bobina.

midade) e envia sinais de controle para os sistemas atuador e indicador do trem de pouso.

O avião Boeing 757 contém uma **unidade eletrônica de sensor de proximidade** (PSEU), que detecta a posição para trens de pouso, portas de cabine e reversores de empuxo. O sistema contém 70 sensores espalhados pela aeronave que fornecem dados para o PSEU. O PSEU processa os sinais de entrada discretos e controla relés, luzes e/ou outros equipamentos eletrônicos.

Equipamentos de teste integrados

As grandes aeronaves muitas vezes incorporam sistemas de **equipamentos de teste integrados** (BITE, *built-in test equipment*) para monitorar e detectar panes em diversos sistemas da aeronave. O uso de sistemas de BITE reduz os custos da resolução de problemas, pois elimina o tempo necessário para conectar equipamentos de teste portáteis, realizar testes e analisar a pane. Os equipamentos de teste integrados testam continuamente os diversos sistemas e armazenam informações sobre panes que depois podem ser recuperadas pelos técnicos de linha. Depois que o reparo apropriado foi realizado, o BITE pode ser usado para retestar o sistema para confirmar sua operação apropriada. A maioria dos sistemas de BITE é capaz de isolar panes com probabilidade de sucesso de pelo menos 95% na primeira tentativa.

A introdução dos sistemas digitais nas aeronaves possibilitou a criação dos sistemas de BITE. Sinais digitais discretos são usados como linguagem de código para sistemas BITE. O equipamento de teste integrado interpreta as diversas combinações de sinais digitais para determinar o estado de um sistema. Se um valor de entrada incorreto é detectado, o sistema de BITE registra a pane e apresenta as informações quando solicitado. Como mostrado na versão do sistema de BITE ilustrado na Figura 13-20, as informações de pane são mostradas por diodos emissores de luz na face da unidade de BITE quando o botão apropriado é pressionado.

Outro sistema de resolução de problemas integrado comum nas aeronaves modernas é o chamado sistema de computador de manutenção central (CMCS). Praticamente todas as aeronaves complexas controladas digitalmente integram um sistema de teste integrado, o que significa que todas as funções de BITE, antes espalhadas pela aeronave, agora são centralizadas. O nome exato do sistema de teste centralizado pode ser diferente para cada fabricante ou mesmo entre aeronaves do mesmo fabricante, mas suas funções básicas são iguais. Um sistema de computador é usado para monitorar panes, analisar dados, armazenar dados sobre panes em uma memória não volátil e permitir o acesso a essas informações para resolução de problemas e reparos no sistema. A Figura 13-21 mostra um CMS simplificado de uma aeronave de transporte típica. Como vemos, o computador de manutenção central monitora diversos sistemas da aeronave, envia sinais de saída à cabine de comando para a apresentação de informações padrões e advertência e pode enviar relatórios às instalações no solo ou a uma impressora a bordo da aeronave. Em geral, os sistemas centralizados podem ser acessados de diversos locais diferentes, conhecidos como painéis de controle e indicação centrais; na maioria das aeronaves modernas, como o B-787, também há a opção de acesso sem fio. Além disso, os dados sobre panes podem ser transmitidas para uma instalação no solo durante o voo usando sistemas via satélite ou outros sistemas de rádio. Isso acelera os reparos, reduz o tempo ocioso da aeronave e aumenta a produtividade da companhia área. Observe que a Figura 13-21 pretende apenas apresentar conceitos; a aeronave real conteria vários sistemas de controle e computadores adicionais para a operação de um CMS completo. Os próximos capítulos deste livro apresentam detalhes mais completos sobre o projeto, funções e uso de sistemas computadorizados.

Sistemas de intercom e interfone

O sistema de **intercom** é usado para a comunicação entre a tripulação de voo e os passageiros. Em geral, esse sistema contém um painel de controle e microfone em uma ou mais das estações dos comissários de bordo e no compartimento de voo. O intercom é usado para informar os passageiros sobre detalhes

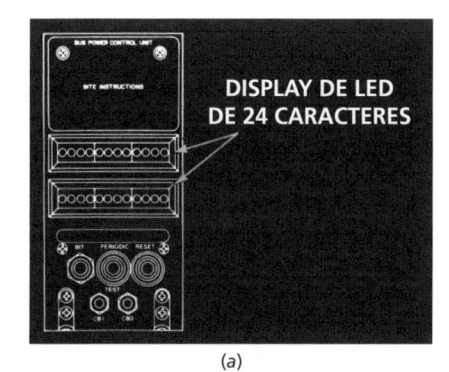

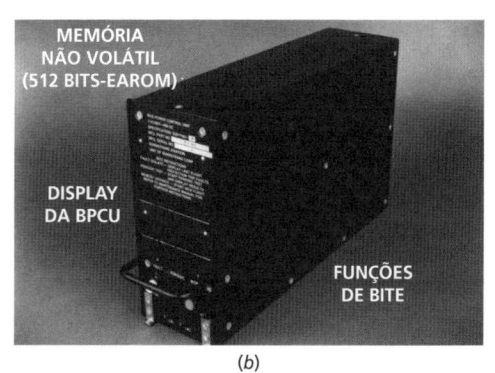

FIGURA 13-20 Equipamento de teste integrado. (*a*) Display de LED (*b*) unidade de controle da potência do barramento com display BITE.

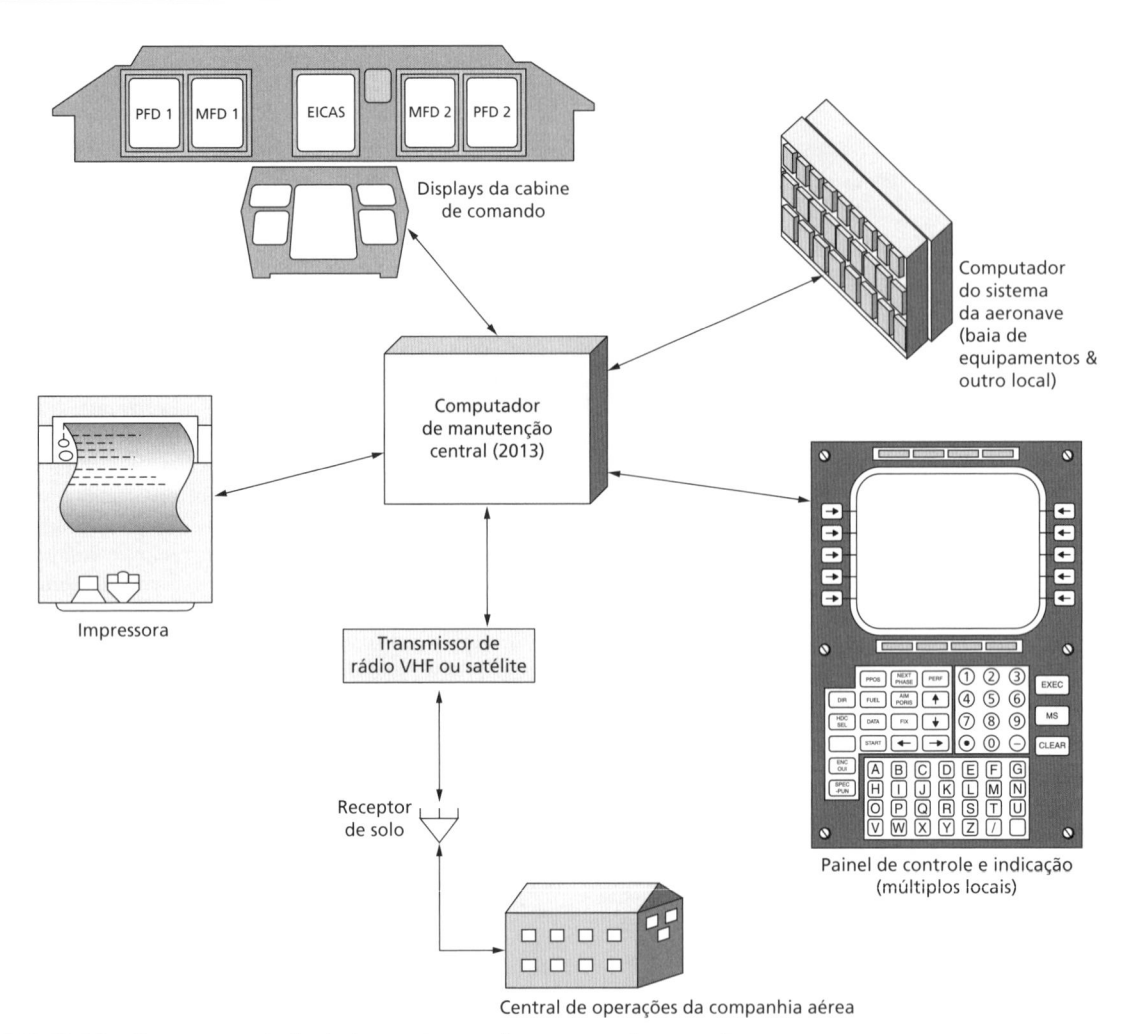

FIGURA 13-21 Elementos principais de um sistema de manutenção central.

do voo e comunicar quaisquer instruções que sejam necessárias para garantir um voo seguro e confortável. A maioria das aeronaves contém um amplificador central do intercom conectado a diversos alto-falantes espalhados pelo avião. O nível de volume do amplificador é ajustado automaticamente para compensar o nível variável de ruído dentro da cabine.

Um sistema de **interfone** oferece um meio de comunicação entre os membros da tripulação de voo e a equipe de manutenção no solo. A comunicação durante o abastecimento de combustível, manuseio no solo e carregamento de bagagens é essencial. Em grandes aeronaves, é praticamente impossível se comunicar da cabine de comando com as áreas fora da aeronave sem alguma forma de assistência. O sistema de interfone contém um amplificador e diversas estações nas quais um fonte de ouvido equipado com microfone pode ser conectado ao sistema.

O sistema de interfone também pode ser usado durante a manutenção da aeronave. A Figura 13-22 mostra a configuração de um interfone para um Boeing 737 típico. Se é necessário realizar comunicação entre membros da equipe de manutenção dentro e fora da aeronave, normalmente se utiliza o sistema de interfone. O sistema recebe energia do barramento de manutenção no solo, então pode ser operado sem utilizar os geradores da aeronave.

Unidade de controle eletrônico

Em grandes aeronaves modernas, diversos tipos de unidade de controle são usadas para monitorar, testar e regular inúmeros sistemas elétricos. Essas unidades de controle, mais conhecidas como LRUs, são computadores em miniatura projetados para funções específicas. Em geral, as LRUs são projetadas para remoção e instalação rápidas. Empregar o conceito de LRU ajudou a reduzir os tempos de manutenção e a melhorar a produtividade das companhias aéreas. As aeronaves comerciais modernas utilizam várias dessas unidades de controle. O **computador de manutenção central (CMC)**, a **unidade de controle do gerador (GCU)** e a **unidade de controle da potência de massa (GPCU)** já foram discutidos.

Outros sistemas de controle comuns incluem o **computador de gerenciamento de empuxo (TMC)**, usado para analisar os parâmetros do motor e solicitações de potência para controlar o empuxo do motor, e o **computador de gerenciamento de voo (FMC)**, que monitora os parâmetros de voo e desempenha as

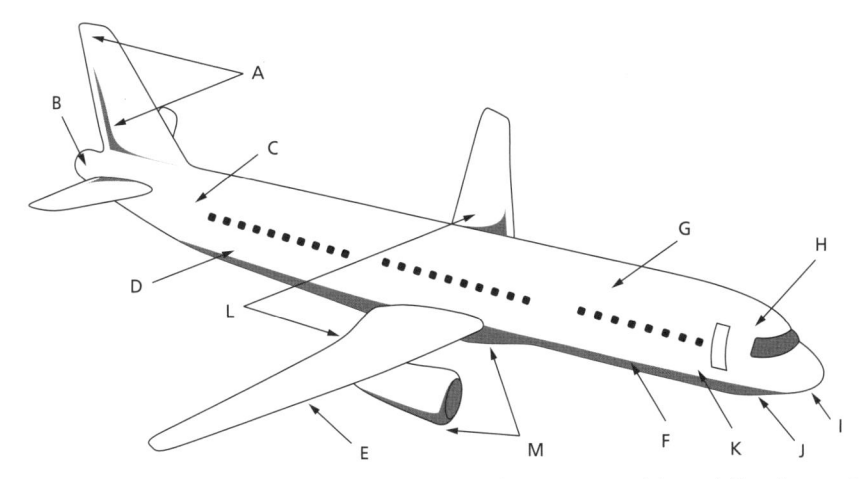

FIGURA 13-22 Conexões de interfone típicas em uma aeronave de transporte: (*a*) estabilizador vertical; (*b*) compartimento de acessórios traseiro; (*c*) estação dos comissários de bordo traseira; (*d*) compartimento de carga traseiro; (*e*) painel do controle de combustível; (*f*) compartimento de carga dianteiro; (*g*) estação dos comissários de bordo dianteira; (*h*) cabine de comando; (*i*) compartimento de acessórios dianteiro; (*j*) painel de acesso de manuseio no solo no trem de pouso do nariz; (*k*) baia de eletrônicos; (*l*) trem de pouso principal; (*m*) motores principais.

funções de piloto automático. O FMC regula o movimento dos atuadores das superfícies de controle. Esses mecanismos atuadores permitem o controle da maioria das superfícies de controle primárias e secundárias, como estabilizadores, profundores, lemes direcionais, freios aerodinâmicos e spoilers.

As unidades de controle do EICAS monitoram diversos parâmetros elétricos e apresentam o estado do sistema para a tripulação de voo. O EICAS também é responsável por alertar a tripulação caso ocorra uma situação de emergência. Como ilustrado na Figura 13-23, os dois computadores de EICAS recebem dados de entrada de diversos sensores da célula e do motor. Os dados de saída são enviados às unidades de advertência eletrônicas, o indicador de motor de reserva e telas do EICAS. As telas do EICAS são compostas de dois tubos de raios catódicos (CRTs). Cada CRT é usada para apresentar informações de status, cuidado ou advertência. Em aeronaves da Airbus Industries, um sistema semelhante, chamado de ECAM, é usado para monitorar os parâmetros do motor e de voo. Os sistemas EICAS e ECAM serão discutidos em mais detalhes no Capítulo 17.

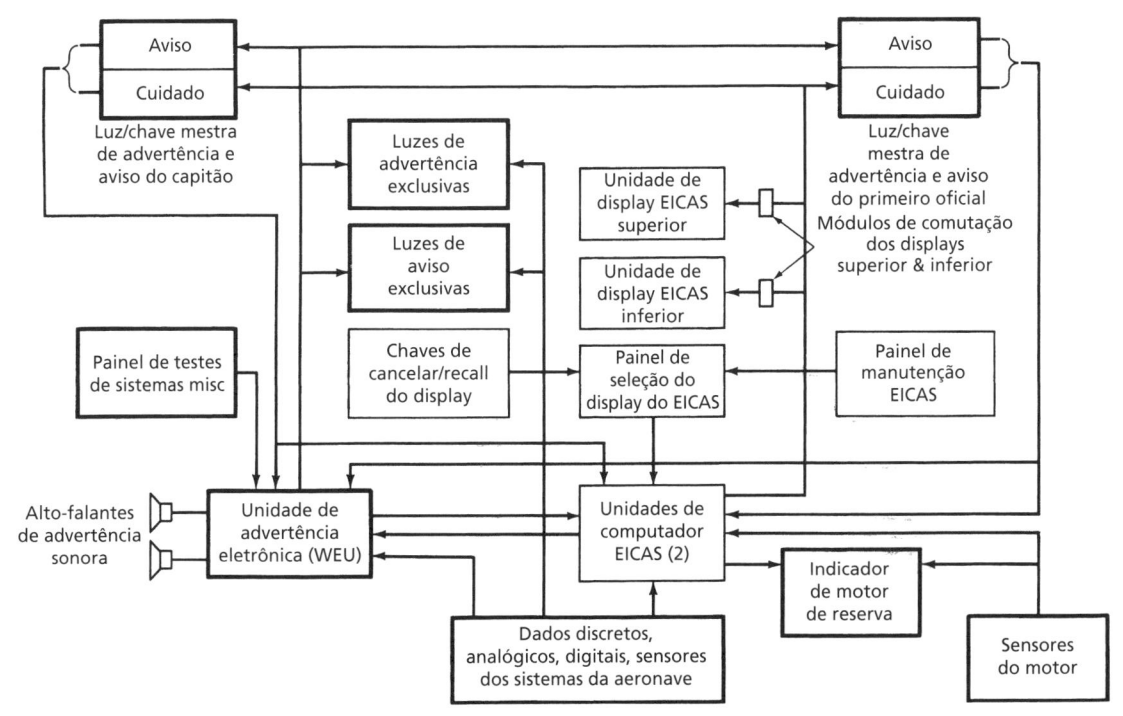

FIGURA 13-23 Diagrama em blocos do *engine indicating and crew alerting system*. (*Boeing Corporation*.)

Arrefecimento de equipamentos

O calor é o arqui-inimigo de uma unidade eletrônica; logo, a maioria das aeronaves contém algum meio de arrefecer equipamentos eletrônicos. Como as grandes aeronaves têm muitas LRUs eletrônicas, elas ficam localizadas, em sua maioria, em um ponto central. Em geral, esse compartimento de equipamentos fica atrás e/ou abaixo da cabine de comando do avião. Algumas grandes aeronaves de transporte usam múltiplas baias de equipamentos. Por exemplo, o Airbus A-380 contém duas baias de equipamentos principais, uma no piso superior e outra no piso inferior. O uso de um centro de equipamentos centralizado minimiza o uso de dutos de ar no arrefecimento.

As ventoinhas de arrefecimento e dutos de ar normalmente são usadas para forçar ar sobre equipamentos quentes e dispensar o calor para fora da aeronave. Em alguns casos, trocadores de calor são usados para resfriar o ar quente e recirculá-lo sobre os equipamentos. Em algumas aeronaves, condicionadores de ar independentes são usados para garantir o arrefecimento dos equipamentos. Nesse caso, o ar quente circula através do condicionador de ar e o ar frio é devolvido ao compartimento de equipamentos.

A maioria dos sistemas de arrefecimento de equipamentos também usa sensores detectores de superaquecimento e de fumaça. Esses sensores monitoram o sistema e fornecem uma indicação apropriada para a tripulação de voo. A tripulação pode então adotar as ações apropriadas para garantir a operação apropriada do sistema.

O ar pressurizado também pode ser usado para resfriar instrumentos eletrônicos. O ar de arrefecimento é forçado para dentro de uma antecâmara criada por um painel de instrumentos interno e externo. Como ilustrado na Figura 13-24, os furos no painel interno direcionam o ar sobre cada instrumento. Esse processo melhora o arrefecimento dos instrumentos e aumenta sua confiabilidade.

Descarregadores estáticos

Durante o voo, a aeronave produz **precipitação estática** através do contato com chuva, poeira, nuvens e outras partículas. A precipitação estática (**P-estática**) também pode ser criada pelo movimento do escapamento de fato sobre a superfície da aeronave.

A precipitação estática pode ocorrer sobre grandes aeronaves ou pequenas, mas só é prevalente em veículos de relativamente alta velocidade. Em altas velocidades, a fricção entre o ar e a superfície da aeronave aumenta. É essa fricção que produz uma carga elétrica estática sobre a superfície da aeronave.

A carga estática em si representa uma ameaça mínima à segurança do voo, mas a descarga da precipitação estática de volta no ar cria problemas. Quando a precipitação estática "pula" da aeronave para o ar, uma onda magnética de baixa frequência é produzida. Essa onda magnética cria uma interferência de rádio idêntica àquela produzida por um relâmpago, exceto que a descarga da precipitação estática cria um sinal de interferência mais fraco.

A interferência de rádio também pode ser criada quando uma carga estática se move de uma parte do avião para outra. Como discutido no Capítulo 12, técnicas de ligação elétrica são usadas para eliminar as descargas estáticas entre os componentes da aeronave.

O uso correto dos descarregadores estáticos é essencial para o controle da precipitação estática. Os descarregadores estáticos reduzem o limite no qual a precipitação estática deixa a aeronave. Em outras palavras, uma quantidade menor de carga estática precisa se acumular antes de ser descarregada de volta no ar. Esse nível menor de corrente de descarga produz um nível menor de interferência de rádio. Se a descarga for controlada em um valor baixo o suficiente, a interferência de rádio passa a ser ínfima.

Os descarregadores estáticos ficam localizados em diversos pontos na aeronave, como ilustrado na Figura 13-25. A precipitação estática tende a se acumular nas pontas e bordos de ataque das asas, nas superfícies de controle e nos estabilizadores horizontais e verticais. Os descarregadores localizados nessas áreas têm o maior potencial de reduzir a interferência de rádio. Como mostrado na Figura 13-26, os descarregadores normalmente ficam montados sobre um retentor, que por sua vez fica montado permanentemente na superfície da aeronave. Isso facilita a substituição do descarregador caso os pinos de descarga sejam danificados ou fiquem cavitados pelo uso. Sempre inspecione os descarregadores estáticos em intervalos apropriados e

FIGURA 13-24 Sistema de arrefecimento de instrumentos. (*Boeing Corporation.*)

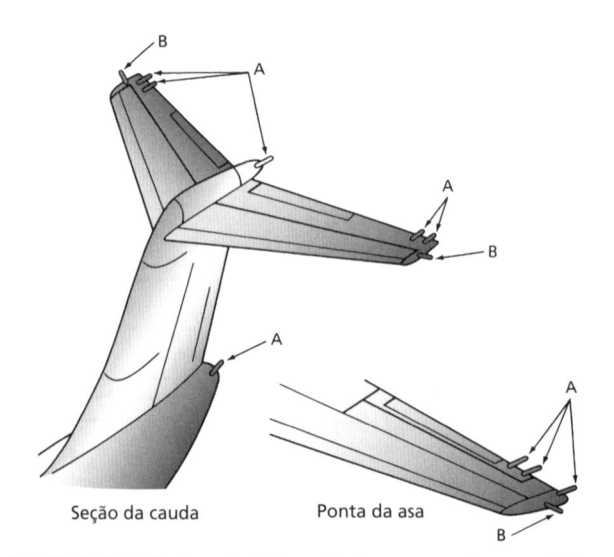

FIGURA 13-25 Locais típicos de descarregadores estáticos. (*a*) Tipo do bordo de fuga e (*b*) tipo de ponta.

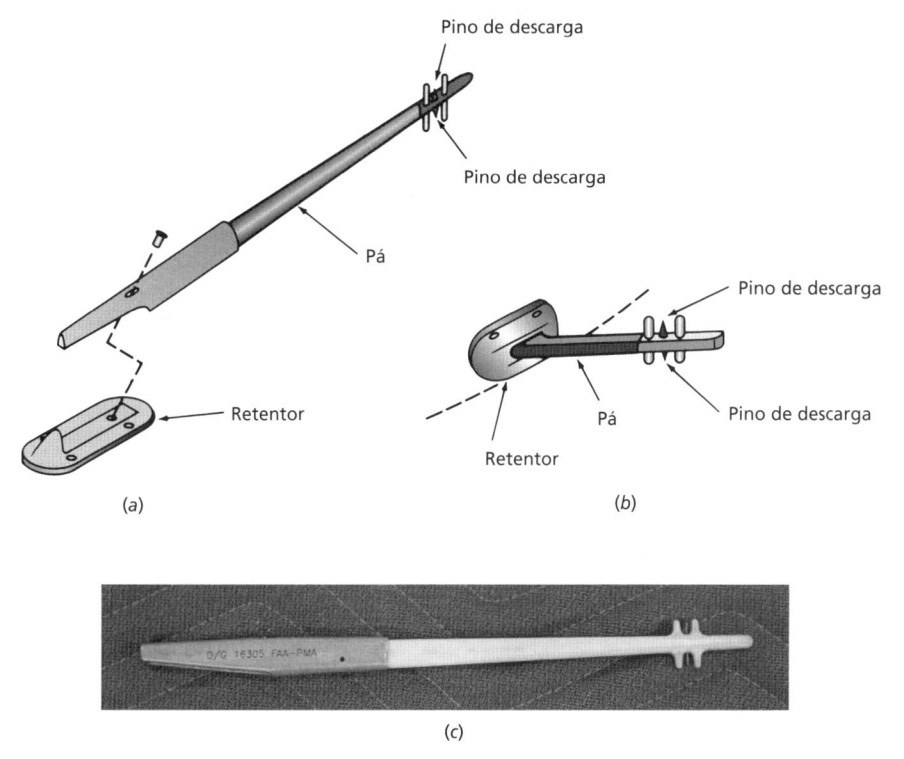

FIGURA 13-26 Instalação típica de um descarregador estático: (a) tipo de bordo de fuga; (b) tipo de ponta; (c) fotografia de conjunto completo. (*Dayton Aircraft Products*.)

de acordo com as recomendações do fabricante. A Figura 13-26c é uma fotografia de um descarregador estático típico.

MANUTENÇÃO E RESOLUÇÃO DE PROBLEMAS DE SISTEMAS ELÉTRICOS

Requisitos gerais

Para garantir operações de voo seguras, os sistemas elétricos devem ser mantidos em perfeitas condições operacionais. Os procedimentos de inspeção de rotina realizados em todas as aeronaves são usados para detectar possíveis panes no sistema elétrico. Durante essas inspeções, componentes elétricos específicos são inspecionados e testados como determinado pelos documentos técnicos atualizados. Se um defeito ou pane é encontrado, os procedimentos de manutenção apropriados são utilizados para corrigir o problema.

As panes do sistema elétrico não são sempre detectadas durante inspeções. Muitas vezes, os sistemas sofrem panes durante a operação e devem ser consertados antes do próximo voo. A manutenção desse tipo quase sempre é mais crítica; ou seja, o tempo ocioso da aeronave deve ser minimizado. A manutenção inesperada provoca atrasos em voos, inconveniência para passageiros e menores margens de lucro. A manutenção de sistemas elétricos deve ser realizada com velocidade e precisão. A segurança do voo muitas vezes está nas mãos do técnico. Lembre-se de realizar todos os procedimentos de manutenção e inspeções do sistema elétrico de acordo com as recomendações do fabricante e ao máximo de sua capacidade.

As aeronaves modernas são construídas com um projeto a prova de falhas para ajudar a garantir a segurança de todos os passageiros. Esse conceito de projeto normalmente significa que todos os sistemas críticos da aeronave contêm múltiplos componentes que desempenham a mesma tarefa. Em caso de pane de um sistema ou elemento, outro componente de reserva assume seu lugar automática ou manualmente. Em aeronaves de transporte, os sistemas mais críticos normalmente contêm um sistema primário e dois de reserva. Uma vantagem importante de ter múltiplos sistemas é a capacidade de liberar uma aeronave mesmo que um ou mais componentes não estejam operacionais. Por exemplo, na maioria das aeronaves de transporte, o avião pode voar segura e legalmente com um gerador CA acionado pelo motor fora de operação; o gerador da APU é usado como reserva.

Sempre que você realizar manutenção em uma aeronave, é muito importante reparar os sistemas críticos; em muitas aeronaves, no entanto, uma ou mais panes de sistema podem não ser críticas. Para determinar a aeronavegabilidade de uma aeronave com um sistema em pane, o técnico deve consultar a **lista de equipamentos mínimos (MEL)** da aeronave. A MEL contém uma lista detalhada de todos os equipamentos necessários e sob quais condições específicas a aeronave pode ser despachada. Em suma, se um sistema inoperante é listado como um item "NO-GO" pela MEL, a aeronave pode voar com segurança. Durante uma parada rápida entre voos, se a aeronave ainda puder ser despachada de acordo com a MEL, o reparo dos sistemas não críticos pode ser diferido até a próxima oportunidade de manutenção.

Cronogramas de inspeção

Por determinação das regulamentações de voo da FAA, todas as aeronaves civis devem ser inspecionadas de acordo com o cronograma estabelecido por um programa de inspeção aprovado. O **programa de inspeção periódico**, o **anual** ou o das **100 horas** podem ser usados para inspeções de pequenas aeronaves. Cada um deles foi projetado para instruir o técnico sobre quais sistemas e componentes precisam de manutenção e/ou inspeção de rotina.

A manutenção de grandes aeronaves normalmente segue um dos programas de inspeção aprovados pela FAA. Esses programas, conhecidos como **programas de inspeção de aeronavegabilidade contínuos**, incluem diversas inspeções de manutenção de rotina e procedimentos de manutenção mais completos. Tradicionalmente, as verificações **A-check**, **B-check**, **C-check** e **D-check** foram projetadas para atender as necessidades específicas de uma determinada aeronave e seu operador. A A-check era a mais simples e a conduzida com maior frequência, a cada 200 a 500 horas de voo. A D-check era chamada de "manutenção pesada", pois muitos dos sistemas grandes e pesados eram removidos e/ou inspecionados durante essa fase. Uma D-check tradicional muitas vezes precisava de 7 a 10 dias para ser completada. Muitos cronogramas de inspeção ainda seguem esse cenário, especialmente em aeronaves mais velhas; contudo, isso está começando a mudar. Com a ajuda de novas tecnologias, projetos melhores de aeronaves, melhores capacidades de monitoramento de sistemas e mais LRUs, as inspeções programadas estão se tornando menos necessárias. Hoje, os conceitos de **manutenção centrada na confiabilidade** e **monitoramento avançado de componentes** permitem que as aeronaves voem mais horas e recebam menos manutenção ao mesmo tempo que melhoram a segurança. A análise de sistemas melhorada com tecnologias de sensor mais avançadas, CMCS e downloads sem fio instantâneos permite que as companhias aéreas conduzam a maioria das atividades de manutenção quando necessário, não de acordo com um cronograma fixo. E como hoje a maioria das aeronaves é projetada para facilitar a manutenção, um período extenso de inspeção e conserto é desnecessário. Hoje, estima-se que aeronaves como o B-787 podem voar de 10 a 12 anos antes de precisar de uma visita clássica de manutenção pesada no hangar.

Em grandes aeronaves, o uso de equipamentos de teste integrados e de sistemas de computador de manutenção central muitas vezes facilita uma inspeção. O técnico pode inspecionar rápida e facilmente um sistema elétrico por meio de uma análise dos dados sobre panes armazenados pelo equipamento de teste. Se uma pane está armazenada na memória do sistema, o técnico pode realizar os reparos necessários durante a inspeção. A tendência atual na indústria aeronáutica é usar mais sistemas de BITE sempre que possível, na tentativa de reduzir os custos de manutenção e o tempo ocioso das aeronaves. Muitos desses sistemas permitem o download de dados de manutenção usando uma conexão sem fio segura e um laptop. Se a aeronave e as instalações do aeroporto possuírem os equipamentos apropriados, a maioria dos sistemas modernos permitem que a aeronave faça o download dos dados automaticamente ou quando solicitado antes mesmo de alcançar o portão.

Em geral, as pequenas aeronaves são mantidas usando uma base de inspeção anual ou de 100 horas. Durante uma inspeção desse tipo, aeronave como um todo é inspecionada, incluindo os sistemas elétricos. Todos os sistemas elétricos, seus componentes e fiação relacionada devem ser verificados de acordo com o cronograma de inspeção. Normalmente, é conduzida uma verificação operacional de todos os sistemas elétricos. Todos os defeitos são consertados, a manutenção de rotina é realizada e todas as peças com tempo limite de vida são substituídas.

As peças com **tempo limite de vida** são aquelas que se deterioram além da usabilidade após um determinado período de tempo. Por exemplo, as baterias do sistema de iluminação de emergência costumam ser consideradas peças com tempo limite de vida; ou seja, elas devem ser substituídas até uma data específica. A manutenção de rotina de componentes elétricos podem incluir a troca de baterias, lubrificação de mancais substituição de escovas de geradores. As inspeções de sistemas elétricos incluem uma verificação operacional e uma inspeção visual. Ao realizar a inspeção visual, o técnico deve procurar conectores soltos, fios desgastados, ligações elétricas ruins, suportes de feixes soltos, isolamentos danificados ou cortados e outros defeitos evidentes.

Resolução de problemas de multímetros

Como discutido no Capítulo 8, um multímetro é uma combinação de três instrumentos básicos: um ohmímetro, um voltímetro e um amperímetro. Esse instrumento combinado permite que o técnico reduza seu estoque de instrumentos de teste. Cada um dos três instrumentos contido em um multímetro desempenha uma função específica. A Figura 13-27 mostra um **multímetro digital (DMM)** comum; os medidores foram discutidos anteriormente no Capítulo 8. Dos três instrumentos contidos em um DMM típico, o voltímetro é de longe o mais útil para detectar um circuito aberto. Os **circuitos abertos** são o defeito mais comum nas fiações. Os circuitos abertos são criados por fios rom-

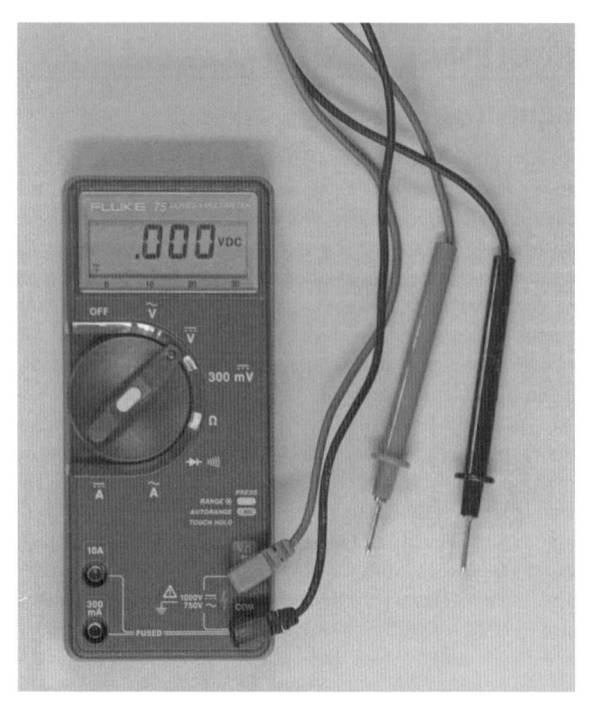

FIGURA 13-27 Multímetro digital (DMM) comum e pontas de teste.

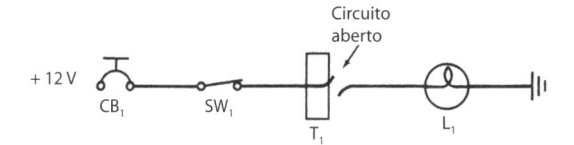

FIGURA 13-28 Diagrama para ilustrar um circuito aberto.

pidos, conectores defeituosos, terminais soltos e todas as outras condições que criam uma desconexão do circuito (ver Figura 13-28). Os circuitos abertos também ocorrem dentro de componentes como chaves, fusíveis, disjuntores, lâmpadas e motores. A abertura sempre faz com que o circuito ou parte dele fique fora de operação. Um circuito aberto é basicamente uma resistência infinita causada pela pane. Apesar dos circuitos abertos tecnicamente poderem ocorrer em qualquer ponto ao longo de um fio ou dentro de um componente, eles quase sempre estão adjacentes a um conector ou ponto de terminação do fio. Em outras palavras, o fio se solta da conexão soldada ou crimpada. Sempre que for resolver problemas relativos a um circuito aberto, considere que as panes provavelmente estarão localizadas nos pontos de terminação do fio. Os pinos conectores e soquetes também devem ser considerados pontos prováveis para um circuito aberto.

Os **curtos-circuitos** também são problemas comuns nos sistemas elétricos de aeronaves. Existem dois tipos de curtos-circuitos, os curtos com a massa e os curtos cruzados. Um **curto com a massa** de um fio positivo cria um fluxo de corrente infinito devido à resistência extremamente baixa da tensão positiva com a negativa (ver Figura 13-29). Na Figura 13-29a, o fio se rompeu, formando um circuito aberto; o condutor exposto pela ruptura então formou um curto com a massa ao encostar na célula de metal. Na Figura 13-29b, o isolamento do fio falhou, expondo o condutor; o condutor exposto entrou em curto com a massa em um componente de metal próximo. O alto fluxo de corrente abre o protetor do circuito (o fusível ou disjuntor). Se o circuito não tem proteção, a fiação se superaquece e provavelmente derrete, provocando uma desconexão. Um **curto cruzado** ocorre quando dois ou mais circuitos se conectam por acidente (ver Figura 13-30). Nessa situação, quando um circuito é ligado, mais de um circuito entra em operação, ou então o circuito como um todo pode se tornar inoperante. Um curto cruzado conecta potência a um circuito "extra". Os curtos-circuitos tendem a ser criados pela fricção entre dois fios ou entre um fio e a célula. A fricção des-

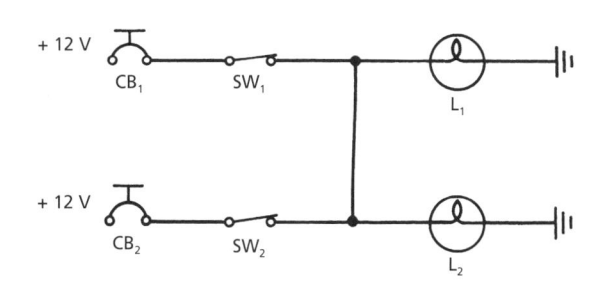

FIGURA 13-30 Ilustração de curto cruzado. L_1 e L_2 se iluminam quando SW_1 ou SW_2 é fechada.

gasta o isolamento e o condutor fica exposto, criando o potencial de um curto-circuito. Para resolver os problemas com ambos os tipos de curtos-circuitos, normalmente se utiliza um ohmímetro.

Quando ocorre um curto-circuito entre um fio positivo e a massa (provavelmente a célula), o circuito sempre estoura um fusível ou abre (desarma) o disjuntor. Quando um curto-circuito ocorre entre dois circuitos diferentes, um fusível ou disjuntor pode se abrir, ou então os dois circuitos podem operar ao mesmo tempo. Durante atividades de resolução de problemas, lembre-se que se o fusível ou disjuntor está aberto ou se dois circuitos operam anormalmente, a pane provavelmente é um curto. Se o sistema não está operando e o fusível ou disjuntor está OK, a pane provavelmente é um circuito aberto.

Resolução de problemas utilizando voltímetros

Os voltímetros são sempre conectados em um circuito em paralelo com relação à parte do circuito a ser medida. Se uma ponta do voltímetro é conectada a uma tensão positiva e a outra ponta a uma tensão negativa, o medidor indica a diferença de tensão entre esses dois pontos. A tensão é, como você deve lembrar, a diferença de pressão elétrica entre dois pontos.

Se desejamos medir a tensão disponível para a lâmpada representada na Figura 13-31a, o voltímetro deve ser colocado

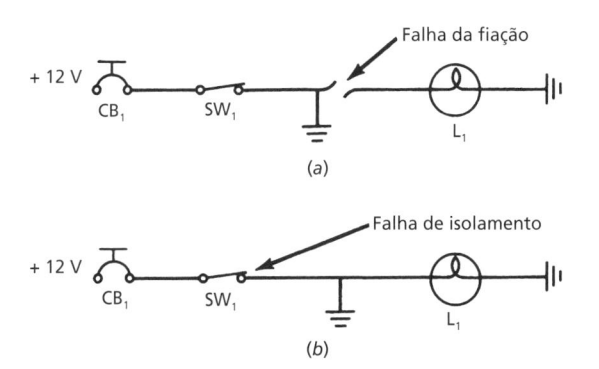

FIGURA 13-29 Ilustração de curto com a massa (a) criado por fio partido e (b) criado por isolamento com defeito.

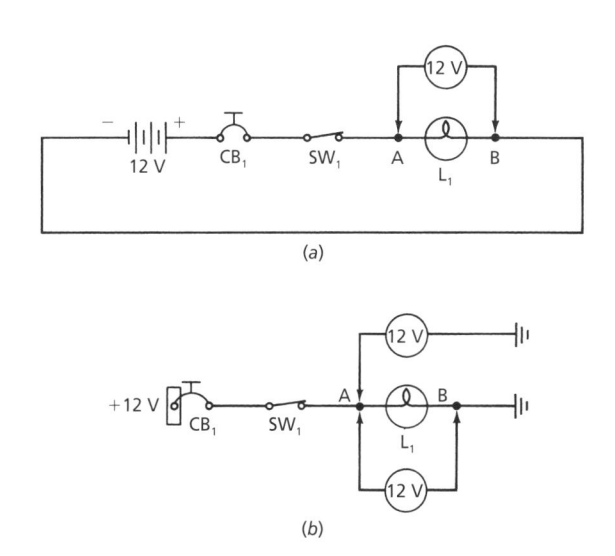

FIGURA 13-31 Medição da tensão disponível para uma luz (a) em um sistema de dois fios e (b) em um sistema de um fio só.

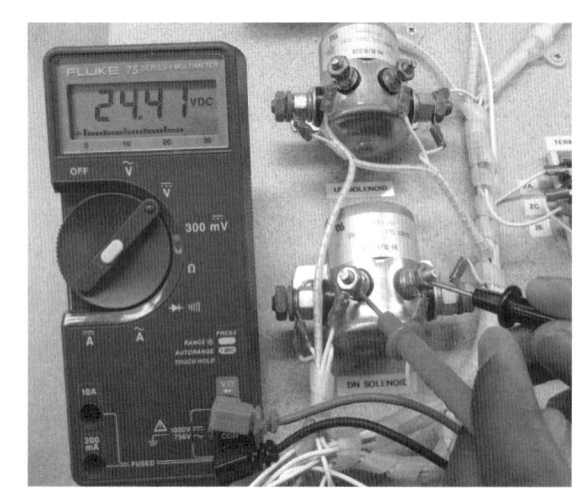

FIGURA 13-32 Multímetro digital conectado aos terminais de um circuito de solenoide para medir tensão. Veja também o encarte colorido.

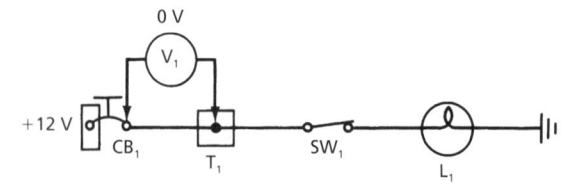

FIGURA 13-34 Voltímetro conectado entre dois pontos de tensão positiva.

entre os pontos A e B. O ponto A é conectado ao positivo da bateria e o ponto B é conectado ao negativo da bateria. Nesse caso, o voltímetro indicaria 12 V.

Os circuitos simplificados mostrados nesta seção do texto servem como explicação das conexões do DMM; um circuito típico de aeronave provavelmente seria mais complexo. A colocação real de todas as conexões do DMM precisa ocorrer em um conector ou barra de terminais dentro do circuito. O técnico jamais deve remover o isolamento do fio para conectar um medidor. Os plugues conectores e outros tipos de pontos de terminação são locais excelentes para instalar um medidor para fins de resolução de problemas. A Figura 13-32 mostra um DMM conectado aos terminais de um circuito de solenoide; as pontas do DMM estão conectados nos pontos de terminação do fio.

Em uma aeronave, a maioria dos circuitos é conectada do barramento positivo à massa da aeronave através de uma carga, como mostrado na Figura 13-31*b*. Como a conexão negativa da bateria é conectada à massa da aeronave, um voltímetro conectado entre os pontos A e B indica 12 V e um voltímetro conectado entre o ponto A e a massa da aeronave indica 12 V. O fato de toda a estrutura de metal da aeronave estar conectada ao negativo da bateria torna um voltímetro uma ferramenta bastante versátil. Como ilustrado na Figura 13-33, um voltímetro pode ser conectado a qualquer massa conveniente para descobrirmos a tensão positiva presente em um circuito. O voltímetro V_1 indica 12 V, V_2 indica 12 V e V_3 indica 12 V. O voltímetro V_4 indica zero volts porque suas pontas estão conectadas entre dois pontos de tensão negativa (massa a massa).

Quando usamos um voltímetro, é importante considerar a tensão como composta de duas partes, uma tensão positiva e uma tensão negativa. Enquanto o voltímetro estiver conectado a uma tensão positiva e uma tensão negativa, ele indicará uma tensão no sistema. Como ilustrado na Figura 13-34, se é conectado a dois valores de tensão positiva iguais ou dois valores de tensão negativa iguais, o voltímetro indica zero volts.

Quando resolve problemas em um circuito com um fio aberto (desconectado), o técnico deve colocar o voltímetro em diversos pontos convenientes ao longo do fio suspeito. Como o sinal de tensão positiva se inicia no barramento da aeronave, o primeiro passo lógico é testar a presença de uma tensão positiva próxima ao barramento e avançar sistematicamente em direção à carga. A Figura 13-35 ilustra esse conceito. O primeiro teste é realizado da forma representada pelo voltímetro V_1; o segundo teste, pelo voltímetro V_2; o terceiro, pelo voltímetro V_3; cada um deles mede 12 V. Isso indica que o fio positivo do circuito é contínuo (não aberto) desde o barramento através do terminal 1 e a chave. O voltímetro V_4, conectado ao que deve ser o lado positivo da lâmpada, deve ler 12 V. Como V_4 indica zero volts, o circuito deve estar aberto entre a chave e a luz.

Quando lidamos com um circuito complexo, o processo de resolução de problemas se torna mais difícil. Para decidir onde conectar o voltímetro, sempre considere o seguinte: (1) O isolamento do fio nunca deve ser removido para instalar a ponta de teste do medidor; logo, faça todas as medições em terminais abertos, conectores de plugue, chaves, fusíveis ou outras áreas nas quais o condutor está exposto. (2) Como uma abertura em um fio pode ocorrer em praticamente qualquer ponto, sempre conecte o medidor de teste a uma conexão facilmente acessível. Se não há tensão positiva nesse ponto (usando a massa como referência com a outra ponta do medidor), você pode concluir que a abertura está entre o ponto de teste e o barramento positivo. Para identificar mais precisamente o conector ou fio com defeito, passe a ponta positiva do voltímetro para o próximo terminal exposto mais próximo do barramento da aeronave. Se o voltímetro indica zero volts, a abertura está entre o ponto de teste e o barramento positivo. Se o voltímetro indica uma tensão no sistema, o circuito aberto está entre o primeiro e o segundo ponto de teste, como mostrado na Figura 13-36. O primeiro teste foi realizado na chave devido à acessibilidade desta. A partir desse teste, foi fácil determinar qual parte do circuito (antes ou depois da chave) deveria ser testada a seguir.

Em muitas situações, é mais fácil verificar a tensão na carga do circuito. Nesse caso, caso não haja tensão disponível para a carga, o circuito está com defeito. Se a tensão está presente nas conexões de entrada da carga, a carga em si está com defei-

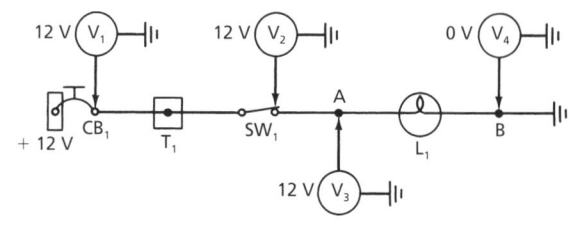

FIGURA 13-33 Voltímetros usados para testar a tensão em um circuito.

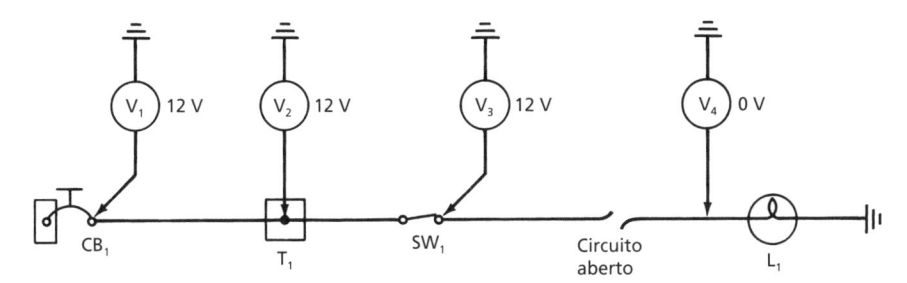

FIGURA 13-35 Colocação de um voltímetro para resolver problemas em um circuito aberto.

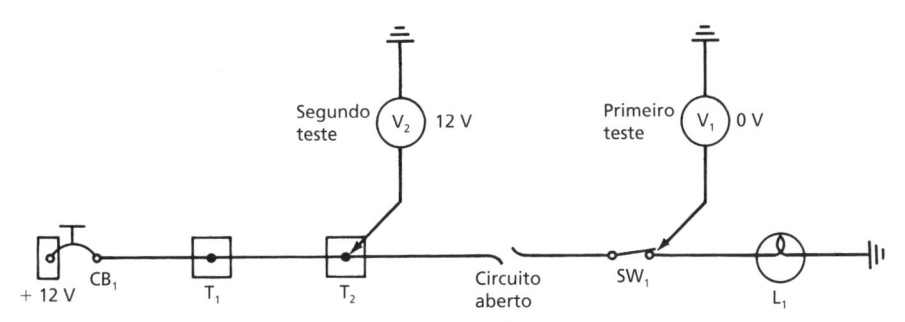

FIGURA 13-36 Testes de tensão em um circuito aberto. Como o primeiro teste indicou 0 V, o segundo teste é realizado mais próximo do barramento.

to. Mas cuidado: a tensão é composta de duas partes, positiva e negativa, e ambas devem estar disponíveis para a carga para que esta possa operar.

O voltímetro deve ser usado para determinar se a tensão negativa de um circuito está disponível para a carga. Como ilustrado na Figura 13-37, o voltímetro deve usar a fonte de tensão positiva como referência para testar a presença de um sinal negativo. Em outras palavras, a ponta de teste vermelha do medidor deve ser conectada a um ponto que se sabe ter tensão positiva. O barramento da aeronave, ou qualquer outra conexão positiva, pode ser usado para esse fim. Nessa configuração, se a ponta negativa do medidor é conectada a uma tensão negativa, o medidor indica a tensão do sistema. Se não há sinal negativo na ponta de teste preta do medidor, o medidor indica zero volts.

Voltímetros e aeronaves compostas

É preciso observar que a nova espécie de aeronave composta precisaria de procedimentos especiais durante uma verificação de tensão. Assim como com sistemas em aeronaves de metal, os sinais de tensão negativa e positiva precisam estar presentes para todos os usuários de energia elétrica. Contudo, nas aeronaves compostas, a tensão negativa não pode ser transmitida através de uma estrutura de metal. Algumas aeronaves compostas usam um fio independente para conduzir a tensão negativa (massa) de um *barramento de massa* até cada carga elétrica. Quando for verificar a presença de tensão positiva nesse tipo de sistema, lembre-se de confirmar que está conectado a uma fonte de massa ininterrupta, como mostrado na Figura 13-38. Para confirmar um circuito de massa ininterrupto, coloque as pontas do voltímetro entre uma fonte de tensão positiva conhecida e o fio de massa em questão. Nunca tire conclusões sobre a tensão medida entre dois pontos não confirmados.

Algumas aeronaves compostas incorporam um *plano de massa* no revestimento interno da aeronave. Esse plano de massa é usado como fonte de tensão do lado negativo. Quando um componente elétrico não funciona devido à falta de tensão, lembre-se de verificar o plano de massa. Para verificar a presença

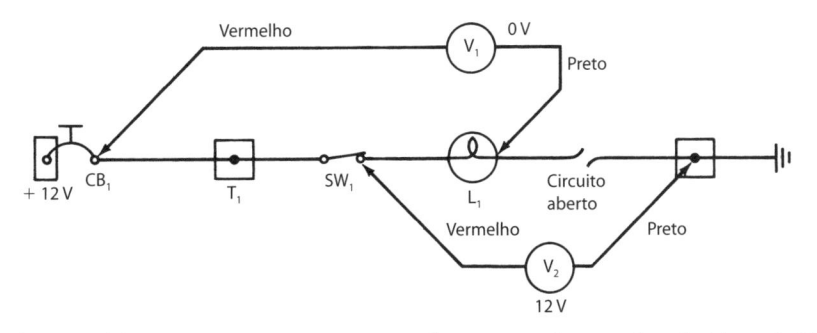

FIGURA 13-37 Uso de um voltímetro para testar a presença de uma tensão negativa. Se V_1 mede 0 V, não há tensão negativa presente na ponta preta do medidor. Se V_2 mede 12 V, a tensão negativa está presente na ponta preta.

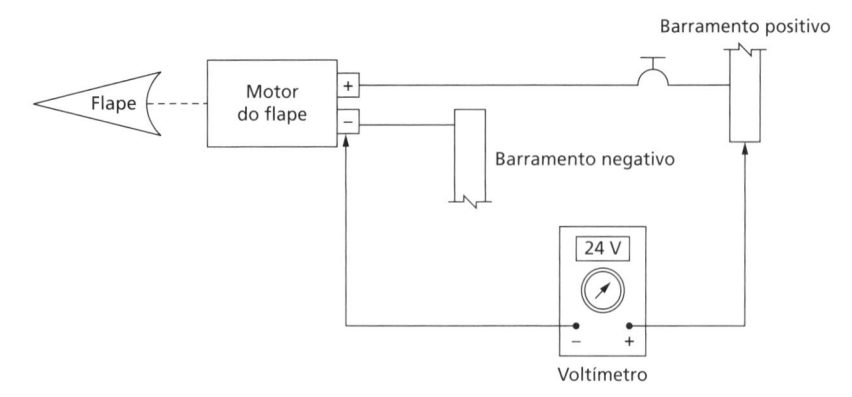

FIGURA 13-38 Teste de um circuito de massa ininterrupto em uma aeronave composta.

de um sinal de tensão negativa no plano de massa, use um voltímetro e, como referência, uma tensão positiva conhecida. Em algumas aeronaves, ohmímetros especiais de baixa resistência são utilizados para confirmar a continuidade do plano de massa.

Resolução de problemas utilizando ohmímetros

Os ohmímetros servem para dois tipos de teste: (1) verificações de continuidade de componentes removidos de um circuito e (2) verificações de continuidade de curtos-circuitos. Componentes como chaves, relés, lâmpadas e transformadores podem todos ser testados com um ohmímetro. Contudo, tais componentes devem ser removidos ou desconectados do circuito antes do teste.

A Figura 13-39 ilustra o uso de um ohmímetro para testar componentes. Um componente como uma chave, disjuntor ou fusível deve ter resistência zero (quando fechado) para operar corretamente. Se o ohmímetro mede resistência infinita, o componente está com defeito.

Um teste de ohmímetro também é válido para a maioria dos usuários de potência, como mostrado na Figura 13-40. A luz testada deve mostrar uma resistência relativamente baixa caso esteja funcional. Se estiver em pane (aberta), a luz mostra resistência infinita. Em geral, qualquer usuário de potência deve ter resistência igual a sua tensão nominal dividida por sua corrente nominal ($R = E/I$). Qualquer carga que possua resistência infinita está em pane.

Os ohmímetros são muito usados para resolver problemas com circuitos em curto. Para esse tipo de atividade, a potência do circuito deve ser desligada e o circuito isolado do resto do sistema elétrico. Na maioria dos casos, isso pode ser feito desligando a chave mestra da bateria da aeronave e abrindo o disjuntor apropriado. A Figura 13-41 mostra a configuração de ohmímetro para testar um fio em curto-circuito com a massa. Na Figura 13-41a, o curto com a massa parece ocorrer em T_2; contudo, isso não está certo. O curto está no segmento de fio C; mas como o segmento de fio C está conectado a T_2, o medidor indica resistência zero de T_2 com a massa. Para identificar o local exato do circuito em curto, isole os diversos segmentos de fio. Na Figura 13-41b, o segmento C está isolado de T_2. O ohmímetro agora lê uma resistência infinita; o curto-circuito não parece mais estar em T_2.

Se a ponta do medidor é movida para a terminação do segmento de fio C, o dispositivo mais uma vez mede zero resistência com a massa. A Figura 13-41c ilustra o teste final necessário para encontrar o fio em pane. Nesse caso, o segmento de fio C está completamente isolado; a chave está aberta e o segmento de fio C é removido de T_2. Como o ohmímetro indica resistência zero, o segmento de fio C (um fio positivo) deve estar em curto com a massa.

Os ohmímetros podem ser usados para testar a presença de circuitos abertos, mas normalmente é mais fácil usar um voltímetro. O comprimento físico dos fios de teste do medidor podem impedir o uso do ohmímetro na verificação da continuidade de circuitos abertos. Se você deseja testar um fio roteado da cabine de comando até a cauda da aeronave, o ohmímetro precisa estar conectado em ambas as pontas do fio. Mesmo com uma aeronave relativamente pequena, isso seria impossível sem estender os fios de teste do medidor. Usando um voltímetro, seria possível simplesmente testar a tensão na extremidade da cauda do fio (em comparação com a massa) para determinar a condição do fio.

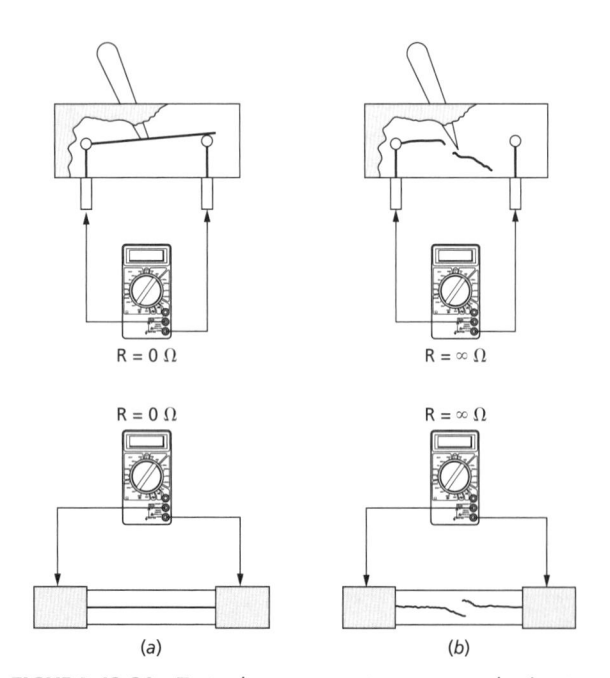

FIGURA 13-39 Teste de componentes com um ohmímetro. (a) Resistência zero medida entre componentes operáveis; (b) resistência infinita medida entre componentes em pane.

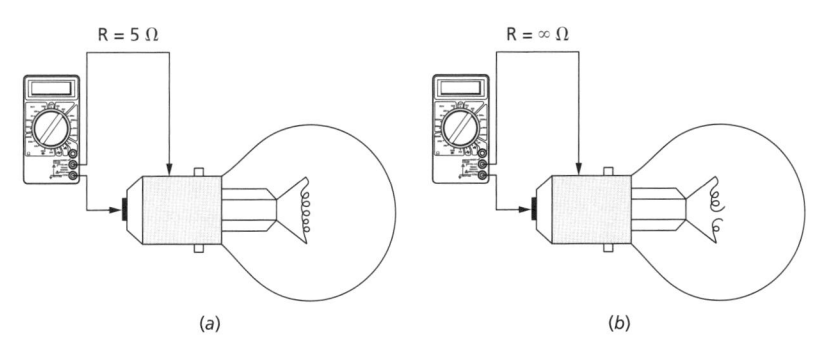

FIGURA 13-40 Teste de unidades de carga com um ohmímetro. (*a*) Uma lâmpada em bom estado indica baixa resistência; (*b*) uma lâmpada em pane indica resistência infinita.

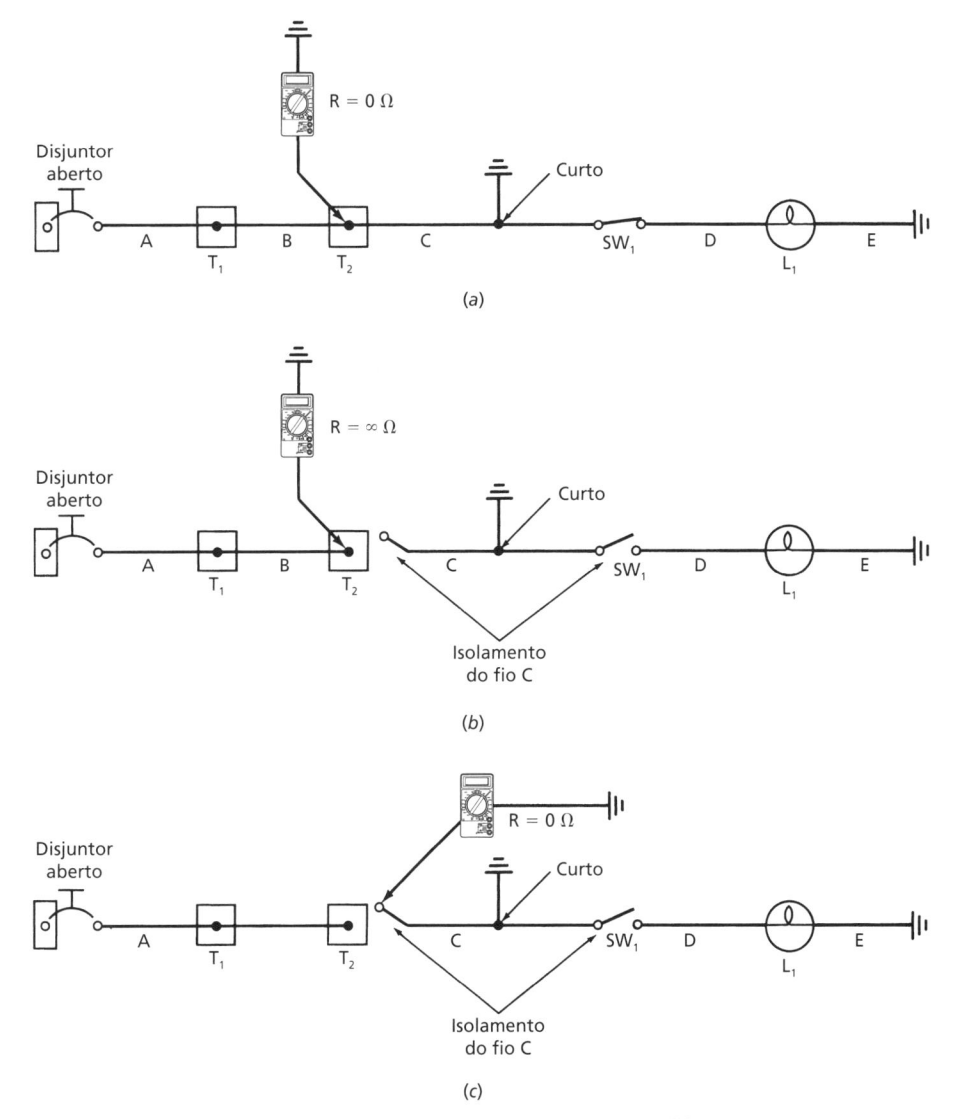

FIGURA 13-41 Uso de um ohmímetro para encontrar um curto com a massa. (*a*) T_2 tem resistência zero com a massa quando o fio C não está isolado. (*b*) T_2 tem resistência infinita com a massa quando o fio C está isolado. (*c*) O fio C tem resistência zero com a massa.

Resolução de problemas utilizando amperímetros

Os amperímetros são o elemento de resolução de problemas menos comuns de qualquer multímetro. A maior parte da resolução de problemas é realizada usando um voltímetro, o ohmímetro é menos comum e o amperímetro quase nunca é usado. Como os amperímetros são colocados em série com o circuito a ser medido, isso determina que os fios precisam ser desconectados para cada teste e uma "medição rapidinha" se torna impossível. Além disso, a maioria dos amperímetros em multímetros comuns é projetada para leituras de baixa corrente e não é apropriada para quase nenhum circuito.

Os amperímetros normalmente são usados para testar os sistemas de carregamento das aeronaves. Nesses casos, muitas vezes é importante medir a corrente de saída total de um alternador ou gerador. Apesar dos multímetros normalmente incluírem um amperímetro, sua capacidade não costuma ser alta o suficiente para medir a corrente do sistema de carregamento. Se for necessário medir uma corrente relativamente alta, lembre-se de utilizar um amperímetro capaz de medir a corrente esperada. A instalação de amperímetros de sistemas de carregamento foi discutida no Capítulo 10.

Uma sequência típica de resolução de problemas

Antes do técnico abrir algum painel da aeronave, preparar ferramentas ou conectar um medidor, é preciso obter um entendimento completo sobre o sistema. A resolução de problemas em caso de pane normalmente começa com a leitura do **relatório de defeito e mau funcionamento**; o técnico deve então estudar os documentos de manutenção. A seguir, confirme que a aeronave está em condições seguras para operar os sistemas necessários; se possível, confirme a pane informada pelo piloto usando a operação do sistema. Essa sequência de eventos pode ser chamada de **solução de problemas a partir da cabine de comando**; testes subsequentes somente devem ser realizados após esse processo ter sido completado.

Uma sequência típica de resolução de problemas relativa a um circuito de luz de posição em pane será descrita a seguir. Primeiro, analise o diagrama esquemático e opere o sistema em pane. Enquanto opera o sistema, observe exatamente o que funciona corretamente e o que funciona incorretamente. Analise a proteção do circuito do sistema e determine sua condição. Se o fusível ou disjuntor se abriu, o circuito provavelmente está em curto com a massa. Se o fusível é contínuo ou o disjuntor está fechado, a pane provavelmente é um circuito aberto. Estude o diagrama esquemático do circuito e determine qual componente ou fio é o principal suspeito.

Se a pane é um curto-circuito, como ilustrado na Figura 13-42, um ohmímetro deve ser usado para localizar o segmento de fio com defeito. Antes do ohmímetro ser instalado para resolver o problema do curto, uma parte do circuito deve ser testada a partir da cabine de comando. Por exemplo, se a chave 1 é desligada e o fusível (ou disjuntor) se abre quando se testa o circuito novamente, os segmentos de fio C a J não são a causa da pane. Isso deve ser verdade, pois esses segmentos de fio estão desconectados do barramento quando a chave 1 está aberta. Se a chave 1 é desligada e o fusível permanece fechado (operável), a pane do circuito deve estar localizada entre a chave e as lâmpadas de posição (fios C a J). Isso deve ser verdade, pois a proteção do circuito não se abriu enquanto os segmentos de fio C a J estavam desconectados do circuito.

A solução de problemas a partir da cabine de comando é uma parte importante do processo de reparo. Como ilustrado no último parágrafo, esta é realizada pela operação dos controles da cabine de comando e tirada de conclusões precisas a partir dos resultados. Se executada corretamente, estudar o diagrama do sistema e operar os sistemas elétricos relacionados pode poupar um tempo considerável. Muitas vezes, esse processo pode reduzir significativamente os locais possíveis da pane, melhorando o processo de resolução de problemas.

Se o defeito no circuito da luz de posição é uma abertura, como na Figura 13-43, um voltímetro deve ser usado para localizar a pane. Nesse caso, abrir a chave 1 não permitiria que o técnico tirasse nenhuma conclusão significativa. O voltímetro deve ser instalado sistematicamente em todo o circuito para determinar qual segmento de fio está em pane.

Resolução de problemas utilizando equipamentos de teste integrados

Os sistemas de **equipamentos de teste integrados** (BITE) usados em aeronaves modernas foram projetados para resolver os problemas elétricos mais frequentes durante as atividades de manutenção. As panes do sistema que ocorrem durante as operações normais da aeronave devem ser reparadas de forma rá-

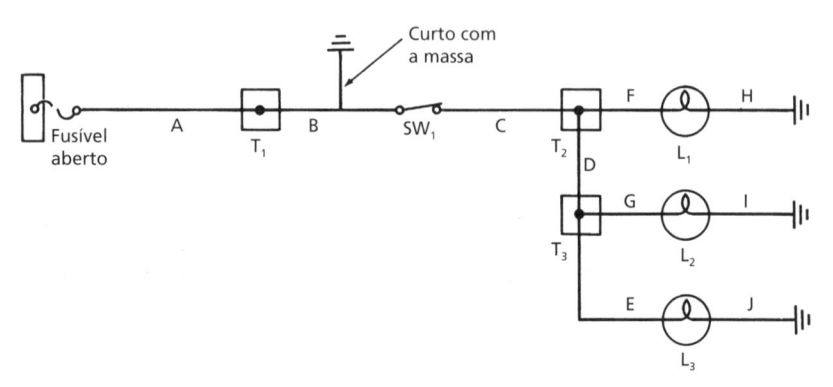

FIGURA 13-42 Um curto-circuito típico.

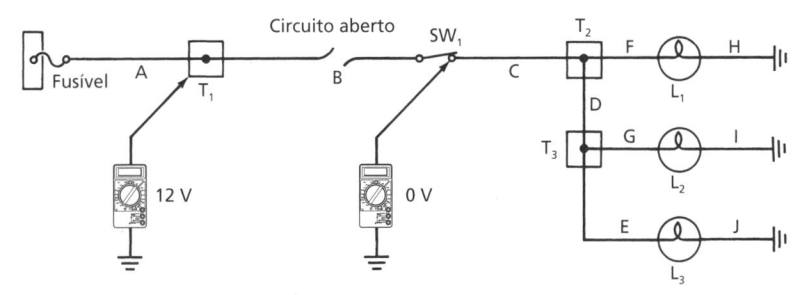

FIGURA 13-43 Um circuito aberto típico.

pida e precisa. Uma aeronave típica pode usar várias unidades de BITE para monitorar os sistemas principais, como energia elétrica, sistemas de controle ambiental e sistemas de controle de voo. Os sistemas de BITE realizam detecção de panes, isolamento de panes e verificação operacional após o reparo do sistema.

Os sistemas de BITE realizam um processo contínuo de detecção de panes durante a operação da aeronave. Se uma pane é detectada, o sistema de BITE armazena as informações necessárias sobre ela em uma memória não volátil e envia o sinal de display apropriado (se houver) para a cabine de comando. Se a pane exige atenção imediata, a tripulação de voo ou o sistema de manutenção central avisa a central de operações da aeronave via transmissão sem fio ou após o pouso. O técnico deve acessar o sistema de BITE apropriado para realizar o teste de isolamento da pane. Com a operação correta, muitos sistemas de BITE apresentam os dados sobre panes e as informações do código de repare. Os circuitos de BITE independentes são mais frequentes em aeronaves projetadas antes de 1990; aeronaves construídas a partir dessa data normalmente empregam um sistema de manutenção centralizado.

Várias versões dos equipamentos de teste integrados estão em uso hoje em dia. Os sistemas simples normalmente incorporam um LED vermelho ou verde de **go/no go** na LRU do equipamento. Os sistemas mais complexos usam um display de múltiplos caracteres e monitoram mais de uma LRU e a fiação associada. O sistema na Figura 13-44 é acessado através da central de equipamentos da aeronave. Sistemas de BITE mais avançados incorporam displays ativados da cabine de comando e imprimem documentos em papel. Além disso, os sistemas mais avançados podem ter como transmitir dados da aeronave para as instalações de manutenção durante o voo.

O sistema de BITE mostrado na Figura 13-44 é incorporado com a unidade de controle da potência do barramento (BPCU). A BPCU é uma LRU localizada no fundo da baia de equipamentos de uma grande aeronave típica. Esse sistema monitora todo o sistema de geração de energia elétrica, incluindo os geradores esquerdo, direito e da APU; os acionamentos de velocidade constante; e suas unidades de controle relacionadas. O botão de BITE é pressionado nesse sistema para ativar um display de panes de LED de 24 caracteres. Em geral, um sistema de BITE apresenta as informações sobre panes em uma mensagem em código, como ilustrado na Figura 13-45. A mensagem é então decodificada pelo técnico usando o manual de manutenção da aeronave. O manual apropriado informa o técnico sobre qual-

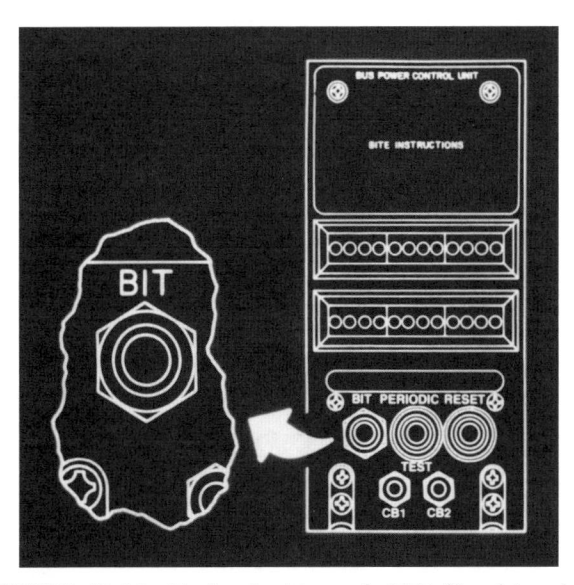

FIGURA 13-44 Display de sistema de BITE. (*Sundstrand Corporation.*)

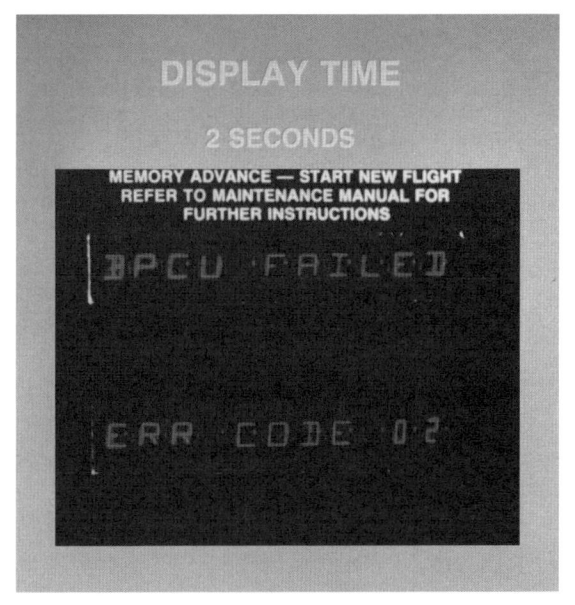

FIGURA 13-45 Display de BITE típico: PANE DA BPCU CÓDIGO DE ERRO 02. (*Sundstrand Corporation.*)

336 Eletrônica de Aeronaves

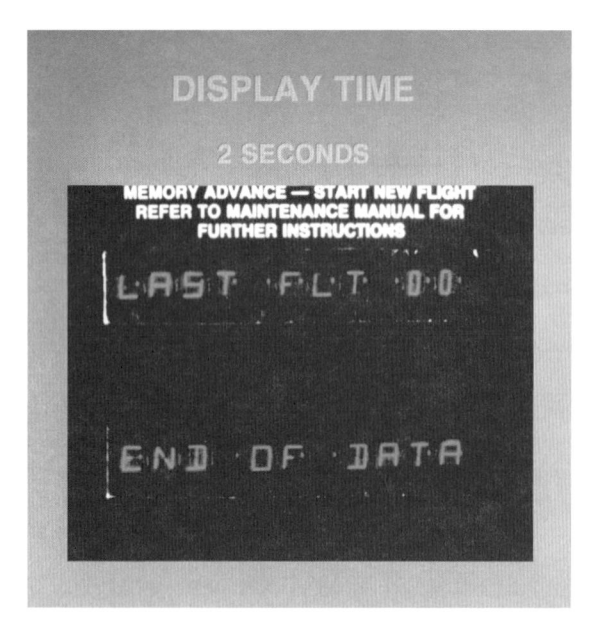

FIGURA 13-46 Display de BITE de ÚLTIMO VOO 00 FIM DOS DADOS. (*Sundstrand Corporation*.)

quer LRU que precise ser substituída ou circuito a ser reparado e seu local dentro da aeronave. As informações sobre a pane nesse sistema são apresentadas por 2 s e então a tela avança automaticamente para a próxima pane. Esse sistema de BITE apresenta uma indicação apropriada quando todos os dados de panes foram mostrados, como na Figura 13-46.

Depois que a pane do sistema foi reparada, a caixa BITE deve ser reconfigurada e uma verificação operacional realizada. Um ciclo de operação completo deve ser executado no sistema reparado. No caso do sistema de geração de energia elétrica, o motor e o gerador CA apropriados devem ser sujeitados a uma série de parâmetros operacionais. Os instrumentos da cabine de comando e os indicadores de pane são monitorados durante o teste para detectar problemas adicionais.

Depois que o sistema reparado foi acionado, o display de panes do sistema de BITE deve ser reativado. Ele inicia a leitura das memórias não voláteis e apresenta as panes operacionais restantes. Se o sistema não está em pane, o display do BITE apresenta um sinal correspondente, como mostrado na Figura 13-47.

Painel de controle e indicação de multipropósitos

Um painel de controle e indicação de multipropósitos (MCDU) é usado para acessar um sistema de BITE ligeiramente mais avançado. Algumas aeronaves precisam que a MCDU seja acessada da baia de equipamentos, enquanto outraws aeronaves exigem um controlador de MCDU portátil, conectado ao sistema na cabine de comando. Muitas aeronaves usam um controlador localizado no painel de instrumentos e apresentam as informações na unidade de display do EICAS. A operação da MCDU é semelhante à operação do sistema de BITE descrito anteriormente. O MCDU é típico do sistema usado nas aeronaves Boeing 757 e 767. O MCDU recebe dados digitais em formato ARINC 429 dos computadores de gerenciamento de empuxo, controle de voo e gerenciamento de voo, além das entradas do EICAS. O MCDU monitora panes durante o voo e realiza funções de teste no solo. As panes durante o voo estão diretamente correlacionadas com os diversos efeitos da cabine de comando associados aos problemas durante o voo. Um **efeito da cabine de comando** é qualquer display do EICAS ou anunciador discreto usado para informar a tripulação sobre uma pane durante o voo.

Quando a aeronave aterrissa, o MCDU registra automaticamente as panes durante o (último) voo em uma memória não volátil. Para acessar essa memória, o técnico deve primeiro desligar e ligar o MCDU. Isso aciona um teste interno do MCDU. Depois que o teste interno foi completado e recebeu o OK do painel, o técnico deve selecionar o modo de operação durante o voo. A unidade responde com as panes listadas em ordem de ocorrência. No final dos dados de panes, a unidade pergunta se deve mostrar as panes de voos anteriores. O MCDU registra panes de no máximo 100 voos.

No caso de um MCDU localizado na baia de equipamentos, os dados de panes aparecem em um display de LED

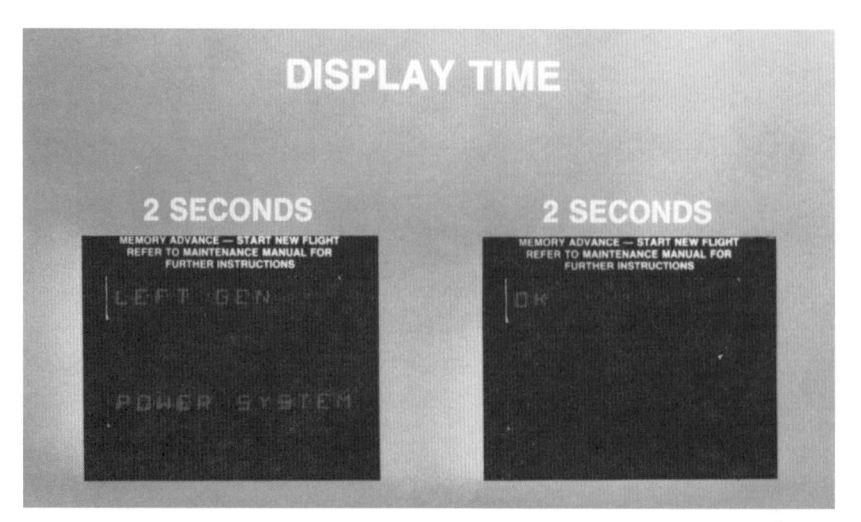

FIGURA 13-47 Display de BITE de um sistema sem dados de pane gravados: SISTEMA DE POTÊNCIA DO GERADOR ESQUERDO, OK. (*Sundstrand Corporation*.)

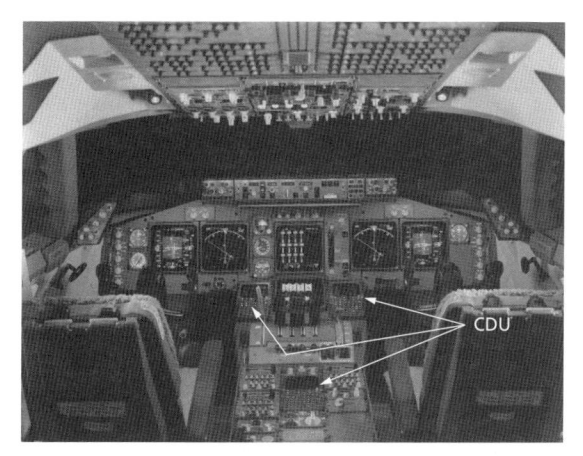

FIGURA 13-48 Painel de controle e indicação (CDU) em uma aeronave Boeing 747-400. (*Boeing Corporation*.)

semelhante àquele mostrado na Figura 13-45. Nesse tipo de MCDU, a linha superior apresenta o voo durante o qual a pane ocorreu e o efeito da cabine de comando relacionado; a linha inferior lista a LRU em pane a ser substituído. Se o MCDU é acessado da cabine de comando, o EICAS é usado para apresentar a mensagem.

Sistema de computador de manutenção central

Muitas aeronaves de transporte empregam um sistema integrado para detectar e armazenar dados de panes. Esse sistema também é chamado de CMCS. O sistema foi projetado para realizar testar durante o voo e no solo praticamente todos os sistemas da aeronave, todos os quais são acessados de um único local central. O **painel de controle e indicação** (CDU), usado para acessar e apresentar panes, fica localizado no console central da cabine de comando. Esse tipo de sistema é usado no Boeing 747-400, uma aeronave de transportes de quatro motores. A maioria das aeronaves contém múltiplos CDUs na cabine de comando e na baia de equipamentos. Como mostrado na Figura 13-48, o CDU usa um CRT ou um display de tela plana. Esse tipo de display permite a apresentação de uma mensagem mais descritiva das panes do sistema do que um BITE independente simples. O B-747-400 emprega três CDUs localizados no pedestal entre os pilotos. Uma impressora de CMCS é incorporada para fornecer um relatório dos dados de panes e um carregador de dados de software é usado para armazenar panes em um disco de computador ou pendrive digital (Figura 13-49). As aeronaves equipadas com ACARS são capazes de transmitir dados de panes da aeronave para instalações no solo. O ACARS também responde todas as solicitações de dados de manutenção feitos pelas instalações no solo. O **sistema de comunicações e relatório de aeronaves** (ACARS) é um sistema de comunicação digital automatizado instalado em muitas aeronaves modernas. O sistema é usado para enviar mensagens digitais de e para aeronaves, semelhantes a um e-mail ou SMS. O ACARS será discutido em mais detalhes no Capítulo 15.

Dois computadores de manutenção centrais (CMCs) ficam localizados na baia de equipamentos da aeronave. Os CMCs recebem até 50 entradas de dados digitais ARINC 429 e diversas entradas discretas. Cada CMC tem 10 saídas ARINC 429; uma é um barramento de crosstalk com o outro CMC. As saídas são enviadas para os sistemas da aeronave através do CMC esquerdo; logo, se apenas um CMC está disponível, este deve ser instalado à esquerda. Se o CMC esquerdo detecta panes internas, os dados de saída são passados automaticamente do CMC direito diretamente através do CMC esquerdo. A Figura 13-50 é um diagrama em blocos das entradas e saídas de dados do CMC.

Durante o voo, os CMCs recebem dados de panes das unidades de interface eletrônica (EIUs) da aeronave e outros sistemas digitais e discretos para registrar as panes durante o voo. As EIUs monitoram os parâmetros do sistema e controlam os displays do EICAS e do EFIS (sistema de instrumentos de voo eletrônico). Depois que a aeronave está no solo, o CMC pode ser interrogado para recuperar o histórico de panes durante o voo armazenado em uma memória não volátil. Até 500 panes podem ser armazenadas na memória não volátil.

O técnico usaria o CDU para recuperar as páginas de menu usadas para iniciar a interrogação do CMC. A primeira página é usada principalmente para operações e manutenção de linha; a segunda página é usada para resolução de problemas avançada. A Figura 13-51 mostra as duas páginas de menu do CMC, que seriam apresentadas na tela do CDU. Para selecionar uma função

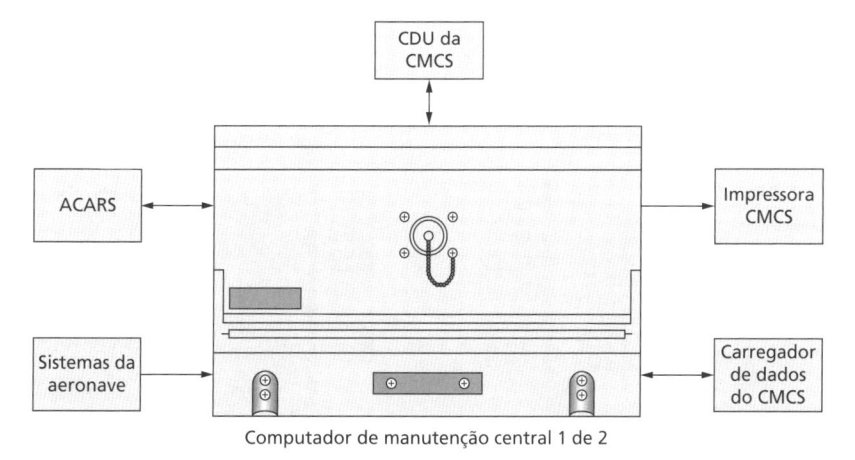

FIGURA 13-49 Computador de manutenção central e ligação de dados com CDU, impressora, carregador de dados, sistemas da aeronave e ACARS.

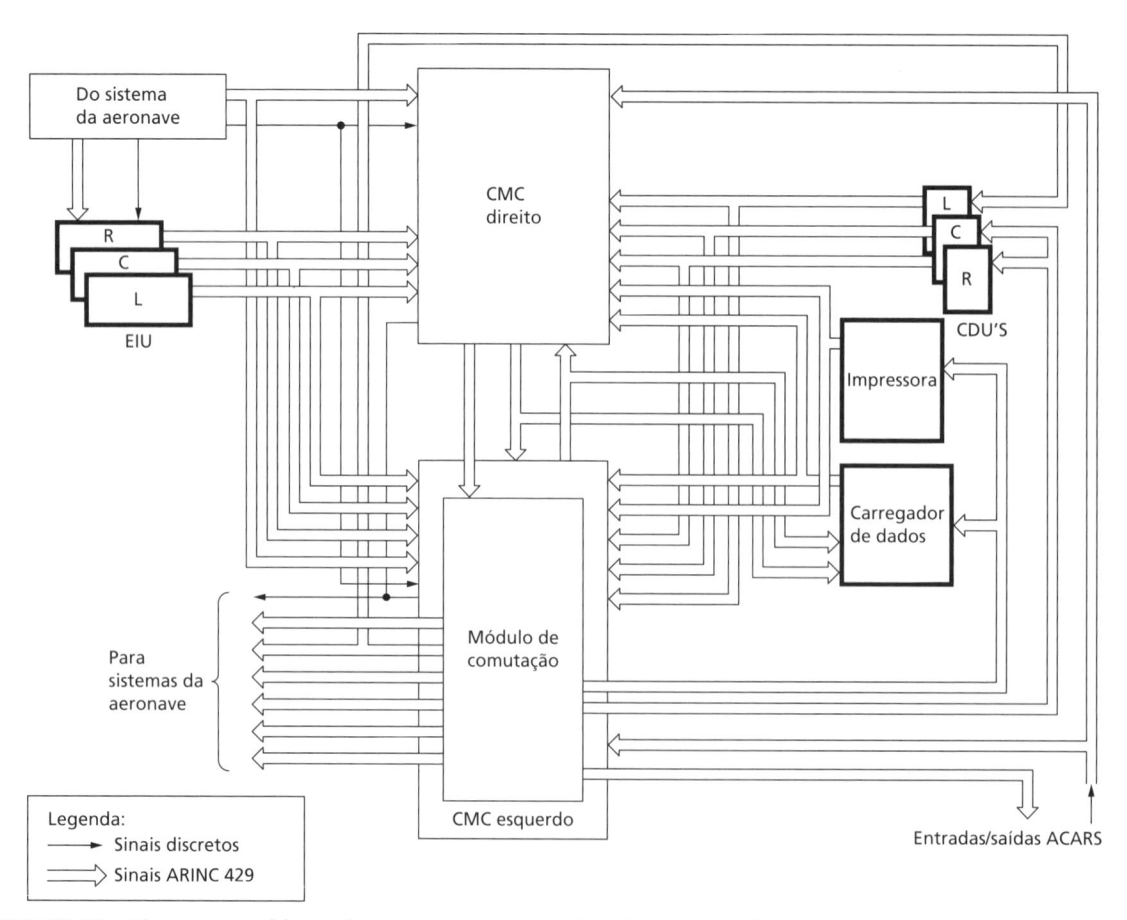

FIGURA 13-50 Diagrama em blocos do sistema de computador de manutenção central.

específica do menu, pressiona-se o botão adjacente à função. Há três tipos básicos de panes: (1) **panes existentes** (aquelas ativas no momento da solicitação), (2) **panes da etapa atual** (aquelas registradas durante o último voo) e (3) **histórico das panes** (aquelas registradas durante a etapa atual ou voos anteriores).

Apertar o botão da função de **testes de solo** pede ao CMC para testar LRUs e sistemas diversos. A função **páginas de manutenção EICAS** ativa o display em tempo real de diversos sistemas, como a energia elétrica. Essa função também permite o acesso de páginas de manutenção gravadas na memória em um momento anterior, chamadas de *snapshots*. A função de **testes de confiança** permite que o técnico realize testes que normalmente seriam feitos antes de um voo. Esses testes pré-voo são usados para determinar se a aeronave está pronta para ser despachada.

Sistema central de apresentação de panes

O Airbus A-320 emprega um sistema de manutenção central semelhante chamado de **sistema central de apresentação de panes** (CFDS, *central fault display system*). Esse sistema classifica as panes em três categorias: panes **Classe 1**, **Classe 2** e **Classe 3**. As panes Classe 1 têm uma consequência operacional no voo. A tripulação é avisada por um alerta vermelho ou de cuidado âmbar

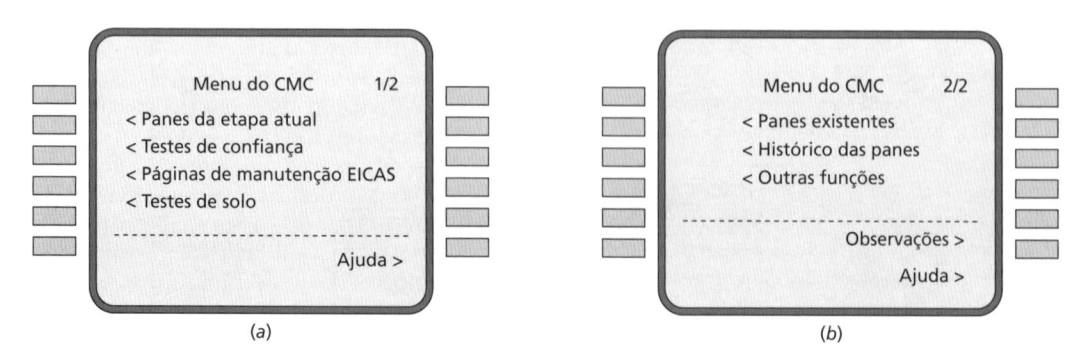

FIGURA 13-51 Menu do computador de manutenção central. (*a*) Página 1 de 2, para manutenção de linha; (*b*) página 2 de 2, para resolução de problemas de manutenção estendida.

no sistema de monitoramento eletrônico centralizado da aeronave (ECAM, *electronic centralized aircraft monitoring*) ou por bandeiras de instrumentos discretas. O piloto deve registrar as panes Classe 1 no diário de bordo, pois exigem ação de manutenção antes do próximo voo. As panes Classe 2 são apresentadas para o piloto por meio do sistema ECAM apenas após a aterrissagem e o desligamento do motor. As panes Classe 2 devem ser registradas pelo piloto no diário pois não podem ser deixadas sem correção até a próxima manutenção programada. As panes Classe 2 são categorizadas pela **lista de equipamentos mínimos** (MEL) para determinar o número de voos permitidos antes de iniciar o reparo. As panes Classe 3 não são informadas ao piloto e podem não receber atenção até a próxima manutenção programadas. As panes Classe 3 somente sao apresentadas durante o acesso aos dados do CFDS.

Equipamentos de teste integrados avançados

A introdução dos sistemas computadorizados avançados, um conceito mais conhecido como **aviônica modular integrada (IMA)**, possibilitou melhorias nos sistemas de registro e monitoramento de panes em aeronaves modernas. Os sistemas de IMA são projetados em elementos modularizados que permitem integração e comunicação melhorada entre sistemas de aeronaves. Muitos desses conceitos avançados foram introduzidos com a aeronave B-777 e aprimorados com dois aviões subsequentes, o Airbus A-380 e o Boeing 787. Hoje, os sistemas de manutenção centralizados avançados, em conjunto com a comunicação sem fio, estão presentes em muitas aeronaves corporativas e até algumas pequenas aeronaves com motores de pistão, como o Cirrus SR20. A maioria dos sistemas de manutenção centralizados modernos permitem o download em tempo real do estado do sistema e monitoramento das condições. Essa capacidade de monitorar os sistemas continuamente, mesmo durante o voo, é uma grande vantagem dos CMSs avançados. A capacidade de coletar dados contínuos permite o monitoramento de tendências de sistemas críticos, o que por sua vez permite que as instalações de manutenção prevejam as panes antes que elas ocorram. Por exemplo, se a instalação de manutenção observa uma temperatura de mancal anormalmente alta em um motor a jato, essa turbina pode ser inspecionada/reparada antes de ocorrer uma situação de voo crítica.

O B-787 e o A-380 também empregam **informações aeronáuticas em formato digital** (EFBs, *electronic flight bags*), que criam uma parte essencial do CMS da aeronave. As EFBs usadas em aeronaves de transporte empregam unidades de tela plana que podem acessar e processar uma ampla variedade de informações da aeronave, como a lista de equipamentos mínimos (MEL). A MEL é usada para determinar o número mínimo de sistemas operacionais (panes máximas) necessários para despachar a aeronave. Como agora os pilotos podem acessar a MEL facilmente antes do voo, os tempos de despacho foram reduzidos. Os dados da EFB podem ser atualizados rapidamente enquanto o avião está estacionado no portão ou no hangar de manutenção usando uma conexão segura de Internet sem fio.

O uso de informações aeronáuticas em formato digital ligados a tecnologias sem fio possibilitou o oferecimento de aplicativos de gerenciamento da cabine de comando a companhias aéreas e operadores corporativos. Muitos desses serviços são oferecidos por empresas terceirizadas, como a Rockwell International, Inc. e a Jeppesen Sanderson, Inc. O prestador de serviço pode realizar monitoramento de tendências e também atualizações de rotina de cargas e manuais de voo, tudo com a máxima conveniência para a companhia aérea ou usuário corporativo. Os sistemas web também oferecem informações meteorológicas em tempo real dos aeroportos que podem ser usadas para determinar o desempenho da decolagem e melhorar a segurança.

O sistema de manutenção central do Boeing 777

A aeronave Boeing 777 emprega uma arquitetura de sistema integrada projetada pela Honeywell chamada de **Sistema de Gestão das Informações do Avião** (AIMS, *Airplane Information Management System*). O AIMS emprega os conceitos de integração de sistemas, módulos substituíveis durante a escala (LRMs) e tecnologias de computador avançadas. O AIMS integra a coleta de dados, funções de computação, suprimentos de energia e detecção de panes. O B-777, assim como outras aeronaves avançadas, emprega um projeto de tolerância a panes que permite que o AIMS detecte uma pane e reconfigure o sistema para que as operações não sofram interrupções. Em muitos casos, a tripulação de voo sequer perceberia que houve uma pane no sistema. Na teoria, esse tipo de projeto permite que o B-777 continue voando com o sistema em pane até a próxima oportunidade de manutenção conveniente.

A resolução de problemas da aviônica do B-777 é feita através do CMCS contido dentro das funções computacionais do AIMS. Os técnicos podem acessar os dados de CMS usando o **terminal de acesso para manutenção (MAT)** localizado na cabine de comando, logo atrás da estação do primeiro oficial. A rede de área local também pode fornecer os dados de manutenção através de um **terminal de acesso para manutenção portátil (PMAT)**. Cinco funções diferentes podem ser acessadas através do MAT ou PMAT: **manutenção de linha**, **manutenção estendida**, **outras funções**, **ajuda** e **relatórios**. Para a seleção das diversas funções, os terminais contêm um dispositivo de controle do teclado e do curso (semelhante ao trackpad de um laptop).

Os equipamentos de teste integrados do A-380

As atividades de diagnóstico e manutenção do Airbus A-380 são realizadas com a ajuda do CMS integrado chamado de **Sistema de Manutenção a Bordo** (OMS, *Onboard Maintenance System*). O OMS oferece suporte para manutenção, monitoramento das condições da aeronave e configuração do software do sistema. Os pontos de acesso do OMS ficam montados permanentemente no **Terminal de Manutenção a Bordo** (OMT, *Onboard Maintenance Terminal*), localizado na porção traseira da cabine de comando e um dispositivo sem fio semelhante a um laptop comum chamado de **PMAT**.

A Figura 13-52 mostra os três subsistemas principais do OMS: os CMSs, os Sistemas de Monitoramento da Condição da Aeronave (ACMS) e o Sistema de Configuração e Carregamento de Dados (DLCS). Os dados de diagnóstico de praticamente todos os sistemas da aeronave são coletados e armazenados através de um CMS e podem ser acessados pelos técnicos facilmente usando equipamentos a bordo ou um sinal sem fio seguro.

O ACMS é usado para oferecer apoio para atividades de manutenção preventiva e análise aprofundada dos dados de manu-

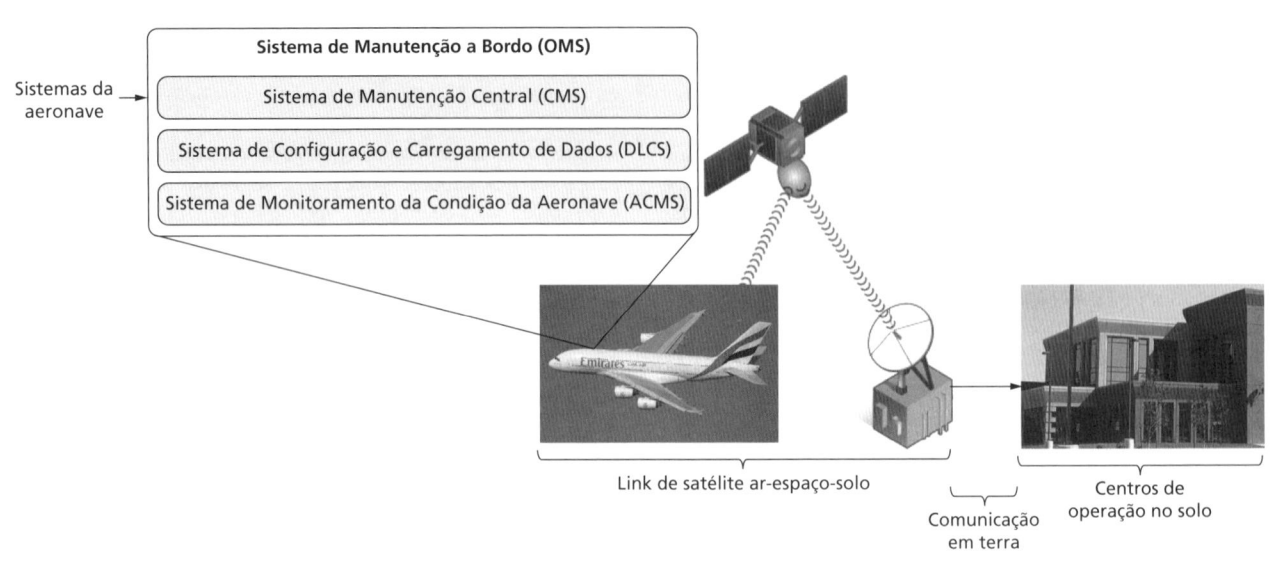

FIGURA 13-52 Elementos principais do sistema de manutenção a bordo do A-380.

tenção. O ACMS pode ser usado para transmitir dados de tendência para instalações no solo para análise em tempo real durante o voo, ou então os dados podem ser baixados após o pouso. O DLCS foi projetado para gerenciar todos os dados relativos à configuração do sistema, incluindo todos os uploads/downloads de dados. O DLCS controla o download de todos os relatórios de panes do CMS. Quando o CMS detecta uma pane grave, um relatório é enviado à cabine de comando, onde pode ser avaliado pela tripulação e transmitido via satélite para as centrais de solo da companhia aérea. Após a aterrissagem, os **relatórios de manutenção** de dados do CMS podem ser acessados pelo técnico; também estão disponíveis links eletrônicos para outros documentos de manutenção, quando necessário. Depois que o reparo foi completado, o CMS pode ser utilizado para fins de verificação do sistema.

O sistema de manutenção central do Boeing 787

O B-787 usa um CMS semelhante ao do B-777 e do A-380, ou seja, com vários pontos de acesso para os dados, terminais sem fio portáteis que podem ser utilizados pelos técnicos e disponibilidade de comunicação ar-terra usando tecnologias de satélite. O software para as funções do computador de manutenção central (CMC) ficam hospedadas na rede de *common core* e usa o padrão de barramento de dados ARINC 664 para todas as comunicações. Assim como na maioria das aeronaves modernas, o B-787 é altamente dependente do software para a operação dos sistemas, então a função de gerenciamento da configuração do CMC segue as versões atualizadas do software e hardware instaladas no 787. Isso ajuda a garantir a compatibilidade de todo os elementos de hardware e software instalados na aeronave. As atualizações de software podem ser conduzidas através do carregador de dados a bordo ou usando uma conexão sem fio segura.

Equipamentos de teste integrados para pequenas aeronaves

Atualmente, aeronaves corporativas, de voos regionais e até monomotores contêm elementos de equipamentos de teste integrados. Pequenas aeronaves de última geração, como o Cirrus SR20 e o avião a jato corporativo Embraer Phenom, operam com um pacote eletrônico integrado da Garmin International. Os sistemas usados nessas aeronaves foram projetados para oferecer uma ampla variedade de informações de diagnóstico e manutenção, apresentadas nos displays de tela plana das aeronaves. Também são necessários uploads de software nessas aeronaves, realizados pela instalação de um **Secure Digital Card** (Cartão SD) no display do sistema eletrônico integrado. A Figura 13-53 mostra um cartão **SD** adjacente ao slot de instalação no sistema Garmion G-1000.

A Figura 13-54 mostra os dois processadores principais, chamados de **unidades de aviônica integradas (IAUs)**

FIGURA 13-53 Secure Digital Card (cartão SD) usando para configuração de software no sistema G-1000.

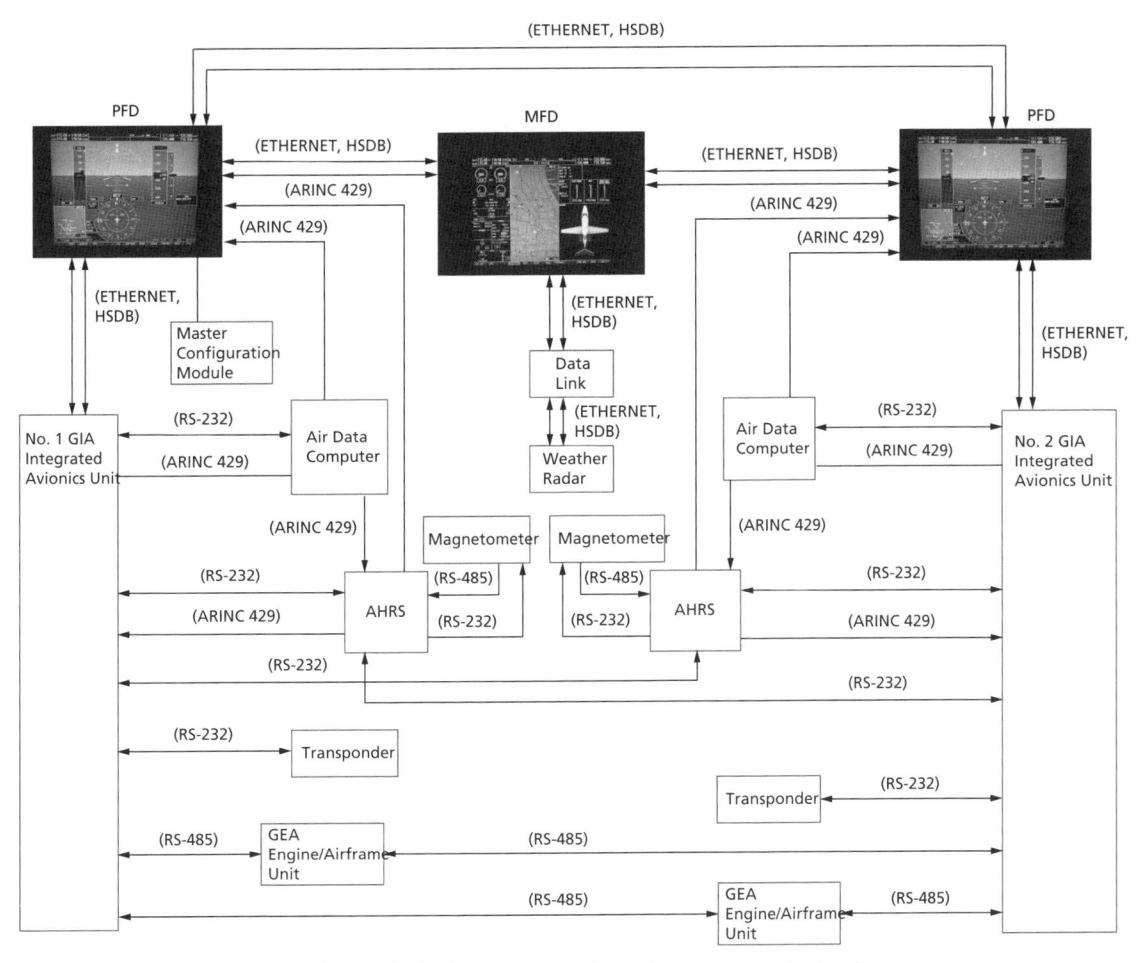

FIGURA 13-54 Diagrama de interface principal da unidade de aviônica integrada do Phenom.

e as interconexões relacionadas no Embraer Phenom. As IAUs contêm hardware e software para as funções de manutenção centrais, mas o software de BITE real está contido nas LRUs individuais do sistema. Como mostrado no diagrama, vários formados de barramentos de dados diferentes alimentam as IAUs. Esse sistema tem a capacidade de realizar monitoramento de tendências de sistemas críticos. O monitoramento de tendências no Phenom é usado para ajudar a prever possíveis panes de sistema, algo extremamente útil em uma aeronave com motores de turbina. O sistema pode monitorar o fluxo de combustível, a temperatura e as vibrações relacionadas a componentes do motor para ajudar a prever a saúde do motor e melhorar a segurança da aeronave.

Essa aeronave também tem a capacidade de empregar conectividade wireless para fazer download/upload de dados. Durante o voo, o sistema de ligação de dados utiliza comunicações via satélite. A conexão de Wi-Fi possibilita o download automático de dados de manutenção quando a aeronave está no solo e ao alcance do hub de wireless apropriado.

Vários tipos diferentes de sistemas de equipamento de teste integrado são utilizados em aeronaves modernas. As descrições acima resumem os equipamentos mais comuns. Os sistemas do futuro prometem ser ainda mais precisos, abranger mais equipamentos e ser mais fáceis de usar. Os sistemas de BITE vieram para ficar, e por um bom motivo: eles simplificam tarefas complicas de resolução de problemas. A operação de muitos sistemas de BITE é relativamente complexa, então antes de usar um sistema específico, o técnico deve se familiarizar totalmente com a operação do equipamento de manutenção central.

Equipamentos sensíveis a descargas eletrostáticas

Algumas unidades eletrônicas usadas nas aeronaves modernas são extremamente sensíveis a fluxos de corrente dispersos. Mesmo uma descarga eletrostática de um técnico para um componente sensível pode danificar esse dispositivo. Esses componentes extremamente delicados são chamados de **sensíveis a descargas eletrostáticas** (ESDS). As peças ESDS são identificadas por um ou mais dos símbolos apresentados na Figura 13-55. Uma peça marcada como sensível a descargas eletrostáticas pode sr danificada por descargas estáticas de meros 100 V. Um técnico que caminha sobre o tapete da aeronave, remove um casaco ou simplesmente coça a cabeça pode acumular uma carga estática de muito mais de 1000 V. Uma carga estática dessa magnitude danifica as peças ESDS. A maioria das pessoas não consegue sentir uma descarga eletrostática abaixo de 3000 V. Uma fagulha visível de uma descarga es-

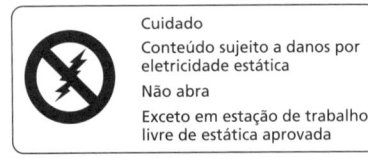

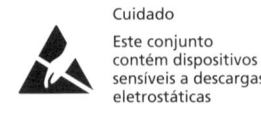

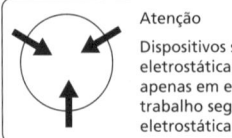

FIGURA 13-55 Símbolos típicos usados para identificar peças ESDS.

tática normalmente aparece acima de 12.000 V. Os dois níveis estão muito acima da tolerância das peças ESDS. O técnico pode ficar carregado e danificar um componente sem jamais perceber o que aconteceu.

O técnico e todos os seus equipamentos devem estar conectados à massa da aeronave antes de realizar atividades de manutenção em componentes ESDS. Isso neutraliza qualquer carga eletrostática que possa ter se acumulado. A maneira mais comum de aterrar o técnico utiliza uma pulseira antiestática aterrada. A pulseira, como mostrado na Figura 13-56, fica em torno do pulso desnudo do técnico e se conecta à massa da aeronave usando um fio e um plugue. Todos os técnicos de bancada e equipamentos usados para consertar unidades ESDS que foram removidas da aeronave também são aterrados para impedir que os componentes sejam danificados.

Se uma LRU eletrônica precisa ser removida de uma aeronave moderna, é muito provável que ela seja sensível a descargas eletrostáticas. Tome cuidado e sempre leia os documentos apropriados relativos à atividade de manutenção a ser realizada; também lembre-se de buscar os rótulos de ESDS em todos os equipamentos. Quando um componente é identificado como ESDS, lembre-se de usar uma pulseira antiestática conectada à massa. A aeronave deve ter uma conexão de massa nas proximidades; se não, uma armação de metal da estrutura da aeronave pode ser utilizada. Quando remover a LRU, tome cuidado para não encostar contatos elétricos no chicote de fios ou na LRU. Use capas ESDS especiais para todos os conectores enquanto a LRU é removida. Depois que todas as conexões elétricas estão protegidas, a LRU deve ser colocada em um recipiente ESDS projetado especialmente para isso. Basicamente, esses recipientes são embalagens plásticas com amortecimento interno projetado para minimizar a eletricidade estática durante a expedição e manuseio da LRU. Se estiver realizando uma atividade que exige a remoção de uma placa de circuito impresso ou módulo de mi-

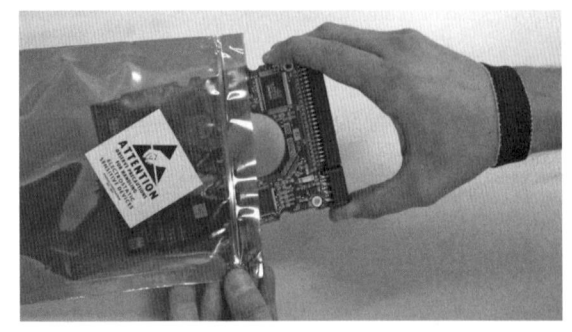

FIGURA 13-57 Armazenamento de peças ESDS em embalagem protetora.

croeletrônica, a unidade deve ser colocada em um saco antiestático (ver Figura 13-57). Depois de colocado dentro do saco, o componente pode ser manuseado sem precauções especiais para peças ESDS. Todos os recipientes protetores são projetados para impedir que as cargas estáticas atinjam os componentes dentro deles. Os componentes ESDS devem ser manuseados corretamente durante todas as fases de remoção, manutenção, reparo, expedição e instalação; sempre siga os procedimentos apropriados para proteger componentes sensíveis.

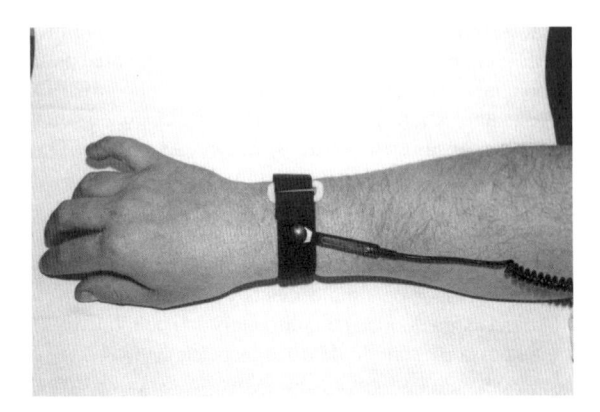

QUESTÕES DE REVISÃO

1. Por que sistemas elétricos confiáveis são essenciais nas aeronaves modernas?
2. Como se produz confiabilidade em sistemas elétricos de aeronaves?
3. Liste requisitos gerais para sistemas elétricos de aeronaves.
4. O que é um *circuito elétrico essencial*?
5. Dê um exemplo de circuito elétrico não essencial.
6. Quais os requisitos básicos para os sistemas elétricos da categoria de transporte?
7. Descreva os requisitos para um circuito crítico à segurança do voo.
8. Discuta os diferentes tipos de diagramas elétricos usados na manutenção de aeronaves.
9. Explique o propósito dos diagramas esquemáticos.
10. O que significa o termo *LRU*?
11. Liste os principais componentes de um sistema típico de luzes de posição.
12. Onde as luzes de posição ficam localizadas em uma aeronave?

FIGURA 13-56 Pulseira antiestática típica.

13. Quais cores de luzes de posição são obrigatórias em uma aeronave?
14. O que é uma luz anticolisão?
15. Descreva a operação de um sistema típico de luzes estroboscópicas.
16. Qual é o propósito do sinal de disparo em um sistema de luzes estroboscópicas?
17. Quais são os requisitos de piscação para luzes anticolisão?
18. Quantas luzes anticolisão costumam estar presentes em uma aeronave moderna?
19. Onde as luzes anticolisão ficam localizadas?
20. Onde as luzes de aterrissagem ficam localizadas?
21. Descreva a diferença entre uma luz de aterrissagem e uma luz de taxi.
22. Qual é o propósito das luzes indicadoras do trem de pouso?
23. Como as posições de trem de pouso são controladas?
24. O que é um *sensor de proximidade* e como ele é usado no circuito de controle do trem de pouso?
25. Descreva um circuito de iluminação essencial para uma grande aeronave.
26. Como as luzes essenciais são alimentadas em uma grande aeronave?
27. Quais tipos de luzes do compartimento de passageiros são usados em grandes aeronaves?
28. Liste os diversos tipos de luzes externas usados em grandes aeronaves.
29. Quais são as vantagens dos sistemas de iluminação por LED?
30. O que são sensores de proximidade?
31. Qual é o propósito dos sistemas BITE?
32. Descreva as funções de um sistema de interfone.
33. Descreva as funções de um sistema de intercom.
34. Qual é a função do EICAS?
35. Como os componentes elétricos são refrigerados em grandes aeronaves?
36. Qual método é usado para refrigerar painéis de instrumentos?
37. Descreva a função dos descarregadores estáticos.
38. Onde os descarregadores estáticos se localizam?
39. Por que os descarregadores estáticos são necessários em aeronaves de alta velocidade?
40. Quais são os diferentes tipos de cronogramas de inspeção para pequenas aeronaves?
41. Quais componentes do sistema elétrico são averiguados durante uma inspeção da célula?
42. Descreva o processo usado durante a resolução de problemas de voltímetros.
43. O que é um *circuito aberto*?
44. Quais são os dois tipos de curtos-circuitos?
45. Os amperímetros normalmente são utilizados na resolução de problemas de qual sistema elétrico?
46. O que significa a expressão *solução de problemas a partir da cabine de comando*?
47. Descreva uma sequência típica de resolução de problemas.
48. Qual é o propósito de um sistema de computador de manutenção centralizado?
49. Quais são os três tipos básicos de panes apresentados pelo painel de controle e indicação?
50. Quais são as diferenças entre o sistema de computador de manutenção central e o sistema central de apresentação de panes?
51. O que são componentes sensíveis a descargas eletrostáticas?
52. Descreva o procedimento usado para proteger os componentes ESDS durante a manutenção de uma aeronave.
53. Qual é a função da lista de equipamentos mínimos (MEL)?
54. Explique como o ACARS é usado durante a manutenção de uma aeronave.
55. O que são informações aeronáuticas em formato digital (EFBs)?
56. Descreva os sistemas de manutenção integrados usados nas aeronaves de transporte modernas.
57. Descreva um sistema de manutenção integrado presente em pequenas aeronaves modernas.

CAPÍTULO 14
Conceitos de comunicação

A transmissão e recepção de sinais de rádio envolve o uso de equipamentos eletrônicos para desenvolver campos elétricos e eletromagnéticos modulados para transmitir o tipo de inteligência desejada, projetar esses campos na atmosfera e então interceptar tais campos e convertê-los em dados ou informações úteis. Nesta seção, são discutidos o princípios da transmissão e recepção de rádio.

O rádio para aeronaves inclui equipamentos de comunicação, equipamentos de navegação, radares e outros sistemas eletrônicos. Em cada uma dessas áreas, muitos tipos diferentes de dispositivos e circuitos eletrônicos são projetados de modo a garantir a operação segura e eficiente das aeronaves modernas sob todos os tipos de condições atmosféricas e tráfego aéreo.

Os transmissores e receptores de rádio são especialmente importantes nos arredores dos grandes aeroportos comerciais. Essa área do espaço aéreo pode sofrer com congestionamentos e o piloto deve ser capaz de se comunicar com o controle de tráfego aéreo. Existem rádios especiais para a comunicação ar-solo. Cada torre de controle do aeroporto tem uma ou mais frequências designadas. Para garantir a operação segura de uma aeronave, os equipamentos de comunicação por rádio em voo devem ser capazes de operar em qualquer frequência usada por torres de controle.

Quase todo o material neste capítulo é genérico e se aplica a praticamente qualquer tipo de receptor ou transmissor de rádio. Contudo, há áreas que se aplicam a rádios analógicos e não aos sistemas digitais. Durante a leitura deste capítulo, considere a teoria apresentada em termos de sistemas analógicos. Foi incluída uma seção específica para discutir a operação das tecnologias de rádio digital e suas diferenças em relação aos rádios analógicos.

ONDAS DE RÁDIO

Os sinais de rádio emanam da antena de um transmissor na forma de **ondas eletromagnéticas**. Essas ondas são irradiadas de qualquer condutor que transmite corrente quando a corrente muda periodicamente de magnitude e direção. A irradiação de uma onda eletromagnética de uma antena pode ser comparada, em alguns aspectos, com uma onda sonora enviada por um diapasão vibratório. A onda sonora é uma compressão mecânica e rarefação do ar causada pela vibração do diapasão (ver Figura 14-1).

No Capítulo 1, foi explicado que um campo magnético envolve um condutor portador de corrente. Se o fluxo de corrente no condutor muda, o campo magnético muda também. O movimento resultante do campo causa a indução de uma tensão em qualquer condutor cortado pelo campo móvel; isso ocorre devido ao processo de indução eletromagnética.

Durante a transmissão de rádio, a antena gera um campo eletromagnético. Esse campo se irradia da antena à velocidade da luz, que é de aproximadamente 186.300 mi/s [300.000.000 m/s].

Como uma onda de rádio viaja à velocidade da luz, é fácil observar quando um transmissor inicia a operação, pois o sinal do transmissor pode ser detectado "imediatamente" a centenas ou milhares de quilômetros de distância. A distância de transmissão real depende da potência da transmissão e da natureza da onda sendo transmitida.

A onda eletromagnética é formada por um **campo elétrico** e um **campo magnético**, produzidos por uma antena transmissora de rádio e que ficam em ângulos retos em relação um ao outro, como mostrado na Figura 14-2. A polarização dos campos com relação ao posicionamento vertical ou horizontal depende da estrutura e da posição da antena da qual são emitidos. A polaridade dos campos se inverte rapidamente, com a taxa de reversão estabelecida pela frequência da onda.

O campo eletromagnético irradiado por uma antena representa a maior parte da energia sendo transmitida. Como ilustrado na Figura 14-3, a onda eletromagnética se propaga da antena do

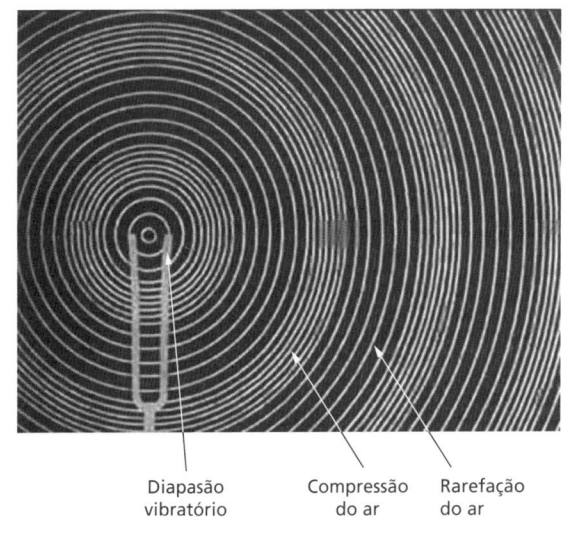

FIGURA 14-1 Onda sonora emanando de um diapasão.

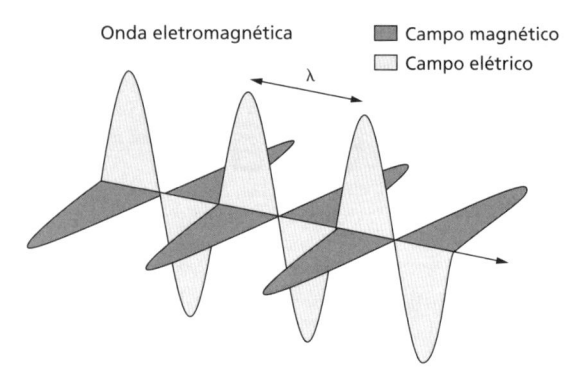

FIGURA 14-2 Onda eletromagnética irradiada de uma antena de transmissão de rádio.

transmissor até a antena do receptor. Normalmente, o transmissor irradia um sinal eletromagnético em um padrão de 360° a partir da antena. A onda eletromagnética viaja pelo ar e passa pela antena do receptor. Atuando como um indutor colocado em um campo magnético móvel, a antena do receptor produz uma tensão induzida e envia uma corrente para o circuito do receptor de rádio. A corrente produzida na antena do receptor tem proporcionalmente as mesmas características (frequência e amplitude) que a corrente da antena do transmissor. O fluxo de corrente induzida é muito fraco e, logo, deve ser amplificado para produzir um sinal utilizável.

Comprimento de onda e frequência

O comprimento de uma onda de rádio depende de sua **frequência**. Assim como uma senoidal ca, a onda que emana de uma antena aumenta até um máximo em uma direção, cai até zero e então aumenta até um máximo na direção oposta, como indicado pela curva na Figura 14-4. O **comprimento de onda**, indicado pela letra grega lambda (λ), é a distância entre a crista de uma onda e a crista da seguinte. Como a onda viaja a uma velocidade de 300.000.000 m/s, o comprimento de onda em metros é igual a 300.000.000 dividido pelo número de ciclos por segundo (hertz). Se uma onda é produzida a uma taxa de 1 Hz, o comprimento da onda é de 300.000.000 m. Se 300 ciclos são produzidos por segundo, o comprimento de onda é 1.000.000 m [328.000.000 ft]. A equação do comprimento de onda é:

$$\lambda = \frac{300\,000\,000}{f}$$

Se o comprimento de onda é conhecido, a frequência pode ser determinada pela equação:

$$f = \frac{300\,000\,000}{\lambda}$$

Por exemplo, se o rádio de comunicação VHF de uma aeronave opera a 30 MHz, o comprimento de onda é determinado da seguinte forma:

$$\lambda = \frac{300\,000\,000}{f}$$
$$f = 30 \text{ MHz ou } 300\,000\,000 \text{ Hz}$$
$$\lambda = \frac{300\,000\,000}{30\,000\,000}$$
$$= 10 \text{ m}$$

A distância entre as cristas de uma onda de 30 MHz é 10 m; $\lambda = 10$ m.

Bandas de frequência

As frequências utilizadas em diversos tipos de sistema de rádio variam de 3 KHz a até 300 giga-hertz (GHz). As frequências são divididas em oito bandas, cada uma das quais é alocada a certos tipos de operações. A tabela na página a seguir mostra a utilização das diversas bandas.

Acima desse espectro de radiofrequência estão diversas frequências de luz, raios x e raios gama. Atualmente, a luz infravermelha e a branca são usadas para algumas transmissões de informação em frequências entre 109 e 1011 kHz. Abaixo do espectro de radiofrequência estão as ondas sonoras audíveis, que variam de 20 Hz a 15 kHz. A transmissão de dados de longa distância nesses níveis de frequência é praticamente impossível, pois qualquer informação transmitida simplesmente seria ouvida por qualquer um que estivesse recebendo a onda sonora.

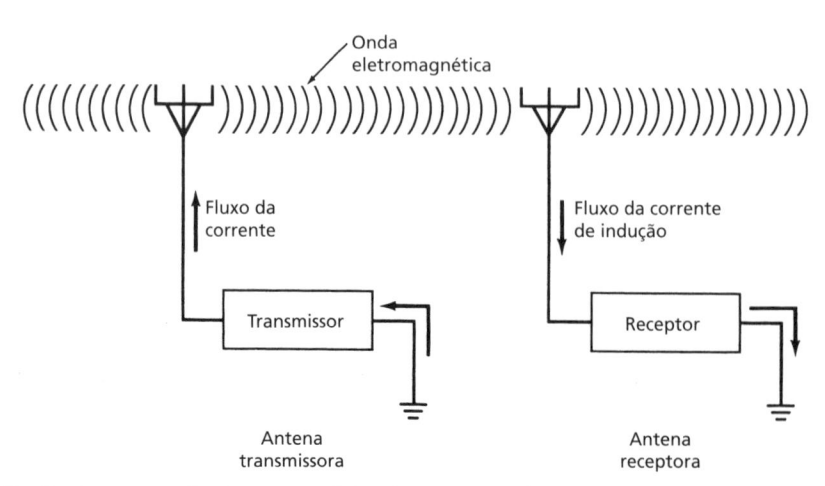

FIGURA 14-3 Irradiação de uma onda eletromagnética de um transmissor para um receptor.

Designação	Amplitude de frequência	Comprimento de onda	Utilização
Frequência muito baixa (VLF)	3–30 kHZ	100.000–10.000 m	Navegação, sinais temporais (atualmente não utilizada)
Frequência baixa (LF)	30–300 kHz	10.000–1000 m	Navegação, radiodifusão, móvel marítima, fixa
Frequência média (MF)	300–3000 kHz	1000–100 m	Radiodifusão, móvel marítima, navegação aeronáutica
Frequência alta (HF)	3–30 MHz	100–10 m	Radiodifusão, amadorismo, marítima e aeronáutica, radioamador
Frequência muito alta (VHF)	30–300 MHz	10–1 m	Radiodifusão FM e televisiva, comunicação e navegação aeronáutica, amadorismo, móvel marítima
Frequência ultra alta (UHF)	300–3000 MHz	1 m–10 cm	Radiodifusão televisiva, radar, móvel marítima e aeronáutica, navegação, localização de rádio, comunicação espacial, meteorologia
Frequência superalta (SHF)	3–30 GHz	10 cm–1 cm	Comunicação espacial e de satélites, navegação e localização de rádio, radar
Frequências extremamente altas	30–300 GHz	1 cm–1 mm	Comunicação espacial e de satélites

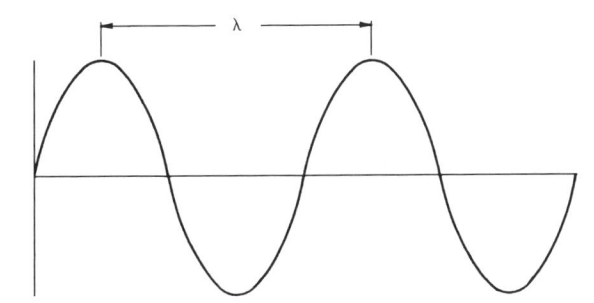

FIGURA 14-4 Comprimento de onda de uma onda senoidal.

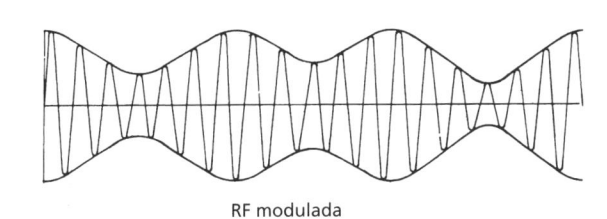

FIGURA 14-5 Ondas portadoras: não moduladas e moduladas.

A onda portadora

O campo de energia elétrica e eletromagnética que transmite a inteligência de um sinal de rádio é chamado de **onda portadora**. A frequência dessa onda portadora pode ser de apenas algumas centenas de quilo-hertz ou vários milhares de mega-hertz. As ondas portadoras normalmente são da faixa de **radiofrequência** (RF), que é acima de 20.000 Hz. As frequências abaixo de 20.000 Hz estão na faixa de **audiofrequência** (AF).

Para transmitir inteligência, uma onda portadora de RF deve ser modulada. Isso significa que sua forma e características são alteradas por meio de algum tipo de sinal imposto a ela. A Figura 14-5 mostra uma onda portadora não modulada e uma onda que foi modulada em amplitude por um sinal de AF. Uma onda portadora de RF que foi modulada em amplitude é chamada de um sinal de **amplitude modulada (AM)**. Se um sinal de voz é imposto a uma onda portadora, a curva de modulação segue o padrão das frequências de voz.

A **modulação de frequência** pode ser utilizada na faixa de VHF e acima dela. Esse tipo de modulação, conhecido pela sigla **FM**, fornece um sinal que é muito menos afetado por interferência do que um sinal AM. Como indicado pelo nome, a modulação de frequência é possibilitada pela variação da frequência da onda portadora de acordo com o sinal de áudio desejado. A Figura 14-6 mostra como a modulação de frequência afeta uma onda portadora.

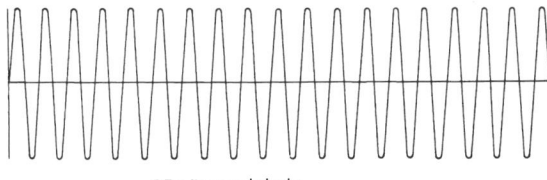

As ondas portadoras emitidas por uma antena de transmissão de rádio pode ser dividida em três categorias diferentes: ondas terrestres, ondas celestes e ondas espaciais. As ondas de

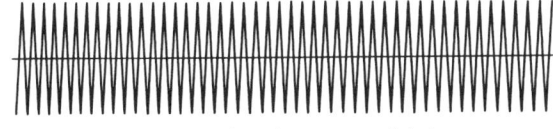

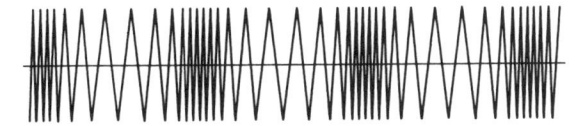

FIGURA 14-6 Modulação de frequência.

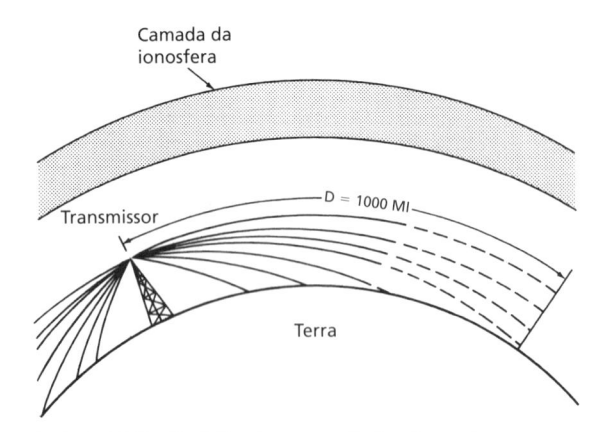

FIGURA 14-7 Padrão de transmissão de ondas terrestres.

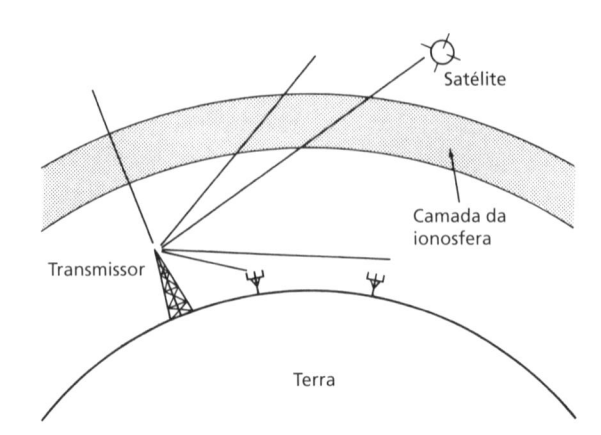

FIGURA 14-9 Padrão de transmissão de ondas espaciais.

baixa frequência (até cerca de 2 MHz) são consideradas ondas terrestres. Como ilustrado na Figura 14-7, as **ondas terrestres** tendem a se manter próximas à superfície do planeta e se "dobram" com a curvatura da terra. As ondas terrestres viajam uma distância limitada pela potência de saída do transmissor, projeto da antena, terreno local e condições climáticas. Em geral, um transmissor relativamente poderoso é capaz de enviar ondas terrestres a uma distância máxima de 1000 milhas [1609 km].

As **ondas celestes**, produzidas em frequências de 20 a 30 MHz, tendem a viajar em linhas retas. Como ilustrado na Figura 14-8, as ondas celestes podem ser transmitidas em uma trajetória linear ou serem refletidas pela ionosfera para alcançar a antena receptora. Devido a esse meio de viagem, as ondas celestes podem produzir uma zona de silêncio, onde a recepção é impossível. Nem a onda de linha de visão nem a onda refletida podem ser recebidas na zona de silêncio. A densidade da ionosfera e a distância da terra determinam a amplitude da zona de silêncio e as frequências exatas que são refletidas. A ionosfera é uma camada de gases ionizados ao redor da terra a uma altitude de cerca de 60 a 250 milhas [96,6 a 402,6 km], variando com a hora do dia, a estação e o local. A densidade dessa camada é afetada principalmente pelas atividades de erupções solares. Todos esses fatores determinam as frequências exatas que são refletidas e seu ângulo de reflexão da ionosfera.

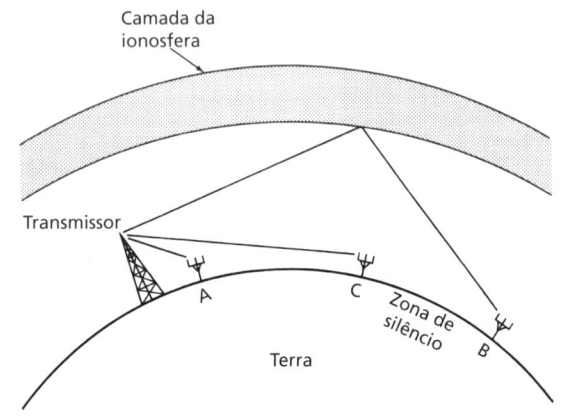

FIGURA 14-8 Padrão de transmissão de ondas celestes.

As **ondas espaciais** ocorrem em frequências acima de 30 MHz. Devido a suas altas frequências, as ondas espaciais têm comprimento de onda mais curto, o que permite que atravessem a ionosfera. Como ilustrado na Figura 14-9, as ondas espaciais são limitadas à recepção de linha de visão. As propriedades das ondas espaciais de alta frequência possibilitam a comunicação espacial e via satélite. A maioria das frequências de rádio de navegação e comunicação de aeronaves são as de ondas espaciais; logo, a transmissão é limitada à linha de visão. Isso significa que não pode haver montanhas, edifícios ou outros objetos entre o transmissor e o receptor caso se espere que a recepção seja de alta qualidade.

Antenas

Uma **antena** é um condutor especial que aceita energia de um transmissor e a irradia para a atmosfera. Durante a recepção, a antena atua como um dispositivo que recebe uma corrente induzida das ondas eletromagnéticas que passam. Essa corrente induzida é então enviada aos circuitos do receptor de rádio. Quando os transmissores e receptores são integrados em uma unidade, muitas vezes chamada de **transceptor**, a mesma antena pode servir para transmissão e recepção.

O tamanho e o projeto das antenas varia de acordo com as frequências dos sinais de rádio para o aparelho. Quando as frequências aumentam, o comprimento da antena precisa diminuir. Isso ocorre porque os comprimentos de onda diminuem com o aumento das frequências e o comprimento de uma antena deve corresponder ao máximo com os comprimentos das ondas portadoras. Os comprimentos típicos de antenas são onda completa (mesmo comprimento que a onda portadora), meia onda, quarto de onda e alguma outra fração do comprimento de onda. Observe que as antenas desses comprimentos produzem o fluxo de corrente mais forte para um determinado sinal de RF; contudo, as antenas mais curtas costumam ser utilizadas com sistemas amplificadores modernos que compensam as ineficiências da antena. Antenas menores e menos eficientes produzem menos arrasto para aeronave e podem ser colocadas atrás de painéis não condutores para produzir um sistema de **antena embutida**.

A forma mais simples da antena receptora é simplesmente um fio isolado da massa e conectado à bobina da antena do receptor. O fio é cortado pelas ondas de rádio, que induzem tensões mínimas de muitas frequências no fio. O sinal ao qual o receptor está sintonizado atravessa o receptor até o alto-falante em uma forma apropriada para a reprodução sonora.

O comprimento correto da antena (meia onda) para um transmissor ou um receptor é determinada com o uso da seguinte equação:

$$l = \frac{468}{f}$$

onde l = comprimento em pés e f = frequência em mega-hertz. Essa equação fornece o comprimento de uma antena de meia onda. O número 468 na equação é um fator derivado pela conversão dos metros por segundo em milhões de pés por segundo, divisão por 2 e multiplicação por 0,95, a constante de correção para antenas.

A equação para o comprimento de uma antena de meia onda também é expressa como:

$$l = \frac{300\,000\,000 \times 3,28}{2 \times f}$$

Nessa equação, a constante de correção de 0,95 é ignorada. O objetivo principal de construir uma antena e um sistema de acoplamento de antena é fazer com que a impedância da saída do transmissor corresponda à impedância da entrada do sistema de antena.

Lembre-se que, como discutido no Capítulo 5 ("Corrente Alternada"), a impedância é a oposição total ao fluxo de corrente em um circuito CA. A impedância é uma função da resistência, reatância capacitiva e reatância indutiva. Como todas as ondas RF são ondas CA, sua oposição total ao fluxo de corrente é a impedância Z.

Os tipos mais simples de antena são a antena de **Hertz** e a de **Marconi**, ou vertical. A antena de Hertz é composta de dois fios estendidos em direções opostas, como mostrado na Figura 14-10. Cada fio tem 1/4 de comprimento de onda e λ/4 de comprimento. (O estudo de uma onda senoidal mostra que 1/4 de comprimento de onda permite que a tensão da corrente aumente do zero ao máximo em uma direção.) Os dois fios são alimentados pelo transmissor no centro; assim, um fio se torna negativo e o outro, positivo.

O acoplamento de um transmissor com uma antena normalmente é realizado por meio de um **circuito LC**. A Figura 14-11 mostra um circuito de acoplamento típico para uma linha de transmissão coaxial e uma antena dipolo, mas é apenas uma das estruturas possíveis.

O acoplamento correto de uma antena com um transmissor é essencial para a irradiação máxima de energia. A impedância de entrada da antena deve corresponder ao máximo com a impedância interna do transmissor e o comprimento efetivo da antena deve ser ajustado ao comprimento do onda do sinal sendo

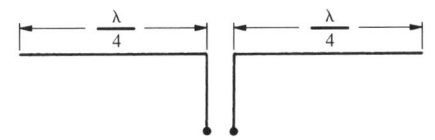

FIGURA 14-10 A antena dipolo de Hertz.

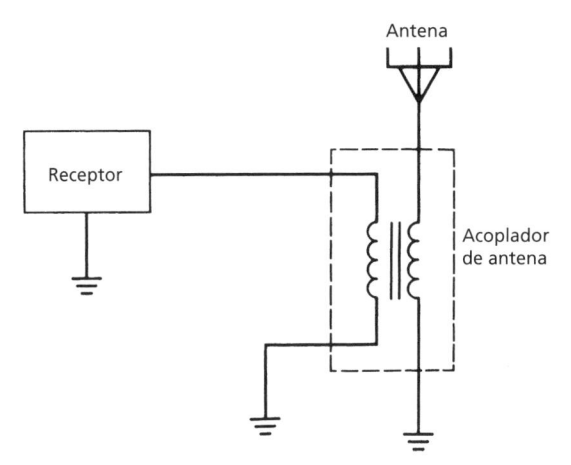

FIGURA 14-11 Um acoplador de antena simples.

transmitido. O circuito de acoplamento no transmissor cumpre esses requisitos. Quando um transmissor está sendo preparado para operação, é preciso determinar que um sinal de intensidade máxima será irradiado da antena. A saída da antena é averiguada por meio de um medidor de ondas estacionárias (SWR). Se o medidor indica a má irradiação do sinal, o circuito de acoplamento pode ser ajustado.

Como as antenas são indutores, seu comprimento efetivo pode ser alterado pela adição de uma bobina de indutância em série ou em paralelo com o elemento de antena. Os indutores em paralelo diminuem a indutância total da antena. Os indutores em série aumentam a indutância total da antena. A sintonização precisa da antena é possível com o ajuste de um indutor variável no circuito do acoplador da antena. A prática é conhecida como encontrar o "pico" da antena.

AMPLIFICADORES

Definição

Um **amplificador** é um circuito que recebe um sinal de uma determinada amplitude e gera um sinal de maior amplitude. A amplificação pode afetar a tensão, a potência ou ambas, mas seu objetivo principal é aumentar o valor de um sinal fraco para que possa ser usado para operar um alto-falante ou algum outro dispositivo eletrônico.

Classificação de amplificadores

Os amplificadores são classificados de acordo com função, nível operacional ou circuito. A função pode ser amplificar a potência ou a tensão, sendo que nesse caso o amplificador é descrito como um **amplificador de potência** ou um **amplificador de tensão**.

Quando um amplificador é classificado de acordo com o nível operacional, a classificação se refere ao ponto na curva característica através do qual o transistor opera como estabelecido pela polarização emissor-base. Um amplificador **classe A** opera a um nível tal que a corrente emissor-coletor sempre flui, pois a tensão nunca alcança um valor suficientemente negativo para cortar o fluxo de elétrons. As curvas na Figura 14-12 mostram

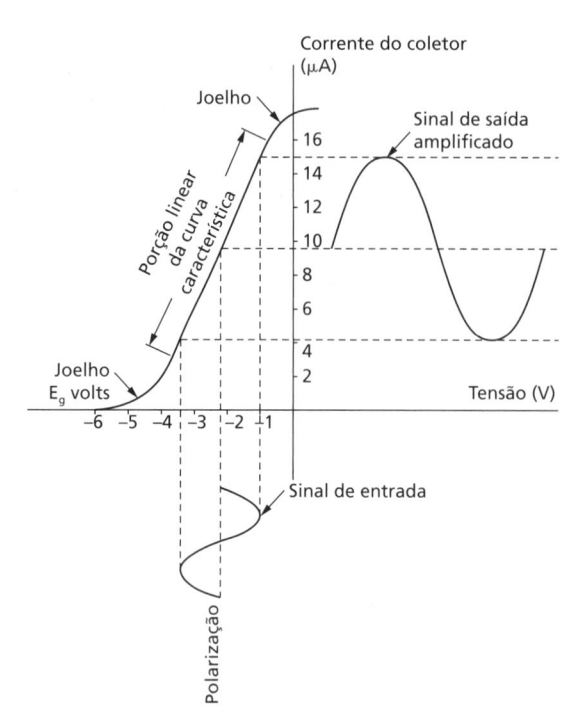

FIGURA 14-12 Curvas de operação para um amplificador classe A.

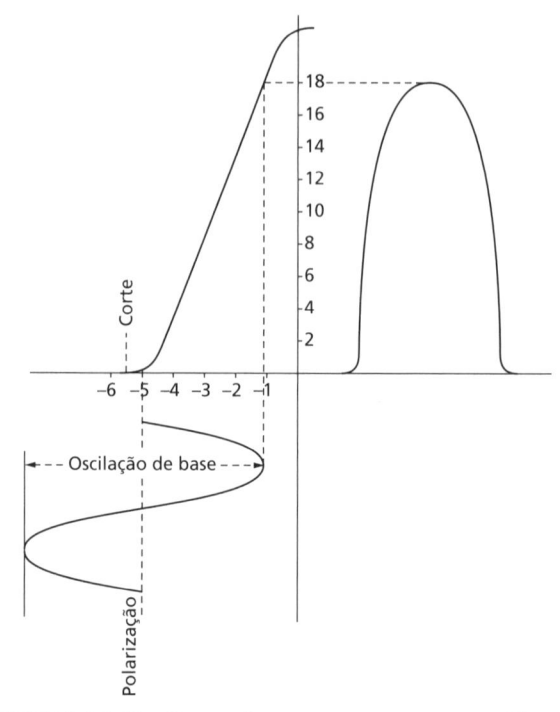

FIGURA 14-13 Curvas de operação para um amplificador classe B.

a operação desse tipo de amplificador. Como vemos, o transistor é polarizado próximo ao centro da porção linear da curva operacional. O amplificador de classe A permite um mínimo de distorção do sinal; logo, ele é usado quando se deseja maximizar a fidelidade.

Um amplificador **classe B** é polarizado aproximadamente no ponto de corte. Com esse sistema, apenas metade do sinal será amplificado, mas a amplificação pode ser conduzida a um nível muito maior do que com um amplificador classe A, pois é possível alcançar uma faixa de polarização muito maior. A amplificação classe B é muito utilizada em amplificadores **simétricos** ou *push-pull*, nos quais dois transistores são empregados, sendo que um amplifica metade do sinal e o outro amplifica a segunda metade. As duas metades amplificadas do sinal são recombinadas no circuito de saída para produzir um sinal de baixa distorção e alta potência. As curvas na Figura 14-13 ilustram o nível operacional de um amplificador classe B e as curvas na Figura 14-14 mostram como a amplificação classe B funciona em um circuito simétrico. Observe que metade do sinal é amplificada pelo transistor 1 e a outra metade pelo transistor 2. A Figura 14-15 mostra o circuito de um amplificador simétrico.

Na amplificação **classe C**, o circuito emissor-base do transistor é polarizado muito além do ponto de corte, de modo que apenas uma pequena porção dos picos positivos do sinal é amplificada. A corrente flui apenas durante aproximadamente 120° do ciclo. O uso dos amplificadores classe C é limitado a circuitos de RF, pois apenas parte da curva do sinal é reproduzida. Em um circuito de RF, quando a saída do amplificador classe C é alimentada em um sistema *LC*, o efeito de voltante do tanque fornece as partes que faltam das curvas de sinal. A Figura 14-16 mostra as curvas E_b-I_c para um amplificador classe C.

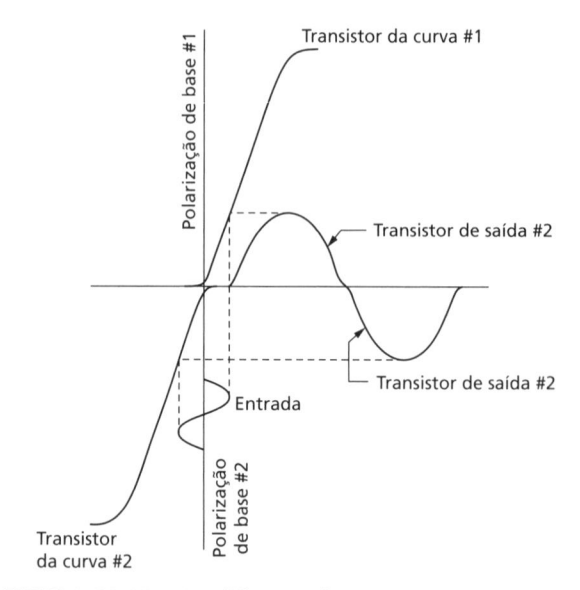

FIGURA 14-14 Amplificação classe B em um circuito simétrico.

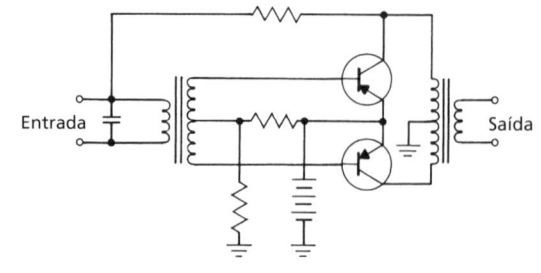

FIGURA 14-15 Circuito de um amplificador simétrico.

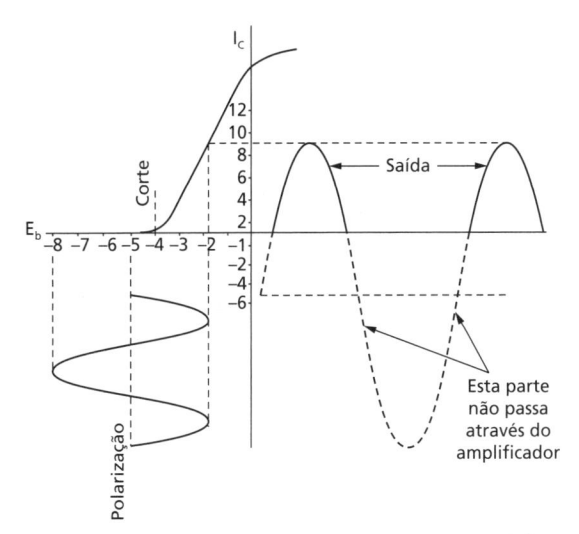

FIGURA 14-16 Curvas de operação para um amplificador classe C.

FUNÇÕES DE UM TRANSMISSOR

Um transmissor de rádio possui diversas funções, mas apenas um objetivo final. As funções são: (1) gerar uma onda portadora de RF; (2) amplificar a onda portadora; (3) modular a onda portadora com uma onda sonora, sinal digital ou outra forma de informação; (4) amplificar o sinal modulado; (5) acoplar o sinal modulado a uma antena; e (6) irradiar o sinal na atmosfera. Todas essas funções, exceto pela última, são realizadas por circuitos dentro do sistema transmissor para que o objetivo final seja alcançado. A irradiação do sinal é realizada pela antena.

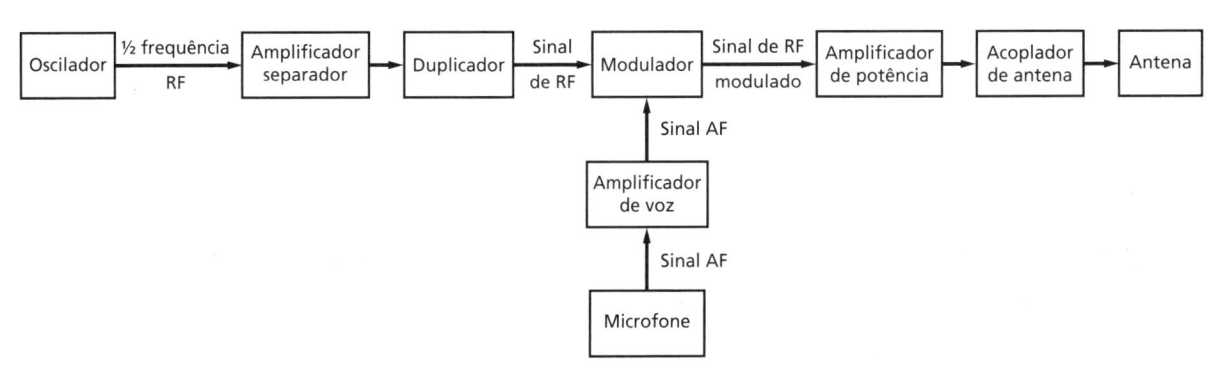

A Figura 14-17 mostra um diagrama em blocos de um transmissor de rádio. Esta é apenas uma de muitas estruturas possíveis.

Microfones

A finalidade de um **microfone** (MIC) é converter energia sonora em energia elétrica. O processo é completado usando a energia dinâmica da onda sonora produzida pelo piloto. A onda sonora atinge um diafragma e a energia sonora é convertida em energia mecânica, que posteriormente é convertida em energia elétrica.

Existem três tipos comuns de microfones de aeronaves: **carbono**, **dinâmico** e **eletreto** A Figura 14-18 mostra cada um dos microfones; consulte esse diagrama durante o resto desta discussão. Cada um eles usa uma maneira diferente de criar o sinal elétrico enviado ao transmissor de rádio. O **MIC de carbono** contém grânulos de carbono minúsculos comprimidos em uma câmara selada. O diafragma de voz faz a câmara de carbono virar, alterando a resistência dos grânulos de carbono. Uma corrente que atravessa os grânulos muda de amplitude à medida que a onda sonora movimenta o diafragma. Um microfone de carbono precisa de uma fonte de energia como aquela mostrada pela bateria na Figura 14-18a.

O **MIC dinâmico** usa o processo de indução eletromagnética para produzir o sinal elétrico. O diafragma desse MIC é conectado a uma bobina de indução. Quando a voz do piloto movimenta o diafragma de voz, a bobina se move para dentro e para fora de um núcleo magnético. Esse movimento produz um fluxo de corrente. O sinal é então amplificado e enviado ao transmissor de rádio.

O **MIC de eletreto** usa duas placas, de modo semelhante a um capacitor, para controlar a corrente elétrica. O diafragma desse MIC move uma das placas, e esse movimento muda a distância entre as duas. Isso controla o fluxo de corrente no circuito do MIC. Um MIC de eletreto precisa de uma fonte de energia, como mostrado no diagrama. Atualmente, o MIC de eletreto é o tipo mais comum de microfone em aeronaves modernas. Muitos sistemas de rádio de aeronaves modernas empregam um **MIC com cancelamento de ruído**. Essa unidade contém dois elementos de MIC montadas em uma única carcaça; um MIC é direcionado de modo a receber a voz do piloto e o ruído da cabine, enquanto o outro é direcionado para longe do piloto, monitorando apenas o ruído ambiente da cabine. O MIC é projetado de modo que os ruídos da cabine que entram de duas direções diferentes se cancelam, enviando apenas a voz do piloto para o circuito amplificador. O circuito eletrônico também pode ser utilizado para realizar o cancelamento do ruído ambiente da cabine. Hoje, as tecnologias de cancelamento de ruído são o sistema mais usado pelos pilotos.

Uso de osciladores

Um **oscilador** é um circuito projetado para gerar uma corrente alternada que pode ser de comparativamente baixa frequência ou de altíssima frequência, dependendo do projeto do oscilador. Os osciladores são usados em transmissores de rádio para gerar ondas

FIGURA 14-17 Diagrama em blocos de um transmissor de rádio.

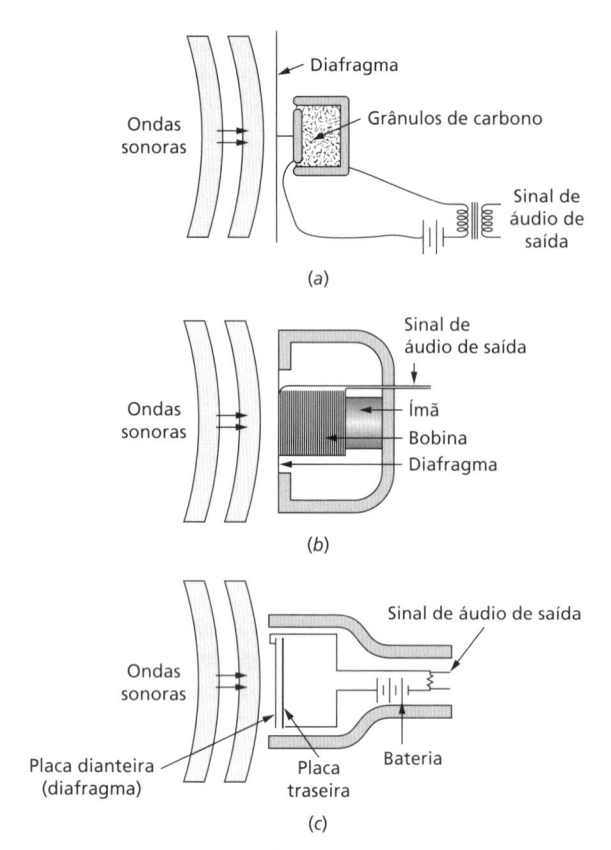

FIGURA 14-18 Três configurações de microfone comuns: (a) um MIC de carbono, (b) um MIC dinâmico e (c) um MIC de eletreto.

portadoras de RF, em receptores para produzir a frequência intermediária e em outros circuitos e sistemas nos quais é necessário desenvolver uma corrente alternada com uma frequência específica.

Teoria dos osciladores

Fundamentalmente, um oscilador é composto de um circuito **tanque** LC, um transistor e um meio de realimentação para fornecer potência para substituir as perdas de sinal.

Analise o circuito tanque simples na Figura 14-19. Uma bateria é conectada com uma chave de duas direções a um capa-

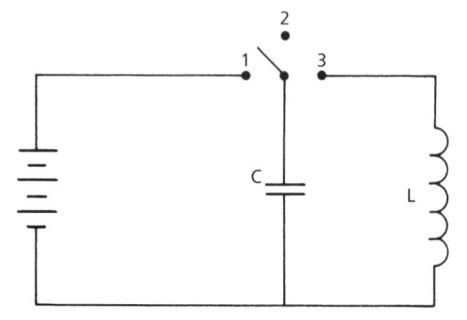

FIGURA 14-19 Um circuito tanque simples.

citor C. Quando a chave é colocada na posição 1, o capacitor se carrega até a tensão da bateria. Se a chave é colocada na posição 2 em seguida, a bateria é desconectada do capacitor e o capacitor mantém sua carga. Agora, quando a chave passa para a posição 3, o capacitor é conectado ao indutor L e se descarrega através da bobina de indutância. Quando o capacitor começa a se descarregar, a corrente através de L acumula um campo magnético que induz uma tensão contrária em L. Isso desacelera a descarga de C. Quando C fica quase descarregado, o campo em torno de L começa a sofrer um colapso, o que induz uma tensão que mantém a corrente fluindo. Essa tensão induzida carrega o capacitor na direção contrária àquela na qual a bateria foi carregada originalmente.

Quando a carga do capacitor alcança uma tensão igual à tensão induzida em L, o fluxo de corrente para e o capacitor começa a se descarregar de volta através de L, com a corrente fluindo na direção contrária correta. Essa ação será repetida continuamente, com a energia armazenada primeiro no capacitor e depois no campo da bobina de indutância. O resultado é uma corrente alternada que se degenerará a zero devido às perdas ocorridas no circuito. Se pudéssemos repor a pequena quantidade de energia perdida durante cada ciclo, poderíamos prolongar a geração de corrente alternada para sempre. Os circuitos de osciladores devem conter alguma maneira de aplicar energia ao circuito tanque de modo a manter uma saída de energia e uma frequência constantes.

A operação de um oscilador pode ser comparada com a operação do pêndulo de um relógio, como ilustrado na Figura 14-20. Se o pêndulo é erguido até a posição da extrema direita e soltado, ele se desloca em uma direção até a posição central, onde alcança sua velocidade máxima, e então segue até a posição na extrema esquerda. No final da oscilação, o movimento do pêndulo para e inverte sua direção, assim como uma corrente ca para e inverte sua direção; a seguir, o pêndulo oscila de volta para a direita, se acelerando até sua velocidade máxima e então desacelerando até alcançar a extrema direita. O processo se repete. Em um relógio, a mola principal dá potência ao pêndulo para manter uma frequência constante. O pêndulo pararia com o tempo devido às perdas por fricção caso alguma potência não fosse adicionada ao sistema.

A Figura 14-21 ilustra um **circuito oscilador simples**. Se a SW é fechada, o transistor tem polarização direta e a corrente flui através de L_2. Nesse momento, a base do transistor é conectada à tensão positiva através de RB e o emissor é conectado ao negativo da bateria. O fluxo de corrente através de L_2 produz um campo magnético. Esse campo magnético induz uma corrente em L_1, carregando o circuito tanque. O circuito tanque produz, então, uma corrente alternada entre L_1 e C_1. Esse fluxo de corrente aplica uma tensão negativa à base do transistor por metade de cada ciclo. Esse sinal negativo para a base polariza inversamente o circuito emissor-base do transistor e desliga o transistor. O fluxo de corrente através do circuito emissor-coletor e L_2 é, assim, pulsante. O circuito é projetado para permitir a quantidade de corrente de corrente pulsante através de L_2 para manter uma frequência constante no circuito tanque.

A frequência exata do oscilador será uma função da indutância de L_1 e L_2, a capacitância de C_1 e o fluxo de corrente através do transistor. Atualmente, diversos tipos de osciladores

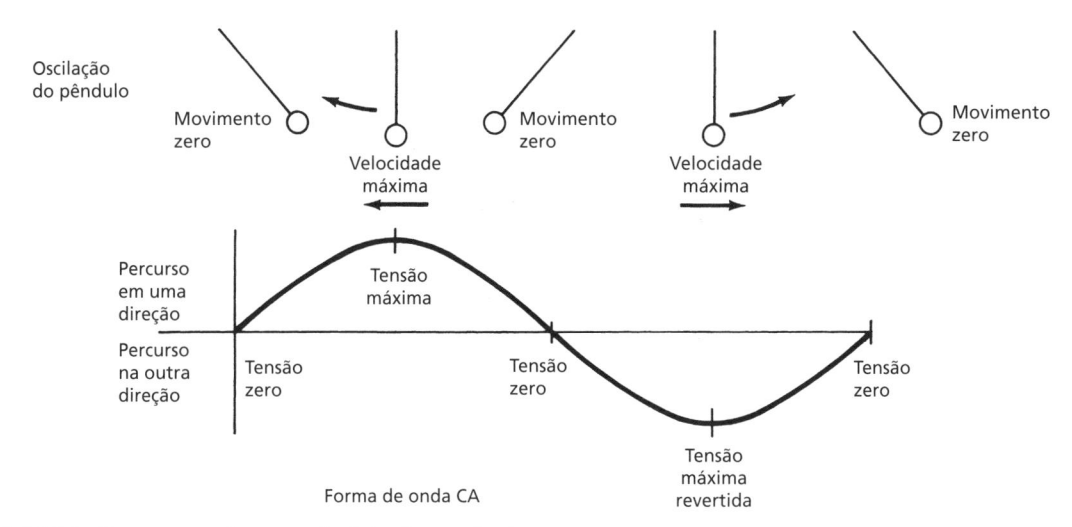

FIGURA 14-20 Representação com pêndulo de um circuito tanque.

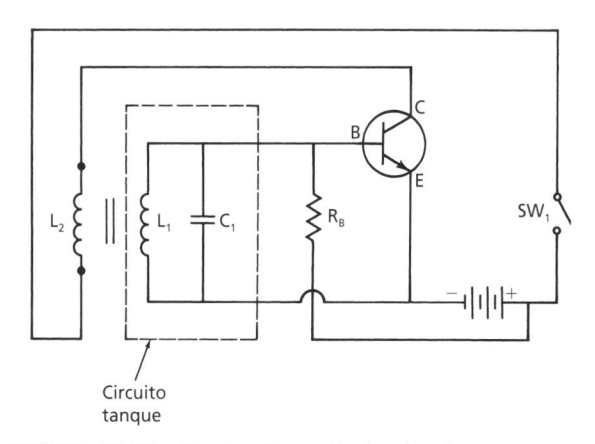

FIGURA 14-21 Um circuito oscilador simples.

diferentes estão em uso. Os osciladores de Armstrong, Hartley e Colpitts são três tipos comuns. Cada um desses osciladores contém uma variação do circuito tanque básico descrito anteriormente.

A Figura 14-22 mostra um circuito **oscilador controlado por cristal**. Nesse circuito, o cristal substitui o circuito tanque empregado em outros osciladores e a realimentação é fornecida

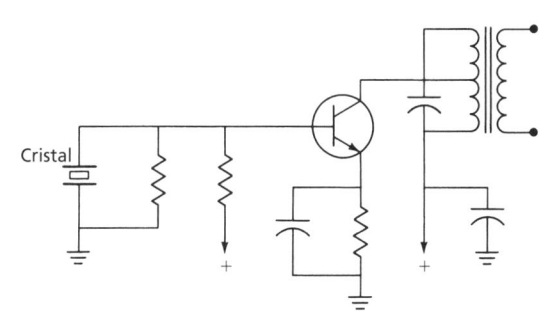

FIGURA 14-22 Circuito oscilador controlado por cristal.

por meio do acoplamento capacitivo. A amplitude máxima do sinal de RF é obtida quando o circuito de saída é sintonizado com a frequência do cristal.

O amplificador separador

O propósito do **amplificador separador** é amplificar o sinal de RF produzido pelo oscilador sem carregar o circuito oscilador, o que poderia causar uma mudança na frequência de saída. Isso significa que o oscilador não deve receber energia do oscilador. Como o amplificador separador deve ser extremamente sensível, ele geralmente é um amplificador operado como do tipo classe A, que não tem fluxo de corrente de base significativo. Um transistor de efeito de campo (FET) é ideal para essa aplicação, pois a corrente emissor-coletor é controlada pela força de um campo elétrico e não por um fluxo de corrente através do circuito de base. A corrente de RF é acoplada com o próximo estágio do amplificador através do capacitor do acoplamento e um circuito tanque. Se desejado, o tanque pode ser usado como multiplicador de frequência com sua sintonização a um múltiplo maior da frequência do oscilador. Se o tanque é sintonizado ao dobro da frequência do oscilador, ele é chamado de **duplicador**; se a três vezes a frequência do oscilador, de **triplicador**.

Multiplicadores de frequência

A maioria dos circuitos osciladores produz uma frequência abaixo da RF real necessária para transmissões de sinal. Devido à natureza do projeto do circuito, é difícil produzir osciladores de alta frequência sem distorção da forma de onda.

Para superar o limite de frequência, utiliza-se **circuitos multiplicadores de frequência**. Estes podem ser duplicadores ou triplicadores, dependendo da frequência do circuito tanque ao qual a saída do oscilador é alimentada.

A principal desvantagem de um circuito multiplicador de frequência é que a potência de saída é consideravelmente menor do que a de um amplificador que opera diretamente, ou seja, no qual não ocorre nenhuma mudança de frequência.

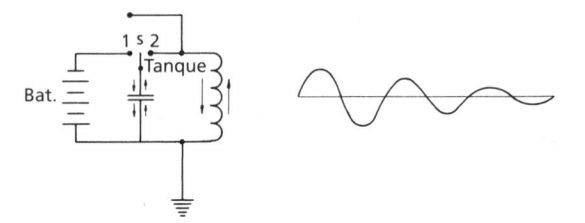

FIGURA 14-23 Operação de um circuito tanque.

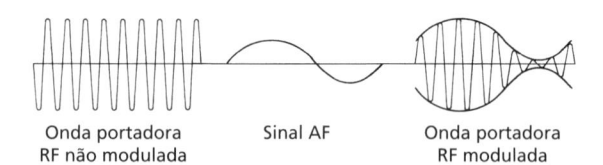

FIGURA 14-25 Modulação de uma onda portadora de RF.

O princípio da multiplicação de frequência pode ser explicado se considerarmos a ação de um circuito tanque. Qualquer circuito tanque possui uma frequência ressonante determinada pelos valores de sua capacitância e indutância, de acordo com a equação:

$$f = \frac{1}{2\pi\sqrt{LC}}$$

Se o capacitor na Figura 14-23 é carregado por meio da bateria através da chave S na posição 1 e a chave é então deslocada para a posição 2, os elétrons armazenados em uma placa do capacitor começarão a fluir através da bobina de indutância em direção ao lado oposto do capacitor. O fluxo de corrente através da bobina de indutância criará um campo magnético no qual a energia elétrica fica armazenada. Quando o fluxo de corrente começa a diminuir, a bobina de indutância tende a mantê-lo fluindo, e então o capacitor se torna carregado na direção contrária. Assim, o ciclo continua de um lado para o outro, com a energia sendo armazenada ora no campo eletrostático do capacitor, ora no campo eletromagnético do indutor. Devido à resistência no circuito, a corrente alternada se degenera e desaparece a menos que seja fornecida alguma energia adicional para mantê-la.

Em um multiplicador de frequência, a energia para manter o fluxo de corrente é fornecida pela saída do transistor. Se o transistor é conectado a um amplificador classe C, a saída assume a forma de pulsos com ampla separação entre si, como mostrado na Figura 14-24. Nessa ilustração, a saída do amplificador é mostrada como pulsos separados com frequência de 1000 kHz; a corrente do tanque é sustentada a um nível de 2000 kHz.

A ação de um multiplicador de frequência pode ser comparada à ação de uma criança em um balanço. A oscilação pode ser mantida facilmente com a aplicação de um breve empurrão a cada segunda ou terceira oscilação do balanço. Na Figura 14-24, o breve empurrão é o pulso do amplificador e a oscilação em movimento é a corrente tanque.

O modulador

A função do **modulador**, ou circuito de modulação, em um transmissor é imprimir um sinal digital à onda portadora de RF. Nos rádios de comunicação, esse sinal normalmente é composto de uma onda sonora de AF; contudo, a onda portadora também pode ser modulada por meio de um pulso digital para produzir sinais em código.

A Figura 14-25 ilustra a modulação de uma onda portadora. Como explicado anteriormente, esse processo é chamado de **modulação de amplitude** (AM). Em um rádio de aeronave, a modulação de amplitude é empregada para todas as transmissões de voz. Para que a eficiência de um modulador seja a maior possível, é preciso que a modulação máxima seja de uma amplitude tal que ela aumentará a onda portadora de RF não modulada ao dobro de sua amplitude não modulada. Da mesma forma, os picos negativos da potência de modulação devem ter um valor que reduzirá a onda portadora de RF a uma amplitude zero. Quando essas condições existem, a modulação é de 100%. A Figura 14-26 ilustra a modulação de 100%. Se ocorre um grau menor de modulação, o potencial total da onda portadora não é utilizado. Ou se a onda moduladora tem uma amplitude grande demais, o resultado é a sobremodulação, o que distorce o sinal.

No modulador, o sinal de áudio é aplicado ao circuito de base de um transistor, modificando, assim, a corrente

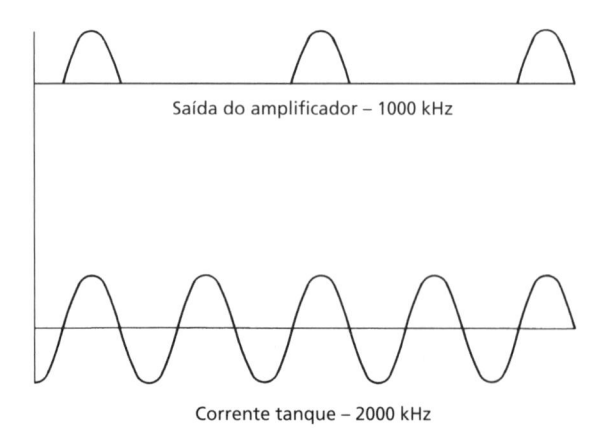

FIGURA 14-24 Curvas de tensão ilustram a operação de um duplicador de frequência.

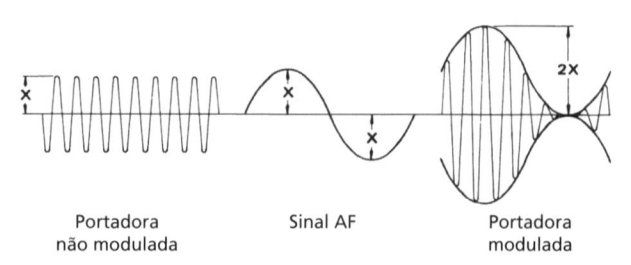

FIGURA 14-26 Modulação de 100%.

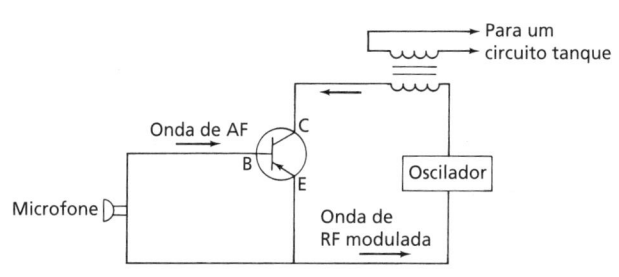

FIGURA 14-27 Um modulador de amplitude transistorizado simples.

emissor-coletor. O circuito na Figura 14-27 ilustra um modulador de amplitude transistorizado simples. Esse circuito não é típico daqueles usados em transmissores de rádio, mas ainda é apropriado para comunicar os princípios básicos da modulação. Nesse circuito, o sinal do microfone é enviado ao circuito emissor-base do transistor. Enquanto microfone produz um sinal com uma determinada frequência, o transistor conecta o circuito emissor-coletor na mesma frequência. A onda de RF produzida pelo oscilador atravessa o transistor e muda de amplitude de acordo com a frequência produzida pelo microfone. O sinal de RF enviado ao circuito emissor-coletor é uma forma de onda CA; logo, o transistor terá polarização reversa para metade do sinal de RF. A saída resultante do transistor é uma onda de RF modulada retificada de meia onda. Esse sinal de saída deve ser enviado a um circuito tanque para reproduzir um sinal de radiofrequência CA.

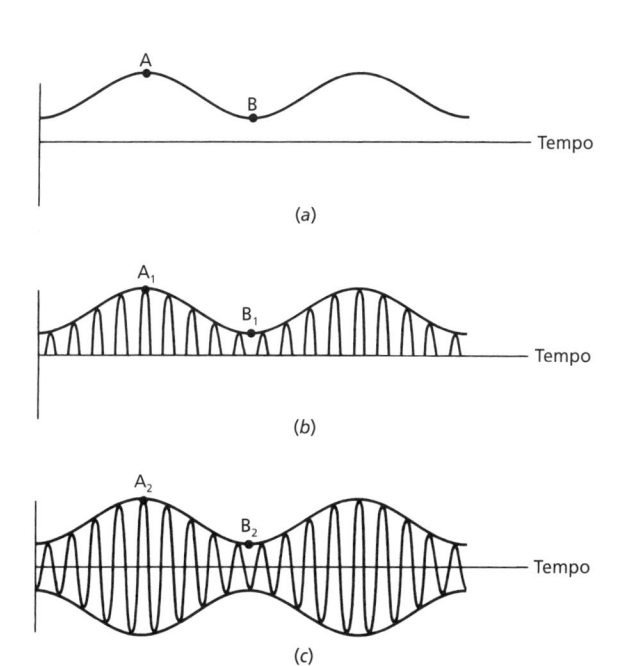

FIGURA 14-28 Formas de onda de um modulador: (a) A onda de AF; (b) onda de RF modulada retificada de meia onda; (c) onda de RF modulada CA.

A Figura 14-28a ilustra a onda de AF produzida pelo microfone. A Figura 14-28b ilustra a onda de RF modulada quando deixa o transistor. Esse sinal entra em um circuito tanque, que produz uma onda de RF de corrente alternada, como mostrado na Figura 14-28c. Como ilustrado, o ponto A do sinal de AF é o pico da onda produzida pelo microfone. Os pontos A_1 e A_2 são os picos da onda de RF modulada. O ponto B da onda de AF é o menor valor produzido; os pontos B_1 e B_2 são a menor amplitude da onda de RF modulada. Com esse exemplo, é fácil ver que a onda de RF muda de amplitude exatamente no mesmo padrão que a onda de AF enviada à base do transistor modulante. Depois que o sinal é enviado através do circuito tanque, a modulação de amplitude está completa.

Amplificadores de potência

A função do **amplificador de potência** de um transmissor é aumentar o nível de potência do sinal modulado até o ponto em que este atende os requisitos do sistema de transmissão. Os transmissores de rádio empregam transistores de potência projetados para conduzir a corrente necessária. A saída do amplificador de potência é ligada à antena por meio de um circuito acoplador de antena.

Normalmente, os amplificadores **classe C** são o tipo mais eficiente de amplificador de potência. Os dispositivos da classe C produzem uma saída CC pulsante; logo, eles devem ser utilizados em conjunto com um circuito tanque para restaurar o sinal de onda senoidal. A Figura 14-29a ilustra um amplificador de potência classe C e o circuito tanque relacionado. O sinal que entra no circuito emissor-base do transistor cria uma polarização direta apenas nos valores positivos de pico da forma de onda. Em qualquer valor positivo menor ou valor negativo, o circuito emissor-coletor apenas permite o fluxo de corrente durante breves intervalos. Esse pulso de corrente alimenta o circuito tanque criando instantaneamente uma forte carga positiva no capacitor. A seguir, o circuito tanque produz um sinal de onda senoidal a um nível de potência amplificado que segue o mesmo padrão que o sinal emissor-base. A saída do circuito tanque é conectada a um acoplador de antena, que conecta a onda senoidal à antena para ser transmitida. A Figura 14-29b mostra as formas de onda senoidal do sinal que entram e saem do transistor, junto com o sinal de saída do circuito tanque. Observe que, exceto por seus níveis de potência, as formas de onda de entrada e de saída são idênticas.

Acopladores de antena

Um **acoplador de antena** é um circuito que conecta o amplificador de um transmissor a sua antena. Um acoplador de antena pode ser um simples transformador de isolamento, ou então algo muito mais complexo, contendo circuitos LC e/ou um circuito para-raios. O circuito LC é utilizado para "sintonizar" ou "encontrar o pico" da antena em relação ao transmissor. Os para-raios são usados para proteger os circuitos de rádio contra raios elétricos indesejados na antena. A Figura 14-30 ilustra dois tipos de acopladores de antena.

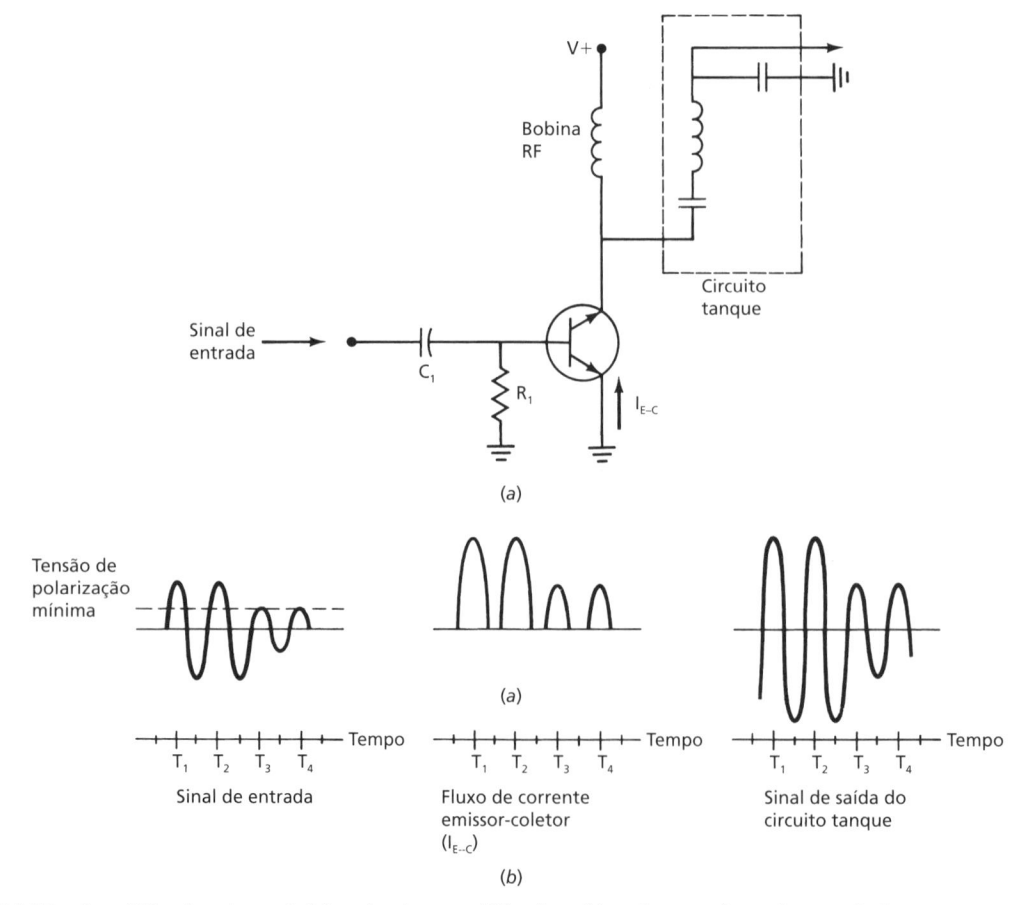

FIGURA 14-29 Amplificador classe C: (*a*) o circuito amplificador; (*b*) as formas de onda associadas.

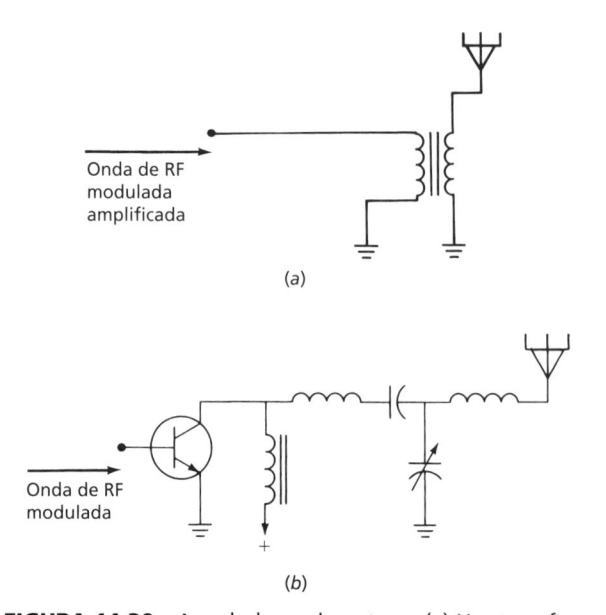

FIGURA 14-30 Acopladores de antena: (*a*) Um transformador de isolamento e (*b*) um acoplador para um transmissor VHF.

RECEPTORES

A maioria dos **receptores de rádio** precisa desempenhar múltiplas funções para produzir os resultados desejados. A antena deve receber a onda transmitida e produzir um fluxo de corrente para o acoplador da antena. A corrente da antena é produzida através do processo de indução eletromagnética. O sintonizador seleciona e passa apenas uma frequência, bloqueando todas as outras.

Um ou mais pré-amplificadores são utilizados para amplificar o sinal fraco recebido do sintonizador. Em alguns casos, um amplificador também é conectado diretamente à antena para receber sinais extremamente fracos. Depois que o sinal de entrada é amplificado suficientemente, a onda portadora de RF é separada da onda de AF por um circuito detector. A onda de AF é então amplificada mais uma vez e direcionada à saída do receptor, normalmente um alto-falante. A Figura 14-31 mostra um diagrama em blocos de um receptor de rádio simples.

Princípios da sintonização

No projeto e operação de sistemas eletrônicos, os **circuitos ressonantes** são o segrego do controle de frequência. Um **ressonador** é um dispositivo ou sistema que apresenta **ressonância**, ou seja, que oscila naturalmente em algumas frequências com

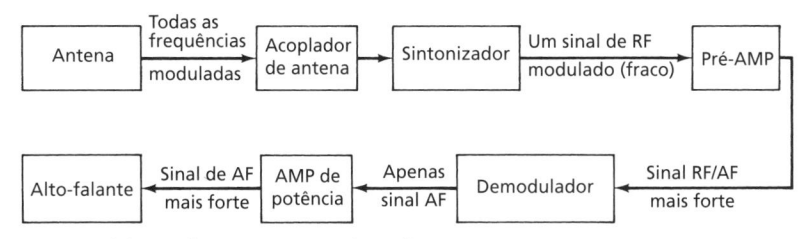

FIGURA 14-31 Diagrama em blocos de um receptor de rádio.

maior amplitude do que oscilaria com outras frequências. A frequência à qual um circuito ressonante oscila é chamada de **frequência ressonante**; nela, a impedância do circuito é baixa e o fluxo de corrente é alto. Os circuitos ressonantes são elementos fundamentais dos rádios e são usados durante a produção de sinais de RF, como ocorre nos circuitos osciladores. Os circuitos ressonantes também são usados quando determinadas frequências devem ser passadas ou bloqueadas por um circuito de sintonização de rádio.

O estudo da corrente alternada mostra que um circuito ressonante é aquele no qual a reatância capacitiva X_C é igual à reatância indutiva X_L. Para qualquer combinação específica de capacitância e indutância, sabemos que a frequência ressonante é fixa; ou seja, a combinação pode ter apenas uma frequência ressonante. Essa frequência pode ser determinada pela equação:

$$f = \frac{1}{2\pi\sqrt{LC}}$$

Vamos considerar, por exemplo, o circuito na Figura 14-32. Este é um circuito LC (indutância-capacitância) em série que contém uma capacitância de 10 μF e uma indutância de 250 mH. Vamos determinar a frequência ressonante desse circuito da seguinte maneira, lembrando da equação anterior:

$$f = \frac{1}{6,28\sqrt{10^{-5} \times 0,25}}$$

Isso pode ser expresso como:

$$f = \frac{1}{6,28\sqrt{2,5 \times 10^{-6}}}$$
$$= \frac{1}{6,28 \times 1,581 \times 0,001}$$

Então

$$f = \frac{1000}{6,28 \times 1,581}$$

ou

$$f = 100,7 \text{ Hz}$$

Essa é a frequência ressonante do circuito.

Em um circuito LC em série como aquele descrito acima, a impedância na ressonância é igual à resistência do circuito na medida em que a reatância capacitiva e a reatância indutiva cancelam uma à outra.

Em outras palavras, a impedância do circuito LC em série atinge seu menor valor quando a frequência de 100,7 Hz (a frequência ressonante) é aplicada. Em qualquer frequência acima ou abaixo desse valor, a oposição ao fluxo de corrente (impedância) é maior. A relação entre o fluxo de corrente e a frequência para esse circuito está ilustrada na Figura 14-33. O valor da impedância do circuito é muito baixo na frequência ressonante e aumenta à medida que a frequência desvia de 100,7 Hz.

Se considerarmos um circuito LC em paralelo como aquele mostrado na Figura 14-34, descobrimos que na ressonância, a impedância no circuito em paralelo é quase infinita, mas que se não fosse pela resistência no circuito, a impedância seria, de fato, infinita. A Figura 14-35 mostra a curva que indica o efeito da ressonância em um circuito LC em paralelo. Observe que à frequência zero, a impedância é baixíssima e então aumenta à medida que a frequência se aproxima do valor ressonante. Na ressonância, a impedância chega ao máximo, para depois cair à medida que a frequência aumenta acima da ressonância.

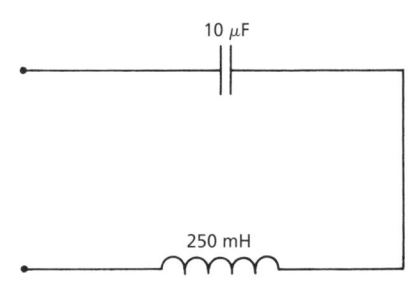

FIGURA 14-32 Um circuito LC em série.

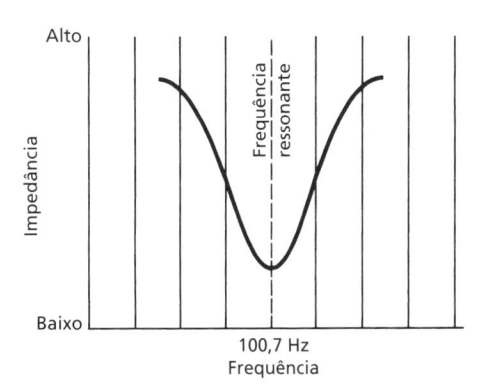

FIGURA 14-33 Relação entre corrente e frequência em um circuito LC em série.

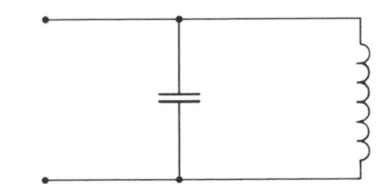

FIGURA 14-34 Um circuito *LC* em paralelo.

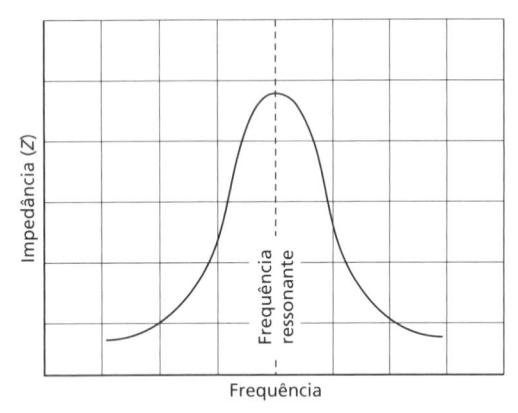

FIGURA 14-35 Relação entre corrente e frequência em um circuito *LC* em paralelo.

Filtros

As características dos filtros ressonantes, como descritas anteriormente, os tornam extremamente úteis para a **filtragem** de diversas frequências em um circuito eletrônico. Entre os tipos de filtros usados em circuitos eletrônicos, temos os filtros **passa-altas**, os filtros **passa-baixas** e os filtros **passa-banda**. Um filtro passa-altas tende a passar frequências nas faixas mais elevadas e a atenuar ou reduzir a corrente em frequências nas faixas mais baixas. Um filtro passa-baixas passa frequências nas faixas mais baixas e atenua ou reduz a corrente em frequências nas faixas mais altas. Um filtro passa-banda permite a passagem de certas bandas de frequência e reduz a corrente em frequências abaixo ou acima da faixa de banda.

A Figura 14-36 mostra um circuito de um **filtro passa-altas**. Observe que o capacitor está em série com o circuito e que as bobinas de indutância estão em paralelo com o circuito. Como a reatância capacitiva diminui à medida que a frequência aumenta, em níveis de alta frequência, a corrente parece fluir através do capacitor; e como a reatância indutiva aumenta à medida que a frequência aumenta, a corrente diminui através das bobinas de indutância à medida que a frequência aumenta. Assim, o circuito

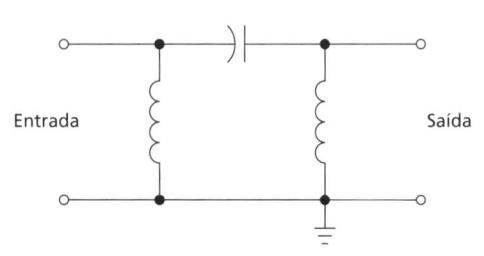

FIGURA 14-36 Um filtro passa-altas.

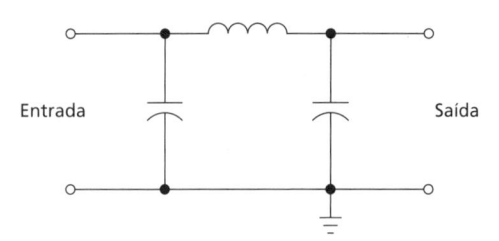

FIGURA 14-37 Um filtro passa-baixas.

tende a passar as altas frequências e a eliminar ou reduzir as baixas, pois elas simplesmente entram em curto com a massa.

A Figura 14-37 mostra um circuito de um **filtro passa-baixas**. Nesse circuito, a bobina de indutância está em série e os dois capacitores estão em paralelo. As frequências baixas passam facilmente através da bobina de indutância e são bloqueadas pelos capacitores. À medida que as frequências aumentam, elas são bloqueadas pela bobina de indutância e passadas pelos capacitores e conectadas à massa; assim, as altas frequências são eliminadas.

A Figura 14-38 mostra um **filtro passa-banda**. A impedância do circuito *LC* em série é alta, exceto na frequência ressonante ou em torno dela. Logo, na frequência ressonante, o fluxo de corrente será comparativamente alto. Na frequência ressonante, a impedância na porção paralela do circuito também será alta, impedindo que a corrente seja contornada. A largura de banda de um filtro passa-banda é determinada pelo número de elementos de circuito e pela resistência do circuito; quanto maior a resistência, mais larga a banda.

A Figura 14-39 mostra um **filtro corta-banda**. Nesse circuito, o circuito *LC* em paralelo está em série com a carga e a porção em série ou circuito *LC* em série está em paralelo. Com essa estrutura, as frequências ressonantes são contornadas e im-

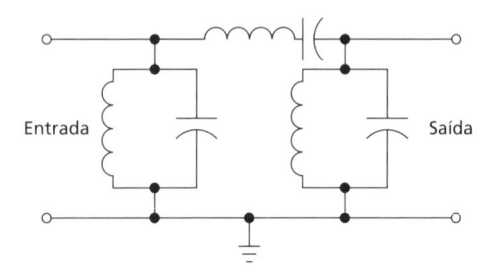

FIGURA 14-38 Um filtro passa-banda.

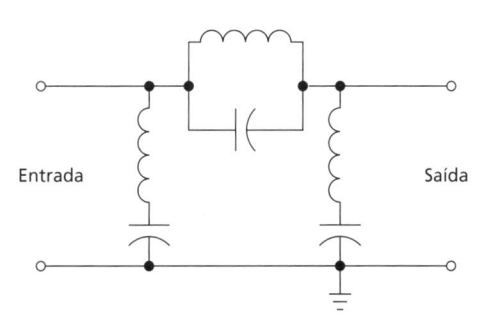

FIGURA 14-39 Um filtro corta-banda.

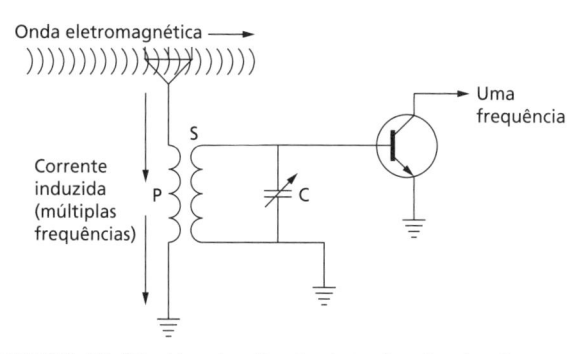

FIGURA 14-40 Um circuito de sintonização simples.

pedidas de alcançar a saída (curto com a massa). Todas as outras frequências são passadas para a saída do filtro.

Tornar a indutância ou a capacitância variável transforma um filtro pode ser transformado em um **circuito de sintonização**. Um circuito de sintonização simples é composto de um capacitor variável usado com um resistor fixo. Em alguns casos, no entanto, o capacitor é fixo e a indutância é sintonizada por meio de uma vareta, ou núcleo móvel, dentro do indutor. Os circuitos de sintonização normalmente são projetados para ter um nível relativamente alto de seletividade; em outras palavras, eles permitem a passagem de uma banda muito estreita de frequências e rejeitam todas as outras.

A Figura 14-40 mostra um circuito simples para uma unidade de sintonização típica. Os sinais de rádio que cortam a antena induzem sinais de diversas frequências que fluem através do enrolamento primário da bobina da antena até a massa. Essas correntes produzem ondas eletromagnéticas que induzem tensões no enrolamento secundário da bobina da antena. Como um capacitor variável C está conectado entre a bobina secundária, a corrente máxima fluirá apenas à frequência ressonante da bobina e do capacitor. Logo, na frequência ressonante, a tensão máxima será desenvolvida no capacitor, e essa mesma tensão será aplicada ao circuito emissor-base do transistor. Essa tensão é o sinal de entrada do transistor, que amplifica o sinal relativamente fraco do sintonizador.

Em alguns casos, um circuito ressonante em série é integrado ao sistema primário da bobina da antena, como mostrado

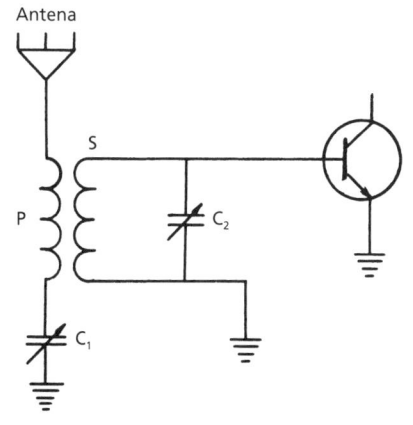

FIGURA 14-41 Um circuito de sintonização com um circuito ressonante em série.

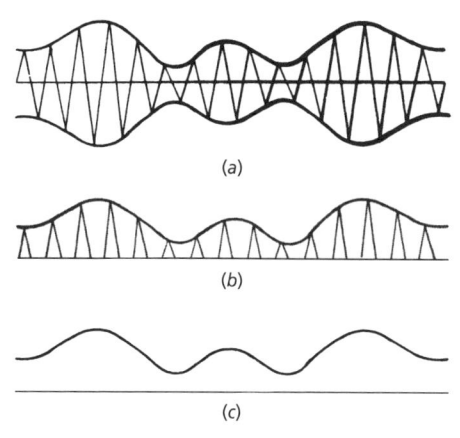

FIGURA 14-42 Princípio da detecção: (a) Onda de RF modulada, (b) onda de RF modulada e retificada e (c) onda de AF.

na Figura 14-41. Nesse caso, a corrente máxima flui na primária apenas à frequência ressonante. Isso aumenta a seletividade, pois as frequências indesejadas praticamente não podem ser induzidas no enrolamento secundário da bobina da antena.

Os dois circuitos descritos não são, absolutamente, os únicos meios de sintonização, mas representam os princípios básicos usados em todos os circuitos de sintonização nas frequências baixas e médias.

Detecção

A **detecção** de um sinal de rádio é o processo de separar a onda portadora de RF da onda de sinal útil de AF. Para tanto, retifica-se a onda modulada para produzir um sinal CC e então filtra-se a onda remanescente para remover a onda portadora de alta frequência da onda de áudio de baixa frequência. A detecção muitas vezes é chamada de **demodulação**, pois é o contrário do processo de modulação.

A Figura 14-42 ilustra o princípio da detecção. A Figura 14-42a mostra a onda portadora modulada, a Figura 14-42b mostra a onda após a detecção e a Figura 14-42c mostra o sinal de áudio após a filtragem. Esse sinal de áudio é extremamente fraco e deve ser amplificado antes de ser reproduzido através de um alto-falante.

Existem diversos tipos de circuitos de detecção. Eles podem ser simples ou complexos, mas todos retificam e filtram um sinal modulado. A Figura 14-43 ilustra um circuito de detecção simples. A primeira função desempenhada pelo detector é retificar a onda modulada; o diodo desempenha essa função.

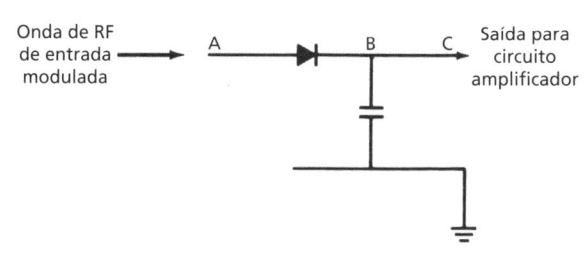

FIGURA 14-43 Um circuito de detecção simples.

O segundo passo é remover o sinal de RF; o filtro capacitivo faz isso unindo em curto a entrada de RF para altas frequências (lembre-se que a onda de RF tem frequência mais alta do que a onda de AF). A onda de entrada muda quando atravessa o detector. A onda na Figura 14-42a, uma onda de RF modulada, representa o sinal no ponto A. Após a retificação, o ponto B, o sinal pode se parecer com a imagem na Figura 14-42b. Depois que a retificação está completa, ainda sobre um sinal AF que é mandado ao circuito amplificador. O sinal de saída, o ponto C, está representado na Figura 14-42c.

Reprodução de som

Após deixar o demodulador, o sinal de AF normalmente é amplificado. Um amplificador normalmente é composto de um circuito de transistor usado para aumentar a intensidade do sinal, além de diversos filtros usados para controlar o tom e aumentar a fidelidade. Depois que o sinal é amplificado, a reprodução do som é realizada pela conversão da energia elétrica em ondas sonoras, normalmente com o uso de fones de ouvido, alto-falantes ou um fone único. Cada uma dessas unidades costuma ser projetada com os mesmos princípios operacionais básicos mostrados no diagrama do alto-falante simplificado (Figura 14-44). Durante a operação, o sinal de áudio é enviado do circuito amplificador do rádio até a bobina de voz do alto-falante. Quando a corrente flui através da bobina de voz do alto-falante, ela cria um campo magnético energizado pelo sinal de áudio. Como o fluxo de corrente do áudio está sempre mudando, o campo magnético também muda. O magnetismo produzido na bobina de voz interage (atrai ou repele) o campo magnético do ímã permanente montado na traseira do alto-falante. Como a bobina de voz é montada no diafragma, este se move quando a bobina de voz se move. Para criar mais movimento de ar e uma saída de áudio mais alta, um cone de alto-falante é montado no diafragma. Isso cria um movimento de ar maior com cada mudança de posição do diafragma de ferro, produzindo volumes relativamente altos. Devido ao trabalho envolvido na movimentação de grandes quantidades de ar, geralmente é necessário utilizar um amplificador mais poderoso para acionar alto-falantes de grande porte. A onda sonora se irradia devido às vibrações do cone de alto-falante. Obviamente, este é um diagrama simplificado; o alto-falante real precisaria de uma estrutura de suporte para permitir que o diafragma se movimentassem de modo livre e fácil.

Os alto-falantes e fones de ouvido podem ser construídos de forma semelhante, mas diversas outras opções também são possíveis. Um alto-falante típico emprega um cone de papel conectado ao diafragma. Um fone de ouvido comum utiliza uma construção semelhante, mas substitui o cone de papel por um diafragma pequeno feito de um metal fino ou um filme plástico de alta resistência. Um fone de ouvido típico é consideravelmente menor e produz sons a volumes menores do que um alto-falante.

O receptor a cristal

O **receptor a cristal** é o tipo mais simples de receptor de rádio. O diagrama esquemático na Figura 14-45a é um receptor a cristal em série. Durante sua operação, a antena recebe uma corrente induzida de qualquer onda eletromagnética que passa. Essa corrente induzida busca a massa; logo, ela travessa o indutor variável e capacitor C_1. Esses dois componentes filtram quaisquer sinais indesejados, então apenas a frequência ressonante passa através do sintonizador no diodo. O diodo e o capacitor C_2 compõem o circuito demodulador. O diodo atua como retificador de meia onda para produzir um sinal CC disponível para os fones de ouvido. O capacitor C_2 é um filtro de RF usado para contornar a porção da radiofrequência do sinal retificado em torno dos fones de ouvido, diretamente para a massa. O único sinal que alcança os fones de ouvido é a frequência de áudio retificada. Se um fone de ouvido muito sensível é utilizado, o sinal de AF fraco pode ser ouvido.

Esse tipo de receptor de rádio produz todo seu volume de áudio a partir da energia induzida na antena. Obviamente, apenas sinais transmitidos fortíssimos são recebidos e apenas com uma antena extremamente longa. Para superar essas desvantagens, a maioria dos receptores utiliza um circuito amplificador

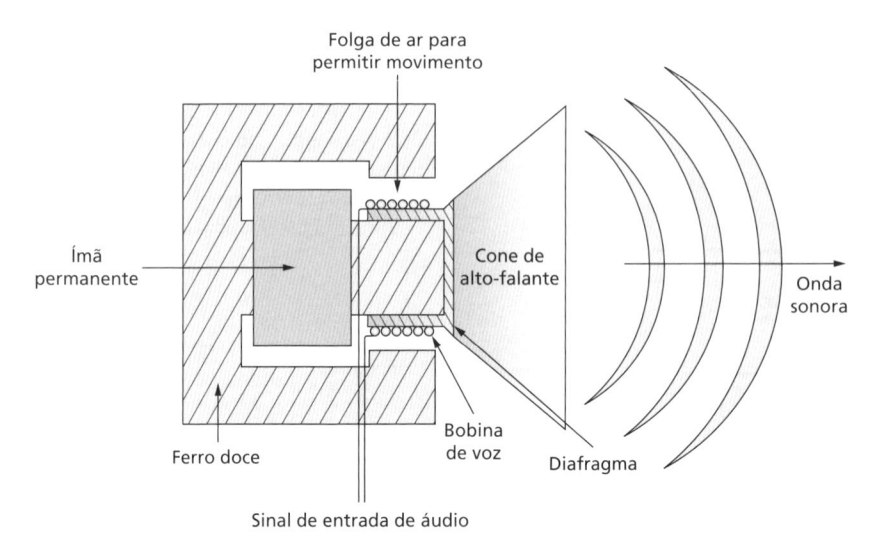

FIGURA 14-44 Elementos comuns de um alto-falante de reprodução de áudio típico.

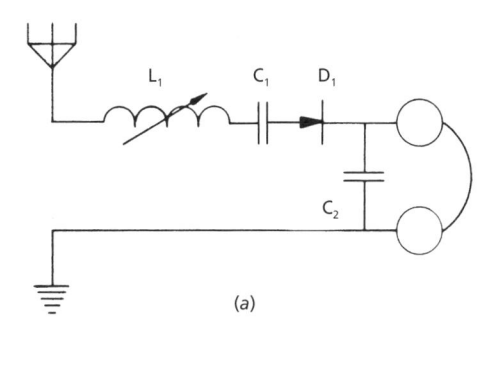

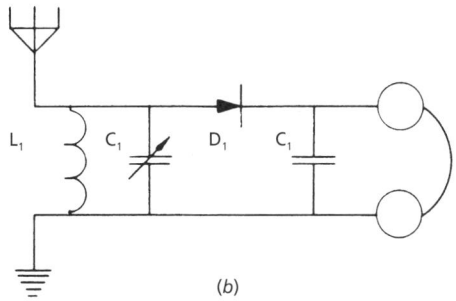

FIGURA 14-45 Receptores a cristal: (a) tipo em série e (b) tipo paralelo.

para melhorar a intensidade do sinal. Um receptor a cristal em paralelo é mostrado na Figura 14-45b.

Um rádio de um transistor

Uma maneira de melhorar um circuito de rádio é amplificar a frequência de áudio antes de enviá-la para os fones de ouvido. A Figura 14-46 é um diagrama esquemático de um rádio de um transistor. O transistor amplifica a onda de AF para que o rádio consiga produzir um volume mais alto do que o rádio a cristal. Esse amplificador não torna o rádio mais sensível (capaz de receber mais estações), ele apenas amplifica a onda sonora enviada aos fones de ouvido. É preciso utilizar circuitos amplificadores adicionais para melhorar a sensibilidade do rádio. Um circuito desse tipo amplificaria a onda de RF modulada antes dela entrar no circuito de detecção do rádio. A maioria dos rádios contém diversos amplificadores para conseguir alcançar os níveis desejados de sensibilidade e de volume.

O misturador

Para mudar o valor dos sinais de RF, um circuito conhecido como **misturador** é utilizado para combinar duas frequências e criar uma terceira de valor diferente. A Figura 14-47 mostra um diagrama em blocos de um misturador. Nele, vemos que o misturador recebe uma RF da antena de rádio e uma frequência criada por um oscilador local. O oscilador local cria uma frequência estável usando um cristal e/ou circuito tanque, como discutido anteriormente. Nesse exemplo, o oscilador local produz uma frequência de 1455 kHz e a RF que entra é de 1000 kHz. O misturador realiza duas tarefas; o circuito soma as duas frequências de entrada e subtrai as duas frequências. Nesse caso, as saídas do misturador são as seguintes: 1000 kHz, 1455 kHz, 450 kHz e 2455 kHz. Na maioria dos rádios, apenas uma dessas frequências de saída é utilizada, enquanto as outras são enviadas à massa.

O receptor super-heteródino

O **receptor super-heteródino** deriva seu nome do fato de uma nova frequência de sinal ser gerada no receptor por meio de um oscilador local muitas vezes chamado de **oscilador de frequência de batimento** (BFO). O sinal do BFO é alimentado no sistema de conversor ou misturador. O termo *hétero* vem do grego para *outro*, enquanto *dino* significa *potência*; assim, o termo **heteródino** significa literalmente *outra potência*. Ele se refere à frequência intermediária desenvolvida no circuito misturador. Atualmente, a maioria dos rádios de aeronaves modernas emprega tecnologias de receptores super-heteródinos.

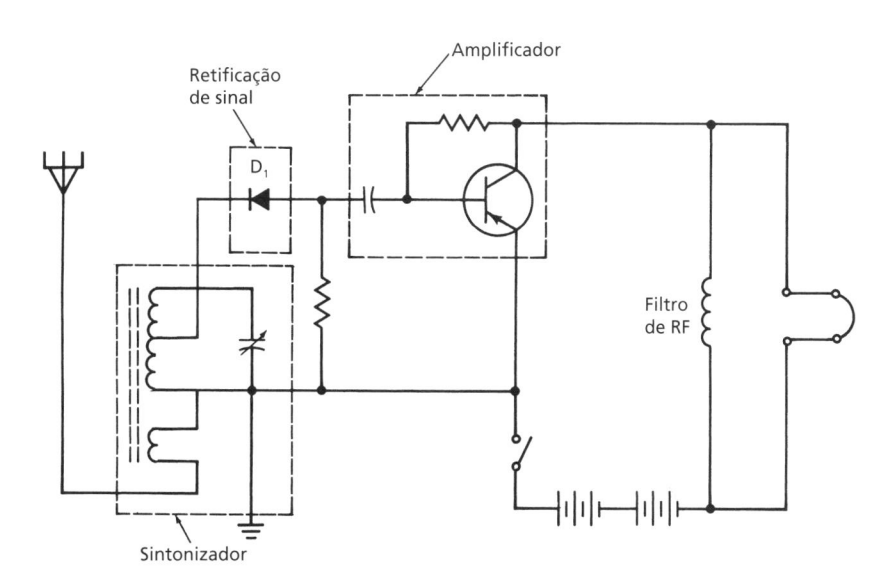

FIGURA 14-46 Diagrama esquemático de um rádio de um transistor.

362 Eletrônica de Aeronaves

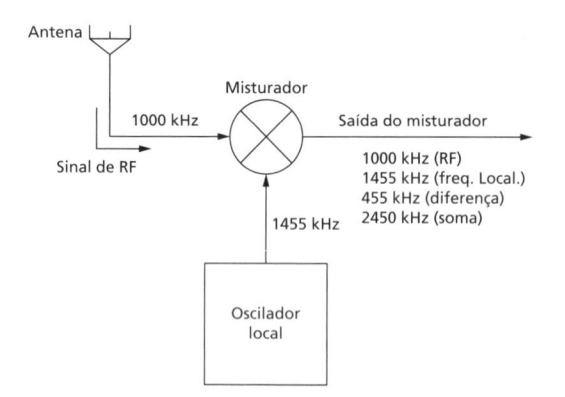

FIGURA 14-47 Circuito de misturador e oscilador local.

A Figura 14-48 mostra um diagrama em blocos de um receptor super-heteródino. Durante a operação, o sinal recebido pela antena entra no amplificador de RF e o sinal intensificado é então passado para o estágio de misturador ou conversor. Aqui, a onda portadora de RF de entrada e o sinal do oscilador local são combinados para produzir um sinal intermediário de 455 kHz. Os conceitos de misturador foram descritos na selão anterior. O sinal de FI que sai do misturador retém o sinal de AF portado originalmente pela RF recebida pela antena.

O sinal de FI normalmente passa por dois estágios de amplificadores de FI, cada um composto de um transformador de FI e um transistor, com os resistores e capacitores necessários. Os dois circuitos de FI são sintonizados exatamente a 455 kHz, com uma largura de banda de aproximadamente 10 kHz. Isso significa que sinais de 450 a 460 kHz passam através dos estágios de amplificadores de FI que todas as outras frequências são atenuadas. A largura de banda de 10 kHz é necessária para acomodar a modulação de áudio que pode ser portada pelo sinal de FI.

Depois que a frequência intermediária foi amplificada através de dois amplificadores de FI, ela passa através do segundo detector e o primeiro estágio de amplificador de áudio. A partir desse ponto, o sinal pode ser direcionado para o alto-falante ou para um estágio adicional de amplificação de áudio.

Os receptores super-heteródinos são utilizados em muitos sistemas eletrônicos além dos rádios. Eles possuem diversas vantagens, incluindo sintonização simplificada, amplificação melhorada, maior seletividade e bom nível de fidelidade. O exemplo anterior do processo super-heteródino mostra os valores específicos para as frequências de RF, oscilador local e FI. Esses valores de frequência são mostrados como exemplo e funcionam apenas para um determinado sinal de RF. Para criar um receptor super-heteródino para outras frequências, os valores do oscilador local e do misturador são ajustado de acordo com o necessário. Em alguns receptores, são adicionados misturadores adicionais para permitir a recepção de múltiplas frequências. Na maioria dos rádios de comunicação de aeronaves, um oscilador local variável é utilizado para que o piloto possa selecionar a frequência desejada.

Teoria do rádio digital

Em muitos sistemas de aeronaves, sinais digitais são utilizados para processar informações. Como descrito no Capítulo 7, um sinal digital é composto de sinais ligados e desligados de tensão discreta. Em termos de teoria do rádio, os sinais digitais podem ser utilizados dentro dos circuitos do rádio para realizar funções básicas de rádios, como amplificação, modulação e detecção. Os sinais digitais também podem ser transmitidos como energia eletromagnética.

Nesse caso, a onda portadora RF é modulada usando um método digital. Para digitalizar a onda de RF, o sinal (ou porções do sinal) recebe um valor digital distinto quando modulado de forma correspondente. Por exemplo, quando uma onda de RF transmitida é modulada a 500 Hz, isso pode significa 1 digital; quando a onda é modulada a 600 Hz, isso pode ser utilizado para representar o 0 digital. Simplesmente mudar a modulação de 500

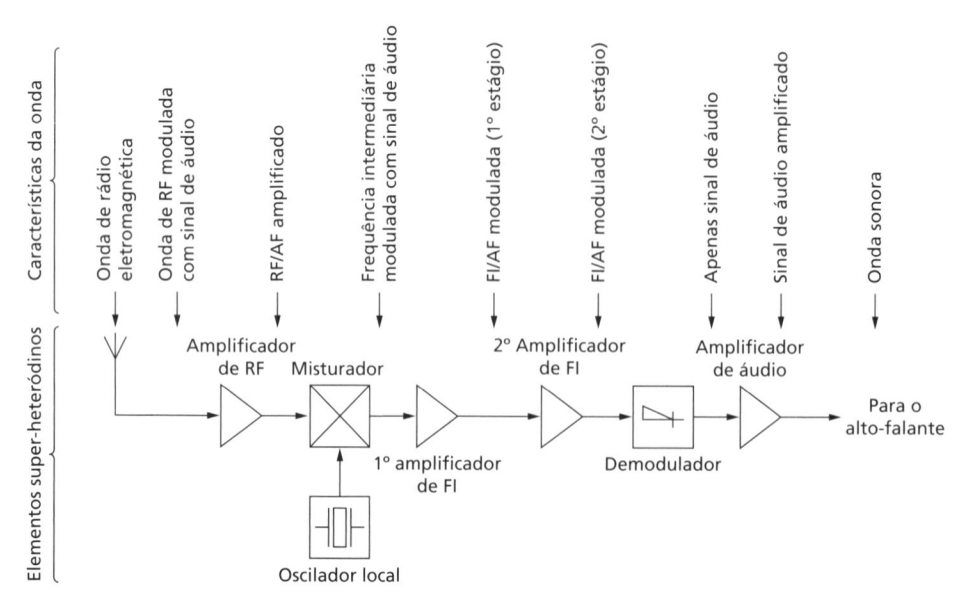

FIGURA 14-48 Elementos de um receptor super-heteródino.

para 600 Hz centenas de vezes por segundo poderia produzir um sinal digital utilizável. As máquinas de fax e modems de computador operam utilizando esse princípio. Obviamente, este é um exemplo simplificado; o sinal digitalizado real seria relativamente complexo.

A maioria dos rádios de aeronaves transmite sinais de RF analógicos. Aqueles que usam sinais de pulso ou digitais incluem o radar meteorológico, os sistemas de GPS, o equipamento medidor de distâncias (DME) e o equipamento de transponder. Além disso, a comunicação de aeronaves modernas com satélites usada para conexões de Internet para passageiros e download de dados da aeronave opera com o uso de sinais digitais.

Na maioria dos sistemas de rádio de aeronaves, a principal mudança causada pelas tecnologias digitais avançadas é a melhoria dos circuitos sintonizadores e osciladores. Os **sintonizadores digitais** são utilizados nos receptores modernos para filtrar sinais de RF indesejados. O oscilador digital pode ser usado em receptores ou transmissores de rádio para gerar um sinal de referência de frequência constante. Nos receptores, o sinal de referência pode ser utilizado para criar a frequência intermediária (FI). Nos transmissores, o oscilador digital é usado para gerar um sinal de referência de alta frequência que é dividido em uma frequência menor e utilizado para a onda portadora de RF. O uso de circuitos digitais em transmissores e receptores melhorou a precisão e a confiabilidade dos rádios de aeronaves.

A **sintonização digital** se refere ao uso de um circuito digital para gerar muitas frequências a partir de um único oscilador de cristal. O sinal do oscilador pode ser utilizado para fins de sintonização ou para produzir uma onda portadora de radiofrequência ou uma frequência intermediária.

Os transceptores analógicos usam indutores e capacitores variáveis que sintonizam um oscilador local através de uma banda contínua de frequências. As frequências de comunicação VHF de aeronaves variam de 118,000 a 136,99163 MHz. O intervalo entre os canais é de 8,33 kHz. É uma banda relativamente estreita para selecionar utilizando um sintonizador analógico convencional. A sintonização digital melhorou a precisão e, logo, é utilizada em todos os rádios de aeronaves modernos. Na época da redação deste texto, os rádios de comunicação de aeronaves estavam disponíveis com até 2280 canais nas frequências entre 118,00 e 136,99163 MHz; contudo, ainda é legal usar muitos rádios que oferecem apenas 720 canais.

A técnica digital de **síntese de frequência** foi desenvolvida para obter um circuito de sintonização estável capaz de produzir incrementos de 8,33 kHz. O processo de síntese de frequência exige o uso de flip-flops digitais e diversos circuitos de portas lógicas.

Os divisores programáveis, ou **contadores**, são feitos de circuitos fli-flop em diversas estruturas diferentes. Utilizar outras portas lógicas para unir flip-flops em cadeia significa que um contador pode ter uma saída diferente para cada pulso de entrada. Um contador de 16 estados tem uma saída binária de 0 a 15 e precisa de 16 pulsos para completar um ciclo através do contador. O circuito também contém um cristal de referência que oscila a uma frequência mais alta do que a saída desejada. Um divisor programável é configurado pelos controles do seletor de frequência na parte da frente do transceptor. Quando o divisor é programado, a frequência de saída do contador pode ser utilizada pelo receptor para sintonização e demodulação. Um transmissor pode usar a saída do contador para produzir a onda de RF.

A síntese de alta frequência exige o uso de dois cristais: um cristal que oscila na faixa de frequência de mega-hertz e um cristal que oscila na faixa de frequência de quilo-hertz. Usar dois cristais com divisores programáveis produz muito mais precisão do que somar vários osciladores. Quando dois osciladores são somados e então divididos em uma frequência menor, seu erro de frequência diminui com cada divisão.

Em suma, a maioria dos circuitos de rádio usados em aeronaves modernas emprega tecnologias digitais para realizar as diversas funções necessárias para transmitir e receber sinais. Um rádio de comunicação moderno incorpora tecnologias de microprocessadores e de circuitos integrados para o condicionamento de sinais, além de um display digital que mostra as frequências de recepção e transmissão (ver Figura 14-49).

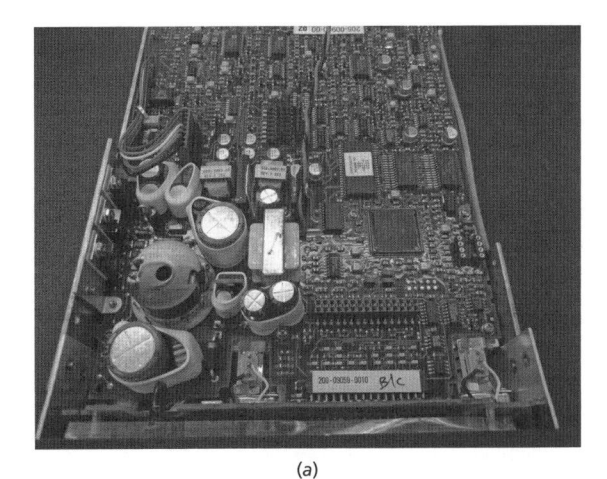

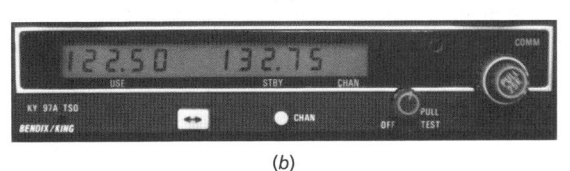

FIGURA 14-49 Rádio aeronáutico digital moderno: (a) circuitos internos mostrando circuitos integrados de superfície; (b) painel digital. Veja também o encarte colorido.

QUESTÕES DE REVISÃO

1. Descreva uma onda de rádio.
2. Quais dois tipos de campo são encontrados em uma onda de rádio?
3. Explique o comprimento de onda.
4. Compare comprimento de onda e a frequência para uma onda de rádio.
5. Forneça a equação para o comprimento de onda quando a frequência é conhecida.
6. Explique as diferentes bandas de frequência alocadas a sistemas de rádio?

7. Qual é a diferença entre a radiofrequência e a audiofrequência?
8. Explique as funções das antenas.
9. Qual é a relação entre a frequência das ondas de rádio transmitidas ou recebidas e o comprimento da antena?
10. Descreva a ionosfera.
11. Como a ionosfera afeta a comunicação por rádio?
12. O que significa *acoplar* uma antena a um transmissor?
13. Quais são os blocos funcionais de um transmissor de rádio?
14. Qual é o propósito de um oscilador?
15. Descreva como um oscilador produz uma corrente alternada.
16. O que determina a frequência da saída do oscilador?
17. Qual tipo de oscilador é o mais usado em um transmissor de rádio?
18. Qual é a função de um amplificador separador?
19. Descreva a operação de um multiplicador de frequência.
20. O que é modulação 100%?
21. Qual é a diferença entre AM e FM?
22. Como a modulação é realizada?
23. Qual é o propósito de um amplificador de potência?
24. Compare os efeitos da reatância indutiva e da reatância capacitiva.
25. Quais condições existem em um circuito ressonante?
26. Descreva a operação de um filtro passa-altas e a operação de um filtro passa-baixas.
27. Explique um filtro passa-banda.
28. Qual é a função principal dos filtros em um circuito de rádio?
29. O que é detecção de sinal?
30. Como um sinal de audiofrequência é convertido em som?
31. Descreva a operação de um alto-falante ou fonte de ouvido comum.
32. Descreva a operação de um microfone comum.
33. O que significa a frequência intermediária em um receptor super-heteródino?
34. Descreva um amplificador.
35. Liste as três classes de amplificação.
36. Qual classe de amplificação produz o menor nível de distorção de um sinal?
37. Explique a amplificação de classe B e como ela costuma ser usada em receptores.
38. Explique o propósito de um oscilador de frequência de batimento em um receptor super-heteródino.
39. Qual é a função do conversor em um receptor super-heteródino?
40. Quais são as principais vantagens de um receptor super-heteródino?

CAPÍTULO 15
Sistemas de comunicação e navegação

O uso de equipamentos de rádio e aviônica em geral aumentou significativamente para todos os tipos de aeronaves durante o último século. Um dos motivos para esse aumento é a exigência por parte dos órgãos competentes, nacionais e internacionais, de que todas as aeronaves operando em áreas de alto tráfego estejam equipadas com um rádio bidirecional para comunicação com controladores de tráfego aéreo e operadores de torres. Os sistemas anticolisão automáticos, hoje obrigatórios em muitas aeronaves, usam sistemas de rádio para comunicar a posição da aeronave e as manobras de desvio, quando necessárias. As aeronaves mais modernas usam sistemas sem fio via Internet para fazer upload de dados para diversos dispositivos eletrônicos. As conexões sem fio opera usando sinais de rádio digital. Outros sistemas de rádio usados para entretenimento dos passageiros e conexões de Internet se tornaram comuns nas aeronaves privadas e grandes aviões de passageiros. Esses sistemas muitas vezes empregam tecnologias de satélite que enviam sinais de rádio de alta frequência de e para a aeronave. O desenvolvimento da tecnologia eletrônica digital e de estado sólido possibilitou a instalação de sistemas altamente complexos e sofisticados para comunicação, navegação e controle de voo automático em todos os tipos de aeronave. No passado, esses sistemas somente podiam ser utilizados nas grandes aeronaves devido ao tamanho e peso dos componentes do sistema. Hoje, o termo **aviônica**, que é uma combinação das palavras *aviação* e *eletrônica*, abrange uma ampla variedade de sistemas eletrônicos.

Os sistemas de aviônica instalados em aeronaves podem incluir rádios de comunicação (COMM), sistemas de navegação (NAV e RNAV), sistemas de detecção meteorológica e sistemas de gerenciamento de voo (FMS). Os sistemas de navegação podem incluir receptor de VHF omnidirecional (VOR), sistemas de posicionamento glocal (GPS), equipamento medidor de distâncias (DME), o indicador automático de direção (ADF), o receptor do localizador (LOC), o receptor de rampa de planeio (GS), os sistemas anticolisão de tráfego (TCAS), receptores de rádios faróis, o transponder de identificação, o altímetro de rádio, o altímetro codificador e diversos indicadores. Em alguns casos, nas aeronaves mais modernas, esses sistemas foram combinados para formar um sistema integrado processador de aviônica (IAPS). A aviônica do tipo IAPS normalmente é mais fácil de usar, pesa menos e ocupa menos espaço no painel de instrumentos.

Todos os sistemas de aviônica modernos se conformam às normas da *Aeronautical Radio Incorporated* (ARINC), uma organização estabelecida por companhias aéreas nacionais e internacionais, fabricantes de aeronaves e empresas de transporte para estabelecer padrões para sistemas de aeronaves. Os padrões ARINC 500 e 700 foram desenvolvidos para sistemas de comunicação, navegação e identificação (CNI). Os sistemas de transferência de dados digitais comuns são padronizados pelas normas ARINC 429, 629 e 664.

COMUNICAÇÃO

Os sistemas de comunicação por voz para aeronaves são usados principalmente para o controle de tráfego aéreo, mas aeronaves comerciais também utilizam uma faixa de altas frequências para comunicação com estações no solo e outras aeronaves com fins de negócios e operacionais. A comunicação para o controle de tráfego aéreo ocorre na banda de VHF na faixa de 118 a 136,99 MHz.

Sistemas de comunicação de alta frequência

Os sistemas de comunicação de alta frequência (HF) operam na faixa de frequência de 2,0 a 30 MHz. A faixa de HF é, na verdade, uma faixa de frequência média, pois começa logo acima da banda de radiodifusão padrão, que termina em aproximadamente 1700 kHz. Esse grupo de frequência é composto de ondas terrestres; logo, os sistemas de comunicação de HF são usados para transmissões de rádio de longa distância. O sistema HF em um avião é usado para a comunicação por voz bidirecional com estações de solo ou outras aeronaves. Os sistemas de HF normalmente são usados para aeronaves que voam longas distâncias, como voos intercontinentais sobre o Oceano Pacífico.

O painel de controle de rádio de HF fica localizado onde pode ser acessado facilmente pelo piloto ou copiloto. A Figura 15-1 mostra um painel típico, incluindo um seletor de frequência, um abafador ou controle de ganho de radiofrequência (RF) e uma chave de seleção de modo. Na maioria das aeronaves, a antena de

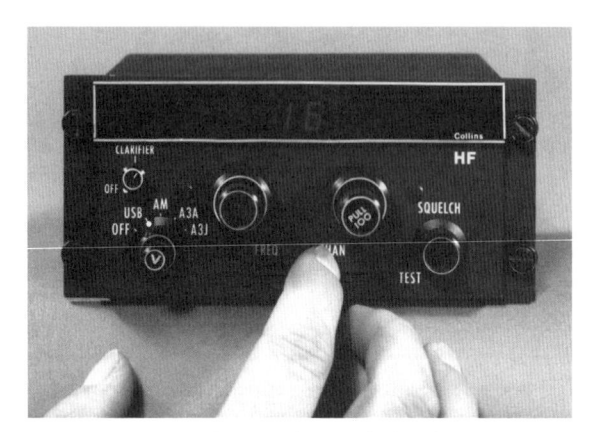

FIGURA 15-1 Um sistema de acoplador de antena típico. (*Collins Divisions, Rockwell International.*)

um rádio de HF é coberta por escudos do tipo plástico. A cobertura pode ser de fibra de vidro ou de um material semelhante que permita que ondas eletromagnéticas alcancem a antena. Nas aeronaves modernas, utiliza-se uma antena embutida que não aumenta o arrasto induzido. A antena de sonda é usada para recepção e transmissão e é sintonizada à linha de transmissão em qualquer frequência por meio de um **acoplador de antena**. O sistema de acopladores de antenas é necessário para manter uma sintonia eficiente entre a antena e o transmissor em uma ampla faixa de frequências.

O transceptor de HF completo é instalado em um rack de equipamentos eletrônicos e controlado remotamente da unidade de controle na cabine de comando. O sistema é composto do receptor-transmissor de HF, a unidade de controle de HF, o sistema de acoplador de antena e da antena.

A maioria das transmissões de HF é usada para comunicações de voz, mas dados digitais também podem ser transmitidos usando o sistema de HF. Essas transmissões digitais podem ser interpretadas como uma mensagem semelhante a um e-mail ou SMS, mas transmitida por HF. Esse tipo de transmissão também é chamada de **modo de dados** e é usada para informações digitais ligadas a equipamentos externos ao sistema de rádio de HF. O sistema de comunicação de dados é chamado de **ligação de dados ar-terra** ou simplesmente **ligação de dados**.

Os sistemas de comunicação de HF são sistemas de comunicação de longa distância e não são utilizados em todas as aeronaves. As companhias aéreas podem utilizar esses sistemas ou não, dependendo de seus requisitos específicos. Os sistemas de HF são raros em pequenas aeronaves. Muitas companhias aéreas empregam sistemas de comunicação de HF porque estes oferecem uma faixa mais ampla de comunicação entre aeronaves e da aeronave para estações no solo. Em algumas aeronaves, a comunicação de longa distância utiliza tecnologias de satélite em vez de sistemas de HF. Contudo, as comunicações via satélite ainda são caras, então é provável que o rádio de HF continuará a ser usado no futuro.

Sistemas de comunicação VHF

Como foi explicado anteriormente, os sistemas de comunicação de VHF são empregados principalmente para o controle de tráfego aéreo. Esses sistemas são instalados em aeronaves de todos os tipos para que o piloto possa receber informações e orientações e possa solicitar informações dos centros de controle de tráfego aéreo, torres de controle e estações de serviço de poo. Na aproximação a um aeroporto com instalações de rádio bidirecional, o piloto da aeronave chama a torre e solicita informações e instruções de pouso. Nas operações de companhias aéreas e todos os voos por instrumentos, o voo de uma aeronave é monitorado continuamente pelo controle de tráfego aéreo (ATC) e a tripulação da aeronave recebe as instruções necessárias para manter um voo seguro.

Os sistemas de comunicação VHF operam em uma faixa de frequência de 118 a 136,99 MHz. Para operações internacionais, as frequências podem se estender até 151,975 MHz. A natureza da propagação das ondas de rádio nessas frequências é tal que a comunicação fica limitada a distâncias de linha de visão. A vantagem da comunicação VHF, no entanto, é que os sinais quase nunca são distorcidos ou ficam ininteligíveis devido à estática e outros tipos de interferência.

Atualmente, os rádios de comunicação VHF estão disponíveis com 720, 760 ou 2.280 canais. Em 1976, a FAA alterou o espaçamento mínimo entre frequências para sistemas VHF de 50 para 25 kHz entre 118 e 135,975 MHz. Essa mudança possibilitou o rádio de 720 canais. Em 1990, a FAA e a FCC autorizaram o uso geral de frequências acima de 136,975 MHz. Essa mudança adicionou 40 canais, aumentando a seleção para 760. Nesse momento, a operação dos rádios de 360 canais se tornou ilegal, pois estes não conseguiam restringir suas transmissões a um espectro de frequência estreito. As últimas modificações aos rádios VHF refinaram ainda mais as frequências e o número de canais disponíveis. Hoje, 2280 canais estão disponíveis para comunicações VHF em aeronaves. Alguns rádios de 720 e 760 canais não conseguem atender os requisitos de frequência estritos e perderam sua aeronavegabilidade. Quando inspecionam as aeronaves, importante que os técnicos confirmem que todos os rádios são aeronavegáveis e atendem os requisitos da FCC.

Os equipamentos de comunicação VHF para pequenas aeronaves normalmente são combinados com um sistema de rádio de navegação (NAV) VHF. A Figura 15-2 mostra um rádio VHF comum para pequenas aeronaves. A Figura 15-3 mostra a estrutura interna do sistema. O transceptor mostrado nas Figuras 15-2 e 15-3 é um sistema digital de estado sólido que recebe ou transmite em qualquer um dos 720 canais na faixa de frequências COMM. As frequências são selecionadas simultaneamente para o receptor e o transmissor com o ajuste do botão seletor de frequência. O botão externo grande é usado para alterar a porção em mega-hertz da frequência, enquanto o botão concêntrico menor muda a porção em quilo-hertz.

Assim como muitos sistemas modernos, esse rádio pode armazenar uma frequência ativa e uma de espera. A frequência ativa é marcada como USE no painel frontal do rádio; a frequência de espera como STBY (ver Figura 15-2). A seta dupla na parte da frente do rádio é usada para alternar entre as duas frequências.

FIGURA 15-2 Elementos de um receptor super-heteródino.

FIGURA 15-3 Interior de um rádio VHF moderno. (Observe os circuitos integrados.)

O modo de espera armazena a frequência selecionada para permitir a troca rápida da frequência usada pelo receptor. Isso é muito útil quando a aeronave é operada em um espaço aéreo superlotado, no qual várias frequências de comunicação são usadas pelo controle de tráfego aéreo.

Os painéis de controle para sistemas de comunicação VHF variam bastante entre si, dependendo do fabricante do equipamento e dos requisitos do fabricante da aeronave. Em geral, o painel de controle localizado na cabine de comando contém os seletores de frequência e displays digitais das frequências principais e de espera. Em alguns casos, o volume do rádio é controlado por um painel de áudio separado. Muitas aeronaves maiores usam uma unidade sintonizadora de rádio (RTU) para controlar os sistemas de comunicação e navegação. A RTU é um painel de controle multifuncional para a operação de todos os rádios de navegação e comunicação. O projeto poupa peso e espaço ao integrar todos os controles em um só painel; as RTUs serão discutidas posteriormente neste capítulo.

A maioria dos sistemas VHF para aeronaves corporativas e de transporte usa um painel de controle de rádio separado, com o receptor-transmissor (r-t) localizado na central de equipamentos elétricos. Também nessas aeronaves, o sistema de rádio de comunicação VHF muitas vezes é independente do sistema de na-

FIGURA 15-4 Uma LRU de transmissor/receptor de comunicações VHF de uma aeronave corporativa típica.

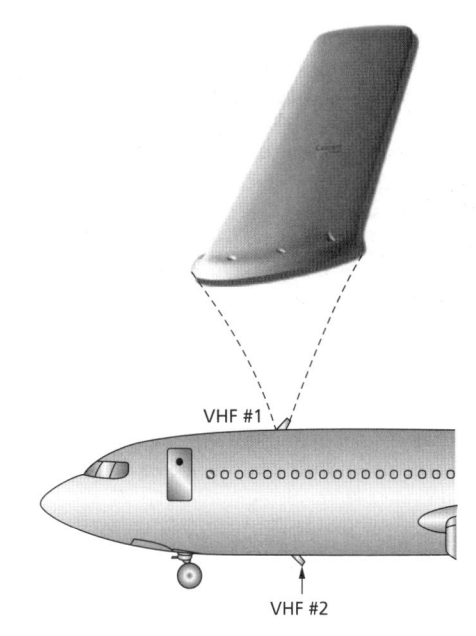

FIGURA 15-5 Configuração de antena VHF.

vegação VHF. A Figura 15-4 mostra um receptor-transmissor de comunicação VHF típico. A unidade mede aproximadamente 4,5 polegadas de largura, 4 polegadas de altura e 12 polegadas de profundidade (11,4x10,1x30,5 cm) e fica instalada na baia de equipamentos elétricos. Em pequenas aeronaves, o painel de controle e o r-t muitas vezes são uma única unidade, montada no painel de instrumentos. A Figura 15-3 mostra uma unidade desse tipo.

As antenas dos sistemas VHF são unidades aerodinâmicas de baixo arrasto que se estendem da linha de centro superior e inferior do avião. As antenas são usadas para transmissão e para recepção. A Figura 15-5 mostra uma configuração de antena VHF típica.

Os transmissores de comunicação VHF oferecem transmissão de voz AM entre aeronaves e entre a aeronave e estações no solo. A transmissão ocorre no mesmo número de canais e frequências permitido pelo receptor. Devido à natureza dos sinais de rádio VHF, a distância de comunicação média entre a aeronave e o solo é de aproximadamente 30 milhas [48 km] quando o avião está voando a 1.000 pés [305 m] e aproximadamente 135 milhas [217 km] quando o avião está a 10.000 pés [3048 m]. A frequência de transmissão é determinada pela posição das chaves seletoras no painel de controle VHF. O transmissor é sintonizado ao mesmo tempo e à mesma frequência que o receptor.

A maioria dos rádios de comunicação VHF modernos incorporam os mais avançados recursos digitais. Em geral, o uso de microprocessadores e circuitos digitais permitiu uma redução de 50% no número de peças e de 80% nos ajustes de oficina internos em comparação com o uso de circuitos analógicos. O projeto modular dos sistemas digitais modernos reduz o tempo de manutenção ao facilitar o acesso a todos os componentes e placas de circuito.

Os sistemas de equipamento de teste integrado (BITE) e de interface de dados também estão disponíveis em alguns rádios de comunicação. Um sistema de BITE usa um display de LED para indicar módulos de "plugin" em pane dentro do rádio.

O sistema de interface de dados permite a transmissão de dados binários através do sistema de comunicação de rádio. Os dados a serem transmitidos podem ser criados por um teclado operado manualmente ou em um computador aéreo. Enquanto as informações são transmitidas através da interface de dados, os recursos de voz do rádio de comunicação continuam operantes. Assim, esse sistema aproveita melhor o espectro de radiofrequência superlotado no qual os transceptores operam. Os sistemas de interface de dados serão discutidos em mais detalhes na seção sobre ACARS neste capítulo.

Teoria da operação dos sistemas de comunicação VHF

Para explicarmos melhor o transceptor de comunicação VHF, o receptor será discutido separadamente do transmissor. A porção receptora do sistema de comunicação VHF normalmente é do tipo super-heteródino (Figura 15-6). A antena recebe um sinal induzido dos campos eletromagnéticos que passam pela antena. Esse sinal é enviado através de um filtro passa-banda para um amplificador de RF. Depois de amplificado, o sinal atravessa um filtro passa-baixas e entra no misturador do primeiro estágio. O misturador converte a RF em uma frequência intermediária (FI). A FI é de menor frequência e mais fácil de controlar através do receptor. A FI é amplificada para produzir um sinal mais forte, que por sua vez é enviado ao misturador de segundo estágio, onde uma frequência mais baixa é produzida novamente. Esse sinal é amplificado e enviado ao detector, onde a onda de áudio é separada da onda portadora. O sinal de áudio é amplificado pelo separador e transmitido para a aeronave pelo alto-falante. O amplificador separador recebe a entrada do circuito de AGC (controle de ganho automático), que garante a amplificação correta do sinal em intensidades variadas de sinal de entrada.

O transmissor recebe o sinal de entrada do microfone ou de dados. Esse sinal é amplificado pelo buffer de áudio e enviado

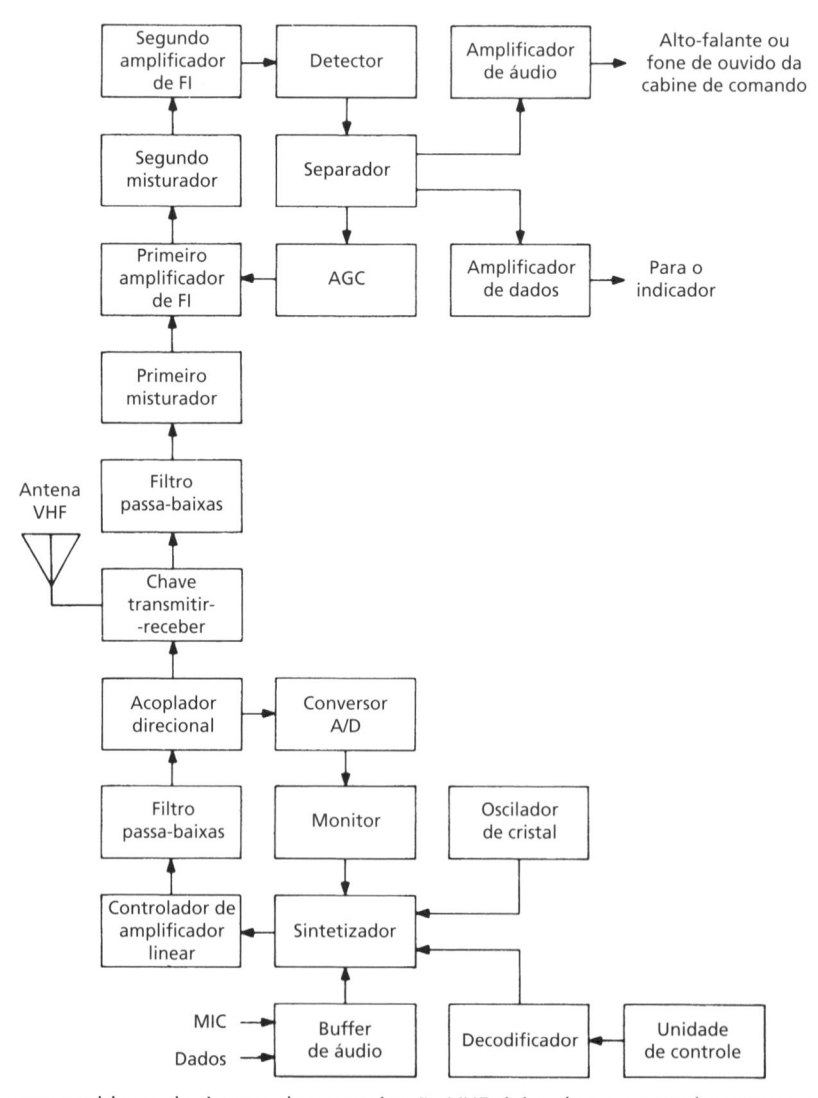

FIGURA 15-6 Diagrama em blocos de sistema de comunicação VHF típico de uma grande aeronave. (*Collins Divisions, Rockwell International.*)

ao modulador (sintetizador). O modulador produz um sinal AM, que é filtrado, amplificado e enviado ao circuito de ALC (controle de nível automático). Semelhante ao AGC no receptor, o ALC garante que um sinal de saída consistente será enviado à antena, mesmo com intensidades variadas de intensidade do sinal. O Capítulo 14 apresenta mais detalhes sobre a teoria do rádio.

Decodificador SelCal

A palavra **Selcal** é derivada do termo **selective calling** ("chamada seletiva") e o **decodificador Selcal** é um instrumento projetado para aliviar o piloto e o copiloto da obrigação d monitorar continuamente os receptores de rádio da aeronave. O decodificador Selcal é, na prática, um monitor automático que busca uma determinada combinação de tons designada à aeronave individual. Sempre que uma transmissão com o código correto é recebido de uma estação no solo, o sinal é decodificado pela unidade Selcal, que avisa o piloto sobre a transmissão de rádio. O sistema ativa automaticamente o rádio correto para a tripulação de voo ou simplesmente informa a tripulação sobre a transmissão de rádio que estão recebendo.

As estações de solo equipadas com equipamentos transmissores de tons chamam as aeronaves individuais transmitindo tons que se ligam apenas a um decodificar aéreo configurado para responder àquela combinação específica de tons. Quando os tons apropriados são recebidos, o decodificar opera um circuito de alarme externo para produzir um sino, luz, ruído ou combinação desses sinais.

O operador no solo que deseja contatar uma aeronave específica por meio da unidade Selcal seleciona o código de quatro tons que foi alocado à aeronave. O código em tons é transmitido por uma onda de RF e o sinal pode ser captado por todos os receptores sintonizados à frequência usada pelo transmissor. O único receptor que consegue responder e produzir o sinal de alerta para o piloto é o sistema receptor e decodificador que foi configurado para aquele código de quatro tons específico.

O decodificador Selcal normalmente é uma LRU independente instalada no rack de equipamentos da aeronave junto com os transceptores de rádio de VHF e HF. Como mostrado na Figura 15-7, a LRU tem um display de quatro dígitos usados para inserir o código de identificação Selcal da aeronave. Um pequeno painel deve ser instalado na cabine de comando para controlar (ligar/desligar) o sistema Selcal dos diversos rádios de comunicação.

ACARS

O **Sistema de Comunicações e Relatório de Aeronaves** (ACARS) é um sistema digital que opera usando os equipamentos de comunicação VHF em frequências entre 129,00 e 137,00 MHz. Os equipamentos de ACARS aéreos contêm uma unidade de controle localizada na cabine de comando e uma unidade de gerenciamento localizada na baia de equipamentos. Os equipamentos de solo contêm antenas e unidades r-t, uma ligação de dados através de uma conexão de Internet no solo com a instalação central em Chicago e uma ligação de dados com os diversos centros de operações das companhias áreas. As instalações de solo abrangem os estados continentais dos EUA e partes do Canadá e do México. Nas Américas, o ACARS é operado pela ARINC. Antes chamada de Aeronautical Radio Incorporated, a

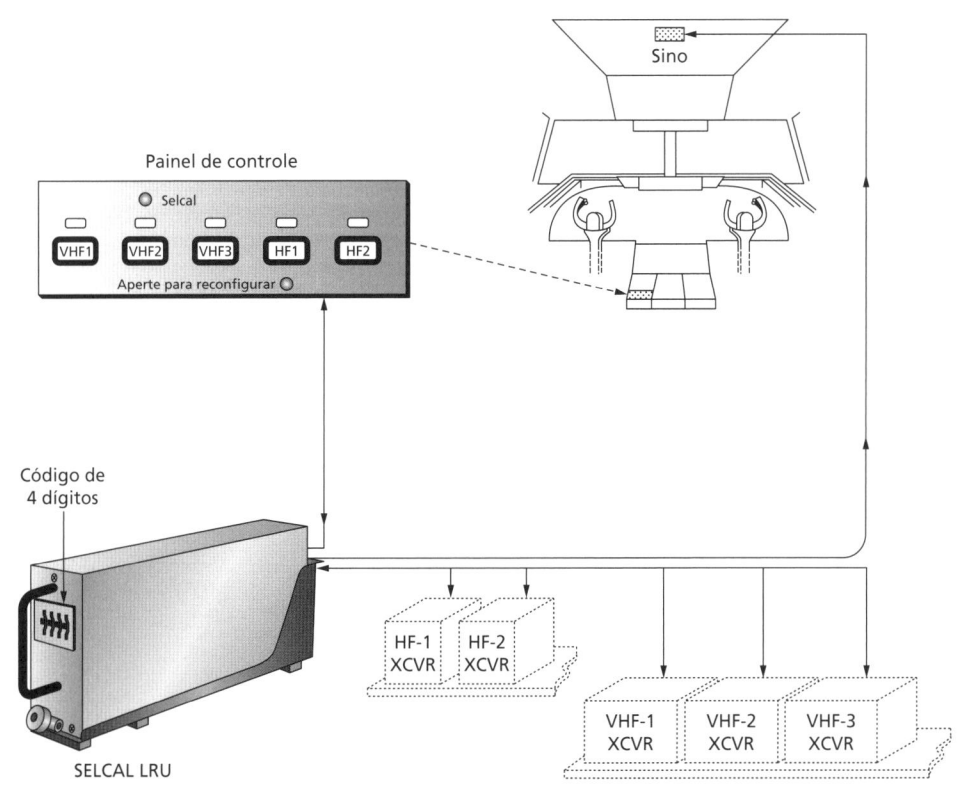

FIGURA 15-7 Sistema de SelCal típico para um avião comercial.

ARINC é uma grande fornecedora de engenharia de sistemas e comunicação de transporte para a indústria da aviação. A SITA uma multinacional da área de tecnologia da informação especializada em serviços de telecomunicação, oferece um sistema ACARS na Europa e outras partes do mundo. Como o ACARS é um sistema de transferência digital de informações que utiliza sinais de rádio, ela pode ser comparada com as mensagens de SMS da telefonia móvel.

Como o ACARS opera em um número limitado de frequências, todas as mensagens transmitidas devem ser o mais curtas que puderem. Para encurtar as mensagens, um bloco de código especial que utiliza no máximo 220 caracteres é transmitido em formato digital. Se uma mensagem mais longa se torna necessária, mais de um bloco é transmitido.

O ACARS opera em dois modos: o modo de demanda e o modo de interrogação. O **modo de demanda** permite que a tripulação de voo ou equipamento aéreo inicie a comunicação. A Figura 15-8 apresenta um diagrama em blocos de um ACARS. Para transmitir uma mensagens, a unidade de gerenciamento (MU) do sistema aéreo determina se o canal ACARS está livre de outras comunicações. Se o canal está disponível, a mensagem é transmitida; se a frequência está ocupada, a MU espera até a frequência ser liberada. A estação no solo envia uma resposta a mensagem transmitida da aeronave. Se a resposta não chega ou é uma mensagem de erro, a MU continua a transmitir a mensagem na próxima oportunidade. Após seis tentativas (e falhas), o equipamento aéreo notifica a tripulação de voo sobre o que aconteceu.

No **modo de interrogação**, o sistema opera apenas quando interrogado pelas instalações no solo. As instalações no solo enviam "perguntas" periódicas para o equipamento da aeronave; quando o canal está livre, a MU responde com uma mensagem transmitida. A MU organiza e formata os dados de voo antes da transmissão. Quando solicitadas, as informações de voo são transmitidas para as instalações no solo. As informações para o ACARs são coletadas de diversos sistemas da aeronave, incluindo o sistema de gerenciamento de voo (FMS), sistema de dados integrado da aeronave (AIDS) e sistema de computador de manutenção central (CMCS).

Comunicação via satélite

Algumas aeronaves são equipadas com receptores e transmissores que utilizam satélites de comunicação em órbita para estender seu alcance útil. Os equipamentos de **comunicação via satélite** (SATCOM) normalmente são usados em aeronaves que realizam voos intercontinentais. Os rádios de comunicação HF comuns fazem transmissões de longa distância, mas são bastante suscetíveis a interferência. Os equipamentos de SATCOM utilizam frequências relativamente sem estática, mas normalmente limitadas por características de transmissão de linha de visão. Durante a operação da SATCOM, a onda de RF é transmitida do rádio da aeronave para um satélite em órbita. O satélite repassa o sinal de rádio para um receptor no solo. Esse processo estende o alcance de um rádio de comunicação VHF típico para abranger qualquer área entre as latitudes de 75° norte e 75° sul.

Um sistema de SATCOM é composto de três subsistemas: a estação terrestre do solo, a estação terrestre da aeronave e o sistema de satélites (Figura 15-9). A unidade de estação terrestre da aeronave transmite em frequências da banda L entre 1530 e 1660,5 MHz. A aeronave é capaz de transmitir informações de

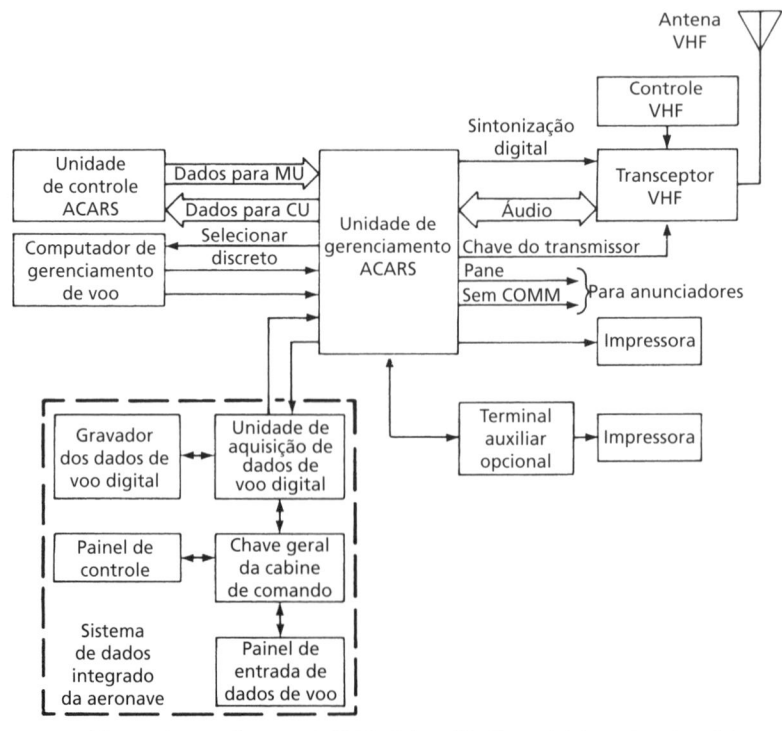

FIGURA 15-8 Diagrama em blocos de um sistema ACARS típico. (*Collins Divisions, Rockwell International.*)

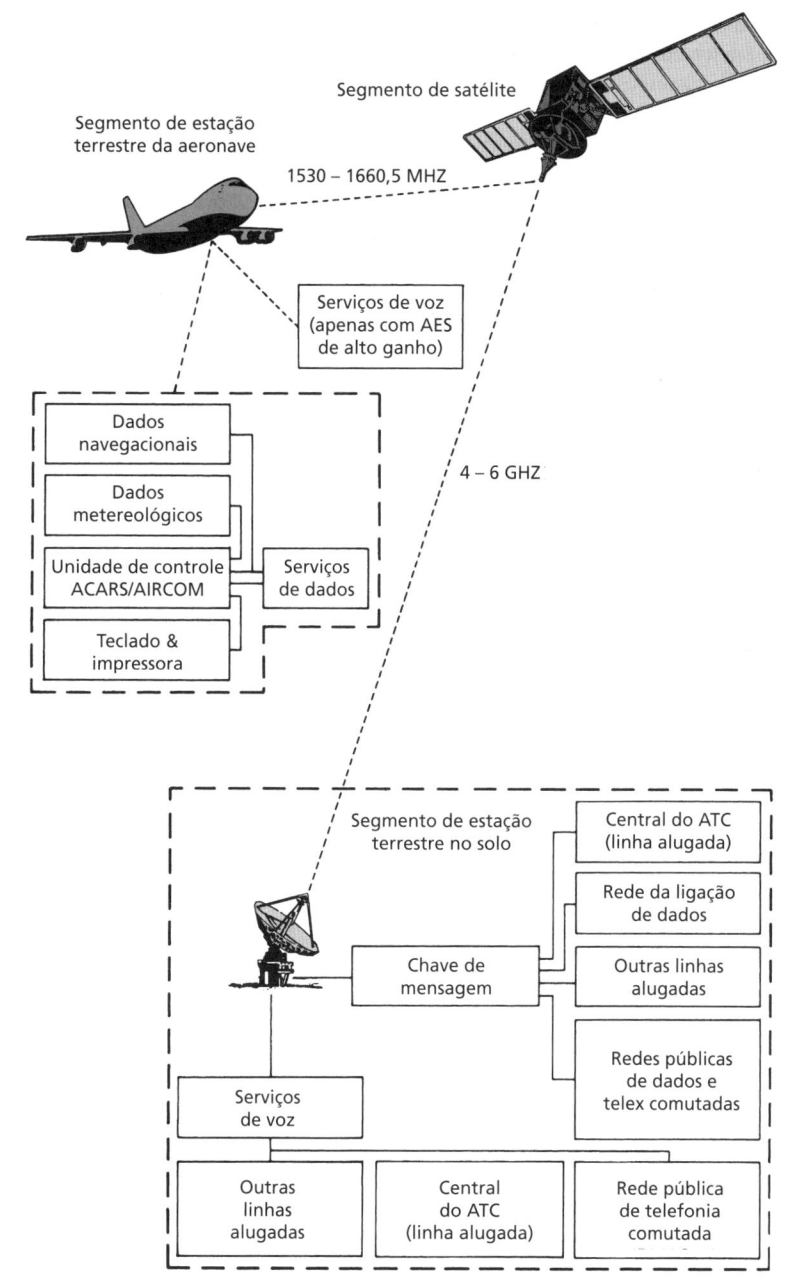

FIGURA 15-9 Os segmentos do sistema de SATCOM. (*Collins Divisions, Rockwell International*)

diversas fontes diferentes, como AIRCOM, ACARS, comunicações de voz da tripulação de voo, telefones de passageiros, telex e fax. A unidade de dados de satélite (SDU) é usada para fazer interface com informações de outros sistemas da aeronave ligados ao sistema de SATCOM. A SDU funciona em conjunto com uma unidade de radiofrequência (RFU), um amplificador de alta potência (HPA), um amplificador de baixo ruído e uma unidade de direcionamento de feixe (BSU) para enviar um sinal da banda L para a antena transmissora e para o satélite.

Os satélites que ficam em órbita geossíncrona recebem sinais transmitidos de uma estação terrestre no solo ou uma estação terrestre na aeronave. Os satélites recebem e transmitem em frequências da banda L quando se comunicam com aeronaves e em frequências da banda C quando se comunicação com estações no solo. Os satélites atuam como uma estação retransmissora para os diversos sinais de SATCOM. Por exemplo, um sinal recebido de uma aeronave é convertido para a frequência da banda C, amplificado e transmitido para uma estação no solo.

As estações no solo coordenam as diversas transmissões dos satélites e aeronaves. A rede de estações no solo permite que uma aeronave se comunique com praticamente qualquer usuário da rede. As estações no solo transmitem para os satélites a uma frequência de 4 a 6 GHz (frequências de micro-ondas da banda

C). As estações no solo se comunicam com outros equipamentos no solo através de uma rede telefônica.

Internet de banda larga em voo

Os passageiros de hoje se acostumaram à conectividade com a Internet para seu lazer e para os negócios. Muitas aeronaves corporativas e de passageiros instalaram um sistema de Internet de Banda Larga Em Voo (ABS, *Airborne Broadband System*) para a conveniência de seus passageiros. As tecnologias de ABS permite que laptops, PDAs com Wi-Fi e outros dispositivos sem fios se conectem à rede durante o voo. Para criar essa conexão, satélites, sinais de rádio, unidades de controle, redes de Wi-Fi a bordo e unidades no solo se conectam através de equipamentos aéreos dedicados exclusivamente ao acesso à Internet.

Atualmente, nos Estados Unidos, uma empresa chamada **GoGo**, formalmente conhecida pelo nome de **Aircell**, oferece um serviço de banda larga durante o voo para os passageiros em mais de 600 aeronaves; é provável que mais aviões ofereçam ABS no futuro. A tecnologia para ABS está mudando rapidamente e os serviços devem continuar a melhorar. Atualmente, a GoGo usa tecnologia celular de múltiplo acesso de terceira geração (3G) para oferecer a conexão ABS. Isso permite que todos os passageiros usem uma única frequência de banda larga. A velocidade da transmissão de dados depende do número de passageiros que usa o sistema dentro da aeronave e o número de aviões que compartilha a estação rádio base. Esse sistema usa um segmento no solo composto de uma rede de estações e os circuitos relacionados para uma conexão terrestre à Internet. A Figura 15-10 mostra a configuração básica da conexão entre aeronave e Internet para um sistema de banda larga em voo. As estações são basicamente torres de telefonia móvel de frequência especial projetadas para transmitir/receber sinais de e para a aeronave. Cada estação é conectada à Internet através de uma conexão terrestre.

O principal desafio para esse tipo de sistema é criado pela velocidade da maioria das aeronaves. À medida que esta se desloca, a área de cobertura de várias torres diferentes pode ser atravessada rapidamente. Isso exige um sistema de controle sofisticado para operar corretamente. Os dados de posicionamento de GPS são utilizados para ajudar a localizar e controlar as conexões apropriadas entre aeronaves e torres de telefonia.

À medida que os sistemas se tornam disponíveis, a empresa planeja usar a comunicação via satélite na banda Ka para melhorar ainda mais as capacidades dos equipamentos aéreos. Usando as conexões aeronave-satélite-solo, muitos dos desafios criados por torres de celular em terra serão eliminados. Com a evolução da tecnologia, os detalhes específicos do sistema de banda larga em voo com certeza irão melhorar. Exatamente como isso vai acontecer não está claro, mas uma coisa é certa: os passageiros se acostumaram à conectividade à Internet e o setor aeronáutico fará todo o possível para mantê-los conectados.

Regulamentações da Federal Communications Commission*

Devido à própria natureza das ondas de rádio e seu efeito em muitas atividades da vida moderna, todas as emissões eletromagnéticas são controladas por uma única agência do governo. Nos Estados Unidos, essa agência é a **Federal Communications Commission** (FCC), responsável pela supervisão de todas as transmissões de

---

* N. de R.T. É importante que o leitor pesquise no site da ANAC as regulamentações similares (www.anac.gov.br).

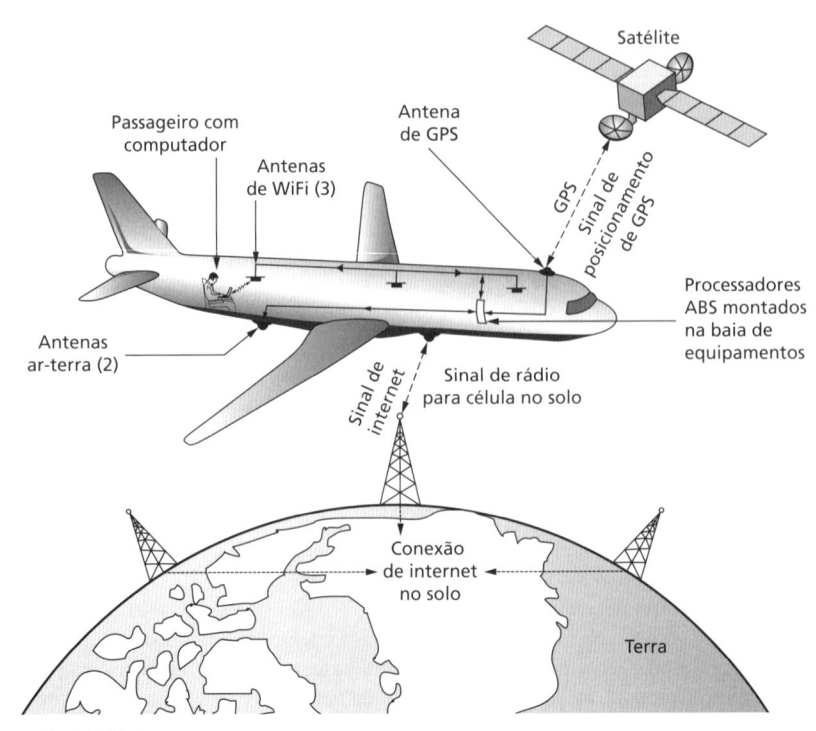

FIGURA 15-10 Sistema de Wi-Fi de voo.

rádio no país e seus territórios e possessões. A FCC licencia operadores de rádio, técnicos, estações e operadores amadores, estações de rádio comerciais, estações de rádio marítimas, estações de televisão, telefonia móvel, Wi-FI e diversas operações de rádio e televisão especiais. Além disso, a FCC aloca as faixas de frequência para diferentes tipos de operações e designa frequências específicas a cada estação. A agência também coopera com organizações internacionais, desenvolvendo acordos para prevenir, tanto quanto possível, a interferência de estações estrangeiras.

A lista abaixo apresenta algumas regulamentações típicas da FCC, mas não necessariamente a letra da lei:

1. Todos os transmissores de rádio instalados em aeronaves operacionais devem ser licenciados.
2. Chamadas ou mensagens de emergência têm prioridade sobre todas as outras.
3. A chamada de emergência para rádio e telefone é *Mayday*. A chamada de emergência digital é • • • - - - • • •, que pode ser interpretada como SOS.
4. A penalidade por violar propositalmente a Communications Act é uma multa de $10.000 ou prisão por um período inferior a dois anos ou ambos.
5. Nenhum sinal fraudulento pode ser transmitido.
6. As informações recebidas por rádio e que não são destinadas à pessoa que as recebe não será divulgada a qualquer indivíduo que não àquele para o qual elas são destinadas; a existência de tais informações também não será divulgada.
7. Nenhuma comunicação desnecessária pode ser transmitida.
8. Nenhum operador de uma estação de rádio violará as disposições de qualquer tratado do qual os Estados Unidos é um dos signatários.
9. A potência de operação de uma estação de rádio poderá variar de 5% acima da potência designada até 10% abaixo da potência designada.
10. A licença de rádio de um indivíduo pode ser suspensa ou revogada devido à violação de regulamentações da FCC.

As leis acima são apenas algumas das mais importantes relativas à operação de transmissores de rádio. Um indivíduo envolvido com a operação de um transmissor de rádio deve obter todas as informações necessárias da FCC e então solicitar a licença apropriada para a operação em questão.

O operador do transmissor de rádio de uma pequena aeronave normalmente não precisa de uma licença de operador. Os operadores dos transmissores de rádio de aeronaves comerciais normalmente precisam ser licenciados. Todos os receptores de rádio aeronáuticos podem ser operados sem licença. Os técnicos que trabalham em determinados aspectos dos equipamentos de rádio também podem precisar de uma ou mais licenças. É importante lembrar que as aeronaves são regulamentadas pela FAA e os rádios pela FCC (Federal Communications Commission). Em alguns casos, a certificação ou licenciamento de ambas as agências é necessária para a manutenção ou instalação de equipamentos de rádio em aeronaves. Hoje, muitas aeronaves recebem manutenção de estações de reparo credenciadas; nesse caso, os requisitos de licenciamento podem se aplicar às instalações de manutenção e não ao técnico individual.

Teste de um rádio de comunicação

O teste de um rádio de comunicação em uma pequena aeronave usada em aviação geral pode ser realizado de acordo com os procedimentos apropriados para o aeroporto e área na qual o teste é realizado. O teste no solo, com os motores inoperantes, pode ser realizado da seguinte forma:

1. Ligue a energia da aeronave com a chave-mestra.
2. Ligue o transceptor.
3. Selecione a frequência da estação com a qual o teste será realizado.
4. Escute o receptor para garantir que não há tráfego de rádio corrente na frequência selecionada.
5. Se não ouvir tráfego de rádio, pressione a chave de transmissão e chame a estação selecionada.
6. Ao receber uma resposta, solicite uma nova verificação de rádio.
7. Se a recepção e transmissão são satisfatórias, desligue o transceptor. Lembre-se de fazer isso antes de desligar a chave-mestra da aeronave.

Se um receptor ou transmissor está em pane, ele pode ser removido facilmente da aeronave e enviado às instalações de conserto de aviônica apropriadas. O técnico pode inspecionar itens em pane dentro do sistema, como microfones, disjuntores ou fiação. Contudo, o técnico jamais deve realizar reparos ou alterações de qualquer parte do sistema de rádio que possam afetar adversamente o sinal de transmissão de rádio. Na maioria dos casos, é melhor que uma estação de reparo credenciada realize todas as atividades de manutenção em rádios e equipamentos relacionados.

SISTEMAS DE NAVEGAÇÃO

Nos primeiros anos da operação de aviões, os instrumentos de navegação não existiam ou, na melhor das hipóteses, se resumiam a uma bússola magnética e um indicador da velocidade em relação ao ar. Voando por referência visual, os primeiros pilotos normalmente navegavam de um marco para o outro, seguindo estradas e ferrovias ou rios e vales. Os voos ocorriam em altitudes relativamente baixas, oferecendo uma vista do solo que quase sempre era boa o suficiente para que os pilotos identificassem os objetos que estava sobrevoando. Sob as condições de voo que existiam quando o avião era considerado uma novidade, instrumentos e sistemas de navegação complexos não estavam em demanda. Com o aumento do uso dos aviões e com os voos em altitudes mais elevadas, acima das nuvens e à noite, tornou-se necessário desenvolver técnicas de navegação confiáveis, além de instrumentos que indicassem atitude, proa, velocidade em relação ao ar e deriva para que o piloto pudesse determinar a posição da aeronave usando recursos de cálculo e mapeamento.

Da década de 1930 até o presente, ocorreram grandes avanços no desenvolvimento de sistemas eletrônicos de navegação. Hoje, o piloto de um avião pode atravessar o continente da decolagem à aterrissagem sem encostar nos controles, com toda a navegação e pilotagem ocorrendo eletronicamente.

O objetivo desta seção é descrever e explicar alguns dos equipamentos sistemas eletrônicos de navegação das aeronaves modernas. Descrever os detalhes dos circuitos e todos os princípios eletrônicos empregados estaria além do escopo deste livro e exigiria muito mais espaço do que temos disponível, mas ainda podemos explicar os princípios gerais da operação e os componentes individuais.

Sistemas indicadores automáticos de direção

A função de um sistema de **indicador automático de direção** (ADF) é permitir que o piloto determine a proa, ou direção, das estações de rádio sendo recebidas. O sistema de ADF opera em uma faixa de frequência de 90 a 1800 kHz, uma faixa que possibilita que o sistema receba estações de rádio na banda LF e estações de radiodifusão padrões. Usando o sistema de ADF, o piloto pode determinar a posição da aeronave e "mirar" em uma estação de radiodifusão ou rádio farol, voando diretamente até a estação usando a indicação da radiobússola ou indicador magnético de rádio. Para determinar a posição da aeronave, o piloto ou o navegador determina as proas de duas estações de rádio diferentes e então marca as proas em uma carta de navegação. O ponto em que as linhas se cruzam é o local da aeronave.

Os sistemas de ADF utiliza as características direcionais de uma antena loop para determinar a direção de uma estação de rádio. Um indicador de direção simples pode ser criado usando uma antena loop com um receptor de rádio comum. Girando a antena, é possível determinar a recepção mais forte e também o ponto no qual o sinal se enfraquece. Esse ponto é chamado de **posição nula** e permite que determinemos uma indicação relativamente precisa da direção da estação. Esse fenômeno pode ser demonstrado quando escutamos uma estação de rádio AM comercial. Se o rádio (e sua antena loop) é girado, a qualidade da recepção muda. Quando a recepção está em seu pior ponto, a antena está em sua posição nula.

Os equipamentos de ADF são especialmente valiosos em áreas do mundo nas quais os auxílios à navegação especiais não estão disponíveis, mas onde o piloto pode sintonizar uma estação de radiodifusão padrão.

Teoria de operação. Como explicado no Capítulo 14, as ondas de rádio são propagadas na forma de linhas de força eletromagnéticas e eletrostáticas que viajam a uma velocidade de aproximadamente 186.300 mi/s [300.000.000 m/s] a partir do transmissor de rádio. Quando essas linhas de rádio cortam uma antena de rádio, uma tensão é induzida na antena. Essa tensão é amplificada e demodulada para que a inteligência contida na onda de rádio possa ser determinada. Se uma antena loop é colocada em uma posição tal que esteja a 90° da direção de deslocamento da onda, tensões iguais e opostas serão induzidas nos lados da antena, como mostrado na Figura 15-11. As tensões induzidas dessa forma na antena cancelam uma à outra e o resultado é que a antena não produz saída. Se a antena é conectada a um receptor de rádio, o sinal desaparece nesse ponto. Quando o plano da antena loop é paralelo à direção de propagação da onda, o sinal mais forte possível é desenvolvido. A antena loop desse

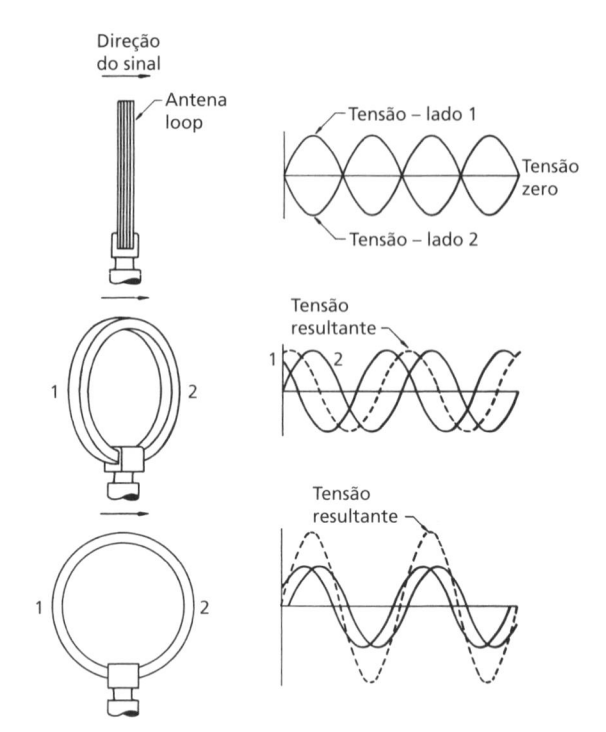

FIGURA 15-11 Operação de uma antena loop ADF.

diagrama é apresentada para fins de explicação; um sistema de ADF moderno contém uma antena loop que gira eletronicamente, sem nenhum movimento real.

Os componentes de um sistema de ADF típico incluem o receptor de rádio, um painel de controle (os dois elementos podem ser combinados, as antenas loop e de sentido em um único conjunto e o indicador de ADF, chamado de RMI. A Figura 15-12 mostra um painel de controle de ADF típico. Esse sistema de ADF é usado em pequenas aeronaves e contém um receptor de rádio diretamente atrás do painel de controle. Um sintonizador digital e um display de frequência de LED são usados para reduzir o número de peças móveis, aumentando a confiabilidade do sistema. O **indicador magnético de rádio** (RMI) mostrado na Figura 15-13 apresenta informações visuais para o piloto e o copiloto sobre os dados recebidos pelos equipamentos de ADF. O instrumento mostra a proa magnética da aeronave e as marcações magnéticas de duas estações de rádio. As marcações

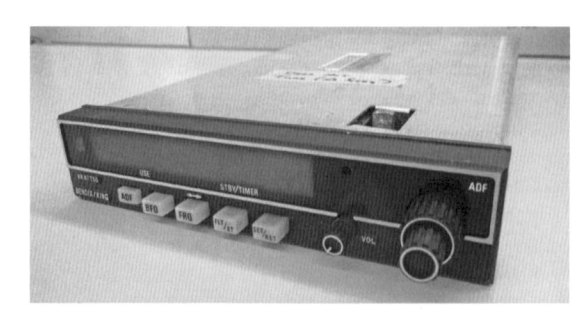

FIGURA 15-12 Receptor de ADF instalado no painel.

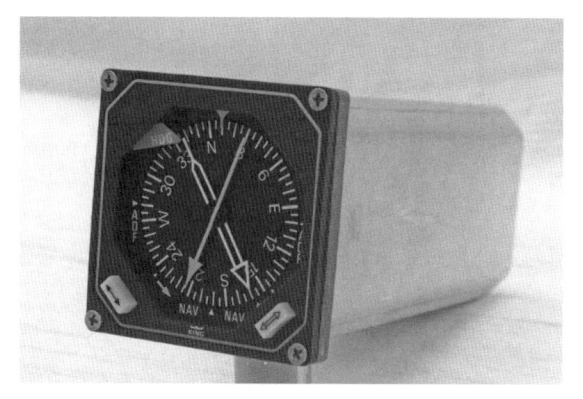

FIGURA 15-13 Indicador ADF típico.

das duas estações de rádio são fornecidas por dois receptores de ADF independentes.

VHF omnidirecional

O **VHF omnidirecional** (VOR) é um sistema eletrônico de navegação que permite que o piloto determine as marcações do transmissor VOR a partir de qualquer posição em sua área de serviço. Isso é possível porque a estação terrestre de VOR, ou transmissor, transmite continuamente um número infinito de radiais ou feixes de rádio direcionais. O sinal de VOR recebido em um avião é usado para operar um indicador visual, a partir do qual o piloto determina as marcações da estação de VOR com relação ao avião.

Como mostrado na Figura 15-14, uma estação terrestre de VOR contém um sistema de antenas complexo com uma antena omnidirecional no centro da estrutura e múltiplas antenas igualmente espaçadas em círculo no limite externo da estação. Cada antena é usada para transmitir um sinal específico da estação. A antena central transmite um sinal de referência FM; o sistema externo é usado para transmitir um sinal variável AM. O sinal de referência é transmitido em todas as direções em torno da estação; o sinal variável altamente direcional muda de fase em comparação com o sinal de referência 30 vezes por segundo. Os sinais são cronometrados exatamente para que a fase (entre a referência e a variável) mude à medida que o sistema de antenas

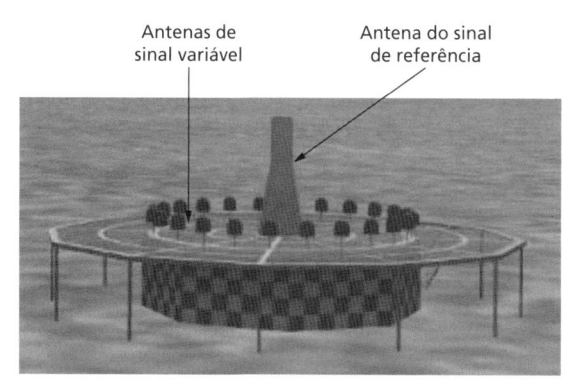

FIGURA 15-14 Estação terrestre de VOR típica.

"gira eletronicamente" o sinal variável. A rotação do sinal variável é tal que quando a antena transmite a 90° do norte, o sinal variável está 90° defasado com relação ao sinal de referência. A Figura 15-15 mostra ambos os sinais quando saem da estação terrestre de VOR.

Em sentido horário em torno da estação de VOR, os sinais irradiados vão se tornando cada vez mais defasados. A 90° em sentido horário da direção norte, os sinais estão 90° defasados; a 180°, estão 180° defasados; a 270°, estão 270° defasados; e a 360° (0°) estão novamente em fase. A diferença de fase dos dois sinais possibilita que o receptor estabeleça as marcações da estação terrestre. As marcações direcionais das estações VOR são estabelecidas de acordo com o campo magnético da Terra para que possam ser comparadas diretamente com as indicações da bússola magnética no avião.

A frequência portadora da estação de VOR está na faixa VHF, entre 112 e 118 MHz. Uma modulação de 9960 Hz é colocada na portadora do sinal de referência para criar uma subportadora, que é modulada por um sinal de 30 Hz. A modulação de 9960 Hz na onda portadora original é AM e o sinal de 30 Hz na subportadora é FM. A onda portadora para o sinal de fase variável sofre modulação de amplitude por um sinal de 30 Hz.

O receptor de VOR montado no avião pode ser uma unidade independente ou pode operar em conjunto com o rádio de comunicação VHF. As pequenas aeronaves normalmente usam a unidade combinada, conhecida como rádio de NAV/COM VHF. Sempre que utiliza um VOR para determinar a posição, diz-se que a aeronave está em uma determinada radial daquela estação. Cada radial se estende na direção dos pontos da bússola a partir do centro da estação, como mostrado na Figura 15-16.

O indicador omnidirecional inclui um mostrador azimutal, ponteiro de desvio esquerda-direita e indicador de-para. Quando o receptor de VOR no avião é sintonizado a uma estação terrestre, o ponteiro esquerda-direita é defletido para a esquerda ou para a direita, a menos que o curso selecionado no indicador omnidirecional esteja de acordo com a marcação da estação terrestre de VOR.

Depois que o piloto sintonizou a frequência da estação terrestre correta e selecionou o curso correto, a unidade está pronta para a navegação. Por exemplo, se a barra do indicador de desvio de curso se move para a esquerda, o piloto sabe que o curso pretendido está à esquerda da aeronave. Para corrigir a trajetória de voo, o piloto deve virar a aeronave para a esquerda.

A Figura 15-17 mostra dois indicadores usados em pequenas aeronaves para apresentar as informações de VOR. O indicador na esquerda é usado para as informações de VOR, localizador e rampa de planeio, como denotado pelos ponteiros indicadores vertical e horizontal; o display na direita mostra apenas as indicações de VOR. O display eletromecânico tradicional ainda é usado na maioria das aeronaves, mas indicadores de tela plana são instalados nas mais novas. Em ambos os casos, os controles de VOR devem empregar algum tipo de seletor de omni marcações (OBS) com uma escala OBS em torno da parte externa do instrumento, usada para marcar o curso desejado. O indicador de desvio de curso (CDI) é usado para mostrar a po-

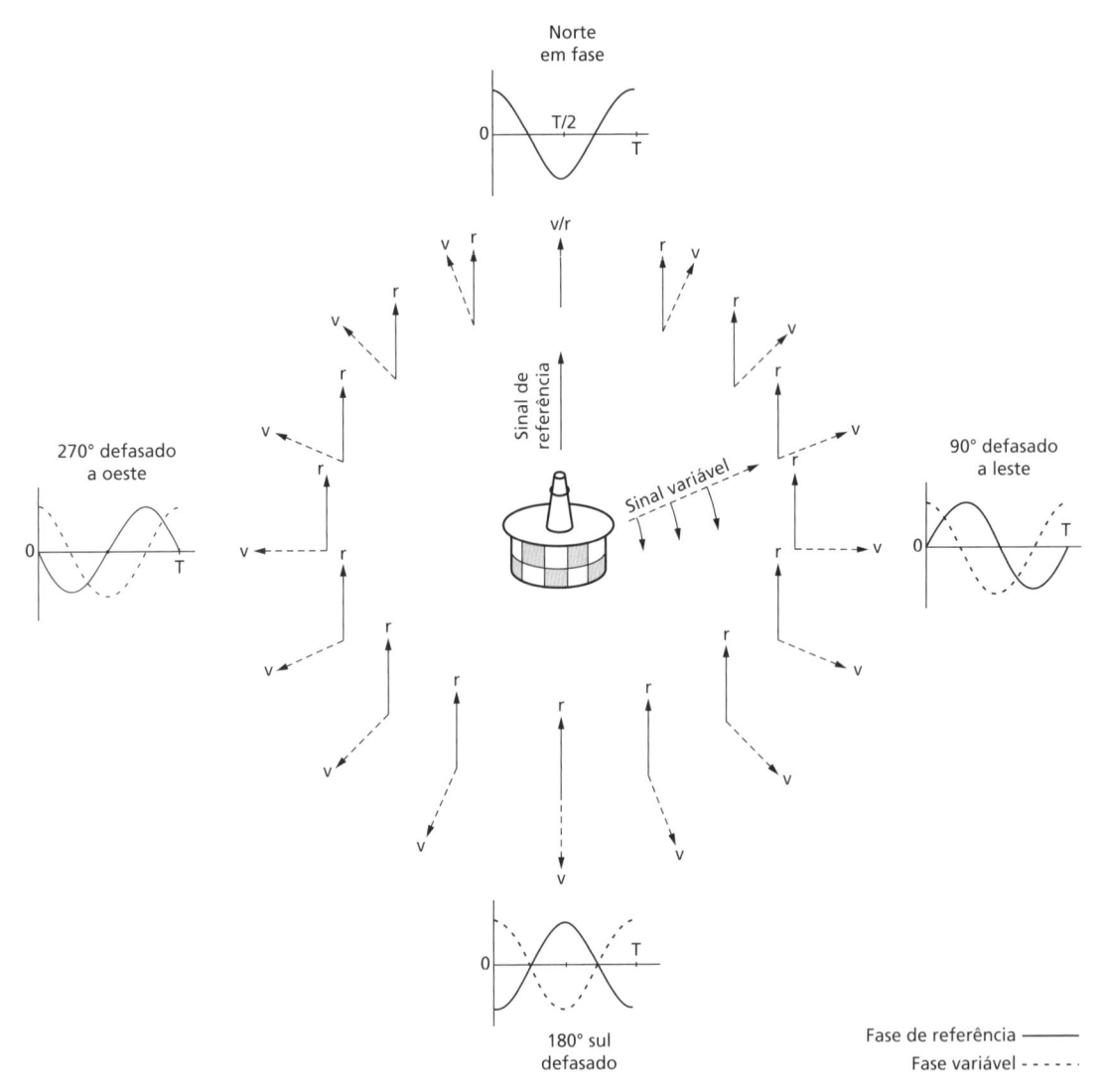

FIGURA 15-15 Referência VOR e sinais variáveis.

sição da aeronave com relação ao radial desejado. O CDI fica centralizado quando a aeronave está no curso selecionado ou dá comandos de viragem esquerda/direita para voltar ao curso desejado. Um indicador de-para de "ambiguidade" mostra se seguir o curso selecionado levaria a aeronave **para ou para longe** da estação.

Teste de precisão. De acordo com as regulamentações de voo da FAR Part 91, qualquer receptor de VOR usado sob as condições das regras para o voo por instrumento (IFR) devem ser verificados periodicamente. O piloto pode realizar esse teste de precisão comparando a indicação de dois VORs dentro da mesma aeronave ou comparando a indicação do VOR com um ponto de teste de VOR conhecido. Uma estação de teste de VOR (VOT) credenciada também pode ser usada caso haja uma em sua região. Como esse teste deve ser realizado pelo menos uma vez a cada 30 dias, é preciso registrar um item referente a ele em um diário de VOR exclusivo.

Sistema de pouso por instrumentos

O **sistema de pouso por instrumentos** (ILS), como o nome sugere, é projetado para permitir que os pilotos tenham a oportunidade de pousar suas aeronaves com o auxílio de referências de instrumentos. Um sistema de ILS típico permite que o piloto leve a aeronave até 1/2 milha da pista e menos de 200 pés acima dela sem nenhuma referência visual externa. Nesses valores mínimos (a **altitude de decisão**), o piloto deve identificar o **ambiente de pista** para continuar o processo de aterrissagem. Se o ambiente de pista não pode ser identificado, o piloto precisa executar um procedimento de aproximação perdida. Há três categorias de aproximações por ILS: Categorias I, II e III. A Categoria I, a menos precisa, pode oferecer orientação para pouso até 200 pés acima do nível da pista quando as visibilidades mínimas são 2400 pés. Se o piloto não enxerga todos os ambientes de pista na altitude de decisão de 200 pés, a aeronave deve executar uma aproximação perdida e abordar a aterrissagem. O ILS extremamente

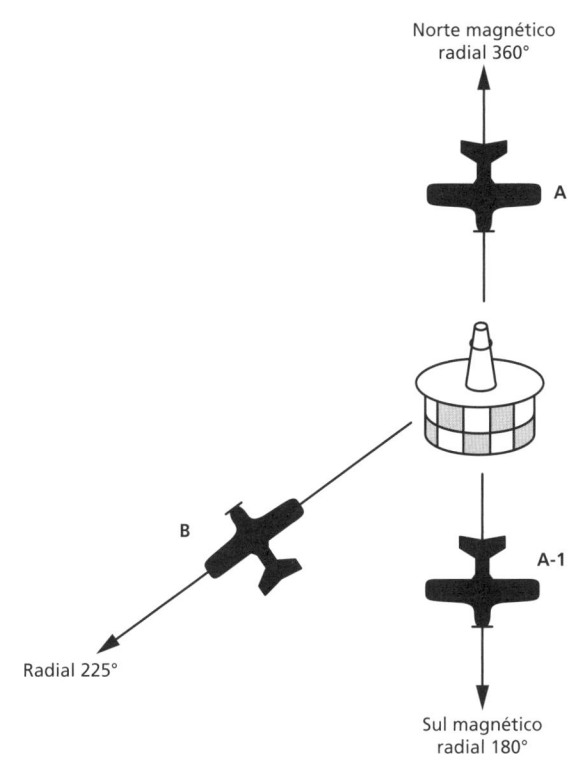

FIGURA 15-16 Exemplo de radiais de VOR.

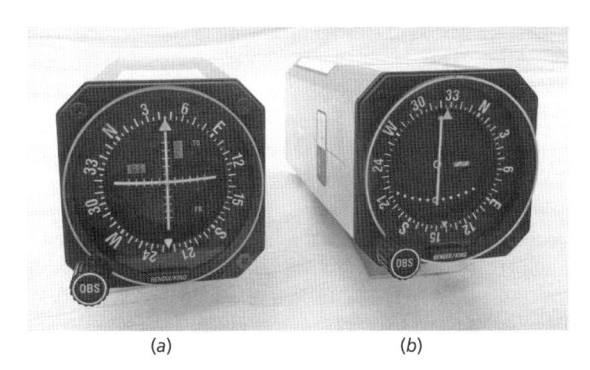

FIGURA 15-17 Dois indicadores de VOR eletromecânicos: (a) VOR e localizador/rampa de planeio e (b) VOR.

preciso, chamado de aproximação de Categoria IIIC, permite pouso com visibilidade quase zero. Tanto as instalações aeroportuárias quanto a aeronave devem ter os equipamentos corretos e estarem credenciadas para cada categoria de aproximação.

O ILS fornece uma referência direcional horizontal e uma referência vertical chamada de **rampa de planeio**. O sinal de referência direcional é produzido pelo transmissor **localizador** de pista, instalado a aproximadamente 1000 pés [305 m] da extremidade distante da pista e que opera a frequências de 108 a 112 MHz. O sinal da rampa de planeio é produzido pelo transmissor da rampa de planeio, localizado na extremidade mais próxima da pista no ponto de toque no solo do avião. Esse ponto geralmente fica a cerca de 15% do comprimento da pista a partir da extremi-

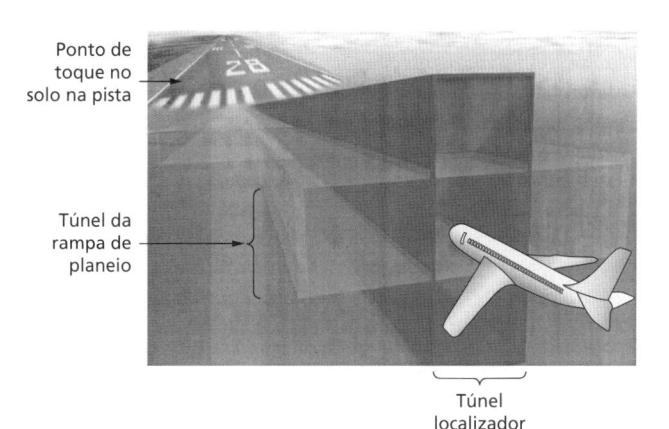

FIGURA 15-18 O "túnel eletrônico" criado por um sistema de pouso por instrumentos.

dade de aproximação. O transmissor da rampa de planeio opera a uma frequência de 328,6 a 335,4 MHz.

Como vemos na Figura 15-18, os dois componentes principais do sistema de pouso por instrumentos criam uma espécie de "túnel eletrônico" usado para direcionar a aeronave ao ponto de toque da pista. Durante a aproximação, se a aeronave fica dentro do túnel, o avião alcança o ponto de aterrissagem apropriado e não é necessário usar referência visual externa. O localizador fornece a orientação lateral; esquerda ou direita da linha de centro da pista. A rampa de planeio oferece a orientação vertical. Acima ou abaixo da rampa de planeio. A rampa de planeio é uma linha imaginária que se estende do ponto de toque, apontando para cima em um ângulo ligeiramente acima da superfície da terra.

O localizador. O localizador é composto basicamente de dois transmissores de RF e um sistema de oito antenas loop. Os transmissores produzem um sistema completo de padrões de irradiação que produzem um sinal nulo ao longo do centro da pista. O padrão de irradiação é tal que quando um avião se aproxima da pista para uma aterrissagem, o sinal à direita da trajetória do localizador será modulado com 150 Hz e o sinal à esquerda da trajetória do localizador será modulado com 90 Hz. A Figura 15-19 mostra o padrão do sinal do localizador. O receptor do localizador a bordo de um avião consegue diferenciar entre sinais de 90 e 150 Hz. A saída do receptor é transmitida para o

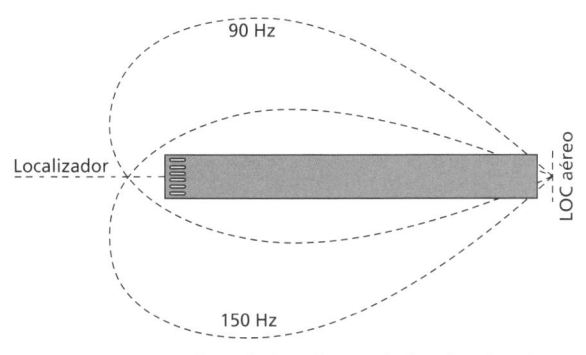

FIGURA 15-19 Padrão de irradiação de localizador de ILS.

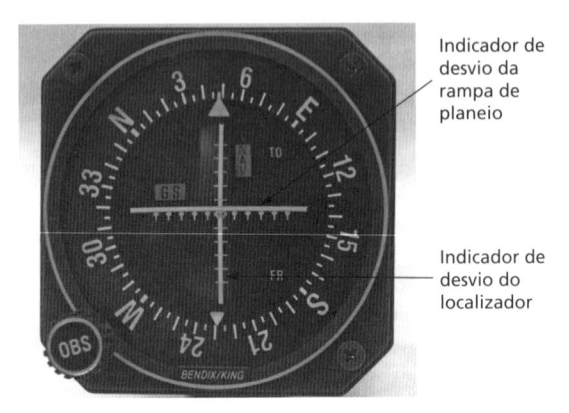

FIGURA 15-20 Indicador de desvio de curso (CDI).

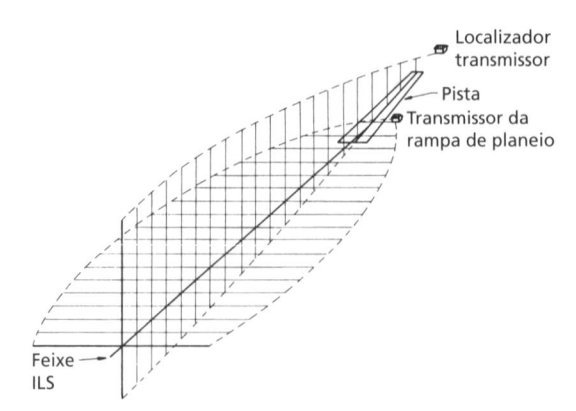

FIGURA 15-22 Padrão de transmissão do ILS do localizador e da rampa de planeio.

ponteiro vertical de um **indicador de desvio de curso** (CDI), como mostrado na Figura 15-20. As informações localizadas também podem ser mostradas em um CRT ou painel de tela plana como parte do sistema de orientação de voo. Se o avião está à direita da linha de centro do localizador, o sinal de modulação de 150 Hz predomina e o ponteiro vertical do indicador aponta para a esquerda da linha de centro, indicando que o piloto deve voar para a esquerda de modo à volta à linha de centro do feixe localizador. Uma regra geral é que quando sai de curso, o piloto deve sempre tentar "voar para o ponteiro", pois isso devolve a aeronave à trajetória de voo correta.

A rampa de planeio. O transmissor da rampa de planeio opera com base em um princípio semelhante ao do localizador. Como mencionado anteriormente, o transmissor da rampa de planeio fica localizado a uma distância de cerca de 15% do comprimento da pista em relação à extremidade de aproximação. A Figura 15-21 apresenta um diagrama esquemático que ilustra o padrão de irradiação do transmissor da rampa de planeio. Se um avião se aproxima da pista e está acima da rampa de planeio, o sinal de 90 Hz predomina; se está abaixo da rampa de planeio, o sinal de 150 Hz predomina. O receptor da rampa de planeio fornece uma saída para indicador cruzado de forma que o piloto tenha uma indicação visual da posição do avião com relação à rampa de planeio. Se o ponteiro horizontal está acima do centro do indicador, o avião está abaixo da rampa de planeio.

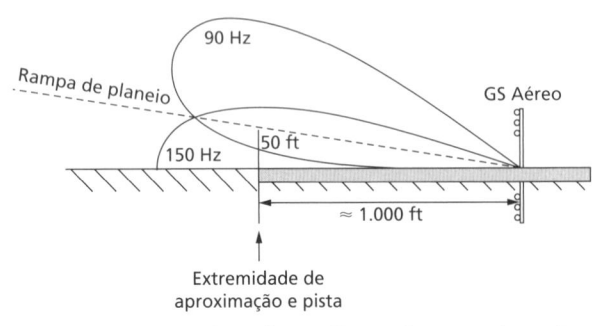

FIGURA 15-21 Padrão de irradiação de transmissor da rampa de planeio.

A Figura 15-22 mostra um diagrama do feixe criado pela combinação do transmissor da rampa de planeio e do localizador. O feixe é eletronicamente exato e fornece uma trajetória precisa pela qual o avião pode se aproximar de uma pista e alcançar o ponto de toque no solo. Atualmente e no futuro próximo, é muito provável que o ILS permaneça o auxílio à navegação mais preciso disponível.

Em aeronaves maiores, os painéis de controle do ILS e do VOR normalmente são combinados e situados no painel de controle; os receptores, por sua vez, são unidades independentes localizadas no rack de equipamentos de rádio. Os receptores de ILS de pequenas aeronaves normalmente são combinados com o receptor do VHF omnidirecional (VOR) e designados receptores de VOR LOC. Na maioria das aeronaves modernas, as indicações de diversos sistemas são combinados em um único display; os sistemas tradicionais usam indicadores eletromecânicos, enquanto as aeronaves mais novas usam displays eletrônicos. Em ambos os casos, dois indicadores navegacionais comuns são o indicador diretor de atitude (ADI) e o indicador de situação horizontal (HSI). Quando o ADI e o HSI são combinados em um único display, este é chamado de tela principal de voo (PFD). A Figura 15-23 mostra um PFD típico usado em um avião a jato corporativo; a parte superior do display contém informações do ADI e a inferior, dados do HSI.

Receptores de navegação

Um receptor de navegação (**NAV**) básico é projetado para receber sinais de VOR e apresentar informações de curso, marcação e proa em um RMI, um HSI ou algum outro instrumento. Se o receptor está equipado para receber sinais do localizador (LOC) e rampa de planeio (GS), o sistema inclui um indicador de desvio de curso (CDI) ou instrumento semelhante para mostrar ao piloto onde a aeronave está seguindo o feixe do ILS à medida que se aproxima da pista.

A Figura 15-24 mostra um receptor de NAV típico. Esse receptor é equipado com uma provisão de frequência de reserva para que uma frequência possa ser pré-selecionada e mantida em prontidão para uso quando necessário. As frequências são escolhidas por meio de seletores de frequência à direita do

FIGURA 15-23 Tela principal de voo eletrônica para aeronaves corporativas.

FIGURA 15-24 Receptor de navegação VHF montado no painel.

painel. O seletor externo escolhe a porção em mega-hertz da frequência e o seletor interno a porção em quilo-hertz. Alguns receptores de NAV usam painéis com botões de pressão para selecionar as frequências.

Como mencionado anteriormente, os receptores de NAV e transceptores de COM muitas vezes são combinados em um único equipamento. Isso poupa peso e espaço e simplifica sua instalação. Esse tipo de unidade, chamado de unidade NAV/COM, pode incluir receptores de ILS para LOC e GS.

Equipamento medidor de distâncias

Para determinar a distância entre a aeronave e um determinado auxílio à navegação, foi desenvolvido um sistema chamado de equipamento medidor de distâncias (DME). As aeronaves usam DMEs -para determinar a distância oblíqua a partir de um transponder terrestre por meio do envio e recepção de sinais de rádio pulsados. As estações terrestres de DME normalmente são combinadas com VORs, dando origem ao VOR/DME. Um sistema tático de navegação aérea, normalmente indicado pelo acróstico TACAN, é um sistema de navegação medidor de distâncias usado por aeronaves militares. A parte de DME do sistema TACAN está disponível para uso civil e é chamada de VOR/TAC. Em geral, não há muitas diferenças entre os sistemas e os termos podem ser utilizados como sinônimos. Um transponder terrestre de DME típico para navegação terminal ou de cruzeiro transmite em um canal de UHF com potência máxima de 1 kW. Quando utilizamos o sistema de navegação VOR/DME, é possível determinar tanto a distância quanto a direção em relação a uma determinada estação terrestre, determinando a posição exata da aeronave.

A operação de unidades de DME é semelhante à de faróis de radar. Em outras palavras, a comunicação entre a unidade aérea, chamada de **interrogador**, e a estação terrestre é feita por meio de pulsos semelhantes àqueles utilizados em radares. A unidade terrestre de DME é chamada de **transponder**. Durante a operação do VOR, quando o piloto seleciona uma determinada frequência de estação terrestre por meio do controle, o pulso em código é selecionado automaticamente no interrogador de DME associado com o VOR. O interrogador transmite pares de pulsos em códigos para o transponder (estação terrestre), onde o sinal é amplificado e transmitido de volta para o receptor aéreo (ver Figura 15-25). O intervalo de tempo entre as transmissões do sinal pelo interrogador e a recepção do sinal pelo transponder determina a distância do avião em relação à estação terrestre. Lembre-se que são necessários aproximadamente 6,19 μs para que uma onda de rádio percorra 1 milha [1,8 km].

A interrogação de DME enviada pela aeronave quando uma determinada estação de VOR é selecionada é composta de pulsos espaçados na faixa de frequência de aproximadamente 987 a 1213 MHz. O transponder da estação terrestre aceita apenas sinais corretamente espaçados e que usem a frequência correta.

O equipamento de DME montado em um avião é composto de circuitos de **temporizadores**, de **busca** e de **seguimento**

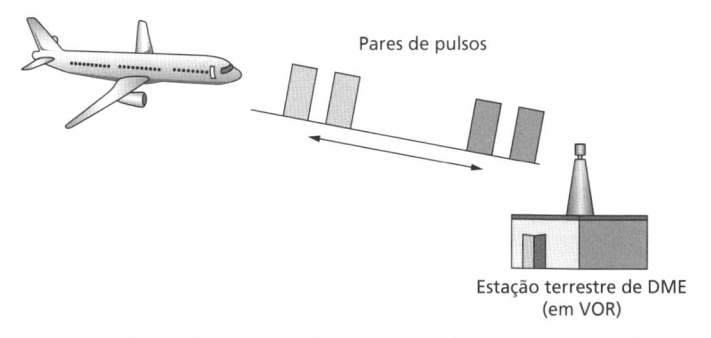

FIGURA 15-25 Conceitos de um sinal de interrogação de DME para determinar uma distância.

e o **indicador**. Os circuitos temporizadores medem o intervalo de tempo entre a interrogação e a resposta, estabelecendo a distância entre a estação terrestre e o avião. Os circuitos de busca fazem com que o equipamento aéreo procure uma resposta após cada interrogação, uma função realizada pelo acionamento do receptor após a interrogação. Quando o receptor capta uma resposta do código correto, o circuito de seguimento entra em operação e permite que o receptor fixe o sinal recebido. O intervalo de tempo é medido e convertido em uma leitura de distância, que por sua vez é apresentada no indicador do DME. Se o receptor aéreo capta um sinal com um código incorreto (aquele transmitido de outra aeronave), o equipamento rejeita o sinal automaticamente. Qualquer receptor de DME aéreo aceita apenas sinais transmitidos originalmente por seu próprio equipamento. Esse meio de discriminação de sinais permite que várias aeronaves diferentes naveguem usando a mesma estação terrestre de DME.

As indicações de distância do DME são apresentadas digitalmente em um ou mais painéis ou instrumentos. Quando um avião equipado com DME se aproxima de uma estação de DME e recebe informações de DME, a leitura de distância continua a mudar à medida que a distância da estação muda. A taxa de mudança é inserida em um computador, que produz uma indicação de velocidade de percurso. Em muitos sistemas de navegação avançados, o tempo necessário para alcançar uma determinada estação ou ponto de referência também é apresentado.

Os receptores aéreos para DME incluem um sistema de áudio que recebe códigos de identificação de estações de DME. Com isso, o piloto consegue identificar positivamente a estação à qual o DME se fixou. Na maioria dos receptores de VOR/DME, quando uma determinada frequência de VOR é selecionada, a frequência de DME associada é selecionada automaticamente para a estação.

Durante a instalação de equipamentos de DME em uma aeronave, o local da antena é de importância crítica. A antena é uma protuberância pequena, com cerca de 2,5 polegadas [6,35 cm] de comprimento, geralmente posicionada na parte de baixo da fuselagem. É preciso tomar cuidado para localizar a antena, pois ela pode ser neutralizada facilmente por obstruções como trens de pouso ou outras antenas próximas. Durante uma nova instalação, recomenda-se observar as instruções do fabricante para instalações em aeronaves semelhantes.

Rádio farol

Um rádio farol é usado em conjunto com um ILS e transmite um sinal de rádio de VHF bastante estreito. O rádio farol fornece uma maneira de determinar a posição ao longo de uma rota estabelecida, como uma aproximação de pista. Há três tipos de rádios faróis que podem ser instalados como parte de um ILS comum: os indicadores **externos**, **médios** e **internos**. A Figura 15-26 mostra os locais de três sinais de rádio farol junto com o localizador e a rampa de planeio para uma aproximação de ILS típica. O transmissor do rádio farol opera a uma frequência de 75 MHz e produz sinais visuais e de áudio. O transmissor do indicador externo produz um sinal intermitente de 400 Hz que faz com que uma luz indicadora azul brilhe intermitentemente no painel de instrumentos. O transmissor do indicador médio produz um sinal modulado a 1300 Hz que faz com que a luz âmbar do rádio farol brilhe no painel de instrumentos. Assim, quando o avião se aproxima da pista e está a aproximadamente 5 milhas de sua extremidade, a luz azul pisca. Logo em seguida, quando o avião está a 2/3 de milha da pista, a luz âmbar pisca.

Alguns aeroportos também utilizam um indicador interno, localizado a cerca de 1500 pés da extremidade da pista. Modulando a onda de RF com um sinal de 3000 Hz, o indicador interno ilumina uma luz branca no painel quando a aeronave passa sobre a posição correta. Esse sistema fornece uma excelente indicação da distância do avião em relação à pista. A lâmpada branca normalmente é marcada como "FM/Z", pois o sinal de 3000 Hz também é produzido por indicadores de aerovia de cruzeiro, ou "Z".

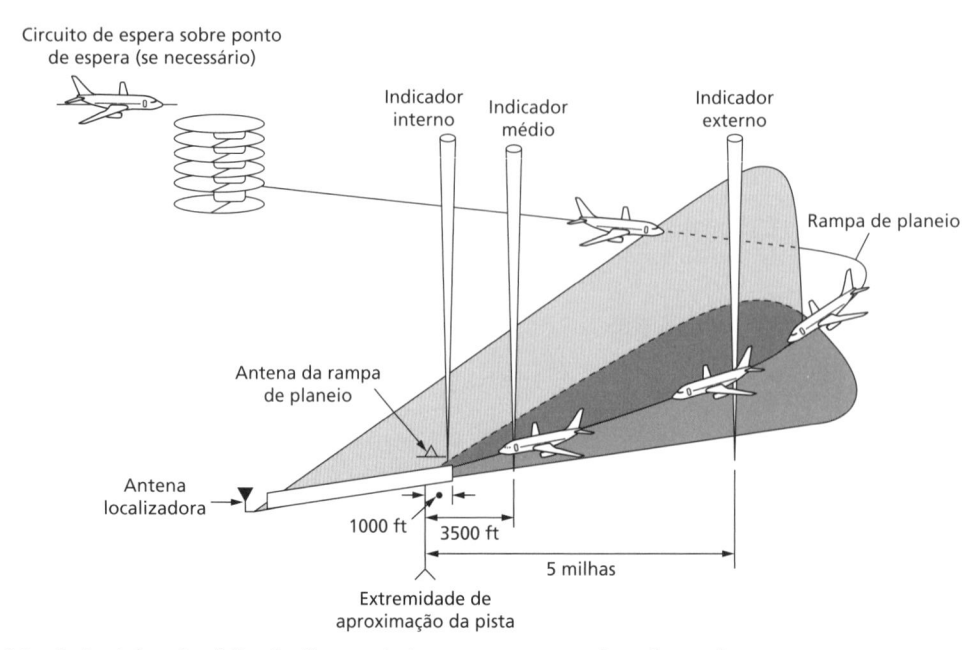

FIGURA 15-26 O sinal de três rádios faróis associados com uma aproximação por instrumentos.

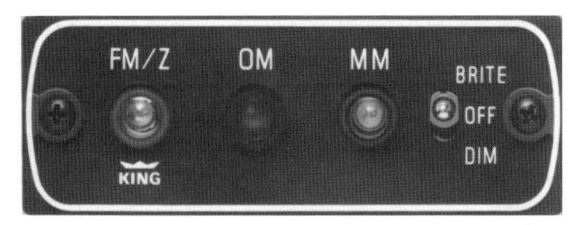

FIGURA 15-27 Painel típico de rádio farol. (*Bendix King by Honeywell*.)

Os receptores de rádio faróis normalmente ficam localizados no rack de equipamentos da aeronave. Um painel como aquele ilustrado na Figura 15-27 fica montado no painel de instrumentos da aeronave. Não é necessário usar uma unidade de controle para um receptor de rádio farol. A unidade normalmente se aciona quando a chave-mestra de aviônica é ativada.

Sistema de pouso por micro-ondas

Um sistema de pouso por micro-ondas (MLS) é uma aproximação de precisão criada para substituir ou suplementar os ILSs. O MLS tem diversas vantagens operacionais, incluindo uma ampla seleção de canais para evitar a interferência com outros aeroportos próximos, desempenho excelente em todas as condições climáticas e uma "pegada" pequena nas instalações dos aeroportos. Os grandes ângulos de "captura" verticais e horizontais usados pelo MLS permitem que a aeronave se aproxime de uma área ampla em torno do aeroporto; o ILS permite uma aproximação apenas em um túnel ou trajetória estreita.

Apesar de alguns sistemas de MLS terem entrado em operação na década de 1990, o uso generalizado imaginado por seus criadores nunca se tornou realidade. A implementação dos sistemas baseados em GPS eliminou a necessidade de usar MLS nos Estados Unidos. O MLS continua a gerar algum interesse na Europa, onde preocupações com a disponibilidade do GPS continuam a ser um problema. O sistema está se disseminando na Grã-Bretanha, o que inclui a instalação de receptores de MLS na maioria das aeronaves da British Airways, mas a implementação continuada do sistema é incerta. O veículo mais famoso a usar navegação por MLS provavelmente é o ônibus espacial operado pela NASA.

Princípio de operação. O princípio de operação do sistema de pouso por micro-ondas TRSB é ilustrado pela Figura 15-28. Dois transmissores, um para o azimute e outro para a elevação, transmitem feixes de varredura em leque em direção à aeronave que se aproxima. A temporização exata dos feixes de varredura fornece informações exatas para o piloto sobre a posição da aeronave. Os feixes são varridos "para lá" e "para cá" por toda a área mostrada no desenho. Em cada ciclo de varredura completo, dois pulsos são recebidos pela aeronave. Um pulso é recebido durante a varredura "para lá" e outro durante a varredura "para cá". O receptor da aeronave deriva seu ângulo de posição diretamente a partir da medição da diferença de tempo entre os dois pulsos. O receptor-processador analisa as informações e prepara-as para apresentação em um indicador de desvio de curso (CDI) convencional. Além disso, as informações são apresentadas digitalmente no painel de controle.

As informações de distância para o sistema são derivadas de equipamentos medidores de distâncias (DME) convencionais.

Sistemas de sintonização de rádio

Em muitas aeronaves de transporte ou corporativas modernas, **unidades de sintonização de rádio** são usadas para ajudar a eliminar a poluição visual do painel de instrumentos e simplificar as operações de rádio. Essas unidades são projetadas para dar ao piloto acesso a diversos rádios usando um único painel de controle e indicação. Como mostrado na Figura 15-29, um sistema típico opera os rádios de comunicação de VHF, VOR/ILS, DME, ADF, transponder ATC e GPS. As unidades de sintonização de rádio normalmente fazem parte do conjunto de rádio completo fornecido por um determinado fabricante. A maioria das unidades se comunica com os outros sistemas de rádio usando sinais analógicos e digitais ARINC 429.

Sistemas de controle de áudio

Em aeronaves com múltiplos rádios, é preciso usar algum sistema para controlar os sinais de entrada (microfone) e saída (alto-falante) de e para esses rádios. O **painel de controle de áudio** mostrado na Figura 15-30 controla até três transceptores e seis receptores. Esse sistema também inclui um display de rádio farol.

Duas filas de chaves de botão de pressão de ação alternada controlam as funções de distribuição de áudio dos receptores. Para escutar um fone de ouvido, o piloto aperta o botão inferior correspondente. O alto-falante da cabine é ativado apertando o botão superior correspondente. A chave giratória no lado direito da unidade controla os sinais de entrada para um dos três transmissores ou um sistema de intercom.

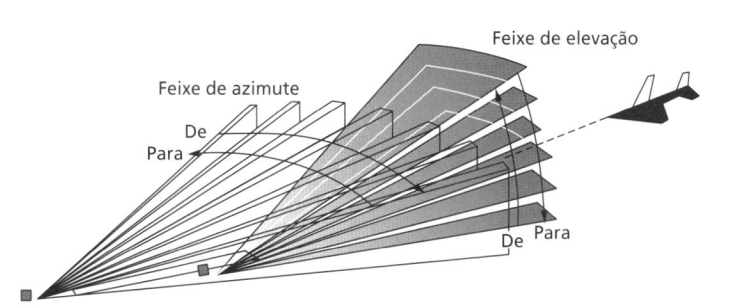

FIGURA 15-28 Padrão de feixe de varredura para um sistema de pouso por micro-ondas. (*Bendix, Aerospace Electronics Group, Communications Division.*)

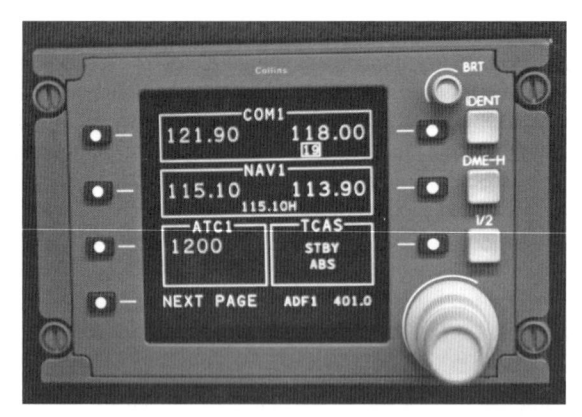

FIGURA 15-29 Unidade de sintonização de rádio (RTU) típica de uma aeronave corporativa.

FIGURA 15-30 Painel de controle de áudio típico. (*King Radio Corporation*.)

Um painel de áudio é usado em praticamente todas as pequenas aeronaves que contêm mais de um rádio; aeronaves maiores podem conter múltiplos painéis de áudio, um para cada membro da tripulação de voo. Sempre que operar qualquer sistema de rádio de uma aeronave, confirme que o painel de controle de áudio está configurado corretamente para as funções desejadas.

Devido ao tamanho de um avião de passageiros típico, como o Airbus A-380, é necessário usar um sistema de comunicação complexo para garantir a segurança das operações na aeronave. Por exemplo, uma aeronave de transporte deve ter um sistema projetado para permitir a comunicação entre a tripulação de voo e os passageiros, entre os pilotos e os comissários de bordo, entre os pilotos e a tripulação de solo durante a operação pré-voo e entre os pilotos e o controle de tráfego aéreo (ATC) da FAA durante as operações de taxiamento e voo. Na maioria das aeronaves desse tipo, os controles da cabine de comando para sistemas de comunicação são integrados em um painel de controle multifuncional. A Figura 15-31 mostra um detalhe do painel de gerenciamento de rádio e áudio (RAMP) do Airbus A-380; essas unidades ficam localizadas no pedestal central e painel superior da cabine de comando. O RAMP é usado para controlar todas as comunicações de HF, VHF e via satélite, além do sistema de comunicação com passageiros e os sistemas de interfone de manutenção, cabine e voo. Para que haja redundância, as aeronaves de transporte usam dois ou três painéis de controle instalados em diversas estações do compartimento da tripulação.

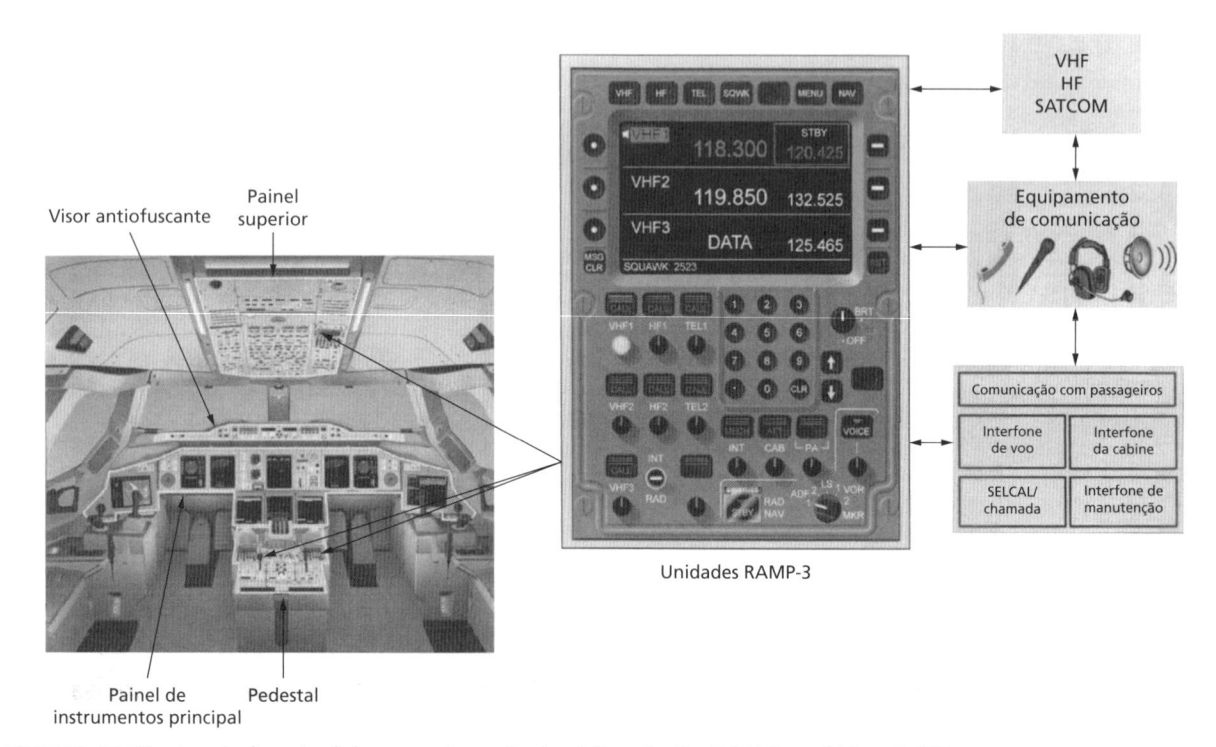

FIGURA 15-31 Locais do painel de gerenciamento de rádio e áudio (RAMP) no Airbus A-380.

Sistemas de NAV/COMM integrados

Depois da virada do século, as aeronaves começaram a empregar tecnologias que permitiam a maior integração de uma ampla variedade de sistemas eletrônicos. Todas as aeronaves modernas produzidas atualmente utilizam sistemas integrados que incluem funções de navegação, comunicação e voo automático (piloto automático). Muitas aeronaves de pequeno e médio porte usam um sistema desenvolvido pela Garmin International que integra funções usando múltiplos processadores, painéis de controle multifuncionais e displays de tela plana. Obviamente, rádios específicos ainda precisam de antenas individuais instaladas no exterior da aeronave. A Figura 15-32 mostra um painel de instrumentos da Garmin instalado em um pequeno avião monomotor da Cirrus. Como vemos na imagem destacada no alto da Figura 15-32, as frequências de comunicação e controles relacionados ficam localizados no alto da unidade de display esquerda. Um conjunto semelhante de controles de navegação fica localizado no display direito. Os painéis de controle de áudio e de gerenciamento de voo ficam localizados no console central entre os dois assentos frontais. É preciso observar que vários sistemas da Garmin são semelhantes às unidades discutidas aqui; apesar de compartilharem diversos aspectos, elas muitas vezes adotam nomes específicos alocados a uma série de aeronaves. O Garmin G-1000 é típico desses sistemas.

Os displays navegacionais de um sistema típico de aviônica integrado da Garmin são incorporados a dois ou três displays de tela plana. Em termos gerais, aeronaves mais complexas utilizam três displays, enquanto pequenas aeronaves usam dois. Em ambos os casos, certos dados de navegação e comunicação sempre têm status de prioridade de apresentação; em outras palavras, em caso de pane parcial do sistema, as informações críticas permanecem disponíveis para o piloto. O sistema integrado da Garmin será discutido em mais detalhes no Capítulo 17.

Sistemas de navegação por área

A navegação por área (RNAV) é um método de navegação que permite que uma aeronave escolhe qualquer curso dentro de uma rede, ou "área" de estações de navegação. Usando VOR ou VOR/DME, o piloto deve navegar diretamente para e de estações terrestres. Usar a navegação direta ponto a ponto RNAV pode conservar distâncias de voo, reduzir congestionamentos e, em última análise, criar um sistema de tráfego aéreo mais eficiente. A navegação por área costumavam ser chamada de *random navigation* ("navegação aleatória"), o que explica o acróstico RNAV. A navegação por área permite a operação da aeronave em qualquer curso desejado dentro da área de cobertura do sítio de navegação referenciado (VOR ou VOR/DME). A Figura 15-33 mostra um curso de RNAV traçado entre três estações de VOR diferentes. O sistema de RNAV permite que o avião navegue até

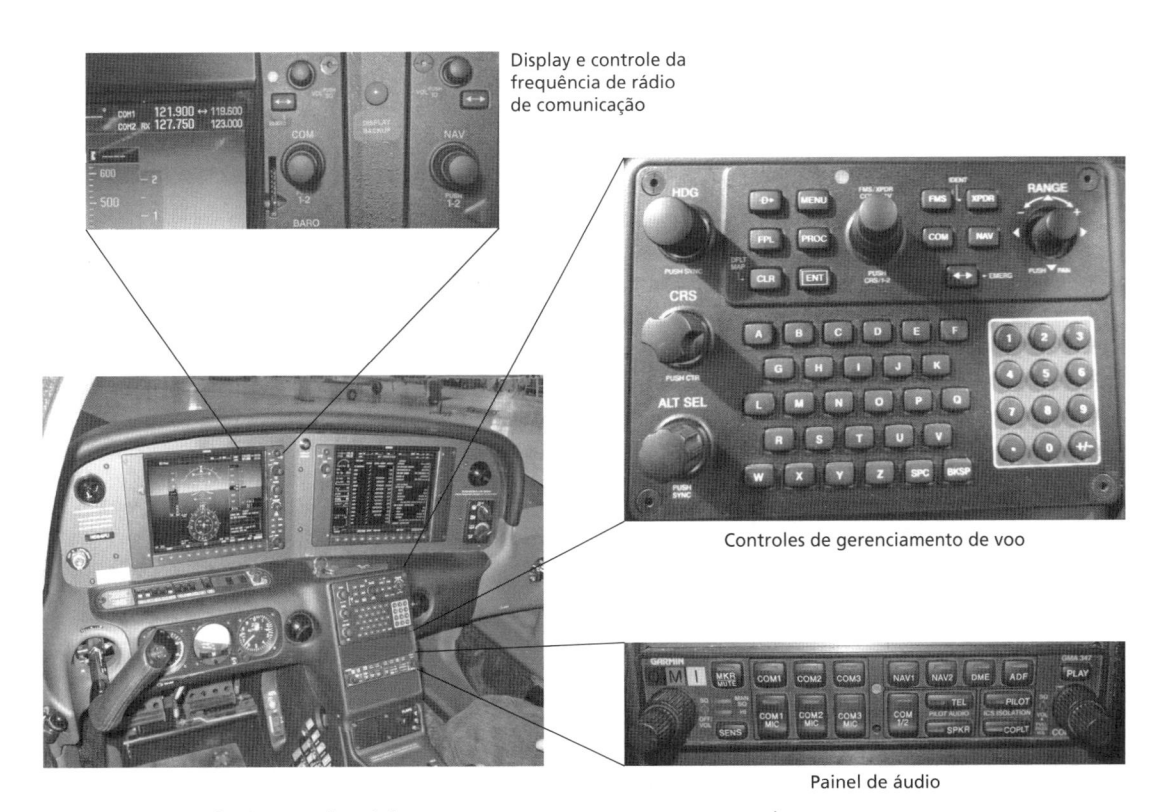

FIGURA 15-32 Controles integrados típicos para uma pequena aeronave moderna.

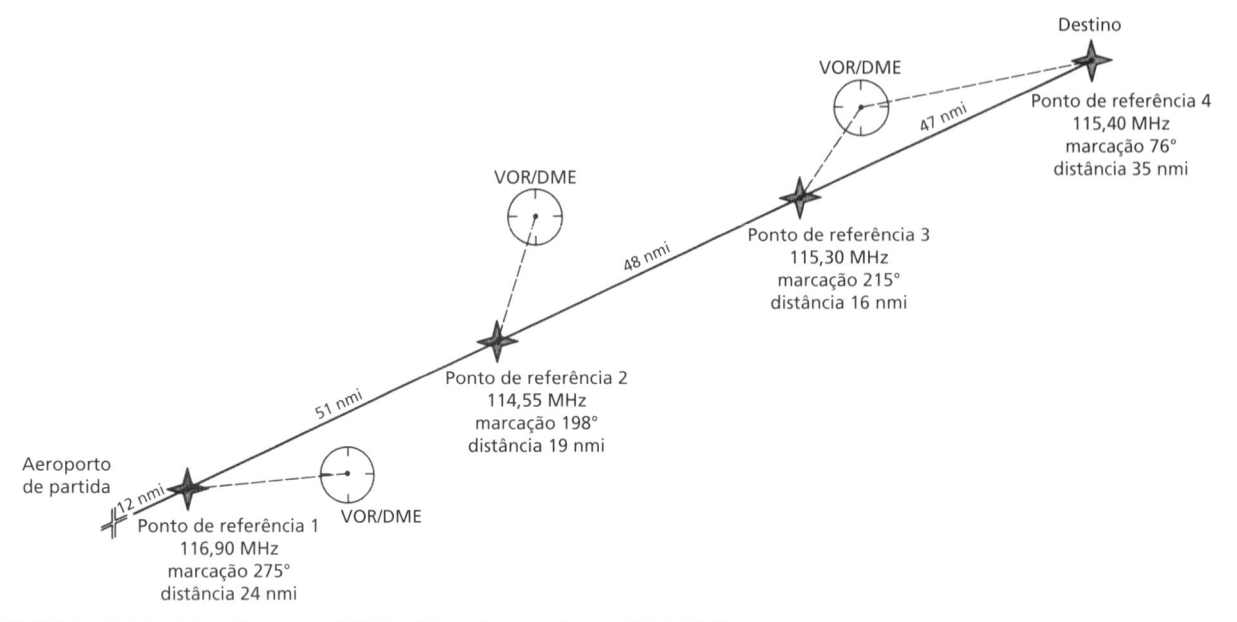

FIGURA 15-33 Voo direto por RNAV utilizando estações de VOR/DME.

um ou mais pontos de referência escolhidos pelo piloto e não de/para estações de VOR. O sistema de RNAV elimina os voos com curvas abruptas e permite que o piloto voe diretamente do ponto de partida até o destino.

Um ponto de referência (*waypoint*) é uma referência escolhida pelo piloto e usada para navegação; ela pode ser designada em qualquer local dentro da área de recepção de um VOR ou outro auxílio à navegação. Em poucas palavras: o sistema RNAV monitora e analisa continuamente a posição da aeronave e usa fórmulas matemáticas para computar essa posição e as correções de curso necessárias. A unidade de RNAV envia o sinal apropriado para o display de navegação e/ou o sistema de piloto automático. A maioria dos equipamentos de RNAV modernos é integrada com os sistemas de voo automático e gerenciamento de voo da aeronave, o que cria um sistema de navegação completo para os aviões da atualidade. A Figura 15-34 mostra o painel de controle de um sistema de RNAV típico.

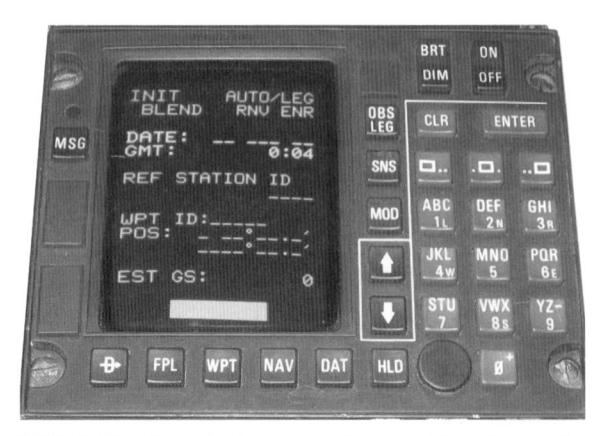

FIGURA 15-34 Painel de controle de botões de pressão para um sistema de navegação.

Na prática, o sistema de RNAV permite que uma estação de VOR/DME seja "movida" de seu local real para um local na rota de voo proposta. A matemática da operação é trabalhada pelo circuito integrado de larga escala (LSI) do microprocessador. A Figura 15-33 é o desenho de uma rota de voo proposta mostrando como três estações de VOR/DME são usadas para produzir quatro pontos de referência ao longo da rota. Para estabelecer esses pontos de referência, o piloto ou algum outro operador usa um painel de controle como aquele mostrado na Figura 15-34.

Sistema de navegação inercial

A vantagem de um **sistema de navegação inercial** (INS) é que ele não exige sinais de rádio externos. O conceito o torna extremamente valioso para aeronaves militares e espaçonaves. As aeronaves civis também utilizam um INS para aproveitar suas características desejáveis para navegação de longo alcance. Como o nome sugere, um sistema de navegação inercial depende das leis da inércia para determinar a posição da aeronave. Em outras palavras, quando o ponto de partida de um voo é conhecido por sua latitude e longitude, o computador do INS determina novas posição pela medição das forças inerciais que atuam sobre a aeronave.

As três leis básicas da inércia foram descritas por Sir Isaac Newton há mais de 300 anos. São elas:

1. *Primeira lei de Newton* Um corpo continua em estado de repouso, ou movimento retilíneo uniforme, a menos que sofra a atuação de uma força externa.

2. *Segunda lei de Newton* A aceleração de um corpo é diretamente proporcional à resultante das forças que atuam sobre tal corpo.

3. *Terceira lei de Newton* Para cada ação existe uma reação igual e oposta.

Aplicando essas leis à navegação aérea, vemos que a aeronave não se moverá ou alterará seu movimento a menos que sofra

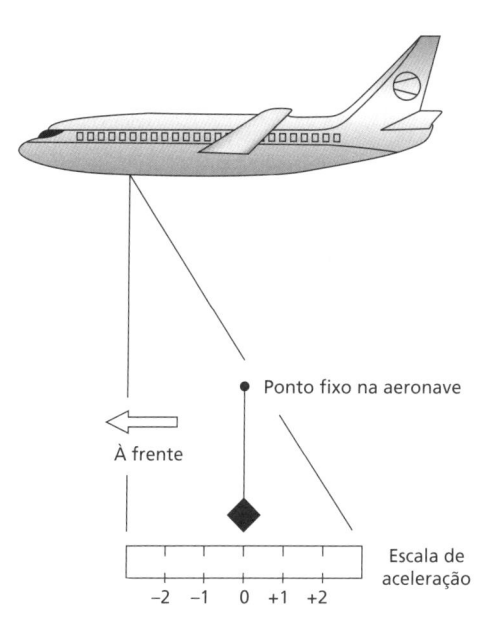

FIGURA 15-35 Exemplo de um acelerômetro simples.

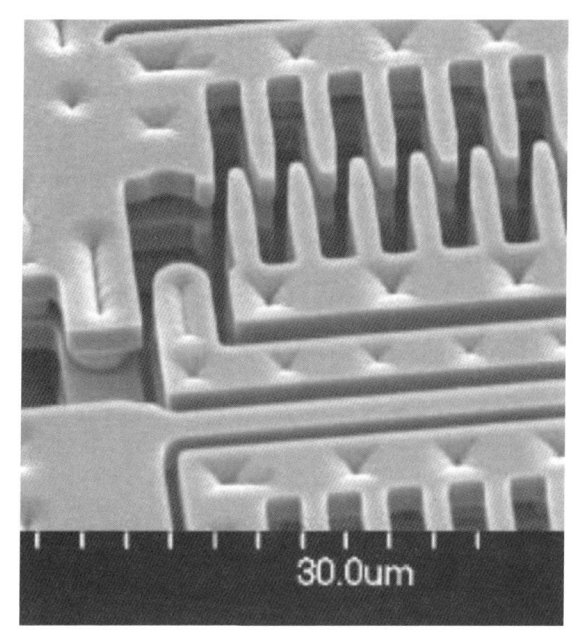

FIGURA 15-36 Tecnologias MEMS usadas para criar um acelerômetro.

a atuação de uma força externa (empuxo do motor, arrasto do vento, gravidade e sustentação da asa). Como a mudança de movimento (aceleração) é proporcional à força aplicada, podemos determinar a aceleração medindo as forças externas que atuam sobre a aeronave. Como há uma força de reação para cada força externa que atua sobre a aeronave, podemos medir a força de reação para determinar a aceleração da aeronave e, logo, sua velocidade e posição.

O instrumento usado para detectar aceleração é chamado de **acelerômetro**. Pelo menos dois acelerômetros são necessários para cada sistema de INS. Um mede as acelerações no sentido norte-sul, o outro as acelerações leste-oeste. A maioria dos sistemas de INS de aeronaves contém pelo menos três sistemas de acelerômetros, um para cada eixo da aeronave. Uma força de aceleração tem magnitude e direção, então ambas a aceleração e a desaceleração são medidas. Como mostrado na Figura 15-35, um acelerômetro simples poderia ser um dispositivo do tipo pêndulo, ou seja, que deve ser livre para oscilar em duas direções. A força de reação (oposta às forças externas aplicadas à aeronave) faz com que o pêndulo oscile. A oscilação do pêndulo é medida por um sensor extremamente preciso que cria um sinal elétrico. Obviamente, o acelerômetro de uma aeronave precisa ser mais sofisticado do que um pêndulo simples. Os acelerômetros modernos empregam tecnologias extremamente sensíveis, capacitivas, indutivas e piezelétricas. Cada tipo de sensor converte um pequeno movimento mecânico (aceleração) em um sinal elétrico. O sinal é enviado a um processador, que o combina com outras informações e então calcula a posição da aeronave. Outro tipo de acelerômetro moderno é composto de vigas cantiléver extremamente pequenas (ver Figura 15-36). As vigas são tão pequenas e delicadas que quando sujeitadas a uma aceleração mínima, elas mudam de posição; esse movimento cria uma mudança de capacitância entre as vigas. A mudança de capacitância é diretamente proporcional à força de aceleração sobre o sensor. Uma tecnologia moderna chamada de sistemas microeletromecânicos (MEMSs) é usada para construir esse tipo de acelerômetro. Os MEMSs são criados usando um processo semelhante aos sistemas usados para criar os microprocessadores e circuitos integrados modernos.

Um acelerômetro básico detecta a aceleração corretamente apenas se permanece perfeitamente nivelado. Como as aeronaves raramente ficam perfeitamente niveladas durante o voo, todos os acelerômetros aéreos devem ser montados sobre uma **plataforma de cardã**. Como ilustrado na Figura 15-37, uma plataforma de cardã contém dois giroscópios que estabilizam a unidade. Essa combinação de cardãs e giroscópios cria uma plataforma que permanece nivelada independentemente da atitude da aeronave. Como o acelerômetro permanece nivelado, ele não detecta as mudanças na atitude da aeronave; logo, o sinal de saída do acelerômetro mede precisamente as mudanças de aceleração. O sinal de saída do acelerômetro é amplificado e enviado ao computador de medição do INS. Se o local inicial e o destino da aeronave estão registrados no computador, o sistema de INS é capaz de atualizar continuamente os displays da cabine de co-

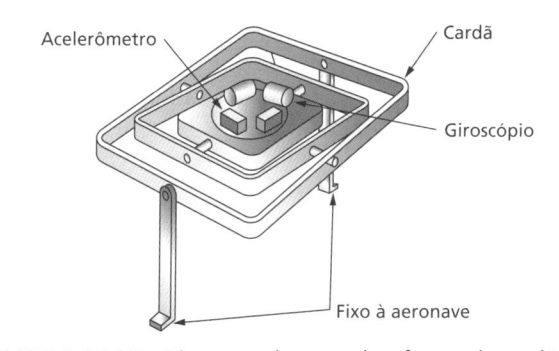

FIGURA 15-37 Diagrama de uma plataforma de cardã.

mando que informam a posição, velocidade de percurso, proa e distância da aeronave e o tempo até o destino. Essas informações podem ser monitoradas diretamente com os instrumentos da cabine de comando ou inseridas em um piloto automático, formando um sistema de voo automático completo.

Outro tipo de INS, conhecido pelo nome de **sistema de navegação inercial solidário** ou *strapdown*, usa um sistema de acelerômetro de estado sólido (sem peças móveis). A alma do sistema solidário é o giroscópio a laser, que substitui o antigo giroscópio de massa giratória. O sistema será discutido em mais detalhes no Capítulo 17.

Todos os sistemas de navegação inercial possuem um **erro de taxa de deriva** que se acumula com o uso. Esse erro varia de 1 milha de erro por hora de operação a 1 milha de erro para cada 10 horas de operação. O sistema solidário, mais recente, possui um erro de taxa de deriva menor. Para compensar esse erro, todos os sistemas de navegação inercial precisam de atualizações periódicas a partir de outra fonte de navegação.

Sistema de posicionamento global

O **navigation satellite timing and ranging global positioning system** (sistema de posicionamento global de navegação por satélite com tempo e alcance, ou NAVSTAR GPS), chamado mais simplesmente de GPS, está se tornando o sistema mais aceito para a navegação de aeronaves. O GPS é composto de três segmentos independentes: o segmento espacial, o segmento de controle e o segmento dos usuários. Como vemos na Figura 15-38, o **segmento espacial** completo foi projetado originalmente com 24 satélites que completam duas órbitas por dia, repetindo o mesmo rastro terrestre em cada órbita. Desde o início do projeto, foram adicionados mais satélites ao segmento espacial do GPS. Os satélites adicionais fornecem medições redundantes para aumentar a precisão do GPS. Hoje, cerca de nove satélites estão visíveis a partir de qualquer ponto no solo a qualquer momento, muito acima dos quatro satélites que são o mínimo necessário para estabelecer a posição. Os satélites ficam em órbita a aproximadamente 11.000 milhas (17.700 km) da superfície da Terra. Os satélites transmitem pulsos de tempo extremamente precisos e um sistema de código que define a posição exata dos satélites no momento da transmissão dos dados.

O **segmento de controle** é composto de diversas estações de monitoramento no solo e uma estação de controle mestra. Os monitores recebem as transmissões do satélite pelo menos uma vez ao dia e repassam tais informações para a estação de controle mestra. A estação mestra calcula qualquer deriva que possa ter ocorrido na órbita dos satélites ou no pulso temporal. Um sinal de correção é enviado aos satélites, e essa correção é incluída no código de localização transmitido dos satélites para o usuário.

O segmento dos usuários é composto de dezenas de milhões de usuários civis, comerciais e científicos do serviço de posicionamento padrão mais conhecido pelo nome de GPS. A indústria da aviação adotou o GPS de braços abertos, transformando-o em um dos sistemas de navegação primários para os segmentos de voo de cruzeiro e de aproximação. Não seria errado afirmar que o GPS revolucionou a navegação. O GPS agora integra todas as facetas da vida moderna, da telefonia móvel a aplicações táticas militares, transformando-se no principal sistema de navegação e posicionamento para uma infinidade de usos.

O segmento dos usuários muitas vezes é um receptor de GPS simples composto de uma antena, o circuito do receptor-processador, um dispositivo de temporização estável e alguma forma de interface de saída, como um display de mapa móvel de LCD. A antena deve estar sintonizada às frequências transmitidas pelos satélites de GPS. O circuito do receptor-processador, junto com o relógio altamente estável (muitas vezes um oscilador de cristal) realiza os cálculos matemáticos necessários para determinar a posição da aeronave. O receptor é descrito pelo seu número de canais, significando quantos satélites ele consegue monitorar simultaneamente. Em aeronaves modernas, a saída do processador é enviado ao display de tela plana integrado e ao sistema de voo automático, caso a aeronave o possua. A Figura 15-39 mostra um exemplo típico receptor-processador de navegação por GPS para aeronaves. Essa unidade contém todos os circuitos receptores e processadores necessários, além de um display integrado com recursos de mapa móvel. O mapa móvel atualiza continuamente a posição da aeronave e "se move" sempre que a posição da aeronave muda. O mapa móvel se tornou um recurso padrão em todos os displays de GPS modernos.

Para operar corretamente, o GPS deve receber no mínimo sinais de quatro satélites; na maioria dos casos, mais de quatro sinais podem ser estabelecidos com facilidade. A maioria dos equi-

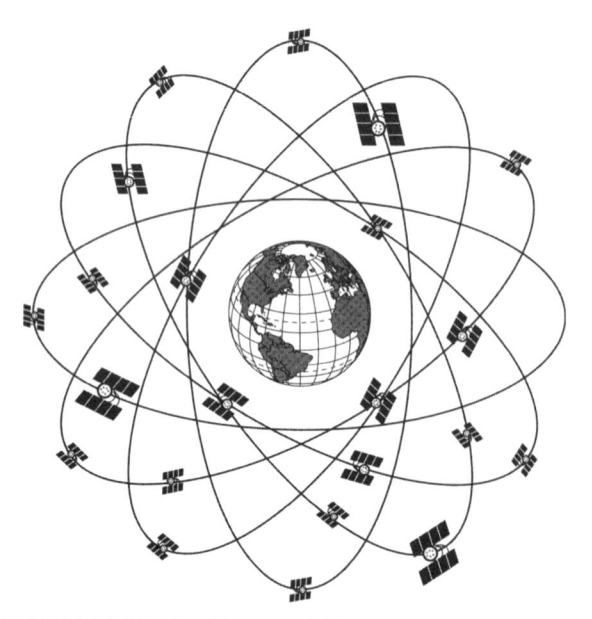

FIGURA 15-38 Satélites em órbita para um GPS.

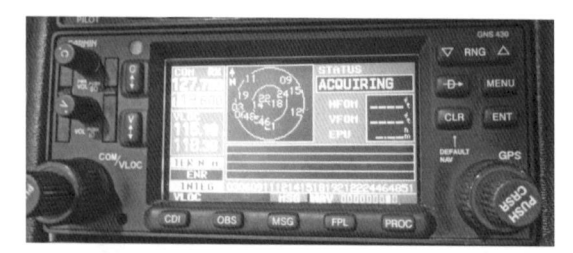

FIGURA 15-39 Um processador/receptor de navegação por GPS montado no painel típico para pequenas aeronaves.

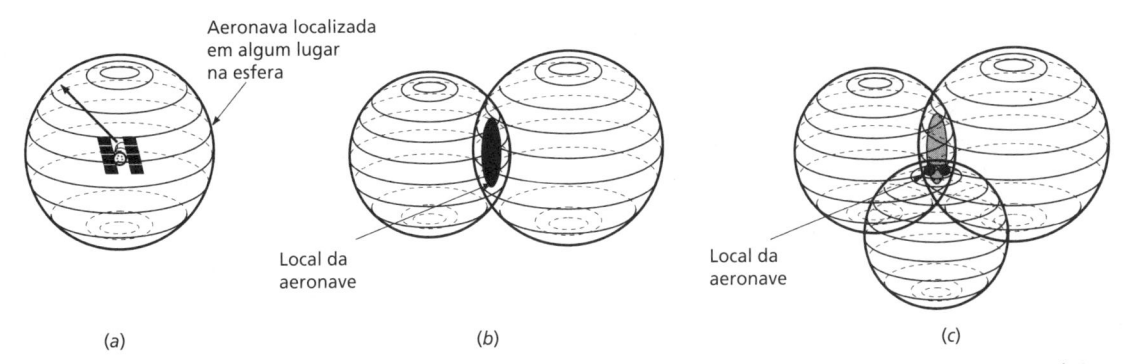

FIGURA 15-40 Teoria de operação do GPS: (*a*) local da aeronave por um satélite, (*b*) local da aeronave por dois satélites, (*c*) local da aeronave por três satélites.

pamentos modernos consegue processar todos os sinais de GPS ao mesmo tempo e atualizar a posição da aeronave quase instantaneamente. Para receber os sinais apropriados dos satélites, uma antena de GPS externa costuma ser montada na parte superior da aeronave; a antena também pode ser interna, instalada atrás de um painel de plástico que não degrada o sinal de GPS.

A teoria de operação do GPS se baseia em geometria básica. Se você sabe a distância e o local de três ou mais pontos, é possível determinar seu local exato. Os satélites transmitem um sinal de tempo e local para o receptor do usuário. A distância até o satélite é determinada pela medição do tempo de percurso do sinal transmitido. Conhecendo a velocidade de propagação da onda de rádio (a velocidade da luz), o receptor calcula a distância até o satélite.

Para entender melhor a teoria de operação, estude o exemplo na Figura 15-40. Sabendo que a distância até um satélite é de 15.000 milhas, sua aeronave está no lado de fora de uma esfera a 15.000 milhas daquele satélite (Figura 15-40 *a*). Sabendo que a distância até um segundo satélite é de 14.200, a aeronave está na intersecção das duas esferas (Figura 15-40 *b*). A Figura 15-40 *c* mostra que receber a distância de três satélites localiza a aeronave em um de dois pontos ao longo do exterior das três esferas. A medição usando o quarto satélite determina o local exato da aeronave.

Sistemas de aumento de GPS

Desde o início, os segmentos de espaço, de controle e dos usuários do GPS têm melhorado seu desempenho e confiabilidade. Contudo, boa parte da precisão e da confiabilidade necessárias para a navegação aérea ainda não estavam presentes. Para superar essas limitações, a FAA desenvolveu o *Wide Area Augmentation System* (WAAS, sistema de aumento de área ampla) e o *Local Area Augmentation System* (LAAS, sistema de aumento de área local). Atualmente, o WAAS está em operação em todo o território americano, mas o LAAS ainda está em desenvolvimento. Basicamente, o WAAS pretende permitir que as aeronaves dependam do GPS para todas as fases de voo, incluindo a aproximação de pouso em qualquer aeroporto dentro de sua área de cobertura. O WAAS usa uma rede de estações de referência terrestres na América do Norte e no Havaí para medir pequenas variações nos sinais dos satélites de GPS (ver Figura 15-41). As medições das estações de referência são transmitidas para estações mestras, que por sua vez enviam uma mensagem de correção para o satélite de comunicação WAAS geoestacionário.

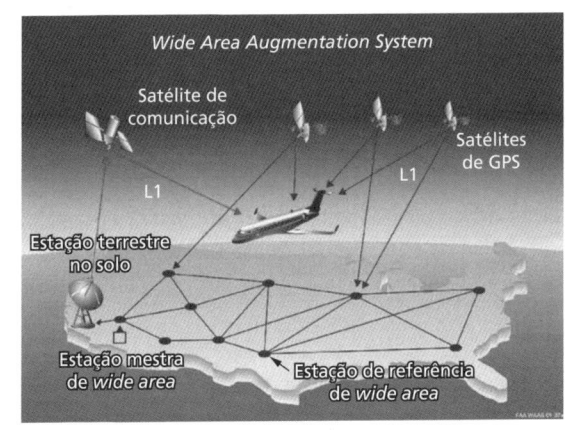

FIGURA 15-41 O *Wide Area Augmentation System* (WAAS) de GPS.

O satélite de comunicação WAAS transmite as mensagens de correção de volta para a aeronave. O receptor de GPS aéreo com função WAAS usa os dados de correção para calcular a posição da aeronave com um nível extremo de precisão. A International Civil Aviation Organization (ICAO) chama esse tipo de sistema de sistema de aumento baseado em satélite (SBAS). A Europa e a Ásia estavam desenvolvendo SBASs semelhantes ao sistema usado nos Estados Unidos.

Para melhorar o uso do GPS para pousos e aproximações de precisão, é preciso um sistema mais preciso; o LAAS é a tecnologia escolhida pela FAA para realizar essa tarefa. O LAAS funciona de forma semelhante ao WAAS, exceto por trabalhar em um nível mais refinado. Como visto na Figura 15-42, os dados de correção de GPS são transmitidos para a aeronave de uma estação terrestre local; por esse motivo, a cobertura do LAAS se limita a aproximadamente 25 NM. O LAAS é um sistema de pouso para todas as condições meteorológicas baseado em correção diferencial em tempo real do sinal de GPS. Os receptores de referência locais ficam situados em torno do aeroporto em pontos analisados por levantamentos topográficos precisos. O sinal recebido da constelação de GPS é usado para calcular a posição da estação terrestre de LAAS, que, por sua vez, é comparado à posição levantada topograficamente. Esses dados são usados para formular uma mensagem de correção, transmitida para a aeronave usando uma ligação de dados de VHF. O receptor na

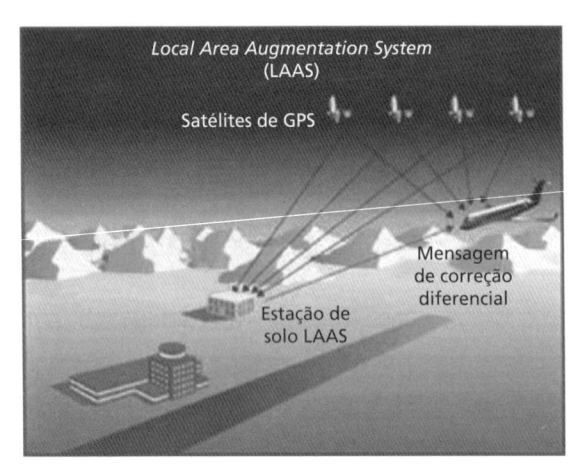

FIGURA 15-42 O *Local Area Augmentation System* (LAAS) de GPS.

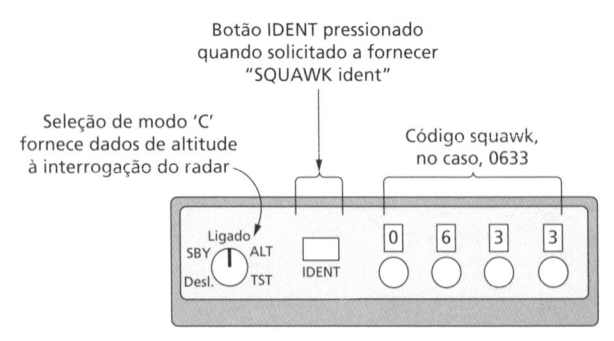

FIGURA 15-43 Controles de um transponder de ATC típico usado em uma pequena aeronave.

aeronave usa essas informações para corrigir qualquer erro nos sinais de GPS. O processador de GPS aéreo apresenta uma informação estilo ILS padrão para uso durante a aproximação.

Quando o GPS foi introduzido para aeronaves civis, ele só podia ser utilizado como equipamento complementar de navegação por área; em outras palavras, os pilotos não podiam depender exclusivamente do GPS para navegação. Com o tempo, a FAA permitiu o uso do GPS como fonte de navegação primária apenas para voo de cruzeiro. Em 1996, foi publicada a ordem técnica padrão TSO-C129a; os receptores que atendem esse padrão podem ser usados para aproximações de não precisão, mas equipamentos de navegação convencionais ainda precisam estar a bordo da aeronave. A TSO-C146a foi publicada em 2002; equipamentos certificados sob esse padrão podem utilizar o WAAS sem a necessidade de outros equipamentos navegacionais. Essa TSO permite sistemas de GPS independentes que não exigem que os pilotos monitorem equipamentos navegacionais tradicionais para navegação de aproximação de não precisão ou de cruzeiro. Hoje, os equipamentos de GPS aeronáuticos que atendem a TSO-C146a são utilizados em todas as aeronaves modernas.

Transponder ATC

Devido à dificuldade que os controladores de voo têm para identificar aeronaves no indicador de radar nas torres e centros de controle, foram desenvolvidos dispositivos de radar chamados de **transponders ATC** (controle de tráfego aéreo). Em geral, um transponder é um receptor e transmissor automático que pode receber um sinal (ser interrogado) de uma estação terrestre e então enviar uma resposta de volta à estação. O termo **transponder** é uma abreviatura de *TRANSmitter-resPONDER* (transmissor-respondedor). O equipamento de transponder é parte do sistema de radar de vigilância secundário (SSR). O SSR é considerado "secundário" para diferenciá-lo do "radar primário" que funciona passivamente pela reflexão de um sinal de rádio pelo revestimento da aeronave. O radar primário determina o alcance e a marcação de uma aeronave-alvo com um nível razoavelmente alto de fidelidade, mas não consegue determinar exatamente a altitude da aeronave. O SSR usa um transponder farol aéreo para transmitir uma resposta de volta à estação terrestre sempre que detecta que o feixe do radar primário atingiu a aeronave. Essa resposta normalmente inclui a altitude de pressão da aeronave e um identificador de código octal de quatro dígitos.

Quando voo em um espaço aéreo controlado, o piloto pode ser solicitado a *squawk* um determinado código pelo controlador de tráfego aéreo pelo rádio, usando uma frase como "Beechcraft 613UM, squawk 0633". O piloto então seleciona o código 0633 na tela do seu transponder; a tela de radar do controle de tráfego aéreo passa a ser associada com esse identificador. A Figura 15-43 mostra os controles de um transponder comum.

O controlador que deseja obter uma identificação positiva de uma aeronave solicita que um sinal de "ident" seja retornado pelo transponder. O piloto da aeronave aperta o botão de ident no painel de controle do transponder para enviar um sinal de imagem especial que o controlador reconhece para fins de identificação.

A Figura 15-44 mostra uma unidade de transponder típica usada em pequenas aeronaves. Os controles, display e receptor-transmissor formam um só conjunto, projetado para ser montado no painel em um rack de rádio padrão. A energia do transponder normalmente seria conectada ao barramento de aviônica e a antena ficaria localizada na parte de baixo da aeronave. A antena do transponder da aeronave é chamada de antena da banda L, em referência às frequências de radar usadas pelo sistema de SSR.

Na posição desligada da chave seletora de função, toda a energia está desativada e o transponder está inoperante. Na posição ligada, a chave colocada a unidade no modo de operação normal. O transponder está pronto para responder a interrogações de uma estação terrestre após um período de aquecimento de 1 minuto.

Com o seletor na posição de STBY (reserva), a energia do transponder está ativada e a potência é aplicada ao sistema transmissor. O STBY pode ser usado por solicitação do controlador de solo para limpar seletivamente o tráfego do indicador de radar. O modo STBY impede o transponder de responder a interrogações, mas permite o retorno imediato ao modo operacional quando a unidade é ligada.

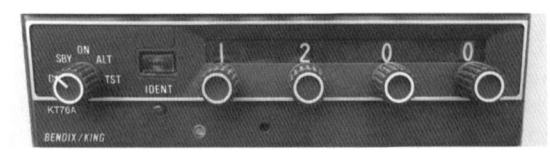

FIGURA 15-44 Transponder de pequena aeronave configurado para código de VFR 1200.

Atualmente há três modos (tipos) de transponders que podem ser utilizados em diversas aeronaves. O **modo A** é um transponder que fornece uma resposta em código de quatro dígitos (sem informar a altitude) quando interrogado pelo radar de ATC terrestre. O código de quatro dígito é determinado pelo piloto, de acordo com as solicitações de ATC. O **modo C** é um transponder aéreo que fornece uma resposta em código idêntica ao do modo A, mas o modo C também transmite um sinal que informa a altitude. O **modo S** é um transponder com capacidades de modo A e modo C, mas também responde a aeronaves equipadas com TCAS. O TCAS é um sistema anticolisão e será discutido na próxima seção deste texto.

A posição ALT da chave seletora ativa o **modo C**, a capacidade de informação da altitude do transponder. Quando usada com um **altímetro codificador**, a unidade transmite automaticamente informações sobre altitude. A altitude é dada como a altitude de pressão padrão, que por sua vez é convertida em altitude real pelos computadores no solo. O altímetro codificador envia dados de altitude de pressão padrão para o equipamento de transponder aéreo; o transponder, por sua vez, inclui os dados de altitude em todas as transmissões.

A lâmpada REPLY e o botão PUSH IDENT estão contidos em um único conjunto. A lâmpada REPLY se acende automaticamente quando o transponder responde a uma interrogação do solo ou quando a chave seletora de função é colocada na posição de teste. O botão PUSH IDENT é usado para enviar o pulso de identificação de posição especial (spip). Quando recebe a solicitação de uma "ident" por parte do controlador no solo, o piloto aperta o botão e ativa um sinal especial que "pinta" uma imagem imediatamente identificável e inconfundível no indicador de radar do controlador. Esse sinal deve ser utilizado apenas quando solicitado pelo controlador, pois seu uso em qualquer outro momento pode identificar com o spip enviado por outra aeronave. Se o sistema de radar de solo possui o equipamento relevante, o transponder pode ativar uma sequência de código especial na tela do controlador. Esse código pode identificar o destino da aeronave, sua altitude (operação modo C), velocidade em relação ao ar e número de identificação.

O **seletor de código** é composto de quatro chaves giratórias de oito posições, totalizando 4096 configurações ativas disponíveis para a seleção do código de identificação. O seletor de código determina o número de espaçamento dos pulsos transmitidos à frequência do transponder de 1090 MHz.

O equipamento de transponder aéreo usa tecnologias de pulso digital para transmitir informações. Os códigos de identificação e os dados de altitude são transmitidos em uma série de pulsos embutidos na onda portadora de RF (ver Figura 15-45). Todas as aeronaves modernas recebem um endereço digital de 24 bits únicos da International Civilian Aviation Organization (ICAO); formalmente, este é chamado de **código hex** do modo S. O endereço é designado de acordo com um registro nacional e se torna parte dos documentos permanentes da aeronave. Normalmente, o endereço nunca é alterado, mesmo quando a aeronave é vendida. Há 16.777.214 endereços de 24 bits únicos da ICAO. Os endereços podem ser decodificados e convertidos entre cada aeronave ou instalação de solo no sistema.

Todos os transponders ATC devem ser testados a cada 24 meses corridos. Esse teste é exigido sob as regulamentações de voo da FAA; contudo, ele muitas vezes é realizado durante uma inspeção anual, caso solicitado pelo proprietário. O teste deve ser conduzido em uma instalação de reparo de aviônica autorizada.

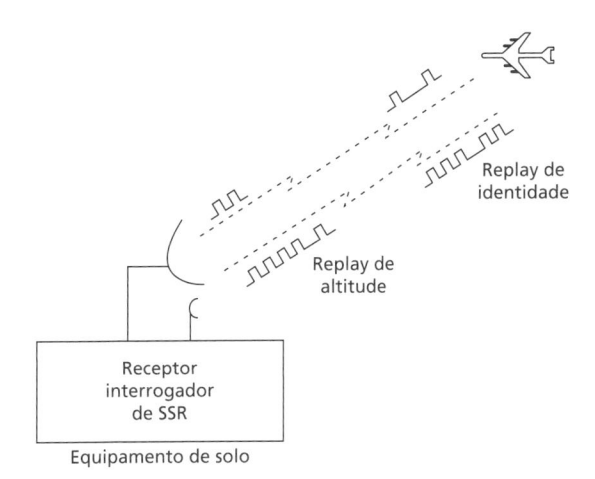

FIGURA 15-45 Códigos de pulso usados por um transponder de aeronave e interrogador de solo.

Comunicações via satélite

As comunicações espaciais estão se popularizando em muitas aeronaves corporativas e de transporte. A capacidade de se comunicar praticamente em qualquer lugar do mundo e a confiabilidade dos sinais de HF (os satélites operam em uma faixa de extrema HF, entre 30 e 300 GHz) são algumas das vantagens das comunicações via satélite. A principal desvantagem é o custo; como o número de satélites disponíveis é limitado, o custo de uso pode ser relativamente alto. A especificação ARINC 741 abrange os equipamentos de comunicação via satélite e permite que os sinais digitais sejam ou não encriptados para fins de segurança. Voz e dados podem ser transmitidos e recebidos entre a aeronave e o satélite, e então do satélite para instalações no solo, como mostrado na Figura 15-46. Depois de chegar ao solo, as comunicações podem ser repassadas a outros pontos no solo

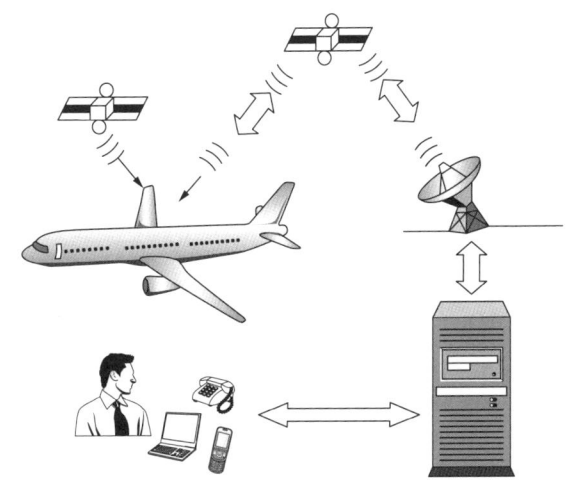

FIGURA 15-46 Transmissão de dados ou voz usando comunicações via satélite.

ou a um local no ar conectado ao sistema. Atualmente, diversas empresas oferecem comunicação via satélite para a indústria aeroespacial; um desses sistemas será discutido a seguir.

O Inmarsat é uma empresa britânica de telecomunicação via satélite que fornece serviços de dados e telefonia móvel para usuários de todo o mundo, incluindo a indústria da aviação. O nome original da empresa era **International Maritime Satellite**, o que deu origem a **Inmarsat**. Hoje, o sistema Inmarsat usa 11 satélites em órbita acima do equador. O número exato de satélites pode mudar à medida que unidades mais antigas são aposentadas e novos satélites são lançados. A divisão **aeronáutica** da Inmarsat oferece três níveis de serviço de comunicação, fax e voz para aeronaves. Os níveis são **Aero-L** (antena de baixo ganho), principalmente para pacotes de dados, incluindo ACARS; **Aero-I** (antena de ganho intermediário), para voz de baixa qualidade e fax/dados até 332 Kbit/s; e **Aero-H** (antena de alto ganho) para voz de média qualidade e fax/dados até 432 Kbit/s. Essas velocidades de transmissão com certeza aumentarão à medida que a tecnologia do sistema avança.

O nível de desempenho de qualquer sistema aéreo de comunicação via satélite é significativamente afetado pelo projeto dos equipamentos aéreos. Os sistemas projetados para transferência de dados de alta velocidade são mais complexos e precisam de um sistema de antena melhor; os sistemas de baixa velocidade usam projetos mais simples. Em geral, os equipamentos aéreos, incluindo hardware e software, são específicos a um determinado provedor de serviços de satélite. Normalmente, o projeto da antena para comunicações via satélite é chamado de sistema de antenas de fase, o que significa que diversas antenas são interligadas para criar uma rede de antenas. Usando o sistema de fase, os padrões e a direção do sinal transmitido podem ser controlados eletronicamente. O efeito é uma antena que pode ser guiada sem a necessidade de movimentar componentes fisicamente. Obviamente, esse tipo de sistema pode exigir a instalação de múltiplas antenas na aeronave e de um circuito de controle sofisticado.

Transmissor localizador de emergência

Os rádios faróis de emergência, também conhecidos como transmissores localizadores de emergência (ELTs) são transmissores de seguimento auxiliam a detectar e localizar aeronaves e indivíduos em situações de emergência. O ELT é projetado para funcionar em conjunto com o serviço mundial da Cospas-Sarsat, o sistema de satélite internacional para busca e salvamento (SAR). Quando ativado, o ELT transmite um sinal de emergência que é monitorado por uma série de satélites não geoestacionários. O sistema pode determinar o local de uma aeronave em situação de emergência por uma combinação de triangulação Doppler e de GPS. O ELT da aeronave é projetado para se ativar automaticamente quando sujeitado a uma força G excessiva; a função do dispositivo é enviar um sinal de emergência em caso de acidente. Muitas unidades podem ser ativadas manualmente; o piloto pode ativar o ELT após um pouso de emergência em uma área afastada.

São três as categorias de rádios faróis de emergência compatíveis com o sistema Cospas-Sarsat: (1) os rádios faróis indicadores de posição de emergência (EPIRBs) sinalizam emergências marítimas; (2) o ELT sinaliza uma emergência aeronáutica; (3) e os faróis localizadores pessoais (PLBs) são para uso pessoal, como indivíduos que estão caminhando em áreas remotas. Essas unidades usam um sinal de resgate analógico ou digital. Os sinais digitais normalmente têm alcance maior e são monitorados pelo sistema de satélite. Os faróis analógicos são úteis para equipes de busca e aeronaves de SAR, apesar de não serem mais monitorados por satélite. Todos os sistemas mais novos transmitem os sinais digitais a uma frequência de 406 MHz; esses ELTs também podem conter um farol de retorno analógico integrado (121,5 MHz). Os ELTs originais mais antigos operavam em uma frequência de 121,5 e 243 MHz. A Figura 15-47 mostra um ELT digital de 406 MHz típico projetado para pequenas aeronaves. O sistema inclui uma antena removível e uma chave de armar/testar remota; na maioria dos casos, essa unidade seria instalada com a antena montada externamente. Observe que a placa do ELT indica a direção de instalação e as informações de TSO aprovadas.

Desde fevereiro de 2009, apenas os faróis de 406 MHz são detectados pelo sistema de satélite de SAR da Cospas-Sarsat. Isso afeta todos os EPIRBs, ELTs e PLBs. A partir dessa data, a Cospas-Sarsat encerrou a detecção e processamento por satélite dos faróis de 121,5/243 MHz. Atualmente, esses faróis mais antigos somente podem ser detectados por receptores no solo ou em aeronaves e a FAA não certifica mais instalações dos faróis de 121,5 MHz. Contudo, ainda está dentro da lei operar aeronaves com o farol mais antigo de 121,5 MHz; quando esse ELT não for mais aeronavegável, ele deverá ser substituído com a unidade digital de 406 MHz. A frequência de 121,5 MHz ainda é usada como frequência de emergência de voz para aviação.

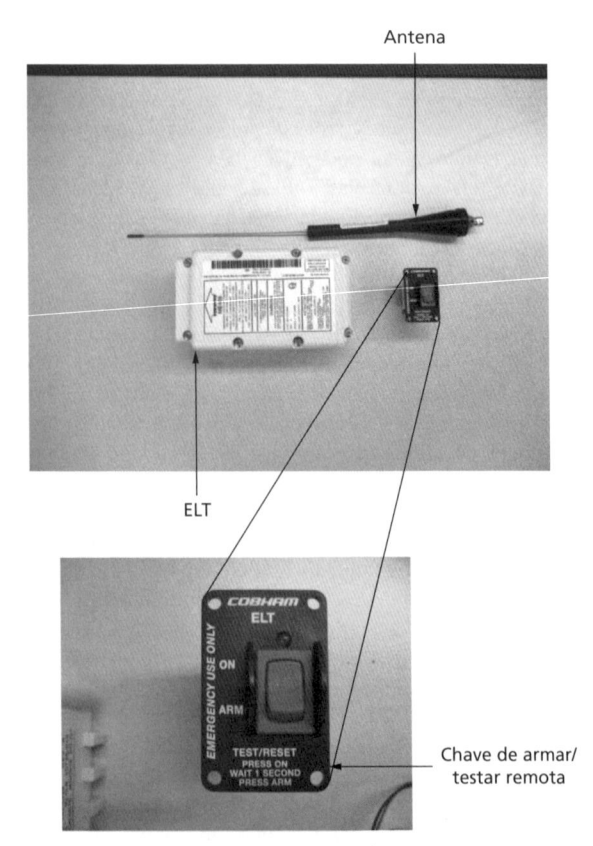

FIGURA 15-47 Componentes de um ELT de 406 MHz.

Uma vantagem importante dos novos ELTs 406 digitais é que o sinal de resgate transmitido contém um código de identificação hexadecimal de 15 dígitos exclusivo. Esse código pode ser utilizado pelas autoridades para identificar o tipo de aeronave em emergência e quem é seu proprietário registrado; essas informações podem auxiliar as operações de resgate. Os ELTs transmitem a 406 MHz por um quarto de segundo imediatamente quando ativados e então transmitem um sinal digital a cada 50 segundos. O código de resgate é transmitido até a bateria do ELT se esgotar ou a unidade ser desligada manualmente. O transmissor foi projetado para ser um transmissor de pulso de 5 W, muito mais forte do que as unidades 121,5 analógicas. Em geral, a resposta para os novos faróis digitais é bastante rápida; a resposta de SAR pode ser ativada cerca de 10 minutos após a ativação do farol.

A maioria das aeronaves de aviação geral nos Estados Unidos é obrigada a transportar um ELT, dependendo do tipo ou local de operação; os voos regulares de companhias aéreas não precisam. Em aeronaves comerciais, o gravador de voz na cabine de comando e/ou gravador dos dados de voo deve conter um farol localizador capaz de operar em terra ou debaixo d'água. Todos os ELTs instalados atualmente devem atender a certificação da FAA da TSO C126. Essa ordem técnica padrão (TSO) detalha os requisitos para o novo ELT de 406 MHz. O ELT deve ser instalado em uma área da aeronave que tende a ser pouco danificada durante um acidente, em geral na cauda ou fuselagem na parte traseira da área dos assentos. Muitas unidades também precisam ser instaladas viradas na direção correta para que possam detectar corretamente um acidente em potencial.

Teste de ELTs

De acordo com a FAA, o teste no solo de ELTs do tipo 121,5 MHz deve ser conduzido durante inspeções regulares da aeronave, como uma inspeção anual ou de 100 horas. O teste deve ser conduzido dentro dos primeiros 5 minutos de cada hora e limitado a três varreduras de áudio. Para realizar esse teste, basta sintonizar um rádio de comunicação da aeronave para receber na frequência de 121,5, ligar o ELT a ser testado e escutar o tom de áudio nos alto-falantes da aeronave ou em fones de ouvido. As unidades de 406 MHz, mais novas, têm um recurso de autoteste que transmite um sinal especial para o sistema de satélites da Cospas-Sarsat. Algumas unidades também têm um sinal de 121,5 MHz e devem ser testadas da maneira descrita acima. Para realizar um teste típico, a chave de ELT montada remotamente deve ser ativada de acordo com as instruções. Na maioria dos casos, este é um teste de 1 minuto; depois dele, o controle é recolocado na posição **ARM** (ver Figura 15-47). Depois disso, o autoteste deve ser confirmado pelo técnico. Isso é possível com um serviço via web que registra automaticamente o teste do ELT. Como todos os ELTs de 406 MHz são programados com um identificador de aeronave específico, o sistema da Cospas-Sarsat pode confirmar o autoteste de qualquer aeronave. Algumas unidades têm uma luz indicadora que informa que o teste teve sucesso; outro método seria utilizar uma unidade de teste de ELT, usada para confirmar a transmissão do identificador digital da aeronave. Um autoteste de sucesso deve ser registrado nos documentos de manutenção apropriados.

Manutenção de um ELT. As necessidades de manutenção do ELT são mínimas, mas determinados procedimentos ainda precisam ser realizados para garantir sua operação satisfatória. A bateria deve ser trocada de acordo com a data estampada na unidade. Em geral, as baterias são substituídas a cada 2 anos para as unidades de 121,5 MHz e a cada 6 anos para as unidades de 406 MHz. A data de substituição deve estar marcada claramente na placa de dados da bateria; do contrário, a bateria não é aeronavegável. O ELT deve ser testado regularmente para garantir sua operação satisfatória. Uma inspeção da antena e da montagem do ELT deve ser realizada periodicamente para confirmar o estado de sua fixação à aeronave.

As regulamentações sobre a operação de ELTs estão estabelecidas na FAR Part 91.52. Os técnicos envolvidos com a instalação e manutenção de ELTs devem estar familiarizados com essas regulamentações e com os dados do fabricante.

Gravadores de dados de voo e de voz na cabine de comando

Duas unidades de gravação diferentes usadas para analisar a causa de um acidente aéreo são o **gravador de dados de voo (FDR)** e o **gravador de voz na cabine de comando (CVR)**. Apesar das unidades serem pintadas com tinta laranja brilhante de alta resistência ao calor, elas costumam ser chamadas de "caixas pretas" e contêm faróis de retorno para ajudar as equipes de SAR a encontrar os gravadores e a própria aeronave. Após um acidente, a recuperação do FDR e do CVR normalmente é de alta prioridade para os investigadores, pois a análise dos parâmetros gravados muitas vezes detecta e identifica as causas ou fatores que contribuíram para o acidente. Devido a sua importância na investigação de acidentes, o processo de engenharia dessas unidades toma muito cuidado para que elas possam resistir à força de impacto e a incêndios intensos; em geral, essas unidades são montadas na seção de cauda do avião para maximizar sua probabilidade de sobrevivência. A Figura 15-48 mostra um FDR típico.

Um FDR é um dispositivo eletrônico usado para registrar todas as instruções enviadas à maioria dos sistemas eletrônicos da aeronave. O dispositivo é usado para registrar, no mínimo, 88 parâmetros de desempenho específicos da aeronave, como con-

FIGURA 15-48 Um gravador dos dados de voo. (*Sundstrand Corporation.*)

figurações do motor e das superfícies de controle, velocidade em relação ao ar, Hora Média de Greenwich, posição e altitude. Muitos FDRs modernos registram mais do que os 88 parâmetros exigidos. Em geral, cada parâmetro é gravado algumas vezes por segundo, apesar de algumas unidades armazenarem "surtos" de dados a frequências muito maiores caso os dados comecem a mudar rapidamente. A maioria dos FDRs registra cerca de 17 a 25 horas de dados em um ciclo contínuo. Os primeiros FDRs usavam uma fita de gravação resistente ao fogo para armazenar os dados, mas as unidades mais novas empregam memória de estado sólido e normalmente têm uma capacidade de gravação muito maior. Uma verificação do FDR é exigida durante as inspeções de rotina da aeronave para garantir que todos os parâmetros obrigatórios estão sendo registrados. Nos Estados Unidos, qualquer aeronave de turbinas multimotor registrada com 10 ou mais assentos para passageiros deve ter um FDR; o FDR deve gravar por 25 horas contínuas, resistir a pressões da água de até 20.000 pés e conter um farol de resgate operacional submarino que opere por 30 dias.

Algumas aeronaves modernas também monitoram os dados de voo para análise da otimização do consumo de combustível e hábitos possivelmente perigosos da tripulação de voo. Os dados do FDR são transferidos para um gravador de estado sólido e analisados periodicamente pela equipe de operações da companhia aérea. Os dados também podem ser baixados do gravador de acesso rápido (QAR) da aeronave pela transferência para um gravador de estado sólido portátil ou upload direto para a sede da operador via link de Wi-Fi ou satélite. Esse tipo de análise é chamada de garantia da qualidade operacional de voo (FOQA, pronunciado FÔ-qua em inglês). O objetivo simples da FOQA é analisar dados gerados por uma aeronave que vai de um ponto ao outro. Aplicando as informações obtidas com essa análise ajuda a descobrir novas maneiras de tornar os voos mais seguros, aumentar a eficiência operacional geral e reduzir os custos operacionais.

O CVR é um gravador projetado e construído de forma semelhante ao FDR; contudo, o CVR é projetado para monitorar os sinais dos microfones, fones de ouvido e telefones dos pilotos, além do microfone da cabine de comando. Os CBRs são exigidos em todas as aeronaves de turbinas multimotores registradas americanas que precisam de dois pilotos para operação e contêm seis ou mais assentos para passageiros; os CVRs são certificados sob a TSC C123b. A Figura 15-49 mostra os locais de um sistema típico de CVR e FDR. Um CVR moderno é capaz de gravar quatro canais de dados de áudio por um período de 2 horas; os equipamentos originais gravavam apenas 30 minutos. Trinta minutos se revelaram insuficientes em muitos casos, pois partes significativas dos dados de áudio necessárias para a investigação do acidente haviam ocorrido mais de 30 minutos após o fim da gravação.

INSTALAÇÃO DE EQUIPAMENTOS DE AVIÔNICA

A energia para todos os equipamentos de aviônica é fornecida pelo sistema de alternador ou gerador da aeronave durante as condições operacionais normais. Quando equipamentos adicionais são instalados, o responsável por eles deve garantir que o sistema elétrico da aeronave possui capacidade suficiente para atender todos os requisitos do avião.

Os planos para a montagem de equipamentos de aviônica em aeronaves devem incluir uma análise cuidadosa sobre localização, força das estruturas de montagem, redução de choques e vibração, ligações e blindagem e facilidade de manutenção. Os riscos ao pessoal e à aeronave devem ser evitados, pois altas tensões são desenvolvidas em alguns tipos de equipamento e algumas unidades podem desenvolver calor suficiente para provocar a ignição de materiais particularmente inflamáveis em suas imediações. Os fabricantes fornecem informações completas para a instalação de equipamentos de aviônica; todas as instalações devem ser realizadas de acordo com os dados aprovados pela FAA.

Os equipamentos, controles e indicadores de aviônica devem estar localizados em posições convenientes para quem os opera; em pequenas aeronaves, os controles e indicadores devem estar facilmente acessíveis para o piloto. Os equipamentos sujeitos a aquecimento também devem receber ventilação suficiente para que não excedam suas temperaturas operacionais normais. Para eliminar o risco de incêndio, equipamentos que operam naturalmente em altas temperaturas devem estar suficientemente afastados de materiais inflamáveis.

A fixação de unidades de equipamentos de aviônica à aeronave deve ser realizada de tal forma que não haja risco da unidade se soltar devido a vibrações. Os dispositivos de fixação incluem parafusos e porcas padrões com dispositivos de

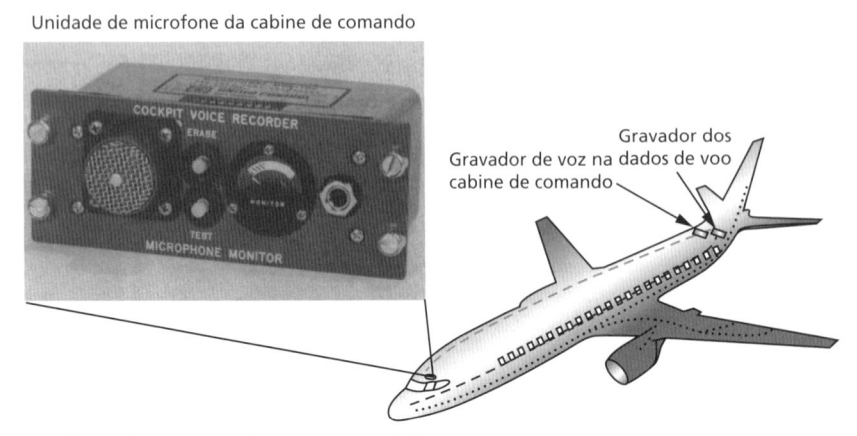

FIGURA 15-49 Locais de equipamentos de CVR e FDR típicos.

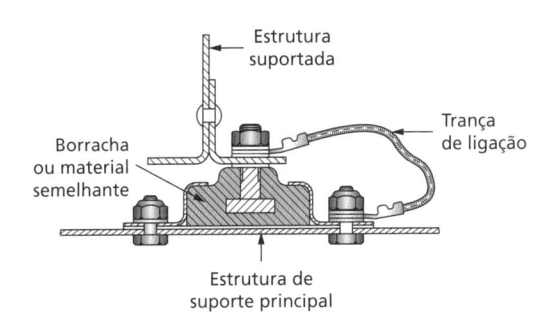

FIGURA 15-50 Diagrama de montagem com amortecedores.

travamento eficazes como porcas de autotravamento, arruelas de pressão, arames de freno e contrapinos. As abraçadeiras de fixação de autotravamento e anéis de pressão são dispositivos de fixação projetados especialmente para equipamentos de rádio.

As unidades de rádio em pequenas aeronaves podem ser montadas em suportes afixados à parte traseira de painéis de instrumento montados com amortecedores ou podem ser presas a racks ou suportes com amortecedores afixados a uma estrutura sólida do avião. Independentemente do sistema escolhido, suportes amortecedores devem ser colocados entre os equipamentos de rádio e a estrutura básica da aeronave. Em alguns casos, bases com amortecedores projetadas especialmente para unidades específicas são afixadas diretamente no avião. A Figura 15-50 apresenta um tipo de montagem com amortecedores.

Como as montagens com amortecedores utilizam borracha, borracha sintética, plástico ou algum outro material isolante como agente amortecedor, é essencial que os jumpers de ligação ou aterramento sejam conectados da estrutura da aeronave à caixa da unidade de aviônica. Estes atuam como parte do circuito de massa para o equipamento e também ajudam a reduzir o ruído causado pela estática e outros tipos de interferência. O Capítulo 4 fornece informações sobre ligação e blindagem.

Os racks de montagem de aviônica normalmente são projetados de acordo com os padrões da ARINC (Aeronautical Radio Incorporated), e as caixas de equipamentos são projetadas para se encaixar nesses racks. Isso é especialmente verdade para grandes aeronaves comerciais, mas os racks de montagem e equipamentos de aviônica de aeronaves menores também estão sendo projetados de acordo com os padrões da ARINC. Os técnicos que instalam equipamentos de aviônica devem confirmar que os equipamentos e os racks são compatíveis uns com os outros.

A instalação de equipamentos de aviônica costuma ser uma tarefa complicada e está além do escopo deste texto; contudo, algumas regras simples podem ser aplicadas: (1) Instale apenas equipamentos certificados para uso em aeronaves. A maioria dos equipamentos será certificada sob uma ordem técnica padrão (TSO) específica. (2) Use apenas componentes, fios, conectores e peças diversas aprovadas para aeronaves. (3) Siga todos os dados técnicos atualizados dos fabricantes relativos a instalação. O projeto da maioria das instalações normalmente será aprovado por um certificado suplementar de tipo (STC). (4) Realize uma avaliação pré-instalação completa de sua aeronave. Isso vai ajudá-lo a determinar se o sistema elétrico da aeronave e outros componentes conseguem "aceitar" a instalação de novos equipamentos. Na maioria dos casos, a avaliação inclui uma análise da carga elétrica e de peso e equilíbrio. (5) Após a instalação e o teste terem sido completados, lembre de preencher todos os documentos necessários. Isso pode incluir, entre outros, o diário de bordo, resultados de testes de voo, mudanças de peso e equilíbrio e o formulário 337 da FAA para grandes modificações.

ANTENAS

O desempenho do sistema de rádio de aeronaves é afetado profundamente pelo projeto e pela colocação das antenas. Isso vale especialmente para as antenas de transmissores, pois o sistema de antena é um circuito sintonizado e sua capacidade de irradiar energia para o espaço é determinada pelo seu comprimento em relação à frequência a ser transmitida. Em geral, quanto maior a frequência, mais curta a antena. Na prática, é possível ajustar o comprimento da antena eletronicamente usando uma bobina de indutância em série com a antena. À medida que os sistemas de rádio se tornam mais sofisticados, os comprimentos de antena se tornam menos críticos; ou seja, um rádio de baixa frequência sofisticado pode operar perfeitamente com uma antena relativamente curta. Nesse tipo de sistema, o comprimento efetivo da antena é alterado por meio de circuitos eletrônicos.

É prática comum usar a mesma antena para transmissão e recepção caso os equipamentos de rádios sejam usados apenas para comunicação, desde que o comprimento da antena seja tal que ela consiga acomodar as frequências a serem transmitidas e recebidas. Quando uma única antena é utilizada, esta normalmente é conectada ao receptor e comutada para o transmissor usando um relé e uma chave *push-to-talk* no microfone. A unidade que executa a função de conexão-desconexão é chamada de **duplexador**.

As antenas de navegação e comunicação são produzidas em muitos tamanhos e formatos, dependendo de suas funções específicas. Como explicado anteriormente, o comprimento ou tamanho da antena é determinado pela faixa de frequência na qual pretende-se operá-la. Antenas especiais, como loops, dipolos e de fase, são usadas para determinados tipos de sinais e fornecem referências direcionais. A Figura 15-51 mostra algumas antenas típicas. As antenas de número 1 e 2 foram projetadas para receber sinais de navegação de VOR e fornecer informações sobre marcação. Um acoplador de antena aparece entre as duas seções do número 2. As antenas identificadas pelos números 3, 4 e 5 são

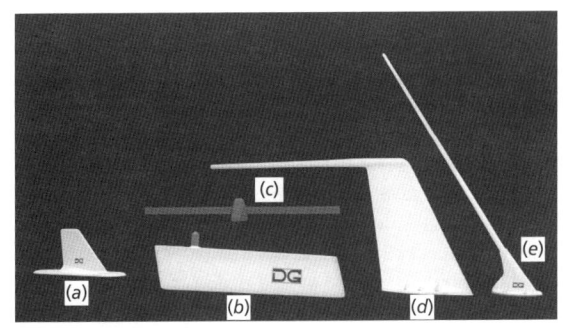

FIGURA 15-51 Antenas de aviônica comuns: (*a*) Transponder, (*b*) rádio farol, (*c*) conformação de rampa de planeio, (*d*) comunicação VHF, lâmina de carregamento pelo alto, (*e*) chicote ELT. (*Dayton-Granger, Inc.*)

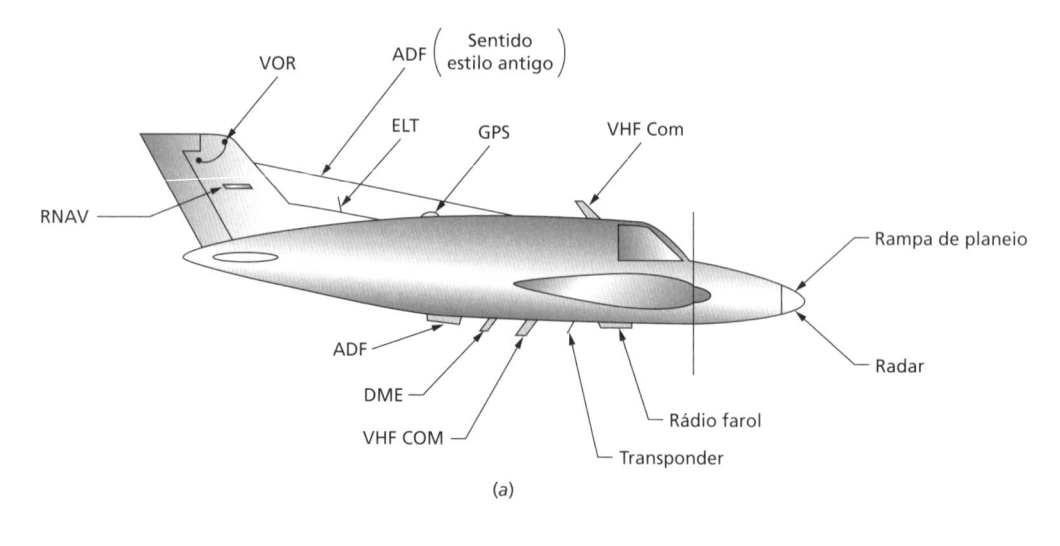

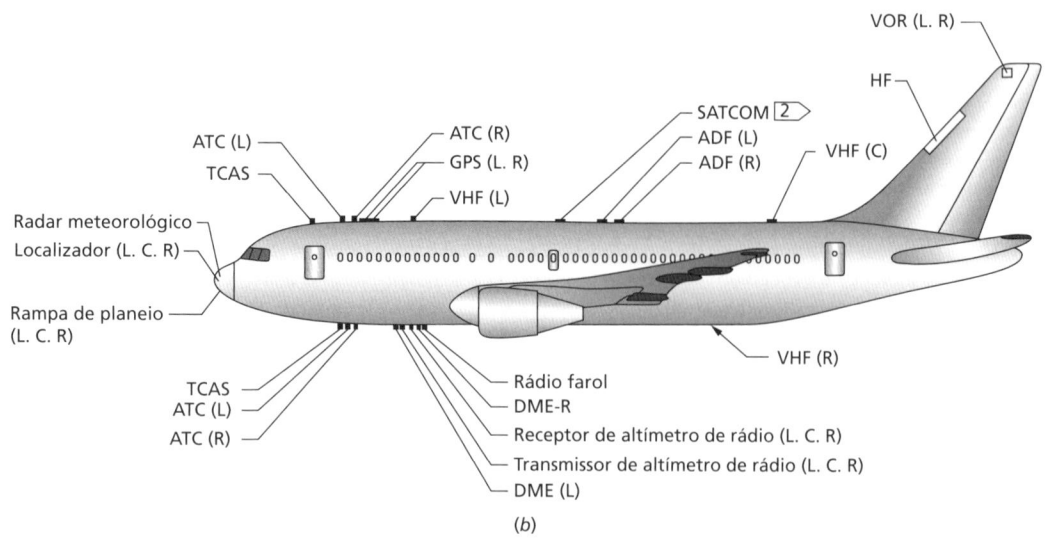

FIGURA 15-52 Locais típicos de antenas: (*a*) Pequena aeronave e (*b*) Boeing 767.

antenas de comunicação de VHF. A antena 6 é uma antena de DME e transponder, enquanto a 7 é uma antena de rádio farol. Os locais de montagem dessas antenas são mostrados na Figura 15-52. A ilustração representa apenas locais típicos; os locais exatos muitas vezes dependem da aeronave e dos equipamentos de rádio utilizados. Apesar dos elementos de antena modernos serem cercados por uma carcaça aerodinâmica, eles ainda produzem um arrasto significativo e reduzem eficiências, especialmente em aeronaves de alta velocidade. Assim, sempre que possível, é muito vantajoso instalar antenas embutidas para reduzir o arrasto induzido sobre a aeronave. Hoje, com o uso de materiais compostos modernos e painéis de plástico de alta resistência, os elementos de antena muitas vezes podem ficar situados no interior da aeronave. Em alguns casos, a antena pode ser uma simples folha de metal fixada no interior de um painel não metálico, projetado para instalação embutida com o exterior da aeronave.

Existem dois tipos básicos de antenas externas em aeronaves modernas: a antena de mastro e a antena de chicote (ver Fi-

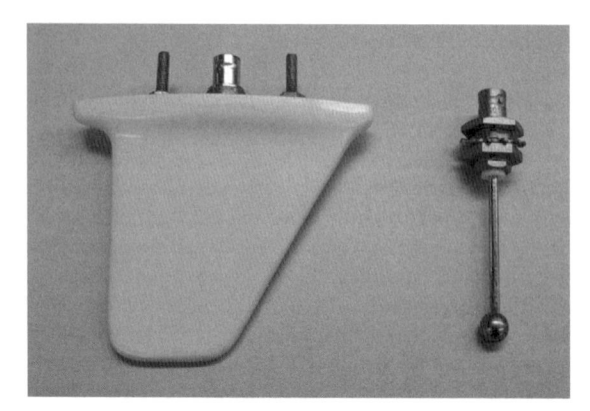

FIGURA 15-53 Duas antenas de transponder comuns: (*a*) Mastro – caixa plástica aerodinâmica e (*b*) elemento de antena com chicote exposto.

gura 15-53). Uma antena projetada com uma carcaça exterior aerodinâmica normalmente é chamada de antena de mastro. Nesse sistema, o elemento elétrico em si é simplesmente um fio do tamanho e formato correto encapsulado em uma carcaça à prova d'água. A carcaça fornece a estrutura necessária para sustentar e montar a antena. Uma antena de chicote não contém carcaça externa e seu elemento elétrico fica exposto ao ambiente. Em geral, as aeronaves de alta velocidade sempre contêm antenas de mastro ou embutidas; a maioria das antenas de chicote é usada apenas em aeronaves de baixa velocidade.

Cabo da antena

O fio usado para conectar uma antena ao receptor/transmissor de rádio deve usar um projeto especial para conduzir corretamente o sinal de RF de baixa potência. Na realidade, o fio da antena é um cabo com características bastante específicas. A linha de transmissão mais comum entre a antena e o rádio é chamada de cabo coaxial. Um cabo coaxial contém dois condutores elétricos separados por um isolante, chamado de dielétrico. A Figura 15-54 mostra que o condutor interno é um fio de cobre sólido, enquanto o externo é composto de múltiplos fios finos em um padrão trançado que cerca totalmente o fio interno. O dielétrico é projetado para ser de uma dimensão específica que é crucial para a transmissão apropriada do sinal.

Os cabos de antena são projetados para conduzir a energia de ondas de rádio de HF, então a impedância do cabo é crucial. Para manter a impedância correta, é importante que o cabo nunca seja dobrado, pregado, esmagado ou deformado de

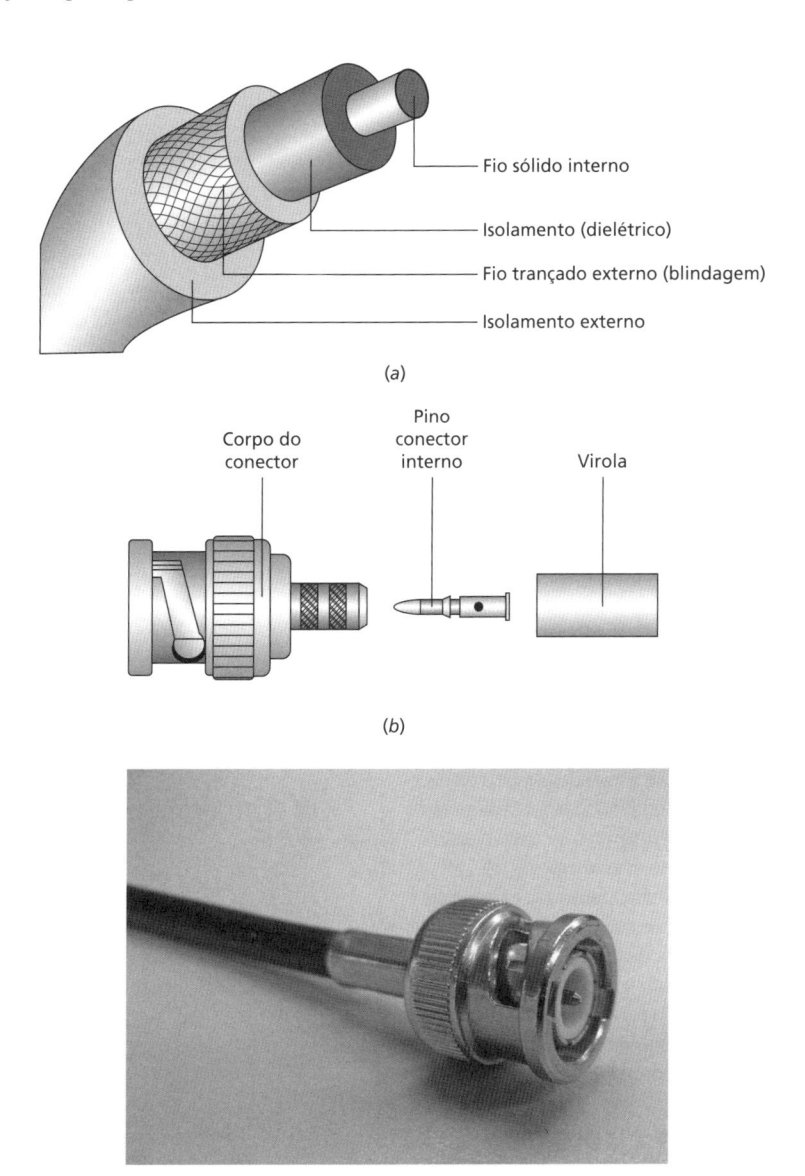

FIGURA 15-54 Conector e cabo de antena: (*a*) cabo coaxial, (*b*) componentes conectores BNC e (*c*) conector instalado no cabo.

qualquer outra maneira; o raio de dobramento mínimo de muitos cabos também é crítico. O comprimento do cabo também pode afetar o desempenho de rádio, então apenas corte cabos nas dimensões determinadas pelo fabricante. A terminação dos cabos coaxiais normalmente exige o uso de um conector BNC especial (ver Figura 15-54). O pino é soldado ao condutor interno do cabo coaxial; a virola é crimpada em torno do condutor externo e dá rigidez ao conjunto. O corpo conector incorpora um fecho rotativo para garantir um ajuste firme. O projeto garante que o condutor externo cerca completamente o fio interno no ponto de conexão, reduzindo a possibilidade de interferência de radio. Outros conectores semelhantes ao BNC também podem ser utilizados em aeronaves.

Instalação da antena

Sempre que trabalhamos na instalação de uma antena, é importante considerar o local desta, a estrutura da aeronave e a ligação elétrica da antena com a célula. Quando escolhemos o local da antena, é preciso considerar a direção na qual o sinal de rádio será recebido/transmitido. Por exemplo, como o GPS utiliza comunicações via satélite, a antena sempre será colocada no lado superior da fuselagem; a antena de rampa de planeio deve ficar localizada de modo a estar virada para a frente e para baixo para receber sinais vindos do solo durante uma aproximação de pista. Em termos gerais, as antenas devem ser localizadas de forma a prevenir a perda de sinal devido a outras estruturas, como o trem de pouso e os montantes das asas. As antenas muitas vezes têm espaçamento mínimo de 36 polegadas entre si para impedir a interferência de sinal; não instale antenas muito próximas umas das outras. Os documentos de instalação de um determinado sistema normalmente incluem instruções sobre instalação de antenas como parte dos dados aprovados. Determinados sinais de RF são afetados facilmente por tintas que contêm partículas metálicas. Por exemplo, a espessura de uma certa tinta pode afetar o sinal de uma antena de radar. Sempre consulte os dados técnicos antes de pintar qualquer antena ou painel de cobertura de antena.

Em geral, a antena é simplesmente montada sobre a superfície de metal externa da aeronave, mas uma placa de reforço também pode ser adicionada para ajudar a distribuir as cargas físicas criadas pelo arrasto do vento. Normalmente, uma junta é usada para selar a antena contra chuva e umidade, sendo colocada entre a antena e a superfície da célula. Muitas aeronaves são pressurizadas para voarem em altitudes maiores, então um selante especial pode ser necessário na base dessas antenas. As aeronaves pressurizadas também têm requisitos estruturais especiais; nunca instale antenas em aeronaves pressurizadas sem os dados de engenharia apropriadas. Na maioria das instalações, a base da antena é aterrada na superfície de metal da aeronave, um processo chamado de ligação. Em geral, a superfície interna do metal é limpada antes da instalação e os equipamentos de montagem da antena fazem a conexão de massa entre a célula e a antena.

Resolução de problemas de antenas

Durante a resolução dos problemas de sistemas de rádio, a antena e os cabos relacionados devem ser inspecionados cuidadosamente. Se ocorre um pequeno vazamento, a umidade pode invadir a estrutura de montagem ou a antena em si, o que pode afetar significativamente o desempenho do rádio. Além disso, a ligação da antena deve permanecer limpa e apertada para a transferência apropriada do sinal. Se os cabos da antena não estão apoiados corretamente, pode ocorrer um movimento excessivo durante o voo, afrouxando a conexão e criando problemas de transmissão. Como vemos na Figura 15-55, dois instrumentos comuns são usados para tetar uma cabo de transmissão de antena; o wattímetro Thruline e o refletômetro no domínio do tempo (TDR). O wattímetro Thruline mede a quantidade de energia que percorre o cabo da antena de fato; o instrumento mostra se o sinal completo alcança a antena e/ou se parte do sinal é refletido de volta, sem jamais alcançar a antena. O TDR é projetado para enviar um pulso em um cabo de antena e medir os possíveis sinais refletidos de volta ao TDR. Quando usado corretamente, esse instrumento indica o tipo de pane do cabo (abertura ou curto-circuito) e o local aproximado do problema.

(a)

(b)

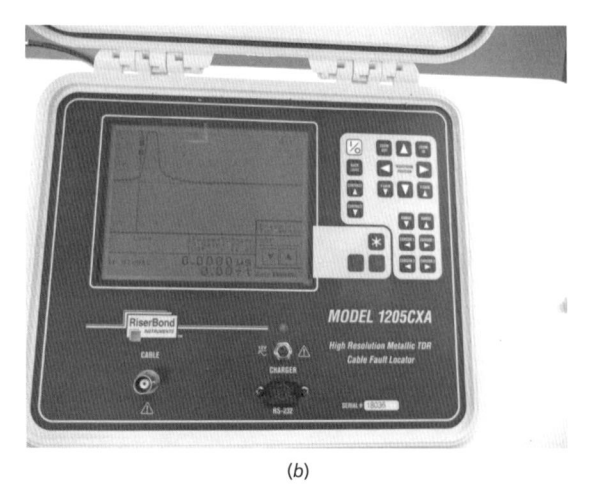

FIGURA 15-55 Dois instrumentos comuns para teste do cabo de uma antena: (a) Wattímetro Thruline e (b) refletômetro no domínio do tempo.

QUESTÕES DE REVISÃO

1. Liste os sistemas de navegação mais usados nas aeronaves modernas.
2. Qual é a faixa de frequência usada pelas comunicações do controle de tráfego aéreo?
3. Por que a ARINC foi estabelecida?
4. Qual é a faixa de frequência utilizada pelos sistemas de comunicação VHF de aeronaves?
5. Descreva um transceptor de comunicação VHF típico usado em pequenas aeronaves.
6. Qual é a diferença entre os displays de USE (uso) e STANDBY (reserva) em um transceptor de COMM de VHF?
7. Qual é a função de um decodificador SelCal?
8. Descreva o ACARS.
9. Qual é a vantagem das comunicações de SATCOM?
10. Defina as responsabilidades da FCC.
11. Descreva os componentes operacionais de um sistema de internet de banda larga em voo.
12. Descreva o procedimento para testar um rádio de comunicação para pequenas aeronaves.
13. Descreva a operação de um sistema de indicador automático de direção (ADF).
14. Descreva um indicador magnético de rádio (RMI).
15. Descreva os sinais de RF irradiados por uma estação terrestre de VHF omnidirecional.
16. Qual é o alcance de transmissão máximo das estações terrestres de VOR?
17. Descreva um indicador de desvio de curso (CDI).
18. Qual referência navegacional é gerada por um sistema de pouso por instrumentos (ILS)?
19. Descreva rapidamente a operação de um localizador.
20. Compare a função de rampa de planeio de um ILS com a função de um localizador.
21. Explique o princípio dos equipamentos medidores de distância (DME).
22. Qual é uma consideração importante com relação à instalação de uma antena de DME?
23. Qual é o propósito de um sistema de rádio farol?
24. Quais são as luzes indicadoras associadas com um rádio farol?
25. Compare o sistema de pouso por micro-ondas (MLS) com o ILS.
26. Os sistemas de navegação MLS ainda são utilizados nos Estados Unidos?
27. Qual é o propósito de um sistema de sintonização de rádio e em qual tipo de aeronave ele costuma ser usado?
28. Explique o princípio de um sistema de navegação por área (RNAV).
29. Quais são as três leis básicas da física que tornam a operação de um INS possível?
30. Descreva a função de um acelerômetro.
31. Qual é o propósito de uma plataforma de cardã?
32. Descreva a teoria de operação de um sistema de posicionamento global (GPS).
33. Quais sistemas são utilizados para melhorar a precisão da navegação por GPS para aeronaves?
34. Explique o *wide area augmentation system* para GPS.
35. Explique o *local area augmentation system* para GPS.
36. Qual é a função de um transponder ATC?
37. Qual é o valor de um altímetro codificador quando usado com um transponder ATC?
38. Qual é o propósito de um transmissor localizador de emergência (ELT)?
39. Quais frequências são usadas por um ELT?
40. Como é possível testar um ELT?
41. Quais procedimentos de serviço devem ser realizados em um ELT?
42. Qual tipo de aeronave é obrigado a ser equipado com um gravador dos dados de voo?
43. Descreva a operação de um sistema típico de gravação dos dados de voo.
44. Descreva como um sistema de ELT digital de 406 MHz diferente de um ELT analógico.
45. Em quais aeronaves os gravadores dos dados de voo são obrigatórios?
46. Explique o propósito e a operação de um gravador de voz na cabine de comando.
47. Descreva uma instalação de antena típica em uma aeronave moderna.

CAPÍTULO **16**

Sistemas de alerta meteorológico e outros sistemas de segurança

À medida que as aeronaves são projetadas para voar mais alto e mais rápido, também torna-se necessário melhorar sua segurança com o uso de sistemas de alerta eletrônicos. Alguns sistemas de alerta são usados para avisar os pilotos apenas sobre condições anormais, como a baixa pressão do óleo; outros, como o radar meteorológico, são projetados para fornecer informações contínuas. Algumas aeronaves modernas contêm inúmeros sistemas e sensores projetados para monitorar diversas condições de voo, como altitude da aeronave, velocidade em relação ao ar, condições meteorológicas e até alerta e identificação de possíveis colisões em voo. Muitos desses sistemas são obrigatórios para aeronaves comerciais ou de alta velocidade, enquanto outros são opcionais e instalados para melhorar as condições de voo.

Como as condições meteorológicas ao longo de uma rota de voo são críticas para a segurança dos passageiros, o piloto precisa de um meio de "visualizar" a rota e prever se enfrentará condições climáticas perigosas. Uma das principais maneiras de fazer isso é usando um **radar**. Outro sistema desenvolvido para determinar as condições meteorológicas muitos quilômetros à frente do avião é chamado de **sistema de mapeamento meteorológico**. Os sistemas de mapeamento meteorológico detectam as atividades elétricas causadas por condições de tempestade e apresentam as informações em uma tela.

Este capítulo apresenta os conceitos básicos dos radares meteorológicos, sistemas de anticolisão de tráfego (TCASs), sistemas de alerta de proximidade ao solo e sistemas meteorológicos por satélite. O projeto, a arquitetura e a teoria operacional desses sistemas de segurança modernos também serão discutidos.

RADAR

A palavra *radar* é derivada da expressão **radio detecting and ranging**, ou "detecção e telemetria pelo rádio". Os equipamentos de radar foram desenvolvidos a um alto nível de desempenho pela Grã-Bretanha e os Estados Unidos durante a Segunda Guerra Mundial, quando foram usados para detectar aeronaves e veículos de superfície inimigos. Em meados da década de 1950, os radares chegaram às aeronaves comerciais. As companhias de aviação civil logo reconheceram as vantagens da detecção meteorológica adiantada com o uso de radar. Hoje em dia, entre muitas outras funções, o radar é usado para mapeamento meteorológico, mapeamento de terrenos e controle do tráfego aéreo.

Os sistemas de radar foram desenvolvidos para todos os tipos de aeronave, desde pequenos monomotores a grandes aviões de transporte. Os primeiros sistemas de radar eram pesados e volumosos e incluíam muitas unidades independentes. O uso de dispositivos de estado sólido e da microeletrônica levou ao desenvolvimento de sistemas pequenos e compactos. Hoje, os sistemas de radar modernos são altamente integrados com outros componentes; as informações de radar normalmente são apresentadas aos pilotos em uma unidade de display multifuncional e os circuitos de processamento de radar também pode estar combinados com outros sistemas. Obviamente, determinados componentes ainda são unidades de função exclusiva, como a antena de radar.

Os sistemas de radar operam com base no princípio do eco: ondas de rádio de "alta energia" em forma de pulso são direcionadas em um feixe contra um alvo refletor. Imagine que o feixe de pulsos de radar é uma série de bolas de tênis arremessadas consecutivamente; cada bola representa um pulso de energia. Se um objeto refletor, como um caminhão, passa na frente do fluxo, uma ou mais bolas de tênis são rebatidas. Essas bolas de energia refletidas indicam que um objeto sólido foi detectado; quando as reflexões param, o objeto não está mais no feixe de bolas de tênis. Quando um pulso de energia de um radar acerta um alvo (que pode ser uma montanha, uma nuvem ou um avião), parte do pulso é refletida de volta à seção receptora do sistema de radar (ver Figura 16-1).

Na Figura 16-1, em *A*, um pulso acaba de ser emitido da antena de radar do avião. Nesse ponto, um bipe aparece na tela de radar. Em *C*, o pulso acerta uma nuvem carregada. Parte do pulso é refletida pela nuvem e volta para o avião, como mostrado em *D*. Quando o pulso refletido alcança o avião, em *E*, um segundo bipe, menor, aparece na tela. O tempo entre os dois bipes indica a distância entre o avião e a nuvem. Na Figura 16-1, o tempo entre os dois bipes, é mostrado como sendo de 620 microssegundos [μs], o que representa uma distância de cerca de 50 milhas [80 km]. Em *F*, outro pulso é emitido da antena de radar. Os pulsos continuam enquanto o radar está ativo. A operação dos radares meteorológicos aéreos usam a mesma teoria básica descrita acima, mas de modo mais sofisticado.

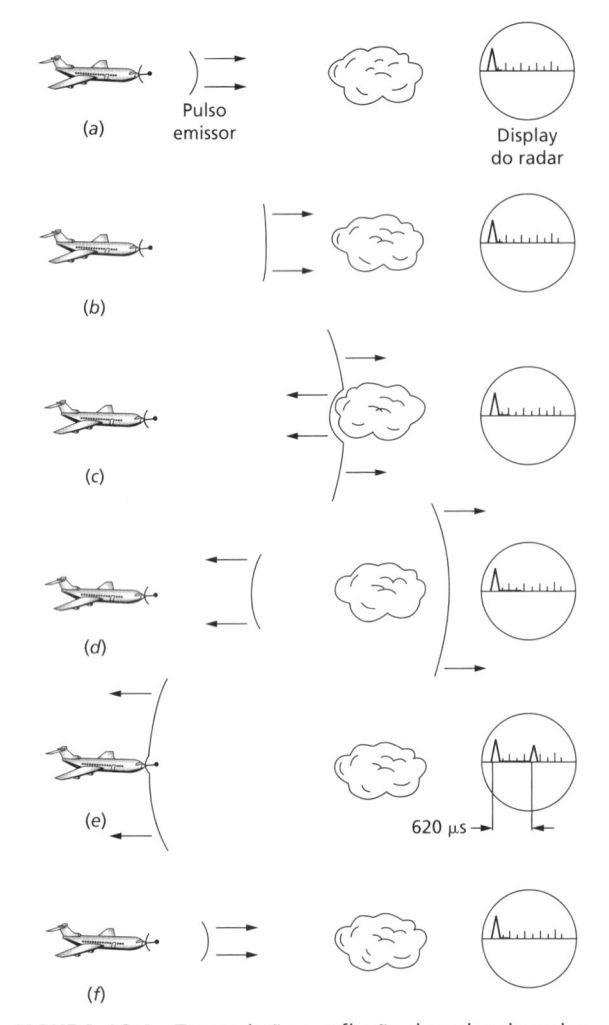

FIGURA 16-1 Transmissão e reflexão de pulso de radar.

Natureza dos sinais de radar

Um sinal de radar típico é composto de uma onda portadora de 8000 MHz, dividida em pulsos com duração de 1 μs e espaçamento de intervalos de 1400 s ou 2500 μs. Isso produz uma razão de aproximadamente 2500:1 entre o tempo **sem sinal** e o tempo de **sinal**. É preciso observar que a razão entre a duração do pulso e o tempo sem sinal varia consideravelmente com a frequência, que vai de 1000 a 26.500 MHz. A Tabela 16-1 lista as diversas bandas.

A duração dos pulsos de um sinal de radar pode variar de 0,25 a 50 μs, dependendo dos requisitos do sistema. A frequência de repetição do pulso também varia de acordo com a distância que os sinais precisam percorrer. Para distâncias muito longas, a taxa de pulso deve ser lenta o suficiente para que o sinal de retorno seja recebido antes de outro pulso ser transmitido. Sem isso, seria difícil saber se o pulso mostrado na tela do radar é o transmitido ou o recebido.

O uso de um sistema de pulsos em um radar permite a transmissão de pulsos extremamente poderosos. Na prática, toda a potência é concentrada nos surtos curtíssimos. Se a saída de potência média de um transmissor é 10 W, a potência do pulso pode chegar a 25.000 W.

Nos primeiros tipos de sistema de radar, a tela do CRT era uma escala horizontal chamada de A scan. O tempo entre o pulso transmitido e o pulso recebido indicava a distância do alvo em relação ao transmissor. Com esse tipo de sistema, a direção do alvo não podia ser determinada, exceto pela observação do sentido no qual a antena estava apontada. Para permitir que o radar fornecesse informações sobre direção, foi desenvolvido o P scan. O próximo desenvolvimento na evolução do radar foi o rastreio automático pela antena de radar e o circuito de processamento para criar uma imagem na tela do radar, originalmente um tubo de raios catódicos (CRT). Este era chamado de **P scan** poque mostrava automaticamente a **posição** do alvo. O sistema de radar de P scan usa um display conhecido como **indicador de posição no plano (PPI)**, pois indica a direção e a distância. A maioria dos sistemas de radar modernos opera usando esse princípio de rastreamento e mostra os resultados em um display de tela plana de LCD. O sistema de aviação depende fortemente do radar para dois usos principais: o controle de tráfego aéreo, que emprega radares de solo para localizar aeronaves durante o voo, e radares aéreos usados por pilotos para detectar condições meteorológicas perigosas.

Operação do PPI

A Figura 16-2 ilustra a operação de um PPI. A antena gira 1 revolução por segundo (rps), mais ou menos, enquanto busca uma área de 360°, e o traço de tempo no osciloscópio gira exatamente à mesma velocidade. O traço de tempo é girado por meio de um circuito sincronizador que "gira" eletronicamente o feixe de elétrons que forma o display no CRT.

Normalmente, quando o radar de PPI é instalado, o traço de tempo é vertical do centro do osciloscópio até a borda superior quando a antena aponta para o norte. Quando a antena é virada para a direita, o traço de tempo fica à direita, ou ao leste.

Vamos pressupor que o PPI na Figura 16-2 é instalado de forma que a antena aponte para o norte. Um pulso é transmitido e um ponto brilhante aparece em x. Se o comprimento do traço do centro do *scope* até a borda representa uma distância de 30 milhas [48,3 km], o ponto que aparece em x indica que o alvo (objeto refletor) está diretamente ao norte e a uma distância de 20 milhas [32,2 km]. Cada pulso e cada traço continuarão a mostra o objeto enquanto os pulsos transmitidos o atingirem. Isso vai contribuindo para a imagem, fornecendo uma indicação do tamanho do alvo e não apenas de sua direção.

À medida que a antena gira em sentido horário, a varredura do CRT também gira no mesmo sentido. A Figura 16-2b mostra uma varredura de feixe de elétrons enquanto a antena aponta ligeiramente à direita do norte; a Figura 16-2c mostra a

TABELA 16-1 Diversas bandas de radar

Comprimento de onda aproximado	Letra de identificação	Frequência, MHz
30 cm	L	1.000 – 2.000
10 cm	S	2.000 – 4.000
5,6 cm	C	4.000 – 8.000
3 cm	X	8.000 – 12.500
1 cm	K	18.000 – 26.500

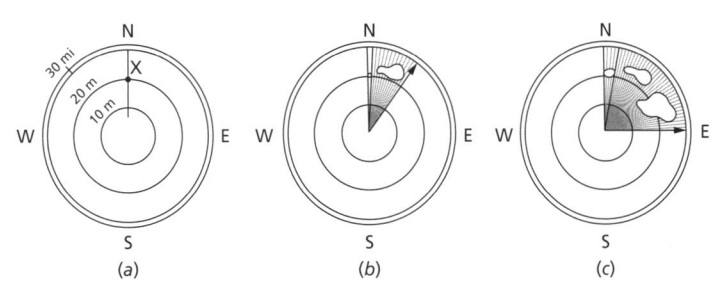

Capítulo 16 Sistemas de alerta meteorológico e outros sistemas de segurança **401**

FIGURA 16-2 Operação de um PPI.

varredura depois que a antena girou 90° em sentido horário. Os sistemas de radar meteorológico de aeronaves se limitam a rotação de suas antenas. A maioria do sistemas aéreos rastreiam uma área de aproximadamente 60° à direita e à esquerda da trajetória de voo da aeronave.

Unidades principais de sistemas de radares analógicos

Os **radares analógicos** foram o primeiro tipo de sistema de radar desenvolvido para aeronaves. Muitos desses sistemas ainda estão em uso, mas os mais novos operam usando os avanços dos circuitos digitais. As características operacionais de um sistema analógico devem ser estudadas para que possamos entender melhor a teoria básica dos radares. Os sistemas de radar digitais serão discutidos posteriormente neste capítulo.

A Figura 16-3 é um diagrama em blocos simplificado de um sistema de radar analógico. Esse sistema é composto de diversas unidades principais, cada uma das quais serve uma função específica no sistema. O **sincronizador** temporiza o sinal de radar e sincroniza o transmissor, o receptor e o indicador para que todos operem em harmonia. A temporização e a sincronização são realizadas por pulsos de disparo gerados no sincronizador. Esses pulsos se originam de um multivibrador ou de um circuito gerador de pulsos semelhante.

O **misturador** armazena energias e fornece pulsos de alta tensão, que por sua vez são liberados pelo pulso de disparo do sincronizador. Durante o intervalo entre os pulsos, uma rede composta de indutores e capacitores é carregada até um alto nível. Quando o pulso de disparo libera essa energia, um pulso de alta tensão é conduzido até o **transmissor**.

O elemento principal de um transmissor de radar é um **magnétron**. Esse dispositivo é um tubo que recebe o pulso de alta energia o misturador e o converte em um pulso de frequência extremamente alta, que por sua vez é enviado ao sistema da antena para ser irradiado no espaço. O magnétron utiliza **cavidades ressonantes** para gerar a frequência correta para o pulso transmitido.

Quando um pulso de energia elétrica de alta tensão é transmitido para as cavidades do magnétron, é gerada uma onda de rádio de frequência fixa (no caso de um sistema de radar meteorológico típico, 5400 MHz).

O pulso de UHF do transmissor é conduzido por meio de uma seção de guia de onda até o duplexador e deste através de um guia de onda até a antena. Normalmente, a **guia de onda** é composto de um tubo de metal retangular oco, que pode ser imaginado como o encanamento para o sinal de radar de alta energia. Quando o pulso de radar deixa o magnétron, ele percorre a guia de onda enquanto tenta dissipar ou perder energia. O interior da guia de onda é de metal sólido e o sinal de radar simplesmente rebate nele enquanto se move em direção à antena de radar. Depois que alcança a antena, o sinal se foca em um feixe que pode se irradiar com segurança para longe da aeronave. O **duplexador** é um dispositivo de comutação eletrônica que se alterna entre conectar o transmissor e o receptor à antena. Quando o pulso é emitido do transmissor, ele é impedido eletronicamente de entrar na guia de onda até o receptor. Assim que o pulso do transmissor termina, a linha do receptor é aberta para receber o pulso refletido. Nesse momento, o caminho até o transmissor é bloqueado para que o pulso sendo recebido não possa chegar ao magnétron.

O **sistema de antena** pode ser comparado a um farol de busca que gira para buscar uma determinada área com um facho de luz. As antenas de radar aéreas usam dois projetos comuns: o formato parabólico tradicional e a antena plana (dirigida). A maioria das instalações de radar de solo utiliza antenas parabólicas, enquanto a maioria dos sistemas aéreos modernos usam a antena plana. O conjunto de antena parabólica do sistema de radar, mostrado na Figura 16-4, é um dispositivo relativamente complexo, em grande parte devido a seus mecanismos de rotação e inclinação. O sinal de RF de micro-ondas é transmitido através de diversas seções de guia de onda e juntas do duplexador ao refletor da antena; posteriormente, o sinal refletido retorna através do mesmo sistema. Em ambos os casos, a energia deve ser transmitida com um nível mínimo de perda.

A parte superior do conjunto de antena mostrado na Figura 16-4 está fixada na estrutura do avião e é chamada de **conjunto de base da antena**. Toda a energia para rotação e inclinação é levada ao conjunto de base por meio de um conector de plugue.

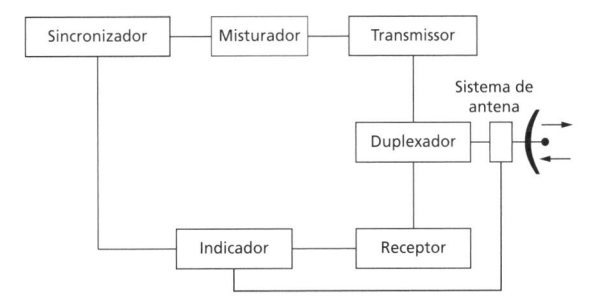

FIGURA 16-3 Diagrama em blocos de um sistema de radar analógico.

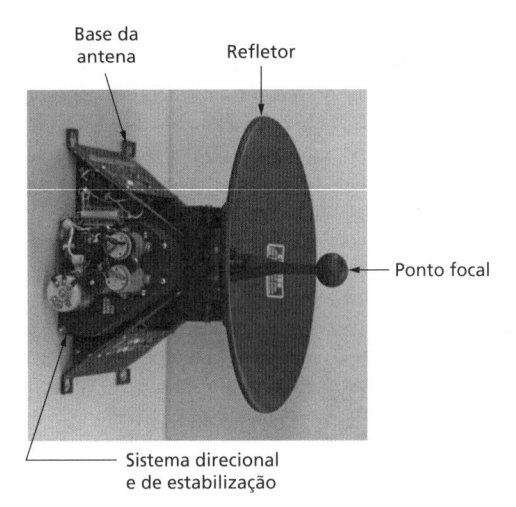

FIGURA 16-4 Antena parabólica de radar.

A energia de RF entra através da guia de onda na traseira e passa pelo conjunto da estrutura da antena, que sustenta o refletor. No conjunto de base temos o motor de acionamento azimutal e trem de engrenagens, além de circuitos de controle para fins de sincronização. A energia elétrica é conduzida da base estacionária até a antena giratória por meio de anéis deslizantes e escovas.

A Figura 16-5 mostra um diagrama simplificado do **sistema de estabilização**. A função do sistema de estabilização é permitir que o equipamento de radar rastreie continuamente o mesmo plano horizontal, independentemente da arfagem ou rolamento do avião. Pelo diagrama, vemos que os sinais de arfagem e rolamento se originam com o giroscópio de voo, que é parte do sistema de piloto automático. Esses sinais são amplificados e enviados ao resolvedor azimutal. Esse resolvedor é conectado através de uma rede de resistores ao resolvedor de elevação e ao resolvedor de inclinação. Esses resolvedores fornecem informações a um sistema de computadores que soluciona continuamente a equação necessária para fornecer instruções ao motor de acionamento de elevação, que por sua vez executa o trabalho de estabilização. O motor de acionamento de elevação na verdade posiciona o refletor da antena para permitir uma varredura horizontal contínua, ou rotação, do feixe da antena.

O sistema de radar pode ser operado com ou sem estabilização da antena por meio da chave estabilizadora no painel de controle. Quando a chave é colocada na posição de estabilização, a antena é estabilizada. A inclinação da maioria dos sistemas de antena também pode ser ajustada manualmente de acordo com as orientações do piloto. Esse recurso é conveniente, pois permite que o piloto rastreie as condições meteorológicas acima ou abaixo da trajetória de voo atual do avião. Isso pode ser necessário quando o piloto precisa alterar o nível de voo ou deseja mudar a altitude de voo para evitar uma tempestade.

Em um sistema de radar, os pulsos de energia de RF se deslocam ao longo da guia de onda, que termina em um **elemento de alimentação**. O elemento de alimentação reflete os pulsos do transmissor de volta ao refletor parabólico da antena, que forma os pulsos em um feixe e os irradia no espaço livre.

Uma **guia de onda** é um tubo metálico oco, geralmente de formato retangular, usado para direcionar as ondas de radar UHF de e para a antena. A Figura 16-6 mostra uma seção de guia de onda típica. A unidade receptora-transmissora se conecta à guia de onda no ponto terminal. Todos os sinais transmitidos saem do transmissor e atravessam o "encanamento" de guia de onda até a antena. O sinal de UHF se desloca através da guia de onda de maneira semelhante ao modo como uma onda sonora se desloca

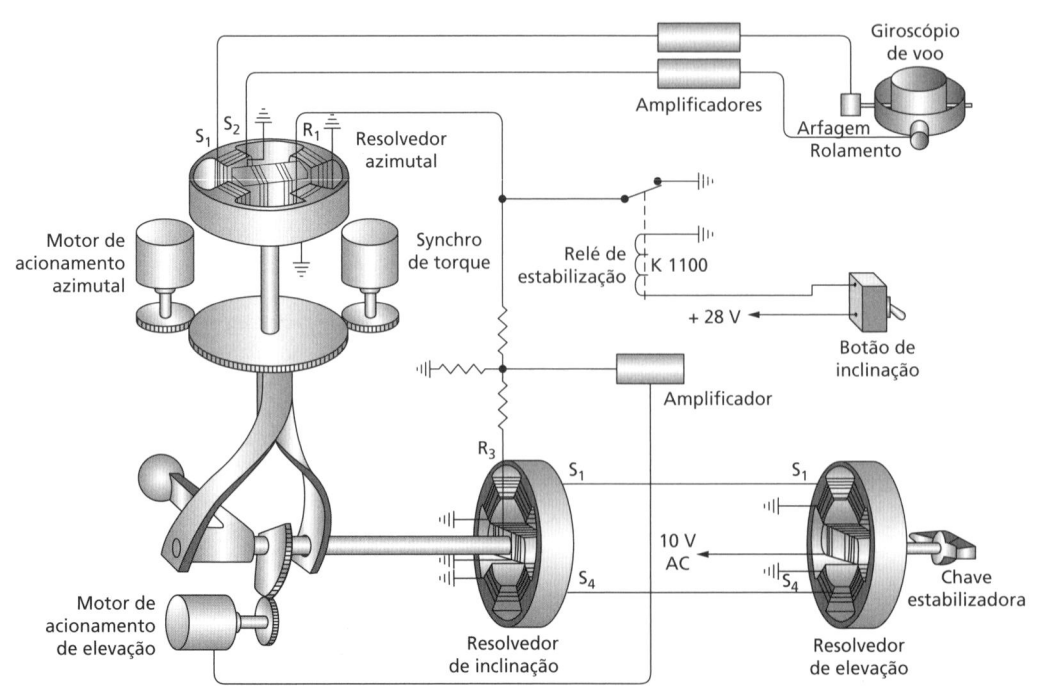

FIGURA 16-5 Sistema de estabilização da antena.

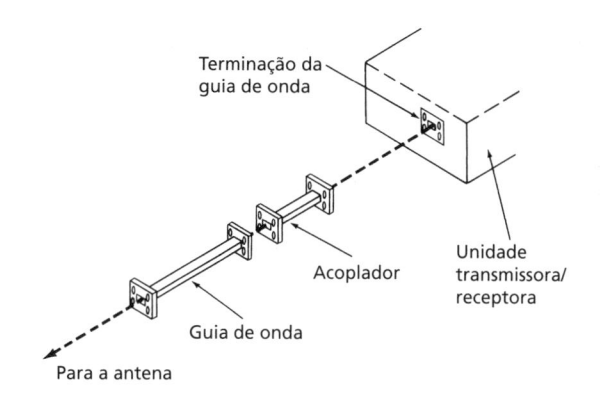

FIGURA 16-6 Guia de onda típico.

através de um tubo oco. Como os sinais de radar não podem escapar pelas laterais da guia de onda, eles simplesmente se deslocam até sua extremidade, onde são irradiados para o ar através da antena (ver Figura 16-7).

A seção **receptora** do sistema de radar é bastante complexa, pois precisa receber as ondas refletidas e prepará-las para fornecer uma indicação correta na tela do CRT. Isso envolve diversas operações eletrônicas. O primeiro passo é alterar a frequência do sinal de entrada até um nível que possa ser manuseado convenientemente por um sistema eletrônico padrão. A mudança de frequência é realizada por meio de um sistema super-heteródino, que produz uma frequência intermediária.

A frequência de radar de entrada normalmente é de cerca de 5400 MHz, enquanto a frequência intermediária é de cerca de 60 MHz. A frequência intermediária de 60 MHz é amplificada, detectada e enviada aos amplificadores de vídeo. A saída de sinal dos amplificadores de vídeo é enviada ao indicador de CRT do radar.

O **indicador** é um CRT ou LCD, normalmente combinado com os circuitos operacionais necessários. O sinal de vídeo deve ser aplicado a um circuito de deflexão vertical e um sinal de varredura deve ser aplicado ao circuito de deflexão horizontal.

O uso de **marcadores de alcance** no indicador é bastante comum. Esses marcadores são círculos concêntricos, igualmente espaçados a partir do centro da tela, que permitem que o operador determine exatamente o alcance (distância) do alvo em relação ao avião no qual o radar está instalado. Na maioria das aeronaves, o alcance do radar pode ser ajustado pelo piloto; isso muda o nível de energia do sinal irradiado e causa uma mudança correspondente no valor dos marcadores de alcance na tela.

Para sistemas de radar cuja instalação impossibilita que a antena gire em um círculo completo, a antena é girada para a frente e para trás em um determinado arco. Essa situação ocorre quando a antena é instalada no nariz da aeronave. Nesse caso, a antena pode oscilar por um arco de 90 a 240°, dependendo da instalação específica. Isso geralmente produz uma cobertura adequada para sistemas de radar meteorológico, pois este precisa rastrear a área à frente, à direita e à esquerda da trajetória de voo. A Figura 15-8 mostra um diagrama de um indicador para esse tipo de instalação.

SISTEMAS METEOROLÓGICOS AÉREOS DIGITAIS DE RADAR

Como mencionado anteriormente neste capítulo, o uso disseminado de circuitos de estado sólido e microeletrônica levou ao desenvolvimento de sistemas de radar completos que pesam uma mera fração dos sistemas originais. Os sistemas de radar desse tipo começaram a integrar outras funções além da meteorologia: funções de perfis navegacionais, mapeamento de terreno e listas de controle se tornaram bastante comuns. Tudo que faltava para esses recursos adicionais era memória digital e capacidade de processamento suficientes. Praticamente todos os radares instalados desde o início da década de 1990 são totalmente coloridos e têm múltiplos recursos. Um perfil navegacional pode ficar sobreposto sobre a meteorologia, permitindo que o piloto determine se o curso traçado cruzará ou não com as atividades meteorológicas. O mapeamento de terreno permite que o piloto receba perfis de solo detalhados quando ajustado para o modo apropriado. O recurso de lista de controle permite que o piloto armazene até 16 páginas da lista de controle da aeronave dentro da memória da unidade de radar. O piloto pode abrir a lista sempre que precisa, eliminando a necessidade de uma versão física, menos conveniente da lista de controle.

À medida que os radares continuaram a evoluir e mais aeronaves foram projetadas com sistemas de display eletrônicos,

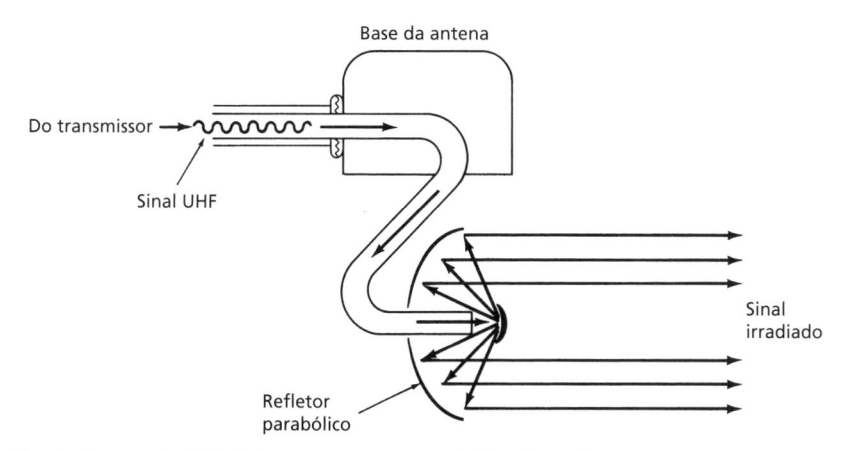

FIGURA 16-7 Irradiação de um sinal UHF de uma antena parabólica de radar.

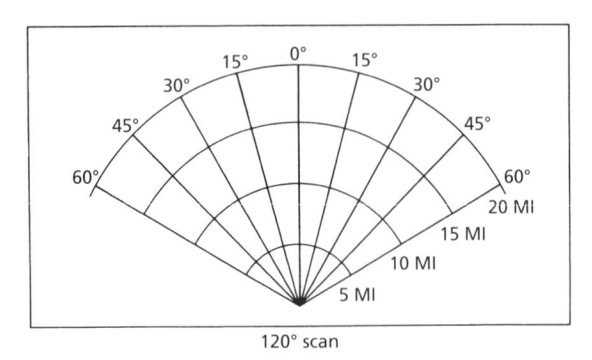

FIGURA 16-8 PPI para uma antena de radar oscilante.

muitas vezes chamados de sistemas de instrumentos de voo eletrônicos (EFISs), os displays meteorológicos exclusivos deixaram de ser necessários. As informações meteorológicas passaram simplesmente a ser apresentadas em um ou mais dos displays de voo eletrônicos. Isso poupou peso e criou um painel de instrumentos mais eficiente. Esse conceito de integração continuou a evoluir, a ponto de praticamente nenhuma aeronave moderna conter uma "tela de radar"; hoje, todas as informações meteorológicas são apresentadas em displays **multifuncionais** ou **navegacionais**.

Radar meteorológico colorido

A adição de cores às telas de radares meteorológicos aprimora a imagem da atividade de tempestade e fornece uma maneira mais eficaz de detectar situações climáticas graves. O verde indica uma atividade de tempestade de nível 1; o amarelo indica chuva moderada no nível 2; e vermelho indica o nível 3, ou precipitação pesada (ver Figura 16-9). Alguns equipamentos de rada coloridos também usam a cor magenta (roxo avermelhado) para indicar turbulência, precipitação muito pesada ou gelo.

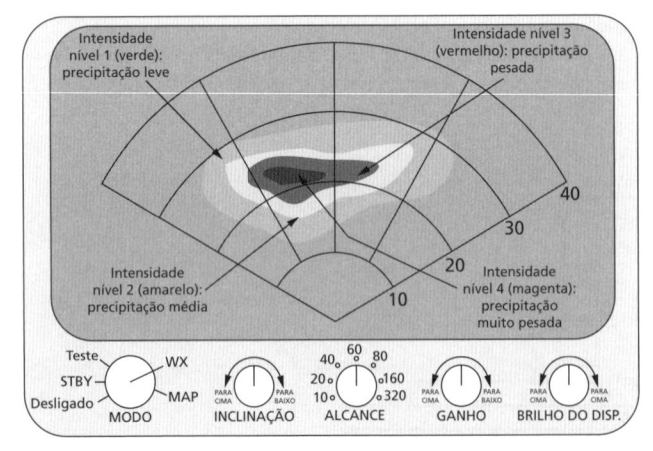

FIGURA 16-9 Tela de radar colorido típica. As marcas de alcance geralmente são brancas ou azuis. Atividade de tempestade nível 1 (chuva leve), verde; Atividade de tempestade nível 2 (chuva moderada), amarelo; Atividade de tempestade nível 3 (chuva pesada), vermelho; turbulência (atividade de tempestade extrema), magenta. Veja também o encarte colorido.

Os equipamentos de radar coloridos permitem que o piloto identifique com mais eficácia a intensidade de uma tempestade. Foi essa vantagem que tornou os radares coloridos a norma no setor. Os sistemas de radar em preto e branco ainda estão em uso limitado em algumas aeronaves mais antigas, mas hoje praticamente todas as aeronaves corporativas ou de transporte modernas empregam um sistema de radar colorido.

Frequências do radar meteorológico

Os sistemas de radar meteorológico são projetados para detectar a presença de chuva, tempestades elétricas e turbulência violenta. Isso é possível pela utilização de frequências refletidas mais facilmente por essas condições. O radar meteorológico *não* deve ser utilizado como dispositivo de alerta de proximidade para outras aeronaves ou em sistemas anticolisão. As frequências usadas para detectar chuva não são úteis para detectar aeronaves. Para obter resultados confiáveis nesse sentido, é preciso utilizar um tipo diferente de sistema.

Os radares meteorológicos aéreos normalmente operam em uma de duas frequências, a **banda C** ou a **banda X**. A faixa da banda C vai de 4000 a 8000 MHz, enquanto a da banda X vai de 8000 a 12000 MHz. Os radares da banda C são usados em situações nas quais o piloto precisa atravessar passagens estreitas entre tempestades elétricas. As frequências da banda C tendem a atravessar parte da precipitação que refletiria a energia da banda X. Como as frequências da banda C não se refletem facilmente, elas não conseguem "enxergar" parte da atividade de tempestade. Por consequência, os radares da banda C tem baixa resolução em comparação com as unidades da banda X. Contudo, essa característica permite que a banda C penetre a precipitação e identifique alvos (tempestades) atrás da chuva inicial. Isso permite que o piloto determine se atravessar a chuva inicial o levará ao céu azul ou a mais tempestades. A **resolução** de um sistema de radar define sua capacidade de apresentar precisamente os diversos níveis de atividade de tempestade rastreados pelo radar.

Os radares da banda X têm boa resolução, mas a banda X não fornece uma cobertura confiável do que está atrás da precipitação. Isso ocorre porque muito pouco da energia da banda X atravessa a precipitação encontrada inicialmente pela onda transmitida. Os radares da banda X normalmente são utilizados por pilotos que usam o radar como ferramenta de evasão do mau tempo. Alguns sistemas de radar avançados superaram as limitações dos equipamentos de banda única; esses sistemas híbridos variam a intensidade do pulso de radar emitido e/ou escolhem entre as frequências da banda C ou da X, dependendo do caso. Usando microprocessadores poderosos, os sistemas mais avançados podem mapear automaticamente todas as facetas das atividades de uma tempestade, praticamente sem precisar que o piloto ajuste os controles d radar.

A Figura 16-10 ilustra a diferença entre os sinais transmitidos de radares típicos das bandas X e C. Nela, é fácil ver que o padrão de propagação da onda da banda X é mais concentrado do que o da banda C. Essa característica ajuda a determinar o tipo de sinal refletido e o uso dos sistemas de radar.

O sistema de radar meteorológico aéreo típico é composto de um receptor-transmissor, um ou dois indicadores, um painel de controle e um sistema de antena (Figura 16-11). Esse tipo de sistema é comum em aeronaves corporativas.

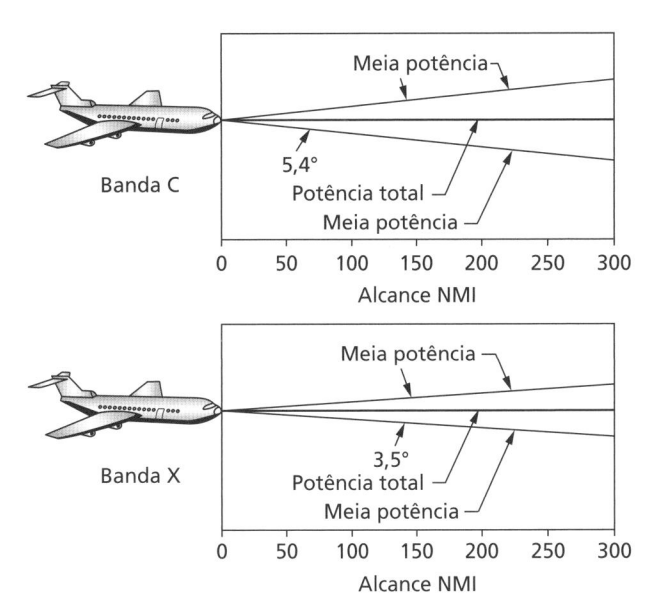

FIGURA 16-10 Características de transmissão de radar das bandas C e X. (*Rockwell Collins*.)

FIGURA 16-11 Componentes típicos de um radar meteorológico de aeronave. (*Rockwell Collins*.)

O receptor-transmissor

O **receptor-transmissor (r-t)** de um sistema de radar aéreo típico se divide em três seções básicas: o receptor, o transmissor e o processador de dados. A seção do transmissor é projetada para produzir pulsos nas frequências da banda C ou X e transmitir essa energia para a seção da antena no momento correto. A maioria dos radares modernos utiliza uma interface totalmente digital de estado sólido para comunicação entre as diversas seções do sistema de radar. Os indicadores de radar podem ser displays independentes usados apenas para informações de radar ou podem ser incorporados a displays multifuncionais (MFD) ou navegacionais (ND). As unidades de MFD e ND são instaladas como parte do sistema de instrumentos eletrônicos e podem ser adaptadas facilmente para apresentar informações meteorológicas. Esse conceito de integração dos displays poupa peso valioso na aeronave, abre espaço no painel de instrumentos e melhora o estado de alerta do piloto. Dois tipos básicos de displays são utilizados em aeronaves modernas: o CRT e o display de cristal líquido (LCD). Ambos podem mostrar uma ampla variedade de informações utilizando imagens coloridas de alta resolução, mas o LCD é mais leve e usa menos energia do que o CRT. Atualmente, o LCD é o formato padrão, usado em todas as aeronaves mais recentes. Contudo, milhares de aeronaves ainda estão equipadas com displays de LCD e o técnico provavelmente encontrará displays de LCD e de CRT durante suas atividades de manutenção.

O sinal do receptor-processador do radar é convertido para um formato compatível com o display, que pode ser um sinal digital ou analógico, dependendo do projeto do sistema. O display decodificada e processa as informações para criar uma imagem meteorológica para o piloto. Algumas unidades de display meteorológico dedicadas e alguns displays multifuncionais contêm botões de pressão ou outros controles para funções de radar. A maioria dos sistemas de radar também usa um painel exclusivo especificamente para controlar funções de radar. A Figura 16-12 mostra um diagrama em blocos do sistema de radar meteorológico de uma aeronave de transporte típica.

O **transmissor** gera uma frequência intermediária (FI) estável usando um oscilador controlado por cristal. A FI é traduzida para a banda X ou C através de um multiplexador de diodo varactor. Vários passos podem ser necessários para aumentar o sinal até a frequência correta para transmissão. Outro tipo de sistema usa um circuito de diodo especial que gera a frequência de transmissão imediatamente. Em ambos os casos, o sinal de transmissão é modulado e o tempo do pulso é controlado por um circuito sincronizador.

A **largura de pulso** do sinal transmitido determina a capacidade do radar de resolver alvos a diversas distâncias. Para entender esse fenômeno, considere que o sinal transmitido é um surto de energia seguido por um período relativamente alto sem energia, seguido por outro surto. Como vemos na Figura 16-13, esse ciclo se repete enquanto o radar transmite. Pressupondo que um surto de energia dura 3,9 μs, isso significa que o surto de energia (largura de pulso) tem 1917 pés de comprimento enquanto corre pelo ar. Com essa largura de pulso, o radar não teria como distinguir alvos de tempestade separados por distâncias de 1917 pés ou menos.

Muitos transmissores modernos variam a largura de pulso de acordo com o alcance selecionado pelo piloto. Uma largura de pulso mais curta é utilizada para rastreamentos de radar de curta distância, enquanto pulsos mais longos são utilizados para observações meteorológicas de longa distância.

A seção do **receptor** da unidade r-t recebe o sinal de radar refletido através da antena e duplexador. Esse sinal somente é recebido durante o tempo de escuta, que ocorre entre os pulsos de energia transmitida. O primeiro passo é amplificar o sinal recebido para eliminar a perda de resolução. O sinal amplificado é enviado ao misturador, que por sua vez produz uma FI de menor frequência. Usar uma FI de menor frequência permite a utilização de circuitos menos complexos do que seria o caso com a própria frequência do radar.

A FI é então amplificada, decodificada e filtrada pela seção do **processador de dados** da unidade r-t. Um filtro de alcance é utilizado para determinar a distância entre a atividade de

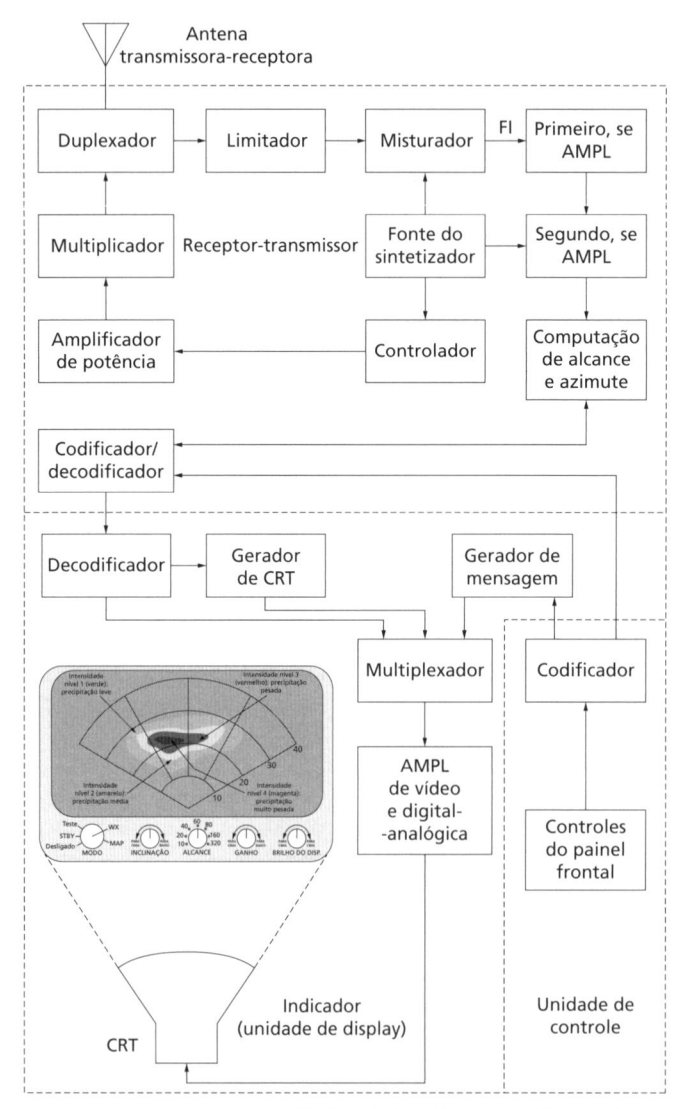

FIGURA 16-12 Diagrama em blocos de radar meteorológico típico. (*Rockwell Collins*.)

FIGURA 16-13 Surtos de energia de radar.

tempestade e a aeronave. O processador de dados analisa a FI e executa os cálculos necessários para determinar a intensidade da tempestade. As informações de alcance e intensidade são então digitalizadas e armazenadas em arquivos de dados. Os dados são então enviados a um filtro azimutal, onde se calcula a média das informações para uma marcação azimutal. Os resultados são enviados à unidade indicadora através de um barramento de dados digital para serem apresentadas.

O indicador

Usando um circuito avançado de alta frequência e alta energia, muitos dos novos transmissores de radar eliminaram a necessidade de usar um magnétron. Eliminar o magnétron ajuda a criar um sistema mais eficiente e compacto, o que também melhora sua confiabilidade, pois o tubo é um componente relativamente delicado e que tende a sofrer panes. Muitos desses mesmos sistemas de radar avançados empregam circuitos miniaturizados e combinam a unidade r-t, a guia de onda e a antena em uma única unidade. Esse radar integrado, por sua vez, é montado no nariz da aeronave, atrás da cúpula de radar; isso elimina a necessidade de usar uma guia de onda longa, poupa peso e reduz a perda de sinal. Esse tipo de sistema de radar é composto de três unidades básicas: (1) o conjunto de antena da unidade r-t, (2) o painel de controle montado na cabine de comando e (3) o display, que pode ser combinado com outros instrumentos eletrônicos de LCD ou CRT disponíveis para o piloto.

O painel de controle

O **painel de controle** do radar meteorológico deve estar situado em um local que permita o acesso fácil por parte da tripulação de voo. Se apenas um sistema de radar está instalado na aeronave, o painel de controle normalmente fica localizado no console central para que possa ser acessado por ambos os pilotos. Se dois sistemas de radar estão instalados, um painel de controle fica localizado de modo a ser acessível para o piloto e o outro para ser acessado pelo copiloto. Os controles operacionais incluem o interruptor, o brilho do display, estabilização, ganho, brilho das marcas de referência, modo de operação (teste, meteorologia, turbulência ou mapa), seleção do alcance operacional e controles de inclinação da antena. Em um sistema de radar digital, a unidade de controle transmite um sinal digital (que representa as posições da chave de controle) para a unidade r-t em formato serial. Em sistemas mais antigos, um sinal analógica é enviado. As funções de alguns dos controles estão descritas abaixo.

O **controle de alcance** é usado para estabelecer o alcance do indicador. Esse controle altera as características de transmissão da unidade r-t para se coordenar com o alcance selecionado. O **controle de ganho** é utilizado para ajustar o ganho do receptor de FI até o ponto operacional apropriado, garantindo a recepção mesmo dos sinais refletidos mais fracos.

Quando o **controle de estabilização** é ligado, o sinal de radar transmitida rastreia em paralelo à terra, independentemente da arfagem e rolamento da aeronave. Esse sistema é especialmente útil quando o avião voa através de áreas de turbulência excessiva.

O **controle de inclinação** é usado para alterar o ângulo de rastreamento da antena. Na posição zero, o feixe da antena está sempre paralelo à superfície da terra. Se o controle é virado para a posição superior, o feixe rastreia uma área acima do nível do avião. Da mesma forma, se o controle é virado para um ângulo descendente, o feixe rastreia uma área abaixo do nível do avião. Assim, o radar oferece melhor cobertura durante a subida ou descida e/ou pode ser utilizado para rastrear as áreas acima ou abaixo da aeronave em busca de atividades de tempestade menos intensas.

Sistema de antena plana

A maioria dos sistemas modernos de radar meteorológico emprega uma antena de radar **plana**. A antena plana utiliza um sistema de guia de onda que irradia o pulso de radar da parte traseira. Esse tipo de antena também é chamada de antena **de fase**. Devido a seu padrão de transmissão de sinal preciso, as antenas planas têm aproximadamente o dobro da eficiência das antenas parabólicas convencionais (ver Figura 16-14). Como ilustrado, com a antena plana (Figura 16-14a), há menos perda de sinal para as laterais da antena. Essa antena mais eficiente estende o alcance e a resolução do transmissor de radar. Com ela, também é possível usar um transmissor menos poderoso e ainda assim produzir sistema de radar com alcance e resolução comparáveis.

A Figura 16-15 mostra uma antena plana típica. Como ilustrado na Figura 16-16, a guia de onda do receptor-transmissor se conecta com a traseira da antena. A antena contém várias fileiras de guias de onda horizontais e verticais. Durante a trans-

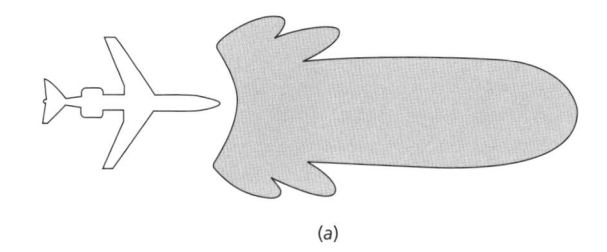

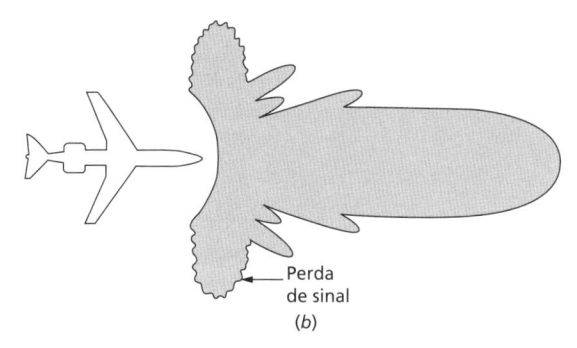

FIGURA 16-14 Padrões de transmissão de sinal de radar. (*a*) Sinal de uma antena plana; (*b*) sinal de uma antena parabólica.

FIGURA 16-15 Antena plana usada em aviões de transporte comerciais. (*Bendix King by Honeywell*.)

missão, os sinais de radar entram nas guias de onda horizontais e verticais e "escapam" pelas fendas na parte frontal da antena. De lá, elas irradiam para fora da antena em uma linha relativamente reta. Durante a recepção, qualquer onda que retorna à antena entra pelas fendas e percorre as guias de onda até chegar ao receptor. A maioria das antenas plana têm diâmetros de 10 a 30 polegadas [25,4 a 76,2 cm].

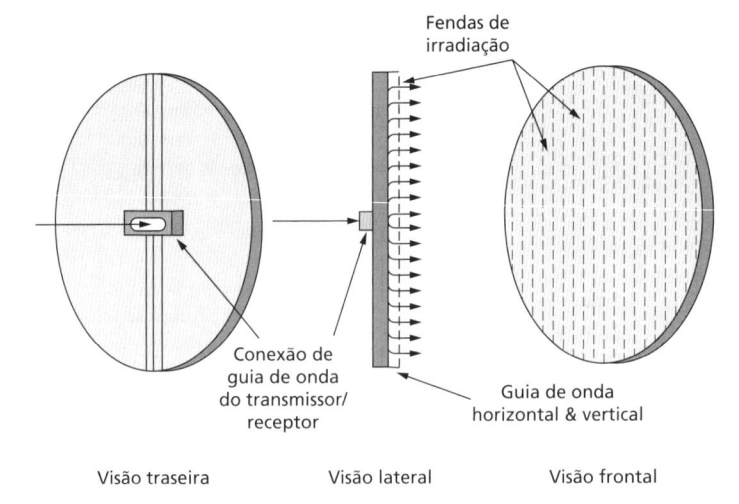

FIGURA 16-16 A operação de uma antena plana.

Guias de onda

Como foi discutido sob a teoria do radar analógico, uma **guia de onda** é utilizada para conectar uma antena a uma unidade r-t. A guia de onda deve ser utilizada para essa conexão porque a frequência de radar é alta demais para ser transmitida por fios convencionais. Para tornar o sistema mais eficiente, a guia de onda deve ser o mais curta possível. Logo, em alguns sistemas, a unidade r-t é montada diretamente na base da antena, eliminando a necessidade de ter uma guia de onda no lado de fora da antena ou unidade r-t. Em uma situação ideal, todas as unidades r-t seriam montadas na base da antena, mas em muitas aeronaves as limitações de espaço não permitem esse tipo de estrutura. Sempre que uma r-t é localizada remotamente da antena, é preciso instalar uma guia de onda.

Cúpulas de radar

A antena de radar normalmente fica montada na seção do nariz do avião e é protegida por uma capa aerodinâmica não metálica chamada de **cúpula de radar**. A cúpula de radar é necessária para proteger o conjunto da antena e ainda permitir que os sinais transmitidos sejam irradiados para o espaço. Uma capa de metal refletiria as ondas de volta, de modo que não seria possível detectar as atividades de tempestade.

Uma cúpula de radar é projetada para proteger a antena dos elementos, mas ainda ser "transparente" para os sinais de radar transmitidos. Ela deve ser composta de um material que não interfere ou reflete os pulsos de RF que emanam da antena. A cúpula pode ser feita de fibra de vidro laminado, plástico ou algum outro material que não afeta negativamente os sinais de radar.

A cúpula de radar pode ou não ser equipada com uma **proteção antiabrasão**. Essa proteção normalmente é feita de neoprene ou algum outro tipo de plástico ou borracha sintética (Figura 16-17). Independentemente do material utilizado, a proteção possui uma superfície resistente que suporta a abrasão causada por areia, chuva, pedras ou outros objetos.

O acúmulo de eletricidade estática é um problema frequente nas cúpulas de radar. Como as cúpulas são feitas de um material não condutor, a estática não consegue se dissipar facilmente da cúpula de radar para a célula. Se a carga estática acu-

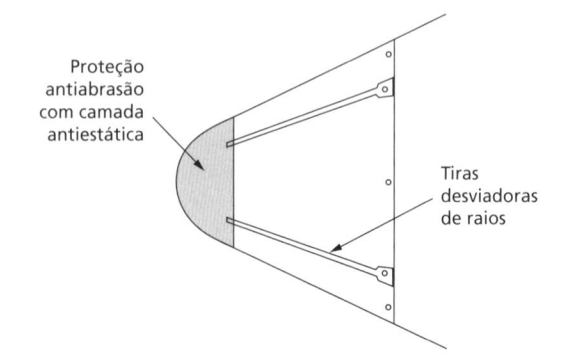

FIGURA 16-17 Instalação típica de cúpula de radar.

mulada na cúpula de radar é grande demais, ela forma um arco com a célula de metal e causa interferência de rádio. Se o arco continua, a cúpula provavelmente acaba danificada. Para ajudar a eliminar as descargas eletrostáticas em cúpulas de radar, é aplicada uma camada protetora antiestática à superfície da cúpula. Muitas vezes, essa camada é incorporada à proteção antiabrasão.

Tiras **desviadoras de raios** também podem ser utilizadas para ajudar a descarregar acúmulos estáticos na cúpula de radar. Os desviadores de raios são simples tiras de folhas metálicas finas presas à superfície da cúpula (Figura 16-17). As tiras de folha metálica são ligadas eletricamente à célula quando a cúpula de radar é montada na aeronave. Os desviadores de raios fornecem um caminho elétrico para a descarga das cargas eletrostáticas.

A tinta ou outra camada aplicada à cúpula de radar deve ser de um tipo que não afete os sinais de radar. Muitas tintas contêm pigmentos metálicos, como titânio, alumínio ou chumbo. As tintas desse tipo não devem ser aplicadas a uma cúpula de radar. Em geral, o fabricante especifica os tipos de tinta e a espessura da aplicação considerados satisfatórios para repinturas ou retoques.

Mapeamento de terreno

Alguns sistemas de radar oferecem um modo de operação de **mapa de terreno**. A função principal do radar meteorológico é detectar a atividade de tempestades elétricas; contudo, ele pode

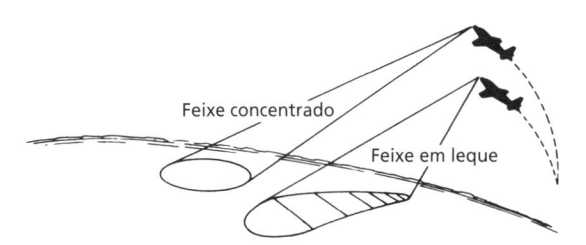

FIGURA 16-18 Feixe em leque usado para mapeamento de terreno. (*Rockwell Collins*.)

ser usado como sistema de navegação alternativo através do mapeamento de terreno. Alguns sistemas fornecem um **feixe em leque** amplo para uso no mapeamento. Como vemos na Figura 16-18, o feixe em leque permite uma área de cobertura mais ampla do que aquela fornecida pelo **feixe concentrado** usado para detecção meteorológica. A interpretação correta do display do radar é essencial para o mapeamento de terreno; logo, o piloto deve conhecer muito bem as diversas propriedades reflexivas dos alvos no solo. Por exemplo, a água suave e plana não fornece um sinal de retorno muito intenso; grandes cidades refletem quase todo o sinal do radar; as florestas retornam um sinal de baixa intensidade.

Radar doppler

Os sistemas tradicionais de radar meteorológico de aeronaves medem apenas a taxa de precipitação; a turbulência das tempestades em si é deixada para a interpretação do operador. O sistema de **radar Doppler** consegue medir a turbulência da tempestade e indica sua presença pela cor magenta no indicador do radar. O radar Doppler também mostra as informações meteorológicas produzidas pelos radares coloridos típicos. Essa combinação permite que a tripulação de voo produza um voo mais seguro e confortável sob atividades de tempestade pesada. As limitações desse sistema incluem o fato de que a umidade (chuva) deve estar presente para detectar a turbulência das tesouras de vento. O radar Doppler não consegue detectar turbulência de ar claro. O sistema de radar Doppler é, por larga margem, o radar mais informativo disponível, e por isso é selecionado para novas instalações em aeronaves de transporte.

O sistema de radar Doppler é praticamente idêntico ao radar convencional descrito anteriormente. A unidade r-t incorpora circuitos diferentes, mas isso não seria nada óbvio para um observador qualquer. O sistema de radar Doppler, como o nome sugere, trabalha com base no princípio do efeito Doppler. Um processador de sinal Doppler sofisticado monitora as frequências de sinal de radar transmitido e recebido. Se a frequência que retorna está defasada com a frequência transmitida, o componente de tesoura de vento (turbulência) da tempestade é alto. Se as frequências estão em fase, não há tesoura de vento. O deslocamento de frequência é causado pela chuva dentro da tempestade se movendo violentamente devido ao excesso de tesoura de vento. Como o sinal transmitido é refletido pelas gotas de chuva em movimento, o sinal retorna para o receptor em uma frequência diferente. Obviamente, o sistema Doppler precisa considerar e compensar a velocidade da própria aeronave.

Para medir precisamente o deslocamento de frequência causado pela turbulência, o transmissor do radar deve ser extremamente estável. Da mesma forma, o receptor deve ser capaz de processar quaisquer retornos sem afetar a frequência. O sistema Doppler calcula uma média dos sinais retornados para garantir sua confiabilidade. Para adquirir dados suficientes em um período de tempo tão curto, a frequência de repetição de pulsos (número de pulsos por segundo) é aumentada até cerca de 10 vezes aquela de um radar meteorológico padrão. Em outras palavras, o r-t transmite 10 vezes mais pulsos de energia por segundo. Isso aumenta a precisão do radar, mas reduz o alcance da detecção de turbulência a aproximadamente 60 milhas.

A detecção de turbulência Doppler revela novas informações sobre as células de tempestade que não podem ser identificadas por radares meteorológicos não Doppler e se tornou um item padrão em todas as aeronaves modernas.

MANUTENÇÃO DE RADARES

A manutenção e reparo de sistemas e componentes de radares deve ser realizada de acordo com as instruções do fabricante. Contudo, ainda podemos listar certas práticas geralmente aceitas, especialmente com relação a cúpulas de radar e segurança do radar.

Cúpulas de radar

A eficiência de qualquer sistema de radar pode ser reduzida significativamente pela manutenção inadequada da cúpula de radar. Em geral, a cúpula deve permanecer transparente ao sinal de radar, mas ainda proteger os elementos da antena. A tarefa parece simples, mas a cúpula de radar precisa permanecer praticamente perfeita para que a eficiência do radar não seja prejudicada. Um dos problemas mais comuns ocorre quando a cúpula desenvolve uma pequena rachadura. Essa rachadura permite a entrada de umidade no material da cúpula de radar. A umidade em si reflete parte da energia de radar transmitida, o que afeta sua eficiência. A umidade também pode se congelar, provocando a delaminação da cúpula, o que por sua vez também pode prejudicar o desempenho do radar e criar problemas estruturais para a cúpula.

A cúpula de radar deve ser inspecionada com frequência para verificar a presença de abrasão, rachaduras, delaminação, a condição das tiras desviadoras de raios, amassados e quaisquer outros danos visíveis. A fixação da cúpula de radar à aeronave deve ser analisada para garantir sua segurança e que a água não consegue entrar no espaço da antena. É preciso inspecionar o selo em torno das bordas em busca de rachaduras, separações ou outros tipos de fissura que admitiriam a entrada de umidade. Caso a cúpula de radar esteja equipada com proteção antiabrasão, antes é preciso verificá-la em busca de danos como cortes ou rachaduras. Como a proteção pode ocultar danos à cúpula de radar, é preciso verificar o interior da cúpula em busca de danos.

O reparo de rachaduras e cortes na cúpula de radar é importante porque esses defeitos podem permitir a entrada de água no espaço da antena ou uma infiltração entre as camadas da laminação da cúpula. Como observado acima, se a água fica presa no material da cúpula, esta afeta o sinal do radar ou pode acabar congelando e causando ainda mais danos. A espessura da cúpula de radar é crítica para o desempenho do sistema. As rachaduras devem ser reparadas da forma especificada pelo fabricante. Qualquer cúpula de radar com múltiplos reparos provavelmente está afetando o desempenho do radar em até 50% e deve ser substituída.

A cúpula de radar também deve ser inspecionada cuidadosamente para identificar sinais de descargas eletrostáticas. Isso é especialmente importante para aeronaves de alta velocidade. As descargas eletrostáticas aparecem como pequenos traços de carbono, queimaduras ou cavitações na superfície da cúpula. O material danificado deve ser removido e a cúpula de radar, reparada. Se a cúpula está equipada com para-raios, confirme que estes estão fixados firmemente à cúpula e à aeronave. Também se recomenda executar uma verificação de continuidade dos para-raios até a célula.

Os componentes de um sistema de radar são inspecionados de maneira semelhante àquela empregada para outros equipamentos elétricos e eletrônicos. É preciso verificar a segurança da montagem ou fixação dos itens, a firmeza dos plugues conectores, a condição dos amortecedores, a limpeza e a possível presença de corrosão e outras condições insatisfatórias. A limpeza é importantíssima para melhorar o arrefecimento do sistema. Confirme que todos os furos de respiro estão limpos para que o ar possa fluir livremente através da unidade. Algumas unidades empregam arrefecimento por ar forçado, então é preciso confirmar que esse sistema está limpo e operacional. O teste de todo o sistema de radar deve ser realizado de acordo com as instruções fornecidas pelo fabricante.

Segurança do radar

É preciso lembrar que quando um sistema de radar é ligado, a antena emite milhões de pulsos eletromagnéticos de alta energia. Estes podem causar danos físicos ao corpo, além de provocar a ignição de materiais inflamáveis nos arredores. Por esses motivos, o radar não deve ser ligado quando a aeronave está no solo, exceto sob condições extremamente controladas. A segurança da equipe aumenta com a observação do limite do nível de exposição permissível máxima (MPEL) do equipamento sendo testado. A Figura 16-19 ilustra esse limite para uma antena instalada na asa.

O radar não deve ser ligado quando a aeronave está sendo destanqueada ou abastecida. Isso não se aplica apenas à aeronave na qual o radar está instalado, mas também a qualquer outra aeronave próxima. O radar não deve ser ligado dentro do hangar, a menos que os equipamentos de blindagem e absorção de ondas apropriados estejam posicionados na frente da antena. Para garantir que o equipamento de radar não transmite radiofrequências perigosas enquanto está no solo, praticamente todas as aeronaves modernas incorporam controles automatizados que desativam o transmissor do radar. Esses sistemas são compostos de um circuito simples que contém um sensor ou chave de **peso sobre rodas**. Também chamado de **squat switch** (literalmente, "chave de agachamento"), o sensor de peso sobre rodas é usado para desligar o transmissor do radar sempre que a aeronave está no solo, ou seja, tem "peso sobre as rodas". Como este é um recurso de segurança crítico, geralmente são usados circuitos redundantes para desativar o radar.

Os radares normalmente são testados com segurança no solo com o posicionamento da aeronave em uma área aberta, com a antena inclinada para cima para que o feixe não atinja nenhum objeto no solo.

Qualquer indivíduo que opera uma aeronave é responsável pelos danos causados por esta, incluindo pelo radar meteorológico. Sempre confirme que o radar está desligado antes de acionar a chave-mestra da bateria da aeronave. Se a última pessoa a operar o radar deixou o aparelho ligado por acidente, você pode acabar operando o radar sem querer simplesmente por energizar o barramento da aeronave. O resultado pode ser danos à propriedade e ferimentos graves nos presentes, então sempre confirme que o radar está desligado.

A publicação da FAA AC 20-60B estabelece precauções de segurança recomendadas adicionais para radares aéreos.

Radar meteorológico tridimensional

A última tecnologia a entrar no campo dos radares meteorológicos aéreos foi desenvolvida pela Honeywell Corporation e utiliza um sistema que rastreia todo o céu em frente à aeronave do nível do solo até 60.000 pés. O sistema é projetado para que o indicador de radar do piloto mostre apenas as atividades de tempestade relevantes; ou seja, 4000 pés acima e 4000 pés abaixo da aeronave. Condições meteorológicas que não serão enfrentadas na trajetória de voo atual são apresentadas como uma imagem transparente e hachurada (ver Figura 16-20). O sistema ajuda a melhorar a segurança ao utilizar tecnologias de computação avançadas para criar uma imagem tridimensional detalhada das condições à frente da aeronave; o sistema até mesmo prevê, com cerca de 90% de precisão, onde dentro de um sistema de tempestade podem estar ocultos relâmpagos ou granizo. A Honeywell batizou esse sistema de IntuVue porque foi projetado para ter operação simples e intuitiva.

O radar meteorológico tridimensional emprega um processador sofisticado com ventoinha de arrefecimento autocontida, antena plana de grande porte e unidade r-t montada no nariz

FIGURA 16-19 Um limite MPEL típico para radares. (*RCA.*)

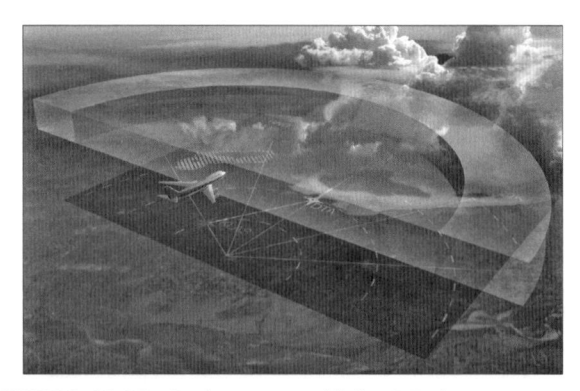

FIGURA 16-20 Radar meteorológico 3-D de aeronaves. Veja também o encarte colorido. (*Honeywell.*)

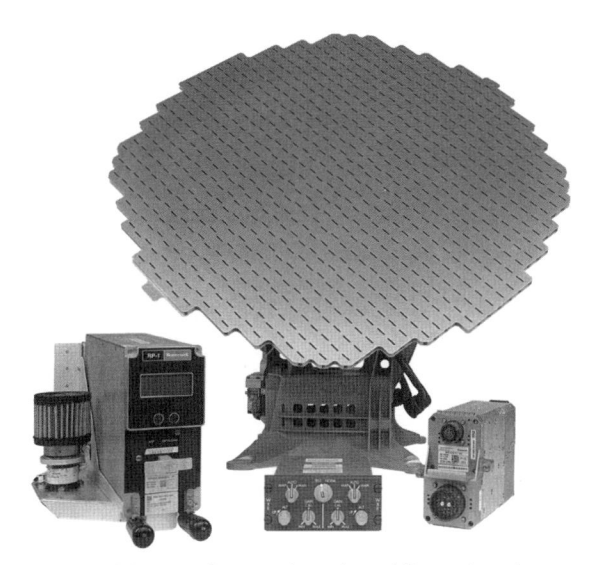

FIGURA 16-21 O sistema de radar tridimensional Intu-Vue RDT-4000 para um Boeing 737. Veja também o encarte colorido. (*Honeywell*.)

da aeronave, além do painel de controle do radar (como visto na Figura 16-21). O indicador do radar fica hospedado em um ou mais instrumentos de tela plana eletrônicos integrados. O sistema foi projetado para rastrear rapidamente a área em frente à aeronave com um movimento ao mesmo tempo horizontal e vertical. Os dados recebidos da unidade r-t são armazenadas pelo circuito processador complexo que posteriormente, cria a imagem tridimensional de todos os materiais refletores no céu. O alcance do radar é de 320 milhas à frente da aeronave. Os sistemas de radar tradicionais transmitem um feixe estreito e apenas rastreiam uma trajetória estreita para criar uma imagem bidimensional. O sistema IntuVue também emprega um grande banco de dados para armazenar dados topográficos; essas informações são usadas para remover os ruídos de sinal gerados pelos pulsos de radar refletidos pelo solo e ajuda a melhorar a qualidade da imagem. Usando circuitos digitais de alta velocidade, o sistema de radar pode atualizar a imagem meteorológica dentro de poucos segundos. O sistema IntuVue captura a densidade das nuvens usando um sinal de radar com comprimento de onda relativamente longo (baixa frequência). As técnicas de radar Doppler são utilizadas para determinar o movimento da umidade ou turbulência dentro de uma nuvem. A seguir, os processadores do sistema utilizam algoritmos complexos para prever o que pode estar oculto por trás do sinal do radar, além de granizo e relâmpagos. Todas essas informações são apresentadas ao piloto em um formato fácil de entender em um display navegacional ou multifuncional convencional. As cores convencionais usadas em radares também são empregadas para mostrar atividades de tempestade (do verde ao vermelho); os riscos extremos são apresentados com o magenta para indicar turbulência, pequenos símbolos de raios para indicar a presença de relâmpagos e bolinhas com caudas curtas para representar o granizo. Por ora, o radar Honeywell RDR-4000 somente está disponível para aeronaves de transporte como o A-320 ou o B-777, mas o avanço tecnológico significa que radares tridimensionais provavelmente serão desenvolvidos para outras categorias no futuro.

DETECÇÃO DE RELÂMPAGOS

Um **sistema de mapeamento meteorológico** é basicamente um receptor de rádio projetado para detectar atividades de tempestades elétricas e apresentar um mapa de tais atividades em um CRT ou tela de cristal líquido. Os sistemas de mapeamento meteorológico foram desenvolvidos originalmente como alternativa mais barata aos sistemas de radar meteorológico. Apesar da maioria do sistemas de mapeamento meteorológico custarem menos do que os radares, em muitos casos esses sistemas são utilizados em conjunto com os radares meteorológicos. Muitos sistemas modernos fundiram o mapeamento meteorológico com o radar Doppler, o que cria um radar que também consegue "enxergar" os relâmpagos. Esses sistemas têm um indicador de radar convencional com um símbolo exclusivo para identificar relâmpagos e/ou granizo. Isso se deve principalmente à confiabilidade das unidades de mapeamento meteorológico e sua capacidade de detectar de forma consistente tempestades elétricas localizadas atrás de outras tempestades.

Qualquer sistema de tempestade possui áreas de correntes atmosféricas de cisalhamento convectivo. Essas condições são causadas pela ascensão e queda de correntes atmosféricas próximas umas às outras, como mostrado na Figura 16-22. Por exemplo, à medida que uma frente fria avança sobre uma região, o ar frio na frente que avança flui sob o ar mais quente e faz com que o ar mais quente suba. Ao mesmo tempo, o ar mais frio da frente flui para baixo e o cisalhamento convectivo ocorre entre as colunas de ar ascendentes e descendentes.

A tesoura de vento convectiva cria cargas eletrostáticas que precisam ser descarregadas quando alcançam um determinado nível de tensão. Se um grande número de descargas ocorre ao mesmo tempo, o resultado é um relâmpago visível. Qualquer descarga, com ou sem relâmpagos, emite um sinal de RF. O sistema de mapeamento meteorológico detecta esse sinal e mostra a atividade de descarga em uma unidade de display de LCD ou CRT.

Sempre há uma grande quantidade de descargas eletrostáticas dentro de qualquer tempestade. Como o número de descargas aumenta com a gravidade da tempestade, o sistema de mapeamento meteorológico pode "contar" as descargas para determinar a intensidade da tempestade. Uma tempestade relativamente intensa possui um grande número de descargas es-

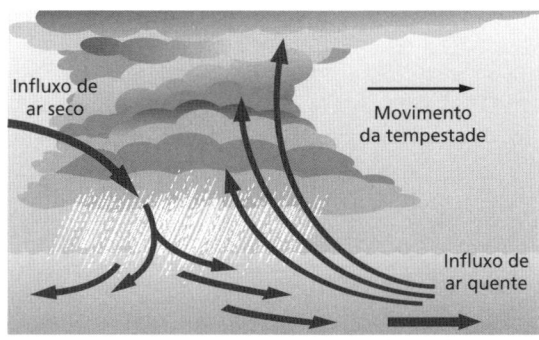

FIGURA 16-22 Correntes de ar em uma frente de tempestade.

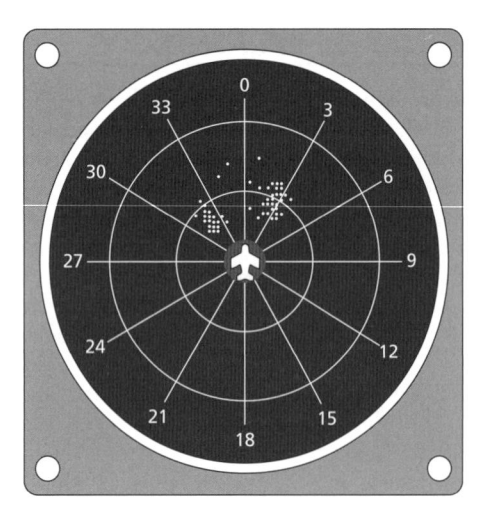

FIGURA 16-23 Telas de sistemas de mapeamento meteorológico.

táticas por minuto. Uma tempestade mais fraca possui menos descargas por minuto.

O sistema de mapeamento meteorológico é apenas um receptor, mas ainda tem a capacidade de determinar a direção da qual os sinais elétricos de uma tempestade estão vindo. Isso é possível com o uso de uma antena loop e uma antena de sentido, semelhante ao modo como elas são usadas em um indicador automático de direção (ADF). Em geral, ambas as antenas ficam contidas em uma unidade aerodinâmica que não utiliza peças móveis. A antena loop é girada eletronicamente (e não fisicamente). A distância em relação à atividade da tempestade é determinada pela medição da intensidade do sinal de RF eletromagnético criado pela descarga estática.

A Figura 16-23 mostra um display meteorológico típico. Outro tipo de display de mapeamento meteorológico utiliza uma tela de cristal líquido para mostrar o local da atividade de tempestade. Nesse sistema, a tela é dividida em quatro quadrantes, cada um dos quais mostrando a co verde, amarela ou vermelha para identificar o nível de atividade de tempestade na área. O processador/computador, a unidade de display e a antena de um sistema de mapeamento meteorológico típico são apresentados na Figura 16-24. Os controles desse sistema de mapeamento meteorológico ficam montados na frente da unidade de display.

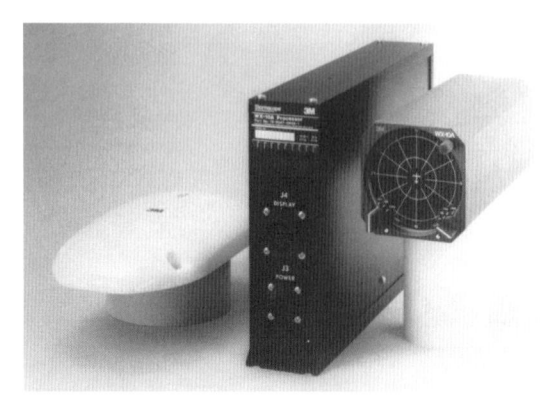

FIGURA 16-24 Display de sistema de detecção de relâmpagos.

METEOROLOGIA POR SATÉLITE PARA AVIAÇÃO

Hoje, os pilotos de todos os tipos de aeronave possuem uma alternativa aos sistemas de radar meteorológico a bordo. A XM Satellite Radio (XM) fornece um serviço de rádio meteorológico por assinatura muito comum em aeronaves. O serviço meteorológico XM WX (como é chamado) se tornou extremamente valioso na comunidade da aviação, pois envolve uma quantidade mínima de equipamentos aéreos. Bastam controles simples, uma antena de satélite e um receptor/processador; as informações meteorológicas são apresentadas no MFD ou ND já instalado na aeronave. A versatilidade e o custo relativamente baixo do serviço meteorológico via satélite XM, aliadas à ampla variedade de opções de display a bordo e portáteis, tornou esse sistema de meteorologia extremamente popular entre muitos pilotos, marinheiros e o público em geral.

O serviço aéreo XM WX não monitora as condições meteorológicas em si; em vez disso, o sistema recebe dados do National Aviation Weather Radar (NEXRAD) através de downloads via satélite usando sinais de RF simples, semelhantes aos das transmissões de áudio XM. Os sistemas têm resposta um pouco mais lenta do que o radar a bordo, mas como a maioria das pequenas aeronaves viaja em velocidades relativamente baixas, a taxa de atualização lenta é considerada perfeitamente aceitável. O custo dos equipamentos de XM WX e o serviço mensal é mínimo em comparação com o custo dos radares meteorológicos a bordo da aeronave; sem contar que não é fácil instalar sistemas de radar em pequenas aeronaves monomotores. Tudo isso torna a meteorologia via satélite a escolha perfeita para muitos pilotos.

As instalações meteorológicas de solo do XM WX simplesmente analisam, sintetizam e transmitem informações de radar Doppler NEXRAD para uma série de satélites em órbita sobre os Estados Unidos, que por sua vez repassam as informações de volta a terra. Se a aeronave possui os equipamentos apropriados, o sinal MX entra por uma antena montada na parte superior da aeronave; a seguir, as informações são processadas pelo receptor XM, convertidas em uma imagem de radar tradicional e apresentadas no display.

A meteorologia XM mostra sete níveis de precipitação em todo o país, revelando tempestades encaixadas e atividades convectivas disseminadas e de mutação rápida. Ao contrário dos radares aéreos, cujo alcance de rastreio é limitado, o NEXRAD mostra uma imagem mais ampla, representando uma ferramenta valiosa para a tomada de decisões do piloto. O XM WX pode até mesmo ser ativado no solo, para que o piloto possa obter as últimas informações meteorológicas antes mesmo do voo começar. Obviamente, os equipamentos meteorológicos XM aéreos permitem que o piloto amplie ou aproxime a imagem como bem entender. O sistema XM também oferece a capacidade de "atravessar" uma grande atividade de tempestades, uma limitação da maioria dos radares meteorológicos aéreos. O sistema também apresenta padrões de descargas elétricas, mostrando os relâmpagos durante um período de 5 minutos.

SISTEMAS DE ALERTA DE PROXIMIDADE AO SOLO

Um estudo detalhado conduzido na década de 1960 deixou evidente que muitos acidentes com aeronaves eram causados por colisão com o solo em voo controlado (CFIT, *controlled flight into terrain*). Isso ocorre quando a aeronave não sofre pane e o piloto é totalmente capaz de evitar o evento, mas o avião literalmente "voa contra o solo". Foi determinado que, na maioria dos casos, o piloto simplesmente não estava ciente da baixa altitude perigosa em que voava. A FAA concluiu que o CFIT poderia ser minimizado com o uso de um sistema de percepção e aviso de terreno (TAWS). Hoje, há basicamente duas variações de TAWSs: o **sistema de alerta de proximidade ao solo (GPWS)** e uma versão mais avançada, conhecida como sistema melhorado de alerta de proximidade ao solo (EGPWS).

Os primeiros sistemas de alerta de proximidade ao solo eram usados apenas em aeronaves comerciais, mas hoje, na maioria dos países, alguma forma de TAWS é obrigatória em todas as aeronaves com turbinas que contêm seis ou mais assentos para passageiros. O GPWS é um sistema simples, composto de antena, processador e unidade de display. O sistema não precisa de um painel de controle porque está sempre ativo durante o voo. O display pode ser uma unidade de GPWS exclusiva ou pode ser integrado a um ou mais instrumentos de voo eletrônicos. A unidade r-t do GPWS cria um pulso de RF curto que é transmitido até o solo pela antena direcional voltada para baixo. O processador espera que a RF refletida pelo sollo volte até a aeronave. A antena recebe a porção refletida do sinal e a unidade r-t usa cálculos de tempo simples para determinar a altitude da aeronave. Esse processo se repete várias vezes por segundo para atualizar os dados de altitude. A maioria dos sistemas opera a cerca de 2500 pés acima do nível da pista (AGL); acima dessa altitude, é muito pouco provável que ocorra um choque contra o solo. Em geral, o GPWS funciona em conjunto com o altímetro de radar da aeronave; esses sistemas serão descritos na próxima seção.

O **EGPWS** emprega circuitos de posicionamento avançados para prever constantemente o risco de impacto da aeronave contra o solo. Assim, o EGPWS deve conhecer a altitude da aeronave, sua velocidade em relação ao ar e qual o nível do solo à frente (ver Figura 16-25). Para fazer essas previsões, o processador do EGPWS deve receber informações sobre (1) a altitude da aeronave acima do solo, (2) a velocidade em relação ao ar da aeronave, (3) a posição específica da aeronave sobre a superfície terrestre e (4) o terreno local em torno da aeronave. O EGPWS é um sistema verdadeiramente integrado; o processador recebe entradas de diversos sistemas e sensores da aeronave, emprega um banco de dados detalhado do terreno local e transmite todas as advertências através de um sistema centralizado de indicação e alerta (ver Figura 16-26). Caso o EGPWS determine um possível impacto contra o solo, o sistema cria um alerta visual e de áudio na cabine de comando. Na maioria dos casos, o EGPWS apresenta uma mensagem de áudio relativa ao perigo iminente da situação. Por exemplo, se o computador detecta o potencial de impacto contra o solo, uma mensagem de áudio automática de "TERRENO, ARREMETER" é repetida até a condição ser corrigida. Essas advertências são de altíssima prioridade e o piloto deve seguir as recomendações do EGPWS em praticamente todos os casos.

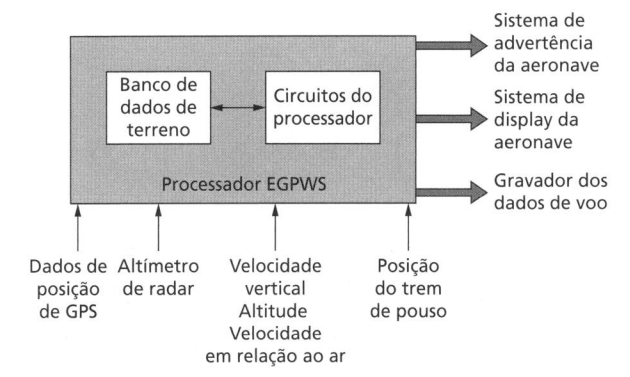

FIGURA 16-26 Principais elementos de um sistema melhorado de alerta de proximidade ao solo (EGPWS).

Altímetros de radar

Os altímetros de radar foram desenvolvidos para fornecer uma indicação precisa da altitude da aeronave acima do nível da pista (AGL). Esses altímetros oferecem uma precisão de AGL indisponível nos altímetros de pressão convencionais. O altímetro de radar mostrado na Figura 16-27 contém três unidades: a antena, o receptor-transmissor e o indicador de altitude.

Os altímetros de radar obtêm sua precisão pela medição constante da altura da aeronave acima do solo. Com a transmissão de um sinal VHF para baixo da aeronave e a recepção do sinal refletido, o altímetro de radar consegue determinar a altitude AGL da aeronave. O tempo necessário para que o sinal transmitido alcance o solo e volte à aeronave é medida pela unidade do receptor-transmissor. A unidade realiza os cálculos necessários para enviar o sinal correspondente ao indicador de altitude, localizado no painel de instrumentos. Normalmente, o indicador é calibrado em pés, de 0 a 2500. Uma luz de altitude de decisão (DH) costuma ser incorporada ao indicador de altitude para auxiliar o piloto durante uma aproximação por instrumentos. Se a altitude de decisão é configurada corretamente, quando a luz de DH se ilumina, o piloto deve decidir se procede com a aterrissagem ou executa uma aproximação perdida.

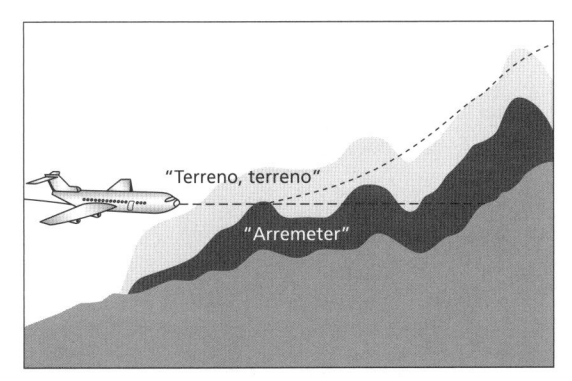

FIGURA 16-25 Sistemas melhorados de alerta de proximidade ao solo conhecem o terreno à frente da aeronave e apresentam alertas quando necessário.

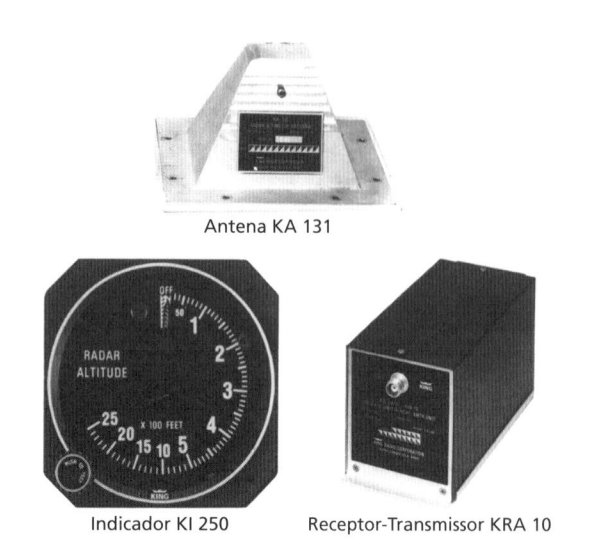

FIGURA 16-27 Componentes de um altímetro de radar. (*Bendix King by Honeywell.*)

SISTEMA ANTICOLISÃO DE TRÁFEGO (TCAS)

O sistema projetado para prevenir colisões em voo é chamado de sistema anticolisão de tráfego, mas é mais conhecido pelo acrônimo **TCAS**. O sistema é automatizado e totalmente independente e monitora o espaço aéreo em torno da aeronave em busca de mais tráfego; se uma ameaça potencial ocorre, o sistema cria um alerta visual e de áudio na cabine de comando para avisar sobre uma possível colisão em voo (ver Figura 16-28). O TCAS depende da instalação de um transponder ATC para monitorar as aeronaves mais próximas. Como discutido anteriormente, um transponder é uma unidade receptor-transmissor que transmite continuamente a altitude, velocidade em relação ao ar e outras informações críticas sobre a aeronave. Apenas aeronaves equipadas com transponders são detectadas pelo TCAS; assim, a FAA exige a presença de um transponder funcional em todas as aeronaves de alta velocidade e todas as aeronaves que operam em um espaço aéreo muito ocupado, como aquele em torno de grandes aeroportos. Nos Estados Unidos e na maioria dos outros países, o TCAS é obrigatório para todas as aeronaves civis que transportam 19 passageiros ou mais.

Existem dois níveis básicos de equipamento TCAS, o **TCAS I**, normalmente usado por aeronaves de aviação geral, e o **TCAS II**, usado por aeronaves maiores. O TCAS I monitora aproximadamente 40 milhas de espaço aéreo em torno da aeronave e fornece um alerta sonoro na forma de uma voz sintética com as palavras "TRÁFEGO, TRÁFEGO" caso o sistema determine um perigo. Nesse caso, o piloto deve estabelecer uma conexão com a ameaça e adotar as manobras evasivas necessárias. O TCAS II é um sistema mais complexo e fornece mais informações para o piloto; ambos os sistemas operam com base no mesmo princípio fundamental. A versão 7.0 é a última atualização do TCAS II, obrigatória em determinados tipos de espaço aéreo. O TCAS II 7.0 fornece instruções vocalizadas para evitar o perigo, conhecidas como "Avisos de Resolução" (RA). As advertências de áudio incluem "DESÇA, DESÇA", "SUBA, SUBA" ou "AJUSTAR VELOCIDADE VERTICAL" (o que significa reduzir a velocidade vertical). Os primeiros TCAS empregavam um display independente, como aquele mostrado na Figura 16-29. Em muitas aeronaves, o display independente do TCAS foi eliminado e as advertências visuais passaram a ser mostradas no sistema de display integrado.

A operação do TCAS envolve a comunicação entre todas as aeronaves dentro de uma determinada área, ou "invólucro", como vemos na Figura 16-30; consulte esse diagrama durante a discussão a seguir. Por uma questão de simplicidade, a ilustração mostra apenas duas aeronaves, chamadas de **alvo** e **intruso**. Ambas devem estar equipadas com transponders, que enviam uma interrogação/resposta várias vezes por segundo para identificar as posições das aeronaves e prever um risco em potencial. Os transponders a bordo devem ser capazes de operação no modo C, que fornece informações de altitude, e/ou modo S, que transmite um identificador de 24 bits único designado a cada aeronave. Na prática, os equipamentos de TCAS em cada aeronave "conversam" uns com os outros e determinam se uma colisão pode vir a ocorrer. Se uma ameaça é identificada, os equipamentos negociam automaticamente manobras de desvio entre as aeronaves em conflito. O processador de software do TCAs usa fórmulas complexas baseadas na altitude, velocidade e trajetória de voo de todas as aeronaves dentro do invólucro de proteção do TCAS.

No exemplo, a Figura 16-30, a operação do TCAS será apresentada da perspectiva da aeronave-alvo. Na posição A, o intruso está menos de 4 milhas à frente da aeronave-alvo e voa

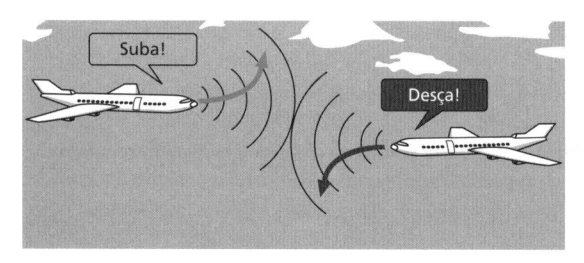

FIGURA 16-28 Os conceitos básicos do TCAS.

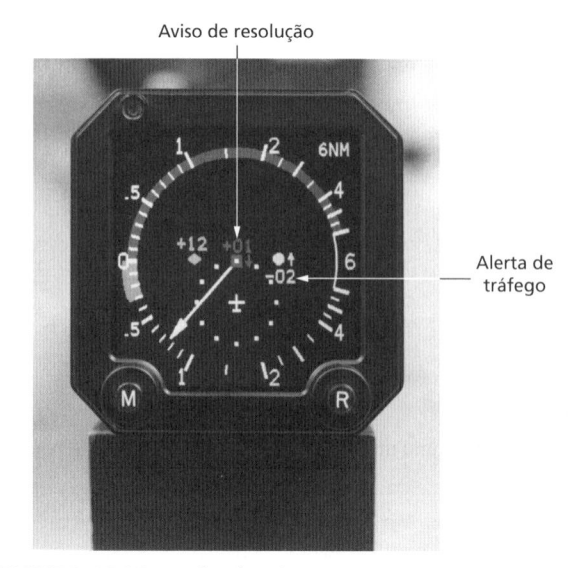

FIGURA 16-29 Indicador do TCAS.

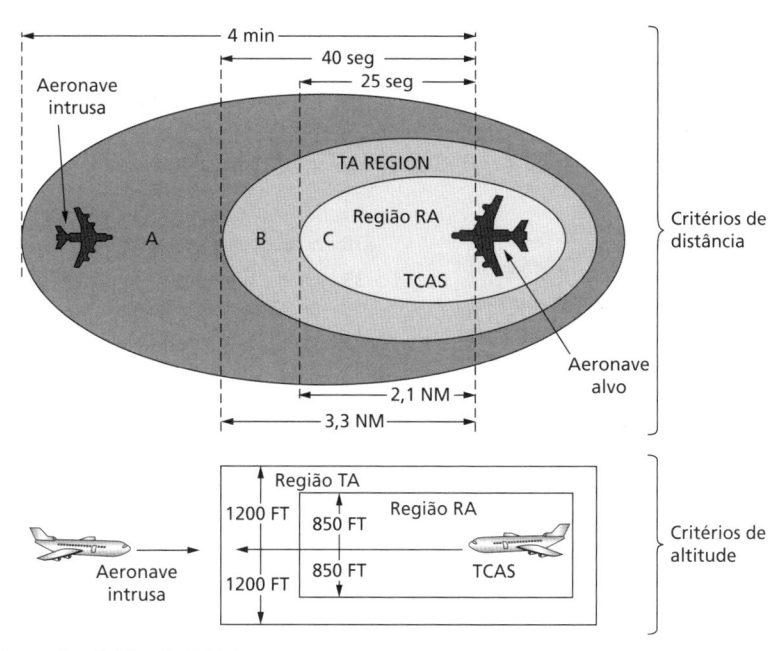

FIGURA 16-30 Invólucro de vigilância TCAS.

na mesma altitude. Como a posição A está dentro da área de vigilância do TCAS da aeronave-alvo, o intruso será apresentado no display do TCAs, mas sem a emissão de um alerta. Se o intruso avançar para o ponto B, ele entra na região de **alerta de tráfego (TA)** da aeronave-alvo. O TA é o primeiro nível de alerta, apresentado ao piloto na forma da palavra **TRÁFEGO** em amarelo no display TCAS, ND ou MFD e a indicação de voz sonora "TRÁFEGO, TRÁFEGO". Se o intruso passa para a posição C no diagrama, menos de 25 segundos até uma colisão com a aeronave-alvo, ele entra na região de **aviso de resolução**. O RA é o nível mais elevado de alerta TCAS. Seu objetivo é resolver um conflito com a provisão de comandos sonoros e visuais de arfagem para o piloto. Um RA típico inclui um alarme de áudio "DESÇA, DESÇA" e a palavra TRÁFEGO em vermelho no display. Esta é uma explicação simplificada dos parâmetros que causam alertas TCAS; os algoritmos reais calculados pelo processador do TCAS levam informações adicionais em consideração; por exemplo, as regiões de TA e RA para cada situação podem mudar com a velocidade e altitude das aeronaves. De acordo com as regulamentações de voo, o piloto deve seguir as instruções de toda e qualquer mensagem de TCAS, mesmo que o TCAS faça com que o piloto não siga as instruções do controle de tráfego aéreo. Há apenas duas prioridades maiores do que o TCAS quando se trata de instruções para o piloto: a advertência de estol e o alerta de proximidade ao solo.

QUESTÕES DE REVISÃO

1. O que significa a palavra *radar*?
2. Explique como um sinal de radar pode ser utilizado para detectar atividades de tempestades.
3. Por que uma taxa de pulso de radar deve ser lenta o suficiente para que o sinal de retorno seja recebido antes do próximo pulso ser emitido?
4. Como é possível determinar a distância de um objeto em relação a uma aeronave por meio de radar?
5. Compare a potência de pulso de radar individual com a potência média do sistema.
6. Liste as principais unidades de um sistema de radar típico.
7. Descreva as funções de um sincronizador, misturador, magnétron e duplexador.
8. Quais dispositivos geralmente atuam como indicadores para um sistema de radar?
9. Por que um sistema de guia de onda é necessário em uma unidade receptora-transmissora de radar.
10. Qual é o propósito do sistema de estabilização da antena?
11. Qual é a utilidade de um controle de inclinação?
12. Qual tecnologia possibilitou o desenvolvimento de sistemas de radar de muito baixo peso?
13. Quais dois tipos de antenas estão disponíveis para sistemas de radar?
14. Quais são as vantagens de uma antena plana?
15. Descreva a função de um sistema de antena parabólica e de antena plana.
16. Quais cores são usadas para indicar os níveis de atividade de tempestade em um indicador de radar colorido?
17. O que é a tesoura de vento?
18. Quais tipos de sistemas de radar são capazes de detectar tesouras de vento?
19. Descreva a operação de um sistema de radar Doppler.
20. Liste as inspeções que devem ser realizadas regularmente em uma cúpula de radar.
21. Quais materiais são mais usados na construção de cúpulas de radar?

22. Qual precaução deve ser tomada com respeito à pintura de uma cúpula de radar?
23. O que poderia acontecer se um volume de água ficasse preso entre a laminação da estrutura da cúpula do radar?
24. Descreva as precauções de segurança que devem ser observadas na operação do radar no solo.
25. Por que é importante garantir que o radar está desligado antes de fornecer energia ao barramento da aeronave?
26. Descreva o princípio de operação de um sistema de detecção de relâmpagos.
27. Descreva o radar meteorológico 3-D chamado *IntuVue*.
28. Como os sistemas de meteorologia por satélite são disponibilizados para aeronave?
29. Descreva a operação do TCAS.
30. Descreva o que ocorre quando o equipamento de TCAS aéreo detecta uma aeronave ameaçadora.
31. Qual a função desempenha pelo altímetro de radar?
32. Explique as vantagens de um altímetro de radar.
33. Qual é o propósito de um sistema de alerta de proximidade ao solo?
34. Defina um *aviso de resolução* e um *aviso de tráfego TCAS*.

CAPÍTULO 17
Instrumentos e sistemas de voo automático

Alguns tipos de instrumentos são usados em aeronaves há mais de um século. Os instrumentos atuais utilizam eletroímãs, circuitos de controle eletrônicos e até microprocessadores para operações, uma mudança importante em relação aos primeiros dias da aviação. As primeiras aeronaves eram projetadas sem sistemas elétricos; esses aviões utilizavam apenas instrumentos mecânicos. Com o tempo, os aviões passaram a utilizar baterias e a usar geradores para gerar potência; novos instrumentos elétricos foram projetados para substituir os sistemas mecânicos, mais pesados e menos confiáveis. Hoje, as aeronaves mais modernas utilizam tecnologias digitais e telas planas de LCD para apresentar a instrumentação. A "revolução eletrônica" transformou totalmente os instrumentos aeronáuticos, criando sistemas altamente confiáveis e muito mais versáteis, que também aumentam as eficiências do piloto e reduzem o peso total da aeronave.

Hoje, mesmo as aeronaves mais simples contêm uma ampla variedade de instrumentos, enquanto as maiores e mais complexas monitoram centenas de sistemas e utilizam displays de alta tecnologia. O uso de sistemas de instrumentos computadorizados permite que as informações sejam apresentadas apenas quando necessário; esse conceito ajuda a simplificar a cabine de comando e melhoram o estado de alerta do piloto quando ocorre uma pane no sistema.

Os instrumentos são necessários para medir pressões, temperaturas, altitudes, velocidades, correntes, tensões e diversas outras condições ou parâmetros que afetam o voo e operação da aeronave. Os seres humanos não são capazes de reagir rápida e precisamente às muitas condições variáveis que afetam o voo de um avião, a menos que possuam instrumentos precisos e confiáveis.

Em aeronaves modernas, todo o sistema de voo automático depende de sinais eletrônicos enviados de diversos instrumentos de voo para poder operar corretamente. O uso de instrumentos elétricos fornece um ponto em comum entre o sistema de instrumentação e os sistemas de controle de voo automático (piloto automático). Os sistemas modernos de voo automático monitoram centenas de parâmetros de navegação, do motor e da célula. Tudo isso é possível graças ao uso de sistemas de computador e instrumentação eletrônica a bordo da aeronave.

O objetivo deste capítulo é apresentar os princípios básicos dos instrumentos operados eletricamente e os sistemas de controle de voo automático. Os princípios discutidos neste capítulo fornecem uma base para que o técnico possa construir um entendimento sobre qualquer instrumento ou sistema de voo automático.

INSTRUMENTOS DE MEDIÇÃO DE RPM

Um indicador de rpm, ou **taquímetro**, é um instrumento absolutamente essencial em todas as aeronaves. Ele é usado para mostrar os rpm de motores alternativos, a porcentagem de potência para motores de turbina, os rpm dos rotores de helicópteros e a velocidade rotacional de qualquer outro dispositivo para o qual essa informação é crítica. A Figura 17-1 mostra um taquímetro típico para um motor alternativo.

Como o taquímetro registra os rpm do motor, ele representa um indicador primário de desempenho do motor. Um taquímetro elétrico fornece as mesmas indicações dadas por um taquímetro mecânico, mas o método de atuação da unidade indicadora é totalmente diferente.

FIGURA 17-1 Taquímetro para um motor alternativo.

Taquímetro CA

O sistema de taquímetro CA mais usado é composto de um gerador (alternador) CA trifásico e o indicador do taquímetro, acionado pelo alternador. O mecanismo indicador é composto de um taquímetro mecânico acionado por um motor síncrono trifásico.

O alternador, ou transmissor, é pareado diretamente com o motor para medir o rpm; a unidade é composta de um ímã permanente de quatro polos que gira dentro de um estator trifásico. O estator do alternador é conectado por três fios a um estator semelhante no motor síncrono, que opera o indicador. Como o alternador é acionado pelo motor, a rotação do ímã permanente induz uma corrente trifásica no estator. Essa corrente flui através do estator do motor síncrono no indicador e produz um campo giratório que gira à mesma velocidade que o motor alternador. O rotor de ímã permanente do indicador se mantém alinhado com o campo giratório e, logo, também deve girar à mesma velocidade que o rotor do alternador.

O motor síncrono no indicador é acoplado diretamente a um ímã permanente cilíndrico que gira dentro de uma campânula, como mostrado na Figura 17-2. Quando esse ímã gira, ele faz com que linhas de força magnéticas se arrastem através da campânula de metal e induzam correntes de Foucault no metal. Essas correntes produzem campos magnéticos contrários ao campo do ímã giratório. O resultado é que à medida que a velocidade do ímã giratório aumenta, o arrasto ou torque sobre a campânula aumenta. O torque sobre a campânula faz com que ela gire contra a força da mola espiral e gire o ponteiro do indicador. A distância através da qual a campânula gira é proporcional à velocidade do motor síncrono; logo, ela também é proporcional à velocidade do motor.

Os taquímetros eletrônicos modernos podem utilizar um circuito contador de frequência para determinar o rpm do motor, como mostrado na Figura 17-3. O sensor de rpm nesse circuito é um gerador CA monofásico que produz uma saída CA de frequência variável. A frequência é uma função do rpm do motor; quanto mais rápido o motor gira, maior a sua frequência. A corrente alternada de frequência variável é enviada a um circuito contador de frequência que literalmente "conta" cada pulso ca e converte as informações em um sinal digital. Os dados de rpm digitalizados são enviados a um processador de display eletrônico ou então diretamente ao próprio display. Nesse sistema, não há um medidor de rpm exclusivo; as informações podem ser mostradas como um "seletor redondo" convencional de formato digital em um display multifuncional. Também existem sensores de taquímetros modernos que são conectados ao magneto de um motor de pistões e que enviam um sinal de saída para o processador de controle do motor. A saída do processador é usada para criar o display de rpm em um painel de instrumentos de LCD.

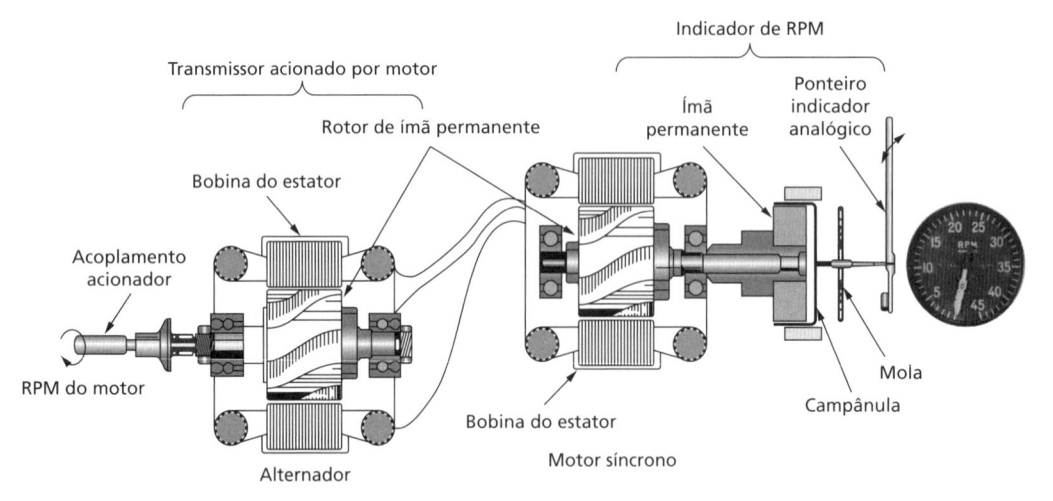

FIGURA 17-2 Sistema de taquímetro trifásico.

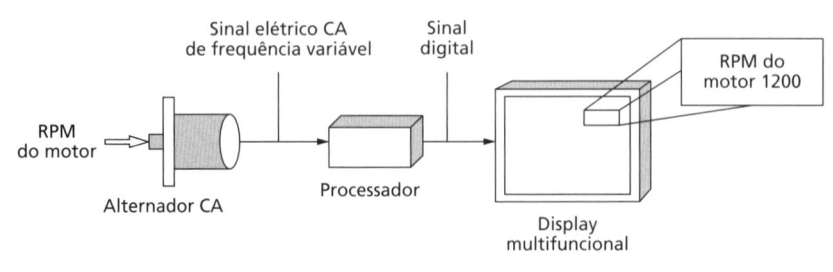

FIGURA 17-3 Um taquímetro contador de frequência.

INDICADORES DE TEMPERATURA

Indicadores de temperatura de termopares

Os indicadores de temperatura de termopar são usados com mais frequência quando é necessário medir temperaturas relativamente altas. Eles são utilizados para medir a temperatura de cabeças de cilindros em aeronaves com motores alternativos e a temperatura do escapamento em aeronaves com motores a jato. As leituras desses instrumentos fornecem informações para o piloto ou computador de controle do motor que opera o motor em sua temperatura mais eficiente. Como explicado nos Capítulos 1 e 8, o indicador de temperatura de termopar opera com base no efeito termelétrico. Um termopar é composto de dois fios metálicos dissimilares unidos em uma ponta, como mostrado na Figura 17-4. Essa junção é chamada de **junção sensora** ou **junção quente**. Os dois fios têm terminações na outra extremidade, chamada de **junção de referência** ou **fria**. A junção fria é mantida em uma temperatura de referência constante conhecida. Quando há uma diferença de temperatura entre a junção sensora e a de referência, é produzida uma tensão e uma corrente flui no circuito. Quando um medidor ou outro instrumento é conectado à junção de referência, a indicação do medidor é proporcional à diferença de temperatura entre as junções sensora e de referência. A magnitude da tensão produzida depende do material do fio utilizado e também da diferença de temperatura entre as junções.

Para prolongar sua vida útil, o termopar normalmente é colocado em um tubo protetor. Na maioria dos casos, o tubo protetor é quimicamente inerte e selado a vácuo para impedir a ocorrência de reações químicas e a deterioração causada pela umidade. Todas as conexões com um termopar devem ser realizadas fios especiais de um comprimento específico, chamados de fios compensadores. A medição é bastante precisa quando os fios compensadores são feitos dos mesmos materiais que aqueles utilizados para produzir o termopar.
Fios condutores de termopares

De acordo com a lei de Ohm, a FEM gerada em um circuito de termopar produz uma corrente inversamente proporcional à resistência do circuito em uma determinada diferença de temperatura entre a junção sensora e a junção de referência. Em outras palavras, se a resistência aumenta, a corrente diminui; e se a resistência diminui, a corrente aumenta. Por esse motivo, todos os fios condutores de termopar devem ser feitos com uma resistência específica.

Os fios condutores de termopares normalmente são feitos de constantan e ferro ou constantan e cobre. O constantan é uma liga cobre-níquel cuja resistência praticamente não muda com mudanças significativas de temperatura. Os termopares projetados para medir altas temperaturas são compostos de Chromel e Alumel, ligas de alta temperatura especiais. Em geral, os fios condutores dos termopares são feitos da mesma liga que a junção sensora do termopar.

Quando um instrumento de termopar é instalado, é essencial que os fios condutores corretos sejam utilizados. Os fios condutores de termopares padrões têm resistências de 2 e 8 Ω, e o instrumento deve ser equipado com o tipo para o qual foi projetado. Devido à baixíssima quantidade de energia elétrica produzida por um termopar, as conexões elétricas devem ser limpas e apertadas. Além disso, é absolutamente essencial que os fios condutores não sejam cruzados durante a instalação. O ferro deve ser conectado ao ferro, o constantan ao constantan, o cobre ao cobre, o Chromel ao Chromel, o Alumel ao Alumel, etc. Em geral, os fios condutores de termopares têm conectores que tornam impossível conectá-los ao inverso; contudo, sempre é melhor examinar os fios condutores de perto para garantir que as conexões foram realizadas corretamente.

Como os fios condutores de termopares são feitos com uma resistência específica, eles jamais podem ser cortados ou emendados. Se houver um pedaço sobrando nos fios, estes devem ser bobinados para não ficarem soltos e então presos firmemente.

SISTEMAS SYNCHRO

Um sistema synchro é projetado para medir a deflexão angular em um ponto e reproduzir essa mesma deflexão em um ponto remoto. Já foram projetados sistemas synchro que empregam corrente alternada e corrente contínua, mas a tendência presente é de utilizar corrente alternada de 400 Hz. Os synchros são usados como indicadores de posição, para indicações remotas, para pilotos automáticos e outros sistemas automatizados e de controle remoto.

Primeiros sistemas synchro CC

Um dos primeiros sistemas synchro CC era muito usado para mostrar as posições dos flapes e do trem de pouso. O sistema de instrumentos CC é composto de um indicador e um transmissor que operam em sincronia.

A Figura 17-5 apresenta um diagrama esquemático de um sistema synchro CC. O transmissor é apenas um enrolamento

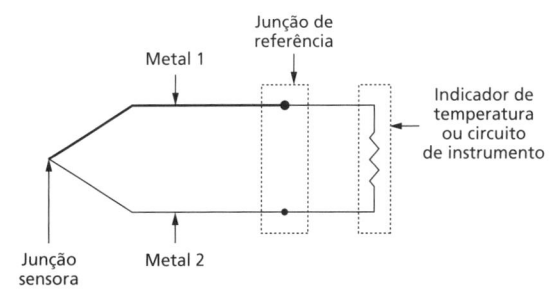

FIGURA 17-4 Diagrama de circuito termopar.

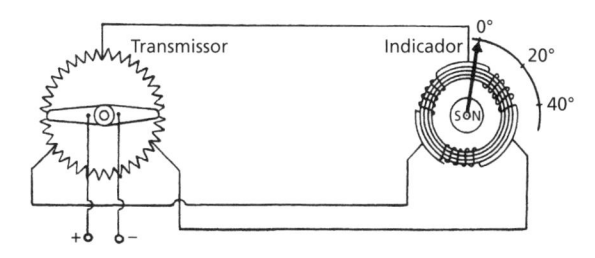

FIGURA 17-5 Diagrama esquemático de um circuito Selsyn CC.

de fio de resistência fino em uma forma circular com conexões localizadas em três pontos simetricamente espaçados em torno do enrolamento. A energia CC é alimentada para o enrolamento circular em pontos a 180° de distância entre si por meio de braços articulados como os de um para-brisas (ver Figura 17-5). Essa estrutura é, na verdade, um tipo especial de potenciômetro; quando os braços são girados, as tensões que aparecem nas três conexões mudam com relação umas às outras. Como mostrado no diagrama, as três conexões com o transmissor estão conectadas a três conexões semelhantes no indicador. A unidade indicadora é composta de um círculo laminado de material ferromagnético no qual três enrolamentos ficam igualmente espaçados em uma conexão em delta. Quando essa unidade é conectada ao transmissor por meio de três condutores, como mostrado no diagrama, a rotação dos braços no transmissor varia as correntes nas bobinas do indicador de tal forma que o campo magnético dessas bobinas também gira. O elemento rotativo do indicador é uma armadura de ímã permanente montada sobre mancais para que possa girar livremente com a rotação do campo. Assim, o ponteiro indicador ligado ao eixo do rotor segue o movimento dos braços no transmissor. Quando o indicador é ligado ao mecanismo atuador do flape, ele produz um sinal que faz com que o indicador mostre a posição dos flapes. Da mesma forma, ele pode ser utilizado para mostrar a posição do trem de pouso ou de qualquer outra unidade que se movimenta em uma determinada amplitude de posições. Esse tipo de sistema synchro tende a sofrer erros e panes devido aos contatos móveis delicados utilizados no transmissor. Os synchros CC somente são usados em aeronaves mais antigas.

Sistemas synchro CA

Em aeronaves que possuem sistemas elétricos CA, é possível usar um synchro CA; esses sistemas não contêm contatos móveis como o synchro CC, o que os torna mais confiáveis. O sistema empregava um transmissor, conectado aos componentes móveis a serem monitorados, e uma unidade receptora ou indicadora na cabine de comando. Esses sistemas podem ser utilizados para determinar a posição de diversos componentes móveis, como flapes, trens de pouso e servomotores de pilotos automáticos. O transmissor envia um sinal de saída para um instrumento dedicado ou para um processador, como um computador de voo automático. Depois disso, o computador de voo automático pode utilizar as informações para posicionar os controles de voo e enviar uma mensagem para um ou mais displays da cabine de comando.

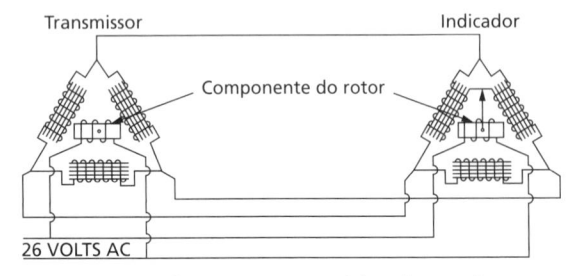

FIGURA 17-6 Diagrama esquemático de um sistema synchro Autosyn.

Quando utilizado para mover um indicador analógico dedicado (medidor), a operação é semelhante à de um motor CA de baixa corrente (ver Figura 17-6).

O sistema é basicamente uma adaptação do princípio do motor autossíncrono, pelo qual dois motores operam em perfeito sincronismo; ou seja, o rotor de um motor gira à mesma velocidade que o rotor do outro. Quando esse princípio é aplicado a esse sistema, no entanto, os rotores não giram nem produzem potência. Em vez disso, os rotores das duas unidades conectadas coincidem quando são energizados por uma corrente alternada; posteriormente, o rotor do primeiro indicador percorre apenas a distância necessária para corresponder à rotação do transmissão, independentemente de quão ínfimo for o movimento.

É preciso entender que o transmissor e o indicador desse sistema são essencialmente iguais, tanto em termos de características elétricas quanto em sua construção. Ambos têm um rotor e um estator. Quando a energia ca é aplicada e um rotor é energizado, a ação transformadora entre o rotor e o estator faz com que três tensões distintas sejam induzidas no rotor relativo ao estator. Para cada pequena mudança na posição do rotor, uma nova combinação de três tensões, totalmente diferente, é induzida.

Quando duas unidades são conectadas da maneira mostrada na Figura 17-6 e os rotores de ambas ocupam exatamente as mesmas posições em relação a seus respectivos estatores, ambos os conjuntos de tensões induzidas são iguais e contrárias. Por esse motivo, corrente nenhuma flui nos fios interconectados e o resultado é que ambos os rotores permanecem estacionários. Por outro lado, quando os dois rotores não coincidem em termos de posição, a combinação das tensões de um rotor é diferente da do outro e a rotação ocorre, continuando até os rotores estarem em posições idênticas. As tensões induzidas passam, então, a ser iguais e contrárias, de modo que não há fluxo de corrente em nenhum dos três condutores; assim, os rotores se tornam estacionários e ficam em posições idênticas. Como o rotor da unidade transmissora está diretamente conectada com um componente móvel, como os flapes da ase, a unidade transmissora tende a "levar" o indicador até a posição correta. O indicador é projetado para se mover de forma fácil e precisa, de acordo com a posição do rotor transmissor.

Synchros CA modernos

Outra versão do synchro CA discutido acima é bastante usado para fornecer um sinal de realimentação de posicionamento para os sistemas modernos de voo automático. Essa unidade utiliza um enrolamento primário estacionário e um enrolamento secundário particulado para medir o deslocamento angular. A Figura 17-8 mostra o enrolamento primário na primeira linha do diagrama; essa bobina recebe uma tensão de entrada de 26 V 400 Hz CA. Assim como todos os transformadores, uma tensão CA é induzida no secundário, mostrado na última linha do diagrama. A tensão de saída do secundário é uma função da posição angular do enrolamento secundário. Na posição A (Figura 17-7), a tensão de saída é igual à tensão de entrada devido ao alinhamento das duas bobinas. (*Observação*: Esse exemplo pressupõe 100% de eficiência do processo de indução eletromagnética.) À medida que o secundário é girado pelo dispositivo sendo medido, o valor da tensão de saída muda; posição B = 20 Vca, posição C = 6 Vca, até que finalmente nenhuma tensão é produzida no enrolamento secundário. Quando o secundário não produz tensão, diz-se que ele está na **posição nula.**

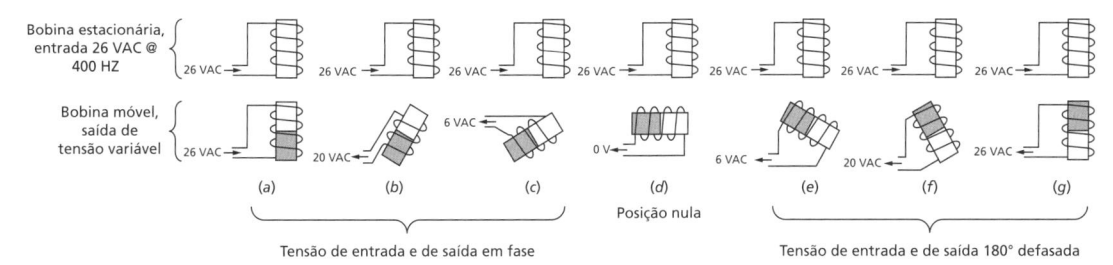

FIGURA 17-7 Operação de um synchro de realimentação típico.

Quando o secundário atravessa a posição nula, há uma mudança na relação de fase entre a tensão de entrada CA e a tensão de saída CA. Como mostra o diagrama, nas posições A, B e C, a entrada e a saída estão em fase, na posição D não há tensão de saída e nas posições E, F e G a entrada e a saída estão 180° defasadas. Devido a esse deslocamento de fase, a nula se torna a posição mais sensível para o dispositivo synchro; logo, qualquer movimento rotacional a partir da nula fornece o sinal de saída mais preciso.

Os synchros CA fornecem um nível excelente de realimentação para boa parte do sistema de piloto automático. O princípio do deslocamento de fase discutido acima permite medições precisas de movimentos mínimos das superfícies de controle. Quando colocado na posição nula, qualquer movimento em sentido horário ou anti-horário é fácil de medir devido ao deslocamento de fase e à mudança de tensão. Na maioria dos sistemas, a bobina secundária contida dentro do rotor do synchro é conectada ao componente móvel através de uma ligação mecânica; assim, o sinal de saída do synchro está diretamente relacionada a qualquer movimento do componente.

A maioria dos sensores de synchro é bastante confiável, pois são apenas bobinas de fios e raramente sofrem panes. Os itens que costumam causar problemas são os componentes móveis; os mancais articulados podem sofrer e ficar desgastados. Além disso, qualquer ligação mecânica usada para conectar o synchro pode sofrer pane, se ligar ou perder seu ajuste, criando sinais de saída imprecisos. Em muitos sistemas, o ajuste do synchro à posição nula é fundamental para a operação correta. Muitos servomecanismos de piloto automático levam o synchro até a posição nula antes de ativar o sistema de voo automático. Isso pode ser realizado facilmente com o uso de uma embreagem elétrica para engatar/desengatar o synchro quando necessário para fins de posicionamento. Esse procedimento de alinhamento garante que o synchro começará a operar na posição nula todas as vezes que o piloto automático for acionado.

Sensores de instrumentos

As aeronaves modernas são projetadas para coletar grandes quantidades de dados; em alguns casos, esses dados são processados e convertidos em informações apresentadas em um display na cabine de comando. Em outros casos, os dados são compartilhados entre diversos computadores e usados para o controle de sistemas ou da aeronave. Dois sensores comuns usados em aeronaves modernas foram desenvolvidos para uso com sistemas computadorizados: os sensores de proximidade e os transdutores diferenciais. O **sensor de proximidade** é um dispositivo de comutação de estado sólido usado para determinar a posição de componentes móveis, como flapes, portas de compartimentos de carga e trens de pouso.

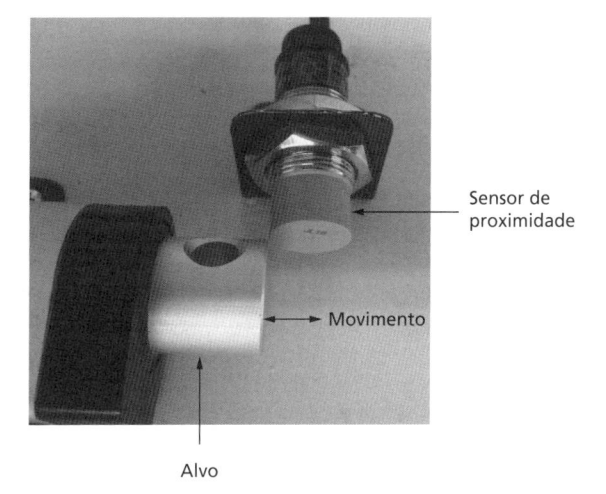

FIGURA 17-8 Um sensor de proximidade típico.

Os sensores de proximidade devem cumprir duas funções principais: (1) emitir um campo eletromagnético ou feixe de irradiação eletromagnética e (2) medir qualquer mudança no campo emitido, ou sinal de retorno, causada pela proximidade de uma peça móvel. A Figura 17-8 mostra um sensor de proximidade típico sendo usado para detectar a posição de um servoatuador comum. O objeto percebido muitas vezes é chamado de **alvo** do sensor de proximidade; os alvos compostos de materiais diferentes podem exigir o uso de sensores diferentes. Por exemplo, um sensor fotoelétrico capacitivo poderia ser apropriado para um alvo de plástico; um sensor de proximidade indutivo exige um alvo de metal.

Os sensores de proximidade conseguem ser altamente confiáveis e ter longa vida útil devido à ausência de peças mecânicas e de contato físico entre o sensor e o objeto percebido. A Figura 17-9 é o diagrama elétrico de um sensor de proximidade típico. Uma tensão CC deve ser aplicada ao sensor na forma de um sinal de entrada; o fio marrom é conectado a uma tensão positiva e o fio azul é conectado a uma negativa. Dentro do sensor, representado pela linha tracejada, está um transistor de comutação controlado pelo circuito sensor. Se o sensor detecta a proximidade do alvo, o transistor se torna diretamente polarizado e envia um sinal de tensão negativa para a conexão de saída preta. A carga é conectada entre as conexões marrom e preta e, logo, controlada pelo circuito sensor através do tran-

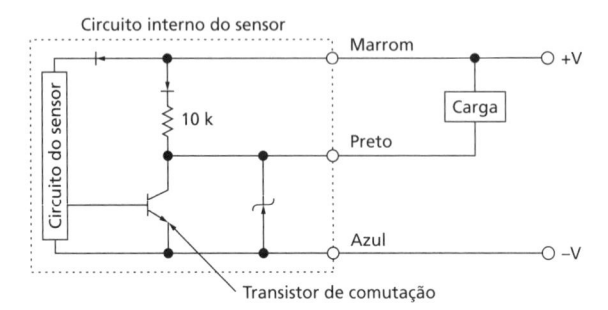

FIGURA 17-9 Circuito do sensor de proximidade.

sistor de comutação. A carga poderia qualquer circuito CC de baixa corrente, como uma entrada em um computador de controle do trem de pouso ou relé de controle do motor. O Capítulo 13 deste texto apresenta mais informações sobre os sensores de proximidade.

O **transdutor diferencial variável linear (LVDT)** é outro sensor comum usado em aeronaves modernas; um projeto típico possui três bobinas indutoras colocadas com suas extremidades lado a lado em torno de um tubo. A bobina central atua como enrolamento primário do transformador e as duas bobinas externas criam os enrolamentos secundários do transformador. O núcleo do transformador é composto de um metal ferroso e conectado ao componente móvel cuja posição deve ser monitorada.

A Figura 17-10 mostra o circuito operacional e os componentes físicos de um LVDT. Uma corrente alternada é aplicada ao primário e faz com que uma tensão seja induzida em cada secundário, proporcional à posição do núcleo móvel. A tensão CA conectada à entrada da bobina primária normalmente é de alta frequência, cerca de 1 a 10 kHz. Quando o núcleo se move, a ligação magnética com as duas bobinas secundárias muda e provoca mudanças nas tensões induzidas. As bobinas são conectadas de forma que a tensão de saída seja a diferença (logo, "diferencial") entre as duas bobinas secundárias; logo, $V_{saída} = V_1 - V_2$.

A relação de fase entre a entrada ca e as tensões de saída também muda quando o núcleo se afasta da posição "nula" central. Na posição nula, a tensão de saída é zero. Se o núcleo se desloca para dentro e se afasta da nula, a tensão de saída resultante aumenta em relação ao zero e permanece em fase com a entrada. Quando o núcleo se move na outra direção, para dentro em relação à posição nula, a tensão de saída também aumenta em relação ao zero, mas sua fase é contrária à do primário. A fase da tensão de saída é determinada pela direção do movimento (para dentro ou para fora); a amplitude da saída é determinada pela quantidade de movimento. A saída de um LVDT deve estar conectada a um circuito processador, que então cria um sinal de display ou usa os dados do LVDT para outros fins, como controlar o sistema de voo automático.

Outro transdutor comum usado com aeronaves computadorizadas modernas é chamado de **transdutor diferencial variável rotativo (RVDT)**. O LVDT e o RVDT operam usando os mesmos princípios de indução eletromagnética; contudo, eles são usados para aplicações ligeiramente diferentes. O RVDT, como o nome sugere, é usado para monitorar o movimento de componentes que giram. O LVDT detecta movimentos em componentes lineares.

INDICADORES DE QUANTIDADE DE COMBUSTÍVEL

Os indicadores de quantidade de combustível da maioria das pequenas aeronaves e todas as grandes aeronaves comerciais são operados elétrica ou eletronicamente. Os sistemas indicadores operados eletricamente geralmente são do tipo de resistor variável, enquanto os sistemas operados eletronicamente são do tipo de capacitor.

Os indicadores de quantidade de combustível elétricos utilizam um resistor variável na unidade de tanque ou sensor. O resistor assume a forma de um reostato ou potenciômetro, dependendo do método de indicação. O sinal de quantidade de combustível ocorre quando um braço de flutuador dentro do tanque muda a resistência do sensor com a mudança do nível de combustível. A Figura 17-11 mostra um diagrama esquemático de um sistema indicador de quantidade de combustível com sensor do tipo reostato. O resistor variável da unidade de tanque é conectado em um circuito em ponte com resistores de referência na caixa do indicador.

Para garantir a precisão dos instrumentos de quantidade de combustível, muitos circuitos desse tipo contêm **potenciômetros compensadores**. Os compensadores são usados para fazer ajustes finos aos medidores de combustível quando o tanque está cheio e/ou vazio. O procedimento de compensação normalmente é uma questão de testar a precisão do medidor com o tanque de combustível cheio; o potenciômetro é ajustado quando necessário para alterar a quantidade de combustível indicada. Em geral, o teste é realizado como parte do processo de inspeção da aeronave. Além disso, outro teste comum durante as inspeções é um teste da resistência do circuito sensor de quantidade de combustível.

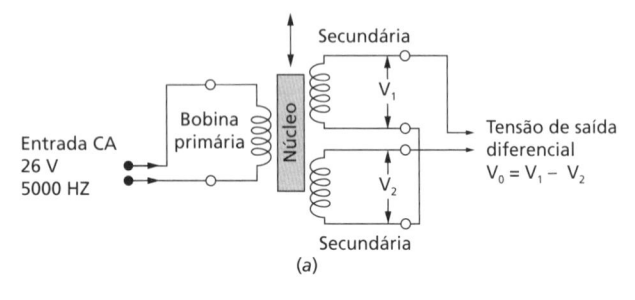

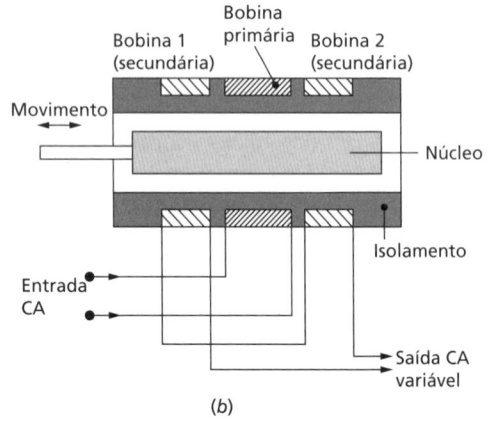

FIGURA 17-10 Transdutor diferencial variável linear (LVDT): (*a*) circuito operacional e (*b*) estrutura.

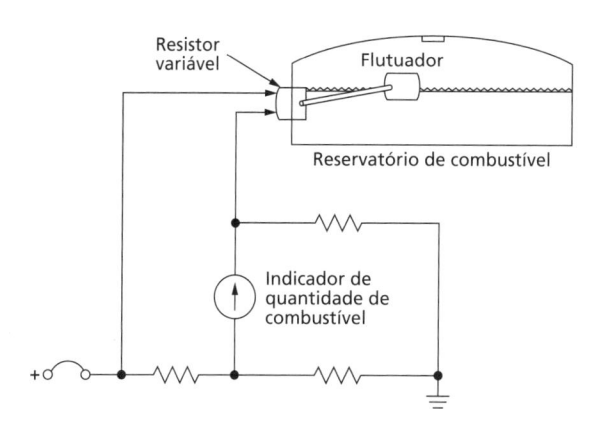

FIGURA 17-11 Diagrama esquemático de um indicador de quantidade de combustível tipo boia com um resistor variável.

Como indicações precisas da quantidade de combustível são importantes para a segurança do voo, esses sistemas costumam ser testadas durante as inspeções de 100 horas, anuais e periódicas.

Os indicadores de combustível eletrônicos, ou do tipo capacitor, utilizam um capacitor variável como unidade de sensor no tanque de combustível. A capacitância do sensor no tanque muda à medida que o nível de combustível sobe e desce entre os dois eletrodos (placas) na unidade de tanque. A mudança de capacitância se deve à diferença entre a intensidade dielétrica do combustível e a do ar. Como a intensidade dielétrica do combustível é mais que o dobro da do ar, a capacitância do sensor aumenta de acordo com a quantidade de combustível dentro do tanque. A mudança de capacitância da unidade do sensor pode ser enviada diretamente para um indicador de quantidade de combustível ou então para um circuito digital, onde sofre processamento adicional. A Figura 17-12 mostra um diagrama esquemático que ilustra a operação de um sistema indicador de quantidade de combustível do tipo capacitor.

No sistema real de uma aeronave, o instrumento indicador de quantidade de combustível pode conter o amplificador ou condicionador de sinal, eliminando a necessidade de instalar uma unidade separada. A unidade indicadora de quantidade de combustível pode variar significativamente entre as aeronaves. No passado, a maioria das unidades indicadoras utilizava um sistema de ponteiro e escala; com a disponibilidade dos dispositivos de estado sólido, no entanto, muitos indicadores atuais são do tipo digital. A indicação pode ser apresentada em termos de peso do combustível, volume ou ambos. Os sistemas do tipo capacitor medem a quantidade de combustível pelo peso (massa), não pelo volume, pois a intensidade dielétrica do combustível muda de acordo com a densidade. Os compensadores são muito utilizados em conjunto com sondas para garantir uma indicação precisa.

As sondas de combustível de capacitância costumam ser bastante precisas, então esse tipo de sensor de quantidade de combustível é usado em muitas aeronaves modernas. Em grandes aeronaves, devido ao tamanho do tanque de combustível, vários sensores ficam localizados em cada tanque. A saída de cada sensor é monitorada e um nível de combustível médio é determinado pelos circuitos processadores de quantidade de combustível. Em muitas aeronaves, os cálculos de quantidade de combustível são realizados por um processador responsável por múltiplas funções. O processador usa tecnologias digitais para criar a apresentação dos dados de quantidade de combustível, normalmente em um display de CRT ou de tela plana (cristal líquido ou LED).

INSTRUMENTOS DE VOO ELETROMECÂNICOS

Durante a última década, ocorreu uma revolução eletrônica na indústria da aviação. Essa revolução impactou o projeto e operação dos sistemas de instrumentos utilizados nas aeronaves modernas. Os instrumentos acionados mecanicamente com entradas de pressão estática e/ou pitot ainda são usados em muitas aeronaves. Por exemplo, a maioria das pequenas aeronaves ainda opera utilizando os instrumentos mecânicos tradicionais. As grandes aeronaves de transporte, por outro lado, exigem tanta instrumentação que se tornou praticamente impossível encaixar todos os instrumentos mecânicos necessários à vista do piloto. Além disso, as pequenas aeronaves mais novos aproveitam as tecnologias digitais para poupar peso e melhorar a segurança de voo. Para simplificar o painel de instrumentos, muitas aeronaves de transporte e corporativas modernas utilizam alguma forma de instrumentação eletrônica. Para compreendermos melhor os ins-

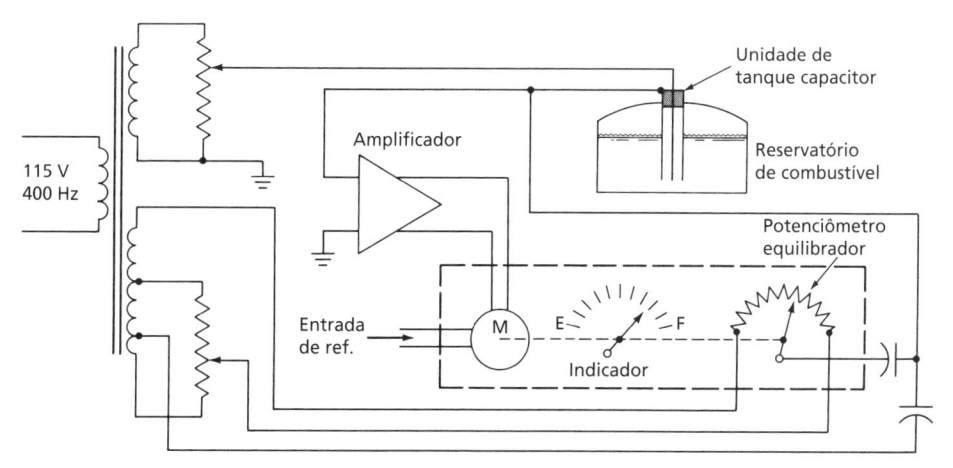

FIGURA 17-12 Diagrama esquemático de sistema de indicação de quantidade de combustível do tipo capacitor.

trumentos eletrônicos, antes precisamos repassar um pouco da teoria básica dos instrumentos.

Dois instrumentos eletromecânicos comuns usados em aeronaves de alto desempenho foram replicados quando os sistemas eletrônicas de ponta foram projetados. O **indicador diretor de atitude** (ADI) e o **indicador de situação horizontal** (HSI) são componentes eletromecânicos híbridos que combinam diversos instrumentos de voo básicos. O ADI é usado para apresentar as informações de atitude necessárias para o voo. O ADI normalmente inclui o indicador de atitude, o indicador de viragem e glissagem, as barras de direção de arfagem e inclinação, o indicador de rampa de planeio e diversos indicadores de advertência. Alguns ADIs incorporam indicadores chamados de **barras de comando** (Figura 17-13). As barras de comando apresentam informações de diversas entradas navegacionais e de atitude. O sistema permite que o piloto voe a aeronave usando as barras de comando como referência principal.

O HSI é um instrumento que apresenta informações referentes à posição da aeronave no plano de referência horizontal. O instrumento combina uma ampla variedade de componentes convencionais, como o indicador de proa (bússola giroscópica), o indicador de desvio de curso e um indicador de distância DME.

Em geral, o ADI e o HSI trabalham em conjunto com o sistema **diretor de voo**. O sistema diretor de voo normalmente é composto de uma unidade de controle eletrônica que recebe entradas de diversos sistemas navegacionais, horizontes artificiais e sensores pitot estáticos. O computador diretor de voo processa essas entradas e envia eletronicamente as informações para o ADI e o HSI eletromecânicos. O sistema de piloto automático também pode receber informações do computador diretor de voo.

Os **sistemas de dados aerodinâmicos** são outro tipo de pacote de instrumentos eletromecânicos híbridos. Os instrumentos nesses sistemas apresentam todos os parâmetros associados com o movimento da aeronave através da atmosfera. Os siste-

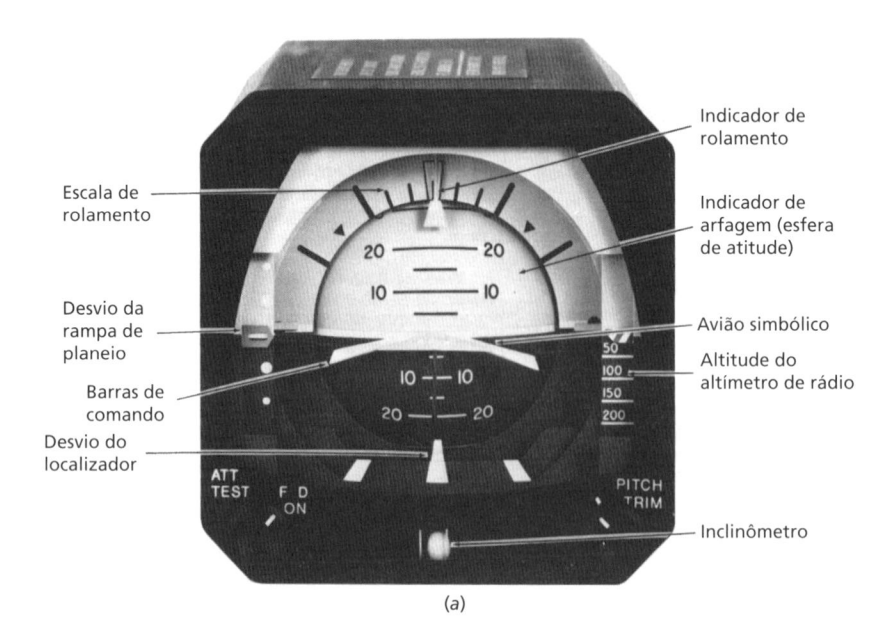

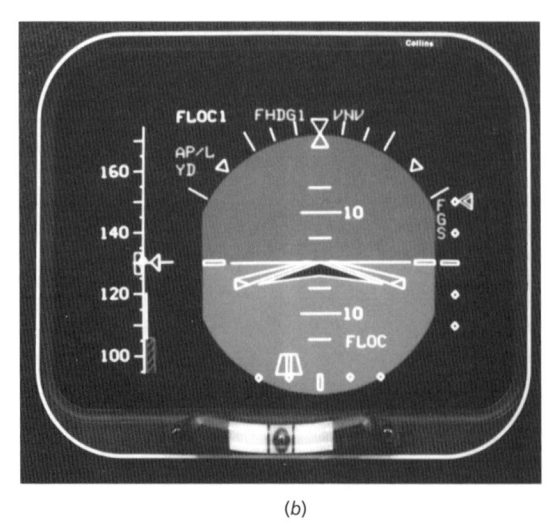

FIGURA 17-13 Dois ADIs comuns: (a) um ADI eletromecânico (b) ADI eletrônico ou EADI.

mas de dados aerodinâmicos mais novos costumam ser utilizados como entradas para os sistemas de instrumentos de voo eletrônicos. O computador do sistema de dados aerodinâmicos recebe entradas dos diversos sensores de temperatura e pressão espalhados pela aeronave (Figura 17-14). O computador de dados aerodinâmicos processa os dados de entrada e envia sinais de saída para instrumentos de display eletromecânicos, como o altímetro, o indicador de velocidade em relação ao ar/Mach, o indicador de velocidade vertical e o indicador de temperatura. As saídas de dados aerodinâmicos também são utilizadas por diversos sistemas navegacionais.

SISTEMAS DE VOO ELETRÔNICOS

Na tentativa de facilitar as ações do piloto e reduzir a poluição visual do painel de instrumentos, foram desenvolvidos **sistemas de instrumentos de voo eletrônicos** (EFISs). Esses sistemas apareceram originalmente como displays dedicados exclusivamente ao instrumentos de voo. Com o tempo, os sistemas de display se tornaram integrados e passaram a oferecer a opção de indicar diversas informações da aeronave, dos motores, meteorológicas, de voo e de pré-voo. Depois dessa integração, esses sistemas deixaram de ser instrumentos de **voo** eletrônicos; outros termos são usados para os sistemas mais avançados, como **sistemas de instrumentos eletrônicos** ou **sistemas de instrumentos integrados**. Os EFISs de primeira geração utilizam CRTs de ponta para apresentar dados alfanuméricos e representações dos instrumentos da aeronave. Cada display do EFIS substitui diversos instrumentos convencionais e anunciadores de cuidado e alerta. A Figura 17-15 mostra o painel de instrumentos de um Airbus Industries A-320. Essa aeronave utiliza seis displays de CRT para eliminar a maior parte dos instrumentos eletromecânicos independentes usados em aeronaves tradicionais.

Os instrumentos de voo eletrônicos se tornaram possível com o desenvolvimento de um display de CRT legível sob luz do sol e sistemas sofisticados de interface para computadores de aeronaves. O sistema de barramento de dados digitais é usado para transferir a maior parte das informações entre os diversos

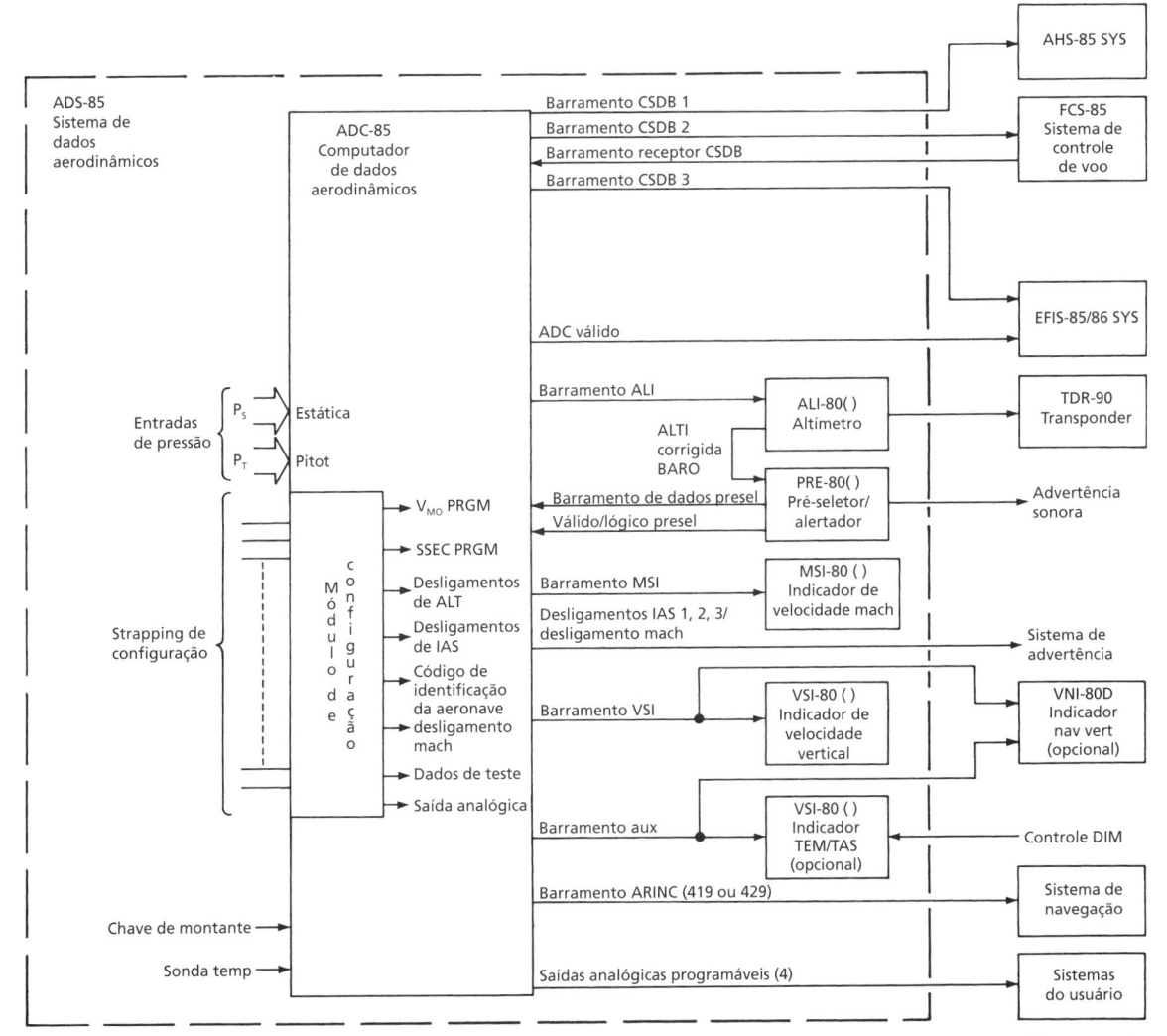

FIGURA 17-14 Diagrama em blocos de sistema de dados aerodinâmicos típico. (*Collins Divisions, Rockwell International.*)

FIGURA 17-15 O painel de instrumentos do A-320. (*Airbus Industries.*)

componentes de um EFIS. Com grandes quantidades de dados para serem transferidos, os sistemas analógicos adicionariam centenas de quilos à aeronave com a fiação adicional. O Capítulo 7 descreve diversos sistemas comuns de barramentos de dados.

Os instrumentos de voo eletrônicos usados para apresentar indicadores de situação horizontal (HSIs) e indicadores diretores de atitude (ADIs) estão se tornando bastante populares em todos os tipos de aeronaves de alto desempenho. A ilustração de um **indicador de situação horizontal eletrônico** (EHSI) se encontra na Figura 17-16*a*, enquanto a de um **indicador diretor de atitude eletrônico** (EADI) aparece na Figura 17-16*b*.

Um EFIS de primeira geração comum é composto de três subsistemas, como ilustrado na Figura 17-17, o sistema de display do piloto, o sistema de display do copiloto e o sistema de radar meteorológico. O sistema meteorológico fornece os dados sobre condições climáticos para o sistema de display do piloto e/ou do copiloto. Os sistemas de display do piloto e do copiloto são idênticos: ambos contêm dois displays de CRT, um gerador de símbolos (também chamado de processador), um controlador do display e um painel seletor de fonte. Caso um dos sistemas sofra pane, por mais improvável que isso seja, um circuito de alimentação cruzada de reserva permite que o gerador de símbolos operacional acione todos os quatro displays eletrônicos.

O **gerador de símbolos** (SG) recebe sinais de entrada de diversos sensores da aeronave e do motor, processa essas informações e envia-as ao display apropriado. As entradas do gerador de símbolos incluem dados dos diversos rádios de navegação, computadores de controle de voo, computadores de gerenciamento do empuxo, o sistema de referência inercial e o sistema de radar meteorológico.

A Figura 17-18 mostra outra versão do EFIS, usado em muitas aeronaves corporativas. O sistema incorpora dois EADIs e dois EHSIs, um para o piloto e um para o copiloto cada. Esses quatro tubos são chamados de **displays primários**. O termo *tubo* é muito usado para se referir aos *displays*. Os displays eletrônicos do lado direito recebem dados da **unidade processadora de display** (DPU) do lado direito. Os displays do lado esquerdo, por sua vez, recebem dados da DPU esquerda. As DPUs recebem dados diretamente dos sistemas da aeronave e da **unidade processadora multifuncional** (MPU). A Figura 17-19 mostra um EADI e um EHSI operacionais. Em caso de pane de um dos displays primários, o sistema pode ser alterado para o **modo reversionário**, que permite que um tubo apresente uma forma compacta do ADI e do HSI.

O **display multifuncional** (MFD), geralmente localizado no console central da cabine de comando, é usado como quinto display do sistema. Um EFIS com um MFD costuma ser chamado de **EFIS de 5 tubos**. Em geral, a unidade MFD é instalada no local reservado para o display do radar e, logo, fica acessível para ambos os membros da tripulação de voo. O MFD é diferente dos outros dois displays porque contém sua própria unidade de potência, arquivo de dados da lista de controle e controles do display. Durante um voo normal, o MFD apresenta informações navegacionais e do radar meteorológico. Em caso de pane do sistema, o MFD pode ser utilizado para substituir os displays primários. O MFD também apresenta informações de diagnóstico. O MFD recebe suas informações de display da unidade processadora multifuncional (MPU).

A MPU, geralmente localizada no rack de aviônica, recebe sinais de entrada dos diversos sensores da aeronave nos lados direito e esquerdo da aeronave. Os dados meteorológicos de entrada são recebidos da unidade r-t do radar meteorológico. Como mostrado na Figura 17-18, a MPU se comunica com as DPUs direita e esquerda, além do MFD. A MPU pode fornecer dados para a DPU direita ou esquerda em caso de pane dos dados de sensores para uma DPU.

Diversos instrumentos de voo eletrônicos estão disponíveis atualmente, cada um dos quais possui suas próprias características. Diversos sistemas de barramentos de dados são utilizados para transferir informações entre componentes de EFIS. Antes de tentar resolver um problema, sempre se familiarize com o sistema específico instalado na aeronave. A maioria dos EFISs inclui alguma forma de equipamento de teste integrado (BITE). Em geral, os dados diagnósticos do BITE podem ser acessados de um dos displays eletrônicos.

Algumas das panes mais comuns que ocorrem nos EFISs são causadas por problemas de fiação. Os plugues conectores muitas vezes se afrouxam ou corroem e causam uma pane intermitente ou constante. Antes de substituir as diversas unidades substituíveis durante a escala (LRUs) no sistema, sempre verifique a fiação. As LRUs têm um tempo médio antes da pane extremamente alto. Logo, é improvável que trocar uma LRU por outra resolva o problema. As LRUs sofrem panes, é claro, mas a eficiência da resolução de problemas significa que é melhor verificar a fiação e os sensores do sistema antes de enviar uma LRU para a oficina.

Na maioria dos EFISs, os componentes esquerdos e direitos são intercambiáveis. Se esse é o caso em sua aeronave, basta remover a LRU suspeita e substituí-la com a mesma unidade do outro lado da aeronave. **Sempre confirme que as LRUs são compatíveis antes de trocá-las e sempre remova a potência do sistema antes de remover ou instalar uma unidade.**

EICAS e ECAM

Os sistemas **engine indicating and crew alerting system** (EICAS, sistema de alerta da tripulação e indicação do motor) e **sistema de monitoramento eletrônico centralizado** (ECAM) são duas variações do sistema de instrumento de voo eletrônico básico. Assim como o EFIS, a primeira geração dos sistemas EICAS e ECAM empregava displays de CRT controlados digitalmente.

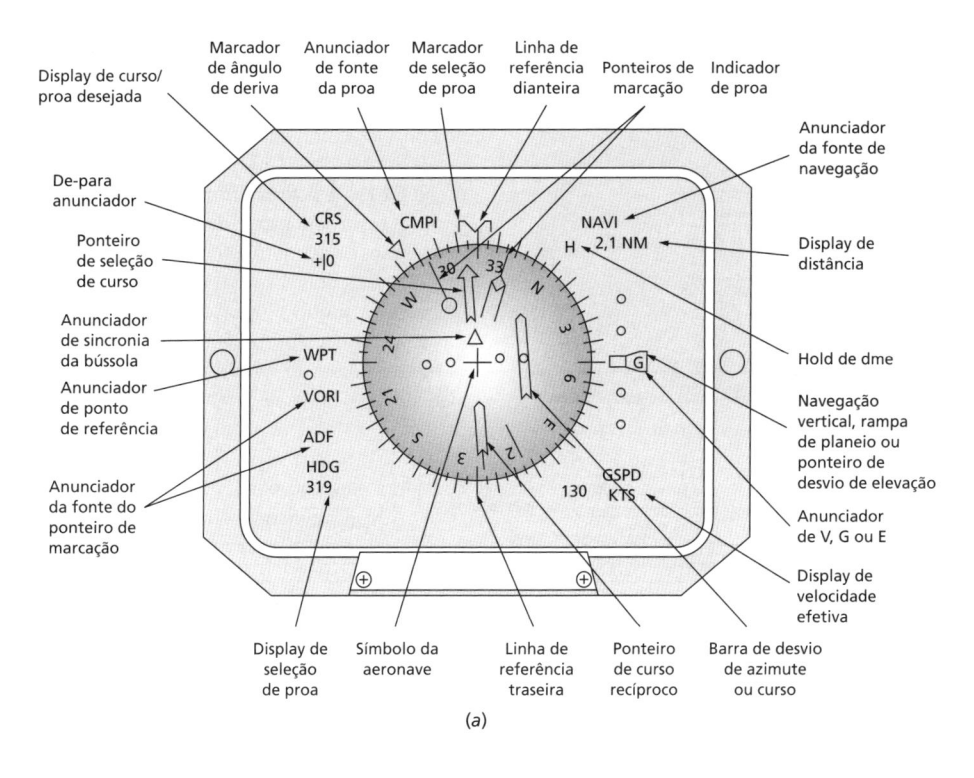

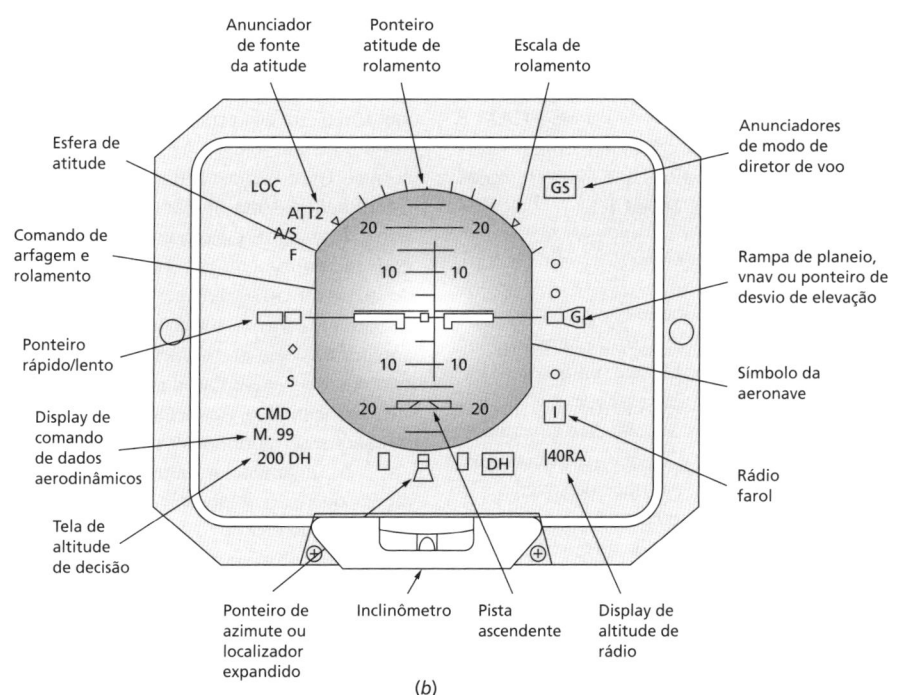

FIGURA 17-16 Instrumentos de voo eletrônicos: (a) indicador de situação horizontal eletrônico (EHSI) e (b) indicador diretor de atitude eletrônico (EADI).

As versões mais novas aumentaram a integração dos sistemas e utilizam LCDs. O EICAS e o ECAM são usados para apresentar diversos parâmetros do sistema, como a razão de pressão do motor, **rpm** e temperatura do gás de escapamento. Outros valores, como pressões do sistema hidráulico e parâmetros do sistema elétrico, podem ser apresentados ou, em alguns casos, removidos da tela de acordo com a preferência do piloto. Outra função essencial do EICAS e do ECAM é monitorar os diversos sistemas da aeronave e apresentar informações de cuidado e advertência em caso de pane do sistema. O EICAS é utilizado em

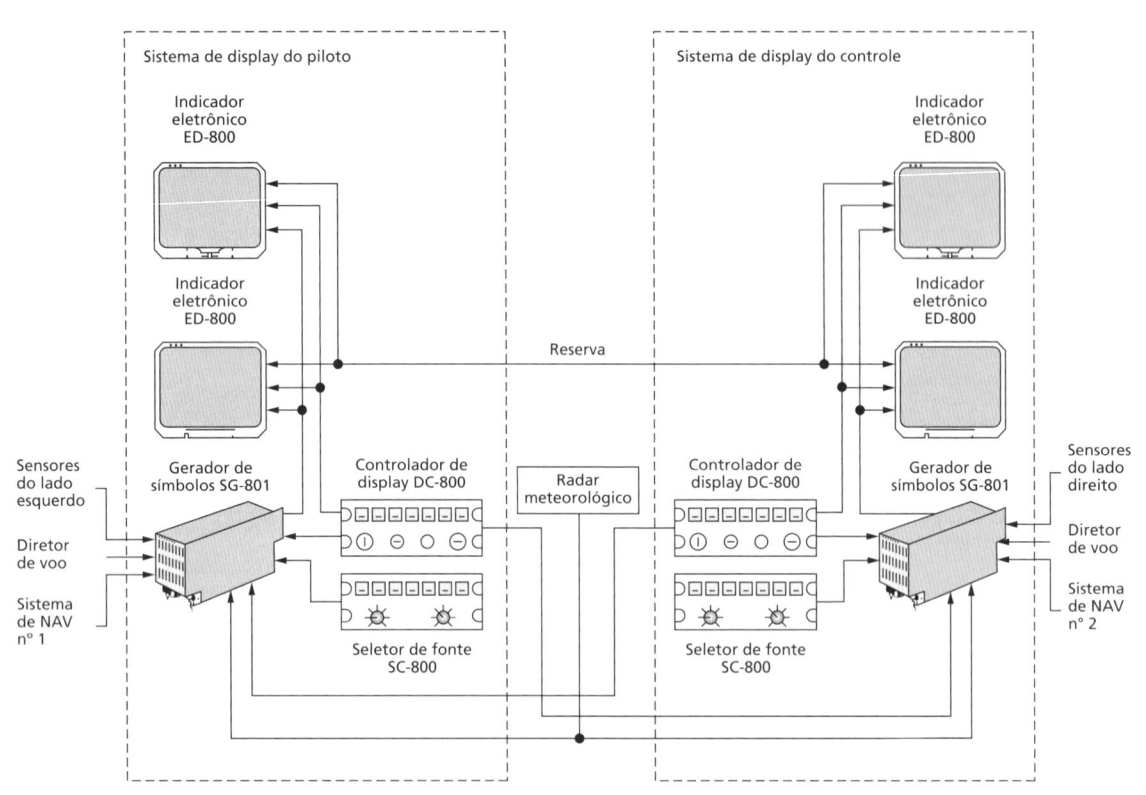

FIGURA 17-17 Diagrama em blocos de um sistema de instrumentos de voo eletrônico.

aeronaves modernas da Boeing, enquanto o sistema ECAM é usado nas aeronaves modernas da Airbus. Muitas aeronaves corporativas também utilizam sistemas digitais que mostram dados do motor e da célula em displays de LCD ou CRT.

EICAS

O **EICAS** apresenta determinados parâmetros do motor e do sistema da aeronave quando necessários. Em outras palavras, nem todos os dados do sistema são apresentados continuamente. Em caso de pane do sistema, as informações essenciais aparecem automaticamente no display e os sinais de cuidado e advertência são ativados. Durante a operação normal, apenas uma quantidade mínima de informações é apresentada; os dados do sistema adicionais podem ser apresentados quando o controle apropriado do EICAS é acionado. O Boeing 757 e o 767 utilizam um EICAS que contém dois displays de CRT, como mostrado na Figura 17-20. Durante configurações de voo normais, o CRT inferior normalmente fica em branco. O CRT inferior é usado para apresentar o status de sistemas em pane e atua como display de reserva caso o superior deixe de funcionar. O CRT superior é chamado de **display EICAS principal**, enquanto o **CRT** inferior é chamado de **display EICAS auxiliar**. É preciso observar que as novas aeronaves B-757 e 767 são construídas usando instrumentos de LCD, não as unidades de CRT dos projetos anteriores. Os LCDs oferecem economias de peso e energia em comparação aos de CRT, então praticamente todas as novas aeronaves empregam tecnologias de LCD para os instrumentos das cabines de comando.

Vários formatos são utilizados pelos diversos EICASs, variando com o modelo da aeronave. Alguns formatos comuns incluem os modos primário, secundário e compacto. O formato primário é apresentado no display principal durante a operação normal. Quatro cores diferentes são utilizadas para apresentar informações. Uma mudança de cor indica uma mudança no status do sistema. Quatro mensagens de alerta estão disponíveis no formato primário. As mensagens do **nível A** são mensagens de **advertência** e aparecem em vermelho. Estas são as mais importantes. AS mensagens do **nível B** são de **cuidado** e são apresentadas em âmbar. AS mensagens do **nível C** são **avisos**, apresentadas em âmbar ou azul claro, dependendo do modelo EICAS específico. As mensagens do **nível D**, chamadas de memorandos, são apresentadas em branco.

As advertências, ou mensagens de nível A, indicam condições que exigem atenção imediata e ação imediata por parte da tripulação de voo. Os alertas de nível A incluem despressurização da cabine e incêndio no motor. As advertências ativam outros anunciadores visuais e sonoros discretos na cabine de comando, como o alarme de incêndio. Existem pouquíssimos alertas de nível A possíveis. As mensagens de nível B, ou cuidados, aparecem em âmbar, logo abaixo de qualquer mensagem de nível A. Um som discreto diferente e outra luz anunciadora são ativados para esses alertas. Os cuidados exigem consciência imediata da tripulação e ação futura por parte desta. As mensagens de aviso exigem consciência imediata da tripulação e ações futuras possíveis. Os memorandos são usados como lembretes para a tripulação. Para todos os níveis de alerta, a mensagem mais recente aparece no alto de sua categoria. As mensagens de nível A aparecem no topo do display, as de nível B abaixo das de nível A, seguidas pelas de nível C, até finalmente as de nível D aparecerem no fim da lista.

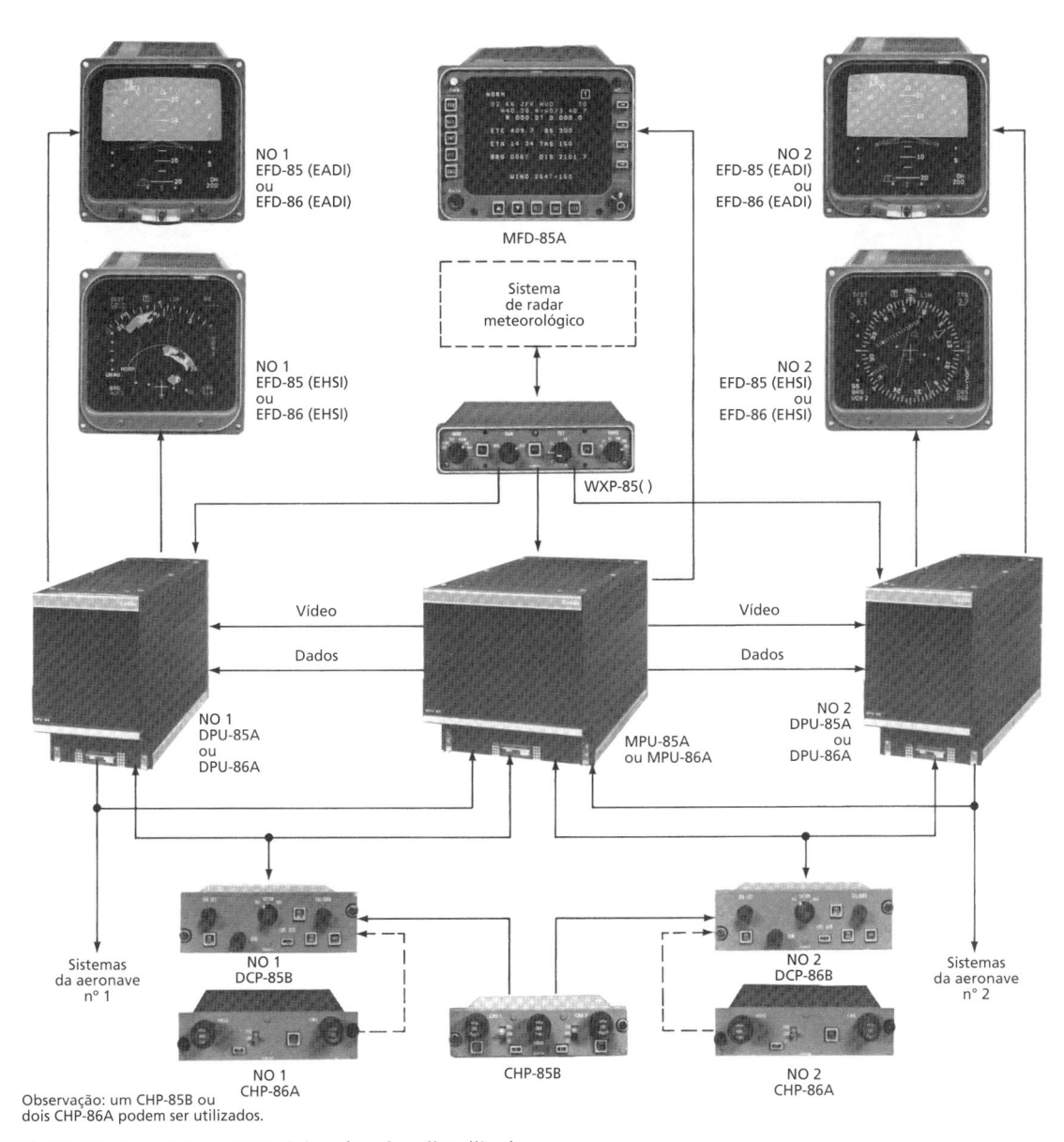

FIGURA 17-18 Um sistema EFIS típico. (*Rockwell Collins.*)

No momento em que o sistema é ativado, o formato secundário aparece automaticamente no display auxiliar do EICAS. O formato secundário mostra parâmetros do motor, como velocidade de rotor N2, fluxo de combustível, pressão do óleo, temperatura do óleo, quantidade de óleo e vibração do motor.

O modo compacto é usado quando um display está inativo ou sendo usado para mostrar páginas de manutenção. No modo compacto, os dados normalmente são apresentados apenas em formato digital. Em outras palavras, as representações de instrumentos em indicadores redondos ou verticais são eliminadas. O modo compacto é usado durante o voo caso um dos displays fique inativo. As informações compactadas podem ser apresentadas no display principal ou no auxiliar.

A Figura 17-21 mostra um diagrama em blocos do EICAS do B-757. Os dois computadores do EICAS monitoram mais de 400 entradas de sistemas do motor e da célula para alertar a tripulação em caso de pane do sistema. Um computador EICAS usa dados analógicos e digitais para se comunicar com os diversos componentes do sistema. O sistema de barramento de dados ARINC 429 é usado para a maioria dos processos de transmissão e recepção de dados digitais do EICAS. Contudo, não esqueça que outros formatos de barramentos de dados podem ser utilizados em alguns sistemas.

Sistema ECAM

O sistema **ECAM** é bastante semelhante ao EICAS, descrito acima. O sistema ECAM também utiliza dois displays de LCD ou CRT. Em algumas aeronaves, como o A-310, os displays são montados lado a lado. Em outras, como o A-320 e o A-340, eles são montados um acima do outro. O sistema ECAM incorpora

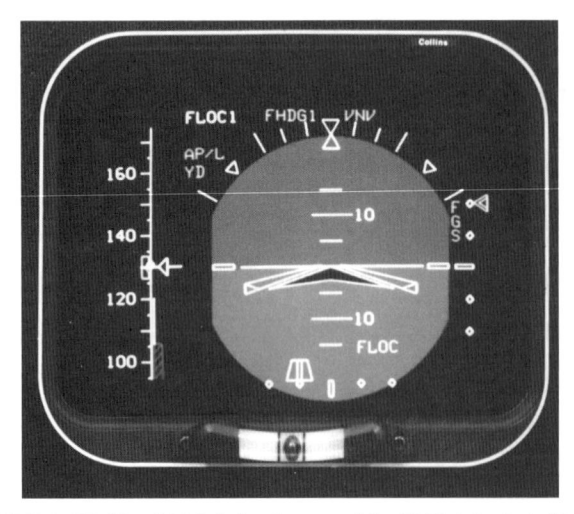

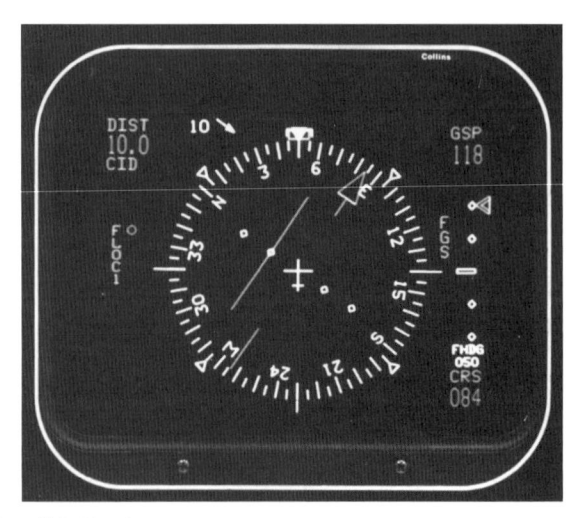

FIGURA 17-19 EADI típico (*esquerda*) e EHSI (*direita*). (*Rockwell Collins.*)

uma representação mais gráfica para muitos dos sistemas da aeronave em comparação com o EICAS da Boeing.

Quatro modos de display são utilizados pelo sistema **ECAM**: **fase de voo**, **aviso**, **relacionado a pane** e **manual**. A fase de voo apresenta informações necessárias para um determinado segmento de um voo. O modo de aviso apresenta informações sobre o status do sistema que podem exigir atenção da tripulação. O modo relacionado a pane se sobrepõe aos dois outros modos automáticos e apresenta informações sobre o status do sistema que exigem ação imediata por parte da tripulação.

O modo manual é usado para selecionar o status de qualquer sistema monitorado.

O sistema ECAM também possui uma rotina de teste do sistema. O autoteste é executado cada vez que o sistema é ligado. O modo de teste pode ser ativado manualmente a partir do painel de manutenção. Essa parte do sistema recupera defeitos do sistema armazenados em uma memória não volátil para auxiliar a resolução de problemas do sistema.

Como os computadores do EICAS e do ECAM monitoram tantos parâmetros diferentes, eles são ferramentas va-

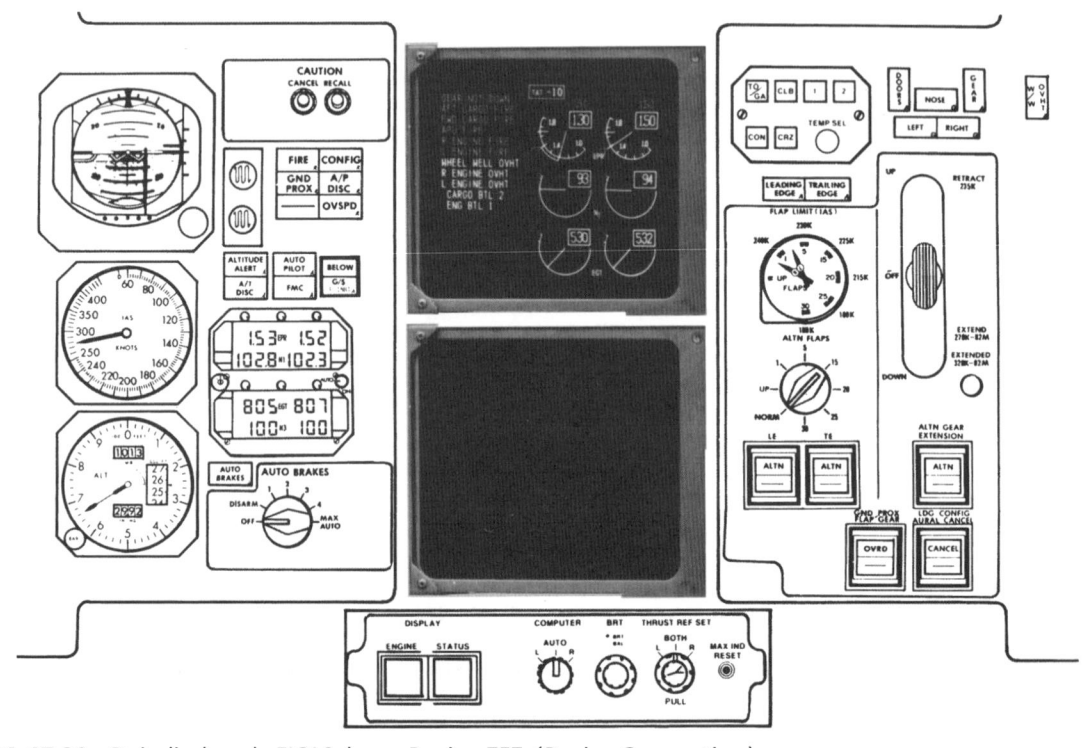

FIGURA 17-20 Dois displays de EICAS de um Boeing 757. (*Boeing Corporation.*)

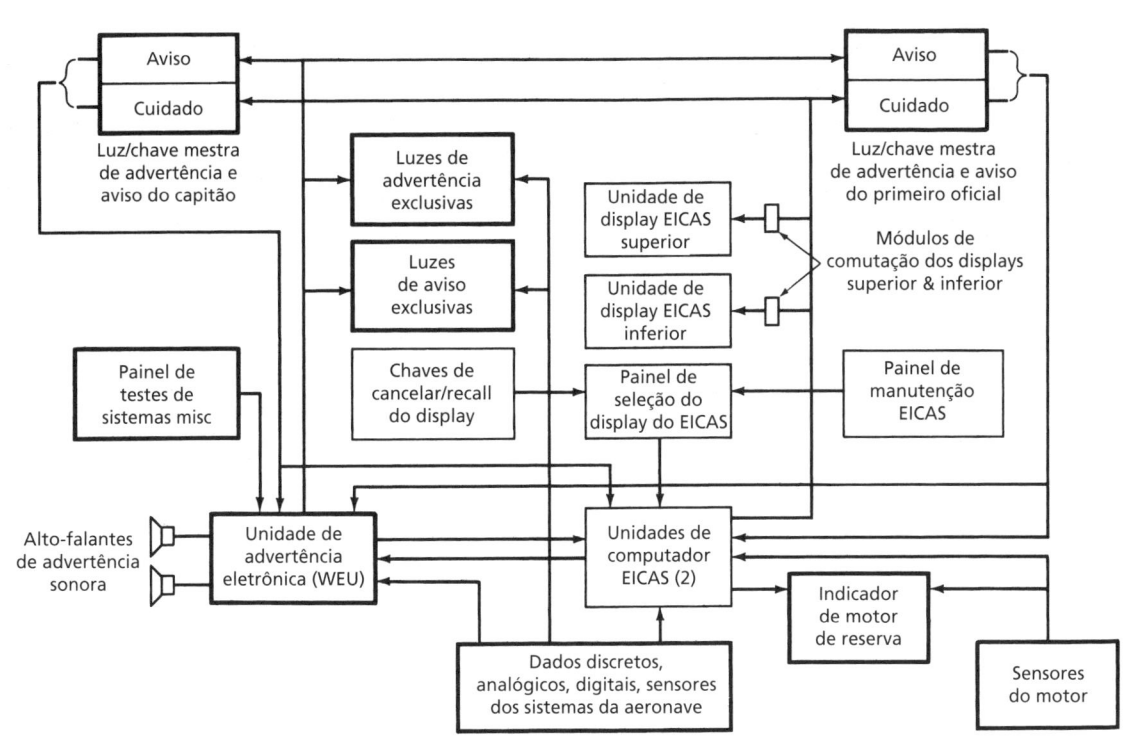

FIGURA 17-21 Diagrama em blocos dos *engine indicating and crew alerting systems* do B-757. (*Boeing Company*.)

liosíssimas para os técnicos das companhias aéreas que trabalham na resolução de problemas. Uma consulta rápida aos displays do EICAS ou do ECAM fornece boa parte das informações preliminares necessárias para resolver problemas em sistemas em pane.

Os sistemas EICAS e ECAM descritos acima contêm elementos que são semelhante entre diversas aeronaves. Em geral, as aeronaves mais novas utilizam maior integração e usam LCDs como displays na cabine de comando; os sistemas mais antigos tendem a conter mais processadores independentes e usam displays de CRT. Em ambos os casos, os conceitos das descrições anteriores normalmente podem ser aplicados a muitas aeronaves diferentes e devem ser estudados para ajudá-lo a desenvolver um entendimento sobre os sistemas. Contudo, sempre se familiarize com o sistema específico em questão antes de realizar qualquer atividade de inspeção ou manutenção nos sistemas de display de uma aeronave.

Sistemas de display integrados

Como mencionado anteriormente, os sistemas de display da cabine de comando continuaram a passar por melhorias significativas através da integração da coleta de dados, capacidade de processamento e até mesmo dos displays em si. Os sistemas de display de segunda e terceira geração são usados em aeronaves fabricadas na década de 1990 e início do século XXI. A evolução dos sistemas de display de aeronaves continua a produzir unidades menores, mais leves e com processamento mais rápido, além de displays de painéis de instrumentos maiores, que nas aeronaves mais novas substituem praticamente todos os instrumentos mecânicos tradicionais. Os sistemas de display integrados modernos costumam ser chamados de EFIS, apesar do termo ser incorreto, já que esses sistemas fazem muito mais do que apenas apresentar informações de voo. Os nomes comuns dos sistemas de segunda e terceira geração incluem: **sistema de display integrado (IDS)**, **sistema de instrumentos eletrônicos (EIS)** e **sistema de aviônica integrado (IAS)**.

Os **sistemas de display de segunda geração** são utilizados em diversas aeronaves de transporte e corporativas. Apesar dos sistemas projetados por diversos fabricantes e usados em aeronaves específicas poderem ser ligeiramente diferentes entre si, todos os sistemas de segunda geração são bastante semelhantes aos conceitos apresentados neste texto. Em geral, os sistemas de segunda geração contêm uma **tela principal de voo (PFD)**, um **display navegacional (ND)** e um **display multifuncional (MFD)**. Essas unidades ficam organizadas no painel de instrumentos da maneira mostrada na Figura 17-22. Nela, vemos que o PFD e o ND substituíram o EADI e o EHSI usados nos sistemas da primeira geração. Em geral, os displays são maiores do que os sistemas mais antigos e muitos usam LCDs, uma tecnologia mais nova. Como mostrado na Figura 17-22, a cabine de comando contém dois PFDs; um do piloto, um do copiloto. O PFD é o display mais crítico, pois contém informações de voo básicas; logo, o PFD sempre tem prioridade em caso de pane parcial do sistema.

Os NDs em um sistema de segunda geração fornecem uma visão horizontal da posição da aeronave e determinadas informações navegacionais. Em geral, o ND pode ser alternado entre diversos formatos e permite a sobreposição de planos de voo e informações do radar meteorológico. O MFD fica locali-

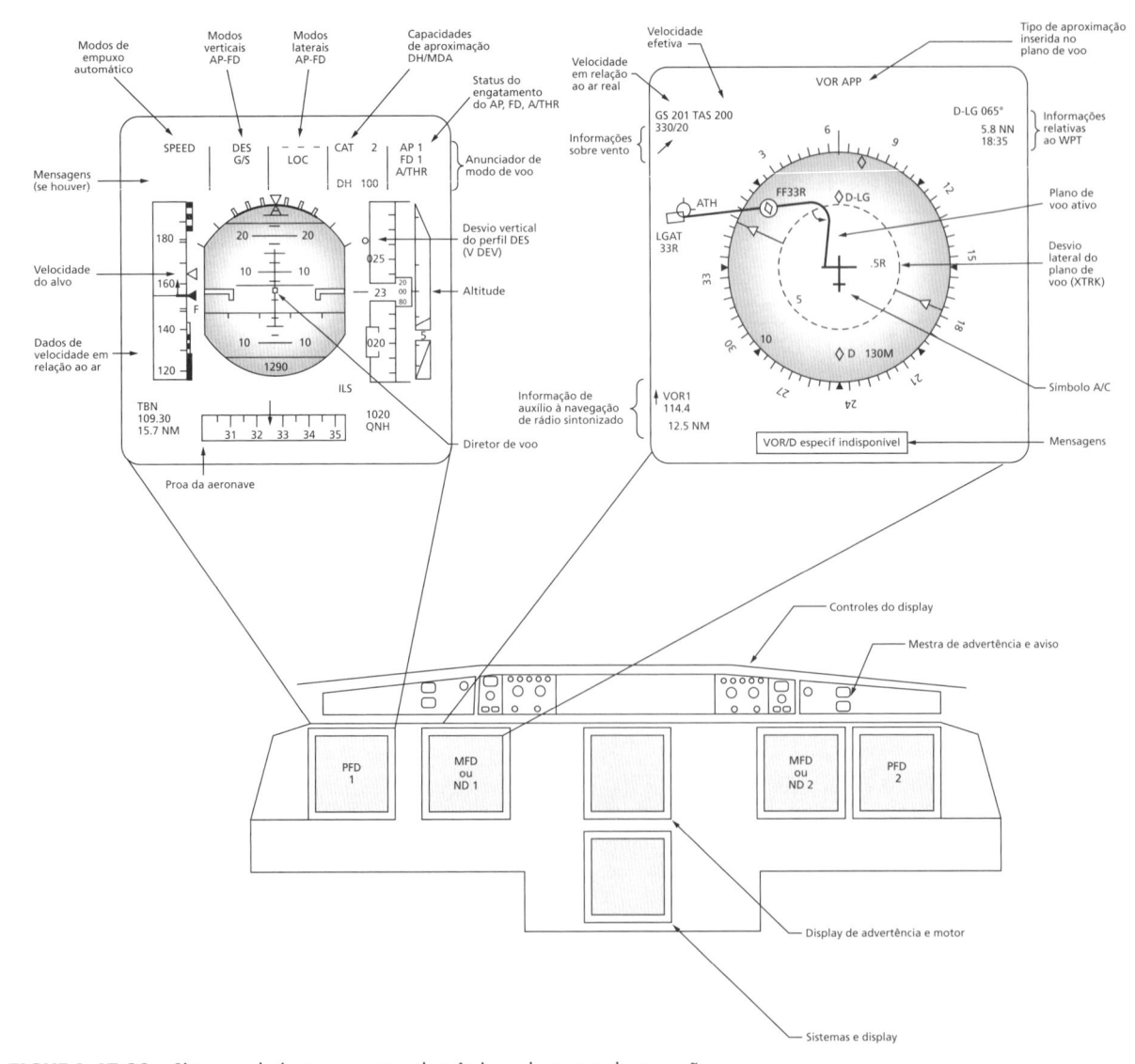

FIGURA 17-22 Sistema de instrumentos eletrônicos de segunda geração.

zado no lado direito do painel e o primeiro oficial o utiliza para acessar informações da lista de controle e mapas navegacionais. Uma grande vantagem de um sistema de segunda geração é que todos os displays são integrados e se comunicam durante a operação. Se um ou mais displays ou processadores sofre pane, o sistema se reconfigura automaticamente para manter as informações críticas disponíveis para o piloto. Isso produz uma camada adicional de segurança em comparação com os sistemas de primeira geração e, logo, durante a certificação da aeronave, a FAA exige menos instrumentos eletromecânicos tradicionais de reserva. Alguns sistemas contêm seis displays organizados em formato horizontal: dois PFDs, dois NDs e dois displays EICAS localizados no centro do painel de instrumentos, como mostrado na Figura 17-23. A organização e o tipo exato de display tende a variar entre os diversos fabricantes de aeronaves.

Os sistemas de segunda geração em geral combinam circuitos de processamento para melhorar a redundância e

FIGURA 17-23 Painel de instrumentos de um Canadair CRJ.

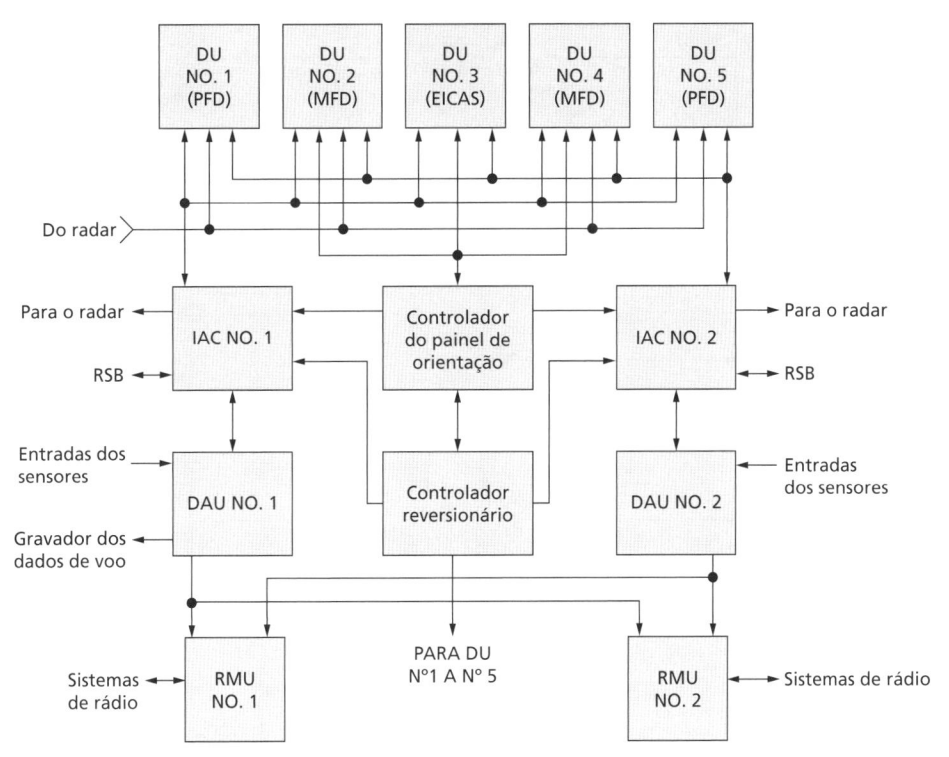

FIGURA 17-24 Sistema de display integrado de segunda geração.

reduzir peso (ver Figura 17-24). Essa aeronave contém duas **unidades de aquisição de dados (DAUs)** para coletar e processar dados de sistemas; a seguir, a DAU envia uma série de dados digitais ao processador do display. O **computador de aviônica integrado (IAC)** é responsável por processar todas as informações do display nesse sistema. As saídas do IAC são enviadas aos displays da cabine de comando em um formato digital para todos os LCDs; os displays de CRT podem receber sinais analógicos. Caso um ou mais displays ou processadores sofram pane, o controlador reversionário é utilizado para reconfigurar o sistema automática ou manualmente para operar de forma correta. A aeronave também contém uma unidade de gerenciamento de rádio (RMU), mostrada na parte inferior do diagrama. A RTU é usada para configurar todas as frequências de rádio de comunicação e navegação e funciona da maneira discutida no Capítulo 15.

Os **sistemas de instrumentos eletrônicos de terceira geração**, usados nas mais novas aeronaves disponíveis, têm maior integração, displays maiores, menos peso e menos consumo de energia do que os sistemas anteriores. O projeto e a construção desses sistemas de display avançados permitiu que os engenheiros instalassem displays eletrônicos modernos até mesmo em pequenas aeronaves monomotoras. Muitas aeronaves pessoais modernas, como o Cirrus SR20, contêm um sistema integrado projetado pela Garmin International; o sistema utiliza dois displays de tela plana de LCD de 12x12 polegadas (ver Figura 17-25). Em aeronaves maiores, como o B-787 e o A-380, o sistema de display integrado criou uma cabine de comando totalmente sem instrumentos eletromecânicos, que foram todos substituídos por unidades de LCD. As aeronaves com cabines de comando eletrônicas de terceira geração são verdadeiramente

FIGURA 17-25 Sistemas de display eletrônicos de pequena aeronave (Cirrus SR20).

computadorizadas, tanto que as aeronaves de transporte mais recentes contêm mais de uma dúzia de displays de LCD, teclados de computador e dispositivos de controle do curso semelhantes a um touchpad ou trackball.

O sistema de display integrado usado no Cirrus SR20 emprega duas **unidades de aviônica integradas (IAUs)** como processadores principais; as IAUs transmitem dados para os dois grandes displays de tela plana de LCD. A IAU recebe entradas de diversos sensores da célula e dos motores, além de diversas informações de voo e sinais dos painéis de controle. As IAUs foram projetadas para processar os dados e enviar sinais de entrada para as unidades de display de vídeo, além de outros sistemas, como o piloto automático. A Figura 17-26 mostra as conexões do barramento de dados entre a IAU e as duas unidades de display. As IAUs de número 1 e 2 recebem dados de quatro processadores adicionais, todos os quais ficam localizados atrás dos dois displays de tela plana, como visto na Figura 17-27. Esses processadores enviam diversos dados dos sistemas da aeronave

434 Eletrônica de Aeronaves

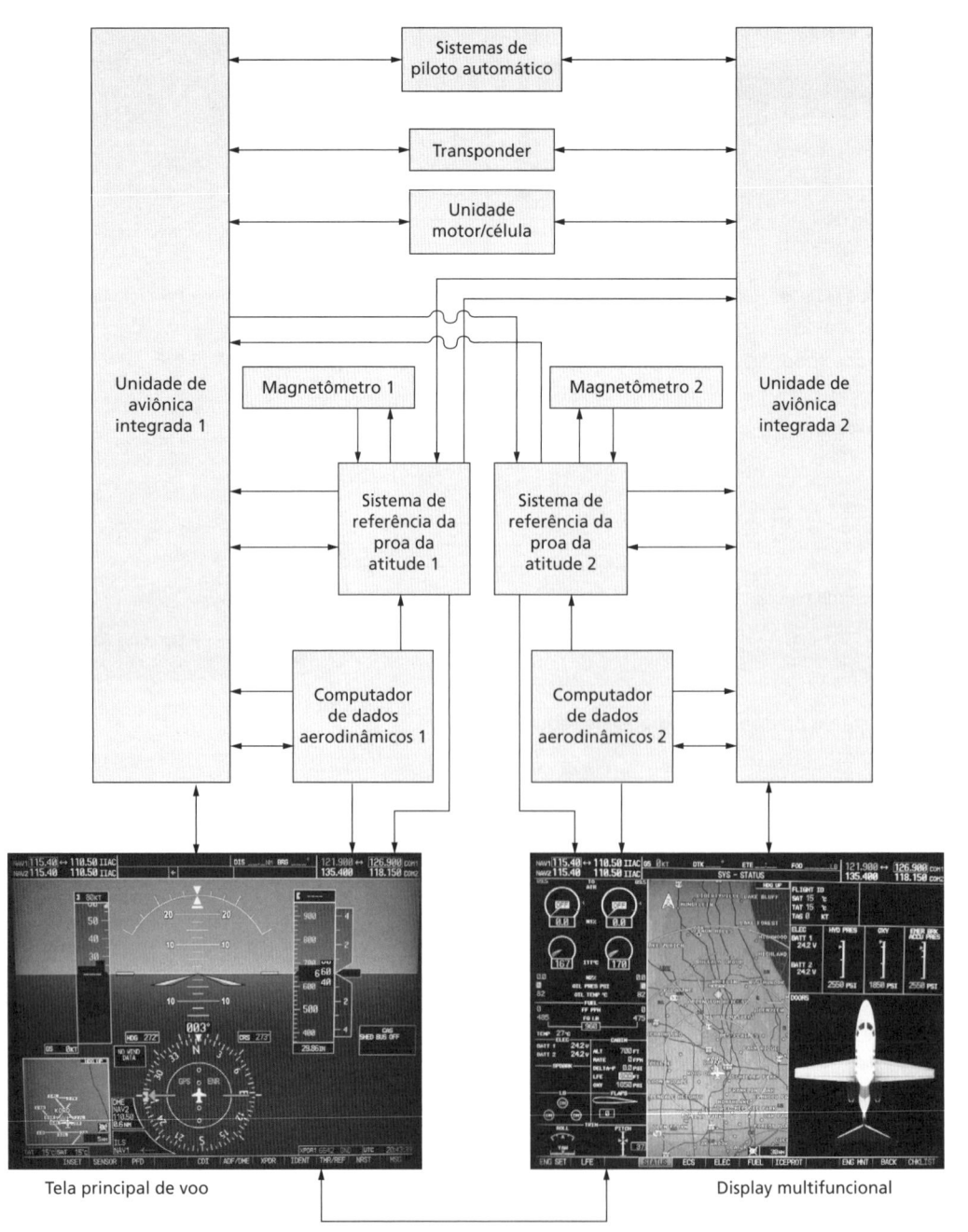

FIGURA 17-26 Sistema de instrumentos eletrônicos simplificados da Garmin usado em pequena aeronave moderna.

e informações dos motores para as IAUs usando quatro formatos de barramento de dados diferentes: (1) Ethernet de alta velocidade, (2) RS-232, (3) RS-485 ou (4) ARINC 429. Centenas de sensores espalhados pela aeronave enviam informações para os diversos processadores, que por sua vez transmitem informações para as IAUs, que finalmente alimentam o PFD e o ND. Durante a operação normal, a IAU #1 alimenta o PFD e a IAU #2 alimenta o MFD. Os dois displays, a seguir, compartilham dados usando a conexão do barramento de dados de *cross-talk* de Ethernet, produzindo redundância real no sistema.

O sistema utiliza dois displays de LCD de 12 polegadas, com o PFD situado na esquerda e o MFD instalado no lado direito do painel. Ambas as unidades contêm uma série de controles localizados em torno do perímetro dos displays; essa área do display é chamada de **moldura** (ver Figura 17-25). Alguns dos controles são dedicados a uma função específica, como a sintonização de frequências de rádio; alguns controles podem ser alterados de acordo com os itens listados no display. Caso um display sofra pane, as informações de voo têm prioridade e a IAU processa os dados da maneira correspondente.

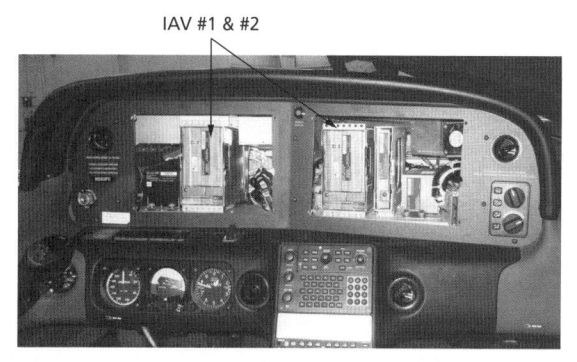

FIGURA 17-27 Processadores localizados atrás das unidades de instrumentos de LCD em uma aeronave Cirrus SR20.

Como acontece com a maioria dos sistemas computadorizados modernos, os processadores e displays de voo da Garmin são extremamente dependentes do software para resolução de problemas, atualizações operacionais e configuração do sistema. Se um sistema precisar de atualizações de software devido a mudanças ou melhorias realizadas pela Garmin, a atualização de software provavelmente precisará ser baixado dos sites dos fabricantes e carregado no sistema da aeronave. As atualizações de software são instaladas nos circuitos processadores usando um Secure Digital Card (cartão SD) localizado na moldura do PFD.

Outros sistemas de pequenas aeronaves se popularizaram devido ao uso de GPS e da maior capacidade dos circuitos de microprocessadores. Muitos auxílios à navegação são projetados para serem computadores portáteis de mesa, e há ainda mais apps para aviação disponíveis para computadores do tipo tablet. Obviamente, os displays de mesa portáteis não se comunicam com os sistemas da aeronave e, logo, têm capacidades limitadas; contudo, eles oferecem capacidades excelentes de planejamento de voo e auxílio à navegação usando GPS. Muitas dessas unidades são chamadas de **informações aeronáuticas em formato digital** (**EFBs**, *electronic flight bags*), pois contêm mapas e cartas de aproximação que os pilotos normalmente transportariam em sua "sacola de voo" tradicional. A divisão Bendix/King da Honeywell Corporation produz o display multifuncional portátil com uma ampla variedade de recursos (Figura 17-28). Essa unidade fornece operações para planejamento pré-voo, posicionamento por GPS em tempo real durante o voo e mapas de terreno sintetizados para auxílio à navegação.

Informações aeronáuticas em formato digital

Como mencionado anteriormente, a EFB é um novo componente eletrônico, projetado para auxiliar o piloto a executar tarefas de gerenciamento de voo e/ou pré-voo. As primeiras EFBs eram simplesmente laptops com software designado para aplicações aeronáuticas específicas. Hoje, as EFBs podem ser dispositivos totalmente portáteis (ver Figura 17-28) ou podem ser instalados permanentemente e interagirem com os sistemas da aeronave. As EFBs se tornaram bastante populares porque reduzem a quantidade de papel na cabine de comando e as revisões da documentações ocorrem eletronicamente, muitas vezes através de uma conexão sem fio. As EFBs até mesmo melhoram a segurança e tomada de decisão, pois apresentam melhor os dados de voo e até informações meteorológicas.

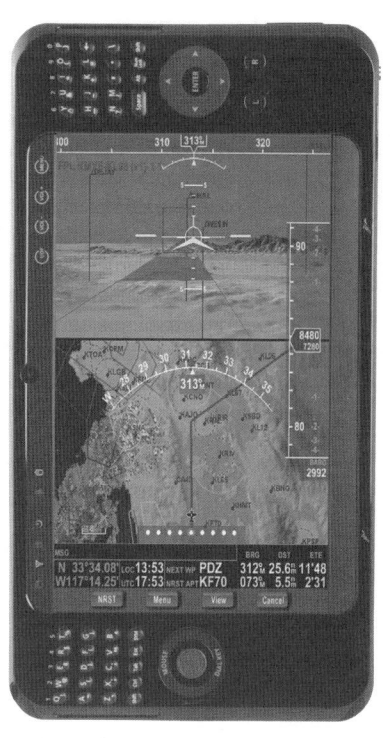

FIGURA 17-28 O display multifuncional portátil AV80R, projetado para pequenas aeronaves. Veja também o encarte colorido. (*Bendix King, da Honeywell.*)

De acordo com a circular AC 120-76A da FAA, há três classes de hardware de EFB: Classe I, Classe II e Classe III. As EFBs de Classe I são dispositivos eletrônicos portáteis (PEDs) e devem ser acondicionados durante operações de pouso e decolagem. As EFBs de Classe II são dispositivos portáteis projetados para serem montados na aeronave e utilizados durante o voo. Lembre-se que itens instalados permanentemente, como antenas de GPS externas e conexões de energia elétrica para uma EFB de Classe II, provavelmente precisarão de aprovação da FAA, como um certificado suplementar de tipo (STC). As unidades da Classe III são instaladas permanentemente na cabine de comando e muitas vezes contêm capacidades de tela sensível ao toque, um teclado e/ou um trackball para uso do piloto. Há um processo de certificação detalhado da FAA para EFBs de Classe III; logo, essas unidades são parte de um sistema de instrumentos integrado usado apenas nas aeronaves mais recentes. A Figura 17-29 mostra a EFB usada na cabine de comando do Airbus A-380.

Visão sintética

Muitos displays de voo modernos recebem imagens geradas por computador do terreno no lado de fora da aeronave na forma como apareceria em condições de luz solar e com boa visibilida-

436 Eletrônica de Aeronaves

FIGURA 17-29 Informações aeronáuticas em formato digital de Classe III do A-380 (estação do primeiro oficial).

de; esse conceito é chamado de **visão sintética**. O display fornece informações visuais "com cara de reais", independentemente das condições meteorológicas ou de luminosidade. Em muitos sentidos, as imagens apresentadas em um display de visão sintética são muito semelhantes às de um computador moderno ou videogame. O objetivo da visão sintética é melhorar a segurança do voo, dando ao piloto uma referência visual melhor do terreno local. A maioria das informações de visão sintética é apresentada nos PFDs ou nos NDs.

Os sistemas de visão sintética são uma parte essencial de muitos sistemas de display de voo modernos. Com o uso de GPS para determinar a posição da aeronave, o processador consegue reproduzir uma imagem artificial da superfície abaixo e em frente à aeronave. Isso exige o uso de um banco de dados detalhado, com um "mapa" tridimensional de toda a região pela qual a aeronave voaria normalmente. O banco de dados contém todos os dados de terreno necessários, como níveis e contornos do solo, estradas, pontes, lagos e até grandes edifícios. O sistema também pode conter informações aeroespaciais e dados de aeroportos, como comprimentos de pistas, proas e informações sobre pista de taxi. O sistema também pode ser projetado para monitorar o tráfego aéreo corrente usando o TCAS (sistema anticolisão de tráfego).

Heads-up displays

Algumas aeronaves de transporte e corporativas modernas empregam um sistema que permite que o piloto visualize instrumentos de voo críticos ao mesmo tempo que mantém a cabeça para cima (*head up*) para visualizar a área além do para-brisa do avião; esse sistema é chamado de **heads-up display (HUD)**. O propósito do HUD é eliminar o tempo de transição necessário para que o piloto passe da visão do lado de fora para o lado de dentro da aeronave. Testes demonstraram que o HUD aumenta significativamente a segurança, especialmente durante pousos e aterrissagens. As aplicações mais comuns do HUD empregam um display transparente (chamado de combinador) montado na linha de visão entre o piloto e o para-brisa da aeronave; alguns pilotos militares utilizam um HUD montado no capacete. Atualmente, os sistemas de HUD são usados mais frequentemente no Gulfstream G-V, no Airbus A-380 e no Boeing B-777; os sistemas de HUD para o capitão e para o primeiro oficial são equipamentos padrões em todas as aeronaves B-787.

Como mostrado na Figura 17-30, um sistema de HUD comum possui quatro elementos básicos:

1. O conjunto do combinador contém uma tela transparente montada entre o piloto e o para-brisa da aeronave. Normalmente, o combinador pode ser dobrado e armazenado no teto quando não está em uso. A imagem é projetada no combinador de um projetor que costuma ficar montado acima e logo atrás do piloto.

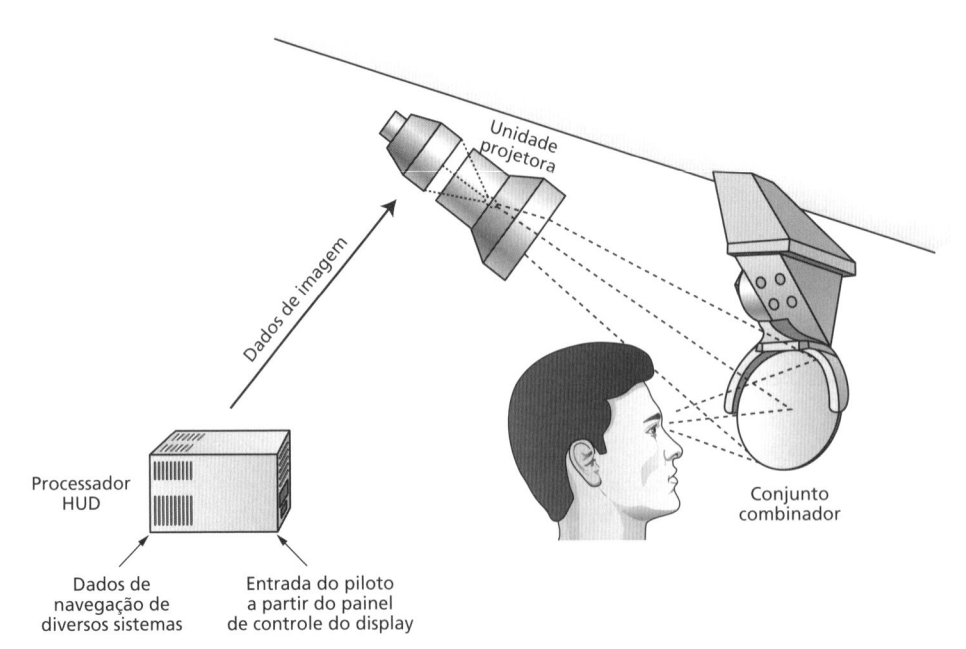

FIGURA 17-30 Diagrama funcional de um *heads-up display* comum.

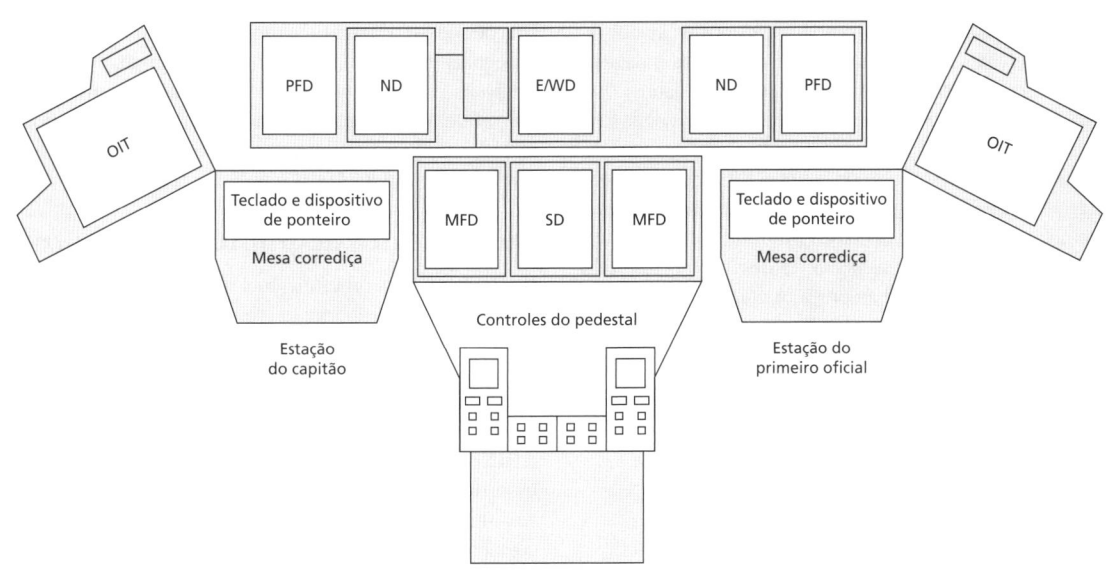

FIGURA 17-31 Painel de instrumentos do Airbus A-380.

2. A unidade superior contém um sistema de projetor de CRT ou LCD que recebe os dados de imagem do processador do HUD.
3. O conjunto do processador normalmente fica localizado na baia de equipamentos ou integrado com outras unidades de processamento de display.
4. Os controles do HUD podem ficar situados em uma unidade designada ou integrados aos controles do sistema de display.

A unidade projetora do HUD deve incluir uma série complexa de lentes para focar a imagem corretamente no combinador. O piloto deve fazer com que a imagem do HUD fique em foco ao mesmo tempo que o horizonte no lado de fora do para-brisa está em foco; o piloto deve enxergar através do combinador para ver uma imagem clara do HUD. O processador do HUD recebe diversos sinais de entrada relativos a navegação, atitude da aeronave e altitude; em geral, esses dados são recebidos em formato digital, oriundos da unidade de processamento do display.

Cabine de comando integrada de aeronaves da categoria de transporte modernas

Hoje, os engenheiros aeronáuticos vão muito além da simples integração dos sistemas de display; a integração agora inclui praticamente todos os sistemas na cabine de comando. Aviões como o Boeing B-787 e o Airbus A-380 dependem mais de equipamentos eletrônicos do que qualquer aeronave anterior. A manutenção das aeronaves é simplificada com o uso de um sistema de análise a bordo completo que recebe informações de quase todos os componentes elétricos da aeronave. Qualquer informação de manutenção pode ser baixada automaticamente usando uma conexão de Wi-Fi ou então acessadas através dos diversos terminais de manutenção espalhados pela aeronave. O B-787 e o A-380 até mesmo incorporam uma conexão sem fio segura exclusiva para manutenção que permite que os técnicos acessem dados do sistema em qualquer ponto na aeronave, ou próximo dela, utilizando um computador portátil.

O painel de instrumentos principal do Airbus A-38- inclui oito telas de LCD idênticas como parte do sistema integrado chamado de **sistema de controle e exibição (CDS)**. Como vemos na Figura 17-31, a linha superior de displays contém dois PFDs, dois NDs e, no centro, o display de motor/advertência (E/WD). O console central inclui três displays; dois usados como MFDs e um display de sistema (SD). Localizados em uma posição ligeiramente inclinada nas extremidades do painel de instrumentos, temos dois terminais de informações a bordo (OITs), uma versão mais complexa de uma EFB.

O A-380 possui dois **dispositivos de controle do teclado e do cursor (KCCDs)** localizados no console central, entre os pilotos (ver Figura 17-32). O KCCD usa um teclado alfanumérico QWERTY, um trackball com descanso para a mão, teclas de validação e um dispositivo de controle do tipo roda. O KCCD permite que o piloto/copiloto interaja diretamente com o ND, MFD ou seções do SD. Esse tipo de dispositivo de controle se tornou

FIGURA 17-32 Cabine de comando do Airbus A-380. Veja também o encarte colorido. (*Airbus S.A.S.*)

bastante comum nas aeronaves comerciais mais novas; apesar de ligeiramente diferentes, cada unidade contém algum tipo de descanso para a mão para permitir a entrada contínua de dados.

Uma enorme quantidade de dados precisa ser coletada e processada para criar todas as informações de vídeo necessárias para cada display do A-380, o que exige um sistema de barramento de dados altamente eficiente. O KCCD transfere dados usando um sistema de barramento de dados do tipo Ethernet conhecido pelo nome de ADFX; esse barramento foi descrito no Capítulo 7. O sistema de CCD do A-380 emprega os conceitos de projeto da **aviônica modular integrada (IMA)** para reduzir o número de LRUs necessário para processar os dados do display. Em geral, esses conceitos de projeto empregam integração extrema de sistemas modulares para reduzir o peso da aeronave e melhorar o desempenho, a confiabilidade e a manutenibilidade do sistema.

SISTEMAS DE CONTROLE DE VOO AUTOMÁTICOS

Os sistemas projetados para auxiliar o piloto durante as operações de voo normais são usados nas aeronaves há décadas. Esses sistemas, normalmente chamados de **pilotos automáticos**, são usados em pequenas aeronaves e também nos aviões de transporte pesados. Inicialmente, um sistema de piloto automático era relativamente simples, projetado para manter uma determinada altitude, proa e/ou velocidade em relação ao ar. Hoje, aeronaves complexas empregam sistemas de **voo automático**, que executam praticamente todos os aspectos do voo. Esses sistemas sintonizam rádios, voam em circuitos de espera e até desempenham funções de aterrissagem automática; obviamente, os auxílios à navegação baseados no solo corretos também devem estar disponíveis. Em linhas gerais, os termos **piloto automático** e **voo automático** descrevem genericamente um sistema automatizado usado para ajudar o piloto a voar a aeronave; este texto usa ambos os termos durante as discussões a seguir.

Teoria básica do piloto automático

Para entender a teoria funcional de um sistema de voo automático moderno, é importante conhecer as operações básicas dos diversos componentes do sistema. Em uma aeronave moderna, a maioria dos subsistemas de voo automático e seus componentes operacionais são controlados eletronicamente; em muitos casos, os circuitos de controle operam usando sinais digitais. O ARINC 429 é o padrão de barramento de dados digitais mais usado nesses sistemas, mas os barramentos do tipo Ethernet está se popularizando e são usados para a transferência de informações em muitos sistemas modernos de voo automático. Os sistemas digitais são discutidos no Capítulo 7. Como os sistemas modernos operam usando tecnologias digitais, estes serão o foco das discussões a seguir sobre pilotos automáticos. Os sinais analógicos ainda podem ser utilizados em sistemas modernos para determinados sinais de entrada ou saída, mas os controles e processadores principais empregam todos circuitos digitais.

Todo sistema de voo automático é projetado para, basicamente, cumprir os deveres do piloto de forma automática. A pesar da complexidade dos diversos sistemas variar entre as aeronaves, todos os pilotos automáticos contêm os elementos funcionais mostrados na Figura 17-33. O sistema deve conter uma ou mais unidades processadoras, muitas vezes chamadas de **computador**

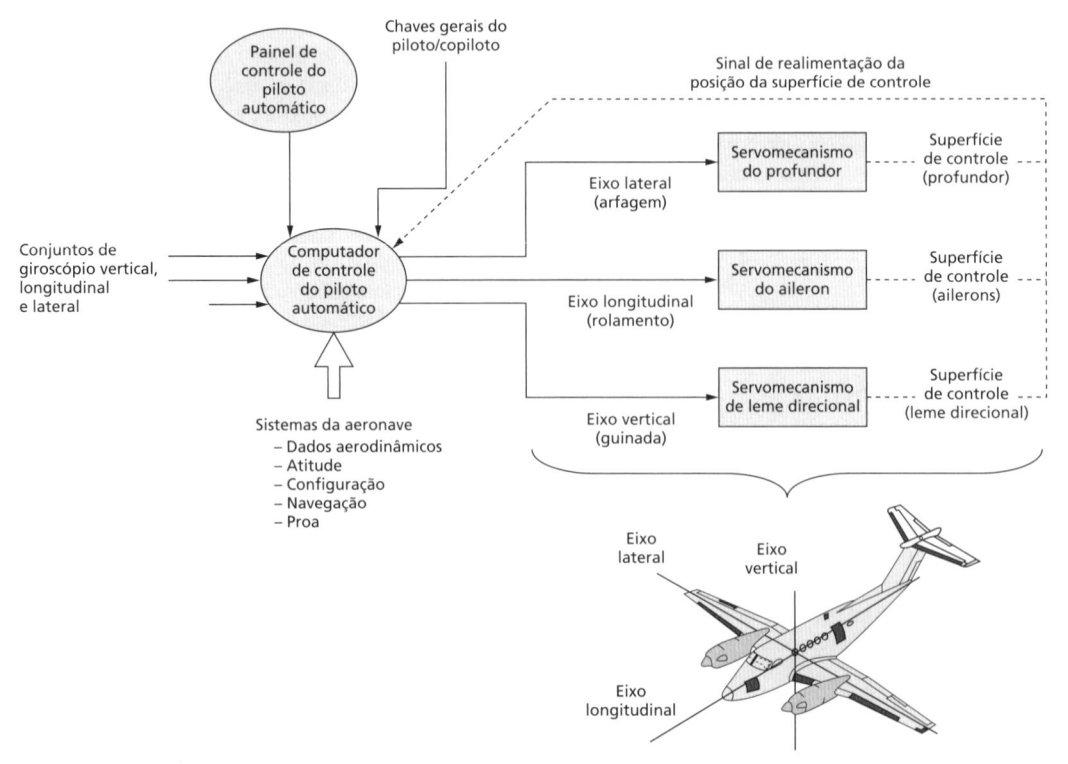

FIGURA 17-33 Dispositivo gerador de sinal eletromagnético para unidade de detecção de um giroscópio.

do piloto automático. Essa unidade normalmente é uma LRU localizada na baia de equipamentos elétricos. O computador recebe entradas a partir do painel de controle do piloto automático principal através de um barramento de dados digitais; as entradas discretas também são enviadas da chave geral do piloto automático do piloto e do copiloto. Os dados dos diversos sistemas da aeronave devem ser enviados ao computador para que o sistema de voo automático "conheça" parâmetros de voo importantes, como a velocidade em relação ao ar e a altitude. A unidade processadora, por sua vez, segue um programa de software para determinar as mudanças necessárias nas superfícies de controle da aeronave. O computador de controle do piloto automático envia sinais de saída para os servomecanismos para controlar a aeronave. Um sinal de realimentação deve retornar ao computador para confirmar a posição da superfície de controle.

Em suma, um sistema de voo automático deve desempenhar todos os deveres que um piloto humano conduziria, incluindo: (1) Familiarizar-se com todas as rotas navegacionais e sistemas de rádio. Isso ocorre através da programação de pré-voo do computador do piloto automático. (2) Monitorar continuamente a posição, altitude, configuração e outros parâmetros da aeronave, o que é realizado pelo uso de sensores e dados digitais enviados aos circuitos processadores do voo automático. (3) Analisar a situação atual e tomar decisões sobre correções necessárias. Essa função é desempenhada pelo sistema de software. (4) Antecipar mudanças vindouras à configuração da aeronave para estabelecer a trajetória de voo correta. Mais uma vez, a função é desempenhada por software. (5) Reposicionar superfícies de controle, manetes de aceleração e frequências de rádio quando necessário. O computador do voo automático envia sinais de controle aos servomecanismos de posicionamento para esse fim. (6) Um piloto humano enxerga e sente a aeronave mudar de posição quando uma superfície de controle se move; o sistema de piloto automático precisa de um sinal de realimentação elétrica para cumprir essa função. Mais uma vez, o software do computador analisa os dados de realimentação para confirmar o controle correto da aeronave. Obviamente, esse processo se repete e continua durante todo o voo.

Elementos individuais dos pilotos automáticos

Giroscópios

Para determinar a atitude da aeronave, um piloto automático precisa confiar na estabilidade dos sensores giroscópicos. Também chamado de **gyro**, a função do giroscópio é permanecer estável no espaço independentemente do movimento da estrutura de sustentação, ou armação, do dispositivo. O giroscópio tradicional gera estabilidade usando uma massa giratória, como mostrado na Figura 17-34. São os chamados **giroscópios de massa giratória**. É o mesmo conceito que permite que o ciclista fique de pé sobre duas rodas; a massa giratória das rodas da bicicleta cria estabilidade por meio da ação giroscópica. Os giroscópios de aeronaves são montados sobre uma plataforma de cardã que contém algum sensor de taxa que detecta a movimentação da aeronave. A combinação de um giroscópio giratório e uma plataforma de cardã permite que o conjunto mantenha-se paralelo à superfície terrestre independentemente da atitude da aeronave. Um piloto automático simples pode conter apenas um conjunto de giroscópio e sensor de taxa; sistemas complexos contêm pelo menos três. Para medir o movimento em torno do eixo longitudinal, lateral ou vertical, é preciso usar pelo menos três conjuntos de giroscópio e sensor (ver Figura 17-33).

O sensor de taxa usado para criar um sinal elétrico durante a movimentação da aeronave deve ser extremamente sensível para não afetar a estabilidade do giroscópio. Uma maneira comum de atingir esse objetivo usa um dispositivo semelhante a um transformador que não precisa de conexão física entre as peças móveis.

Dessa maneira, não era desenvolvida fricção alguma e pouquíssima força mecânica fica evidente para restringir o movimento do giroscópio. Um tipo de dispositivo gerador de sinal é chamado de **transdutor EI** e está diagramado na Figura 17-35. O transdutor é composto de três bobinas montadas em uma peça em formato de E feita de aço laminado. As bobinas enroladas nas pernas externas do E são conectadas umas às outras em uma relação de fase tal que as tensões induzidas da bobina central se cancelam. Uma armadura de aço móvel, chamada de membro em I, fornece um caminho de baixa relutância para o campo magnético. Quando essa armadura é movida em relação à seção em E, isso muda a razão de acoplamento entre os enrolamentos secundários e o primário, o que muda o valor das tensões induzidas nas pernas externas, de forma que elas deixam de ser iguais. O resultado é uma tensão que está em fase ou defasada com a tensão de excitação. Observe que a tensão de excitação é aplicada à perna central da seção em E.

A saída de tensão elétrica das bobinas secundárias do conjunto do transdutor EI é proporcional ao deslocamento dos elementos em relação à posição nula. O nulo é a posição mecânica resultante de uma saída elétrica zero, indicativa do fato de que a aeronave está em sua posição de voo correta em relação à referência estabelecida pela unidade giroscópica. O afastamento

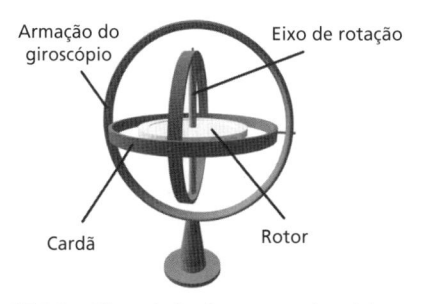

FIGURA 17-34 Giroscópio de massa giratória comum.

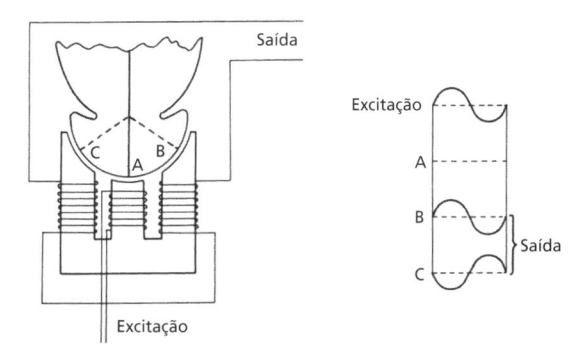

FIGURA 17-35 Dispositivo gerador de sinal eletromagnético para unidade de detecção de um giroscópio.

da aeronave em relação à referência de voo estabelecida provoca o deslocamento mecânico relativo dos elementos transdutores para longe do nulo elétrico, produzindo uma tensão de saída elétrica que é o sinal para o sistema exigindo uma ação corretiva.

Outra alternativa ao giroscópio de massa giratória não utiliza peças móveis e, logo, cria um sistema muito mais preciso e confiável. O giroscópio de anela a laser (RLG) não depende da força giroscópica produzida por uma giratória; em vez disso, o RLG detecta os movimentos da aeronave usando sensores de taxa precisos que medem mudanças na frequência da luz. Esse sistema precisa de uma alta tensão, aproximadamente 3,5 kV, para alimentar dois lasers de hélio-neon e produz uma saída digital que pode ser utilizada pelos sistemas modernos de voo automático.

O termo *laser* significa "amplificação de luz por emissão estimulada de irradiação". O sistema de RLG utiliza um laser de hélio-neon; ou seja, o feixe de luz do laser é produzido pela ionização de uma combinação de gás de hélio e neon. A Figura 17-36 mostra um RLG típico. O sistema produz dois feixes de laser e circula-os em uma trajetória triangular contrarrotatória. Como mostrado na Figura 17-37, o potencial de alta tensão entre os ânodos e o cátodo produz dois feixes de luz que correm em direções opostas. Espelhos são usados para refletir cada feixe em torno de uma área triangular fechada. A frequência ressonante de um laser contido é uma função do comprimento de sua trajetória ótica. Quando o RLF está em repouso, os dois feixes têm distâncias de percurso iguais e frequências idênticas. Quando o RLF é sujeitado a um deslocamento angular em torno de um eixo perpendicular ao plano dos dois feixes, um feixe possui uma trajetória ótica mais longa e o outro, mais curta. Logo, as duas frequências ressonantes dos feixes de laser individuais mudam. Essa mudança de frequência é medida por fotossensores e convertida em um sinal digital. Como a mudança de frequência é proporcional ao deslocamento angular da unidade, o sinal de saída digital do sistema é uma função direta da taxa de rotação angular do RLG.

Em geral, o sistema RLG é acoplado a um sistema de navegação completo. Os sinais digitais do RLG podem ser usados para controlar funções de voo automático. A Figura 17-38 mostra um conjunto de sensor inercial contendo os lasers triangulares. A tecnologia do tipo solidário ou *strapdown* possibilitou uma nova era da segurança das aeronaves. A eliminação das peças móveis melhora significativamente a confiabilidade desse sistema.

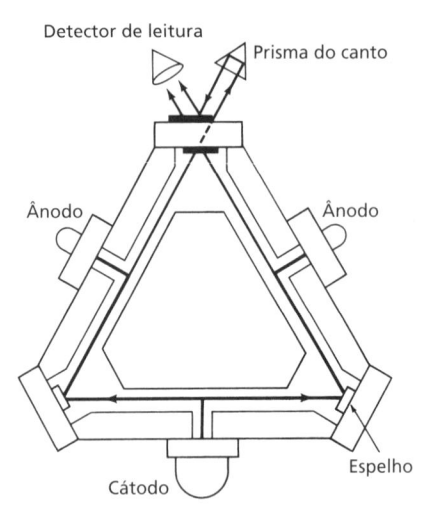

FIGURA 17-37 Diagrama pictórico de giroscópio de anel a laser. (*Honeywell.*)

FIGURA 17-38 Conjunto de sensor inercial contendo três giroscópios de anel a laser. (*Honeywell.*)

Durante a instalação ou inspeção de qualquer sistema de giroscópio, é importante que o conjunto esteja alinhado corretamente com o eixo da aeronave; isso pode ser feito por medições precisos ou como uso de alinhamento eletrônico. Os giroscópios de massa giratória tradicionais precisam de níveis relativamente altos de manutenção devido à rotação de alta velocidade e natureza delicada dos aparelhos. Os giroscópios a laser, por outro lado, são mais confiáveis e menos dados a panes. Em caso de pane do sistema de piloto automático, os sinais de saída elétricos de um sensor de taxa de giroscópio pode ser testado facilmente de acordo com o manual de manutenção da aeronave.

Acelerômetros

Como o próprio nome indica, o **acelerômetro** é um dispositivo que detecta aceleração; e porque esta é uma força vetorial, é preciso medir tanto a magnitude quanto a direção. Como a aeronave pode se mover em três direções, é preciso usar no mínimo três acelerômetros: um para medir o movimento de arfagem, um para

FIGURA 17-36 Giroscópio de anel a laser. (*Honeywell.*)

medir o rolamento e um para medir a guinada. Os acelerômetros são discutidos no Capítulo 15.

Sistemas de dados aerodinâmicos

As informações obtidas pela medição da massa de ar em torno da aeronave são conhecidas como dados aerodinâmicos; os sistemas que coletam e registram essas informações, por sua vez, são chamados de **sistemas de dados aerodinâmicos** ou **computadores de dados aerodinâmicos (ADC)**. Os dados aerodinâmicos devem ser coletados para determinar a velocidade em relação ao ar, altitude e velocidade vertical da aeronave. Isso é possível pela medição da pressão estática e de Pitot, além das temperaturas estática e verdadeira do ar. A **pressão de Pitot** é uma medida da pressão atmosférica contra a parte da frente de uma aeronave em movimento; a **pressão estática** é a pressão absoluta do ar não perturbado que cerca a aeronave. A **temperatura estática do ar (SAT)** é a temperatura do ar não perturbado que cerca a aeronave, enquanto a **temperatura verdadeira do ar (TAT)** é a temperatura do ar comprimido pela aeronave em movimento.

Existem basicamente dois tipos de sistemas de dados aerodinâmicos: os pneumáticos e os eletropneumáticos. Os primeiros sistemas de dados aerodinâmicos utilizavam apenas as pressões pneumáticas para acionar instrumentos sensíveis à pressão, como mostrado na Figura 17-39a. Se um sistema pneumático era conectado a um dos primeiros pilotos automáticos, os tubos estáticos e de Pitot, ou "encanamento", também eram ligados ao sistema de piloto automático e não apenas aos instrumentos. O sistema eletropneumático usa um ADC para monitorar a pressão

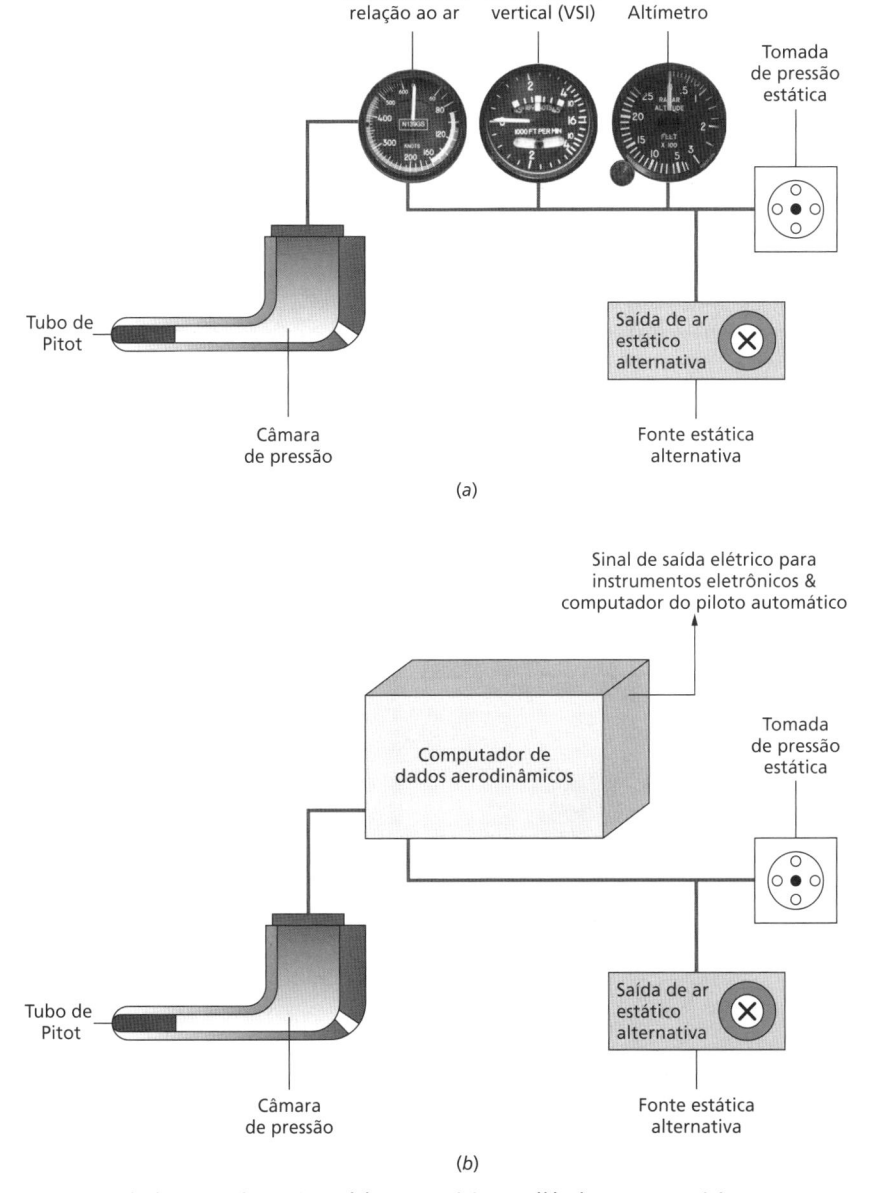

FIGURA 17-39 Sistemas de dados aerodinâmicos: (a) pneumáticos e (b) eletropneumáticos.

de Pitot, pressão estática e temperatura do ar e determinar diversos parâmetros, como velocidade em relação ao ar, altitude e velocidade vertical. Depois, o ADC produz um sinal analógico ou digital que é enviado ao computador de voo automático e aos instrumentos operados eletricamente. Todas as aeronaves modernas usam um sistema de ADC, mas algumas ainda mantêm sistemas pneumáticos para os instrumentos de reserva.

Sistemas de bússola

Como a bússola magnética é inerentemente estável e não tem precisão, um sistema moderno de bússola eletrônica se tornou necessário para as funções de navegação de voo automático. A bússola eletrônica, também chamada de bússola remota, contém uma unidade eletrônica que mede o fluxo magnético da terra. Outro termo usado para identificar esse sistema é **magnetômetro**. A unidade sensora remota é chamada de detector de fluxo ou válvula de fluxo e produz um sinal elétrico relativo à proa magnética da aeronave. Um detector de fluxo típico precisa de uma entrada de 115 Vca, ou 28 Vca a 400 Hz; a fase/tensão de saída é uma função do alinhamento do detector com o campo magnético da terra. O detector de fluxo montado na Figura 17-30 está montado no interior da estrutura da asa de um avião composto.

Como precisa medir precisamente o campo magnético da terra, o detector de fluxo é uma unidade extremamente sensível e é preciso tomar muito cuidado para garantir sua instalação correta. Em geral, a unidade é instalada próxima às pontas das asas da aeronave para impedir que a interferência de qualquer sistema elétrico crie campos magnéticos. O detector de fluxo também deve ser alinhado cuidadosamente com a aeronave e sua precisão deve ser testada após a instalação.

Sistemas de referência inercial

Uma combinação de giroscópios a laser e acelerômetros é usada para medir taxas angulares e acelerações em um sistema conhecido pelo nome de **sistema de referência inercial (IRS)**. A teoria de operação é que se o IRS consegue medir precisamente qualquer mudança de posição, ele também pode determinar o local, direção de deslocamento e outros dados navegacionais da aeronave. O IRS usa um processador computadorizado complexo chamado de unidade de referência inercial (IRU) que contém três giroscópios a laser e três acelerômetros. Em geral, há pelo menos dois IRUs em cada aeronave para produzir a redundância necessária para um voo seguro. Os IRSs mais novos são chamados de unidades de micro-IRS, pois o uso da tecnologia moderna reduziu significativamente seu peso e dimensões.

Os IRSs são um sistema relativamente caro, quase sempre usado apenas em aeronaves corporativas e de transporte que voam em rotas intercontinentais. Os dados de saída de um IRS são uma entrada primária para os sistemas modernos de voo automático. Para calcular a posição da aeronave, é preciso programar a latitude e longitude iniciais da aeronave no sistema. Como o IRS sempre é usado em aeronaves computadorizadas modernas, todos os testes de sistemas e isolamento de panes devem ser conduzidos usando o sistema de computador de manutenção centralizado da aeronave.

Servomecanismos

Um dispositivo usado para mover automaticamente as superfícies de controle e manetes de aceleração do motor da aeronave em resposta a um comando do piloto automático é chamado de **servomecanismo**. Há três tipos comuns de servomecanismo: pneumático, elétrico e hidráulico; contudo, algumas aeronaves contêm um sistema híbrido que combina os componentes elétricos e hidráulicos. Os servomecanismos pneumáticos são unidades atuadas por vácuo usadas em pilotos automáticos simples para pequenas aeronaves. Essas unidades têm alcance de percurso limitado e fornecem uma força atuadora relativamente fraca; logo, esses sistemas não são utilizados em aeronaves modernas.

Os servomecanismos elétricos utilizam um conjunto simples de embreagem e motor elétrico para conectar os comandos do piloto automático aos controles de voo da aeronave. Como vemos na Figura 17-41, um motor elétrico aciona o conjunto de embreagem e cabrestante; o cabrestante conecta um pequeno cabo de controle (1/8 de polegada) ao cabo bridal. O cabo bridal é usado para mover um conjunto de balancim mecânico que, por sua vez, move a superfície de controle através de um cabo de controle maior (1/4 de polegada). Essa imagem deve ser utilizada como exemplo de instalação de servomecanismo elétrico; a estrutura exata e o tamanho do cabo de controle variam entre as aeronaves.

Devido a sua simplicidade e confiabilidade, os servomecanismos elétricos são bastante comuns em muitos tipos de aeronaves. Em todas as instalações, um mecanismo de embreagem precisa ser instalado para supressão manual por parte do piloto em caso de pane do sistema. Este normalmente é uma embreagem de fricção simples, projetada para que o piloto possa neutralizar manualmente um servomecanismo em pane. Uma embreagem elétrica também é instaladas em todos os servomecanismos desse tipo; essa embreagem é usada para desconectar o piloto automático por ordem do piloto ou do computador de voo automático.

As grandes aeronaves precisam de um sistema de voo automático poderoso que utiliza sinais elétricos para ativar o servomecanismo hidráulico. A maioria das aeronaves de transporte contém um sistema hidráulico central para mover controles de voo como lemes direcionais, flapes e ailerons. Os servomecanismos usam uma válvula ativada por solenoide para regular o fluído hidráulico e alterar os movimentos das superfícies de con-

FIGURA 17-40 Detector de fluxo típico para um sistema de bússola eletrônica.

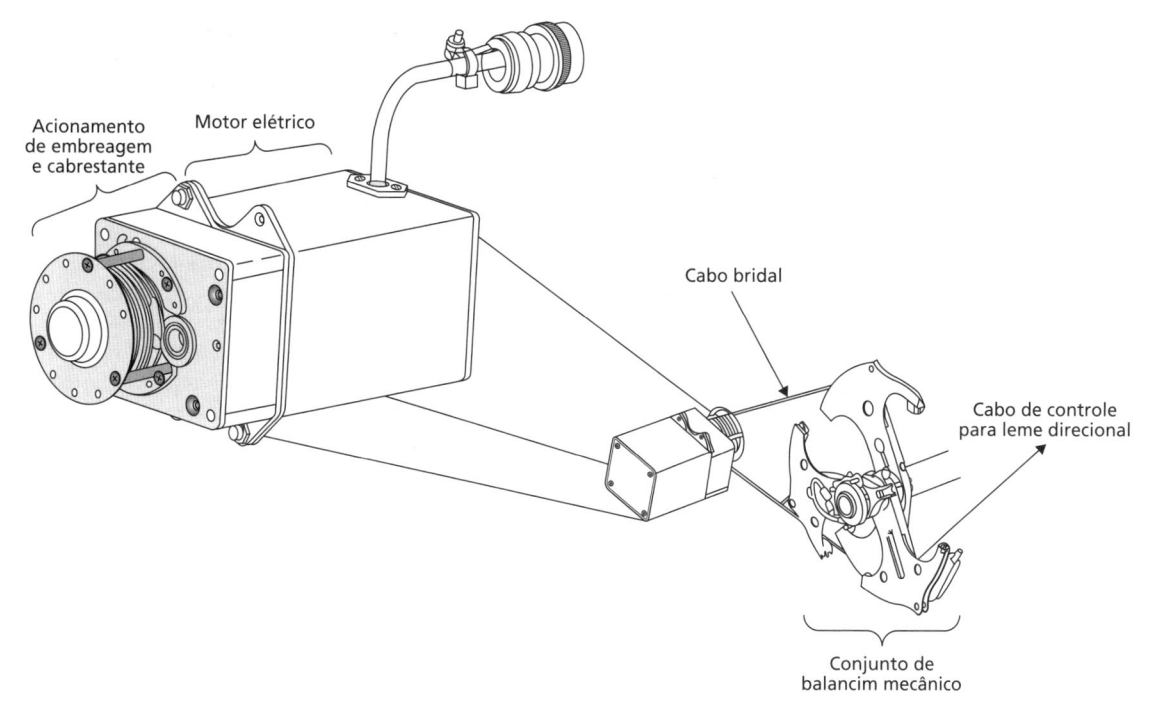

FIGURA 17-41 Servomecanismo elétrico para controle do leme direcional.

trole. O computador do piloto automático envia um sinal elétrico ao solenoide, que por sua vez controla o fluxo de fluído hidráulico, que move a superfície de controle apropriada.

O Boeing B-787 e o Airbus A-380 foram as primeiras aeronaves comerciais a incorporar servoválvulas eletro-hidráulicas. Esses sistemas usam grandes motores elétricos para acionar bombas hidráulicas exclusivas que controlam um ou mais controles de voo. No momento, o B-787 é a única aeronave civil a empregar atuadores eletro-hidráulicos como modo primário de posicionar determinadas superfícies de controle.

Sistemas de realimentação de servomecanismos

Para informar o computador do piloto automático que o servomecanismo conseguiu mover uma superfície de controle, é preciso usar um sinal de realimentação. Um sinal elétrico que é diretamente proporcional ao movimento do servomecanismo, do atuador ou da superfície de controle é chamado de **sinal de realimentação**. Existem dois tipos comuns de sistemas de realimentação: o **synchro CA** e o **transdutor diferencial**. Qualquer tipo de servomecanismo pode utilizar um sistema de realimentação de synchro CA. Basicamente, o synchro CA é um dispositivo transformador variável que monitora o deslocamento angular, como descrito em uma seção anterior deste capítulo (ver Figura 17-7). Os **transdutores diferenciais** também são usados para criar um sinal de realimentação de piloto automático. Os dois tipos mais comuns são o **transdutor diferencial de tensão linear (LVDT)** e o **transdutor diferencial variável rotativo (RVDT)**. Ambos os sistemas foram discutidos anteriormente neste capítulo (ver Figura 17-10). Quando estiver realizando atividades de solução de problemas em sistemas de realimentação, considere que as bobinas elétricas do transformador são bastante confiáveis, então é raro que o synchro CA e os transdutores diferenciais sofram panes. Contudo, componentes mecânicos como mancais articulados podem ficar desgastados, o que cria leituras imprecisas. Além disso, qualquer ligação mecânica que conecte os sensores à superfície de controle pode ficar desgastado ou preso; os sistemas mecânicos também podem precisar de ajustes periódicos para manter a precisão do ciclo de realimentação.

Amortecedor de guinada

Apesar do **amortecedor de guinada (YD)** ser um sistema, não um componente, ele será apresentado aqui por ser um elemento crucial de muitos sistemas de voo automático. O desenho da asa das aeronaves de alta velocidade modernas causa um problema de estabilidade conhecido pelo nome de rolamento holandês, uma oscilação lenta da aeronave em torno de seu eixo vertical. Esse oscilamento constante deixa os passageiros desconfortáveis e pode até fazê-los passar mal. O piloto pode corrigir o rolamento holandês com um ajuste manual do leme direcional, mas isso exige atenção constante, o que deixa o piloto cansado e o distrai de seus deveres mais importantes.

Os pilotos automáticos modernos incorporam um sistema projetado para controlar o leme direcional e eliminar o rolamento holandês, chamado de *amortecedor de guinada*. Na maioria das aeronaves, o amortecedor de guinada pode operar de forma independente do piloto automático, mas o sistema ainda compartilha muitos de seus controles, sensores e outros componentes.

PILOTO AUTOMÁTICO E SISTEMA DE CONTROLE DE VOO TÍPICOS

Os pilotos automáticos são produzidos em muitas configurações diferentes e por diversas empresas. Alguns sistemas são comparitativamente simples, enquanto outros se tornaram complexos, especialmente quando integrados aos sistemas de navegação. Como explicado anteriormente, todos os sistemas utilizam giroscópios para detectar a atitude da aeronave e fornecer sinais para correção. Sistemas mais avançados, bastante usados em aeronaves modernas, recebem sinais para giroscópios, além de diversos outros sistemas. Isso permite a criação de um sistema de voo automático capaz de executar praticamente todas as fases do voo, desde a decolagem até a aterrissagem. Esta seção do texto apresenta diversos sistemas comuns de piloto automático e voo automático.

O primeiro sistema apresentado é usado em aeronaves mais antigas com motores de pistão, como o Piper Twin Comanche ou o Cessna 310. Esses sistemas empregavam tecnologias analógicas, e em muitas aeronaves foram substituídos por pilotos automáticos digitais, mais leves e confiáveis.

Além dos elementos básicos da operação do piloto automático, esse sistema também inclui componentes que lhe dão todas as capacidades de um sistema de controle de voo automático. Diversos sistemas de outros fabricantes utilizam princípios semelhantes e cumprem as mesmas funções.

O sistema descrito aqui pode ser programado para voar um curso predeterminado (NAV ou RNAV), manter uma altitude selecionado, capturar um radial de VOR ou feixe de ILS de qualquer ângulo, fazer aproximações de curso inverso e executar outras funções. O sistema também inclui compensação automática, sincronização de arfagem, integração de arfagem e controle de altitude. O computador do sistema também pode ser utilizado para apresentar dados de comando computados em um indicador diretor-horizonte (diretor de voo) e fornecer dados direcionais em um indicador de situação horizontal. Assim, a aeronave conta com um sistema de controle de voo totalmente integrado.

Componentes de sistema

A Figura 17-42 mostra a disposição dos componentes principais de um sistema de controle de voo e piloto automático analógico. O piloto automático básico é composto do controlador, giroscópios, servomecanismos e a seção do computador-amplificador

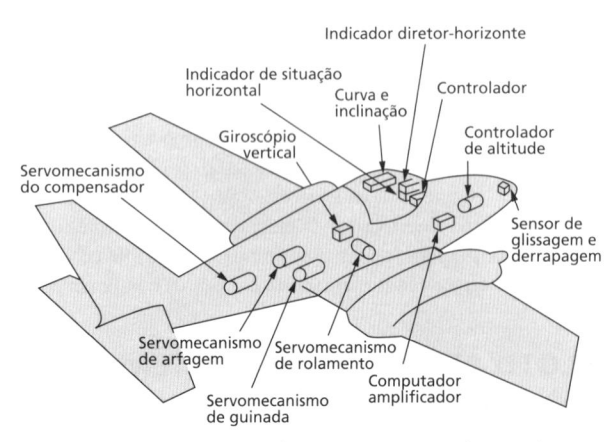

FIGURA 17-42 Arranjo dos componentes de um sistema de controle de voo e piloto automático. (*Bendix King by Honeywell.*)

FIGURA 17-43 Indicador de situação horizontal (HIS).

que aceita sinais dos giroscópios e converte-os em comandos de voo para os servomecanismos. O controlador do piloto automático, ou painel de controle, é usado como interface entre o piloto e o sistema automatizado. Em geral, diversas funções operacionais podem ser selecionadas e qualquer programação de pré-voo pode ser feita usando esse painel. Uma descrição completa do painel de controle de voo automático será apresentada durante a revisão de um sistema futuro.

O **indicador de situação horizontal (HSI)** é um instrumento montado no painel que combina informações de proa (dados da bússola) e NDs (VOR e ILS/rampa de planeio). Ao combinar os instrumentos, o HSI reduz a carga de trabalho do piloto e melhora a segurança. O HSI recebe dados navegacionais do computador do piloto automático para informar a proa da aeronave e possíveis desvios de curso. A Figura 17-43 mostra um HSI típico.

O **indicador diretor-horizonte** é outro instrumento multifuncional montado no painel usado em muitas aeronaves; outros nomes comuns para essa unidade são **diretor de voo (FD)** e **indicador diretor de atitude (ADI)**.

Esse instrumento, mostrado na Figura 17-44, serve diversas funções. Ele é um indicador de atitude e um sensor de atitude. Em outras palavras, ele detecta a atitude e desenvolve sinais elétricos que são enviados ao computador-amplificador. Esses sinais são amplificados e enviados aos servomecanismos primários que comandam o movimento das superfícies de controle para controlar a arfagem e o rolamento. Ao mesmo tempo, o instrumento indica o grau de arfagem e rolamento para informar o piloto sobre esses parâmetros.

O giroscópio vertical no instrumento pode ser acionado por um sistema a vácuo ou eletricamente, dependendo do instrumento específico selecionado para o sistema. Como o giroscópio permanece vertical com relação à superfície da terra, os movimentos de arfagem e rolamento do avião causam movimentos relativos entre o giroscópio e a caixa do instrumento, produzindo sinais para o piloto automático e indicações no instrumento.

Servomecanismos. Três servomecanismos primários controlam a arfagem, guinada e rolamento pela movimentação dos profundores, leme direcional e ailerons em resposta aos comandos do piloto automático. Esses servomecanismos são pe-

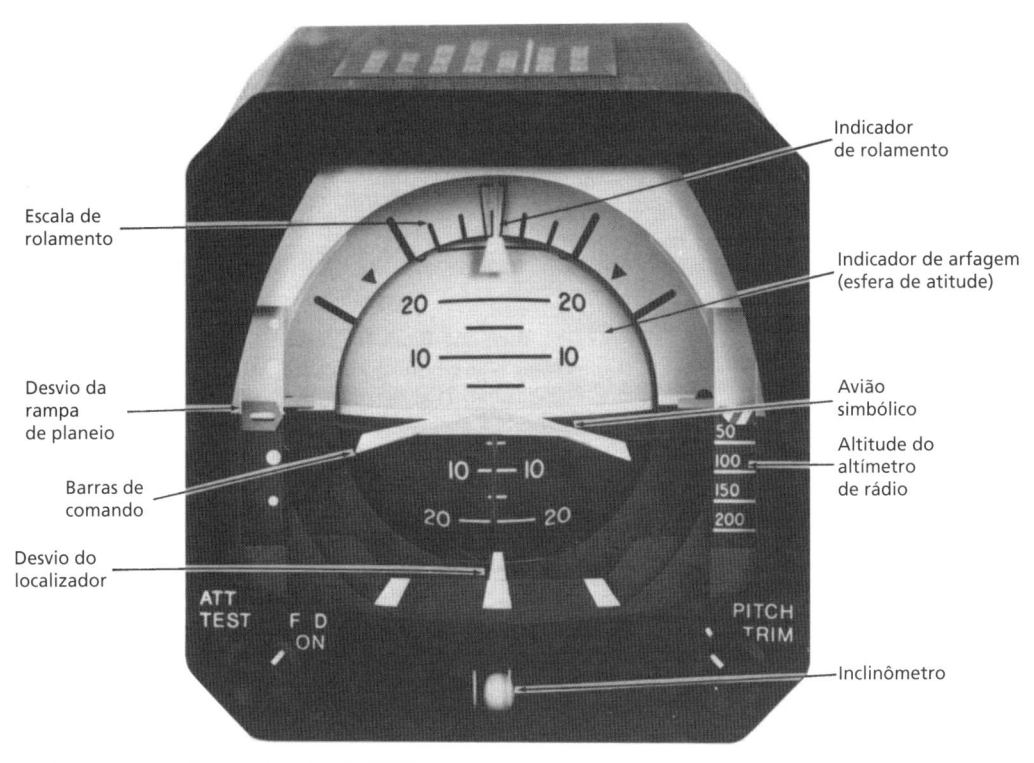

FIGURA 17-44 Indicador diretor de atitude (ADI).

quenos motores elétricos que acionam cabrestantes através de embreagens magnéticas.

O **servomecanismo de compensação** é utilizado para ativar um controle de compensador de profundor para aliviar a carga aerodinâmica de longo prazo e auxiliar a operação mais harmônica da superfície do profundor sem a necessidade de grandes quantidades de potência do servomecanismo primário. Sua operação pode ser automática, usando o sinal de erro de arfagem composto do computador-amplificador, ou automática e manual ao mesmo tempo, caso um adaptador de compensação elétrica manual opcional seja utilizado.

A localização e os procedimentos de instalação para todos os servomecanismos dependem do tipo de aeronave no qual eles estão sendo instalados. Instruções detalhadas sobre tensões de cabos, configurações da embreagem e outros dados pertinentes estão incluídas no kit de instalação da aeronave específica envolvida no processo.

Computador-amplificador. A Figura 17-45 mostra o computador-amplificador do sistema de controle de voo automático Bendix M-4D. O computador-amplificador é o coração e o cérebro do sistema. Ele é composto de módulos *plug-in*, um dos quais é especial a uma determinada instalação de tipo de aeronave e outro relativo ao tipo específico de instalação de diretor de voo. Os módulos podem ser removidos e substituídos facilmente em caso de pane.

O computador-amplificador combina entradas dos sensores do giroscópio, painel de controle e fontes de proa e rádio (NAV e RNAV) para calcular comandos elétricos apropriados e transmiti-los para os servomecanismos da superfície de controle e para a instrumentação do diretor de voo.

FIGURA 17-45 Computador de piloto automático. (*Bendix King by Honeywell.*)

O computador-amplificador é montado sobre um rack amortecedor projetado especialmente para receber a LRU. O local da instalação depende do tipo de aeronave na qual o equipamento será instalado. O kit de instalação para a aeronave específica fornece instruções detalhadas.

Muitas aeronaves corporativas são equipadas com um sistema digital integrado produzido pela Honeywell chamado de **Primus**. A integração combina os sistemas de voo automático, todos os displays eletrônicos e os sistemas de advertência e indicação do motor. Os sistemas Primus foram produzidos em uma ampla variedade de configurações projetadas para aeronaves de turbinas e turbo-hélice específicas. As discussões a seguir se concentram em um sistema Primus genérico, mas sempre consulte os dados aprovados atuais para obter informações específicas sobre cada aeronave. Os principais elementos do sistema do IAS incluem os seguintes itens: o display eletrônico, a referência de atitude e proa, dados aerodinâmicos, controle de voo automático, radar meteorológico, rádio integrado e gerenciamento de voo. Também há vários sistemas opcionais, como a referência inercial e o sistema anticolisão de tráfego (TCAS); mas a maioria das aeronaves emprega esses sistemas. O alto nível de integração permite que o computador de aviônica integrado (IAC) execute as funções que antes eram completadas usando várias LRUs. O IAC usa circuitos integrados de muito larga escala, montados em superfície em múltiplas placas dentro da LRU. O IAC substitui diversas LRUs convencionais, como os computadores de gerenciamento de displays, advertência de voo e gerenciamento de voo. Esse nível de integração aumenta a confiabilidade do sistema, melhora a segurança geral e reduz o peso da aeronave. A Figura 17-46 mostra um diagrama simplificado do sistema de aviônica integrado (IAS) da Honeywell; consulte esse diagrama durante a discussão a seguir.

O IAS é projetado para transferência de dados em formato digital; vários formatos são usados nesse sistema, incluindo ARINC 429 e ASCB. Os sistemas de barramentos de dados foram discutidos no Capítulo 7. Alguns sinais elétricos são analógicos ou discretos, como o desligamento do piloto automático ou sinais de controle de servomecanismos. No alto do diagrama, vemos cinco unidades de display eletrônico. Os displays nas extremidades são os PFDs do capitão e do primeiro oficial; avançando em direção ao centro, os dois próximos displays são MFDs; o display central é o EICAS usado para apresentar dados sobre sistemas da célula e do motor. Esse sistema emprega teclas de seleção de linha na parte inferior da moldura dos MFDs e do display EICAS. Os IACs são usados para transmitir dados para todos os displays.

O software dos sistemas de gerenciamento de voo e voo automático está contido nos dois IACs. Vários "subsistemas" enviam dados digitais para os IACs quando necessário para o controle da aeronave, incluindo o computador de dados aerodinâmicos, a unidade de referência da proa da atitude (AHRU) e a unidade de aquisição de dados. Após receber dados dos diversos sistemas da aeronave, o IAC transmite os sinais de controle necessários para os servomecanismos de controle de voo localizados na parte inferior do diagrama. Esse sistema utiliza os servomotores elétricos conectados a um cabrestante através do conjunto da embreagem.

O sistema de computador de dados aerodinâmicos monitora a pressão estática e a de Pitot para criar um sinal digital para o IAC. A AHRU monitora a proa magnética através da válvula de fluxo e mede acelerações usando microssensores. A AHRU transmite todas as informações de atitude e proa necessárias para o IAC através de um barramento de dados digitais.

O software do sistema de gerenciamento de voo (FMS) dentro do IAC é responsável pelo controle de toda a orientação de navegação lateral e vertical. Para permitir navegação de longo alcance com alto grau de precisão, os circuitos do FMS se conectam ao IRS, GPS e/ou VOR/DME, quando necessário. Com suas ligações com os sensores de navegação a bordo, o computador desenvolve uma posição de FMS. O objetivo fundamental do FMS é fornecer informações navegacionais para o IAC e o sistema de voo automático. O carregador de dados de software (centro do diagrama) é usado para atualizações de software do sistema. As atualizações das cartas de navegação devem ser realizadas periodicamente, e as atualizações do software do sistema de IAC também podem ser instaladas usando o carregador de dados. As informações de voo específicas do FMS são inseridas pelo piloto usando o painel de controle e indicação (CDU) (ver lado esquerdo da Figura 17-46). O CDU fica localizado no pedestal central entre os dois assentos dos pilotos. O CDU é o dispositivo de entrada principal de diversas informações navegacionais, como aeroportos de destino, rotas de voo e pontos de referência. Esse tipo de unidade de entrada de dados é usada na maioria das aeronaves com sistemas complexos de voo automático e gerenciamento de voo. A Figura 17-47 mostra um CDU típico.

O sistema de voo automático recebe entradas dos diversos sistemas navegacionais e da aeronave através do IAC da maneira descrita acima. O IAC realiza todos os cálculos necessários do voo automático de acordo com o controlador do painel de orientação. O controlador está localizado no centro da Figura 17-46; um detalhe do painel aparece na Figura 17-48. O controlador se divide em três seções: os dois elementos externos controlam as cinco unidades de display eletrônico e a seção central é utilizada para os controles do voo automático. O botão de pressão A/P é usado para acionar o sistema de amortecedor de guinada e piloto automático. O botão de pressão Y/D ativa e desativa a função de amortecedor de guinada do piloto automático. O botão de pressão CPL é usado para escolher qual PFD, do capitão ou do primeiro oficial, fornecerá as informações navegacionais para o sistema de voo automático.

O painel de controle de orientação inclui uma roda de arfagem usada pelos pilotos para compensar "manualmente" a aeronave (cabrar ou picar). Os 10 botões de pressão no lado esquerdo do painel de controle são usados para configurar funções de piloto automático. O piloto pode escolher diversos modos de operação, quando necessários, para uma determinada condição de voo. Estes incluem: (1) Modo de proa: o sistema voa a aeronave em uma determinada proa; (2) Modo de navegação: a aeronave segue a rota navegacional selecionada; (3) APP: o modo usado para uma aproximação de pista para aterrissagem; (4) BC: usado para um pouso por instrumentos de curso inverso; (5) Inclinação: muda o ângulo de inclinação durante curvas com piloto automático; (6) STBY: modo de espera; (7) FLCH: mudança do nível de voo; (8) VS: o sistema mantém uma velocidade vertical ou taxa de subida/descida selecionada; (9) ALT: o piloto automático mantém uma determinada altitude; e (10) VNAV: o sistema segue um perfil de navegação vertical.

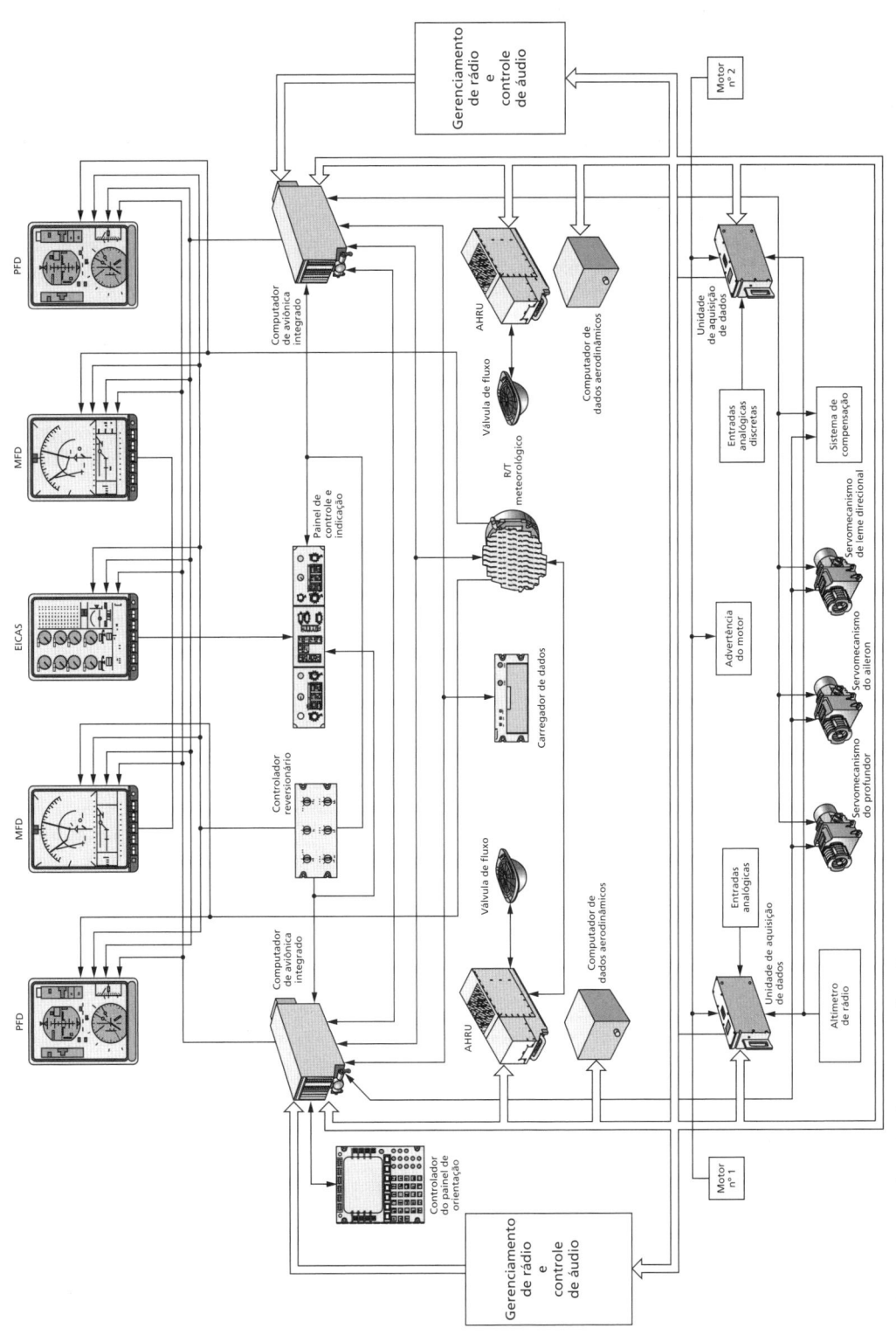

Capítulo 17   Instrumentos e sistemas de voo automático **447**

FIGURA 17-46   Sistema de aviônica integrado Primus.

448 Eletrônica de Aeronaves

FIGURA 17-47 Painel de controle e indicação (CDU). Veja também o encarte colorido.

O SISTEMA DE GERENCIAMENTO DE VOO DO BOEING B-757

Muitos sistemas modernos de piloto automático foram integrados com outros sistemas e desempenham diversas funções diferentes; estes costumam ser chamados de **sistemas de gerenciamento de voo (FMSs)**. Em geral, alguma versão do FMS é usado em todas as aeronaves de transporte; em alguns aviões, no entanto, um termo diferente pode ser utilizado para descrever o sistema, ou então o FMS pode estar contido no software de outras unidades de processamento.

Um FMS típico é capaz de quatro funções: controle de voo automático, gerenciamento de desempenho, navegação e orientação e operação de displays de status e advertência. Em outras palavras, um FMS é um sistema diretor de voo/piloto automático digital complexo capaz de controle de voo e gerenciamento do empuxo com o uso de uma configuração de menor custo ou de menor tempo.

A Figura 17-49 ilustra os componentes do FMS de um Boeing 757. Esse sistema utiliza dois **computadores de gerenciamento de voo** (FMCs) para fins de redundância. Durante a

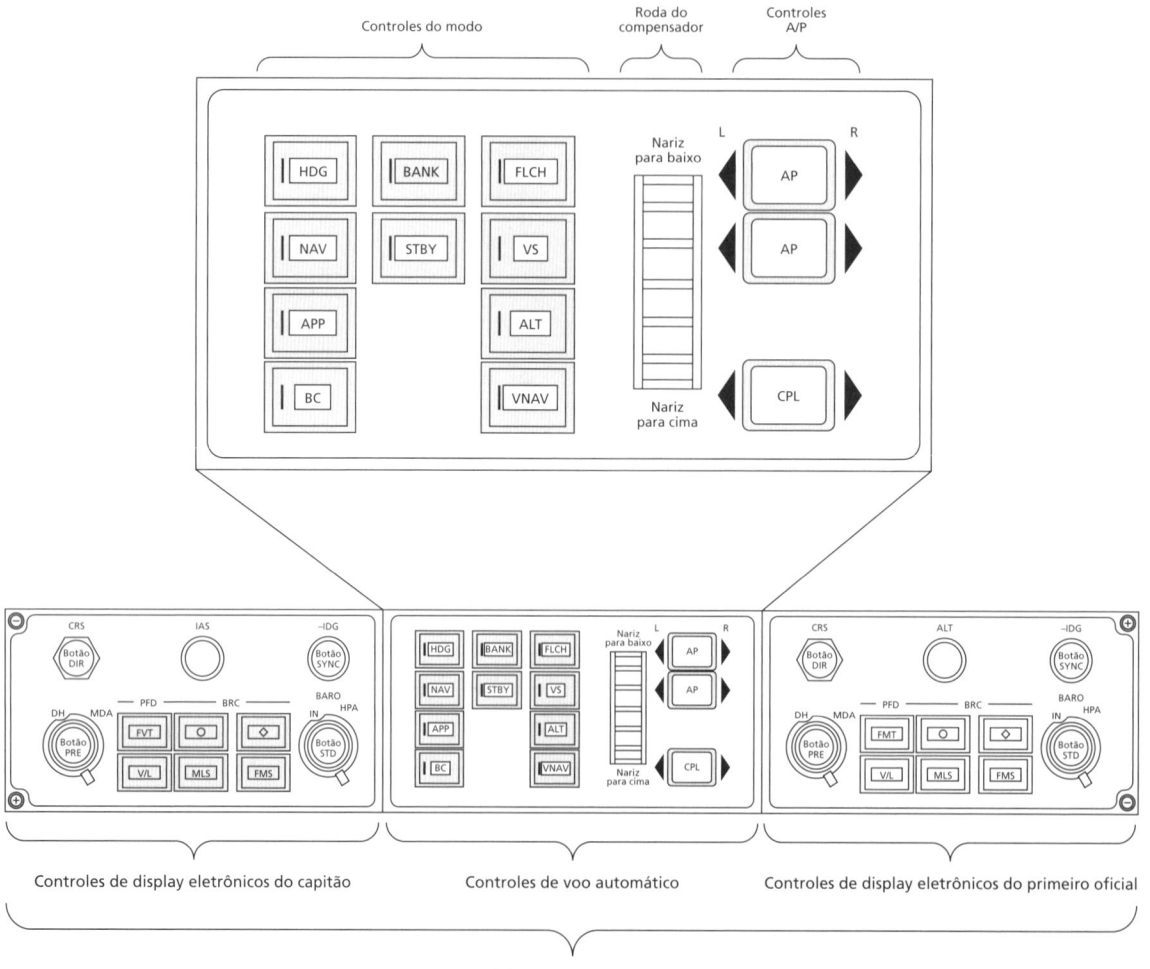

FIGURA 17-48 Controles de voo automático.

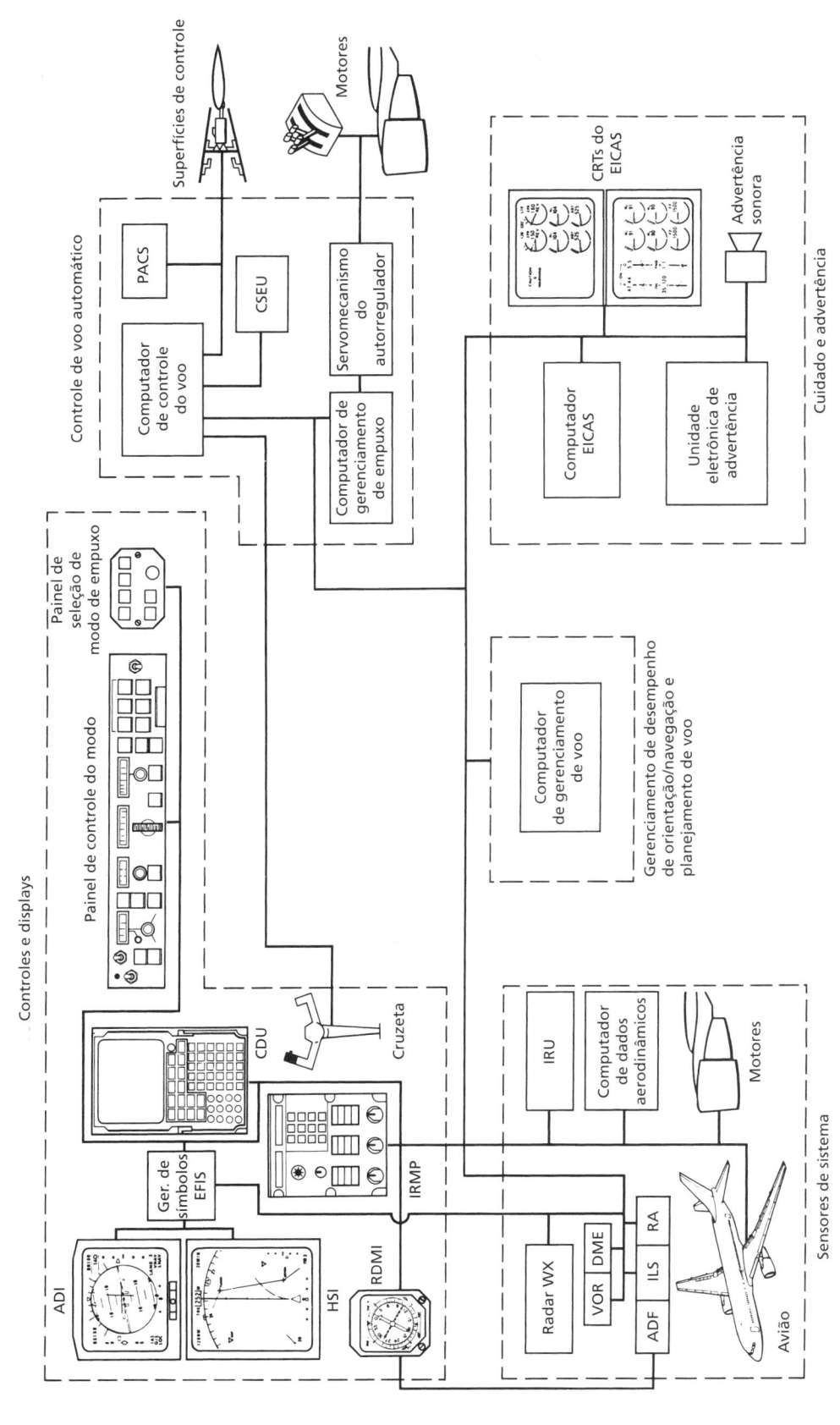

FIGURA 17-49 Diagrama em blocos de sistema de gerenciamento de voo. (*Boeing Company.*)

operação normal, ambos os computadores praticam **cross-talk**, ou seja, compartilham e comparam informações através do barramento de dados. Cada computador também é capaz de operar de forma totalmente independente em caso de pane em uma das unidades. O FMC recebe dados de entrada de quatro computadores de subsistemas: o **computador de controle de voo** (FCC), o **computador de gerenciamento de empuxo** (TMC), o **computador de dados aerodinâmicos** (ADC) e o **engine indicating and crew alerting system** (EICAS). As comunicações entre esses computadores normalmente usam o formato de dados ARINC 429. Outras entradas de dados paralelas e seriais são recebidas dos controles da cabine de comando, rádios de navegação e diversos sensores dos motores e da célula. Todos os componentes essenciais do FMS são duplicados para garantir a confiabilidade do sistema.

A Figura 17-50 mostra um painel de controle e indicação e computador de gerenciamento de voo. O FMC contém uma memória não volátil de 4 milhões de bits, que armazena os dados de navegação e desempenho junto com os programas operacionais necessários. Partes da memória não volátil são usadas para armazenar informações sobre aeroportos, rotas de voo padrões e diversos auxílios à navegação. Como essas informações mudam de tempos em tempos, o FMS incorpora um **carregador de dados**. O carregador de dados é um drive de disco ou fita que pode ser conectado ao FMS. As atualizações de dados são inseridas periodicamente através do carregador de dados.

Os parâmetros de voo variáveis para um voo específico são inseridos no FMS por meio do teclado alfanumérico do **painel de controle e indicação** (CDU) (Figura 17-50). Durante o pré-voo, a tripulação de voo começa inserindo todas as informações do plano de voo. Dados como a latitude e a longitude iniciais da aeronave, pontos de referência navegacionais, destino, alternativas e altitudes de voo são inseridos em uma legenda temporária. O plano de voo é então gerado e apresentado pelo FMS. Se a tripulação concorda com essa configuração do plano de voo, a informação temporária é transferida para o status ativo. Os dados de desempenho são selecionados de forma semelhante. Os dados de desempenho incluem parâmetros de decolagem, subida, cruzeiro e descida. O desempenho pode ser determinado por uma configuração de voo de cruzeiro de menor custo ou menor tempo.

Durante um voo normal, o FMS envia dados navegacionais para o sistema de instrumentos de voo eletrônicos. O EFIS< por sua vez, apresenta um mapa da rota no EHSI. Se o plano de voo é alterado pela tripulação, o mapa do EHSI muda automaticamente. Como há dois CDUs em um FMS, durante o voo, uma unidade normalmente é utilizada para apresentar dados de desempenho e a outra para apresentar informações navegacionais. Ambos os CDUs ficam localizados no console central, entre as estações do piloto e do copiloto.

Fly-by-wire

Hoje, muitas aeronaves de transporte modernas empregam conceitos de projeto de **fly-by-wire** (**FBW**). O projeto usa fios elétricos, circuitos e controles para substituir os cabos e sistemas hidráulicos usados em aeronaves tradicionais. Atualmente, o *fly-by-wire* é utilizado apenas nas aeronaves grandes e modernas, como o A-380 e o B0787, além de algumas aeronaves militares, mas há anos muitas aeronaves usam sinais elétricos para movimentar superfícies de controle. Por exemplo, o Cessna 310 utiliza um motor elétrico e controles simples para a operações dos flapes. Na prática, esse sistema opera os flapes "por fios" (*by wires*). Todas as aeronaves FBW modernas contêm múltiplos computadores e sistemas de dados redundantes para produzir a segurança necessária para o voo. Essas aeronaves também devem conter um sistema elétrico complexo que

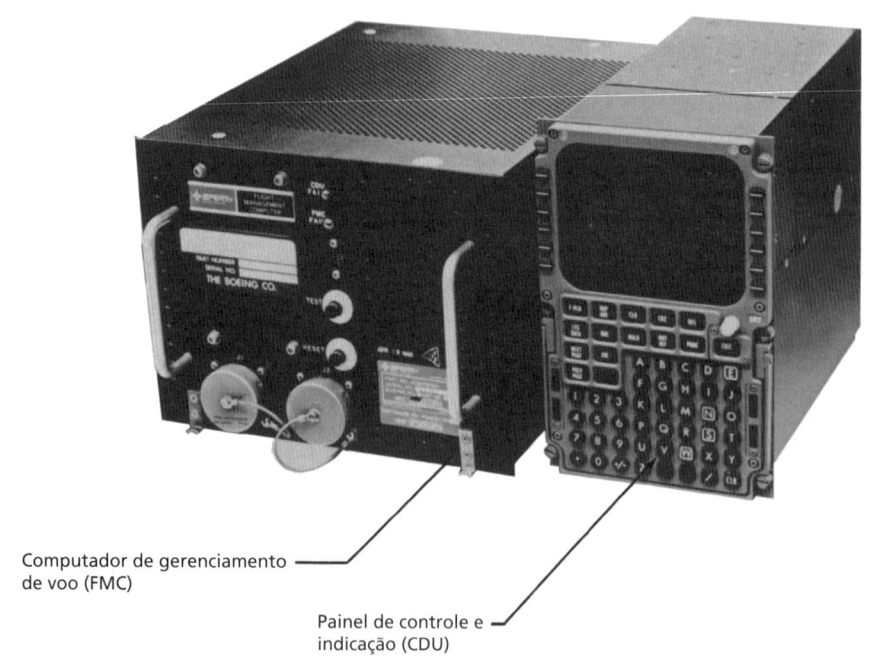

FIGURA 17-50 Computador de gerenciamento de voo e painel de controle e indicação.

fornece a energia necessária para os controles do FBW em caso de múltiplas panes do sistema.

As aeronaves atuais usam sinais elétricos para mover os controles de voo primários, como profundores, lemes direcionais e ailerons. Os controles de voo primários exigem reposicionamento constante por parte do piloto, e logo, envolvem um sistema computadorizado complexo, com múltiplas entradas de diversos sensores. O projeto de FBW moderno permite a criação de uma aeronave mais eficiente, que voa mais rápido e poupa combustível. Esta porção do texto analisa os conceitos de projeto básicos de um sistema de controle de voo de *fly-by-wire*. É preciso observar que apesar dos sistemas de FBW serem produzidos por diversos fabricantes e para muitas aeronaves diferentes, todos contêm muitos pontos em comum. Uma das semelhanças mais óbvias de todas as aeronaves FBW é o nível de integração entre os sistemas de controle e a instrumentação, possibilitada pelo uso de processadores de computadores de alta velocidade e memória digital de alta capacidade.

O Boeing B-777 foi a primeira aeronave comercial a ser totalmente FBW. O sistema usado nessa aeronave é chamado de **sistema diretor de voo de piloto automático (AFDS)** e opera usando o padrão de barramento de dados ARINC 629 para boa parte das comunicações do sistema. O AFDS tem dois objetivos principais: controlar automaticamente a atitude do avião para atender os requisitos navegacionais estabelecidos pelo plano de voo e fornecer indicações para que a tripulação de voo possa controlar a aeronave manualmente. O sistema é capaz de executar todos os aspectos do voo, da decolagem ao voo de cruzeiro à aterrissagem automática. A função de diretor de voo, discutida anteriormente neste capítulo, fornece uma referência visual para o piloto através das barras de comando nos PFDs. A tripulação usa as barras de comando do diretor de voo como guia para controlar a aeronave.

Os subsistemas do AFDS incluem: (1) AIMS: sistema de gestão das informações do avião; (2) ADIRU: unidade de referência inercial de dados aerodinâmicos; (3) SAARU: unidade de referência de dados aerodinâmicos de atitude secundária; (4) PFC: computador de voo primário; (5) ACE: unidade de eletrônica de controle do atuador/ e (6) PCU: unidade de controle da potência. O AIMS utiliza vários módulos substituíveis durante a escala (LRMs) para integrar os diversos sistemas, fazendo com que compartilhem funções e componentes em comum. O AIMS integra a coleta de dados, funções de computação, suprimentos de energia e funções de saída de diversos subsistemas. Diversos sistemas da aeronave se comunicam com o AIMS, incluindo o sistema de instrumentos eletrônicos; assim, todos os dados do diretor de voo são enviados através de módulos do AIMS.

A Figura 17-51 mostra os componentes básicos e interconexões relacionadas do AFDS. Nela, vemos que há três computadores do diretor de voo do piloto automático (AFDCs), que são as unidades de processamento principais para o sistema. Cada AFDC recebe dados redundantes de outros processadores através do barramentos de dados ARINC 629. O AFDS monitora as diversas entradas ativadas pelo piloto usando três computadores do diretor de voo do piloto automático. Cada computador calcula a resposta necessária e envia sinais de saída através de três barramentos de dados ARINC 629 para os PFCs. Estes, por sua vez, enviam sinais de comando digitais de volta aos ACEs, que convertem as informações em sinais analógicos para o comando das unidades de controle de potência (PCUs). Cada PCU contém uma válvula de servomecanismo operada eletricamente que controla os atuadores hidráulicos que movem a superfície de controle. É importante observar que a força real usada para o movimento da superfície de controle é fornecida pelo sistema hidráulico central da aeronave; as PCUs fornecem apenas o controle do sistema hidráulico. Cada superfície de controle é conectada a uma, duas ou três PCUs, dependendo das exigências de carga.

Quando uma superfície de controle é movida, o software do PFC calcula os comandos de reversão que são enviados aos AFDCs. Estes, por sua vez, enviam os sinais de reversão aos atuadores de reversão apropriados, que reposicionam os pedais do leme direcional e/ou controlam a roda/cruzeta quando necessário (ver Figura 17-51). Os atuadores de reversão são necessários para dar uma sensação "realista" aos controles de voo; por exemplo, quando o piloto move a roda de controle, o atuador de reversão aplica uma pressão contrária sobre a roda. O conjunto atuador é composto de um servomotor elétrico semelhante àqueles discutidos anteriormente neste capítulo. Todas as aeronaves *fly-by-wire* devem incorporar um sistema de reversão como esse.

O painel de controle do AFDS fica localizado dentro do visor antiofuscante, logo acima dos displays eletrônicos centrais. Como mostrado na Figura 17-52, o painel de controle de modo do AFDS permite que os pilotos selecionem diversas funções e voo automático. Esse tipo de painel de controle de voo automático é utilizado em muitas aeronaves de transporte.

O Airbus A-380 e o Boeing B-787 também são aeronaves *fly-by-wire* e adicionaram mais um nível de sofisticação elétrica ao sistema de controle de voo; ambas empregam atuadores de superfícies de controle eletro-hidráulicos. Os atuadores eletro-hidráulicos usam motores elétricos poderosos para acionar bombas hidráulicas dedicadas, projetadas para alimentar um atuador de superfície de controle específico. O A-380 ainda utiliza um sistema hidráulico central semelhante aos dos outros aviões da Airbus, mas os atuadores eletro-hidráulicos são usados como sistemas de reserva em caso de pane do sistema principal. O B-787 usa atuadores eletro-hidráulicos como fonte de energia primária para a movimentação das superfícies de controle.

Outro conceito de projeto que surgiu com o desenvolvimento da integração e os computadores de grande capacidade de uma aeronave *fly-by-wire* é chamado de **proteção do invólucro**. A proteção do invólucro é utilizada para garantir que a aeronave nunca excede os limites operacionais e entra em uma configuração insegura, como uma condição de estol. O sistema de voo automático usa software de sistemas para calcular o "invólucro" para um voo seguro. Por exemplo, se o piloto move os controles da cabine de comando de forma a tirar a aeronave do invólucro de segurança, o sistema de voo automático ignora o comando e muda a arfagem, rolamento ou guinada apenas até o limite seguro máximo.

O sistema de controle de voo do A-380

O Airbus A-380 usa um sistema de controle avançado chamado de **sistema de voo automático** (AFS, *autoflight system*). Devido ao tamanho e à complexidade do A-380, o sistema de controle de voo contém quase 50 superfícies de controle independentes, cada uma delas monitorada e ativada pelo AFS. Os controles de voo se

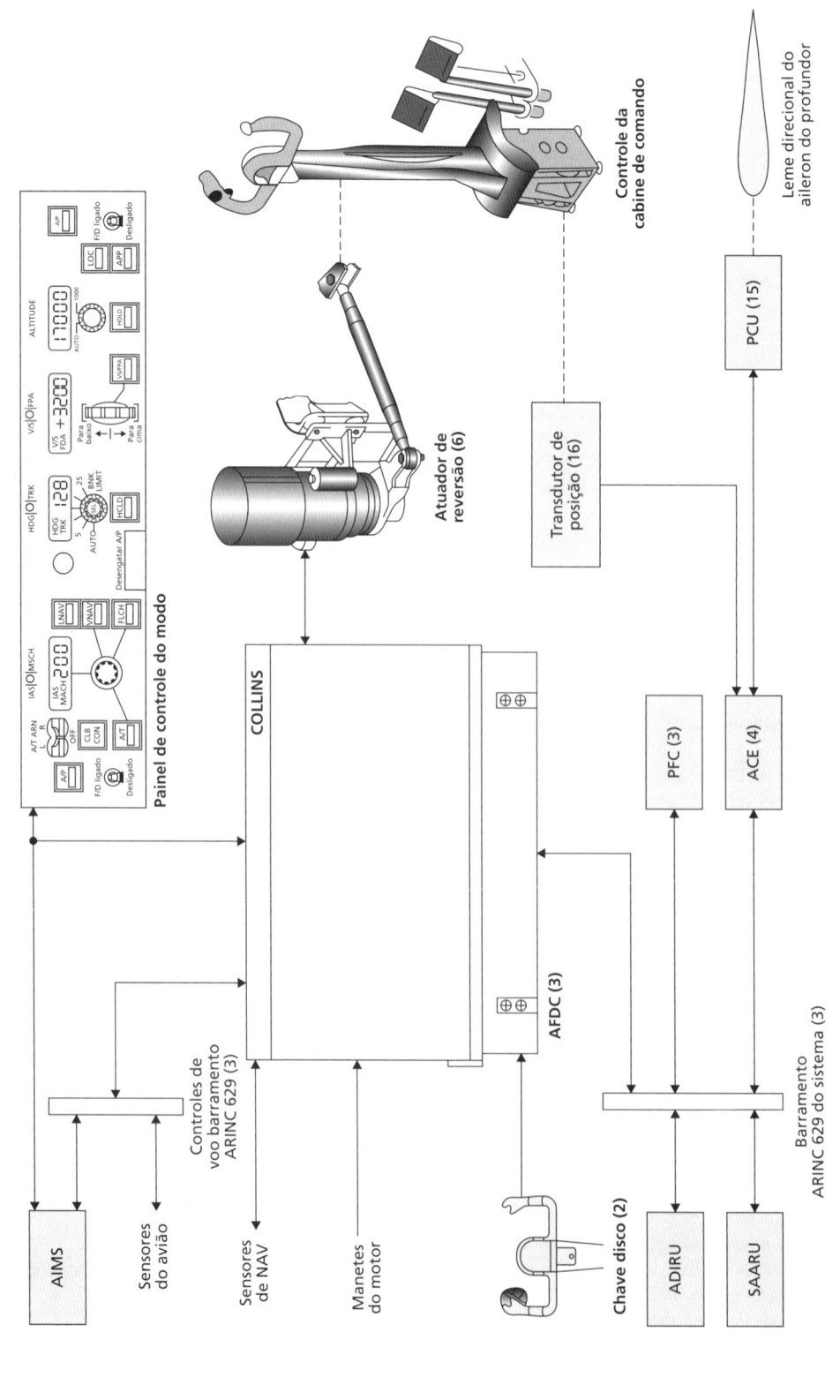

FIGURE 17-51 Sistema diretor de voo do piloto automático (FFDS) do B-777.

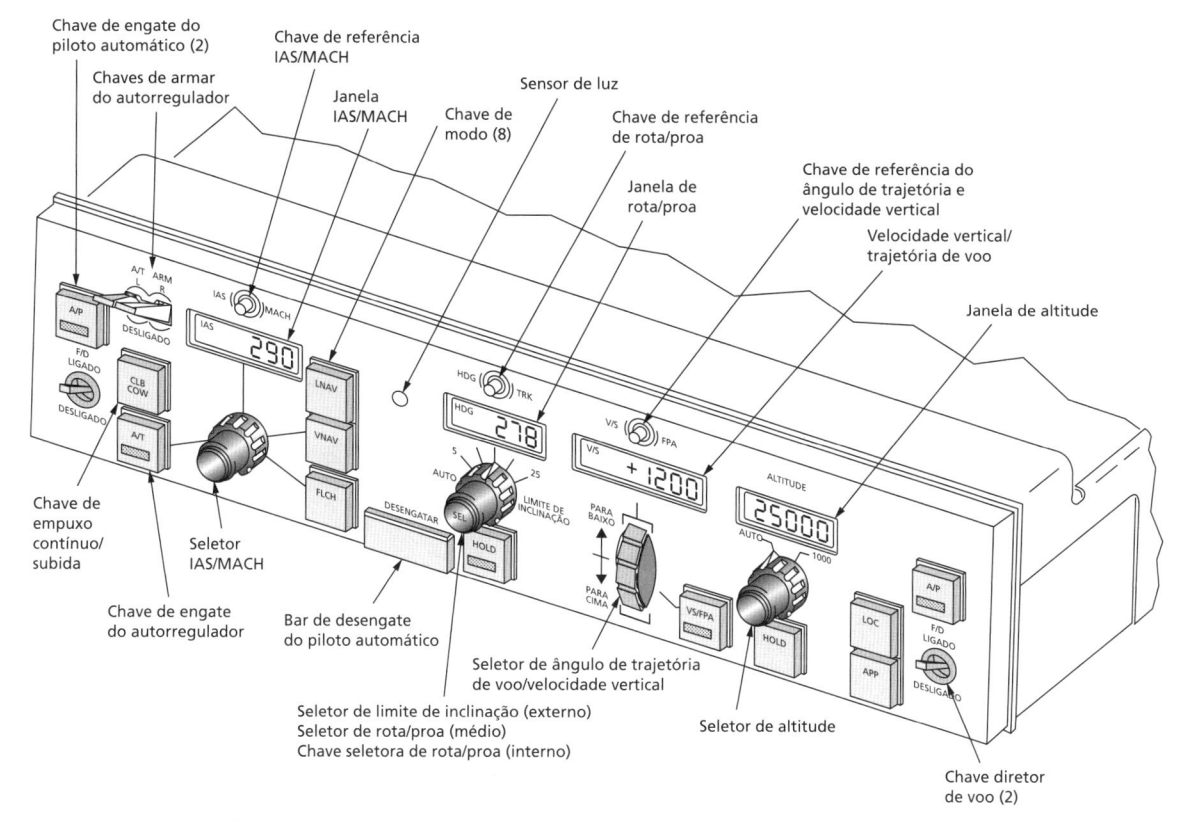

FIGURA 17-52 Painel de controle do modo AFDS.

dividem em duas categorias, os controles de voo primários e os aerofólios auxiliares e flapes. O sistema de controle de voo primário usa três computadores primários e três computadores secundários para criar redundância, como mostrado na Figura 17-53. O sistema também emprega três computadores secundários (SECs). Cada computador, PRIM e SEC, pode desempenhar duas funções; computações de comando e execuções de comando.

Se uma pane é detectada no AFS de um A-380, todas as funções de controle são passadas para outro computador PRIM. Se todos os PRIMs sofrem uma pane, cada SEC cumpre as funções de computação e execução necessárias. Quando a operação se baseia nos sistemas secundários, apenas o sistema de controle de voo é rebaixado, a função de compensação automática fica indisponível e todas as proteções do invólucro são perdidas. o A-380 emprega três tipos diferentes de atuadores de servomecanismos para movimentar as superfícies de controle. Cada servomecanismo é controlado eletricamente de um ou mais dos computadores AFS. Os três tipos de atuadores de servomecanismos são (1) os atuadores hidráulicos convencionais, (2) os atuadores eletro-hidrostáticos e (3) os atuadores hidráulicos de reserva elétricos. Os servomecanismos convencionais utilizam atuadores hidráulicos, operados a partir de um sistema hidráulico central. Os atuadores eletro-hidrostáticos são unidades hidráulicas que contêm seu próprio motor elétrico e sistema hidráulico autocontido. Os atuadores hidráulicos de reserva elétricos utilizam uma combinação de atuadores convencionais e eletro-hidrostáticos que podem operar em ambos os modos e são utilizados em caso de múltiplas panes do sistema.

O sistema de controle de voo do B-787

O B-787 foi, até 2014, por uma larga margem, a aeronave comercial que utilizava a maior quantidade de recursos eletrônicos. O sistema de *fly-by-wire* digital usa um processador integrado que substitui o computador de gerenciamento de voo tradicional. As funções de voo automático são controladas pelo software contido no que a Boeing chama de *common core system* (CCS). Cabos de fibra ótica e fios de cobre tradicionais transmitem dados digitais do tipo Ethernet de acordo com a especificação ARINC 664, O CCS aumenta as capacidades de coleta de dados e melhora o desempenho do voo automático, o que permite melhor controle e maior segurança. As funções do software do CCS também incluem sequenciamento eletrônico do sistema de trem de pouso retrátil, a função de frenagem de *control-by-wire* e os atuadores de frenagem elétricos.

A característica mais exclusiva do sistema de voo automático do B-787 é o uso de bombas hidráulicas acionadas por um motor elétrico CC de 270 V. Os engenheiros do 787 projetaram sistemas elétricos dedicados com funções de controle específicas que alimentam quatro motores elétricos; os motores são acoplados diretamente a bombas hidráulicas instaladas nos atuadores das superfícies de controle. Esse projeto elimina a necessidade de estender tubulações hidráulicas pela aeronave e aumenta a eficiência do sistema de controle de voo. Devido a sua natureza crítica, o sistema de controle de voo/voo automático foi projetado para receber energia elétrica de diversos módulos de condicionamento de energia.

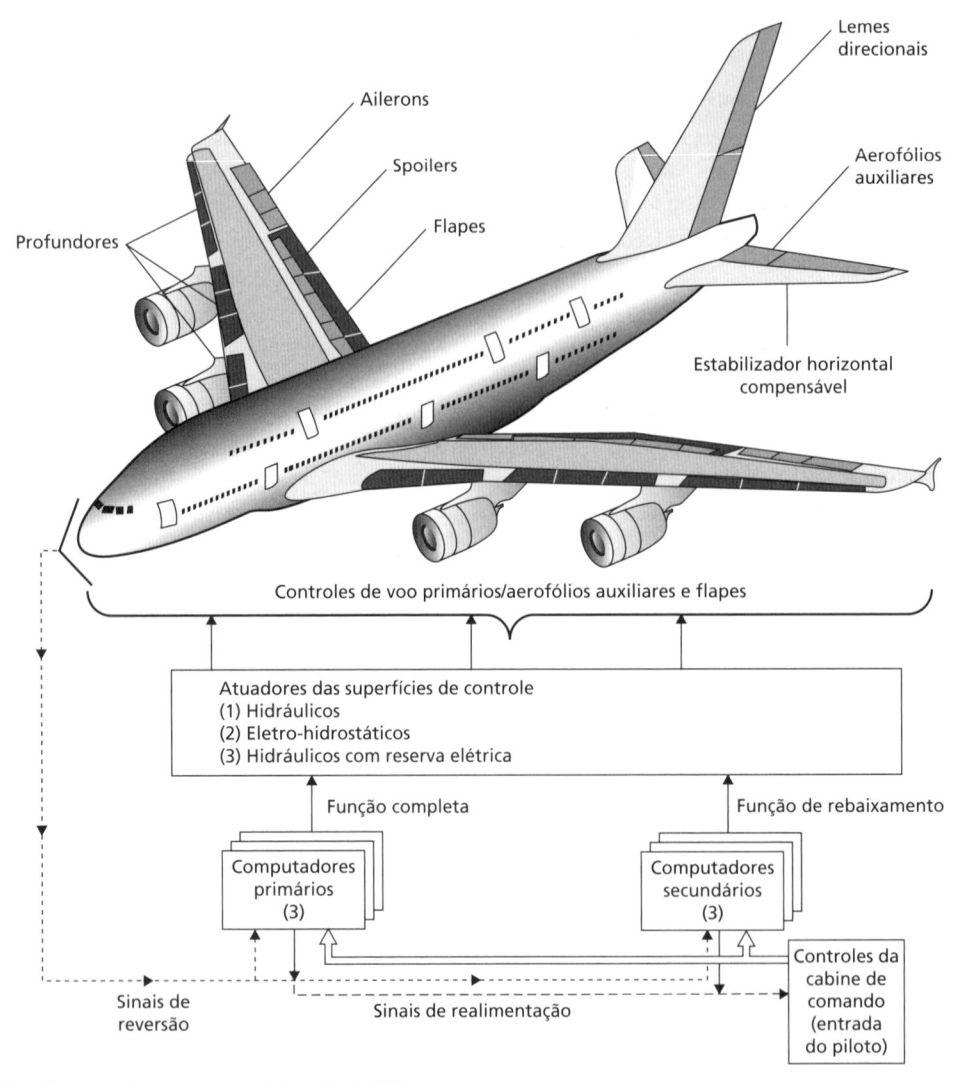

FIGURA 17-53 Sistema de voo automático do A-380.

QUESTÕES DE REVISÃO

1. Liste alguns dos parâmetros indicados por instrumentos elétricos em aeronaves.
2. Quais as vantagens dos instrumentos elétricos ou eletrônicos em comparação com os instrumentos mecânicos?
3. Por que um taquímetro é importante na operação do motor de uma aeronave?
4. Explique por que um taquímetro elétrico é mais apropriado do que um taquímetro de acionamento mecânico em uma grande aeronave.
5. Explique os princípios operacionais básicos de um taquímetro elétrico.
6. Descreva a operação de um indicador de temperatura de termopar.
7. Explique os fatores importantes na instalação de um sistema de termopar.
8. O que é um LVDT e como ele funciona?
9. O que é um sistema synchro?
10. Descreva a operação de um sistema synchro comum.
11. Descreva a operação de um indicador de quantidade de combustível elétrico tipo boia.
12. Explique a operação de um indicador de quantidade de combustível do tipo capacitor.
13. Por que a capacitância de um sensor de nível de combustível muda quando o nível de combustível muda?
14. Descreva um instrumento de voo eletrônico típico.
15. Descreva as mudanças que ocorreram entre os primeiros instrumentos eletrônicos e os modernos.
16. Explique como um display de tela plana é usado em um sistema de instrumentos moderno.
17. Qual é a função da unidade de processador em um sistema de instrumentos eletrônicos?
18. O que significa um EFIS de 5 tubos?

19. Explique o que significa o termo *sistema de display integrado*.
20. Que tipo de informação é apresentada em um PDF?
21. Descreva um sistema de display integrado típico de uma pequena aeronave.
22. O que são informações aeronáuticas em formato digital?
23. O que significa o termo *visão sintética*? E como ela é utilizada?
24. Descreva um sistema típico de *heads-up display*.
25. Descreva a cabine de comando integrada usada no Boeing B-787 ou no Airbus A-380.
26. Quais são as diferenças básicas entre os sistemas EICAS e ECAM?
27. Que tipo de informação é apresentada pelo EICAS?
28. Como o EICAS apresenta informações relativas a um sistema em pane?
29. Quais são as funções fundamentais desempenhadas por um sistema de piloto automático?
30. Qual é a diferença entre um sistema de piloto automático e um de voo automático?
31. Por que um piloto automático precisa de um sistema de realimentação?
32. O que é um sistema diretor de voo?
33. Descreva uma unidade de *servomecanismo*.
34. Qual é o propósito de uma embreagem deslizante em um servomecanismo?
35. Qual é a função de um sistema de dados aerodinâmicos?
36. O que são acelerômetros?
37. Quais os tipos mais comuns de servomecanismos usados por pilotos automáticos?
38. Descreva a função do sistema de ampliação da estabilidade de guinada.
39. Descreva o conceito básico da teoria da tecnologia do tipo solidário ou *strapdown*.
40. O que é um giroscópio do tipo solidário ou *strapdown*?
41. Qual é a principal vantagem do giroscópio a laser em comparação com um giroscópio convencional?
42. Descreva o princípio de um sistema de *fly-by-wire*.
43. O que é proteção do invólucro e como esse conceito melhora a segurança aérea?

Apêndice

EQUAÇÕES ÚTEIS

Lei de Ohm

$$I = \frac{E}{R} \quad R = \frac{E}{I} \quad E = IR$$

onde I = corrente (intensidade do fluxo de corrente)
E = tensão (FEM)
R = resistência

Resistências em série

$$R_t = R_1 + R_2 + R_3 \cdots$$

Resistências em paralelo

$$R_t = \frac{1}{1/R_1 + 1/R_2 + 1/R_3} \cdots$$

ou

$$\frac{1}{R_t} = \frac{1}{R_1} + \frac{1}{R_2} + \frac{1}{R_3} \cdots$$

Duas resistências em paralelo

$$R_t = \frac{R_1 \times R_2}{R_1 + R_2}$$

Capacitâncias em série

$$C_t = \frac{1}{1/C_1 + 1/C_2 + 1/C_3} \cdots$$

ou

$$\frac{1}{C_t} = \frac{1}{C_1} + \frac{1}{C_2} + \frac{1}{C_3} \cdots$$

Capacitâncias em paralelo

$$C_t = C_1 + C_2 + C_3 \cdots$$

Indutâncias em série, sem acoplamento magnético

$$L_t = L_1 + L_2 + L_3 \cdots$$

Indutâncias em paralelo, sem acoplamento

$$\frac{1}{L_t} = \frac{1}{L_1} + \frac{1}{L_2} + \frac{1}{L_3} \cdots$$

Potência elétrica em um circuito de CC

$$P = EI \quad \text{ou} \quad P = I^2R \quad \text{ou} \quad P = \frac{E^2}{R}$$

onde P = potência, W
1 hp = 550 ft · lb/s = 746 W
1 J = 1 W/s

Frequência e comprimento de onda

$$f = \frac{300\,000\,000}{\lambda}$$

$$\lambda = \frac{300\,000\,000}{f}$$

onde f = frequência, Hz
λ = comprimento de onda, m

Reatância capacitiva

$$X_c = \frac{1}{2\pi fC}$$

onde X_c = reatância, Ω
f = frequência, Hz
C = capacitância, F

Reatância indutiva

$$X_L = 2\pi fL$$

onde X_L = reatância indutiva, Ω
f = frequência, Hz
L = indutância, H

Frequência ressonante

$$f = \frac{1}{2\pi\sqrt{LC}} \quad \text{ou} \quad f = \frac{0,159155}{\sqrt{LC}}$$

Impedância: circuito em série

$$Z = \sqrt{R^2 + (X_L - X_C)^2}$$

onde Z = impedância, Ω
X_L = reatância indutiva, Ω
X_C = reatância capacitiva, Ω
R = resistência, Ω

Impedância: circuito em paralelo

$$\frac{1}{Z} = \sqrt{(1/R)^2 + (1/X_L - 1/X_C)^2}$$

ou

$$Y = \sqrt{G^2 + (B_L - B_C)^2}$$

e

$$Z = \frac{1}{Y}$$

onde Z = impedância, Ω
X_L = reatância indutiva, Ω
X_C = reatância capacitiva, Ω
R = resistência, Ω
$Y = 1/Z$
$G = 1/R$
$B_L = 1/X_L$
$B_C = 1/X_C$

Impedância: circuito em paralelo (tanque)

$$Z_{par} = \frac{L}{RC}$$

Potência elétrica em um circuito de CA

$$U = E \times I$$

onde U = potência aparente, VA
E = tensão, V
I = corrente, A

$$P = I \times R$$

onde P = potência real, W
I = corrente, A
R = resistência, Ω

Fio único de cobre flexível (AWG)				
Bitola	Diâmetro, mils	Seção transversal, cir mils	Resistência, Ω/1000 ft (25°C)	Peso, lb/1000 ft
0000	460,0	211.600,0	0,0500	641,0
000	410,0	167.800,0	0,0630	508,0
00	365,0	133.100,0	0,0795	403,0
0	325,0	105.500,0	0,1000	319,0
1	289,3	83.690,0	0,126	253,0
2	258,0	66.370,0	0,159	201,0
3	229,0	52.640,0	0,201	159,0
4	204,0	41.740,0	0,253	126,0
5	182,0	33.100,0	0,319	100,0
6	162,0	26.250,0	0,403	79,5
7	144,3	20.820,0	0,508	63,0
8	128,5	16.510,0	0,641	50,0
9	114,4	13.090,0	0,808	39,6
10	102,0	10.380,0	1,02	31,4
11	91,0	8234,0	1,28	24,9
12	81,0	6530,0	1,62	19,8
13	72,0	5178,0	2,04	15,7
14	64,1	4107,0	2,58	12,4
15	57,1	3257,0	3,25	9,9
16	50,8	2583,0	4,09	7,8
17	45,3	2048,0	5,16	6,2
18	40,3	1624,0	6,51	4,9
19	35,9	1288,0	8,21	3,9
20	32,0	1022,0	10,4	3,09
21	28,5	810,0	13,1	2,45
22	25,3	642,4	16,5	1,95
23	22,6	509,0	20,8	1,54
24	20,1	404,0	26,2	1,22
25	17,9	320,0	26,2	0,97
26	15,9	254,0	41,6	0,769
27	14,2	202,0	52,5	0,610
28	12,6	160,0	66,2	0,484
29	11,3	127,0	83,4	0,384
30	10,0	100,5	105,2	0,304
31	8,93	79,70	132,7	0,241
32	7,95	63,21	167,3	0,191
33	7,08	50,13	211,0	0,152
34	6,31	39,75	266,0	0,120
35	5,62	31,52	335,5	0,095
36	5,00	25,00	423,0	0,0757
37	4,45	19,83	533,4	0,0600
38	3,96	15,72	672,6	0,0476
39	3,53	12,47	848,1	0,0377
40	3,14	9,98	070,0	0,0299

Alfabeto grego			
Nome	Maiúsculo	Minúsculo	Uso na eletrônica
Alfa	A	α	Ângulos, área, coeficientes
Beta	B	β	Ângulos, densidade de fluxo, coeficientes
Gama	Γ	γ	Condutividade
Delta	Δ	δ	Variação, densidade
Épsilon	E	ε	
Zeta	Z	ζ	Impedância, coeficientes, coordenadas
Eta	H	η	Coeficiente de histerese, eficiência
Teta	Θ	θ	Temperatura, ângulo de fase
Iota	I	ι	Corrente
Capa	K	κ	Constante dielétrica
Lambda	Λ	λ	Comprimento de onda
Mu	M	μ	Micro, fator de amplificação, permeabilidade
Nu	N	ν	Relutividade
Xi	Ξ	ξ	
Ômicron	O	o	
Pi	Π	π	Razão da circunferência sobre o diâmetro (3,1416)
Rô	P	ρ	Resistividade, densidade
Sigma	Σ	σ	Sinal de somatório
Tau	T	τ	Constante temporal, comutação de fase temporal
Upsilon	Υ	υ	
Phi	Φ	φ	Fluxo magnético, ângulos
Chi	X	χ	
Psi	Ψ	ψ	Fluxo dielétrico, diferença de fase
Ômega	Ω	ω	Maiúsculo, ohms; minúsculo, velocidade angular

SÍMBOLOS ELÉTRICOS E ELETRÔNICOS

Os símbolos mostrados aqui são aqueles mais prováveis de serem encontrados pelo técnica de manutenção na aviação. Apenas os símbolos principais são apresentados nesta seção. Para símbolos adicionais que representam variações dos símbolos primários, o técnico deve consultar o documento "Graphic Symbols for Electrical and Electronics Diagrams", publicado pelo Institute of Electrical and Electronic Engineers (IEEE), IEEE Std 315.

Símbolos de qualificação

Os *símbolos de qualificação* são aplicados aos símbolos padrões para fornecer uma indicação das características especificais dos símbolos empregados em circuitos específicos.

Ajustabilidade ou variabilidade

Continuamente ajustável ou condição variável   Pré-ajustado, geral   Linear   Não linear

Indicadores de irradiação

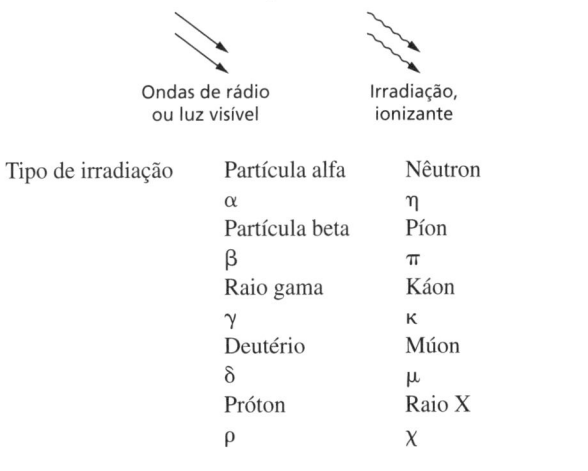

Ondas de rádio ou luz visível   Irradiação, ionizante

Tipo de irradiação	Partícula alfa	Nêutron
	α	η
	Partícula beta	Píon
	β	π
	Raio gama	Káon
	γ	κ
	Deutério	Múon
	δ	μ
	Próton	Raio X
	ρ	χ

Símbolos de reconhecimento do estado físico

Gás, ar ou pneumático   Líquido   Sólido   Material eletreto

Símbolo de reconhecimento do ponto de teste

● ou ●   Ponto de teste para terminal do circuito

Direção do fluxo de potência, sinal ou informação

Unidirecional   Ambas as direções, mas não simultaneamente   Ambas as direções, simultaneamente

Tipo de corrente (geral)

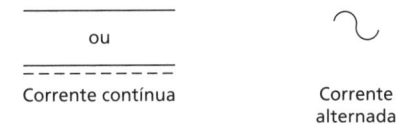

Corrente contínua   Corrente alternada

Símbolos de conexão

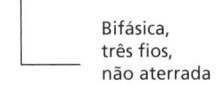

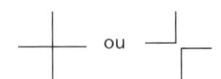

Bifásica, três fios, não aterrada

Bifásica, três fios, aterrada

Bifásica, quatro fios

Bifásica, cinco fios, aterrada

Trifásica, três fios, delta ou malha

Trifásica, três fios, delta, aterrada

Trifásica, quatro fios, delta, não aterrada

Trifásica, quatro fios, delta, aterrada

Trifásica, Y ou estrela, não aterrada

Trifásica, Y ou estrela, aterrada

Itens fundamentais

Resistor

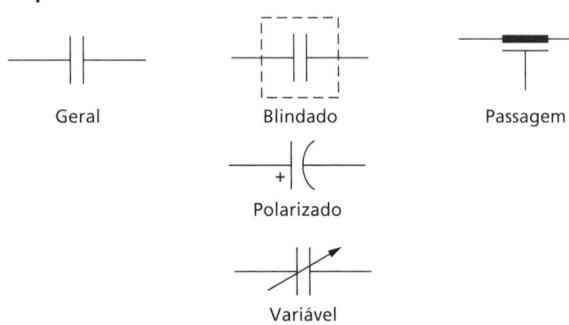

Geral

Resistor com derivação

(Contato ajustável)

(Resistor variável)

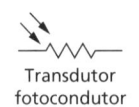

Resistor térmico (termistor)

Transdutor fotocondutor

Capacitor

Geral

Blindado

Passagem

Polarizado

Variável

Antena

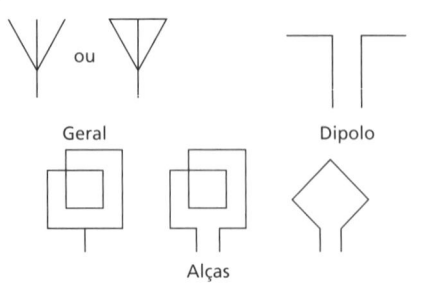

ou

Geral

Dipolo

Alças

Bateria

Uma célula

Múltiplas células

Fonte de corrente alternada

Alternador ou gerador CA

Ímã permanente

Unidade de cristal

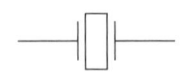

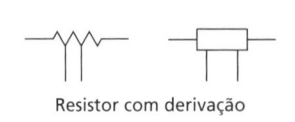

Termopar

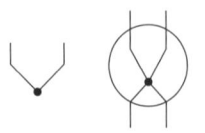

Termopar medidor de temperatura com aquecedor integrado

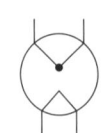

Termopar com aquecedor isolado integrado

Transdutores termomecânicos

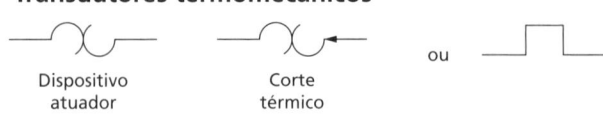

Dispositivo atuador

Corte térmico

ou

Plugue ignitor

Caminho de transmissão

Condutor, cabo, fiação

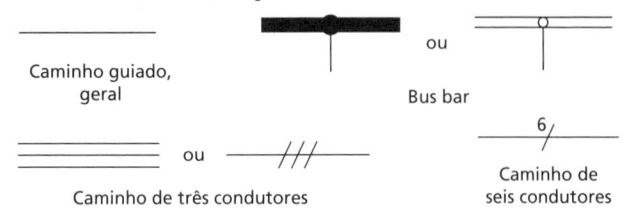

Caminho guiado, geral

ou

Bus bar

ou

Caminho de três condutores

Caminho de seis condutores

Apêndice

Cruzamento não conectado

Junção

Condutores conectados

Cabo de cinco condutores

Cabo de cinco condutores blindado

Cabo de dois condutores blindado com blindagem aterrada

Coaxial

Agrupamento de fios condutores

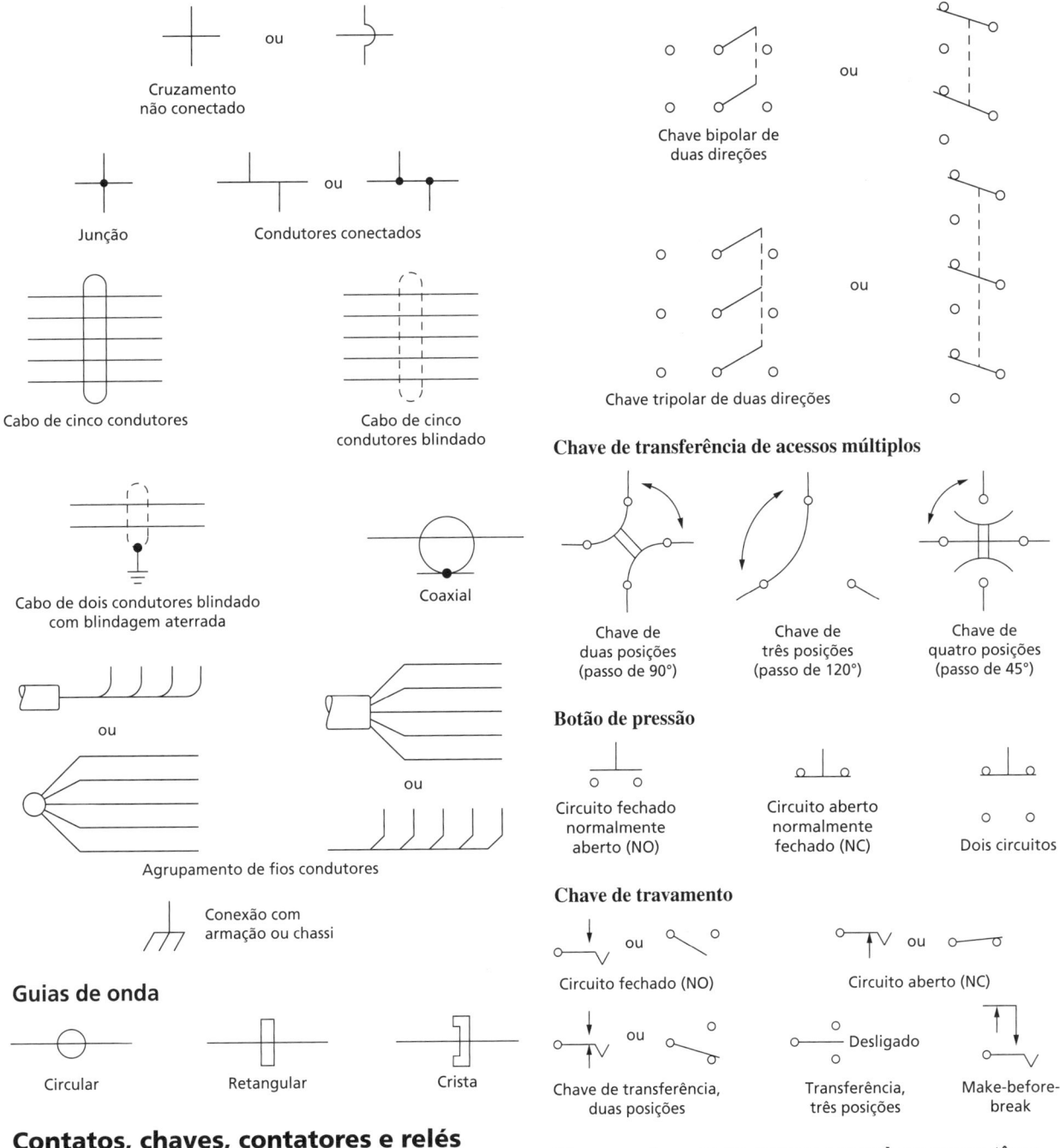

Conexão com armação ou chassi

Guias de onda

Circular — Retangular — Crista

Contatos, chaves, contatores e relés

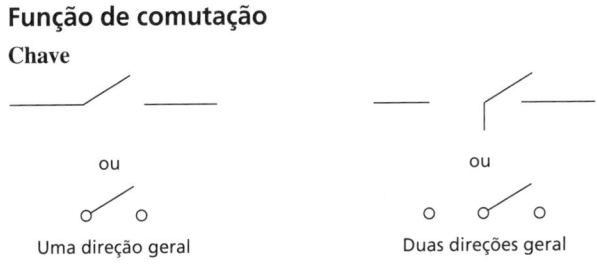

Função de comutação

Chave

Uma direção geral

Duas direções geral

Chave bipolar de duas direções

Chave tripolar de duas direções

Chave de transferência de acessos múltiplos

Chave de duas posições (passo de 90°)

Chave de três posições (passo de 120°)

Chave de quatro posições (passo de 45°)

Botão de pressão

Circuito fechado normalmente aberto (NO)

Circuito aberto normalmente fechado (NC)

Dois circuitos

Chave de travamento

Circuito fechado (NO)

Circuito aberto (NC)

Chave de transferência, duas posições

Transferência, três posições

Make-before-break

Chave sem travamento, retorno por mola ou momentâneo

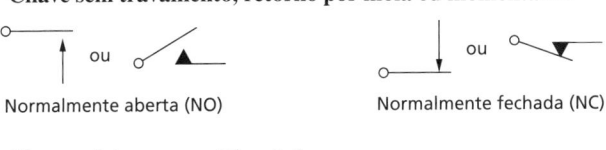

Normalmente aberta (NO)

Normalmente fechada (NC)

Chave seletora ou multiposições

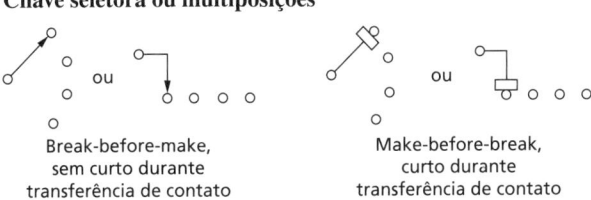

Break-before-make, sem curto durante transferência de contato

Make-before-break, curto durante transferência de contato

Chave seletora ou multiposições (continuação)

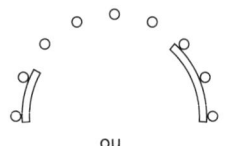

Contato segmental

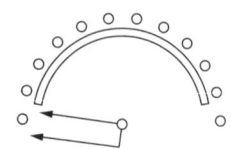

Chave seletora de doze pontos com segmento fixo

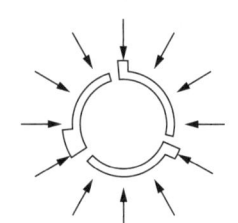

Pastilha, circuito triplo tripolar típico com dois contatos móveis, dois sem curto e um com curto

Chaves de fim de curso

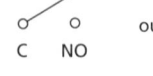

C NO ou Normalmente aberta

C NO ou Normalmente fechada

C NO ou Normalmente aberta, mantida fechada

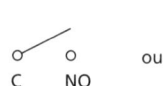

C NO ou Normalmente fechada, mantida aberta

Chave de nível líquido

Fechada em nível ascendente

Aberta em nível ascendente

Sensor de proximidade

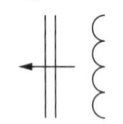

Alvo se afastando

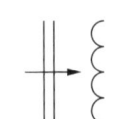

Alvo se aproximando

Chave atuada a vácuo ou pressão

Fecha com aumento da pressão

Abre com aumento da pressão

Chave acionada por temperatura (termostato)

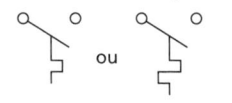

ou

Fecha com aumento da temperatura

ou

Abre com aumento da temperatura

Transfere com aumento da temperatura

Flasher

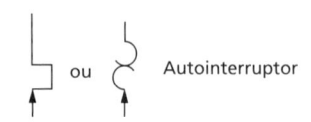

ou Autointerruptor

Relés

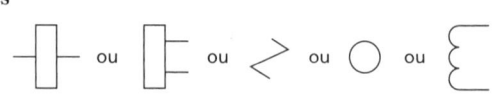

ou ou ou ou

Símbolos gerais para bobinas de relés

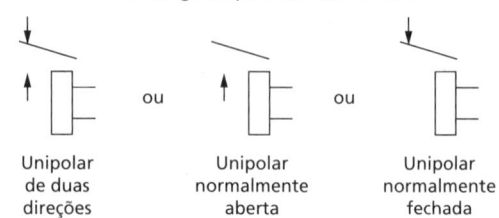

Unipolar de duas direções

Unipolar normalmente aberta

Unipolar normalmente fechada

Chaves de solenoide

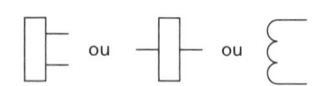

ou ou

Símbolos gerais para bobinas de solenoide

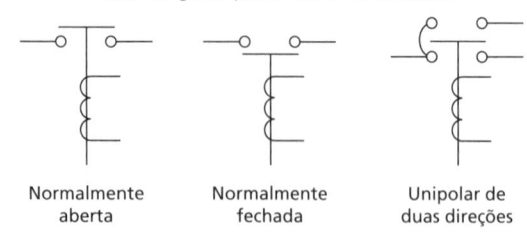

Normalmente aberta

Normalmente fechada

Unipolar de duas direções

Terminais e conectores

Terminais

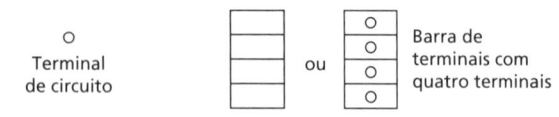

Terminal de circuito

ou

Barra de terminais com quatro terminais

Terminação de cabos

Cabo na esquerda do símbolo

Conectores

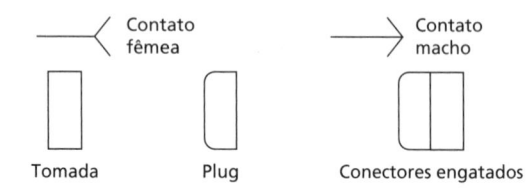

Contato fêmea

Contato macho

Tomada

Plug

Conectores engatados

Apêndice

(Os tipos de contatos nos conectores são indicados como macho ou fêmea.)

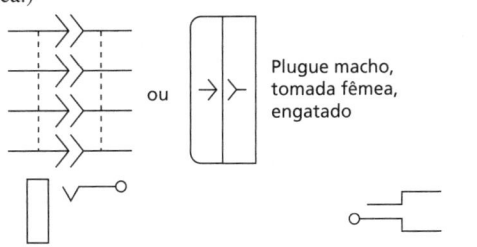

Plugue macho, tomada fêmea, engatado

Tomada de dois condutores

Plugue de dois condutores

Conectores de fonte de alimentação

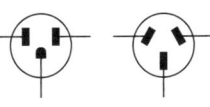

Conector macho não polarizado

Conector fêmea não polarizado

Conector fêmea polarizado

Conector de três condutores polarizado, macho

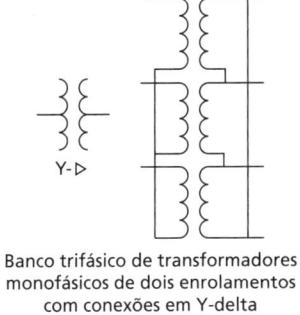

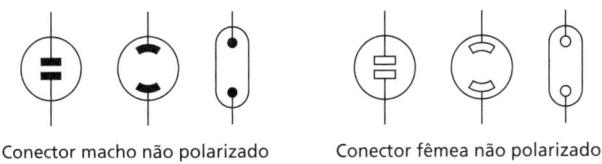

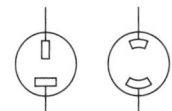

Conector coaxial

Coaxial com condutor externo até o final

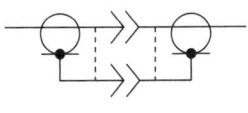

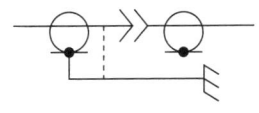

Coaxial com condutor externo terminado no chassi

Transformadores, indutores e enrolamentos

Símbolos de núcleos

Não são utilizados símbolos para um núcleo de ar.

Núcleo magnético de indutor ou transformador

Núcleo de ímã

Indutor

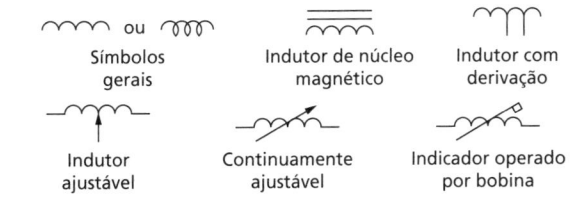

ou

Símbolos gerais

Indutor de núcleo magnético

Indutor com derivação

Indutor ajustável

Continuamente ajustável

Indicador operado por bobina

Transformador

Símbolos gerais de enrolamentos

Se deseja-se distinguir um transformador de núcleo magnético

Transformador blindado com núcleo magnético

Y-Δ

Banco trifásico de transformadores monofásicos de dois enrolamentos com conexões em Y-delta

Tubo de raios catódicos

CRT com deflexão de campo elétrico

Dispositivos semicondutores

Transistores e diodos

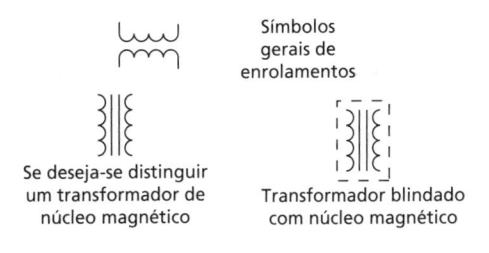

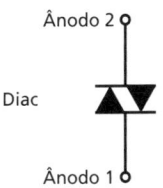

Dispositivos de dois terminais

Ânodo — Cátodo

Retificador de diodo

Diodo fotossensível

Diodo fotoemissor (emissor de luz) (LED)

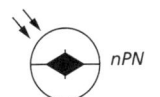

nPN

pNP

Fotodiodo bidirecional

(Zener)

Estilo 1

Estilo 2

Diodo bidirecional

Ânodo 2

Diac

Ânodo 1

Dispositivos de três ou mais terminais

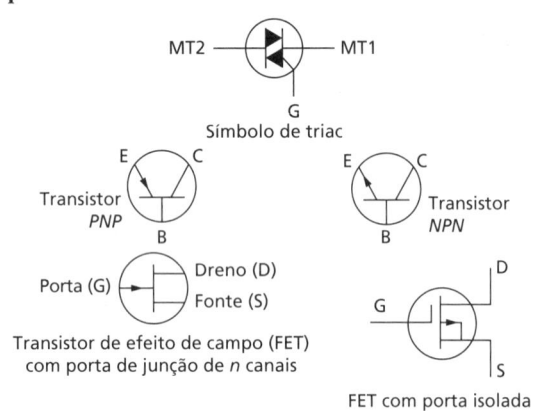

Símbolo de triac

Transistor *PNP*

Transistor *NPN*

Transistor de efeito de campo (FET) com porta de junção de *n* canais

FET com porta isolada

Tiristor

Protetores de circuito

Limitador de corrente

Fusíveis

Símbolos gerais de fusíveis

Disjuntor

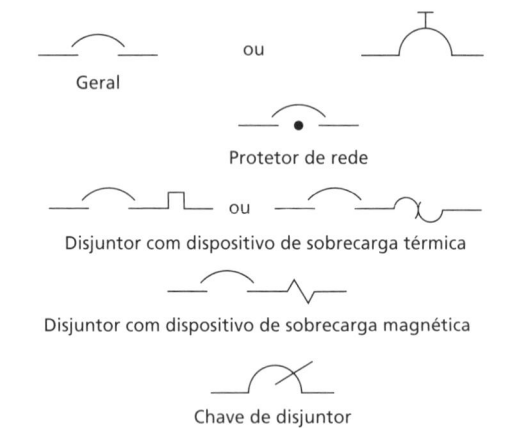

Geral

Protetor de rede

Disjuntor com dispositivo de sobrecarga térmica

Disjuntor com dispositivo de sobrecarga magnética

Chave de disjuntor

Para-raios

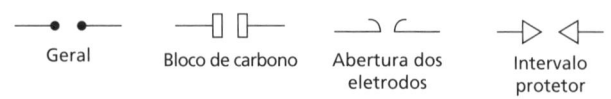

Geral — Bloco de carbono — Abertura dos eletrodos — Intervalo protetor

Dispositivos acústicos

Dispositivo de sinalização de áudio

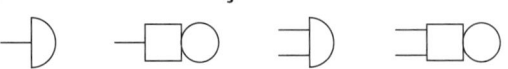

Sinos, sinalização elétrica; campainha de telefone

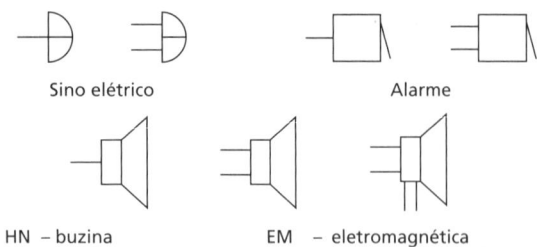

Sino elétrico — Alarme

HN – buzina
HW – howler
LS – alto-falante
SN – sirene
MG – armadura magnética

EM – eletromagnética com bobina móvel
EMN – eletromagnética com bobina móvel e enrolamento neutralizador
PM – ímã permanente

Microfone, transmissor telefônico

Microfone, geral

Aparelho de telefone

Geral

Com chave *push-to-talk*

Receptor de telefone

Fone de ouvido duplo

Fone de ouvido único

Lâmpadas e dispositivos de sinalização visual

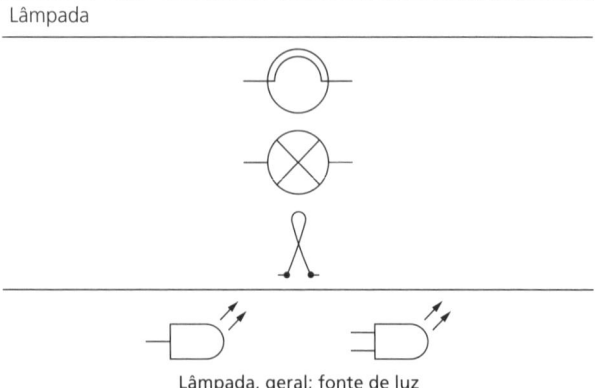

Lâmpada

Lâmpada, geral; fonte de luz

A	Âmbar	P	Roxo
		R	Vermelho
B	Azul	W	Branco
C	Transparente	Y	Amarelo
G	Verde	IR	Infravermelho
O	Laranja	NA	Vapor de sódio
EL	Eletroluminescente		
ARCO	Arco	NE	Neon
		UV	Ultravioleta
FL	Fluorescente		
HG	Vapor de mercúrio	XE	Xenônio
		LED	Diodo emissor de luz
IN	Incandescente		
OP	Opalescente		

Lâmpadas fluorescentes

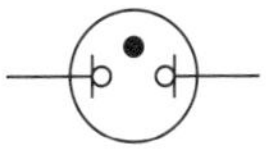

Lâmpada de brilho, tipo CA 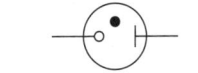   Lâmpada de brilho, tipo CC

Lâmpada do painel de controle de comunicação

Dispositivos de leitura

Instrumento medidor	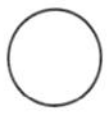 Geral
A	Amperímetro
AH	Medidor de ampère-hora
C	Coulombímetro
CMA	Amperímetro cerrador (ou disjuntor) de contato
CMC	Clock cerrador (ou disjuntor) de contato
CMV	Voltímetro cerrador (ou disjuntor) de contato
CRO	Osciloscópio de raios catódicos
dB	Decibelímetro (dB)
dBM	Decibelímetro (dBM, chamado de 1 mW)
DM	Medidor de demanda
DTR	Relé de demanda total
F	Frequencímetro
GD	Detector de Massa
I	Medidor indicador
INT	Contador integrador
uA ou UA	Microamperímetro
MA	Miliamperímetro
NM	Medidor de ruído
OHM	Ohmímetro
OP	Pressão do óleo
OSCG	Oscilógrafo de corda
PF	Medidor de fator de potência
PH	Medidor de fase
PI	Indicador de posição
RD	Medidor de demanda gravador
REC	Gravando
RF	Medidor de fator reativo
S	Sincroscópio
T°	Termômetro
THC	Conversor térmico
TLM	Telêmetro
TT	Medidor do tempo total
	Medidor de tempo decorrido
V	Voltímetro
VA	Volt-amperímetro
VAR	Varímetro
VARH	Medidor de energia reativa
VI	Indicador de volume
	Medidor de nível de áudio
VU	Indicador de volume padrão
	Medidor de nível de áudio
W	Wattímetro
WH	Medidor de watt-hora

Galvanômetro

Maquinário giratório
Máquina giratória

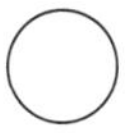

Básico 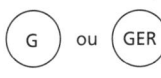   Gerador, geral    Gerador, CC

Gerador, CA 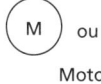 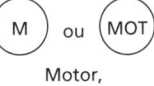   Motor, geral

Motor, CA    Motor, CC

Símbolos usados em circuitos lógicos e diagramas
Amplificadores

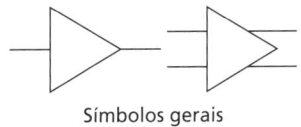

Símbolos gerais 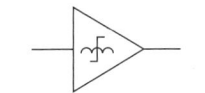   Amplificador magnético

Portas lógicas

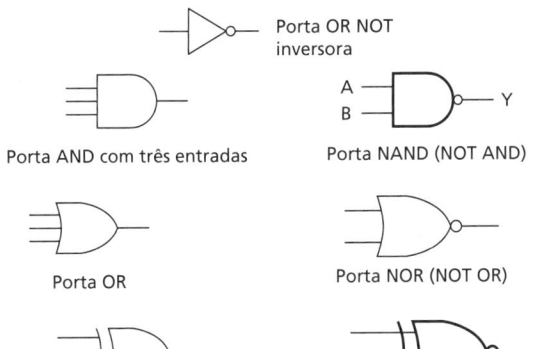

Porta OR NOT inversora

Porta AND com três entradas   Porta NAND (NOT AND)

Porta OR   Porta NOR (NOT OR)

Porta OR exclusiva 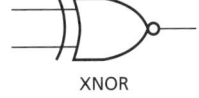   XNOR

ABREVIAÇÕES ÚTEIS

429 Padrão de Barramento de Dados ARINC 429
629 Padrão de Barramento de Dados ARINC 629
664 Padrão de Barramento de Dados ARINC 664
A/D Analógico/digital; analógico para digital
A/D CONV Conversor analógico-digital
A/L Aterrissagem automática
ACARS Sistema de Comunicações e Relatório ARINC
ACU Unidade de controle do alternador
ADC Computador de dados aerodinâmicos
ADF Indicador automático de direção
ADI Indicador diretor de atitude
AFC Controle de frequência automático
AFCS Sistema de controle de vôo automático
AFDS Sistema diretor de voo de piloto automático
AFDX Avionics full-duplex switched Ethernet
AGM Bateria esteira de vidro (tipo de bateria)
AIMS Sistema de gestão das informações do avião
AIRCOM Comunicação ar-terra
AM Modulação de amplitude
AMP Ampères
AMP ou AMPL Amplificador
ANT Antena
AP Piloto automático
APB Disjuntor auxiliar
APCU Unidade de controle de potência auxiliar
APU Unidade de potência auxiliar
ARINC Aeronautical Radio Incorporated
ASCB Barramento de comunicação padrão de aviônica
ATC Controle de tráfego aéreo
ATCT Transponder ATC
AUX Auxiliar
AVC Controle automático de volume
Banda L Banda de radiofrequência (390 a 1550 MHz)
BARRAMENTO Barramento elétrico; barramento de dados digital 429
BAT ou BATT Bateria
BCD Codificação Binária Decimal
BIT Dígito binário; teste integrado
BITE Equipamentos de teste integrados
BNR Referência numérica binária; binário
BP Passa-banda
BPCU Unidade de controle da potência do barramento
BT Ligação de barramento
BTB Disjuntor da ligação do barramento
CA Corrente alternada
CAWS Sistema centralizado de avisos sonoros; sistema de cuidado e advertência
CB, C/B Disjuntor
CC Corrente contínua
CDI Indicador de desvio de curso
CDU Painel de controle e indicação
CDUS Sistema de painel de controle e indicação
CFDIU Unidade de interface central de apresentação de panes
CFDS Sistema central de apresentação de panes
CG Centro de gravidade
CH ou CHAN Canal
CHGR Carregador
CKT Circuito
CLK Clock
CLR Claro
CMCS Sistema de computador de manutenção central
CMPTR Computador
COAX Coaxial
COP Cobre
CP Painel de controle
CPU Unidade central de processamento
CRT Tubo de raios catódicos; circuito
CSDB Barramento digital padrão comercial
CT Transformador de corrente
CTN Cuidado
CU Unidade de controle; cobre
CVR Gravador de voz
CW Onda contínua
D/A Digital para analógico
DAC Conversor digital para analógico
DADC Computador de dados aerodinâmicos digital
DAU Unidade de aquisição de dados
DCDR Decodificador
DDB Barramento de dados digital
DEMOD Demodulador
DEMUX Demultiplexador
DFDR Gravador dos dados de voo digital
DG Giroscópio direcional
DGTL Digital
DH Altitude de decisão
DISC Desconectar
DMC Computador de gerenciamento de display
DME Equipamento medidor de distâncias
DMM Multímetro digital
DU Unidade de display
DWN Para baixo

E/E ou E & E Elétrico/eletrônico
EADI Indicador diretor de atitude eletrônico
EAROM Memória somente de leitura eletronicamente alterável
ECAM Sistema de monitoramento eletrônico centralizado
EDSP Painel de seleção do display do EICAS
EEC Controle eletrônico do motor
EFB Informação aeronáutica em formato digital
EFI Instrumento de voo eletrônico
EFIS Sistema de instrumentos de voo eletrônicos
EFISCP Painel de controle EFIS
EFISCU Comparador EFIS
EFISG Gerador de símbolos EFIS
EFISRLS Fotodetector remoto EFIS
EGPWS Sistema melhorado de alerta de proximidade ao solo
EHSI Indicador de situação horizontal eletrônico
EHSV Servoválvula eletro-hidráulica
EICAS *Engine indicating and crew alerting system*
EIS Sistema de instrumentos eletrônicos
ELCU Unidade de controle da carga elétrica
ELEC Elétrico; eletrônico
ELECT Elétrico
ELMS Sistema eletrônico de gestão de cargas
EMER GEN Gerador de emergência
EMI Interferência eletromagnética
EP AVAIL Potência externa disponível
EP Potência externa
EPC Contator de potência externo
EPCS Chave eletrônica de controle de potência
EPGDS Sistema de geração e distribuição de energia elétrica
EPROM Memória programável apagável somente de leitura
EXCTR Excitador
EXT PWR Potência externa
FBW *Fly-by-wire*
FD Diretor de voo
FDR Gravador dos dados de voo
FI Frequência intermediária
FM Modulação de frequência
FM/CW Modulação de frequência de onda contínua
FMC Computador de gerenciamento de voo
FMCS Sistema de computador de gerenciamento de voo
FMS Sistema de gerenciamento de voo
FREQ Frequência
FSEU Unidade eletrônica de flape/aerofólio auxiliar
FW ou FWD À frente
G/S Rampa de planeio
GAL ou GALY *Galley*

GCB Disjuntor de gerador
GCR AUX Contato auxiliar de relé de controle de gerador
GCR Relé de controle de gerador; relé de circuito de gerador
GCU Unidade de controle do gerador
GEN Gerador
GLR Relé de carga da *galley*
GMT Hora Média de Greenwich
GND PWR Potência de massa
GND SVCE Manutenção no solo
GND Terra
GPCU Unidade de controle da potência de massa
GPS Sistema de posicionamento global
GPU Unidade da alimentação de massa
GPW Alerta de proximidade ao solo
GPWS Sistema de alerta de proximidade ao solo
GRD Terra
GSR Relé de manutenção no solo
GSSR Relé de seleção de manutenção no solo
GSTR Relé de transferência de manutenção no solo
GWPC Computador de alerta de proximidade ao solo
H/L Alto/baixo
HEX Hexadecimal
HF (hf) Frequência alta (3 a 30 MHz)
HI Z Alta impedância
HID Descarga de alta intensidade
HIRF Campo de alta intensidade de irradiação
HSI Indicador de situação horizontal
HUD *Heads-up display*
Hz Hertz
I/O Entrada/saída
IAC Computador de aviônica integrado
IAPS Sistema integrado processador de aviônica
IAS Velocidade em relação ao ar indicada ou Sistema de aviônica integrado
IDG Gerador de acionamento integrado
IDS Sistema de display integrado
IEEE Institute of Electrical and Electronics Engineers
IFR Regras para o voo por instrumento
IGN Ignição
IIS Sistema de instrumentos integrado
ILS Sistema de pouso por instrumentos
IMA Aviônica modular integrada
IND L Luz indicadora
INST Instrumento
INSTR Instrumento
INTCON Interligação
INTFC Interface

INTPH Interfone
INTR Interrogação
INV Inversor
IR Receptor ILS
KCCD Dispositivo de controle do teclado e do cursor
kHz Quilo-hertz
kV Quilovolt
kVA Quilovoltampère
kVAR Quilovolt-ampère reativo
LAAS *Local area augmentation system*
LCD Display de cristal líquido
LD Carga
LED Diodo emissor de luz
LF (lf) Frequência baixa (30 a 300 kHz)
LO Z Baixa impedância
LOC Localizador
LRU Unidade substituível durante a escala
LS Alto-falante
LT Luz
LTS Luzes
LVDT Transdutor diferencial variável linear
μ Micro
MBA Antena de rádio farol
MCDP Painel de controle e indicação de manutenção
MCDU Painel de controle e indicação de multipropósitos
MEG ou MEGA Milhão
MEL Lista de equipamentos mínimos
MEM Memória
MF (mf) Frequência média (300 kHz a 3 MHz)
MFD Display multifuncional
MHz Megahertz
MIC Microfone
MILI Um milésimo (0,001)
MKR BCN Rádio farol
MSEC (ms) Milissegundo
MSG Mensagem
MTBF Tempo médio entre falhas
MUX Multiplexador
mV Milivolt
NAV Navegação
NC Normalmente fechada; não conectada; sem conexão
ND Display de navegação
NDB Farol não direcional
NEG Negativo
NSEC (ns) Nanossegundo
NTSB National Transportation Safety Board

NVM Memória não volátil
OC Sobrecorrente
OF Sobrefrequência
OIT Terminal de manutenção a bordo
OVV ou OV Sobretensão
OVVCO ou OVCO Corte de sobretensão
P-S Paralelo a série
PA Comunicação com passageiros; Amplificador de potência
PDMC Computador de manutenção de distribuição de potência
PEDEC Centro de distribuição de energia elétrica primário
PFD Tela principal de voo
PMAT Terminal de acesso para manutenção portátil
PMG Gerador de ímã permanente
POS Positivo
POT Potenciômetro
PR Relé de potência
PRL Paralelo
PROM Memória somente de leitura programável
PROX Proximidade
PSEU Unidade eletrônica de sensor de proximidade
PWR Potência
PWR SPLY Suprimento de energia
QTY Quantidade
r-t Receptor-transmissor
RA Altitude de rádio ou Aviso de resolução
RAD Rádio
RAM Memória de acesso aleatório
RAT Turbina de ar de impacto
RCL Nova chamada
RCVR Receptor
RCVR/XMTR Receptor/transmissor
RF (rf) Radiofrequência
RLS Fotodetector remoto
RMI Indicador magnético de rádio
rpm Revoluções por minuto
RS-232 Padrão Recomendado #232
RVDT Transdutor diferencial variável rotativo
SAT Temperatura estática do ar
SATCOM Comunicação via satélite
SCR Retificador controlado de silício
SDI Identificador de fonte e destino
SELCAL Sistema de ligação seletiva
SEPDC Centros de distribuição de energia elétrica secundários
SER DL Ligação de dados serial

SG Gerador de símbolos ou Motor de partida
SITA Société International de Telecommunications Aeronautiques
SMD Dispositivo de superfície
SNR Razão sinal-ruído
SOL Solenoide
SPDB Caixa de distribuição de energia secundária
SPKR Alto-falante
SQL Abafador
SRM Motor a relutância comutado
SSB Banda lateral única
SSM Matriz de estado-sinal
STAT INV Inversor estático
STBY Espera
SW Chave
SWAMP Problema de umidade e vento grave
SYM GEN Gerador de símbolos
T-R Transformador-retificador
TA Aviso de tráfego
TAT Temperatura verdadeira do ar
TAWS Sistema de percepção e aviso de terreno
TBDP Proteção diferencial do barramento de ligação
TCAS Sistema anticolisão de tráfego
TDR Refletômetro no domínio do tempo
TFR Transferir
TFT Transistor de película fina
TMC Computador de gerenciamento de empuxo
TMS Sistema de gerenciamento de empuxo
TMSP Painel de seleção de modo de empuxo
TRU Transformador-retificador
TSO Ordem técnica padrão
TXPDR Transponder
UBR Relé do barramento de utilidade
UF Subfrequência
UHF Frequência ultra alta (300 MHz a 3 GHz)
UNDF Subfrequência
UNDV Subtensão

US Baixa velocidade
USB (μs) Banda lateral superior
USEC Microssegundos
UV Subtensão
V Volts; tensão; vertical; válvula
VA Volt-ampères
VAC Volts corrente alternada
VAR Volt-ampère reativo
Vca Volts corrente alternada
Vcc Volts corrente contínua
VDC Volts corrente contínua
VFG Gerador de frequência variável
VFR Regras de voo visual
VHF (vhf) Frequência muito alta (30 a 300 MHz)
VLJ *Very light jets*
VLSI Integração em muito larga escala
VOR VHF omnidirecional
VORTAC Navegação aérea tática VOR
VR Regulador de tensão
VRLA Chumbo-ácido regulada por válvula (tipo de bateria)
VRMS Tensão quadrática média (eficaz)
W Watt
WAAS *Wide area augmentation system*
WARN Aviso
WCP Painel de controle de radar meteorológico
WEA Clima
WPT Ponto de referência
WX (WXR) Radar meteorológico
XCVR Transceptor
XDCR Transdutor
XFMR Transformador
XFR Transferir
XMIT Transmitir
XMTR Transmissor
XPDR Transponder
YD Amortecedor de guinada

Glossário

Aceitador. Um átomo de impureza em um material semicondutor que recebe, ou aceita, elétrons. O germânio é uma impureza aceitadora é por isso é chamado de germânio tipo *p*, pois tem uma natureza positiva.

Acelerar. Mudar a velocidade; aumentar ou diminuir a rapidez.

Acelerômetro. Um dispositivo para detectar ou medir a aceleração e convertê-la em um sinal elétrico.

Acoplamento. Transferência de energia entre elementos ou circuitos de um sistema eletrônico.

Alinhamento elétrico. A sintonização de componentes eletrônicos em um determinado circuito para que todas as porções do circuito respondam à frequência correta.

Alternação. A metade de um ciclo de ca durante o qual a corrente flui em uma direção.

Alternador. Um gerador elétrico projetado para produzir corrente alternada.

Amortecimento. A deterioração da amplitude ou força de uma corrente oscilatória quando não é introduzida energia para substituir aquela perdida pela resistência do circuito.

Ampère (A). A unidade básica do fluxo de corrente. Um A é a quantidade de corrente que flui quando uma FEM de 1 V é aplicada a um circuito com resistência de 1 Ω. Um coulomb por segundo.

Ampère-espira. A força magnetizadora produzida por uma corrente de 1 A que flui através de uma volta de uma bobina. Ampère-espira = ampère × número de espiras do fio na bobina.

Ampère-hora (Ah). Quantidade de eletricidade que passa por um circuito quando uma corrente de 1 A flui por 1 h. Corrente (em ampères) × tempo (em horas) = ampère-horas.

Amperímetro. Instrumento usado para medir o fluxo de corrente.

Amplificação. O aumento de potência, corrente ou tensão em um circuito eletrônico.

Amplificador separador. Amplificador em um circuito transmissor projetado para isolar a seção do oscilador da seção de potência, prevenindo, assim, um deslocamento de frequência.

Amplificador. Um circuito eletrônico que produz amplificação.

Analógico. Sinal contínuo ou relativo a um circuito elétrico que opera com sinais de entrada ou de saída com infinitos valores possíveis.

Anéis deslizantes. Anéis condutores usados com escovas para conduzir corrente elétrica de e para uma unidade giratória.

Ângulo de fase. A diferença angular entre duas formas de onda senoidais. Quando a tensão de um sinal ca está avançada de 10° em relação à corrente elétrica, dizemos que existe um defasamento de 10° entre a tensão e a corrente.

Ânodo. O eletrodo positivo de uma bateria; o eletrodo de uma válvula eletrônica, diodo ou célula de galvanoplastia ao qual uma tensão positiva é aplicada.

Antena. Dispositivo projetado para irradiar ou interceptar ondas eletromagnéticas.

Antena dipolo. Uma antena composta de dois pedaços de fio do mesmo comprimento ou algum outro condutor que se estendem em direções oposta em relação ao ponto de entrada. Cada seção do dipolo é igual a aproximadamente um quarto do comprimento de onda.

Antena loop. Antena bidirecional composta de uma ou mais voltas completas de fio em uma bobina.

Arfagem. A rotação de uma aeronave em torno de seu eixo lateral.

ARINC 664. Padrões de barramento de dados do tipo Ethernet usados por diversos fabricantes; semelhante ao IEEE (Institute of Electrical and Electronics Engineers) 802.3 Standard.

Armação de campo. A estrutura principal de um gerador ou motor, dentro da qual são montados os polos de campo e enrolamentos.

Armadura. Em um gerador CA, o induzido é estacionário e sofre a ação do campo giratório produzido pelo rotor. O elemento móvel que sofre a ação do campo magnético em um relé também é chamado de induzido. Em um gerador CC ou motor, o membro girante.

Atenuação. Redução na intensidade do fluxo de corrente ou de outro tipo de sinal em um sistema eletrônico.

Átomo. A menor partícula possível de um elemento.

Atuador. Um dispositivo hidráulico, elétrico ou pneumático usado para operar um mecanismo por controle remoto.

Audiofrequência (adjetivo: AF). Frequência na faixa audível, de 35 a 20.000 Hz.

Autoindutância. A propriedade de um único condutor ou bobina que faz com que ele induza uma tensão em si mesmo sempre que há uma mudança no fluxo de corrente.

Aviônica. Termo genérico para equipamentos eletrônicos de aeronaves. Contração de *eletrônica da aviação*.

Avionics full-duplex switched Ethernet (AFDX). Uma especificação de barramento de dados proprietária da Airbus Industries semelhante à ARINC 664.

Azimute. Distância angular medida sobre um círculo horizontal em uma direção horária do norte ou do sul.

Banda. Uma faixa de frequências.

Banda lateral. A banda de frequências em cada lado da frequência portadora produzida pela modulação.

Barra de terminais. Barra isolada com postos de terminais para oferecer um ponto de junção conveniente para um grupo de circuitos separados.

Barramento de comunicação padrão de aviônica (ASCB). Um barramento de transferência de dados digitais usado para transmitir dados seriais.

Barramento de dados. O link de comunicação entre dois ou mais sistemas ou subsistemas de computadores.

Base. O terminal de um transistor ao qual a corrente de controle é aplicada.

Bateria. Um grupo de células voltaicas conectadas em série para produzir a capacidade desejada de tensão e corrente. As baterias típicas utilizam pilhas primárias, pilhas secundárias e células fotovoltaicas.

Bateria de chumbo-ácido regulada por válvula (VRLA). Bateria de chumbo-ácido secundária recarregável mais conhecida pelo nome de *bateria lacrada*, encontrada em muitas aeronaves modernas; duas categorias comuns são a bateria de *manta com vidro absorvente* (AGM) e a baterria de *gel* (célula de gel).

Bit. Usado para indicar um número no sistema binário (1 ou 0).

Bit de paridade. Bit específico designado em uma especificação de dados digitais que é usado para verificar erros na transmissão de dados.

Bit mais significativo. Em uma série numérica de bits (1s e 0s), o bit mais à esquerda tem a maior significância.

Bit menos significativo. Em uma série numérica de bits (1s e 0s), o bit mais à direita tem a menor significância.

BITE. Equipamento de teste integrado projetado para monitorar e testar sistemas de aeronaves.

Blindagem. Coberturas de metal colocadas em torno de dispositivos elétricos e eletrônicos para prevenir a interferência de campos eletrostáticos e eletromagnéticos externos.

Bobina. Uma ou mais espiras de um condutor projetado para uso em um circuito para produzir indutância ou um campo eletromagnético.

Bobina de autoindução. Uma bobina de indutância projetada para fornecer alta reatância a determinadas frequências, geralmente usada para bloquear ou reduzir correntes nessas frequências.

Bobina de campo. Um enrolamento ou bobina usado para produzir um campo magnético.

Bobina de indutância. Bobina projetada para introduzir indutância em um circuito.

Bobina secundária. O enrolamento de saída de um transformador.

Bus bar. Um ponto de distribuição de potência ao qual um certo número de circuitos pode ser conectado. Muitas vezes, composto de uma tira metálica na qual um certo número de terminais é instalado.

Bússola. Dispositivo usado para determinar a direção sobre a superfície da terra. A bússola magnética utiliza o campo magnético da terra para estabelecer a direção.

Byte. Um grupo de dígitos binários manuseado como uma unidade ou palavra.

Cabo. Grupo de condutores elétricos isolados, geralmente coberto com borracha ou plástico para formar uma linha de transmissão flexível.

Cabo coaxial. Um par de condutores concêntricos. O condutor interno é apoiado pelo isolamento que o mantém no centro do condutor externo. Normalmente, o cabo coaxial é usado para conduzir correntes de alta frequência.

Caixa de junção. Invólucro usado para armazenar e proteger barras de terminais e outros componentes de circuitos.

Caixa preta. Gíria usada para se referir a um componente elétrico complexo ou unidade substituível durante a escala (LRU).

Camada física. O hardware, incluindo o barramento de dados, conector, chaves e circuitos LRU, em um sistema de barramento de dados do tipo Ethernet.

Campo. Espaço onde as linhas de força elétricas ou magnéticas existem.

Campo de alta intensidade de irradiação (HIRF). Forma de energia eletromagnética que pode causar a falha de sistemas eletrônicos sensíveis.

Campo eletrostático. O campo de força elétrica que existe na área em torno e entre quaisquer dois corpos com cargas opostas.

Campo magnético. Espaço onde linhas de força magnéticas existem.

Canhão de elétrons. A combinação de um cátodo emissor de elétrons com ânodos em aceleração e eletrodos formadores de feixes para produzir o feixe de elétrons em um CRT.

Capacidade. A corrente disponível total de uma bateria ou célula. Em geral, medida em ampère-horas para acumuladores de aeronaves.

Capacitância (C). A propriedade que permite que dois condutores adjacentes, separados por uma mídia isolante, armazenem uma carga elétrica. A unidade de capacitância é o farad.

Capacitor. Dispositivo composto de placas condutoras separadas por um dielétrico e usado para introduzir capacitância em um circuito.

Cardã. Mecanismo composto de um par de anéis, com articulado dentro do outro, sendo o anel externo apoiado por eixos a 90° em relação aos eixos do anel interno. O cardão costuma ser usado para apoiar um giroscópio de massa rotatória.

Carga. Uma quantidade de eletricidade. Uma carga é negativa quando é composta de um número de elétrons maior do que o número normalmente mantido pelo material quando está em condição neutra. A carga é positiva quando há uma deficiência de elétrons.

Cátodo. (1) O eletrodo negativo de uma bateria; (2) o terminal negativo de um diodo.

Cavalo-vapor (HP). Unidade comum de potência mecânica. A taxa de trabalho por tempo que ergue 550 lb a uma distância vertical de 1 ft em 1 s; também, 33.000 ft · lb/min. Um cavalo-vapor é igual a 746 W de potência elétrica.

Célula de chumbo-ácido. Pilha secundária que produz tensão usando um eletrólito acídico e eletrodos de composto de chumbo.

Célula. Combinação de dois eletrodos cercada por um eletrólito para fins de produzir tensão.

Célula de níquel-cádmio. Pilha secundária ou primária que produz tensão usando um composto de níquel para o eletrodo positivo e um composto de cádmio para o eletrodo negativo.

Chave. Dispositivo para abrir e fechar um circuito elétrico.

Chave de fim de curso. Chave projetada para interromper um atuador no limite de seu movimento.

Chave mestra. Chave projetada para controlar toda a potência elétrica para todos os circuitos em um sistema.

Chicote. Conjunto de fios, normalmente distribuídos entre diversas seções de uma aeronave.

Ciclo. Uma sequência de eventos completa em uma série recorrente de períodos semelhantes.

Circuito. Condutores conectados uns aos outros para fornecer um ou mais caminhos elétricos completos.

Circuito aberto. Circuito com uma desconexão indesejada, resistência infinita.

Circuito de controle. Qualquer um de diversos circuitos projetados para exercer controle sobre um dispositivo operacional pela realização de operações de contagem, tempo, acionamento de chave e de outras naturezas.

Circuito de diferenciação. Circuito que produz uma tensão de saída proporcional à taxa de mudança da entrada.

Circuito em paralelo. Circuito no qual há dois ou mais caminhos para a corrente conectada aos mesmos dois terminais de potência.

Circuito em série. Um circuito no qual a corrente flui em todos os elementos do circuito através de um único caminho.

Circuito equalizador. Circuito em um sistema de regulador de tensão de múltiplos geradores que tende a equalizar a saída de corrente dos geradores ao controlar as correntes de campo de diversos geradores.

Circuito integrado (CI). Circuito em microminiatura incorporado em um chip minúsculo de material semicondutor por tecnologia de estado sólidos. Diversos elementos de circuito, como transistores, diodos, resistores e capacitores, são integrados ao chip semicondutor por meio de fotografia, gravura e difusão.

Circuito LC. Rede de circuitos que contém indutância e capacitância.

Circuito lógico. Circuito projetado para operar de acordo com as leis fundamentais da lógica.

Circuito RC. Circuito que contém resistência e capacitância.

Circuito tanque. Circuito ressonante em paralelo que inclui uma indutância e uma capacitância.

Circular mil (cmil). A área transversal de um círculo com diâmetro de 1 mil (0,001 in.). O circular mil é usado para indicar a bitola de um fio elétrico.

Codificação binária decimal (BCD). Sistema de numeração no qual quatro bits binários são usados para representar um número decimal.

Código de cores. Sistema de cores usado para indicar valores de componentes ou para identificar fios e terminais.

Coletor. A seção de um transistor que transporta a corrente controlada.

Composto. Combinação química de dois ou mais elementos diferentes.

Comprimento de onda (λ). A distância entre pontos de fase idêntica em uma onda de rádio. A equação para o comprimento de onda é λ (lambda) = 300.000.000 /f, onde λ é o comprimento de onda em metros e f é a frequência em hertz.

Comutador. Dispositivo de contato giratório na armadura de um gerador CC ou motor; na prática, ele transforma a corrente CA que flui nos enrolamentos da armadura em uma corrente CC no circuito externo.

Conduíte. Capa tubular metálica através da qual correm condutores isolados. O conduíte oferece proteção mecânica e elétrica ou magnética para os condutores.

Condutância. O inverso da resistência.

Condutor. Material através do qual uma corrente elétrica passa com facilidade.

Conector D-sub. Conectores que contêm duas ou mais filas paralelas de pinos ou soquetes, cercadas por uma carcaça metálica em formato de D.

Conexão delta. Método de conectar três componentes para formar um circuito de três ramos, em geral, desenhado como um triângulo, o que explica o termo *delta*. Delta (D) é a letra grega que corresponde a D no alfabeto latino.

Constante dielétrica. Uma medida da eficácia de um dielétrico para a manutenção de uma carga em um capacitor. O ar recebe uma constante dielétrica de 1 e a mica tem uma constante dielétrica de 5,8; assim, um capacitor que use mica como dielétrico tem 5,8 vezes a capacitância de um capacitor semelhante que tem dielétrico de ar.

Constante temporal RC. O tempo necessário para carregar um capacitor a 63,2% de seu estado de carga plena através de uma determinada resistência.

Contadores de frequência. Instrumentos usados para determinar (contar) o número de pulsos elétricos (frequência) de uma determinada tensão.

Controle automático de frequência (AFC). Organização de circuito que mantém a frequência do sistema dentro de limites especificados.

Controle de volume automático (AVC). Organização de circuito no qual o componente CC da saída do detector em um receptor de rádio controla a polarização dos tubos de RF, regulando, assim, sua saída de modo a manter um volume razoavelmente constante.

Controle de volume. O circuito em um receptor ou amplificar que varia a intensidade do som.

Corrente. Movimento de eletricidade através de um condutor, ou seja, o fluxo de elétrons através de um condutor.

Corrente alternada (sigla: ca). Uma corrente elétrica que muda de direção periodicamente e muda constantemente de magnitude.

Corrente contínua (sigla: CC). Uma corrente elétrica que flui continuamente em uma direção.

Correntes de Foucault. Correntes induzidas nos núcleos de bobinas, transformadores e armaduras pela mudança dos campos magnéticos associados com sua operação. Essas correntes causam grandes perdas de energia. Por esse motivo, tais núcleos são compostos de laminações isoladas que limitam as trajetórias das correntes.

Cosseno. A razão entre o lado adjacente a um ângulo agudo de um triângulo retângulo e a hipotenusa.

Coulomb (C). O coulomb internacional é uma unidade de carga elétrica composta de aproximadamente $6,28 \times 10^{18}$ elétrons. O coulomb absoluto é ligeiramente maior do que o coulomb internacional; ou seja, 1 coulomb absoluto = 1,000165 coulombs internacionais.

Cristal. Corpo sólido com superfícies planas organizadas simetricamente. Os cristais são utilizados em sistemas eletrônicos como retificadores, semicondutores, transistores e controladores de frequência e para produzir tensões oscilatórias.

Cúpula do radar. Cobertura não metálica usada para proteger o conjunto de antena de um sistema de radar.

Curto-circuito. Um circuito com uma conexão adicional indesejada e resistência zero.

Curva característica. Gráfico que mostra o desempenho de um transistor sob diversas condições operacionais.

Curva ou onda senoidal. Uma representação gráfica de uma onda proporcional em magnitude ao seno de seu deslocamento angular; assim, a onda senoidal é especialmente útil na representação de valores de CA.

Década. Série de quantidades em múltiplos de 10; por exemplo, 10, 100, 1.000, 10.000.

Decibel (dB). Um décimo de um bel.

Deflexão. O movimento de um feixe de elétrons para cima e para baixo ou para os lados em resposta a um campo elétrico ou magnético em um tubo de raios catódicos.

Derivação. Resistor calibrado conectado através de um dispositivo elétrico para contornar uma porção da corrente.

Desacoplamento. O processo de eliminar o acoplamento elétrico ou magnético entre unidades em um sistema eletrônico.

Desmodulação. A recuperação do sinal de AF de uma onda portadora de RF. Também chamada de *detecção*.

Desvanecimento. Redução da intensidade de um sinal de rádio recebido.

Desvio da bússola. O erro em uma bússola magnética devido a construção, instalação ou materiais magnéticos próximos.

Detector. A porção de um circuito eletrônico que demodula, ou detecta, um sinal.

Diac. Um diodo de ruptura de resistência negativa, construído em ambas as formas unidirecional e bidirecional.

Diagrama esquemático. Representação gráfica de um circuito elétrico.

Dielétrico. Um material isolante usado para separar as placas de um capacitor.

Diferença de potencial (PD). A tensão existente entre dois terminais ou dois pontos de potencial diferente.

Digital. Relativo a um circuito elétrico com um número finito de entradas e saídas possíveis.

Dígito mais significativo. Em uma série numérica de dígitos, o dígito mais à esquerda tem a maior significância.

Dígito menos significativo. Em uma série numérica de dígitos, o dígito mais à direita tem a menor significância.

Dinamômetro. Tipo de instrumento de medição elétrica que envolve uma reação entre um campo magnético e forças eletromagnéticas.

Diodo. Dispositivo semicondutor com apenas um cátodo e um ânodo; usado como retificador e como detector.

Diodo de cristal. Diodo construído a partir de um material semicondutor cristalino, como silício ou germânio.

Diodo emissor de luz (LED). Semicondutor que utiliza um material emissor de luz, como fosfeto de gálio. O material emite luz quando uma corrente elétrica o atravessa em uma determinada direção. Os LEDs são muito utilizados em displays digitais.

Diodo Schottky. Diodo de alta velocidade especializado para operar com queda de tensão direta mais baixa. Devido a suas altas velocidades de comutação, os diodos Schottky são usados em circuitos de alta velocidade e dispositivos de radiofrequência (RF), como suprimentos de energia de modo comutado, misturadores e detectores.

Diodo zener. Diodo que pode conduzir no modo de polarização em sentido inverso em uma tensão precisamente definida. Isso permite que o diodo seja usado como referência de tensão de precisão. O diodo zener se tornou uma peça central em praticamente todos os circuitos de controle de tensão modernos ou reguladores de tensão de estado sólido.

Discriminador. Circuito cuja magnitude e polaridade de saída são determinadas pelas variações da frequência ou fase de entrada.

Disjuntor. Dispositivo que abre um circuito automaticamente se o fluxo de corrente aumenta além de um limite estabelecido.

Dissipador de calor. Superfície metálica projetada para dissipar o calor de componentes eletrônicos.

Distância de salto. A distância de um transmissor até o ponto onde a onda celeste refletida atinge a terra pela primeira vez.

Distorção. Mudança indesejada na forma de onda da saída de um circuito em comparação com a forma de onda da entrada.

Divisor de tensão. Um conjunto de resistências organizadas com conexões (condutores) para permitir a remoção de tensões acima de qualquer nível desejado. Muitas vezes se utiliza um potenciômetro como divisor de tensão variável.

Doador. Impureza usada em um semicondutor para fornecer elétrons livres como portadores de corrente. Um semicondutor com uma impureza doadora é do tipo *n*.

Downlink. A trajetória de radiotransmissão descendente da aeronave para a terra.

Duplexador. Circuito que possibilita o uso da mesma antena para transmissão e recepção sem permitir que a potência excedente flua para o receptor.

Efeito de volante. A característica de um circuito *LC* em paralelo que permite um fluxo contínuo de corrente, apesar de apenas pequenos pulsos de energia serem aplicados ao circuito.

Efeito Doppler. O efeito notado quando nos aproximamos ou afastamos da fonte de propagação de uma onda sonora ou eletromagnética. Aproximar-se da fonte leva à recepção de sons ou sinais de frequência mais alta do que a fonte está emitindo, enquanto afastar-se da fonte leva à recepção de um som ou sinal de mais baixa frequência.

Efeito pelicular. A tendência de correntes alternadas de HF de fluírem na porção externa de um condutor.

Efeito piezelétrico. A propriedade de certos cristais que os permite gerar uma tensão eletrostática entre faces opostas quando sujeitados a pressão mecânica. Por outro lado, o cristal se expande ou contrai caso seja sujeito a um potencial elétrico intenso.

Elemento. Qualquer substância que não pode ser transformada em outra que não por desintegração nuclear. Há mais de 100 elementos conhecidos.

Eletreto. Corpo dielétrico no qual foi criado um estado permanente de polarização elétrica. Também o material do qual um eletreto é composto.

Eletricidade. Em termos gerais, podemos dizer que a eletricidade é composta de cargas positivas ou negativas, em repouso ou em movimento.

Eletricidade estática. Cargas elétricas que estão em repouso.

Eletrodo. Elemento terminal em um dispositivo ou circuito elétrico. Alguns eletrodos típicos incluem as placas em um acumulador, os elementos em uma válvula eletrônica e as barras de carbono em uma lâmpada a arco voltaico.

Eletroímã. Ímã formado quando um núcleo de ferro é colocado em uma bobina portadora de corrente.

Eletrólise. O processo de decomposição de um composto químico por meio de uma corrente elétrica.

Eletrólito. Qualquer solução que conduz uma corrente elétrica.

Eletromagnetismo. O magnetismo produzido pelo fluxo da corrente elétrica.

Elétron. Uma partícula não nuclear de carga negativa que orbita em torno do núcleo de um átomo. Em termos gerais, o elétron pode ser considerado o portador da corrente elétrica através de um condutor. Um elétron em repouso tem massa de $9,107 \times 10^{-28}$ g e carga de $1,6 \times 10^{-19}$ C.

Elétrons livres. Os elétrons são fracamente ligados às camadas externas de alguns átomos, permitindo que se movam de um átomo para outro quando uma FEM é aplicada ao material.

Embreagem. Dispositivo mecânico usado para conectar ou desconectar um motor ou outra unidade motriz e a unidade movida.

Emissão eletrônica. A libertação de elétrons da superfície de um material, geralmente produzida por calor.

Emissor. Seção de um transistor que transporta corrente dos circuitos de base e coletores.

Energia cinética. A energia que um corpo possui por consequência de seu movimento. Ela é igual a $1/2\ MV^2$, onde *M* é a massa e *V* é a velocidade.

Enrolamento composto. Combinação de enrolamentos em série e paralelo ou em derivação para fornecer um campo magnético para um gerador ou motor.

Enrolamento primário. O enrolamento de entrada de um transformador.

Envasamento. O processo de encapsular componentes e fios elétricos em um plástico ou material semelhante.

Escova. Dispositivo projetado para fornecer contato elétrico entre um condutor estacionário e um elemento giratório.

ESDS (sensível a descarga eletrostática). Componentes que são sensíveis a danos por cargas elétricas estáticas.

Estabilizador. Circuito projetado para estabilizar o fluxo de corrente em um dispositivo ou equipamento.

Estado sólido. Adjetivo usado para descrever dispositivos elétricos que utilizam materiais sólidos, como silício ou germânio, para controlar o fluxo de corrente.

Estator. O enrolamento estacionário de uma máquina giratória ca.

Excitação. A aplicação da corrente elétrica aos enrolamentos de campo de um gerador para produzir um campo magnético.

Farad (F). A unidade de capacitância; a capacitância de um capacitor que armazenará 1 C de eletricidade quando 1 V de FEM for aplicada.

Fator de carga. A razão entre a carga média e a maior carga.

Fator de potência. Em circuitos ca, a razão entre a potência real e a potência aparente. Também um multiplicador igual ao cosseno do ângulo de fase (θ) entre a corrente e a tensão.

Fator Q. A "figura de mérito" ou "qualidade" de uma bobina ou indutor. A equação para o *Q* de uma bobina é $Q = X_L/R = 2\pi L/R$.

Fidelidade. O grau de semelhança entre as formas de onda de entrada e de saída de um circuito eletrônico.

Filamento. O elemento aquecido em uma lâmpada elétrica.

Filtro. Circuito organizado de modo a passar determinadas frequências enquanto atenua todas as outras. Um filtro passa-altas passa frequências altas e atenua frequências baixas; um filtro passa-baixas passa frequências baixas e atenua frequências altas.

Filtro corta-bandas. Circuito projetado para rejeitar uma determinada banda de frequências e atenuar todas as frequências fora dessa banda.

Filtro passa-altas. Filtro *LC* projetado para passar altas frequências e bloquear baixas frequências.

Filtro passa-baixas. Circuito de filtro projetado para passar sinais de baixa frequência e atenuar sinais de alta frequência.

Filtro passa-bandas. Circuito de filtro que passa frequências dentro de uma banda específica e atenua frequências fora da banda.

Flutuação. Pequena variação periódica no nível de tensão de um suprimento de energia CC.

Fluxo. Linhas de força eletrostáticas ou magnéticas.

Força contraeletromotriz (FCEM). Uma tensão desenvolvida na armadura de um motor que se opõe à FEM aplicada. O mesmo princípio aplicado a qualquer indutor através do qual uma corrente alternada está fluindo.

Força eletromotriz (FEM). A energia que faz com que a corrente se mova através de um condutor. A unidade de medida da FEM é o volt; assim, a FEM muitas vezes é chamada de *voltagem (tensão elétrica)*.

Fotodiodo. Um semicondutor que se torna condutivo ou produz tensão quando exposto à luz.

Fotolitografia. Processo usado para imprimir circuitos sobre pastilhas de silício, que por sua vez são montadas em circuitos integrados (CIs).

Frequência. O número de ciclos completos de um processo periódico por segundo. Na eletricidade, a unidade de frequência é o hertz.

Frequência de imagem. Frequência produzida pela ação heteródina de um oscilador em um receptor super-heteródino. A frequência de imagem é produzida quando um sinal indesejado se mistura com a frequência do oscilador; a frequência do sinal indesejado é tal que é produzida uma frequência de diferença (a frequência da imagem) igual à frequência intermediária do receptor.

Frequência muito alta (VHF). Uma frequência entre 30 e 300 MHz.

Frequência muito baixa (VLF). Uma frequência entre 3 e 30 kHz.

Frequência ultra alta (UHF). Uma radiofrequência entre 300 e 3000 MHz.

Fusível. Haste de metal que derrete quando superaquecida por um excesso de corrente; usado para romper um circuito elétrico sempre que a carga se torna excessiva.

Ganho. O aumento na potência do sinal em um circuito.

Gauss (G). A unidade de densidade de fluxo magnético igual a 1 Mx (linha de força) por centímetro quadrado.

Gerador. Máquina giratória projetada para produzir um determinado tipo e quantidade de tensão e corrente.

Gerador de pulso. Circuito eletrônico projetado para produzir pulsos rápidos e fortes de tensão.

Gerador de sinal. Unidade de teste projetada para produzir sinais elétricos de referência que podem ser aplicados a circuitos eletrônicos para fins de teste.

Giro direcional. Um instrumento indicador de direção que utiliza um giroscópio para manter o elemento móvel em uma posição fixa em relação a uma referência direcional.

Giroscópio. Uma roda comparativamente pesada montada sobre um eixo giratório que pode girar livremente em torno de um ou dois eixos perpendiculares um ao outro e ao eixo giratório. O giroscópio é usado para detectar mudanças direcionais e desenvolver sinais para a operação de pilotos automáticos e sistemas de navegação inercial.

Growler. Dispositivo eletromagnético que desenvolve um forte campo alternado pelo qual é possível testar armaduras.

Guia de onda. Tubo metálico oco projetado para transportar energia eletromagnética em frequências extremamente altas.

Guinada. Rotação de uma aeronave em torno de seu eixo vertical; virar para a direita ou para a esquerda.

Harmônica. Múltiplos de uma frequência de base.

Henry (H). A unidade de indutância. É a quantidade de indutância em uma bobina que induzirá uma FEM de 1 V na bobina quando o fluxo da corrente mudar a uma taxa de 1 A/s.

Hertz (Hz). A unidade de frequência. Um hertz é igual a 1 cps.

Heteródino. O processo de misturar duas frequências para produzir frequências de soma e de diferença. O princípio é utilizado em receptores super-heteródinos.

Hexadecimal. Sistema de numeração de base 16 usado para diversas funções computacionais devido à sua capacidade de representar valores de números grandes.

Hidrômetro. Flutuador calibrado usado para determinar o peso específico de um líquido.

Hipotenusa. O lado do triângulo retângulo oposto ao ângulo reto.

Histerese. A capacidade de um material magnético de resistir a mudança em seu estado magnético. Quando uma força magnetomotriz (FMM) é aplicada a tal material, a magnetização tem um retardo em relação à FMM devido à resistência à mudança na orientação das partículas envolvidas.

I/O. Entrada/saída.

ID do link virtual. Identificador digital usado para direcionar todos os pacotes de dados dentro de uma rede de dados do tipo Ethernet.

Ignição. Referente a motores, a introdução de um centelha elétrica em uma câmara de combustão para acionar a mistura combustível-ar.

Ímã. Material sólido que tem a propriedade de atrair substâncias que contêm ferro.

Impedância (Z). O efeito combinado da resistência, reatância capacitiva e reatância indutiva em um circuito ca. Z é medido em ohms.

Indicador automático de direção (ADF). Receptor de rádio que utiliza uma antena de quadro direcional que permite ao receptor indicar a direção da qual o sinal de rádio está sendo recebido; também chamada de *radiobússola*.

Indicador de curva e inclinação. Instrumento operado por giroscópio projetado para mostrar ao piloto de um avião a taxa de curva. Também possui um tubo curvo que contém uma bola para mostrar se o avião está com a inclinação correta.

Indicador de posição no plano (PPI). Componente do sistema de radar para apresentar uma representação cartográfica da área de busca na tela de um CRT.

Indicador de situação horizontal (HSI). Instrumento de voo que fornece ao piloto informações sobre rumo, rota, desvio da trajetória de descida e desvio de rota, assim como outros dados referentes à posição da aeronave.

Indução eletromagnética. A transferência de energia elétrica de um condutor para o outro por meio de um campo eletromagnético em movimento. Uma tensão é produzida em um condutor à medida que as linhas de força magnéticas cortam ou se ligam com o condutor. O valor da tensão produzida pela indução eletromagnética é proporcional ao número de linhas de força cortadas por segundo. Quando 100.000.000 linhas de força são cortadas por segundo, é induzida uma FEM de 1 V.

Indutância (L). A capacidade de uma bobina ou condutor de se opor a uma mudança no fluxo de corrente (*ver* **Henry**).

Indutância mútua. A indutância de uma tensão em uma bobina devida ao campo produzido por uma bobina adjacente. O acoplamento indutivo é possível pela indutância mútua de duas bobinas adjacentes.

Indutor. Uma bobina de indutância.

Inércia. A tendência de uma massa de permanecer em repouso ou continuar em movimento na mesma direção.

Interfone. Sistema de comunicação usado pela tripulação de voo e pelos membros da tripulação de solo.

Inversor de fase. Circuito eletrônico cuja saída é 180° fora de fase com a entrada.

Inversor. Dispositivo mecânico ou eletrônico que converte a corrente contínua em corrente alternada. Também um circuito ou elemento de circuito digital binário com uma entrada e uma saída. O estado de saída é sempre o inverso (oposto) do estado de entrada.

Íon. Um átomo ou molécula que perdeu um ou mais elétrons (íon positivo) ou que tem um ou mais elétrons adicionais (íon negativo).

Ionização. O processo de criar íons por meios químicos ou elétricos.

Isolador. Material que não conduz corrente em um nível significativo.

JFET. *Transistor de junção de efeito de campo.* Semicondutor que altera o fluxo de corrente como função da tensão aplicada à conexão de porta.

Joule (J). Unidade de energia elétrica ou trabalho equivalente ao trabalho realizado para manter uma corrente de 1 A contra uma resistência de 1 Ω por 1 s; 1 J = 0,737 32 ft · lb.

Largura de banda. A diferença entre as frequências máxima e mínima em uma banda.

LASCR. Um SCR que é ativado por luz.

Lei de Lenz. Lei descoberta por H. F. E. Lenz em 1833 segundo a qual o efeito de uma corrente induzida em um condutor ocorre sempre em uma direção tal que seu campo se opõe à mudança no campo que causa a corrente induzida.

Lei de Ohm. Lei do fluxo de corrente descoberta por Georg S. Ohm, segundo a qual um volt de pressão elétrica é necessário para forçar 1 A de corrente através de 1 Ω de resistência; também que a corrente em um circuito é diretamente proporcional à tensão e inversamente proporcional à resistência. A equação para a lei de Ohm pode ser expressa como $I = E/R$, $R = E/I$ ou $E = IR$.

Ligação. A conexão de estruturas metálicas com condutores elétricos, estabelecendo, assim, um potencial elétrico uniforme entre todas as peças ligadas.

Ligação de barramento. Solenoide utilizado para conectar dois barramentos de dados.

Limitador de corrente. Dispositivo instalado em um circuito para impedir que a corrente aumente além de um determinado limite.

Linha de transmissão. Condutor para ondas de rádio, geralmente usado para conduzir energia de RF da saída de um transmissor para a antena.

Link virtual. A capacidade de uma chave inteligente de tomar decisões de roteamento de dados em um sistema de barramento de dados do tipo Ethernet.

Lista de equipamentos mínimos (MEL). Lista detalhada de todos os equipamentos necessários e sob quais condições específicas a aeronave pode ser despachada.

Localizador. A seção de um ILS que produz o feixe de referência direcional.

Loop. Um circuito de controle composto de um sensor, um controlador, um atuador, uma unidade controlada e um seguimento ou realimentação para o sensor; também qualquer circuito eletrônico fechado que inclui um sinal de realimentação comparado com o sinal de referência para manter a condição desejada.

Luz estroboscópica. Uma luz piscante de alta intensidade criada por uma alta tensão descarregada em um tubo de flash gasoso.

Magnetismo residual. O magnetismo que permanece em um eletroímã desenergizado.

Magneto. Tipo especial de gerador elétrico que possui um ou mais ímãs permanentes para criar o campo.

Magnetômetro. Bússola eletrônica, muitas vezes chamada de bússola remota, contendo uma unidade eletrônica que mede o fluxo magnético da terra.

Magnétron. Válvula eletrônica especial para uso em sistemas de micro-ondas. Ele usa campos magnéticos e elétricos fortes e cavidades sintonizadas para produzir amplificação de micro-ondas.

Matéria. Aquilo que tem substância e ocupa espaço, material.

Materiais ferromagnéticos. Materiais magnéticos compostos principalmente de ferro.

Maxwell (Mx). Unidade de fluxo magnético; uma linha de força magnética.

Medidor de distância (DME). Sistema eletrônico usado com equipamentos de radionavegação para oferecer uma indicação da distância até um ponto específico.

Medidor de fio quente. Instrumento elétrico para medir uma corrente alternada. O fio é aquecido pelo fluxo de corrente e sua expansão é então usada para provocar o movimento do ponteiro indicador.

Mega. Prefixo que significa *um milhão*; por exemplo, megahertz, megohm.

Mho. Unidade de condutância, a inversa do ohm.

Micro-onda. Uma onda eletromagnética com comprimento de menos de 10 m; ou seja, cuja frequência é de 30 MHz ou mais.

Microchave. Chave sob ação de mola que exige pouquíssima força para desligar os contatos da chave.

Microfarad (μF). Um milionésimo de um farad.

Microfone. Dispositivo para converter ondas sonoras em impulsos elétricos.

Microprocessador. (1) Circuito integrado (CI) que pode ser programado para realizar diversas funções desejadas. O circuito contém uma unidade lógica-aritmética, um controlador, alguns registros e possivelmente outros elementos. (2) Um circuito digital complexo que realiza tarefas específicas, semelhante a um computador em miniatura.

microssegundo (µs). Um milionésimo de segundo.

Mil. Um milésimo de polegada.

Mil quadrado (mil^2). Área equivalente a um quadrado com lados de 1 mil (0,001 polegada) de comprimento.

Milha radar. O tempo necessário para que um pulso de radar percorra a distância de 1nmi e volte até o receptor do radar; aproximadamente 12,4 µs.

Mili. Prefixo que significa *um milésimo;* por exemplo, miliamperímetro, miliampère, milihenry.

Misturador. Circuito no qual duas frequências são combinadas para produzir frequências de soma e diferença (*ver também* **Heteródino** e **Oscilador de frequência de batimento**).

Modo A. Um transponder aéreo que fornece uma resposta de código 4096 (não altitude) selecionada pelo piloto quando interrogado por um radar secundário de vigilância (SSR) ou um TCAS.

Modo C. Um transponder aéreo que fornece uma resposta que inclui informações sobre a altitude da aeronave quando interrogado por um SSR ou um TCAS.

Modo S. Um transponder aéreo que responde a interrogações de endereço da aeronave discretas, interrogações de modo A e C de estações de SSR terrestres e aeronaves equipadas com TCAS em voo.

Modulação. Formatação de um sinal de informação através de uma onda portadora.

Modulação (keying). O processo de modular uma onda portadora contínua com um circuito de chave para criar interrupções na portadora na forma de pontos e traços para a transmissão de códigos.

Modulação cruzada. A modulação de um sinal X por um sinal Y, resultando em dois sinais na saída. Normalmente, o sinal Y é um sinal inadequado ao sistema.

Modulação de amplitude (AM). Modulação de uma onda portadora no qual o sinal modulador muda a amplitude da onda em proporção à intensidade do sinal modulador.

Modulação de frequência (FM). Modulação de uma onda portadora pelo uso de mudanças na frequência portadora proporcionais à amplitude do sinal modulador.

Modulador. A porção de um circuito transmissor que modula a onda portadora.

Molécula. A menor partícula de uma substância que pode existir em estado livre e manter suas propriedades químicas.

Monitor lógico. Instrumento usado para medir os níveis lógicos (1 ou 0) de um circuito integrado.

MOSFET. Transistor de efeito de campo metal-óxido semicondutor.

Motor de campo dividido. Motor que contém dois enrolamentos de campo separados: um para rotação em sentido horário, outro para rotação em sentido anti-horário.

Motor de fase dividida. Motor CA que utiliza um indutor ou capacitor para deslocar a fase da corrente em um de dois enrolamentos de campo, fazendo com que o campo resultante tenha um efeito relacional.

Motor de indução. Motor CA no qual o campo giratório produzido pelo estator induz uma corrente e um campo oposto no rotor. A reação dos campos cria a força de rotação.

Motor de partida. Unidade normalmente usada em motores de turbina para fornecer o torque de partida e gerar potência elétrica.

Motor elétrico. Dispositivo giratório para converter energia elétrica em energia mecânica.

Motor síncrono. Motor CA cujo rotor é sincronizado com o campo giratório produzido pelo estator. A velocidade de rotação sempre acompanha a frequência da corrente alternada aplicada.

Movimento de d'Arsonval. Um movimento de medidor composto de uma bobina móvel suspensa sobre pivôs entre os polos de um ímã permanente.

Multímetro. Instrumento combinado projetado para medir diversas quantidades elétricas.

Multiplicador de frequência. Circuito projetado para dobrar, triplicar ou quadruplicar a frequência de um sinal por conversão harmônica.

Multivibrador. Tipo especial de circuito oscilador de relaxamento projetado para produzir sinais não lineares, como ondas quadradas e ondas dente de serra.

Navegação inercial. A navegação de um míssil ou avião por meio de um dispositivo que sente mudanças na direção ou aceleração e corrige automaticamente os desvios em relação à rota planejada.

Nêutron. Partícula neutra encontrada no núcleo do átomo.

Norma Recomendada número 232 (RS-232). Norma de barramento de dados desenvolvida como interface comum entre diversas unidades de um sistema de computação pessoal padrão e adaptada para uso em aeronaves.

Notação hexadecimal. Número de base 16 representado por um grupo binário de quatro bits, muitas vezes chamado simplesmente de Hex ou Hexadecimal.

Notação octal. Sistema de numeração no qual grupos de três bits são usados para representar um número octal específico.

Nulo. Um ponto zero ou baixo indicado em um sinal de rádio.

Número de Mach. A razão entre a velocidade real e a velocidade do som. Um objeto que se move à velocidade do som tem número de Mach de 1.

O avião "mais elétrico". Conceito de projeto que incorpora mais sistemas elétricos para reduzir o número de sistemas hidráulicos, pneumáticos e mecânicos de outra natureza em aeronaves modernas.

Ohm (W). A unidade de resistência que limita a corrente a 1 A quando uma FEM de 1 V é aplicada.

Ohmímetro. Instrumento de medição elétrico projetado para medir a resistência em ohms.

Onda celeste. A porção de uma frequência de onda de rádio transmitida em uma trajetória direta ou refletida pela ionosfera.

Onda contínua (CW). Uma onda portadora de RF cujas oscilações sucessivas são idênticas em magnitude ou frequência.

Onda dente de serra. O produto de um oscilador de relaxamento, subindo lentamente e então caindo rapidamente para zero, gerando formas de onda que lembram os dentes de uma serra.

Onda espacial. A porção de uma frequência de onda de rádio capaz de atravessar a ionosfera.

Onda portadora. Uma onda eletromagnética de radiofrequência usada para transmitir sinal útil imposto a ela por modulação.

Onda quadrada. Onda elétrica com forma quadrada.

Onda terrestre. A porção de uma frequência de onda de rádio que viaja até o receptor ao longo da superfície da terra.

Ondas estacionárias. Ondas que ocorrem sobre uma antena ou linha de transmissão devido a duas ondas idênticas em amplitude e frequência propagarem em direções opostas ao longo do condutor.

Optoeletrônica. Sistemas eletrônicos que utilizam dispositivos emissores de luz e fotossensíveis, como os diodos emissores de luz (LEDs) e fototransistores, para controle e operação.

Órbita de valência. A órbita (camada) mais externa de um átomo.

Orientação. O controle de uma espaçonave ou aeronave em voo.

Oscilador. Circuito eletrônico que produz correntes alternadas com frequências determinadas pela indutância e capacitância no circuito.

Oscilador de relaxamento. Circuito oscilador no qual um circuito RC determina a frequência da oscilação. O produto é onda dente de serra ou retangular.

Oscilador local. A seção do oscilador interno de um circuito super-heteródino.

Osciloscópio. Dispositivo eletrônico que utiliza um CRT para observar sinais elétricos.

Padrões de barramento de dados. Conjunto de regras usado para descrever o software e o hardware de um sistema de transferência de dados digitais.

Palavra. Uma categoria de dados digitais.

Perda no cobre. A energia perdida através de calor devido à resistência do fio em um motor elétrico.

Perda por corona. Perda de potência devido à ionização do gás adjacente a um condutor de alto potencial.

Periférico. Dispositivo usado para enviar ou receber informações para ou de um computador.

Permeabilidade (μ). A propriedade de uma substância magnética de determinar a densidade de fluxo produzida na substância por um campo magnético de uma determinada intensidade. A equação é $\mu = B/H$, onde B é a densidade de fluxo em gauss e H é a intensidade do campo em oersteds. A permeabilidade do ar é 1.

Picofarad (pF). Um trilionésimo de farad, ou um milionésimo de microfarad.

Pilha primária. Célula voltaica cuja ação química destrói parte dos elementos ativos na célula, tornando, assim, impossível ou impraticável recarregar a célula.

Pilha secundária. Célula voltaica eletrolítica capaz de ser carregadas e descarregadas repetidamente.

Piloto automático. Sistema instalado em um avião ou míssil que sente derivações na trajetória de voo e move a superfície de controle para manter a trajetória de voo selecionada.

Placa. Rótulo colocado sobre ou próximo a um componente de aeronave, contendo as informações necessárias para a segurança do voo.

Polaridade. (1) A natureza da carga elétrica em cada um de dois terminais entre os quais há uma diferença de potencial; (2) a diferença na natureza do efeito magnético demonstrado pelos dois polos de um ímã.

Polarização. Tensão aplicada ao elemento de controle de um transistor para estabelecer o ponto de operação correto.

Polarização direta. Tensão aplicada a um semicondutor que cria uma baixa resistência dentro de tal semicondutor.

Polarização inversa. Tensão aplicada a um semicondutor que cria uma alta resistência dentro de tal semicondutor.

Polo norte. O polo de um ímã que indica o norte.

Polos auxiliares. Pequenos polos magnéticos inseridos entre os polos do campo principal de um gerador ou motor em série com o circuito de carga para compensar o efeito da reação da armadura.

Ponte. Um condutor curto, geralmente usado para criar uma conexão temporária entre dois terminais.

Ponto de corte. O ponto no qual uma operação para, pois uma condição de corte foi alcançada.

Porta de fluxo. Dispositivo de detecção eletromagnético que determina a direção do campo magnético da terra e, assim, produz informações sobre direção magnética para sistemas de navegação.

Porta. Circuito de comutação eletrônico normalmente empregado em dispositivos eletrônicos digitais para produzir as saídas necessárias em resposta a determinadas entradas. As saídas são "ligado" ou "desligado" para produzir os dígitos binários 1 e 0. Também o circuito de controle integrado a diversos dispositivos semicondutores.

Portas lógicas. Circuitos fundamentais usados para manipular elétrons. Em geral, cada circuito integrado ou microprocessador contém diversas portas lógicas.

Potência. A taxa de realização de trabalho (*ver também* **cavalo de força**).

Potência aparente. A potência consumida pela resistência, indutância e capacitância em um circuito ca.

Potência real. A potência consumida pela resistência em um circuito CA.

Potência reativa. A potência consumida pelas reatâncias indutiva e capacitiva em um circuito CA.

Potenciômetro. Um resistor variável muitas vezes usado como divisor de tensão.

Proteção de circuito. A provisão de dispositivos em um circuito elétrico para prevenir o fluxo excessivo de correntes. Tais dispositivos podem ser fusíveis, disjuntores, limitadores de corrente ou relés detectores.

Proteção do invólucro. Programação de software integrada a sistemas de voo automático para garantir que a aeronave nunca exceda os limites operacionais e entre em configurações inseguras, como um estol.

Próton. Partícula de carga positiva encontrada no núcleo do átomo.

Pulso de disparo. Pulso elétrico aplicado a determinados elementos de circuitos elétricos para dar início a uma operação.

Queda de tensão. A queda de pressão elétrica criada por uma corrente que viaja através de uma resistência.

Quilo. Prefixo que significa 1000; por exemplo, quilociclo, quilovolt, quilowatt.

Radar. Equipamento de rádio que utiliza sinais de pulso refletidos para localizar e determinar a distância de qualquer objeto reflexivo dentro de seu alcance. O termo vem de *radio detecting and ranging*, ou "detecção e telemetria pelo rádio".

Rádio farol. Sistema auxiliar de navegação por rádio usado na zona de abordagem de um aeroporto com instrumentos. À medida que o avião cruza sobre o transmissor do rádio farol, o piloto recebe uma indicação exata da distância do avião em relação à pista por meio de uma luz piscante e um sinal sonoro.

Radiofrequência (adjetivo: RF). Frequência acima da faixa audível, geralmente acima de 20.000 Hz.

Reação da armadura. A interação do campo da armadura com o campo principal do gerador ou motor, resultando em distorção do campo principal.

Realimentação. A parte do sinal de saída de um circuito que retorno à entrada. A realimentação positiva ocorre quando o sinal de realimentação está em fase com o sinal de entrada. A realimentação negativa ocorre quando o sinal de realimentação está 180° fora de fase com o sinal de entrada.

Reatância capacitiva. A reação ou efeito real da capacitância em um circuito CA. A equação é $X_C = \frac{1}{2\pi fC}$, onde XC é a reatância capacitiva em ohms, f é a frequência em hertz e C é a capacitância em farads.

Reatância indutiva (X_L). O efeito da indutância em um circuito ca. A equação para a reatância indutiva é $X_L = 2\pi fL$. X_L é medida em ohms.

Regulador de tensão. Circuito que mantém um suprimento de tensão de nível constante apesar de mudanças na carga ou tensão de entrada.

Relé. Dispositivo eletromagnético com núcleo fixo e acoplamento mecânico articulado. Uma chave elétrica operada por um eletroímã.

Relé de corte corrente reversa. Relé incorporado a um circuito gerador para desconectar o gerador da bateria quando a tensão da bateria é maior do que a do gerador.

Relutância. A propriedade de um material que se opõe à passagem de linhas de fluxo magnético através de si.

Reostato. Um resistor variável.

Resistência interna. Prevalente em baterias de níquel-cádmio; uma condição de sobretemperatura criada por uma reação química dentro das células da bateria.

Resistência. Propriedade de um material que tende a limitar, ou restringir, o fluxo de uma corrente elétrica.

Resistor. Elemento de circuito que possui um determinado valor de resistência.

Ressonância. Condição em um circuito *LC* no qual a reatância capacitiva e a reatância indutiva são iguais.

Retificação. A conversão de corrente alternada em corrente contínua por meio de um retificador.

Retificador. Dispositivo que permite que a corrente flua apenas em uma direção.

Retificador controlado de silício (SCR). Retificador de semicondutor controlado por meio de um sinal de porta.

Rolamento. A rotação de um avião ou míssil em torno de seu eixo longitudinal.

Rotor em curto-circuito. Rotor para um motor CA sem escovas.

Rotor. A parte giratória de uma máquina elétrica.

Scope. Contração de *oscilloscope* (osciloscópio). Também usada para designar o CRT usado em radar.

SelCal. Contração de *selective calling* (ligação seletiva), referente a um sistema de sinalização automático usado em aeronaves para avisar o piloto de que o veículo está recebendo uma ligação.

Seletividade. A capacidade de um receptor de rádio de sintonizar os sinais desejados e dessintonizar os sinais indesejados.

Sensibilidade. Medida da capacidade de um receptor de rádio de receber sinais bastante fracos.

Sensor. Unidade de detecção usada para atuar dispositivos produtores de sinal em resposta a mudanças nas condições físicas.

Sensor de proximidade. Componente de estado sólido capaz de detectar a presença de objetos próximos sem qualquer contato físico, muito usado para determinar a posição de componentes móveis, como flapes, portas de compartimentos de carga e trens de pouso.

Sensor de taxa de anel a laser (giroscópio a laser). Sensor de taxa angular de estado sólido que emprega feixes de laser e fotossensores para detectar movimento.

Servomecanismo. Dispositivo atuador que realimenta uma indicação de sua saída ou movimento para a unidade controladora, onde é comparada com a referência na entrada. Qualquer diferença entre entrada e saída é usada para produzir o controle exigido.

Sinal. Corrente elétrica, tensão ou ondas que constituem as entradas e saídas de dispositivos ou circuitos elétricos ou eletrônicos. O sinal pode ser a energia elétrica que transporta informações ou pode ser a informação em si.

Sinal proporcional. Qualquer sinal proporcional a uma taxa de mudança.

Sintonização. O processo de ajustar circuitos à ressonância de uma determinada frequência.

Sistema binário. Sistema de números que utiliza apenas dois símbolos, 0 e 1, e tem 2 como base. No sistema decimal, são usados 10 símbolos e a base é 10.

Sistema de controle de voo automático (AFCS). Sistema de controle de voo que incorpora um piloto automático com sistemas adicionais, como um acoplador VOR, um acoplador de aproximação ILS e um sistema de navegação interna totalmente de automático, de modo que a aeronave pode voar em modo completamente automático.

Sistema de mapeamento meteorológico. Dispositivo usado para detectar as condições climáticas pela medição da quantidade e intensidade das descargas elétricas em uma tempestade.

Sistema de notação octal. Sistema de números composto de um ou mais grupos de dígitos usado para representar um número de base 8.

Sistema de Posicionamento Global (GPS). Sistema de navegação que emprega sinais de transmissão via satélite para determinar a localização de uma aeronave.

Sistema de pouso por instrumentos (ILS). Sistema de comunicação e orientação por rádio projetado para guiar uma aeronave em abordagens, descidas e pousos sob condições de voo por instrumentos.

Sistema de pouso por micro-ondas (MLS). Sistema de pouso por rádio para aeronaves que utiliza frequências de micro-ondas para a transmissão dos sinais de controle e orientação.

Sistema decimal. Sistema numérico que usa 10 símbolos para representar as quantidades de 0 a 9.

Sistema elétrico de barramento segmentado. Sistema de distribuição de potência que contém dois bus bars isolados.

Sistema elétrico em paralelo. Sistema de distribuição de potência no qual todos os geradores operacionais são conectados a uma bus bar.

Sistema trifásico. Sistema elétrico ca composto de três condutores, cada um dos quais conduz uma corrente 120° fora de fase. Os sistemas trifásicos são bastante usados nos sistemas atuadores elétricos e eletrônicos modernos.

Sistemas de referência inercial (IRS). Combinação de giroscópios a laser e acelerômetros usada para medir taxas angulares e acelerações, usada na navegação de aeronaves.

Sistemas terminais. LRUs computadorizados que transmitem/recebem dados em um sistema de barramento de dados do tipo Ethernet.

Solenoide. Dispositivo eletromagnético com um núcleo móvel. Uma chave operada eletricamente.

Sonda lógica. Instrumento usado para medir os níveis lógicos (1 ou 0) de um circuito digital.

Squat switch. Chave ativada pela compressão de um montante do trem de pouso.

Substrato. O material semicondutor sobre o qual regiões difusas e depositadas epitaxialmente são formadas para construir diodos, transistores e dispositivos assemelhados.

Super-heteródino. Receptor de rádio que utiliza o princípio heteródino para produzir uma frequência intermediária (FI).

Suprimento de energia. A parte de um circuito que supre as tensões de placa e filamento para a operação do circuito.

Synchro. Dispositivo para transmitir indicações de posição angular de um ponto a outro.

Taquímetro. Instrumento projetado para indicar o valor de rpm de um dispositivo giratório.

Taxa de giro. É proporcional à taxa de mudança de direção O instrumento utilizado para medir a taxa de giro é o giroscópio.

TCAS. *Sistema anticolisão de tráfego.* Sistema aéreo que interroga transponders de modo A, C e S em aeronaves próximas e usa as respostas para identificar e apresentar ameaças de colisão previstas e potenciais.

Temperatura estática do ar (SAT). A temperatura do ar não perturbado em torno da aeronave.

Temperatura verdadeira do ar (TAT). A temperatura do ar quando este é comprimido pela aeronave em movimento.

Tensão de circuito aberto. A tensão em um circuito com uma carga desconectada (circuito aberto).

Tensão de circuito fechado. A tensão em um sistema com uma carga conectada.

Tensão de pico. O nível máximo da tensão disponível.

Tensão de ruptura. Em um capacitor, a tensão na qual o dielétrico é rompido; em um tubo de gás, o nível de tensão no qual o gás se ioniza e passa a conduzir.

Tensão inversa de pico (PIV). A tensão máxima que pode ser aplicada com segurança a um dispositivo semicondutor na direção inversa ao fluxo normal da corrente.

Terminal. Conexão que se encaixa à ponta de um elemento de circuito.

Termiônico. Descreve uma emissão de elétrons causada por calor.

Termopar. Junção de dois metais dissimilares que gera uma pequena corrente quando exposta ao calor.

Terra. (1) Conexão elétrica com o solo; (2) dispositivo de conexão comum para o lado de potencial zero dos circuitos em um sistema elétrico ou eletrônico; (3) a conexão acidental de um condutor energizado com a terra (um condutor energizado é aquele cujo potencial difere do potencial da terra).

Testador de continuidade. Dispositivo projetado para testar a continuidade elétrica de um condutor ou circuito. Uma bateria e luz, ou alguma outra unidade indicadora, conectada em série ou um ohmímetro pode servir como testador de continuidade.

Tiristor. Um dispositivo semicondutor de quatro camadas (*pnpn*) com dois, três ou quatro terminais externos. O fluxo de corrente através de um tiristor pode ser controlado por uma ou mais portas, pela luz ou por uma tensão aplicada entre os dois terminais principais.

Trajetória de descida. Feixe de rádio direcionado que emana de um transmissor de trajetória de descida localizado próximo à pista de um aeroporto com instrumentos; fornece uma referência para orientar um avião verticalmente até a pista.

Transceptor. Unidade que serve como receptor e como transmissor.

Transdutor. Dispositivo calibrado que mede uma forma de energia e a converte em tensão ou corrente.

Transformador. Dispositivo usado para aumentar ou reduzir a tensão em um circuito CA. Ele liga a energia elétrica entre circuitos por meio de indutância mútua.

Transformador-retificador. Unidade que contém um transformador e um circuito retificador.

Transistor. Dispositivo semicondutor, geralmente composto de um cristal de germânio ou silício, usado para retificar ou ampliar um sinal elétrico.

Transistor de junção. Transistor composto de um único cristal de germânio tipo p ou tipo n entre dois eletrodos do tipo oposto. A camada central é a base e forma junções com o emissor e o coletor.

Transistor de película fina (TFT). Os displays de tela plana modernos são compostos de milhares de cristais líquidos minúsculos, cada um dos quais se conecta em uma chamada matriz ativa. A matriz ativa usa TFTs para ativar/desativar cada LCD no momento apropriado.

Transmissão de velocidade constante (CSD). Unidade usada em conjunto com alternadores CA para produzir uma tensão CA de frequência constante.

Transmissor. Sistema elétrico projetado para produzir ondas portadoras de RF moduladas que serão irradiadas por uma antena; também um dispositivo elétrico usado para coletar informações quantitativas em um ponto e enviá-las eletricamente a um indicador remoto.

Transponder. Receptor-transmissor aéreo projetado para auxiliar a equipe de controle de tráfego aéreo a monitorar a posição de aeronaves durante o voo.

Triac. Tristor que permite operação bilateral. É equivalente a dois retificadores controlados de silício em conexão paralela inversa. É descrito como um tristor de tríodo bidirecional e é controlado por um circuito de porta.

Tubo de raios catódicos (CRT). Tipo especial de válvula eletrônica no qual uma corrente de elétrons de um canhão de elétrons se choca contra uma tela fosforescente, produzindo, assim, um ponto brilhante na tela. O raio de elétrons é desviado elétrica ou magneticamente para produzir padrões na tela.

Tubo de vácuo. Uma válvula eletrônica com um invólucro evacuado.

Unidade de controle do alternador. Regulador de tensão de estado sólido que contém sensores de corrente e de tensão.

Unidade de controle do gerador (GCU). Dispositivo de estado sólido que controla os parâmetros de saída do gerador.

Uplink. A trajetória de radiotransmissão ascendente da terra para a aeronave.

Valor eficaz. Termo usado para indicar o valor de trabalho real de uma corrente alternada com base em seu efeito de aquecimento. Também chamado de *valor quadrático médio (rms)*. Ele é igual a $1\sqrt{2}$ vezes o valor máximo em uma corrente senoidal.

Válvula eletrônica. Dispositivo composto de um invólucro evacuado ou preenchido por gás contendo eletrodos para fins de controlar o fluxo de elétrons. Em geral, os eletrodos são um cátodo (emissor de elétrons), uma placa (ânodo) e uma ou mais grades.

Varredura. A deflexão horizontal do feixe de elétrons em um CRT.

Velocidade. Medida da rapidez de um corpo.

Velocidade angular. Taxa de mudança no tempo de um ângulo girado em torno de um eixo em graus por segundo ou graus por minuto.

Vetor. Quantidade que tem módulo, direção e sentido.

VHF omnidirecional (VOR). Sistema de navegação aérea eletrônica que fornece informações precisas sobre direção em relação a uma determinada estação no solo.

Vídeo. Termo que descreve componentes de circuitos eletrônicos que controlam ou produzem os sinais visuais mostrados em um CRT.

Volt. A unidade de FEM ou tensão.

Volt-ampères. Produto da tensão e da corre em um circuito.

Voltímetro. Um instrumento de medição de tensão.

Watt (W). A unidade de potência elétrica. Em um circuito CC, potência (em watts) = volts × ampères, ou $P(W) = EI$.

Watt-hora (Wh). A unidade comercial de energia elétrica; watt-hora = watts × horas.

Wattímetro. Instrumento para medir a potência elétrica.

Índice

Alternadores, inversores e controles relacionados:
    alternador CA, 255
    alternador CC, 255
    introdução, 255
Amperímetro, 193, 196
    microamperímetro, 197
    miliamperímetros, 197
    resistência em derivação, 196
    shunt de instrumento, 196
Amplificadores, 349
    amplificador classe A, 349
    amplificador classe B, 350
    amplificador classe C, 350
    amplificador de potência, 349, 355
    amplificador de tensão, 349
    classificação de amplificadores, 349
    definição, 349

Barramento de dados ARINC 664, 180
    álgebra booleana, 182
    amortecedor de guinada (YD), 443
    avionics full-duplex switched Ethernet (AFDX), 180
    barramento digital padrão comercial, 182
    bytes, 151, 173, 182
    camada física, 181
    carga útil UDP, 182
    chaves, 111, 181
    computador do piloto automático, 439
    controlador de barramento, 183
    dados opacos, 182
    elementos individuais dos pilotos automáticos, 439
    Float_32(64), 182
    frames, 183
    giroscópios, 439
    giroscópios de massa giratória, 439
    hardware ARINC 664, 181
    ID de link virtual, 181
    magnetômetro, 442
    mensagem de fluxo de dados ARINC 664, 181
    não retorno a zero, 183
    número inteiro Signed_32(64), 182
    outros padrões de barramento de dados comuns, 182
    palavras, 173, 182
    piloto automático, 438
    pressão de Pitot, 441
    pressão estática, 441
    rapidez, 182
    sequências de palavras, 182
    servomecanismos, 442, 444
    sinal de realimentação, 443
    sistemas de bússola, 442
    sistemas de realimentação de servomecanismos, 443
    sistemas de referência inercial (IRS), 442
    sistemas terminais, 181
    temperatura estática do ar (SAT), 441
    temperatura verdadeira do ar (TAT), 441
    teoria básica do piloto automático, 438
    transdutor diferencial, 443
    transdutor diferencial de tensão linear (LVDT), 443
    transdutor diferencial variável rotativo (RVDT), 443
    transdutor EI, 439
    transferência de dados full-duplex, 182
Baterias, especificações das:
    ampère-horas, 54
    bateria, 54
    capacidade, 54
    miliampère-horas, 54
    perda de capacidade devido às baixas temperaturas, 56
    potências nominais, 55
    tensões nominais, 55, 58
Baterias de aeronaves:
    cabos da bateria, 63
    compartimento da bateria, 62
    instalação da bateria, 63
    instalação de, 62
    plugs de desconexão rápida, 63
    sistemas de ventilação, 63
Baterias de chumbo-ácido, procedimentos de manutenção de:
    carga da bateria, 52
    carregadores de corrente constante, 52, 62
    carregadores de tensão constante, 52, 61
    colocando novas baterias de chumbo-ácido para operar, 54
    inspeção e manutenção de uma bateria chumbo-ácido, 49
    óculos de segurança, 53
    peso específico, 50, 57
    precauções, 49
    precauções relativas à carga de uma bateria, 53
    razão entre o peso de um dado volume da substância, 50
    testadores de carga de baterias, 51
    teste com o hidrômetro, 50
Baterias de níquel-cádmio, procedimentos de manutenção de:
    armazenamento da bateria, 62
    carregadores de corrente constante, 52, 62
    carregadores de tensão constante, 52, 61
    ciclo profundo, 61
    desequilíbrio de células, 60
    formação de espuma de eletrólitos, 62
    inspeção, 60
    recondicionamento e carga, 60
    verificação de vazamento elétrico, 61
Baterias de níquel-cádmio:
    capacidade de uma bateria de níquel-cádmio, 59
    capacidade e resistência interna, 59
    ciclo vicioso, 57
    construção das células e das baterias, 56
    eletrólito, 39, 43, 57
    fuga térmica, 57
    pesos específicos, 50, 57
    princípios de operação, 58
    resistência interna das células de níquel-cádmio ventiladas, 59
    separador, 47, 57
    tensões nominais, 55, 58
Boeing B757, sistema de gerenciamento de voo do:
    carregador de dados, 450
    computador de controle do voo (FCC), 450
    computador de dados aerodinâmicos (ADC), 426, 450
    computador de gerenciamento de empuxo (TMC), 450
    computador de gerenciamento de voo (FMC), 324, 448
    cross-talk de computadores, 450
    engine indicating and crew alerting system, computador do (EICAS), 418, 428, 450
    fly-by-wire (FBW), 110, 450
    painel de controle e indicação (CDU), 186, 337, 450
    sistema de gerenciamento de voo (FMS), 448
    sistema de voo automático (AFS), 451
    sistema diretor de voo de piloto automático (AFDS), 451

Cabeamento ao ar livre, especificações para:
    abraçadeiras de cabos, 76
    cabeamento ao ar livre, 75
    conjunto, 76
    cordão de enlace, 76
    cordão simples de enlace, 76
    distribuição do chicote elétrico, 78
    enlace de cabos, 76
    enlace de cordão duplo, 77
    fixação de fios e cabos, 77

Capacitores:
  capacitância, 120, 122
  capacitor eletrolítico, 122
  capacitor fixo, 122
  capacitor variável, 122
  capacitores, tipos de, 122
  conexão em série, 123
  conexão paralela, 123
  constante dielétrica, 122
  constante temporal, 123
  dielétrica, 101, 120
  efeitos e usos de capacitores em circuitos elétricos, 124
  estresse dielétrico, 120
  farad, 120, 122
  força dielétrica, 122
  microfarad, 122
  múltiplos circuitos capacitores, 122–123
  picofarad, 122
  teoria dos capacitores, 120
Circuito impresso, placas de:
  componentes de superfície, 143
  definição, 143
Circuito integrado:
  chave DIP, 165
  componentes de superfície, 165
  definição, 163
  dual in-line package, padrão (DIP), 164
  família lógica CMOS, 164
  família lógica TTL, 164
  fotolitografia, 163
  integração em larga escala (LSI), 164
  integração em média escala (MSI), 164
  integração em muito larga escala (VLSI), 164
  integração em pequena escala (SSI), 163
  microprocessadores de 40 pinos, 163
  padrões de circuitos integrados, 164
  Schottky TTL, 164
  Schottky TTL de baixa potência, 164
  semicondutor metal-óxido complementar, 164
  TTL de alta potência, 164
  TTL de baixa potência, 164
  TTL padrão, 164
Circuitos, tipos de:
  circuito paralelo, 20, 25
  circuito série-paralelo, 21
  série, circuito em, 20
Circuitos digitais, resolução de problemas:
  analisadores de barramento de dados, 187
  campos eletromagnéticos de alta intensidade de energia (HERF), 189
  DATATRAC 400, 187
  detecção de panes, 184
  equipamentos de teste integrados, 184
  isolamento de panes, 184
  medição de níveis lógicos, 188
  monitor lógico, 187
  painel de controle e indicação, 186, 337, 450
  sensíveis a descargas eletrostáticas (ESDS), componentes, 189, 341
  sistema de computador de manutenção central, 186, 337
  sonda lógica, 187
  técnicas de solução de problemas lógica, 184
  teste de manutenção, 186
  teste operacional, 186
  verificação operacional após reparo de defeito, 184
Circuitos lógicos, funções comuns:
  circuitos de clock digital, 167
  circuitos flip-flop, 167–168
  circuitos lógicos comuns, 166
  circuitos meio somadores, 166
  circuitos somadores, 166
  circuitos somadores completos, 166
  circuitos subtratores, 166–167
  diagrama lógico, 168
  onda quadrada, 167
  pulso de clock, 168
  retentor, 167
  retentor de dados, 167
  retentores, 167
Circuitos polifásicos:
  alternador em delta, 108
  fio neutro, 109
  ligação Y, 108
  trifásico, sistema, 108
Comunicação:
  acoplador de antena, 355, 366
  Aircell, 372
  alta frequência, sistemas de comunicação de, 365
  comunicação via satélite, 370, 389
  decodificador SelCal, 369
  Federal Communications Commission (FCC), Regulamentações da, 372–373
  GoGo, 372
  internet de banda larga em voo, 372
  ligação de dados, 366
  ligação de dados ar-terra, 366
  ligação seletiva, 369
  modo de dados, 366
  modo de demanda, 370
  modo de interrogação, 370
  Selcal, 369
  sistema de comunicações e relatório de aeronaves (ACARS), 337, 369
  sistema de internet de banda larga em voo, ABS, 372
  sistemas de comunicação VHF, 366
  teoria da operação dos sistemas de comunicação VHF, 368
  teste de um rádio de comunicação, 373
Comunicação e navegação, sistemas de:
  Aeronautical Radio Incorporated (ARINC), 174, 365
  introdução, 365
Controle do alternador:
  diferenças entre os alternadores aeronáuticos e automotivos, 265
  diodo zener, 142, 263
  enrolamento acelerador, 262
  módulos de controle de campo, 264
  regulador de tensão, 246, 260
  reguladores de tensão de estado sólido, 263
  solução de problemas de um sistema de alternador cc, 265
  teoria operacional do regulador de tensão transistorizado, 264
  transistor de controle, 263
  transistor de potência, 263
  unidade de controle do alternador (ACU), 260
  unidade de controle mestre (MCU), 264
Corrente alternada:
  definição e características, 97
  ângulo de fase, 100, 104
  cálculo do fator de potência para circuitos CA, 105
  capacitância em circuitos ca, 100
  capacitor, 100
  circuito CA em série, 107
  circuito CC em série, 107
  circuito resistivo, 102
  circuitos ca paralelos, 106
  circuitos polifásicos, 100
  combinando resistência, capacitância e indutância, 102
  deslocamento de fase, 101
  dielétrica, 101, 120
  eficaz, 98
  fase, 100
  fator de potência, definição, 106
  frequência, 99
  gigahertz, 99
  hertz, 99
  impedância, 103
  indutância em circuitos de ca, 102
  megahertz, 99
  onda senoidal, 98
  potência aparente, 105
  potência real, 105
  potência reativa, 105
  quilohertz, 99
  quilovolt-amps, 106
  reatância capacitiva, definição, 101
  reatância indutiva, 102, 106
  reatância indutiva, definição, 102
  resistiva capacitiva, 102
  resistiva indutiva, 102
  rms, 98
  valores, 98
  vetor, 103
  vetor soma de corrente e tensão, 107
  volt-amps, 106
  volt-amps, reativa, 106
  watts, 19, 106

introdução, 97
Corrente alternada e o avião, 109
   avião "mais elétrico", 110, 270, 295
   estado da arte de sistemas elétricos CA, 110
   fly-by-wire, 110, 450
   inversor, 110
   transformador, 109

Diodos e retificadores:
   ânodo, 130
   antimônio, 129
   barreira de potencial, 130
   cátodo, 39, 130
   diodo de polarização direta, 130
   diodos, 129
   diodos a laser, 132
   diodos emissores de luz, 132, 142, 310
   diodos térmicos, 132
   dissipador de calor, 132
   dopagem, 129
   estado sólido, definição, 129
   fotodiodos, 132, 143
   função de teste de diodos, 133
   germânio, 129
   germânio tipo *n*, 129
   germânio tipo *p*, 130
   junção, 130
   junção p–n, 131
   lacunas, 5, 130
   ligação de valência, 129
   região de depleção, 131
   retificador, definição, 129
   retificador trifásico, 134–135
   retificadores de meia onda, 133
   retificadores de onda completa, 133–134, 256
   silício, 129
   teste de diodos, 132
Dispositivos de controle elétrico:
   bipolar de duas direções, 112
   chave, definição, 111
   chave de ação instantânea, 113
   chaves, 111, 181
   chaves de botão de pressão iluminado, 113
   ciclo de trabalho, 113
   ciclo de trabalho contínuo, 113
   ciclo de trabalho intermitente, 113
   degradação, fatores de, 111
   diodos emissores de luz, 113
   introdução, 111
   microchave, 113
   normalmente aberto, 113
   normalmente fechado, 113
   relés, 12, 111, 113
   sensor de proximidade, 113, 322
   sob ação de mola, 113
   solenoides, 12, 111, 113
   unipolar de duas direções, 112

Dispositivos de estado sólido, outros:
   diodo emissor de luz, 132, 142, 310
   diodo zener, 142, 263
   diodos zener bidirecionais, 142
   displays de cristal líquido, 143
   dreno, 141
   efeito avalanche, 142
   fonte, 141
   fotodiodos, 132, 143
   porta, 141
   retificador controlado de silício, 142
   SCR ativado por luz, 143
   semicondutor ca de triodo, 142
   termistores, 143
   tiristor, 141
   transistor de efeito de campo metal-óxido semicondutor, 141
   transistor de junção de efeito de campo, 141
Dispositivos de ligação:
   blocos de terminais, 89
   bornes elétricos, 83
   conector de emenda, 83
   conectores, 84
   conectores light-duty, 87
   conexões crimpadas, 86
   conexões soldadas, 86
   conjunto conector, 85
   corrosão eletrolítica, 84
   crimpados, 80
   D-sub, conector, 90
   emendas, 82
   envasamento, 87
   especificação militares, 85
   fio de alumínio e terminais, 84
   fitas isolantes, 83
   liberação traseira, 87
   moldados, 80
   pinos, 85
   plug, 85
   remoção do contato, 87
   removedor de fluxo, 82
   soquetes, 85
   terminais, 80
   terminais dos fios e dos cabos, 80
   tomada, 85
   tubo termorretrátil, 83
   tubulação de isolamento, 83
Dispositivos de proteção de circuitos:
   abertura livre, 117, 279
   disjuntores, 116
   fusíveis, 114
   fusível lento, 116
   limitador de corrente, 116, 245
   requisitos para dispositivos de proteção de circuitos, 116–117
   tempo-corrente, definição, 117
Dispositivos magnéticos:
   armadura, 13, 222, 232
   eletroímãs, 11
   regra da mão esquerda para bobinas, 11

relés, 12
solenoides, 12, 111, 113
Distribuição de potência em aeronaves compostas, 289
   jumper de ligação, 91, 289
   ligação elétrica direta, 289
   ligação elétrica indireta, 289

Eletricidade, estática, força eletrostática, 5
Eletricidade:
   ampère, 6
   corrente, 6
   coulomb, 6
   Coulomb, Charles A., 6
   força eletromotriz, 7
   isoladores, 3
   lei de ohm, 8
   ohm, 7
   Ohm, George S., 8
   resistência, 7
   tensão, 7
   tensão e força eletromotriz, 6
Elétron:
   átomos, 1
   carga negativa, 2
   carga positiva, 2
   composto, 2
   condutores, 2, 3
   direção do fluxo de corrente, 4
   elemento, 1
   elétrons, 2
   elétrons livres, 2
   estrutura atômica do, 2
   estrutura atômica e elétrons livres, 2
   isoladores, 3
   lacuna, 5, 130
   moléculas, 1
   nêutrons, 2
   prótons, 2
   semicondutores, 3
   teoria, 1
Eletrônica digital, introdução, 149

Fiação elétrica, características da:
   American Wire Gage (AWG), 69
   cabeamento ao ar livre, 67, 75
   cabo, 67
   cabo de fibra óptica, 74
   cabo de via de dados, 68, 73
   capacidade do fio de carga constante, 72
   circular mil, 69
   coaxial, cabo, 68
   conduíte, 67
   fio, 67
   fios especiais, 68
   fluxo contínuo de corrente, 70
   mil quadrado, 69
   operação intermitente, 70
   problema relacionados ao vento e umidade grave, 69

segurança do cabo de fibra, 75
tamanho do fio, 69
termopares, 13, 69
Fios, identificação:
  bloco, 95
  cabeamento e diagramas esquemáticos, 94
  chicote de fios, 93
  código de conjunto de cabo, 93
  diagrama em blocos, 95, 307
  diagramas, 94–95
  esquemático, 94–95
  números de identificação do fio, 93
Funções do transmissor:
  acopladores de antena, 355, 356
  amplificador separador, 353
  amplificadores classe C, 355
  amplificadores de potência, 349, 355
  circuito oscilador simples, 352
  circuitos multiplicadores de frequência, 353
  duplicador, 353
  MIC com cancelamento de ruído, 351
  MIC de carbono, 351
  MIC de eletreto, 351
  microfone de carbono, 351
  microfone dinâmico, 351
  microfones, 351
  modulação de amplitude (AM), 347, 354
  modulador, 354
  multiplicadores de frequência, 353
  oscilador, 351
  tanque LC, 352
  teoria dos osciladores, 352

Gerador CA:
  alternadores de CC de aeronave, 255
  armadura estacionária, 255
  campo giratório, 255
  estator, 256
  manutenção de alternadores, 259
  princípios do gerador CA, 255
  princípios dos alternadores de aeronaves, 256
  regulador, 255
  retificador de onda completa, 256
  rotor, 124, 232, 238, 256, 266
  sistema de alternador para pequenas aeronaves, 256
  trifásico, 26, 256
Geradores, controle:
  amperímetros de polaridade dupla, 242
  amperímetros de polaridade única, 242
  autoteste de proteção contra sobretensão e sobrecarga, 248
  bobina de corrente, 244
  bobina de tensão, 244
  circuito equalizador, 244
  controle do contator de linha do gerador, 247
  controle do relé de campo de engate, 247
  controle do relé de magnetização e partida, 247
  fatores de tensão produzidos, 242
  força do campo, 242
  funções da GCU, 246
  limitador de corrente, 116, 245
  monitorar saída, 241
  pilha de carbono, 243
  princípios da regulação de tensão, 242
  proteção contra diferencial de tensão e corrente reversa, 247
  proteção contra polaridade reversa, 247
  proteção contra sobrecarga e subtensão, 247
  proteção de sobretensão, 247
  regulador de tensão, 246, 260
  regulador de tensão, 247
  regulador de tensão de pilha de carbono, 243
  regulador de tensão do tipo vibrador, 243
  regulador de três unidades, 246
  relé de corte de corrente reversa, 244
  sistemas de controle de motores de partida, 246
  unidade de controle do gerador (GCU), 246, 270, 324
Geradores, inspeção, manutenção e conserto:
  assentadas, 252
  assentamento de novas escovas, 252
  balanceamento de carga de geradores, 248
  desmontagem, 250
  escovas de filme instantâneo, 249
  growler, 251
  inspeção, 250
  instalação, 252
  magnetização do indutor, 249, 234
  manutenção de mancais, 251
  manutenção de motores de partida, 249
  paralelismo de geradores, 248
  reparo do comutador, 251
  resolução de problemas de geradores, 248
  teste, 251
Geradores, motor de partida:
  componentes, 241
  definição, 241
Geradores, teoria, 231
  análise de um circuito de armadura, 237
  armadura, 12, 222, 232
  bobinas de campo, 232
  características dos geradores CC, 236
  circuito de filtro, 234
  comutador, 212, 233
  eliminação de ondulação CC, 234
  em paralelo, 211, 236
  em paralelo, 236
  enrolamento compensador, 238
  excitação composta, 236
  excitação em série, 236
  gerador CA simples, 232
  gerador CC simples, 232
  gerador de excitação composta, 211, 236
  gerador de excitação em série, 211, 236
  indução eletromagnética, 14, 232
  magnetização cruzada, 237
  magnetização do indutor, 234, 249
  polos auxiliares, 238
  polos de campo, 232
  reação da armadura, 237
  regra da mão esquerda para geradores, 15, 231
  residual, magnetismo, 9, 234
  rotor, 214, 232, 238, 256, 266
  valor da tensão induzida, 232
Geradores CA–alternadores CA:
  acionamento de velocidade constante (CSD), 268
  alternador sem escovas, 267
  alternadores sem escovas (geradores), 267
  arrefecimento de geradores, 270
  avião "mais elétrico", 110, 270, 295
  estator, 266
  frequência de ciclo, 266
  gerador de acionamento integrado, 269
  gerador excitador, 267
  gerador principal, 267
  geradores de ímã permanente (PMG), 267
  ligação/separação rápida (QAD), 268
  rotor, 214, 232, 238, 256, 266
  sistema de acionamento de velocidade constante, 268
  turbina de ar de impacto (RAT), 266, 270
  unidade auxiliar de força (APU), 266
  unidade de controle da potência do barramento (BPCU), 270, 301
  unidades de controle do gerador, 246, 270, 324
Geradores CC, construção de :
  armação de campo, 239
  características de arrefecimento, 240
  carcaça de campo, 239
  conjunto armadura/rotor, 239
  conjunto de campo/estator, 239
  conjunto de escovas, 240
  estator, 238
  rotor, 214, 232, 238, 256, 266
  tampas das extremidades, 240
Geradores e circuitos de controle relacionados, 231

Indicadores de quantidade de combustível, potenciômetros compensadores, 422
Indução eletromagnética:
  ação do gerador, 15
  ação motora, 15
  indução eletromagnética, 14, 232
  princípios básicos, 14
  regra da mão esquerda para geradores, 15, 231
Indutores:
  definição, 124
  henry, 125
  Henry, Joseph, 125
  indutância, definição, 124
  milihenry, 125

múltiplos circuitos indutores, 126
reatância indutiva, 102, 126
usos de indutores, 126
Instalação de equipamentos, aviônica:
antenas, 348, 393
cabo da antena, 395
duplexador, 393, 401
instalação da antena, 396
resolução de problemas de antenas, 396
Instrumentos de medição de CA:
captadores indutivos, 202
instrumento retificador, 201
medidores retificadores, 201
transformador de corrente, 202, 301
wattímetro, 193, 202
Instrumentos de medição de RPM:
taquímetro, 417
taquímetro CA, 418
Instrumentos de medição elétrica:
amperímetro, 193, 196
ohmímetro, 193, 199
voltímetro, 23, 193
wattímetro, 193, 202
Instrumentos de voo eletromecânicos:
barras de comando, 424
indicador de situação horizontal (HIS), 424, 444
indicador diretor de atitude (ADI), 424, 444
sistema diretor de voo, 424, 444
sistemas de dados aerodinâmicos, 426, 450
Instrumentos e sistemas de voo automático, 417
Inversores:
definição, 271
inversor, 272
inversores estáticos, 271
inversores rotativos, 271

Lei de Ohm, 17
aplicações de, 17, 37
definição, 17
joule, 20
potência elétrica e trabalho, 19
unidade de trabalho, 20
watt, 19
Leis de Kirchhoff:
Lei nº 1, 33
Lei nº 2, 33
Ligação e solda:
blindagem, 92
campos de alta intensidade de radiação, 92
carga ao terra, 92
compatibilidade eletromagnética, 92
interferência eletromagnética, 92
jumper de ligação, 91, 289
ligação, 90
Luzes de aeronaves:
chaves da luz do painel/nav, 310
circuitos do trem de pouso, 314
diodos emissores de luz, 132, 142, 310

faróis giratórios, 310
luzes anticolisão, 309–310
luzes da cabine, 309, 319
luzes de advertência, 309, 312
luzes de aterrissagem, 309, 312
luzes de instrumentos, 309, 312
luzes de navegação, 309
luzes de posição, 309
luzes estroboscópicas, 310
press to test, 317
sistema indicador, 314
tempo médio entre falhas (MTBF), 310

Magnetismo:
campo magnético, 8, 10
corrente magnética, 10
fluxo magnético, 10
imã, 8
ímã de aviação, 9
ímã natural, 9
ímã permanente, 9
lodestone, 9
permeabilidade, 10
polo norte, 8
polo sul, 8
propriedades do magnetismo, 10
relutância, 10
residual, magnetismo, 9, 234
Manutenção de radares:
cúpulas de radar, 408–409
radar meteorológico tridimensional, 410
segurança do radar, 410
squat switch, 410
Manutenção e resolução de problemas de sistemas elétricos:
100 horas, 328
A-check, 328
anual, 328
B-check, 328
BITE, sistemas de, 335
Boeing 777, sistema de manutenção central do (CMS), 339
Boeing-787, sistema de manutenção central do (CMS), 340
cartão SD, 340
C-check, 328
circuitos abertos, 328
cronogramas de inspeção, 328
curto com a massa, 329
curto cruzado, 329
curtos-circuitos, 329
dados seguros, 340
D-check, 328
efeito da cabine de comando, 336
equipamentos de teste integrados, 334
equipamentos de teste integrados avançados, 339
equipamentos de teste integrados do A-380, 339
equipamentos de teste integrados para pequenas aeronaves, 340

equipamentos sensíveis a descargas eletrostáticas (ESDS), 341
histórico das panes, 338
informações aeronáuticas em formato digital (EFBs), 147, 339, 435
lista de equipamentos mínimos (MEL), 327, 339
manutenção centrada na confiabilidade, 328
manutenção de linha e manutenção estendida, 339
monitoramento avançado de componentes, 328
multímetro digital (DMM), 328
páginas de manutenção EICAS, 338
painel de controle e indicação, 186, 337, 450
painel de controle e indicação de multipropósitos, 336
panes da etapa atual, 338
panes existentes, 338
programa de inspeções periódicas, 328
programas de inspeção de aeronavegabilidade contínuos, 328
relatório de defeito e mau funcionamento, 334
relatórios, 339
relatórios de manutenção, 340
requisitos gerais, 327
resolução de problemas com equipamentos de teste integrados, 334
resolução de problemas de amperímetros, 334
resolução de problemas de multímetros, 328
resolução de problemas de ohmímetros, 332
resolução de problemas de voltímetros, 329
sequência típica de resolução de problemas, 334
sistema central de apresentação de panes (CFDS), 339
sistema de computador de manutenção central, 186, 337
sistema de comunicações e relatório de aeronaves (ACARS), 337, 369
sistema de gestão das informações do avião (AIMS), 339
sistema de manutenção a bordo (OMS), 339
solução de problemas a partir da cabine de comando, 334
tempo limite de vida, peças com, 328
terminal de acesso para manutenção (MAT), 339
terminal de acesso para manutenção portátil (PMAT), 339
terminal de manutenção a bordo (OMT), 299, 339
testes de confiança, 338
testes de solo, 338

unidades de aviônica integradas (IAUs), 341, 433
voltímetros e aeronaves compostas, 331
Medidores, movimentos de:
  alheta de ferro, 194
  dinamômetro, 194
  galvanômetro, 193
  movimento de D'Arsonval, 193
  movimento de Weston, 193
  movimentos de faixa tensa, 195
  projeto para escala uniforme, 195
  sensibilidade, 195
Medidores digitais:
  autopolaridade, 204
  contadores de frequência, 205
  função de teste de semicondutores, 205
  precauções de segurança, 199, 205
  sample and hold, 205
  testes com limitação de corrente, 205
  variação automática de amplitude, 204
Meteorologia por satélite para aviação, 412
  Baterias de chumbo-ácido de
    armazenamento de energia, 43
      acumulador, 43
      bateria de chumbo-ácido, 43
      bateria de chumbo-ácido regulada por válvula, 48
      bateria de gel, 48
      bateria esteira de vidro absorvida, 48
      bateria lacrada, 48
      célula ventilada, 43
      células secundárias de chumbo-ácido, 43
      cinta da placa, 46
      construção da bateria de chumbo-ácido, 45
      elemento de célula, 46
      eletrólito, 39, 43, 57
      expansor, 46
      grade, 45
      grupos de placas, 46
      lacradas, 43
      material ativo, 45
      operação com água fria, 49
      princípios envolvidos no projeto de baterias, 47
      recipiente de célula, 47
      separadores, 47, 57
      teoria sobre a célula de chumbo-ácido, 45
  Baterias e células secas:
    ânodo, 39, 130
    baterias especiais, 41
    cátodo, 39, 130
    célula, 39
    célula seca, 40
    células alcalinas, 41
    células alcalinas e de mercúrio, 41
    células de mercúrio, 41
    células de níquel-cádmio, 41
    células voltaicas, 39
    eletrodos, 39

eletrólito, 39, 43, 57
íon, 39
perigos das baterias, 42
pilha primária, 40
pilha secundária, 40
polarização, 40
preocupações ambientais, 42
resistência interna, 43
sinterização, 41
tensão de circuito aberto, 42
tensão de circuito fechado, 42
tensões de circuito aberto e circuito fechado, 42
Microprocessadores:
  barramento de dados, 169
  rotina de inicialização, 169
  sub-rotinas, 169
Motor elétrico:
  em paralelo, 211, 236
  excitação composta, 211, 236
  excitação em série, 211, 236
  introdução, 211
Motores, construção dos:
  alvo do sensor, 219
  armadura, 13, 222, 232
  caixa de engrenagens, 222
  campo dividido, 216
  características de motores elétricos de aeronaves, 216
  chaves de fim de curso, 219
  chaves de fim de curso e dispositivos protetores, 219
  conjunto da armação e do campo, 222
  conjunto da carcaça de pinhão, 222
  conjunto da tampa da extremidade do comutador, 222
  conjunto do acionamento Bendix, 222
  construção de motor CC, 221
  embreagem deslizante, 218
  embreagens, 217
  freios, 217
  motor de partida, 222
  motores CC reversíveis, 216
  motores de trabalho contínuo e intermitente, 216
  posição nula, 178, 220, 374, 420
  protetor térmico, 219
  sensor de proximidade, 219
  sensores de proximidade e transdutores diferenciais, 219
  transdutor diferencial, 220
  transdutor diferencial variável linear (LVDT), 220, 422
  transdutor diferencial variável rotativo (RVDT), 220, 422, 443
Motores, inspeção e manutenção de:
  desmontagem e teste, 229
  procedimentos gerais de inspeção, 228
Motores, teoria dos, 211
  atração e repulsão magnética, 211
  comutador, 212, 233

escovas, 215
FCEM e FEM líquida, 127, 213
FEM líquido, 213
motor a relutância comutado (SRM), 216
motor composto, 215
motor de eletroímã, 214
motor de ímã permanente, 214
motor em derivação, 215
motor em série, 214
motores CC sem escovas, 215
regra da mão direita para motores, 212
rotor, 214, 232, 238, 256, 266
velocidade constante, motor de, 215
Motores:
  atraso, 226
  correntes de Foucault, 126, 227
  deslizamento, 224
  divisão de fase, 226
  melhoria das qualidades de partida, 225
  motor de indução, 224
  motor de indução trifásico, 228
  motor de repulsão, 226
  motor universal, 224
  motores CA reversíveis monofásicos, 227
  motores CA trifásicos, 228
  motores capacitores, 226
  motores de fase dividida, 226
  motores síncronos, 224, 226
  perda no cobre, 227
  perda por fricção, 226
  perda por resistência, 227
  perda por ventilação, 227
  perdas em motores, 226
  perdas por histerese, 227
  rotor em curto-circuito, 224
  teoria da operação, 223
Multímetro, volt-ohm-miliamperímetro, 203

Navegação, sistemas de:
  acelerômetro, 385
  Aero-H, 390
  Aero-I, 390
  Aero-L, 390
  altímetro codificador, 389
  altitude de decisão, 376
  ambiente da pista, 376
  circuitos de busca e seguimento, 379
  circuitos temporizadores, 379
  código hex, 389
  comunicações via satélite, 370, 389
  divisão aeronáutica da Inmarsat, 390
  equipamento medidor de distâncias (DME), 379
  erro de taxa de deriva, 386
  gravador de voz (CVR), 391
  gravador dos dados de voo (FDR), 391
  gravadores de dados de voo e de voz, 391
  indicador, 379
  indicador magnético de rádio (RMI), 374
  indicadores externos, 380
  indicadores internos, 380

Índice **489**

indicadores médios, 380
International Maritime Satellite (Inmarsat), 390
interrogador, 379
localizador, 377
manutenção de um ELT, 391
modos de transponder, 388
navigation satellite timing and ranging global positioning system, (Navstar GPS), 386
Newton, primeira lei de, 384
painel de controle de áudio, 381
plataforma de cardã, 385
posição nula, 178, 220, 374, 420
princípios do MLS, 381
rádio farol, 380
rampa de planeio, 377
receptores de navegação (NAV), 378
segunda lei de Newton, 384
seletor de código, 389
sistema de navegação inercial, 384
sistema de navegação inercial solidário (strapdown), 386
sistema de posicionamento global, 386
sistema de pouso por instrumentos (ILS), 376
sistema de pouso por micro-ondas (MLS), 381
sistema indicador automático de direção, 374
sistemas de aumento de GPS, 387
sistemas de controle de áudio, 381
sistemas de navegação por área, 383
sistemas de sintonização de rádio, 381
sistemas integrados de NAV/COMM, 383
teoria da operação, 374
terceira lei de Newton, 384
teste de ELTs, 391
teste de precisão, 376
transmissor localizador de emergência (ELT), 390
transponder, 379
transponder, definição, 388
unidades de sintonização de rádio, 381
VHF omnidirecional, 375
Numeração digital:
adição de números binários, 152
binários, sistema de números, 150
bit, 151
byte, 151, 173, 182
coluna de ordem superior, 150
decimal, sistema, 150
dígito, definição, 150
dígito mais significativo, 150
dígito menos significativo, 150
multiplicação e divisão em números binários, 153
números binários, 150
palavra, 151
subtração de números binários, 152

Ohmímetro, 193, 199
chicote, 201
Operações de computador:
barramento de dados, 169, 173, 178
barramento de transferência de dados, 172–173
blocos de mensagem, 173
bytes, 151, 173, 182
clock, 171
datagramas, 173
demultiplexador, 173
memória, 172
memória de acesso aleatório, 172
memória não volátil, 172
memória somente de leitura, 172
memória somente de leitura eletronicamente alterável, 172
memória volátil, 172
multiplexador, 173
palavras, 173, 182
periféricos, 171
tempo compartilhado, 173
transmissão de dados, 173
transmissão de dados em paralelo, 173
transmissão de dados serial, 173
unidade central de controle, 171
unidade central de processamento, 171
unidade lógica aritmética, 173
Osciloscópio:
base de tempo, 208
display, 207
gratícula, 207
operações e segurança, 208
osciloscópio, categorias de, 206
osciloscópios analógicos, 206
osciloscópios digitais, 207
ponta de prova 10X, 207
ponta de prova de osciloscópio, 207
seção de gatilho, 205, 208
seção horizontal, 205, 208
seção vertical, 205, 208
sonda, 205
tempo de varredura, 208
transdutores, 205

Padrões de barramento de dados:
acoplador de modo-corrente, CMC, 180
acoplamento indutivo, 180
Aeronautical Radio Incorporated, 174, 365
ARINC 629, 179
auto-clocking, 178
barramento de dados, 169, 178
barramento de dados serial bidirecional, 179
barramento multitransmissor periódico aperiódico, 179
binários, 175
bipolares, 178
bit de paridade, 175
bits de padding, 177
codificação binária decimal, 153, 175
decodificação de um campo de dados BCD, 178
decodificação de um campo de dados BNR, 177
decodificação do rótulo de palavra 429, 176
definição, 174
discretos, 175
especificações ARINC, 174
gap de sincronização, 179–180
gap terminal, 179
identificador de fonte e destino, 175
intervalo aperiódico, 180
intervalo periódico, 179
intervalo terminal, 179
matriz de estado-sinal, 175
nulo, 178, 220, 374, 420
paridade ímpar, 175
quilobits por segundo, 178
sinal de dados ARINC 429, 178
Piloto automático e sistema de controle de voo, 443
componentes de sistema, 444
computador-amplificador, 445
diretor de voo (FD), 424, 444
indicador de situação horizontal (HIS), 424, 444
indicador diretor de atitude (ADI), 424, 444
indicador diretor-horizonte, 444
Primus, 446
servomecanismo de compensação, 445
servomecanismos, 442, 444
Portas lógicas:
família lógica, 162
gráfico de forma de onda de tensão, 162
introdução, 156
lógica negativa, 162
lógica positiva, 161
lógica positiva e negativa, 161
porta INVERT, 157
porta NAND, 158
porta NOR, 158
porta NOR exclusiva, 159
porta OR, 157
porta OR exclusiva, 159
portas AND, 156
representação de dados digitais, 162
tabela verdade, 162
variação das portas básicas, 159

Radar, sistemas meteorológicos aéreos digitais:
antena de fase, 407
banda C, 404
banda X, 404
controle de alcance, 407
controle de estabilização, 407
controle de ganho, 407
controle de inclinação, 407
cúpulas de radar, 408–409

desviador de raios, 408
displays navegacionais ou multifuncionais, 404
FI, 405
frequências do radar meteorológico, 404
guias de onda, 401–402, 408
indicador, 406
introdução, 403
largura de pulso, 405
mapeamento de terreno, 409
painel de controle, 406
radar Doppler, 409
radar meteorológico colorido, 404
receptor, 403, 405
resolução de um sistema de radar, 404
sistema de antena plana, 407
transmissor, 405
Radar:
 analógicos, radares, 401
 cavidades ressonantes, 401
 conjunto da base da antena, 401
 duplexador, 393, 401
 elemento livre, 402
 estabilização, 402
 guia de onda, 401–402, 408
 indicador, 403
 indicador de posição no plano (PPI), 400
 introdução, 399
 magnétron, 401
 marcadores de alcance, 403
 misturador, 361, 401
 natureza dos sinais de radar, 400
 operação do PPI, 400
 P scan, 400
 posição, 400
 receptor, 403, 405
 sincronizador, 401
 sistema de antena, 401
 transmissor, 401
 unidades principais de sistemas de radares analógicos, 401
Receptores:
 circuito de sintonização, 359
 circuitos ressonantes, 356
 contadores, 363
 desmodulação, 359
 detecção de sinal de rádio, 359
 filtragem, 358
 filtro corta-banda, 358
 filtros, 358
 filtros passa-banda, 358
 frequência ressonante, 357
 heteródino, definição, 361
 misturador, 361, 401
 onda de inteligência AF, 359
 onda portadora de RF, 359
 oscilador de frequência de batimento (BFO), 361
 passa-altas, filtros, 258
 passa-baixas, filtros, 358

princípios da sintonização, 356
rádio de um transistor, 361
receptor a cristal, 360
receptor super-heteródino, 361
receptores de rádio, 356
reprodução de som, 360
ressonador, 356
ressonância, 356
sinais de RF, 361
síntese de frequência, 363
sintonização digital, 363
sintonizadores digitais, 363
teoria do rádio digital, 362
Requisitos para sistemas de distribuição de potência:
 análise de carga, 278
 análise de carga elétrica, 280–281
 carga contínua, 280
 carga contínua provável, 280
 carga elétrica, 280
 carga intermitente, 280
 cargas essenciais, 279
 chave de aviônica separada, 279
 chave-mestra, 279
 descarga, 280
 dispositivos de proteção, 279
 FAR Part 25, 277, 305
 linha vermelha, 280
 regras de voo visual (VFR), 278
 requisitos gerais, 277
 sistema elétrico simples, 281
Resistência de um circuito em ponte, 36
Resistores:
 ajustáveis e variáveis, resistores, 118
 ajustável, resistor, 118
 definição, 117
 divisores de tensão, 120
 faixas coloridas, 118
 potenciômetros, 119
 reostatos, 119
 resistor variável, 119
 valor em ohms, 118
 valor em watts, 118

Série, circuito em:
 circuitos paralelos, 20, 25
 resistência e tensão em um circuito em série, 23
 resolução, 25
 voltímetro, 23, 193
Sinal digital, circuitos lógicos, 149
Sistema anticolisão de tráfego (TCAS), 414
 alvo, 414
 aviso de resolução, região RA, 415
 aviso de tráfego (TA), 415
 intruso, 414
Sistemas de alerta de proximidade ao solo:
 altímetros de radar, 413
 EGPWS, 413
 GPWS, 413

Sistemas de alerta meteorológico:
 detecção de relâmpagos, 411
 introdução, 399
 radar, 399
 sistema de mapeamento meteorológico, 399
Sistemas de código binário:
 codificação binária decimal, 153, 175
 conversão de decimal para hex, 156
 conversão de hexadecimal para hex, 156
 hex, 155
 hexadecimais, sistema de números, 155
 hexadecimal, 153, 155
 hexadecimal, notação, 155
 hexadecimal para decimal, conversão de, 155
 notação hex para hexadecimal, 156
 números octais, 154
 octal, notação, 153, 154
 teoria geral, 153
 tríade, 154
Sistemas de distribuição de potência:
 aeronave bimotor, 284
 aeronave monomotor "mais elétrica", 283
 aeronave monomotor, 282
 barramentos de alimentação, 287
 bus bar ou barramento, 277
 chave-mestra de aviônica, 284
 introdução, 277
 ligado, 289
 massa, 277
 pico de tensão, 284
 plano de massa, 289
 sistema de fio único, 277
 sistema de massa negativa, 277
 sistema de potência essencial, 284
 sistema de potência principal, 284
 tensão transiente, 284
Sistemas de instrumentos eletrônicos:
 aviônica modular integrada (IMA), 438
 cabine de comando integrada de aeronaves da categoria de transporte modernas, 437
 computador de aviônica integrado (IAC), 433
 CRT, 428
 display de navegação (ND), 431
 display EICAS principal, 428
 display multifuncional (MFD), 426, 431
 displays primários, 426
 dispositivo de controle do teclado e do cursor (KCCDs), 437
 ECAM, sistema, 429
 EFIS de 5 tubos, 426
 EICAS, 428
 engine indicating and crew alerting system (EICAS), 428, 450
 fase do voo, 430
 gerador de símbolos (SG), 426
 heads-up displays (HUD), 436
 indicador de situação horizontal eletrônico (EHSI), 426

indicador diretor de atitude eletrônico (EADI), 426
informações aeronáuticas em formato digital (EFBs), 147, 339, 435
modo reversionário, 426
relacionado a pane, 430
sistema de aviônica integrado (IAS), 431
sistema de controle e exibição (CDS), 437
sistema de monitoramento eletrônico centralizado (ECAM), 428
sistemas de display de segunda geração, 431
sistemas de display integrados (IDS), 431
sistemas de instrumentos de voo eletrônicos (EFSIs), 425
sistemas de instrumentos eletrônicos (EIS), 425, 431
sistemas de instrumentos eletrônicos de terceira geração, 433
sistemas de instrumentos integrados (EFIS), 425
tela principal de voo (PFD), 431
unidade processadora de display (DPU), 426
unidade processadora multifuncional (MPU), 426
unidades de aquisição de dados (DAUs), 433
unidades de aviônica integradas (IAUs), 341, 433
visão sintética, 435–436
Sistemas elétricos, projeto e manutenção de:
  introdução, 305
  sistemas elétricos essenciais, 305
Sistemas elétricos, requisitos:
  aeronaves da categoria de transporte, 306
  Air Transport Association (ATA), 307
  código do fio, 308
  dados de manutenção eletrônicos, 308
  diagrama em blocos, 95, 307
  diagrama esquemático, 306
  diagrama esquemático, 306–307
  diagramas esquemáticos típicos, 306
  especificação ATA 2200, 307
  FAR Part 25, 277, 305
  instalações, 306
  listas de feixes, 307
  listas de fios, 307
  manual de manutenção, 306
  manual do diagrama do circuito elétrico, 306
  requisitos gerais, 305
  requisitos para, 305
  requisitos para aeronaves de transporte, 306
  sistema de identificação para a localização de componentes elétricos, 309
  unidade substituível durante a escala (LRU), 307
Sistemas elétricos, *very light jet*:
  barramento central, 290
  barramento de emergência, 290
  barramento secundário, 290
  contator do barramento de emergência (EBC), 291
  sistema de geração e distribuição de energia elétrica (EPGDS), 290
  very light jets (VLJ), 290
Sistemas elétricos de grandes aeronaves:
  115 Vca trifásico, 291
  A-380, sistema de potência elétrica do, 298
  arrefecimento de equipamentos, 326
  avião "mais elétrico", 110, 270, 295
  barramento da bateria da APU, 295
  barramento da bateria principal, 295, 301
  barramento de ligação, 293
  barramento de reserva ca, 301
  barramento de sincronização, 293
  barramentos de carga, 293
  barramentos de transferência, 301
  Boeing 727, sistema de distribuição de potência CC do, 296
  Boeing 747, distribuição de potência CC do, 295
  Boeing 787, sistema de potência elétrica do, 300
  caixas de distribuição de energia secundárias (SPDB), 303
  centro de distribuição de energia elétrica primário (PEPDC), 303
  circuitos de controle do trem de pouso, 322
  circuitos de iluminação, 318
  computador de gerenciamento de voo (FMC), 324, 448
  computador de manutenção central (CMC), 324
  computadores de manutenção de distribuição de potência (PDMC), 299
  contator de potência externo (EPC), 292
  controladores de carga, 301
  controle de sistemas de distribuição de potência, 301
  descarga de alta intensidade (HID), 319
  descarregadores estáticos, 326
  deslastre de carga, 301
  disjuntores da ligação do barramento (BTBs), 292
  disjuntores de geradores (GBs), 292
  elétricos, sistemas, 291–318
  equipamentos de teste integrados, 323
  essenciais, 318
  estática de precipitação, 326
  geradores de frequência variável (VFG), 274, 299
  hierarquia de barramentos, 301
  hierarquia de distribuição de potência, 301
  iluminação exterior, 322
  iluminação por diodo emissor de luz e descarga de alta intensidade, 319
  luzes da cabine, 309, 319
  luzes de manutenção, 319
  luzes do compartimento de carga, 322
  luzes do compartimento de passageiros, 319
  luzes do compartimento de voo, 319
  luzes do painel e outras luzes, 319
  luzes do teto, 319
  manuseio no solo (GH), 294
  manutenção no solo (GS), 294
  precipitação estática, 326
  projetores fluorescentes, 319
  projetores incandescentes, 319
  relé de interligação de corrente contínua (DCIR), 295
  sensor de proximidade, 113, 322
  sistema de barramento segmentado, 292
  sistema de distribuição de potência em paralelo, 293
  sistema eletrônico de gestão de cargas (ELMS), 298
  sistema paralelo de quatro geradores, 293
  sistema paralelo segmentado, 293
  sistemas de distribuição de potência, 291
  sistemas de intercom e interfone, 323
  sistemas elétricos CC, 295
  terminal de acesso para manutenção portátil (PMAT), 299
  terminal de informações a bordo (OIT), 299
  terminal de manutenção a bordo (OMT), 299, 339
  transferência de energia sem interrupção (NBPT), 303
  transformadores de corrente, 202, 301
  transformadores-retificadores (TRUs), 291
  unidade de controle da potência de massa (GPCU), 324
  unidade de controle da potência do barramento (BPCU), 270, 301
  unidade de controle do gerador (GCU), 246, 270, 324
  unidade de controle eletrônico, 324
  unidade eletrônica de sensor de proximidade (PSEU), 322
Sistemas synchro:
  introdução, 419
  posição nula, 178, 220, 374, 420
  primeiros sistemas synchro CC, 419
  sensores de instrumentos, 421
  sistemas synchro CA, 420
  synchros CA modernos, 420
  transdutor diferencial variável linear (LVDT), 220, 422
  transdutor diferencial variável rotativo (RVDT), 220, 422, 443

Temperatura:
  fios condutores de termopar, 419
  indicadores, 419
  indicadores de temperatura de termopares, 419
Tensão:
  ação química, 13
  aplicações de, 17
  definição, 17
  efeito fotoelétrico, 13
  efeito termelétrico, 13
  eletricidade estática, 5
  joule, 20
  lei de ohm, 17
  métodos de produção, 13
  piezeletricidade, 13
  potência elétrica e trabalho, 19
  termopar, 13, 69
  unidade de trabalho, 20
  watt, 19, 106
Teoria do rádio:
  amplitude modulada (AM), sinal de, 347, 354
  antena de Hertz, 349
  antena embutida, 348
  antena Marconi, 349
  antena vertical, 349
  antenas, 348, 393
  bandas de frequência, 346
  campo eletromagnético, 345
  campos elétricos, 345
  circuito LC, 349
  comprimento de onda e frequência, 346
  faixa de radiofrequência (RF), 347
  frequência de áudio, 347
  introdução, 345
  modulação de frequência (FM), 347
  onda portadora, 347
  ondas celestes, 348
  ondas de rádio, 345
  ondas espaciais, 348
  ondas terrestres, 348
  transceptor, 348
Transformadores:
  característica importante do transformador, 127
  correntes de Foucault, 126, 227
  enrolamento primário, 126
  enrolamento secundário, 126
  FCEM, 127, 213
  transformador, definição, 126
  transformador elevador, 127
  transformador rebaixador, 127
Transistores:
  amplificação, definição, 136
  base, 136
  circuito de transistor típico, 138
  curvas de corrente do coletor, 139
  definição, 135
  emissor, 136
  ganho, 136
  limiar de ruptura, 137
  pnp, 136
  região ativa, 140
  região de ruptura, 140
  região de saturação, 140
  transistor, características do, 139
  transistor, regiões de operação do, 140
  transistor de comutação, 136
  transistor de junção, 135
  transistores, operação de, 137
  transistores, teste de, 140
Tubo de raios catódicos:
  bobinas de deflexão, 145
  máscara de sombra, 145
  placas de deflexão, 145

Velocidade variável e frequência constante (VSCF), sistemas de energia de, 272
  geradores de frequência variável (VFG), 274, 299
  motores de partida (SG), 275
Voltímetro:
  multiplicadores, 198
  precauções de segurança, 199, 205